2025 최신개정

최신 출제기준 반영

名品

폐기물처리
기사 · 산업기사

조용덕 저

필기

머리말

인간은 태곳적부터 여러 가지 꿈을 꾸어 왔다. 새처럼 하늘을 날고 싶다든가, 달나라에 가고 싶다든가 하는 것들이 바로 인류의 꿈이요, 야심이요, 염원이었다. 이러한 인류의 꿈과 야심은 역사를 통하여 하나둘씩 이루어져왔으나 그 이면에는 폐기물 문제라는 오늘날 지구촌 최대의 현안 중 하나로 떠오르고 있다.

지구촌 폐기물 문제, 환경문제는 겉으로 드러나는 것과는 달리 집요한 인간의 문제이다. 지구촌 폐기물 문제가 현실적인 위협으로 등장하면서 국가의 미래를 결정하는 새로운 패러다임으로 부각되고 있다. 인간은 이미 그 길을 가고 있고 또 가야만 하는 것이 환경적으로 건전하고 지속가능한 개발이다. 폐기물을 생산하는 기존의 경제 우선정책이 경제적으로 한계점에 도달한 것은 지구촌 국가와 사회의 잘못된 좌표설정으로 모든 시스템 오작동의 산물이자 결과물이라고 표현해도 결코 지나친 표현은 아닐 것이다.

본 수험서는 산업현장에서 지금까지 쌓아온 실무경험과 강의노트, 수험노트 등의 자료를 바탕으로 시각화시키고, 이미지화시켜 뇌에 장기저장 할 수 있도록 구성되어 있다. 이론에서는 기본적인 내용을 체계적으로 이해할 수 있도록 단원별로 기출문제를 철저히 분석하여 수록하였다. 또한 실전에 대비하기 위하여 별도의 단원에 과년도 기출문제를 간략하고 명쾌하게 풀 수 있도록 구체적인 풀이과정을 제시하여 수험생이라면 어떤 식으로 진리를 터득하여야 '합격'이라는 최종목표의 고지를 점령할 수 있는지를 체계적으로 도와 줄 것이다.

끝으로 이 수험서를 펴내기까지 많은 격려와 조언을 해 주신 모든 분들께 진심으로 감사드리며, 올배움 출판사 사장님을 비롯한 직원 여러분께도 심심한 감사의 뜻을 전한다. 앞으로 이 책의 내용이 보다 충실해질 수 있도록 독자 여러분의 많은 지도와 편달을 바라는 바이다.

저자 조 용 덕
eco8869@naver.com

자격시험안내

01 개요

문명사회로부터 배출되는 폐기물을 적절하게 처리 및 처분하지 않으면 환경을 오염시킴으로써 인간을 포함하는 생태계의 존속을 위태롭게 할 수 있다. 이에 따라 정부에서도 시대적 조류에 부응하여 폐기물처리에 대한 전문인의 양성을 위해 자격제도 제정.

02 시행기관 및 원서접수

한국산업인력공단(www.q-net.or.kr)

03 진로 및 전망

- 정부의 환경공무원 폐기물처리업체 등으로 진출 할 수 있다.
- 경제성장으로 인하여 우리나라의 생활폐기물과 사업장폐기물의 배출량은 계속증가하고 있으나 처리현황에 있어서 매립이 대부분을 차지하고 이밖에 소각, 재활용, 보관, 기타(파쇄, 중화 등)의 방법으로 처리하고 있어 이를 관리 및 처리하는 인력 수요가 증가할 것이다.

04 시험과목 및 검정방법

구분	폐기물처리기사	폐기물처리산업기사
필기	1. 폐기물개론 2. 폐기물처리기술 3. 폐기물소각 및 열회수 4. 폐기물 공정시험 기준(방법) 5. 폐기물 관계 법규	1. 폐기물개론 2. 폐기물처리기술 3. 폐기물 공정시험 기준(방법) 4. 폐기물 관계 법규
실기	폐기물처리 실무	폐기물처리 실무

05 합격기준

구분	폐기물처리기사	폐기물처리산업기사
필기	100점을 만점으로 하여 과목당 40점 이상, 전 과목 평균 60점 이상	
실기	100점을 만점으로 하여 60점 이상	

06 응시절차

필기원서접수
- Q-net를 통한 인터넷 원수접수
- 필기접수 기간 내 수험원서 인터넷 제출
- 사진(6개월 이내에 촬영한 90×120픽셀 사진파일(JPG)), 수수료 전자결제
- 시험장소 본인 선택(선착순)

▼

필기시험
수험표, 신분증, 필기구(흑색 싸인펜 등) 지참

▼

합격자 발표
- Q-net를 통한 합격확인(마이페이지 등)
- 응시자격(기술사, 기능장, 산업기사, 서비스 분야 일부 종목)
- 제한종목은 합격예정자 발표일부터 8일 이내에(토, 공휴일 제외)
- 반드시 응시자격서류를 제출하여야 되며 단, 실기접수는 4일임.

▼

실기원수 접수
- 실기접수기간 내 수험원서 인터넷(www.q-net.or.kr) 제출
- 사진(6개월 이내에 촬영한 반명함판 사진파일(JPG), 수수료(정액)
- 시험일시, 장소, 본인 선택(선착순)
  단, 기술사 면접시험은 시행 10일 전 공고

▼

실기시험
수험표, 신분증, 필기구 지참

▼

최종합격자 발표
Q-net를 통한 합격 확인(마이페이지 등)

▼

자격증 발급
- (인터넷) 공인인증 등을 통한 발급, 택배 가능
- (방문수령) 여권규격사진 및 신분확인 서류

모두 바르게 빨리 **올배움** 한다.

이러닝교육기관 올배움이 특별한 이유!

01 SINCE 1997 국가기술자격증 이러닝교육기관 올배움

02 고객이 신뢰하는 브랜드대상 수상기관

03 합격생이 인정하는 최고의 명품강의

올배움 www.kisa.co.kr ☎ 1544-8509 TALK 카톡 ID : kisa

전국 한국산업인력공단 안내

기관명	기술자격시험팀 연락처	주소
울산지사	• 자격시험부 : 052-220-3223~4 / 052-220-3210~3218	울산시 중구 종가로 347(교동)
서울지역본부	• 응시자격서류 제출검사 : 02-2137-0503~6 • 자격증발급 : [우편]02-2137-0516 [방문]02-2137-0509 • 실기(필답, 작업)시험 : 02-2137-0521~4	서울 동대문구 장안벚꽃로 279(휘경동 49-35)
서울서부지사 (구, 서울동부지사)	• 필기 및 실기 응시자격 서류 제출심사 및 자격증 발급 (필기서류제출심사) 02-2024-1707, 1708, 1710, 1728 (자격증발급)02-2204-1728 • 실기(필답, 작업)시험 : 02-2024-1702,1704,1706,1711,1712	서울시 은평구 진관3로 36(진관동 산100-23)
서울남부지사	• 자격증발급 : 02-6907-7137 • 필기 및 실기 : 02-6907-7133~9, 7151~156	서울시 영등포구 버드나루로 110(당산동)
강원지사(춘천)	• 자격증발급 : 033-248-8516 • 국가기술자격시험 : 033-248-8512~3, 8515~9	강원도 춘천시 동내면 원창 고개길 135(학곡리)
강원동부지사(강릉)	• 자격증발급 : 033-650-5711 • 국가기술자격시험 : 033-650-5713(필), 033-650-5717(실)	강원도 강릉시 사천면 방동길 60(방동리)
부산지역본부	• 국가기술자격시험 : 051-330-1918, 1922, 1925~6, 1928	부산시 북구 금곡대로 441번길 26(금곡동)
부산남부지사	• 자격시험부 : 051-620-1910~9	부산시 남구 신선로 454-18(용당동)
경남지사	• 자격시험부 : 0522-212~7240~245, 248, 250	경남 창원시 성산구 두대로 239(중앙동)
대구지역본부	• 국가기술자격시험 : 053-580-2451~2361	대구시 달서구 성서공단로 213(갈산동)
경북지사	• 국가자격검정(자격시험부) : 054-840-3031~34	경북 안동시 서후면 학가산 온천길 42(명리)
경북동부지사(포항)	• 국가자격검정(자격시험부) : 054-230-3251~8	경북 포항시 북구 법원로 140번길 9(장성동)
경북서부지사	• 국가기술자격시험 : 054-713-3022~3025	경북 구미시 산호대로 253(구미첨단의료기술타워)
인천지역본부 (구, 중부지역본부)	• 자격시험부 : 032-820-8619,8622~8635 • 자격증발급 및 응시자격 : 032-820-8679	인천시 남동구 남동서로 209(고잔동)
경기지사	• 자격증 발급 : 031-249-1224 • 기술자격 필,실기시험 : 031-249-1212~7, 219, 221, 224	경기도 수원시 권선구 호매실로 46-68(탑동)
경기북부지사	• 자격시험(필기) : 031-850-9122,9123,9127,9128 • 자격시험(실기) : 031-850-9123, 9173	경기도 의정부시 추동로 140(신곡동)
경기동부지사 (성남)	• 시험시행 및 응시자격서류 : 031-750-6222~9, 6216 • 자격증 발급 : 031-750-6226, 6215	경기 성남시 수정구 성남대로 1217(수진동)
경기남부지사	• 자격시험부 : 031-615-9001~9006 • 응시자격서류 및 자격증 발급 : 031-615-9001	경기 안성시 공도읍 공도로 51-23
광주지역본부	• 기술자격시험 : 062-970-1761~67, 69, 99	광주광역시 북구 첨단벤처로 82(대촌동)
전북지사	• 국가기술자격시험 : 063-210-9221~7	전북 전주시 덕진구 유상로 69(팔복동)
전남지사	• 정기시험 : 061-720-8531,8532,8534~8536,8539,8561	전남 순천시 순광로 35-2(조례동)
전남서부지사(목포)	• 기사필(실)기 : 061-288-3327, • 기능사필(실)기 : 061-288-3326	전남 목포시 영산로 820(대양동)
제주지사	• 국가자격검정(자격시험부) : 064-729-0701~2 • 국가기술자격 : 064-729-0712,0715,0717~8	제주 제주시 복지로 19(도남동)
대전지역본부	042-580-9131~7, 9139	대전광역시 중구 서문로 25번길 1(문화동)
충북지사	• 국가기술(정기) : 043-279-9041~9046	충북 청주시 흥덕구 1순환로 394번길 81(신봉동)
충남지사	• 국가기술자격 정기시험 : 041-620-7632~9	충남 천안시 서북구 천일고 1길 27(신당동)
세종지사	• 자격시험부 : 044-410-8021-8023	세종특별자치시 한누리대로 296(나성동)

08 출제기준

폐기물처리기사

직무분야	환경·에너지	중직무분야	환경	자격종목	폐기물처리기사	적용기간	2023.1.1.~2025.12.31.
○ 직무내용 : 국민의 일상생활에 수반하여 발생하는 생활폐기물과 산업활동 결과 발생하는 사업장 폐기물을 기계적 선별, 여과, 건조, 파쇄, 압축, 흡수, 흡착, 이온교환, 소각, 소성, 생물학적 산화, 소화, 퇴비화 등의 인위적, 물리적, 기계적 단위조작과 생물학적, 화학적 반응공정을 주어 감량화, 무해화, 안전화 등 폐기물을 취급하기 쉽고 위험성이 적은 성상과 형태로 변화시키는 일련의 처리업무를 수행하는 직무이다.							
필기검정방법	객관식		문제수	100		시험시간	2시간 30분

필기과목명	주요항목	세부항목	세세항목
폐기물 개론 (20문제)	1. 폐기물의 분류	1. 폐기물의 종류	1. 폐기물 분류 및 정의 2. 폐기물 발생원
		2. 폐기물의 분류체계	1. 분류체계 2. 유해성 확인 및 영향
	2. 발생량 및 성상	1. 폐기물의 발생량	1. 발생량 현황 및 추이 2. 발생량 예측 방법 3. 발생량 조사 방법
		2. 폐기물의 발생특성	1. 폐기물 발생 시기 2. 폐기물 발생량 영향 인자
		3. 폐기물의 물리적 조성	1. 물리적 조성 조사방법 2. 물리적 조성 및 삼성분
		4. 폐기물의 화학적 조성	1. 화학적 조성 분석방법 2. 화학적 조성
		5. 폐기물 발열량	1. 발열량 산정방법 (열량계, 원소분석, 추정식 방법 등)

필기 과목명	주요항목	세부항목	세세항목
폐기물 개론	3. 폐기물 관리	1. 수집 및 운반	1. 수집 운반 계획 및 노선 설정 2. 수집 운반의 종류 및 방법
		2. 적환장의 설계 및 운전관리	1. 적환장 설계 2. 적환장 운전 및 관리
		3. 폐기물의 관리체계	1. 분리배출 및 보관 2. 폐기물 추적 관리체계 3. 폐기물 관리 관련 제도 및 정책
	4. 폐기물의 감량 및 재활용	1. 감량	1. 압축 공정 2. 파쇄 공정 3. 선별 공정 4. 탈수 및 건조 공정 5. 기타 감량 공정
		2. 재활용	1. 재활용 방법 2. 재활용 기술
폐기물 처리기술 (20문제)	1. 중간처분	1. 중간처분기술	1. 기계적, 화학적 처분 2. 생물학적 처분 3. 고화 및 고형화 처분 4. 소각, 열분해 등 열적처분
	2. 최종처분	1. 매립	1. 매립지 선정 2. 매립 공법 3. 매립지내 유기물 분해 4. 침출수 발생 및 처분 5. 가스 발생 및 처분 6. 매립시설 설계 및 운전관리 7. 사후관리
	3. 자원화	1. 물질 및 에너지회수	1. 금속 및 무기물 자원화 기술 2. 가연성 폐기물의 물질 재활용 및 에너지화 기술 3. 이용상 문제점 및 대책
		2. 유기성 폐기물 자원화	1. 퇴비화 기술 2. 사료화 기술 3. 바이오매스 자원화 기술 4. 매립가스 정제 및 이용 기술 5. 유기성 슬러지 이용 기술
		3. 회수자원의 이용	1. 자원화 사례 2. 이용상 문제점 및 대책
	4. 폐기물에 의한 2차 오염 방지 대책	1. 2차 오염종류 및 특성	1. 열적처분에 의한 2차 오염 2. 매립에 의한 2차 오염
		2. 2차 오염의 저감기술	1. 기계적, 화학적 저감기술 2. 생물학적 저감기술 3. 기타 저감기술
		3. 토양 및 지하수 2차오염	1. 토양 및 지하수 오염의 개요 2. 토양 및 지하수 오염의 경로 및 특성 3. 처분 기술의 종류 및 특성

필기 과목명	주요항목	세부항목	세세항목
폐기물 소각 및 열회수 (20문제)	1. 연소	1. 연소이론	1. 연소형태 2. 연소 및 열효율
		2. 연소계산	1. 이론 산소량·공기량 2. 실제소요공기량 3. 이론 및 실제 연소가스량 4. 연소배기가스내 오염물질 종류 및 농도 등
		3. 발열량	1. 고위 발열량 2. 저위 발열량
		4. 폐기물 종류별 연소특성	1. 생활폐기물 연소특성 2. 사업장폐기물 연소특성 3. 기타 폐기물 연소특성
	2. 소각공정 및 소각로	1. 소각공정	1. 폐기물 투입방식 2. 연소조건 및 영향인자 3. 소각재 자원화 및 처분
		2. 소각로의 종류 및 특성	1. 소각로의 종류 및 특성 2. 연소방식의 종류 및 특성
		3. 소각로의 설계 및 운전관리	1. 소각로 설계 2. 소각로 운전관리
		4. 연소가스처리 및 오염방지	1. 연소가스 처리방법 및 장치 2. 집진설비의 종류 및 특징
		5. 에너지회수 및 이용	1. 에너지 회수방법 2. 에너지 회수설비 3. 회수에너지 이용

필기 과목명	주요항목	세부항목	세세항목
폐기물 공정 시험기준 (방법) (20문제)	1. 총칙	1. 일반 사항	1. 용어 정의 2. 기타 시험 조작 사항 등 3. 정도보증/정도관리 등
	2. 일반 시험법	1. 시료채취 방법	1. 성상에 따른 시료의 채취방법 2. 시료의 양과 수
		2. 시료의 조제 방법	1. 시료 전처리 2. 시료 축소 방법
		3. 시료의 전처리 방법	1. 전처리 필요성 2. 전처리 방법 및 특징
		4. 함량 시험 방법	1. 원리 및 적용범위 2. 시험 방법
		5. 용출시험 방법	1. 적용범위 및 시료용액의 조제 2. 용출조작 및 시험방법 3. 시험결과의 보정
	3. 기기 분석법	1. 자외선/가시선분광법	1. 측정원리 및 적용범위 2. 장치의 구성 및 특성 3. 조작 및 결과분석방법
		2. 원자흡수분광광도법	1. 측정원리 및 적용범위 2. 장치의 구성 및 특성 3. 조작 및 결과분석방법
		3. 유도결합 플라즈마 원자발광분광법	1. 측정원리 및 적용범위 2. 장치의 구성 및 특성 3. 조작 및 결과분석방법
		4. 기체크로마토그래피법	1. 측정원리 및 적용범위 2. 장치의 구성 및 특성 3. 조작 및 결과분석방법
		5. 이온전극법 등	1. 측정원리 및 적용범위 2. 장치의 구성 및 특성 3. 조작 및 결과분석방법
	4. 항목별 시험방법	1. 일반항목	1. 측정원리 2. 기구 및 기기 3. 시험방법
		2. 금속류	1. 측정원리 2. 기구 및 기기 3. 시험방법
		3. 유기화합물류	1. 측정원리 2. 기구 및 기기 3. 시험방법
		4. 기타	1. 측정원리 2. 기구 및 기기 3. 시험방법
	5. 분석용 시약 제조	1. 시약제조방법	

필기 과목명	주요항목	세부항목	세세항목
폐기물 관계법규 (20문제)	1. 폐기물관리법	1. 총 칙 2. 폐기물의 배출과 처리 3. 폐기물처리업 등 4. 폐기물처리업자 등에 대한 지도와 감독 등 5. 보칙 6. 벌칙 (부칙포함)	
	2. 폐기물관리법 시행령	1. 시행령 전문 (부칙 및 별표 포함)	
	3. 폐기물관리법 시행규칙	1. 시행규칙 전문 (부칙 및 별표, 서식 포함)	
	4. 폐기물관련법	1. 환경정책기본법 등 폐기물과 관련된 기타 법규내용	

폐기물처리산업기사

직무분야	환경·에너지	중직무분야	환경	자격종목	폐기물처리산업기사	적용기간	2023.1.1.~2025.12.31.
○ 직무내용 : 국민의 일상생활에 수반하여 발생하는 생활폐기물과 산업활동 결과 발생하는 사업장 폐기물을 기계적선별, 과, 건조, 파쇄, 압축, 흡수, 흡착, 이온교환, 소각, 소성, 생물학적 산화, 소화, 퇴비화 등의 인위적, 물리적, 기계적 단위조작과 생물학적, 화학적 반응공정을 주어 감량화, 무해화, 안전화 등 폐기물을 취급하기 쉽고 위험성이 적은 성상과 형태로 변화시키는 일련의 처리업무를 수행하는 직무이다.							
필기검정방법	객관식		문제수	80		시험시간	2시간

필기 과목명	주요항목	세부항목	세세항목
폐기물 개론 (20문제)	1. 폐기물의 분류	1. 폐기물의 종류	1. 폐기물 분류 및 정의 2. 폐기물 발생원
		2. 폐기물의 분류체계	1. 분류체계 2. 유해성 확인 및 영향
	2. 발생량 및 성상	1. 폐기물의 발생량	1. 발생량 현황 및 추이 2. 발생량 예측 방법 3. 발생량 조사 방법
		2. 폐기물의 발생특성	1. 폐기물 발생 시기 2. 폐기물 발생량 영향 인자
		3. 폐기물의 물리적 조성	1. 물리적 조성 조사방법 2. 물리적 조성 및 삼 성분
		4. 폐기물의 화학적 조성	1. 화학적 조성 분석방법 2. 화학적 조성
		5. 폐기물 발열량	1. 발열량 산정방법 (열량계, 원소분석, 추정식 방법 등)
	3. 폐기물 관리	1. 수집 및 운반	1. 수집 운반 계획 및 노선 설정 2. 수집 운반의 종류 및 방법
		2. 적환장의 설계 및 운전관리	1. 적환장 설계 2. 적환장 운전 및 관리
		3. 폐기물의 관리체계	1. 분리배출 및 보관 2. 폐기물 추적 관리 체계 3. 폐기물 관리 관련 제도 및 정책
	4. 폐기물의 감량 및 재활용	1. 감량	1. 압축 공정 2. 파쇄 공정 3. 선별 공정 4. 탈수 및 건조 공정 5. 기타 감량 공정
		2. 재활용	1. 재활용 방법 2. 재활용 기술

필기 과목명	주요항목	세부항목	세세항목
폐기물 처리기술 (20문제)	1. 중간처분	1. 중간처분기술	1. 기계적, 화학적 처분 2. 생물학적 처분 3. 고화 및 고형화 처분 4. 소각, 열분해 등 열적처분
	2. 최종처분	1. 매립	1. 매립지 선정 2. 매립 공법 3. 매립지내 유기물 분해 4. 침출수 발생 및 처분 5. 가스 발생 및 처분 6. 매립시설 설계 및 운전관리 7. 사후관리
	3. 자원화	1. 물질 및 에너지 회수	1. 금속 및 무기물 자원화 기술 2. 가연성 폐기물의 물질 재활용 및 에너지화 기술 3. 이용상 문제점 및 대책
		2. 유기성 폐기물 자원화	1. 퇴비화 기술 2. 사료화 기술 3. 바이오매스 자원화 기술 4. 매립가스 정제 및 이용 기술 5. 유기성 슬러지 이용 기술
		3. 회수자원의 이용	1. 자원화 사례 2. 이용상 문제점 및 대책
	4. 폐기물에 의한 2차 오염 방지 대책	1. 2차 오염종류 및 특성	1. 열적처분에 의한 2차 오염 2. 매립에 의한 2차 오염
		2. 2차 오염의 저감기술	1. 기계적, 화학적 저감기술 2. 생물학적 저감기술 3. 기타 저감기술
		3. 토양 및 지하수 2차 오염	1. 토양 및 지하수 오염의 개요 2. 토양 및 지하수 오염의 경로 및 특성 3. 처분 기술의 종류 및 특성

필기 과목명	주요항목	세부항목	세세항목
폐기물 공정 시험기준 (방법) (20문제)	1. 총칙	1. 일반 사항	1. 용어 정의 2. 기타 시험 조작 사항 등 3. 정도보증/정도관리 등
	2. 일반 시험법	1. 시료채취 방법	1. 성상에 따른 시료의 채취방법 2. 시료의 양과 수
		2. 시료의 조제 방법	1. 시료 전처리 2. 시료 축소 방법
		3. 시료의 전처리 방법	1. 전처리 필요성 2. 전처리 방법 및 특징
		4. 함량 시험 방법	1. 원리 및 적용범위 2. 시험 방법
		5. 용출시험 방법	1. 적용범위 및 시료용액의 조제 2. 용출조작 및 시험방법 3. 시험결과의 보정
	3. 기기 분석법	1. 자외선/가시선분광법	1. 측정원리 및 적용범위 2. 장치의 구성 및 특성 3. 조작 및 결과분석방법
		2. 원자흡수분광광도법	1. 측정원리 및 적용범위 2. 장치의 구성 및 특성 3. 조작 및 결과분석방법
		3. 유도결합 플라즈마 원자발광분광법	1. 측정원리 및 적용범위 2. 장치의 구성 및 특성 3. 조작 및 결과분석방법
		4. 기체크로마토그래피법	1. 측정원리 및 적용범위 2. 장치의 구성 및 특성 3. 조작 및 결과분석방법
		5. 이온전극법 등	1. 측정원리 및 적용범위 2. 장치의 구성 및 특성 3. 조작 및 결과분석방법
	4. 항목별 시험방법	1. 일반항목	1. 측정원리 2. 기구 및 기기 3. 시험방법
		2. 금속류	1. 측정원리 2. 기구 및 기기 3. 시험방법
		3. 유기화합물류	1. 측정원리 2. 기구 및 기기 3. 시험방법
		4. 기타	1. 측정원리 2. 기구 및 기기 3. 시험방법
	5. 분석용 시약제조	1. 시약제조방법	

필기 과목명	주요항목	세부항목	세세항목
폐기물 관계법규 (20문제)	1. 폐기물관리법	1. 총 칙 2. 폐기물의 배출과 처리 3. 폐기물처리업 등 4. 폐기물처리업자 등에 대한 지도와, 감독 등 5. 보칙 6. 벌칙 (부칙포함)	
	2. 폐기물관리법 시행령	1. 시행령전문 (부칙 및 별표 포함)	
	3. 폐기물관리법 시행규칙	1. 시행규칙 전문 (부칙 및 별표, 서식 포함)	
	4. 폐기물관련법	1. 환경정책기본법 등 폐기물과 관련된 기타 법규내용	

차 례

제1편 폐기물 개론

1. 폐기물의 분류 —— 24
   - 1.1 용어 정의 …… 24
   - 1.2 지정폐기물의 분류 …… 25
   - 1.3 의료폐기물의 분류 …… 26
2. 폐기물 관리정책 —— 29
   - 2.1 정책방향 …… 29
   - 2.2 폐기물 재활용 및 감량화 제도 …… 29
   - 2.3 EPR …… 30
   - 2.4 전과정평가(LCA) …… 31
3. 유해물질의 인체영향 —— 34
   - 3.1 인체영향 …… 34
   - 3.2 독성물질의 생물검정 반응강도 …… 34
4. 폐기물의 발생량 —— 36
   - 4.1 발생량 예측방법 …… 36
   - 4.2 발생량의 조사방법 …… 36
   - 4.3 폐기물의 발생 특성 …… 37
5. 폐기물의 특성분석 —— 40
   - 5.1 물리화학적 분석 …… 40
   - 5.2 발열량 분석 …… 47
6. 폐기물의 수거 —— 56
   - 6.1 수거노선 설정 시 유의사항 …… 56
   - 6.2 MHT 및 수거 …… 56
7. 청소상태 평가 —— 63
   - 7.1 CEI(지역사회 효과지수) …… 63
   - 7.2 USI(사용자 만족도 지수) …… 63
8. 폐기물의 수송 —— 65
   - 8.1 Pipe-line 수송 …… 65
   - 8.2 모노레일 수송 …… 66
   - 8.3 컨베이어 수송 …… 66
   - 8.4 컨테이너 수송 …… 66
9. 폐기물 적환장 —— 70
   - 9.1 적환장의 필요성 …… 70
   - 9.2 적환장의 위치선정 …… 70
   - 9.3 적환장의 형식 …… 71
10. 폐기물 압축 —— 73
    - 10.1 압축효과 …… 73
    - 10.2 압축기의 종류 …… 73
    - 10.3 압축비 및 부피 감소율 …… 74
11. 폐기물 파쇄 —— 79
    - 11.1 파쇄효과 …… 79
    - 11.2 파쇄원리 …… 79
    - 11.3 파쇄기 종류 …… 79
    - 11.4 파쇄 에너지 …… 84
12. 폐기물 선별 —— 88
    - 12.1 선별효율 …… 88
    - 12.2 트롬멜(회전체, Trommel) 스크린 …… 89
    - 12.3 스토너(Stoners) …… 92
    - 12.4 Secators …… 92
    - 12.5 와전류 선별 …… 93
    - 12.6 Jigs …… 93
    - 12.7 Oprical Sorting(광학적 분리) …… 93
    - 12.8 공기선별 …… 94
    - 12.9 Table …… 94
    - 12.10 관성선별 …… 94
    - 12.11 손 선별 …… 94
    - 12.12 진동스크린 선별 …… 94
    - 12.13 정전기적 선별 …… 95
    - 12.14 습식 분류법 …… 95
    - 12.15 Fluidized bed separators …… 95
    - 12.16 자력선별 …… 95

제2편 폐기물 처리기술

1. 퇴비화(Composting) ─────── 102
   - 1.1 원리 ························· 102
   - 1.2 영향인자 ····················· 103
   - 1.3 통기개량제(Bulking Agent) ···· 104
   - 1.4 퇴비화의 장단점 ·············· 104
   - 1.5 Humus(완성된퇴비)의 특성 ····· 105

2. 분뇨처리 ──────────────── 112
   - 2.1 분뇨처리의 목표 ·············· 112
   - 2.2 분뇨의 특성 ·················· 112
   - 2.3 소화조 ······················· 113
   - 2.4 고온 습식산화처리 ············ 114

3. 호기성 분해 ──────────── 122
   - 3.1 호기성분해 ··················· 122

4. 혐기성 분해 ──────────── 125

5. 슬러지 처리 ──────────── 130
   - 5.1 슬러지처리의 목적 ············ 130
   - 5.2 슬러지처리 공정 ·············· 130
   - 5.3 슬러지 수분형태 ·············· 139
   - 5.4 슬러지의 부피 ················ 139

6. 유해폐기물 처리 ─────── 146
   - 6.1 개요 ························· 146
   - 6.2 수산화물 응집침전법 ·········· 146
   - 6.3 황화물 침전법 ················ 147
   - 6.4 오존산화법 ··················· 147
   - 6.5 펜톤산화 ····················· 148
   - 6.6 시안처리 ····················· 148
   - 6.7 크롬처리 ····················· 148
   - 6.8 용매추출법 ··················· 149
   - 6.9 고형화(고화) 목적 ············ 150
   - 6.10 부피변화율(VCF) ············· 151
   - 6.11 시멘트 기초법 ··············· 153
   - 6.12 자가시멘트법 ················ 154
   - 6.13 석회기초법 ·················· 154
   - 6.14 열가소성 플라스틱법 ········· 154
   - 6.15 피막 형성법 ················· 155
   - 6.16 유리화법 ···················· 155

7. 자원화 ───────────────── 160
   - 7.1 RDF ·························· 160
   - 7.2 열분해 ······················· 164

8. 매립 ─────────────────── 170
   - 8.1 매립지 선정시 고려사항 ······· 170
   - 8.2 도랑식 매립 ·················· 170
   - 8.3 셀(cell)방식 매립 ············ 171
   - 8.4 압축식 매립 ·················· 171
   - 8.5 샌드위치식 매립 ·············· 171
   - 8.6 바이오리액터형 매립 ·········· 172
   - 8.7 호기성 매립 ·················· 177
   - 8.8 혐기성 매립 ·················· 178
   - 8.9 해안매립 ····················· 179
   - 8.10 복토 ························ 181
   - 8.11 차수시설 ···················· 182
   - 8.12 우수 집배수시설 ············· 187
   - 8.13 침출수 발생 ················· 188
   - 8.14 침출수 처리 ················· 192
   - 8.15 매립가스 ···················· 197
   - 8.16 매립지 사후관리 ············· 202

9. 토양오염 ─────────────── 203
   - 9.1 토양 ························· 203
   - 9.2 토양오염 ····················· 207
   - 9.3 토양오염복원 ················· 210

제3편　폐기물 소각 및 열회수

1. 연소 ———— 220
   - 1.1 연소이론 ———— 220
   - 1.2 연료 ———— 224
2. 산소량 및 공기량 ———— 228
   - 2.1 고체 액체연료 ———— 228
   - 2.2 기체연료 ———— 229
   - 2.3 실제공기량(A)과 공기비(m) ———— 230
   - 2.4 과잉공기량 ———— 230
   - 2.5 공기연료비(AFR) ———— 231
3. 연소가스량 ———— 246
   - 3.1 개념 ———— 246
   - 3.2 이론 습연소가스량 ———— 247
   - 3.3 이론 건연소가스량 ———— 247
   - 3.4 실제 습연소가스량 ———— 248
   - 3.5 실제 건연소가스량 ———— 248
   - 3.6 최대탄산가스율 ———— 249
4. 연소온도 및 소각재 ———— 256
   - 4.1 연소온도 ———— 256
   - 4.2 소각재 ———— 256
5. 소각 ———— 261
   - 5.1 연소실 ———— 261
   - 5.2 연소실의 입열과 출열 ———— 262
   - 5.3 열 교환기 ———— 265
   - 5.4 소각공정 분류 ———— 267
   - 5.5 고정상 소각로 ———— 270
   - 5.6 화격자(스토커) 소각로 ———— 270
   - 5.7 다단 소각로 ———— 273
   - 5.8 로타리킬른(회전로) 소각로 ———— 276
   - 5.9 유동층 소각로 ———— 278
   - 5.10 액체 주입형 연소기 ———— 281
6. 대기오염물질 ———— 283
   - 6.1 황산화물(SOx) ———— 283
   - 6.2 질소산화물(NOx) ———— 286
   - 6.3 다이옥신 ———— 289
   - 6.4 탈취 ———— 293
7. 집진장치 ———— 296
   - 7.1 집진원리 ———— 296
   - 7.2 집진율 ———— 298
   - 7.3 중력집진장치 ———— 300
   - 7.4 관성력집진장치 ———— 302
   - 7.5 원심력집진장치 ———— 303
   - 7.6 세정집진장치 ———— 306
   - 7.7 벤츄리 스크러버 ———— 306
   - 7.8 여과집진장치 ———— 308
   - 7.9 전기집진장치 ———— 311

제4편　폐기물 공정시험기준

1. 총 칙 ———— 316
   - 1.1 목적 ———— 316
   - 1.2 적용범위 ———— 316
   - 1.3 농도 ———— 316
   - 1.4 온도 ———— 317
   - 1.5 시약 및 기기 ———— 321
   - 1.6 용액 ———— 321
   - 1.7 관련 용어의 정의 ———— 324
2. 정도보증/정도관리(QA/QC) ———— 328
   - 2.1 바탕시료 ———— 328
   - 2.2 검정곡선 ———— 328
   - 2.3 검출한계 ———— 330
   - 2.4 정량한계 ———— 330
   - 2.5 정밀도 ———— 331
   - 2.6 정확도 ———— 331
   - 2.7 현장 이중시료 ———— 331
3. 시료의 채취 ———— 333
   - 3.1 채취도구 및 시료용기 ———— 333
   - 3.2 시료의 채취방법 ———— 333
   - 3.3 분석시료의 양 및 시료의 수 ———— 338

3.4 시료의 보관 및 전처리 ………………… 340
3.5 시료의 분할 채취방법 …………………… 340
3.6 시료의 준비 ……………………………… 344

4. 강열감량 및 유기물함량(중량법) ────── 351
　4.1 개요 ……………………………………… 351
　4.2 간섭물질 ………………………………… 351
　4.3 시료채취 및 관리 ……………………… 351
　4.4 분석절차 ………………………………… 351
　4.5 결과보고 ………………………………… 352

5. 기름성분(중량법) ────────────── 357
　5.1 개요 ……………………………………… 357
　5.2 간섭물질 ………………………………… 357
　5.3 분석기기 및 기구 ……………………… 357
　5.4 시료채취 및 관리 ……………………… 357
　5.5 분석절차 ………………………………… 358
　5.6 결과보고 ………………………………… 359

6. 수분 및 고형물(중량법) ─────────── 364
　6.1 개요 ……………………………………… 364
　6.2 분석기기 및 기구 ……………………… 364
　6.3 시료채취 및 관리 ……………………… 364
　6.4 분석절차 ………………………………… 364
　6.5 결과보고 ………………………………… 365

7. 수소이온농도(유리전극법) ───────── 367
　7.1 개요 ……………………………………… 367
　7.2 간섭물질 ………………………………… 367
　7.3 분석기기 및 기구 ……………………… 367
　7.4 시료채취 및 관리 ……………………… 368
　7.5 분석절차 ………………………………… 368
　7.6 결과보고 ………………………………… 369

8. 석 면 ─────────────────── 378
　8.1 편광현미경법 …………………………… 378
　8.2 X선 회절기법 …………………………… 382

9. 시안 ─────────────────── 384
　9.1 자외선/가시선 분광법 ………………… 384
　9.2 이온전극법 ……………………………… 388

10. 금속류 ───────────────── 394
　10.1 기기분석 ………………………………… 394
　10.2 금속류-원자흡수분광광도법 ………… 395
　10.3 금속류-유도결합플라스마
　　　-원자발광분광법 ……………………… 398

11. 구 리 ───────────────── 403
　11.1 개요 ……………………………………… 403
　11.2 구리-원자흡수분광광도법 …………… 403
　11.3 구리-유도결합플라스마
　　　-원자발광분광법 ……………………… 403
　11.4 구리-자외선/가시선 분광법 ………… 405

12. 납 ────────────────── 409
　12.1 개요 ……………………………………… 409
　12.2 납-원자흡수분광광도법 ……………… 409
　12.3 납-유도결합플라스마-원자발광분광법 …… 409
　12.4 납-자외선/가시선 분광법 …………… 410

13. 비소 ───────────────── 413
　13.1 개요 ……………………………………… 413
　13.2 비소-원자흡수분광광도법 …………… 413
　13.3 비소-유도결합플라스마-원자발광분광법 ……
　　　……………………………………………… 415
　13.4 비소-자외선/가시선 분광법 ………… 415

14. 수 은 ───────────────── 419
　14.1 개요 ……………………………………… 419
　14.2 수은-원자흡수분광광도법 …………… 419
　14.3 수은-자외선/가시선 분광법 ………… 421

15. 카드뮴 ──────────────── 423
　15.1 개요 ……………………………………… 423
　15.2 카드뮴 - 원자흡수분광광도법 ……… 423
　15.3 카드뮴 - 유도결합플라스마
　　　 - 원자발광분광법 …………………… 423
　15.4 카드뮴-자외선/가시선 분광법 ……… 424

16. 크 롬 ───────────────── 427
　16.1 개요 ……………………………………… 427
　16.2 크롬-원자흡수분광광도법 …………… 427
　16.3 크롬-유도결합플라스마 원자발광분광법 ……
　　　……………………………………………… 429
　16.4 크롬-자외선/가시선 분광법 ………… 430

17. 6가크롬 ─────────────── 434
　17.1 개요 ……………………………………… 434
　17.2 6가크롬-원자흡수분광광도법 ……… 434
　17.3 6가크롬 - 유도결합플라스마

- 원자발광분광법 ·················· 436
　17.4 6가크롬-자외선/가시선 분광법 ············ 436

18. 유기인 ━━━━━━━━━━━━━━ 439
　18.1 유기인-기체크로마토그래피 ········ 439
　18.2 유기인-기체크로마토그래피(질량분석법) ····
　　　··· 443

19. 폴리클로리네이티드비페닐(PCBs) ━ 446
　19.1 PCBs -기체크로마토그래피 ········ 446
　19.2 PCBs -기체크로마토그래피(질량분석법) ····
　　　··· 450
　19.3 PCBs -기체크로마토그래피(절연유분석법) ··
　　　··· 451

20. 할로겐화 유기물질 ━━━━━━━━━ 453

　20.1 개요 ··· 453
　20.2 간섭물질 ··· 453
　20.3 기체크로마토그래프 ························ 454
　20.4 분석기기 및 기구 ···························· 454

21. 휘발성 저급염소화 탄화수소류 ━━ 457
　21.1 개요 ··· 457
　21.2 간섭물질 ··· 457
　21.3 분석기기 및 기구 ···························· 458

22. 감염성미생물 ━━━━━━━━━━━━ 462
　21.1 감염성미생물-아포균 검사법 ········· 462
　22.2 감염성미생물-세균배양 검사법 ······ 464
　22.3 감염성미생물-멸균테이프 검사법 ···· 465

제5편　폐기물 관계법규

- 정의 ·· 468
- 사업장의 범위 ································ 470
- 에너지 회수기준 등 ························ 470
- 적용 범위 ······································ 472
- 폐기물처리 신고자와 광역 폐기물처리시설 설치·운영자의 폐기물처리기간 ·········· 473
- 생활폐기물의 처리대행자 ················ 473
- 생활폐기물의 처리 등 ···················· 474
- 음식물류 폐기물 발생억제계획의 수립주기 및 평가방법 등 ···························· 475
- 음식물류 폐기물 배출자의 범위 ······ 475
- 사업장폐기물배출자의 의무 등 ········ 477
- 지정폐기물 처리계획의 확인 ·········· 477
- 폐기물분석전문기관의 지정 ············ 478
- 폐기물처리업 ································· 479
- 폐기물처리업의 허가 ······················ 479
- 폐기물처리업 ································· 480
- 폐기물처리업의 변경허가 ················ 482
- 폐기물처리업의 변경신고 ················ 484
- 폐기물처리업자의 폐기물 보관량 및 처리기한 ··
　·· 485
- 결격 사유 ······································ 487
- 폐기물처리업자에 대한 과징금 처분 ······ 488
- 과징금을 부과할 위반행위별 과징금의 금액 등 ·· 489
- 과징금의 부과 및 납부 ···················· 489
- 폐기물처리시설의 설치 ···················· 490
- 설치가 금지되는 폐기물 소각 시설 ····· 490
- 설치신고대상 폐기물처리시설 ·········· 491
- 폐기물처리시설 검사기관의 지정 등 ····· 492
- 폐기물처리시설 검사기관의 지정 대상 ····· 492
- 폐기물처리시설의 사용신고 및 검사 ······ 492
- 폐기물처리시설의 관리 ···················· 495
- 오염물질의 측정 ····························· 495
- 주변지역 영향 조사대상 폐기물처리시설 ····· 496
- 기술관리인을 두어야 할 폐기물처리시설 ···· 497
- 기술관리대행자 ································ 498
- 폐기물 처리 담당자 등에 대한 교육 ······ 499
- 장부 등의 기록과 보존 ···················· 501
- 휴업·폐업 등의 신고 ······················· 501
- 시험·분석기관 ································ 502
- 폐기물의 처리명령 대상이 되는 조업중단 기간 ·· 503
- 방치폐기물의 처리량과 처리기간 ······ 504
- 폐기물 처리 공제조합의 설립 ·········· 505
- 조합의 사업 ···································· 505
- 분담금 ·· 505
- 폐기물 인계·인수내용 등의 전산 처리 ······ 506

- 폐기물처리 신고 ·········· 506
- 폐기물처리 신고자에 대한 과징금 처분 ···· 507
- 과징금을 부과할 위반행위별 과징금의 금액 등 ·········· 508
- 과징금의 사용용도 ·········· 509
- 폐기물처리시설의 사용종료 및 사후관리 등 ·········· 509
- 사후관리 대행자 ·········· 510
- 토지 이용 제한 등 ·········· 510
- 한국폐기물협회 ·········· 511
- 행정처분기준 ·········· 512
- 벌칙 ·········· 513
- 양벌규정 ·········· 518
- 과태료 ·········· 519
- 지정폐기물의 종류 ·········· 523
- 의료폐기물의 종류 ·········· 527
- 폐기물 처리시설의 종류 ·········· 529
- 폐기물 감량화시설의 종류 ·········· 532
- 생활폐기물 수집·운반 대행자에 대한 과징금의 금액 ·········· 533
- 폐기물 발생억제지침 준수의무 대상 배출자의 업종 및 규모 ·········· 533
- 의료폐기물 발생 의료기관 및 시험·검사기관 등 ·········· 535
- 폐기물의 종류별 세부분류 ·········· 536
- 폐기물처리시설의 설치·운영을 위탁받을 수 있는 자의 기준 ·········· 538
- 기술관리인의 자격기준 ·········· 540
- 폐기물의 처리에 관한 구체적 기준 및 방법 ·········· 541
- 폐기물 인계·인수 내용의 입력방법 및 절차 ·········· 547
- 폐기물처리업의 시설·장비·기술능력의 기준 · 549
- 폐기물 처리업자의 준수사항 ·········· 552
- 폐기물 처분시설 또는 재활용시설의 검사기준 ·· 553
- 폐기물 처분시설 또는 재활용시설의 관리기준 ·· 555
- 폐기물처리시설 주변지역 영향조사 기준 ···· 559
- 기술관리인의 자격기준 ·········· 562
- 폐기물처리시설에 대한 기술관리대행계약에 포함될 점검항목 ·········· 563
- 폐기물처리 신고를 하고 폐기물을 재활용할 수 있는 자 ·········· 564
- 폐기물처리 신고자가 갖추어야 할 보관시설 및 재활용시설 ·········· 566
- 폐기물처리 신고자의 준수사항 ·········· 567
- 사후관리기준 및 방법 ·········· 569

제6편 과년도 기출문제 [폐기물처리기사·산업기사]

2019년 시행
폐기물처리 기사 [3. 3 시행] ·········· 574
폐기물처리 산업기사 [3. 3 시행] ·········· 593
폐기물처리 기사 [4. 27. 시행] ·········· 607
폐기물처리 산업기사 [4. 27. 시행] ·········· 625
폐기물처리 기사 [9. 21. 시행] ·········· 639
폐기물처리 산업기사 [9. 21. 시행] ·········· 657

2020년 시행
폐기물처리 기사 [6. 7 시행] ·········· 669
폐기물처리 산업기사 [6. 14 시행] ·········· 688
폐기물처리 기사 [8. 22. 시행] ·········· 701
폐기물처리 산업기사 [8. 23. 시행] ·········· 719
폐기물처리 기사 [9. 27. 시행] ·········· 732

2021년 시행
폐기물처리 기사 [3. 7 시행] ·········· 749
폐기물처리 산업기사 [3. 2 CBT 복원] ·········· 767
폐기물처리 기사 [5. 15. 시행] ·········· 780
폐기물처리 산업기사 [5. 9. CBT 복원] ·········· 797
폐기물처리 기사 [9. 12. 시행] ·········· 810
폐기물처리 산업기사 [9. 5. CBT 복원] ·········· 829

2022년 시행
폐기물처리 기사/산업기사 [CBT 복원] ·········· 843

2023년 시행
폐기물처리 기사/산업기사 [CBT 복원] ·········· 894

2024년 시행
폐기물처리 기사/산업기사 [CBT 복원] ·········· 930

01 폐기물 개론

1. 폐기물의 분류

chapter 01 폐기물개론

1.1 용어 정의

폐기물	생활 폐기물		
	사업장 폐기물	사업장 일반폐기물	
		지정 폐기물	폐유, 폐산 등
			의료 폐기물

① **"폐기물"**이란 쓰레기, 연소재(燃燒滓), 오니(汚泥), 폐유(廢油), 폐산(廢酸), 폐알칼리 및 동물의 사체(死體) 등으로서 사람의 생활이나 사업활동에 필요하지 아니하게 된 물질을 말한다.

② **"생활폐기물"**이란 사업장폐기물 외의 폐기물을 말한다.

③ **"사업장폐기물"**이란 「대기환경보전법」, 「물환경보전법」 또는 「소음·진동관리법」에 따라 배출시설을 설치·운영하는 사업장이나 그 밖에 대통령령으로 정하는 사업장에서 발생하는 폐기물을 말한다.

④ **"지정폐기물"**이란 사업장폐기물 중 폐유·폐산 등 주변 환경을 오염시킬 수 있거나 의료폐기물(醫療廢棄物) 등 인체에 위해(危害)를 줄 수 있는 해로운 물질로서 대통령령으로 정하는 폐기물을 말한다.

⑤ **"의료폐기물"**이란 보건·의료기관, 동물병원, 시험·검사기관 등에서 배출되는 폐기물 중 인체에 감염 등 위해를 줄 우려가 있는 폐기물과 인체 조직 등 적출물(摘出物), 실험 동물의 사체 등 보건·환경보호상 특별한 관리가 필요하다고 인정되는 폐기물로서 대통령령으로 정하는 폐기물을 말한다.

⑥ **"처리"**란 폐기물의 수집, 운반, 보관, 재활용, 처분을 말한다.

⑦ **"처분"**이란 폐기물의 소각(燒却)·중화(中和)·파쇄(破碎)·고형화(固形化) 등의 중간처분과 매립하거나 해역(海域)으로 배출하는 등의 최종처분을 말한다.

⑧ **"재활용"**이란 다음 각 목의 어느 하나에 해당하는 활동을 말한다.
  · 폐기물을 재사용·재생이용하거나 재사용·재생 이용할 수 있는 상태로 만드는 활동
  · 폐기물로부터 「에너지법」 제2조제1호에 따른 에너지를 회수하거나 회수할 수 있는

상태로 만들거나 폐기물을 연료로 사용하는 활동으로서 환경부령으로 정하는 활동을 말한다.

⑨ **"폐기물처리시설"** 이란 폐기물의 중간처분시설, 최종처분시설 및 재활용시설로서 대통령령으로 정하는 시설을 말한다.

⑩ **"폐기물감량화시설"** 이란 생산 공정에서 발생하는 폐기물의 양을 줄이고, 사업장 내 재활용을 통하여 폐기물 배출을 최소화하는 시설로서 대통령령으로 정하는 시설을 말한다.

1.2 지정폐기물의 분류

[표] 지정폐기물의 종류 및 판정기준

항 목	지정폐기물의 종류	판정기준
부식성	폐산	pH 2.0 이하
	폐알칼리	pH 12.5 이상
독성 반응성 발화성	폐유기용제(할로겐족15개, 비할로겐족)	다른 화학물질과 반응하여 독성, 반응성, 발화 가능성
	폐유 (제외: 폐식용유, 폐흡착제, 폐흡수제, PCB 함유폐기물)	폐유 기름성분 5% 이상
독성	PCB 함유폐기물	액상 2mg/L 이상 액상 외 용출액 중 0.003mg/L 이상
	폐석면, 폐농약	인체에 직접적인 영향 가능성
유해가능성 용출 특성	오니(수분 95% 미만, 고형물 5% 이상) 광 재 분 진 폐주물사 및 샌드블라스트폐사 폐내화물 및 도자기 편류 소각 잔재물 안정화 또는 고형화 처리물 폐촉매 폐흡착제 폐흡수제	용출실험결과 유해물질 함유기준 이상 (납 등 10항목) 〈유해물질 함유기준〉 Pb, Cu : 3 mg/L 이상 As, Cr^{+6} : 1.5 mg/L 이상 CN, 유기인 : 1 mg/L 이상 Cd, TCE : 0.3 mg/L 이상 PCE(=TECE) : 0.1 mg/L 이상 Hg : 0.005 mg/L 이상 석면 : 1% 이상
난분해성	폐합성 고분자화합물, 폐합성 수지, 폐합성 고무, 폐페인트 및 폐락카	화학 생물학적 분해 불가능 물질
감염성	감염자의 격리의료폐기물 조직물류 등의 위해의료폐기물 혈액 등의 일반의료폐기물	병원성 의료폐기물

1.3 의료폐기물의 분류

[1] 격리의료폐기

「감염병의 예방 및 관리에 관한 법률」 제2조제1호의 감염병으로부터 타인을 보호하기 위하여 격리된 사람에 대한 의료행위에서 발생한 일체의 폐기물

[2] 위해의료폐기물

① **조직물류폐기물** : 인체 또는 동물의 조직·장기·기관·신체의 일부, 동물의 사체, 혈액·고름 및 혈액생성물(혈청, 혈장, 혈액제제)

② **병리계폐기물** : 시험·검사 등에 사용된 배양액, 배양용기, 보관균주, 폐시험관, 슬라이드, 커버글라스, 폐배지, 폐장갑

③ **손상성폐기물** : 주사바늘, 봉합바늘, 수술용 칼날, 한방침, 치과용침, 파손된 유리재질의 시험기구

④ **생물·화학폐기물** : 폐백신, 폐항암제, 폐화학치료제

⑤ **혈액오염폐기물** : 폐혈액백, 혈액투석 시 사용된 폐기물, 그 밖에 혈액이 유출될 정도로 포함되어 있어 특별한 관리가 필요한 폐기물

[3] 일반의료폐기물

혈액·체액·분비물·배설물이 함유되어 있는 탈지면, 붕대, 거즈, 일회용 기저귀, 생리대, 일회용 주사기, 수액세트

> ◎ 비고
> ① 의료폐기물이 아닌 폐기물로서 의료폐기물과 혼합되거나 접촉된 폐기물은 혼합되거나 접촉된 의료폐기물과 같은 폐기물로 본다.
> ② 채혈진단에 사용된 혈액이 담긴 검사튜브, 용기 등은 조직물류폐기물로 본다.

문제 01 유해성 폐기물이라 판단할 수 있는 성질과 가장 거리가 먼 것은?

① 반응성 ② 인화성
③ 부식성 ④ 부패성

해설 유해성 판단요소: 반응성, 인화성, 부식성, 폭발성, 독성, 발암성 등

문제 02 법에서 사용하는 용어의 뜻으로 옳지 않은 것은?

① 폐기물처리시설 : 폐기물의 중간처분시설, 최종처분시설 및 재활용시설로서 대통령령으로 정하는 시설을 말한다.
② 폐기물감량화시설 : 생산공정에서 발생하는 폐기물의 양을 줄이고 사업장 내 재활용을 통하여 폐기물 배출을 최소화하는 시설로서 대통령령으로 정하는 시설을 말한다.
③ 처분 : 폐기물의 소각, 중화, 파쇄, 고형화 등의 중간처분과 매립하거나 해역으로 배출하는 등의 최종처분을 말한다.
④ 재활용 : 폐기물 재사용, 재생이용하거나 에너지를 회수할 수 있는 상태로 만드는 활동으로서 대통령령으로 정하는 활동을 말한다.

해설 재활용은 환경부령으로 정하는 활동을 말한다.

문제 03 폐기물관리법에서 적용되는 용어의 뜻으로 틀린 것은 어느 것인가?

① "지정폐기물"이란 사업장폐기물 중 폐유·폐산 등 주변환경을 오염시킬 수 있거나 의료폐기물 등 인체에 위해를 줄 수 있는 해로운 물질로서 대통령령으로 정하는 폐기물을 말한다.
② "생활폐기물"이란 사업장폐기물 외의 폐기물을 말한다.
③ "폐기물감량화시설"이란 생산 공정에서 발생하는 폐기물의 양을 줄이고 사업장 내 재활용을 통하여 폐기물 배출을 최소화하는 시설로서 대통령령으로 정하는 시설을 말한다.
④ "폐기물처리시설"이라 함은 폐기물의 수집, 운반시설, 폐기물의 중간처리시설, 최종처리시설로서 대통령령이 정하는 시설을 말한다.

해설 폐기물처리시설이라 함은 폐기물의 중간처분시설, 최종처분시설 및 재활용시설로서 대통령령으로 정하는 시설이다.

정답 01.④ 02.④ 03.④

문제 04 의료폐기물의 종류와 가장 거리가 먼 것은?

① 병상의료폐기물
② 격리의료폐기물
③ 위해의료폐기물
④ 일반의료폐기물

해설 의료폐기물에는 감염성의 격리의료폐기물, 조직물류 등의 위해의료폐기물, 혈액 등의 일반의료폐기물이 있다.

문제 05 다음의 지정폐기물 중 연중 발생량이 가장 많은 것은 어느 것인가?

① 분진
② 슬러지
③ 폐유기용제
④ 폐합성고분자화합물

해설 지정폐기물 중 연중 발생량이 가장 많은 것은 폐유기용제, 폐산, 폐알칼리이다.

문제 06 폴리클로리네이티드비페닐 함유 폐기물의 지정폐기물 기준은?

① 액체상태 외의 것(용출액 1리터당 0.01밀리그램 이상 함유한 것으로 한정한다.)
② 액체상태 외의 것(용출액 1리터당 0.03밀리그램 이상 함유한 것으로 한정한다.)
③ 액체상태 외의 것(용출액 1리터당 0.001밀리그램 이상 함유한 것으로 한정한다.)
④ 액체상태 외의 것(용출액 1리터당 0.003밀리그램 이상 함유한 것으로 한정한다.)

문제 07 특정시설에서 발생되는 지정폐기물 중 오니류에 대한 설명으로 가장 알맞은 것은?

① 수분함량이 85퍼센트 미만이거나 고형물함량이 15퍼센트 이상인 것
② 수분함량이 90퍼센트 미만이거나 고형물함량이 10퍼센트 이상인 것
③ 수분함량이 95퍼센트 미만이거나 고형물함량이 5퍼센트 이상인 것
④ 수분함량이 99퍼센트 미만이거나 고형물함량이 1퍼센트 이상인 것

문제 08 지정폐기물 종류에 관한 설명으로 옳지 않은 것은?

① 폐수처리오니 : 환경부령으로 정하는 물질을 함유한 것으로 환경부장관이 고시한 시설에서 발생되는 것으로 한정한다.
② 폐산 : 액체상태의 폐기물로서 수소이온 농도지수가 2.0 이하인 것에 한정한다.
③ 폐알칼리 : 액체상태의 폐기물로서 수소이온 농도지수가 12.5 이상인 것으로 한정하며 수산화칼륨 및 수산화나트륨을 포함한다.
④ 폐유독물 : 환경부령이 정하는 물질 또는 이를 함유한 물질에 한한다.

해설 유해물질함유폐기물은 환경부령이 정하는 물질을 함유한 것에 한한다.

정답 04.① 05.③ 06.④ 07.③ 08.④

2. 폐기물 관리정책

2.1 정책방향

① 발생원의 억제(감량화)
② 자원화(재활용)
③ 안정화
④ 위생처분

- **3R** : 감량화(Reduction), 재사용(Reuse), 재활용(Recycling)
- **5R** : 감량화(Reduction), 재사용(Reuse), 재활용(Recycling), 질적변화(Refine), 회수(Recovery)

2.2 폐기물 재활용 및 감량화 제도

① **예치금 제도**: 제품 생산자가 일정 비용을 예치하고 폐기물을 회수하면 반환해 주는 제도이다.
② **부담금 제도** : 재활용이 어려운 폐기물에 처리비용을 부담하는 제도이다.
  [예] 껌, 1회용 기저귀, 유독물, 용기 등
③ **쓰레기 종량제** : 폐기물 배출자가 배출량에 따라 처리비용을 부담하는 제도이다.
④ EPR(Extended Producer Responsibility)은 생산자 책임 재활용제도로 생산자 또는 수입업자에게 재활용 의무목표량을 부과하여 미이행시 부과금을 부과하는 제도이다. EPR 대상품목에는 포장재, 1회용 봉투, 전지류, 타이어, 윤활유, 형광등 등이 있다.
⑤ Eddy current separation 선별은 연속적으로 변화하는 자장 속에 비자성이며 전기전도성이 좋은 금속인 구리, 알루미늄, 아연 등을 넣으면 금속 내에 소용돌이 전류가 발생하여 반발력이 생기는데 이 반발력 차를 이용하여 분리시킨다.
⑥ RPF는 플라스틱 원료가 60% 이상 함유된 고형연료이다.
⑦ MBT(Mechanical Biological Treatment)는 기계적 선별, 생물학적 처리를 통해 재활용 물질을 회수하는 시설이다.

2.3 전과정평가(LCA, life cycle assessment)

① 원료의 구매에서 제품의 생산, 유통, 사용, 처분까지 전 과정에 걸쳐 환경에 미치는 영향을 평가하는 데 있다.
② 요람에서 무덤까지 폐기물을 관리한다.
③ 자원의 고갈과 지구환경문제를 근본적으로 해결하기 위한 방안의 모색에 있다.
④ 전 과정평가의 절차
  ㉮ 목적 및 범위설정(goal & scope definition)
  ㉯ 단위공정별 목록분석(inventory analysis)
  ㉰ 환경부하에 대한 영향평가(impact assessment)
    분류화 → 특성화 → 정규화 → 가중치 부여
  ㉱ 개선평가 및 해석(life cycle interpretation)
⑤ 전 과정평가의 목적
  ㉮ 제품 및 제조방법의 변경, 개량에 따른 환경부하 평가
  ㉯ 환경부하의 저감 측면에서 제품의 제조방법 도출
  ㉰ 환경목표치에 대한 달성도 평가
  ㉱ 제품간의 환경부하 비교평가

2.4 국제협약 및 사건

① **스톡홀름협약** : 잔류성 유기오염물질(POPs, Persistent Organic Pollutants))의 국제적 규제를 위한 협약이다.
② **바젤 협약(Basel Convention)** : 스위스 바젤(Basel)에서 채택된 협약으로, 유해 폐기물의 국가 간 이동 및 교역을 규제하는 협약이다.
③ **몬트리올 의정서** : 오존층 파괴물질의 사용을 규제하는 협약이다.
④ **리우선언** : 환경적으로 지속가능한 개발(ESSD, Environmentally Sound and Sustainable Development)에 관한 유엔 선언이다.
⑤ **교토 의정서** : 지구온난화, 사막화, 해수면 상승 등의 방지를 위한 기후변화 협약이다.
⑥ **러브커넬 사건** : 미국 러브커넬에서 유해폐기물의 불법매립으로 정신박약, 심장질환, 유산 등이 발생한 사건이다.

문제 01 폐기물의 관리에 있어서 가장 우선적으로 고려하여야 할 사항은?

① 재회수 ② 재활용
③ 감량화 ④ 소각

해설 폐기물관리의 우선순위 : 감량화 〉재활용 〉안정화 〉위생처분

문제 02 폐기물 처리 및 관리차원에서 사용되는 용어 중 3R에 해당되지 않는 것은?

① Reduction ② Reuse
③ Recycling ④ Recovery

해설 3R : 감량화(Reduction), 재사용(Reuse), 재활용(Recycling)

문제 03 폐기물은 단순히 버려져 못 쓰는 것이라는 인식을 바꾸어 '폐기물=자원'이라는 공감대를 확산시킴으로써 재활용정책에 활력을 불어 넣은 생산자 책임 재활용제도는?

① RHSS ② ESSD
③ EPR   ④ WEE

해설 EPR(Extended Producer Responsibility)은 생산자 책임 재활용제도로 생산자 또는 수입업자에게 재활용 의무목표량을 부과한다.

정답 01.③ 02.④ 03.③

문제 04 MBT에 관한 설명으로 맞는 것은?

① 생물학적 처리가 가능한 유기성폐기물이 적은 우리나라는 MBT 설치 및 운영이 적합하지 않다.
② MBT는 지정폐기물의 전처리 시스템으로서 폐기물 무해화에 효과적이다.
③ MBT는 주로 기계적 선별, 생물학적 처리 등을 통해 재활용 물질을 회수하는 시설이다.
④ MBT는 생활폐기물 소각 후 잔재물을 대상으로 재활용 물질을 회수하는 시설이다.

> **해설** EPR(Extended Producer Responsibility)은 생산자 책임 재활용제도로 생산자 또는 수입업자에게 재활용 의무목표량을 부과한다.

문제 05 전과정평가(LCA)의 구성요소로 부적합한 내용은?

① 개선평가
② 영향평가
③ 과정분석
④ 목록분석

> **해설** 전과정평가(LCA)의 평가단계 순서
> 목적 및 범위 설정 → 목록분석 → 영향평가 → 개선평가 및 해석

문제 06 전과정평가(LCA)는 4부분으로 구성된다. 그 중 상품, 포장, 공정, 물질, 원료 및 활동에 의해 발생하는 에너지 및 천연원료 요구량, 대기, 수질오염물질 배출, 고형폐기물과 기타 기술적 자료구축 과정에 속하는 것은?

① scoping analysis
② inventory analysis
③ impact analysis
④ improvement analysis

> **해설** 단위공정별 목록분석(inventory analysis)은 기술적 자료구축 과정이다.

문제 07 전과정평가(LCA)를 구성하는 4부분 중, 조사분석과정에서 확정된 자원요구 및 환경부하에 대한 영향을 평가하는 기술적, 정량적, 정성적 과정인 것은?

① impact analysis
② initiation analysis
③ inventory analysis
④ improvement analysis

> **해설** 환경부하에 대한 영향평가(impact assessment)
> 분류화 → 특성화 → 정규화 → 가중치 부여

정답 04.③ 05.③ 06.② 07.①

문제 08 사용한 자원 및 에너지, 환경으로 배출되는 환경오염물질을 규명하고 정량화함으로써 한 제품이나 공정에 관련된 환경 부담을 평가하고 그 에너지와 자원, 환경부하 영향을 평가하여, 환경을 개선시킬 수 있는 기회를 규명하는 과정으로 정의되는 것은?

① ESSA ② LCA
③ EPA   ④ TRA

문제 09 폐기물의 국가간 이동 및 그 처리에 관한 법률은 폐기물의 수출·수입 등을 규제함으로써 폐기물의 국가간 이동으로 인한 환경오염을 방지하고자 제정되었는데, 관련된 구체적인 협약은?

① 기후변화협약 ② 바젤협약
③ 몬트리올의정서 ④ 비엔나협약

해설 바젤 협약(Basel Convention) : 스위스 바젤(Basel)에서 채택된 협약으로, 유해 폐기물의 국가 간 이동 및 교역을 규제하는 협약이다.

문제 10 다음 중 유해폐기물의 불법매립과 가장 관련이 깊은 사건은?

① 러브커넬 사건 ② 도노라 사건
③ 뮤즈계곡 사건 ④ 포자리카 사건

해설 러브커넬 사건 : 미국 러브커넬에서 유해폐기물의 불법매립으로 정신박약, 심장질환, 유산 등이 발생한 사건이다.

정답 08.② 09.② 10.①

3. 유해물질의 인체영향

3.1 인체영향

[표] 유해물질의 배출원 및 인체영향

유해물질	배출원	인체영향
Hg	광석, 제련공장, 펄프공장, 수은전지공장, 온도계 제작공장 등	헌터-루셀증후군, 미나마타병
Cd	아연제련공장, 도금공장, 건전지공장, 도자기, 사진재료공장 등	골연화증, 이따이이따이병
As	비소광석, 안료공장, 농약공장, 유리공장, 피혁공장 등	발암, 전신마비, 색소침착
PCB	변압기공장, 콘덴서공장, 형광등, 전선, 접착제 제조업체 등	카네미유증, 빈혈, 고혈압
Pb	축전지공장, 인쇄공장, 페인트공장, 가솔린공장 등	뇌, 신경장애, 두통, 근육마비, 빈혈증, 변비 등
Mn	건전지공장, 합금공장, 광산 등	파킨슨씨병 유사 증세
Cr	도금, 염료, 피혁, 강철합금, 인쇄공장 등	연골천공, 피부궤양, 폐암
F	불소공장, 알루미늄공장, 살충제공장, 유리공장 등	반상치, 법랑반점
CN	금-은의 추출, 전기도금, 금속재련	신진대사 방해, 중추신경계 마비

3.2 독성물질의 생물검정 반응강도

① **TLm**(median tolerance limit)은 독성물질 투여시 일정시간(96, 48, 24hr)후 시험용 물고기가 50%(반수) 생존할 수 있는 농도를 나타낸다.
② **LC_{50}**(Lethal Concentration 50%) : 시험용 물고기나 동물에 독성물질을 경구투여시 50% 치사농도를 나타낸다.
③ **LD_{50}**(Lethal Dose 50%) : 시험용 물고기나 동물에 독성물질을 경구투여시 50% 치사량을 나타낸다.
④ **EC_{50}**(Median lethal concentration) : 시험생물의 50%를 치사시키는 반수치사농도를 나타낸다.
④ **안전농도**(Safety Concentration) : 한 세대에 걸쳐 생명의 수명에 영향을 주지 않고 번식 성장할 수 있는 독성물질의 최대농도로 급성농도와 만성농도로 나타낸다.

문제 01 다음 중 인체에 만성 중독증상으로 카네미유증을 발생시키는 유해물질은?

① PCB   ② Mn   ③ As   ④ Cd

문제 02 아연과 성질이 유사한 금속으로 체내 칼슘균형을 깨뜨려 골연화증의 원인이 되며 이따이이따이병으로 잘 알려진 것은?

① Hg   ② Cd   ③ PCB   ④ Cr^{6+}

문제 03 미나마타병의 원인물질은?

① Hg   ② Cd   ③ PCB   ④ Cr^{6+}

문제 04 유해폐기물 성분물질 중 As에 의한 피해 증세로 가장 거리가 먼 것은?

① 무기력증 유발
② 피부염 유발
③ Fanconi씨 증상
④ 암 및 돌연변이 유발

> **해설** 판코니 증후군은 근위세뇨관에서 발생하는데 이곳은 사구체에서 여과가 가장 먼저 일어나는 곳이다. 이 증후군은 유전, 약물 또는 고분자 물질에 의해 일어나게 된다.

정답 01.①   02.②   03.①   04.③

4. 폐기물의 발생량

4.1 발생량 예측방법

[1] **경향예측모델(Trend Method)** : 최저 5년 이상의 과거 폐기물처리 실적을 수식화된 모델에 대입하여 폐기물의 발생량을 예측하는 방법으로 시간에 따른 폐기물의 발생량만 고려한다.

[2] **다중회귀모델(Multiple Regression)** : 하나의 수식으로 여러 인자 즉, 자원 회수량, 사회적, 경제적 특성 등을 총괄적으로 고려하여 복잡한 시스템을 분석하는 방법이다.

[3] **동적모사모델(Dynamic Simulation)** : 모든 인자를 시간에 대한 함수로 나타내어 각 영향 인자들 간의 상관관계를 수식화하는 방법이다.

4.2 발생량의 조사방법

[1] **적재차량계수분석법(Load Count)**
   ① 특정 지역에서 일정기간동안 중간적환장이나 중계처리장에서 수거, 운반되는 차량의 대수를 조사하여 중량으로 산정한다.
   ② 수거차량마다 정확한 쓰레기의 밀도 또는 압축정도를 알 수 없어 오차가 발생한다.

[2] **직접계근법(Direct Weighing)**
   ① 특정 지역에서 일정기간동안 중간적환장이나 중계처리장에서 폐기물 수거·운반차량을 직접 계근하는 방법으로 비교적 정확한 발생량을 파악할 수 있으나 작업량이 많고 번거롭다.
   ② 보정이 용이하며 표본오차가 적고 조사기간이 길며 행정시책의 이용도가 높다.

[3] **물질수지법(Material Balance)**
   ① 조사대상 범위를 설정하고 원료물질의 유입과 생산물질의 유출관계를 근거로 발생량을 산정하는 방법이다.
   ② 비용이 많이 들고 작업량이 많아 잘 이용되지 않으나 상세한 데이터가 있는 경우 신속하고 정확한 방법으로 주로 산업폐기물의 발생량을 추산한다.

[4] 원자재 사용량으로 추정하는 방법
국가적 차원에서 대상지역의 원자재 수요에 대한 충분한 자료를 바탕으로 추정한다.

[5] 통계조사법
표본을 선정하여 일정기간 동안 폐기물의 발생량과 조성을 조사하는 방법이다.

4.3 폐기물의 발생 특성

① 기후에 따라 쓰레기 발생량과 종류가 다르게 된다.
② 수거빈도가 잦으면 쓰레기 발생량이 증가하는 경향이 있다.
③ 쓰레기통의 크기가 클수록 쓰레기 발생량이 증가하는 경향이 있다.
④ 재활용품의 회수 재이용률이 높을수록 쓰레기 발생량은 감소한다.
⑤ 대도시는 중소도시보다 많이 발생한다.
⑥ 생활수준이 높을수록 발생량이 증가한다.
⑦ 관련법규의 강화로 발생량은 감소한다.
⑧ 분쇄기의 사용으로 음식물 쓰레기는 제한적으로 감소한다.
⑨ 발생지역에 따라 성상이 달라진다.
⑩ 식생활 문화(찌개, 국물문화 등) 등에 따라 발생량에 영향을 미친다.
⑪ 발생량은 계절과 생활양식에 따른 영향이 크다.
⑫ 폐기물 관리비용의 대부분은 수거, 운반비용 이다.
⑬ 도시폐기물의 대부분은 매립에 의존하고 있다.
⑭ 종량제 실시 이후 재활용율이 증가하였다.

문제 01 다음 중 쓰레기 발생량을 예측하는 방법으로 틀린 것은 어느 것인가?
① Trend method   ② Material balance method
③ Multiple regression model   ④ Dynamic simulation model

해설 물질수지법(Material balance method)은 쓰레기 발생량 조사방법이다.

정답 01.②

문제 02 쓰레기발생량 예측방법으로 틀린 것은 어느 것인가?

① 물질수지법 ② 경향예측모델법
③ 다중회귀모델 ④ 동적모사모델

해설 물질수지법(Material balance method)은 쓰레기 발생량 조사방법이다.

문제 03 쓰레기 배출량에 영향을 주는 모든 인자를 시간에 대한 함수로 나타낸 후, 시간에 대한 함수로 표현된 각 영향인자들 간의 상관관계를 수식화하는 쓰레기 발생량 예측방법은?

① 경향법 ② 인자상관모델
③ 동적모사모델 ③ 다중회귀모델

문제 04 폐기물 발생량 조사방법 중 주로 산업폐기물의 발생량을 추산할 때 사용하는 것은?

① 적재차량계수분석 ② 직접계근법
③ 물질수지법 ④ 경향법

해설 물질수지법은 주로 산업폐기물 발생량 추산에 이용한다.

문제 05 쓰레기 발생량 조사방법에 대한 내용으로 잘못된 것은 어느 것인가?

① 직접계근법 : 적재차량 계수분석에 비하여 작업량이 많고 번거롭다는 단점이 있다.
② 물질수지법 : 주로 산업폐기물 발생량 추산에 이용한다.
③ 물질수지법 : 비용이 많이 들어 특수한 경우에 사용한다.
④ 적재차량 계수분석 : 쓰레기의 밀도 또는 압축정도를 정확하게 파악할 수 있다.

해설 적재차량 계수분석은 쓰레기의 밀도 또는 압축정도를 정확하게 파악하기가 어렵다.

문제 06 생활폐기물 발생량의 조사방법 중 직접 계근법에 관한 설명과 가장 거리가 먼 것은?

① 입구에서 쓰레기가 적재되어 있는 차량과 출구에서 쓰레기를 적하한 공차량을 계근하여 쓰레기량을 산출한다.
② 비교적 정확한 쓰레기 발생량을 파악할 수 있다.
③ 적재차량 계수분석에 비해 작업량이 많고 번거롭다.
④ 주로 산업폐기물 발생량을 추산하는 데 이용되며 조사범위가 정확하여야 한다.

해설 물질수지법은 주로 산업폐기물 발생량 추산에 이용한다.

정답 02.① 03.③ 04.③ 05.④ 06.④

문제 07 다음 중 폐기물의 발생량 조사방법이 아닌 것은?

① 직접 계근법
② 경향법
③ 적재 차량 계수 분석법
④ 물질 수지법

해설 경향법은 쓰레기발생량 예측방법이다.

문제 08 쓰레기 발생량 및 성상변동에 대한 내용으로 틀린 것은 어느 것인가?

① 일반적으로 도시의 규모가 커질수록 쓰레기의 발생량이 증가한다.
② 일반적으로 수집빈도가 높을수록 발생량이 증가한다.
③ 일반적으로 쓰레기통이 작을수록 발생량이 증가한다.
④ 생활수준이 높아지면 발생량이 증가하며 다양화된다.

해설 일반적으로 쓰레기통이 작을수록 발생량이 감소한다.

문제 09 쓰레기 발생량에 영향을 미치는 요인에 대한 내용으로 틀린 것은 어느 것인가?

① 수거빈도가 잦거나 쓰레기통의 크기가 크면 쓰레기 발생량이 증가한다.
② 재활용품의 회수 및 재이용률이 높을수록 쓰레기 발생량이 감소한다.
③ 쓰레기 관련 법규는 쓰레기 발생량에 중요한 영향을 미친다.
④ 생활수준이 높은 주민들의 쓰레기 발생량은 그렇지 않은 주민들보다 적고 종류 또한 단순하다.

해설 생활수준이 높을수록 발생량이 많고 종류가 다양하다.

정답 07.② 08.③ 09.④

5. 폐기물의 특성분석

5.1 물리화학적 분석

[1] 분석 절차

시료 → 밀도측정 → 물리적 조성 → 건조 → 분류(가연성 및 불연성) →
전처리(절단 및 분쇄) → 화학적 조성분석, 극한분석, 발열량 분석, 용출 실험

① **밀도**

$$\text{겉보기 비중(밀도, 용적당 중량)} = \frac{\text{질량}(kg)}{\text{부피}(m^3)}$$

② **중량비**

시료 전량을 시트 위에 펴고 10종류의 조성으로 손 선별한 후 각 조성별로 무게를 측정하여 중량비를 구한다.

$$\text{습량비} = \frac{\text{각 성분의 중량비}}{\text{생 시료중량}} \qquad \text{건량비} = \frac{\text{각 성분의 중량비}}{\text{건조 시료중량}}$$

③ **함수율**

종류별 조성분석의 시료 무게를 측정 후 건조기에서 105℃~110℃로 건조시켜 건조 전과 후의 시료무게로 부터 백분율로 수분 증발량을 계산한다.

$$\text{수분}(\%) = \frac{\text{건조전시료무게} - \text{건조후시료무게}}{\text{건조전시료무게}} \times 100$$

$$\text{평균 함수율} = \frac{\sum \text{함수율} \times \text{구성비}}{\sum \text{구성비}}$$

④ **고형물 및 가연성 물질, 강열감량**

폐기물 = 물 + 고형물

고형물 = 유기물 + 무기물

유기물 = 휘발성 고형물 = 가연물 이라고도 한다.

$$\text{유기물 함량} = \frac{\text{유기물}}{\text{고형물}} \times 100$$

[2] 강열감량

① 이 시험기준은 폐기물의 강열감량 및 유기물 함량을 측정하는 방법으로, 시료를 질산암모늄 용액(25%)을 넣고 가열하여 탄화시킨 다음, (600±25) ℃의 전기로 안에서 3시간 강열하고 데시케이터에서 식힌 후 무게를 달아 증발접시의 무게 차이로부터 강열감량 및 유기물 함량(%)을 구한다.

② 이 시험기준은 폐기물의 강열감량 및 유기물 함량의 측정에 적용한다.

③ 시료와 도가니 또는 접시의 무게로부터 다음의 식에 따라 시료의 강열감량(%) 및 유기물 함량(%)을 계산한다.

- 강열감량(%) $= \left(\dfrac{w_2 - w_3}{w_2 - w_1}\right) \times 100 = \dfrac{\text{강열 전} - \text{강열 후}}{\text{전체시료}} \times 100$

- 유기물 함량(%) $= \dfrac{\text{휘발성 고형물}(g)}{\text{고형물}(g)} \times 100$

- 휘발성 고형물(%) = 강열감량(%) − 수분(%)

- 강열감량(%) = 휘발성 고형물(%) + 수분(%) = 유기물(%) + 수분(%)

- 전체시료 = 고형물(유기물+무기물) + 수분

  여기서, w_1 = 도가니 또는 접시의 무게
  w_2 = 강열 전의 도가니 또는 접시와 시료의 무게
  w_3 = 강열 후의 도가니 또는 접시와 시료의 무게

④ 강열감량이란 강한 열에 의하여 감소되는 폐기물량을 말한다.

- 강열감량이 높을수록 온도의 증가로 연소효율은 저하한다.
- 소각잔사의 매립처분에 있어서 중요한 의미가 있다.
- 3성분 중에서 가연분이 타지 않고 남는 양으로 표현된다.
- 소각로의 연소효율을 판정하는 지표 및 설계인자로 사용된다.

[3] 개략분석 및 극한분석

① **개략분석(Proximate Analysis)** : 폐기물의 3성분 조성비 또는 4성분 조성비를 분석하는데 있다. 3성분에는 가연분, 수분, 회분으로 구성되며 4성분에는 휘발성 가연분, 고정탄소, 수분, 회분이 있다.

② **극한분석(ultimate analysis)** : 3성분 조성비 중 가연분을 원소 분석하는데 있다.

[4] 용출시험

고상 또는 반고상 폐기물에 대하여 폐기물관리법에서 규정하고 있는 지정폐기물의 판정 및 지정폐기물의 중간처리 방법 또는 매립 방법을 결정하기 위한 실험에 적용한다.

① **시료 용액의 조제**

시료의 조제 방법에 따라 조제한 시료 100g 이상을 정확히 달아 정제수에 염산을 넣어 pH를 5.8~6.3으로 맞춘 용매(mL)를 시료:용매 = 1:10(W:V)의 비로 2000mL 삼각 플라스크에 넣어 혼합한다.

② **용출 조작**

시료 용액의 조제가 끝난 혼합액을 상온, 상압에서 진탕 횟수가 매분 당 약 200회, 진폭이 4cm~5cm인 진탕기를 사용하여 6시간 동안 연속 진탕한 다음 $1.0\mu m$의 유리섬유여과지로 여과하고 여과액을 적당량 취하여 용출 실험용 시료용액으로 한다. 다만, 여과가 어려운 경우에는 원심분리기를 사용하여 매 분당 3000회전 이상으로 20분 이상 원심분리한 다음 상등액(supernatant liquid)을 적당량 취하여 용출 실험용 시료 용액으로 한다. 다만, 휘발성 저급염소화 탄화수소류를 실험하고자 하는 시료의 용출 조작은 휘발성 저급염소화 탄화수소류-기체크로마토그래피 전처리 반고상 또는 고상 폐기물 시료의 전처리에 따른다.

③ **실험결과의 보정**

항목별 시험기준 중 각 항의 규정에 따라 실험한 용출실험의 결과는 시료 중의 수분 함량 보정을 위해 함수율 85% 이상인 시료에 한하여 "15/[100-시료의 함수율(%)]"을 곱하여 계산한 값으로 한다.

문제 01 채취한 쓰레기시료에 대한 분석절차를 가장 바르게 나타낸 것은?

① 밀도측정 → 분류 → 건조 → 물리적 조성 → 전처리
② 밀도측정 → 물리적 조성 → 건조 → 분류 → 전처리
③ 전처리 → 밀도측정 → 건조 → 물리적 조성 → 분류
④ 전처리 → 건조 → 분류 → 물리적 조성 → 밀도측정

해설 분석절차 : 시료 → 밀도측정 → 물리적 조성 → 건조 → 분류(가연성 및 불연성) → 전처리(절단 및 분쇄) → 화학적 조성분석, 극한분석, 발열량 분석, 용출 실험

정답 01.②

문제 02 다음의 폐기물의 성상분석 절차 중 가장 먼저 이루어지는 것은?

① 절단 및 분쇄 ② 건조
③ 불연성물질과 가연성물질 분류 ④ 전처리

해설 분석절차 : 시료 → 밀도측정 → 물리적 조성 → 건조 → 분류(가연성 및 불연성) → 전처리(절단 및 분쇄) → 화학적 조성분석, 극한분석, 발열량 분석, 용출 실험

문제 03 다음의 폐기물의 성상분석 절차 중 가장 먼저 이루어지는 것은?

① 절단 및 분쇄 ② 건조
③ 밀도 측정 ④ 전처리

해설 분석절차 : 시료 → 밀도측정 → 물리적 조성 → 건조 → 분류(가연성 및 불연성) → 전처리(절단 및 분쇄) → 화학적 조성분석, 극한분석, 발열량 분석, 용출 실험

문제 04 쓰레기를 소각했을 때 남은 재의 중량은 쓰레기의 30%이다. 쓰레기 10ton을 태웠을 때 남은 재의 부피가 2m³라고 하면 재의 밀도(ton/m³)는?

① 1.0 ② 1.5
③ 2.0 ④ 2.5

해설 재의 밀도(tom/m³) = $\frac{10t \times 0.3}{2m^3} = 1.5 \, t/m^3$

문제 05 가정에서 발생되는 쓰레기를 소각시킨 후 남은 재의 중량은 소각된 쓰레기의 1/5 이다. 쓰레기 100톤을 소각하여 소각재 부피가 20m³이 되었다면 소각재의 밀도(톤/m³)는 얼마인가?

① 2.0 톤/m³ ② 1.5 톤/m³
③ 1.0 톤/m³ ④ 0.5 톤/m³

해설 소각재의 밀도(톤/m³) = $\frac{100톤 \times \frac{1}{5}}{20m^3} = 1.0 톤/m^3$

정답 02.② 03.③ 04.② 05.③

문제 06 강열감량(열작감량)의 정의에 대한 설명으로 가장 거리가 먼 것은?

① 강열감량이 높을수록 연소효율이 좋다.
② 소각잔사의 매립처분에 있어서 중요한 의미가 있다.
③ 3성분 중에서 가연분이 타지 않고 남는 양으로 표현된다.
④ 소각로의 연소효율을 판정하는 지표 및 설계인자로 사용된다.

해설 강열감량이란 강한 열에 의하여 감소되는 폐기물량을 말한다.

문제 07 쓰레기를 소각한 후 남은 재의 중량은 소각 전 쓰레기 중량의 약 1/30이다. 재의 밀도가 2.5t/m³이고, 재의 용적이 3.3m³이 될 때의 소각 전 원래 쓰레기의 중량은?

① 22.3t   ② 23.6t
③ 24.8t   ④ 28.6t

해설 원래 쓰레기의 중량 $= 3/1 \times 2.5 t/m^3 \times 3.3 m^3 = 24.75 t$

문제 08 쓰레기를 각 성분별로 분석하여 함수율을 측정한 결과로부터 전체 쓰레기의 함수율(%)은?

성분	중량(kg)	함수율(%)
음식찌꺼기	30	70
종이류	60	6
금속류	10	3

① 약 20%   ② 약 25%
③ 약 30%   ④ 약 35%

해설 전체 쓰레기의 함수율(%) $= \dfrac{30 \times 70 + 60 \times 6 + 10 \times 3}{100} = 24.9\%$

문제 09 쓰레기와 하수처리장에서 얻어진 슬러지를 함께 매립하려고 한다. 쓰레기와 슬러지의 고형물 함량이 각각 50%, 20%라고 하면 쓰레기와 슬러지를 8:2로 섞을 때의 이 혼합폐기물의 함수율은?(단, 무게 기준이며 비중은 1.0으로 가정함)

① 44%   ② 56%
③ 65%   ④ 35%

해설 혼합폐기물의 함수율(%) $= \dfrac{50 \times 8 + 80 \times 2}{8 + 2} = 56\%$

정답 06.① 07.③ 08.② 09.②

문제 10 폐기물에 함유된 유용 성분을 분리해내기 위해 1000kg의 폐기물을 처리하여 800kg과 200kg으로 분류하였다. 이들 각 폐기물에 함유된 유용성분의 함량을 조사하였더니 각각 무게의 25%와 0.15%를 차지하고 있음을 알았다. 그러면 전체 폐기물에 함유되어 있는 유용 성분의 함량은 약 몇%(무게기준)인가?

① 20% ② 23% ③ 26% ④ 29%

해설 유용성분의 함량(%) = $\dfrac{800 \times 0.25 + 200 \times 0.0015}{1000} \times 100 = 20\%$

문제 11 어떤 도시에서 발생되는 쓰레기의 성분 중 비가연성이 약 72.7%(중량비)를 차지하는 것으로 조사되었다. 밀도 600kg/m³인 쓰레기가 15m³가 있을 때, 이 중 가연성 물질의 양(t)은?(단, 쓰레기는 가연성+비가연성)

① 2.05t ② 2.21t ③ 2.46 ④ 2.82t

해설 가연성 물질의 양(t) = $(1-0.727) \times 0.6\,t/m^3 \times 15m^3 = 2.457t$

문제 12 밀도가 350kg/m³인 쓰레기 12m³ 중 비가연성 부분이 중량비로 약 65%를 차지하고 있을 때, 가연성 물질의 양(톤)은 얼마인가?

① 1.32톤 ② 1.38톤 ③ 1.43톤 ④ 1.47톤

해설 가연성 물질의 양(ton) = $12m^3 \times 0.35\,t/m^3 \times (1-0.65) = 1.47t$

문제 13 폐기물의 저위발열량을 폐기물 3성분 조성비를 바탕으로 추정할 때 다음 중 3가지 성분에 포함되지 않는 것은?

① 수분 ② 회분
③ 가연성분 ④ 휘발분

해설 폐기물의 3성분에는 가연성분, 수분, 회분이 있으며, 4성분에는 고정탄소, 휘발분, 수분, 회분이 있다.

정답 10.① 11.③ 12.④ 13.④

문제 14 수분 50%, 고형물 60%, 휘발성고형물 30%인 쓰레기의 유기물 함량(%)은?

① 18 ② 25 ③ 36 ④ 50

해설 유기물 함량(%) = $\dfrac{\text{휘발성 고형물}(g)}{\text{고형물}(g)} \times 100$

∴ 유기물 함량(%) = $\dfrac{30\%}{60\%} \times 100 = 50\%$

문제 15 10g의 도가니에 20g의 시료를 취한 후 25% 질산암모늄용액을 넣어 탄화시킨 다음 600±25°C의 전기로에서 3시간 강열하였다. 데시케이터에서 식힌 후 도가니와 시료의 무게가 25g이었다면 강열감량(%)은?

① 15 ② 20
③ 25 ④ 30

해설 강열감량 = $\dfrac{20g - (25g - 10g)}{20g} \times 100 = 25\%$

문제 16 강열감량 시험에서 얻어진 다음 데이터로부터 구한 강열감량(%)은?

- 접시무게(W_1) = 30.5238g
- 접시와 시료의 무게(W_2) = 58.2695g
- 강열, 방랭 후 접시와 시료의 무게(W_3) = 43.3767g

① 43.68 ② 53.68
③ 63.68 ④ 73.68

해설 강열감량(%) = $\dfrac{W_2 - W_3}{W_2 - W_1} \times 100 = \dfrac{58.2695g - 43.3767g}{58.2695g - 30.5238g} \times 100 = 53.68\%$

문제 17 수분함량이 90%인 폐기물의 용출시험결과 카드뮴의 농도가 0.25 mg/L 이었다. 함수율을 보정한 카드뮴의 농도(mg/L)는 얼마인가?

① 0.125mg/L ② 0.295mg/L
③ 0.375mg/L ④ 0.435mg/L

해설 보정값 = $\dfrac{15}{100 - 90} = 1.5$ ∴ Cd 0.25mg/L × 1.5 = 0.375mg/L

정답 14.④ 15.③ 16.② 17.③

5.2 발열량 분석

[1] 발열량
① 연료를 완전연소 시켰을 때 발생하는 열량으로서 단위는 kcal/kg으로 표시한다.
② 연료는 가연성분(C, H, S)과 조연성분(O), 불연성분(N, H_2O, Ash)으로 구성되며 불연성분인 질소, 회분은 열량계산과 관계가 없다.
③ 발열량의 산정방법에는 추정식에 의한 방법, 단열계량계에 의한 방법, 원소분석에 의한 방법(Dulong의 원소분석법)이 있다.
④ 열량(비열)은 물 1g을 14.5℃에서 15.5℃로 1℃ 올리는데 필요한 열량을 단위는 1cal/g·℃ 이다.
⑤ 잠열(증발열, 기화열)은 1g의 물을 일정한 온도에서 기화하는 데 필요한 열량으로 물의 증발잠열은 100℃에서 539cal이다.

[2] 고위발열량
① 고위발열량(H_h, 총 발열량)은 수분에 의하여 생성된 수분의 응축열(증발잠열)을 포함한 열량으로 단열열량계로 측정한다.
② 고체나 액체연료의 경우 봄브 열량계, 기체연료의 경우 융커스 열량계로 측정하며, 측정된 열량은 건량기준 H_h 이다.

$$습량기준 H_h = 단열 열량계 값(건량기준 H_h) \times \frac{100-W}{100}$$

③ 고체, 액체연료
$$H_h(kcal/kg) = H_l + 6(9H + W)$$

④ 기체연료
$$H_h(kcal/Sm^3) = H_1 + 480\sum H_2O$$

◎ 기체연료의 반응식
- 메탄 $CH_4 + 2O_2 \rightarrow CO_2 + 2H_2O$
- 에탄 $C_2H_6 + 3.5O_2 \rightarrow 2CO_2 + 3H_2O$
- 프로판 $C_3H_8 + 5O_2 \rightarrow 3CO_2 + 4H_2O$
- 부탄 $C_4H_{10} + 6.5O_2 \rightarrow 4CO_2 + 5H_2O$

[3] 저위발열량

① 저위발열량(H_l, 진발열량, 네트칼로리)은 수분에 의하여 생성된 수분의 응축열(증발잠열)을 배제한 열량으로 소각로 건설의 기준이 된다.

② 폐기물의 저위발열량은 가연분, 수분, 회분의 3성분으로 추정할 수 있다.

$$습량기준\,회분율\,(A\%) = 건조쓰레기회분(\%) \times \frac{100 - 수분함량(\%)}{100}$$

③ 고체, 액체연료

$$H_l(\text{kcal/kg}) = H_h - 6(9H + W)$$

　＊ 여기서, 원소의 단위는 퍼센트농도(%)이다.

④ 기체연료

$$H_l(\text{kcal/Sm}^3) = H_h - 480 \sum H_2O$$

　＊ 여기서, H_2O는 연료의 연소반응에서 생성된 물의 몰(M)수이다.

[4] 단열열량계에 의한 측정

① 단열열량계는 단열용기 내에 물을 넣고 물의 온도변화로부터 열량을 계산하는 고위발열량이다.

② 단열열량계로 측정한 발열량은 연료의 경우 건량기준 H_h이다. 폐기물의 발열량을 측정시 폐기물의 성상은 습량기준이다.

$$습량기준\,H_h = 단열열량계\,값(건량기준) \times \frac{100 - W}{100}$$

③ Bomb 열량계로 구한 발열량은 Dulong식으로 보정한다.

[5] Dulong의 원소분석법

연료 중의 산소(O)와 수소(H)가 결합하여 전부 물(H_2O)로 된다는 가정 하에 발열량을 구하는 식으로 고위발열량(H_h)을 산정한다.

$$H_h(\text{kcal/kg}) = 81C + 340\left(H - \frac{O}{8}\right) + 25S$$

　※ 여기서, 원소의 단위는 퍼센트 농도(%)이다.

[6] Steuer의 원소분석법

연료 중의 O의 절반은 탄소와 반응하여 CO_2로, 나머지 절반은 수소와 반응하여 H_2O로 전환된다는 가정 하에 발열량을 구하는 식이다.

$$H_h(kcal/kg) = 8100[C - \frac{3}{8}O] + [5700 \times \frac{3}{8}O] + 34500[H - \frac{O}{16}] + 2500S$$

[7] Scheure Kestner의 원소분석법

연료 중의 O의 전부가 탄소와 반응하여 CO_2로 전환된다는 가정 하에 발열량을 구하는 식이다.

$$H_h(kcal/kg) = 8100[C - \frac{3}{4}O] + [5700 \times \frac{3}{4}O] + 34500H + 2500S$$

[8] 3성분 조성비에 의한 산정

① 폐기물은 가연성분 1kg당 4500kcal, 물은 kg당 600kcal의 잠열을 가진다는 가정 하에 발열량을 계산한다.
② 고위발열량(H_h, 총 발열량)
  $H_h(kcal/kg) = 4500kcal/kg \times 가연성분 함량비$
③ 저위발열량(H_l, 진발열량, 네트칼로리)
  $H_l(kcal/kg) = [4500kcal/kg \times 가연성분 함량비] - [600kcal/kg \times W]$
  ※ 여기서, 가연성분과 수분함량은 %/100이다.
④ 폐기물의 개략분석은 3성분(수분, 회분, 가연분), 4성분(수분, 회분, 휘발성분, 고정탄소)로 한다.
⑤ 폐기물을 자체 소각처리하기 위해서는 약 1500kcal/kg의 자체열량이 있어야 한다.

문제 01 10g의 RDF를 열용량이 8600cal/℃인 열량계에서 연소하였다. 감지된 온도상승은 4.72℃이다. 이 시료의 발열량은 얼마인가?

① 3544cal/g ② 3672cal/g
③ 4059cal/g ④ 4201cal/g

해설 시료의 발열량 $= 8600cal/℃ \times \dfrac{4.72℃}{10g} = 4059.2cal/g$

정답 01.③

문제 02 발열량의 관계식으로 알맞은 것은 어느 것인가?

① 고위발열량 = 저위발열량 + 수분의 응축열
② 고위발열량 = 저위발열량 − 수분의 응축열
③ 고위발열량 = 저위발열량 + 회분(재)의 잠열
④ 고위발열량 = 저위발열량 − 회분(재)의 잠열

해설 고위발열량(H_h, 총 발열량)은 수분에 의하여 생성된 수분의 응축열(증발잠열)을 포함한 열량으로 열량계로 측정한다.

문제 03 메탄의 저위발열량이 8540kcal/Sm³으로 계산되었다면 고위발열량의 측정치는?(단, 수증기의 증발잠열은 480kcal/Sm³)

① 9000kcal/Sm³
② 9500kcal/Sm³
③ 10000kcal/Sm³
④ 10500kcal/Sm³

해설 $H_h(kcal/Sm^3) = H_l + 480 \sum H_2O$
메탄 $CH_4 + 2O_2 \rightarrow CO_2 + 2H_2O$ ∴ $H_2O = 2M$
$H_h = 8540 + 480 \sum 2$ ∴ $H_h = 9500kcal/Sm^3$

문제 04 수소 10%, 수분 0.5% 인 중유의 고위 발열량이 10500kcal/kg 일 때 저위발열량은?

① 9685
② 9793
③ 9857
④ 9957

해설 $H_l(kcal/kg) = H_h - 6(9H + W)$
※ 여기서, 원소의 단위는 퍼센트 농도(%)이다.
∴ $H_l = 10500 - 6(9 \times 10 + 0.5) = 9957 kcal/kg$

문제 05 완전히 건조시킨 폐기물 20g을 취해 회분량을 조사하니 5g이었다. 폐기물의 함수율이 40% 이었다면, 습량기준 회분 중량비(%)는?(단, 비중=1.0)

① 5
② 10
③ 15
④ 20

해설 습량회분(%) = 건량회분(%)
$\frac{x}{1-0.4}\% = \frac{5g}{20g} \times 100\%$ ∴ $x = 15\%$

정답 02.① 03.② 04.④ 05.③

문제 06 메탄의 고위발열량이 11000kcal/Sm³이면, 저위발열량(kcal/Sm³)은 얼마인가?(단, 물의 기화열은 600kcal/kg이다.)

① 7586　　　　　　　　　② 8543
③ 9800　　　　　　　　　④ 10036

해설 $H_l(kcal/Sm^3) = H_h - 600\sum H_2O$
메탄 $CH_4 + 2O_2 \to CO_2 + 2H_2O$　∴ $H_2O = 2M$
∴ $H_l = 11000 - 600\sum 2 = 9800 kcal/Sm^3$

문제 07 메탄 80%, 에탄 11%, 프로판 6%, 나머지는 부탄으로 구성된 기체연료의 고위발열량이 10000kcal/Sm³이다. 기체연료의 저위발열량(kcal/Sm³)은 얼마인가? (단, 메탄 CH₄, 에탄 C₂H₆, 프로판 C₃H₈, 부탄 C₄H₁₀ 부피기준)

① 약 8100　　② 약 8300　　③ 약 8500　　④ 약 8900

해설 $H_l(kcal/Sm^3) = H_h - 480\sum H_2O$
메탄　$CH_4 + 2O_2 \to CO_2 + 2H_2O$　∴ $2 \times 0.8 = 1.6M$
에탄　$C_2H_6 + 3.5O_2 \to 2CO_2 + 3H_2O$　∴ $3 \times 0.11 = 0.33M$
프로판　$C_3H_8 + 5O_2 \to 3CO_2 + 4H_2O$　∴ $4 \times 0.06 = 0.24M$
부탄　$C_4H_{10} + 6.5O_2 \to 4CO_2 + 5H_2O$　∴ $5 \times 0.03 = 0.15M$
∴ $H_l = 10000 - 480\sum 1.6 + 0.33 + 0.24 + 0.15 = 8886.4 kcal/Sm^3$

문제 08 단열열량계로 측정할 때 얻어지는 발열량에 대한 설명으로 가장 적절한 것은?

① 습량기준 저위발열량　　　② 습량기준 고위발열량
③ 건량기준 저위발열량　　　④ 건량기준 고위발열량

해설 단열열량계의 측정값은 건량기준이며, 폐기물의 성상은 습량기준 고위발열량이다.

문제 09 발열량분석에 대한 설명 중 옳지 않은 것은?

① 저위발열량은 소각로 설계기준이 된다.
② 원소분석방법에 의하여 저위발열량을 추정할 수 있다.
③ 단위열량계에 의하여 저위발열량을 추정할 수 있다.
④ 원소분석방법 중 Steuer의 식은 O가 전부 CO의 형태로 되어 있다고 가정한 경우이다.

해설 Steuer의 식은 O의 절반이 CO의 형태로 되어 있다고 가정한다.

정답 06.③　07.④　08.④　09.④

문제 10 단열열량계를 이용하여 측정한 폐기물의 건량기준 고위발열량이 8000kcal/kg이었을 때 폐기물의 습량기준 고위발열량(kcal/kg)과 저위발열량(kcal/kg)은?(단, 폐기물의 수분함량은 20%이고, 수분함량 외 기타 항목에 따른 수발생은 고려하지 않음)

① 1600, 1480　　　　② 3200, 3080
③ 6400, 6280　　　　④ 7800, 7680

해설 습량기준 H_h = 단열 열량계 값 $\times \dfrac{100-W}{100}$

$\therefore H_h = 8000 \text{kcal/kg} \times \dfrac{100-20\%}{100} = 6400 \text{kcal/kg}$

$H_l(\text{kcal/kg}) = H_h - 6(9H+W)$

$\therefore H_l = 6400 - 6(9\times 0 + 20) = 6280 \text{kcal/kg}$

* 여기서, 원소의 단위는 퍼센트농도(%)이다.

문제 11 다음과 같은 중량조성의 고체연료의 고위발열량(H_h)은 얼마인가?

> 조건 : C = 70%, H = 5%, O = 15%, S = 5%, 기타, Dulong식 이용

① 약 5400kcal/kg　　　　② 약 6900kcal/kg
③ 약 7700kcal/kg　　　　④ 약 8400kcal/kg

해설 Dulong식 $H_h(\text{kcal/kg}) = 81C + 340(H - \dfrac{O}{8}) + 25S$

※ 여기서, 원소의 단위는 퍼센트 농도(%)이다.

$\therefore H_h = 81 \times 70 + 340\left(5 - \dfrac{15}{8}\right) + 25 \times 5 = 6857.5 \text{kcal/kg}$

문제 12 쓰레기의 발열량을 구하는 식 중 Dulong식에 관한 내용으로 알맞은 것은 어느 것인가?

① 고위발열량은 저위발열량, 수소함량, 수분함량만으로 구할 수 있다.
② 원소분석에서 나온 C, H, O, N 및 수분 함량으로 계산할 수 있다.
③ 목재나 쓰레기와 같은 셀룰로오즈의 연소에서는 발열량이 약 10% 높게 추정된다.
④ Bomb 열량계로 구한 발열량에 근사시키기 위해 Dulong의 보정식이 사용된다.

해설 Dulong식 $H_h(\text{kcal/kg}) = 81C + 340(H - \dfrac{O}{8}) + 25S$

※ 여기서, 원소의 단위는 퍼센트농도(%)이다.

정답 10.③　11.②　12.④

문제 13 폐기물의 연소열을 나타내는 발열량에 관한 내용으로 틀린 것은 어느 것인가?

① 폐기물의 저위발열량은 가연분, 수분, 회분의 조성비에 의해 추정할 수 있다.
② 고위발열량은 수분의 응축잠열을 뺀 것으로 소각로의 설계기준이 된다.
③ 단열열량계로 폐기물의 발열량을 측정시 폐기물의 성상은 습량기준이다.
④ 폐기물을 자체 소각처리하기 위해서는 약 1500kcal/kg의 자체열량이 있어야 한다.

해설 고위발열량은 수분에 의하여 생성된 수분의 응축열(증발잠열)을 포함한다.

문제 14 습량기준 회분율(A, %)을 구하는 식으로 맞는 것은?

① 건조쓰레기회분(%) × $\dfrac{100 + 수분함량(\%)}{100}$

② 수분함량(%) × $\dfrac{100 - 건조쓰레기회분(\%)}{100}$

③ 건조쓰레기회분(%) × $\dfrac{100 - 수분함량(\%)}{100}$

④ 수분함량(%) × $\dfrac{수분함량(\%)}{100}$

문제 15 폐기물의 물리적 조성을 측정하는 방법 중 수분함량을 측정하는 방법은?

① 습량기준으로 시료를 비례 채취하여 수분함량을 측정한다.
② 건량기준으로 시료를 비례 채취하여 수분함량을 측정한다.
③ 재질의 수분흡수능력에 따라 몇 개의 군으로 나누어 수분함량을 각각 측정한 후 습량기준으로 가중평균한다.
④ 재질의 수분흡수능력에 따라 몇 개의 군으로 나누어 수분함량을 각각 측정한 후 건량기준으로 가중평균한다.

문제 16 어떤 쓰레기의 가연분의 조성비가 60%이며 수분의 함유율이 20%라면 이 쓰레기의 저위발열량은? (단, 쓰레기 3성분의 조성비 기준의 추정식, Kcal/Kg)

① 약 2600   ② 약 3200   ③ 약 3600   ④ 약 4200

해설 폐기물은 가연성분 1kg당 4500kcal, 물은 kg당 600kcal의 잠열을 가진다는 가정 하에 발열량을 계산한다.
$H_l(\text{kcal/kg}) = [4500\text{kcal/kg} \times 0.6] - [600\text{kcal/kg} \times 0.2] = 2580\text{kcal/kg}$

정답 13.② 14.③ 15.③ 16.①

문제 17 폐기물조성이 $C_{760}H_{1980}O_{870}N_{12}S$일 때 고위발열량(kcal/kg)은?(단, Dulong 식을 이용하여 계산한다.)

① 약 5860
② 약 4560
③ 약 3260
④ 약 2860

해설 $C_{760}H_{1980}O_{870}N_{12}S$ 화합물의 총질량
= [760×12] + [1980×1] + [870×16] + [12×14] + [1×32] = 25220g

총질량 배분율

$C : \dfrac{760 \times 12g}{25220\,g} \times 100 = 36.16\%$

$H : \dfrac{1980 \times 1g}{25220\,g} \times 100 = 7.85\%$

$O : \dfrac{870 \times 16g}{25220\,g} \times 100 = 55.19\%$

$N : \dfrac{12 \times 14g}{25220\,g} \times 100 = 0.66\%$

$S : \dfrac{1 \times 32g}{25220\,g} \times 100 = 0.127\%$

Dulong식 $H_h (kcal/kg) = 81C + 340(H - \dfrac{O}{8}) + 25S$

※ 여기서, 원소의 단위는 퍼센트 농도(%)이다.

$H_h (kcal/kg) = 81 \times 36.16 + 340(7.85 - \dfrac{55.19}{8}) + 25 \times 0.127 = 3255.6 kcal/kg$

문제 18 폐기물의 평균 저위발열량은?(단, 도표내의 백분율은 중량백분율이며, 수분의 응축잠열은 공히 500kcal/kg으로 가정한다.)

	성분비	고위발열량
종이	30%	9000kcal/kg
목재	30%	10000kcal/kg
음식류	20%	8500kcal/kg
플라스틱	20%	15000kcal/kg

① 9300kcal/kg
② 9500kcal/kg
③ 9700kcal/kg
④ 9900kcal/kg

해설 $H_l = (0.3 \times 9000) + (0.3 \times 10000) + (0.2 \times 8500) + (0.2 \times 15000) - 500$
$= 9900 kcal/kg$

정답 17.③ 18.④

문제 19 폐기물의 저위발열량은 폐기물 3성분 조성비를 바탕으로 추정할 때 다음 중 3가지 성분에 포함되지 않는 것은?

① 수분
② 회분
③ 가연성분
④ 휘발분

해설 폐기물의 3성분에는 가연성분, 수분, 회분이 있으며, 4성분에는 고정탄소, 휘발분, 수분, 회분이 있다.

정답 19.④

6. 폐기물의 수거

chapter 01 폐기물개론

6.1 수거노선 설정 시 유의사항

① 출발점은 차고지와 가까운 지점에서 시작한다.
② 가능한 한 간선도로 부근에서 시작하고 끝나도록 한다.
③ 언덕길은 내려가면서 수거한다.
④ 발생량이 많은 곳은 가장 먼저 수거한다.
⑤ 가능한 한 시계방향으로 수거노선을 정한다.
⑥ 반복운행, U자형 운행은 피하여 수거한다.

6.2 MHT 및 수거

[1] MHT

MHT(Man Hour/Ton)는 1ton의 쓰레기를 1명의 인부가 처리하는데 걸리는 시간으로 수거효율을 나타낸다.

$$MHT = \frac{1일 \ 평균 \ 수거 \ 인부수(man) \times 1일 \ 작업시간(hr)}{1일 \ 평균 \ 폐기물 \ 발생량(ton)}$$

[2] 폐기물 발생량/차량 대수산정

발생량은 처리량과 동일하다.

발생량 = 처리량

[3] 수거

① MHT(Man Hour/Ton)가 적을수록 수거효율은 좋다.
② 수거효율이 가장 좋은 것은 집 밖 이동식 타종수거이다.
③ 문전수거 2.3MHT, 타종수거 0.84MHT, 대형 쓰레기통 수거 1.1MHT

문제 01 쓰레기 수거노선 설정요령으로 가장 거리가 먼 것은?
① 지형이 언덕인 경우는 내려가면서 수거한다.
② U자 회전을 피하여 수거한다.
③ 아주 많은 양의 쓰레기가 발생되는 곳은 하루 중 가장 나중에 수거한다.
④ 가능한 한 시계 방향으로 수거노선을 설정한다.
해설 발생량이 많은 곳은 가장 먼저 수거한다.

문제 02 도시 쓰레기의 수거 및 운반에 대해 기술한 아래 사항 중 틀린 것은?
① 언덕지역에서는 언덕의 꼭대기에서부터 시작하여 적재하면서 차량이 아래로 진행하도록 한다.
② 될 수 있으면 U자 회전을 피하여 수거한다.
③ 적은 양의 쓰레기가 발생하나 동일한 수거빈도를 받기를 원하는 적재지점은 가능한 한 같은 날 왕복으로 수거한다.
④ 가능 한 한 반시계 방향으로 수거노선을 정한다.
해설 가능한 한 시계방향으로 수거노선을 정한다.

문제 03 쓰레기 관리체계에서 비용이 가장 많이 드는 단계는?
① 저장   ② 매립   ③ 퇴비화   ④ 수거
해설 쓰레기 관리체계 중 수거단계에서 비용이 많이 든다.

문제 04 3000000ton/year의 쓰레기 수거에 4500명의 인부가 종사한다면 MHT값은?(단, 수거인부의 1일 작업시간은 8시간이고 1년 작업일수는 300일 이다.)
① 2.4
② 3.6
③ 4.5
④ 5.4

해설
$$MHT = \frac{1일\ 평균\ 수거\ 인부수(man) \times 1일\ 작업시간(hr)}{1일\ 평균\ 폐기물\ 발생량(ton)}$$
$$MHT = \frac{1일\ 평균\ 수거\ 인부수(4,500man) \times 1일\ 작업시간(8hr)}{1일\ 평균\ 폐기물\ 발생량(3,000,000t/300일)} = 3.6$$

정답 01.③ 02.④ 03.④ 04.②

문제 05 쓰레기 발생량이 5백만톤/년인 지역의 수거인부의 하루 작업시간이 10시간이고, 1년의 작업일수는 300일 이며, 수거효율(MHT)은 1.8로 운영되고 있다면 필요한 수거인부의 수(명)는?

① 3000 ② 3100 ③ 3200 ④ 3300

해설 $1.8 = \dfrac{\text{수거 인부수(man)} \times \text{1일 작업시간(10hr)}}{\text{1일 평균 폐기물 발생량(5000000/300ton)}}$ ∴ 3000 man

문제 06 인구 50만명인 도시의 쓰레기발생량이 연간 160000톤인 경우 MHT는?(단, 수거인 부수는 300명, 1일 작업시간 8시간, 연간 휴가일수는 90일로 한다.)

① 2.5 ② 3.0 ③ 3.5 ④ 4.0

해설 $\text{MHT} = \dfrac{\text{1일 평균 수거 인부수(300man)} \times \text{1일 작업시간(8hr)}}{\text{1일 평균 폐기물 발생량(160000t)/(365-90일)}} = 4.1$

문제 07 어느 도시의 쓰레기 발생량이 3배로 증가하였으나 쓰레기 수거노동력(MHT)은 그대로 유지시키고자 한다. 수거시간을 50% 증가시키는 경우 수거인원은 몇 배로 증가 되어야 하는가?

① 1.5배 ② 2배 ③ 2.5배 ④ 3배

해설 $1 = \dfrac{\text{인부수(배)} \times \text{1일 작업시간(1.5배)}}{\text{1일 평균 폐기물 발생량(3배)}}$ ∴ 인부수 = 2배

문제 08 다음의 쓰레기 수거형태 중 효율이 가장 좋은 것으로 나타난 것은? (단, MHT 기준)

① 문전수거 ② 타종수거
③ 대형 쓰레기통 수거 ④ 노변수거

해설 문전수거 2.3MHT, 타종수거 0.84MHT, 대형 쓰레기통 수거 1.1MHT

문제 09 우리나라 쓰레기 수거형태 중 효율이 가장 나쁜 것은?

① 타종수거 ② 손수레 문전수거
③ 대형쓰레기통수거 ④ 블럭식 수거

해설 수거효율이 가장 좋은 것은 집 밖 이동식 타종수거이다.
문전수거 2.3MHT, 타종수거 0.84MHT, 대형 쓰레기통 수거 1.1MHT

정답 05.① 06.④ 07.② 08.② 09.②

문제 10 수거대상인구가 100000명인 지역에서 60일간 쓰레기의 수거상태를 조사한 결과 다음과 같이 조사 되었다. 이 지역의 1일 1인당 쓰레기 발생량은?

- 수거에 사용된 트럭 = 7대
- 수거횟수 = 250회/대
- 트럭의 용적 = 10m³/대
- 수거된 쓰레기의 밀도 = 400kg/m³

① 1.17kg/인-일 ② 1.43kg/인-일
③ 2.33kg/인-일 ④ 2.52kg/인-일

해설 발생량 = 처리량
발생량= 100000명 × 60일 × x 발생량 = $6000000x$
처리량= 7대 × 250회/대 × 10m³/대 × 400kg/m³ = 7000000kg
∴ $x = 1.166$kg/인·일

문제 11 수거대상 인구가 2000명인 어느 지역에서 4일 동안 발생한 쓰레기를 수거한 결과가 다음과 같다면 이 지역의 1일 1인당 쓰레기 발생량은?

- 트럭 수 : 6대 - 트럭의 용적 : 8.0m³/대
- 적재 시 쓰레기 밀도 : 200kg/m³

① 1.0kg/인·일 ② 1.2kg/인·일
③ 1.4kg/인·일 ④ 1.6kg/인·일

해설 발생량 = 처리량
2000명 × 4일 × x = 6대 × 8m³/대 × 200kg/m³
∴ $x = 1.2$kg/인·일

문제 12 어느 도시에서 1주일 간의 쓰레기 수거상황을 조사한 결과가 다음과 같았다면 1일 1인 쓰레기 발생량(kg/cap · d)은?

- 수거 대상인구 : 600000명,
- 수거 용적 : 13124 m³,
- 적재시 밀도 : 0.5 ton/m³

① 1.1 ② 1.3 ③ 1.6 ④ 1.9

해설 발생량 = 처리량
600000인 × 7일 × x 발생량 = 13124m³ × 500kg/m³
∴ $x = 1.6$kg/cap·day

정답 10.① 11.② 12.③

문제 13 최근 10년 동안 우리나라 생활폐기물 처리방법 중 처리비율이 증가하는 것과 감소하는 것의 바른 조합은?

① 증가 : 매립,   감소 : 소각
② 증가 : 재활용, 감소 : 매립
③ 증가 : 소각,   감소 : 재활용
④ 증가 : 매립,   감소 : 재활용

문제 14 우리나라 생활폐기물의 일일 발생량으로 가장 옳은 것은?

① 0.3 kg/인   ② 1.0 kg/인
③ 2.0 kg/인   ④ 3.0 kg/인

해설 우리나라 1인 1일 쓰레기발생량은 약 1.0 kg/man·day 이다.

문제 15 쓰레기 발생량이 3kg/인·day인 지역을 용적이 2m³인 손수레를 이용하여 2일 간격으로 전량수거하려면 한 손수레가 담당할 수 있는 최대 가옥수는?

- 쓰레기의 밀도는 500kg/m³
- 1가옥당 1.5세대
- 1세대당 5인이 거주

① 약 21   ② 약 23
③ 약 27   ④ 약 29

해설 발생량 = 처리량
3kg/인·일 × 2일 × 1.5세대 × 5인 × x가옥 = 2m³ × 500kg/m³
∴ x = 22.22가옥

문제 16 발생 쓰레기 밀도 450kg/m³, 차량적재용량 20m³, 압축비 1.8, 적재함이용률 85%, 차량대수 5대, 쓰레기 발생량 1.2kg/인·일, 수거대상지역 인구 80000인, 수거인부 15인 이며, 차량은 동시운행 될 때, 쓰레기 수거는 1주일에 최소 몇 회 이상하여야 하는가?

① 8   ② 10   ③ 12   ④ 14

해설 발생량 = 처리량
발생량 = 1.2kg/인·일 × 80000인 × 7일 = 672000kg/주
처리량 = 450kg/m³ × 20m³/대 × 1.8 × 0.85% × 5대 × x회/주 = 68850kg × x회/주
∴ x = 9.76 회/주

정답 13.② 14.② 15.② 16.②

문제 17 인구 500000인 어느 도시의 쓰레기 발생량 중 가연성이 20%라고 한다. 쓰레기 발생량이 0.6kg/인·일이고, 밀도는 0.8ton/m³, 쓰레기차의 적재용량이 15m³일 때, 가연성 쓰레기를 운반 하는데 필요한 차량은?(단, 차량은 1일 1회 운행 기준)

① 2대/일   ② 5대/일
③ 8대/일   ④ 10대/일

해설 발생량 = 처리량
500000인 $\times$ 0.2% $\times$ 0.6kg/인.일 = 800kg/m³ $\times$ 15m³ $\times$ x대/일
∴ $x = 5$대/일

문제 18 다음과 같은 조건을 가진 지역에서 쓰레기를 수거하는데 회별 소요되는 시간은?

- 1가구당 가족 수 : 4인
- 수거횟수 : 1회/주
- 한 가구당 수거 소요시간 : 0.5분
- 1일 1인당 쓰레기 발생량 : 1kg
- 수거 쓰레기량 : 14000kg/회

① 150분   ② 200분
③ 250분   ④ 300분

해설 발생량 = 처리량
4인/가구 $\times$ 1kg/인 $\times$ 7일/주 $\times$ x가구 = 14000kg/회
∴ $x = 500$가구
소요시간 = 500가구 $\times$ 0.5분 = 250분/회

문제 19 인구 10만명인 어느 도시에서 쓰레기를 소각처리하기 위해 분리수거를 하고 있다. 조사결과 아래와 같은 자료를 얻었을 때 가연성분 전량을 소각로로 운반하는 데 필요한 차량은 몇 대인가?

- 가연성: 60Wt, 불연성 40Wt
- 쓰레기차의 적재 밀도: 0.6t/m³
- 적재율: 0.8
- 수거차 일일 평균 왕복횟수: 3회/대·일
- 쓰레기 발생량: 1.8kg/인·일
- 쓰레기차의 적재 용량: 4.3m³

① 17대   ② 27대   ③ 37대   ④ 47대

해설 발생량 = 처리량
100000명 $\times$ 0.6% $\times$ 1.8kg/인.일 = 600kg/m³ $\times$ 4.3m³ $\times$ 0.8 $\times$ 3회/대 $\times$ x대
∴ $x = 17.4$대

정답 17.② 18.③ 19.①

문제 20 1일 폐기물 발생량이 2000톤인 도시에서 5톤 덤프트럭으로 쓰레기를 투기장까지 운반하고자 한다. 이들의 하루 운전시간은 8시간, 운반거리는 2km, 왕복운반시간 25분, 적재시간 25분, 적하시간 10분이며 3대의 대기차량을 고려하면 모두 몇 대의 트럭이 필요한가? (단, 기타 사항은 고려하지 않음)

① 42대 ② 53대
③ 65대 ④ 68대

해설 발생량 = 처리량

$$2000t = 5t \times \left(\frac{8\,hr/day}{25분+25분+10분}\right)회/대 \times x\,대$$

$\therefore x = 50대 + 대차량\ 3대 = 53대$

문제 21 폐기물발생량이 2000m³/day, 밀도 840kg/m³일 때, 5톤 트럭으로 운반하려면 1일 필요한 차량 수(대)는?(단, 예비차량 2대 포함, 기타 조건은 고려하지 않음)

① 334 ② 336 ③ 338 ④ 340

해설 차량대수 $= \dfrac{2000m^3/day \times 840kg/m^3}{5000kg} = 336대 + 2대 = 338대$

문제 22 폐기물처리와 관련된 설명 중 틀린 것은?

① 지역사회 효과지수(CEI)는 청소상태 평가에 사용되는 지수이다.
② 컨테이너 철도수송은 광대한 지역에서 효율적으로 적용될 수 있는 방법이다.
③ 폐기물수거 노동력을 비교하는 지표로서는 MHT(man/hr·ton)를 주로 사용한다.
④ 직접저장투하 결합방식에서 일반 부패성 폐기물은 직접 상차 투입구로 보낸다.

해설 MHT(Man Hour/Ton)는 1ton의 쓰레기를 1명의 인부가 처리하는데 걸리는 시간으로 수거효율을 나타낸다.

정답 20.② 21.② 22.③

7. 청소상태 평가

7.1 CEI(지역사회 효과지수)

① 가로의 청소상태를 기준으로 한다.
② 설정인자에는 가로의 총수, 청결상태, 청소상태의 문제점 여부를 평가한다.
③ Scale은 1~4이며 100, 75, 50, 25, 0점으로 한다.
④ 가로상태의 문제점이 있는 경우 각 10점씩 감점한다.

7.2 USI(사용자 만족도 지수)

① 사람의 만족도를 설문조사 한다.
② 80점 이상 : 양호상태
③ 60점 이상 : 좋음
④ 40점 이상 : 보통
⑤ 20점 이상 : 불양한 상태
⑥ 20점 이하 : 용납할 수 없는 상태

문제 01 청소상태의 평가법 중 서비스를 받는 사람들의 만족도를 설문조사하여 계산되는 지수의 약자로 맞는 것은?

① SEI ② CEI ③ USI ④ ESI

해설 CEI는 지역사회 효과지수를, USI는 사용자 만족도 지수를 나타낸다.

문제 02 청소상태를 평가하는 방법 중 서비스를 받는 사람들의 만족도를 설문조사하여 계산하는 '사용자 만족도 지수'의 약자로 알맞은 것은 어느 것인가?

① USI ② UAI
③ CEI ④ CDI

해설 CEI는 지역사회 효과지수를, USI는 사용자 만족도 지수를 나타낸다.

정답 01.③ 02.①

문제 03 청소상태와 관련된 지표로서 CEI(Community Effect Index) 산정 시 사용되는 인자와 가장 거리가 먼 것은?

① 가로의 총수
② 가로 청소상태의 만족도
③ 가로의 청결상태
④ 가로 청소상태의 문제점 여부

해설) CEI(Community Effect Index) 설정인자에는 가로의 총수, 청결상태, 청소상태의 문제점 여부를 평가한다.

문제 04 청소상태의 평가방법에 관한 설명으로 옳지 않은 것은?

① 지역사회 효과지수는 가로 청소상태의 문제점이 관찰되는 경우 각 25점씩 감점한다.
② 지역사회 효과지수에서 가로 청결상태의 scale은 1~4로 정하여 각각 100, 75, 50, 25, 0점으로 한다.
③ 사용자 만족도 지수는 서비스를 받는 사람들의 만족도를 설문조사하여 계산되며 설문문항은 6개로 구성되어 있다.
④ 지역사회 효과지수는 가로의 청소상태를 기준으로 평가한다.

해설) 가로상태의 문제점이 있는 경우 각 10점씩 감점한다.

문제 05 청소상태와 관련된 지표인 CEI(Community Effects Index)를 계산하기 위한 식에 적용되는 인자와 가장 거리가 먼 것은?

① 가로 지역의 범위
② 가로의 총수
③ 가로의 청결상태
④ 가로 청소상태의 문제점 여부

해설) CEI(Community Effect Index) 설정인자에는 가로의 총수, 청결상태, 청소상태의 문제점 여부를 평가한다.

정답) 03.② 04.① 05.①

8. 폐기물의 수송

8.1 Pipe-line 수송

[1] 종류
① **공기수송** : 공기수송은 고층 주택 밀집지역에 적합하나 소음이 심하며 폐기물의 크기가 불균일하면 수송이 곤란하다.
　㉮ **진공수송** : 쓰레기의 배출구 측에서 흡입하는 방식으로 수송거리는 약 2km 이다.
　㉯ **가압수송** : 쓰레기를 입구 측에서 송풍기로 불어서 수송하는 방식으로 수송거리는 약 5km 이다.
② **슬러리 수송** : 쓰레기를 분쇄하여 물과 혼합하여 수송한다.
③ **캡슐수송** : 쓰레기를 충전한 캡슐을 수송관내에 삽입하여 공기나 물의 흐름을 이용하여 수송한다.

[2] 장점
① 완전 자동화가 가능하다.
② 분진, 소음, 진동, 악취 등의 문제를 방지할 수 있다.
③ 교통체증, 미관상의 불쾌감이 없다.
④ 폐기물 발생량이 많은 지역에서 연속 대량수송이 가능하다.
⑤ 차량수송과 비교할 때 에너지 절감효과가 있다.

[3] 단점
① 분쇄, 파쇄 등의 전처리 공정이 필요하다.
② 설비투자비가 비싸다.
③ 일단 가설된 설비는 변동이 어렵다.
④ 잘못 투입된 폐기물을 회수하기 어렵다.
⑤ 장거리 수송에 한계가 있다.
⑥ 쓰레기의 막힘, 화재, 폭발 등에 대비한 예비시스템 필요하다.
⑦ 폐기물 발생량이 적은 지역에서는 비경제적이다.

8.2 모노레일 수송

① 적환장에서 최종 처분장까지 모노레일(monorail) 철도를 이용하여 수송한다.
② 자동 무인화 가능하다.
③ 가설이 어렵고 설치투자비가 높으며 경로 변경이 어렵다.
④ 악취, 비산, 경관상의 문제로 컨테이너 수송이 요구된다.

8.3 컨베이어 수송

① 지하에 컨베이어(conveyor)를 설치해 쓰레기를 수송하는 방법이다.
② 하수도처럼 수송망을 설치하여 각 가정의 쓰레기를 처분장까지 운반한다.
③ 악취, 비산, 경관상의 문제가 없다.
④ 시설투자비가 고가이며 컨베이어 벨트가 마모되므로 내구성이 요구된다.
⑤ 전력비, 내구성 및 미생물 부착 등의 문제가 있다.
⑥ HCS(견인식 컨테이너 시스템)의 경우, 미관상 유리하며 손작업 운반이 어렵고 시간 및 경비 절약이 가능, 비위생의 문제를 제거할 수 있다.

8.4 컨테이너 수송

① 컨테이너(container)를 수거차량으로 철도역 기지까지 운반 후 철도차량으로 처분장까지 운반한다.
② 수거차의 집중과 청결한 철도역 기지의 선정이 어렵다.
③ 컨테이너의 세정이 요구되며 세정수 처리장이 있어야 한다.

문제 01 다음 중 관거를 이용한 쓰레기의 수송에 관한 설명으로 알맞지 않은 것은?

① 잘못 투입된 물건은 회수하기가 어렵다.
② 가설 후에 경로 변경이 곤란하고 설치비가 높다.
③ 자동화·무공해가 가능하고 눈에 띄지 않는다.
④ 쓰레기의 발생밀도가 높은 지역은 현실성이 없다.

해설 폐기물 발생량이 많은 지역에서 연속 대량수송이 가능하다.

문제 02 다음 중 관거를 이용한 쓰레기의 수송에 관한 설명으로 옳지 않은 것은?

① 잘못 투입된 물건은 회수하기가 어렵다.
② 가설 후에 경로변경이 곤란하고 설치비가 높다.
③ 조대쓰레기의 파쇄 등 전처리가 필요 없다.
④ 쓰레기의 발생밀도가 높은 인구밀집지역에서 현실성이 있다.

해설 조대쓰레기는 분쇄, 파쇄 등의 전처리 공정이 필요하다.

문제 03 관거 수거에 대한 다음 설명 중 옳지 않은 것은?

① 현탁물 수송은 관의 마모가 크고 동력소모가 많은 것이 단점이다.
② 캡슐수송은 쓰레기를 충전한 캡슐을 수송관내에 삽입하여 공기나 물의 흐름을 이용하여 수송하는 방식이다.
③ 공기수송은 공기의 동압에 의해 쓰레기를 수송하는 것으로서 진공수송과 가압수송이 있다.
④ 공기수송은 고층주택밀집지역에 적합하며 소음방지시설 설치가 필요하다.

해설 슬러리 수송은 공기수송에 비해 관의 마모와 동력소모가 적다.

문제 04 관거를 이용한 공기수송에 관한 설명으로 틀린 것은?

① 공기의 동압에 의해 쓰레기를 수송한다.
② 고층주택밀집지역에 적합하다.
③ 지하 매설로 수송관에서 발생되는 소음에 대한 방지시설이 필요 없다.
④ 가압수송은 송풍기로 쓰레기를 불어서 수송하는 것으로 진공수송보다 수송거리를 길게 할 수 있다.

해설 공기수송은 고층주택밀집지역에 적합하며 소음방지시설 설치가 필요하다.

정답 01.④ 02.③ 03.① 04.③

문제 05 관거(pipe line)를 이용하여 쓰레기를 수거할 때의 단점으로 가장 거리가 먼 것은?

① 가설 후에 경로변경이 곤란하고 설치비가 비싸다.
② 대형 쓰레기는 파쇄·압축 등의 전처리를 해야 한다.
③ 2.5km 이내의 단거리 이송은 경제성 문제로 현실성이 없다.
④ 쓰레기의 발생밀도가 높은 인구밀집지역 및 아파트지역 등에서 현실성이 있다.

> **해설** 폐기물 발생량이 많은 지역에서 단거리 수송에 적합하다.

문제 06 하수도처럼 수송망을 설치하여 각 가정의 쓰레기를 처분장까지 운반하는 수송수단은?

① 컨베이어 수송
② 관거를 이용한 수송
③ 모노레일 수송
④ 컨테이너 수송

> **해설** 지하에 컨베이어(conveyor)를 설치해 하수도처럼 수송망을 설치하여 각 가정의 쓰레기를 처분장까지 운반한다.

문제 07 새로운 쓰레기 수집 시스템에 관한 설명으로 틀린 것은?

① 모노레일 수송: 쓰레기를 적환장에서 최종처분장까지 수송하는 데 적용할 수 있다.
② 컨베이어 수송: 지상에 설치된 컨베이어를 사용하며 시설비가 저렴한 장점이 있다.
③ 관거를 이용한 수거: 공기구송, 물과 혼합하여 수송하는 슬러리 수송, 캡슐 수송 등이 있다.
④ 관거를 이용한 수거: 쓰레기 발생밀도가 높은 지역에서 현실성이 있다.

> **해설** 지하에 컨베이어(conveyor)를 설치해야 하므로 시설비가 많이 든다.

문제 08 새로운 쓰레기 수거 시스템인 관거수거방법 중 공기수송에 대한 설명으로 옳지 않은 것은?

① 공기수송은 고층주택 밀집지역에 적합하며 소음방지 시설이 필요하다.
② 진공수송은 쓰레기를 받는 쪽에서 흡인하여 수송하는 것으로 진공압력은 $15\,kgf/cm^2$ 이상이다.
③ 진공수송은 경제적인 수집거리는 약 2km 정도이다.
④ 가압수송은 쓰레기를 불어서 수송하는 방법으로 진공수송보다는 수송거리를 더 길게 할 수 있다.

> **해설** 진공압력은 $15\,kgf/cm^2$ 이하이다.

정답 05.③ 06.① 07.② 08.②

문제 09 쓰레기 수송방법 중 가장 위생적인 수송방법은 어느 것인가?

① mono-rail
② conveyor
③ container
④ pipeline

해설 가장 위생적인 수송방법은 관거(pipeline)수송방식이다.

문제 10 수송설비를 하수도처럼 개설하여 각 가정의 쓰레기를 최종처분장까지 운반할 수 있으나, 전력비, 내구성 및 미생물의 부착 등이 문제가 되는 쓰레기 수송방법은?

① Monorail 수송
② Container 수송
③ Conveyor 수송
④ 철도수송

해설 컨베이어(conveyor)수송은 하수도처럼 수송망을 설치하여 각 가정의 쓰레기를 처분장까지 운반한다.

문제 11 폐기물 수거체계 방식 가운데 하나인 HCS(견인식 컨테이너 시스템)의 장점으로 옳지 않은 것은?

① 미관상 유리하다.
② 손작업 운반이 용이하다.
③ 시간 및 경비 절약이 가능하다.
④ 비위생의 문제를 제거할 수 있다.

해설 손작업 운반이 어렵다.

정답 09.④ 10.③ 11.②

9. 폐기물 적환장

9.1 적환장의 필요성

① 적환장은 비교적 적은 수집차량에서 큰 차량으로 옮겨 싣고 장거리 수송을 할 경우 필요한 시설이다.
② 처분지가 수집 장소로부터 16km 이상 멀리 떨어져 있을 때
③ 수집차량이 소형(15m^3 이하)일 때
④ 저밀도 주거지역 있을 때
⑤ 슬러리 수송이나 공기수송 방식을 사용할 때
⑥ 불법투기와 다량의 폐기물이 발생할 때
⑦ 압축장비 등이 갖추어져 있지 않은 차량으로 수거할 때
⑧ 상업지역에서 폐기물 수집에 소형 수거용기를 많이 사용 할 때

9.2 적환장의 위치선정

① 주요 간선도로 접근이 용이한 곳
② 폐기물 발생지역의 무게중심에서 가까운 곳
③ 공중위생, 환경피해가 최소인 곳
④ 폐기물을 선별할 수 있는 공간이 충분한 곳
⑤ 작업이 용이하고 재생가능 물질의 선별이 용이한 곳
⑥ 쓰레기, 먼지 등이 날리지 않는 곳
⑦ 2차적 보조 수송수단에 연결이 쉬운 곳
⑧ 건설과 운영이 경제적인 곳

9.3 적환장의 형식

[1] 직접 투하방식(Direct discharge Transfer Station)
① 소형차에서 대형차로 직접 상차하는 방식이다.
② 소도시 지역의 수거에 적합하다.
③ 압축이 되지 않는 단점이 있다.

[2] 저장 투하방식(Storage discharge Transfer Station)
① 저장 피트에 저장한 후 불도저, 압축기 등으로 압축 후 수송차량에 상차한다.
② 대도시의 대용량 쓰레기 수거에 적합하다.
③ 수집차량의 대기시간을 단축할 수 있으나 침출수 발생 우려가 있다.

[3] 병용 투하방식(Direct and Storage discharge Transfer Station)
① 저장 투하방식과 직접 투하방식을 병용한 방식이다.
② 재활용품을 별도로 저장하여 회수율을 증대할 수 있다.

문제 01 적환장(transfer station)을 설치하는 일반적인 경우와 가장 거리가 먼 것은?

① 불법투기와 다량의 쓰레기들이 발생할 때
② 고밀도 거주지역이 존재할 때
③ 상업지역에서 폐기물수집에 소형용기를 많이 사용할 때
④ 슬러지 수송이나 공기수송 방식을 사용할 때

해설 저밀도 주거지역 있을 때 적환장을 설치한다.

문제 02 일반적으로 적환장을 설치하는 경우와 가장 거리가 먼 것은?

① 고밀도 거주지역이 존재할 때
② 상업지역에서 폐기물 수집에 소형 용기를 많이 사용할 때
③ 불법투기와 다량의 어지러진 쓰레기들이 발생할 때
④ 처분지가 수집장소로부터 멀리 떨어져 있을 때

해설 저밀도 주거지역 있을 때 적환장을 설치한다.

정답 01.② 02.①

문제 03 적환장에 관한 설명으로 옳지 않은 것은?

① 수거지점으로부터 처리장까지의 거리가 먼 경우에 중간에 설치한다.
② 슬러지수송이나 공기수송방식을 사용할 때에는 설치가 어렵다.
③ 작은 용기로 수거한 쓰레기를 대형트럭에 옮겨 싣는 곳이다.
④ 저밀도 주거지역이 존재할 때 설치한다.

해설 슬러리 수송이나 공기수송 방식을 사용할 때 적환장을 설치한다.

문제 04 적환장의 위치선점시 고려할 점이 아닌 것은?

① 수거지역의 무게중심에 가까운 곳
② 환경피해가 적은 외곽지역
③ 주요 간선도로에 근접한 곳
④ 설치 및 작업조작이 경제적인 곳

해설 환경피해가 적고 폐기물 발생지역의 무게중심에서 가까운 곳에 설치한다.

문제 05 적환 및 적환장에 관한 내용으로 알맞지 않은 것은?

① 수송차량 종류에 따라 직접적환, 간접적환, 저장적환으로 구분할 수 있다.
② 적환을 시행하는 주된 이유는 폐기물 운반거리가 연장되었기 때문이다.
③ 적환장 설계 시 사용하고자 하는 적환작업의 종류, 용량 소요량, 환경요건 등을 고려하여야 한다.
④ 적환장 설치장소는 수거하고자 하는 개별적 고형물 발생지역의 하중중심에 되도록 가까운 곳에 설치한다.

해설 적환장의 형식에 따라 직접적환, 저장적환, 병용적환으로 구분할 수 있다.

문제 06 적환장에 대한 설명으로 틀린 것은?

① 직접투하 방식은 건설비 및 운영비가 다른 방법에 비해 모두 적다.
② 저장투하 방식은 수거차의 대기시간이 직접투하방식 보다 길다.
③ 직접저장투하 결합방식은 재활용품의 회수율을 증대시킬 수 있는 방법이다.
④ 적환장의 위치는 해당지역의 발생 폐기물의 무게 중심에 가까운 곳이 유리하다.

해설 저장투하 방식은 수집차량의 대기시간을 단축할 수 있으나 침출수 발생 우려가 있다.

정답 03.② 04.② 05.① 06.②

10. 폐기물 압축

10.1 압축효과

① 폐기물을 기계적으로 압축하여 부피를 감소시키는 데 있다.
② 폐기물의 수송이 용이하고 운송비가 절감된다.
③ 매립지의 수명을 연장한다.
④ 매립지의 악취, 먼지의 비산을 감소시킨다.
⑤ 매립지의 작업이 용이하고 복토가 거의 필요 없다.

10.2 압축기의 종류

[1] 고압력 압축기
① 압력 강도는 700~35000 kN/m^2(7~350기압)범위이다.
② 밀도를 1600kg/m^3까지 압축시킬 수 있다.
③ 경제적 압축 밀도는 1000kg/m^3정도이다.

[2] 저압력 압축기
① 압력 강도는 700 kN/m^2(7기압)이하이다.
② 소규모 상가, 공장, 적환장에 사용한다.

[3] 고정압축기
① 고정압축기는 주로 수압으로 압축시킨다.
② 압축방법에 따라 수평식과 수직식 압축기로 나눌 수 있다.
③ 작동은 적하(loading), 충전(fill charging), 램압축(ram compacts)으로 진행된다.

[4] 수직식 압축기(Vertical or Console Compactors)
기계적 작동이나 유압 또는 공기압에 의해 작동하는 압축피스톤을 갖고 있다.

[5] 소용돌이식 압축기
기계적 작동이나 유압 또는 공기압에 의해 작동하는 압축피스톤을 갖고 있다.

[6] 회전식 압축기
회전판 위에 열려진 상태로 놓여 있는 백과 압축피스톤의 조합으로 구성되어 있다.

[7] 백(bag) 압축기

① 백(bag) 압축기는 다종 다양하다.
② 백(bag) 압축기 중 회분식이란 투입량을 일정량씩 수회 분리하여 간헐적인 조작을 행하는 것을 말한다.

10.3 압축비 및 부피 감소율

[1] 압축비

$$압축비(C_R) = \frac{압축\ 전\ 부피\ V_1}{압축\ 후\ 부피\ V_2} = \frac{압축\ 후\ 밀도}{압축\ 전\ 밀도} = \frac{100}{100 - 부피감소율\ V_R}$$

[2] 부피 감소율

$$부피감소율(V_R) = \left(\frac{V_1 - V_2}{V_1}\right) \times 100$$

$$= \left(1 - \frac{V_2}{V_1}\right) \times 100 = \left(1 - \frac{1}{압축비\ C_R}\right) \times 100$$

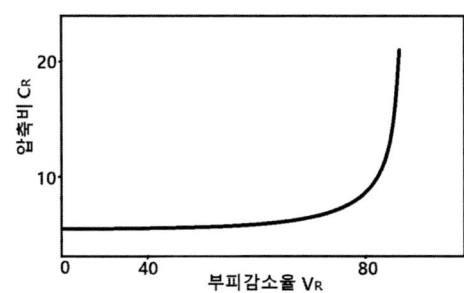

문제 01 쓰레기 압축기를 형태에 따라 구별한 것으로 틀린 것은?

① 소용돌이식 압축기　　② 충격식 압축기
③ 고정식 압축기　　　　④ 백(bag) 압축기

해설 충격파쇄기는 대개 회전타격식이나 충격식 압축기는 없다.

정답 01.②

문제 02 폐기물 압축기에 관한 설명으로 옳지 않은 것은?

① 고정압축기는 주로 공기압으로 압축시킨다.
② 고정압축기는 압축방법에 따라 수평식과 수직식 압축기로 나눌 수 있다.
③ 백(bag) 압축기는 다종 다양하다.
④ 백(bag) 압축기 중 회분식이란 투입량을 일정량씩 수회 분리하여 간헐적인 조작을 행하는 것을 말한다.

해설 고정압축기는 주로 수압으로 압축시킨다.

문제 03 폐기물 압축기에 대한 내용으로 틀린 것은 어느 것인가?

① 고정압축기는 주로 수압으로 압축시킨다.
② 고정압축기는 압축방법에 따라 수평식과 수직식 압축기로 나눌 수 있다.
③ 백(bag) 압축기는 회전판 위에 열려진 상태로 놓여 있는 백과 압축피스톤의 조합으로 구성된다.
④ 백(bag) 압축기 중 회분식이란 투입량을 일정량씩 수회 분리하여 간헐적인 조작을 행하는 것을 말한다.

해설 회전식 압축기는 회전판 위에 열려진 상태로 놓여 있는 백과 압축피스톤의 조합으로 구성된다.

문제 04 고정압축기의 작동에 대한 용어로 틀린 것은 어느 것인가?

① 적하(loading)
② 카셋용기(cassettes containing bag)
③ 충전(fill charging)
④ 램압축(ram compacts)

해설 고정압축기의 작동은 적하(loading), 충전(fill charging), 램압축(ram compacts)으로 진행된다.

문제 05 무게 10톤, 밀도 300kg/m³인 폐기물을 밀도 800kg/m³로 압축하였다면 압축비는?

① 2.16
② 2.43
③ 2.67
④ 2.92

해설 압축비$(C_R) = \dfrac{\text{압축 전 부피 } V_1}{\text{압축 후 부피 } V_2} = \dfrac{\text{압축 후 밀도}}{\text{압축 전 밀도}} = \dfrac{800}{300} = 2.67$

정답 02.① 03.③ 04.② 05.③

문제 06 밀도가 150kg/m³인 쓰레기 10ton을 압축시켰더니 압축비가 3이였다. 최종 부피는?

① 22.2m³ ② 24.2m³
③ 26.7m³ ④ 28.7m³

해설) 압축비(C_R) $3 = \dfrac{압축\ 전\ 부피 V_1}{압축\ 후\ 부피 V_2} = \dfrac{\dfrac{10000\text{kg}}{150\text{kg/m}^3}}{x}$ ∴ $x = 22.22 m^3$

문제 07 압축비가 5인 쓰레기의 부피 감소율은?

① 50% ② 80% ③ 90% ④ 95%

해설) 부피감소율 $V_R = (1 - \dfrac{1}{압축비\ 5}) \times 100 = 80\%$

문제 08 밀도가 400kg/m³인 폐기물을 압축하여 밀도가 900kg/m³가 되도록 하였다면 압축된 폐기물 부피는?

① 초기부피의 41% ② 초기부피의 44%
③ 초기부피의 52% ④ 초기부피의 56%

해설) 압축된 폐기물 부피 $= \left(\dfrac{\dfrac{1}{900\text{kg/m}^3}}{\dfrac{1}{400\text{kg/m}^3}}\right) \times 100 = 44\%$

문제 09 밀도가 400kg/m³인 쓰레기 10ton을 압축시켰더니 처음 부피보다 50%가 줄었다. 이 경우 Compaction ratio는 얼마인가?

① 1.5 ② 2.0 ③ 2.5 ④ 3.0

해설) 부피감소율 V_R $50\% = (1 - \dfrac{1}{압축비\ C_R}) \times 100$

$\dfrac{100}{C_R} = 100 - 50$ ∴ $C_R = 2.0$

정답 06.① 07.② 08.② 09.②

문제 10 0.41ton/m³의 밀도를 갖는 쓰레기 시료를 압축하여 밀도를 0.75ton/m³으로 증가시켰다. 이 때의 부피감소율은?

① 45% ② 48%
③ 52% ④ 55%

해설 압축비$(C_R) = \dfrac{\text{압축 전 부피 } V_1}{\text{압축 후 부피 } V_2} = \dfrac{\text{압축 후 밀도}}{\text{압축 전 밀도}} = \dfrac{0.75}{0.41} = 1.83$

부피감소율 $= (1 - \dfrac{1}{\text{압축비 } 1.83}) \times 100 = 45\%$

문제 11 어느 폐기물의 밀도가 0.45ton/m³ 이던 것을 압축기로 압축하여 0.75ton/m³로 하였다. 이 때 부피감소율(%)은 얼마인가?

① 36% ② 40%
③ 44% ④ 48%

해설 $C_R = \dfrac{0.75\,t/m^3}{0.45\,t/m^3} = 1.667$

$V_R = (1 - \dfrac{1}{\text{압축비 } C_R}) \times 100 = (1 - \dfrac{1}{1.667}) \times 100 = 40\%$

문제 12 쓰레기를 압축시켜 부피감소율이 60%인 경우 압축비는?

① 4.5 ② 3.8 ③ 3.2 ④ 2.5

해설 부피감소율 $60\% = (1 - \dfrac{1}{\text{압축비 } C_R}) \times 100$

$\dfrac{100}{C_R} = 100 - 60 \quad \therefore C_R = 2.5$

문제 13 폐기물의 부피 감소율(Volume reduction rate)이 50%에서 75%로 되었을 때 폐기물의 압축비는?

① 1.25배 증가 ② 1.5배 증가
③ 2.0배 증가 ④ 2.5배 증가

해설 압축비 $C_R = \dfrac{100}{100 - \text{부피감소율 } V_R}$

$\therefore \dfrac{100/100 - 75}{100/100 - 50} = 2\text{배 증가}$

정답 10.① 11.② 12.④ 13.③

문제 14 밀도가 a인 도시쓰레기를 밀도가 b(a < b)인 상태로 압축시킬 경우 부피(%)는 얼마인가?

① $100\left(1 - \dfrac{a}{b}\right)$ ② $100\left(1 - \dfrac{b}{a}\right)$

③ $100\left(a - \dfrac{a}{b}\right)$ ④ $100\left(b - \dfrac{b}{a}\right)$

해설 $V_R = (1 - \dfrac{V_2}{V_1}) \times 100 = (1 - \dfrac{1/b}{1/a}) \times 100 = (1 - \dfrac{a}{b}) \times 100$

문제 15 무게 100톤, 밀도 700kg/m³ 인 폐기물을 밀도 1200kg/m³로 압축 하였다면 부피 감소율(%)은?

① 41.7% ② 45.5%
③ 51.3% ④ 53.8%

해설 부피감소율(V_R) = $(1 - \dfrac{V_2}{V_1}) \times 100$

$V_R = \left(1 - \dfrac{\dfrac{100000\text{kg}}{1200\text{kg/m}^3}}{\dfrac{100000\text{kg}}{700\text{kg/m}^3}}\right) \times 100 = 41.7\%$

정답 14.① 15.①

11. 폐기물 파쇄

11.1 파쇄효과

① 입자의 비표면적이 증가하여 미생물의 분해속도가 증가한다.
② 입경분포의 균일화로 저장, 압축, 소각이 용이하다.
③ 조대 폐기물에 의한 소각로 손상을 방지한다.
④ 겉보기 비중의 증가로 수송이 용이하고 매립지 수명이 연장된다.
⑤ 매립지의 악취, 먼지의 비산을 감소시킨다.
⑥ 매립지의 작업이 용이하고 복토가 거의 필요 없다.
⑦ 매립장을 안전하고 위생적으로 관리할 수 있다.
⑧ 에너지 회수용으로 사용 시 연소효율이 높다.
⑨ 단점으로 매립 시 고농도의 침출수가 발생할 수 있다.

11.2 파쇄 원리

① 전단작용에 의한 파쇄
② 충격작용에 의한 파쇄
③ 압축작용에 의한 파쇄
④ 분쇄물의 크기(대→소)
　　jaw crusher → cone crusher → ball mill

11.3 파쇄기 종류

[1] 전단파쇄기(Shear Shredder)

① 고정칼, 왕복 또는 회전칼의 교합에 의하여 폐기물을 전단한다.
② 주로 목재류, 플라스틱류, 고무 및 종이를 파쇄 하는데 이용된다.
③ 충격파쇄기에 비하여 파쇄속도가 느리다.
④ 충격파쇄기에 비하여 이물질의 혼입에 약하다.
⑤ 충격파쇄기에 비하여 파쇄물의 크기를 고르게 할 수 있다.
⑥ 폭발 위험성이 없다.

[2] 충격파쇄기(Hammer Shredder)
① 충격파쇄기는 대개 회전타격식이다.
② 유리나 목질류 등을 파쇄 하는데 이용된다.
③ 해머밀(hammer mill) 파쇄기는 회전충격파쇄기다.
④ 파쇄속도가 빠르다.
⑤ 소음과 분진발생량이 많고 폭발 위험성이 있다.
⑥ 터브 그라인더(tub grinder)는 발생원에서 현장처리를 할 수 있는 일종의 이동식 해머밀 파쇄기이다.
⑦ 전형적인 터브 그라인더(tub grinder)는 투입구 직경이 크다는 특징을 가진다.

[3] 압축파쇄기
① 파쇄기의 마모가 적고 비용이 적게 소요되는 장점이 있다.
② 금속, 고무의 파쇄는 어렵다.
③ 나무, 플라스틱류, 콘크리트덩이, 건축폐기물의 파쇄에 이용된다.
④ rotary mill식, impact crusher 등이 있다.

[4] 냉각파쇄기
① 파쇄기의 발열 및 열화를 방지한다.
② 유기물을 고순도, 고회수율로 회수가 가능하다.
③ 복합재질의 성분별 선택 파쇄가 가능하다.
④ 투자비가 크므로 특수용도로 주로 활용된다.

[5] 습식파쇄기
① 폐기물에 물을 가한 후 서서히 회전시킴으로써 폐기물이 서로 부딪치게 하여 파쇄 한다.
② 바닥의 커팅날의 회전에 의해 폐기물을 잘게 파쇄 한다.
③ 폐기물을 물과 섞어 잘게 부순 뒤 물과 분리하여 용적을 감소시킨다.
④ 종이류가 많은 폐기물의 파쇄에 용이하다.

문제 01 전처리로서 파쇄에 의하여 얻어질 수 있는 효과에 대하여 설명한 것 중 가장 거리가 먼 것은?

① 대형폐기물 등에 대해서는 운반경비를 절감 가능
② 소각로 등의 폐쇄현상을 방지하는 것이 가능
③ 밀도를 적게하여 처리장치를 최소화하는 것이 가능
④ 혼합물을 균일화하여 반응 촉진

해설 겉보기 비중의 증가로 수송이 용이하고 매립지 수명이 연장된다.

문제 02 쓰레기를 파쇄하여 매립할 때의 이점으로 틀린 것은 어느 것인가?

① 곱게 파쇄하면 매립시 복토가 필요없거나 복토요구량이 절감된다.
② 매립시 안정적인 혐기성 조건을 유지하여 냄새가 방지된다.
③ 매립작업이 용이하고 압축장비가 없어도 고밀도의 매립이 가능하다.
④ 폐기물 입자의 표면적이 증가되어 미생물작용이 촉진된다.

해설 매립시 안정적인 호기성 조건을 유지하여 냄새가 방지된다.

문제 03 고형폐기물의 파쇄처리로 기대할 수 있는 효과가 아닌 것은?

① 용적감소
② 겉보기 비중의 증가
③ 부식효과 억제
④ 입경의 고른 분포

해설 입자의 비표면적이 증가하여 미생물의 분해속도가 증가한다.

문제 04 폐기물 파쇄 및 분쇄의 목적으로 옳지 않은 것은?

① 입경분포의 균일화
② 비표면적의 감소
③ 유기물의 분리
④ 겉보기 비중의 증가

해설 입자의 비표면적이 증가하여 미생물의 분해속도가 증가한다.

문제 05 쓰레기 파쇄(shredding)에 대한 설명으로 가장 거리가 먼 것은?

① 압축 시 밀도증가율이 크므로 운반비가 감소된다.
② 조대쓰레기에 의한 소각로의 손상을 방지해 준다.
③ 곱게 파쇄하면 매립 시 복토요구량이 증가된다.
④ 파쇄에 의한 물질별 분리로 고순도의 유가물 회수가 가능하다.

해설 매립지의 작업이 용이하고 복토가 거의 필요 없다.

정답 01.③ 02.② 03.③ 04.② 05.③

문제 06 건식파쇄인 전단파쇄기에 관한 설명으로 틀린 것은?

① 주로 목재류, 플라스틱류 및 종이를 파쇄하는 데 이용된다.
② 고정칼, 왕복 또는 회전칼과의 교합에 의하여 폐기물을 전단한다.
③ 전단파쇄기는 헤머밀이 대표적으로 impact crusher 등이 있다.
④ 충격파쇄기에 비하여 파쇄속도가 느리고 이물질의 혼입에 약하다.

해설 압축파쇄기는 rotary mill식, impact crusher 등이 있다.

문제 07 건식 전단파쇄기에 관한 설명으로 틀린 것은?

① 고정칼, 왕복 도는 회전칼의 교합에 의하여 폐기물을 전단한다.
② 충격파쇄기에 비하여 파쇄속도가 빠르다.
③ 충격파쇄기에 비하여 이물질의 혼입에 약하다.
④ 충격파쇄기에 비하여 파쇄물의 크기를 고르게 할 수 있다.

해설 충격파쇄기에 비하여 파쇄속도가 느리다.

문제 08 취성도가 낮은 쓰레기는 전단파쇄가 유효하다. 취성도를 가장 바르게 나타낸 것은?

① 압축강도와 인장강도의 비로 나타낸다.
② 인장강도와 전단강도의 비로 나타낸다.
③ 충격강도와 전단강도의 비로 나타낸다.
④ 충격강도와 압축강도의 비로 나타낸다.

해설 취성도는 파쇄 시 소성변형 없이 파쇄 되는 정도를 나타낸다.

문제 09 폐기물파쇄기에 관한 설명으로 틀린 것은?

① 충격파쇄기는 유리나 목질류 등을 파쇄하는데 이용된다.
② 충격파쇄기는 대개 왕복타격식이다.
③ 전단파쇄기는 충격파쇄기에 비해 파쇄물의 크기를 고르게 할 수 있다.
④ 전단파쇄기는 충격파쇄기에 비해 이물질 혼입에 약하다.

해설 충격파쇄기는 대개 회전타격식이다.

정답 06.③ 07.② 08.① 09.②

문제 10 폐기물 파쇄에 대한 설명 중 틀린 것은?

① 터브 그라인더(tub grinder)는 발생원에서 현장처리를 할 수 있는 일종의 이동식 해머밀 파쇄기이다.
② 전단파쇄기는 해머밀 파쇄기보다 저속으로 운전된다.
③ 전형적인 터브 그라인더(tub grinder)는 투입구 직경이 크다는 특징을 가진다.
④ 해머밀 파쇄기는 반대방향으로 회전하는 두 개의 칼날작용으로 균일한 파쇄가 가능하다.

해설 해머밀(hammer mill) 파쇄기는 회전충격파쇄기다.

문제 11 파쇄기에 관한 설명으로 옳지 않은 것은?

① 전단파쇄기 : 충격파쇄기에 비해 이물질의 혼입에 약하다.
② 충격파쇄기 : 유리나 목질류 등을 파쇄하는데 사용한다.
③ 전단파쇄기 : 충격파쇄기에 비해 파쇄속도가 빠르다.
④ 충격파쇄기 : 대개 회전식이다.

해설 충격파쇄기에 비하여 파쇄속도가 느리다.

문제 12 파쇄기의 마모가 적고 비용이 적게 소요되는 장점이 있으나, 금속, 고무의 파쇄는 어렵고, 나무나 플라스틱류, 콘크리트덩이, 건축폐기물의 파쇄에 이용되며, rotary mill식, impact crusher 등이 해당되는 파쇄기는?

① 충격파쇄기
② 습식파쇄기
③ 왕복전단파쇄기
④ 압축파쇄기

해설 압축파쇄기는 rotary mill식, impact crusher 등이 있다.

문제 13 냉각파쇄기에 대한 설명으로 틀린 것은?

① 파쇄기의 발열 및 열화를 방지한다.
② 유기물을 고순도, 고회수율로 회수가 가능하다.
③ 복합재질의 선택 파쇄는 불가능하다.
④ 투자비가 크므로 특수용도로 주로 활용된다.

해설 냉각온도의 조절로 복합재질의 성분별 선택 파쇄가 가능하다.

정답 10.④ 11.③ 12.④ 13.③

문제 14 분쇄기들 중 그 분쇄물의 크기가 큰 것에서부터 작아지는 순서로 옳게 나열한 것은?

① Jaw Crusher-Cone Crusher-Ball Mill
② Cone Crusher-Jaw Crusher-Ball Mill
③ Ball Mill-Cone Crusher-Jaw Crusher
④ Cone Crusher-Ball Mill-Jaw Crusher

해설 분쇄물의 크기(대→소); jaw crusher → cone crusher → ball mill

정답 14.①

11.4 파쇄 에너지

[1] 킥의 법칙(Kick's Law)

① 파쇄 에너지의 3대 법칙에는 킥의 법칙(Kick's Law), 리팅거의 법칙(Rittinger's Law), 본드의 법칙(Bond's Law)이 있다.

② Kick's Law의 파쇄 에너지(E, 동력)

$$E = C \ln\left(\frac{L_1}{L_2}\right)$$

여기서, C : 상수
L_1 : 파쇄 전 입자크기
L_2 : 파쇄 후 입자크기

[2] Rosin-Rammler 모델에 의한 특성입자 크기

$$Y = 1 - \exp\left[-\left(\frac{X}{X_0}\right)^n\right]$$

여기서, Y : 크기가 X보다 작은 폐기물의 총 누적분율(%)
X : 폐기물 입자의 크기(cm)
X_0 : 특성입자의 크기(cm)
n : 상수

[3] 입경분포

① **평균입경**(d_{50}) : 입도 누적곡선에서 입자 50%를 통과시킨 체눈의 크기

② **유효입경**(d_{10}) : 입도 누적곡선에서 입자 10%를 통과시킨 체눈의 크기

③ **특성입경**($d_{63.2}$) : 입도 누적곡선에서 입자 63.2%를 통과시킨 체눈의 크기

④ **균등계수**(U) : $U = \dfrac{d_{60}}{d_{10}}$

⑤ **곡률계수**(C) : $C = \dfrac{d_{30}^2}{d_{10} \times d_{60}}$

문제 01 50ton/hr 규모의 시설에서 평균크기가 30.5cm인 혼합된 도시 폐기물을 최종크기 5.1cm로 파쇄하기 위해 필요한 동력(kW)은 얼마인가? (단, 평균크기를 15.2cm에서 5.1cm로 파쇄하기 위한 에너지 소모율은 15 kW·hr/ton 이며, 킥의 법칙을 적용 하시오.)

① 약 1033 kW   ② 약 1156 kW
③ 약 1228 kW   ④ 약 1345 kW

해설 $E = 상수\,C \ln\left(\dfrac{파쇄\,전\,입자크기\,(L_1)}{파쇄\,후\,입자크기\,(L_2)}\right)$

$15\,\text{kW·hr/ton} = C \ln\left(\dfrac{15.2\text{cm}}{5.1\text{cm}}\right)$

$\therefore 상수\ C = \dfrac{15\,\text{kW·hr/ton}}{\ln\left(\dfrac{15.2\text{cm}}{5.1\text{cm}}\right)} = 13.7356\,\text{kW·hr/ton}$

$E = 13.7356\,\text{kW·hr/ton} \times \ln\left(\dfrac{30.5\text{cm}}{5.1\text{cm}}\right) = 24.5659\,\text{kW·hr/ton}$

동력(kW) $= 24.5659\,\text{kW·hr/ton} \times 50\,\text{ton/hr} = 1228.30\,\text{kW}$

문제 02 최소 크기가 10cm인 폐기물을 2cm로 파쇄하고자 할 때 kick's 법칙에 의한 소요동력은 동일폐기물을 4cm로 파쇄할 때 소요되는 동력의 몇 배인가?(단, n=1로 가정한다.)

① 약 1.8배   ② 약 2.3배
③ 약 2.6배   ④ 약 3.2배

해설 $E = 상수\,C\,\ln\left(\dfrac{파쇄\,전\,입자크기\,(L_1)10cm}{파쇄\,후\,입자크기\,(L_2)2cm}\right) = 1.61\,\text{kw}$

$E = 상수\,C\,\ln\left(\dfrac{파쇄\,전\,입자크기\,(L_1)10cm}{파쇄\,후\,입자크기\,(L_2)4cm}\right) = 0.91\,\text{kw}$

$\therefore \dfrac{1.61\,kw}{0.91\,kw} = 1.77배$

정답 01.③   02.①

문제 03 쓰레기를 파쇄할 때 90% 이상을 3.8cm보다 작게 파쇄하려고 하는 경우, Rosin–Rammler Model에 의한 특성입자의 크기는? (단, n=1)

① 약 1.2cm ② 약 1.7cm
③ 약 2.3cm ④ 약 2.6cm

해설
$$Y = 1 - \exp\left[-\left(\frac{X}{X_o}\right)^n\right]$$
$$0.90 = 1 - \exp\left[-\left(\frac{3.8cm}{X_o}\right)^1\right]$$
$$\exp\left(-\frac{3.8cm}{X_o}\right) = 1 - 0.9$$
$$\therefore \text{특성입자 크기 } X_o = \frac{-3.8cm}{\ln(1-0.90)} = 1.65cm$$

문제 04 X_{90}=4.6cm로 도시폐기물을 파쇄 하고자 할 때 Rosin–Rammler 모델에 의한 특성입자 크기 X_o(cm)는 얼마인가? (단, n=1로 가정)

① 1.2cm ② 1.6cm
③ 2.0cm ④ 2.3cm

해설
$$Y = 1 - \exp\left[-\left(\frac{X}{X_o}\right)^n\right]$$
$$0.90 = 1 - \exp\left[-\left(\frac{4.6cm}{X_o}\right)^1\right]$$
$$\exp\left(-\frac{4.6cm}{X_o}\right) = 1 - 0.9$$
$$\therefore \text{특성입자 크기 } X_o = \frac{-4.6cm}{\ln(1-0.90)} = 2.0cm$$

문제 05 파쇄시의 에너지 소모량을 예측하기 위한 여러 모델들 중 다음 식의 형태로 요약되는 법칙과 관계가 없는 것은 어느 것인가?

$$\frac{dE}{dL} = -CL^{-n}$$
(단, E : 폐기물 파쇄에너지, L : 입자의 크기, n : 상수, C : 상수)

① Rittinger의 법칙 ② Kick의 법칙
③ Caster의 법칙 ④ Bond의 법칙

해설 파쇄에 대한 법칙은 Rittinger의 법칙, Kick의 법칙, Bond의 법칙이 있다.

정답 03.② 04.③ 05.③

문제 06 지정폐기물인 폐석면의 입도를 분석한 결과에 의하면 d_{10}=3mm, d_{30}=6mm, d_{60}=12mm 그리고 d_{90}=15mm이었다. 이 때 균등계수와 곡률계수는 각각 얼마인가?

① 1, 0.5   ② 1, 1.0   ③ 4, 0.5   ④ 4, 1.0

해설 균등계수 $U = \dfrac{d_{60}}{d_{10}} = \dfrac{12mm}{3mm} = 4.0$

곡률계수 $C = \dfrac{d_{30}^2}{d_{10} \times d_{60}} = \dfrac{(6mm)^2}{(3mm \times 12mm)} = 1.0$

정답 06.④

12. 폐기물 선별

12.1 선별효율

두 가지 성분을 투입하고 분리하는 경우 Worrell식 및 Rietema식에 의한 선별효율(%)은 다음과 같다.

- **Worrell식 선별효율(E_W)**

$$E_W = \left(\frac{X_1}{X_t} \times \frac{Y_2}{Y_t}\right) \times 100$$

- **Rietema식 선별효율(E_R)**

$$E_R = \left(\frac{X_1}{X_t} - \frac{Y_1}{Y_t}\right) \times 100$$

여기서, X_1: 회수량 중 회수대상물질 Y_1: 회수량 중 제거대상물질
X_2: 제거량 중 회수대상물질 Y_2: 제거량 중 제거대상물질
X_t: 총 회수대상물질 Y_t: 총 제거대상물질

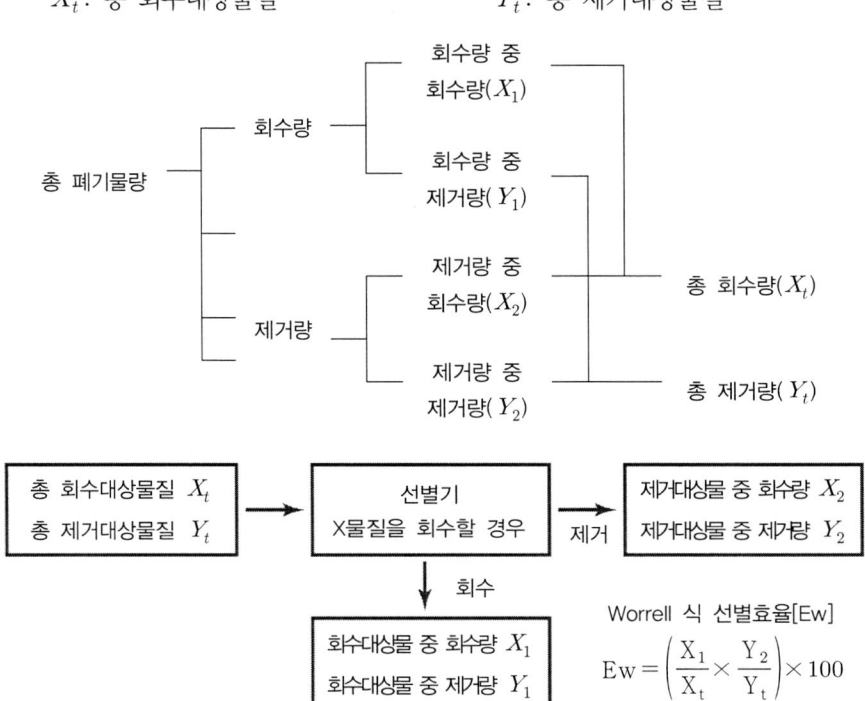

예를 들면, 다음 물질회수율 중 어느 물질이 더 선별효율(%)이 높은가?
단, Worrell식을 적용한다.

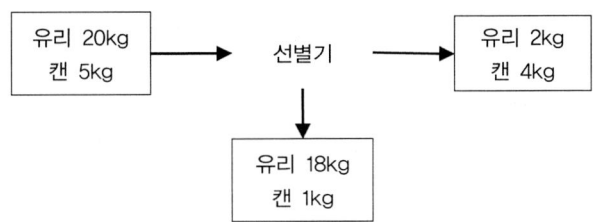

㉮ 유리 선별효율$(E) = (\frac{18}{20} \times \frac{4}{5}) \times 100 = 72\%$

㉯ 캔 선별효율$(E) = (\frac{1}{5} \times \frac{2}{20}) \times 100 = 2\%$

따라서, 캔보다 유리의 선별효율이 70% 높다.

12.2 트롬멜(회전체, Trommel) 스크린

① 원통형 체의 길이방향 구멍을 다르게 하여 수평보다 5° 전후의 경사를 주고 회전시켜 선별한다.
② 원통의 경사가 작을수록 선별효율은 증가한다.
③ 회전식과 왕복진동식이 있다.
④ 최적속도(rpm) = 임계속도(Nc) × 0.45
⑤ 임계속도(rpm) $Nc = \sqrt{\frac{g}{4\pi^2 r}} \times 60 = \frac{1}{2\pi}\sqrt{\frac{g}{r}} \times 60$

　여기서, g : 중력가속도$(9.8m/\sec^2)$　　r : 반지름

⑥ Trommel은 경사각이 클수록, 회전속도가 증가할수록 선별효율이 낮아진다.
⑦ 길이가 길수록 직경이 클수록 선별효율이 증가한다.
⑧ 수분의 함량이 높을수록 분리효율이 저하하나 슬러리 형태가 되면 분리가 용이하다.

문제 01 다음 조건인 경우 Worrell식 및 Rietema식에 의한 선별효율(%)은?

- 총 투입 폐기물량 : 200톤
- 회수량 : 160톤
- 회수량 중 회수대상물질 : 140톤
- 제거량 중 제거대상물질 : 30톤

① $E_W = 53.3$ $E_R = 50.3$ ② $E_W = 50.3$ $E_R = 53.3$
③ $E_W = 53.3$ $E_R = 56.3$ ④ $E_W = 56.0$ $E_R = 53.3$

 해설

총 투입 폐기물량 : 200톤	
회수량 중	제거량 중
회수량 160톤	제거량 40톤
회수대상물질(X_1) 140톤	회수대상물질(X_2) 10톤
제거대상물질(Y_1) 20톤	제거대상물질(Y_2) 30톤
총 회수대상물질(X_t) 150톤	
총 제거대상물질(Y_t) 50톤	

① Worrell식 선별효율(E_W)

$$E_W = \left(\frac{X_1}{X_t} \times \frac{Y_2}{Y_t}\right) \times 100 \quad \therefore E_W = \left(\frac{140}{150} \times \frac{30}{50}\right) \times 100 = 56\%$$

② Rietema식 선별효율(E_R)

$$E_R = \left(\frac{X_1}{X_t} - \frac{Y_1}{Y_t}\right) \times 100 \quad \therefore E_R = \left(\frac{140}{150} - \frac{20}{50}\right) \times 100 = 53.33\%$$

문제 02 도시폐기물을 입자 크기별로 분류하기 위하여 회전식 원통 스크린(Trommel)을 많이 이용한다. Trommel 스크린에 대한 설명 중 옳지 않은 것은?

① 원통 내로 압축공기를 송입할 수 있다.
② 원통의 체로 수평으로부터 5도의 전후로 경사된 축을 중심으로 회전시켜 체분리하는 것이다.
③ 원통내 부하율(폐기물)이 증가하면 선별효율은 감소한다.
④ 파쇄입경의 차이가 작을수록 선별효과는 적어지나 선별효율은 커져 분별공정이 잘 진행된다.

정답 01.④ 02.④

문제 03 도시 폐기물의 입자 크기를 분류하기 위하여 회전식 원통 스크린(Trommel)을 많이 이용한다. Trommel 스크린에 대한 설명으로 적절치 못한 것은?

① 원통의 직경 및 길이가 길면 동력 소모가 많고 효율도 떨어진다.
② 원통의 경사도가 크면 효율이 떨어지고 부하율도 커진다.
③ 회전속도의 경우 어느 정도 까지는 증가할수록 선별효율이 증가하나 그 이상이 되면 원심력에 의해 막힘현상이 일어난다.
④ 임계회전속도와 최적회전속도와의 관계는 경험적으로 [임계회전속도×0.45=최적회전속도]로 나타낼 수 있다.

해설 길이가 길수록 직경이 클수록 선별효율이 증가한다.

문제 04 도시폐기물의 선별작업에서 가장 많이 사용되는 트롬멜스크린의 선별효율에 영향을 주는 인자와 가장 거리가 먼 것은?

① 회전속도　　② 진동속도
③ 폐기물부하　④ 체의 눈 크기

해설 진동속도는 선별효율과 무관하다.

문제 05 쓰레기 선별에 사용되는 직경이 3.2m인 트롬멜 스크린의 최적속도는?

① 11rpm　　② 15rpm
③ 19rpm　　④ 24rpm

해설 최적속도(rpm) = 임계속도 × 0.45

임계속도(rpm) $Nc = \sqrt{\dfrac{g}{4\pi^2 r}} \times 60 = \dfrac{1}{2\pi}\sqrt{\dfrac{g}{r}} \times 60$

$Nc = \dfrac{1}{2\pi}\sqrt{\dfrac{9.8}{1.6}} \times 60 = 23.63\ rpm \times 0.45 = 11 rpm$

문제 06 트롬멜 스크린에 관한 설명으로 옳지 않은 것은?

① 스크린의 경사도가 크면 효율이 떨어지고 부하율도 커진다.
② 최적속도는 경험적으로 임계속도×0.45 정도이다.
③ 스크린 중 유지관리상의 문제가 적고, 선별효율이 좋다.
④ 스크린의 경사도는 대개 20~30° 정도이다.

해설 원통형 체의 길이방향 구멍을 다르게 하여 수평보다 5° 전후의 경사를 주고 회전시켜 선별한다.

정답 03.① 04.② 05.① 06.④

문제 07 트롬멜 스크린에 관한 설명으로 틀린 것은?

① 회전속도는 임계속도 이상으로 운전할 때가 최적이다.
② 선별효율이 좋고 유지관리상의 문제가 적다.
③ 경사도가 크면 효율도 떨어지고 부하율도 커지며 대게 2~3° 정도이다.
④ 길이가 길면 효율은 증진되나 동력소모가 많다.

해설 최적속도(rpm) = 임계속도 × 0.45

정답 07.①

12.3 스토너(Stoners)

① 약간 경사진 판에 진동을 줄 때 무거운 것이 빨리 판의 경사면 위로 올라가는 원리를 이용한다.
② 원래 밀 등의 곡물에서 돌이나 기타 무거운 물질을 제거하기 위하여 고안되었다.
③ 퇴비 중 유리조각 추출시와 같이 무거운 물질을 선별할 때 주로 사용한다.
④ 공기가 유입되는 다공진동판으로 구성되어 있다.
⑤ 상당히 좁은 입자크기분포 범위 내에서 밀도선별기로 작용한다.
⑥ 중요한 운전변수는 다공판의 기울기와 공기의 유량이다.

12.4 Secators

물렁거리는 가벼운 물질로부터 딱딱한 물질을 선별하는데 사용하며 경사진 컨베이어를 통해 폐기물을 주입시켜 천천히 회전하는 드럼위에 떨어뜨려 분류하는 방법이다.

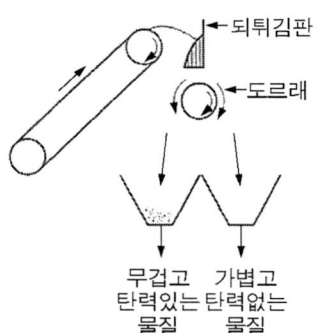

12.5 와전류 선별

① 와전류식(과전류 선별, eddy current separation) 선별은 전자석유도에 관한 패러데이 법칙을 기초로 한다.
② 와전류는 시간적으로 변화하는 자장 속에 놓인 도체의 내부에 전자유도에 의해 생기는 와상의 전류이다.
③ 비철금속의 분리, 회수에 이용된다.
④ 자력선을 도체가 스칠 때에 진행방향과 직각방향으로 힘이 작용하는 것을 이용한다.
⑤ 연속적으로 변화하는 자장 속에 비자성이며 전기전도성이 좋은 금속인 구리, 알루미늄, 아연 등을 넣으면 금속 내에 소용돌이 전류가 발생하여 반발력이 생기는데 이 반발력 차를 이용하여 분리시킨다.
⑥ 자속이 두 개 있으면 고유저항, 도자율 등의 물성의 차이에서 반발력 크기에 차이가 생기기 때문에 비자성의 도체의 분리가 가능하다.
⑦ 비자성이고 전기전도도가 좋은 물질을 와전류현상에 의해 다른 물질에서 분리할 수 있다.

12.6 Jigs

물속의 스크린상에서 비중이 다른 입자의 층을 통과하는 액류를 상하로 맥동시켜서 층의 팽창수축을 반복하여 무거운 입자는 하층으로 가벼운 입자는 상층으로 이동시켜 분리하는 중력분리 방법이다.
사금선별을 위해 오래 전부터 사용되던 습식 선별방법이다.

12.7 Optical Sorting(광학적 분리)

① 물질이 갖는 광학적 특성 즉, 색의 차를 이용하여 선별하는 원리이다.
② 돌, 코르크 등의 불투명한 것과 유리 같은 투명한 것의 분리에 이용된다.

12.8 공기선별

① zigzag 공기선별기는 컬럼의 난류를 발달시켜 선별효율을 증진시킨 것이다.
② 풍력선별기는 비중 차이에 의하여 분리되며, 전형적인 공기/폐기물비는 2~7이다.
③ 펄스풍력선별기는 유속의 변화를 이용하는 장치이다.

12.9 Table

① 물질의 비중차를 이용하는 방법이다.
② 약간 경사진 평판에 폐기물을 흐르게 한 후 좌우로 빠른 진동과 느린 진동을 주어 분류한다.

12.10 관성선별

① 분쇄된 폐기물을 중력이나 탄도학을 이용하여 선별한다.
② 가벼운 것(유기물)과 무거운 것(무기물)을 분리한다.

12.11 손 선별

① 사람이 직접 손으로 선별하는 방법이다.
② 정확도가 높고 파쇄공정 유입 전 폭발가능 위험물질을 분류할 수 있는 장점이 있다.

12.12 진동스크린 선별

① 진동하는 스크린으로 혼합물을 체분리한다.
② 주로 골재 분리에 많이 이용하며 체경이 박히는 문제가 발생할 수 있다.

12.13 정전기적 선별

① 물질의 정전작용을 이용하여 물질을 회수하는 방법이다.
② 플라스틱에서 종이를 선별할 수 있는 데 수분을 흡수한 종이는 전도체, 플라스틱은 비전도체가 된다.

12.14 습식 분류법

① 폐기물을 물에 넣어 비중차를 이용하여 분리한다.
② 유기물을 분류시키고자 하는 경우, 폐지로부터 펄프를 만들기 위한 경우에 사용한다.
③ 습식방법에 의하여 분류된 물질은 건식에 의한 것보다 폭발의 위험성과 먼지가 적다.
④ 습식분류법은 비경제적이며 일반적으로 사용하지 않는다.

12.15 Fluidized bed separators

① 유동층에 의한 비중 차를 이용하여 선별한다.
② 분쇄(Pulverize)한 전기줄로부터 금속을 회수하거나 분쇄된 자동차나 연소재로부터 알루미늄, 구리 등을 회수한다.

12.16 자력선별

① 영구자석 또는 전자석의 자력을 이용하는 원리이다.
② 일반적으로 철의 분리에 많이 이용된다.
③ 자력의 단위로 T(테슬라)를 사용한다.

문제 01 선별기 중에서 스토너(Stoner)에 관한 설명으로 틀린 것은?

① 원래 밀 등의 곡물에서 돌이나 기타 무거운 물질을 제거하기 위하여 고안되었다.
② 공기가 유입되는 다공진동판으로 구성되어 있다.
③ 상당히 넓은 입자크기 분포 범위에서 밀도 선별기로 작용한다.
④ 중요한 운전변수는 다공판의 기울기와 공기의 유량이다.

해설 상당히 좁은 입자크기분포 범위 내에서 밀도선별기로 작용한다.

문제 02 약간 경사진 판에 진동을 주어 무거운 것이 빨리 경사판 위로 올라가는 원리를 이용한 폐기물 선별 장치는?

① Stoners
② Secators
③ Bed separator
④ Jigs

해설 Stoners의 중요한 운전변수는 다공판의 기울기와 공기의 유량이다.

문제 03 선별기인 스토너(stoner)에 관한 설명으로 가장 거리가 먼 것은?

① 퇴비 중 유리조각 추출시와 같이 물렁거리는 가벼운 물질로부터 딱딱한 물질을 선별할 때 주로 사용한다.
② 공기가 유입되는 다공진동판으로 구성되어 있다.
③ 상당히 좁은 입자크기분포 범위내에서 밀도선별기로 작용한다.
④ 중요한 운전변수는 다공판의 기울기와 공기의 유량이다.

해설 퇴비 중 유리조각 추출시와 같이 무거운 물질을 선별할 때 주로 사용한다.

문제 04 물렁거리는 가벼운 물질로부터 딱딱한 물질을 선별하는데 사용하는 선별분류법은?

① Jigs
② Table
③ Secators
④ Stoners

해설 Secator는 회전하는 드럼위에 떨어뜨려 분류하는 방법이다.

정답 01.③ 02.① 03.① 04.③

문제 05 다음 그림은 어떠한 선별기를 나타낸 것인가?

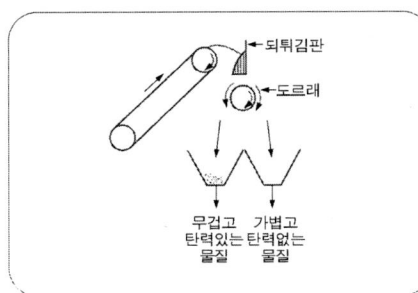

① Stoners
② Jigs
③ Secator
④ Table

해설 Secator는 회전하는 드럼위에 떨어뜨려 분류하는 방법이다.

문제 06 물렁거리는 가벼운 물질로부터 딱딱한 물질을 선별하는데 사용하는 선별분류법으로 경사진 컨베이어를 통해 폐기물을 주입시켜 천천히 회전하는 드럼 위에 떨어뜨려서 분류하는 것은?

① Jigs
② Table
③ Secators
④ Stoners

해설 Secator는 회전하는 드럼위에 떨어뜨려 분류하는 방법이다.

문제 07 비자성이고 전기전도성이 좋은 물질(동, 알루미늄, 아연)을 다른 물질로부터 분리하는데 가장 적절한 선별방식은?

① 와전류선별
② 자기선별
③ 자장선별
④ 정전기선별

해설 와전류식(과전류 선별, eddy current separation) 선별은 전자석유도에 관한 패러데이법칙을 기초로 한다.

문제 08 와전류선별기에 관한 내용과 가장 거리가 먼 것은?

① 비철금속의 분리, 회수에 이용된다.
② 자력선을 도체가 스칠 때에 진행방향과 직각방향으로 힘이 작용하는 것을 이용한다.
③ 드럼식, 벨트식, 폴리식으로 대별되며 사용 장소에 적합하게 사용한다.
④ 연속적으로 변화하는 자장 속에 비자성이며 전기전도성이 좋은 금속인 구리, 알루미늄, 아연 등을 넣으면 금속 내에 소용돌이 전류가 발생하여 반발력이 생기는데 이 반발력 차를 이용하여 분리시킨다.

해설 자력선별기의 종류는 드럼식, 벨트식, 폴리식으로 대별된다.

정답 05.③ 06.③ 07.① 08.③

문제 09 돌, 코르크 등의 불투명한 것과 유리 같은 투명한 것의 분리에 이용되는 선별방법은?

① flotation
② optical sorting
③ inertial separation
④ electrostatic separation

해설 광학적 분리는 물질이 갖는 광학적 특성 즉, 색의 차를 이용하여 선별하는 원리이다.

문제 10 '손선별'에 관한 설명으로 틀린 것은?

① 작업효율은 5~10ton/인·시간 정도이다.
② 9m/min이하의 속도로 이동하는 콘베이어 벨트의 한쪽 또는 양쪽에서 사람이 서서 선별한다.
③ 기계적인 선별보다 작업량이 떨어질 수 있다.
④ 정확도가 높고 파쇄공정으로 유입되기 전에 폭발가능물질을 분류할 수 있다.

문제 11 폐기물의 선별시 Air Classifier 는 폐기물의 어떠한 성질을 이용한 선별법인가?

① 무게 ② 색상 ③ 투명도 ④ 모양

해설 풍력선별기는 비중 차이에 의하여 분리되며, 전형적인 공기/폐기물비는 2~7이다.

문제 12 선별방식 중 습식 분류법에 대한 설명으로 옳지 않은 것은?

① 유기물을 분류시키고자 하는 경우에 사용한다.
② 폐지로부터 펄프를 만들기 위한 경우에 사용한다.
③ 습식방법에 의하여 분류된 물질은 건식에 의한 것보다 폭발의 위험성이 적다.
④ 습식분류법은 먼지가 없고 경제적이므로 일반적으로 많이 사용된다.

해설 습식분류법은 비경제적이며 일반적으로 사용하지 않는다.

정답 09.② 10.① 11.① 12.④

문제 13 항력 계수(C_D)가 3.5라 가정하고 직경 3cm인 알루미늄 입자를 선별하기 위하여 부유시키는데 필요한 속도는? (단, 공기선별, $\rho_s = 2.70$, $\rho = 0.0012$이며 속도식 : $V = \left[\dfrac{4(\rho_s - \rho)g \cdot d}{3 C_D \cdot \rho}\right]^{\frac{1}{2}}$ 적용)

① 1.24×10^3 cm/s
② 1.59×10^3 cm/s
③ 1.78×10^3 cm/s
④ 1.92×10^3 cm/s

해설 $V = \left[\dfrac{4(2.7 - 0.0012)980 \times 3}{3 \times 3.5 \times 0.0012}\right]^{\frac{1}{2}} = 1.59 \times 10^3 \, cm/\sec$

문제 14 다음의 쓰레기 선별에 관련된 내용 중 틀린 것은?

① zigzag 공기선별기는 컬럼의 층류를 발달시켜 선별효율을 증진시킨 것이다.
② 손선별은 정확도가 높고 파쇄공정 유입 전 폭발가능 위험물질을 분류할 수 있는 장점이 있다.
③ 관성선별로는 가벼운 것(유기물)과 무거운 것(무기물)을 분리한다.
④ 진동 스크린 선별은 주로 골재 분리에 많이 이용하며 체경이 박히는 문제가 발생할 수 있다.

해설 zigzag 공기선별기는 컬럼의 난류를 발달시켜 선별효율을 증진시킨 것이다.

문제 15 폐기물 선별에 대한 설명 중 옳지 않은 것은?

① 와전류식 선별은 전자석 유도에 관한 페러데이법칙을 기초로 한다.
② 풍력선별기에 있어 전형적인 폐기물/공기비 2~7이다.
③ 펄스풍력선별기는 유속의 변화를 이용 하는 장치이다.
④ 정전기적 선별을 이용하면 플라스틱에서 종이를 선별할 수 있다.

해설 풍력선별기에 있어 전형적인 공기/폐기물비 2~7이다.

문제 16 폐유리병을 크기 및 색깔별로 선별할 수 있는 방법으로 가장 적절한 방법은 어느 것인가?

① hand sorting
② flotation
③ wet-classifier
④ screen

해설 hand sorting에 대한 설명이다.

정답 13.② 14.① 15. ② 16.①

02 폐기물 처리기술

1. 퇴비화(Composting)

1.1 원리

① 호기성 미생물의 대사활동으로 복잡한 유기물질이 부식질인 humus로 되는 것을 퇴비화라 한다.

$$\text{유기물} + O_2 \xrightarrow[\text{후반기 Thermoactinomyces}]{\text{전반기 Bacillus}} \text{Humus} + CO_2 + H_2O + NH_3 + \text{energy}$$

② 퇴비화의 진행단계는 다음과 같다.

　　초기(중온)단계 → 고온단계 → 냉각단계 → 숙성단계

③ 고온단계에서 주된 역할을 담당하는 미생물은 초기에는 Fungi, 전반기에는 Bacillus, 후반기에는 Thermoactinomyces이다.

④ 짙은 갈색의 Humus는 뛰어난 토양 개량제로써 물 보유력과 양이온교환능력은 좋으나 C/N비(10~20)가 낮다.

⑤ 생분해도는 폐기물 내 함유된 리그린의 양으로 평가한다.

　　$BF = 0.83 - (0.028 \times LC)$

　　여기서, BF : 생물분해성 분율(휘발성 고형분함량 기준)
　　　　　　LC : 휘발성 고형분중 리그린 함량(건조무게 %로 표시)

⑥ **퇴비화 단위공정**

　　폐기물 → 전처리 → 발효 → 양생 → 마무리 → 저장 → 제품

⑦ **유기물의 분해**

　　당류 → 아미노산 → 지방 → 단백질 → 셀룰로오스 → 리그닌

1.2 영향인자

① 호기성 미생물의 대사에 필요한 산소는 5~15%가 요구되며, 공기의 채널링현상(덩어리지는 현상)을 방지하기 위하여 규칙적으로 교반하거나 뒤집어 주어야 한다.
② 수분이 많으면 공극 개량제를 이용하여 50~60%로 조절한다.
③ 슬러지 수분함량이 크면 bulking agent를 섞는다.
④ 온도는 60~70℃로 이내로 유지시켜야 병원균을 죽일 수 있으나 80℃ 이상은 좋지 않다.
⑤ 온도가 서서히 내려가 40℃ 이하 정도가 되면 퇴비화가 거의 완성된 상태로 간주한다.
⑥ pH는 미생물의 활발한 활동을 위하여 6.0~8.0 범위가 적당하나 8.5 이상은 좋지 않다.
⑦ 운전초기에는 pH5~6정도로 떨어졌다가 퇴비화가 진행됨에 따라 증가하여 최종적으로 pH8~9 가량이 된다.
⑧ 탄질율(C/N)은 30:1이 최적조건이다.
　C/N비 : 톱밥 510, 나뭇잎 40~80, 음식물 15, 분뇨 10, 활성오니 6
⑨ 퇴비화 후에는 C/N비 값이 최종적으로 10 정도가 된다.
⑩ C/N비가 너무 크면 퇴비화에 소요되는 기간이 길어지며 과잉의 탄소로 유기산이 생성되어 pH는 감소한다.
⑪ 탄소는 미생물의 탄소원으로 이용되고 세포로 합성되므로 질소농도는 증가한다.
⑫ C/N비가 너무 낮으면 혐기성 분해로 탈질 미생물에 의하여 질소가 손실되고 pH는 증가하며 NH_3가 발생한다.
⑬ 입도의 크기는 1~6cm 정도가 적정하다.
⑭ 퇴비화 초기에는 악취가 발생하나 숙성되면 흙냄새가 난다.
⑮ 퇴비화가 완성되면 부피는 50% 이하로 감소한다.

1.3 통기개량제(Bulking Agent)

[1] 통기개량제의 조건
① 산소의 통기가 어려우면 혐기성 반응이 일어나므로 볏짚, 왕겨, 톱밥, 나무껍질 등을 혼합하여 통기를 개량한다.
② 통기개량제는 수분 흡수능이 좋아야 한다.
③ 쉽게 조달이 가능한 폐기물이어야 한다.
④ 입자 간의 구조적 안정성이 있어야 한다.
⑤ 폐기물의 함수율 및 C/N비를 조절할 수 있어야 한다.

[2] 통기개량제의 종류별 특성
① **볏짚** : 칼륨분이 높다.
② **톱밥** : C/N비가 높아 분해가 느리다.
③ **파쇄목편** : 폐목재내에 퇴비화에 영향을 줄 수 있는 유해물질의 함유 가능성이 있다.
④ **왕겨(파쇄)** : 발생기간이 한정되어 있기 때문에 저류공간이 필요하다.
⑤ **C/N비** : 톱밥 510, 나뭇잎 40~80, 음식물 15, 분뇨 10, 활성오니 6 등

1.4 퇴비화의 장단점

[1] 장점
① 운영 시에 소요되는 에너지가 낮다.
② 다른 폐기물처리기술에 비해 고도의 기술수준을 요구하지 않는다.
③ 토양의 떼알구조를 증대한다.
④ 토양의 이화학성질을 개선시키는 토양개량제로 사용할 수 있다.
⑤ 초기 시설투자비가 낮다.
⑥ 재활용에 따른 폐기물을 감량화 한다.

[2] 단점
① 생산된 퇴비는 비료가치가 낮다.
② 제품의 균일성과 표준화가 어렵다.
③ 부지가 많이 필요하다.
④ 부피의 감소는 50% 이하로 다른 처리방식에 비해 낮다.
⑤ 악취의 발생 가능성이 있다.

1.5 Humus(완성된 퇴비)의 특성

① 악취가 없으며 흙냄새가 난다.
② 병원균이 없다.
③ 토양개량제로 우수하다.
④ 수분보유력이 우수하다.
⑤ 양이온교환능력이 좋다.
⑥ C/N(10~20/1)비가 낮다.
⑦ 흑갈색을 띈다.

문제 01 유기성 폐기물의 퇴비화 과정(초기단계–고온단계–숙성단계) 중 고온단계에서 주된 역할을 담당하는 미생물은?

① 전반기: Pseudomonas, 후반기: Bacillus
② 전반기: Thermoactinomyces, 후반기: Enterobacter
③ 전반기: Enterobacter, 후반기: Pseudomonas
④ 전반기: Bacillus, 후반기: Thermoactinomyces

해설 고온단계에서 주된 역할을 담당하는 미생물은 전반기에는 Bacillus, 후반기에는 Thermoactinomyces이다.

문제 02 Humus의 특징으로 옳지 않은 것은?

① 뛰어난 토양 개량제이다.
② C/N비(30~50)가 높다.
③ 물 보유력과 양이온교환능력이 좋다.
④ 짙은 갈색이다.

해설 짙은 갈색의 Humus는 뛰어난 토양 개량제로써 물 보유력과 양이온교환능력은 좋으나 C/N비(10~20)가 낮다.

정답 01.④ 02.②

문제 03 폐기물 내 함유된 리그린의 양으로 생분해도를 평가하기 위한 관계식으로 옳은 것은?

> BF : 생물분해성 분율(휘발성 고형분함량 기준)
> LC : 휘발성 고형분중 리그린 함량(건조무게 %로 표시)

① BF=0.83 − (0.028×LC)　　② BF=0.83 + (0.028×LC)
③ BF=0.83 / (0.028×LC)　　④ BF=0.83 × (0.028×LC)

해설 생분해도는 폐기물 내 함유된 리그린의 양으로 평가한다.
$BF = 0.83 - (0.028 \times LC)$

문제 04 퇴비화의 진행 시간에 따른 온도의 변화 단계가 순서대로 바르게 나열된 것은 어느 것인가?

① 고온단계 − 중온단계 − 냉각단계 − 숙성단계
② 중온단계 − 고온단계 − 냉각단계 − 숙성단계
③ 숙성단계 − 고온단계 − 중온단계 − 냉각단계
④ 숙성단계 − 중온단계 − 고온단계 − 냉각단계

해설 초기(중온)단계 → 고온단계 → 냉각단계 → 숙성단계

문제 05 퇴비화의 단위공정을 올바르게 연결한 것은?

① 전처리 → 양생 → 발효 → 마무리
② 전처리 → 저장 → 양생 → 마무리
③ 전처리 → 발효 → 마무리 → 양생
④ 전처리 → 발효 → 양생 → 마무리

해설 폐기물 → 전처리 → 발효 → 양생 → 마무리 → 저장 → 제품

문제 06 퇴비생산에 영향을 주는 요소에 관한 내용으로 틀린 것은?

① 수분이 많으면 공극개량제를 이용하여 조절한다.
② 온도는 55~65℃로 이내로 유지시켜야 병원균을 죽일 수 있다.
③ pH는 미생물의 활발한 활동을 위하여 5.5~8.0 범위가 적당하다.
④ C/N비가 너무 크면 퇴비화기간이 짧게 소요된다.

해설 C/N비가 너무 크면 퇴비화에 소요되는 기간이 길어진다.

정답 03.①　04.②　05.④　06.④

문제 07 폐기물의 퇴비화에 관한 내용으로 틀린 것은 어느 것인가?

① 탄질율(C/N)은 퇴비화가 진행되면서 점차 낮아져 최종적으로 30정도가 된다.
② 폐기물 내에 질소함량이 적은 것은 퇴비화가 잘 되지 않는다.
③ pH는 운전 초기에는 5~6정도로 떨어졌다가 퇴비화됨에 따라 증가하여 최종적으로 8~9가량이 된다.
④ 온도가 서서히 내려가 40℃ 이하 정도가 되면 퇴비화가 거의 완성된 상태로 간주한다.

해설 탄질율(C/N)은 퇴비화가 진행되면서 최종적으로 10정도가 된다.

문제 08 퇴비생산 공정에 대한 내용으로 틀린 것은 어느 것인가?

① 퇴비생산에 수분, 온도, pH, 영양소함량, 산소농도 등이 영향을 준다.
② 슬러지 수분함량이 크면 bulking agent를 섞는다.
③ 최소의 수분함량은 12~15%이나 최적수분함량 70% 가량이다.
④ 온도 55~65℃로 유지시켜야 하며 80℃ 이상은 좋지 않다.

해설 퇴비화 기간동안 수분함량은 50~60% 범위에서 유지되어야 한다. 수분이 많으면 공극 개량제를 이용하여 50~60%로 조절한다.

문제 09 쓰레기의 퇴비화 과정에서 총 질소농도의 비율이 증가되는 원인으로 가장 알맞은 것은 어느 것인가?

① 퇴비화 과정에서 미생물의 활동으로 질소를 고정시킨다.
② 퇴비화 과정에서 원래의 질소분이 소모되지 않으므로 생긴 결과이다.
③ 질소분의 소모에 비해 탄소분이 급격히 소모되므로 생긴 결과이다.
④ 단백질의 분해로 생긴 결과이다.

해설 탄소는 미생물의 탄소원으로 이용되고 세포로 합성되므로 질소농도는 증가한다.

문제 10 친산소성 퇴비화 공정의 설계운영 시 고려인자에 관한 내용으로 틀린 것은?

① 공기의 채널링이 원활하게 발생하도록 반응기간 동안 규칙적으로 교반하거나 뒤집어 주어야 한다.
② 퇴비단의 온도는 초기 며칠간은 50~55℃를 유지하여야 하며 활발한 분해를 위해서는 55~60℃가 적당하다.
③ 퇴비화 기간 동안 수분함량은 50~60% 범위에서 유지되어야 한다.
④ 초기 C/N비는 25~50이 적정하다.

해설 공기의 채널링현상(덩어리지는 현상)을 방지하기 위하여 규칙적으로 교반하거나 뒤집어 주어야 한다.

정답 07.① 08.③ 09.③ 10.①

문제 11 친산소성 퇴비화공정의 설계 운영고려 인자에 관한 설명으로 옳지 않은 것은?

① 입자크기: 폐기물의 적정입자크기는 25~75mm 정도이다.
② C/N비: C/N비가 높은 경우는 암모니아 손실로 탄소가 제한 인자로 작용한다.
③ 병원균제어: 병원균 사멸을 위해서는 60~70℃에서 24시간 이상 유지하여야 한다.
④ pH조절: 암모니아 가스에 의한 질소손실을 줄이기 위해서 pH8.5 이상 올라가지 않도록 주의 한다.

해설 C/N비가 낮은 경우는 암모니아 손실로 탄소가 제한 인자로 작용한다.

문제 12 폐기물의 퇴비화기술에서 퇴비화의 운전인자는 매우 중요한 역할을 한다. 퇴비화의 운전인자 중 Bulking Agent의 특성이 아닌 것은?

① 수분 흡수능이 좋아야 한다.
② 쉽게 조달이 가능한 폐기물이어야 한다.
③ 입자 간의 구조적 안정성이 있어야 한다.
④ 폐기물의 C/N비에 영향을 주지 않아야 한다.

해설 폐기물의 함수율 및 C/N비를 조절할 수 있어야 한다.

문제 13 퇴비화에 사용되는 통기개량제의 종류별 특성으로 옳지 않은 것은?

① 볏짚 : 칼륨분이 높다.
② 톱밥 : 주성분이 분해성 유기물이기 때문에 분해가 빠르다.
③ 파쇄목편 : 폐목재내에 퇴비화에 영향을 줄 수 있는 유해물질의 함유 가능성이 있다.
④ 왕겨(파쇄) : 발생기간이 한정되어 있기 때문에 저류공간이 필요하다.

해설 톱밥은 C/N비가 높아 분해가 느리다.

문제 14 퇴비화는 도시폐기물 중 음식찌꺼기, 낙엽 또는 하수처리장 찌꺼기와 같은 유기물을 안정한 상태의 부식질(humus)로 변화시키는 공정이다. 다음 중 부식질의 특징으로 옳지 않은 것은?

① 병원균이 사멸되어 거의 없다.
② C/N비가 높아져 토양개량제로 사용된다.
③ 물 보유력과 양이온교환능력이 좋다.
④ 악취가 없는 안정된 유기물이다.

해설 짙은 갈색의 Humus는 뛰어난 토양 개량제로써 물 보유력과 양이온교환능력은 좋으나 C/N비(10~20)가 낮다.

정답 11.② 12.④ 13.② 14.②

문제 15 쓰레기 퇴비화 시 쓰레기의 C/N비를 낮추기 위하여 분뇨를 혼합하는 경우가 있다. 이러한 관점에서 생분뇨와 소화된 분뇨중 C/N비 감소에 효과적인 것은? (단, 생분뇨와 소화분뇨의 VSS값은 동일하다고 가정한다.)

① 생분뇨가 효과적이다.
② 소화분뇨가 효과적이다.
③ 효과는 동일하다.
④ 생분뇨 및 소화분뇨를 적당히 혼합하여 사용하는 것이 더욱 효과적이다.

해설 생분뇨는 C/N비가 높고, 소화분뇨는 C/N비가 낮다.

문제 16 퇴비화 하기 위해 함수율 97%인 분뇨와 함수율 30%인 쓰레기를 무게비 1:3으로 혼합했을 때의 함수율은?

① 30% ② 47% ③ 52% ④ 57%

해설 혼합 후 함수율 = $\dfrac{(97 \times 1) + (30 \times 3)}{1 + 3} = 46.75\%$

문제 17 함수율 95% 분뇨의 유기탄소량이 TS의 35%, 총질소량은 TS의 10%이다. 이와 혼합할 함수율 20%인 볏짚의 유기탄소량이 TS의 80%이고 총질소량이 TS의 4%라면 분뇨와 볏짚을 무게비 2:1로 혼합했을 때 C/N비는?

① 약 12 ② 약 15
③ 약 16 ④ 약 21

해설 $\dfrac{C}{N} = \dfrac{(0.05 \times 0.35 \times 2/3) + (0.8 \times 0.8 \times 1/3)}{(0.05 \times 0.1 \times 2/3) + (0.8 \times 0.04 \times 1/3)} = 16$

문제 18 30 ton의 음식물쓰레기를 볏짚과 혼합하여 C/N비 30으로 조정하여 퇴비화하고자 한다. 이때 볏짚의 필요량은? (단, 음식물쓰레기와 볏짚의 C/N비는 각각 20과 100이고, 다른 조건은 고려하지 않음)

① 약 4.3 ton ② 약 7.3 ton
③ 약 9.3 ton ④ 약 11.3 ton

해설 $C/N\ 30 = \dfrac{(30t \times 20) + 100x}{30t + x}$
$600 + 100x = 900 + 30x$ $\therefore x(볏짚) = 4.28t$

정답 15.② 16.② 17.③ 18.①

문제 19 퇴비화 대상 유기물질의 화학식이 $C_{99}H_{148}O_{59}N$이라고 하면, 이 유기물질의 C/N비는?

① 64.9
② 84.9
③ 104.9
④ 124.9

해설 $\dfrac{C}{N} = \dfrac{12 \times 99}{14 \times 1} = 84.85$

문제 20 총질소 2%인 고형 폐기물 1t을 퇴비화 했더니 총질소는 2.5%가 되고 고형 폐기물의 무게는 0.75t이 되었다. 이 고형 폐기물은 결과적으로 퇴비화 과정에서 질소를 어느 정도 소비하였는가? (단, 기타 조건은 고려하지 않는다.)

① 1.25kg의 질소 소비
② 3.25kg의 질소 소비
③ 5.25kg의 질소 소비
④ 7.25kg의 질소 소비

해설 소비된 질소량(kg) = $(1000\text{kg} \times 0.02) - (750\text{kg} \times 0.025) = 1.25\,\text{kg}$

문제 21 기계식 반응조 퇴비화 공법에 관한 설명으로 옳지 않은 것은?

① 퇴비화가 밀폐된 반응조내에서 수행된다.
② 일반적으로 퇴비화 원료물질의 성분에 따라 수직형과 수평형으로 나뉘어 퇴비화를 수행한다.
③ 수직형 퇴비화 반응조는 반응조 전체에 최적조건을 유지하기 어려워 생산된 퇴비의 질이 떨어질 수 있다.
④ 수평형 퇴비화 반응조는 수직형 퇴비화 반응조와 달리 공기흐름 경로를 짧게 유지할 수 있다.

해설 기계식 반응조 퇴비화 공법은 반응조 형태에 따라 수직형과 수평형으로 나뉘어 퇴비화를 수행한다.

문제 22 퇴비화의 장점과 가장 거리가 먼 것은?

① 운영 시에 소요되는 에너지가 낮다.
② 다른 폐기물처리기술에 비해 고도의 기술수준을 요구하지 않는다.
③ 생산된 퇴비의 비료가치가 높다.
④ 초기의 시설투자비가 낮다.

해설 생산된 퇴비는 비료가치가 낮다.

정답 19.② 20.① 21.② 22.③

문제 23 퇴비화의 장·단점으로 틀린 것은 어느 것인가?

① 운영시에 소요되는 에너지가 낮은 장점이 있다.
② 다양한 재료를 이용하므로 퇴비제품의 품질 표준화가 어려운 단점이 있다.
③ 퇴비화가 완성되어도 부피가 크게 감소(50% 이하)하지 않는 단점이 있다.
④ 생산된 퇴비는 비료가치가 높은 장점이 있다.

해설 생산된 퇴비는 비료가치가 낮다.

문제 24 유기성폐기물 처리방법 중 퇴비화의 장단점으로 틀린 것은?

① 생산된 퇴비는 비료가치가 낮다.
② 퇴비제품의 품질 표준화가 어렵다.
③ 생산품인 퇴비는 토양의 이화학성질을 개선시키는 토양개량제로 사용할 수 있다.
④ 퇴비화 과정 중 80% 이상 부피가 크게 감소된다.

해설 부피의 감소는 50% 이하로 다른 처리방식에 비해 낮다.

문제 25 퇴비화 과정의 초기단계에서 나타나는 미생물은?

① *Bacillus sp.*
② *Streptomyces sp.*
③ *Aspergillus fumigatus*
④ *Fungi*

정답 23.④ 24.④ 25.④

2. 분뇨처리

2.1 분뇨처리의 목표

① **감량화** : 무게와 부피를 감소시킨다.
② **안정화** : 유기물의 안정화로 2차 오염을 방지한다.
③ **안전화** : 병원균의 사멸, 통제로 환경위생을 향상시킨다.
④ **자원화** : 메탄가스, 비료로 이용한다.

[표] 분뇨처리공정

전처리	1차 처리 (안정화)	2차 처리 (탈리액)	3차 처리 (영양물질)
투입 침사 스크린 파쇄 저류	호기성 소화 혐기성 소화 고온습식산화 희석포기 포기산화	활성오니법 장기포기법 살수여상법 생물막법 접촉산화법	고도처리 소독

2.2 분뇨의 특성

① 1인 1일 배설량은 $1.0 \sim 1.3\ L/day$.인 정도이다.
② 발생량기준 분과 뇨의 비는 1 : 10 정도이다.
③ 고형물기준 분과 뇨의 비는 7 : 1 정도이다.
④ 고액분리가 어렵고 질소화합물의 함유도가 높다.
⑤ 분뇨내 질소화합물은 NH_4HCO_3, $(NH_4)_2CO_3$ 형태로 존재한다.
⑥ 분뇨의 비중은 1.02 이며 점도는 1.2~2.2 정도이다.
⑦ 뇨에서 VS의 80~90%가 질소화합물이다.
⑧ 분에서 VS의 12~20%가 질소화합물이다.

[표] 분뇨의 오염도

항목	농도
pH	8.0~9.0
Cl^-	4500~5000 mg/L
COD	50000~75000 mg/L
BOD	20000~30000 mg/L
SS	25000~35000 mg/L
T·N	4500~5000 mg/L
NH_3^{-N}	3000~4000 mg/L
PO_4^{-P}	650 mg/L

2.3 소화조

① 고형물 발생량(kgTS/day)=분뇨 유입량(m³/day)×(1-함수율)

② 유기물 발생량(kgVS/day)=고형물 발생량×유기물 함유율

③ 제거 유기물량(kgVS$_R$/day)=유기물 발생량×유기물 감소율(소화율)

④ 소화가스 발생량(m³/day)=제거 유기물량×소화가스 발생율(m³/kgVS$_R$)

⑤ 소화율(유기물 감소율)% = $\dfrac{생슬러지\,VS - 소화슬러지\,VS}{생슬러지\,VS}$

   = $(1 - \dfrac{소화후\,VS_{(유기물)}/FS_{(무기물)}}{소화전\,VS/FS}) \times 100$

⑥ 소화조 VS용적부하 = $\dfrac{소화조로\,유입되는\,VS량}{소화조\,용적}$

⑦ 소화조 용적(≒슬러지 발생량) V = 고형물량 × $\dfrac{1}{비중}$ × $\dfrac{100}{100-P}$

⑧ 투입구수 : 발생량 = 처리량

   투입구수 = $\dfrac{생성\,분뇨량}{수거차량\,용량 \times 배출시간 \times 작업시간} \times 안전율$

⑨ 배출농도 $C_e = C_i(1-\eta_1)(1-\eta_2)$

   여기서, C_i : 유입농도 η_1, η_2 : 1차 2차 처리효율

⑩ 농도 $C = \dfrac{희석농도}{희석배율}$

⑪ $V_1(100-P_1) = V_2(100-P_2)$

   여기서, V_1 : 건조 전 폐기물 부피 V_2 : 건조 후 폐기물 부피
   P_1 : 건조 전 함수율 P_2 : 건조 후 함수율

⑫ 분뇨 1m³당 발생하는 가스량은 8~10m^3 이다.

⑬ 발생하는 가스량의 2/3는 CH_4이다.
⑭ 소화조 내 정상적인 휘발성 유기산은 200~450mg/L이다.
⑮ 분뇨의 염소이온 저하는 희석되었음을 의미한다.
⑯ 분뇨 정화조는 부패조, 산화조, 소독조로 구성되어 있다.
⑰ 고온(친열성)소화 55℃, 중온(친온성)소화 35℃, 저온소화 15℃
⑱ 소화과정 : 유기산 생성단계 → 메탄생성단계
⑲ CH_4/CO_2 생성비 : 탄수화물 50/50, 단백질 75/25, 지방질 83/17

2.4 고온 습식산화처리

일명 Zimpro식이라 부르며 슬러지 자체의 발열량을 사용하면서 170~260℃로 가열하고, 80~150kg/cm² 의 압력으로 슬러지내의 유기물을 산화분해시켜서 결국 물과 재, 연소가스로 분리처리되는 방법이다. 설비는 반응탑, 고압펌프, 공기압축기, 열교환기 등으로 구성되어 있고, 장단점은 다음과 같다.

[표] 습식산화의 장·단점

장점	단점
① 산화범위에 융통성이 있다. ② 슬러지의 질(質)에 상관없이 잘 처리된다. ③ 최종물질(ash 등)이 소량이다. ④ 시설의 규모가 작다. ⑤ 유출수가 위생적으로 안전하다.	① 고도의 기술을 요한다. ② 냄새가 있다. ③ 건설비가 많이 든다. ④ 유지비가 많이 든다. ⑤ 질소의 제거율이 낮다.

문제 01 분뇨종말 처리시설과 직접 관련이 없는 것은?

① Wet oxidation method
② Rotary Kiln composting method
③ Digester method
④ Glyoxime method

해설 분뇨처리 시설에는 습식산화, 퇴비화, 소화, 1차, 2차 처리시설 등이 있다.

정답 01.④

문제 02 분뇨의 특성 중 옳지 않은 것은?

① 분뇨에 포함된 협잡물의 양은 발생지역에 따라 차이가 크다.
② 고액 분리가 용이하다.
③ 분과 뇨(분 : 뇨)의 고형질의 비는 7 : 1 정도이다.
④ 분뇨의 비중은 1.02 정도이며 질소화합물 함유도가 높다.

해설 분뇨는 고액분리가 어렵고 질소화합물(5000ppm)의 함유도가 높다.

문제 03 분뇨처리방법 중 혐기성 소화 방식에 대한 설명으로 옳은 것은?

① 중온소화 방식의 소화온도는 55℃이다.
② 소화일수는 소화속도가 빨라 10일 이하면 가능하다.
③ 처리장에 반입된 분뇨는 침전조를 거쳐 소화조에 보내진다.
④ 소화된 후에는 소화 탈리액 활성슬러지 및 가스로 분리된다.

해설 소화된 분뇨는 탈리액과 고형슬러지, 가스로 분리된다.

문제 04 우리나라 수거분뇨 내의 염소이온 농도로 가장 적절한 것은?

① 5000mg/L   ② 5500mg/L
③ 10500mg/L   ④ 12500mg/L

해설 수거분뇨 내의 염소이온은 4500~5000 ppm 이다.

문제 05 다량의 분뇨를 일시에 소화조에 투입할 때 일반적으로 나타나는 장해라 볼 수 없는 것은?

① 스컴(Scum)의 발생 증가   ② pH 저하
③ 유기산의 저하   ④ 탈리액의 인출 불균등

해설 분뇨를 일시에 소화조에 투입 시 유기산은 증가한다.

정답 02.② 03.④ 04.① 05.③

문제 06 함수율이 97%인 수거분뇨를 55% 함수율의 건조분뇨로 만들면 그 부피는 얼마로 감소하게 되는가? (단, 비중은 1.0 기준이다.)

① 1/5로 감소 ② 1/10로 감소
③ 1/15로 감소 ④ 1/20로 감소

해설 $V_1 \times (100-97\%) = V_2 \times (100-55\%)$

$$\frac{V_1(100-97\%)}{V_2(100-55\%)} = \frac{3}{45} = \frac{1}{15}$$

문제 07 함수율이 94%인 수거분뇨 200kL/d를 70% 함수율의 건조 슬러지로 만들면 하루의 건조슬러지생성량은?(단, 수거분뇨의 비중은 1.0기준)

① 27kL/d ② 30kL/d
③ 40kL/d ④ 45kL/d

해설 $200kL \times (100-94\%) = V_2 \times (100-70\%)$ ∴ $V_2 = 40kL/d$

문제 08 어떤 분뇨처리장의 1일 처리량이 200m³/일 이며 생분뇨의 BOD₅가 20000mg/L이라면 이 처리장에서 탈수 후 발생되는 슬러지량은?(단, 슬러지의 비중은 1.0으로 가정하고 처리 후 슬러지 발생량은(건조고형물로서) BOD₅kg당 1kg씩 발생하며 슬러지를 탈수시킨 후 함수율은 75%로 한다.)

① 약 8m³/일 ② 약 12m³/일
③ 약 16m³/일 ④ 약 19m³/일

해설 슬러지 발생량 = $200m^3/d \times 0.02kg/m^3 \times \frac{1}{1-0.75} = 16m^3/d$

문제 09 수거분뇨 1kL를 전처리(SS제거율 30%)하여 발생한 슬러지를 수분함량 80%로 탈수한 슬러지량(kg)은 얼마인가? (단, 수거분뇨의 SS농도는 4%, 비중은 1.0 기준이다.)

① 20 kg ② 40 kg
③ 60 kg ④ 80 kg

해설 슬러지량(V_2) = $10^3 L/kL \times 0.3 \times 0.04 \times 1.0 kg/L \times \frac{100}{100-80\%} = 60kg$

정답 06.③ 07.③ 08.③ 09.③

문제 10 분뇨의 슬러지 건량은 3m³이며 함수율이 95%이다. 함수율을 80%까지 농축하면 농축조에서의 분리액은? (단, 비중은 1.0 기준)

① 40m³   ② 45m³   ③ 50m³   ④ 55m³

해설 분리액 $V = (3\text{m}^3 \times \frac{100}{100-95}) - (3\text{m}^3 \times \frac{100}{100-80}) = 45\text{m}^3$

문제 11 분뇨의 슬러지 건량은 5m³이며 함수율이 90%이다. 함수율을 80%까지 농축하면 농축조에서의 분리액(m³)은 얼마인가? (단, 비중은 1.0 기준)

① 15m³   ② 20m³
③ 25m³   ④ 30m³

해설 농축조 분리액(m^3) $= \frac{5\,\text{m}^3}{(1-0.9)} - \frac{5\,\text{m}^3}{(1-0.8)} = 25\,\text{m}^3$

문제 12 BOD가 15000mg/L, Cl⁻이 800ppm인 분뇨를 희석하여 활성슬러지법으로 처리한 결과 BOD가 45 mg/L, Cl⁻이 40ppm 이었다면 활성슬러지법의 처리효율은? (단, 희석수 중에 BOD, Cl⁻은 없음)

① 92%   ② 94%   ③ 96%   ④ 98%

해설 희석배수치(P) $= \frac{800\text{ppm}}{40\text{ppm}} = 20$배

처리효율(%) $= \left(1 - \frac{45\,\text{mg/L}}{15000/20\text{배}}\right) \times 100 = 94\%$

문제 13 BOD 농도가 20000ppm인 생분뇨를 1차 처리(소화)하여 BOD를 75% 제거 하였다. 이것을 20배 희석하여 2차 처리시킨 후 방류하였을 때 방류수의 BOD 농도가 20ppm이었다면 이때 2차 처리에서의 BOD 제거율은?(단, 희석수의 BOD는 0ppm으로 가정한다.)

① 96%   ② 92%   ③ 88%   ④ 86%

해설 배출농도 $C_e = C_i(1-\eta_1)(1-\eta_2)$

$20\text{ppm} = \frac{20000\text{ppm}(1-0.75)}{20\text{배}}(1-\eta_2)$ $\therefore \eta_2 = 92\%$

정답 10.② 11.③ 12.② 13.②

문제 14 평균농도가 20℃인 수거분뇨 20kL/일을 처리하는 혐기성 소화조의 소화온도를 외부가온에 의해 35℃로 유지하고자 한다. 이때 소요되는 열량(kcal/day)은? (단, 소화조의 열손실은 없는 것으로 간주, 분뇨의 비열=1.1kcal/kg·℃, 비중 =1.02)

① 2.4×10^5 ② 3.4×10^5
③ 4.4×10^5 ④ 5.4×10^5

해설 소요되는 열량
$20000 L/day \times 1.02 kg/L \times 1.1 kcal/kg.℃ \times (35-20℃) = 336600 kcal/day$

문제 15 처리용량이 25kL/day인 혐기성 소화식 분뇨처리장에 가스저장탱크를 설치하고자 한다. 가스 저류시간을 6시간으로 하고 생성가스량을 투입분뇨량의 8배로 가정한다면, 가스탱크의 용량은?

① $200 m^3$ ② $100 m^3$
③ $50 m^3$ ④ $25 m^3$

해설 가스탱크의 용량 $= \dfrac{25 kL/d}{24 hr} \times 6 hr \times 8배 = 50 m^3$

문제 16 용적 $200 m^3$인 혐기성소화조가 휘발성고형물(VS)을 70% 함유하는 슬러지고형물을 하루 100kg 받아들인다면 이 소화조의 휘발성고형물 부하율($kgVS/m^3·d$)은?

① 0.35 ② 0.55
③ 0.75 ④ 0.95

해설 휘발성고형물 부하율 $= \dfrac{100 kg \times 0.7}{200 m^3} = 0.35 kg.VS/m^3.day$

문제 17 용적 $1000 m^3$인 슬러지 혐기성 소화조가 함수율 95%의 슬러지를 하루에 $20 m^3$를 소화시킨다면 이소화조의 유기물 부하율($kgVS/m^3·d$)은?(단, 슬러지 고형물중 무기물 비율은 40%이고, 슬러지의 비중을 1.0 이라고 가정한다.)

① $0.2 kgVS/m^3·d$ ② $0.4 kgVS/m^3·d$
③ $0.6 kgVS/m^3·d$ ④ $0.8 kgVS/m^3·d$

해설 유기물 부하율 $= \dfrac{(1-0.95)(1-0.4)20000 kg}{1000 m^3} = 0.6 kg.VS/m^3.day$

정답 14.② 15.③ 16.① 17.③

문제 18 분뇨 저장탱크 내의 악취발생 공간 체적이 40m³이고 이를 시간당 4차례 교환하고자 한다. 발생된 악취공기를 퇴비 여과 방식을 채택하여 투과속도 20m/h로 처리코자 한다. 이 때 필요한 퇴비여과상의 면적은 몇 m²인가?

① 6m² ② 8m²
③ 10m² ④ 12m²

해설 $v = \dfrac{Q}{A}$ ∴ $A = \dfrac{40\text{m}^3 \times 4\text{회/hr}}{20\text{m/hr}} = 8\text{m}^2$

문제 19 호기성 소화방식으로 분뇨를 200kL/day로 처리하고자 한다. 1차 처리에 필요한 산기관 수는?(단, 분뇨 BOD 20000mg/L, 1차 처리효율 60%, 소요공기량 50m³/BOD kg, 산기관 통풍량 0.5m³/min·개)

① 122개 ② 143개
③ 167개 ④ 182개

해설 산기관 수
$$200\text{kL/d} \times 20\text{kg/m}^3 \times 0.6 \times 50\text{m}^3/\text{BODkg} \dfrac{1}{0.5 \times 60 \times 24} = 167\text{개}$$

문제 20 신도시에 분뇨처리장 투입시설을 설계하려고 한다. 1일 수거 분뇨투입량은 300kL 이고, 수거차 용량이 3.0 kL/대, 수거차 1대의 투입시간은 20분이 소요되며 분뇨처리장 작업시간은 1일 8시간으로 계획하면 분뇨투입구 수는 얼마인가? (단, 최대 수거율을 고려하여 안전율을 1.2배로 한다.)

① 2개 ② 5개
③ 8개 ④ 13개

해설 발생량 = 처리량
$$300\text{kL} = 3\text{kL/대} \times 1\text{대} \times 8\text{hr} \times \dfrac{60\text{min}}{20\text{min}} x \quad \therefore x = 4.16 \times 1.2 = 5\text{개}$$

문제 21 일반적으로 하수 슬러지를 혐기성 소화 처리하는 경우, 소화조 내 유기산(Volatile acid) 농도로 가장 적절한 것은?

① 200~450mg/L ② 3000~3500mg/L
③ 5500~6000mg/L ④ 13000~15500mg/L

해설 소화과정 : 유기산(200~450mg/L) 생성단계 → 메탄생성단계

정답 18.② 19.③ 20.② 21.①

문제 22 혐기성 위생매립지에서 발생되는 가스의 조성을 검사한 결과, 일정 기간동안 CH_4, CO_2의 가스구성비(부피%)가 각각 50%, 40%로 나타나고 있다면 이때 매립지 내의 생물반응단계로 가장 적절한 것은?

① 준호기성 상태
② 임의성 상태
③ 완전 혐기성 상태
④ 혐기성 시작상태

해설 CH_4/CO_2비: 탄수화물 50/50, 단백질 75/25, 지방질 83/17

문제 23 혐기성 소화조에서 유기물질 80%, 무기물질 20%의 슬러지를 소화 처리한 결과 소화슬러지는 유기물질 60%, 무기물질 40%로 되었다. 이 때 소화율은?

① 약 54%
② 약 63%
③ 약 72%
④ 약 81%

해설 소화율(%) = $(1 - \dfrac{\text{소화후 } VS_{(유기물)}/FS_{(무기물)}}{\text{소화전 } VS/FS}) \times 100$

$\therefore \eta = (1 - \dfrac{0.6/0.4}{0.8/0.2}) \times 100 = 63\%$

문제 24 함수율 95%인 폐기물 10톤을 탈수공정을 통해 함수율을 각각 85% 및 75%로 감소시킨 경우, 각각 탈수 후 남은 무게(ton)는?(단, 비중 = 1.0 기준)

① 3.33, 2.00
② 3.33, 2.50
③ 5.33, 3.00
④ 5.33, 3.50

해설 $10(100-95) = V_2(100-85)$ $\therefore V_2 = 3.33$
$10(100-95) = V_2(100-75)$ $\therefore V = 2.0$

문제 25 고농도 액상 폐기물의 혐기성 소화 공정 중 중온소화와 고온소화의 비교에 관한 내용으로 옳지 않은 것은?

① 부하능력은 고온소화가 우수하다.
② 탈수여액의 수질은 고온소화가 우수하다.
③ 병원균의 사멸은 고온소화가 유리하다.
④ 중온소화에서 미생물의 활성이 쉽다.

해설 중온소화는 고온소화 보다 미생물의 활성이 높고 탈수여액의 수질이 우수하다.

정답 22.③ 23.② 24.① 25.②

문제 26 슬러지 처리방법 중 습식산화에 대한 설명으로 거리가 먼 것은?

① 액상슬러지에 열과 압력을 작용시켜 용존산소에 의해 화학적 슬러지 내의 유기물을 산화시킨다.
② 산화범위에 융통성이 있고 슬러지의 질에 영향이 적다.
③ 처리된 슬러지의 침전성 및 탈수성이 좋다.
④ 흡열반응이므로 에너지 요구량이 크다.

해설 발열반응으로 유지비가 많이 든다.

문제 27 습식 고온 고압 산화처리에 관한 설명으로 옳지 않는 것은?

① 산소가 부족한 상태에서 유기물을 연료화 시키는 방법이다.
② 시설의 수명이 짧으며 질소의 제거율이 낮다.
③ 투자, 유지비가 높다.
④ 본 장치의 주요기기는 공기압축기, 고압펌프, 열교환기 등이다.

해설 유기물을 산화 분해시켜서 결국 물과 재, 연소가스로 분리처리 되는 방법이다.

정답 26.④ 27.①

3. 호기성 분해

3.1 호기성분해

[1] 유기물의 제거

① 호기성 미생물에 의한 유기물의 제거는 다음 3단계로 구분된다.
② 1단계는 폐수중 용존유기물질이 세포와 접촉하여 그 계면에 흡착
③ 2단계는 플럭 표면에 흡착된 영양물질은 효소에 의한 대사
④ 3단계는 대사에 의한 세포물질을 침강성이 좋은 플럭 형성
⑤ 호기성 종속영양미생물은 이화작용에서 발생한 에너지를 동화작용에 이용하여 세포로 합성한다.

$$유기물 + O_2 \xrightarrow{이화작용} CO_2 + H_2O + energy$$

$$유기물 + O_2 \xrightarrow[energy]{동화작용} C_5H_7O_2 + CO_2 + H_2O$$

⑥ 유기물의 호기성분해 반응식

$$glucose \quad C_6H_{12}O_6 + 6O_2 \rightarrow 6CO_2 + 6H_2O$$
$$bacteria \quad C_5H_7O_2N + 5O_2 \rightarrow 5CO_2 + 2H_2O + NH_3$$
$$glycine \quad C_2H_5O_2N + 3.5O_2 \rightarrow 2CO_2 + 2H_2O + HNO_3$$
$$formaldehyde \quad CH_2O + O_2 \rightarrow CO_2 + H_2O$$
$$ethanol \quad C_2H_5OH + 3O_2 \rightarrow 2CO_2 + 3H_2O$$
$$methanol \quad CH_3OH + 1.5O_2 \rightarrow CO_2 + 2H_2O$$

[2] 영향인자

① **영양소** : 미생물대사의 최적 영양분포 $BOD : N : P = 100 : 5 : 1$
② **용존산소**(DO) : 최소 0.5mg/L이상 통상 2.0mg/L이상 유지함이 적당
③ **온도** : 중온성 미생물에 의한 처리가 대부분이므로 10~40℃정도 유지
④ **pH** : 6~8정도의 pH 범위가 적당
⑤ **기타 독성물질** : 독성물질은 미생물의 성장에 장해의 원인이 된다.

[3] 호기성분해 반응식

$$C_aH_bO_cN_d + [\frac{4a+b-2c-3d}{4}]O_2 \rightarrow aCO_2 + [\frac{b-3d}{2}]H_2O + dNH_3$$

[4] 에너지원과 탄소원에 따른 미생물 분류
① 미생물은 탄소원과 에너지원에 따라 독립영양균과 종속영양균으로 분류한다.
② 광독립영양미생물(photoautotrophs)은 탄소원(영양원)으로 무기질(CO_2)을 에너지원으로 빛(photo)을 이용한다.
③ 화학독립영양미생물(chemoautotrophs)은 탄소원으로 무기물질(CO_2)을 에너지원으로 화학에너지(이화작용 에너지)를 이용한다.
④ 광종속영양미생물(photoheterotrophs)은 탄소원으로 유기물을 에너지원으로 빛(photo)을 이용한다.
⑤ 화학종속영양미생물(chemoheterotrophs)은 탄소원으로 유기물을 에너지원으로 화학에너지를 이용한다.

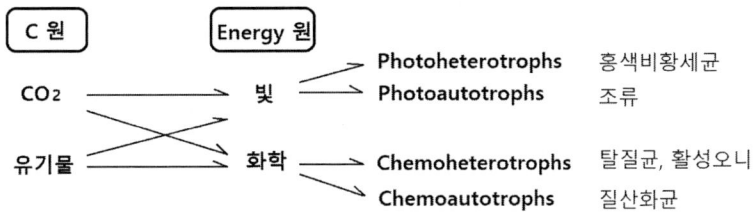

[표] 호기성 혐기성소화의 장단점 비교

구 분	호기성 소화	혐기성 소화
토지소요면적	작다	크다
설계 시공비용	작다	크다
유지관리 비용	작다	크다
유입량	연속주입	단계주입
유입농도	저농도	고농도
소화기간	짧다	길다
처리수질	양호	2차 처리필요
탈수성	나쁘다	좋다
비료가치	양호	불량
에너지화	불가능	가능
유지관리 용이성	용이	경험요구
2차 처리	불필요	필요
악취	없다	있다

문제 01 호기성 소화방식으로 분뇨를 200kL/day로 처리하고자 한다. 1차 처리에 필요한 산기관 수는?(단, 분뇨 BOD 20000mg/L, 1차 처리효율 60%, 소요공기량 50m³/BOD kg, 산기관 통풍량 0.5m³/min·개)

① 122개
② 143개
③ 167개
④ 182개

해설 산기관 수

$$n = 200kL/d \times 20kg/m^3 \times 0.6 \times 50m^3/BODkg \frac{1}{0.5 \times 60 \times 24} = 167개$$

문제 02 혐기성 소화와 비교할 때 호기성 소화의 특징과 가장 거리가 먼 것은?

① 동력이 많이 소요된다.
② 비교적 운전이 쉽고 상징수의 수질도 양호한 편이다.
③ 소화 슬러지의 탈수성이 우수하다.
④ 소화 슬러지의 발생량이 많다.

해설 호기성소화는 탈수성이 나쁘다.

문제 03 호기성 소화공법이 혐기성 소화공법에 비하여 갖고 있는 장점이라 할 수 없는 것은?

① 반응시간이 짧아 시설비가 저렴할 수 있다.
② 운전이 용이하고 악취발생이 적다.
③ 생산된 슬러지의 탈수성이 우수하다.
④ 반응조의 가온이 불필요하다.

해설 호기성소화는 탈수성이 나쁘다.

정답 01.③ 02.③ 03.③

4. 혐기성 분해

[1] 유기물의 제거
① 혐기성 미생물에 의한 유기물의 제거는 다음 2단계로 구분된다.
② 1단계 소화에서는 유기산이 형성되는 단계로서 pH가 낮게 유지되므로 **"유기산 형성과정"** 또는 **"산성 소화과정"**이라고 한다.
③ 제2단계에서는 1단계에서 생성된 유기산을 메탄균에 의해 CH_4 및 CO_2를 생성하는 단계로서 **"가스화과정"**, **"메탄발효과정"**, **"알칼리소화과정"**이라 한다.
④ glucose($C_6H_{12}O_6$)의 반응예로 전체반응은 다음과 같다.

$$C_6H_{12}O_6 \xrightarrow[\text{1단계}]{\text{유기산균}} \begin{vmatrix} 3CH_3COOH \\ 2CH_3CH_2OH + 2CO_2 \\ 2CH_3CH(OH)COOH \end{vmatrix} \xrightarrow[\text{2단계}]{\text{메탄균}} 3CH_4 + 3CO_2$$

[2] 영향인자
① **영양소**: 혐기성분해는 유기물의 농도가 높아야 유리하다.
② **용존산소**(DO): 혐기성 미생물은 결합산소를 이용한다.
③ **온도**: 메탄박테리아의 최적온도는 중온 35℃에서 고온 55℃ 정도 이다
④ **pH** : 6~8정도의 pH 범위가 적당하며 1, 2단계 반응의 평형과 알칼리에 의한 완충능력이 중요하다. 일반적으로 생산된 기체의 30%가 CO_2일 때 1500mg/L 정도의 알칼리도가 완충용으로 필요하다.
⑤ **산 알칼리도**: 유기산 300~3000ppm, 알칼리도 2000ppm 이상이 요구된다.
⑥ **독성물질**: 독성물질(Na^+, K^+, Ca^{2+} 등)이 유입되면 특히 메탄생성에 영향이 크다.

[3] 혐기성 소화조의 운전인자
① **공급** : 미생물에 먹이를 공급하는 방식은 경험에 의해서 원활한 공급 횟수를 조절한다. 일반적으로 슬러지의 공급은 최소 1일 2회 정도이다.
② **교반 접촉** : 교반의 목적은 미생물과 슬러지 접촉을 많이 하고 소화슬러지를 유효하게 활용하며 탱크 내 슬러지의 온도를 균일하게 하면서 sucm 발생을 방지하는데 있다.
③ **소화시간** : 소화에 요구되는 시간은 소화온도의 차이로써, 고온에서는 짧은 고형물의 체류시간을 요한다. 유기물량이 많으면 소화가 용이하며 소화일수가 길수록 소화효율이 크다.

④ **온도** : 일반적으로 소화를 위한 최적온도는 35℃의 중온소화법(mesophilic digestion)이다. 소화온도에 따른 소화일수는 30~37℃에서 25~30일, 50~60℃에서 15~20일, 10~15℃에서 40~60일이 소요된다.

⑤ **pH, 휘발성 산의 농도** : 메탄균의 최적 pH는 6.8~7.2이며, 휘발성 산의 농도는 250mg/L 이하이다.

⑥ **가스구성** : 메탄가스 생성율과 가스구성은 운영상의 변수이다. 정상적인 상태의 CH_4농도는 65%, CO_2농도는 30%정도 이다.

⑦ **영양 balance** : 하수슬러지의 C/N비는 12~16:1에서 세균활동이 정상적이다

[4] 혐기성분해 반응식

$$C_aH_bO_cN_d + [\frac{4a-b-2c+3d}{4}]H_2O$$
$$\rightarrow [\frac{4a+b-2c-3d}{8}]CH_4 + [\frac{4a-b+2c+3d}{8}]CO_2 + dNH_3$$

[5] 유기물의 혐기성분해

① $C_2H_5O_2N + 0.5H_2O \rightarrow 0.75CH_4 + 1.25CO_2 + NH_3$

② $C_4H_9O_3N + H_2O \rightarrow 2CH_4 + 2CO_2 + NH_3$

③ $C_4H_9O_3N + H_2O \rightarrow 2CH_4 + 2CO_2 + NH_3$

④ $C_5H_{11}O_2N + 2H_2O \rightarrow 3CH_4 + 2CO_2 + NH_3$

⑤ $C_{40}H_{83}O_{30}N + 5H_2O \rightarrow 22.5CH_4 + 17.5CO_2 + NH_3$

⑥ $CH_3OH \rightarrow 3/4CH_4$ (표준상태에서 완전분해시 0.75M CH_4 생성)

⑦ $C_6H_{12}O_6 \rightarrow 3CH_4 + 3CO_2$

⑧ $CH_3COOH \rightarrow CH_4 + CO_2$

문제 01 혐기성 소화공법에 관한 설명으로 틀린 것은?

① 호기성 소화에 비하여 소화 슬러지의 발생량이 적다.
② 오랜 소화기간으로 소화 슬러지의 탈수 및 건조가 어렵다.
③ 소화 가스는 냄새가 나고 부식성이 높은 편이다.
④ 고농도 폐수나 분뇨를 비교적 낮은 에너지 비용으로 처리할 수 있다.

해설 호기성 소화에 비하여 혐기성소화 슬러지는 탈수 및 건조가 쉽다.

정답 01.②

문제 02 오니의 혐기성 소화 과정에서 메탄발효단계에서의 반응속도가 2차 반응일 경우, 반응속도상수의 단위로 알맞은 것은 어느 것인가?

① 시간/농도 ② 농도×시간
③ 1/시간 ④ 1/(농도×시간)

해설 반응속도상수(k)의 단위

1차 반응 $k = \dfrac{1}{t}$ 2차 반응 $k = \dfrac{1}{C \cdot t}$

문제 03 음식물쓰레기 처리방법으로 가장 부적당한 것은?

① 호기성 퇴비화 ② 사료화
③ 감량 및 소멸화 ④ 고형화

해설 고형화는 중금속 등의 무기물에 적합하다.

문제 04 총 고형물 합이 36500mg/L 휘발성 고형물이 총 고형물 중 64.5%인 폐기물 60kL/day를 혐기성소화조에서 소화시켰을 때 1일 가스발생량은? (단, 폐기물 비중 1.0, 가스발생량은 0.35m³/kg(VS)이다.)

① 약 $435\text{m}^3/\text{day}$ ② 약 $455\text{m}^3/\text{day}$
③ 약 $475\text{m}^3/\text{day}$ ④ 약 $495\text{m}^3/\text{day}$

해설 가스발생량

$$\dfrac{36.5kg}{m^3} \mid \dfrac{64.5}{100} \mid \dfrac{60kL}{day} \mid \dfrac{0.35m^3}{kg} = 495kL/day ≒ 495m^3/day$$

문제 05 침출수를 혐기성 공정을 이용하여 처리할 때 장점으로 틀린 것은?

① 고농도의 침출수를 희석 없이 처리할 수 있다.
② 미생물의 낮은 증식으로 인하여 슬러지 처리비용이 감소된다.
③ 호기성 공정에 비하여 낮은 영양물 요구량을 가진다.
④ 중금속에 대한 저해효과가 호기성 공정에 비해 적다.

해설 중금속에 의한 저해효과가 호기성 공정에 비해 크다.

정답 02.④ 03.④ 04.④ 05.④

문제 06 폐기물 내 가스생성과정을 기간별로 4개로 나눌 때 1단계인 호기성 단계에 관한 내용으로 틀린 것은?

① 폐기물 내 수분이 많은 경우 반응이 늦어 호기성 단계가 길어진다.
② 가스의 발생량이 적다.
③ 질소의 양이 감소하기 시작한다.
④ 산소가 급감하여 거의 사라지고 탄산가스가 발생하기 시작한다.

해설 폐기물 내 수분이 많은 경우 혐기성 단계가 빨라진다.

문제 07 $C_5H_{11}O_2N$으로 화학적 조성을 나타낼 수 있는 생분해가능 유기물이 매립지에서 혐기성 완전 분해되어 발생하는 메탄(b)과 이산화탄소(a)중 메탄의 부피백분율($[b/(b+a)]\times100\%$)은? (단, N은 NH_3로 발생 된다.)

① 50
② 55
③ 60
④ 65

해설
$C_5H_{11}O_2N + 2H_2O \rightarrow 3CH_4 + 2CO_2 + NH_3$
  1M   : 3M : 2M

$$\frac{b(CH_4)}{b(CH_4)+a(CO_2)}\times 100 = \frac{3M}{3M+2M}\times 100 = 60\%$$

문제 08 초산과 포도당을 각각 1몰씩 혐기성 소화 하였을 때 양론적 메탄발생량을 비교한 것으로 옳은 것은?

① 포도당 1몰 혐기성소화시, 초산 1몰 혐기성소화시보다 메탄발생량은 1.5배 많다.
② 포도당 1몰 혐기성소화시, 초산 1몰 혐기성소화시보다 메탄발생량은 2배 많다.
③ 포도당 1몰 혐기성소화시, 초산 1몰 혐기성소화시보다 메탄발생량은 2.5배 많다.
④ 포도당 1몰 혐기성소화시, 초산 1몰 혐기성소화시보다 메탄발생량은 3배 많다.

해설
$CH_3COOH \rightarrow CH_4 + CO_2$
  1M   : 1M
$C_6H_{12}O_6 \rightarrow 3CH_4 + 3CO_2$
  1M   : 3M

정답 06.① 07.③ 08.④

문제 09 고형폐기물을 매립 처리할 때 $C_6H_{12}O_6$ 성분 1톤(ton)의 폐기물이 혐기성 분해를 한다면 이론적 메탄가스 발생량(m^3)은 얼마인가? (단, 표준상태 기준이다.)

① 약 $280m^3$ ② 약 $370m^3$
③ 약 $450m^3$ ④ 약 $560m^3$

해설 $C_6H_{12}O_6 \rightarrow 3CH_4 + 3CO_2$
$180kg \quad : \quad 3 \times 22.4 Sm^3$
$1000kg \quad : \quad x$
$\therefore CH_4 = 373.33 \, Sm^3$

문제 10 글리신($C_2H_5O_2N$) 2M이 혐기성소화에 의해 완전분해 될 때 생성 가능한 이론적인 메탄 가스량은?(단, 표준상태 기준, 분해 최종산물은 CH_4, CO_2, NH_3)

① 33.6L ② 40.4L
③ 48.4L ④ 52.4L

해설 $C_2H_5O_2N + 0.5H_2O \rightarrow 0.75CH_4 + 1.25CO_2 + NH_3$
$1M \quad : \quad 0.75 \times 22.4L$
$2M \quad : \quad x$
$\therefore x = 33.6L$

문제 11 다음은 매립쓰레기의 혐기적 분해과정을 나타낸 반응식이다. 발생가스 중의 메탄 함유율(발생량 부피%)을 구하는 식(③)으로 맞는 것은?

$$C_aH_bO_cN_d + (①)H_2O \rightarrow (②)CO_2 + (③)CH_4 + (④)NH_3$$

① $\dfrac{(4a+b+2c+3d)}{8}$ ② $\dfrac{(4a-2b-2c+3d)}{8}$
③ $\dfrac{(4a+b-2c-3d)}{8}$ ④ $\dfrac{(4a+2b-2c-3d)}{8}$

정답 09.② 10.① 11.③

5. 슬러지 처리

5.1 슬러지처리의 목적

① **감량화** : 무게와 부피를 감소시킨다.
② **안정화** : 유기물의 안정화로 2차 오염을 방지한다.
③ **안전화** : 병원균의 사멸, 통제로 환경위생을 향상시킨다.
④ **자원화** : 연료화, 메탄가스, 비료로 이용한다.

5.2 슬러지처리 공정

[1] 처리 공정

슬러지처리의 계통도				
농축 → (함수율 감소)	소화 → (안정화)	개량 → (탈수성 향상)	탈수 및 건조→ (감량화)	중간.최종처분 및 자원화
중력식 부상식 원심력	혐기성 호기성 습식산화	화학적 개량 열처리 세정 동결	가압탈수 밸트탈수 원심분리 가열건조 건조상	퇴비화 소각 건설재료 매립 해양투기

[2] 농축

① 슬러지의 구성은 수분과 고형물로 구성되어 있다.

　　　슬러지 = 수분(물) + 고형물(TS)

　　　고형물(TS) = 무기물(FS) + 유기물(VS)

② 농축은 슬러지처리의 1차 목적(目的)인 부피의 감소에 있다.
③ 슬러지의 부피는 수분과 고형물의 분리로 감소한다.

$$V_1(100 - P_1) = V_2(100 - P_2)$$

　　　여기서, V_1: 수분 P_1%일 때 슬러지부피
　　　　　　　V_2: 수분 P_2%일 때 슬러지부피

④ 농축방법에는 중력식, 부상식, 원심분리식 등이 있다.
⑤ 농축에 의한 수분의 감소는 슬러지의 안정화 효율을 증대시킨다.

[3] 안정화(소화)
① 슬러지의 안정화는 유기물의 산화와 병원균의 사멸에 있다.
② 슬러지의 안정화방법에는 호기성 소화, 혐기성 소화, 열처리, 화학적 안정화 등이 있다.
③ 호기성 종속영양미생물은 유기물을 이화작용과 동화작용으로 세포로 합성한다.

$$유기물 + O_2 \xrightarrow{이화작용} CO_2 + H_2O + energy$$

$$유기물 + O_2 \xrightarrow[energy]{동화작용} C_5H_7O_2 + CO_2 + H_2O$$

④ 혐기성 소화는 1단계에서 유기산을 생성하고 2단계에서 메탄균에 의해 CH_4 및 CO_2를 생성한다.

[4] 개량
① 슬러지의 개량(conditioning)은 슬러지의 조정(調整)이라고도 한다.
② 슬러지를 탈수하기 전에 전처리로서 탈수성을 좋게 하기 위해 실시한다.
③ 슬러지의 개량효율은 개량방법, 개량제 종류 등에 영향을 받는다.
④ 개량방법에는 수세, 열처리, 약품처리 방법이 많이 사용된다.
⑤ 응결제를 주입하면 표면전하는 전기적 중화에 의해 반발력이 감소하고 입자들은 뭉쳐져 침전하게 된다.

$$Fe^{3+} + 3OH^- \rightarrow Fe(OH)_3$$

$$Al^{3+} + 3OH^- \rightarrow Al(OH)_3$$

⑥ 수세는 주로 혐기성 소화된 슬러지 대상으로 실시하며 소화슬러지의 알카리도를 낮춘다.
⑦ 열처리는 슬러지의 세포를 파괴시켜 고액분리를 쉽게 한다.

[5] 탈수
① 슬러지의 탈수는 수분과 고형물의 고액분리에 있다.
② 탈수방법에는 압력여과, 압착여과, 원심분리 등이 있다.
③ 탈수는 부피를 감량화시켜 처리, 처분을 용이하게 한다.
④ 여과비저항은 슬러지의 여과 특성을 나타내며 적을수록 탈수효율은 증가한다.

문제 01 다음 중 슬러지처리에 있어 가장 먼저 고려되어야 하는 사항은?

① 수분제거에 의한 부피 감소
② 병원균의 제거
③ 미관 등 각종 피해를 미치는 악취 제거
④ 알칼리도 감소 촉진

해설 슬러지처리는 최우선적으로 물과 고형물의 분리에 의한 부피 감소이다.

문제 02 다음 슬러지의 처리공정 중 가장 합리적인 순서대로 배치된 것은?

> A : 농축,   B : 탈수,   C : 건조,
> D : 개량,   E : 소화,   F : 매립

① A-E-B-D-C-F
② A-E-D-B-C-F
③ A-B-E-D-C-F
④ A-B-D-E-C-F

해설 슬러지 처리공정 : 농축 → 안정화 → 개량 → 탈수 → 건조 → 연소 → 최종 처분

문제 03 함수율 99%의 슬러지를 농축하여 함수율 92%의 농축슬러지를 얻었다. 슬러지의 용적은? (단, 비중은 1.0 기준)

① 1/2로 감소함
② 1/4로 감소함
③ 1/6로 감소함
④ 1/8로 감소함

해설 $V_1 \times (100-99\%) = V_2 \times (100-92\%)$

$$\frac{V_1(100-99\%)}{V_2(100-92\%)} = \frac{1}{8}$$

문제 04 함수율 98%인 잉여슬러지 100m³가 농축되어 함수율이 95%로 되었을 때 농축 잉여슬러지의 부피(m³)는? (단, 슬러지 비중은 1.0)

① 40   ② 45   ③ 50   ④ 55

해설 $100\text{m}^3 \times (100-98\%) = V_2 \times (100-95\%)$ $\therefore V_2 = 40\text{m}^3$

정답 01.①   02.②   03.④   04.①

문제 05 슬러지를 처리하기 위해 위생처리장 활성 슬러지 1% 농도의 폐액 100m³을 농축에 넣었더니 2.5% 슬러지로 농축되었다. 농축조에 농축되어 있는 슬러지 양은?(단, 상징액의 농도는 고려하지 않으며, 비중은 1.0)

① 20m³   ② 25m³
③ 30m³   ④ 40m³

해설 $100\text{m}^3 \times 1\% = V_2 \times 2.5\%$ ∴ $V_2 = 40\text{m}^3$

문제 06 고형물 4.2%를 함유한 슬러지 120000kg을 농축조로 이송한다. 농축조에서 손실을 무시하고 소화조로 이송할 경우 슬러지의 무게가 60000kg일 때 농축된 슬러지의 고형물 함유율은?(단, 완전농축, 슬러지 비중은 1.0으로 가정함)

① 5.2%   ② 6.8%
③ 7.3%   ④ 8.4%

해설 $120000\text{kg} \times 4.2\% = 60000\text{kg}(x)$ ∴ $x = 8.4\%$

문제 07 슬러지처리를 하기 위해 위생처리장 활성슬러지(1% 농도) 40m³를 농축조에 넣어 농축한 결과 슬러지의 농도가 35000mg/L가 되었다. 농축된 슬러지의 량(m³)은? (단, 슬러지비중은 1.0으로 가정함)

① 약 11.5   ② 약 17.5
③ 약 24.5   ④ 약 29.5

해설 $40\text{m}^3 \times 10000\text{ppm} = V_2\, 35000\text{mg/L}$ ∴ $V_2 = 11.43\text{m}^3$

문제 08 함수율 97%의 슬러지를 농축하였더니 부피가 처음부피의 1/3로 줄어들었다. 이때 농축슬러지의 함수율은?

① 91%   ② 92%
③ 93%   ④ 94%

해설 $1 \times (100 - 97) = 1 \times \dfrac{1}{3}(100 - P_2)$ ∴ $P_2 = 91\%$

정답 05.④ 06.④ 07.① 08.①

문제 09 함수율이 96%인 슬러지 10L에 응집제를 가하여 침전 농축시킨 결과 상층액과 침전 슬러지의 용적비가 2:1 이었다면 침전 슬러지의 함수율은? (단, 비중은 1.0 기준으로 하며 상층액 SS, 응집제량 등 기타사항은 고려하지 않음)

① 84%   ② 88%
③ 92%   ④ 94%

해설 $10L \times (100 - 96\%) = 10L \times \dfrac{1}{3}(100 - P_2)$ $\therefore P_2 = 88\%$

문제 10 분뇨의 슬러지 건량은 5m³이며 함수율이 90%이다. 함수율을 80%까지 농축하면 농축조에서의 분리액(m³)은 얼마인가? (단, 비중은 1.0 기준)

① 15m³   ② 20m³
③ 25m³   ④ 30m³

해설 $V = \text{sludge건량} \times \dfrac{100}{100 - P}$

분리액 $V = (5m^3 \times \dfrac{100}{100 - 90}) - (5m^3 \times \dfrac{100}{100 - 80}) = 25m^3$

문제 11 슬러지를 처리하기 위해 하수처리장 활성 슬러지 1% 농도의 폐액 100m³을 농축조에 넣었더니 5% 농도의 슬러지로 농축되었다. 농축조에 농축되어 있는 슬러지 양(m³)은?(단, 상징액의 농도는 고려하지 않으며, 비중 = 1.0)

① 35   ② 30
③ 25   ④ 20

해설 $100m^3 \times 1\% = x \times 5\%$ $\therefore x = 20m^3$

문제 12 고형물 농도 10kg/m³, 함수율 98%, 유량 700m³/day 슬러지를 고형물 농도 50kg/m³이고 함수율 95%인 슬러지로 농축시키고자 하는 경우 농축조의 소요 단면적(m²)은 얼마인가? (단, 침강속도는 10m/일 이라고 가정한다.)

① 5.4 m²   ② 5.6 m²   ③ 5.8 m²   ④ 6.0 m²

해설 $V_1(100 - P_1) = V_2(100 - P_2)$
$700 \times 10(100 - 98) = V_2 \times 50(100 - 95)$ $\therefore V_2 = 56$

$10m/day = \dfrac{56m^3}{A\,m^2}$ $\therefore A = 5.6m^2$

정답 09.② 10.③ 11.④ 12.②

문제 13 슬러지의 화학적 안정화 및 살균방법으로 거리가 먼 것은?

① 석회 주입법
② 염소 주입법
③ 회분 첨가법
④ 방사선 조사법

해설 슬러지의 화학적 안정화에는 석회 주입법, 염소 주입법, 방사선 조사법이 있다.

문제 14 슬러지를 개량하는 목적으로 가장 적합한 것은?

① 슬러지의 탈수가 잘 되게 하기 위함
② 탈리액의 BOD를 감소시키기 위함
③ 슬러지 건조를 촉진하기 위함
④ 슬러지의 악취를 줄이기 위함

해설 슬러지를 탈수하기 전에 전처리로서 탈수성을 좋게하기 위해 실시한다.

문제 15 슬러지개량(conditioning)에 관한 설명 중 틀린 것은?

① 주로 슬러지의 탈수 성질을 향상시키기 위하여 시행한다.
② 주로 화학약품처리, 열처리를 행하며, 수세나 물리적인 세척방법 등도 효과가 있다.
③ 열처리는 슬러지 내의 Colloid와 미세입자 결합을 유도, 고액분리를 쉽게 한다.
④ 수세는 주로 혐기성 소화된 슬러지 대상으로 실시하며 소화슬러지의 알카리도를 낮춘다.

해설 열처리는 슬러지의 세포를 파괴시켜 고액분리를 쉽게 한다.

문제 16 슬러지 개량 방법 중 세척에 관한 설명으로 옳지 않은 것은?

① 소화 슬러지를 물과 혼합시킨 후 슬러지를 재 침전시키는 방법이다.
② 슬러지를 토양개량제로 사용하는 경우에 활용된다.
③ 알칼리성 슬러지를 세척함으로써 슬러지 탈수에 이용되는 응집제의 양을 감소시킬 수 있다.
④ 소화 슬러지내의 가스방울이 없어지므로 부력을 제거하여 농축이 잘 되게 한다.

해설 수세는 주로 혐기성 소화슬러지의 알카리도를 낮추는 데 있다.

정답 13.③ 14.① 15.③ 16.②

문제 17 수거분뇨 1kL를 전처리(SS제거율 30%)하여 발생한 슬러지를 수분함량 80%로 탈수한 슬러지량(kg)은 얼마인가? (단, 수거분뇨의 SS농도는 4%, 비중은 1.0 기준이다.)

① 20 kg
② 40 kg
③ 60 kg
④ 80 kg

해설 슬러지 발생량 = 슬러지 탈수량
$$1000 \text{kg/kL} \times 0.3 \times 0.04 = x(1-0.8) \quad \therefore x = 60 kg$$

문제 18 수분이 96%인 슬러지를 수분 60%로 탈수했을 때, 탈수 후 슬러지의 체적은?(단, 탈수 전 슬러지의 체적은 100m³이다.)

① 10m³
② 12m³
③ 14m³
④ 16m³

해설 슬러지 발생량 = 슬러지 탈수량
$$100 m^3 \times (1-0.96) = x(1-0.6) \quad \therefore x = 10 m^3$$

문제 19 고형물의 함량이 80kg/m³인 농축슬러지를 18m³/hr 유량으로 탈수시키려 한다. 고형물 중량에 대해 25%의 소석회를 넣으면 함수율 70%의 탈수 cake이 얻어진다고 할 때 농축 슬러지로부터 얻어지는 탈수 cake의 양은?(단, 하루 운전시간은 24시간, cake의 비중은 1.0)

① 122 t/day
② 144t/day
③ 166 t/day
④ 188t/day

해설 슬러지 발생량 = 슬러지 탈수량
$$0.08 \text{t/m}^3 \times 18 \text{m}^3/\text{hr} \times 1.25 = x(1-0.7) \quad \therefore x = 6 \text{m}^3/\text{hr}$$
$$\therefore 6 \text{m}^3/\text{hr} \times 24 \text{hr} = 144 \text{t/day}$$

문제 20 탈수 전의 슬러지량(m³)은 X, 함수율은 V이고, 탈수 후의 슬러지량(m³)은 X₁, 함수율은 V₁일 때 X와 X₁의 관계식으로 옳은 것은?

① $X_1 = X(100-V) \times 100$
② $X_1 = X(100-V_1) \times 100$
③ $X_1 = \dfrac{X(100-V)}{100-V_1}$
④ $X_1 = \dfrac{X(100-V_1)}{100-V}$

해설 $X(100-V) = X_1(100-V_1)$

정답 17.③ 18.① 19.② 20.③

문제 21 함수율 50%인 쓰레기를 함수율 20%로 감소시킨다면 전체중량은? (단, 쓰레기 비중은 1.0으로 가정함)

① 처음의 약 52%로 된다. ② 처음의 약 57%로 된다.
③ 처음의 약 63%로 된다. ④ 처음의 약 68%로 된다.

해설 $100(1-0.5) = V_2(1-0.2)$ ∴ $V_2 = 62.5\%$

문제 22 진공여과기로 슬러지를 탈수하여 cake의 함수율을 85%로 할 때 여과속도는 20kg/m²·h (고형물 기준), 여과면적은 50m²의 조건에서 4시간 동안 cake 발생량은? (딴, 비중은 1.0으로 가정한다.)

① 약 13.4ton ② 약 18.6ton
③ 약 22.8ton ④ 약 26.7ton

해설 여과율$(kg/m^2 \cdot hr) = \dfrac{\text{고형물량}(kg/hr)}{\text{여과면적}(m^2)}$

$20kg/m^2 \cdot hr = \dfrac{(1-0.85)x}{50m^2 \times 4hr}$ ∴ $x = 26.6 t$

문제 23 진공여과기 1대를 사용하여 슬러지를 탈수하고 있다. 다음과 같은 조건에서 운전할 때 건조 고형물 기준의 여과속도 27kg/m²·hr인 진공여과기의 1일 운전시간은?

- 폐수유입량 : 20000m³/일
- 유입 SS농도 : 300mg/L
- SS제거율 : 85%
- 약품첨가량 : 제거 SS량의 20%
- 여과면적 : 20m²
- 건조 고형물 여과회수율 : 100%
- 비중 : 1.0 기준

① 17시간 ② 14시간
③ 11시간 ④ 8시간

해설 여과율$(kg/m^2 \cdot hr) = \dfrac{\text{고형물량}(kg/hr)}{\text{여과면적}(m^2)}$

$27kg/m^2 \cdot hr = \dfrac{20000m^3 \times 0.3kg/m^3 \times 0.85 \times 1.2}{20m^2 \times x}$ ∴ $x = 11.3hr$

정답 21.③ 22.④ 23.③

문제 24 어떤 분뇨처리장의 1일 처리량이 200m³/일 이며 생분뇨의 BOD5가 20000mg/L이라면 이 처리장에서 탈수 후 발생되는 슬러지량은?(단, 슬러지의 비중은 1.0으로 가정하고 처리 후 슬러지 발생량은(건조고형물로서) BOD 5kg당 1kg씩 발생하며 슬러지를 탈수시킨 후 함수율은 75%로 한다.)

① 약 8m³/일   ② 약 12m³/일
③ 약 16m³/일   ④ 약 19m³/일

해설 처음 발생량 = 탈수 후 발생량
$200\text{m}^3/\text{d} \times 20\text{kg/m}^3 = x(1-0.75)$ ∴ $x = 16\text{m}^3/\text{d}$

문제 25 수분함량이 90%인 슬러지를 수분함량 60%로 낮추기 위해 톱밥을 첨가하였다면 슬러지 톤당 소요되는 톱밥의 양(kg)은?(단, 비중 1.0, 톱밥의 수분함량 20%라 가정함)

① 650   ② 750
③ 850   ④ 950

해설 $60\% = \dfrac{(1000\text{kg} \times 90\%) + (x \times 20\%)}{1000\text{kg} + x}$ ∴ $x = 750\text{kg}$

문제 26 슬러지의 건조상(乾燥床)의 설계를 위한 고려사항으로 가장 거리가 먼 것은?

① 일기(日氣)   ② 슬러지 성상
③ 탈수보조제   ④ 토질의 증발력

해설 자연건조상은 설계 시 슬러지 성상, 탈수보조제, 토질의 투수성, 일기 등을 고려하여야 한다.

정답 24.③ 25.② 26.④

5.3 슬러지 수분형태

① **간극수** : 슬러지 입자 사이의 공간을 채우고 있는 수분으로 농축에 의해 분리된다.
② **모관결합수** : 미세입자 사이의 공간을 모세관압으로 채우고 있는 수분으로 압착에 의해 분리된다.
③ **부착수** : 슬러지 입자표면에 부착되어 있는 수분으로 제거가 어렵다.
④ **내부수** : 슬러지 입자 내부의 세포액으로 제거가 곤란하다.
⑤ **결합강도** : 내부수 〉 부착수 〉 모관결합수 〉 간극수 〉 중력수

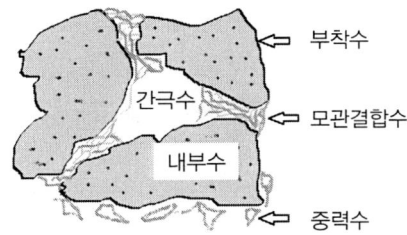

5.4 슬러지의 부피

- 슬러지 = 고형물(TS) + 수분
- 고형물(TS) = 무기물(FS) + 유기물(VS) + 수분
- 부피 = $\dfrac{무게}{비중}$
- $\dfrac{1}{\rho_{sl}} = \dfrac{W_s}{\rho_s} + \dfrac{W_w}{\rho_w}$ ←무게 / ←비중
  슬러지 = 고형물 + 수분
- $\dfrac{1}{\rho_s} = \dfrac{W_f}{\rho_f} + \dfrac{W_v}{\rho_v} + \dfrac{W_w}{\rho_w}$ ←무게 / ←비중
  고형물 = 무기물 + 유기물 + 물
- 농축or탈수전 부피 : 농축or탈수후 부피
  $V_1 = \dfrac{100}{100 - P_1}$: $V_2 = \dfrac{100}{100 - P_2}$
  부피   함수율
- $V_1(100 - P_1) = V_2(100 - P_2)$
- 슬러지 발생량 $V = $ 고형물량 $\times \dfrac{1}{비중} \times \dfrac{100}{100 - P}$

  여기서, V_1 : 건조 전 폐기물 부피
  V_2 : 건조 후 폐기물 부피
  P_1 : 건조 전 함수율
  P_2 : 건조 후 함수율

문제 01 슬러지내의 물의 형태에 관한 설명으로 옳지 않은 것은?

① 부착수 : 고형물과 직접 결합해 있지 않기 때문에 농축 등의 방법으로 용이하게 분리할 수 있다.
② 모관결합수 : 미세한 슬러지 고형물의 입자 사이에 존재하는 수분이다.
③ 모관결합수 : 모세관 현상을 일으켜서 모세관압으로 결합되어 있는 수분이다.
④ 간극수 : 큰 고형물입자 간극에 존재하는 수분으로 많은 양을 차지한다.

해설 부착수는 슬러지 입자표면에 부착되어 있는 수분으로 제거가 어렵다.

문제 02 다음 슬러지의 물의 형태 중 탈수성이 가장 용이한 것은?

① 모관결합수　　② 표면부착수
③ 내부수　　　　④ 입자경계수

해설 결합강도 : 내부수 > 부착수 > 모관결합수 > 간극수 > 중력수

문제 03 토양수분의 물리학적 분류 중 수분 1000cm의 물기둥의 압력으로 결합되어 있는 경우 다음 중 어디에 속하는가?

① 결합수　　② 흡습수　　③ 유효수분　　④ 모세관수

해설 모관결합수는 모세관 현상을 일으켜서 모세관압으로 결합되어 있는 수분이다.

문제 04 건조된 고형분의 비중이 1.4이며 이 슬러지케익의 건조 이전의 고형분 함량이 50%라면 건조 이전 슬러지케익의 비중은 얼마인가?

① 1.129　　② 1.132　　③ 1.143　　④ 1.167

해설
$$\frac{1}{\rho_{sl}} = \frac{W_s}{\rho_s} + \frac{W_w}{\rho_w} \quad \leftarrow 무게 \atop \leftarrow 비중$$
슬러지 = 고형물 + 수분

$$\frac{1}{\rho_{sl}} = \frac{0.5}{1.4} + \frac{0.5}{1.0} \quad \therefore \rho_{sl} = 1.167$$
슬러지 = 고형물 + 수분

정답 01.① 02.① 03.④ 04.④

문제 05 슬러지 중 비중 0.86인 유기성 고형물이 6%, 비중 2.02인 무기성 고형물의 함량이 20%일 때 이 슬러지의 비중은?

① 1.02　　② 1.05　　③ 1.10　　④ 1.16

해설
$$\frac{1}{\rho_s} = \frac{W_f}{\rho_f} + \frac{W_v}{\rho_v} + \frac{W_w}{\rho_w} \quad \leftarrow 무게 \atop \leftarrow 비중$$
고형물 = 무기물 + 유기물 + 물

$$\frac{1}{\rho_s} = \frac{0.2}{2.02} + \frac{0.06}{0.86} + \frac{0.74}{1.0} \quad \therefore \rho_s = 1.1$$
고형물 = 무기물 + 유기물 + 물

문제 06 건조된 고형분의 비중이 1.5이며, 이 슬러지의 건조 이전 고형분 함량이 42%(무게기준), 건조중량이 600kg이라고 한다. 건조 이전의 슬러지 부피(m³)는?

① 약 1.23　　② 약 1.61
③ 약 1.83　　④ 약 1.96

해설
㉮ 건조 전 슬러지 비중
$$\frac{1}{\rho_s} = \frac{0.42}{1.5} + \frac{0.58}{1.0} \quad \therefore \rho_s = 1.16$$

㉯ 건조 이전의 슬러지 부피(m³)
건조 전 고형물 = 건조 후 고형물
$$1160\text{kg/m}^3 \times 0.42 \times x = 600\text{kg}$$
$$\therefore x = \frac{\text{m}^3}{1160\text{kg}} \Big| \frac{1}{0.42} \Big| \frac{600\text{kg}}{1} = 1.23\text{m}^3$$

문제 07 함수율이 90%인 슬러지의 겉보기 비중이 1.02 이었다. 이 슬러지를 진공여과기로 탈수하여 함수율이 60%인 슬러지를 얻었다면 이 슬러지가 갖는 겉보기 비중은?(단, 물의 비중은 1.0)

① 약 1.09　　② 약 1.14
③ 약 1.25　　④ 약 1.31

해설
㉮ 함수율이 90%인 고형물의 비중
$$\frac{1}{1.02} = \frac{0.1}{\rho_s} + \frac{0.9}{1.0} \quad \therefore \rho_s = 1.24$$
슬러지 = 고형물 + 수분

㉯ 함수율이 60%인 슬러지의 비중
$$\frac{1}{\rho_{sl}} = \frac{0.4}{1.24} + \frac{0.6}{1.0} \quad \therefore \rho_{sl} = 1.084$$
슬러지 = 고형물 + 수분

정답 05.③ 06.③ 07.①

문제 08 슬러지를 처리하기 위하여 생슬러지를 분석한 결과 수분은 90%, 고형물 중 휘발성 고형물은 70%, 휘발성 고형물의 비중은 1.1, 무기성 고형물의 비중은 2.2였다. 생슬러지의 비중은? (단, 무기성 고형물+휘발성 고형물=총 고형물)

① 1.011
② 1.018
③ 1.023
④ 1.028

해설 $\dfrac{1}{\rho_s} = \dfrac{0.1 \times 0.7}{1.1} + \dfrac{0.1 \times 0.3}{2.2} + \dfrac{0.9}{1.0}$ ∴ $\rho_s = 1.024$

문제 09 함수율 80%(중량비)인 슬러지 내 고형물은 비중 2.5인 FS 1/3과 비중이 1.0인 VS 2/3로 되어 있다. 이 슬러지의 비중은 얼마인가? (단, 물의 비중은 1.0 기준이다.)

① 1.04
② 1.08
③ 1.12
④ 1.16

해설 $\dfrac{1}{\rho_s} = \dfrac{0.2 \times 1/3}{2.5} + \dfrac{0.2 \times 2/3}{1.0} + \dfrac{0.8}{1.0}$ ∴ $\rho_s = 1.041$

문제 10 수분함량이 20%인 쓰레기의 수분함량을 10%로 감소시키면 감소 후 쓰레기 중량은 처음 중량의 몇 %가 되겠는가?(단, 쓰레기의 비중은 1.0기준)

① 82.6%
② 84.2%
③ 86.3%
④ 88.9%

해설 $V_1(100-P_1) = V_2(100-P_2)$

$\dfrac{V_1(100-P_1)}{V_2(100-P_2)}$ ∴ $\dfrac{100-20}{100-10} \times 100 = 88.8\%$

문제 11 가정에서 발생되는 쓰레기를 소각시킨 후 남은 재의 중량은 소각된 쓰레기의 1/5 이다. 쓰레기 100톤을 소각하여 소각재 부피가 20m³이 되었다면 소각재의 밀도(톤/m³)는 얼마인가?

① 2.0톤/m³
② 1.5톤/m³
③ 1.0톤/m³
④ 0.5톤/m³

해설 소각재의 밀도(ton/m³) = $\dfrac{100t \times 1/5}{20m^3} = 1.0$

정답 08.③ 09.① 10.④ 11.③

문제 12 함수율 82%의 하수슬러지 80m³와 함수율 15%의 톱밥 120m³을 혼합 했을 때의 함수율(%)은 얼마인가? (단, 비중은 1.0 기준이다.)

① 42%   ② 45%
③ 48%   ④ 55%

해설 $(\%) = \dfrac{(80m^3 \times 82\%) + (120m^3 \times 15\%)}{80m^3 + 120m^3} = 41.8\%$

문제 13 함수율 90%인 폐기물에서 수분을 제거하여 처음 무게의 70%로 줄이고 싶다면 함수율을 얼마로 감소시켜야 하는가? (단, 폐기물 비중은 1.0 기준이다.)

① 72.3%   ② 77.2%
③ 81.6%   ④ 85.7%

해설 $V_1(100 - P_1) = V_2(100 - P_2)$
$100(100 - 90) = 70(100 - P_2) \quad \therefore P_2 = 85.7\%$

문제 14 수분함량이 90%인 슬러지를 수분함량 60%로 낮추기 위해 톱밥을 첨가하였다면 슬러지 톤당 소요되는 톱밥의 양(kg)은?(단, 비중 1.0, 톱밥의 수분함량 20%라 가정함)

① 650   ② 750   ③ 850   ④ 950

해설 $60\% = \dfrac{(1000kg \times 90\%) + (x \times 20\%)}{1000kg + x}$
$60000 + 60x = 90000 + 20x \quad \therefore x = 750kg$

문제 15 함수율 40%인 쓰레기를 건조시켜 함수율이 15%인 쓰레기를 만들었다면, 쓰레기 ton당 증발되는 수분량(kg)은 얼마인가? (단, 비중은 1.0 기준이다.)

① 약 185kg   ② 약 294kg
③ 약 326kg   ④ 약 425kg

해설 $1000kg(100 - 40\%) = V_2(100 - 15\%) \quad \therefore V_2 = 705.88kg$
$\therefore 1000kg - 705.88kg = 294kg$

정답 12.① 13.④ 14.② 15.②

문제 16 함수율이 25%인 쓰레기를 건조시켜 함수율이 10%인 쓰레기로 만들려면 쓰레기 5ton당 약 몇 kg의 수분을 증발시켜야 하는가? (단, 비중은 1.0 기준)

① 약 665kg
② 약 745kg
③ 약 835kg
④ 약 925kg

해설 $5000kg(100-25\%) = V_2(100-10\%)$ ∴ $V_2 = 4166kg$
∴ $5000kg - 4166kg = 834.5kg$

문제 17 분뇨의 슬러지 건량은 5m³이며 함수율이 90%이다. 함수율을 80%까지 농축하면 농축조에서의 분리액(m³)은 얼마인가? (단, 비중은 1.0 기준)

① 15m³   ② 20m³   ③ 25m³   ④ 30m³

해설 분리액 $V = (5m^3 \times \dfrac{100}{100-90}) - (5m^3 \times \dfrac{100}{100-80}) = 25m^3$

문제 18 고형분 20%인 폐기물 10톤을 소각하기 위해 함수율이 15%가 되도록 건조시켰다. 이 건조폐기물의 중량(톤)은 얼마인가? (단, 비중은 1.0 기준이다.)

① 약 1.8톤
② 약 2.5톤
③ 약 3.3톤
④ 약 4.3톤

해설 $V_1(100-P_1) = V_2(100-P_2)$
$10t \times 20\% = V_2(100-15)$ ∴ $V_2 = 2.35t$

문제 19 다음과 같은 조건의 침전지에서 1일 발생하는 슬러지의 부피는?(단, 기타 사항은 고려하지 않음)

- 폐수유입량 : 20000m³
- 유입폐수의 SS : 400mg/L
- 침전지의 SS 제거율 : 45%
- 슬러지의 비중 : 1.3

① 2.53m³
② 2.77m³
③ 2.92m³
④ 3.16m³

해설 $V = \dfrac{20000m^3}{day} \Big| \dfrac{0.4kg}{m^3} \Big| \dfrac{45}{100} \Big| \dfrac{m^3}{1300kg} = 2.77m^3/day$

정답 16.③ 17.③ 18.② 19.②

문제 20 전처리에서 SS제거율 60%, 1차 처리에서 SS제거율 90%일 때 방류수 수질기준 이내로 처리하기 위한 2차 처리효율은?(단, 분뇨 SS는 20000mg/L, 방류수 SS 수질기준은 60mg/L이다.)

① 92.5%
② 94.5%
③ 96.5%
④ 98.5%

해설 공정상 농도 = 방류수 농도
$C_i(1-\eta_1)(1-\eta_2) = C_e$
$20000(1-0.6)(1-0.9)(1-\eta_2) = 60$
$800(1-\eta_2) = 60 \quad \therefore \eta_2 = 0.925\%$

정답 20.①

6. 유해폐기물 처리

6.1 개요

① 유해성의 판단은 인화성, 부식성, 반응성, 폭발성, 독성, 발암성 등으로 한다.
② 유해성 오염물질의 처리공법은 다음과 같다.

[표] 유해성 오염물질의 처리공법

오염물질	처리공법
유기물	생물학적 처리
무기물	화학적 처리
Pb	황화물침전, 수산화물 침전
Hg	아말감법, 황화물침전, 이온교환, 활성탄 흡착
Cd	황화물침전, 수산화물침전, 흡착, 이온교환
CN	알칼리 염소법, 감청법, 오존산화, 전기분해
PCB	흡착, 추출, 응집침전
유기인	화학적 처리, 생물화학적 처리, 흡착
Cr^{6+}	환원에 의한 수산화물공침법($Cr^{6+} \to Cr^{3+} \to Cr(OH)_3 \downarrow$)
독성 유기물	흡착, 용매추출, 화학적 산화, 공기탈착

6.2 수산화물 응집침전법

금속은 알칼리성에서 OH^-와 반응, 수산화물을 형성하여 불용성 물질로 된다.

$Cr^{3+} + 3OH^- \to Cr(OH)_3$

$Cd^{2+} + 2OH^- \to Cd(OH)_2$

$Pb^{2+} + 2OH^- \to Pb(OH)_2$

$Cu^{2+} + 2OH^- \to Cu(OH)_2$

$Zn^{2+} + 2OH^- \to Zn(OH)_2$

$Mg^{2+} + 2OH^- \to Mg(OH)_2$

6.3 황화물 침전법

중금속이온을 황화물로 회수하는 방법으로 황화물의 용해도곱이 수산화물의 용해도곱보다 대단히 적음을 이용하여 분별 침전시키고자 할 때 이용하는 방법이다.

$Cd^{2+} + S^{2-} \rightarrow CdS$

$Hg^{2+} + S^{2-} \rightarrow HgS$

$Pb^{2+} + S^{2-} \rightarrow PbS$

$Cu^{2+} + S^{2-} \rightarrow CuS$

$Zn^{2+} + S^{2-} \rightarrow ZnS$

6.4 오존산화법

① 오존은 산성에서는 안정하나 높은 pH 상태에서는 변화속도가 빨라 HO·라디칼을 생성하게 된다.

② pH의 변화는 HO·라디칼 생성에 중요한 역할을 하는데, 원수수질에 따라서 최적 pH를 제시하는 것이 중요한 과제라 생각된다.

③ HO·라디칼은 유기물(RH)을 분해하여 유기물 radical(R·)을 만들며 이 유기물 라디칼은 결국 산화분해 된다.

$$O_3 + OH^- \rightarrow HO_2 + O_2$$

$$O_3 + HO_2 \rightarrow HO\cdot + 2O_2$$

$$HO\cdot + RH \rightarrow R\cdot + H_2O$$

$$R\cdot + HO\cdot \rightarrow ROH_{(소멸)}$$

④ HO·라디칼의 강력한 산화력은 유기물질의 성상을 변화시켜 후처리공정의 효과를 증대시킨다.

⑤ O_3 처리는 처리 자체로서 오염물질제거의 수단이 되기보다는 수중에 존재하는 각종 오염물질의 성질 또는 성상을 변화시킴으로써 후속처리공정의 효과를 증대시키는 역할을 하는 경우가 많다.

6.5 펜톤산화

① 산화제로 과산화수소를 촉매제로 철을 사용한다.
② pH 3.0~4.0에서 철 금속이 과산화수소를 분해시켜 HO· 라디칼을 생성한다.
③ 유기물질은 생성된 HO· 라디칼에 의해 분해된다.

$$Fe^{2+} + H_2O_2 \rightarrow Fe^{3+} + OH^- + HO·$$
$$HO· + RH \rightarrow R· + H_2O$$
$$R· + Fe^{3+} \rightarrow R^+ + Fe^{2+}$$
$$R· + HO· \rightarrow ROH_{(소멸)}$$

④ Fenton 산화반응에 의해 유기물이 산화분해되어 COD는 감소하지만 BOD는 증가할 수 있다.
⑤ 후 처리공정인 중화, 응집, 침전, 생물학적 처리의 효율을 증대시킨다.

6.6 시안처리

알칼리염소법에 의한 시안처리의 원리는 다음과 같다.

- 1차 반응 : $CN^- + OCl^- (또는 Cl_2) + OH^- \xrightarrow[ORP\ 300-350mV]{pH\ 10\uparrow} CNO^-$
  [pH 10 이하에서 $CNCl$ 발생]

- 2차 반응 : $CNO^- + OCl^- (또는 Cl_2) + OH^- \xrightarrow[ORP\ 600-650mV]{pH\ 8.0} N_2\uparrow$
  [pH 4.0 이하에서 NCl_3 발생]

6.7 크롬처리

환원침전법에 의한 크롬처리의 원리는 다음과 같다.

1차 반응 : $Cr^{6+} \xrightarrow[ORP\ 250mV]{pH\ 2.0-3.0} Cr^{3+}$

2차 반응 : $Cr^{3+} + 3OH^- \xrightarrow{pH\ 8.0-9.0} Cr(OH)_3\downarrow$

환원제의 종류 : $FeSO_4$, Na_2SO_3, $NaHSO_3$, S^{2-}

6.8 용매추출법

① 사용되는 용매는 비극성이어야 한다.
② 증류 등에 의한 방법으로 용매회수가 가능하여야 한다.
③ 선택성이 커야 한다.
④ 분배계수가 높은 폐기물에 적용한다.
⑤ 회수성이 높아야 한다.
⑥ 끓는점이 낮은 폐기물에 적용한다.
⑦ 물에 대한 용해도가 낮아야 한다.
⑧ 물과 밀도가 다른 폐기물에 이용 가능성이 높다.

문제 01 유해성 폐기물이라 판단할 수 있는 성질과 가장 거리가 먼 것은?

① 반응성
② 발화성
③ 부식성
④ 부패성

해설 유해성의 판단은 인화성, 부식성, 반응성, 폭발성, 독성, 발암성 등으로 한다.

문제 02 다음 유해성물질 중 침전, 이온교환기술을 적용하여 처리하기에 가장 어려운 물질은 어느 것인가?

① As
② CN
③ Pb
④ Hg

해설 시안처리방법에는 알칼리 염소법, 감청법, 오존산화, 전기분해 등이 있다.

문제 03 폐기물을 화학적으로 처리하는 방법 중 용매추출법에 대한 특징으로 틀린 것은 어느 것인가?

① 높은 분배계수와 낮은 끓는점을 가지는 폐기물에 이용 가능성이 높다.
② 사용되는 용매는 극성이어야 한다.
③ 증류 등에 의한 방법으로 용매 회수가 가능해야 한다.
④ 물에 대한 용해도가 낮고 물과 밀도가 다른 폐기물에 이용 가능성이 높다.

해설 사용되는 용매는 비극성이어야 한다.

정답 01.④ 02.② 03.②

문제 04 용매추출(solvent extraction)공정을 적용하기 어려운 폐기물은?

① 분배계수가 높은 폐기물
② 물에 대한 용해도가 높은 폐기물
③ 끓는점이 낮은 폐기물
④ 물에 대한 밀도가 낮은 폐기물

해설 물에 대한 용해도가 낮아야 한다.

정답 04.②

6.9 고형화(고화) 목적

① 폐기물에 고형화재를 첨가하여 폐기물의 물리적 성질을 변화시키는 데 있다.
② 슬러지를 다루기 용이하게(Handling) 한다.
③ 슬러지 내 오염물질의 용해도가 감소(Solubility)한다.
④ 유해한 슬러지인 경우 독성이 감소(Toxicity)한다.
⑤ 슬러지 표면적 감소에 따른 폐기물 성분의 손실을 줄인다.
⑥ 최종처분을 용이하게 한다.

[표] 무기적 유기적 고형화법의 특성

무기적 고형화법	유기적 고형화법
• 처리비용이 저렴하다. • 다양한 폐기물에 적용이 가능하다. • 수용성이 작고 재료의 독성이 없다. • 고화체의 체적 증가가 다양하다. • 시멘트는 중금속 등 무기물을 고정화하여 무독화, 불용화 한다. • 상온, 상압 하에서 처리가 용이하다. • 장기적 안정성이 양호하다. • 슬러지 표면적 감소에 따른 폐기물 성분의 손실을 줄인다. • 시멘트기초법, 자가시멘트법, 석회기초법 등이 있다.	• 에너지 및 처리비용이 고가이다. • 다양한 폐기물에 적용 가능하다. • 수밀성이 크다. • 고화체의 체적 증가가 다양하다. • 미생물, 자외선에 대한 안정성이 약하다. • 상업화된 처리법의 자료가 빈약하다. • 방사성, 유기독성물질에 적합하다. • 슬러지 표면적 감소에 따른 폐기물 성분의 손실을 줄인다. • 열가소성 플라스틱법, 유리화법, 유기 중합체법 등이 있다.

6.10 부피변화율(VCF)

$$부피변화율(VCF) = (1 + MR) \times \frac{\rho_1}{\rho_2}$$

MR(Mix Ratio) : 혼합율 $MR = \dfrac{첨가물의\ 질량}{폐기물의\ 질량}$

ρ_1 : 고화처리전 폐기물의 밀도
ρ_2 : 고화처리후 폐기물의 밀도

문제 01 슬러지를 고형화하는 목적으로 틀린 것은 어느 것인가?

① 슬러지를 다루기 용이하게 함 (Handling)
② 슬러지 내 오염물질의 용해도 감소 (Solubility)
③ 유해한 슬러지인 경우 독성감소 (Toxicity)
④ 슬러지 표면적 감소에 따른 운반 매립 비용감소 (Surface)

해설 슬러지 표면적 감소에 따른 폐기물 성분의 손실을 줄인다.

문제 02 유해폐기물 최종처분을 위한 고화처리 목적이라 볼 수 없는 것은?

① 폐기물 표면적 증가로 폐기물 성분 손실 감소
② 폐기물을 다루기 용이함
③ 폐기물내의 오염물질의 용해도 감소
④ 폐기물의 독성감소

해설 슬러지 표면적 감소에 따른 폐기물 성분의 손실을 줄인다.

문제 03 유기적 고형화법과 비교한 무기적 고형화법에 관한 설명으로 틀린 것은?

① 다양한 산업폐기물에 적용이 가능하다.
② 비용이 저렴하다.
③ 상압 및 상온하에서 처리가 용이하다.
④ 수용성이 크며 재료의 독성이 없다.

해설 수용성이 작고 재료의 독성이 없다.

정답 01.④ 02.① 03.④

문제 04 무기적 고형화법과 비교한 유기적 고형화법에 관한 설명으로 옳지 않는 것은?

① 수밀성이 크고 다양한 폐기물에 적용 가능하다.
② 최종 고화체의 체적 증가가 다양하다.
③ 미생물, 자외선에 대한 안정성이 약하다.
④ 상업화된 처리법의 현장자료가 다양하다.

해설 상업화된 처리법의 자료가 빈약하다.

문제 05 고화법은 무기적 고형화와 유기적 고형화 방법으로 나눌 수 있다. 유기적 고형화의 특징에 대한 설명으로 옳지 않은 것은?

① 방사성 폐기물 처리에 적용하기 어렵다.
② 최종 고화체의 체적 증가가 다양하다.
③ 수밀성이 크며 다양한 폐기물에 적용할 수 있다.
④ 미생물, 자외선에 대한 안전성이 약하다.

해설 유기적 고형화는 방사성 및 유기독성물질 처리에 적합하다.

문제 06 밀도가 1.5g/cm³인 폐기물 10kg에 고형물재료를 5kg 첨가하여 고형화 시킨 결과 밀도가 6.0g/cm³으로 증가하였다면 폐기물의 부피변화율(VCF)은 얼마인가?

① 0.48　　② 0.42　　③ 0.38　　④ 0.32

해설 부피변화율(VCF) $= (1+MR) \times \dfrac{\rho_1}{\rho_2}$　　$\therefore VCF = (1 + \dfrac{5\text{kg}}{10\text{kg}}) \times \dfrac{1.5\text{g/cm}^3}{6.0\text{g/cm}^3} = 0.38$

문제 07 다음과 같은 조건으로 중금속슬러지를 시멘트 고형화할 때 용적변화는 얼마인가?

- 고형화 처리 전 : 중금속슬러지 비중 : 1.2
- 고형화 처리 후 : 폐기물의 비중 : 1.5
- 시멘트 첨가량 : 슬러지 무게의 50%

① 20% 증가　　　　② 30% 증가
③ 40% 증가　　　　④ 50% 증가

해설 부피변화율(VCF) $= (1+MR) \times \dfrac{\rho_1}{\rho_2}$

$\therefore VCF = (1+0.5) \times \dfrac{1.2\text{ton/m}^3}{1.5\text{ton/m}^3} = 1.2$

따라서 20% 증가한다.

정답 04.④　05.①　06.③　07.①

문제 08 밀도가 2.0g/cm³인 폐기물 20kg에 고형화재료를 20kg 첨가하여 고형화 시킨 결과 밀도가 2.8g/cm³으로 증가하였다면 부피변화율(VCF)은?

① 1.04　　② 1.1　　③ 1.27　　④ 1.43

해설 부피변화율(VCF) $= (1+\text{MR}) \times \dfrac{\rho_1}{\rho_2}$

$$\therefore \text{VCF} = \left(1 + \dfrac{20\text{kg}}{20\text{kg}}\right) \times \dfrac{2.0\text{g/cm}^3}{2.8\text{g/cm}^3} = 1.43$$

문제 09 밀도가 1.0t/m³인 폐기물 100m³을 고화처리하여 매립 하고자 한다. 고화제의 혼합률은?(단, 고화제 투입량은 폐기물 1m³당 150kg)

① 0.13　　② 0.14　　③ 0.15　　④ 0.16

해설 혼합율 $MR = \dfrac{\text{첨가물의 질량}}{\text{폐기물의 질량}}$

$$MR = \dfrac{100\text{m}^3 \times 150\text{kg/m}^3}{100\text{m}^3 \times 1000\text{kg/m}^3} = 0.15$$

정답 08.④　09.③

6.11 시멘트 기초법

① 고화제로 시멘트를 첨가제로 액상규산소다를 혼합하여 폐기물을 고형화하는 방법이다.
② 보통 포틀랜드 시멘트의 주성분은 CaO 65%, SiO_2 22% 이다.
③ 무기성 고화재를 사용하여 고농도 중금속의 폐기에 적합하다.
④ 물/시멘트 비가 낮으면 압축강도는 커지고, 투수계수는 작아진다.

[표] 시멘트 기초법의 장·단점

장점	단점
• 원료가 풍부하고 값이 싸다. • 처리기술 발달로 특별한 기술 요구하지 않는다. • 폐기물의 건조나 탈수가 필요하지 않다. • 다양한 폐기물 처리에 적용 가능하다. • 시멘트 양의 조절로 폐기물 콘크리트의 강도를 높일 수 있다. • 용출 정도에 따라 보도블록으로 활용 가능하다.	• 폐기물의 부피 및 무게 증가한다. • pH가 낮으면 폐기물성분의 용출가능성 높다.

6.12 자가시멘트법

황을 포함한 폐기물에 칼슘을 첨가하여 생석회화한 다음 소량의 물과 첨가제를 가하여 고형화하는 방법이다.

[표] 자가시멘트법의 장단점

장점	단점
• 혼합률(MR)이 낮다. • 중금속의 처리에 효과적이다. • 탈수 등의 전처리가 필요 없다.	• 장치의 규모가 크고 숙련된 기술이 요구된다. • 보조 에너지가 필요하다. • 높은 황화물을 함유한 폐기물에 적합하다.

6.13 석회기초법

석회와 미세한 포졸란(화산재, fly ash 등)을 폐기물과 함께 혼합하여 고형화하는 방법이다.

[표] 석회기초법의 장단점

장점	단점
• 공정운전이 간단하고 용이하다. • 석회-포졸란 화학반응이 간단하다. • 두 가지 폐기물을 동시에 처리할 수 있다. • 석회가격이 싸고 널리 이용된다. • 탈수가 필요 없다. • 소각재와 폐기물을 동시 처리한다.	• 최종 처분 물질의 양이 증가한다. • 낮은 pH에서 폐기물성분 용출 가능성이 증가한다.

6.14 열가소성 플라스틱법

고온(130~150℃)에서 열가소성 플라스틱과 건조된 폐기물을 혼합하여 냉각시킴으로써 고형화되는 방법이다.

[표] 열가소성 플라스틱법의 장단점

장점	단점
• 용출 손실률이 시멘트법에 비해 낮다. • 혼합율(MR)이 비교적 높다. • 수용액의 침투에 저항성이 높다. • 처리된 폐기물을 회수하여 재활용이 가능하다.	• 장치가 복잡하고 고도의 숙련된 기술을 요한다. • 높은 온도에서 분해되는 물질에는 사용이 불가능하다. • 폐기물을 건조시켜야 하며 화재 위험성이 높다. • 에너지 요구량이 높다.

6.15 피막 형성법

폐기물을 건조시킨 후 결합체를 혼합하여 고온에서 응고시킨 다음 플라스틱으로 피막을 입혀 고형화하는 방법이다.

[표] 피막형성법의 장단점

장점	단점
• 혼합률(MR)이 낮다. • 침출성이 가장 낮다.	• 에너지 소요가 많다. • 피막형성을 위한 수지값이 비싸다. • 설비비가 많이 든다. • 화재 위험성이 크다.

6.16 유리화법

폐기물에 규소를 혼합하여 유리화 시키는 방법이다.

[표] 유리화법의 장·단점

장 점	단 점
• 2차 오염물질의 발생이 없다. • 첨가제의 비용이 싸다. • 방사성, 독성 폐기물에 적용한다.	• 에너지 소요량이 많다. • 장치 및 부대비용이 많이 든다. • 숙련된 인원이 필요하다.

문제 01 폐기물 고화처리에 주로 사용되는 보통포틀랜드 시멘트의 주성분을 옳게 나열한 것은?

① Al_2O_3 65%, MgO 22%
② MgO 65%, Al_2O_3 22%
③ SiO_2 65%, CaO 22%
④ CaO 65%, SiO_2 22%

해설 보통 포틀랜드 시멘트의 주성분은 CaO 65%, SiO_2 22% 이다.

문제 02 보통 포틀랜드 시멘트의 화학성분 중 가장 많은 부분을 차지하고 있는 것은?

① 산화철(Fe_2O_3)
② 알루미나(Al_2O_3)
③ 규산(SiO_2)
④ 석회(CaO)

해설 보통 포틀랜드 시멘트의 주성분은 CaO 65%, SiO_2 22% 이다.

정답 01.④ 02.④

문제 03 시멘트 기초법에 의한 폐기물고화처리 시 액상규산소다를 첨가하는 이유를 가장 옳게 설명한 것은?

① 액상 규산소다가 일종의 폐기물이며 두 가지 폐기물을 동시에 처리할 목적으로 첨가한다.
② 수분함량이 낮은 폐기물을 고화처리하기 위하여 사용한다.
③ 폐기물 성분의 분해를 촉진시켜 고화효율을 증진시킬 목적으로 첨가한다.
④ 폐기물, 시멘트 반죽을 고화질로 만들어 주기 위하여 첨가한다.

해설 첨가제인 액상 규산소다는 시멘트와 화학반응으로 고화체가 된다.

문제 04 가장 흔히 사용되는 고화처리방법 중의 하나이며 무기성 고화재를 사용하여 고농도의 중금속의 폐기에 적합한 화학적 처리방법은 어느 것인가?

① 피막형성법   ② 유리화법
③ 시멘트 기초법   ④ 열가소성 플라스틱법

해설 무기성 고형화 방법에는 시멘트기초법, 석회기초법 등이 있다.

문제 05 시멘트를 이용한 유해폐기물 고화처리 시 압축강도, 투수계수, 물시멘트비(water/ cement ratio)사이의 관계를 바르게 설명한 것은?

① 물시멘트비는 투수계수에 영향을 주지 않는다.
② 압축강도와 투수계수 사이는 정비례한다.
③ 물시멘트비가 낮으면 투수계수는 증가한다.
④ 물시멘트비가 높으면 압축강도는 낮아진다.

해설 물/시멘트 비가 낮으면 압축강도는 커지고, 투수계수는 작아진다.

문제 06 유해폐기물 고화처리방법 중 자가시멘트법에 관한 설명으로 틀린 것은?

① 혼합률(MR)이 높다.
② 장치비가 크며 숙련된 기술이 요구한다.
③ 보조에너지가 필요하다.
④ 많은 황화물을 가지는 폐기물에 적합하다.

해설 혼합률(MR)이 낮다.

정답 03.④ 04.③ 05.④ 06.①

문제 07 유해폐기물 고화처리방법 중 자가시멘트법에 관한 설명으로 옳지 않은 것은?

① 혼합률(MR)이 낮다.
② 장치비가 크며 숙련된 기술이 요구된다.
③ 보조에너지가 필요 없다.
④ 고농도 황함유 폐기물에 적합하다.

해설 보조 에너지가 필요하다.

문제 08 폐기물 고형화 방법 중 배기가스를 탈황시킬 때 발생되는 슬러지(FGD 슬러지)의 처리에 많이 이용되는 것은?

① 피막 형성법
② 시멘트 기초법
③ 석회 기초법
④ 자가 시멘트법

해설 자가 시멘트법은 높은 황화물을 함유한 폐기물에 적합하다.

문제 09 시멘트 고형화법 중 자가시멘트법에 대한 설명으로 옳지 않은 것은?

① 혼합율은 놓고 중금속 처리에 효과적이다.
② 탈수 등 전처리가 필요 없다.
③ 장치비가 크고 보조에너지가 필요 하다.
④ 연소가스 탈황시 발생된 슬러지처리에 사용된다.

해설 혼합률(MR)이 낮고 중금속의 처리에 효과적이다.

문제 10 매시간 4ton의 폐유를 소각하는 소각로에서 발생하는 황산화물을 접촉산화법으로 탈황하고 부산물로 50%의 황산을 회수한다면 회수되는 부산물량(kg/hr)은?(단, 폐유 중 황성분 3%, 탈황율 95%라 가정함)

① 약 500
② 약 600
③ 약 700
④ 약 800

해설
$S \quad : \quad H_2SO_4$
$32kg \quad : \quad 98kg$
$4000kg/hr \times 0.03 \times 0.95 \;:\; 0.5x$
$\therefore x = 698.25 kg/hr$

정답 07.③ 08.④ 09.① 10.③

문제 11 폐기물 고화처리법 중 석회기초법에 관한 설명으로 옳지 않은 것은?

① 석회–포졸란 화학반응이 잘 알려져 있으며 탈수가 필요하다.
② 두 가지 폐기물을 동시에 처리할 수 있다.
③ 공정운전이 간단하고 용이하나 최종 처분물질의 양이 증가한다.
④ pH가 낮을 때 폐기물성분의 용출 가능성이 증가한다.

해설 석회–포졸란 화학반응이 간단하며 탈수가 필요 없다.

문제 12 유해폐기물의 고형화 방법 중 열가소성 플라스틱법에 관한 설명으로 알맞지 않는 것은?

① 높은 온도에서 분해되는 물질에는 사용할 수 없다.
② 용출 손실율이 시멘트 기초법에 비해 상당히 높다.
③ 혼합율(MR)이 비교적 높다.
④ 고화처리된 폐기물성분을 나중에 회수하여 재활용할 수 있다.

해설 용출 손실률이 시멘트법에 비해 낮다.

문제 13 고화처리법 중 열가소성 플라스틱법(Thermoplastic Process)에 관한 설명으로 틀린 것은?

① 용출손실률이 시멘트 기초법보다 낮다.
② 고온분해되는 물질에 주로 사용된다.
③ 혼합률이 비교적 높다.
④ 고화처리된 폐기물성분을 회수하여 재활용할 수 있다.

해설 높은 온도에서 분해되는 물질에는 사용이 불가능 하다.

문제 14 폐기물처리의 고화처리방법 중 피막형성법(표면캡슐화법)의 장점에 속하는 것은?

① 침출성이 낮다
② 높은 혼합률을 갖는다.
③ 에너지 소요가 적다.
④ 피막형성을 위한 수지값이 저렴하다.

해설 피막형성법은 혼합률(MR)과 침출성이 가장 낮다.

정답 11.① 12.② 13.② 14.①

문제 15 폐기물처리의 고화처리방법 중 피막형성법의 장점으로 옳은 것은?

① 화재 위험성이 없다.
② 혼합율이 낮다.
③ 에너지 소요가 적다.
④ 피막형성을 위한 수지값이 저렴하다.

해설 피막형성법은 혼합률(MR)과 침출성이 가장 낮다.

문제 16 폐기물처리의 고화처리방법 중 유리화법과 거리가 먼 것은?

① 에너지 소요량이 많다.
② 장치 및 부대비용이 많이 든다.
③ 숙련된 인원이 필요하다.
④ 2차 오염물질의 발생이 많다.

해설 유리화법은 2차 오염물질의 발생이 없다.

문제 17 유해성 물질(지정폐기물)을 고형화하는 열중합체법에 대한 설명이다. 옳지 않은 것은?

① 광범위하고 복잡한 장치, 숙련된 기술이 필요하다.
② 용출 손실률은 시멘트 기초법에 비해 상당히 낮다.
③ 수분을 포함한 상태에서 고형화되므로 전체부피가 증가한다.
④ 높은 온도에서 분해되는 물질은 사용할 수 없다.

해설 폐기물을 건조시켜야 하며 화재 위험성이 높다.

정답 15.② 16.④ 17.③

7. 자원화

7.1 RDF

[1] 특성
① 가연성 물질을 선별하여 고열량의 고형물질 연료로 만든 것을 RDF(refuse derived fuel)라 한다.
② 폐기물 내의 불순물과 입자의 크기, 수분함량, 재의 함량을 조정하여 생산한다.
③ 일반적으로 가연성 쓰레기를 선별하여 분쇄한 후 250℃ 정도로 가열하고 길이 1m, 지름 15cm 정도로 만든다.
④ 열량은 1400~4200kcal/kg 정도 이다.
⑤ RDF의 종류는 Pellet RDF, Fluff RDF, Powder RDF가 있다.
⑥ Pellet RDF는 일반적으로 직경이 10~20mm이고 길이가 30~50mm인 형태와 크기를 가지며 보관이나 운반의 효율을 높이는 동시에 단위무게당 열량을 향상시킨 RDF이다.
⑦ Fluff RDF는 폐기물로부터 불연성 폐기물을 제거한 후 연료로 이용한 방법으로 열용량이 가장 낮고 회분이 많으며 수분함량이 15~20%인 RDF이다.
⑧ Powder RDF는 Fluff RDF를 0.5mm이하 분말로 한 것이다.

[2] 구비조건
① 폐기물의 함수율이 낮아야 한다.
② 가연성 물질의 발열량이 높아야 한다.
③ 연소 시 대기오염이 적어야 한다.
④ 균일한 성분배합률로 구성되어야 한다.
⑤ 연소 후 재의 양이 적어야 한다.
⑥ 저장 및 수송이 편리하도록 개질되어야 한다.
⑦ 고분자 물질인 PVC 함량은 낮아야 한다.

[3] 문제점
① 전처리에 상당한 동력 및 투자비가 소요된다.
② 시설비가 고가이고, 숙련된 기술이 필요하다.
③ RDF내 염소함량이 크면 연료로 사용 시 다이옥신의 발생 등이 문제가 된다.
④ 소각시설의 부식발생으로 수명단축의 우려가 있다.

⑤ RDF의 조성은 셀룰로오스가 주성분이므로 수분에 따른 부패의 우려가 있다.
⑥ 연료공급의 신뢰성 문제가 있을 수 있다.

문제 01 RDF에 관한 설명으로 틀린 것은?

① RDF내 염소함량이 크면 연료로 사용 시 다이옥신의 발생 등이 문제가 된다.
② RDF의 조성은 셀룰로오스가 주성분이므로 수분에 따른 부패의 우려가 없다.
③ RDF를 대량으로 사용하기 위해서는 배합률(조성)이 일정하여야 하며 재의 양이 적어야 한다.
④ RDF의 종류는 Powder RDF, Pellet RDF, Fluff RDF가 있다.

해설 수분에 따른 부패의 우려가 있다.

문제 02 RDF(Refuse Derived Fuel)에 대한 내용으로 틀린 것은 어느 것인가?

① 폐기물 내의 불순물과 입자의 크기, 수분함량, 재의 함량을 조정하여 생산하는 연료이다.
② 수분함량에 따른 부패 염려가 없다.
③ RDF 내의 Cl 함량이 문제가 되는 경우가 있다.
④ 전처리에 상당한 동력 및 투자비가 소요된다.

해설 수분함량에 따른 부패 염려가 있다.

문제 03 RDF를 대량 사용하고자 할 경우의 구비조건에 대한 설명으로 틀린 것은?

① 칼로리가 낮을 것
② 함수율이 낮을 것
③ 재의 양이 적을 것
④ RDF의 조성이 균일할 것

해설 칼로리가 높아야 한다.

문제 04 RDF(Refuse Derived Fuel)가 갖추어야 하는 조건에 관한 설명으로 가장 거리가 먼 것은?

① 저장 및 수송이 편리하도록 개질되어야 한다.
② RDF용 소각로 제작이 용이하도록 발열량이 높지 않아야 한다.
③ 쓰레기 원료 중에 비가연성 성분이나 연소 후 잔류하는 재의 양이 적어야 한다.
④ 조성 배합율이 균일하여야 하고 대기오염이 적어야 한다.

해설 칼로리가 높아야 한다.

정답 01.② 02.② 03.① 04.②

문제 05 일반적으로 직경이 10~20mm이고 길이가 30~50mm인 형태와 크기를 가지며 보관이나 운반의 효율을 높이는 동시에 단위무게당 열량을 향상시킨 RDF의 종류는?

① Powder RDF
② Pellet RDF
③ Fluff RDF
④ Bubble RDF

해설 Pellet RDF에 대한 설명이다.

문제 06 폐기물로부터 불연성 폐기물을 제거한 후 연료로 이용한 방법으로 열용량이 가장 낮고 회분이 많으며 수분함량이 15~20%인 RDF의 종류로 알맞은 것은 어느 것인가?

① Power RDF
② Pellet RDF
③ Powder RDF
④ Fluff RDF

해설 Fluff RDF에 대한 설명이다.

문제 07 도시쓰레기 중 가연성 쓰레기를 선별하여 분쇄한 후 250°C 정도로 가열하고 길이 1m, 지름 15cm 정도로 만든 연료는?

① RDF
② Shredder
③ Pyrolysis
④ Composting

해설 RDF에 대한 설명이다.

문제 08 RDF를 소각로에서 사용 시 문제점에 관한 설명으로 가장 거리가 먼 것은?

① 시설비가 고가이고, 숙련된 기술이 필요하다.
② 연료공급의 신뢰성 문제가 있을 수 있다.
③ Cl 함량 및 연소먼지 문제는 거의 없지만, 유황함량이 많아 SOx 발생이 상대적으로 많은 편이다.
④ 소각시설의 부식발생으로 수명단축의 우려가 있다.

문제 09 쓰레기 고체연료화(RDF) 소각로의 장단점에 대한 설명으로 틀린 것은?

① 일반적으로 기존 시설과 병용되어 시설비가 저렴하다.
② 연료공급의 신뢰성 문제가 있을 수 있다.
③ 소각시설의 부식발생으로 수명이 단축될 수 있다.
④ 연소분진과 대기오염에 대한 주의가 필요하다.

해설 시설비가 고가이고, 숙련된 기술이 필요하다.

정답 05.② 06.④ 07.① 08.③ 09.①

문제 10 폐기물의 재활용 기술 중에 RDF(Refuse Derived Fuel)가 있다. RDF를 만들기 위한 조건으로 틀린 것은 어느 것인가?

① 칼로리가 높아야 하므로 고분자 물질인 PVC 함량을 높여야 한다.
② 재의 함량이 낮아야 한다.
③ 저장 및 운반이 용이해야 한다.
④ 대기오염도가 낮아야 한다.

해설 칼로리는 높아야 하고, 고분자 물질인 PVC 함량은 낮아야 한다.

문제 11 어떤 도시의 폐기물 중 불연성분 70%, 가연성분 30%이고, 이 지역의 폐기물 발생량은 1.4kg/인·일이다. 인구 50000명인 이 지역에서 불연성분 60%, 가연성분 70%를 회수하여 이 중 가연성분으로 RDF를 생산한다면 RDF의 일일 생산량(톤)은 얼마인가?

① 약 15 톤   ② 약 20 톤   ③ 약 25 톤   ④ 약 30 톤

해설 $RDF = \dfrac{1.4kg}{인.day} | \dfrac{30}{100} | \dfrac{50000인}{} | \dfrac{70}{100} | \dfrac{t}{1000kg} = 14.7 t/day$

문제 12 어느 도시폐기물 중 가연성 성분이 70%이고, 불연성 성분이 30%일 때 다음의 조건하에서 생활폐기물 고형연료제품(RDF)을 생산한다면 일주일 동안의 생산량(m^3)은 얼마인가?

- 폐기물 발생량 : 2kg/인·일
- 세대당 평균 인구수 : 3명
- 가연성 성분 회수율 : 90%
- 세대수 : 50000 세대
- RDF : 밀도 1500kg/m^3
- RDF는 가연성 물질기준

① 386m^3 ② 486m^3 ③ 686m^3 ④ 882m^3

해설 $RDF = \dfrac{70}{100} | \dfrac{2kg}{인.day} | \dfrac{5000세대}{} | \dfrac{3인}{세대} | \dfrac{m^3}{1500kg} | \dfrac{90}{100} | \dfrac{7day}{주} = 882 m^3/주$

문제 13 10g의 RDF를 열용량이 8600cal/℃인 열량계에서 연소하였다. 감지된 온도상승은 4.72℃이다. 이 시료의 발열량은 얼마인가?

① 3544cal/g
② 3672cal/g
③ 4059cal/g
④ 4201cal/g

해설 시료의 발열량 $= 8600 \text{cal}/℃ \times \dfrac{4.72℃}{10g} = 4059.2 \text{cal/g}$

정답 10.① 11.① 12.④ 13.③

7.2 열분해

[1] 열분해의 특징

① 고온, 고압, 무산소 상태에서 유기물질을 기체 가스(Gas), 액체 오일(Oil)의 연료를 생산하는 공정이다.
② 폐기물에 산소의 공급 없이 가열하여 기체(가스), 액체, 고체 3성분으로 분리하는 방법이다.
③ 열분해공정에는 저온열분해, 고온열분해, 습식산화가 있다.
④ 일반적으로 저온열분해법을 열분해(Pyrolysis)라 부른다.
⑤ 저온열분해는 500~900℃에서 타르, Char, 아세트산, 아세톤, 메탄올 등의 액체연료가 생성된다.
⑥ 고온열분해는 1100~1500℃에서 가스 상태의 연료가 생성된다.
⑦ 습식산화는 210~270℃에서 기름과 타르와 같은 액체연료가 생성된다.
⑧ 일반적으로 장치를 1700℃ 정도로 운전하면 모든 재는 슬래그로 배출된다.
⑨ 온도가 증가할수록 수소(H_2)함량이 증가하고 이산화탄소(CO_2)는 감소한다.
⑩ 열분해 장치는 고정상, 유동상, 부유상태 등의 장치로 구분되어질 수 있다.
⑪ 폐기물내 수분함량이 많을수록 열분해에 소요되는 시간이 길어진다.
⑫ 폐기물의 입경이 미세할수록 열분해가 쉽게 일어난다.
⑬ 열분해 생성물에는 고형 char, 액상(tar형태의 oil), 기체(CO, H_2, CH_4, 저분자 탄화수소류)등이 생성된다.
⑭ 열분해 영향인자에는 반응 온도, 가열속도, 압력, 반응물의 크기 등에 영향을 받는다.

[2] 열분해 장치

① **고정상 열분해장치** : 상부로부터 분쇄되었거나 또는 분쇄되지 않은 폐기물이 주입되어 건조된 후 열분해되어 슬래그나 재가 하부로 배출되는 열분해 장치이다.
② **유동상 열분해 장치** : 반응속도가 빨라 폐기물의 수분함량 변화에도 큰 문제없이 운전되지만 열손실이 크며 운전이 까다로운 단점을 가진 열분해 장치이다.
③ **산소흡입 고온열분해법** : 이동바닥 로의 밑으로부터 소량의 순산소를 주입, 노내의 폐기물 일부를 연소, 강열시켜 이 때 발생되는 열을 이용해 상부의 쓰레기를 열분해하는 장치로써, 폐기물을 선별, 파쇄 등 전처리를 하지 않거나 간단히 하여도 된다.

[3] 소각과 비교할 때 열분해의 특성
① 배기가스량이 적다.
② 황과 중금속이 재속에 고정되는 비율이 크다.
③ 3가 크롬이 6가 크롬으로 산화되는 경우가 없다.
④ 다이옥신 발생량이 적다.
⑤ NO_x, SO_x의 발생량이 적다.
⑥ 열분해 생성물을 안정적으로 확보하기 어렵다.
⑦ 소각은 고도의 발열반응임에 비해 열분해는 고도의 흡열반응이다.

[4] 폐플라스틱 처리
① 폐플라스틱의 재생 이용법에는 용융재생, 용해재생, 파쇄재생, 고체연료화, 열분해, 소각법이 있다.
② 열가소성 플라스틱은 열을 가하면 녹고 원래 상태로 돌아가므로 재활용이 가능하며, 대체적인 분자구조는 분자간 약한 상호작용만이 가능한 모노머 구조이다.
③ 열경화성 플라스틱은 열을 가하면 열가소성 플라스틱처럼 녹지 않고, 연소성이 나쁘므로 고온에서 타서 가루가 되거나 기체를 발생시키는 플라스틱이다. 이 플라스틱의 종류로는 에폭시수지, 아미노 수지, 페놀 수지, 멜라민 수지 등이 있다.
④ 플라스틱 소각 시 문제점
- 발연성이 높다.
- 용융연소가 일어난다.
- 염소 및 다이옥신 등의 유해물질이 다량 발생한다.
- 통기공을 폐쇄할 우려가 있다.

문제 01 열분해에 대한 설명으로 옳지 않은 것은?
① 열분해공정은 산소가 없는(무산소)상태에서 발열반응을 한다.
② 열분해공정으로부터 아세트산, 아세톤, 메탄올 등과 같은 액체상물질을 얻을 수 있다.
③ 열분해 온도가 증가할수록 발생가스 내 CO_2 구성비는 감소한다.
④ 열분해 장치는 고정상, 유동상, 부유상태 등의 장치로 구분되어질 수 있다.

해설 열분해공정은 산소가 없는(무산소)상태에서 흡열반응을 한다.

정답 01.①

문제 02 폐기물의 열분해 공정에 관한 설명으로 옳지 않은 것은?

① 폐기물의 입자크기가 작을수록 쉽게 열분해가 조성된다.
② 열분해 온도가 1700℃까지 증가시켜 고온의 열분해 조건으로 운전하면 모든 재는 Slag로 생성 배출된다.
③ 저온열분해의 온도범위는 500~900℃ 정도이다.
④ 열분해온도가 증가할수록 발생되는 가스중 CO_2 함량이 증대된다.

해설 온도가 증가할수록 H_2함량이 증가하고 CO_2는 감소한다.

문제 03 폐기물을 열분해처리 할 경우 열분해온도의 증가에 따른 가스구성비의 변화에 대한 내용으로 가장 적절한 것은? (단, 온도는 480℃ → 925℃ 증가)

① C_2H_4 – 감소
② C_2H_6 – 증가
② 수소 – 감소
④ CO_2 – 감소

해설 온도가 증가할수록 H_2함량이 증가하고 CO_2는 감소한다.

문제 04 열분해 발생 가스 중 온도가 증가할수록 함량이 증가하는 가스는 어느 것인가? (단, 열분해 온도에 따른 가스의 구성비(%) 기준이다.)

① 메탄
② 일산화탄소
③ 이산화탄소
④ 수소

해설 온도가 증가할수록 H_2함량이 증가하고 CO_2는 감소한다.

문제 05 폐기물의 열분해에 관한 설명으로 옳지 않은 것은?

① 500~900℃의 저온 열분해에서는 타르, Char 및 액체상태의 연료가 많이 생성된다.
② 1100~1500℃의 고온 열분해에서는 가스상태의 연료가 많이 생성된다.
③ 일반적으로 고온 열분해법을 열분해(Pyrolysis)라 부른다.
④ 일반적으로 장치를 1700℃ 정도로 운전하면 모든 재는 슬래그로 배출된다.

해설 일반적으로 저온열분해법을 열분해(Pyrolysis)라 부른다.

정답 02.④ 03.④ 04.④ 05.③

문제 06 폐기물 열분해 연소공정에 대한 설명으로 틀린 것은 어느 것인가?

① 열분해공정 중 고온법이란 열분해온도가 1100~1500℃의 고온에서 행하는 방법이다.
② 열분해공정 중 저온법이란 고온법에 비해 타르(Tar), 유기산, 탄화물(Char) 및 액체 상태의 연료가 적게 생성되는 방법이다.
③ 폐기물내 수분함량이 많을수록 열분해에 소요되는 시간이 길어진다.
④ 폐기물의 입경이 미세할수록 열분해가 쉽게 일어난다.

해설 저온열분해는 500~900℃에서 타르, Char, 아세트산, 아세톤, 메탄올 등의 액체연료가 많이 생성된다.

문제 07 상부로부터 분쇄되었거나 또는 분쇄되지 않은 폐기물이 주입되어 건조된 후 열분해되어 슬래그나 재가 하부로 배출되는 열분해장치는?

① 유동상 열분해장치 ② 고정상 열분해장치
③ 습상 열분해장치   ④ 부유상 열분해장치

해설 고정상 열분해 장치에 대한 설명이다.

문제 08 반응속도가 빨라 폐기물의 수분함량 변화에도 큰 문제없이 운전되지만 열손실이 크며 운전이 까다로운 단점을 가진 열분해 장치는?

① 유동상 열분해 장치 ② 부유상태 열분해 장치
③ 고정상 열분해 장치 ④ 회전상 열분해 장치

해설 유동상 열분해 장치에 대한 설명이다.

문제 09 열분해방법 중 산소흡입 고온열분해법의 특징에 대한 설명으로 가장 거리가 먼 것은?

① 폐플라스틱, 폐타이어 등의 열분해시설로 많이 사용된다.
② 분해온도는 높지만 공기를 공급하지 않기 때문에 질소산화물의 발생이 적다.
③ 이동바닥 로의 밑으로부터 소량의 순산소를 주입, 노내의 폐기물 일부를 연소, 강열시켜 이 때 발생되는 열을 이용해 상부의 쓰레기를 열분해한다.
④ 폐기물을 선별, 파쇄 등 전처리과정을 하지 않거나 간단히 하여도 된다.

해설 플라스틱과 같은 열용융성의 처리에는 유동층 열분해가 적합하다.

정답 06.② 07.② 08.① 09.①

문제 10 소각과 비교할 때 열분해 공정에 대한 설명으로 옳지 않은 것은?

① 배기가스량이 적다.
② 환원성 분위기를 유지할 수 있어 Cr^{3+}가 Cr^{6+}로 변화하지 않는다.
③ 황분, 중금속분이 재 중에 고정되는 확률이 적다.
④ 질소산화물의 발생량이 적다.

해설 황과 중금속이 재속에 고정되는 비율이 크다.

문제 11 열분해방법이 소각방법에 비교해서 공해물질 발생 면에서 유리한 점으로 볼 수 없는 것은 어느 것인가?

① 중금속의 최소부분만이 재(ash)속에 고정되며 나머지는 쉽게 분리된다.
② 대기로 방출되는 가스가 적다.
③ 고온용융식을 이용하면 재를 고형화할 수 있고 중금속의 용출은 없어서 자원으로서 활용할 수 있다.
④ 배기가스중 질소산화물, 염화수소의 양이 적다.

해설 황, 중금속이 재속에 고정되는 비율이 크다.

문제 12 플라스틱을 다시 활용하는 방법과 가장 거리가 먼 것은?

① 열분해 이용법
② 용융고화재생 이용법
③ 유리화 이용법
④ 파쇄 이용법

해설 폐플라스틱의 재생 이용법에는 용융재생, 용해재생, 파쇄재생, 고체연료화, 열분해, 소각법이 있다.

문제 13 플라스틱 폐기물의 소각 및 열분해에 관한 내용으로 틀린 것은 어느 것인가?

① 감압증류법은 황의 함량이 낮은 저유황유를 회수할 수 있다.
② 멜라민 수지를 불완전 연소하면 HCN과 NH_3가 생성된다.
③ 열분해에 의해 생성된 모노머는 발화성이 크고, 생성가스의 연소성도 크다.
④ 고온열분해법에서는 타르, char 및 액체상태의 연료가 많이 생성된다.

해설 고온의 열분해에서는 가스상태의 연료가 많이 생성된다.

정답 10.③ 11.① 12.③ 13.④

문제 14 어느 폐기물의 성분을 조사한 결과 플라스틱의 함량이 10%(중량비)로 나타났다. 이 폐기물의 밀도가 300kg/m³이라면 폐기물 10m³ 중에 함유된 플라스틱의 양(kg)은 얼마인가?

① 300 kg
② 400 kg
③ 500 kg
④ 600 kg

해설 플라스틱의 양(kg) = $10m^3 \times 300\,kg/m^3 \times 0.10 = 300\,kg$

문제 15 폐플라스틱 소각에 대한 설명으로 틀린 것은?

① 열가소성 폐플라스틱은 열분해 휘발분이 매우 많고 고정탄소는 적다.
② 열가소성 폐플라스틱은 분해연소를 원칙으로 한다.
③ 열경화성 폐플라스틱은 일반적으로 연소성이 우수하고 점화가 용이하여 고열에 의한 팽윤균열이 적다.
④ 열경화성 폐플라스틱에 적당한 로 형식은 전처리 파쇄 후 유동층 방식에 의한 것이 좋다.

해설 열경화성 플라스틱은 열을 가하면 열가소성 플라스틱처럼 녹지 않고, 연소성이 나쁘므로 고온에서 타서 가루가 되거나 기체를 발생시키는 플라스틱이다.

문제 16 플라스틱 재질 중 발열량(kcal/kg)이 가장 낮은 것은?

① 폴리에틸렌(PE)
② 폴리프로필렌(PP)
③ 폴리스티렌(PS)
④ 폴리염화비닐(PVC)

해설 일반적으로 플라스틱의 발열량은 5000~11000kcal/kg 정도이나 염화비닐은 4500kcal/kg이다.

정답 14.① 15.③ 16.④

8. 매립

8.1 매립지 선정시 고려사항

① 매립지 소요면적 및 수리학적 조건
② 운반도로의 확보 및 지형지질
③ 재해 등에 대한 안정성
④ 주변 환경 조건
⑤ 사후 매립지 이용계획 등을 고려한다.
⑥ 매립방법에 따른 도랑식, 샌드위치방식, 셀방식, 압축식 등을 고려한다.
⑦ 매립구조에 따른 혐기성 매립, 혐기성 위생 매립, 개량 혐기성 위생 매립, 준호기성 매립, 호기성 매립 등을 고려한다.

[표] 매립의 장단점

장 점	단 점
• 거의 모든 종류의 폐기물 처분이 가능하다. • 부지확보가 가능할 경우 가장 경제적인 방법이다. • 처분대상 폐기물의 증가에 따른 추가 인원 및 장비가 크지 않다. • 특별한 전처리가 필요하지 않다. • 폐기물의 최종처리방법이 된다.	• 부지확보가 어렵다. • 침출수에 의한 지하수가 오염된다. • 매립지 유해가스의 발생 및 폭발 위험성이 있다. • 악취가 발생한다. • 매립지의 침하 우려가 있다. • 매립이 종료된 후 일정기간의 사후관리가 요구된다.

8.2 도랑식 매립

① 도랑식(trench)은 위생매립방법의 하나로 매립지 바닥층이 두껍고 파낸 흙을 복토로 적합한 지역에 이용하며, 거의 단층 매립만 가능한 방법이다.
② 지하수위가 낮고 도랑 정도의 굴착이 가능한 지역에 적합하다.
③ 침출수 수집장치 및 차수막 설치가 용이하지 못하다.

8.3 셀(cell)방식 매립

① 폐기물을 비탈지게 셀 모양으로 쌓고 각 Cell마다 복토를 해나가는 방식이다.
② 쓰레기 비탈면의 경사는 15~25%의 기울기로 하는 것이 좋다.
③ 1일 작업하는 셀 크기는 매립처분 량에 따라 결정된다.
④ 쓰레기를 순차적으로 매립하므로 사용목적에 대응할 수 있다.
⑤ 제방공사와 동시에 매립이 가능하고 시공이 쉽다.
⑥ 비용이 저렴하고 가장 위생적이다.
⑦ 침출수량이 적고, 매립층 내의 수분, 발생가스의 이동이 억제 된다.

8.4 압축식 매립

① 폐기물을 압축시켜 큰 덩어리로 만들어 매립하는 방식이다.
② 중간처리시설로 압축이 필요하다.
③ 매립지에서 압축할 필요가 없다.
④ 압축에 의한 부피의 감소로 쓰레기 운반이 쉽다.
⑤ 지가가 비쌀 경우에 유효한 방법이다.
⑥ 층별로 정렬하는 것이 보편적이며 소량의 복토재를 사용한다.
⑦ 매립 각 층별로 일일 복토를 실시하여야 한다.
⑧ 매립지의 수명이 연장된다.

8.5 샌드위치식 매립

① 쓰레기층과 복토층을 교대로 고르게 깔면서 매립하는 방식이다.
② 매립면적이 좁은 산간지역, 계곡 등에 적용한다.

8.6 바이오리액터형 매립

① 미생물을 활성화시켜 가스의 회수 및 폐기물의 조기안정화에 있다.
② 매립지가스 회수율의 증대
③ 추가 공간확보로 인한 매립지 수명연장
④ 폐기물의 조기안정화

문제 01 매립지 선정에 있어서 고려하여야 하는 항목으로 틀린 것은 어느 것인가?

① 매립지로 유입되는 쓰레기 성상
② 사후 매립지 이용 계획
③ 주변 환경 조건
④ 운반도로의 확보 및 지형지질

해설 매립지로 유입되는 쓰레기 성상은 매립방식의 고려사항이다.

문제 02 다음 중 위생매립의 장점이 아닌 것은?

① 매립이 종료된 매립지에 특별한 시공없이 건축물을 세울 수 있다.
② 부지확보가 가능할 경우 가장 경제적인 방법이다.
③ 거의 모든 종류의 폐기물 처분이 가능하다.
④ 처분대상 폐기물의 증가에 따른 추가 인원 및 장비가 크지 않다.

해설 매립이 종료된 후 일정기간 후 건축을 세울 수 있다.

문제 03 다음 중 매립지 바닥이 두껍고(지하수면이 지표면으로부터 깊은 곳에 있는 경우) 또한 복토로 적합한 지역에 이용하는 방법으로 거의 단층매립만 가능한 공법으로 가장 적합한 것은?

① 도랑굴착매립공법
② 압축매립공법
③ 샌드위치공법
④ 순차투입공법

문제 04 위생매립방법 중 매립지 바닥층이 두껍고 복토로 적합한 지역에 이용하며, 거의 단층매립만 가능한 방법은 어느 것인가?

① Trench 방식
② Sandwich 방식
③ Area 방식
④ Ramp 방식

정답 01.① 02.① 03.① 04.①

문제 05 매일 평균 200t의 쓰레기를 배출하는 도시가 있다. 매립지의 평균 매립 두께를 5m, 매립 밀도를 0.8t/m³로 가정할 때 향후 1년간(360일/년)의 쓰레기 매립을 위한 최소 매립지 면적(m²)은 얼마인가?(단, 기타 조건은 고려하지 않는다.)

① 12000 m²
② 15000 m²
③ 18000 m²
④ 21000 m²

해설 매립지 면적 $A = \dfrac{200t}{day} \Big| \dfrac{360day}{y} \Big| \dfrac{m^3}{0.8t} \Big| \dfrac{1}{5m} = 18000 m^2/y$

문제 06 1일 폐기물 배출량이 700t인 도시에서 도랑(Trench)법으로 매립지를 선정하려 한다. 쓰레기의 압축이 30%가 가능하다면 1일 필요한 면적(m²)은 얼마인가? (단, 발생된 쓰레기의 밀도는 250kg/m³, 매립지의 깊이는 2.5m이다.)

① 약 634 m²
② 약 784 m²
③ 약 854 m²
④ 약 964 m²

해설 매립면적 $A = \dfrac{700000kg}{day} \Big| \dfrac{m^3}{250kg} \Big| \dfrac{1}{2.5m} \Big| \dfrac{1-0.3}{1} = 784 m^2/day$

문제 07 Trench method를 적용하여 쓰레기를 매립하려 한다. Trench 용량은 2000m³이며 인구 2000명, 1인 1일 쓰레기 배출량 1.5kg인 도시에서 발생되는 쓰레기를 매립 한다면 Trench의 사용일수는?(단, 압축전 쓰레기 밀도는 500kg/m³이며 매립시 압축에 의해 부피가 40% 감소한다.)

① 278일
② 326일
③ 438일
④ 555일

해설 발생량 = 처리량

$\dfrac{1.5kg}{인·일} \Big| \dfrac{2000인}{1} \Big| \dfrac{60}{100} x = \dfrac{2000m^3}{1} \Big| \dfrac{500kg}{m^3}$ ∴ $x = 555.55$일

정답 05.③ 06.② 07.④

문제 08 어느 지역에서 매립에 의해 처리하고자 하는 폐기물 양은 1일 150ton이다. 이를 도랑식 매립법(Trench Methods)에 의해 매립하고자 할 때 발생 폐기물 밀도 650kg/m³, 부피감소율 45%, Trench 유효깊이 1.5m, 1년간 소요 부지면적은?

① 약 31000m² ② 약 49000m²
③ 약 59000m² ④ 약 69000m²

해설 도랑면적 = $\dfrac{150t}{day} \Big| \dfrac{m^3}{0.65t} \Big| \dfrac{1}{1.5m} \Big| \dfrac{365day}{y} \Big| \dfrac{55}{100} = 30885 m^2/y$

문제 09 매일 평균 100t의 쓰레기를 배출하는 도시가 있다. 매립지의 평균 매립 두께를 3m, 매립밀도를 0.8t/m³로 가정할 때 향후 1년간(360일/년)의 쓰레기 매립을 위한 최소 매립지 면적(m²)은 얼마인가? (단, 기타 조건은 고려하지 않는다.)

① 12000m² ② 15000m²
③ 18000m² ④ 21000m²

해설 매립지 면적 A = $\dfrac{100t}{day} \Big| \dfrac{360day}{y} \Big| \dfrac{m^3}{0.8t} \Big| \dfrac{1}{3m} = 15000 m^2/y$

문제 10 인구가 400000명인 어느 도시의 쓰레기배출 원단위가 1.2kg/인·일이고, 밀도는 0.45t/m³으로 측정되었다. 이러한 쓰레기를 분쇄하여 그 용적이 2/3로 되었으며, 이 분쇄된 쓰레기를 다시 압축하면서 용적의 1/3이 축소되었다. 분쇄만 하여 매립할 때와 분쇄, 압축한 후에 매립할 때에 양자간의 년간 매립소요면적의 차이는 얼마인가?(단, Trench 깊이는 4m이며 기타 조건은 고려하지 않는다.)

① 약 12820 m² ② 약 16230 m²
③ 약 21630 m² ④ 약 28540 m²

해설 ① 용적이 2/3로 된 경우 매립면적(m²/년)

$\dfrac{400000인}{인 \cdot 일} \Big| \dfrac{1.2}{450kg} \Big| \dfrac{m^3}{1} \Big| \dfrac{2}{3} \Big| \dfrac{1}{4m} \Big| \dfrac{365일}{년} = 64889 m^2/년$

② 다시 용적의 1/3이 축소된 경우 매립면적(m²/년)

압축 매립면적 = $64889 m^2/y \times \dfrac{2}{3} = 43259 m^2/y$

③ 소요면적의 차 = $64889 - 43259 = 21629 m^2/y$

정답 08.① 09.② 10.③

문제 11 쓰레기와 하수처리장에서 얻어진 슬러지를 함께 매립하려 한다. 쓰레기와 슬러지의 함수율은 각각 25%와 43%이다. 쓰레기와 슬러지를 중량비 8:2로 섞을 때 혼합체의 함수율은?(단, 비중은 1.0 기준)

① 약 29%
② 약 34%
③ 약 37%
④ 약 39%

해설 함수율 = $\dfrac{(25 \times 8) + (43 \times 2)}{8+2} = 28.6\%$

문제 12 어느 도시에 사용할 매립지의 총용량은 6132000m³이며 그 도시의 쓰레기 배출량은 2kg/인·일이다. 매립지에서 압축에 의한 쓰레기부피 감소율이 30%일 경우 매립지를 사용할 수 있는 연수는?(단, 수거대상인구 800000명, 발생 쓰레기밀도 500kg/m³으로 함)

① 7.5년
② 9.5년
③ 11.5년
④ 13.5년

해설 발생량 = 수용량

$$\dfrac{2kg}{\text{인}\cdot\text{일}} \bigg| \dfrac{0.7}{} \bigg| \dfrac{m^3}{500kg} \bigg| \dfrac{800000\text{인}}{} \bigg| \dfrac{365\text{일}}{\text{년}} x = 6132000 m^3 \quad \therefore x = 7.5\text{년}$$

문제 13 인구 100 만명인 어느 도시의 쓰레기 발생율은 2.0kg/인·일이다. 아래의 조건들에 따라 쓰레기를 매립하고자 할 때 연간 매립지의 소요면적은?(단, 매립쓰레기 압축밀도 500kg/m³, 매립지 Cell 1층의 높이 5m 이며, 총 8개의 층으로 매립하며, 기타 조건은 고려하지 않음)

① 32500m²
② 34200m²
③ 36500m²
④ 38200m²

해설 소요면적 $\dfrac{2kg}{\text{인}\cdot\text{일}} \bigg| \dfrac{365\text{일}}{\text{년}} \bigg| \dfrac{m^3}{500kg} \bigg| \dfrac{1000000\text{인}}{} \bigg| \dfrac{1}{5 \times 8m} = 36500 m^2$

문제 14 쓰레기를 파쇄하여 매립할 때의 이점과 가장 거리가 먼 것은?

① 파쇄에 소요되는 동력이 크다.
② 입도를 작게 할 수 있다.
③ 투자비가 크므로 특수용도로 주로 활용된다.
④ 복합재질의 선택 파쇄가 가능하다.

해설 입도를 작게하는 것은 분쇄이다.

정답 11.① 12.① 13.③ 14.②

문제 15 공극율이 0.4인 토양이 깊이 5m까지 오염되어 있다면 오염된 토양의 m^2당 공극의 체적은 몇 m^3인가?

① $1.0\,m^3$　　　　② $1.5\,m^3$
③ $2.0\,m^3$　　　　④ $2.5\,m^3$

해설 공극의 체적(m^3) = $1m^2 \times 5m \times 0.4$ = $2.0m^3$

문제 16 매립방식 중 cell방식의 장점에 대한 내용으로 가장 거리가 먼 것은?

① 위생적이며 탈수, 압축에 따른 침하의 초기방지
② 순차적으로 매립하므로 사용목적에 대응 가능
③ 제방공사와 동시에 매립을 실시
④ 시공이 쉽고 비용이 저렴

해설 폐기물을 압축시켜 큰 덩어리로 만들어 부피를 감소시킨 후 매립하는 방식은 압축방식이다.

문제 17 내륙매립방식의 셀(cell)공법에 관한 설명으로 옳지 않는 것은?

① 화재의 발생 및 확산을 방지할 수 있다.
② 쓰레기 비탈면의 경사는 15~25%의 기울기로 하는 것이 좋다.
③ 1일 작업하는 셀 크기는 매립처분 량에 따라 결정된다.
④ 발생 가스와 매립층 내 수분의 이동이 용이하다.

해설 침출수량이 적고, 매립층 내의 수분, 발생가스의 이동이 억제 된다.

문제 18 매립공법 중 압축매립공법에 관한 설명으로 틀린 것은?

① 쓰레기를 매립 후 다짐기계를 이용하여 일정한 압축을 실시한다.
② 쓰레기의 운반이 쉽다.
③ 지가(地價)가 비쌀 경우에 유효한 방법이다.
④ 층별로 정렬하는 것이 보편적이며 매립 각 층별로 일일 복토를 실시하여야 한다.

해설 압축식은 폐기물을 압축시켜 큰 덩어리로 만들어 매립하는 방식이다.

정답 15.③　16.①　17.④　18.①

문제 19 바이오리액터형 매립공법의 장점이 아닌 것은?

① 침출수 재순환에 의한 염분 및 암모니아성 질소 농축
② 매립지가스 회수율의 증대
③ 추가 공간확보로 인한 매립지 수명연장
④ 폐기물의 조기안정화

해설 바이오리액터형은 미생물을 활성화시켜 가스의 회수 및 폐기물의 조기안정화에 있다.

정답 19.①

8.7 호기성 매립

[1] 호기성 매립

① 공기 주입구를 통해 매립층에 강제적으로 공기를 불어넣어 폐기물을 보다 빠르게 분해·안정화시키는 구조이다.
② 폐기물의 분해, 안정화 속도가 가장 빠르다.
③ 내열성균의 비율이 높고 안정된 분해가 진행된다.
④ 침출수의 수질이 양호하여 토양 및 지하수의 오염도가 낮다.
⑤ 매립완료 후 지반이 빠르게 안정되어 토지이용시기를 단축시킬 수 있다.
⑥ 공사비, 동력비, 운영비 등의 유지관리비가 많이 든다.

[2] 준호기성 매립

① 배수관을 통해 침출수를 차집·처리함으로 외부의 공기가 자연 통기되어 호기성 분해가 촉진될 수 있게 만든 구조이다.
② 오수를 가능한 한 빨리 매립지 외부로 배제하여야 한다.
③ 폐기물 층과 저부의 수압을 저감시켜 토양으로 오수의 침투를 방지하여야 한다.
④ 침출수를 배제할 수 있도록 집수장치를 설치한다.
⑤ 침출수의 유출을 방지하기 위한 차수막과 정화시설을 설치한다.
⑥ 강수 및 지표수의 유입을 방지하기 위한 집배수시설을 설치한다.

문제 01 다음이 설명하는 매립의 종류(매립구조에 의한 분류)는?

> 오수를 가능한 한 빨리 매립지 외부로 배제하여 폐기물 층과 저부의 수압을 저감시켜 지하 토양으로 오수의 침투를 방지함과 동시에 집수하는 단계에서 가능한 한 침출수를 정화할 수 있도록 집수장치를 설계한 구조

① 개량 혐기성 위생매립 ② 준호기성 매립
③ 순차투입 내륙매립 ④ 내수배제 내륙매립

정답 01.②

8.8 혐기성 매립

[1] 혐기성 위생매립
① 매립과정에 공기의 접촉이 없기 때문에 투입된 폐기물 내부가 혐기성 상태로 된다.
② 혐기성 매립과정에 중간복토를 추가한 매립 방식이다.
③ 혐기성 매립보다 유해 곤충의 서식과 매립장 내의 화재위험성이 낮다.
④ 호기성 매립보다 소요 공사비가 적게 든다.
⑤ 침출수의 수질이 악화되어 토양 및 지하수를 오염 시킨다.

[2] 개량형 혐기성 위생매립
① 혐기성 위생매립 바닥저부에 침출수 배제 집수관을 설치하여 오수 대책을 세운 구조이다.
② 침출수를 배제할 수 있도록 저류조, 집수장치를 설치한다.
③ 침출수의 유출을 방지하기 위한 차수막과 정화시설을 설치한다.
④ 혐기성 매립에 비해 함수율이 적고 분해속도가 빠르다.
⑤ 호기성 매립에 비해 공사비가 적게 소요된다.
⑥ 호기성에 비해 침출수의 수질이 악화되어 토양 및 지하수를 오염 시킨다.
⑦ 현재 시행되고 있는 위생매립의 대부분이 이에 속한다.

문제 01 폐기물 매립지의 매립구조를 분류하면 여러 방법이 있다. 다음 설명에 해당하는 매립구조방법은 어느 것인가?

> 혐기성 위생매립 바닥저부에 침출수 배제 집수관을 설치하여 오수 대책을 세운 구조이다. 일반적으로 매립지 장외에 저류조를 설치하고 침출수를 배제하는 집수장치를 설치한 구조로 되어 있으며, 현재 시행되고 있는 위생매립의 대부분이 이에 속한다.

① 개량형 혐기성 위생매립 ② 준통기성 위생매립
③ 혐기성 관리 위생매립 ④ 준호기성 위생매립

정답 01.①

8.9 해안매립

[1] 순차투입공법
① 호안 측으로부터 순차적으로 쓰레기를 투입하여 육지화 하는 방법이다.
② 수심이 깊은 처분장에서 내수를 배제하기 곤란한 경우에 택한다.
③ 부유된 쓰레기가 많아 수면부와 육지부의 경계 구분이 어렵다.
④ 경계 구분이 어려워 안전사고 가능성이 높다.
⑤ 물질확산, 조류특성에 영향을 주는 장소를 피하여야 한다.
⑥ 바닥지반이 연약한 경우 쓰레기 하중으로 연약층이 유동하거나 국부적으로 두껍게 퇴적되기도 한다.

[2] 박층뿌림공법
① 밑면이 뚫린 바지선에서 쓰레기를 박층으로 떨어뜨려 뿌리는 방법이다.
② 수심이 깊은 처분장에서 내수를 배제하기 곤란한 경우에 택한다.
③ 매립지의 조기 이용에 유리한 방법이다.
④ 지반개량이 특히 필요한 지역이나 설비가 대규모인 매립지 등에 적합하다.
⑤ 물질 확산, 조류특성에 영향을 주는 장소를 피하여야 한다.

문제 01 해안매립에 대한 설명 중 옳지 않은 것은?

① 순차투입공법은 호안측에서부터 쓰레기를 투입하여 순차적으로 육지화하는 방법이다.
② 수중투기공법은 고립된 매립지 내의 해수를 그대로 둔채 쓰레기를 투기하는 매립방법이다.
③ 해안매립공법은 매립작업이 연속적인 투입방법으로 이루어지므로 완전한 샌드위치 방식의 매립에 적합하다.
④ 박층뿌림공법은 밑면이 뚫린 바지선 등으로 쓰레기를 박층으로 떨어뜨려 뿌려줌으로써 바닥지반의 하중을 균등하게 해주는 방법이다.

해설 해안매립공법은 완전한 내수배제가 곤란하기 때문에 샌드위치 방식의 매립에 부적합하다.

문제 02 해안매립공법 중 '순차투입방법'에 관한 설명으로 틀린 것은?

① 호안 측으로부터 순차적으로 쓰레기를 투입하여 육지화 하는 방법이다.
② 부유성 쓰레기의 수면확산에 의해 수면부와 육지부의 경계 구분이 어려워 매립장비가 매몰되기도 한다.
③ 바닥지반이 연약한 경우 쓰레기 하중으로 연약층이 유동하거나 국부적으로 두껍게 퇴적되기도 한다.
④ 수심이 깊은 처분장은 내수를 완전히 배제한 후 순차투입방법을 택하는 경우가 많다.

해설 수심이 깊은 처분장에서 내수를 배제하기 곤란한 경우에 택한다.

문제 03 해안 매립공법 중 순차 투입공법에 관한 설명으로 가장 거리가 먼 것은?

① 쓰레기 지반안정화 및 매립부지 조기이용 등에 유리하지만 매립효율이 떨어진다.
② 부유성 쓰레기의 수면확산에 의해 수면부와 육지부 경계구분이 어려워 매립장비가 매몰되기도 한다.
③ 수심이 깊은 처분장에서는 건설비 과다로 내수를 완전히 배제하기가 곤란한 경우에는 이 방법을 택하는 경우가 많다.
④ 호안측에서부터 점차적으로 쓰레기를 투입하여 육지화 하는 방법이다.

해설 매립지의 조기 이용에 유리한 방법은 박층뿌림공법이다.

정답 01.③ 02.④ 03.①

문제 04 육상 및 해안매립지 선정시 고려사항에 관한 내용으로 옳지 않은 것은?

① 육상매립 : 경관의 손상이 적을 것
② 육상매립 : 집수면적이 클 것
③ 해안매립 : 조류특성에 변화를 주기 쉬운 장소를 피할 것
④ 해안매립 : 물질확산에 영향을 주는 장소를 피할 것

해설 침출수를 배제하는 집수장치는 해안매립 보다 작다.

정답 04.②

8.10 복토

[1] 복토재의 목적 및 구비조건
① 투수계수가 작고 살포가 용이하여야 한다.
② 공급이 용이하고 원료가 저렴하여야 한다.
③ 위생상 안전하고 쥐, 파리 등 해충의 서식을 방지할 수 있어야 한다.
④ 연소가 잘 되지 않고 생분해가 가능해야 한다.
⑤ 악취발산 및 가스배출을 억제할 수 있어야 한다.
⑥ 차수성이 좋은 점토와 실트의 함량이 높은 토양이 적합하다.
⑦ 침식에 저항력이 크고 식생에 적합한 양질토양을 사용한다.

[2] 일일복토
① 매일 작업종료 후 실시한다.
② 최소 15cm 이상 두께로 한다.

[3] 중간복토
① 매립지 작업이 7일 이상 중단될 때 실시한다.
② 30cm 이상 두께로 한다.

[4] 최종복토
① 매립지 사용이 종료된 때 실시한다.
② 60cm 이상 두께로 한다.

문제 01 매립 후 최종복토의 두께는 얼마나 적당한가?

① 5~15cm ② 15~30cm
③ 30~60cm ④ 60cm 이상

해설 매립지 사용이 종료된 때 60cm 이상 두께로 한다.

문제 02 폐기물 매립시 사용되는 인공복토재의 조건으로 옳지 않은 것은?

① 연소가 잘 되지 않아야 한다.
② 살포가 용이하여야 한다.
③ 투수계수가 높아야 한다.
④ 미관상 좋아야 한다.

해설 투수계수가 작고 살포가 용이하여야 한다.

정답 01.④ 02.③

8.11 차수시설

[1] 저류구조물의 기능

① 계획 매립량의 폐기물 저류
② 폐기물의 유출이나 누출방지
③ 매립지로부터 침출수의 유출이나 누출방지
④ 매립지 내 침출수를 안전하게 분리
⑤ 매립완료 후 폐기물의 안전저류
⑥ 저류구조물로는 콘크리트 제방, 성토 제방, 옹벽, 널말뚝 등이 있다.
⑦ 저류구조물의 형태는 크게 연직차수막, 표면차수막의 형태이다.

[2] 표면차수막

① 매립지 바닥의 투수계수가 큰 경우에 사용한다.
② 매립지 바닥 전체를 불투수성 차수재료로 덮는 방식이다
③ 시멘트 혼합과 처리기술이 잘 발달되어 있다.
④ 다양한 폐기물을 처리할 수 있다.
⑤ 폐기물의 건조나 탈수가 필요하지 않다.
⑥ 매립 전에는 보수가 용이하나 매립 후에는 어렵다.
⑦ 낮은 pH에서 폐기물성분 용출 가능성이 있다.

⑧ 단위면적당 공사비는 싸나 총공사비는 비싸다.
⑨ 지하수 오염방지를 위한 집배수시설이 필요하다.

[3] 연직차수막

① 매립지 바닥이 불투수층으로 되어 있을 때 차수벽을 설치하는 방식이다.
② 차수벽은 수평방향 불투수층에 수직 또는 경사방향에 설치한다.
③ 차수벽은 오염된 물의 이동을 방지한다.
④ 지하에 매설되므로 차수성의 확인이 어렵다.
⑤ 단위면적당 공사비는 비싸지만 총 공사비는 싸다.
⑥ 차수막 보강시공이 가능하며 지하수의 집배수 시설이 필요 없다.
⑦ 지중에 수평방향의 차수층(불투수층)이 존재할 때 사용한다.
⑧ 공법에는 어스코어공법, 강널말뚝공법, 그라우트공법, 차수시트매설공법이 있다.

[4] 합성차수막

① 열가소성 플라스틱은 열을 가하면 녹고 원래 상태로 돌아가므로 재활용이 가능하며, 대체적인 분자구조는 분자간 약한 상호작용만이 가능한 모노머 구조이다.
② 열경화성 플라스틱은 열을 가하면 열가소성 플라스틱처럼 녹지 않고, 연소성이 나쁘므로 고온에서 타서 가루가 되거나 기체를 발생시키는 플라스틱이다. 이 플라스틱의 종류로는 에폭시수지, 아미노 수지, 페놀 수지, 멜라민 수지 등이 있다.

[표] 합성차수막의 종류 및 장·단점

구 분	차수막	장 점	단 점
열가소성 플라스틱	HDPE (High Density Polyethylene)	• 온도에 저항성이 높다. • 강도가 높다. • 접합성이 양호하다. • 가격이 저렴하다.	• 열팽창 수축한다. • 충격에 약하다. • 전문 접합기술을 요구
열가소성 플라스틱	CPE (Thermoplastic Elastomers)	• 기후변화에 강하다. • 내화학성이 좋다.	• 접합상태가 나쁘다. • 균열이 발생한다. • 기름에 약하다.
열가소성 플라스틱	PVC (Thermoplastics)	• 가격은 저렴하다. • 강도가 높다. • 작업이 용이하다. • 접합이 용이하다.	• 자외선, 오존에 약하다. • 기후변화에 약하다. • 유기화합물질에 약하다. • 가소재가 필요하다.
열경화성 플라스틱	EPDM (Elastomer Thermoplastics)	• 강도가 높다. • 기후(저온)에 양호하다.	• 기름에 약하다. • 탄화수소에 약하다. • 접합상태가 좋지 않다. • 단가가 싸지 않다.
열경화성 플라스틱	CR Elastomer	• 화학물질에 저항성 높음 • 마모, 기계적 충격에 강	• 가격이 비싸다. • 접합이 용이하지 않다.
혼합성 플라스틱	CSPE (Chlorosulfonated Polyethylene)	• 산과 알카리에 특히 강 • 미생물에 강하다. • 접합이 용이하다.	• 강도가 약하다. • 기름, 탄화수소 및 용매류에 약하다.

[5] 점토 차수막

① 점토를 다져서 차수재료로 사용한다.
② 점토는 수분함량이 어느 정도 있어야 차수역할을 한다(소성상태).
③ 소성상태 이하에서 점토는 고체상태로 된다.
④ 소성상태 이상에서 점토는 액체상태로 된다.
⑤ 점토가 소성을 나타낼 때의 최대수분량을 액성한계라 한다.
⑥ 점토가 소성을 나타낼 때의 최소수분량을 소성한계라 한다.
⑦ 액성한계와 소성한계의 차이를 소성지수라 한다.
⑧ 차수막으로서 점토의 조건은 다음과 같다.
- 투수계수 : 10^{-7} cm/sec 미만
- 소성지수(소성한계) : 수분함량 10% 이상 30% 미만
- 액성한계 : 수분함량 30% 이상
- 자갈(직경 2.5cm 이상)함유량 : 10% 미만

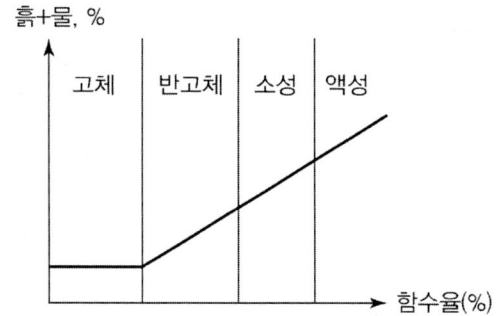

문제 01 매립지의 표면차수막에 관한 설명으로 옳지 않은 것은?

① 매립지 지반의 투수계수가 큰 경우에 사용한다.
② 지하수 집배수시설이 필요하다.
③ 단위면적당 공사비는 비싸나 총공사비는 싸다.
④ 보수는 매립 전에는 용이하나 매립 후는 어렵다.

해설 단위면적당 공사비는 싸지나 총공사비는 비싸다.

정답 01.③

문제 02 최종처분장의 지하수 오염방지를 위한 지중배수시설(Subsurface Drainage System)에 대한 내용으로 틀린 것은 어느 것인가?

① 유해폐기물 매립장에 널리 이용된다.
② 반응성 화학물질(철, 망간, 칼슘)의 침적으로 막힘이 발생하기 쉽다.
③ 연직차수시설과 함께 사용되어야 한다.
④ 주로 12m이하의 얕은 깊이에 설치된다.

해설 표면차수시설과 함께 사용되어야 한다.

문제 03 매립지의 연직 차수막에 관한 설명으로 맞는 것은?

① 지중에 암반이나 점성토의 불투수층이 수직으로 깊이 분포하는 경우에 설치한다.
② 지하수 집배수시설이 필요하다.
③ 지하에 매설되므로 차수성의 확인이 어렵다.
④ 차수막의 단위면적당 공사비는 적게 드나 총공사비는 많이 든다.

문제 04 연직차수막과 표면차수막의 비교로 알맞지 않은 것은?

① 지하수 집배수시설의 경우 연직차수막은 필요하나 표면차수막은 불필요하다.
② 연직차수막은 지하에 매설하기 때문에 차수성 확인이 어렵다.
③ 연직차수막은 차수막 단위면적당 공사비는 비싸지만 총 공사로는 싸다.
④ 연직차수막은 차수막 보강시공이 가능하다.

해설 지하수 집배수시설의 경우 연직차수막은 불필요하나 표면차수막은 필요하다.

문제 05 매립장 침출수 차단방법인 연직차수막과 표면차수막을 비교한 것으로 틀린 것은 어느 것인가?

① 연직차수막은 지중에 수평방향의 차수층이 존재할 때 사용한다.
② 연직차수막은 지하수 집배수 시설이 필요하다.
③ 연직차수막은 차수막 보강시공이 가능하다.
④ 연직차수막은 차수막 단위면적당 공사비가 비싸다.

해설 연직차수막은 지하수 집배수 시설이 필요 없다.

정답 02.③ 03.③ 04.① 05.②

문제 06 매립지 차수막으로서의 점토 조건으로 적합하지 않은 것은?

① 액성한계 : 30% 이상 ② 투수계수 : 10^{-7}cm/s 미만
③ 소성지수 : 60% 이상 ④ 자갈 함유량 : 10% 미만

해설 점토의 소성지수는 10% 이상 30% 미만이다.

문제 07 점토가 매립지의 차수막으로 적합하기 위한 대표적 조건(기준)으로 적절치 못한 것은?

① 투수계수: 10^{-7}cm/sec 미만
② 소성지수: 10% 이상 30% 미만
③ 액성한계: 30% 이상
④ 직경 2.5cm 이상인 입자 함유량: 5% 미만

해설 자갈(직경 2.5cm 이상)함유량은 10% 미만이다.

문제 08 합성차수막인 CSPE에 대한 설명으로 틀린 것은?

① 미생물에 강하다. ② 기름, 탄화수소 및 용매류에 약하다.
③ 접합이 용이하다. ④ 산과 알칼리에 특히 약하다.

해설 산과 알칼리에 특히 강하다.

문제 09 매립지에 쓰이는 합성차수막의 재료별 장단점에 관한 설명으로 틀린 것은?

① PVC : 가격은 저렴하나 자외선, 오존, 기후에 약하다.
② HDPE : 온도에 대한 저항성이 높다.
③ CSPE : 산과 알카리에 특히 강하다.
④ CPE : 접합상태가 양호하다.

해설 접합상태가 나쁘다.

문제 10 다음 중 합성차수막의 분류가 틀린 것은 어느 것인가?

① PVC – Thermoplastics
② CR – Elastomer
③ EDPM – Crystalline Thermoplastics
④ CPE – Thermoplastic Elastomers

해설 EDPM는 합성차수막이 아니다.

정답 06.③ 07.④ 08.④ 09.④ 10.③

문제 11 매립지에 흔히 쓰이는 합성 차수막의 종류인 Neoprene(CR)에 관한 내용으로 옳지 않는 것은?

① 마모 및 기계적 충격에 강하다.　　② 대부분의 화학물질에 대한 저항성이 높다.
③ 접합이 용이하다.　　　　　　　　④ 가격이 비싸다.

해설 접합이 용이하지 못하다.

정답 11.③

8.12 우수 집배수시설

[1] 우수 집배수시설

① 우수 집배수시설은 매립구역 내로 우수가 유입되는 것을 방지한다.
② 매립지 주변의 강우가 매립지 내에 유입되는 것을 방지한다.
③ 수로의 형상은 장방형 또는 원형이 좋다.
④ 조도계수는 작은 것이 좋다.
⑤ 수로의 단면은 토사의 혼입으로 인한 유량증가 및 여유고를 고려하여야 한다.
⑥ 토수로의 경우는 평균유속이 3m/sec 이하가 좋다.
⑦ 콘크리트수로의 경우는 평균유속이 8m/sec 이하가 좋다.
⑧ 침출수 집배수층은 두께 최소 30cm, 투수계수 최소 1cm/sec, 바닥경사 2~4%, 재료입경 10~13mm 또는 16~32mm로 한다.

[2] 침출수 유량조절조

최근 10년간 강수량 10mL/day 이상인 강우일수 중 최다빈도 1일 강우량의 7배 이상에 해당하는 침출수를 저장할 수 있는 규모로 설치한다.

[3] 덮개시설의 기능

① 강우의 침투를 방지한다.
② 쓰레기의 날림을 방지한다.
③ 병원균 매개체의 서식을 방지한다.
④ 쓰레기 매립시 악취를 방지한다.
⑤ 유독가스 확산을 방지한다.

8.13 침출수 발생

① 복토의 다짐밀도가 높을수록 침출수 농도는 높다.
② 매립초기에는 약산성이나 시간이 지나면서 약알칼리성이 발생된다.
③ 혐기성 매립방식이 호기성 매립방식에 비해 침출수 농도가 높다.
④ 유기폐기물 함량이 높을수록 초기에는 BOD/COD 비가 크다.
⑤ 시간이 경과하면서 BOD/COD 비는 낮아진다.
⑥ 중금속은 분해초기에 농도가 높다.
⑦ 침출수의 주된 발생원은 강우에 의한 영향이 가장 크다.
⑧ 매립지 내의 물의 이동을 나타내는 Darcy의 법칙은 다음과 같다.

$$t = \frac{nd^2}{k(d+h)}$$

여기서, t : 침출수가 점토층을 통과하는 시간(년)
d : 점토층의 두께(m)
n : 유효공극률
k : 투수계수(m/년)
h : 침출수 수두(m)

⑨ 유체의 흐름속도를 Darcy속도라고 한다.

$$V = \frac{Q}{A} = -k\frac{\triangle h}{\triangle l}$$

여기서, V : 유체의 흐름속도, Darcy속도
A : 유량
Q : 단면적
k : 투과계수(△h이 (-)이므로 양수가 되도록 (-)를 붙인다.)
$\triangle h$: 유출과 유입측의 수두차이(유출수두 - 유입수두)
$\triangle l$: 유체의 이동거리(수두 측정지점 사이의 거리)

⑩ 매립지에서 지하침투량(C)

C= 총강우량 P(1-유출률R) - 폐기물의 수분량 S - 증발량 E

문제 01 매립지 주위의 우수를 배수하기 위한 배수관의 결정시 고려사항으로 틀린 것은 어느 것인가?

① 수로의 형상은 장방형 또는 사다리꼴이 좋으며 조도계수 또한 크게 하는 것이 좋다.
② 유수단면적은 토사의 혼입으로 인한 유량증가 및 여유고를 고려하여야 한다.
③ 우수의 배수에 있어서 토수로의 경우는 평균유속이 3m/sec 이하가 좋다.
④ 우수의 배수에 있어서 콘크리트수로의 경우는 평균유속이 8m/sec 이하가 좋다.

해설 수로의 형상은 장방형 또는 원형이 좋으며, 조도계수는 작은 것이 좋다.

문제 02 폐기물매립지에서 우수 집배수시설의 기능에 관한 내용으로 틀린 것은 어느 것인가?

① 침출수의 유출이나 누수 및 지하수의 침입을 방지
② 미 매립구역의 우수 등이 매립구역 내로 유입되는 것을 방지
③ 기 매립구역의 우수 등이 매립구역 내로 유입되는 것을 방지
④ 매립지 주변의 강우 등이 매립지에 유입되는 것을 방지

해설 침출수의 유출이나 누수 및 지하수의 침입 방지는 차수시설의 기능이다.

문제 03 침출수의 특성에 대한 설명 중 옳지 않은 것은?

① 복토의 다짐밀도가 높을수록 침출수 농도는 높다.
② 혐기성 매립방식이 호기성 매립방식에 비해 침출수 농도가 낮다.
③ 유기폐기물 함량이 높을수록 유기오염농도가 높고 초기 BOD/COD 비가 크다.
④ BOD/COD 비는 초기에는 높고 시간 경과에 따라 낮아진다.

해설 혐기성 매립방식이 호기성 매립방식에 비해 침출수 농도가 높다.

문제 04 일반적으로 매립장 침출수 생성에 가장 큰 영향을 미치는 인자는?

① 쓰레기의 함수율
② 지하수의 유입
③ 표토를 침투하는 강수(降水)
④ 쓰레기 분해과정에서 발생하는 발생수

해설 침출수의 주된 발생원은 강우에 의한 영향이 가장 크다.

정답 01.① 02.① 03.② 04.③

문제 05 관리형 폐기물매립지에서 발생하는 침출수의 주된 발생원은 어느 것인가?

① 주위의 지하수로부터 유입되는 물
② 주변으로부터의 유입지표수(Run-on)
③ 강우에 의하여 상부로부터 유입되는 물
④ 폐기물 자체의 수분 및 분해에 의하여 생성되는 물

해설 침출수의 주된 발생원은 강우에 의하여 상부로부터 유입되는 물이다.

문제 06 매립지 내의 물의 이동을 나타내는 Darcy의 법칙을 기준으로 침출수의 유출을 방지하기 위한 옳은 방법은?

① 투수계수는 감소, 수두차는 증가시킨다.
② 투수계수는 증가, 수두차는 감소시킨다.
③ 투수계수 및 수두차는 증가시킨다.
④ 투수계수 및 수두차를 감소시킨다.

해설 $t = nd^2/k(d+h)$
여기서, t : 통과시간(year), d : 점토층 두께(m), h : 침출수수두(m), k : 투수계수(m/year), n : 유효공극률

문제 07 침출수가 점토층을 통과하는 데 소요되는 시간을 계산하는 식으로 알맞은 것은?(단, t : 통과시간(year), d : 점토층 두께(m), h : 침출수수두(m), k : 투수계수(m/year), n : 유효공극률)

① $t = nd^2/k(d+h)$
② $t = dn/k(d+h)$
③ $t = nd^2/k(2d+h)$
④ $t = dn/k(2h+d)$

해설 $t = \dfrac{nd^2}{k(d+h)}$

문제 08 지하수의 두 지점간(거리 0.4m)의 수리수두차가 0.1m이고, 투수계수는 10^{-4} m/sec일 때, 지하수의 Dracy속도는 몇 m/sec인가?(단, 공극률은 고려하지 않음)

① 2.5×10^{-5}
② 4.5×10^{-4}
③ 4.0×10^{-6}
④ 1.5×10^{-3}

해설 $V = \dfrac{Q}{A} = -k\dfrac{\Delta h}{\Delta l}$
$V = 10^{-4} m/\sec \times \dfrac{0.1m}{0.4m} = 2.5 \times 10^{-5}$

정답 05.③ 06.④ 07.① 08.①

문제 09 매립장에서 침출된 침출수가 다음과 같은 점토로 이루어진 90cm의 차수층을 통과하는 데 걸리는 시간(년)은 얼마인가?

> • 유효 공극률 : 0.5
> • 점토층 하부의 수두는 점토층 아랫면과 일치
> • 점토층 투수계수 : 10^{-7}cm/sec
> • 점토층 위의 침출수 수두 : 40cm

① 약 8년 ② 약 10년
③ 약 12년 ④ 약 14년

해설 $t = \dfrac{nd^2}{k(d+h)}$

$k(\dfrac{m}{y}) = \dfrac{10^{-7}cm}{sec} \Big| \dfrac{m}{100cm} \Big| \dfrac{3600sec}{hr} \Big| \dfrac{24hr}{day} \Big| \dfrac{365day}{y} = 0.0315 m/y$

$\therefore t = \dfrac{y}{0.0315m} \Big| \dfrac{}{(0.9+0.4)m} \Big| \dfrac{0.5 \times (0.9m)^2}{} = 9.89 y$

문제 10 매립지의 총면적은 35km²이고 연간 평균 강수량이 1100mm가 될 때 그 매립지에서 침출수로의 유출률이 0.50이었다고 한다. 이때 침출수의 일평균 처리 계획수량으로 적절한 것은?(단, 강우강도 대신에 평균 강수량으로 계산)

① 약 43000m³/day ② 약 53000m³/day
③ 약 63000m³/day ④ 약 73000m³/day

해설 침출수량 Q = 면적 A × 높이 H(연간 강우량)

$\therefore Q = \dfrac{35km^2}{} \Big| \dfrac{10^6 m^2}{km^2} \Big| \dfrac{1100mm}{y} \Big| \dfrac{m}{1000mm} \Big| \dfrac{y}{365day} \Big| \dfrac{0.5}{} = 52740 m^3/d$

문제 11 쓰레기의 밀도가 750kg/m³이며 매립된 쓰레기의 총량은 30000ton이다. 여기에서 유출되는 침출수는 약 몇 m³/년 인가? (단, 침출수발생량은 강우량의 60%이고, 쓰레기의 매립높이는 6m이며, 연간 강우량은 1300mm이다.)

① 4600m³/년 ② 5200m³/년
③ 6300m³/년 ④ 7100m³/년

해설 침출수량 Q = 면적 A × 높이 H(연간 강우량)

$\therefore Q = \dfrac{m^3}{750kg} \Big| \dfrac{30000t}{} \Big| \dfrac{1000kg}{t} \Big| \dfrac{60}{100} \Big| \dfrac{1300mm}{6m \cdot y} \Big| \dfrac{m}{1000mm} = 5200 m^3/y$

정답 09.② 10.② 11.②

문제 12 매립지 설계 시 침출수 집배수층의 조건으로 옳은 것은?

① 투수계수 : 최대 1cm/sec
② 두께 : 최대 30cm
③ 집배수층 재료 입경 : 10~13cm 또는 16~32cm
④ 바닥경사 : 2~4%

해설 두께 최소 30cm, 투수계수 최소 1cm/sec, 재료입경 10~13mm 또는 16~32mm, 바닥경사 2~4%

정답 12.④

8.14 침출수 처리

[1] 성분에 따른 제거공정

① SS 제거: 침전
② BOD, SS 제거: 생물처리
③ COD, SS 제거: 응집, 침전
④ BOD, COD, SS, 색도 제거: 생물처리, 응집, 침전
⑤ BOD, COD, SS, TN, 색도 제거: 생물처리, 고도처리(탈질), 응집, 침전

[표] 침출수의 처리공정

매립 기간	COD/TOC	BOD/COD	생물학적 처리	역삼투	활성탄	화학적 산화	화학적 침전 [석회투입]	이온 교환
5년 미만	2.8이상	0.5이상	양호	보통	불량	불량	불량	불량
5-10년	2-2.8	0.1-0.5	보통	양호	보통	보통	보통	보통
10년이상	2미만	0.1미만	불량	양호	양호	보통	불량	보통

[2] 습식산화

① 충분한 산소를 공급하면서 고온, 고압 하에서 직접 건조, 열분해 또는 산화 연소한다.
② 습식산화는 170~270℃에서 70~150kg/cm² 압력으로 내압용기에 슬러지와 공기를 교대로 보내어 유기물을 산화분해 시킨다.
③ 결국에는 물과 재, 가스가 생성된다.
④ 일명 Zimmerman Process라 부르며 슬러지 자체의 발열량을 이용한다.

[3] 펜톤산화

① 산화제로 과산화수소를 촉매제로 철을 사용한다.
② pH 3.0~4.0에서 철 금속이 과산화수소를 분해시켜 HO·라디칼을 생성한다.
③ 유기물질은 생성된 HO·라디칼에 의해 분해된다.

$$Fe^{2+} + H_2O_2 \rightarrow Fe^{3+} + OH^- + HO\cdot$$
$$HO\cdot + RH \rightarrow R\cdot + H_2O$$
$$R\cdot + Fe^{3+} \rightarrow R^+ + Fe^{2+}$$
$$R\cdot + HO\cdot \rightarrow ROH_{(소멸)}$$

④ Fenton 산화반응에 의해 유기물이 산화분해되어 COD는 감소하지만 BOD는 증가할 수 있다.
⑤ 후 처리공정인 중화, 응집, 침전, 생물학적 처리의 효율을 증대시킨다.

[4] 반감기

① 화학반응속도론에서 반응의 반감기는 반응이 반 정도 진행될 때까지 필요한 시간이다.
② 즉, 반응 후 잔류농도(C_t)가 반응초기 농도(C_0)의 1/2로 감소하는 데 걸리는 시간이다.

$$C_t = \frac{1}{2}C_0 \quad \therefore C_t = 0.5 C_0$$

③ 반응차수(0차, 0.5차, 1차, 2차)에 대한 C_t값에 $0.5 C_0$를 대입하면 반응속도에 대한 반감기가 된다.

[5] 반응속도와 반감기

① 반응속도(v)는 단위시간당(dt) 반응물 또는 생성물의 농도변화(C)로 정의한다.

$$\frac{dC}{dt} = -KC^n$$

② 0차 반응의 반감기

$$\frac{dC}{dt} = -K \cdot C^0 \xrightarrow{적분하면} C_t - C_0 = -K \cdot t \quad \therefore 0.5 C_0 - C_0 = -K \cdot t$$

③ 1차 반응의 반감기

$$\frac{dC}{dt} = -K \cdot C^1 \xrightarrow{적분하면} \ln\frac{C_t}{C_0} = -K \cdot t \quad \therefore \ln\frac{0.5 C_0}{C_0} = -K \cdot t$$

④ 2차 반응의 반감기

$$\frac{dC}{dt} = -K \cdot C^2 \xrightarrow{적분하면} \frac{1}{C_t} - \frac{1}{C_0} = K \cdot t \quad \therefore \frac{1}{0.5 C_0} - \frac{1}{C_0} = K \cdot t$$

문제 01 어떤 매립지에서 다음과 같은 침출수를 생물학적방법으로 처리하고자 한다. 처리를 원활히 하기 위하여 조성 중 보충투입이 필요한 성분은?

- BOD : 6000
- NH_3-N 100
- NO_3-N 20
- Cl^- : 100
- Alkalinity 2500 (as $CaCO_3$)
- COD : 9500
- T-N 200
- T-P 100
- pH 7.0 (단위 mg/L)
- Hardness 2000 (as $CaCO_3$)

① N
② P
③ Cl
④ Alkalinity

해설 활성슬러지에 필요한 영양 balance는 BOD : N : P = 100 : 5 : 1 이다.

문제 02 침출수의 특성이 다음과 같을 때 처리공정의 효율성 연결이 순서대로 나열된 것은?

〈침출수의 특성〉
- COD/TOC 〉 2.8, BOD/COD 〉 0.5
- 매립연한 : 5년 이하
- COD : 10000mg/L이상

〈처리공정의 효율성〉
- 생물학적처리 : (㉠)
- 화학적침전(석회투여) : (㉡)
- 화학적산화 : (㉢)
- 이온교환수지 : (㉣)

① ㉠ 양호, ㉡ 양호, ㉢ 불량, ㉣ 불량
② ㉠ 양호, ㉡ 불량, ㉢ 불량, ㉣ 양호
③ ㉠ 양호, ㉡ 불량, ㉢ 양호, ㉣ 양호
④ ㉠ 양호, ㉡ 불량, ㉢ 불량, ㉣ 불량

해설 COD/TOC 〉 2.8, BOD/COD 〉 0.5에서는 생물학적처리가 양호하다.

문제 03 매립지의 침출수의 특성이 COD/TOC=1.0, BOD/COD=0.03이라면 효율성이 가장 양호한 처리공정은? (단, 매립연한은 15년정도이며 COD는 400mg/L이다.)

① 화학적침전(석회투여)
② 활성탄
③ 화학적산화
④ 이온교환수지

해설 COD/TOC=2.0미만, BOD/COD=0.1미만은 활성탄공정이 양호하다.

정답 01.① 02.④ 03.②

문제 04 다음 중 침출수를 물리화학적 처리공정을 적용하여 처리하는 것이 가장 효과적인 조건은?

① COD/TOC<2.0, BOD/COD>0.1인 오래된 매립지인 경우
② COD/TOC<2.0, BOD/COD<0.1인 오래된 매립지인 경우
③ COD/TOC>2.8, BOD/COD>0.5인 초기 매립지인 경우
④ COD/TOC>2.8, BOD/COD<0.5인 초기 매립지인 경우

해설 COD/TOC=2.0미만, BOD/COD=0.1미만, 매립기간 10년 이상인 경우에는 물리화학적 처리공정을 적용한다.

문제 05 침출수의 물리화학적 처리방법에 포함되지 않는 것은?

① 중화 침전법
② 황화물 침전법
③ 이온 교환법
④ 습식 산화법

해설 습식산화는 고온, 고압상태 하에서 열분해하는 물리적 방법이다.

문제 06 폐기물 매립지의 침출수 처리에 많이 사용되는 펜톤시약의 조성으로 옳은 것은?

① 과산화수소+Al
② 과산화수소+철염
③ 과망간산칼륨+철염
④ 과망간산칼륨+Al

해설 산화제로 과산화수소를 촉매제로 철을 사용한다.

문제 07 A매립지의 경우 COD를 기준 이내로 처리하기 위해 기존공정에 펜톤처리 공정과 RBC공정을 추가하여 운전하고 있다면 다음 중 공정 추가 원인으로 가장 적합한 것은?

① 난분해성 유기물질의 과다유입
② 휘발성 유기화합물의 과다유입
③ 질소성분 과다유입
④ 용존고형물 과다유입

해설 펜톤처리는 난분해성 유기물질을 산화 처리하여 후 처리공정인 생물학적 처리의 효율을 증대시킨다.

정답 04.② 05.④ 06.② 07.①

문제 08 슬러지 매립지 침출수에 함유되어 있는 암모니아를 염소로 처리하려고 한다. 침출수 발생량은 3780m³/d이고, 이를 처리하기 위해 7.7kg/d의 염소를 주입하고 잔류염소농도는 0.2mg/L 이었다면 염소요구량(mg/L)은 얼마인가?

① 약 4.31mg/L ② 약 3.83mg/L
③ 약 2.21mg/L ④ 약 1.84mg/L

해설 염소요구량＝염소주입량－염소잔류량

$$염소주입량 = \frac{7.7 \times 10^6 \text{mg}}{\text{day}} \Big| \frac{\text{day}}{3780 \times 10^3 \text{L}} = 2.037 \,\text{mg/L}$$

$$염소요구량 = 2.037 \,\text{mg/L} - 0.2 \,\text{mg/L} = 1.84 \,\text{mg/L}$$

문제 09 매립지의 침출수의 농도가 반으로 감소하는데 약 3년이 걸렸다면 이 침출수의 농도가 99% 감소하는데 걸리는 시간(년)은 얼마인가? (단, 1차 반응 기준이다.)

① 약 10년 ② 약 15년
③ 약 20년 ④ 약 25년

해설 $\dfrac{dC}{dt} = -K \cdot C^1 \xrightarrow{\text{적분하면}} \ln \dfrac{C_t}{C_0} = -K \cdot t \quad \therefore \ln \dfrac{0.5\,C_0}{C_0} = -K \cdot t$

$\ln 0.5 = -K \times 3$년 $\therefore K = 0.2311$

$\ln \dfrac{0.01}{1} = -0.231 \times t$ $\therefore t = 19.93$년

문제 10 1차 반응에서 1000초 동안 반응물의 1/2이 분해되었다면 반응물이 1/10 남을 때까지 소요되는 시간(sec)은?

① 3923 ② 3623
③ 3323 ④ 3023

해설 $\dfrac{dC}{dt} = -K \cdot C^1 \xrightarrow{\text{적분하면}} \ln \dfrac{C_t}{C_0} = -K \cdot t \quad \therefore \ln \dfrac{0.5\,C_0}{C_0} = -K \cdot t$

$\ln 0.5 = -K \times 1000$초

$-0.693 = -1000K$ $\therefore K = 6.9 \times 10^{-4}$

$\ln 0.1 = -6.9 \times 10^{-4} \times t$

$-2.3 = -6.9 \times 10^{-4} \times t$ $\therefore 3333 \,\text{sec}$

정답 08.④ 09.③ 10.③

8.15 매립가스

[1] 매립지의 LFG(landfill gas) 조성변화

① 제1단계에서는 친산소성 단계로서 폐기물 내에 수분이 많은 경우에는 반응이 가속화되어 용존산소가 쉽게 고갈된다(호기성 단계).
② 제2단계에서는 유기물이 효소에 의해 발효되는 혐기성 비메탄 단계로서, 이산화탄소 가스가 많이 발생한다(호기-혐기성 전환단계).
③ 제3단계에서는 매립지 내부의 온도가 상승하여 약 55℃ 정도까지 올라가, 이산화탄소 가스가 발생하며 pH는 저하한다(비정상 혐기성단계).
④ 4단계에서는 매립가스 내 메탄과 이산화탄소의 함량이 거의 일정하게 유지된다(정상 혐기성 메탄단계).

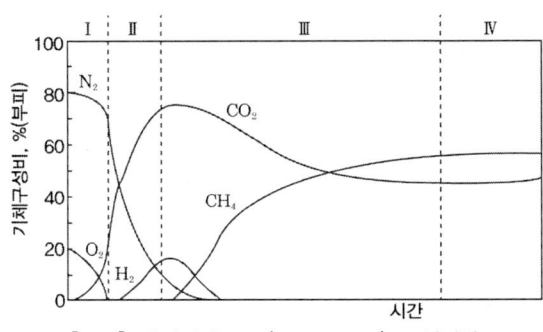

[그림] 매립지의 LFG(landfill gas) 조성변화

[2] 혐기성 분해

① 고농도의 유기물 분해에 적용하며 혐기성 미생물에 의한 유기물의 제거는 다음 2단계로 구분된다.
② 1단계 소화에서는 유기산이 형성되는 단계로서 pH가 낮게 유지되므로 "유기산 형성과정" 또는 "산성 소화과정"이라고 한다.
③ 제2단계에서는 1단계에서 생성된 유기산을 메탄균에 의해 CH_4 및 CO_2를 생성하는 단계로서 "가스화과정", "메탄발효과정", "알칼리소화과정"이라 한다.
④ glucose($C_6H_{12}O_6$)의 반응예로 전체반응은 다음과 같다.

$$C_6H_{12}O_6 \xrightarrow[1단계]{유기산균} \begin{vmatrix} 3CH_3COOH \\ 2CH_3CH_2OH + 2CO_2 \\ 2CH_3CH(OH)COOH \end{vmatrix} \xrightarrow[2단계]{메탄균} 3CH_4 + 3CO_2$$

⑤ 메탄발효에서 CH_4은 50~70%, CO_2는 30~50% 정도 발생한다.
⑥ 발생하는 대부분의 가스는 CH_4와 CO_2이나, 악취물질로 NH_3, H_2S, CH_3SH도 생성한다.

[3] 혐기성분해 반응식

① 혐기성 반응에서 메탄가스 발생율은 아래식에 따른다.

$$C_aH_bO_cN_d + \left[\frac{4a-b-2c+3d}{4}\right]H_2O$$

$$\rightarrow \left[\frac{4a+b-2c-3d}{8}\right]CH_4 + \left[\frac{4a-b+2c+3d}{8}\right]CO_2 + dNH_3$$

② 위의 식에 의하면 1kg의 BOD가 분해제거 될 때 약 $0.35m^3$의 CH_4가 생성된다.

③ $C_2H_5O_2N + 0.5H_2O \rightarrow 0.75CH_4 + 1.25CO_2 + NH_3$

④ $C_4H_9O_3N + H_2O \rightarrow 2CH_4 + 2CO_2 + NH_3$

⑤ $C_4H_9O_3N + H_2O \rightarrow 2CH_4 + 2CO_2 + NH_3$

⑥ $C_5H_{11}O_2N + 2H_2O \rightarrow 3CH_4 + 2CO_2 + NH_3$

⑦ $C_{40}H_{83}O_{30}N + 5H_2O \rightarrow 22.5CH_4 + 17.5CO_2 + NH_3$

⑧ $CH_3OH \rightarrow 3/4CH_4$ (표준상태에서 완전 분해시 $0.75M\ CH_4$ 생성)

⑨ $C_6H_{12}O_6 \rightarrow 3CH_4 + 3CO_2$

⑩ $CH_3COOH \rightarrow CH_4 + CO_2$

⑪ $C_{68}H_{111}O_{50}N + 16H_2O \rightarrow 35CH_4 + 33CO_2 + NH_3$

문제 01 폐기물 매립지의 매립 후 4단계 분해과정의 경과기간에 대한 설명으로 옳지 않은 것은?

① 1단계는 초기조절단계이며 매립 후 며칠 또는 몇 개월 가량 지속적으로 초기혐기성 조건이다.
② 2단계는 혐기성비메탄화 단계이며 임의성 미생물에 의하여 SO_4^{2-}와 NO_3^-가 환원되는 단계로서 CO_2가 생성된다.
③ 3단계는 혐기성메탄 생성 축적단계이며 CH_4 가스가 생산되는 혐기성 단계로서 온도가 55℃까지 증가된다.
④ 4단계는 혐기성 정상상태 단계이며 가스중 CH_4와 CO_2의 함량이 거의 일정한 정상상태로서 혐기성 조건이다.

해설 제1단계에서는 친산소성 단계로서 폐기물 내에 수분이 많은 경우에는 반응이 가속화 되어 용존산소가 쉽게 고갈된다.

정답 01.①

문제 02 매립기간에 따른 침출수의 성상변화를 나타낸 다음 그림에서 A에 해당하는 수질인자는 어느 것인가?

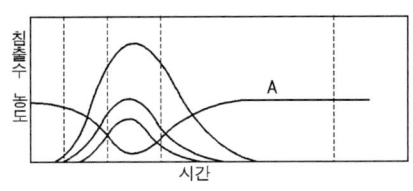

① COD
② NH_4^+
③ pH
④ 휘발성 유기산

[해설] 매립 초기단계에서는 유기산의 생성으로 pH가 저하 하고, 메탄 생성단계에서는 증가한다.

문제 03 매립지 기체 발생단계를 4단계로 나눌 때 매립 초기의 호기성 단계(혐기성 전단계)에 대한 설명으로 틀린 것은?

① 폐기물 내 수분이 많은 경우에는 반응이 가속화된다.
② O_2가 대부분 소모된다.
③ N_2가 급격히 발생한다.
④ 주요 생성기체는 CO_2이다.

[해설] 매립 초기단계에서는 N_2가 급격히 감소한다.

문제 04 혐기성 위생매립지에서 발생되는 가스의 조성을 검사한 결과, 일정기간 동안 CH_4, CO_2의 가스구성비(부피%)가 각각 50%, 40%로 나타나고 있다면 이때 매립지 내의 생물반응단계로 가장 적절한 것은?

① 준호기성 상태
② 임의성 상태
③ 완전 혐기성상태
④ 혐기성 시작상태

[해설] 완전 혐기성상태에서는 메탄균에 의해 CH_4 및 CO_2를 생성하는 단계로서 "가스화과정", "메탄발효과정", "알칼리소화과정"이라 한다.

문제 05 매립지 침출수 처리에 관한 설명으로 틀린 것은?

① 고농도의 TDS(50000mg/L이상)를 포함한 침출수는 생물학적 처리가 곤란하다.
② 많은 생물학적 처리시설에 있어서는 중금속의 독성이 문제가 되기도 한다.
③ 황화물의 농도가 높으면 혐기성 처리 시 악취 문제가 발생할 수 있다.
④ 높은 COD의 침출수는 호기성 처리하는 것이 혐기성 처리보다 경제적이다.

[해설] 높은 COD의 침출수는 혐기성 처리가 경제적이다.

[정답] 02.③ 03.③ 04.③ 05.④

문제 06 침출수의 혐기성 처리에 관한 내용으로 잘못된 것은 어느 것인가?
① 고농도의 침출수를 희석 없이 처리할 수 있다.
② 중금속에 의한 저해효과가 호기성 공정에 비해 작다.
③ 미생물의 낮은 증식으로 슬러지 처리비용이 감소된다.
④ 호기성 공정에 비해 낮은 영양물 요구량을 가진다.
해설 중금속에 의한 저해효과가 호기성 공정에 비해 크다.

문제 07 매립지에서 발생하는 메탄가스를 메탄산화세균을 이용하여 처리하고자 한다. 메탄산화세균에 의한 메탄 처리에 대한 내용으로 틀린 것은 어느 것인가?
① 메탄산화세균은 혐기성 미생물이다.
② 메탄산화세균은 자가영양미생물이다.
③ 메탄산화세균은 주로 복토층 부근에서 많이 발견된다.
④ 메탄은 메탄산화세균에 의해 산화되며, 이산화탄소로 바뀐다.
해설 메탄산화세균은 호기성 미생물이다.

문제 08 매립지 기체의 회수 및 재활용을 위한 조건으로 옳지 않은 것은?
① 발생 기체의 50% 이상을 포집할 수 있어야 한다.
② 폐기물 1kg당 $0.37m^3$ 이상의 기체가 생성되어야 한다.
③ 폐기물 속에는 약 70~85% 이상의 분해 가능한 물질이 포함되어야 한다.
④ 기체의 발열량은 2200kcal/Nm^3 이상이어야 한다.
해설 혐기성분해는 약 70~85% 이상 분해 가능한 유기물질이 포함되어야 한다.

문제 09 일반적으로 매립지 침출수 중 중금속의 농도가 가장 높게 나타나는 시기는 어느 단계인가?
① 호기성 단계
② 산 형성 단계
③ 메탄 발효 단계
④ 숙성 단계
해설 매립 초기단계에서는 산의 생성으로 중금속이 용출된다.

문제 10 일반적으로 폐기물매립지의 혐기성상태에서 발생 가능한 가스의 종류와 가장 거리가 먼 것은?
① 이산화탄소   ② 황화수소   ③ 염화수소   ④ 암모니아
해설 혐기성상태에서 발생되는 가스는 NH_3, H_2S, CO_2, CH_4 등이다.

정답 06.② 07.① 08.③ 09.② 10.③

문제 11 고형폐기물을 매립 처리할 때 $C_6H_{12}O_6$ 성분 1톤(ton)의 폐기물이 혐기성 분해를 한다면 이론적 메탄가스 발생량(m^3)은 얼마인가? (단, 표준상태 기준이다.)

① 약 $280m^3$ ② 약 $370m^3$
③ 약 $450m^3$ ④ 약 $560m^3$

해설 $C_6H_{12}O_6 \rightarrow 3CH_4 + 3CO_2$
$180kg : 3 \times 22.4$
$1000kg : x$ $\therefore x = 373.33 Sm^3$

문제 12 매립지에서 유기물의 완전 분해식을 $C_{68}H_{111}O_{50}N + aH_2O \rightarrow bCH_4 + 33CO_2 + NH_3$로 가정할 때 유기물 100kg을 완전분해 시 소모되는 물의 양은?

① 41.5kg H_2O ② 32.5kg H_2O
③ 23.5kg H_2O ④ 16.5kg H_2O

해설 $C_{68}H_{111}O_{50}N + 16H_2O \rightarrow 35CH_4 + 33CO_2 + NH_3$
$1741kg : 16 \times 18$
$100kg : x$ $\therefore x = 16.54 kg\, H_2O$

문제 13 고형 폐기물의 매립처리시 2kg의 $C_6H_{12}O_6$ 성분의 폐기물이 혐기성 분해를 한다면 이론적 가스 발생량은? (단, CH_4와 CO_2의 밀도는 각각 0.7g/L 및 1.9g/L이다.)

① 1280L   ② 1460L
③ 1680L   ④ 1880L

해설 $C_6H_{12}O_6 \rightarrow 3CH_4 + 3CO_2$
$180g : 3 \times 22.4 : 3 \times 22.4$
$2000g : x : x$
$\therefore gas\,량 = \dfrac{746.67L}{0.7g/L} + \dfrac{746.67L}{1.9g/L} = 1459L$

문제 14 $C_5H_{11}O_2N$으로 화학적 조성을 나타낼 수 있는 생분해가능 유기물이 매립지에서 혐기성 완전 분해되어 발생하는 메탄(b)과 이산화탄소(a) 중 메탄의 부피백분율($[b/(b+a)] \times 100$, %)은? (단, N은 NH_3로 발생 된다.)

① 50   ② 55
③ 60   ④ 65

해설 $C_5H_{11}O_2N + 2H_2O \rightarrow 3CH_4 + 2CO_2 + NH_3$
$\therefore \% = \left(\dfrac{3}{3+2}\right) \times 100 = 60\%$

정답 11.② 12.④ 13.② 14.③

문제 15 다음 중 악취성 물질인 CH₃SH를 나타낸 것은?

① 메틸오닌　　　　　　② 다이메틸설파이드
③ 메틸메르캅탄　　　　④ 메틸케톤

해설 메틸(CH_3), 메르캅탄(-SH)

정답 15.③

8.16 매립지 사후관리

[1] 사후관리 기간
① 사용종료 또는 폐쇄신고를 한 날부터 30년 이내로 한다.
② 다만, 매립시설 검사기관(이하 "매립시설 검사기관"이라 한다)이 침출수의 성질과 상태, 양, 지하수·해수·하천의 수질, 토양의 오염도, 발생가스의 질과 양, 축대벽·둑 등의 안정도 등을 조사한 결과 사후관리가 필요하지 아니하다고 판단하는 경우에는 신청에 따라 시·도지사나 지방환경관서의 장이 사후관리의 종료를 결정·통보한 날까지로 한다.

[2] 사후관리 항목
① 빗물 배제방법
② 침출수 관리방법
③ 지하수 수질 조사방법
④ 해수 수질 조사방법
⑤ 발생가스 관리방법
⑥ 구조물과 지반의 안정도 유지방법
⑦ 지표수 수질 조사방법
⑧ 토양 조사방법
⑨ 방역방법(차단형매립시설은 제외한다)

[3] 주변환경영향 종합보고서 작성
사후관리 항목 및 방법에 따라 조사한 결과를 토대로 매립시설이 주변환경에 미치는 영향에 대한 종합보고서를 매립시설의 사용종료신고 후 5년마다 작성하여야 한다.

9. 토양오염

9.1 토양

[1] 토양단면

토양단면이란 토양 수직단면의 성층구조를 말하며 토양층위라고도 한다.

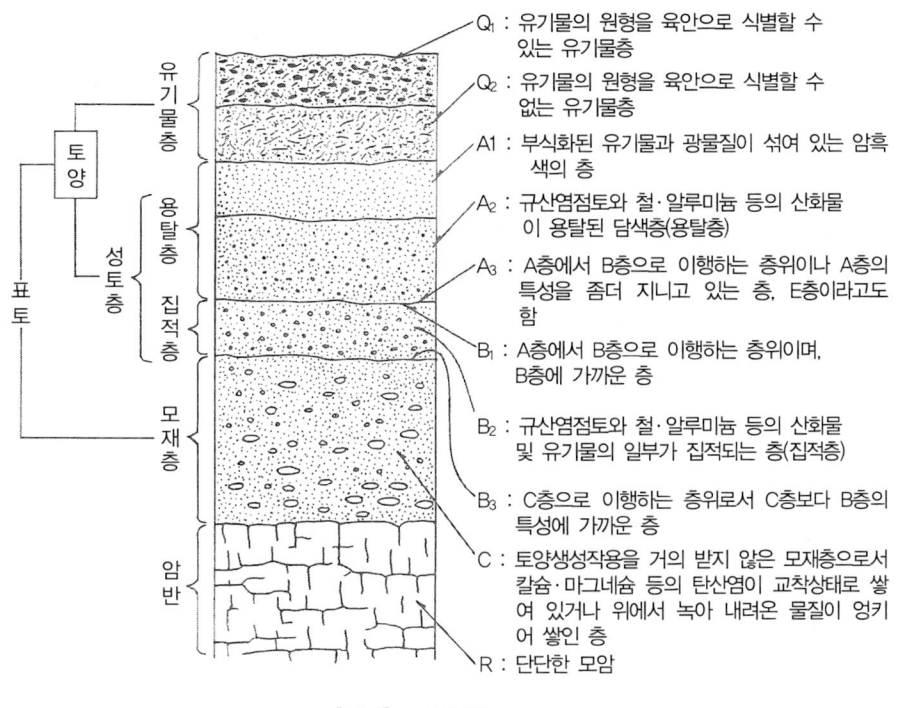

[그림] 토양단면도

[2] 토양의 3상

① 고상은 유기물과 무기물로 구성되어있다.
② 액상은 토양수분으로써 결합수, 흡습수, 모세관수, 중력수로 구분된다.
③ 기상은 토양공기이다.
④ 밭토양의 경우 용적조성은 고상 50%, 기상 20~30%, 액상 20~30% 이다.
⑤ 논토양의 경우 고상 50%, 액상 50% 정도 된다.

[3] 토양수분장력(pF)

① 토양이 수분을 보유하는 힘을 토양수분장력(pF, Potential Force)으로 나타낸다.

$$pF = \log H$$

(여기서, H는 물기둥 높이 cm, 1기압은 1,000cm 이다)

② 결합수 pF 7이상
③ 흡습수 pF 4.5이상
④ 모세관수 pF 2.54~4.5
⑤ 중력수 pF 2.54이하

[4] 균등계수와 곡률계수

① 균등계수와 곡률계수는 흙의 입도분포를 나타낸다.
② 입도분포란 흙을 구성하고 있는 토립자의 입경에 의하여 구분한 분포상태를 말하며 흙의 밀도, 투수성, 강도 등의 공학적 성질을 좌우하는 중요한 요소이다.

- 균등계수 $C_u = \dfrac{D_{60}}{D_{10}}$
- 곡률계수 $C_g = \dfrac{D_{30}^2}{D_{60} \times D_{10}}$

[5] 공극률

$$공극률(\%) = \frac{공기, 물의 부피}{전체부피} = (1 - \frac{겉보기밀도}{진밀도}) \times 100$$

필터재료가 막히지 않는 입도분포 조건 : $\dfrac{D_{15}(필터재료)}{D_{85}(토양입도)} < 5$

문제 01 토양의 삼상(三相)에 대한 설명 중 옳지 않은 것은?

① 고상, 액상, 기상의 조성을 체적백분율로 표시한 것이 삼상분포이다.
② 고상율은 대부분 토양에서 80~90%를 차지하며 화산재 기원의 토양은 그보다 작아 70% 전, 후이다.
③ 액상율 및 기상율은 강우와 건조에 의해 용이하게 변화한다.
④ 토양의 고상 중 모래는 토양의 구조를 결정함과 동시에 뼈대의 역할을 한다.

해설 밭토양의 경우 용적조성은 고상 50%, 기상 20~30%, 액상 20~30% 이며 논토양의 경우 고상 50%, 액상 50% 정도 된다.

정답 01.②

문제 02 다음 중 토양층위를 나타내는 층위 명에 해당되지 않는 것은?

① O ② B ③ R ④ D

해설 토양층위에는 O, A, B, C, R층의 표토와 암반으로 구분된다.

문제 03 Soil Washing 기법을 적용하기 위하여 토양의 입도분포를 조사한 결과가 다음과 같을 경우, 균등계수(C_u)와 곡률계수(C_g)는 각각 얼마인가?(단, D_{10}, D_{30}, D_{60}는 각각 통과백분율 10%, 30%, 60%에 해당하는 입자 직경이다.)

	D_{10}	D_{30}	D_{60}
입자의 크기(mm)	0.25	0.60	0.90

① C_u=2.4, C_g=1.4 ② C_u=2.4, C_g=1.7
③ C_u=3.6, C_g=1.6 ④ C_u=3.6, C_g=1.8

해설 $C_u = \dfrac{D_{60}}{D_{10}} = \dfrac{0.9}{0.25} = 3.6$

$C_g = \dfrac{D_{30}^2}{D_{60} \times D_{10}} = \dfrac{(0.6)^2}{0.9 \times 0.25} = 1.6$

문제 04 다음 중 토양수분장력이 가장 낮은 토양 수분은?

① 모세관수 ② 중력수 ② 결합수 ④ 흡습수

해설 결합강도 : 내부수 〉 부착수 〉 모관결합수 〉 간극수 〉 중력수

문제 05 토양수분장력이 20000cm의 물기둥 높이의 압력과 같다면 pF(Potential Force)의 값은?

① 6.3 ② 5.3 ③ 4.3 ④ 3.3

해설 $pF = \log H$ (여기서, H는 물기둥 높이 cm이다.)

∴ $pF = \log 20000 = 4.3$

문제 06 토양이 수분을 함유하는 힘을 토양수분장력(pF)이라고 부른다. pF=4.0인 물기둥의 높이로 옳은 것은?

① 2^4=16cm ② 4^2=16cm
③ e^4=54.6cm ④ 10^4=10000cm

해설 $pF = \log H$

$4.0 = \log H$ 양변에 밑수 10을 대입하면 $10^4 = H$ ∴ $H = 10000 cm$

정답 02.④ 03.③ 04.② 05.③ 06.④

문제 07 토양수분의 물리학적 분류 중 수분 1,000cm의 물기둥의 압력으로 결합되어 있는 경우 다음 중 어디에 속하는가?

① 결합수
② 흡습수
③ 유효수분
④ 모세관수

해설 $pF = \log H$
$pF = \log 1000$ ∴ $pF = 3$ (모세관수 $pF\ 2.54 - 4.5$)

문제 08 공극율이 0.5인 토양이 깊이 3m까지 오염되어 있다면 오염된 토양의 m²당 공극의 체적은 몇 m³인가?

① 1.0
② 1.5
③ 2.0
④ 2.5

해설 공극률 = $\dfrac{공기, 물의 부피}{전체부피}$

$0.5 = \dfrac{공기, 물의 부피}{1m^2 \times 3m^H}$ ∴ 공극의 체적(공기, 물 부피) = $1.5 m^3$

문제 09 화강암에서 유래된 토양의 용적밀도가 1.4g/cm³이었다면 공극률(%)은?(단, 입자의 밀도는 2.85g/cm³이다.)

① 42
② 46
③ 51
④ 58

해설 공극률 = $(1 - \dfrac{겉보기밀도}{진밀도}) \times 100$

공극률 = $(1 - \dfrac{1.4 g/cm^3}{2.85 g/cm^3}) \times 100 = 50.9\%$

정답 07.④ 08.② 09.③

9.2 토양오염

[1] 토양오염의 특성
① **시차성** : 토양오염은 눈에 보이지 않는 오염으로서 오염의 발생과 오염에 따른 문제의 발생 간에는 시간차를 두고 있다.
② **오염물질에 따른 특이성** : 토양오염은 토양오염물질의 특성에 따라 오염의 양상이 달라진다.
③ **오염지역에 따른 특이성** : 오염지역의 토양성질은 오염물질의 확산 및 처리에 있어 중대한 영향을 미친다.
⑤ **지속성 및 잔류성** : 일단 토양이 오염되면 오염물질은 흙입자 표면에 흡착되므로 제거하는 것이 쉽지 않다.

[2] 토양오염물질
① "**토양오염**"이란 사업활동이나 그 밖의 사람의 활동에 의하여 토양이 오염되는 것으로서 사람의 건강, 재산이나 환경에 피해를 주는 상태를 말한다.
토양오염물질의 배출원에 따른 오염물질의 종류는 다음과 같다.
② **석유류 제조 및 저장시설** : BTEX, TPH, PAH_s 등
③ **유독물질 저장시설** : 휘발성유기화합물(VOC_s), PAH_s 등
④ **산업지역** : 유류 유기용제(TCE, PCE 등), 석유화학 원료(톨루엔, 페놀 등), 중금속(카드뮴, 납, 6가크롬, 비소, 수은 등) 등
⑤ **폐기물 매립지** : 침출수중 유기물, 중금속, VOC_s 등
⑥ **폐기물 소각장** : 배출가스 및 소각재 중에서 다이옥신, PAH_s, 납·카드뮴, 중금속 등이 발생
⑦ 상기 용어의 약자는 다음과 같다.
- BTEX (benzene, toluene, ethylbenzene, xylene),
- TPH (total petroleum hydrocarbon),
- PAH_s (polyaromatic hydrocarbons),
- VOC_s (volatile organic compounds),
- TCE (trichloroethylene),
- PCE (tetrachloroethylene),
- PCBs (polychlorinated biphenyls)

[3] BTEX & TPH

① 토양환경보전법에서 규정하는 유류성분을 두 가지로 나누면 BTEX와 TPH로 구분된다.
② BTEX는 benzene, toluene, ethylbenzene, xylene으로 구성된 휘발성 방향족 탄화수소로 정의한다.
③ BTEX는 휘발유의 옥탄가를 높이기 위하여 첨가된다.
④ BTEX와 TPH의 오염원은 주로 석유저장탱크로부터의 누출이나 배관의 부식, 수송시의 유출 등으로부터 발생한다.
⑤ TPH(total petroleum hydrocarbon)는 석유계총탄화수소로 정의한다.
⑥ TPH는 휘발유를 제외한(US EPA는 모든 유종을 포함) 등유, 경유, 제트유, 윤활유, 벙커C유, 원유성분을 말한다.
⑦ 유류오염이 발생하면 비중에 따라 오염분포가 다르게 나타난다.

[4] 오염분포

① 유류오염의 경우에는 크게 4가지 상으로 존재할 수 있다. 물에 용해되어있는 상태, 지표면 부근의 불포화구간에 존재하는 증기상태, 흙입자에 부착된 상태, 유류나 유기용매와 같이 물과 섞이지 않는 별도의 층을 형성하는 자유상으로 존재한다.
② **NAPL**(nonaqueous phase liquid, 비수용성유체) : 유류나 유기용매와 같이 물과 섞이지 않는 별도의 층을 형성하는 자유상으로 존재한다.
③ **LNAPL**(light nonaqueous phase liquid, 가벼운 비수용성유체) : 유류와 같이 물보다 가벼운 것은 지하수면 위에서 기름층을 형성하게 되는 물질로써 가솔린, 아세톤, 헥산, 벤젠, 에틸벤젠, 메탄올, 톨루엔 등이 있다.
④ **DNAPL**(dense nonaqueous phase liquid, 무거운 비수용성유체) : PCE, TCE와 같은 염소계 유기용매류는 물보다 무거워서 불투수층에 도달할 때까지 지하수층 아래로 침강하여 바닥에 깔리게 된다.
⑤ **MTBE**(methyl tertiary butyl ether) : 비석유계 탄화수소인 메틸알코올, 에틸알코올, 에테르 등은 휘발성이 높으며 물에 용해상태로 존재한다.

문제 01 토양오염의 특성이 아닌 것은?

① 오염영향의 국지성　　② 피해발현의 급진성
③ 원상복구의 어려움　　④ 타 환경인자와의 영향관계의 모호성

해설 토양오염은 오염의 발생과 오염에 따른 문제의 발생 간에는 시간차를 두고 있다.

문제 02 토양오염의 특성에 관한 설명으로 옳지 않은 것은?

① 오염경로가 다양하다.　　② 피해발현이 완만하다.
③ 오염의 인지가 용이하다.　　④ 원상복구가 어렵다.

해설 토양오염은 오염의 발생과 오염에 따른 문제의 발생 간에는 시간차를 두고 있어 오염의 인지가 어렵다.

문제 03 토양오염 물질 중 BTEX에 포함되지 않는 것은?

① 벤젠　　② 톨루엔
③ 자일렌　　④ 에틸렌

해설 BTEX는 benzene, toluene, ethylbenzene, xylene으로 구성된 휘발성 방향족 탄화수소로 정의한다.

문제 04 어떤 주유소에서 오염된 토양을 복원하기 위해 오염 정도 조사를 실시한 결과, 토양오염 부피는 4000m³, BTEX는 평균 150mg/kg으로 나타났다. 이 때 오염토양에 존재하는 BTEX의 총 함량은 몇 kg 인가?(단, 토양의 bulk density=1.9g/cm³)

① 940　　② 1040
③ 1140　　④ 1240

해설 $kg = \dfrac{4000 m^3}{} | \dfrac{1.9g}{cm^3} | \dfrac{10^6 cm^3}{m^3} | \dfrac{10^{-3}kg}{g} | \dfrac{150mg}{kg} | \dfrac{kg}{10^6 mg} = 1140 kg$

문제 05 토양오염물질 중 LNAPL(light nonaqueous phase liquid)은 물보다 가벼워 지하수를 만나면 지하수 표면 위에 기름 층을 형성하게 된다. 다음 중 LNAPL에 해당되지 않는 물질은?

① 클로로페놀　　② 에틸벤젠
③ 벤젠　　④ 톨루엔

해설 LNAPL에는 가솔린, 아세톤, 핵산, 벤젠, 에틸벤젠, 메탄올, 톨루엔 등이 있으며 DNAPL에는 염소계 유기용매류가 있다.

정답 01.② 02.③ 03.④ 04.③ 05.①

9.3 토양오염복원

[1] SVE & BV

① 토양증기추출법(SVE, soil vapor extraction)은 불포화 토양층 내의 휘발성 유기화합물을 물리적으로 진공흡입 추출하여 지상에서 배가스를 처리하는 기술이다.

② BV(bioventing)은 SVE와 생분해(biodegradation)기술을 결합시킨 형태로서, 불포화 토양층 내 공기와 영양분을 주입하여 호기성 상태에서 오염물질의 생분해능을 극대화 시키는 기술이다.

③ 최근에는 휘발성 유기화합물을 물리적으로 추출하여 지상에서 배가스를 처리하는 SVE, 공기분사(air sparging, 지하수에 적용)기술을 변형한 BV공정이 많이 사용되고 있다. 그 예로 SVE공정을 변형시킨 BV공정, 단일주입정에 의한 BV공정, air sparging과 결합된 BV공정(biosparging, 지하수에 적용)등이 있다.

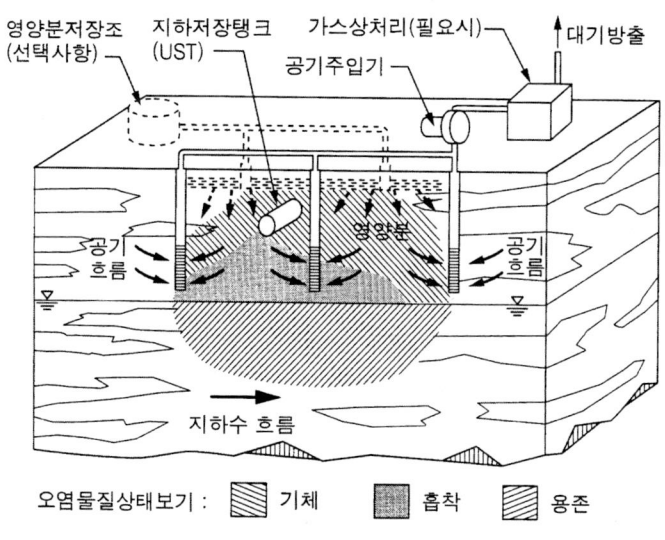

[그림] 바이오벤팅 시스템

[표] BV와 SVE의 특징

구 분	인 자	토양증기추출	바이오벤팅
경제성	대상 부지면적	작다	크다
	설계시공비용	많이 든다	적게 든다
	유지관리비용	적게 든다	많이 든다
오염물질	농도	높은 부지에 적용	낮은 부지에 적용
	용해도	낮은 오염물질	높은 오염물질
	성질	소수성	친수성
		비극성	극성
		휘발성	비휘발성
	확산계수	크다	작다
	옥탄올/물 분배계수(K_{ow})	크다	작다
	헨리상수(공기/물분배계수)	크다	작다
	배가스 처리	해야 한다	경우에 따라 한다
오염부지	토양 입단구조	단립구조	입단구조
	수리전도도	커야한다	너무크면 불리하다
	함수율	작아야 한다	40~80%
	토양공극 크기	커야한다	작고 균일해야한다
	온도	높을수록 유리하다	10~45℃
	pH	큰 영향없다	6.0~8.0
운전	영양물질	공급하지 않는다	공급한다
	공기공급	많다	적다

[2] 토양세척

① 토양세척의 기본원리는 토양내의 오염물질을 세척수와 기계적 마찰력으로 토양과 액상으로 분리시켜 토양의 오염부피를 감소시키는 것이다.

② 토양세척은 토양에 부착된 휘발성 또는 비휘발성물질을 액상으로 분리하는 데 있다.

③ 모래나 자갈은 깨끗하게 처리되나 미세토양 같은 점토는 오염도가 높아 2차 처리가 요구된다.

④ 전처리 공정으로 굴착, 마쇄, 분쇄, 체분리, 혼화 등으로 토양세척이 용이하게 한다.

⑤ 오염물질의 제거과정은 전단력, 충돌력, 마찰력, 탈착력에 의하여 분리된다.

⑥ 계면활성제는 계면의 활성을 크게 하여 표면장력을 현저히 떨어뜨리는 효과를 이용한다.

⑦ 적용방법에 따라 in-situ, on-situ, out-situ, ex-situ 방법이 있으며 in-situ 기법은 토양의 투수성에 많은 제약을 받는다.

⑧ 세척제를 사용하여 토양 입자에 결합되어 있는 유해 유기오염물질의 표면장력을 약화시키거나 중금속을 분리시켜 처리하는 기법이다.

⑨ 세척제로 사용되는 산, 염기, 계면활성제 등이 주로 이용된다.

⑩ 외부환경의 조건변화에 대한 영향이 적다.

⑪ 부지내에서 유해오염물의 이송 없이 바로 처리할 수 있다.

⑫ 오염토양 부피가 단시간 내에 효율적인 급감으로 2차 처리비용을 절감할 수 있다.

> ◎ 참고
> - In-situ : 오염토양 내에서 처리하는 방법
> - Ex-situ : 오염된 토양을 굴착하여 밖에서 처리하는 방법
> - On site : 오염된 토양을 굴착하여 원위치에서 처리하는 방법
> - Off Site : 오염된 토양을 굴착하여 현장 외의 장소에서 처리하는 방법

[3] 식물정화법

① 식물정화법(phytoremediation)이란 식물을 이용하여 오염된 토양이나 지하수를 정화하는 기술이라고 정의할 수 있다.
② 적합한 식물은 대상오염에 대한 내성이 높고 뿌리를 통해 흡수, 침전, 고정화할 수 있는 높은 생체량(biomass)이 있어야 한다.
③ 식물정화법의 기본원리는 식물에 의한 추출(phytoextraction), 식물에 의한 분해(phytodegradation), 식물에 의한 안정화(phytostabilization)과정을 통해 이루어 진다.

[4] 자연정화법

① 인위적인 노력 없이 토양과 지하수 내 오염물질의 농도와 독성이 감소되는 과정으로서, 그 감소 메커니즘에는 확산, 희석, 생분해, 화학적 안정화가 포함된다고 정의한다.
② 자연정화법의 장점은 상온 상압상태의 자연조건을 이용함으로 별도의 토지소요면적, 설계시공비용, 유지관리비용이 저렴하다. 별도의 약품을 사용하지 않으므로 2차 오염이 없으며, 원위치 정화가 가능하고 오염이 광범위하게 분포되어 있어도 가능하다.
③ 단점으로는 정화 기간이 길고, 다양한 오염물질에 취약하며 고농도의 오염물질이나 생분해가 불가능한 물질에는 적용이 곤란하다.

[5] Landfarming

① 토지경작(landfarming)을 biopile이라고도 하며 퇴비화기술과 거의 유사하다.
② 오염토양을 굴착하여 지표면에 깔아 놓고 정기적으로 뒤집어줌으로써 공기를 공급해 주는 호기성 생분해공정을 말한다.
③ 오염물질의 분해율을 최적화하기 위해 수분, 산소, 양분, pH 등의 토양특성을 조절하여야 한다.

[6] PRBs
① 투수성 반응벽(PRB, permeable reactive barriers)은 오염된 지하수를 복원하기 위하여 반응기질로 채워진 투수성 반응벽체이다.
② 투수성 반응벽체는 여러 가지 용어로 사용되는데, 그 예로 반응성 투수벽체, 생물반응벽(permeable biological reactive wall), 침투성 반응트렌치, 부분반응벽 시스템, 원위치 반응벽체, 차집 유도시스템 등 다양하게 사용되고 있다.
③ 중요한 것은 투수성 반응벽체의 재질이다. 재질에 따라 오염물질의 산화, 환원, 침전, 흡착, 불용성 등으로 오염물질을 저감시킨다.
④ 투수성 반응벽체는 지하수의 흐름방향에 직각으로 설치하여 지하수 중의 오염물질만 차단하고 처리된 지하수는 통과시키게 된다.

[7] 동전기 정화기술
① 토양에 직류전기가 공급되면 토양내의 이온물질은 전기이동현상에 의하여 음이온은 양극으로 양이온은 음극으로 이동한다.
② 토양내의 간극수(물)는 전기삼투현상에 의하여 양극에서 음극으로 이류하게 된다.
③ 토양내의 오염물질은 전기삼투에 의한 이류, 전기경사에 의한 이온이동, 농도경사에 의한 확산에 의하여 토체를 통하여 이동하게 된다.
④ 토양내의 콜로이드 물질은 전기영동에 의하여 음전하를 띤 입자는 양극으로 양전하를 띤 입자는 음극으로 이동한다.
⑤ 결과적으로 전기동력학적 현상(Electrokinetic remediation)을 발생시켜 음극 또는 양극에 농축된 오염물질을 지상으로 추출하여 처리한다.

> 참고
> - **전기이동** : 전기장을 인가하면 이온물질인 음이온은 양극으로 양이온은 음극으로 이동한다.
> - **전기삼투** : 전기장을 인가하면 간극수(물)는 양극에서 음극으로 이류하게 된다.
> - **전기경사** : 전기장을 인가하면 전압이 높은 극에서 낮은 극으로 이온이 이동한다.
> - **농도경사** : 농도가 높은 물질에서 낮은 물질로 이동한다.
> - **전기영동** : 콜로이드 물질은 음전하를 띤 입자는 양극으로 양전하를 띤 입자는 음극으로 이동한다.

문제 01 Soil Vapor Extraction(SVE)기술 적용에 대한 장, 단점으로 틀린 것은?

① 토양층이 치밀하여 기체 흐름이 어려운 곳에서도 적용이 용이하다.
② 지하수의 깊이에 제한을 받지 않는다.
③ 생물학적 처리효율을 높여준다.
④ 비교적 기기 및 장치가 간단하고 유지 및 관리비가 싸다.

해설 토양층이 치밀하여 기체 흐름이 어려운 곳에서는 적용이 어렵다.

문제 02 Soil Vapor Extraction(SVE) 기술에 관한 설명으로 틀린 것은 어느 것인가?

① 토양층이 치밀하여 기체 흐름이 어려운 곳에서는 적용이 어렵다.
② 지반구조에 상관없이 총 처리시간을 예측하기가 용이하다.
③ 생물학적 처리효율을 높여준다.
④ 오염물질의 독성은 변화가 없다.

해설 지반구조가 복잡하여 총 처리시간을 예측하기가 어렵다.

문제 03 토양오염처리공법 중 토양증기추출법의 장점이 아닌 것은?

① 비교적 기계 및 장치가 간단하다.
② 지하수의 깊이에 제한을 받지 않는다.
③ 총 처리시간 예측이 용이하다.
④ 유지, 관리비가 싸며 굴착이 필요 없다.

해설 지반구조가 복잡하여 총 처리시간을 예측하기가 어렵다.

문제 04 토양증기추출법(SVE) 시스템의 단점으로 틀린 것은?

① 증기압이 낮은 오염물질에는 제거효율이 낮다.
② 오염물질의 독성 변화가 없다.
③ 지반구조의 복잡성으로 총 처리시간을 예측하기가 어렵다.
④ 지하수 깊이에 제한을 받는다.

해설 지하수의 깊이에 제한을 받지 않는다.

정답 01.① 02.② 03.③ 04.④

문제 05 토양오염 처리방법의 하나인 토양증기추출법(Soil Vapor extraction)과 관련된 인자와 그 기준으로 틀린 것은?

① 대상오염물질의 헨리상수(무차원): 0.01 이상
② 대상오염물질: 상온에서 휘발성을 갖는 유기물질
③ 추출정의 위치: 오염지역 외곽
④ 오염부지 공기투과계수: 1×10^{-1} cm/sec

해설 추출정의 위치는 오염지역의 중심에 위치한다.

문제 06 토양오염처리기술 중 '토양증기추출법'에 대한 설명으로 맞는 것은?

① 증기압이 낮은 오염물의 제거효율이 높다.
② 추출된 기체는 대기오염방지를 위해 후처리가 필요하다.
③ 필요한 기계장치가 복잡하여 유지, 관리비가 많이 소요된다.
④ 토양층이 균일하고 치밀하여 기체 흐름이 어려운 곳에서 적용이 용이하다.

해설 추출된 기체는 증기압이 높은 오염물질로 대기오염방지를 위해 후처리가 필요하다.

문제 07 오염토의 토양증기추출법 복원기술에 대한 장단점으로 옳은 것은?

① 증기압이 낮은 오염물질의 제거효율이 높다.
② 다른 시약이 필요 없다.
③ 추출된 기체의 대기오염방지를 위한 후처리가 필요 없다.
④ 유지 및 관리비가 많이 소요된다.

해설 토양증기추출법은 증기압이 높은 오염물질을 추출하기 위해 진공상태에서 오염물질을 흡입한다.

문제 08 오염토양을 정화하는 기법인 토양증기추출법의 장단점으로 틀린 것은?

① 오염물질의 특성은 변화가 없다.
② 추출된 기체는 대기오염방지를 위해 후처리가 필요하다.
③ 기계 및 장치가 복잡하여 설치기간이 길다.
④ 지반구조의 복잡성으로 총 처리시간을 예측하기가 어렵다.

해설 기계 및 장치가 간단하여 설치기간이 짧다.

정답 05.③ 06.② 07.② 08.③

문제 09 토양증기추출법(SVE) 시스템의 장단점으로 옳지 않은 것은?

① 생물학적 처리효율을 높여준다.
② 오염물질의 독성은 변화가 없다.
③ 총 처리시간을 예측하기가 용이하다.
④ 추출된 시체는 대기오염방지를 위해 후처리가 필요하다.

해설 지반구조의 복잡성으로 총 처리시간을 예측하기가 어렵다.

문제 10 토양 복원기술 중 압력 및 농도구배를 형성하기 위하여 추출정을 굴착하여 진공상태로 만들어 줌으로써 토양내의 휘발성 오염물질을 휘발, 추출하는 기술은?

① Biopile
② Bioaugmentation
③ Soil vapor extraction
④ Thermal Decomposition

문제 11 Soil Vapor Extraction(SVE) 기술에 대한 내용으로 옳지 않은 것은?

① 토양층이 치밀하여 기체 흐름이 어려운 곳에서는 적용이 어렵다.
② 지반구조에 상관없이 총 처리시간을 예측하기가 용이하다.
③ 생물학적 처리효율을 높여준다.
④ 오염물질의 독성은 변화가 없다.

해설 지반구조의 복잡성으로 총 처리시간을 예측하기가 어렵다.

문제 12 토양오염처리방법인 Air Sparging의 적용 조건에 관한 설명으로 틀린 것은?

① 오염물질의 용해도가 낮은 경우에 적용이 유리하다.
② 피압대수층 조건에서 적용이 유리하다.
③ 대수층의 투수도가 10^{-3}cm/sec 이상일 때 적용이 유리하다.
④ 토양의 종류가 사질토, 균질토일 때 적용이 유리하다.

해설 자유면 대수층 조건에서 적용이 유리하다.

정답 09.③ 10.③ 11.② 12.②

문제 13 토양오염처리방법인 Air Sparging의 적용 조건에 관한 설명으로 틀린 것은?

① 오염물질의 용해도가 높은 경우에 적용이 유리하다.
② 자유면 대수층 조건에서 적용이 유리하다.
③ 오염물질의 호기성 생분해능이 높은 경우에 적용이 유리하다.
④ 토양의 종류가 사질토, 균질토일 때 적용이 유리하다.

해설 오염물질의 용해도가 낮은 경우에 적용이 유리하다.

문제 14 토양오염복원기법 중 Bioventing에 대한 내용으로 틀린 것은 어느 것인가?

① 토양 투수성은 공기를 토양 내에 강제 순환시킬 때 매우 중요한 영향인자이다.
② 오염부지 주변의 공기 및 물의 이동에 의한 오염물질의 확산의 염려가 있다.
③ 현장 지반구조 및 오염물 분포에 따른 처리기간의 변동이 심하다.
④ 용해도가 큰 오염물질은 많은 양이 토양수분 내에 용해상태로 존재하게 되어 처리효율이 좋아진다.

해설 용해도가 큰 오염물질은 많은 양이 토양수분 내에 용해상태로 존재하게 되어 처리효율이 떨어진다.

문제 15 토양 중 유기성 오염물질을 제거하기 위한 바이오벤팅(Bioventing)에 대한 설명으로 틀린 것은?

① 불포화 토양층 내에 산소를 공급함으로써 미생물의 분해를 통해 유기물질을 분해 처리한다.
② 휘발성이 강하거나 분자량이 작은 유기물질의 처리가 어렵다.
③ 일반적으로 토양증기추출에 비하여 토양공기의 추출량이 약 1/10수준이다.
④ 기술 적용 시에는 대상부지에 대한 정확한 산소소모율의 산정이 중요하다.

해설 불포화 토양층 내의 토양에 부착되어 있는 비휘발성 분자량이 작은 유기물질의 처리가 용이하다.

문제 16 토양오염 처리기술 중 토양세척법에 관한 설명으로 가장 거리가 먼 것은?

① 적절한 세척제를 사용하여 토양 입자에 결합되어 있는 유해 유기오염물질의 표면장력을 약화시키거나 중금속을 분리시켜 처리하는 기법이다.
② 세척제로 사용되는 산, 염기, 착염물질은 금속물질을 추출, 정화시키는데 주로 이용된다.
③ 적용방법에 따라 in-situ, ex-situ 방법이 있으며 in-situ 기법은 토양의 투수성에 많은 제약을 받는다.
④ 휘발성이 큰 물질을 주로 정화하게 되며 비휘발성, 생물학적 난분해성물질도 분리 정화되는 부수적인 효과도 기대할 수 있다.

해설 토양세척은 토양에 부착된 휘발성 또는 비휘발성물질을 액상으로 분리하는 데 있다.

정답 13.① 14.④ 15.② 16.④

문제 17 토양세척법(Soil Washing)이 다른 토양복원기술에 비하여 갖는 장점으로 옳지 않은 것은?

① 외부환경의 조건변화에 대한 영향이 적다.
② 자체적인 조건조절이 가능한 개방형 공정이며, 고농도의 휴믹질이 존재하는 경우에도 전처리가 불필요하다.
③ 부지내에서 유해오염물의 이송 없이 바로 처리할 수 있다.
④ 오염토양 부피가 단시간 내에 효율적인 급감으로 2차 처리비용을 절감할 수 있다.

해설 고농도의 휴믹질이 존재하는 경우 체걸림 등의 전처리가 필요하다.

문제 18 토양세척법 처리에 가장 부적합한 토양입경의 정도는 어느 것인가?

① 자갈   ② 중간모래   ③ 점토   ④ 미사

해설 모래나 자갈은 깨끗하게 처리되나 미세토양 같은 점토는 오염도가 높아 2차 처리가 요구된다.

문제 19 토양세척법의 처리효과가 가장 높은 토양입경정도는?

① 슬러지   ② 점토   ③ 미사   ④ 자갈

해설 모래나 자갈은 깨끗하게 처리되나 미세토양 같은 점토는 오염도가 높아 2차 처리가 요구된다.

정답 17.② 18.③ 19.④

03 폐기물 소각 및 열회수

1. 연소

chapter 03 폐기물 소각 및 열회수

1.1 연소이론

[1] 연소조건
① **연소**란 연료의 가연분과 공기 중의 산소, 점화원이 접촉하여 열과 빛이 발생하는 산화반응으로 발열반응이다.
② **완전연소를 위한 3가지 조건(3T)**
시간(Time), 온도(Temperature), 혼합(Turbulence)
③ **연소의 3대 조건** : 연료, 산소, 불꽃

[2] 연소의 종류
① **증발연소** : 연료 자체가 증발하여 연소한다(휘발유, 등유, 알코올 등).
② **분해연소** : 물질의 열분해로 발생하는 가연성 가스가 연소한다(목재, 석탄 등).
③ **표면연소** : 고체표면이 공기 중 산소와 반응하여 빨간 빛을 내며 연소한다(목탄, 석탄, 코크스 등).
④ **확산연소** : 공기의 확산에 의한 불꽃이동 연소이다.
⑤ **자기연소(내부연소)** : 물질자체의 결합산소와 반응하여 연소한다(니트로글리세린 등).

[3] 인화점
　가연성 물질에 불꽃을 접근시키면 인화하게 되는 데, 이 때 필요한 최저온도이다.

[4] 착화점
① 가연성 물질이 열의 축적으로 점화되지 않아도 수시로 연소가 개시되는 온도이다.
② 분자구조가 복잡할수록 착화온도는 낮아진다.
③ 화학결합의 활성도가 클수록 착화온도는 낮아진다.
④ 화학반응성이 클수록 착화온도는 낮아진다.
⑤ 화학적 발열량이 클수록 착화온도는 낮아진다.
⑥ 산소농도와 압력이 높을수록 착화온도는 낮아진다.

⑦ 비표면적이 클수록 착화온도는 낮아진다.
⑧ 착화온도는 고체연료에 주로 사용되고, 액체 및 기체연료에서는 발화 온도 또는 점화온도라고 하는 경우가 많다.
⑨ 착화온도의 일례는 다음과 같다.
   장작 250~300℃, 목탄 320~400℃, 갈탄 250~450℃, 역청탄 320~400℃, 무연탄 400~500℃, 코크스 500~600℃, 황 630℃, 중유 530~580℃

문제 01 쓰레기의 소각에는 3T라는 3가지 조건이 필요하다. 다음 중 3T에 해당하지 않는 것은?
① 충분한 온도
② 충분한 연소시간
③ 충분한 연료
④ 충분한 혼합

해설 시간(Time), 온도(Temperature), 혼합(Turbulence)

문제 02 다음이 설명하고 있는 연소의 종류는?

> 목재, 석탄, 타르 등은 연소초기에 열분해에 의하여 가연성가스가 생성되고 이것이 긴 화염을 발생시키면서 연소한다.

① 분해연소
② 확산연소
③ 표면연소
④ 증발연소

해설 분해연소는 물질의 열분해로 발생하는 가연성 가스가 연소 한다.

문제 03 코크스 또는 분해연소가 끝난 석탄은 열분해가 일어나기 어려운 탄소가 주성분으로, 그것 자체가 연소하는 과정으로 적열(赤熱)할 따름이지 화염은 없는 연소형태는?
① 확산연소
② 표면연소
③ 내부연소
④ 증발연소

해설 표면연소는 고체표면이 공기 중 산소와 반응하여 빨간 빛을 내며 연소한다

정답 01.③ 02.① 03.②

문제 04 다음 중 표면연소에 관한 내용으로 알맞은 것은 어느 것인가?

① 코크스나 목탄과 같은 휘발성 성분이 거의 없는 연료의 연소형태를 말한다.
② 휘발유와 같이 끓는점이 낮은 기름의 연소나 왁스가 액화하여 다시 기화되어 연소하는 것을 말한다.
③ 기체연료와 같이 공기의 확산에 의한 연소를 말한다.
④ 니트로글리세린 등과 같이 공기 중 산소를 필요로 하지 않고 분자 자신 속의 산소에 의해서 연소하는 것을 말한다.

해설 ① 표면연소 ② 증발연소 ③ 확산연소 ④ 자기연소

문제 05 고체연료의 연소 중 표면연소의 설명으로 가장 거리가 먼 것은?

① 목탄, 코크스, 타르 등이 연소하는 형식이다.
② 고체를 열분해하여 발생한 휘발분을 연소시킨다.
③ 고체표면에서 연소하는 현상으로 불균일 연소라고도 한다.
④ 연소속도는 산소의 연료표면으로의 확산속도와 표면에서의 화학반응속도에 의해 영향을 받는다.

해설 분해연소는 물질의 열분해로 발생하는 가연성 가스가 연소 한다.

문제 06 착화온도에 대한 내용으로 틀린 것은 어느 것인가?

① 화학반응성이 클수록 착화온도는 낮다.
② 분자구조가 간단할수록 착화온도는 높다.
③ 화학 결합의 활성도가 클수록 착화온도는 낮다.
④ 화학적 발열량이 클수록 착화온도는 높다.

해설 화학적 발열량이 클수록 착화온도는 낮다.

정답 04.① 05.② 06.④

문제 07 고체연료의 연소형태에 관한 내용 중 틀린 것은 어느 것인가?

① 증발연소는 비교적 용융점이 높은 고체연료가 용융되어 액체연료와 같은 방식으로 증발되어 연소하는 현상을 말한다.
② 분해연소는 증발온도보다 분해온도가 낮은 경우에, 가열에 의하여 열분해가 일어나고 휘발하기 쉬운 성분이 표면에서 떨어져 나와 연소하는 것을 말한다.
③ 표면연소는 휘발분을 거의 포함하지 않는 목탄이나 코크스 등의 연소로서, 산소나 산화성 가스가 고체표면이나 내부의 빈공간에 확산되어 표면반응을 하는 것을 말한다.
④ 열분해로 발생된 휘발분이 점화되지 않고 다량의 발연(發煙)을 수반하며 표면반응을 일으키면서 연소하는 것을 발연연소라 한다.

해설 증발연소는 화염으로부터 열을 받으면 가연성 증기가 발생하는 연소로서 휘발유, 등유, 알콜, 벤젠 등의 액체연료의 형태이다.

문제 08 다음 중 착화온도에 대한 내용으로 잘못된 것은 어느 것인가? (단, 고체연료 기준이다.)

① 분자구조가 간단할수록 착화온도는 낮다.
② 화학적으로 발열량이 클수록 착화온도는 낮다.
③ 화학반응성이 클수록 착화온도는 낮다.
④ 화학결합의 활성도가 클수록 착화온도는 낮다.

해설 분자구조가 복잡할수록 착화온도는 낮다.

문제 09 물질의 연소특성에 대한 설명으로 가장 거리가 먼 것은?

① 탄소의 착화온도는 800℃이다.
② 황의 착화온도는 장작의 경우보다 낮다.
③ 수소의 착화온도는 장작의 경우보다 높다.
④ 용광로가스의 착화온도는 700~800℃ 부근이다.

해설 황의 착화온도 630℃, 장작의 착화온도 250~300℃

정답 07.① 08.① 09.②

1.2 연료

[1] 탄화수소의 비(C/H)
① 연료란 공기 중의 산소와 반응하여 열을 발생하는 물질이다.
② 연소효율은 탄화수소의 비(C/H)가 낮을 수록 높다.
③ 탄화수소의 비(C/H)가 높을수록 매연발생이 심하다.
④ **탄화수소의 비(황이 많은 순서)가 높은 순서**
  중유 > 경유 > 등유 > 가솔린
  고체 > 액체 > 기체연료

[2] 탄화도
① 석탄의 탄화도를 나타내는 지수로서 연료비를 사용한다.

$$석탄연료비 = \frac{고정탄소(C)}{휘발분}$$

② **고체 연료의 탄화도가 커질수록 증가하는 것** : 고정탄소(C), 착화온도, 발열량
③ **고체 연료의 탄화도가 커질수록 감소하는 것** : 매연발생량, 휘발분, 비열
④ 액체연료는 탄소수가 많을수록 발열량이 낮아진다.

[3] 등가비
① 연소과정에서 열평형을 이해하기 위하여 등가비로 나타낸다.
② 등가비란 이론적인 연료와 공기의 비에 대한 실제 연료와 공기의 비로써 당량비라 한다.

$$등가비 \; \Phi = \frac{실제 \, 연료량/공기(산화제)량}{이론적 \, 완전연소를 \, 위한 \, 연료량/공기량}$$

$$공기비 \; m = \frac{1}{\Phi}$$

$\Phi = 1$: 완전연소로서 연료와 산화제의 혼합이 이상적이다.
$\Phi > 1$: 연료과잉, 공기부족, 불완전연소, CO 증가, NOx 감소
$\Phi < 1$: 연료부족, 공기과잉, 불완전연소, CO 감소, NOx 증가

③ AFR(공기연료비, Air Fuel Ratio)이 크면 과잉의 공기로 CO의 발생과 연소온도는 저하한다.
④ AFR이 작아지면 공기의 저하로 CO의 발생은 증가한다.

$$AFR = \frac{공기몰수}{연료몰수}$$

[4] 연료의 장단점

[표] 고체연료의 장단점

장점	단점
• 저장과 취급이 용이하다. • 노천 야적이 가능하다. • 구입 및 가격이 저렴하다. • 연소장치가 간단하다.	• 완전연소 어렵다. • 점화, 소화, 연소조절이 어렵다. • 연소효율이 낮고 고온을 얻기가 어렵다. • 회분, 매연발생이 많다.

[표] 액체연료의 장단점

장점	단점
• 발열량이 높고 품질이 균일하다. • 완전연소가 가능하다. • 연소효율과 열효율이 좋다. • 점화, 소화, 연소조절이 쉽다. • 저장, 취급이 용이하다.	• 화재, 역화의 위험이 크다. • 황 성분이 많아 대기오염을 유발한다. • 연소온도가 높아 국부 가열의 우려가 있다. • 대부분 수입에 의존한다. • 버너에 따라 소음이 발생한다.

* 액화천연가스(LNG)의 주성분은 메탄(CH_4)이다.
* 액화석유가스(LPG)의 주성분은 프로판(C_3H_8)과 부탄(C_4H_{10})이다.

[표] 기체연료의 장단점

장점	단점
• 적은 공연비로 완전연소가 가능하다. • 연소효율이 높고 연소제어가 용이하다. • 회분, 황분이 없어 환경문제가 없다.	• 누설 시 화재, 폭발의 위험이 크다. • 저장, 수송, 취급이 위험하다. • 시설비가 많이 든다.

문제 01 다음 액체연료 중 탄수소비(C/H비)가 가장 큰 것은?

① 휘발유　　　　　　　　② 경유
③ 중유　　　　　　　　　④ 등유

해설 탄화수소의 비 높은 순서 : 중유 〉 경유 〉 등유 〉 가솔린

정답 01.③

문제 02 석탄의 탄화도가 증가하면 증가하는 것은?

① 고정탄소　　　　　　② 비열
③ 휘발분　　　　　　　④ 매연발생물

해설 석탄연료비 = $\dfrac{\text{고정탄소(C)}}{\text{휘발분}}$

문제 03 석탄의 탄화도가 클수록 나타나는 성질로 틀린 것은?

① 착화온도가 높아진다.
② 수분 및 휘발분이 감소한다.
③ 연소 속도가 작아진다.
④ 발열량이 감소한다.

해설 탄화도가 커질수록 고정탄소(C), 착화온도, 발열량은 증가한다.

문제 04 연소과정에서 등가비가 1보다 큰 경우는 다음 중 어느 것인가?

① 과잉공기가 공급된 경우
② 연료가 이론적인 경우보다 적을 경우
③ 완전연소에 알맞은 연료와 산화제가 혼합될 경우
④ 연료가 과잉으로 공급된 경우

해설 $\Phi > 1$: 연료가 과잉인 상태로 CO는 증가, NO는 감소, 불완전 연소한다.

문제 05 연소에 관한 다음 내용 중 옳지 않은 것은?

① 공연비 = 공기의 몰수 / 연료의 몰수
② 공기비(m) = 과잉공기량 / 이론공기량
③ 등가비(Φ) > 1 : 연료가 과잉으로 공급
④ 최대탄산가스율 $(CO_2)_{max}\% = \dfrac{CO_2 \text{발생량}}{God(\text{이론건조가스량})} \times 100$

해설 공기비 $m = \dfrac{A(\text{실제공기량})}{A_0(\text{이론공기량})}$

정답 02.①　03.④　04.④　05.②

문제 06 다음 중 액체연료인 석유류에 관한 설명으로 옳지 않은 것은?

① 비중이 커지면 탄화수소비(C/H)가 커진다.
② 비중이 커지면 발열량이 감소한다.
③ 점도가 작아지면 인화점이 높아진다.
④ 점도가 작아지면 유동성이 좋아져 분무화가 잘 된다.

해설 점도가 커지면 인화점이 높아진다.

문제 07 기체연료의 장점과 가장 거리가 먼 것은?

① 점화, 소화가 용이하고 연소조절이 쉽다.
② 발열량이 크다.
③ 회분이나 유해물질의 배출이 적다.
④ 수송이나 저장이 용이하다.

해설 저장, 수송, 취급이 위험하다.

문제 08 기체연료의 장단점으로 틀린 것은?

① 연소 효율이 높고 안정된 연소가 된다.
② 완전연소 시 많은 과잉공기(200~300%)가 소요된다.
③ 설비비가 많이 들고 비싸다.
④ 연료의 예열이 쉽고 유황 함유량이 적어 SOx 발생량이 적다.

해설 적은 공연비로 완전연소가 가능하다.

문제 09 기체연료에 관한 내용으로 옳지 않은 것은?

① 적은 과잉공기(10~20%)로 완전연소가 가능하다.
② 유황 함유량이 적어 SO_2 발생량이 적다.
③ 연료의 예열과 저질연로로 고온을 얻기가 어렵다.
④ 취급 시 위험성이 크다.

해설 연소효율이 높고 연소제어가 용이하다.

정답 06.③ 07.④ 08.② 09.③

2. 산소량 및 공기량

2.1 고체 액체연료

① 연소는 가연물과 공기 중 산소가 반응하여 Gas, CO_2, H_2O발열량 등의 생성물이 발생한다.

② 연료는 C, H, O, N, S 구성성분 외에 물, 공기(질소, 산소)도 포함되어 있다.

③ 연료 중 탄소와 수소의 연소반응 예를 들면 다음과 같다.

$$C + O_2 \rightarrow CO_2 \quad \therefore O_o = \frac{22.4Sm^3}{12kg}C \quad \therefore O_o = \frac{32kg}{12kg}C$$

12kg : 32kg 22.4Sm³→44kg 22.4Sm³

$$H_2 + 1/2O_2 \rightarrow H_2O$$

④ 연료 중 수소와 연료 중 산소가 결합하여 물이 되고, 산소는 공기 중 질소를 수반하여 수증기가 된다.

$$H_2 + 1/2O_2 \rightarrow H_2O$$
2kg : 16kg
x : O $\therefore x = \frac{2}{16}O = \frac{1}{8}O$ 무효수소 $\therefore$ 유효수소 $= H - \frac{O}{8}$

여기서, 무효수소는 연소 시 산소공급이 필요 없는 결합수소, 유효수소는 연소 시 산소공급이 필요한 수소이다.

⑤ 무게(kg/kg)단위 이론산소량(O_o)/이론공기량(A_o)/실제공기량(A)

- $O_o(kg/kg) = \frac{32kg}{12kg}C + \frac{16kg}{2kg}H + \frac{32kg}{32kg}S - \frac{32kg}{32kg}O$

  $\therefore O_o = 2.667C + 8H + S - O$

  *여기서, 원소는 %/100 이다.

  또는 $O_o(kg/kg) = \frac{32}{12}C + \frac{16}{2}(H - \frac{O}{8}) + \frac{32}{32}S = 2.667C + 8(H - \frac{O}{8}) + S$

- 중량(kg)단위 이론공기량 $A_o = \frac{1}{0.23}O_o$

- 실제공기량 $(A) = m A_o$

- 공기비 $(m) = \frac{A(실제공기량)}{A_o(이론공기량)} = \frac{21}{21 - O_2}$

⑥ 부피(Sm³/kg)단위 이론산소량(O_o)/이론공기량(A_o)/실제공기량(A)

- $O_o(Sm^3/kg) = \dfrac{22.4Sm^3}{12kg}C + \dfrac{11.2Sm^3}{2kg}H + \dfrac{22.4Sm^3}{32kg}S - \dfrac{22.4Sm^3}{32kg}O$

  $\therefore O_o = 1.867C + 5.6H + 0.7S - 0.7O$

  *여기서, 원소는 %/100 이다.

  또는 $O_o(kg/kg) = \dfrac{22.4}{12}C + \dfrac{11.2}{2}(H - \dfrac{O}{8}) + \dfrac{22.4}{32}S = 1.867C + 5.6(H - \dfrac{O}{8}) + 0.7S$

- 부피(Sm³)단위 이론공기량 $A_o = \dfrac{1}{0.21}O_o$

- 실제공기량(A) = m A_o

- 공기비(m) = $\dfrac{A(실제공기량)}{A_o(이론공기량)} = \dfrac{21}{21 - O_2}$

2.2 기체연료

① 기체연료의 완전연소 기본식은 다음과 같다.

$$C_mH_n + (m + \dfrac{n}{4})O_2 \rightarrow mCO_2 + \dfrac{n}{2}H_2O$$

② 메탄의 완전연소 반응식을 예로 들면,

$$CH_4 + (1 + \dfrac{4}{4})O_2 \rightarrow 1CO_2 + \dfrac{4}{2}H_2O$$

$\therefore CH_4 + 2O_2 \rightarrow CO_2 + 2H_2O$
  1 : $2 \times 22.4Sm^3$
  1 : O_o $\therefore$ 이론산소량 $O_o = \dfrac{2 \times 22.4Sm^3}{1}$

③ 기체연료의 완전연소 반응식

메탄 $CH_4 + 2O_2 \rightarrow CO_2 + 2H_2O$

에탄 $C_2H_6 + 3.5O_2 \rightarrow 2CO_2 + 3H_2O$

에틸렌 $C_2H_4 + 3O_2 \rightarrow 2CO_2 + 2H_2O$

프로판 $C_3H_8 + 5O_2 \rightarrow 3CO_2 + 4H_2O$

부탄 $C_4H_{10} + 6.5O_2 \rightarrow 4CO_2 + 5H_2O$

벤젠 $C_6H_6 + 7.5O_2 \rightarrow 6CO_2 + 3H_2O$

메탄올 $CH_3OH + 1.5O_2 \rightarrow CO_2 + 2H_2O$

페놀 $C_6H_5OH + 7O_2 \rightarrow 6CO_2 + 3H_2O$

이소프로필알콜 $C_3H_7OH + 4.5O_2 \rightarrow 3CO_2 + 4H_2O$

황화수소 $H_2S + 1.5O_2 \rightarrow SO_2 + H_2O$

활성슬러지 $C_{10}H_{17}O_6N + 11.25O_2 \rightarrow 10CO_2 + 8.5H_2O + 0.5 + N_2$

2.3 실제공기량(A)과 공기비(m)

① 이론공기량으로 완전연소를 할 수 없기 때문에, 실제 주입된 공기량은 이론공기량보다 더 많은 공기를 요구한다.

② 완전 연소 시 공기비

$$\text{공기비}(m) = \frac{A(\text{실제공기량})}{A_o(\text{이론공기량})} = \frac{21}{21 - O_2}$$

실제공기량$(A) = m A_o$

③ 불완전 연소 시 공기비

$$\text{공기비}(m) = \frac{N_2(\%)}{N_2(\%) - 3.76(O_2 - 0.5CO\%)}$$

④ 질소 발생량

$$N_2 = 100 - (CO_2\% + O_2\% + CO\%)$$

2.4 과잉공기량(A')

[1] 과잉공기량 식

① 실제 연소에서 이론공기량(A_o) 이상의 과잉공기량(A')이 요구된다.

② 과잉공기량(A')은 실제공기량(A)과 이론공기량(A_o)의 차를 말한다.

$$A' = A - A_o = m A_o - A_o = (m-1)A_o$$

[2] 과잉공기비가 너무 클 경우

① 연소실에서 연소온도가 낮아진다.(연소실의 냉각효과를 가져온다)
② 통풍력이 강하여 배기가스에 의한 열손실이 증대된다.
③ 황산화물과 질소산화물의 함량이 증가하여 부식이 촉진된다.
④ CH_4, CO 및 C 등 물질의 농도가 감소한다.
⑤ 방지시설의 용량이 커지고 에너지 손실이 증가한다.
⑥ 희석효과가 높아져 연소 생성물의 농도가 감소한다.

[3] 과잉공기비가 너무 작을 경우
① 불완전연소 한다.
② 불완전연소로 인한 열손실이 커진다.
③ CO, HC의 농도가 증가한다.

2.5 공기연료비(AFR, Air Fuel Ratio)

[1] 공기연료비 이론
① 공기연료비(AFR)는 연료를 완전연소 시 그때 넣은 공기와 연료의 부피(mole)비 또는 무게(kg)비를 나타낸다.
② AFR이 크면 과잉의 공기로 CO의 발생과 연소온도는 저하한다.
③ AFR이 작아지면 공기의 저하로 CO의 발생은 증가한다.

[2] 공기연료비
① 부피(mole)기준

$$AFR = \frac{공기(mole)}{연료(mole)} = \frac{\frac{산소(mole)}{0.21}}{연료(mole)}$$

② 무게(kg)기준

$$AFR = \frac{공기(kg)}{연료(kg)} = \frac{\frac{산소(kg)}{0.23}}{연료(kg)}$$

문제 01 탄소 5kg을 이론적으로 완전연소 시키는데 필요한 산소의 양은?

① 9.6kg　　　　② 10.8kg
③ 11.5kg　　　　④ 13.3kg

해설　$C + O_2 \rightarrow CO_2$
　　12kg : 32kg
　　5kg : x

$$\frac{5kg}{} \left| \frac{32kg}{12kg} \right. = 13.3kg$$

정답 01.④

문제 02 탄소(C) 10kg을 완전연소 시키는데 필요한 이론적 산소량(Sm^3)은 얼마인가?

① 약 $7.8\,Sm^3$ ② 약 $12.6\,Sm^3$
③ 약 $15.5\,Sm^3$ ④ 약 $18.7\,Sm^3$

해설 $C + O_2 \rightarrow CO_2$
$12kg : 22.4Sm^3$
$10kg : x$

$$\frac{10kg}{} \Big| \frac{1 \times 22.4Sm^3}{12kg} \Big| = 18.67\,Sm^3$$

문제 03 황화수소(H_2S) $2Sm^3$을 연소 시 필요한 이론산소량은?

① 1.6kg ② 2.8kg ③ 3.5kg ④ 4.3kg

해설 $H_2S + \frac{3}{2}O_2 \rightarrow SO_2 + H_2O$
$1 \times 22.4Sm^3 : 1.5 \times 32kg$
$2Sm^3 \quad : \quad x\,kg$

$$\frac{2Sm^3}{} \Big| \frac{1.5 \times 32kg}{1 \times 22.4Sm^3} \Big| = 4.3kg$$

문제 04 황화수소(H_2S) $2Sm^3$을 연소 시 필요한 이론산소량(Sm^3)은?

① $3Sm^3$ ② $5Sm^3$ ③ $7Sm^3$ ④ $9Sm^3$

해설 $H_2S + \frac{3}{2}O_2 \rightarrow SO_2 + H_2O$
$1 \times 22.4Sm^3 : 1.5 \times 22.4Sm^3$
$2Sm^3 \quad : \quad x\,Sm^3$

$$\frac{2Sm^3}{} \Big| \frac{1.5 \times 22.4Sm^3}{1 \times 22.4Sm^3} \Big| = 3\,Sm^3$$

문제 05 CO 100kg을 완전연소 시킬 때 필요한 이론적 산소량은?

① $40Sm^3$ ② $80Sm^3$
③ $120Sm^3$ ④ $160Sm^3$

해설 $CO + 1/2O_2 \rightarrow CO_2$
$28kg : 1/2 \times 22.4Sm^3$
$100kg : x$

$$\frac{100kg}{} \Big| \frac{1/2 \times 22.4Sm^3}{28kg} \Big| = 40\,Sm^3$$

정답 02.④ 03.④ 04.① 05.①

문제 06 비중이 0.9 이고 황 함유량이 3%(무게기준)인 폐유를 4kL/h 의 속도로 연소할 때 생성되는 SO_2의 부피(Sm^3)와 무게(kg)는 각각 얼마인가? (단, 황성분은 전량 SO_2로 전환됨)

① 66.2Sm^3/hr, 116kg/hr ② 75.6Sm^3/hr, 238kg/hr
③ 86.2Sm^3/hr, 316kg/hr ④ 95.2Sm^3/hr, 208kg/hr

해설 $S + O_2 \rightarrow SO_2$
32kg : 22.4Sm^3
4000L/hr × 0.9kg/L × 0.03 : x ∴ $x = 75.6 Sm^3$/hr
$S + O_2 \rightarrow SO_2$
32kg : 64kg
4000L/hr × 0.9kg/L × 0.03 : x ∴ $x = 216$kg/hr

문제 07 미생물에 의해 C_7H_{12}가 호기적으로 완전 산화 분해되는 경우에 요구되는 이론산소량은 C_7H_{12} 5mg당 몇 mg인가?

① 12.7 ② 16.7 ③ 23.7 ④ 28.7

해설 $C_7H_{12} + 10O_2 \rightarrow 7CO_2 + 6H_2O$
96mg : 320mg
5mg : x ∴ $x = 16.66$mg

문제 08 고체 및 액체 연료의 연소 이론산소량을 중량으로 구하는 경우, 산출식으로 알맞은 것은 어느 것인가?

① 2.67C + 8H + O + S(kg/kg) ② 3.67C + 8H + O + S(kg/kg)
③ 2.67C + 8H − O + S(kg/kg) ④ 3.67C + 8H − O + S(kg/kg)

해설 $O_o(kg/kg) = \frac{32kg}{12kg}C + \frac{16kg}{2kg}H + \frac{32kg}{32kg}S - \frac{32kg}{32kg}O$
∴ $O_o = 2.667C + 8H + S - O$
※ 여기서, 원소는 %/100이다.

문제 09 목재류 쓰레기 조성을 원소분석한 결과 중량비가 C : 69%, H : 6%, O : 18%, N : 5%, S : 2% 였다. 목재류 쓰레기 300kg 연소할 때 필요한 이론 산소량(Sm^3)은?

① 약 431 ② 약 432
③ 약 454 ④ 약 481

해설 $O_o = 1.867C + 5.6H + 0.7S - 0.7O$
※ 여기서, 원소는 %/100이다.
$O_o = 1.867 \times 0.69 + 5.6 \times 0.06 + 0.7 \times 0.02 - 0.7 \times 0.18 = 1.512 Sm^3/kg$
∴ $1.512 Sm^3/kg \times 300kg = 453.66 Sm^3$

정답 06.② 07.② 08.③ 09.③

문제 10 황화수소(H_2S) $2Sm^3$을 연소 시 필요한 이론산소량(Sm^3)은?

① $1Sm^3$ ② $2Sm^3$
③ $3Sm^3$ ④ $4Sm^3$

해설 $H_2S + \dfrac{3}{2}O_2 \rightarrow SO_2 + H_2O$
$1 \times 22.4 Sm^3 : 1.5 \times 22.4 Sm^3$
$2 Sm^3 \quad : \quad x Sm^3 \quad \therefore x = 3 Sm^3$

문제 11 황의 함량이 3%인 폐기물 20000kg을 연소할 때 생성되는 SO_2가스의 총 부피는 몇 Sm^3인가? (단, 표준상태를 기준으로 하며, 황성분은 전량 SO_2로 가스화 되며, 완전연소이다.)

① 340 ② 420
③ 580 ④ 630

해설 $S + O_2 \rightarrow SO_2$
$32 \quad : \quad 22.4$
$0.03 \times 20000 : x \quad \therefore x = 420 Sm^3$

문제 12 비중이 0.9이고 황 함유량이 3%(무게기준)인 폐유를 4kL/h 의 속도로 연소할 때 생성되는 SO_2의 부피(Sm^3)와 무게(kg)는 각각 얼마인가? (단, 황성분은 전량 SO_2로 전환됨)

① $118.9Sm^3$, 259kg ② $97.9Sm^3$, 238kg
③ $75.6Sm^3$, 216kg ④ $57.8Sm^3$, 208kg

해설 $S + O_2 \rightarrow SO_2$
$32kg \quad : \quad 22.4Sm^3$
$4000L/hr \times 0.9kg/L \times 0.03 : x \quad \therefore x = 75.6Sm^3/hr$
$S + O_2 \rightarrow SO_2$
$32kg \quad : \quad 64kg$
$4000L/hr \times 0.9kg/L \times 0.03 : x \quad \therefore x = 216kg/hr$

문제 13 유황 함량이 2%인 벙커C유 1.0ton을 연소시킬 경우 발생되는 SO_2의 양은? (단, 황 성분 전량이 SO_2로 전환됨)

① 30kg ② 40kg
③ 50kg ④ 60kg

해설 $S + O_2 \rightarrow SO_2$
$32 \quad : \quad 64$
$0.02 \times 1000 : x \quad \therefore x = 40kg$

정답 10.③ 11.② 12.③ 13.②

문제 14 도시쓰레기 성분 중 수소 1kg이 완전연소 되었을 때 필요로 하는 이론적 산소요구량과 연소 생성물(combustion product)인 수분의 양은 각각 얼마인가?

① 4kg, 6kg ② 5kg, 8kg
③ 8kg, 12kg ④ 8kg, 9kg

해설 $H_2 + 1/2 O_2 \rightarrow H_2O$
$2kg : 1/2 \times 32kg : 18kg$
$1kg : \quad x_1 \quad : x_2 \quad \therefore x_1 = 8kg \quad x_2 = 9kg$

문제 15 메탄올 4kg이 완전연소하는데 필요한 이론산소량 Sm^3은?(단, 표준상태 기준)

① $1.3Sm^3$ ② $3.1Sm^3$
③ $4.2Sm^3$ ④ $5.5Sm^3$

해설 $CH_3OH + \dfrac{3}{2}O_2 \rightarrow CO_2 + 2H_2O$
$\quad 32 \quad : \dfrac{3}{2} \times 22.4$
$\quad 4 \quad : \quad x \quad \therefore x = 4.2 Sm^3$

문제 16 프로판(C_3H_8) 44kg을 완전연소 시키기 위해 부피비로 10%의 과잉공기를 사용하였다. 이때 공급한 공기의 양은?

① $112Sm^3$ ② $224Sm^3$ ③ $534Sm^3$ ④ $588Sm^3$

해설 $C_3H_8 + 5O_2 \rightarrow 3CO_2 + 4H_2O$
$44kg \quad : 5 \times 22.4 Sm^3$
$44kg \quad : \quad x \quad\quad x = 112 Sm^3$
$A_o = \dfrac{\text{이론 산소량}}{0.21} = \dfrac{112 Sm^3}{0.21} = 533.33 Sm^3$
$\therefore A = 1.1(10\% \text{ 과잉공기비}) \times 533.33 Sm^3 = 586.7 Sm^3$

문제 17 탄소 12kg이 완전연소 하는데 필요한 이론공기량(Sm^3)은?

① 22.4 ② 32.4
③ 86.7 ④ 106.7

해설 $C + O_2 \rightarrow CO_2$
$\quad 12 : 22.4$
$\quad 12 : \quad x \quad \therefore x = 22.4 Sm^3$
$\therefore A_o = \dfrac{O_o}{0.21} = \dfrac{22.4}{0.21} = 106.7 Sm^3$

정답 14.④ 15.③ 16.④ 17.④

문제 18 에탄가스 1Sm³의 완전연소에 필요한 이론공기량(Sm³)은?

① 8.67Sm³   ② 10.67Sm³
③ 12.67Sm³   ④ 16.67Sm³

해설
$C_2H_6 + \frac{7}{2}O_2 \rightarrow 2CO_2 + 3H_2O$
  1 : 3.5
  1 : x ∴ $3.5 Sm^3$
∴ $A_o = \dfrac{3.5 Sm^3}{0.21} = 16.7 Sm^3$

문제 19 이소프로필알콜(C_3H_7OH) 5kg이 완전연소 하는데 필요한 이론공기량(Sm³)은 얼마인가? (단, 표준상태 기준이다.)

① 20Sm³   ② 30Sm³
③ 40Sm³   ④ 50Sm³

해설
$C_3H_7OH + 4.5O_2 \rightarrow 3CO_2 + 4H_2O$
  60 kg : $4.5 \times 22.4 Sm^3$
  5 kg : x ∴ $x = 8.4 Sm^3$
∴ $A_o = \dfrac{O_o(Sm^3)}{0.21} = \dfrac{8.4 Sm^3}{0.21} = 40 Sm^3$

문제 20 황화수소 1Sm³의 이론연소 공기량은(Sm³)? (단, 표준상태 기준, 황화수소는 완전연소 되어, 물과 아황산가스로 변화됨)

① 5.6   ② 7.1   ③ 8.7   ④ 9.3

해설
$H_2S + \frac{3}{2}O_2 \rightarrow SO_2 + H_2O$
  1 : 1.5
  $1 Sm^3$: x ∴ $x = 1.5 Sm^3$
∴ $A_o = \dfrac{1.5}{0.21} = 7.1 Sm^3$

정답 18.④ 19.③ 20.②

문제 21 다음 조성의 기체연료 1Sm³을 완전연소 시키기 위해 필요한 이론공기량(Sm³/Sm³)은?

> H_2: 30%, CO: 9%, CH_4: 20%, C_3H_8: 5%, CO_2: 5%, O_2: 6%, N_2: 25%

① 2.85   ② 3.75   ③ 4.35   ④ 5.65

해설
30% $H_2 + 1/2 O_2 \rightarrow H_2O$ 9% $CO + 1/2 O_2 \rightarrow CO_2$
20% $CH_4 + 2O_2 \rightarrow CO_2 + 2H_2O$ 5% $C_3H_8 + 5O_2 \rightarrow 3CO_2 + 4H_2O$
5% $CO_2 \rightarrow CO_2$ 6% $O_2 \rightarrow \nearrow$
25% $N_2 \rightarrow N_2$

$$A_o = \frac{O_o}{0.21} = \frac{0.3 \times 0.5 + 0.09 \times 0.5 + 0.2 \times 2 + 0.05 \times 5 - 0.06}{0.21} = 3.74 Sm^3/Sm^3$$

문제 22 어떤 폐기물의 원소조성이 다음과 같을 때 연소시 필요한 이론공기량(kg/kg)은 얼마인가? (단, 중량기준이고, 표준상태기준으로 계산 하시오.)

> • 가연성분 : 70% (C 60%, H 10%, O 25%, S 5%)
> • 회분 : 30%

① 6.69kg/kg   ② 7.15kg/kg
③ 8.35kg/kg   ④ 9.45kg/kg

해설 무게(kg)당 이론산소량

$$O_o(kg/kg) = \frac{32kg}{12kg}C + \frac{16kg}{2kg}H + \frac{32kg}{32kg}S - \frac{32kg}{32kg}O$$

$$\therefore O_o = 2.667C + 8H + S - O$$
*여기서, 원소는 %/100 이다.

$O_o = (2.667 \times 0.7 \times 0.6) + (8 \times 0.7 \times 0.1) + (0.7 \times 0.05) - (0.7 \times 0.25) = 1.54 kg/kg$

$$\therefore A_o = 1.54kg/kg \times \frac{1}{0.23} = 6.69kg/kg$$

문제 23 주성분이 $C_{10}H_{17}O_6N$ 인 활성슬러지 폐기물을 소각처리하려고 한다. 폐기물 5kg당 필요한 이론적 공기의 무게(kg)는 얼마인가? (단, 공기 중 산소량은 중량비로 23%이다.)

① 약 12 kg   ② 약 22 kg
③ 약 32 kg   ④ 약 42 kg

해설
$C_{10}H_{17}O_6N + 11.25 O_2 \rightarrow 10 CO_2 + 8.5 H_2O + 0.5 N_2$
$247 kg$: $11.25 \times 32 kg$
$5 kg$: x $\therefore x = 7.28 kg$

$$\therefore A_o = \frac{O_o(kg)}{0.23} = \frac{7.28 kg}{0.23} = 31.68 kg$$

정답 21.② 22.① 23.③

문제 24 A고체연료의 탄소, 수소, 산소 및 황의 무게비가 각각 85%, 5%, 9%, 1%일 때, 완전연소에 필요한 이론공기량은?(단, 표준상태 기준)

① 1.81Sm³/kg
② 2.45Sm³/kg
③ 8.62Sm³/kg
④ 10.54Sm³/kg

해설 부피(Sm^3)단위 이론산소량

$$O_o(Sm^3/kg) = \frac{22.4Sm^3}{12kg}C + \frac{11.2Sm^3}{2kg}H + \frac{22.4Sm^3}{32kg}S - \frac{22.4Sm^3}{32kg}O$$

$$O_o = 1.867C + 5.6H + 0.7S - 0.7O$$

※ 여기서, 원소는 %/100이다.

$$O_o = (1.867 \times 0.85) + (5.6 \times 0.05) + (0.7 \times 0.01) - (0.7 \times 0.09) = 1.81 Sm^3/kg$$

$$\therefore A_o = \frac{1.81}{0.21} = 8.62 Sm^3/kg$$

문제 25 일반식이 C_mH_n인 탄화수소 기체 1Sm³를 연소하는데 필요한 이론공기량(Sm³)은 얼마인가?

① $\frac{1}{0.21}(n + \frac{m}{4})$
② $\frac{1}{0.21}(m + \frac{n}{4})$
③ $\frac{1}{0.23}(n + \frac{m}{4})$
④ $\frac{1}{0.23}(m + \frac{n}{4})$

해설 $C_mH_n + (m + \frac{n}{4})O_2 \rightarrow mCO_2 + (\frac{n}{2})H_2O$
　　　　　　이론산소량

$$\therefore 이론공기량 = \frac{1}{0.21}(m + \frac{n}{4})$$

문제 26 분자식 C_mH_n인 탄화수소가스 1Sm³의 완전연소에 필요한 이론공기량(Sm³)은 얼마인가?

① 4.76m+1.19n
② 5.67m+0.73n
③ 8.89m+2.67n
④ 1.867m+5.67n

해설 $C_mH_n + (m + \frac{n}{4})O_2 \rightarrow mCO_2 + (\frac{n}{2})H_2O$
　　　　　　이론산소량

$$\therefore 이론공기량 = \frac{1}{0.21}(m + \frac{n}{4}) = 4.76m + 1.19n$$

정답 24.③ 25.② 26.①

문제 27 프로판(C_3H_8)의 연소반응식은 아래와 같다. 다음 식에서 x, y값을 옳게 나타낸 것은?

$$C_3H_8 + xO_2 \rightarrow 3CO_2 + yH_2O$$

① $x=2$, $y=2$ ② $x=3$, $y=4$
③ $x=4$, $y=3$ ④ $x=5$, $y=4$

해설 완전연소 기본식 $C_mH_n + (m + \frac{n}{4})O_2 \rightarrow mCO_2 + \frac{n}{2}H_2O$

$C_3H_8 + (3 + \frac{8}{4})O_2 \rightarrow 3CO_2 + \frac{8}{2}H_2O$

문제 28 이론공기량을 산정하는 방법과 가장 거리가 먼 것은?

① 원소조성에 의한 방법 ② 발열량에 의한 방법
③ 실측치에 의한 방법 ④ 셀룰로오스 치환법에 의한 방법

문제 29 이론공기량(A_o)과 이론연소가스량(G_o)은 연료종류에 따라 특유한 값을 취하며, 연료중의 탄소분은 저위발열량에 대략 비례한다고 나타낸 식은 어느 것인가?

① Bragg의 식 ② Rosin의 식
③ Pauli의 식 ④ Lewis의 식

해설 Rosin의 식(액체연료)

$G_o(Sm^3/kg) = 1.11 \times \frac{H_l}{1000}$

$A_o(Sm^3/kg) = 0.85 \times \frac{H_l}{1000} + 2$

문제 30 저위발열량 10000kcal/kg의 중유를 연소시키는 데 필요한 이론공기량(Sm^3/kg)은?(단, Rosin식 적용)

① 8.5 ② 10.5
③ 12.5 ④ 14.5

해설 $A_o(Sm^3/kg) = 0.85 \times \frac{H_l}{1000} + 2$

$A_o(Sm^3/kg) = 0.85 \times \frac{10000 \text{kcal/kg}}{1000} + 2 = 10.5$

정답 27.④ 28.③ 29.② 30.②

문제 31 실제공기량(A)을 바르게 나타낸 식은? (단, A_o: 이론공기량, m: 공기비, $m > 1$)

① $A = mA_o$
② $A = (m+1)A_o$
③ $A = (m-1)A_o$
④ $A = \dfrac{A_o}{m}$

[해설] 실제공기량$(A) = m\,A_o$

문제 32 소각로에 적용하는 공기비(m)에 관한 설명으로 가장 적합한 것은?

① 실제공기량과 이론공기량의 비
② 연소가스량과 이론공기량의 비
③ 연소가스량과 실제공기량의 비
④ 실제공기량과 실제공기량의 비

[해설] 공기비 $m = \dfrac{A}{A_o}$

문제 33 폐기물 소각에 필요한 이론공기량이 1.49Nm³/kg이고 공기비는 1.2 이었다. 하루에 폐기물 소각량이 200ton일 때 실제 필요한 공기량(Nm³/kg)은? (단, 24시간 연속 소각 기준)

① 약 15000
② 약 20000
③ 약 25000
④ 약 30000

[해설] 실제공기량$(A) = m\,A_o$
$A = 1.49\text{Nm}^3/\text{kg} \times 1.2 \times 200000\text{kg} \times \dfrac{1}{24\text{hr}} = 14900\text{Nm}^3/\text{kg}$

문제 34 2Sm³의 기체연료를 연소시키는 데 필요한 이론공기량은 18Sm³이고 실제 사용한 공기량은 21.6Sm³이다. 이때의 공기비는?

① 0.6
② 1.2
③ 2.4
④ 3.6

[해설] 공기비 $m = \dfrac{\text{실제공기량}(A)}{\text{이론공기량}(A_o)} = \dfrac{21.6}{18} = 1.2$

[정답] 31.① 32.① 33.① 34.②

문제 35 이론공기량 6.5Sm³/kg, 공기비 1.2일 때 실제로 공급된 공기량은?

① 4.3Sm³/kg
② 5.4Sm³/kg
③ 7.8Sm³/kg
④ 8.3Sm³/kg

해설 실제공기량=1.2×6.5Sm³/kg=7.8Sm³/kg

문제 36 A중유 연소 가열로의 연소 배출가스를 분석하였더니, 용량비로 질소 80%, 탄산가스 12%, 산소 8%의 결과치를 얻었다. 이때 공기비는?

① 약 1.6
② 약 1.4
③ 약 1.2
④ 약 1.1

해설 $m = \dfrac{A}{A_o} = \dfrac{21}{21-O_2} = \dfrac{N_2(\%)}{N_2(\%) - 3.76(O_2 - 0.5CO\%)}$

$\therefore m = \dfrac{80}{80 - 3.76(8 - 0.5 \times 0)} = 1.6$

문제 37 연소 후 배기가스 중 5%의 O_2가 함유되어 있다면 m은?(단, 기체연료의 연소, 완전연소로 가정함)

① 약 1.21
② 약 1.31
③ 약 1.41
④ 약 1.51

해설 공기비(m) $= \dfrac{A(실제공기량)}{A_o(이론공기량)} = \dfrac{21}{21-O_2}$

$\therefore m = \dfrac{21}{21-5\%} = 1.31$

문제 38 배기가스 성분을 검사해보니 O_2량이 10.5%(부피기준)였다. 완전연소로 가정한다면 공기비는?

① 1.0
② 1.5
③ 2.0
④ 2.5

해설 공기비(m) $= \dfrac{A(실제공기량)}{A_o(이론공기량)} = \dfrac{21}{21-O_2}$

$\therefore m = \dfrac{21}{21-10.5\%} = 2.0$

정답 35.③ 36.① 37.② 38.③

문제 39 어떤 폐기물의 원소조성이 다음과 같고, 실제공기량이 6Sm³일 때 공기비는?(단, 가연분: 60%(C=45%, H=10%, O=40%, S=5%), 수분: 30%, 회분: 10%)

① 약 1.2
② 약 1.3
③ 약 1.5
④ 약 1.8

해설 $O_o = 1.867C + 5.6H + 0.7S - 0.7O$
※ 여기서, 원소는 %/100이다.
$O_o = (1.867 \times 0.6 \times 0.45) + (5.6 \times 0.6 \times 0.1) + (0.7 \times 0.6 \times 0.05) - (0.7 \times 0.6 \times 0.4)$
$= 0.693 Sm^3/kg$
$A_o = 0.693 Sm^3/kg \times \dfrac{1}{0.21} = 3.3 Sm^3$
$\therefore m = \dfrac{A(실제공기량)}{A_o(이론공기량)} = \dfrac{6Sm^3}{3.3Sm^3} = 1.81$

문제 40 탄소 및 수소의 중량조성이 각각 86%, 14%인 액체연료를 매시간 100kg 연소시켜 배기가스의 조성을 분석한 결과 CO_2 12.5%, O_2 3.5%, N_2 84%이였다. 이 경우 시간당 필요한 공기량(Sm^3)은?

① 1277
② 1350
③ 1469
④ 1538

해설 $m = \dfrac{A}{A_o} = \dfrac{21}{21-O_2} = \dfrac{N_2(\%)}{N_2(\%) - 3.76(O_2 - 0.5CO\%)}$
$m = \dfrac{84(\%)}{84(\%) - 3.76 \times 3.5(\%)} = 1.186$
$O_o = 1.867C + 5.6H + 0.7S - 0.7O$
※ 여기서, 원소는 %/100이다.
$O_o = 1.867 \times 0.86 + 5.6 \times 0.14 = 2.39 Sm^3/kg$
$A_o = 2.39 Sm^3/kg \times \dfrac{1}{0.21} = 11.37 Sm^3/kg$
$\therefore Air량 = 11.37 Sm^3/kg \times 100kg \times 1.186(m) = 1350 Sm^3$

문제 41 연소에 관한 다음 내용 중 옳지 않은 것은?

① 공연비 = 공기의 몰수 / 연료의 몰수
② 공기비(m) = 과잉공기량 / 이론공기량
③ 등가비(Φ) > 1 : 연료가 과잉으로 공급
④ 최대탄산가스율(CO_2 max, %) = (CO_2 발생량 / 이론건조연소가스량)×100(%)

정답 39.④ 40.② 41.②

문제 42 CH₄ 80%, CO₂ 5%, N₂ 3%, O₂ 12%로 조성된 기체연료 1Sm³을 10Sm³의 공기로 연소한다면 이 때 공기비는?

① 1.12
② 1.22
③ 1.32
④ 1.42

해설
80% $CH_4 + 2O_2 \rightarrow CO_2 + 2H_2O$
5% $CO_2 \rightarrow CO_2$
12% $O_2 \rightarrow \nearrow$
3% $N_2 \rightarrow N_2$

$$A_o = \frac{O_o}{0.21} = \frac{0.8 \times 2 - 0.12}{0.21} = 7.05 Sm^3/Sm^3$$

$$\therefore m = \frac{A(실제공기량)}{A_o(이론공기량)} = \frac{10Sm^3}{7.05Sm^3} = 1.42$$

문제 43 어떤 폐기물 1kg의 원소조성이 다음과 같고, 실제공기량이 10Sm³일 때 과잉공기량은?(가연분: C=30%, H=12%, O=25%, S=3%, 수분=20%, 회분=10%)

① 2.1Sm³
② 3.5Sm³
③ 4.9Sm³
④ 5.4Sm³

해설 $O_o = 1.867C + 5.6H + 0.7S - 0.7O$
※ 여기서, 원소는 %/100이다.
$O_o = 1.867 \times 0.3 + 5.6 \times 0.12 + 0.7 \times 0.03 - 0.7 \times 0.25 = 1.1 Sm^3/kg$
$A_o = 1.1 Sm^3/kg \times \frac{1}{0.21} = 5.13 Sm^3/kg$
$\therefore A' = A - A_o = 10 - 5.13 = 4.9 Sm^3$

문제 44 연료를 연소시킬 때 실제 공급된 공기량을 A, 이론공기량을 A_o라 할 때, 과잉공기율을 옳게 나타낸 것은?

① $\frac{A-A_o}{A}$
② $\frac{A-A_o}{A_o}$
③ $\frac{A}{A_o}+1$
④ $\frac{A_o}{A}-1$

해설 공기비$(m) = \frac{실제공기량}{이론공기량} = \frac{A}{A_o}$

과잉공기율(%) $= \frac{A-A_o}{A_o}$

정답 42.④ 43.③ 44.②

문제 45 공기비가 클 때 일어나는 현상으로 가장 거리가 먼 것은?

① 연소가스가 폭발할 위험이 커진다.
② 연소실의 온도가 낮아진다.
③ 부식이 증가한다.
④ 열손실이 커진다.

해설 연소실의 냉각효과로 폭발할 위험이 없다.

문제 46 연료의 연소 시 공기비가 클 경우에 나타나는 현상으로 가장 거리가 먼 것은?

① 연소실내의 온도가 낮아짐
② 배기가스 중 NOx양 증가
③ 배기가스에 의한 열손실의 증대
④ 불완전 연소에 의한 매연 증대

해설 공기비가 너무 적을 경우 불완전 연소에 의한 매연이 증대한다.

문제 47 다음 중 연소조절에 의한 질소산화물의 발생 저감방법과 가장 거리가 먼 것은?

① 저 과잉공기 연소
② 공기를 고온 예열 연소
③ 2단 연소
④ 배기가스 재순환 연소

해설 공기를 고온 예열 연소하면 질소산화물의 발생이 증가한다.

문제 48 과잉공기비 m을 크게(m > 1) 하였을 때, 연소 특성으로 옳지 않은 것은?

① 연소가스 중 CO농도가 높아져 산업공해의 원인이 된다.
② 통풍력이 강하여 배기가스에 의한 열손실이 크다.
③ 배기가스의 온도저하 및 SO_X, NO_X 등의 생성물이 증가한다.
④ 연소실의 냉각효과를 가져온다.

해설 과잉공기비(m)의 증가는 완전연소가 촉진되어 CO농도는 저하하고, CO_2농도는 높아진다.

정답 45.① 46.④ 47.② 48.①

문제 49 C_8H_{18}을 완전연소 시킬 때 부피 및 무게에 대한 이론 AFR로 옳은 것은?

① 부피 : 59.5, 무게 : 15.1
② 부피 : 59.5, 무게 : 13.1
③ 부피 : 35.5, 무게 : 15.1
④ 부피 : 35.5, 무게 : 13.1

해설 $C_8H_{18} + 12.5O_2 + \rightarrow 8CO_2 + 9H_2O$
$1M$: $12.5 \Rightarrow mole$ 기준
$114kg$: $12.5 \times 32 \Rightarrow kg$ 기준

$$\frac{공기(mole)}{연료(mole)} = \frac{\frac{12.5}{0.21}}{1} = 59.5 \qquad \frac{공기(kg)}{연료(kg)} = \frac{\frac{12.5 \times 32}{0.23}}{114} = 15.2$$

문제 50 에탄(C_2H_6)의 이론적 연소 시 부피기준 AFR(air-fuel ratio, mols air/mol fuel)은?

① 약 10.5
② 약 12.5
③ 약 14.2
④ 약 16.7

해설 $C_2H_6 + 3.5O_2 \rightarrow 2CO_2 + 3H_2O$

$$\frac{공기(mole)}{연료(mole)} = \frac{\frac{3.5}{0.21}}{1} = 16.7$$

문제 51 프로판(C_3H_8)의 이론적 연소시 부피기준 AFR(air-fuel ratio, mols air/mol fuel)는?

① 21.8
② 22.8
③ 23.8
④ 24.8

해설 $C_3H_8 + 5O_2 \rightarrow 3CO_2 + 4H_2O$

$$\frac{공기(mole)}{연료(mole)} = \frac{\frac{5}{0.21}}{1} = 23.8$$

정답 49.① 50.④ 51.③

3. 연소가스량

3.1 개념

[고체·액체연료 습연소가스량 해석 예]

$$O_o(Sm^3/kg) = \frac{22.4Sm^3}{12kg}C + \frac{11.2Sm^3}{2kg}H + \frac{22.4Sm^3}{32kg}S - \frac{22.4Sm^3}{32kg}O$$

$$\therefore O_o = 1.867C + 5.6H + 0.7S - 0.7O$$

*여기서, 원소는 %/100이다.

부피(Sm^3)단위 이론공기량 $A_o = \dfrac{1}{0.21}O_o$

$$Gow(Sm^3/kg) = A_o + \frac{22.4}{12}C + \frac{11.2}{2}H + \frac{22.4}{32}S + \frac{22.4}{28}N + \frac{22.4}{18}W - \frac{22.4}{32}O$$

$$Gow(Sm^3/kg) = A_o + 1.867C + 5.6H + 0.7S + 0.8N + 1.244W - 0.7O$$

*여기서, 원소는 %/100이다.

C, H, S는 연소하므로 여기에 이론공기량(1/0.21=4.7619)을 대입하면 다음과 같다.

$$Gow(Sm^3/kg) = 8.89C + 32.3H + 3.3S + 0.8N + 1.244W - 0.7O$$

*여기서, 원소는 %/100이다.

연료 중 수소는 연료 중 산소와 결합하여 물이 되고, 산소는 공기 중 질소를 수반하므로 질소의 부피(0.79/0.21=3.762)를 감안하면 산소는 2.64 O(0.7×3.762)가 된다.

$$Gow(Sm^3/kg) = 8.89C + 32.3H + 3.3S + 0.8N + 1.244W - 2.64O$$

*여기서, 원소는 %/100이다.

이론 연소가스량은 이론 공기량으로 연소시켰을 때 발생한 가스량으로 수증기를 동반한다. 가스량에 수증기를 포함한 가스량을 이론 습연소가스량, 수증기를 제외한 가스량을 이론 건연소가스량이라 한다. 수증기의 발생은 연료 중 수소와 연료 중 산소가 결합하여 물이 되고, 산소는 공기 중 질소를 수반하므로 H, O, N, H_2O에 의하여 결정된다.

$$H_2 + 1/2O_2 \rightarrow H_2O$$
$$2kg : 16kg$$
$$x : O \quad \therefore x = \frac{2}{16}O = \frac{1}{8}O \quad 무효수소 \quad \therefore 유효수소 = H - \frac{O}{8}$$

여기서, 무효수소는 연소 시 산소공급이 필요 없는 결합수소, 유효수소는 연소 시 산소공급이 필요한 수소이다.

따라서 습연소가스량은 다음과 같다.

$$Gow(\frac{Sm^3}{kg}) = A_o + 5.6H + 0.7O + 0.8N + 1.244W$$

3.2 이론 습연소가스량(Gow)

① 이론공기량으로 연소시켰을 때 발생하는 가스량에 수증기를 포함한다.
② 이론공기량(A_o) 중에서 불연성분인 질소는 이론 습연소가스량에 포함되어 배출되기 때문에 질소 배출가스를 합해야 한다.
③ **기체연료**

$$Gow(\frac{Sm^3}{Sm^3}) = (1 - 0.21)A_o + \sum CO_2 + H_2O$$

④ **고체연료**

$$Gow(\frac{Sm^3}{kg}) = A_o + 5.6H + 0.7O + 0.8N + 1.244W$$

3.3 이론 건연소가스량(God)

① 이론공기량으로 연소시켰을 때 발생하는 가스량에서 수증기는 제외한다.
② 이론공기량(A_o) 중에서 불연성분인 질소는 이론 건연소가스량에 포함되어 배출되기 때문에 질소 배출가스를 합해야 한다.
③ **기체연료** $\quad God(\frac{Sm^3}{Sm^3}) = (1 - 0.21)A_o + \sum CO_2$
④ **고체연료** $\quad God(\frac{Sm^3}{kg}) = A_o - 5.6H + 0.7O + 0.8N$

3.4 실제 습연소가스량(Gw)

① 실제공기량으로 연소시켰을 때, 발생하는 연소가스에 수증기를 포함한 연소가스량을 실제 습연소가스량이라 한다.
② 실제 연소에서 이론공기량(A_o) 이상의 과잉공기량(A')이 요구되기 때문에 실제 습연소가스량은 이론공기량의 불연성분인 질소 배출가스와 과잉공기량을 합해야 한다.
  G= 이론공기 중 질소량 + 과잉공기량 + Σ연소생성물
   = 실제공기 중 질소량 + 과잉공기 중 산소량 + Σ연소생성물
③ 기체연료
$$Gw(\frac{Sm^3}{Sm^3}) = (m - 0.21)A_o + \sum 생성물(CO_2 + H_2O)$$
④ 고체연료
$$Gw(\frac{Sm^3}{kg}) = mA_o + 5.6H + 0.7O + 0.8N + 1.244W$$

3.5 실제 건연소가스량(Gd)

① 실제공기량으로 연소시켰을 때, 발생하는 연소가스에 수증기를 제외한 연소가스량을 실제 건연소가스량이라 한다.
② 실제 연소에서 이론공기량(A_o) 이상의 과잉공기량(A')이 요구되기 때문에 실제 건연소가스량은 이론공기량의 불연성분인 질소 배출가스와 과잉공기량을 합해야 한다.
  G = 이론공기 중 질소량 + 과잉공기량 + Σ연소생성물
   = 실제공기 중 질소량 + 과잉공기 중 산소량 + Σ연소생성물
③ **기체연료** $\quad Gd(\frac{Sm^3}{Sm^3}) = (m - 0.21)A_o + \sum CO_2$

④ **고체연료** $\quad Gd(\frac{Sm^3}{kg}) = mA_o - 5.6H + 0.7O + 0.8N$

3.6 최대탄산가스율

① 최대 탄산가스율이란 가연물질을 완전연소 시킬 때, 최대로 발생하는 CO_2의 비율을 말한다.
② $CO_{2\,max}\%$ 가 최대가 되도록 공기비를 조절하면 이상적인 연소가 된다.

$$CO_{2\,max}\% = \frac{CO_2 \text{발생량}}{G \, od} \times 100$$

$$CO_{2\,max} = \frac{21 \times CO_2\%}{21 - O_2\%}$$

$$CO_{2\,max} = m \times CO_2\%$$

문제 01 고체 및 액체연료의 이론적인 습윤연소가스량을 산출하는 계산식이다. ㉠, ㉡의 값으로 적당한 것은?

> Gow = 8.89C + 32.3H + 3.3S + 0.8N + (㉠)W − (㉡)O(Sm³/kg)

① ㉠ 1.12, ㉡ 1.32
② ㉠ 1.24, ㉡ 2.64
③ ㉠ 2.48, ㉡ 5.28
④ ㉠ 4.96, ㉡ 10.56

해설
$$Gow(Sm^3/kg) = A_o + \frac{22.4}{12}C + \frac{11.2}{2}H + \frac{22.4}{32}S + \frac{22.4}{28}N + \frac{22.4}{18}W - \frac{22.4}{32}O$$

$Gow = A_o + 1.867C + 5.6H + 0.7S + 0.8N + 1.244W - 0.7O$
  *여기서, 원소는 %/100 이다.

C, H, S는 연소하므로 여기에 이론공기량(1/0.21=4.7619)을 대입하고, 연료 중 수소는 연료 중 산소와 결합하여 물이 되고, 산소는 공기 중 질소를 수반하므로 질소의 부피(0.79/0.21=3.762)를 감안하면 산소는 2.64 O가 된다.

$Gow = 8.89C + 32.3H + 3.3S + 0.8N + 1.244W - 0.7O$
  *여기서, 원소는 %/100 이다.

$Gow = 8.89C + 32.3H + 3.3S + 0.8N + 1.244W - 2.64O$
  *여기서, 원소는 %/100 이다.

정답 01.②

문제 02 메탄 1Sm³을 완전연소 시킬 경우 이론 습연소가스량(Sm³)은?

① 약 9.1 ② 약 10.5
③ 약 11.3 ④ 약 12.4

해설 $CH_4 + 2O_2 \rightarrow CO_2 + 2H_2O$

$A_o = \dfrac{O_o}{0.21} = \dfrac{2Sm^3}{0.21} = 9.52 Sm^3$

$Gow = (1-0.21) \times 9.52 + \sum 1 + 2 = 10.52 Sm^3$

문제 03 소각로에서 NOx 배출농도가 270ppm, 산소 배출농도가 12%일 때 표준산소(6%)로 환산한 NOx 농도(ppm)는?

① 120 ② 135 ③ 162 ④ 450

해설 NO_x : O_2
270ppm : 21% − 12%
x : 21% − 6%   ∴ x = 450ppm

문제 04 C_3H_8 1Sm³를 연소시킬 때 이론 건연소가스량은?

① 17.8 Sm³/Sm³ ② 19.8 Sm³/Sm³
③ 21.8 Sm³/Sm³ ④ 23.8 Sm³/Sm³

해설 $C_3H_8 + 5O_2 \rightarrow 3CO_2 + 4H_2O$
$1 \times 22.4 : 5 \times 22.4$
1 : x   ∴ x = 5Sm³

$A_o = \dfrac{O_o}{0.21} = \dfrac{5Sm^3}{0.21} = 23.8 Sm^3$

$God = (1-0.21) \times 23.8 + \sum 3 = 21.8 Sm^3/Sm^3$

문제 05 메탄 1Sm³를 공기과잉계수 1.2로 완전연소 시킬 경우 습윤연소가스량(Sm³)은?

① 약 9.1 ② 약 10.2
③ 약 11.3 ④ 약 12.4

해설 $CH_4 + 2O_2 \rightarrow CO_2 + 2H_2O$
$1 \times 22.4 : 2 \times 22.4$
1 : x   ∴ x = 2Sm³

$A_o = \dfrac{O_o}{0.21} = \dfrac{2Sm^3}{0.21} = 9.52 Sm^3$

$Gw = (1.2-0.21) \times 9.52 + \sum 1 + 2 = 12.4 Sm^3$

정답 02.② 03.④ 04.③ 05.④

문제 06 프로판(C_3H_8) 1Sm³를 공기비 1.2로 완전연소 시킬 때 발생되는 실제 습연소가스량(Sm³)은?

① 18　　　　　　　　　　② 22
③ 27　　　　　　　　　　④ 31

해설 $C_3H_8 + 5O_2 \rightarrow 3CO_2 + 4H_2O$

$A_o = \dfrac{O_o}{0.21} = \dfrac{5Sm^3}{0.21} = 23.8 Sm^3$

$Gw = (1.2 - 0.21) \times 23.8 + \sum 3 + 4 = 30.56 Sm^3$

문제 07 폐기물의 소각을 위해 원소분석을 한 결과, 가연성 폐기물 1kg당 C 50%, H 10%, O 16%, S 3%, 수분 10%, 나머지는 재로 구성된 것으로 나타났다. 이 폐기물을 공기비 1.1로 연소시킬 경우 발생하는 실제 습연소가스량(Sm³/kg)은 얼마인가?

① 약 $6.3 Sm^3/kg$　　　　② 약 $6.8 Sm^3/kg$
③ 약 $7.7 Sm^3/kg$　　　　④ 약 $8.2 Sm^3/kg$

해설 $O_o = 1.867C + 5.6H + 0.7S - 0.7O$
　　　※ 여기서, 원소는 %/100이다.
$O_o = 1.867 \times 0.5 + 5.6 \times 0.1 + 0.7 \times 0.03 - 0.7 \times 0.16 = 1.4 Sm^3/kg$

$A_o = \dfrac{O_o}{0.21} = \dfrac{1.4 Sm^3}{0.21} = 6.67 Sm^3$

$Gw(\dfrac{Sm^3}{kg}) = mA_o + 5.6H + 0.7O + 0.8N + 1.244W$

$Gw = 1.1 \times 6.67 + 5.6 \times 0.1 + 0.7 \times 0.16 + 1.244 \times 0.1 = 8.13 Sm^3/kg$

문제 08 프로판(C_3H_8) 1Sm³를 공기비 1.2로 완전연소시킬 때 발생되는 실제 건연소가스량(Sm³)은?

① 26.6　　② 31.4　　③ 38.9　　④ 43.7

해설 $C_3H_8 + 5O_2 \rightarrow 3CO_2 + 4H_2O$

$A_o = \dfrac{5Sm^3}{0.21} = 23.8 Sm^3/Sm^3$

$Gd(\dfrac{Sm^3}{Sm^3}) = (1.2 - 0.21)23.8 + \sum 3 = 26.5 Sm^3$

정답 06.④　07.④　08.①

문제 09 프로판 1Sm³를 과잉공기계수 1.1로 완전연소 시킬 경우에 발생하는 실제건연소가스량(Sm³)은?(단, 프로판 분자량 44, 표준상태 기준)

① 약 14
② 약 18
③ 약 24
④ 약 28

해설 $C_3H_8 + 5O_2 \rightarrow 3CO_2 + 4H_2O$

$A_o = \dfrac{O_o}{0.21} = \dfrac{5Sm^3}{0.21} = 23.8 Sm^3$

$Gd = (1.1 - 0.21)23.8 + \sum 3 = 24.1 Sm^3$

문제 10 탄소 85%, 수소 15%, 황 1%인 폐기물을 공기비 1.2로 완전 연소하였다. 건조 연소가스 중의 SO_2 함량은? (단, 표준상태 기준, 황은 모두 SO_2로 변환)

① 약 0.054%
② 약 0.154%
③ 약 0.254%
④ 약 0.354%

해설 $O_o = 1.867C + 5.6H + 0.7S - 0.7O$

※ 여기서, 원소는 %/100이다.

$O_o = 1.867 \times 0.85 + 5.6 \times 0.15 + 0.7 \times 0.01 = 2.43 Sm^3/kg$

$A_o = \dfrac{O_o}{0.21} = \dfrac{2.43 Sm^3}{0.21} = 11.59 Sm^3$

$Gd = 1.2 \times 11.59 - 5.6 \times 0.15 = 13 Sm^3$

$S + O_2 \rightarrow SO_2$
32 : 22.4
0.01 : x ∴ $x = 0.007 Sm^3$

$SO_2 = \dfrac{0.007 Sm^3}{13 Sm^3} \times 100 = 0.054\%$

문제 11 공기비를 1.3으로 하는 어떤 연료를 연소시킬 때 배출가스 조성을 분석한 결과 CO_2가 11%이었다면 $(CO_2)_{max}$는?

① 8.6%   ② 9.7%   ③ 14.3%   ④ 17.5%

해설 $CO_{2max} = m \times CO_2\% = 1.3 \times 11\% = 14.3\%$

문제 12 CO_2 50kg의 표준상태에서 부피는? (단, CO_2는 이상기체이고, 표준상태로 간주한다.)

① 25.5m³   ② 28.5m³   ③ 30.5m³   ④ 34.5m³

해설 CO_2 : Sm^3
44 : 22.4
50 : x ∴ $x = 25.45 m^3$

정답 09.③ 10.① 11.③ 12.①

문제 13 페놀(C_6H_5OH) 188g을 무해화하기 위하여 완전연소 시켰을 때 이론적으로 발생 되는 CO_2의 발생량은?

① 132g ② 264g ③ 528g ④ 1056g

해설 $C_6H_5OH + 7O_2 \rightarrow 6CO_2 + 3H_2O$
$94g \quad : \quad 6 \times 44g$
$188g \quad : \quad x \quad \therefore x = 528g$

문제 14 프로판(C_3H_8) : 부탄(C_4H_{10})이 40% : 60%의 용적비로 혼합된 기체 $1Sm^3$이 완전연소될 때의 CO_2 발생량(Sm^3)은?

① $3.2Sm^3$ ② $3.4Sm^3$
③ $3.6Sm^3$ ④ $3.8Sm^3$

해설 $C_3H_8 + 5O_2 \rightarrow 3CO_2 + 4H_2O \quad \therefore 0.4 \times 3 = 1.2Sm^3$
$C_4H_{10} + 6.5O_2 \rightarrow 4CO_2 + 5H_2O \quad \therefore 0.6 \times 4 = 2.4Sm^3$
$CO_2 = 1.2 + 2.4 = 3.6Sm^3$

문제 15 CO 100kg을 연소시킬 때 필요한 산소량(부피)과 이 때 생성되는 CO_2 부피는?

① $20\ Sm^3\ O_2,\ 40\ Sm^3\ CO_2$ ② $40\ Sm^3\ O_2,\ 80\ Sm^3\ CO_2$
③ $60\ Sm^3\ O_2,\ 120\ Sm^3\ CO_2$ ④ $80\ Sm^3\ O_2,\ 160\ Sm^3\ CO_2$

해설 $CO + 1/2 O_2 \rightarrow CO_2$
$28 \quad : 0.5 \times 22.4 : 22.4$
$100 \quad : \quad x_1 \quad : x_2 \quad \therefore x_1 = 40 Sm^3 \cdot O_2 \quad x_2 = 80 Sm^3 \cdot CO_2$

문제 16 표준상태(0°C, 1기압)에서 어떤 배기가스 내에 CO_2 농도가 0.05%라면 몇 mg/m^3에 해당되는가?

① 832 ② 982
③ 1124 ④ 1243

해설 $1\% \rightarrow 10^4 ppm \quad 0.05\% \rightarrow 500 mL/m^3$

$\dfrac{500mL}{m^3} \Big| \dfrac{44mg}{22.4mL} = 982 mg/m^3$

정답 13.③ 14.③ 15.② 16.②

문제 17 완전연소일 경우의 $(CO_2)max$의 값(%)은?

> CO_2 : 배출가스 중 CO_2 량 Sm^3/Sm^3
> O_2 : 배출가스 중 O_2 량 Sm^3/Sm^3
> N_2 : 배출가스 중 N_2 량 Sm^3/Sm^3

① $\dfrac{0.21(CO_2)}{0.21-(O_2)} \times 100$　　　② $\dfrac{(O_2)}{1-0.21(CO_2)} \times 100$

③ $\dfrac{0.21(CO_2)}{(CO_2)+(N_2)} \times 100$　　④ $\dfrac{0.21(CO_2)}{0.21(N_2)-0.79(O_2)} \times 100$

문제 18 프로판(C_3H_8) 1kg을 완전 연소시 발생하는 CO_2량(kg)과 아세틸렌(C_2H_2) 1kg을 완전 연소시 발생한 CO_2량(kg)의 비는? (단, 아세틸렌 연소시 CO_2량/프로판 연소시 CO_2량)

① 약 1.22　　　　② 약 1.13
③ 약 1.01　　　　④ 약 0.92

해설
$C_3H_8 + 5O_2 \rightarrow 3CO_2 + 4H_2O$
　$44kg$ 　 : 　$3 \times 44kg$
　$1kg$ 　 : 　x 　　∴ $x = 3kg$
$C_2H_2 + 5/2O_2 \rightarrow 2CO_2 + H_2O$
　$26kg$ 　 : 　$2 \times 44kg$
　$1kg$ 　 : 　x 　　∴ $x = 3.38kg$

∴ $\dfrac{C_2H_2}{C_3H_8} = \dfrac{3.38}{3.0} = 1.126$

문제 19 에탄(C_2H_6) $1Sm^3$를 완전연소시킬 때, 건조배출가스 중의 $(CO_2)_{max}$(%)는?

① 13.20　　　　② 16.25
③ 21.03　　　　④ 23.82

해설
$C_2H_6 + \dfrac{7}{2}O_2 \rightarrow 2CO_2 + 3H_2O$
　1 　 : 　3.5 　 : 　2
　$1Sm^3$ 　 : 　x 　 : 　x

$A_o = \dfrac{3.5 Sm^3}{0.21} = 16.667 Sm^3/Sm^3$

∴ $God = (1-0.21) \times 16.667 + \sum 2 = 15.1669\ Sm^3/Sm^3$

$(CO_2)_{max}\% = \dfrac{CO_2 발생량}{God} \times 100$

∴ $(CO_2)_{max}\% = \dfrac{2Sm^3}{15.1669Sm^3} \times 100 = 13.18\%$

정답 17.① 18.② 19.①

문제 20 메탄 1mol이 완전연소 할 경우 건조연소 배가스 중의 $(CO_2)_{max}$(%)는? (단, 부피기준)

① 11.73 ② 16.25 ③ 21.03 ④ 23.82

해설
$$CH_4 \;+\; 2O_2 \;\to\; CO_2 + 2H_2O$$
$$1 \;:\; 2 \;:\; 1$$
$$1Sm^3 \;:\; x \;:\; x$$

$$A_o = \frac{2Sm^3}{0.21} = 9.52 Sm^3/Sm^3$$

$$\therefore God = (1-0.21) \times 9.52 + \sum 1 = 8.52 \; Sm^3/Sm^3$$

$$(CO_2)_{max}\% = \frac{CO_2 발생량}{God} \times 100$$

$$\therefore (CO_2)_{max}\% = \frac{1Sm^3}{8.52 Sm^3} \times 100 = 11.73\%$$

정답 20.①

4. 연소온도 및 소각재

chapter 03 폐기물 소각 및 열화수

4.1 연소온도

이론연소온도란 가연물질이 5초 이상 연소를 계속할 수 있는 온도로써, 연소 시 발생하는 화염온도이다.

$$H_l = G_o C_p (t_2 - t_1)$$

$$\therefore t_2 = \frac{H_l}{G_o C_p} + t_1$$

여기서, H_l : 저위 발열량($kcal/Sm^3$) C_p : 배기가스의 정압비열($kcal/m^3 \cdot ℃$)
t_1 : 기준온도(℃) t_2 : 이론연소온도(℃)
G_o : 이론 연소가스량(Sm^3/Sm^3)

4.2 소각재

밀도 $\rho = \dfrac{\text{무게}\,W}{\text{부피}\,V}$

$$V_1(100 - P_1) = V_2(100 - P_2)$$

여기서, V_1 : 건조 전 폐기물 부피 V_2 : 건조 후 폐기물 부피
P_1 : 건조 전 함수율 P_2 : 건조 후 함수율

문제 01 고위발열량이 16820kcal/Sm³인 에탄(C_2H_6)을 연소시킬 때 이론 연소온도(℃)는?(단, 이론 습연소가스량 21Sm³/Sm³, 연소가스 정압비열 0.63kcal/Sm³·℃, 연소용 공기와 연료온도는 15℃, 공기는 예열하지 않으며, 연소가스는 해리되지 않음)

① 약 1132 ② 약 1154
③ 약 1178 ④ 약 1196

해설 에탄의 저위발열량 $H_l(kcal/Sm^3) = H_h - 480\sum H_2O$

$C_2H_6 + 3.5O_2 \rightarrow 2CO_2 + 3H_2O$

$\therefore H_l = 16820 - 480\sum 3 = 15380\, kcal/Sm^3$

$t_2 = \dfrac{H_l}{G_o C_p} + t_1$ $\therefore t_2 = \dfrac{15380\text{kcal}}{\text{Sm}^3} \Big| \dfrac{\text{Sm}^3}{21\text{Sm}^3} \Big| \dfrac{\text{Sm}^3 \cdot ℃}{0.63\text{kcal}} + 15 = 1177.5℃$

정답 01.③

문제 02 다음 공식은 무엇을 구하는 식인가? (단, H_l : 연료의 저위발열량, G : 이론 연소가스량, t_o : 실제온도, C_p : 연소가스의 정압비열)

$$X = (H_l/(G \cdot C_p)) + t_o$$

① 이론 연소온도　　② 이론 착화온도
③ 이론 고위발열량　④ 이론 인화점온도

문제 03 저발열량이 10000kcal/Sm³이고, 이론 습연소가스량이 15Sm³/Sm³인 가스 연료의 이론연소온도(℃)는 얼마인가? (단, 연소가스의 비열은 0.5kcal/Sm³·℃이며 공급공기 및 연료온도는 25℃로 가정한다.)

① 1058℃　　② 1158℃
③ 1258℃　　④ 1358℃

해설 $t_2 = \dfrac{H_l}{G_o C_p} + t_1$

$\therefore t_2 = \dfrac{10000\text{kcal}}{\text{Sm}^3} \Big| \dfrac{\text{Sm}^3}{15\text{Sm}^3} \Big| \dfrac{\text{Sm}^3 \cdot ℃}{0.5\text{kcal}} + 25 = 1358.33℃$

문제 04 저위발열량 13500kcal/Sm³인 기체연료를 연소 시, 이론습연소가스량이 25Sm³/Sm³이고 이론연소온도는 2500℃라고 한다. 적용된 연소가스의 평균 정압비열은?(단, 연소용 공기 및 연료 온도는 15℃)

① 0.145(kcal/Sm³℃)　　② 0.175(kcal/Sm³℃)
③ 0.217(kcal/Sm³℃)　　④ 0.264(kcal/Sm³℃)

해설 $t_2 = \dfrac{H_l}{G_o C_p} + t_1$

$2500℃ = \dfrac{13500\text{kcal}}{\text{Sm}^3} \Big| \dfrac{\text{Sm}^3}{25\text{Sm}^3} \Big| \dfrac{1}{x} \Big| + 15$　　$\therefore x = 0.217\text{kcal/Sm}^3 \cdot ℃$

정답 02.①　03.④　04.③

문제 05 폐기물조성이 $C_{760}H_{1980}O_{870}N_{12}S$일 때 고위발열량(kcal/kg)은?(단, Dulong 식을 이용하여 계산한다.)

① 1753kcal/kg ② 2175kcal/kg
③ 3255kcal/kg ④ 3987kcal/kg

해설 $C_{760}H_{1980}O_{870}N_{12}S$ 화합물의 총질량
=[760×12]+[1980×1]+[870×6]+[12×14]+[1×32]=25220g

총질량 배분율

$C: \dfrac{760 \times 12g}{25220\,g} \times 100 = 36.16\%$

$H: \dfrac{1980 \times 1g}{25220\,g} \times 100 = 7.85\%$

$O: \dfrac{870 \times 16g}{25220\,g} \times 100 = 55.19\%$

$N: \dfrac{12 \times 14g}{25220\,g} \times 100 = 0.66\%$

$S: \dfrac{1 \times 32g}{25220\,g} \times 100 = 0.127\%$

Dulong식 $H_h(\text{kcal/kg}) = 81C + 340\left(H - \dfrac{O}{8}\right) + 25S$
*여기서, 원소의 단위는 퍼센트농도(%)이다.

$H_h(\text{kcal/kg}) = 81 \times 36.16 + 340\left(7.85 - \dfrac{55.19}{8}\right) + 25 \times 0.127 = 3255.6\text{kcal/kg}$

문제 06 열효율이 65%인 유동층 소각로에서 15℃의 슬러지 2톤을 소각시켰다. 배기온도가 400℃라면 연소온도(℃)는?(단, 열효율은 배기온도만을 고려한다.)

① 955 ② 988
③ 1015 ④ 1115

해설 $0.65 = \dfrac{x - (400 - 15)}{x}$

$0.65x = x - 385 \quad \therefore x = 1100\,℃$

정답 05.③ 06.④

문제 07 다음과 같은 특성을 갖는 액상 폐기물을 완전연소 시킬 때 이론적인 연소온도는 몇 ℃인가?

- 쓰레기 저위발열량: 2500kcal/Sm³
- 연료의 이론연소가스량(G_0): 8Sm³/Sm³
- 연소가스의 평균 정압비열(C_P): 0.25kcal/Sm³·℃

① 1250℃ ② 1350℃
③ 1450℃ ④ 1550℃

해설 $t_2 = \dfrac{H_l}{G_o C_p} + t_1$

$\therefore t_2 = \dfrac{2500\text{kcal}}{\text{Sm}^3} \Big| \dfrac{\text{Sm}^3}{8\text{Sm}^3} \Big| \dfrac{\text{Sm}^3 \cdot ℃}{0.25\text{kcal}} = 1250℃$

문제 08 가정에서 발생되는 쓰레기를 소각시킨 후 남은 재의 중량은 소각된 쓰레기의 1/5 이다. 쓰레기 100톤을 소각하여 소각재 부피가 20m³이 되었다면 소각재의 밀도(톤/m³)는 얼마인가?

① 2.0톤/m³ ② 1.5톤/m³
③ 1.0톤/m³ ④ 0.5톤/m³

해설 밀도 $\rho = \dfrac{\text{무게 } W}{\text{부피 } V}$ $\therefore \rho = \dfrac{100\text{톤} \times 1/5}{20\text{m}^3} = 1.0\text{톤/m}^3$

문제 09 쓰레기를 소각한 후 남은 재의 중량은 소각 전 쓰레기 중량의 약 1/3이다. 재의 밀도가 2.5t/m³이고, 재의 용적이 3.3m³이 될 때의 소각 전 원래 쓰레기의 중량은?

① 22.3t ② 23.6t
③ 24.8t ④ 28.6t

해설 밀도 $\rho = \dfrac{\text{무게 } W}{\text{부피 } V}$ 밀도 $\rho\, 2.5t/m^3 = \dfrac{x \times 1/3}{3.3m^3}$ $\therefore x = 24.75t$

문제 10 용적밀도가 1000kg/m³인 폐기물을 처리하는 소각로에서 질량 감소율과 부피 감소율이 각각 85%, 90%인 경우 이 소각로에서 발생하는 소각재의 밀도는?

① 1200kg/m³ ② 1300kg/m³
③ 1400kg/m³ ④ 1500kg/m³

해설 밀도 $\rho = \dfrac{\text{무게 } W}{\text{부피 } V}$ $\rho = \dfrac{1000kg(1-0.85)}{1-0.9} = 1500kg/m^3$

정답 07.① 08.③ 09.③ 10.④

문제 11 쓰레기를 1일 30ton 소각하며 소각 후 남은 재는 전체 질량의 20%라고 한다. 남은재의 용적이 10.3m³일 때 재의 밀도는?

① 0.32ton/m³ ② 1.45ton/m³
③ 0.58ton/m³ ④ 2.30ton/m³

해설 밀도 $\rho = \dfrac{\text{무게 } W}{\text{부피 } V}$ $\rho = \dfrac{30t \times 0.2}{10.3 m^3} = 0.58 t/m^3$

문제 12 밀도가 800kg/m³인 폐기물을 처리하는 소각로에서 질량 감소율은 85%이고 부피 감소율은 90% 이었을 경우 이 소각로에서 발생하는 소각재의 밀도는?

① 1500kg/m³ ② 1400kg/m³
③ 1300kg/m³ ④ 1200kg/m³

해설 $\rho = \dfrac{800 kg/m^3 (1-0.85)}{1-0.9} = 1200 kg/m^3$

문제 13 함수율 80%인 슬러지 케이크 20ton을 소각할 때 소각재의 발생량(kg)은? (단. 케이크 건조 중량당 무기성분 10%, 유기성분 중 연소율 90%, 소각에 의한 무기물 손실은 없음.)

① 360 ② 420
③ 760 ④ 920

해설 슬러지 = 물 + 고형물   고형물 = 유기물 + 무기물
고형물 = 20t(1−0.8) = 4t
무기물 = 4t×0.1 = 0.4t
유기물 = 4t−0.4t = 3.6t
유기물 중 미연소분 = 3.6t×0.1 = 0.36t
소각재 = 무기물 0.4t + 미연소 유기물 0.36t = 760kg
소각재 = (20000kg×0.2×0.1) + (20000kg×0.2×0.9×0.1) = 760kg

정답 11.③ 12.④ 13.③

5. 소각

5.1 연소실

① 소각로 연소실 내 연소가스와 폐기물의 흐름형식에 따라 다음과 같이 분류한다.
- 교류식 : 병류식과 향류식의 중간정도로 연소가스는 수직흐름이다.
- 병류식 : 연소가스와 폐기물의 흐름방향이 같다(발열량이 높은 폐기물에 적합).
- 향류식 : 역류식으로 연소가스와 폐기물의 흐름방향이 반대이다.

② 화상부하율 $G\,(kg/m^2\cdot hr) \times t\,(hr/day) = \dfrac{\text{소각할 쓰레기 양}\,W}{\text{화격자의 면적}\,A}$

③ 노 열부하 $VHRR\,(kcal/m^3\cdot hr) = \dfrac{\text{폐기물 발생량}\,W \times \text{폐기물 저위발열량}\,kcal}{\text{소각로 부피}\,V}$

④ 후연소실의 온도는 주연소실의 온도보다 높게 유지하여 주연소실에서 생성된 휘발성 기체, 연기내의 가연성분을 완전산화 한다.

⑤ 연소효율 향상조건
- 공기와 연료의 충분한 혼합(Turbulence)
- 충분한 온도 유지(Temperature)
- 충분한 체류시간(Time)
- 충분한 산소의 공급
- 단회로, 편류를 방지하기 위하여 Baffle을 설치한다.

⑥ 열효율

$$\text{열효율} = \dfrac{\text{유효출열}}{\text{입열}} = \dfrac{\text{공급열} - \text{열손실}}{\text{공급열}} \times 100$$

⑦ 연소효율(η)

$$\eta = \dfrac{\text{실제 연소된 가연분의 양}}{\text{가연분의 총 함량}} \times 100\,(\%)$$

$$\eta = \dfrac{H_l - (L_c + L_l)}{H_l} \times 100\,(\%)$$

여기서, H_l : 저위발열량(kcal/kg)
L_c : 재 성분 중 미연소분의 저위발열량(kcal/kg)
L_l : 불완전연소로 인한 손실열량(kcal/kg)

⑧ 열저항 = $\dfrac{두께}{열전도율}$

5.2 연소실의 입열과 출열

소각로 설계시 연소계산에 의하여 연소실의 입열과 출열이 같도록 균형을 유지하게 하는 열정산이 기본적으로 수행되어야 한다.

[1] 입열
① 폐기물의 연소열량
② 연소용 예열공기의 유입열량

[2] 출열
① 배기가스로 유출되는 열량
② 불완전연소(미연분)에 의한 손실열
③ 회분(재)으로 유출되는 열량
④ 연소로의 방열 손실

문제 01 다음의 조건에서 화격자 연소율(kg/m² · hr)은?

- 쓰레기 소각량 : 100000kg/d
- 화격자 면적 : 50m²
- 1일 가동시간 : 8시간

① 185kg/m²·h ② 250kg/m²·h
③ 320kg/m²·h ④ 2300kg/m²·h

해설 화상부하율 $G(\text{kg/m}^2 \cdot \text{hr}) \times t(\text{hr/day}) = \dfrac{소각할\ 쓰레기\ 양\ W(\text{kg/day})}{화격자의\ 면적\ A(\text{m}^2)}$

∴ G = $\dfrac{100000\text{kg}}{\text{day}} \Big| \dfrac{\text{day}}{8\text{hr}} \Big| \dfrac{1}{50\text{m}^2}$ = 250kg/hr·m²

정답 01.②

문제 02 소각할 쓰레기의 양이 12760kg/day이다. 1일 10시간 소각로를 가동시키고 화격자의 면적이 7.25m²일 경우 이 쓰레기 소각로의 소각능력(kg/m²·hr)은 얼마인가?

① 116 ② 138
③ 176 ④ 189

해설 화상부하율 $G(\text{kg/m}^2\cdot\text{hr})\times t(\text{hr/day}) = \dfrac{\text{소각할 쓰레기 양}\,W(\text{kg/day})}{\text{화격자의 면적}\,A(\text{m}^2)}$

$\therefore G = \dfrac{12760\text{kg}}{\text{day}}\bigg|\dfrac{\text{day}}{10\text{hr}}\bigg|\dfrac{1}{7.25\text{m}^2} = 176\text{kg/hr}\cdot\text{m}^2$

문제 03 어떤 소각로에 배출되는 가스량은 8000kg/hr이고 온도는 1000°C 이다. 배기가스는 소각로 내에서 1초 체류한다면 소각로 용적(m³)은?(단, 표준상태에서 배기가스 밀도는 0.2kg/m³)

① 약 32 ② 약 42 ③ 약 52 ④ 약 62

해설 밀도에 온도보정 $0.2kg/Sm^3 \times \dfrac{273}{273+1000} = 0.043 kg/m^3$

$t = V/Q$ 에서 $V = \dfrac{8000\text{kg}}{\text{hr}}\bigg|\dfrac{1\text{sec}}{}\bigg|\dfrac{hr}{3600\text{sec}}\bigg|\dfrac{m^3}{0.043kg} = 51.7 m^3$

문제 04 가로 1.5m, 세로 2.0m, 높이 15.0m의 연소실에서 저위발열량 10000kcal/kg의 중유를 1시간에 200kg 연소한다. 연소실 열발생률(kcal/m³·hr)은 얼마인가?

① 약 2.2×10^4 ② 약 4.4×10^4
③ 약 6.6×10^4 ④ 약 8.8×10^4

해설 노열부하 $VHRR(\text{kcal/m}^3\cdot\text{hr}) = \dfrac{\text{폐기물 발생량}\,W \times \text{폐기물 저위발열량 kcal}}{\text{소각로 부피}\,V}$

$\therefore VHRR = \dfrac{1}{(1.5\times 2.0\times 15)\text{m}^3}\bigg|\dfrac{1000\text{kcal}}{\text{kg}}\bigg|\dfrac{200\text{kg}}{\text{hr}} = 44000\text{kcal/m}^3\cdot\text{hr}$

문제 05 10m³ 용적의 소각로에서 연소실 열발생률이 20000kcal/m³hr로 하기 위해 저위발열량이 8000kcal/kg인 폐기물 투입량은?

① 100kg/hr ② 75kg/hr
③ 50 kg/hr ④ 25kg/hr

해설 노열부하 $VHRR(\text{kcal/m}^3\cdot\text{hr}) = \dfrac{\text{폐기물 발생량}\,W \times \text{폐기물 저위발열량 kcal}}{\text{소각로 부피}\,V}$

$W = \dfrac{10\text{m}^3}{}\bigg|\dfrac{20000\text{kcal}}{\text{m}^3\cdot\text{hr}}\bigg|\dfrac{\text{kg}}{8000\text{kcal}} = 25\text{kg/hr}$

정답 02.③ 03.③ 04.② 05.④

문제 06 발열량 1000kcal/kg인 쓰레기의 발생량이 20ton/day인 경우, 소각로내 열부하가 50000kcal/m³·hr인 소각로의 용적(m³)은 얼마인가? (단, 1일 가동시간은 8hr 이다.)

① 50m³   ② 60m³   ③ 70m³   ④ 80m³

해설 $VHRR(kcal/m^3 \cdot hr) = \dfrac{\text{소각량} W(kg/h) \times \text{저위발열량} H_l(kcal/kg)}{\text{소각로 부피} V(m^3)}$

$Vm^3 = \dfrac{m^3 \cdot hr}{50000kcal} \Big| \dfrac{day}{8hr} \Big| \dfrac{1000kcal}{kg} \Big| \dfrac{20000kg}{day} = 50m^3$

문제 07 소각로 본체 내부는 내화벽돌로 구성되어 있다. 내부에서 차례로 두께가 114, 65, 230mm이고 또 k의 값은 0.104, 0.0595, 1.04kcal/m·hr·℃이다. 내부온도 900℃, 외벽온도 40℃일 경우 단위면적당 전체 열저항(m²·hr·℃/kcal)은?

① 1.42   ② 1.52   ③ 2.42   ④ 2.52

해설 열저항 = $\dfrac{\text{두께}}{\text{열전도율}}$ ∴ $\dfrac{0.114}{0.104} + \dfrac{0.065}{0.0595} + \dfrac{0.230}{1.04} = 2.42 m^2 \cdot hr \cdot ℃/kcal$

문제 08 소각대상물인 열가소성 플라스틱의 저위발열량은 5400kcal/kg이며, 이 플라스틱을 소각 시 발생되는 연소재 중의 미연손실은 저위발열량의 10%이고 불완전연소에 의한 손실은 600kcal/kg일 때 소각 대상물의 연소효율은?

① 70%   ② 74%
③ 79%   ④ 84%

해설 $\eta = \dfrac{H_l - (L_c + L_l)}{H_l} \times 100(\%)$

연소효율 $\eta = \dfrac{5400 kcal/kg - (540 + 600) kcal/kg}{5400 kcal/kg} \times 100 = 78.8\%$

문제 09 화격자 연소기의 장단점에 관한 내용으로 틀린 것은 어느 것인가?

① 연속적인 소각과 배출이 가능하다.
② 수분이 많거나 열에 쉽게 용해되는 물질의 소각에 주로 적용된다.
③ 체류시간이 길고 교반력이 약하여 국부가열의 염려가 있다.
④ 고온 중에서 기계적으로 구동하기 때문에 금속부의 마모손실이 심하다.

해설 수분이 많거나 발열량이 낮은 폐기물의 소각에 주로 적용되며, 용융물질에 의한 화격자 막힘 현상이 발생한다.

정답 06.① 07.③ 08.③ 09.②

5.3 열 교환기

[1] 개요
① 소각로에서 발생한 배기가스의 열을 회수하기 위하여 열교환기를 설치한다.
② 회수한 열의 이용방법에는 온수이용방법과 증기발전방법이 있다.
③ 열교환기는 과열기, 재열기, 절탄기, 공기예열기를 통과하며 잉여 폐열을 회수한다.

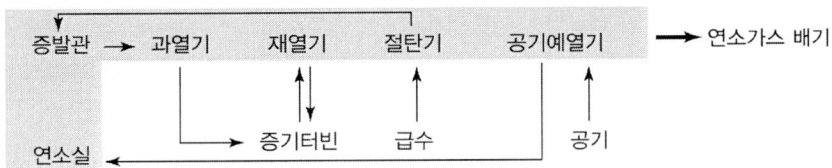

[2] 과열기
보일러에서 발생되는 포화증기의 수분을 제거하고 엔탈피가 높은 과열증기를 생산하기 위해 설치한다.

[3] 재열기
증기터빈을 경유한 후 포화증기로 변한 과열증기를 재가열하여 다시 터빈으로 돌려 보낸다.

[4] 절탄기(이코노마이저)
배기가스 중의 폐열을 이용하여 보일러 급수를 예열하는 시설이다.

[5] 공기예열기
배기가스 중의 폐열을 이용하여 보일러의 연소용 공기를 예열하여 공급한다.

[6] 증기터빈의 분류관점에 따른 터빈 형식
① **증기 작동방식** - 충동 터빈, 반동 터빈, 혼합식 터빈
② **흐름수** - 단류터빈, 복류터빈
③ **피구동기** - 직결형터빈, 감속형터빈, 급수펌프 구동터빈, 압축기 구동터빈
④ **증기유동방식** - 반경류터빈, 축류터빈
⑤ **케이싱 수** - 1케이싱 터빈, 2케이싱 터빈
⑥ **증기이용방식** - 배압터빈, 복수터빈, 혼합터빈

문제 01 열교환기에 관한 설명으로 옳지 않은 것은?

① 과열기 : 보일러에 발생하는 포화증기에 다량의 수분이 함유되어 있어 이것에 열을 과하게 가열하여 수분을 제거하고 과열도가 높은 증기를 얻기 위해 설치한다.
② 재열기 : 과열기와 같은 구조로 되어 있으며 설치위치는 대개 과열기의 앞쪽에 배치한다.
③ 절탄기 : 급수예열에 의해 보일러수와의 온도차가 감소하므로 보일러 드럼에 발생하는 열응력이 경감된다.
④ 이코노마이저(Economizer) : 굴뚝에 설치되며 보일러 전열면을 통하여 연소가스의 여열로 보일러 급수를 예열하여 보일러의 효율을 높이는 장치이다.

해설 재열기는 증기터빈을 경유한 후 포화증기로 변한 과열증기를 재가열하여 다시 터빈으로 돌려 보낸다.

문제 02 증기터어빈 분류관점이 증기작동방식인 경우의 터어빈 형식으로 가장 알맞은 것은?

① 축류 터어빈   ② 배압 터어빈   ③ 반동 터어빈   ④ 복류 터어빈

해설 증기 작동방식에는 충동 터빈, 반동 터빈, 혼합식 터빈이 있다.

문제 03 증기터빈에 대한 설명으로 옳지 않은 것은?

① 증기작동방식 관점으로 분류하면 충동터빈, 반동터빈, 혼합식 터빈으로 나누어진다.
② 흐름수 관점으로 분류하면 단류터빈, 복류터빈으로 나누어진다.
③ 증기유동방향 관점으로 분류하면 측류터빈, 반경류터빈으로 나누어진다.
④ 증기구동 관점으로 분류하면 배압터빈, 압축구동터빈으로 나누어진다.

해설 증기이용방식 관점으로 분류하면 배압터빈, 복수터빈, 혼합터빈으로 나누어진다.

문제 04 증기터빈의 분류관점에 따른 터빈 형식이 잘못 연결된 것은?

① 증기 작동방식 – 충동 터빈, 혼합식 터빈
② 흐름수 – 단류터빈, 복류터빈
③ 피구동기 – 직결형터빈, 감속형터빈
④ 증기 이용방식 – 반경류터빈 축류터빈

해설 증기이용방식에는 배압터빈, 복수터빈, 혼합터빈으로 나누어진다.

정답 01.② 02.③ 03.④ 04.④

문제 05 열교환기 중 절탄기에 관한 설명으로 틀린 것은?

① 급수 예열에 의해 보일러 급수의 온도차가 증가함에 따라 보일러 드럼에 열응력이 발생한다.
② 급수온도가 낮을 경우, 굴뚝가스 온도가 저하하면 절탄기 저온부에 접하는 가스온도가 노점에 달하여 절탄기를 부식시킨다.
③ 굴뚝의 가스온도 저하로 인한 굴뚝 통풍력의 감소에 주의하여야 한다.
④ 보일러 전열면을 통하여 연소가스의 여열로 보일러 급수를 예열하여 보일러의 효율을 높이는 장치이다.

해설 절탄기는 연도로 배출되는 배기가스 중의 폐열을 이용하여 보일러 급수를 예열하는 시설이다.

문제 06 소각로에서 열교환기를 이용해 배기가스의 열을 전량 회수하여 급수 예열을 한다고 한다면 급수 입구온도가 20℃일 경우 급수의 출구 온도(℃)는? (단, 배기가스 유량 1000kg/hr, 급수량 1000kg/hr 배기가스 입구온도 400℃, 출구온도 100℃ 물비열 1.03kcal/kg·℃, 배기가스 평균정압비열 0.25 kcal/kg·℃)

① 79　　② 82　　③ 87　　④ 93

해설 가스의 방출열량=물의 흡수열량

$1000 kg/hr \times 0.25 kcal/kg \cdot ℃ \times (400 - 100℃) = 1000 kg/hr \times 1 kcal/kg \cdot ℃ \times (x - 20℃)$

∴ x = 95℃

정답 05.① 06.④

5.4 소각공정 분류

[1] 가동시간에 따른 분류
① **연속 연소식** : 24시간 연속 가동(1일 100톤 이상 처리하는 시설)
② **준연속 연소식** : 16시간 연속 가동
③ **회분식(Batch식)** : 일일 8시간 가동

[2] 투입방식에 따른 분류
① **상부 투입방식**
- 투입되는 연료와 공기의 방향이 서로 교차되는 형태이다.
- 공급공기는 고온의 화층을 통과하므로 고온가스를 형성하여 착화속도를 빠르게 한다.

② **하부 투입방식**
- 투입되는 연료와 공기의 방향이 같은 방향으로 이동하는 형태이다.

- 공기량이 과잉 공급되면 연소상태가 불안정하게 되어 화층이 형성되지 않거나 소화될 우려가 있다.

③ **십자 투입방식**
- 투입되는 연료와 공기의 방향이 서로 일정한 각도를 유지하고 공기는 새로이 투입되는 연료 쪽에서 연소층으로 흐른다.

[3] 연소가스의 유동방식에 따른 분류

① **역류식**
- 폐기물의 흐름방향과 연소가스의 흐름방향이 반대방향이다.
- 수분이 많은 저질 폐기물에 적합하다.

② **병류식**
- 폐기물의 흐름방향과 연소가스의 흐름방향이 평행하게 같은 방향이다.
- 착화성이 좋고 발열량이 높은 양질의 폐기물에 적합하다.

③ **중간류식**
- 역류(향류)식과 병류식의 중간적인 형식이다.
- 양자의 흐름이 교차하여 폐기물의 질의 변동폭이 클 때 적합하다.

④ **2회류식**
- 폐기물 흐름의 상류와 하류 측 여러 가스 출구를 가지고 있다.

[4] 소각로 구조에 따른 분류

① 고정상식   ② 화격자식(스토커 방식)
③ 유동층식   ④ 회전로식
⑤ 다단로식   ⑥ 부유연소방식과 분무연소방식

[5] 소각로에 사용하는 내화벽돌의 종류

점토질 벽돌, 규석 벽돌, 마그네시아 벽돌, 크롬 벽돌, 알루미나 벽돌 등

문제 01 소각로내 연소가스와 폐기물 흐름에 따른 조작방법에 대한 설명으로 옳지 않은 것은?

① 역류식은 수분이 많고 저위발열량이 낮은 쓰레기에 적합하며 후연소내의 온도저하나 불완전연소의 염려가 없다.
② 병류식은 이송방향과 연소가스의 흐름방향이 같은 형식으로 건조대에서의 건조효율이 저하될 수 있다.
③ 교류식은 역류식과 병류식의 중간적인 형식이다.
④ 복류식은 2개의 출구를 가지고 있고 댐퍼의 개폐로 역류식, 병류식, 교류식으로 조절할 수 있어 폐기물의 질이나 저위발열량의 변동이 심할 경우에 사용한다.

해설 역류식은 수분이 많고 저위발열량이 낮은 쓰레기에 적합하나 후연소내의 온도저하 및 불완전연소의 염려가 있다.

문제 02 폐기물의 이송방향과 연소가스의 흐름방향에 따라 소각로를 분류한다면 폐기물의 발열량이 상당히 높은 경우에 사용하기 가장 적절한 소각로 방식은?

① 교차류식 소각로
② 역류식 소각로
③ 2회류식 소각로
④ 병류식 소각로

해설 병류식은 양자의 흐름이 평행하게 되는 형식으로 착화성이 좋고 발열량이 높은 양질의 폐기물에 적합하다.

문제 03 소각로내 연소가스와 폐기물 흐름에 따른 조작방법에 대한 설명으로 옳지 않은 것은?

① 병류식은 폐기물 이송방향과 연소가스의 흐름방향이 같은 형식으로 건조대에서의 건조효율이 저하될 수 있다.
② 역류식은 수분이 적고 저위발열량이 낮은 쓰레기에 적합하며 후연소내의 온도저하나 불완전연소의 염려가 없다.
③ 교류식은 역류식과 병류식의 중간적인 형식이다.
④ 복류식은 2개의 출구를 가지고 있고 댐퍼의 개폐로 역류식, 병류식, 교류식으로 조절할 수 있어 폐기물의 질이나 저위발열량의 변동이 심할 경우에 사용한다.

해설 역류식은 수분이 많고 저위발열량이 낮은 쓰레기에 적합하나 후연소 내의 온도저하 및 불완전연소의 염려가 있다.

정답 01.① 02.④ 03.②

5.5 고정상 소각로

① 소각로 내의 화상위에 폐기물을 쌓아서 연소시키는 방식이다.
② 화상위에 폐기물을 쌓는 방식에는 경사고정상식, 수평고정상식, 다단로상식이 있다.
③ 플라스틱과 같이 열에 의해 용융되는 물질의 소각에 적당하다.
④ 교반력이 약하여 국부가열의 우려가 있다.
⑤ 체류시간이 길어 온도반응이 느리며 보조연료의 조절이 어렵다.

5.6 화격자(스토커) 소각로

[1] 개요

① 화격자 윗부분에서 폐기물을 공급, 화격자 밑에서 송풍한다.
② 재는 화격자 밑으로 떨어진다.
③ 화격자는 구동방식에 따라 고정화격자와 구동화격자로 구분된다.
④ 화격자 종류에는 계단식, 반전식, 역송식, 병렬계단식, 회전롤러식, 부채형식 등이 있다.
⑤ 반전식(Traveling back stoker)은 여러 개의 부채형 화격자를 노폭 방향으로 병렬로 조합하고, 한 조의 화격자를 형성하여 편심 캠에 의한 역주형 Grate로 되어 있다.

[2] 장점

① 도시 폐기물 소각의 대표적인 방식이다.
② 연속적 소각 및 대량 소각이 가능하다.
③ 수분이 많거나 발열량이 낮은 폐기물의 소각에 주로 적용된다.
④ 유동층식에 비하여 비산 분진량이 적다.
⑤ 유동층식에 비하여 내구 연한이 길다.
⑥ 전처리시설이 필요하지 않다.

[3] 단점

① 체류시간이 길고 교반력이 약하여 국부가열의 우려가 있다.
② 용융물질에 의한 화격자 막힘 현상, 구동 부분의 마모 손실 등이 발생한다.
③ 휘발성분이 많고 열분해하기 쉬운 물질을 태울 경우에는 공기를 위쪽에서 아래쪽으로 통과시키는 하향식 연소방식을 쓴다.
④ 고온 중에서 기계적으로 구동하기 때문에 금속부의 마모손실이 심하다.
⑤ 소각로의 정지, 가동 조작이 불편하다.

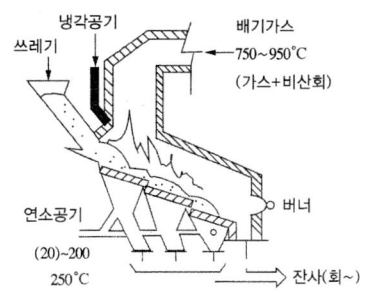

[그림] 화격자 소각로

문제 01 소각로 화격자에서 고온부식은 국부적으로 연소가 심한 장소에서 화격자의 온도가 상승함에 따라 발생한다. 방식대책으로 틀린 것은?

① 화격자의 냉각률을 올린다.
② 교반력을 줄여 화격자의 과열을 막는다.
③ 부식되는 부분에 고온공기를 주입하지 않는다.
④ 화격자의 재질을 고 크롬, 저 니켈강으로 한다.

해설 체류시간이 길고 교반력이 약하여 국부가열의 염려가 있으므로 교반력을 증대한다.

문제 02 화격자 연소기의 장단점에 대한 설명으로 옳지 않은 것은?

① 연속적인 소각과 배출이 가능하다.
② 경사 Stoker 방식의 경우, 수분이 많은 것이나 발열량이 낮은 것도 어느 정도 소각이 가능하다.
③ 체류시간이 짧고 교반력이 강하여 국부가열의 염려가 있다.
④ 고온 중에서 기계적으로 구동하기 때문에 금속부의 마모손실이 심하다.

해설 체류시간이 길고 교반력이 약하여 국부가열의 염려가 있다.

문제 03 화격자 연소기의 장단점에 관한 내용으로 틀린 것은 어느 것인가?

① 연속적인 소각과 배출이 가능하다.
② 수분이 많거나 열에 쉽게 용해되는 물질의 소각에 주로 적용된다.
③ 체류시간이 길고 교반력이 약하여 국부가열의 염려가 있다.
④ 고온 중에서 기계적으로 구동하기 때문에 금속부의 마모손실이 심하다.

해설 수분이 많거나 발열량이 낮은 폐기물의 소각에 주로 적용되며, 용융물질은 화격자 막힘 현상이나 구동부분의 마모손실 등이 발생한다.

정답 01.② 02.③ 03.②

문제 04 화격자(Grate or Stoker) 연소기에 관한 설명으로 거리가 먼 것은?

① 고온 중에서 기계적으로 구동하므로 금속부의 마모손실이 심한 편이다.
② 체류시간이 짧고, 교반력이 강하며, 열에 쉽게 융융되는 물질의 소각에 효과적이다.
③ 경사 stoker방식은 수분이 많은 것이나 발열량이 낮은 것도 어느 정도 소각이 가능하다.
④ 휘발성분이 많고 열분해하기 쉬운 물질을 태울 경우에는 공기를 위쪽에서 아래쪽으로 통과시키는 하향식 연소방식을 쓴다.

해설 체류시간이 길고 교반력이 약하여 국부가열의 염려가 있다.

문제 05 스토커식 소각로에 있어서 여러개의 부채형 화격자를 로폭(爐幅) 방향으로 병렬로 조합하고, 한 조의 화격자를 형성하여 편심 캠에 의한 역주행 Grate로 되어 있는 연소장치의 종류는 어느 것인가?

① 반전식(Traveling back Stoker)
② 계단식(Multi stepped pushing grate Stoker)
③ 병열계단식(Rows forced feed grate Stoker)
④ 역동식(Pushing back grate Stoker)

해설 반전식에 대한 설명이다.

문제 06 연소 배출 가스량이 5400Sm³/hr인 스토커식 소각시설의 굴뚝에서 정압을 측정하였더니 20mmH₂O였다. 여유율 20%인 송풍기를 사용할 경우 필요한 소요 동력(kW)은 얼마인가? (단, 송풍기 정압효율 80%, 전동기 효율 70%이다.)

① 약 0.18 kW ② 약 0.32 kW
③ 약 0.63 kW ④ 약 0.87 kW

해설 $kW = \dfrac{PS \times Q}{102 \times \eta_1 \times \eta_2} \times \alpha$

$kW = \dfrac{20 mmH_2O \times 5400 Sm^3/hr \times 1hr/3600sec}{102 \times 0.80 \times 0.70} \times 1.2 = 0.63 kW$

정답 04.② 05.① 06.①

5.7 다단 소각로

[1] 개요
① 소각로 각 단의 상부로 소각대상물이 투입된다.
② 투입된 소각대상물은 중앙부분에 설치된 교반기에 의해 교반되며 하단으로 이동한다.
③ 하단에서는 조연장치에 의하여 고온의 가스가 상승하면서 건조 및 연소한다.
④ 상단은 건조지역, 가운데 단은 연소, 하단은 냉각지역으로 구성된다.
⑤ 다단로는 내화물을 입힌 가열판, 중앙의 회전축, 일련의 평판상으로 구성되어 있다.

[2] 장점
① 다량의 수분이 증발되므로 수분함량이 높은 폐기물의 연소도 가능하다.
② 물리·화학적 성분이 다른 각종 폐기물을 처리할 수 있다.
③ 많은 연소영역이 있어 연소효율을 높일 수 있다.
④ 온도제어가 용이하고 동력이 적게 들며 운전비가 저렴하다.
⑤ 액상 및 기상 폐기물의 이용은 보조연료의 양을 감소시켜 운전비용을 감할 수 있는 경제적 이점이 있다.
⑥ 천연가스, 프로판, 오일, 폐유 등 다양한 연료를 사용할 수 있다.

[3] 단점
① 체류시간이 길어 휘발성이 적은 폐기물의 연소에 유리하다.
② 온도반응이 느리기 때문에 보조연료의 조절이 어렵다.
③ 분진 발생률이 높다.
④ 유해폐기물의 완전분해를 위해서는 2차 연소실이 필요하다.
⑤ 가동부분이 많아 고장율이 높다.
⑥ 24시간 연속운전을 필요로 한다.
⑦ 1000℃ 이상 연속운전을 해야 하기 때문에 내화물의 손상이 쉽다.

문제 01 연소기 중 다단로의 장단점으로 틀린 것은?

① 분진 발생률이 높다.
② 체류시간이 길어 휘발성이 적은 폐기물연소에 유리하다.
③ 온도반응이 비교적 신속하여 보조연료사용 조절이 용이하다.
④ 많은 연소영역이 있어 연소효율을 높일 수 있다.

해설 온도반응이 느리기 때문에 보조연료의 조절이 어렵다.

문제 02 다단로식 소각로에 관한 설명으로 옳지 않은 것은?

① 유해폐기물의 완전분해를 위해서는 2차 연소실이 필요하다.
② 액상 및 기상 폐기물의 이용은 보조연료의 양을 감소시켜 운전비용을 감할 수 있는 경제적 이점이 있다.
③ 건조, 연소 등 가동영역이 다양하여 먼지 발생율이 낮고, 2차 연소실이 불필요하다.
④ 체류시간이 길어 특히 휘발성이 적은 폐기물 연소에 유리하다.

해설 먼지 발생율이 높고, 2차 연소실이 필요하다.

문제 03 다단로방식 소각로의 장단점으로 옳지 않은 것은?

① 유해폐기물의 완전분해를 위한 2차 연소실이 필요 없다.
② 분진발생량이 높다.
③ 휘발성이 적은 폐기물 연소에 유리하다.
④ 체류시간이 길기 때문에 온도반응이 더디다.

해설 유해폐기물의 완전분해를 위해서는 2차 연소실이 필요하다.

문제 04 다단로 소각로방식에 관한 내용으로 잘못된 것은 어느 것인가?

① 온도제어가 용이하고 동력이 적게 들며 운전비가 저렴하다.
② 수분이 적고 혼합된 슬러지 소각에 적합하다.
③ 가동부분이 많아 고장율이 높다.
④ 24시간 연속운전을 필요로 한다.

해설 수분이 많고 혼합된 슬러지 소각에 적합하다.

정답 01.③ 02.③ 03.① 04.②

문제 05 연소기 중 다단로의 장 · 단점으로 틀린 것은 어느 것인가?

① 열용량이 높아 분진 발생율이 낮다.
② 체류시간이 길어 휘발성이 적은 폐기물연소에 유리하다.
③ 늦은 온도반응 때문에 보조연료사용을 조절하기가 어렵다.
④ 많은 연소영역이 있어 연소효율을 높일 수 있다.

해설 열용량이 낮아 분진 발생율이 높다.

문제 06 슬러지를 유동층 소각로로서 소각시키는 경우와 다단로에서 소각시키는 경우의 차이에 대한 설명으로 옳지 않은 것은?

① 유동층 소각로에서는 주입 슬러지가 고온에 의하여 급속히 건조되어 큰 덩어리를 이루면 문제가 일어나게 된다.
② 유동층 소각로에서는 유출모래에 의하여 시스템의 보조기기들이 마모되어 문제점을 일으키기도 한다.
③ 유동층 소각로는 고온영역에서 작동되는 기기가 없기 때문에 다단로보다 유지관리가 용이하게 된다.
④ 유동층 소각로의 연소온도가 다단로의 연소온도보다 높다.

해설 다단로는 1000℃ 이상 연속운전을 해야 하기 때문에 내화물의 손상이 쉽다.

문제 07 폐기물 처리를 위한 소각로 형식중 '다단로'의 장점으로 틀린 것은?

① 체류시간이 길어 특히 휘발성이 낮은 폐기물의 연소에 유리하다.
② 수분함량이 높은 폐기물의 연소도 가능하다.
③ 물리, 화학적 성분이 다른 각종 폐기물을 처리할 수 있다.
④ 온도반응이 빠르고 분진발생률이 낮다.

해설 온도반응이 느리기 때문에 보조연료의 조절이 어렵고, 분진발생률이 높다.

정답 05.① 06.④ 07.④

5.8 로타리킬른(회전로) 소각로

[1] 개요
① 시멘트를 건조 소성하는 시멘트 킬른소각로에서 유래하였다.
② 원통형 회전노체의 경사 0.5~8%, 연소온도 800~1600℃, 회전속도 0.2~2.5 rpm정도이다.
③ 회전노체 상부에 소각물을 투입하면 하부로 이동하며 연소가 된다.
④ 연소가 완결되면 하부로 재가 배출된다.

[2] 장점
① 습식가스 세정시스템과 함께 사용할 수 있다.
② 예열이나 혼합 등 전처리가 거의 필요 없다.
③ 드럼이나 대형용기를 파쇄하지 않고 그대로 투입할 수 있다.
④ 예열, 혼합, 파쇄 등 전처리 등의 전처리가 필요 없다.
⑤ 넓은 범위의 액상 및 고상 폐기물을 소각할 수 있다.
⑥ 폐기물의 성상변화에 적응성이 강하다.
⑦ 용융상태의 물질에 의하여 방해받지 않는다.
⑧ 공급장치의 설계에 있어서 유연성이 있다.

[3] 단점
① 열효율이 낮고 먼지발생이 많다.
② 처리량이 적은 경우 설치비가 높다.
③ 로에서의 공기유출이 크므로 종종 과잉공기가 필요하다.
④ 대기오염 제어시스템에 분진부하율이 높다.
⑤ 비교적 열효율이 낮은 편이다.

문제 01 로타리 킬른식(rotary kiln)소각로의 특징에 대한 설명으로 틀린 것은?

① 습식가스 세정시스템과 함께 사용할 수 있다.
② 넓은 범위의 액상 및 고상 폐기물을 소각할 수 있다.
③ 용융상태의 물질에 의하여 방해받지 않는다.
④ 예열, 혼합, 파쇄 등 전처리 후 주입한다.

해설 예열, 혼합, 파쇄 등 전처리 등의 전처리가 필요 없다.

문제 02 로타리 킬른식(Rotary Kiln) 소각로의 단점이라 볼 수 없는 것은?

① 처리량이 적은 경우 설치비가 높다.
② 용융상태의 물질에 대하여 방해를 받는다.
③ 로에서의 공기유출이 크므로 종종 대향의 과잉공기가 필요하다.
④ 대기오염 제어시스템에 분진부하율이 높다.

해설 용융상태의 물질에 의하여 방해받지 않는다.

문제 03 회전로(Rotary kiln)에 대한 설명으로 옳지 않은 것은?

① 원통형 소각로의 길이와 직경의 비는 약 2~10이다.
② 원통형 소각로의 회전속도는 3~15 rpm정도이다.
③ 처리율은 보통 45kg/hr~2ton/hr 으로 설계된다.
④ 연소온도는 800~1600℃ 정도이다.

해설 원통형 소각로의 회전속도는 0.2~2.5 rpm정도이다.

문제 04 회전로 소각방식의 장단점과 가장 거리가 먼 것은?

① 비교적 열효율이 낮은 편이다.
② 경사진 구조로 용융상태의 물질은 소각에 방해를 받는다.
③ 대체로 예열, 혼합, 파쇄 등 전처리 없이 주입이 가능하다.
④ 대기오염 제어시스템에 분진부하율이 높다.

해설 용융상태의 물질에 의하여 방해받지 않는다.

정답 01.④ 02.② 03.② 04.②

5.9 유동층 소각로

[1] 개요
① 모래와 같은 유동매체를 공기 분산판 위에 충진한다.
② 고속의 뜨거운 공기를 주입하면 유동매체는 부상하여 유동층을 형성한다.
③ 노의 하부로부터 고속으로 공기를 주입하여 유동매체 전체를 부상시켜 연소한다.
④ 유동상 매질의 조건은 불활성, 내마모성, 균일한 입도, 높은 융점, 비중이 작아야 한다.
⑤ 구성인자로 Wind Box, Tuyeres, Free Board층 등의 인자가 있다.

[2] 장점
① 반응시간이 빨라 소각시간이 짧다.
② 폐유, 폐윤활유, PCB 등의 소각에 탁월한 성능이 있다.
③ 유동매체의 열용량이 커서 액상, 기상, 고형폐기물의 완전연소가 가능하며 2차 연소실이 불필요 하다.
④ 유동매체의 축열량이 높은 관계로 단기간 정지 후 가동 시 보조연료 사용 없이 정상가동이 가능하다.
⑤ 가스의 온도와 과잉공기량이 낮아서 질소산화물도 적게 배출된다.
⑥ 구조가 간단하고 유지관리가 용이하다.
⑦ 로내 고온영역에서 기계적 가동부분이 적어 고장율이 낮다.
⑧ 연소율이 높아 미연소분 배출이 적다.

[3] 단점
① 유동매체의 마모 소실에 따른 보충이 필요하다.
② 주입 슬러지가 고온에 의하여 급속히 건조되어 큰 덩어리를 이루면 문제가 일어나게 된다.
③ 유출모래에 의하여 시스템의 보조기기들이 마모되어 문제점을 일으키기도 한다.
④ 투입이나 유동화를 위해 파쇄가 필요하다.
⑤ 상(床)으로부터 찌꺼기의 분리가 어렵다.

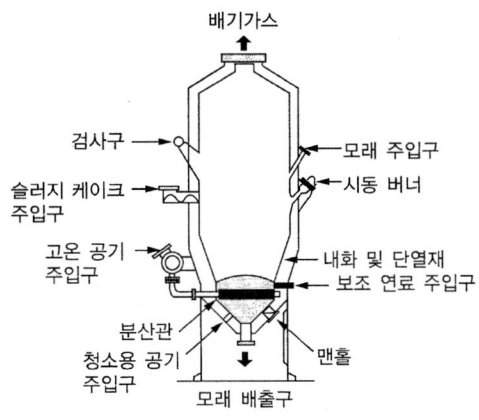

[그림] 유동층 소각로

문제 01 유동층 소각로의 장점에 대한 설명 중 옳지 않은 것은?

① 투입이나 유동화를 위해 파쇄가 필요하다.
② 유동매체의 큰 열용량 때문에 전소 및 혼소가 가능하다.
③ 로내 기계적 가동부분이 적어 고장율이 낮다.
④ 연소율이 높아 미연소분 배출이 적고 2차 연소실이 불필요하다.

해설 단점으로 투입이나 유동화를 위해 파쇄가 필요하다.

문제 02 유동층 소각로의 장점이 아닌 것은?

① 연소효율이 높아 미연소분의 배출이 적고 2차 연소실 활용이 가능하다.
② 유동매체의 열용량이 커서 액상, 기상, 고형폐기물의 전소 및 혼소가 가능하다.
③ 유동매체의 축열량이 높은 관계로 단기간 정지 후 가동 시 보조연료 사용 없이 정상가동이 가능하다.
④ 가스의 온도와 과잉공기량이 낮아서 질소산화물도 적게 배출된다.

해설 연소율이 높아 미연소분 배출이 적고 2차 연소실이 불필요하다.

문제 03 소각로의 종류 중 유동층 소각로(Fluidized Bed Incinerator)를 구성하고 있는 구성인자가 아닌 것은?

① Wind Box ② 역동식 화격자
③ Tuyeres   ④ Free Board층

해설 유동층 소각로는 바람박스, 바람, 유동층 등의 인자가 있다.

정답 01.① 02.① 03.②

문제 04 슬러지를 유동층 소각로로서 소각시키는 경우와 다단로에서 소각시키는 경우의 차이에 대한 설명으로 옳지 않은 것은?

① 유동층 소각로에서는 주입 슬러지가 고온에 의하여 급속히 건조되어 큰 덩어리를 이루면 문제가 일어나게 된다.
② 유동층 소각로에서는 유출모래에 의하여 시스템의 보조기기들이 마모되어 문제점을 일으키기도 한다.
③ 유동층 소각로는 고온영역에서 작동되는 기기가 없기 때문에 다단로보다 유지관리가 용이하게 된다.
④ 유동층 소각로의 연소온도가 다단로의 연소온도보다 높다.

해설 유동층 소각로는 700~800℃, 다단로는 900~1100℃에서 운전한다.

문제 05 유동층소각로에 있어서 유동매체의 구비조건으로 거리가 먼 것은?

① 비중이 클 것
② 융점이 높을 것
③ 불활성일 것
④ 입도분포가 균일할 것

해설 유동상 매질의 조건은 불활성, 내마모성, 균일한 입도, 높은 융점, 비중이 작아야 한다.

문제 06 유동층소각로의 장,단점을 설명한 것 중 틀린 것은?

① 유동매체의 열용량이 크며 기계적 구동부분이 적어 고장율이 낮다.
② 연소효율이 높아 미연소분이 적고 2차 연소실이 불필요하다.
③ 로내 온도의 자동제어로 열회수가 용이하다.
④ 매체의 유동을 위해서 다량의 과잉공기가 필요함에 따라 NOx가 다량 배출된다.

해설 가스의 온도와 과잉공기량이 낮아서 질소산화물도 적게 배출된다.

문제 07 유동층 소각로의 특징이라 할 수 없는 것은?

① 상(床)으로부터 찌꺼기의 분리가 어렵다.
② 기계적 구동부분이 많아 고장율이 높다.
③ 유동매체의 축열량이 높은 관계로 단기간 정지 후 가동시에 보조연료 사용 없이 정상 가동이 가능하다.
④ 연소효율이 높아 미연소분의 배출이 적고 2차 연소실이 불필요하다.

해설 기계적 구동부분이 적어 고장율이 낮다.

정답 04.④ 05.① 06.④ 07.②

5.10 액체 주입형 연소기

[1] 개요
① 연소방식에는 부유연소방식과 분무연소방식(액체 주입형 연소기)이 있다.
② 부유연소방식은 공기나 수증기를 강제로 송풍하여 폐기물을 부유시켜 연소한다.
③ 통풍방식에는 자연통풍과 가압통풍(가압통풍, 흡인통풍, 평형통풍)이 있다.
④ 분무연소방식은 슬러리상 또는 액상 폐기물을 분무하여 연소하는 방식이다.

[2] 장점
① 광범위한 종류의 액상폐기물을 연소할 수 있다.
② 대기오염 방지시설 이외에는 소각재의 처리설비가 필요 없다.
③ 구동장치가 없어서 고장이 적다.
④ 기술적 개발이 잘되어 있다.
⑤ 온도에 대한 반응이 빠르다.

[3] 단점
① 불완전연소가 발생한다.
② 완전연소로 내화물의 파손을 막아 주어야 한다.
③ 고농도 고형분으로 인하여 버너가 막히기 쉽다.
④ 대량 처리가 어렵다.
⑤ 급격한 온도변화로 내화물 파손이 일어난다.

문제 01 액체 주입형 소각로의 단점이 아닌 것은?
① 대기오염방지시설 이외에 소각재 처리시설이 필요하다.
② 완전히 연소시켜 주어야 하며 내화물의 파손을 막아 주어야 한다.
③ 고농도 고형분으로 인하여 버너가 막히기 쉽다.
④ 대량 처리가 어렵다.

해설 대기오염 방지시설 이외에는 소각재의 처리설비가 필요 없다.

정답 01.①

문제 02 액체 주입형 연소기에 관한 설명으로 틀린 것은?

① 소각재의 배출설비가 없으므로 회분함량이 낮은 액상폐기물에 사용한다.
② 노즐 등 구동장치가 많아 고장이 잦고 운영비가 비교적 많이 소요된다.
③ 고형분의 농도가 높으면 버너가 막히기 쉽고 대량 처리가 어렵다.
④ 하방점화 방식의 경우에는 염이나 입상물질을 포함한 폐기물의 소각이 가능하다.

해설 구동장치가 없어서 고장이 적다.

문제 03 액상폐기물의 소각처리를 위하여 액체 주입형 연소기(Liquid Injection Incinerator)를 사용하고자 할 때 장점으로 틀린 것은 어느 것인가?

① 광범위한 종류의 액상폐기물을 연소할 수 있다.
② 대기오염 방지시설 이외에 소각재의 처리설비가 필요없다.
③ 구동장치가 없어서 고장이 적다.
④ 대량처리가 가능하다.

해설 대량처리가 불가능하다.

문제 04 소각로의 통풍장치 중 강제통풍 방법과 가장 거리가 먼 것은?

① 진공통풍　　② 가압통풍　　③ 흡입통풍　　④ 평형통풍

해설 통풍방식에는 자연통풍과 가압통풍(가압통풍, 흡인통풍, 평형통풍)이 있다.

정답 02.② 03.④ 04.①

6. 대기오염물질

6.1 황산화물(SOx)

① SO_2는 타지 않는 무색의 자극성 기체로 SO_x화합물의 양을 산출시 SO_2로 산출한다.

$$S + O_2 \rightarrow SO_2$$

② 저황성분의 대체연료를 사용하여 제어한다.
③ 높은 굴뚝을 이용하여 대기 중에 확산시켜 지면의 착지농도를 저하한다.
④ 중유의 탈황방법
- 접촉수소화 탈황은 실용적이며 많이 사용되는 탈황법이다.
- 금속산화물에 의한 흡착탈황
- 미생물에 의한 생화학적 탈황
- 방사선 화학에 의한 탈황

⑤ 배기가스의 탈황법(FGD, Flue Gas Desulfurization)
- 흡수법 : 건식 석회석 주입, 석회 세정, 알칼리 세정, 활성망간에 흡착, 산화마그네슘에 흡수 등의 방법이 있다.
- 흡착법 : 활성탄으로 흡착
- 산화법 : 촉매(접촉)산화

[표] 건식 습식 탈황법의 장·단점

구분	건식 탈황법	습식 탈황법
장점	• 용수 소모량이 적다. • 처리비용이 적다. • 초기 투자비가 적다. • 에너지 소모가 적다. • 배가스의 재가열이 필요없다.	• 처리효율이 높다. • 장치 설비가 작다. • 부하변동에 강하다. • 흡수제가 저가이다.
단점	• 제거율이 낮다. • 부하변동에 약하다. • 흡수제가 고가이다. • 장치 설비가 크다.	• 용수 소모량이 많다. • 다량의 폐수가 발생한다. • 부식 마모가 심하다. • 에너지 소모가 크다. • 배가스의 재가열이 필요하다.

⑥ 석회석 흡수법은 유지관리비가 저렴하며 소규모 보일러에 적합하나, 배가스 온도가 높고 석회분말 안으로 침투가 어려워 제거효율이 낮다.

$CaCO_3 \rightarrow CaO + CO_2$ 소성과정

$CaO + H_2O \rightarrow Ca(OH)_2$

$CaCO_3 + CO_2 + H_2O \rightarrow CaSO_3 \cdot 2H_2O \downarrow + 2CO_2$

$CaSO_3 \cdot 2H_2O + \frac{1}{2}O_2 \rightarrow CaSO_4 \cdot 2H_2O \downarrow$

문제 01 황 함유량이 3.2%인 중유 10t을 완전연소할 때, 생성되는 SO_2의 부피는?(단, 표준상태를 기준으로 하며, 중유 중의 황은 전량 SO_2로 배출된다고 가정한다)

① $32Sm^3$
② $64Sm^3$
③ $140Sm^3$
④ $224Sm^3$

해설
$S + O_2 \rightarrow SO_2$
$32 \quad\quad\quad : 22.4$
$10000kg \times 0.032 : x \quad \therefore x = 224\,Sm^3$

문제 02 황(S)함유량이 2.5%이고 비중이 0.87인 중유를 350L/h로 태우는 경우 SO_2 발생량(Sm^3/h)은?(단, 황성분은 전량이 SO_2로 전환되며, 표준상태 기준)

① 약 2.7 ② 약 3.6 ③ 약 4.6 ④ 약 5.3

해설
$S + O_2 \rightarrow SO_2$
$32 \quad : \quad 22.4$
$350 \times 0.87 \times 0.025 : x \quad \therefore x = 5.32\,Sm^3/hr$

문제 03 황(S)함량이 2.0%인 중유를 시간당 5ton으로 연소시킨다. 배출가스 중의 SO_2를 $CaCO_3$로 완전히 흡수시킬 때 필요한 $CaCO_3$의 양을 구하면? (단, 중유중의 황성분은 전량 SO_2로 연소된다)

① 278.3kg/hr
② 312.5kg/hr
③ 351.7kg/hr
④ 379.3kg/hr

해설
$S + O_2 \rightarrow SO_2 \rightarrow CaCO_3$ *SO_2와 $CaCO_3$는 1 : 1반응
$32kg \quad\quad\quad : 100kg$
$0.02 \times 5000kg : x \quad \therefore x = 312.5\,kg/hr$

정답 01.④ 02.④ 03.②

문제 04 황(S) 성분이 1.6wt%인 중유가 2000kg/h 연소하는 보일러 배출가스를 NaOH 용액으로 처리할 때, 시간당 필요한 NaOH의 양(kg)은? (단, 황성분은 완전연소하여 SO_2로 되며, 탈황율은 95%이다)

① 76 ② 82
③ 84 ④ 89

해설 $S + O_2 \rightarrow SO_2 + 2NaOH \rightarrow Na_2SO_3 + H_2O$
$32kg \quad\quad\quad\quad : 2 \times 40kg$
$0.016 \times 2000 \times 0.95 : \quad x \quad\quad\quad \therefore x = 76 kg/hr$

문제 05 배기가스 중 황산화물을 제거하기 위한 방법으로 옳지 않은 것은?

① 전자선 조사법 ② 석회흡수법
③ 활성망간법 ④ 무촉매환원법

해설 황산화물을 제거하기 위한 방법에는 활성망간 등의 금속산화물에 의한 흡착탈황, 방사선 등의 전자선 조사에 의한 탈황, 석회흡수법 등이 있다.

문제 06 소각로 배기가스 중 황산화물(SO_2)을 제거하기 위한 석회흡수법의 장점으로 옳지 않은 것은?

① 석회석 값이 저렴하여 운영비의 부담이 적다.
② 배기가스의 온도가 떨어지지 않는다.
③ 소규모 보일러에 적용이 가능하다.
④ SO_2가 석회석 분말표면에 침투가 용이하여 제거효과가 높다.

해설 SO_2가 석회석 분말표면에 침투가 어려워 제거효과가 낮다.

문제 07 SO_2 $100\mu g/m^3$을 ppm으로 환산하면?

① 0.035ppm ② 0.44ppm ③ 35ppm ④ 44ppm

해설 $100\mu g/m^3 \rightarrow 0.1 mg/m^3$
$SO_2 \quad : \quad$ 부피
$64mg \quad : \quad 22.4mL$
$0.1mg/m^3 : \quad x \quad \therefore x = 0.035 mL/m^3 ≒ 0.035 ppm$

정답 04.① 05.④ 06.④ 07.①

문제 08 NH_3 $22mg/m^3$을 ppm으로 환산하면?

① 12ppm ② 19ppm ③ 22ppm ④ 29ppm

해설 $ppm \to mL/m^3 \to g/m^3$

NH_3 : 부피
17mg : 22.4mL
$22mg/m^3$: x

$\therefore x = \dfrac{22mg}{17mg} \bigg| \dfrac{22.4mL}{m^3} = 28.99 mL/m^3 ≒ 28.99 ppm$

문제 09 SO_2 0.06ppm을 $\mu g/m^3$으로 환산하면?

① $171 \mu g/m^3$ ② $182 \mu g/m^3$ ③ $187 \mu g/m^3$ ④ $190 \mu g/m^3$

해설 $0.06ppm \to 0.06 mL/m^3$

SO_2 : 부피
64mg : 22.4mL
x : $0.06 mL/m^3$

$\therefore x = 0.171 mg/m^3 ≒ 171 \mu g/m^3$

정답 08.④ 09.①

6.2 질소산화물(NO_x)

[1] 연소 시 발생되는 NO_x의 종류

① fuel NO_x는 연소 시 연료 중에 함유된 질소성분이 산화되어 발생한다.

$N + O_2 \to NO_2$

② thermal NO_x는 고온에서 공기 중 질소가 산화되어 생성된다.

$N_2 + O_2 \to 2NO$

③ prompt NO_x는 탄화수소 연료가 연소 시 화염에서 공기 중 질소와의 반응으로 생성된다.

$N_2 + CH \to HCN + N$

$N + O_2 \to NO_2$

[2] 질소산화물의 발생방지법

① 연소용 공기온도를 조절하여 저온에서 연소한다.

② 연소부분을 냉각한다.

③ 과잉공기량을 감소시켜 저산소 연소한다.

④ 2단 연소, 단계적 연소를 한다.

⑤ 배가스를 재순환 한다.

⑥ 저 NO_x 버너사용 및 연소실의 구조를 개선한다.

⑦ 수증기의 분무로 NO_x 발생을 억제한다.

[3] 배기가스의 탈질방법

① 흡수법 : NO_x는 물, 황산, 수산화물, 탄산염, 유기용액에 잘 흡수된다.

② 흡착법 : 활성탄 등의 흡착제로 제거한다.

③ 촉매환원법 : 백금, 파라듐, Al_2O_3, TiO_2, V_2O_5, Cr_2O_3 등의 촉매를 사용 N_2로 환원처리 한다.

④ 선택적 촉매환원법(SCR, Selective Catalytic Reduction)

Al_2O_3, TiO_2, V_2O_5, Cr_2O_3 등의 촉매를 사용 N_2로 환원처리 한다.

여기서 선택적은 NO_x와 NH_3의 반응을 의미한다.

$6NO + 4NH_3 \rightarrow 5N_2 + 6H_2O$

$6NO_2 + 8NH_3 \rightarrow 7N_2 + 12H_2O$

⑤ 비 선택적 촉매환원법(NSCR, Non-Selective Catalytic Reduction)

SO_x와 NO_x를 동시에 제거하는 반응기와 촉매를 사용한다.

$2NO_2 + CH_4 \rightarrow N_2 + CO_2 + 2H_2O$

⑥ 선택적 무촉매환원법(SNCR, Selective Non Catalytic Reduction)

연소공정의 후단에 환원제로 암모니아나 요소를 분사하여 고온에서 N_2로 환원처리 한다.

$2NO_2 + 4NH_4OH + O_2 \rightarrow 3N_2 + 10H_2O$

⑦ 무촉매환원법(NCR, Non Catalytic Reduction)

촉매를 사용하지 않고 NO를 암모니아로 환원시키는 방법이다.

$4NO + 4NH_3 + O_2 \rightarrow 4N_2 + 6H_2O$

[표] 선택적 무촉매 환원법과 촉매 환원법의 비교

비교 항목	선택적 무촉매 환원법(SNCR)	선택적 촉매 환원법(SCR)
NOx저감한계	50ppm	20~40ppm
제거효율	30~70%	90%
운전온도	850~950℃	300~400℃
소요면적	설치공간이 작다.	촉매탑 설치로 소요면적 크다.
암모니아 슬립	10~100ppm	5~100ppm
PCDD 제거	거의 없음	가능성 있음
경제성	설치비가 저렴하다.	설치비가 많이 든다.
고려사항	• 운전온도, 혼합정도 • 암모니아 슬립 • 처리효율	• 운전온도, 촉매정도 • 암모니아 슬립 • 촉매 교체비용 • 배기가스 재 가열
장 점	• 다양한 가스에 적용가능하다. • 장치가 간단하다. • 유지관리가 용이하다.	• 탈질효율이 높다. • 암모니아 슬립이 적다.
단 점	• 950℃이하로 연소온도를 제어 하여야 한다.	• 촉매로 유지관리비가 많이 든다. • 압력손실이 크고 먼지, SOx 등에 영향을 받는다. • 수명이 짧다.

문제 01 연소조절에 의하여 NO_x 발생을 억제하는 방법 중 옳지 않은 것은?

① 연소시 과잉공기를 삭감하여 저산소 연소시킨다.
② 연소의 온도를 높여서 고온 연소를 시킨다.
③ 버너 및 연소실 구조를 개량하여 연소실내의 온도분포를 균일하게 한다.
④ 화로 내에 물이나 수증기를 분무시켜서 연소시킨다.

해설 연소용 공기온도를 조절하여 저온에서 연소한다.

문제 02 다음 중 연소 시 질소산화물의 저감방법으로 가장 거리가 먼 것은?

① 배출가스 재순환
② 2단 연소
③ 과잉공기량 증대
④ 연소부분 냉각

해설 과잉공기량 또는 순산소량을 감소시켜 저산소 연소한다.

문제 03 소각시설의 연소온도가 너무 높을 때 주로 발생되는 대기오염물질은?

① 질소산화물
② 탄화수소류
③ 일산화탄소
④ 수증기와 재

해설 소각에서 질소산화물(NO_x)의 발생은 고온, 과잉공기, 긴 체류시간이 원인이다.

문제 04 과잉공기비(m)를 크게 하였을 때의 연소 특성으로 옳지 않은 것은?

① 연소실의 연소온도가 낮아진다.
② 통풍력이 강하여 배기가스에 의한 열손실이 크다.
③ 배기가스 중 질소산화물의 함량이 많아진다.
④ 연소가스 중의 CO 농도가 높아져 공해의 원인이 된다.

해설 과잉공기비를 크게 하면 연소가스 중의 메탄(CH_4), 일산화탄소(CO) 농도는 감소한다.

정답 01.② 02.③ 03.① 04.④

문제 05 NO 400ppm을 함유한 연소가스 300000Sm³/hr을 암모니아를 환원제로 하는 선택적 촉매 환원법으로 처리하고자 한다. NH₃의 반응율을 80%로 할 때 필요한 NH₃량(kg/hr)은?(단, 표준상태, 기타조건은 고려하지 않음)

$$6NO + 4NH_3 \rightarrow 5N_2 + 6H_2O$$

① 약 62 ② 약 69
③ 약 71 ④ 약 76

해설
6NO : 4NH₃
$6 \times 22.4 Sm^3$: $4 \times 17 kg$
$300000 Sm^3/hr \times \frac{400}{10^6}$: $x \times 0.8$

$$x = \frac{4 \times 17 kg}{6 \times 22.4 Sm^3} \Big| \frac{300000 Sm^3}{hr} \Big| \frac{400}{10^6} \Big| \frac{1}{0.8} = 75.89 kg/hr$$

문제 06 유해폐기물을 소각하였을 때 발생하는 물질로서 광화학스모그의 주된 원인이 되는 물질은?

① 염화수소 ② 일산화탄소
③ 메탄   ④ 일산화질소

해설 NOₓ는 광화학스모그의 주된 원인물질이다.

$$NOx + HC \xrightarrow{자외선} PAN(Peroxy\,Acetyl\,Nitrate), O_3, Aldehyde(CHO-R)$$

정답 05.④ 06.④

6.3 다이옥신

[1] 개요

① 다이옥신계 화합물의 원래명칭은 '폴리염화디벤조-p-다이옥신'으로 PCDD라고도 하며 독성이 가장 강하다.
② 또한 퓨란계 화합물은 다이옥신과 매우 유사하다.
③ 다이옥신은 2개의 벤젠고리, 2개의 산소원자, 2개 이상의 염소원자 구조로 되어있다.
④ 퓨란은 2개의 벤젠고리, 1개의 산소원자, 2개 이상의 염소원자 구조로 되어있다.

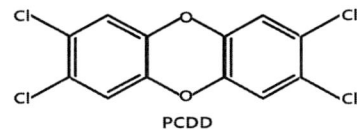
PCDD

⑤ 이성질체는 다이옥신이 75개, 퓨란이 135개를 가진다.

⑥ 다이옥신의 독성등가환산계수(TEF)란, 다이옥신 2,3,7,8-TCDD를 기준 1로 하여 다른 이성질체의 독성을 상대적으로 평가하는 계수이다.

[2] 제1차적(사전방지) 방법

① 쓰레기 중 PVC 또는 플라스틱류 등을 포함하고 있는 합성물질을 사전 제거한다.
② 소각로로 투입하는 폐기물의 양과 크기, 발열량, 수분 등을 균등하게 유지하여 연소실의 부하변동을 방지한다.

[3] 제2차적(로내 제어) 방법

① 완전연소 조건을 충족시킨다.
② 적절한 1차 공기량을 제어한다.
③ 850~950℃의 고온에서 분해한다.
④ 충분한 산소농도를 유지한다.
⑤ 2차 연소실을 확보하여 재연소한다.
⑥ 연소 시 발생하는 미연분의 양과 비산재의 양을 줄인다.
⑦ 2차 공기공급에 의한 미연분을 완전연소 한다.

[4] 제3차적(후처리) 방법

① 연소 후 급랭 조작한다.
② 보일러 연소실을 수관벽으로 구성한다.
③ 보일러 전열 면에 먼지 등의 퇴적을 방지한다.
④ 보일러 출구의 배출가스온도를 저하시킨다.
⑤ 배출가스의 체류시간을 단축한다.

[5] 배기가스의 처리

① 활성탄+석회 반응탑+여과집진 방식
② 활성탄으로 흡착 제거하는 방식
③ 반건식 반응탑+여과집진 방식
④ 다이옥신 분해 촉매(Fe, Cu, V_2O_5, TiO_2, Pd 등)에 의한 방식

문제 01 소각공정에서 발생하는 다이옥신에 관한 설명으로 옳지 않은 것은?

① 쓰레기 중 PVC 또는 플라스틱류 등을 포함하고 있는 합성물질을 연소시킬 때 발생한다.
② 연소시 발생하는 미연분의 양과 비산재의 양을 줄여 다이옥신을 저감할 수 있다.
③ 다이옥신 재형성 온도구역을 설정하여 재합성을 유도함으로써 제거할 수 있다.
④ 활성탄과 백필터를 적용하여 다이옥신을 제거하는 설비가 많이 이용된다.

해설 다이옥신의 생성은 250~300℃에서 최대 이므로 850~950℃의 고온에서 분해한다.

문제 02 다이옥신을 제어하는 촉매로 효과적이지 못한 것은?

① Al_2O_3
② V_2O_5
③ TiO_2
④ Pd

해설 촉매로는 Fe, Cu, V_2O_5, TiO_2, Pd 등이 있다.

문제 03 폐기물 소각공정에서 발생하는 다이옥신류 저감방안 및 제거기술에 관한 설명으로 가장 거리가 먼 것은?

① 소각로 예열에 의한 다이옥신 완전분해 제거기술을 도입한다.
② 소각로 배출가스의 재연소에 의한 제거기술을 도입한다.
③ 다이옥신 분해 촉매에 의한 제거기술을 도입한다.
④ 활성탄에 의한 흡착기술을 도입한다.

해설 다이옥신의 생성은 250~300℃에서 최대 이므로 예열이 아닌 온도를 빨리 급상승시켜야 한다.

문제 04 다이옥신을 억제시키는 방법으로 틀린 것은 어느 것인가?

① 제1차적(사전방지) 방법
② 제2차적(로내) 방법
③ 제3차적(후처리) 방법
④ 제4차적 전자선조사법

해설 후처리로 활성탄과 백필터를 적용하여 다이옥신을 제거하는 설비가 많이 이용된다.

정답 01.③ 02.① 03.① 04.④

문제 05 다이옥신의 로내 제어 방법이 맞는 것은?

① 온도는 300~400℃ 유지
② 연소가스는 400℃이하에서 연소실 체류시간 2초 이상 유지
③ 2차 공기공급에 의한 미연분의 완전연소
④ O_2의 농도를 25~30%로 지속 유지

해설 로내 제어방법으로 온도 860~920℃ 유지, 체류시간 단축, 충분한 산소공급, 미연분의 완전연소 등이 있다.

문제 06 도시폐기물의 소각으로 인하여 배출되는 다이옥신과 퓨란에 대한 설명으로 적합하지 않은 것은?

① 일반적으로 860~920℃에 도달하면 파괴
② 여러 가지 유기물과 염소공여체로부터 생성
③ 다이옥신의 이성체는 75개이고, 퓨란은 135개
④ 600℃이상에서 촉매화 반응에 의해 분진과 결합하여 생성

해설 다이옥신의 생성은 250~300℃에서 최대이며 850~950℃의 고온에서 분해한다.

문제 07 소각시 다이옥신(Dioxin)의 발생 억제 방법에 관한 설명으로 알맞지 않는 것은?

① 로내 온도를 300~350℃ 범위로 일정하게 운전하여 다이옥신성분 발생을 최소화 한다.
② 배기가스 conditioning시 칼슘 및 활성탄분말 투입 시설을 설치하여 다이옥신과 반응 후 집진함으로서 줄일 수 있다.
③ 유기 염소계 화합물(PVC 제품류) 반입을 제한한다.
④ 페인트가 칠해져 있거나 페인트로 처리된 목재, 가구류 반입을 억제, 제한한다.

해설 다이옥신의 생성은 250~300℃에서 최대이며 850~950℃의 고온에서 분해한다.

문제 08 다이옥신(Dioxin)의 저감방법으로 대표적 설비인 '활성탄+백필터'의 장단점으로 틀린 것은 어느 것인가?

① 체류시간이 길어 다이옥신 재형성 방지가 어렵다.
② 다이옥신과 중금속이 함께 흡착된다.
③ 파손 여과포의 교체회수가 많아 인력, 경비 부담이 크다.
④ 활성탄 주입량을 변경하면 제거효율을 어느 정도 변경 가능하다.

해설 체류시간이 짧아 다이옥신 재형성 방지가 유리하다.

정답 05.③ 06.④ 07.① 08.①

6.4 탈취

[1] 악취 원인물질

① 암모니아(NH_3)
② 메틸머캅탄(CH_3SH)
③ 황화수소(H_2S)
④ 다이메틸설파이드($(CH_3)_2S$)
⑤ 다이메틸다이설파이드($(CH_3)_2S_2$)
⑥ 트라이메틸아민($(CH_3)_3N$)
⑦ 아세트알데하이드(CH_3CHO)
⑧ 스타이렌($C_6H_5CH=CH_2$)
⑨ 트라이메틸아민(C_2H_5CHO)
⑩ 뷰티르알데하이드($CH_3CH_2CH_2CHO$)

[2] 탈취방법

① 수세법(水洗法)
② 활성탄(活性炭) 흡착법
③ 화학적 산화법
④ 흡수법(산알칼리 세정법)
⑤ 생물학적 제거법 (토양탈취, Bio-Filter법)
⑥ 연소법(직접 연소법, 촉매 연소법)

[표] 직접 연소법과 촉매 연소법의 특징

직접연소법	촉매 연소법
• 직접 연소하는 방법이다. • 유독성가스 또는 반응속도가 낮은 경우의 제거법으로 사용한다. • 오염물의 폭발한계점 또는 인화점을 잘 알아야 한다. • 고온에서 질소산화물이 생성될 염려가 있다.	• 촉매를 사용하여 연소한다. • 촉매는 연소 시 활성화 에너지를 낮추어 연소 효율을 증대 시킨다. • 황 화합물과 중금속이 함유된 분진에는 촉매의 활성이 떨어진다. • 분진은 부착으로 인한 막힘현상이 자주 발생한다.

문제 01 소각 시 탈취방법 중 직접연소법에 관한 설명으로 가장 거리가 먼 것은?

① 유독성가스의 제거법으로 사용하며 촉매사용 없이 직접연소하는 방법이다.
② 연소장치 설계 시 오염물의 폭발한계점 또는 인화점을 잘 알아야 한다.
③ 오염물의 발열량이 연소에 필요한 전체열량의 50%이상일 때 경제적으로 타당하다.
④ 반응속도가 낮은 경우 장치의 대형화로 인하여 부식 등 관리문제가 있다.

해설 직접연소법은 HC, H_2, NH_3, HCN 등의 유독성가스 또는 반응속도가 낮은 경우의 제거법으로 사용한다.

문제 02 염화수소를 함유하는 배기가스를 20kg의 수산화나트륨으로 처리하였다. 만약 수산화나트륨 93%가 반응하였다면 제거된 염화수소의 양은?(단, Na=23, Cl=35.5)

① 13kg ② 17kg ③ 21kg ④ 24kg

해설 HCl : NaOH
$36.5kg$: $40kg$
x : $20kg \times 0.93$ $\therefore x = 16.97kg$

문제 03 소각시 탈취방법 중 직접연소법을 적용할 때의 주의할 사항으로 틀린 것은 어느 것인가?

① 연소반응은 연료가 폭발한계보다 약간 적을 때 일어나며 폭발한계를 넘으면 일어나지 않는다.
② 오염물의 발열량이 연소에 필요한 전체열량의 50% 이상일 때 경제적으로 타당하다.
③ 연소장치 설계시 오염물의 폭발한계점 또는 인화점을 잘 알아야 한다.
④ 화염온도가 1400℃ 이상이 되면 질소산화물이 생성될 염려가 있다.

해설 연소반응은 연료가 폭발한계보다 약간 높을 때 일어난다.

문제 04 소각 시 탈취방법인 촉매법과 연소법(직접, 가열)에 관한 내용으로 알맞지 않은 것은?

① 직접연소법 : 연소장치 설계 시 오염물의 폭발한계점 또는 인화점을 잘 알아야 한다.
② 직접연소법 : HC, H_2, NH_3, HCN 및 유독성가스의 제거법으로 사용한다.
③ 촉매연소법 : 장치의 부식과 처리대상 가스의 제한이 없는 것이 장점이다.
④ 촉매연소법 : 촉매를 사용하여 연소에 필요한 활성화 에너지를 낮춤으로서 연소가 효과적으로 일어난다.

해설 촉매연소법은 황화합물과 중금속이 함유된 분진에는 촉매의 활성이 떨어지고 분진부착으로 인한 막힘현상이 자주 발생한다.

정답 01.④ 02.② 03.① 04.③

문제 05 폐기물 연소 후 배출되는 배기가스 중 염화수소 농도가 361ppm이고, 배기가스 부피가 2900Sm³/hr일 때, 배기가스 내 염화수소를 $Ca(OH)_2$로 처리시 필요한 $Ca(OH)_2$량(kg/hr)은 얼마인가?(단, 표준상태를 기준으로 하고, Ca 원자량 : 40, 처리 반응율은 100%로 한다.)

① 1.73kg/hr   ② 2.82kg/hr
③ 3.64kg/hr   ④ 4.81kg/hr

해설 $2HCl + Ca(OH)_2 \rightarrow CaCl_2 + 2H_2O$
$2 \times 22.4 Sm^3 : 74 kg$
$2900 Sm^3/hr \times 361 ppm \times 10^{-6} : x\ kg/hr \quad \therefore x = 1.73 kg/hr$

문제 06 폐기물 소각로의 배기가스 중 HCl 농도가 544ppm이면 이는 몇 mg/m³에 해당하는가?(단, 표준상태)

① 886   ② 665
③ 789   ④ 988

해설 HCl : STP
$36.5 mg/m^3 : 22.4 mL/m^3$
$x : 544 mL/m^3 \quad X = 886 mg/m^3$
$544 ppm \rightarrow g/m^3 \rightarrow mL/m^3$

문제 07 소각과정에서 Cl_2농도가 0.4%인 배출가스 5000Sm³/hr를 $Ca(OH)_2$ 현탁액으로 세정 처리하여 Cl_2를 제거하려 할 때 이론적으로 필요한 $Ca(OH)_2$ 양(kg/hr)은?

$$2Cl_2 + 2Ca(OH)_2 \rightarrow CaCl_2 + Ca(OCl)_2 + 2H_2O$$

① 약 55   ② 약 66
③ 약 77   ④ 약 88

해설 $2Cl_2 + 2Ca(OH)_2 \rightarrow CaCl_2 + Ca(OCl)_2 + 2H_2O$
$2 \times 22.4 Sm^3 : 2 \times 74 kg$
$5000 Sm^3/hr \times 0.004 : x\ kg/hr \quad \therefore x = 66 kg/hr$
$x = \dfrac{2 \times 74 kg}{2 \times 22.4 Sm^3} \Big| \dfrac{5000 Sm^3 \times 0.004}{hr} = 66 kg/hr$

정답 05.① 06.① 07.②

7. 집진장치

7.1 집진원리

① **중력집진장치**: 중력에 의하여 50㎛ 이상의 큰 입자를 제거하는데 유용하다.
② **관성력집진장치**: 입자를 방해판에 충돌시켜 뉴톤의 관성력에 의해 포집한다.
③ **원심력집진장치**: 원심력에 의하여 입자를 제거하며, 일반적인 형태는 사이클론이다.
④ **세정집진장치**: 세액을 분산시켜 함진가스의 관성력, 확산력, 응집력, 중력 등으로 포집한다.
⑤ **여과집진장치**: 여과포에 가스를 통과시켜 입자를 분리, 포집하는 장치이다. 집진원리는 차단부착, 관성충돌, 확산작용, 중력작용, 정전기와 반발력 등이다.
⑥ **전기집진장치**: 함진가스 중의 먼지에 -전하를 부여하여 대전시킨다.

[표] 집진장치의 압력손실 및 처리효율

구 분	처리입경	압력손실	집진효율
중력집진장치	50μm 이상	5~15 mmH$_2$O	40~60%
관성력집진장치	10~100μm	20 mmH$_2$O 이상	50~70%
원심력집진장치	3~100μm	50~150 mmH$_2$O	85~95%
세정집진장치	0.1~100μm	300~800 mmH$_2$O	80~95%
여과집진장치	0.1~20μm	100~200 mmH$_2$O	90~99%
전기집진장치	0.05~20μm	10~20 mmH$_2$O	90~99.9%
벤튜리 스크러버	-	300~800 mmH$_2$O	-

문제 01 집진장치에 관한 설명으로 옳지 않은 것은?

① 중력집진장치는 50㎛ 이상의 큰 입자를 제거하는데 유용하다.
② 원심력집진장치의 일반적인 형태가 사이클론이다.
③ 여과집진장치는 여과재에 먼지를 함유하는 가스를 통과시켜 입자를 분리, 포집하는 장치이다.
④ 전기집진장치는 함진가스 중의 먼지에 +전하를 부여하여 대전시킨다.

해설 전기집진장치는 함진가스 중의 먼지에 -전하를 부여하여 대전시킨다.

정답 01.④

문제 02 집진장치에 관한 설명으로 옳은 것은?

① 사이클론은 여과집진장치에 해당된다.
② 중력집진장치는 고효율 집진장치에 해당된다.
③ 여과집진장치는 수분이 많은 먼지처리에 적합하다.
④ 전기집진장치는 코로나 방전을 이용하여 집진하는 장치이다.

해설 사이클론은 원심력 집진장치이며, 중력집진장치는 미세입자에 대한 집진효율이 낮고 여과집진장치는 수분이 많은 먼지 처리에 부적합하다.

문제 03 다음 집진장치 중 일반적으로 압력손실이 가장 큰 것은?

① 중력집진장치   ② 원심력집진장치
③ 전기집진장치   ④ 벤튜리 스크러버

해설 벤튜리 스크러버의 압력손실은 300~800 mmH$_2$O로 집진장치 중 압력손실이 가장 크다.

문제 04 일반적으로 배기가스의 입구처리속도가 증가하면 제거효율이 커지는 것이 가장 알맞은 진집장치는?

① 중력집진장치   ② 원심력집진장치
③ 전기집진장치   ④ 여과집진장치

해설 원심력집진장치는 원심력과 관성력에 의하여 분진을 벽면에 충돌시켜서 포집하는 장치이다.

문제 05 다음 중 일반적으로 배기가스의 입구처리속도가 증가하면 제거효율이 커지며, 블로다운 효과와 관련된 집진장치는?

① 중력집진장치   ② 원심력집진장치
③ 전기집진장치   ④ 여과집진장치

해설 Blow Down은 원심력집진장치인 싸이클론의 집진효율을 높이기 위한 방법이다.

정답 02.④ 03.④ 04.② 05.②

문제 06 다음과 같은 특성을 지닌 집진장치는?

> • 고농도 함진가스의 전처리에 사용될 수 있다.
> • 배출가스의 유속은 보통 0.3~3m/s 정도가 되도록 설계한다.
> • 시설의 규모는 크지만 유지비가 저렴하다.
> • 압력손실은 10~15mmH$_2$O 정도이다.

① 중력 집진장치 ② 원심력 집진장치
③ 여과 집진장치 ④ 전기 집진장치

정답 06.①

7.2 집진율

① **집진율** $\eta_t = \left(1 - \dfrac{C_o}{C_i}\right) \times 100$

여기서, C_o : 출구 더스트의 농도 C_i : 입구 더스트의 농도

$\eta_t = 1 - (1-\eta_1)(1-\eta_2)$

여기서, η_1 : 1차 집진장치의 집진율(%)
η_2 : 2차 집진장치의 집진율(%)

② **출구 더스트의 농도** $C_o = C_i(1-\eta_1)(1-\eta_2)$

③ **먼지 통과율**(P)

$$P(\%) = \dfrac{C_o}{C_i} \times 100$$

여기서, C_i : 입구가스 먼지농도(g/m^3)
C_o : 출구가스 먼지농도(g/m^3)

④ **출구의 함진농도** = $\dfrac{(1-\eta_1)}{(1-\eta_2)}$

문제 01 1차 집진장치의 집진율 90%이고, 총 집진율이 98%일 때 2차 집진장치의 집진율(%)은?

① 80 ② 70 ③ 60 ④ 50

해설 $\eta_t = 1 - (1-\eta_1)(1-\eta_2)$
$0.98 = 1 - (1-0.9)(1-\eta_2)$ ∴ $\eta_2 = 80\%$

정답 01.①

문제 02 2대의 집진장치가 직렬로 배치되어 있다. 1차 집진장치의 집진율은 80%이고 2차 집진장치의 집진율은 90%일 때 총 집진효율은?

① 85% ② 90%
③ 95% ④ 98%

해설 $\eta_t = 1-(1-\eta_1)(1-\eta_2)$
∴ $\eta_t = 1-(1-0.8)(1-0.9) = 0.98 = 98\%$

문제 03 집진율 99%로 운전되던 집진장치가 성능저하로 집진율이 97%로 떨어졌다. 집진장치 입구의 함진농도가 일정하다고 할 때 출구의 함진농도는 어떻게 변하겠는가?

① 3% 증가 ② 3배 증가
③ 2% 증가 ④ 2배 증가

해설 출구의 함진농도 = $\dfrac{(1-\eta_1)}{(1-\eta_2)} = \dfrac{(1-0.97)}{(1-0.99)} = 3$

문제 04 집진율이 각각 90%와 98%인 두 개의 집진장치를 직렬로 연결하였다. 1차 집진장치 입구의 먼지농도가 5.9g/m³일 경우, 2차 집진장치 출구에서 배출되는 먼지 농도는?

① $11.8\mathrm{mg/m^3}$ ② $15.7\mathrm{mg/m^3}$
③ $18.3\mathrm{mg/m^3}$ ④ $21.1\mathrm{mg/m^3}$

해설 $\eta_t = 1-(1-\eta_1)(1-\eta_2)$
$\eta_t = 1-(1-0.9)(1-0.98) = 0.998$
$0.998 = 1 - \dfrac{C_o}{5.9}$
∴ $C_o = 5.9 \times (1-0.998) = 0.0118\mathrm{g/m^3} = 11.8\mathrm{mg/m^3}$

문제 05 집진장치 출구 가스의 먼지농도가 0.02g/m³ 먼지 통과율은 0.5%일 때 입구 가스 먼지농도(g/m³)는?

① $3.5\mathrm{g/m^3}$ ② $4.0\mathrm{g/m^3}$ ③ $4.5\mathrm{g/m^3}$ ④ $8.0\mathrm{g/m^3}$

해설 $P(\%) = \dfrac{C_o}{C_i} \times 100$ $0.5 = \dfrac{0.02}{C_i} \times 100$
∴ $C_i = 4\mathrm{g/m^3}$

정답 02.④ 03.② 04.① 05.②

문제 06 배기가스의 분진 농도가 2000mg/Nm³인 소각로 에서 분진을 처리하기 위하여 집진효율 40%인 중력집진기, 90%인 여과집진기 그리고 세정집진기가 직렬로 연결되어있다. 먼지농도를 5mg/Nm³이하로 줄이기 위해서는 세정집진기의 집진효율은 최소한 몇 % 이상 되어야 하는가?

① 97.5% ② 92.5%
③ 84.5% ④ 82.5%

해설
$$\eta_t = 1 - (1-\eta_1)(1-\eta_2)(1-\eta_3) = 1 - \frac{C_o}{C_i}$$

$$(1-0.4)(1-0.9)(1-\eta_3) = \frac{5}{2000} \quad \therefore x = 0.95 \fallingdotseq 95\%$$

정답 06.①

7.3 중력집진장치

① 침강실 내 처리가스 속도가 작을수록 미립자가 포집된다.
② 침강실 내 배기가스 기류는 균일하여야 한다.
③ 침강실 입구폭이 클수록 유속이 느려지고, 미세한 입자가 포집된다.
④ 다단일 경우 단수가 증가될수록 압력손실은 커지나 효율은 증가한다.
⑤ 수평거리가 길수록 집진율이 높아진다.
⑥ 미세입자의 포집효율이 낮다.
⑦ 고부하 또는 고온의 가스처리에 용이하다.
⑧ 압력손실, 설치비용, 운전비용이 저렴하다.

문제 01 중력집진장치의 효율향상 조건에 관한 설명으로 옳지 않은 것은?

① 침강실 내 처리가스 속도가 클수록 미립자가 포집된다.
② 침강실 내 배기가스 기류는 균일하여야 한다.
③ 침강실 입구폭이 클수록 유속이 느려지고, 미세한 입자가 포집된다.
④ 다단일 경우 단수가 증가될수록 압력손실은 커지나 효율은 증가한다.

해설 침강실 내 처리가스 속도가 느릴수록 미립자가 포집된다.

정답 01.①

문제 02 중력집진장치의 효율향상 조건이라 볼 수 없는 것은?

① 침강실 내의 처리가스 속도를 작게 한다.
② 침강실 내의 배기가스 기류를 균일하게 한다.
③ 침강실 높이는 작고, 길이는 길게 한다.
④ 침강실의 Blow down 효과를 유발하여 난류현상을 유발한다.

해설 Blow down 효과를 이용하는 집진장치는 원심력집진장치이다.

문제 03 중력식 집진장치의 효율 향상 조건으로 거리가 먼 것은?

① 침강실의 입구 폭이 작을수록 미세한 입자가 포집된다.
② 침강실 내의 처리가스 속도가 작을수록 미립자가 포집된다.
③ 다단일 경우는 단수가 증가할수록 압력손실은 커지지만 효율은 향상된다.
④ 침강실의 높이가 낮고, 길이가 길수록 집진율이 높아진다.

해설 침강실의 입구 폭이 작을수록 유속이 증가하여 미세한 입자가 포집이 어렵다.

문제 04 중력집진장치의 침강실에서 입자상 오염물질의 최종 침강속도가 0.2m/s, 높이가 1.5m일 때, 이것을 완전 제거하기 위하여 소요되는 이론적인 중력 침강실의 길이(m)는?(단, 집진장치를 통과하는 가스의 속도는 2m/s이고 층류를 기준으로 한다)

① 5.0m ② 7.5m
③ 15.0m ④ 17.5m

해설 유속 $v = \dfrac{m}{\sec} = \dfrac{L}{t}$ ∴ $L = v \cdot t$

여기서, 체류시간 $t = \dfrac{V}{Q} = \dfrac{HA}{Q} = \dfrac{H}{V_0}$

$L = \dfrac{vH}{V_0} = \dfrac{2\text{m/s} \times 1.5\text{m}}{0.2\text{m/s}} = 15\text{m}$

문제 05 다음 중 중력 집진장치에 대한 설명으로 옳지 않은 것은?

① 침강실 입구 폭이 클수록 유속이 느려지며 미세한 입자가 포집된다.
② 취급입경은 $0.1 - 10\mu m$이며, 유지비용은 비싼 편이다.
③ 운전 시 압력손실은 5~15mmH$_2$O로 낮다.
④ 침강실의 높이가 낮고, 수평 길이가 길수록 집진율이 높아진다.

해설 취급입경은 $50\mu m$ 이상이며, 유지비용은 싼 편이다.

정답 02.④ 03.① 04.③ 05.②

문제 06 중력집진장치에서 먼지의 침강속도 산정에 관한 설명으로 옳지 않은 것은?

① 중력가속도에 비례한다.
② 입경의 제곱에 비례한다.
③ 먼지와 가스의 비중차에 반비례한다.
④ 가스의 점도에 반비례한다.

해설 Stokes의 법칙 $V_s(\mathrm{m/s}) = \dfrac{d^2(\rho_s - \rho)g}{18\mu}$

정답 06.③

7.4 관성력집진장치

① 뉴턴의 관성법칙을 이용하여 함진가스를 포집하는 장치이다.
② 함진가스를 방해판에 충돌시켜 입자를 관성력에 의하여 분리한다.
③ 미세입자의 포집효율이 낮다.
④ 고온의 가스처리에 용이하다.
⑤ 압력손실, 설치비용, 운전비용이 저렴하다.

문제 01 함진가스를 방해판에 충돌시켜 기류의 급격한 방향전환을 이용하여 입자를 분리 포집하는 집진장치는?

① 중력집진장치　　　　　② 전기집진장치
③ 여과집진장치　　　　　④ 관성력집진장치

해설 관성력 집진장치는 뉴턴의 관성의 법칙을 이용한 장치이다.

정답 01.④

문제 02 관성력 집진장치에서 집진율 향상조건으로 옳지 않은 것은?

① 일반적으로 충돌직전 처리가스의 속도가 적고, 처리 후의 출구 가스속도는 빠를수록 미립자의 제거가 쉽다.
② 기류의 방향전환 각도가 작고, 방향전환 횟수가 많을수록 압력손실은 커지나 집진은 잘 된다.
③ 적당한 모양과 크기의 호퍼가 필요하다.
④ 함진 가스의 충돌 또는 기류의 방향전환 직전의 가스속도가 빠르고, 방향전환시의 곡률반경이 작을수록 미세입자의 포집이 가능하다.

해설 일반적으로 충돌직전의 처리가스속도가 빠르고, 출구 가스속도가 느릴수록 미립자의 제거가 쉽다.

문제 03 그림과 같은 집진원리를 갖는 집진장치는?

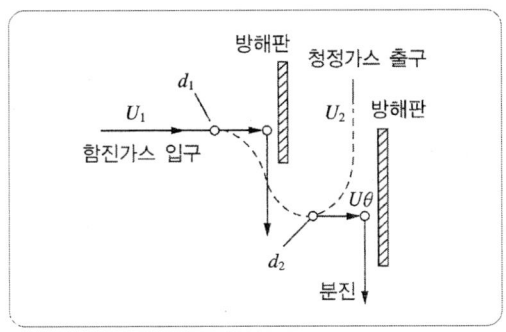

① 중력집진장치
② 관성력집진장치
③ 전기집진장치
④ 음파집진장치

정답 02.① 03.②

7.5 원심력집진장치

① 원심력집진장치는 분진을 함유한 가스에 회전운동을 주어 원심력과 관성력에 의하여 분진을 포집하는 장치이다.
② 원통구조물 내에서 전체가스를 나선모양으로 흐르게 하여 입자를 제거하므로 입구처리 속도가 증가하면 제거효율이 커진다.
③ 블로다운(Blow Down)은 원심력집진장치의 집진율을 높이기 위한 방법으로 원심력집 진장치의 더스트 박스에서 처리배기량의 5~10%를 흡입함에 따라 사이클론 내 난기류 현상을 억제시킴으로서, 집진된 분진이 비산되어 분리된 분진이 빠져나가는 것을 방지하는 방법이다.
④ 한계입경은 100% 분리 포집되는 입자의 최소입경이다.
⑤ 원심력집진장치의 일반적인 형태는 사이클론이다.

⑥ 처리가능 입자는 3~100㎛이며, 저효율 집진장치 중 집진율이 우수하고, 경제적인 이유로 전처리 장치로 많이 사용된다.
⑦ 설치비와 유지비가 저렴한 편이다.
⑧ 점착성이나 딱딱한 입자가 함유된 배출가스에는 부적합하다.
⑨ 배기관경이 작을수록 입경이 작은 먼지를 제거할 수 있다.
⑩ 고농도일 경우는 병렬연결하여 사용하고, 응집성이 강한 먼지는 직렬연결하여 사용한다.
⑪ 침강먼지 및 미세먼지의 재비산을 막기 위해 스키머와 회전깃 등을 설치한다.
⑫ 분리계수 $S = \dfrac{V^2}{R \cdot g}$

여기서, V : 가스유입속도(m/s)
R : 사이클론의 반지름(m)
g : 중력가속도(9.8m/s²)

문제 01 소각로에서 발생하는 유해가스 처리시설인 사이클론에 관한 일반적 내용으로 옳지 않은 것은?

① 압력손실(80~100mmH$_2$O)이 비교적 적다.
② 고온가스의 처리가 가능하다.
③ 분진량과 유량의 변화에 민감하다.
④ 미세입자의 처리효율이 높다.

해설 미세입자의 처리효율이 낮다.

문제 02 원심력 집진장치에 관한 설명으로 옳지 않은 것은?

① 구조가 간단하고 취급이 용이한 편이다.
② 압력손실이 20mmH$_2$O 정도도로 작고, 고집진율을 얻기 위한 전문적인 기술이 불필요하다.
③ 점(흡)착성 배출가스 처리는 부적합하다.
④ 블로우다운 효과를 사용하여 집진효율 증대가 가능하다.

해설 원심력 집진장치의 압력손실은 50~150mmH$_2$O 정도이다.

정답 01.④ 02.②

문제 03 원심력집진장치에서 한계(또는 분리)입경이란 무엇을 말하는가?

① 50% 처리효율로 제거되는 입자입경
② 100% 분리 포집되는 입자의 최소입경
③ 블로다운 효과에 적용되는 최소입경
④ 분리계수가 적용되는 입자입경

해설 한계(또는 분리)입경이란 100% 분리 포집되는 입자의 최소입경이다.

문제 04 원심력집진장치에 관한 설명으로 옳지 않은 것은?

① Blow Down 현상이 발생하면 입자 재비산으로 인하여 효율이 저하된다.
② 배기관경(내관)이 작을수록 입경이 작은 입자를 제거할 수 있다.
③ 입구 유속에는 한계가 있지만 그 한계 내에서는 입구유속이 빠를수록 효율이 높은 반면에 압력손실도 커진다.
④ 적당한 Dust Box의 모양과 크기도 효율에 영향을 미친다.

해설 Blow Down 효과는 원심력집진장치의 집진율을 높이기 위한 방법으로 유효원심력 증가, 난류발생 방지, 재비산 방지, 집진효율 증대 등에 있다.

문제 05 원심력 집진장치에서의 50%의 집진율을 보이는 입자의 크기를 일컫는 용어는?

① 극한 입경
② 절단 입경
③ 중간 입경
④ 임계 입경

해설 절단입경은 50%의 집진율을 보이는 입자의 크기를 나타내며, 50% 분리한계입경이라고도 한다.

문제 06 원심력 집진장치의 집진효율을 높이는 방법으로 옳지 않은 것은?

① 배기관경이 클수록 입경이 작은 먼지를 제거할 수 있다.
② 한계 입구유속 내에서는 그 입구유속이 클수록 효율은 높은 반면 압력손실도 높아진다.
③ 고농도일 경우는 병렬연결하여 사용하고, 응집성이 강한 먼지는 직렬연결(단수 3단 이내)하여 사용한다.
④ 침강먼지 및 미세먼지의 재비산을 막기 위해 스키머와 회전깃 등을 설치한다.

해설 배기관경이 작을수록 원심력이 커지므로 입경이 작은 먼지를 제거할 수 있다.

정답 03.② 04.① 05.② 06.①

문제 07 다음 중 일반적으로 배기가스의 입구처리속도가 증가하면 제거효율이 커지며, 블로다운 효과와 관련된 집진장치는?

① 중력집진장치　　　　　② 원심력집진장치
③ 전기집진장치　　　　　④ 여과집진장치

해설 Blow Down 효과는 원심력집진장치의 집진율을 높이기 위한 방법으로 유효원심력 증가, 난류발생 방지, 재비산 방지, 집진효율 증대 등에 있다.

정답 07.②

7.6 세정집진장치

① 고온의 가스를 처리할 수 있다.
② 폐수처리 장치가 필요하다.
③ 점착성 및 조해성 먼지를 처리할 수 있다.
④ 포집된 먼지의 재비산 염려가 거의 없다.
⑤ 세정집진장치의 포집원리는 직접흡수, 관성충돌, 확산, 응집, 응결작용 등이다.
⑥ 고온가스, 가연성, 폭발성 먼지, 미스트를 처리할 수 있다.
⑦ 압력손실이 크며 동력비가 많이 소요된다.
⑧ 세정집진장치에는 충전탑, 분무탑, 제트스크러버, 벤튜리스크러버 등이 있다.

7.7 벤츄리 스크러버

① 소형으로 대용량의 가스처리가 가능하다.
② 목부의 처리가스 속도는 보통 60~70m/s 정도이다.
③ 압력손실이 300~800 mmH$_2$O 로 집진장치 중 압력손실이 가장 크다.
④ 물방울 입경과 먼지의 입경비는 충돌 효율면에서 150 : 1 전후가 좋다.
⑤ 고온다습한 가스나 연소성, 폭발성 가스에 적합하며 제거된 입자의 재비산이 없다.
⑥ 좁은 공간에 설치가 가능하며 폐수의 발생 등으로 유지관리비가 많이 든다.

문제 01 세정집진장치는 유수식, 가압수식, 회전식으로 분류될 수 있는데, 다음 중 유수식의 분류에 해당되는 것은?

① 분수형
② 벤튜리 스크러버
③ 충전탑
④ 분무탑

해설 유수식은 수중에 함진가스를 불어넣는 방식이며, 가압수식은 함진가스에 물방울을 분출하는 방식이다. 회전식은 팬을 회전시키며 액적, 액막, 기포를 분출하는 방식이다.

문제 02 세정식 집진장치의 유지관리에 관한 설명으로 옳지 않은 것은?

① 먼지의 성상과 처리가스 농도를 고려하여 액가스비를 결정한다.
② 목부는 처리가스의 속도가 매우 크기 때문에 마모가 일어나기 쉬우므로 수시로 점검하여 교환한다.
③ 기액분리기는 시설의 작동이 정지해도 잠시 공회전하여 부착된 먼지에 의한 산성의 세정수를 제거해야 한다.
④ 벤튜리형 세정기에서 집진효율을 높이기 위하여 될 수 있는 한 처리가스 온도를 높게 하여 운전하는 것이 바람직하다.

해설 벤튜리형 세정기는 집진효율을 높이기 위하여 될 수 있는 한 처리가스 온도를 낮게 하여 운전하는 것이 바람직하다.

문제 03 분진 및 유해가스처리가 동시에 가능한 스크러버의 특징이 아닌 것은?

① 한 번 제거된 입자는 재 비산되지 않는다.
② 전기집진기 보다 좁은 공간에 설치가 가능하다.
③ 고온다습한 가스나 연소성, 폭발성 가스에 적합하다.
④ 유지관리비가 적게 든다.

해설 폐수의 발생 등으로 유지관리비가 많이 든다.

문제 04 벤튜리 스크러버의 특징으로 옳지 않은 것은?

① 소형으로 대용량의 가스처리가 가능하다.
② 목부의 처리가스 속도는 보통 60~70m/s 정도이다.
③ 압력손실은 300~400mmH$_2$O 정도이다.
④ 물방울 입경과 먼지의 입경비는 충돌 효율면에서 3 : 1 전후가 좋다.

해설 물방울 입경과 먼지의 입경비는 충돌 효율 면에서 150 : 1 전후가 좋다.

정답 01.① 02.④ 03.④ 04.④

문제 05 다음 집진장치 중 일반적으로 압력손실이 가장 큰 것은?

① 중력집진장치 ② 원심력집진장치
③ 전기집진장치 ④ 벤튜리 스크러버

해설 벤튜리 스크러버의 압력손실은 300~800 mmH₂O로 집진장치 중 압력손실이 가장 크다.

정답 05.④

7.8 여과집진장치

① 가스 온도에 따라 여재의 사용이 제한된다.
② 수분이나 여과속도에 대한 적용성이 낮다.
③ 여과재의 교환으로 유지비가 고가이다.
④ 250℃ 이상의 고온에 부적당하다.
⑤ 폭발성, 점착성, 흡습성의 먼지는 여재가 막힐 우려가 있어 먼지제거가 곤란하다.
⑥ 집진원리는 차단부착, 관성충돌, 확산작용, 중력작용, 정전기와 반발력 등이다.
⑦ 넓은 설치공간이 요구된다.
⑧ 집진율을 높이기 위하여 낮은 여과속도와 간헐식 탈진을 한다.
⑨ 여과포의 사용온도는 목면 80℃, 양모 80℃, 카네카론 100℃, 글라스화이버 250℃ 이다.
⑩ **여과포의 표면여과속도** $V = \dfrac{Q}{A_f} = \dfrac{Q}{\pi D H n}$

여기서, V : 표면 여과속도(m/s)
Q : 배출가스량(m³/min)
D : 직경(m)
H : 유효높이(m)
n : 여과자루의 수(개)

⑪ **Bag filter의 개수** $n = \dfrac{\text{필터 전체면적}}{\text{필터 1개 면적}} = \dfrac{A_f}{A}$

⑫ **분진의 통과율** $P(\%) = \dfrac{\text{통과후 분진농도 } C_o}{\text{통과전 분진농도 } C_i} \times 100$

문제 01 다음 중 여과집진장치에 관한 설명으로 옳은 것은?

① 350℃ 이상의 고온의 가스처리에 적합하다.
② 여과포의 종류와 상관없이 가스상 물질도 효과적으로 제거할 수 있다.
③ 압력손실이 약 20mmH₂O 전후이며, 다른 집진장치에 비해 설치면적이 작고, 폭발성 먼지 제거에 효과적이다.
④ 집진원리는 직접 차단, 관성 충돌, 확산 등의 형태로 먼지를 포집한다.

해설 여과집진장치의 집진원리는 차단부착, 관성충돌, 확산작용, 중력작용, 정전기와 반발력 등이다.

문제 02 여과집진장치에 사용되는 다음 여포재료 중 가장 높은 온도에서 사용이 가능한 것은?

① 목면
② 양모
③ 카네카론
④ 글라스화이버

해설 여과포의 사용온도는 목면 80℃, 양모 80℃, 카네카론 100℃, 글라스화이버 250℃ 이다.

문제 03 여과집진장치의 특징으로 가장 거리가 먼 것은?

① 폭발성, 점착성 및 흡습성의 먼지제거에 매우 효과적이다.
② 가스 온도에 따라 여재의 사용이 제한된다.
③ 수분이나 여과속도에 대한 적응성이 낮다.
④ 여과재의 교환으로 유지비가 고가이다.

해설 폭발성, 점착성, 흡습성의 먼지는 여재가 막힐 우려가 있어 먼지제거가 곤란하다.

문제 04 다음 중 여과집진장치의 효율 향상조건으로 거리가 먼 것은?

① 간헐식 털어내기 방식은 높은 집진율을 얻은 경우에 적합하고, 연속식 털어내기 방식은 고농도의 함진가스 처리에 적합하다.
② 필요에 따라 유리섬유에 실리콘 처리 등을 하여 적합한 여포재를 선택하도록 한다.
③ 겉보기 여과속도가 클수록 미세한 입자를 포집한다.
④ 여포의 파손 및 온도, 압력 등을 상시 파악하여 기능의 손상을 방지한다.

해설 겉보기 여과속도가 작을수록 미세입자를 포집한다.

정답 01.④ 02.④ 03.① 04.③

문제 05 다음 여과집진장치의 탈진방법으로 가장 거리가 먼 것은?

① 진동형 ② 세정형
③ 역기류형 ④ Pulse Jet형

해설 여과집진장치의 탈진방법에는 진동방식, 역기류 방식, 충격기류(Pulse Jet) 방식이 있다.

문제 06 여과식 집진장치에서 지름이 0.3m, 길이가 3m인 원통형 여과포 18개를 사용하여 유량이 30m³/min인 가스를 처리할 경우에 여과포의 표면 여과속도는 얼마인가?

① 0.39m/min ② 0.59m/min
③ 0.79m/min ④ 0.99m/min

해설 $V = \dfrac{Q}{A_f} = \dfrac{Q}{\pi D H n}$

$V = \dfrac{30m^3}{\min} \Big| \dfrac{1}{3.14} \Big| \dfrac{1}{0.3m} \Big| \dfrac{1}{3m} \Big| \dfrac{1}{18} = 0.589 m/\min$

문제 07 백필터를 이용하여 가스유량이 100m³/min인 함진가스를 1.5cm/sec의 여과속도로 처리하고자 한다. 소요되는 여과포의 유효면적(m²)은?

① 98 ② 111
③ 121 ④ 135

해설 $V = \dfrac{Q}{A_f} = \dfrac{100m^3}{\min} \Big| \dfrac{\sec}{1.5cm} \Big| \dfrac{\min}{60\sec} \Big| \dfrac{cm}{0.01m} = 111 m^2$

문제 08 백필터를 통과한 가스의 분진농도가 10mg/m³이고 분진의 통과율이 5%라면 백필터를 통과하기 전 가스 중의 분진농도는?

① 0.1g/m³ ② 0.2g/m³
③ 0.4g/m³ ④ 0.5g/m³

해설 분진의 통과율 $P(\%) = \dfrac{\text{통과후 분진농도 } C_o}{\text{통과전 분진농도 } C_i} \times 100$

$\therefore 5\% = \dfrac{0.01 g/m^3}{C_i} \times 100 \quad \therefore C_i = 0.2 g/m^3$

정답 05.② 06.② 07.② 08.②

7.9 전기집진장치

① 대량의 가스 처리가 가능하다.
② 전압변동과 같은 조건변동에 적응하기 어렵다.
③ 초기 설비비가 고가이다.
④ 압력손실이 적어 소요동력이 적다.
⑤ 미세입자의 포집효율이 높다.
⑥ 압력손실이 낮다.
⑦ 집진극은 부착된 먼지를 털어내기 쉽고 전기장 강도가 균일하며, 열, 부식성 가스에 강하고 먼지의 탈진 시 재비산이 없어야 한다.
⑧ 먼지의 전기저항을 낮추기 위하여 물, 염화물, 유분(Oil), SO_3 등을 사용하며, 먼지의 전기저항을 높이기 위하여 암모니아를 사용한다.
⑨ **전기집진장치의 집진효율**

   Deutsch-Anderson식

   $$n = 1 - \exp\left(-\frac{A \cdot W_e}{Q}\right)$$

   여기서, Q : 처리가스량(m^3/s)
   A : 집진면적(m^2)
   W_e : 이동속도(m/s)
   η : 제거효율(%)

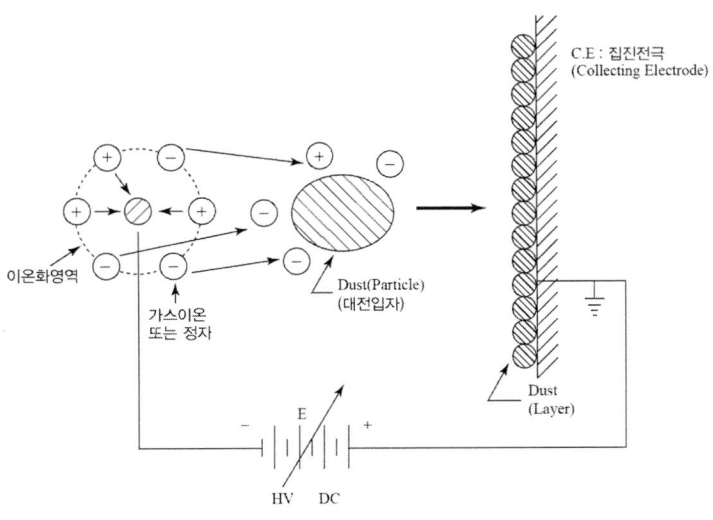

[그림] 전지집진장치

문제 01 전기집진장치에 관한 설명으로 옳지 않은 것은?

① $0.1\mu m$ 이하의 미세입자까지 포집이 가능하다.
② 압력손실이 커서 동력비가 많이 소요된다.
③ 약 350℃ 전후의 고온가스를 처리할 수 있다.
④ 전압변동과 같은 조건에 쉽게 적응하기 어렵다.

해설 전기집진장치는 압력손실이 10~20mmH$_2$O 정도로 작다.

문제 02 전기집진장치에서 먼지의 전기저항을 낮추기 위하여 사용하는 방법으로 거리가 먼 것은?

① SO$_3$ 주입
② 수증기 주입
③ NaCl 주입
④ 암모니아가스 주입

해설 물, 염화물, 유분(Oil), SO$_3$ 등은 먼지의 전기저항을 낮추기 위하여 사용하며 암모니아는 먼지의 전기저항을 높이기 위하여 사용한다.

문제 03 전기 집진장치의 장점으로 가장 적합한 것은?

① 고온가스(약 350℃ 정도)의 처리가 가능하다.
② 설치면적이 작고, 설치비용도 적은 편이다.
③ 주어진 조건에 따른 부하변동 적응이 쉽다.
④ 압력손실이 150mmH$_2$O 정도로 높아 집진율이 우수하다.

해설 전기 집진장치는 설치비용이 고가이며 설치면적이 크고, 운전변화에 적응이 어렵다. 압력손실은 20~30mmH$_2$O 정도로 낮다.

문제 04 1시간에 7200m^{3}이 발생되는 배기가스를 2m/s의 속도로 원형 송풍관을 통과시켜 전기집진장치로 보내려할 때, 이 원형 송풍관의 반지름(r)은 몇 cm로 해야 하는가?(단, 기타조건은 무시)

① 42.8
② 48.6
③ 56.4
④ 59.7

해설 $A = \dfrac{Q}{V}$ ∴ $A = \dfrac{7200\text{m}^3}{\text{hr}} \Big| \dfrac{\sec}{2\text{m}} \Big| \dfrac{hr}{3600\sec} = 1m^2$

$DIA^\phi = \sqrt{\dfrac{4}{\pi}A}$

∴ $DIA^\phi = \sqrt{\dfrac{4}{\pi} \times 1} = 1.13m$ (반지름 $r = 56.4cm$)

정답 01.② 02.④ 03.① 04.③

문제 05 효율 90%인 전기집진기를 효율 99.9%가 되도록 개조 하고자 한다. 개조 전보다 집진극의 면적을 몇 배로 늘려야 하는가? (단, Deutsch Anderson식 $\eta = 1 - \exp\left(-\dfrac{A W_e}{Q}\right)$ 적용하고, 기타조건은 고려않는다)

① 2배 ② 3배 ③ 6배 ④ 9배

해설 Deutsch Anderson식

$$\eta = 1 - \exp\left(-\dfrac{A W_e}{Q}\right) \qquad \exp\left(-\dfrac{A W_e}{Q}\right) = 1 - \eta$$

$$-\dfrac{A W_e}{Q} = \ln(1-\eta) \qquad A = -\dfrac{Q}{W_e} \times \ln(1-\eta)$$

$$\therefore \ \dfrac{A_2(\text{개조 후})}{A_1(\text{개조 전})} = \dfrac{-\dfrac{Q}{W_e} \times \ln(1-0.999)}{-\dfrac{Q}{W_e} \times \ln(1-0.9)} = 3\text{배}$$

문제 06 다음 중 전기집진기의 특징으로 거리가 먼 것은?

① 전압변동과 같은 조건변동에 적응하기가 용이하다.
② 압력손실이 적고 미세입자까지도 제거할 수 있다.
③ 코로나 방전에 의해 발생하는 전기력으로 입자를 대전시켜 집진한다.
④ 회수가치성이 있는 입자 포집이 가능하다.

해설 전압변동과 같은 조건변동에 적응하기 어렵다.

문제 07 전기집진기에 대한 설명으로 틀린 것은?

① 회수가치성이 있는 입자 포집이 가능하다.
② 고온가스, 대량의 가스처리가 가능하다.
③ 전압변동과 같은 조건변동에 쉽게 적응하기 어렵다.
④ 유지관리가 어렵고 유지비가 많이 소요된다.

해설 운전비, 유지비 비용이 적게 소요된다.

정답 05.② 06.① 07.④

04 폐기물 공정시험기준

※ 환경부고시 제2016-196호(16.10.13.)

1. 총 칙

chapter 04 폐기물 공정시험기준

1.1 목적

이 폐기물공정시험기준(이하 "공정시험기준"이라 한다)은 환경 분야 시험·검사 등에 관한 법률 제6조에 의거 폐기물의 성상 및 오염물질을 측정함에 있어서 측정의 정확성 및 통일을 유지하기 위하여 필요한 제반사항에 대하여 규정함을 목적으로 한다.

1.2 적용범위

① 폐기물관리법에 의한 오염실태 조사 중 폐기물에 대한 것은 따로 규정이 없는 한 공정시험기준의 규정에 의하여 시험한다.
② 공정시험기준 이외의 방법이라도 측정결과가 같거나 그 이상의 정확도가 있다고 국내외에서 공인된 방법은 이를 사용할 수 있다.
③ 이 공정시험기준에서 규정하지 않은 사항에 대해서는 일반적인 화학적 상식에 따르도록 하며, 이 공정시험기준에 기재한 방법 중 세부조작은 시험의 본질에 영향을 주지 않는다면 실험자가 일부를 변경할 수도 있다.
④ 하나 이상의 공정시험기준으로 시험한 결과가 서로 달라 제반 기준의 적부 판정에 영향을 줄 경우에는 공정시험기준의 항목별 주시험법에 의한 분석 성적에 의하여 판정한다. 단, 주시험법은 따로 규정이 없는 한 항목별 공정시험기준의 1법으로 한다.
⑤ 단위 및 기호는 KS A ISO 1000 국제단위계(SI) 및 그 사용방법에 대한 규정에 따른다.

1.3 농도

① **백분율**(Parts Per Hundred)은 용액 100 mL 중 성분무게(g), 또는 기체 100 mL 중의 성분무게(g)를 표시할 때는 W/V%, 용액 100 mL 중 성분용량(mL), 또는 기체 100 mL 중 성분용량(mL)을 표시할 때는 V/V%, 용액 100 g 중 성분용량(mL)을 표시할 때는 V/W%, 용액 100 g 중 성분무게(g)를 표시할 때는 W/W%의 기호를 쓴다. 다만, 용액의 농도를 "%"로만 표시할 때는 W/V%를 말한다. 또한 단위면적(A,

area) 중 성분의 면적(A)를 표시할 때는 A/A%(area)의 기호로 쓴다.
② **천분율**(Parts Per Thousand)을 표시할 때는 g/L, g/kg의 기호를 쓴다.
③ **백만분율**(ppm, Parts Per Million)을 표시할 때는 mg/L, mg/kg의 기호를 쓴다.
④ **십억분율**(ppb, Parts Per Billion)을 표시할 때는 μg/L, μg/kg의 기호를 쓰며, 1 ppm의 1/1000이다.
⑤ 기체 중의 농도는 표준상태(0 ℃, 1기압)로 환산 표시한다.

1.4 온도

① 온도의 표시는 셀시우스(Celcius) 법에 따라 아라비아 숫자의 오른쪽에 ℃를 붙인다. 절대온도는 K로 표시하며, 절대온도 0 K는 -273 ℃로 한다.
② 표준온도는 0 ℃, 상온은 15 ~ 25 ℃, 실온은 1 ~ 35 ℃로 하고, 찬 곳은 따로 규정이 없는 한 0 ~ 15 ℃의 곳을 뜻한다.
③ 냉수는 15 ℃ 이하, 온수는 60 ~ 70 ℃, 열수는 약 100 ℃를 말한다.
④ "수욕상 또는 수욕중에서 가열한다"라 함은 따로 규정이 없는 한 수온 100 ℃에서 가열함을 뜻하고 약 100 ℃의 증기욕을 쓸 수 있다.
⑤ 각각의 시험은 따로 규정이 없는 한 상온에서 조작하고 조작 직후에 그 결과를 관찰한다. 단, 온도의 영향이 있는 것의 판정은 표준온도를 기준으로 한다.

문제 01 총칙에서 규정된 내용과 가장 거리가 먼 것은?
① 공정시험기준 이외의 방법이라도 측정결과가 같거나 그 이상의 정확도가 있다고 국내외에서 공인된 방법은 이를 사용할 수 있다.
② 공정시험기준에 기재한 방법 중 세부조작은 시험의 본질에 영향을 주지 않는다면 실험자가 일부를 변경할 수 있다.
③ 하나 이상의 공정시험기준으로 시험한 결과가 서로 달라 제반 기준의 적부판정에 영향을 줄 경우에는 정확도가 높은 방법으로 판정한다.
④ 공정시험기준에서 규정하지 않은 사항에 대해서는 일반적인 화학적 상식에 따른다.

정답 01. ③

문제 02 총칙의 규정에서 설명하는 내용 중 옳지 않은 것은?

① 기체 중의 농도는 표준상태(0 ℃, 1기압)로 환산 표시한다.
② 천분율을 표시할 때는 g/L, g/kg의 기호를 쓴다.
③ 십억분율을 표시할 때는 μg/L, μg/kg의 기호를 쓴다.
④ 백분율은 용액 100 mL 중 성분무게(mg)로 표시한다.

문제 03 십억분율(ppb, Parts Per Billion)을 올바르게 표시한 것은?

① μg/L ② ng/kg ③ mg/L ④ mg/kg

문제 04 총칙에서 규정하고 있는 온도에 관한 설명 중 틀린 것은?

① 온수는 60~70℃, 열수는 약 100℃, 냉수는 15℃ 이하로 한다.
② 제반시험 조작은 따로 규정이 없는 한 상온에서 실시하고 조작 직후 그 결과를 관찰하는 것으로 한다.
③ 표준온도 0℃, 상온은 15~25℃, 실온은 1~35℃로 하며 찬 곳은 따로 규정이 없는 한 0~15℃의 곳을 뜻한다.
④ '수욕상 또는 물중탕에서 가열한다'라 함은 따로 규정이 없는 한 온수 범위에서 가열함을 말한다.

문제 05 온도에 관한 규정으로 옳지 않은 것은?

① 찬 곳은 따로 규정이 없는 한 0 ~ 15 ℃의 곳을 뜻한다.
② 각각의 시험은 따로 규정이 없는 한 실온에서 조작하고 조작 직후에 그 결과를 관찰한다.
③ 온도의 표시는 셀시우스(Celcius) 법에 따라 아라비아 숫자의 오른쪽에 ℃를 붙인다.
④ 냉수는 15 ℃ 이하, 온수는 60 ~ 70 ℃, 열수는 약 100 ℃를 말한다.

문제 06 어떤 물질을 분석한 결과 1500ppm의 결과를 얻었다. 이것을 %로 환산하면?

① 0.15% ② 1.5%
③ 15% ④ 150%

해설 $\dfrac{x}{100}\% = \dfrac{1,500}{1,000,000}$ ∴ $x = 0.15\%$

정답 02.④ 03.① 04.④ 05.② 06.①

문제 07 SO_2 100㎍/m³을 ppm으로 환산하면?

① 0.035ppm ② 0.44ppm ③ 35ppm ④ 44ppm

해설 $100㎍/m^3 \rightarrow 0.1mg/m^3$

SO_2 : 부피
64mg : 22.4mL
$0.1mg/m^3$: x ∴ x = 0.035mL/m³ ≒ 0.035ppm

문제 08 NH_3 22mg/m³을 ppm으로 환산하면?

① 12ppm ② 19ppm ③ 22ppm ④ 29ppm

해설 ppm → mL/m³ → g/m³

NH_3 : 부피
17mg : 22.4mL
$22mg/m^3$: x ∴ x = 28.99mL/m³ ≒ 28.99ppm

문제 09 SO_2 0.06ppm을 ㎍/m³으로 환산하면?

① 171㎍/m³ ② 182㎍/m³ ③ 187㎍/m³ ④ 190㎍/m³

해설 0.06ppm → 0.06mL/m³

SO_2 : 부피
64mg : 22.4mL
x : 0.06mL/m³ ∴ x = 0.171mg/m³ ≒ 171㎍/m³

정답 07.① 08.④ 09.①

문제 10 다음 중 HCl의 농도가 가장 높은 것은?(단 HCl 용액의 비중 1.18)

① 14W/W% ② 15W/V% ③ 155g/L ④ 1.3×10^5 ppm

해설 HCl의 농도를 g/L(W/V)로 환산하면,

① W/W% : 용액 100 g 중 성분무게(g)

$$14\frac{W}{W}\% = \frac{14g}{용액\,100g} = \frac{14g}{\frac{100g}{1.18}} = \frac{1.18 \times 14g}{0.1kg(\fallingdotseq L)} = 165g/L$$

② W/V% : 용액 100 mL 중 성분무게(g)

$$15\frac{W}{V}\% = \frac{15g}{용액\,100mL} = \frac{15g}{0.1L} = 150g/L$$

③ 천분율(Parts Per Thousand): g/L

$$155g/L \rightarrow 155\frac{g}{L}$$

④ 백만분율(ppm, Parts Per Million): mg/L

$$1.3 \times 10^5 ppm = \frac{1.3 \times 10^5 mg}{L} = \frac{1.3 \times 10^2 g}{L} = 130g/L$$

문제 11 다음 농도 표시 중에 가장 낮은 농도는?

① 0.44mg/L ② 0.44μg/mL ③ 0.44ppm ④ 44ppb

해설 ① $0.44 mg/L$

② $\frac{0.44\,\mu g}{mL} \Big| \frac{10^{-3}mg}{\mu g} \Big| \frac{mL}{10^{-3}L} = 0.44\,mg/L$

③ $ppm = \frac{1}{10^6} = \frac{1mg}{L}$ ∴ $0.44 \times \frac{1mg}{L} = 0.44\,mg/L$

④ $ppb = \frac{1}{10^9} = \frac{1mg}{10^3 L}$ ∴ $44 \times \frac{1mg}{10^3 L} = 0.044\,mg/L$

문제 12 다음 압력 중 크기가 다른 하나는?

① $1.013 N/m^2$ ② 760mmHg ③ 1013mbar ④ 1atm

해설 $1atm = 760mmHg = 1.033 kg/cm^2 = 10.33 mH_2O$
$= 1.013 bar = 1013 mbar = 101325 N/m^2$

정답 10.① 11.④ 12.①

문제 13 섭씨온도 25℃는 절대온도로 몇 K인가?

① 25K   ② 45K   ③ 273K   ④ 298K

해설 절대온도(K)=273+섭씨온도(℃)=273+25=298K

정답 13.④

1.5 시약 및 기기

[1] 시약
① 시험에 사용하는 시약은 따로 규정이 없는 한 1급 이상 또는 이와 동등한 규격의 시약을 사용하여 각 시험항목별 시약 및 표준용액에 따라 조제하여야 한다.
② 이 공정시험기준에서 각 항목의 분석에 사용되는 표준물질은 국가표준에 소급성이 인증된 인증표준물질을 사용한다.

[2] 기기
① 공정시험기준의 분석절차 중 일부 또는 전체를 자동화한 기기가 정도관리 목표 수준에 적합하고, 그 기기를 사용한 방법이 국내외에서 공인된 방법으로 인정되는 경우 이를 사용할 수 있다.
② 연속측정 또는 현장측정의 목적으로 사용하는 측정기기는 공정시험기준에 의한 측정치와의 정확한 보정을 행한 후 사용할 수 있다.
③ 분석용 저울은 0.1 mg까지 달 수 있는 것이어야 하며, 분석용 저울 및 분동은 국가검정을 필한 것을 사용하여야한다.

1.6 용액

① 용액의 앞에 몇 %라고 한 것(예 : 20 % 수산화나트륨 용액)은 수용액을 말하며, 따로 조제방법을 기재하지 아니하는 한 일반적으로 용액 100 mL에 녹아있는 용질의 g수를 나타낸다.
② 용액 다음의 ( )안에 몇 N, 몇 M, 또는 %라고 한 것[예 : 아황산나트륨용액(0.1 N), 아질산나트륨(0.1 M), 구연산이암모늄용액(20 %)]은 용액의 조제방법에 따라 조제하여야 한다.

③ 용액의 농도를 (1 → 10), (1 → 100) 또는 (1 → 1000) 등으로 표시하는 것은 고체 성분에 있어서는 1 g, 액체성분에 있어서는 1 mL를 용매에 녹여 전체 양을 10 mL, 100 mL 또는 1000 mL로 하는 비율을 표시한 것이다.

④ 액체 시약의 농도에 있어서 예를 들어 염산(1 + 2)이라고 되어있을 때에는 염산 1 mL와 물 2 mL를 혼합하여 조제한 것을 말한다.

문제 01 다음의 실험 총칙에 대한 설명으로 틀린 것은 어느 것인가?

① 연속측정 또는 현장측정의 목적으로 사용하는 측정기기는 공정시험기준에 의한 측정치와의 정확한 보정을 행한 후 사용할 수 있다.
② 분석용 저울은 0.1mg까지 달 수 있는 것이어야 하며 분석용 저울 및 분동은 국가검정을 필한 것을 사용하여야 한다.
③ 공정시험기준에 각 항목의 분석에 사용되는 표준물질은 특급시약으로 제조하여야 한다.
④ 시험에 사용하는 시약은 따로 규정이 없는 한 1급 이상의 시약 또는 동등한 규격의 시약을 사용하여 각 시험항목별 '시약 및 표준용액'에 따라 조제하여야 한다.

문제 02 분석용 저울은 몇 mg 까지 달 수 있는 것이어야 하는가?

① 0.001 mg
② 0.01 mg
③ 0.1 mg
④ 1.0 mg

문제 03 물 500mL에 HCl 100mL를 혼합하였다. 이 혼합용액의 염산농도는 중량비로 몇 %인가?(단, 염산의 비중 1.2)

① 19.3%
② 20.3%
③ 21.4%
④ 23.4%

해설 물의 비중 1.0일 때,
$$HCl = \frac{100mL \times 1.2g/mL}{(500mL \times 1.0) + (100mL \times 1.2)} \times 100 = 19.3\%$$

문제 04 30% NaOH는 몇 몰인가?

① 5.5M
② 6.5M
③ 7.5M
④ 8.5M

해설 $\% \rightarrow g/100mL$
$1M : 40g/L$
$x : 30g/0.1L \quad \therefore x = 7.5M$

정답 01.③ 02.③ 03.① 04.③

문제 05 1N–NaOH 용액 500mL를 조제 하고자 한다. 60W/V % NaOH 용액량은 몇 mL인가?

① 30 ② 33 ③ 36 ④ 38

> 해설 $1N : 40g = xN : 60g/0.1L$ $\therefore x = 15N$
> $1N \times 500mL = 15N \times x$ $\therefore x = 33mL$

문제 06 0.1N–NaOH 용액 500mL를 중화하는 데 필요한 0.2N – H_2SO_4의 양 mL는?

① 황산 20mL ② 황산 200mL
③ 황산 25mL ④ 황산 250mL

> 해설 $NV = N'V'$
> $\therefore 0.1 \times 500 = 0.2 \times x$ $\therefore x = 250mL$

문제 07 $AgNO_3$(분자량 170) 7g을 물 300mL에 녹일 경우 노르말농도는?

① 0.11 ② 0.12
③ 0.13 ④ 0.14

> 해설 $1N$: $170g/L$
> x : $7g/0.3L$ $\therefore x = 0.137N$

문제 08 크롬 표준원액 100mg·Cr/L 100mL를 만들기 위하여 $K_2Cr_2O_7$의 양은?(단, 원자량 K : 39, Cr : 52)

① 14.1 mg ② 28.3 mg
③ 35.4 mg ④ 56.5 mg

> 해설 $K_2Cr_2O_7 : Cr_2$
> 294mg : 52×2mg
> x/0.1L : 100mg/L $\therefore x = 28.3mg$

문제 09 납 표준원액 0.5mg·Pb/mL 1000mL를 만들고자 한다. $Pb(NO_3)_2$의 양은?(단, 원자량 Pb : 207.2)

① 500 mg ② 600 mg
③ 700 mg ④ 800 mg

> 해설 $Pb(NO_3)_2$: Pb
> $331.2mg$: $207.2mg$
> $x/1000mL$: $0.5mg/mL$ $\therefore x = 799.23mg$

정답 05.② 06.④ 07.④ 08.② 09.④

문제 10 다음은 폐기물공정시험기준(방법)에 사용되는 시약의 제조에 관한 설명이다. ( )안에 가장 적합한 것은?

> 수산화나트륨용액(1M)은 수산화나트륨 42g을 정제수 950mL를 넣어 녹이고 새로 만든 ( )을 침전이 생기지 않을 때까지 한 방울씩 떨어뜨려 잘 섞고 마개를 하여 24시간 방치한 다음 여과하여 사용한다.

① 수산화바륨용액(포화) ② 아세트산납·3수화물용액
③ 수산화칼륨/에틸알콜용액 ④ 황산용액(0.5M)

 10.①

1.7 관련 용어의 정의

① "**액상폐기물**"이라 함은 고형물의 함량이 5 % 미만인 것을 말한다.
② "**반고상폐기물**"이라 함은 고형물의 함량이 5 % 이상 15 % 미만인 것을 말한다.
③ "**고상폐기물**"이라 함은 고형물의 함량이 15 % 이상인 것을 말한다.
④ "**함침성 고상폐기물**"이라 함은 종이, 목재 등 기름을 흡수하는 변압기 내부부재(종이, 나무와 금속이 서로 혼합되어 있어 분리가 어려운 경우를 포함한다)를 말한다.
⑤ "**비함침성 고상폐기물**"이라 함은 금속판, 구리선 등 기름을 흡수하지 않는 평면 또는 비평면형태의 변압기 내부부재를 말한다.
⑥ 시험조작 중 "**즉시**"란 30초 이내에 표시된 조작을 하는 것을 뜻한다.
⑦ "**감압 또는 진공**"이라 함은 따로 규정이 없는 한 15 mmHg 이하를 뜻한다.
⑧ "**이상**"과 "**초과**", "**이하**", "**미만**"이라고 기재하였을 때는 "**이상**"과 "**이하**"는 기산점 또는 기준점인 숫자를 포함하며, "**초과**"와 "**미만**"의 기산점 또는 기준점인 숫자를 포함하지 않는 것을 뜻한다. 또한, "a ~ b"라 표시한 것은 a 이상 b 이하임을 뜻한다.
⑨ "**바탕시험을 하여 보정한다**"라 함은 시료에 대한 처리 및 측정을 할 때, 시료를 사용하지 않고 같은 방법으로 조작한 측정치를 빼는 것을 뜻한다.
⑩ **방울수**라 함은 20 ℃에서 정제수 20방울을 적하할 때, 그 부피가 약 1 mL 되는 것을 뜻한다.
⑪ "**항량으로 될 때까지 건조한다**"라 함은 같은 조건에서 1시간 더 건조할 때 전후 무게의 차가 g당 0.3 mg 이하일 때를 말한다.

⑫ 용액의 산성, 중성, 또는 알칼리성을 검사할 때는 따로 규정이 없는 한 유리전극법에 의한 pH미터로 측정하고 구체적으로 표시할 때는 pH 값을 쓴다.

⑬ "**용기**"라 함은 시험용액 또는 시험에 관계된 물질을 보존, 운반 또는 조작하기 위하여 넣어두는 것으로 시험에 지장을 주지 않도록 깨끗한 것을 뜻한다.

⑭ "**밀폐용기**"라 함은 취급 또는 저장하는 동안에 이물질이 들어가거나 또는 내용물이 손실되지 아니하도록 보호하는 용기를 말한다.

⑮ "**기밀용기**"라 함은 취급 또는 저장하는 동안에 밖으로부터의 공기 또는 다른 가스가 침입하지 아니하도록 내용물을 보호하는 용기를 말한다.

⑯ "**밀봉용기**"라 함은 취급 또는 저장하는 동안에 기체 또는 미생물이 침입하지 아니하도록 내용물을 보호하는 용기를 말한다.

⑰ "**차광용기**"라 함은 광선이 투과하지 않는 용기 또는 투과하지 않게 포장을 한 용기이며 취급 또는 저장하는 동안에 내용물이 광화학적 변화를 일으키지 아니하도록 방지할 수 있는 용기를 말한다.

⑱ 여과용 기구 및 기기를 기재하지 않고 "**여과한다**"라고 하는 것은 KSM 7602 거름종이 5종 또는 이와 동등한 여과지를 사용하여 여과함을 말한다.

⑲ "**정밀히 단다**"라 함은 규정된 양의 시료를 취하여 화학저울 또는 미량저울로 칭량함을 말한다.

⑳ 무게를 "**정확히 단다**"라 함은 규정된 수치의 무게를 0.1 mg까지 다는 것을 말한다.

㉑ "**정확히 취하여**"라 하는 것은 규정한 양의 액체를 홀피펫으로 눈금까지 취하는 것을 말한다.

㉒ "**정량적으로 씻는다**"함은 어떤 조작으로부터 다음 조작으로 넘어갈 때 사용한 비커, 플라스크 등의 용기 및 여과막 등에 부착한 정량대상 성분을 사용한 용매로 씻어 그 씻어낸 용액을 합하고 먼저 사용한 같은 용매를 채워 일정용량으로 하는 것을 뜻한다.

㉓ "**약**"이라 함은 기재된 양에 대하여 ± 10 %이상의 차가 있어서는 안 된다.

㉔ "**냄새가 없다**"라고 기재한 것은 냄새가 없거나, 또는 거의 없는 것을 표시하는 것이다.

㉕ 시험에 쓰는 물은 따로 규정이 없는 한 정제수를 말한다.

문제 01 총칙의 내용 중 용기에 관하여 잘못 설명된 것은?

① '밀폐용기'라 함은 취급 또는 저장하는 동안에 이물이 들어가거나 또는 내용물이 손실되지 아니하도록 보호하는 용기
② '기밀용기'라 함은 취급 또는 저장하는 동안에 안으로 부터의 공기 또는 가스가 손실되지 아니하도록 내용물을 보호하는 용기
③ '밀봉용기'라 함은 취급 또는 저장하는 동안에 기체 또는 미생물이 침입하지 아니하도록 내용물을 보호하는 용기
④ '차광용기'라 함은 광선이 투과하지 않는 용기 또는 투과하지 않게 포장한 용기로 취급 또는 저장하는 동안 내용물이 광화학적 변화를 일으키지 아니하도록 방지할 수 있는 용기

문제 02 총칙에서 규정하고 있는 내용 중 틀린 것은?

① 표준온도는 0℃, 찬 곳은 0~15℃, 열수는 약 100℃, 냉수는 15℃ 이하로 한다.
② '약'이라 함은 기재된 양에 대하여 ±10% 이상의 차가 있어서는 안된다.
③ '정확히 단다'라 함은 규정된 양의 검체를 취하여 분석용 저울로 0.3mg까지 다는 것을 말한다.
④ 액체의 산성, 알칼리성 또는 중성을 검사할 때는 따로 규정이 없는 한 유리전극에 의한 pH미터로 측정한다.

문제 03 '비함침성 고형폐기물'의 용어정의로 옳은 것은?

① 금속판, 구리선 등 기름을 흡수하지 않는 평면 또는 비평면형태의 변압기 외부부재를 말한다.
② 금속판, 구리선 등 기름을 흡수하지 않는 평면 또는 비평면형태의 변압기 내부부재를 말한다.
③ 금속판, 구리선 등 수분을 흡수하지 않는 평면 또는 비평면형태의 변압기 외부부재를 말한다.
④ 금속판, 구리선 등 수분을 흡수하지 않는 평면 또는 비평면형태의 변압기 내부부재를 말한다.

정답 01.② 02.③ 03.②

문제 04 총칙에 관한 내용으로 옳은 것은?
① "고상폐기물"이라 함은 고형물의 함량이 5% 이상인 것을 말한다.
② "반고상폐기물"이라 함은 고형물의 함량이 10% 미만인 것을 말한다.
③ 방울수라 함은 4℃에서 정제수 20방울을 적하할 때 그 부피가 약 1mL 되는 것을 뜻한다.
④ 온수는 60~70℃를 말한다.

문제 05 총칙에서 규정하고 있는 사항 중 옳은 것은?
① 시험에 사용하는 시약은 따로 규정이 없는 한 2급 이상 또는 이와 동등한 규격의 시약을 사용한다.
② '밀폐용기'라 함은 취급 또는 저장하는 동안에 이물질이 들어가거나 또는 내용물이 손실되지 아니하도록 보호하는 용기를 말한다.
③ '무게를 정밀히 단다' 라 함은 규정된 수치의 무게를 0.1mg 까지 다는 것을 말한다.
④ '정확히 취하여' 라 함은 규정한 양의 액체를 메스실린더로 눈금까지 취하는 것을 말한다.

문제 06 총칙에서 규정하고 있는 용어정의로 옳은 것은?
① 비함침성 고상폐기물 : 금속판, 구리선 등 기름을 흡수하지 않는 평면 또는 비평면형태의 변압기내부재를 말한다.
② 감압 또는 진공 : 따로 규정이 없는 한 15mmH$_2$O 이하를 뜻한다.
③ 정밀히 단다 : 규정된 수치의 무게를 0.1mg까지 다는 것을 말한다.
④ 밀봉용기 : 취급 또는 저장하는 동안에 밖으로부터의 공기 또는 다른 가스가 침입하지 아니하도록 내용물을 보호하는 용기를 말한다.

정답 04.④ 05.② 06.①

2. 정도보증/정도관리(QA/QC)

2.1 바탕시료

① **방법바탕시료** : 방법바탕시료(method blank)란 시료와 유사한 매질을 선택하여 추출, 농축, 정제 및 분석 과정에 따라 측정한 것을 말하며, 이때 매질, 실험절차, 시약 및 측정 장비 등으로부터 발생하는 오염물질을 확인할 수 있다.

② **시약바탕시료** : 시약바탕시료(reagent blank)란 시료를 사용하지 않고 추출, 농축, 정제 및 분석 과정에 따라 모든 시약과 용매를 처리하여 측정한 것을 말하며, 이때 실험절차, 시약 및 측정 장비 등으로부터 발생하는 오염물질을 확인할 수 있다.

2.2 검정곡선

[1] 개요

검정곡선(calibration curve)은 분석물질의 농도변화에 따른 지시값을 나타낸 것으로 시료 중 분석 대상 물질의 농도를 포함하도록 범위를 설정하고, 검정곡선 작성용 표준용액은 가급적 시료의 매질과 비슷하게 제조하여야 한다.

[2] 절대검정곡선법

① 절대검정곡선법(external standard method)이란 시료의 농도와 지시값과의 상관성을 검정곡선 식에 대입하여 작성하는 방법이다.
② 검정곡선은 직선성이 유지되는 농도범위 내에서 제조농도 3~5개를 사용한다.

[3] 표준물질첨가법

표준물질첨가법(standard addition method)이란 시료와 동일한 매질에 일정량의 표준물질을 첨가하여 검정곡선을 작성하는 방법으로써, 매질효과가 큰 시험 분석 방법에서 분석 대상 시료와 동일한 매질의 표준시료를 확보하지 못한 경우에 매질효과를 보정하여 분석할 수 있는 방법이다.

[4] 상대검정곡선법

상대검정곡선법(internal standard calibration)이란 검정곡선 작성용 표준용액과 시료에 동일한 양의 내부표준물질을 첨가하여 시험분석 절차, 기기 또는 시스템의 변동으로 발생하는 오차를 보정하기 위해 사용하는 방법이다. 상대검정곡선법은 시험 분석하려는 성분과 물리·화학적 성질은 유사하나 시료에는 없는 순수 물질을 내부표준물질로 선택한다. 일반적으로 내부표준물질로는 분석하려는 성분에 동위원소가 치환된 것을 많이 사용한다.

[5] 검정곡선의 작성 및 검증

① 검정곡선을 작성하고 얻어진 검정곡선의 결정계수(R2) 또는 감응계수 (RF, response factor)의 상대표준편차가 일정 수준 이내이어야 하며, 결정계수나 감응계수의 상대표준편차가 허용범위를 벗어나면 재작성하여야 한다.

② 감응계수는 검정곡선 작성용 표준용액의 농도(C)에 대한 반응값(R, response)으로 다음과 같이 구한다.

$$감응계수 = \frac{R}{C}$$

③ 검정곡선은 분석할 때마다 작성하는 것이 원칙이며, 분석 과정 중 검정곡선의 직선성을 검증하기 위하여 각 시료군(시료 20개 이내)마다 1회의 검정곡선 검증을 실시한다.

④ 검증은 방법검출한계의 5~50배 또는 검정곡선의 중간 농도에 해당하는 표준용액에 대한 측정값이 검정곡선 작성 시의 지시값과 10% 이내에서 일치하여야 한다. 만약 이 범위를 넘는 경우 검정곡선을 재작성하여야 한다.

문제 01 매질효과가 큰 시험 분석 방법에서 분석 대상 시료와 동일한 매질의 표준시료를 확보하지 못한 경우에 매질효과를 보정하여 분석할 수 있는 방법은?

① 상대검정곡선법 ② 표준물질첨가법
③ 절대검정곡선법 ④ 내부면적법

문제 02 검정곡선 작성용 표준용액과 시료에 동일한 양의 내부표준물질을 첨가하여 시험분석 절차, 기기 또는 시스템의 변동으로 발생하는 오차를 보정하기 위해 사용하는 방법은?

① 상대검정곡선법 ② 표준물질첨가법
③ 절대검정곡선법 ④ 내부면적법

정답 01.② 02.①

문제 03 감응계수(RF, response factor)에 관한 내용으로 옳은 것은?

① 감응계수는 검정곡선 작성용 표준용액의 농도(C)에 대한 반응값(R)으로 구한다. ($RF = R/C$)
② 감응계수는 검정곡선 작성용 표준용액의 농도(C)에 대한 반응값(R)으로 구한다. ($RF = R \cdot C$)
③ 감응계수는 검정곡선 작성용 표준용액의 농도(C)에 대한 반응값(R)으로 구한다. ($RF = R/C^2$)
④ 감응계수는 검정곡선 작성용 표준용액의 농도(C)에 대한 반응값(R)으로 구한다. ($RF = R^2/C$)

정답 03. ①

2.3 검출한계

[1] 기기검출한계

기기검출한계(IDL, instrument detection limit)란 시험분석 대상물질을 기기가 검출할 수 있는 최소한의 농도 또는 양으로서, 일반적으로 s/n 비의 2~5배 농도 또는 바탕시료를 반복 측정(n회) 분석한 결과의 표준편차(s)에 3배한 값 등을 말한다.

[2] 방법검출한계

방법검출한계(MDL, method detection limit)란 시료와 비슷한 매질 중에서 시험분석 대상을 검출할 수 있는 최소한의 농도로서, 제시된 정량한계 부근의 농도를 포함하도록 준비한 n개의 시료를 반복 측정하여 얻은 결과의 표준편차(s)에 99 % 신뢰도에서의 t-분포값을 곱한 것이다.

2.4 정량한계

정량한계(LOQ, limit of quantification)란 시험분석 대상을 정량화할 수 있는 측정값으로서, 제시된 정량한계 부근의 농도를 포함하도록 시료를 준비하고 이를 반복 측정하여 얻은 결과의 표준편차(s)에 10배한 값을 사용한다.

정량한계 = 10 × s

2.5 정밀도

정밀도(precision)는 시험분석 결과의 반복성을 나타내는 것으로 반복 시험하여 얻은 결과를 상대표준편차(RSD, relative standard deviation)로 나타내며. 연속적으로 n회 측정한 결과의 평균값($\bar{x}$)과 표준편차(s)로 구한다.

$$\text{정밀도}(\%) = \frac{s}{\bar{x}} \times 100$$

2.6 정확도

① **정확도**(accuracy)란 시험분석 결과가 참값에 얼마나 근접하는가를 나타내는 것으로 동일한 매질의 인증시료를 확보할 수 있는 경우에는 표준절차서(SOP, standard operational procedure)에 따라 인증표준물질을 분석한 결과값(C_M)과 인증값(C_C)과의 상대백분율로 구한다.

② 인증시료를 확보할 수 없는 경우에는 해당 표준물질을 첨가하여 시료를 분석한 분석값(C_{AM})과 첨가하지 않은 시료의 분석값(C_S)과의 차이를 첨가 농도(C_A)의 상대백분율 또는 회수율로 구한다.

$$\text{정확도}(\%) = \frac{C_M}{C_C} \times 100 = \frac{C_{AM} - C_S}{C_A} \times 100$$

2.7 현장 이중시료

현장 이중시료(field duplicate)는 동일 위치에서 동일한 조건으로 중복 채취한 시료로서 독립적으로 분석하여 비교한다. 현장 이중시료는 필요시 하루에 20개 이하의 시료를 채취할 경우에는 1개를, 그 이상의 시료를 채취할 때에는 시료 20개당 1개를 추가로 채취하며, 동일한 조건에서 측정한 두 시료의 측정값 차를 두 시료 측정값의 평균값으로 나누어 상대편차백분율(RPD, relative percent difference)로 구한다.

$$\text{상대편차백분율}(\%) = \frac{C_2 - C_1}{\bar{x}} \times 100 \%$$

문제 01 다음은 정량한계에 대한 설명이다. ( )안에 알맞은 말은?

> 정량한계(LOQ, limit of quantification)란 시험분석 대상을 정량화할 수 있는 측정값으로서, 제시된 정량한계 부근의 농도를 포함하도록 시료를 준비하고 이를 반복 측정하여 얻은 결과의 표준편차(s)에 ( )한 값을 사용한다.

① 3배 ② 3.3배 ③ 5배 ④ 10배

문제 02 기기검출한계(IDL)에 관한 설명으로 옳은 것은?

① 시험분석 대상물질을 기기가 검출할 수 있는 최소한의 농도 또는 양으로서 바탕시료를 반복 측정 분석한 결과의 표준편차에 2배한 값을 말한다.
② 시험분석 대상물질을 기기가 검출할 수 있는 최소한의 농도 또는 양으로서 바탕시료를 반복 측정 분석한 결과의 표준편차에 3배한 값을 말한다.
③ 시험분석 대상물질을 기기가 검출할 수 있는 최소한의 농도 또는 양으로서 바탕시료를 반복 측정 분석한 결과의 표준편차에 5배한 값을 말한다.
④ 시험분석 대상물질을 기기가 검출할 수 있는 최소한의 농도 또는 양으로서 바탕시료를 반복 측정 분석한 결과의 표준편차에 10배한 값을 말한다.

문제 03 정도관리 요소 중 다음이 설명하고 있는 것은?

> 동일한 매질의 인증시료를 확보할 수 있는 경우에는 표준절차서(SOP, standard operational procedure)에 따라 인증표준물질을 분석한 결과값(C_M)과 인증값(C_C)과의 상대백분율로 구한다.

① 정확도 ② 정밀도
③ 검출한계 ④ 정량한계

문제 04 정도보증/정도관리를 위한 현장 이중시료에 관한 내용으로 ( )에 알맞은 말은 어느 것인가?

> 현장 이중시료(field duplicate)는 동일 위치에서 동일한 조건으로 중복 채취한 시료로서 독립적으로 분석하여 비교한다. 현장 이중시료는 필요시 하루에 ( )이하의 시료를 채취할 경우에는 1개를, 그 이상의 시료를 채취할 때에는 시료 ( )당 1개를 추가로 채취한다.

① 5개 ② 10개 ③ 15개 ④ 20개

정답 01.④ 02.② 03.① 04.④

3. 시료의 채취

3.1 채취도구 및 시료용기

[1] 채취 도구
채취 도구는 시료의 채취 과정 또는 보관 중에 침식되거나 녹이 나는 재질의 것을 사용해서는 안 된다.

[2] 시료 용기
① 시료용기는 시료를 변질시키거나 흡착하지 않는 것이어야 하며 기밀하고 누수나 흡습성이 없어야 한다.
② 시료용기는 무색경질의 유리병, 폴리에틸렌병 또는 폴리에틸렌백을 사용한다. 다만, 노말헥산 추출물질, 유기인, 폴리클로리네이티드비페닐(PCBs) 및 휘발성 저급 염소화 탄화수소류 실험을 위한 시료의 채취 시에는 갈색경질의 유리병을 사용하여야 한다.
③ 시료 중에 다른 물질의 혼입이나 성분의 손실을 방지하기 위하여 밀봉할 수 있는 마개를 사용하며 코르크 마개를 사용하여서는 안 된다. 다만, 고무나 코르크 마개에 파라핀지, 유지 또는 셀로판지를 씌워 사용할 수도 있다.
④ 시료용기에는 폐기물의 명칭, 대상 폐기물의 양, 채취장소, 채취시간 및 일기, 시료번호, 채취책임자 이름, 시료의 양, 채취방법, 기타 참고자료(보관상태 등)를 기재한다.

3.2 시료의 채취방법

[1] 고상 혼합물 시료채취
고상 혼합물의 경우에는 적당한 채취도구를 사용하며 한 번에 일정량씩을 채취하여야 한다.

[2] 액상 혼합물 시료채취
액상 혼합물의 경우에는 원칙적으로 최종 지점의 낙하구에서 흐르는 도중에 채취한다. 용기에 들어 있을 때에는 잘 혼합하여 균일한 상태로 만든 후에 채취한다.

[3] 콘크리트 고형화물 시료채취
콘크리트 고형화물이 소형인 경우에는 고상 혼합물의 경우에 따른다. 대형의 고형화물이며 분쇄가 어려울 경우에는 임의의 5개소에서 채취하여 각각 파쇄한 후 100g 씩 균등한 양을 혼합하여 채취한다.

[4] 폐기물 소각시설의 소각재 시료채취의 일반사항

① 연소실 바닥을 통해 배출되는 바닥재와 폐열 보일러 및 대기오염 방지시설을 통해 배출되는 비산재의 채취에 적용한다.

② 공정상 비산방지나 냉각을 목적으로 소각재에 물을 분사하는 경우를 제외하고는 가급적 물을 분사하기 전에 시료를 채취한다. 다만 부득이하게 수분이 함유된 상태에서 시료를 채취할 경우에는 가능한 한 수분함량이 적게 되도록 채취한다.

[5] 연속식 연소방식의 소각재 반출 설비에서 시료채취

① 연속식 연소방식의 소각재 반출 설비에서 채취하는 경우, 바닥재 저장조에서는 부설된 크레인을 이용하여 채취하고, 비산재 저장조에서는 낙하구 밑에서 채취하며, 소각재가 운반차량에 적재되어 있는 경우에는 적재차량에서 채취하고, 부지 내에 야적되어 있는 경우에는 야적더미에서 각 층별로 채취하는 것을 원칙으로 한다.

② 소각재 저장조에서 채취하는 경우에는 저장조에 쌓여 있는 소각재를 평면상에서 5등분 한 후 각 등분마다 크레인을 이용하여 소각재를 상하층으로 잘 섞은 다음 크레인으로 일정량을 저장조 밖으로 운반한다. 다만, 시료채취 장소가 좁아 작업하기 힘든 경우에는 크레인으로부터 직접 일정량을 채취한다. 시료는 운반된 소각재 중 대표성이 있다고 판단되는 곳에서 각 등분마다 500g 이상씩을 채취한다.

③ 낙하구 밑에서 채취하는 경우에는 시료의 양이 1회에 500g 이상이 되도록 채취한다.

④ 야적더미에서 채취하는 경우에는 야적더미를 2m 높이 단위로 층을 나누고, 각 층별로 적절한 지점에서 500g 이상의 시료를 채취한다.

⑤ 위의 각 경우별로 채취한 시료는 혼합하여 시료의 조제방법에 따라 조제하여 최종시료로 한다.

[6] 회분식 연소방식의 소각재 반출 설비에서 시료채취

회분식 연소방식의 소각재 반출설비에서 채취하는 경우에는 하루 동안의 운전횟수에 따라 매 운전 시마다 2회 이상 채취하는 것을 원칙으로 하고, 시료의 양은 1회에 500g 이상으로 한다.

문제 01 시료채취를 위한 용기사용에 대한 내용으로 잘못된 것은 어느 것인가?

① 시료용기는 무색경질의 유리병 또는 폴리에틸렌병, 폴리에틸렌백을 사용한다.
② 시료 중에 다른 물질의 혼입이나 성분의 손실을 방지하기 위하여 밀봉할 수 있는 마개를 사용하며 코르크 마개를 사용하여서는 안 된다. 다만 고무나 코르크 마개에 파라핀지, 유지 또는 셀로판지를 씌워 사용할 수도 있다.
③ 시안, 수은 등 휘발성 성분의 실험을 위한 시료의 채취 시는 무색경질의 유리병을 사용하여야 한다.
④ 채취용기는 시료를 변질시키거나 흡착하지 않는 것이어야 하며 기밀하고 누수나 흡습성이 없어야 한다.

문제 02 폐기물 시료용기에 기재해야 할 사항으로 가장 거리가 먼 것은?

① 시료번호
② 채취시간 및 일기
③ 채취책임자 이름
④ 채취장비

문제 03 폐기물 시료용기에 기재해야 할 사항이 아닌 것은?

① 폐기물 명칭 및 대상 폐기물의 양
② 폐기물 채취시간 및 일기
③ 채취책임자 이름 및 시료번호
④ 채취장비 및 분석방법

문제 04 실험을 위한 시료의 채취 시에 갈색경질의 유리병을 사용하지 않아도 되는 것은?

① 노말헥산 추출물질
② 폴리클로리네이티드비페닐(PCBs)
③ 휘발성 저급 염소화 탄화수소류
④ 6가 크롬

정답 01.③ 02.④ 03.④ 04.④

문제 05 성상에 따른 시료의 채취방법에 대한 설명으로 틀린 것은?

① 콘크리트 고형화물이 소형일 때는 적당한 채취도구를 사용하여 한번에 일정량씩을 채취하여야 한다.
② 고상 혼합물의 경우, 시료는 적당한 시료 채취도구를 사용하여 한 번에 일정량씩을 채취하여야 한다.
③ 액상 혼합물이 용기에 들어 있을 때에는 교란되어 혼합되지 않도록 하여 균일한 상태로 채취한다.
④ 액상 혼합물의 경우는 원칙적으로 최종 지점의 낙하구에서 흐르는 도중에 채취된다.

문제 06 폐기물의 시료채취 방법에 관한 설명으로 옳지 않은 것은?

① 시료의 양은 1회에 100g 이상 채취하며 다만 소각재의 경우에는 1회에 300g 이상을 채취한다.
② 폐기물소각시설의 연속식 연소방식 소각재 반출설비에서 채취하는 경우, 바닥재 저장조에서는 부설된 크레인을 이용하여 채취한다.
③ 폐기물소각시설의 연속식 연소방식 소각재 반출설비에서 채취하는 경우, 비산재 저장조에서는 낙하구 밑에서 채취한다.
④ 시료가 대형콘크리트 고형화물로써 분쇄가 어려울 때는 임의의 5개소에서 채취하여 각각 파쇄하여 100g씩 균등량을 혼합하여 채취한다.

문제 07 폐기물의 시료채취 방법에 관한 설명이다. ( )안에 알맞은 말은 어느 것인가?(단, 연속식 연소방식의 소각재 반출설비에서 시료 채취하는 경우)

> 야적더미에서 채취하는 경우에는 야적더미를 ( )높이 단위로 층을 나누고, 각 층별로 적절한 지점에서 500g 이상의 시료를 채취한다.

① 0.5m
② 1.0m
③ 2.0m
④ 3.0m

정답 05.③ 06.① 07.③

문제 08 다음은 회분식 연소방식의 소각재 반출설비에서의 시료채취에 대한 설명이다. ( )안에 알맞은 말은 어느 것인가?

> 회분식 연소방식의 소각재 반출설비에서 채취하는 경우에는 하루 동안의 운전횟수에 따라 매 운전 시마다 ( )이상 채취하는 것을 원칙으로 하고, 시료의 양은 1회에 ( )이상으로 한다.

① ① 2회 ② 100g
② ① 4회 ② 100g
③ ① 2회 ② 500g
④ ① 4회 ② 500g

문제 09 연속식 연소방식의 소각재 반출설비에서 시료를 채취하는 경우에 관한 설명이다. ( )안에 알맞은 말은 어느 것인가?

> 소각재 저장조에서 채취하는 경우에는 저장조에 쌓여 있는 소각재를 평면상에서 ( )후 각 등분마다 크레인을 이용하여 소각재를 상하층으로 잘 섞은 다음 크레인으로 일정량을 저장조 밖으로 운반한다.

① 5등분
② 6등분
③ 7등분
④ 8등분

문제 10 연속식 연소방식의 소각재 반출 설비에서 시료를 채취하는 경우에 관한 설명으로 틀린 것은?

① 바닥재 저장조에서는 부설된 크레인을 이용하여 채취한다.
② 비산재 저장조에서는 유입구 밑에서 채취한다.
③ 소각재가 운반차량에 적재되어 있는 경우에는 적재차량에서 채취한다.
④ 부지 내에 야적되어 있는 경우에는 야적더미에서 각 층별로 채취한다.

문제 11 다음은 콘크리트 고형화물의 시료채취에 관한 내용이다. ( )안에 맞는 내용은?

> 대형의 고형화물이며 분쇄가 어려울 경우에는 임의의 (㉠)개소에서 채취하여 각각 파쇄한 후 (㉡)g 씩 균등한 양을 혼합하여 채취한다.

① ㉠ 5, ㉡ 100
② ㉠ 6, ㉡ 100
③ ㉠ 6, ㉡ 500
④ ㉠ 9, ㉡ 500

정답 08.③ 09.① 10.② 11.①

3.3 분석시료의 양 및 시료의 수

① 시료의 양은 1회에 100g 이상으로 채취한다. 다만, 소각재의 경우에는 1회에 500g 이상으로 채취한다.
② 같은 종류의 폐기물이 계속 배출되는 경우에는 집적되어 있는 폐기물의 양에 관계없이 [표]에 따라 당일 배출분에서 현장 시료를 채취할 수 있다.
③ 폐기물이 적재되어 있는 운반차량에서 현장 시료를 채취할 경우에는 [표]에 관계없이 적재 폐기물의 성상이 균일하다고 판단되는 깊이에서 현장 시료를 채취한다. 5톤 미만의 차량에 폐기물이 적재되어 있는 경우에는 적재 폐기물을 평면상에서 6등분한 후 각 등분마다 현장 시료를 채취한다. 반면, 5톤 이상의 차량에 폐기물이 적재되어 있는 경우에는 적재 폐기물을 평면상에서 9등분한 후 각 등분마다 현장 시료를 채취한다.

[표] 대상 폐기물의 양과 현장 시료의 최소 수

대상 폐기물의 양(단위 : ton)	현장 시료의 최소 수
1 미만	6
1 이상 ~ 5 미만	10
5 이상 ~ 30 미만	14
30 이상 ~ 100 미만	20
100 이상 ~ 500 미만	30
500 이상 ~ 1000 미만	36
1000 이상 ~ 5000 미만	50
5000 이상	60

[주] 대상 폐기물의 대표성을 위해 채취한 [표]의 시료를 전부 모아 1개의 대시료로 하여 시료의 분할 채취 방법에 따라 하나의 분석용 시료로 만든다.

문제 01 | 다음은 시료채취에 관한 내용이다. ( )안에 맞는 내용은?

시료의 양은 1회에 100g 이상으로 채취한다. 다만, 소각재의 경우에는 1회에 ( ) 이상으로 채취한다.

① 100g ② 300g
③ 500g ④ 700g

정답 01. ③

문제 02 분석하고자 하는 대상 폐기물의 양이 100톤 이상 500톤 미만인 경우에 채취하는 시료의 최소수는?

① 10개　　② 20개　　③ 30개　　④ 50개

문제 03 대상폐기물의 양과 채취시료의 최소 수를 알맞게 짝지은 것은?

① 10톤 - 14　　② 20톤 - 26
③ 200톤 - 36　　④ 900톤 - 40

문제 04 폐기물이 5.5톤 차량에 적재되어 있을 때 시료를 채취하는 방법에 관한 설명으로 옳은 것은?

① 평면상에서 6등분, 수직면상에서 9등분한 후 각 등분마다 시료채취
② 평면상에서 9등분, 수직면상에서 6등분한 후 각 등분마다 시료채취
③ 평면상에서 6등분한 후 각 등분마다 시료채취
④ 평면상에서 9등분한 후 각 등분마다 시료채취

문제 05 폐기물이 4.5톤 차량에 적재되어 있을 때 시료를 채취하는 방법에 관한설명으로 옳은 것은?

① 평면상에서 6등분, 수직면상에서 9등분한 후 각 등분마다 시료채취
② 평면상에서 9등분, 수직면상에서 6등분한 후 각 등분마다 시료채취
③ 평면상에서 6등분한 후 각 등분마다 시료채취
④ 평면상에서 9등분한 후 각 등분마다 시료채취

문제 06 5톤 이상의 차량에서 적재폐기물의 시료를 채취할 때 평면상에서 몇 등분하여 채취하는가?

① 3등분　　② 5등분
③ 6등분　　④ 9등분

문제 07 폐기물이 1톤 미만 야적되어 있는 적환장에서 최소 시료채취 총량으로 가장 적합한 것은?

① 50g　　② 100g
③ 600g　　④ 1800g

해설 시료의 양은 1회에 100g 이상으로 채취한다. 대상폐기물 1톤 미만일 때 시료 채취 수는 6개 이다.

정답 02.③　03.①　04.④　05.③　06.④　07.③

3.4 시료의 보관 및 전처리

[1] 시료의 보관
채취 시료는 수분, 유기물 등 함유 성분의 변화가 최소화 되도록 0 ℃~4 ℃ 이하의 냉암소에 보관하여야 하며 가급적 빠른 시간 내에 분석하여야 한다.

[2] 시료의 전처리
① 분석용 또는 수분 측정용 시료의 양이 많을 경우(이를 "대시료"라 한다)에는 실험에 들어가기 전에 시료의 조성을 균일화하기 위하여 시료의 분할 채취 방법에 따라 균일화 한다.

② 소각 잔재, 슬러지 또는 입자상 물질은 그대로 작은 돌멩이 등의 이물질을 제거하고, 이외의 폐기물 중 입경이 5 mm 미만인 것은 그대로, 입경이 5 mm 이상인 것은 분쇄하여 체로 거른 후 입경이 0.5 mm~5 mm로 한다.

3.5 시료의 분할 채취방법

[1] 구획법
① 모아진 대시료를 네모꼴로 얇게 균일한 두께로 편다.
② 이것을 가로 4등분 세로 5등분하여 20개의 덩어리로 나눈다.
③ 20개의 각 부분에서 균등한 양을 취한 후 혼합하여 하나의 시료로 만든다.

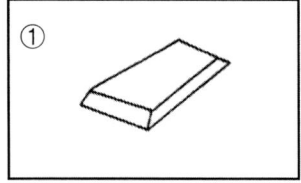 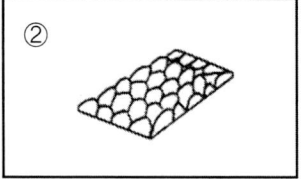 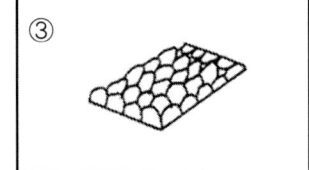

[그림] 구획법

[2] 교호삽법
① 분쇄한 대시료를 단단하고 깨끗한 평면 위에 원추형으로 쌓는다.
② 원추를 장소를 바꾸어 다시 쌓는다.
③ 원추에서 일정한 양을 취하여 장방형으로 도포하고 계속해서 일정한 양을 취하여 그 위에 입체로 쌓는다.
④ 육면체의 측면을 교대로 돌면서 각각 균등한 양을 취하여 두 개의 원추를 쌓는다.
⑤ 하나의 원추는 버리고 나머지 원추를 앞의 조작을 반복하면서 적당한 크기까지 줄인다.

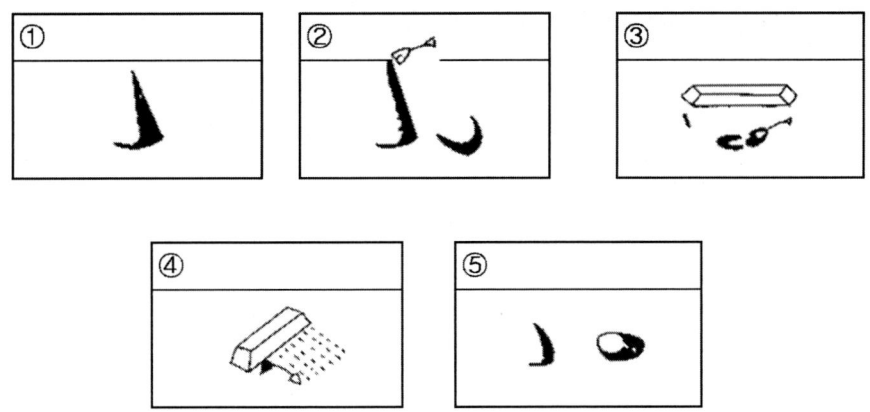

[그림] 교호삽법

[3] 원추 4분법

① 분쇄한 대시료를 단단하고 깨끗한 평면 위에 원추형으로 쌓아 올린다.
② 앞의 원추를 장소를 바꾸어 다시 쌓는다.
③ 원추의 꼭지를 수직으로 눌러서 평평하게 만들고 이것을 부채꼴로 사등분한다.
④ 마주 보는 두 부분을 취하고 반은 버린다.
⑤ 반으로 줄어든 시료를 앞의 조작을 반복하여 적당한 크기까지 줄인다.

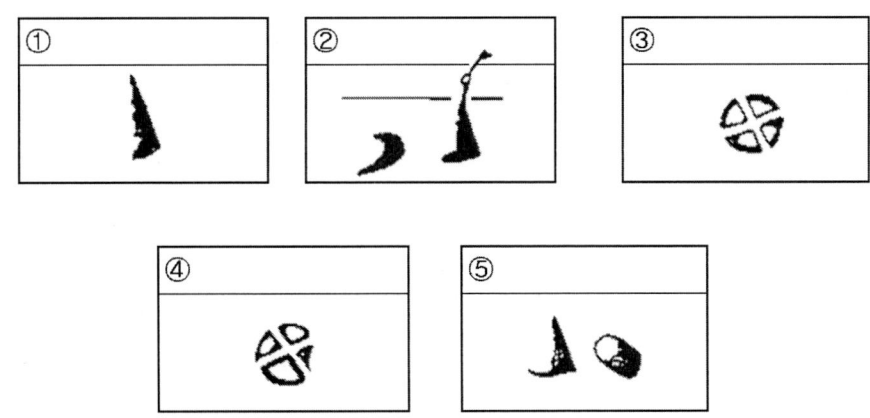

[그림] 원추 4분법

문제 01 1000g의 시료에 대하여 원추4분법을 4회 조작하면 시료는 몇 g이 되는가?

① 31.5
② 62.5
③ 75.5
④ 95.5

해설 $1000g \times 1/2 \times 1/2 \times 1/2 \times 1/2 = 62.5g$

문제 02 1000g의 시료에 대하여 원추4분법을 몇 회 조작하면 시료 31.25g을 채취할 수 있는가?

① 3회
② 4회
③ 5회
④ 6회

해설 $1000g \times \left(\dfrac{1}{2}\right)^n = 31.25g \rightarrow \left(\dfrac{1}{2}\right)^n = \left(\dfrac{31.25}{1000}\right)$

$n \log\left(\dfrac{1}{2}\right) = \log\left(\dfrac{31.25}{1000}\right) \quad \therefore n = 5회$

문제 03 폐기물의 성질을 조사하기 위해 시료 채취방법으로 원추 4분법을 이용하여 4회 실시한 후 시료를 얻었다. 만일 초기에 조대형 쓰레기를 선별하여 무게를 측정한 결과 60kg 이라면 이 중 몇 kg이 시료에 포함되어야 하는가? (단, 조대형쓰레기의 비중은 동일하다고 가정한다.)

① 60kg
② 15kg
③ 7.5kg
④ 3.75kg

해설 $60kg \times \left(\dfrac{1}{2}\right)^4 = 3.75kg$

문제 04 폐기물공정시험기준에 규정된 시료의 축소방법과 거리가 먼 것은?

① 구획법
② 교호삽법
③ 원추 4분법
④ 면적 2분법

정답 01.② 02.③ 03.④ 04.④

문제 05 다음은 시료의 분할채취방법인 교호삽법의 작업순서이다. ( )안에 옳은 내용은?

> ① 분쇄한 대시료를 단단하고 깨끗한 평면 위에 원추형으로 쌓는다.
> ② 원추를 장소를 바꾸어 다시 쌓는다.
> ③ ( )
> ④ 육면체의 측면을 교대로 돌면서 각각 균등한 양을 취하여 두 개의 원추를 쌓는다.
> ⑤ 하나의 원추는 버리고 나머지 원추를 앞의 조작을 반복하면서 적당한 크기까지 줄인다.

① 원추에서 일정한 양을 취하여 장방형으로 도포하고 계속해서 일정한 양을 취하여 그 위에 입체로 쌓는다.
② 원추에서 일정한 양을 취하여 원추형으로 도포하고 계속해서 일정한 양을 취하여 그 위에 입체로 쌓는다.
③ 원추의 꼭지를 수직으로 눌러서 평평하게 만들고 이것을 평면꼴로 사등분한다.
④ 원추의 꼭지를 수직으로 눌러서 평평하게 만들고 이것을 부채꼴로 사등분한다.

문제 06 아래와 같은 방식으로 계속 폐기물 시료의 크기를 줄이는 방법은 어느 것인가?

> 분쇄한 대시료를 단단하고 깨끗한 평면 위에 원추형으로 쌓는다. → 원추를 장소를 바꾸어 다시 쌓는다. → 원추에서 일정한 양을 취하여 장방형으로 도포하고 계속해서 일정한 양을 취하여 그 위에 입체로 쌓는다. → 육면체의 측면을 교대로 돌면서 각각 균등한 양을 취하여 두 개의 원추를 쌓는다. → 이 중 하나는 버린다.

① 구획법 ② 교호삽법 ③ 원추 4분법 ④ 면적 2분법

문제 07 다음에 설명한 시료 축소방법은?

> ① 모아진 대시료를 네모꼴로 얇게 균일한 두께로 편다.
> ② 이것을 가로 4등분, 세로 5등분하여 20개의 덩어리로 나눈다.
> ③ 20개의 각 부분에서 균등량씩을 취하여 혼합하여 하나의 시료로 한다.

① 구획법   ② 교호삽법
③ 원추 4분법   ④ 면적법

정답 05.① 06.② 07.①

3.6 시료의 준비

[1] 함량시험 방법

① 지정폐기물 여부 판정을 위한 기름성분, 폴리클로리네이티드비페닐(PCBs) 및 정제유의 품질 검사를 위한 실험에 적용한다. 또한 폐기물관리법에서 규정하고 있지 않으나, 폐기물 중에 함유된 오염물질의 농도를 측정하는 시료에 적용한다.

② 각 항목별 시험기준의 전처리에서 "액상 폐기물 시료 또는 용출 용액 적당량"을 "폐기물 시료 적당량"으로 하여 실험한다.

[주] 폐기물 시료가 고상이거나 반고상인 경우에는 6가크롬 실험을 적용할 수 없다.

[2] 용출시험 방법

고상 또는 반고상 폐기물에 대하여 폐기물관리법에서 규정하고 있는 지정폐기물의 판정 및 지정폐기물의 중간처리 방법 또는 매립 방법을 결정하기 위한 실험에 적용한다.

① **시료 용액의 조제** : 시료의 조제 방법에 따라 조제한 시료 100g 이상을 정확히 달아 정제수에 염산을 넣어 pH를 5.8~6.3으로 맞춘 용매(mL)를 시료:용매 = 1:10(W:V)의 비로 2000mL 삼각 플라스크에 넣어 혼합한다.

② **용출 조작** : 시료 용액의 조제가 끝난 혼합액을 상온, 상압에서 진탕 횟수가 매분당 약 200회, 진폭이 4cm~5cm인 진탕기를 사용하여 6시간 동안 연속 진탕한 다음 $1.0\mu m$의 유리섬유여과지로 여과하고 여과액을 적당량 취하여 용출 실험용 시료용액으로 한다. 다만, 여과가 어려운 경우에는 원심분리기를 사용하여 매 분당 3000회전 이상으로 20분 이상 원심분리한 다음 상등액(supernatant liquid)을 적당량 취하여 용출 실험용 시료 용액으로 한다. 다만, 휘발성 저급염소화 탄화수소류를 실험하고자 하는 시료의 용출 조작은 휘발성 저급염소화 탄화수소류-기체크로마토그래피 전처리 반고상 또는 고상 폐기물 시료의 전처리에 따른다.

③ **실험결과의 보정** : 항목별 시험기준 중 각 항의 규정에 따라 실험한 용출실험의 결과는 시료 중의 수분 함량 보정을 위해 함수율 85% 이상인 시료에 한하여 "**15/[100-시료의 함수율(%)]**"을 곱하여 계산한 값으로 한다.

[3] 산 분해법

용출용액이나 액상 폐기물에는 유기물 및 현탁물질들이 함유되어 있어 혼탁하거나 색상을 띄고 있는 경우가 있다. 또한 실험하고자 하는 목적성분들이 입자에 흡착되어 있거나 난분해성의 착화합물 또는 착이온 상태로 존재하는 경우가 있다. 따라서, 실험 목적에 따라 적당한 방법으로 전처리를 한 다음 원자흡수분광광도법, 유도결합플라스마-원자발광분광법, 자외선/가시선 분광법으로 분석한다.

시료에 산을 첨가하고 가열하여 시료 중의 유기물 및 방해물질을 제거하는 방법이다. 이 과정에서 시료 중의 유기물 및 방해물질은 산에 의해 분해되고 이들과 착화합물을 형성하고 있던 중금속류는 이온 상태로 시료 중에 존재하게 된다.

① **질산 분해법** : 이 방법은 유기물 함량이 낮은 시료에 적용하며 질산에 의한 유기물 분해 방법이다.

② **질산-염산 분해법** : 이 방법은 유기물 함량이 비교적 높지 않고 금속의 수산화물, 산화물, 인산염 및 황화물을 함유하고 있는 시료에 적용하며 질산-염산에 의한 유기물 분해 방법이다.

③ **질산-황산 분해법** : 이 방법은 유기물 등을 많이 함유하고 있는 대부분의 시료에 적용하며 질산-황산에 의한 유기물 분해 방법이다. 그러나 칼슘, 바륨, 납 등을 다량 함유한 시료는 난용성의 황산염을 생성하여 다른 금속 성분을 흡착하므로 주의하여야 한다.

④ **질산-과염소산 분해법** : 이 방법은 유기물을 높은 비율로 함유하고 있으면서 산화 분해가 어려운 시료들에 적용하며 질산-과염소산에 의한 유기물 분해 방법이다.

> 주1) 과염소산을 넣을 경우 진한 질산이 공존하지 않으면 폭발할 위험이 있으므로 반드시 진한 질산을 먼저 넣어주어야 하며, 어떠한 경우에도 유기물을 함유한 뜨거운 용액에 과염소산을 넣어서는 안 된다.
>
> 주2) 납을 측정할 경우, 시료 중에 황산이온(SO_4^{2-})이 높은 농도로 존재하면 불용성의 황산납이 생성되기 때문에 측정치에 손실을 가져온다. 이때에는 분해가 끝난 용액에 물 대신 아세트산암모늄 용액 (5 + 6) 50 mL를 넣고 가열하여 용액이 끓기 시작하면 킬달 플라스크를 회전시켜 내벽을 용액으로 충분히 씻어준 다음, 약 5분 동안 가열하고 공기 중에서 식혀 여과한다.

⑤ **질산-과염소산-불화수소산 분해법** : 이 방법은 점토질 또는 규산염이 높은 비율로 함유된 시료에 적용하며 질산 – 과염소산 – 불화수소산으로 유기물을 분해하는 방법이다.

[4] 회화법

이 시험기준은 목적 성분이 400℃ 이상에서 휘산되지 않고 쉽게 회화될 수 있는 시료에 적용하며 회화에 의한 유기물분해 방법이다. 시료 중에 염화암모늄, 염화마그네슘, 염화칼슘 등이 높은 비율로 함유된 경우에는 납, 철, 주석, 아연, 안티몬 등이 휘산되어 손실이 발생하므로 주의하여야 한다.

[5] 마이크로파 산 분해법

① 전반적인 처리 절차 및 원리는 산 분해법과 같으나 마이크로파를 이용해서 시료를 가열하는 것이 다르다. 마이크로파를 이용하여 시료를 가열할 경우 고온 고압 하에서 조작할 수 있어 전처리 효율이 좋아진다.

② 시료를 산과 함께 용기에 넣어 마이크로파를 가하면, 강산에 의해 시료가 산화되면서 빠른 진동과 충돌에 의하여 극성 성분들은 시료 내 다른 물질들과의 결합이 끊어져 이온상태로 수용액에 용해된다. 이 장치는 가열 속도가 빠르고 재현성이 좋으며, 폐유 등 유기물이 다량 함유된 시료의 전처리에 이용된다.

③ 마이크로파 분해 장치를 통풍실 안에 직접 설치하면 산 가스에 의해 주변 및 실내의 장치가 부식될 수 있으므로 배기 가스가 직접 외부로 배출될 수 있도록 장치하여야 한다. 또한 제작사가 제공하는 안전 수칙을 반드시 따라야 한다.

문제 01 다음은 시료 용출시험방법에 관한 설명이다. ( ) 안에 알맞은 것은?

> 시료의 조제 방법에 따라 조제한 시료 100g 이상을 정확히 달아 정제수에 염산을 넣어 pH를 (①)으로 맞춘 용매(mL)를 시료 : 용매=(②)(W : V)의 비로 2000mL 삼각플라스크에 넣어 혼합한다.

① ① 4.5~5.5, ② 1:5
② ① 4.5~5.5, ② 1:10
③ ① 5.8~6.3, ② 1:5
④ ① 5.8~6.3, ② 1:10

문제 02 용출시험방법의 용출조작에 관한 설명으로 옳지 않은 것은?

① 시료액의 조제가 끝난 혼합액은 유리섬유 여과지로 여과하여 진탕용 시료로 한다.
② 진탕용 시료는 분당 약 200회, 진폭 4~5cm인 진탕기를 사용하여 6시간 연속 진탕한다.
③ 원심분리기를 사용할 필요가 있는 경우는 3000rpm 이상으로 20분 이상 원심분리한다.
④ 시료를 원심분리한 경우는 상징액을 적당량 취하여 용출시험용 시료용액으로 한다.

해설 1.0μm의 유리섬유여과지로 여과하고 여과액을 적당량 취하여 용출 실험용 시료용액으로 한다.

정답 01.④ 02.①

문제 03 다음은 용출시험방법의 적용에 대한 내용이다. ( )안에 알맞은 말은 어느 것인가?

> ( )폐기물에 대하여 폐기물관리법에서 규정하고 있는 지정폐기물의 판정 및 지정폐기물의 중간처리 방법 또는 매립 방법을 결정하기 위한 실험에 적용한다.

① 수거 폐기물　　　　　　② 고상 폐기물
③ 고상 및 반고상 폐기물　　④ 일반 폐기물

문제 04 함수율 85%인 시료인 경우, 용출시험결과에 시료중의 수분함량 보정을 위하여 곱하여야 하는 값은?

① 0.5　　② 1.0　　③ 1.5　　④ 2.0

해설 용출실험의 결과는 시료 중의 수분함량 보정을 위해 함수율 85% 이상인 시료에 한하여 "15/[100−시료의 함수율(%)]" 을 곱하여 계산한 값으로 한다. 보정값 $= \dfrac{15}{100-85} = 1.0$

문제 05 수분함량이 90%인 폐기물의 용출시험결과 카드뮴의 농도가 0.25 mg/L 이었다. 함수율을 보정한 카드뮴의 농도(mg/L)는 얼마인가?

① 0.125mg/L　　　　② 0.295mg/L
③ 0.375mg/L　　　　④ 0.435mg/L

해설 보정값$= \dfrac{15}{100-90} = 1.5$　∴ $Cd\ 0.25mg/L \times 1.5 = 0.375mg/L$

문제 06 중금속 분석의 전처리인 질산-과염소산 분해법에 있어, 진한 질산이 공존하지 않는 상태에서 과염소산을 넣을 경우 어떤 문제가 발생될 수 있는가?

① 킬레이트형성으로 분해 효율이 저하됨
② 급격한 가열반응으로 휘산됨
③ 폭발 가능성이 있음
④ 중금속의 응집침전이 발생함

문제 07 시료의 산분해 전처리 방법 중 유기물 등이 많이 함유하고 있는 대부분의 시료에 적용하는 것으로 가장 적합한 것은?

① 질산분해법　　　　② 염산분해법
③ 질산-염산분해법　　④ 질산-황산분해법

정답 03.③　04.②　05.③　06.③　07.④

문제 08 질산-과염소산 분해법에 대한 설명으로 (　　)에 알맞은 말은 어느 것인가?

> 질산-과염소산에 의하여 유기물분해시에 분해가 끝나면 공기중에서 식히고 정제수 50mL를 넣어 서서히 끓이면서 (①) 및 (②)을/를 완전히 제거한다. 납의 분석시에는 황산이온이 존재하면 물 대신 (③) 50mL를 넣고 가열하여 전처리한다.

① ① 유기물 ② 수산화물 ③ 황산
② ① 질소산화물 ② 유리염소 ③ 황산
③ ① 유기물 ② 수산화물 ③ 아세트산암모늄용액
④ ① 질소산화물 ② 유리염소 ③ 아세트산암모늄용액

해설 유기물을 높은 비율로 함유하고 있으면서 산화 분해가 어려운 시료들에 적용하며 질산-과염소산에 의한 유기물 분해 방법이다.

문제 09 유기물 함량이 비교적 높지 않고 금속의 수산화물, 산화물, 인산염 및 황하물을 함유하고 있는 시료에 적용되는 전처리 방법으로 가장 적합한 것은?

① 질산-염산 분해법
② 질산-황산 분해법
③ 질산-과염소산 분해법
④ 질산-불화수소산 분해법

문제 10 다음 보기들은 시료의 전처리 방법들을 설명하고 있다. 이 중에서 질산-황산에 의한 유기물 분해에 해당되는 항목들로 알맞게 짝지어진 것은 어느 것인가?

> ㉠ 시료를 서서히 가열하여 액량이 약 15mL가 될 때까지 증발 농축하고 방냉한다.
> ㉡ 용액의 산 농도는 약 0.8N이다.
> ㉢ 염산(1+1) 10mL와 물 15mL를 넣고 약 15분간 가열하여 잔류물을 녹인다.
> ㉣ 분해가 끝나면 공기중에서 식히고 정제수 50mL를 넣어 끓기 직전까지 서서히 가열하여 침전된 용해성염들을 녹인다.
> ㉤ 유기물 등을 많이 함유하고 있는 대부분의 시료에 적용된다.

① ㉡, ㉢, ㉣
② ㉢, ㉣, ㉤
③ ㉠, ㉣, ㉤
④ ㉠, ㉢, ㉤

문제 11 시료의 산분해 전처리 방법 중 유기물을 다량 함유하고 있으면서 산화분해가 어려운 시료에 적용하는 것으로 가장 적합한 것은?

① 질산-염산 분해법
② 질산-황산 분해법
③ 염산-황산 분해법
④ 질산-과염소산 분해법

정답 08.④　09.①　10.③　11.④

문제 12 다량의 점토질 또는 규산염을 함유한 시료에 적용되는 시료의 전처리 방법으로 알맞은 것은 어느 것인가?

① 질산 – 과염소산 – 불화수소산에 의한 유기물 분해
② 질산 – 염산에 의한 유기물 분해
③ 질산 – 과염소산에 의한 유기물 분해
④ 질산 – 황산에 의한 유기물 분해

문제 13 시료의 전처리 방법으로 많은 시료를 동시에 처리하기 위하여 회화에 의한 유기물 분해방법을 이용하고자 하며, 시료 중에는 염화칼슘이 다량 함유되어 있는 것으로 조사되었다. 아래 보기 중 회화에 의한 유기물분해 방법이 적용 가능한 중금속은?

① 납(Pb) ② 철(Fe) ③ 안티몬(Sb) ④ 크롬(Cr)

해설 적 성분이 400℃ 이상에서 휘산되지 않고 쉽게 회화될 수 있는 시료에 적용하며 회화에 의한 유기물분해 방법이다. 시료 중에 염화암모늄, 염화마그네슘, 염화칼슘 등이 높은 비율로 함유된 경우에는 납, 철, 주석, 아연, 안티몬 등이 휘산되어 손실이 발생하므로 주의하여야 한다.

문제 14 시료의 전처리 방법 중 마이크로파(Microwave)에 의한 유기물 분해에 관한 내용으로 옳지 않은 것은?

① 마이크로파 영역에서 극성분자나 이온이 쌍극자모멘트(Dipole moment)와 이온전도(Ionic conductance)를 일으켜 온도가 상승하는 원리를 이용하여 시료를 가열하는 방법이다.
② 시료의 분해에 이용되는 대부분의 마이크로파장치는 2.2cm 파장역 100~150Mhz 범위의 주파수를 갖는다.
③ 마이크로파는 전자파 에너지의 일종으로서 빛의 속도로 이동하는 교류와 자기장으로 구성되어 있다.
④ 가열속도가 빠르고 재현성이 좋으며 폐유 등 유기물이 다량 함유된 시료의 전처리에 이용된다.

해설 주파수가 300MHz~300GHz이고, 파장이 1mm~1m까지인 전자기파. 파장이 짧아 직진성이나 반사·굴절·간섭 따위의 성질이 빛과 비슷하다.

정답 12.① 13.④ 14.②

문제 15 마이크로파 분해장치에 관한 내용으로 틀린 것은 어느 것인가?

① 산과 함께 시료를 용기에 넣어 마이크로파를 가하면 강산에 의해 시료가 산화된다.
② 극성성분들의 빠른 진동과 충돌에 의하여 시료의 분자 결합이 절단되어 시료가 이온상태의 수용액으로 분해된다.
③ 유기물이 소량 함유된 시료의 전처리에 자주 이용된다.
④ 이 장치는 가열속도가 빠르고 재현성이 좋다.

해설 유기물이 다량 함유된 시료의 전처리에 자주 이용된다.

문제 16 시료전처리 방법에 대한 설명으로 틀린 것은?

① 다량의 점토질을 함유한 시료는 질산-과염소산-불화수소산에 의한 전처리가 적용된다.
② 유기물 함량이 비교적 높지 않고 금속의 수산화물, 산화물, 인산염 및 황화물을 함유하고 있는 시료는 질산-염산에 의한 전처리가 적용된다.
③ 회화에 의한 유기물 분해법은 400℃이상에서 쉽게 휘산되는 유기물에 적용된다.
④ 마이크로파에 의한 유기물분해는 가열속도가 빠르고 재현성이 좋으며 폐유 등 유기물이 다량 함유된 시료의 전처리에 적용된다.

해설 목적 성분이 400℃ 이상에서 휘산되지 않고 쉽게 회화될 수 있는 시료에 적용하며 회화에 의한 유기물분해 방법이다.

문제 17 시료의 전처리 방법에 관한 설명으로 틀린 것은?

① 질산-염산에 의한 유기물분해방법은 유기물 등을 많이 함유하고 있는 대부분의 시료에 적용되며 칼슘, 바륨, 납 등을 다량 함유한 시료는 난용성염을 생성한다.
② 회화에 의한 유기물분해방법은 목적성분이 400℃ 이상에서 휘산되지 않고 쉽게 회화될 수 있는 시료에 적용된다.
③ 질산-과염소산-불화수소산에 의한 유기물분해방법은 다량의 점토질 또는 규산염을 함유한 시료에 적용된다.
④ 마이크로파에 의한 유기물분해방법은 마이크로파영역에서 극성분자나 이온이 쌍극자 모멘트와 이온전도를 일으켜 온도가 상승하는 원리를 이용한다.

해설 유기물 함량이 비교적 높지 않고 금속의 수산화물, 산화물, 인산염 및 황화물을 함유하고 있는 시료에 적용한다.

정답 15.③ 16.③ 17.①

4. 강열감량 및 유기물함량(중량법)

4.1 개요

① 이 시험기준은 폐기물의 강열감량 및 유기물 함량을 측정하는 방법으로, 시료를 질산암모늄 용액(25%)을 넣고 가열하여 탄화시킨 다음, (600±25) ℃의 전기로 안에서 3시간 강열하고 데시케이터에서 식힌 후 무게를 달아 증발접시의 무게 차이로부터 강열감량 및 유기물 함량(%)을 구한다.
② 이 시험기준은 폐기물의 강열감량 및 유기물 함량의 측정에 적용한다.
③ 이 시험기준은 0.1 %까지 측정한다.

4.2 간섭물질

① 눈에 보이는 이물질이 들어 있을 때에는 제거해야 한다.
② 용기 벽에 부착하거나 바닥에 가라앉는 물질이 있는 경우에는 시료를 분취하는 과정에서 오차가 발생할 수 있다.

4.3 시료채취 및 관리

① 시료는 유리병에 채취하고 가능한 빨리 측정한다.
② 시료를 보관하여야 할 경우 미생물에 의한 분해를 방지하기 위해 0℃~4℃에서 보관한다.
③ 시료는 24시간 이내에 증발 처리를 하는 것이 원칙이며, 부득이한 경우에는 최대 7일을 넘기지 말아야 한다. 시료를 분석하기 전에 상온이 되게 한다.

4.4 분석절차

① 도가니 또는 접시를 미리 (600±25) ℃에서 30분 동안 강열하고 데시케이터 안에서 식힌 후 사용하기 직전에 무게를 단다.
② 수분을 제거한 시료 적당량(20g 이상)을 취하여 도가니 또는 접시와 시료의 무게를 정확히 단다.

> 주 폐기물의 종류와 성상에 관계없이 수분 및 고형물의 시험기준에 따라 수분을 제거(특히 슬러지, 퇴적물 등 수분이 많이 포함된 폐기물은 물중탕에서 수분을 충분히 제거한 후 건조기를 이용하여 수분을 제거한다.)한 후 강열감량 실험을 한다.

③ 질산암모늄 용액(25%)을 넣어 시료에 적시고 천천히 가열하여 탄화시킨 다음, (600±25) ℃의 전기로 안에서 3시간 동안 강열하고 실리카겔이 담겨있는 데시케이터 안에 넣어 식힌 후 무게를 정확히 단다.

> 주 시료의 특성에 따라 서서히 가열하여야 하며, 탄화된 상태로 있거나 연소가 어려운 시료는 방랭 후 물 몇 방울을 떨어뜨린 후 서서히 온도를 올려 가열하거나 완전히 연소할 때까지 시료를 뒤집어 강열하는 등의 방법으로 완전히 연소시킨다.

4.5 결과보고

시료와 도가니 또는 접시의 무게로부터 다음의 식에 따라 시료의 강열감량(%) 및 유기물 함량(%)을 계산한다.

$$강열감량(\%) = \left(\frac{w_2 - w_3}{w_2 - w_1}\right) \times 100 = \frac{강열\ 전 - 강열\ 후}{전체시료} \times 100$$

$$유기물\ 함량(\%) = \frac{휘발성\ 고형물(g)}{고형물(g)} \times 100$$

휘발성 고형물(%) = 강열감량(%) − 수분(%)

강열감량(%) = 휘발성 고형물(%) + 수분(%) = 유기물(%) + 수분(%)

전체시료 = 고형물(유기물+무기물) + 수분

여기서, w_1 = 도가니 또는 접시의 무게
w_2 = 강열 전의 도가니 또는 접시와 시료의 무게
w_3 = 강열 후의 도가니 또는 접시와 시료의 무게

> 주 휘발성 고형물(volatile solids)은 유기물질(organic matter)을 간단하게 간접적으로 측정하는 방법이다. 그러나 대부분의 유기물질은 어느 정도의 회분(ash)을 함유하고 있기 때문에 주의가 필요하다.

문제 01 강열감량 및 유기물함량(중량법) 측정에 대한 설명으로 틀린 것은?

① 채취된 시료는 24시간 이내에 증발처리를 하여야 하나 최대한 7일을 넘지 말아야 한다.
② 도가니 또는 접시를 실험전 미리 600±25℃에서 2시간 강열하고 데시케이터 안에서 방냉한 다음 그 무게를 정확히 단다.
③ 용기내의 시료에 25% 질산암모늄용액을 넣어 시료를 적시고 천천히 가열하여 탄화시킨다.
④ 유기물함량(%)=[휘발성고형물(%)/고형물(%)]×100 (단, 휘발성고형물(%)=강열감량(%)−수분(%))

> **해설** 도가니 또는 접시를 미리 (600±25) ℃에서 30분 동안 강열하고 데시케이터 안에서 식힌 후 사용하기 직전에 무게를 단다.

문제 02 다음은 강열감량 및 유기물 함량분석에 관한 내용이다. ( ) 안에 알맞은 것은?

> 도가니 또는 접시를 미리 (①) ℃에서 30분 동안 강열하고 데시케이터 안에서 식힌 후 사용하기 직전에 무게를 달고, 수분을 제거한 시료 적당량(②)을 취하여 도가니 또는 접시와 시료의 무게를 정확히 단다. 여기에 (③)을 넣어 시료에 적시고 천천히 가열하여 탄화시킨 다음, (④) ℃의 전기로 안에서 3시간 동안 강열하고 실리카겔이 담겨있는 데시케이터 안에 넣어 식힌 후 무게를 정확히 단다.

① ① 550±25℃, ② 10g 이상, ③ 25% 황산암모늄용액, ④ 550±25℃
② ① 600±25℃, ② 10g 이상, ③ 25% 황산암모늄용액, ④ 600±25℃
③ ① 550±25℃, ② 20g 이상, ③ 25% 질산암모늄용액, ④ 550±25℃
④ ① 600±25℃, ② 20g 이상, ③ 25% 질산암모늄용액, ④ 600±25℃

문제 03 중량법을 이용하여 강열감량 및 유기물함량을 측정할 때 시료를 전기로에서 강열하기 전에 시료에 넣어 가열하여 탄화시키는 시약은?

① 질산암모늄용액(5%)
② 질산암모늄용액(25%)
③ 과염소산용액(5%)
④ 과염소산용액(25%)

정답 01.② 02.④ 03.②

문제 04 중량법을 이용하여 강열감량 및 유기물함량을 측정할 때 도가니 또는 접시에 취하는 시료 적당량에 대한 기준으로 적절한 것은?

① 20g 이상 ② 40g 이상 ③ 60g 이상 ④ 70g 이상

문제 05 폐기물 소각, 매립 설계과정에서 중요한 인자로 작용하고 있는 강열감량(Ignition Loss)에 대한 설명으로 틀린 것은?

① 소각로의 운전상태를 파악할 수 있는 중요한 지표
② 소각로의 종류, 처리용량에 따른 화격자의 면적을 선정하는 데 중요자료
③ 소각잔사 중 가연분을 중량 백분율로 나타낸 수치
④ 폐기물의 매립처분에 있어서 중요한 지표

문제 06 휘발성 고형물이 15%, 고형물이 40%인 경우 강열감량(%) 및 유기물 함량(%)은 각각 얼마인가?

① 60 및 27.5 ② 60 및 37.5
③ 75 및 27.5 ④ 75 및 37.5

해설 감열감량(%)=휘발성 고형물(%)+수분(%)=유기물(%)+수분(%)
슬러지100=고형물(유기물15+무기물25)+물60
강열감량(%)=유기물(%)+물(%)=15+60=75%

유기물 함량(%) $= \dfrac{\text{휘발성 고형물}(\%)}{\text{고형물}(\%)} \times 100$

유기물 함량 $= \dfrac{15\%}{40\%} \times 100 = 37.5\%$

정답 04.① 05.③ 06.④

문제 07 수분 50%, 고형물 60%, 휘발성고형물 30%인 쓰레기의 유기물 함량(%)은?

① 18 ② 25 ③ 36 ④ 50

해설 유기물 함량(%) = $\dfrac{휘발성\ 고형물(g)}{고형물(g)} \times 100$

∴ 유기물 함량(%) = $\dfrac{30\%}{60\%} \times 100 = 50\%$

문제 08 고형물함량이 50%, 수분함량이 50%, 강열감량이 95%인 폐기물의 경우 폐기물의 고형물 중 유기물함량은?

① 60% ② 70%
③ 80% ④ 90%

해설 휘발성 고형물(%) = 강열감량(%) − 수분(%)
∴ 휘발성 고형물 = 95% − 50% = 45%
유기물 함량(%) = $\dfrac{휘발성\ 고형물(\%)}{고형물(\%)} \times 100$

∴ 유기물 함량(%) = $\dfrac{45\%}{50\%} \times 100 = 90\%$

문제 09 폐기물시료의 강열감량을 측정한 결과 다음과 같은 자료를 얻었다. 해당시료의 강열감량은?

- 도가니의 무게(w_1) : 51.045g
- 탄화전 도가니와 시료의 무게(w_2) : 92.345g
- 탄화 후 도가니와 시료의 무게(w_3) : 53.125g

① 91% ② 93% ③ 95% ④ 97%

해설 강열감량(%) = $\left(\dfrac{w_2 - w_3}{w_2 - w_1}\right) \times 100$

∴ 강열감량 = $\left(\dfrac{92.345\text{g} - 53.125\text{g}}{92.345\text{g} - 51.045\text{g}}\right) \times 100 = 94.96\%$

정답 07.④ 08.④ 09.③

문제 10 고형물 함량이 60%, 강열감량이 80%인 폐기물의 유기물함량(%)은?

① 53.3
② 66.7
③ 75.4
④ 81.2

해설 휘발성 고형물(%) = 강열감량(%) − 수분(%)
∴ 휘발성 고형물 = 80% − (100−60)% = 40%

유기물 함량(%) = $\dfrac{휘발성 고형물(\%)}{고형물(\%)} \times 100$

∴ 유기물 함량(%) = $\dfrac{45\%}{60\%} \times 100 = 66.67\%$

문제 11 음식물 폐기물의 수분을 측정하기 위해 실험하였더니 다음과 같은 결과를 얻었다. 수분은 몇 %인가?

- 시료의 무게 : 50g
- 증발접시의 무게 : 7.25g
- 증발접시 및 시료의 건조 후 무게 : 15.75g

① 87%　　② 83%　　③ 78%　　④ 74%

해설 고형물의 량 = $\left(\dfrac{15.75g - 7.25g}{50g}\right) \times 100 = 17\%$

∴ 수분 = 100 − 17% = 83%

정답 10.② 11.②

5. 기름성분(중량법)

5.1 개요

① 이 시험기준은 폐기물 중 기름성분을 측정하는 방법으로 시료를 직접 사용하거나, 시료에 적당한 응집제 또는 흡착제 등을 넣어 노말헥산 추출물질을 포집한 다음 노말헥산으로 추출하고 잔류물의 무게로부터 구하는 방법이다.
② 이 시험기준은 폐기물중의 비교적 휘발되지 않는 탄화수소, 탄화수소유도체, 그리스유상물질 중 노말헥산에 용해되는 성분에 적용한다.
③ 이 시험기준의 정량한계는 0.1% 이하로 한다.

5.2 간섭물질

① 눈에 보이는 이물질이 들어 있을 때에는 제거해야한다.
② 용기 벽에 부착하거나 바닥에 가라앉는 물질이 있는 경우는 시료를 분취하는 과정에서 큰 오차를 발생할 수 있다.

5.3 분석기기 및 기구

① 전기열판 또는 전기멘틀은 80℃ 온도조절이 가능한 것을 사용한다.
② 증발접시는 알루미늄박으로 만든 접시, 비커 또는 증류플라스크로써 부피는 50~250mL인 것을 사용한다.
③ ㅏ자형 연결관 및 리비히 냉각관은 증류플라스크를 사용할 경우 사용한다.

5.4 시료채취 및 관리

① 시료는 유리병에 채취하고 가능한 빨리 측정한다.
② 시료를 보관하여야 할 경우 미생물에 의해 분해를 방지하기 위해 0~4 ℃로 보관한다.
③ 시료는 24시간 이내에 증발처리를 하여야 하나 최대한 7일을 넘기지 말아야 한다. 시료를 분석하기 전에 상온이 되게 한다.

5.5 분석절차

① 시료 적당량을 분별깔때기에 넣고 메틸오렌지용액(0.1 W/V %)을 2~3방울 넣고 황색이 적색으로 변할 때까지 염산(1+1)을 넣어 pH 4 이하로 조절한다. 단 반고상 또는 고상 폐기물인 경우에는 폐기물의 양에 약 2.5배에 해당하는 물을 넣어 잘 혼합한 다음 pH 4 이하로 조절한다.

> **주** 노말헥산 추출물질의 함량이 5mg/L 이하로 낮은 경우에는 5L부피 시료병에 시료 4 L를 채취하여 염화철(III)용액 4mL를 넣고 자석교반기로 교반하면서 탄산나트륨용액(20 W/V %)을 넣어 pH 7~9로 조절한다. 5분간 세게 교반한 다음 방치하여 침전물이 전체액량의 약 1/10이 되도록 침강하면 상층액을 조심하여 흡인하여 버린다. 잔류 침전 층에 염산(1+1)으로 pH를 약 1로 하여 침전을 녹이고 이 용액을 분별깔때기에 옮긴다.

② 시료의 용기는 노말헥산 20mL씩으로 2회 씻어서 씻은 액을 분별깔때기에 합하고 마개를 하여 5분간 세게 흔들어 섞고 정치하여 노말헥산층을 분리한다.

> **주** 추출 시 에멀젼을 형성하여 액층이 분리되지 않거나 노말헥산층이 탁할 경우에는 분별깔때기 안의 수층을 원래의 시료용기에 옮긴다. 이후 에멀젼층이 분리되거나 노말헥산층이 맑아질 때까지 에멀젼층 또는 헥산층에 적당량의 염화나트륨 또는 황산암모늄을 넣어 환류냉각관(약 300mm)을 부착하고 80℃ 물중탕에서 약 10분간 가열 분해한 다음 시험기준에 따라 시험한다.

③ 수층에 한 번 더 시료용기를 씻은 노말헥산 20mL를 넣어 흔들어 섞고 정치하여 노말헥산층을 분리하여 앞의 노말헥산층과 합한다.

④ 정제수 20mL씩으로 수회 씻어준 다음 수층을 버리고 분별깔때기의 꼭지부분에 건조여과지 또는 탈지면을 사용하여 여과하며, 여과시 건조여과지 또는 탈지면 위에 무수황산나트륨을 3~5g을 사용하여 수분을 제거한다.

⑤ 노말헥산을 무게를 미리 단 증발용기에 넣고, 분별깔때기에 노말헥산 소량을 넣어 씻어 준 다음 여과하여 증발용기에 합한다. 다시 노말헥산 5mL씩으로 여과지 또는 탈지면을 2회 씻어주고 씻은 액을 증발용기에 합한다.

⑥ 증발용기가 알루미늄박으로 만든 접시 또는 비커일 경우에는 용기의 표면을 깨끗이 닦고 80℃로 유지한 전기열판 또는 전기맨틀에 넣어 노말헥산을 날려 보낸다.

⑦ 증류플라스크일 경우에는 ├자형 연결관과 냉각관을 달아 전기열판 또는 전기맨틀의 온도를 80℃로 유지하면서 매초 당 한 방울의 속도로 증류한다. 증류플라스크 안에 2mL가 남을 때까지 증류한 다음 냉각관의 상부로부터 질소가스를 넣어 주어 증류플라스크안의 노말헥산을 완전히 날려 보내고 증류플라스크를 분리하여 실온으로 냉각될 때까지 질소를 보내면서 완전히 노말헥산을 날려 보낸다.

⑧ 증발용기 외부의 습기를 깨끗이 닦고 (80±5)℃의 건조기 중에 30분간 건조하고 실리카

겔 데시케이터에 넣어 정확히 30분간 식힌 후 무게를 단다.

⑨ 따로 실험에 사용된 노말헥산 전량을 미리 무게를 단 증발용기에 넣어, 시료와 같이 조작하여 노말헥산을 날려 보내어 바탕시험을 행하고 보정한다.

5.6 결과보고

다음 식에 따라 노말헥산 추출물질을 계산한다.

노말헥산 추출물질(%) $= (a-b) \times \dfrac{100}{V}$

여기서, a : 실험전후의 증발용기의 무게 차(g)
 b : 바탕시험 전후의 증발용기의 무게 차(g)
 V : 시료의 양(g)

문제 01 중량법에 의한 기름성분 분석방법에 관한 설명으로 옳지 않은 것은?

① 시료를 직접 사용하거나, 시료에 적당한 응집제 또는 흡착제 등을 넣어 노말헥산 추출물질을 포집한 다음 노말헥산으로 추출한다.
② 이 시험기준의 정량한계 0.5% 이하로 한다.
③ 폐기물중의 비교적 휘발되지 않는 탄화수소, 탄화수소 유도체, 그리스유상물질 중 노말헥산에 용해되는 성분에 적용한다.
④ 눈에 보이는 이물질이 들어 있을 때에는 제거해야한다.

해설 정량한계는 0.1% 이하로 한다.

문제 02 기름성분에 관한 시험(중량법)에 관한 내용 중 정량한계 기준으로 적절한 것은?

① 0.01% 이하   ② 0.1% 이하
③ 200mg 이하   ④ 100mg 이하

문제 03 폐기물 중에 함유된 기름성분 측정에 사용되는 추출 용매는 어느 것인가?

① 메틸오렌지   ② 노말헥산
③ 알코올   ④ 디에틸디티오카르바민산

정답 01.② 02.② 03.②

문제 04 기름성분을 분석하기 위한 노말헥산 추출시험법을 노말헥산을 증발시키기 위한 조작온도는 얼마인가?

① 50℃   ② 60℃   ③ 70℃   ④ 80℃

해설 증발용기가 알루미늄박으로 만든 접시 또는 비커일 경우에는 용기의 표면을 깨끗이 닦고 80℃로 유지한 전기열판 또는 전기맨틀에 넣어 노말헥산을 날려 보낸다.

문제 05 다음 기구 및 기기 중 기름성분 측정시험(중량법)에 필요한 것들만 나열한 것은 어느 것인가?

> a. 80℃ 온도조절이 가능한 전기열판 또는 전기맨틀을 사용한다.
> b. 알루미늄박으로 만든 접시, 비커 또는 증류플라스크로써 용량이 50~250mL인 것을 사용한다.
> c. ㅏ자형 연결관 및 리비히 냉각관(증류 플라스크를 사용할 경우)을 사용한다.
> d. 구데르나다니쉬 농축기를 사용한다.
> e. 아세틸렌 토오치를 사용한다.

① a, b, c   ② b, c, d
③ c, d, e   ④ a, c, e

문제 06 기름성분에 관한 시험(중량법)에 관한 내용 중 정량범위 기준으로 적절한 것은?

① 1~50mg   ② 5~200mg
③ 25~500mg   ④ 50~1000mg

문제 07 중량법으로 기름성분을 측정할 때 시료채취 및 관리에 관한 내용으로 옳은 것은?

① 시료는 6시간 이내 증발처리를 하여야 하나 최대한 24시간을 넘기지 말아야 한다.
② 시료는 8시간 이내 증발처리를 하여야 하나 최대한 24시간을 넘기지 말아야 한다.
③ 시료는 12시간 이내 증발처리를 하여야 하나 최대한 7일을 넘기지 말아야 한다.
④ 시료는 24시간 이내 증발처리를 하여야 하나 최대한 7일을 넘기지 말아야 한다.

문제 08 중량법에 의한 기름성분 시험에서 pH를 조절할 때 사용하는 지시약은 어느 것인가?

① Methyl violet   ② Methyl orange
③ Methyl red   ④ Phenolphthalein

정답 04.④ 05.① 06.② 07.④ 08.②

문제 09 중량법에 의한 기름성분 시험방법에 관한 내용으로 틀린 것은 어느 것인가?

① 폐기물 중의 비교적 휘발되지 않는 탄화수소, 탄화수소유도체, 그리이스유상물질이 노말헥산층에 용해되는 성질을 이용한 방법이다.
② 정량한계는 0.1%이하이다.
③ 중량법 만으로도 광물유류와 동식물 유지류를 분별하여 정량할 수 있다.
④ 시료 중에 염산을 가하는 이유는 지방산 중의 금속을 분해하여 유리시키고, 또한 미생물에 의한 분해 등을 방지하기 위한 것이다.

문제 10 중량법에 의한 기름성분 분석 방법(절차)에 대한 설명으로 잘못된 것은 어느 것인가?

① 시료 적당량을 분별깔때기에 넣고 메틸오렌지용액(0.1W/V%)을 2~3방울 넣고 황색이 적색으로 변할 때까지 염산(1+1)을 넣어 pH 4 이하로 조절한다.
② 시료가 반고상 또는 고상폐기물인 경우에는 폐기물의 양에 약 2.5배에 해당하는 물을 넣어 잘 혼합한 다음 pH 4 이하로 조절한다.
③ 노말헥산 추출물질의 함량이 5mg/L 이하로 낮은 경우에는 5L 부피 시료병에 시료 4L를 채취하여 염화철(III)용액 4mL를 넣고 자석교반기로 교반하면서 탄산나트륨 용액(20W/V%)을 넣어 pH 7~9로 조절한다.
④ 증발용기 외부의 습기를 깨끗이 닦고 실리카겔 데시케이터에 1시간 이상 수분 제거 후 무게를 단다.

해설 실리카겔 데시케이터에 넣어 정확히 30분간 식힌 후 무게를 단다.

문제 11 다음은 기름성분을 노말헥산 추출시험방법으로 측정할 때 노말헥산추출물질의 함량이 낮을 때의 대책을 설명한 것이다. ( )안에 알맞은 말은?

> 노말헥산추출물질의 함량이 낮은 경우에는 5L 용량 시료 병에 시료 4L를 채취하여 (ⓐ) 4mL를 넣고 자석교반기로 교반하면서 (ⓑ)을 넣어 pH를 7~9로 조절 한다.

① ⓐ 염화철(III)용액 ⓑ 탄산나트륨용액
② ⓐ 클로라인-T ⓑ 황산암모늄 용액
③ ⓐ 염화시안 ⓑ 염화나트륨 용액
④ ⓐ 염산히드록실아민 용액 ⓑ 무수탄산나트륨 용액

정답 09.③ 10.④ 11.①

문제 12 다음은 기름성분을 중량법으로 분석할 때에 관련된 내용이다. ( )안에 옳은 내용은?

> 추출시 에멀전을 형성하여 액층이 분리되지 않거나 노말헥산층이 탁할 경우에는 분액깔때기 안의 수층을 원래의 시료용기에 옮기고 에멀전층 또는 헥산층에 약 10g의 ( ) 또는 황산암모늄을 넣어 환류냉각관을 부착하고 80℃ 물중탕에 약 10분간 가열분해한 다음 실험한다.

① 질산암모늄　　　　　② 염화나트륨
② 아비산나트륨　　　　④ 질산나트륨

문제 13 폐기물 중 기름성분을 측정하는 방법인 기름성분-중량법에 대한 설명으로 틀린 것은 어느 것인가?

① 폐기물 중의 비교적 휘발되지 않는 탄화수소, 탄화수소 유도체, 그리스유상물질 중 노말헥산에 용해되는 성분에 적용한다.
② 시료 적당량을 분별깔대기에 넣고 메틸오렌지용액(0.1W/V%)을 2~3방울 넣고 황색이 적색으로 변할때까지 염산(1+1)을 넣어 pH 4 이하로 조절한다.
③ 추출 시 에멀전을 형성하여 액층이 분리되지 않을 시 무수탄산나트륨을 넣고 흔들어 섞은 후 여과한다.
④ 이 시험기준의 정량한계는 0.1% 이하로 한다.

해설 추출 시 에멀전을 형성하여 액층이 분리되지 않거나 노말헥산층이 탁할 경우에는 분별깔때기 안의 수층을 원래의 시료용기에 옮긴다. 이후 에멀전층이 분리되거나 노말헥산층이 맑아질 때까지 에멀전층 또는 헥산층에 적당량의 염화나트륨 또는 황산암모늄을 넣어 환류냉각관(약 300mm)을 부착하고 80℃ 물중탕에서 약 10분간 가열 분해한 다음 시험기준에 따라 시험한다.

문제 14 기름성분을 노말헥산추출시험방법에 따라 정량할 때 분석시료의 pH범위는?

① 염산(1+1)을 넣어 pH 4이하로 조절한다.
② 염산(1+1)을 넣어 pH 6이하로 조절한다.
③ 수산화나트륨(1+1)을 넣어 pH 8이상으로 조절한다.
④ 수산화나트륨(1+1)을 넣어 pH 10이상으로 조절한다.

정답 12.② 13.③ 14.①

문제 15 폐기물시료 200g을 취하여 기름성분(중량법)을 시험한 결과, 시험 전·후의 증발용기의 무게차가 13.591g으로 나타났고, 바탕시험 전·후의 증발용기의 무게차는 13.557g으로 나타났다. 이 때의 노말헥산 추출물질 농도(%)는?

① 0.013 ② 0.017 ③ 0.023 ④ 0.034

해설 노말헥산 추출물질(%) $= (a-b) \times \dfrac{100}{V}$

$(13.591g - 13.557g) \times \dfrac{100}{200g} = 0.017\%$

정답 15.②

6. 수분 및 고형물(중량법)

6.1 개요

① 이 시험기준은 폐기물의 수분 및 고형물을 측정하는 방법으로 시료를 105~110℃에서 4시간 건조하고 데시케이터에서 식힌 후 무게를 달아 증발접시의 무게차로부터 수분 및 고형물의 양(%)을 구한다.
② 이 시험기준은 0.1 %까지 측정한다.
③ 눈에 보이는 이물질이 들어 있을 때에는 제거해야한다.
④ 용기 벽에 부착하거나 바닥에 가라앉는 물질이 있는 경우는 시료를 분취하는 과정에서 큰 오차를 발생할 수 있다.

6.2 분석기기 및 기구

① 평량병 또는 증발접시는 시료의 두께를 10mm 이하로 넓게 펼 수 있는 정도로 하부 면적이 넓은 것을 사용하여야 하며 가급적 무게가 적은 것을 사용한다.
② 저울은 시료용기와 시료의 무게를 잴 수 있는 것으로 0.1mg까지 측정할 수 있는 것을 사용한다.
③ 데시케이터는 실리카겔과 염화칼슘이 담겨 있는 것을 사용한다.

6.3 시료채취 및 관리

① 시료는 유리병에 채취하고 가능한 빨리 측정한다.
② 시료를 보관하여야 할 경우 미생물에 의해 분해를 방지하기 위해 0~4℃로 보관한다.
③ 시료는 24시간 이내에 증발처리를 하여야 하나 최대한 7일을 넘기지 말아야 한다.
④ 시료를 분석하기 전에 상온이 되게 한다.

6.4 분석절차

① 평량병 또는 증발접시를 미리 105~110℃에서 1시간 건조시킨 다음 데시케이터 안에서 식힌 후 사용하기 직전에 무게를 단다.

② 시료 적당량을 취하여 평량병 또는 증발접시와 시료의 무게를 정확히 단다.
③ 물중탕에서 수분의 대부분을 날려 보내고 105~110℃의 건조기 안에서 4시간 완전 건조시킨 다음 실리카겔이 담겨있는 데시케이터 안에 넣어 식힌 후 무게를 정확히 단다.

6.5 결과보고

시료와 평량병 또는 증발접시의 무게로부터 다음 식에 따라 시료의 수분 및 고형물의 양(%)을 계산한다.

$$수분(\%) = \frac{(W_2 - W_3)}{(W_2 - W_1)} \times 100$$

$$고형물(\%) = \frac{(W_3 - W_1)}{(W_2 - W_1)} \times 100$$

여기서, W_1 = 평량병 또는 증발접시의 무게
W_2 = 건조 전의 평량병 또는 증발접시와 시료의 무게
W_3 = 건조 후의 평량병 또는 증발접시와 시료의 무게

문제 01 수분 및 고형물을 중량법으로 측정할 때 사용하는 데시케이터에 관한 내용으로 옳은 것은?

① 실리카겔과 묽은 황산을 넣어 사용한다.
② 실리카겔과 염화칼슘이 담겨 있는 것을 사용한다.
③ 무수황산나트륨이 담겨 있는 것을 사용한다.
④ 활성탄 분말과 염화칼륨을 넣어 사용한다.

해설 데시케이터는 실리카겔과 염화칼슘이 담겨 있는 것을 사용한다.

문제 02 폐기물에 함유되어 있는 수분을 측정코자 한다. 증발접시에 시료를 넣고 물중탕 후 건조시킬 때 건조기 안에서 건조시간 및 건조온도로 알맞은 것은 어느 것인가?

① 2시간, 105~110℃
② 2시간, 115~120℃
③ 4시간, 105~110℃
④ 4시간, 115~120℃

정답 01.② 02.③

문제 03 수분 및 고형물 측정방법에 대한 설명 중 적합한 것은?

① 증발접시는 가급적 무게가 무거운 것을 사용하여 시료측정오차를 최소화한다.
② 평량병 또는 증발접시를 미리 105~110℃에서 30분간 건조시킨 다음 실온에서 방냉한다.
③ 시료는 105~110℃의 건조기 안에서 2시간 이상 건조시킨다.
④ 평량병 또는 증발접시는 시료의 두께를 10mm 이하로 넓게 펼 수 있는 정도로 하부 면적이 넓은 것을 사용하여야 한다.

해설 평량병 또는 증발접시는 시료의 두께를 10mm 이하로 넓게 펼 수 있는 정도로 하부 면적이 넓은 것을 사용하여야 하며 가급적 무게가 적은 것을 사용한다. 평량병 또는 증발접시를 미리 105~110℃에서 1시간 건조시킨 다음 데시케이터 안에서 식힌 후 사용하기 직전에 무게를 단다.

문제 04 다음은 수분 및 고형물-중량법의 분석절차이다 ( )안에 내용으로 옳은 것은?

> 물중탕에서 수분의 대부분을 날려 보내고(①)의 건조기 안에서(②)완전 건조시킨 다음 실리카겔이 담겨있는 데시케이터 안에 넣어식힌후 무게를 정확히 단다.

① ① 105±5℃ ② 2시간
② ① 105±5℃ ② 4시간
③ ① 105~110℃ ② 2시간
④ ① 105~110℃ ② 4시간

문제 05 어떤 폐기물의 수분을 측정하기 위해 실험하였더니 다음과 같은 결과를 얻었다. 수분은 몇 %인가?

> • 용기와 시료의 무게: 92.345g
> • 증발접시무게: 50.125g
> • 증발접시 및 시료의 건조 후 무게: 78.125g

① 15%   ② 20%   ③ 25%   ④ 30%

해설 수분(%) $= \dfrac{(W_2 - W_3)}{(W_2 - W_1)} \times 100$

∴ 수분 $= \dfrac{92.345g - 78.125g}{92.345g - 50.125g} \times 100 = 33.68\%$

정답 03.④ 04.④ 05.④

7. 수소이온농도(유리전극법)

chapter 04 폐기물 공정시험기준

7.1 개요

① 이 시험기준은 폐기물의 pH를 측정하는 방법으로 액상 폐기물과 고상 폐기물의 pH를 유리전극과 기준전극으로 구성된 pH 측정기를 사용하여 측정한다.
② 이 시험기준의 적용범위는 pH를 0.01까지 측정한다.

7.2 간섭물질

① 유리전극은 일반적으로 용액의 색도, 탁도, 콜로이드성 물질들, 산화 및 환원성 물질들 그리고 염도에 의해 간섭을 받지 않는다.
② pH10 이상에서 나트륨에 의해 오차가 발생할 수 있는데 이는 "낮은 나트륨 오차 전극"을 사용하여 줄일 수 있다.
③ 기름 층이나 작은 입자상이 전극을 피복하여 pH 측정을 방해할 수 있는데 이 피복물을 부드럽게 문질러 닦아내거나 세척제로 닦아낸 후 정제수로 세척하고 부드러운 천으로 수분을 제거하여 사용한다.
④ 염산(1+9)용액을 사용하여 피복물을 제거할 수 있다.
⑤ pH는 온도변화에 따라 영향을 받는다. 대부분의 pH 측정기는 자동으로 온도를 보정된다.

7.3 분석기기 및 기구

[1] pH 측정기의 구조
① pH 측정기는 보통 유리전극 및 기준전극으로 된 검출부와 검출된 pH를 지시하는 지시부로 되어 있다.
② 지시부에는 비대칭 전위조절(영점조절) 기능 및 온도보정 기능이 있다.
③ 온도보정 기능이 없는 경우는 온도보정용 감온부가 있다.

[2] 기준전극
① 은-염화은의 칼로멜 전극 등으로 구성된 전극으로 pH측정기에서 측정 전위 값의 기준이 된다.

② 자석 교반기 또는 테플론으로 피복된 자석 바를 사용한다.

[3] 유리전극(작용전극)

pH 측정기에 유리전극으로서 수소이온의 농도가 감지되는 전극이다.

[4] 표준용액

① 조제한 pH 표준용액은 경질유리병 또는 폴리에틸렌병에 보관하며, 보통 산성표준용액은 3개월, 염기성 표준용액은 산화칼슘(생석회) 흡수관을 부착하여 1개월 이내에 사용하며, 현재 국내외에 상품화되어 있는 표준용액을 사용할 수 있다.

② **0℃에서 표준액의 pH값**

수산염 표준액 1.67 〈 프탈산염 표준액 4.01 〈 인산염 표준액 6.98 〈 붕산염 표준액 9.46 〈 탄산염 표준액 10.32 〈 수산화칼슘 표준액 13.43

② 염기성 표준용액은 산화칼륨 흡수관을 부착하여 1개월 이내에 사용한다.
③ 산성표준용액은 3개월 이내에 사용한다.
④ pH 표준용액의 조제에 사용되는 물은 정제수를 증류하여 그 유출용액을 15분 이상 끓여 이산화탄소를 날려보내고 생석회 흡수관을 달아 식힌 다음 사용한다.

7.4 시료채취 및 관리

① pH는 가능한 현장에서 측정한다.
② 액상 시료를 채취한 후 보관하여야 할 경우 공기와 접촉으로 pH가 변할 수 있으므로 액상 시료를 용기에 가득 채워서 밀봉하여 분석 전까지 보관한다.
③ 정밀도는 임의의 한 종류의 pH 표준용액에 대하여 검출부를 정제수로 잘 씻은 다음 5회 되풀이하여 pH를 측정했을 때 그 재현성이 ±0.05 이내 이어야 한다.
④ 내부정도관리 주기 및 목표는 시료를 측정하기 전에 표준용액 2개 이상으로 보정한다.

7.5 분석절차

[1] 액상 폐기물

① 유리전극은 사용하기 수 시간 전에 정제수에 담가 두고, pH 측정기는 전원을 켠 다음 5분 이상 경과한 후에 사용한다.
② 유리전극을 정제수로 잘 씻은 후 여과지로 남아있는 물을 조심하여 닦아낸다. 온도보정을 할 수 있는 경우 pH 표준용액의 온도와 같게 맞추고 유리전극을 시료의 pH 값에 가까운 표준용액에 담가 2분 지난 후 표준용액의 pH 값이 되도록 조절한다.

③ pH측정기가 온도보정 기능이 없는 경우는 온도에 따른 표준용액의 pH 값을 읽어 조절한다. 두 pH 값을 조절할 경우에는 인산염 pH 표준용액과 시료의 pH 값에 가까운 pH 표준용액을 사용하여 조절한다.
④ 유리전극을 정제수로 잘 씻고 남아있는 물을 여과지 등으로 조심하여 닦아낸 다음 시료에 담가 측정값을 읽는다. 이때 온도를 함께 측정한다. 측정값이 0.05 이하의 pH 차이를 보일 때까지 반복 측정한다.
⑤ 시료는 유리전극이 충분히 잠기고 자석 교반기가 투명하게 보일 수 있을 정도로 사용한다. 만약 현장에서 pH를 측정할 경우에는 전극을 적절한 깊이에 직접 담가서 측정할 수도 있다.
⑥ 유리탄산을 함유한 시료의 경우에는 유리탄산을 제거한 후 pH를 측정한다.
⑦ pH 측정기의 구조 및 조작법은 제조회사에 따라 다르다. pH 11 이상의 시료는 오차가 크므로 알칼리용액에서 오차가 적은 특수전극을 사용한다.
⑧ 측정시료의 온도는 pH 표준용액의 온도와 동일해야 한다.

[2] 반고상 또는 고상 폐기물
① 시료 10g을 50mL 비커에 취한다음 정제수 25mL를 넣어 잘 교반하여 30분 이상 방치한 후 이 현탁액을 시료용액으로 하거나 원심분리한 후 상층액을 시료용액으로 사용한다.
② 이하의 시험기준은 액상 폐기물에 따라 pH를 측정한다.

7.6 결과보고

pH 측정기의 값을 0.01 단위까지 직접 읽고 온도를 함께 측정한다.

문제 01 유리전극법을 이용하여 수소이온농도를 측정할 때 적용범위 기준으로 옳은 것은?
① pH를 0.01 까지 측정한다.
② pH를 0.05 까지 측정한다.
③ pH를 0.1 까지 측정한다.
④ pH를 0.5 까지 측정한다.

정답 01.①

문제 02 수소이온농도를 유리전극법으로 측정할 때 적용범위 및 간섭물질에 관한 설명으로 옳지 않은 것은?

① 적용범위는 이 시험기준으로 pH를 0.01까지 측정한다.
② pH 10 이상에서 나트륨에 의해 오차가 발생할 수 있는데 이는 '낮은 나트륨 오차 전극'을 사용하여 줄일 수 있다.
③ 유리전극은 일반적으로 용액의 색도, 탁도에 영향을 받지 않는다.
④ 유리전극은 산화 및 환원성 물질이나 염도에는 간섭을 받는다.

해설 유리전극은 일반적으로 용액의 색도, 탁도, 콜로이드성 물질들, 산화 및 환원성 물질들 그리고 염도에 의해 간섭을 받지 않는다.

문제 03 유리전극법을 적용한 수소이온농도 측정개요에 대한 내용으로 틀린 것은 어느 것인가?

① pH를 0.01까지 측정한다.
② 유리전극은 일반적으로 용액의 색도, 탁도, 콜로이드성 물질들에 의해 간섭을 받지 않는다.
③ 유리전극은 일반적으로 용액의 산화 및 환원성 물질들 그리고 염도에 의해 간섭을 받지 않는다.
④ pH 4이하에서는 나트륨에 대한 오차가 발생할 수 있으므로 "낮은 나트륨 오차 전극"을 사용한다.

해설 pH 10이하에서는 나트륨에 대한 오차가 발생할 수 있다.

문제 04 조제된 pH 표준액 중 가장 높은 pH를 갖는 표준용액은 어느 것인가?

① 수산염 표준액　　② 프탈산염 표준액
③ 탄산염 표준액　　④ 인산염 표준액

문제 05 pH 표준용액 조제에 대한 내용으로 틀린 것은 어느 것인가?

① 염기성 표준용액은 산화칼슘(생석회) 흡수관을 부착하여 2개월 이내에 사용한다.
② 조제한 pH 표준용액은 경질유리병에 보관한다.
③ 산성표준용액은 3개월 이내에 사용한다.
④ 조제한 pH 표준용액은 폴리에틸렌병에 보관한다.

해설 수산염 표준액 1.67 < 프탈산염 표준액 4.01 < 인산염 표준액 6.98 < 붕산염 표준액 9.46 < 탄산염 표준액 10.32 < 수산화칼슘 표준액 13.43

정답 02.④　03.④　04.③　05.①

문제 06 pH측정에 관한 설명으로 옳지 않은 것은?

① pH는 수소이온농도를 그 역수의 상용대수로서 나타내는 값이다.
② pH 표준용액 조제에 사용하는 물은 정제수를 증류한 후 그 유출용액에 무수황산나트륨 흡수관을 부착하여 사용한다.
③ pH 미터의 지시부에는 비대칭 전위조절용 꼭지 및 온도 보상용 꼭지가 있다.
④ pH 미터는 한 종류의 pH 표준용액에 대하여 검출부를 물로 잘 씻은 다음 5회 되풀이하여 pH를 측정 하였을 때 그 재현성이 ±0.05 이내의 것을 쓴다.

문제 07 폐기물의 수소이온농도 측정시 적용되는 정밀도에 관한 기준으로 알맞은 것은 어느 것인가?

① 임의의 한 종류의 pH 표준용액에 대해 검출부를 정제수로 잘 씻은 다음 5회 되풀이하여 pH를 측정하였을 때 그 재현성이 ±0.05이내이어야 한다.
② 임의의 한 종류의 pH 표준용액에 대해 검출부를 정제수로 잘 씻은 다음 5회 되풀이하여 pH를 측정하였을 때 그 재현성이 ±0.1이내이어야 한다.
③ 임의의 한 종류의 pH 표준용액에 대해 검출부를 정제수로 잘 씻은 다음 10회 되풀이하여 pH를 측정하였을 때 그 재현성이 ±0.05이내이어야 한다.
④ 임의의 한 종류의 pH 표준용액에 대해 검출부를 정제수로 잘 씻은 다음 10회 되풀이하여 pH를 측정하였을 때 그 재현성이 ±0.1이내이어야 한다.

문제 08 pH측정 유리전극법의 내부정도관리 주기 및 목표기준에 대한 설명으로 옳은 것은?

① 시료를 측정하기 전에 표준용액 2개 이상으로 보정한다.
② 시료를 측정하기 전에 표준용액 3개 이상으로 보정한다.
③ 정도관리 목표(정밀도)는 재현성이 ±0.3이내이어야 한다.
④ 정도관리 목표(정밀도)는 재현성이 ±0.03이내이어야 한다.

정답 06.② 07.① 08.①

문제 09 pH측정에 관한 설명으로 틀린 것은?

① 수소이온 전극의 기전력은 온도에 의하여 변화한다.
② pH측정 시 pH 11이상의 시료는 오차가 크므로 알칼리에서 오차가 적은 특수전극을 쓰고 필요한 보정을 한다.
③ 조제한 pH 표준용액 중 산성표준용액은 보통 1개월, 염기성표준용액은 산화칼슘(생석회)흡수관을 부착하여 3개월 이내에 사용한다.
④ pH 미터는 임의의 한 종류의 pH표준용액에 대하여 검출부를 정제수로 잘 씻은 다음 5회 되풀이하여 측정하였을 때 그 재현성이 ±0.05이내 이어야 한다.

해설 조제한 pH 표준용액은 경질유리병 또는 폴리에틸렌병에 보관하며, 보통 산성표준용액은 3개월, 염기성 표준용액은 산화칼슘(생석회) 흡수관을 부착하여 1개월 이내에 사용하며, 현재 국내외에 상품화되어 있는 표준용액을 사용할 수 있다.

문제 10 고상 또는 반고상 폐기물의 pH 측정법으로 알맞은 것은 어느 것인가?

① 시료 10g을 100mL 비커에 취한 다음 정제수 50mL를 넣어 잘 교반하여 10분 이상 방치
② 시료 10g을 100mL 비커에 취한 다음 정제수 50mL를 넣어 잘 교반하여 30분 이상 방치
③ 시료 10g을 50mL 비커에 취한 다음 정제수 25mL를 넣어 잘 교반하여 10분 이상 방치
④ 시료 10g을 50mL 비커에 취한 다음 정제수 25mL를 넣어 잘 교반하여 30분 이상 방치

문제 11 [H$^+$]농도가 2×10^{-4}mol/L인 경우 용액의 pH는?

① 2.7   ② 3.7   ③ 4.0   ④ 8.0

해설 $pH = -\log[H^+] = -\log[2 \times 10^{-4}] = 3.7$

문제 12 [OH$^-$]농도가 3.5×10^{-3}mol/L인 경우 용액의 pH는?

① 2.45   ② 3.5   ③ 7.0   ⑤ 11.55

해설 $pOH = -\log[OH^-] = -\log[3.5 \times 10^{-3}] = 2.45$
$pH = 14 - pOH = 14 - 2.45 = 11.55$

정답 09.③ 10.④ 11.② 12.④

문제 13 10^{-5} mol/L HCl용액의 pH는?(단, HCl은 100% 이온화 한다.)

① 2 ② 3 ③ 4 ④ 5

해설
$$HCl \rightleftharpoons H^+ + Cl^-$$
$10^{-5}M \quad 1\times 10^{-5}M \quad 10^{-5}M$
$pH = -\log[H^+] = -\log[1\times 10^{-5}] = 5$

문제 14 10^{-5} mol/L NaOH용액의 pH는?(단, NaOH는 100% 이온화 한다.)

① 2.0 ② 5.0 ③ 8.0 ④ 9.0

해설
$$NaOH \rightleftharpoons Na^+ + OH^-$$
$10^{-5}M \quad 1\times 10^{-5}M \quad 10^{-5}M$
$pOH = -\log[OH^-] = -\log[1\times 10^{-5}] = 5$
$pH = 14 - 5 = 9.0$

문제 15 10^{-5} mol/L H_2SO_4용액의 pH는?(단, H_2SO_4는 100% 이온화 한다.)

① 4.7 ② 5.0 ③ 7.4 ④ 9.3

해설
$$H_2SO_4 \rightleftharpoons 2H^+ + SO_4^{2-}$$
$10^{-5}M \quad 2\times 10^{-5}M \quad 10^{-5}M$
$pH = -\log[H^+] = -\log[2\times 10^{-5}] = 4.7$

문제 16 10^{-5} mol/L $Ca(OH)_2$ 용액의 pH는?(단, $Ca(OH)_2$는 100% 이온화 한다.)

① 4.7 ② 5.0 ③ 7.4 ④ 9.3

해설
$$Ca(OH)_2 \rightleftharpoons Ca^{2+} + 2OH^-$$
$10^{-5}M \quad 10^{-5}M \quad 2\times 10^{-5}M$
$pOH = -\log[OH^-] = -\log[2\times 10^{-5}] = 4.7$
$pH = 14 - 4.7 = 9.3$

정답 13.④ 14.④ 15.① 16.④

문제 17 pH 2인 용액의 [H⁺] 농도(M/L)는?

① 0.01　　② 0.1　　③ 1　　④ 100

해설 $pH = -\log[H^+] \Rightarrow [H^+] = 10^{-2} = 0.01M$

문제 18 pH 9인 용액의 [OH⁻] 농도(M/L)는?

① 10^{-1}　　② 10^{-5}　　③ 10^{-9}　　④ 10^{-11}

해설 $pOH = 14 - pH = 14 - 9 = 5 \Rightarrow 10^{-5} M/L$

문제 19 물 500mL에 HCl 0.04g 용해되어있다. 이 용액의 pH는?

① 2.0　　② 2.7　　③ 10.3　　④ 11.3

해설 $HCl(mol/L) = \frac{0.04g}{0.5L} | \frac{1mol}{36.5g} = 2 \times 10^{-3} mol \text{ as } H^+$

$pH = -\log[H^+] = -\log[2 \times 10^{-3}] = 2.7$

문제 20 물 500mL에 NaOH 0.04g 용해되어있다. 이 용액의 pH는?

① 2.0　　② 2.7　　③ 10.3　　④ 11.3

해설 $NaOH(mol/L) = \frac{0.04g}{0.5L} | \frac{1mol}{40g} = 2 \times 10^{-3} mol \text{ as } OH^-$

$pOH = -\log[OH^-] = -\log[2 \times 10^{-3}] = 2.7$

$pH = 14 - 2.7 = 11.3$

문제 21 pH 2인 용액은 pH 3인 용액보다 몇 배 더 산성인가?

① 1배　　② 2배　　③ 10배　　④ 20배

해설 $\frac{pH2}{pH3} | \frac{10^{-2}M}{10^{-3}M} | \frac{0.01M}{0.001M} = 10$배

정답 17.① 18.② 19.② 20.④ 21.③

문제 22 pH 2인 용액의 산도보다 2배 높은 산도의 pH는?

① 1.0　　　② 1.7　　　③ 2.0　　　④ 2.7

해설 $pH = -\log[H^+]$ ⇒ $[H^+] = 10^{-2} = 2배 \times 0.01M$
$pH = -\log[2 \times 10^{-2}] = 1.7$

문제 23 pH 4인 용액 200mL와 pH 2인 용액 50mL 혼합용액의 pH는?

① 2.0　　　② 2.68　　　③ 3.0　　　④ 3.7

해설 pH 4의 산 농도는 $10^{-4}M = 10^{-4}N$
pH 2의 산 농도는 $10^{-2}M = 10^{-2}N$
$N = \dfrac{N_1 V_1 + N_2 V_2}{V_1 + V_2} = \dfrac{10^{-4} \times 200 + 10^{-2} \times 50}{200 + 50} = 2.08 \times 10^{-3} N$
$pH = -\log[H^+]$ ⇒ $[H^+] = 2.08 \times 10^{-3} M$
$pH = -\log[2.08 \times 10^{-3}] = 2.68$

문제 24 pH 10인 용액 200mL와 pH 8인 용액 50mL 혼합용액의 pH는?

① 4.09　　　② 5.0　　　③ 6.0　　　④ 9.91

해설 pH 10의 염기농도는 $10^{-4}M = 10^{-4}N$
pH 8의 염기농도는 $10^{-6}M = 10^{-6}N$
$N = \dfrac{N_1 V_1 + N_2 V_2}{V_1 + V_2} = \dfrac{10^{-4} \times 200 + 10^{-6} \times 50}{200 + 50} = 8.02 \times 10^{-5} N$
$[OH^-] = 8.02 \times 10^{-5} M$
$pOH = -\log[8.02 \times 10^{-5}] = 4.09$
$pH = 14 - 4.09 = 9.91$

정답 22.②　23.②　24.④

문제 25 pH 4인 용액 200mL와 pH 8인 용액 50mL 혼합용액의 pH는?

① 4.09　　② 5.0　　③ 6.0　　④ 9.91

해설 pH 4의 산 농도는 $10^{-4}M = 10^{-4}N$

pH 8의 염기농도는 $10^{-6}M = 10^{-6}N$

$$N = \frac{N_1 V_1 - N_2 V_2}{V_1 + V_2} = \frac{10^{-4} \times 200 - 10^{-6} \times 50}{200 + 50} = 7.98 \times 10^{-5} N$$

$[H^+] = 7.98 \times 10^{-5} M$ (잔류 산의 농도)

$pH = -\log[7.98 \times 10^{-5}] = 4.09$

문제 26 Ca(OH)₂ 5g을 200mL 물에 녹였을 때 용액의 M농도와 N농도는?

① 0.24M/L, 0.57N　　② 0.34M/L, 0.67N
③ 0.43M/L, 0.76N　　④ 0.54M/L, 0.87N

해설 M농도 = $\frac{5g}{200mL} | \frac{1000mL}{1L} | \frac{1M}{74g} = 0.34 M/L$

N농도 = $\frac{5g}{200mL} | \frac{1000mL}{1L} | \frac{1eq}{37g} = 0.67 N$

문제 27 pH에 관한 설명으로 옳지 않은 것은?

① pH는 수소이온농도를 그 역수의 상용대수로서 나타내는 값이다.
② pH 표준액의 조제에 사용되는 물은 정제수를 증류하여 그 유출액을 15분 이상 끓여서 사용한다.
③ pH 표준액 중 보통 산성표준액은 3개월, 염기성 표준액은 산화칼슘 흡수관을 부착하여 1개월 이내에 사용한다.
④ pH 미터는 아르곤전극 및 산화전극으로 되어 있다.

해설 pH 미터는 유리전극, 비교전극으로 된 검출부와 지시부로 되어 있다.

정답 25.① 26.② 27.④

문제 28 PH시험방법에 관한 설명이 틀린 것은?

① PH는 수소이온농도를 그 역수의 자연대수로써 나타내는 값이다.
② PH는 보통 유리전극과 비교전극으로 된 PH미터를 사용하며 양 전극간의 기전력 차이를 이용한다.
③ PH미터는 임의의 한 종류의 PH 표준용액에 대하여 검출부를 물로 잘 씻은 다음, 5회 되풀이하여 PH를 측정하였을 때 그 재현성이 ± 0.05이내인 것을 쓴다.
④ PH 11이상의 시료는 오차가 크므로 알카리에서 오차가 적은 특수전극을 쓰고 필요한 보정을 한다.

해설 25℃ 1atm에서 수용액 속에 있는 수소이온의 이온화농도[M/L]를 역대수(-log)값 즉, 상용대수로 정의한다.

문제 29 수소이온농도(pH) 시험방법에 관한 설명으로 틀린 것은?

① pH 미터는 유리, 비교전극으로 된 검출기와 온도보정을 위한 조절부로 구성되어 있다.
② 액상폐기물의 pH 측정 시, pH 미터는 전원을 넣어 5분 이상 경과 후 사용한다.
③ pH 표준액의 보관은 경질유리병 또는 폴리에틸렌병에 한다.
④ pH 미터는 pH 표준액에 대하여 검출부를 물로 씻은 다음 5회 반복하여 pH를 측정했을 때 재현성이 ±0.05 이내이어야 한다.

해설 pH 측정기는 보통 유리전극 및 기준전극으로 된 검출부와 검출된 pH를 지시하는 지시부로 되어 있다.

문제 30 0.1N 염산(HCl) 용액의 예상되는 pH는 얼마인가? (단, 이 농도에서 염산 용액은 100% 해리한다).

① 1   ② 2   ③ 12   ④ 13

해설 0.1N HCl → 0.1M
$pH = -\log[H^+] - \log[0.1] = 1$

문제 31 0.01N-NaOH 용액의 농도를 ppm으로 옳게 나타낸 것은?

① 40
② 400
③ 4000
④ 40000

해설 $N \xrightarrow{\div 가} M \xrightarrow{\times 분자량} g$
$ppm = 0.01M \times 40g = 0.4g ≒ 400mg/L$

정답 28.① 29.① 30.① 31.②

8. 석면

8.1 편광현미경법

[1] 개요
① 편광현미경과 입체현미경을 이용하여 고체 시료중 석면의 특성을 관찰하여 정성과 정량분석을 하기 위한 것이다.
② 고형폐기물을 포함한 건축자재의 분석에 사용되며 유기 및 무기성분의 조합으로 된 모든 석면함유 물질에서 석면 유무를 판단할 수 있다. 편광현미경으로 판단할 수 있는 석면의 정량범위는 1~100% 이다.

[2] 간섭물질
고형 시료의 유기물과 무기물은 석면섬유와 뒤섞이거나 석면섬유를 감싸고 있어 석면고유의 광학적 특성(색상, 굴절률 등)을 방해하여, 석면 광물 조성을 확인하고 정량하는데 방해물질이 될 수 있다. 따라서 분석실험 전처리 과정에서 시료 중 방해되는 유기물과 무기물을 필요시 회화, 염산, 용매 처리방법을 선택하여 간섭물질을 제거한다.

[3] 용어정의
① **굴절률**(refractive index) : 물질(시료)에 빛의 투과시 빛의 속도와 진공에서 빛의 속도 비를 말하며 이는 파장과 온도에 따라 변한다.
② **색** : 편광현미경의 개방니콜(single polar 또는 open nicole)상에서 섬유나 미립자의 색을 말한다.
③ **다색성**(pleochroism) : 편광현미경의 개방니콜 상에서 재물대를 회전시켰을 때 회전각에 따라 나타나는 섬유나 미립자 색의 변화를 말한다.
④ **형태**(morphology) : 섬유나 미립자의 모양, 결정구조, 길고 짧음 등을 말한다.
⑤ **갈라지는 성질**(cleavage) : 원자들의 결합이 약해서 일정한 방향으로 쪼개지거나 갈라지는 성질을 말한다. 모든 석면섬유는 한쪽 방향으로의 완전한 방향성을 가지고 있다.
⑥ **간섭색** : 상광선과 이상광선의 상호작용에 의해서 나타나는 색으로 미립자의 두께와 방향에 따라 다양하게 나타나며 광물 자체의 색은 아니다.

⑦ **간섭상** : 편광경(conoscope) 장치(bertrand lens를 넣었을 때)를 했을 때 빛의 간섭이 나타나는 현상이다.
⑧ **신장율(elongation) 부호** : 편광현미경의 직교니콜(crossed polars 또는 crossed nicol)상에서 보정판을 삽입했을 때 평행 굴절률과 수직 굴절률의 크기에 따라 "양(+)" 또는 "음(−)"의 신장률 부호를 나타낸다.
⑨ **소광**(extinction) : 편광현미경의 직교니콜 상에서 이방성의 섬유나 미립자가 가장 어두워져 보이지 않는 현상을 말한다.
⑩ **복굴절**(birefringence; B') : 이방성 광물에 빛이 투과될 때 최대 굴절률과 최소 굴절률의 차이이다.

[4] 시료채취 및 관리

① 시료의 채취는 미세한 석면 섬유를 차단할 수 있는 헤파(HEPA)필터류가 설치된 마스크와 보호복 등 모든 보호 장비를 구비한 후 채취한다.
② 시료의 채취는 물을 분무하는 등 가능한 섬유발생이 적도록 조치하거나 섬유방출이 많은 고속드릴을 사용하거나 망치로 분쇄하는 등의 채취방법은 피한다.
③ 여러 개의 시료를 채취 시 서로 오염의 영향을 주지 않도록 채취도구나 보호 장비 등의 사용에 주의를 기울인다.
④ 시료의 양은 1회에 최소한 면적단위로는 $1cm^2$, 부피단위로는 $1cm^3$, 무게단위로는 2g 이상 채취한다.

[표] 석면의 모양

석면의 종류	형태와 색상
백석면 (Chrysotile)	− 꼬인 물결 모양의 섬유 − 다발의 끝은 분산 − 가열되면 무색 ~ 밝은 갈색 − 다색성 − 종횡비는 전형적으로 10 : 1 이상
갈석면 (Amosite)	− 곧은 섬유와 섬유 다발 − 다발 끝은 빗자루 같거나 분산된 모양 − 가열하면 무색~갈색 − 약한 다색성 − 종횡비는 전형적으로 10 : 1 이상
청석면 (Crocidolite)	− 곧은 섬유와 섬유 다발 − 긴 섬유는 만곡 − 다발 끝은 분산된 모양 − 특징적인 청색과 다색성 − 종횡비는 전형적으로 10 : 1 이상

석면의 종류	형태와 색상
직섬석 (Anthophyllite)	- 곧은 섬유와 섬유 다발 - 절단된 파편 존재 - 무색 ~ 밝은 갈색 - 비다색성 내지 약한 다색성 - 종횡비는 일반적으로 10 : 1 이하
투섬석 (Tremolite)	- 곧고 휜 섬유 - 절단된 파편이 일반적이며 큰 섬유 다발 끝은 분산된 모양 - 투섬석은 무색
녹섬석 (Actinolite)	- 녹섬석은 녹색 ~ 약한 다색성 - 종횡비는 일반적으로 10 : 1 이하

문제 01 편광현미경법으로 석면을 측정할 때 석면의 정량범위는 얼마인가?

① 1~25% ② 1~50%
③ 1~75% ④ 1~100%

문제 02 청석면의 형태와 색상으로 옳지 않은 것은? (단, 편광현미경법 기준)

① 꼬인 물결 모양의 섬유 ② 다발 끝은 분산된 모양
③ 긴 섬유는 만곡 ④ 특징적인 청색과 다색성

해설 백석면은 꼬인 물결 모양의 섬유이다.

문제 03 석면 폐기물 발생원이 아닌 것은?

① 보일러 공장 ② 발전소
③ 자동차 공장 ④ 피혁 공장

정답 01.④ 02.① 03.④

문제 04 편광현미경법으로 석면분석 시 적용되는 용어 정의로 틀린 것은?

① 굴절률은 물질(시료)에 빛의 투과시 빛의 속도와 진공에서 빛의 속도 비를 말하며 이는 파장과 온도에 따라 일정하다.
② 색은 편광현미경의 개방니콜(single polar 또는 open nicole)상에서 섬유나 미립자의 색을 말한다.
③ 형태(morphology)는 섬유나 미립자의 모양, 결정구조, 길고 짧음 등을 말한다.
④ 갈라지는 성질(cleavage)은 원자들의 결합이 약해서 일정한 방향으로 쪼개지거나 갈라지는 성질을 말한다.

해설 물질(시료)에 빛의 투과시 빛의 속도와 진공에서 빛의 속도 비를 말하며 이는 파장과 온도에 따라 변한다.

문제 05 편광현미경법으로 석면 분석시 시료의 채취량에 대한 설명으로 알맞은 것은 어느 것인가?

① 시료의 양은 1회에 최소한 면적단위로는 $1\,cm^2$, 부피단위로 $1\,cm^3$, 무게단위는 1g 이상 채취한다.
② 시료의 양은 1회에 최소한 면적단위로는 $1\,cm^2$, 부피단위로 $1\,cm^3$, 무게단위는 2g 이상 채취한다.
③ 시료의 양은 1회에 최소한 면적단위로는 $1\,cm^2$, 부피단위로 $2\,cm^3$, 무게단위는 3g 이상 채취한다.
④ 시료의 양은 1회에 최소한 면적단위로는 $2\,cm^2$, 부피단위로 $2\,cm^3$, 무게단위는 3g 이상 채취한다.

해설 시료의 양은 1회에 최소한 면적단위로는 $1cm^2$, 부피단위로는 $1cm^3$, 무게단위로는 2g 이상 채취한다.

문제 06 석면의 종류 중 백석면의 형태와 색상에 대한 설명으로 틀린 것은 어느 것인가?

① 곧은 물결 모양의 섬유
② 다색성
③ 다발의 끝은 분산
④ 가열되면 무색~밝은 갈색

정답 04.① 05.② 06.①

8.2 X선 회절기법

[1] 개요

X선 회절기를 이용하여 시료 중 석면의 특정한 회절 피크의 특성을 관찰하여 정성 및 정량분석을 하기 위한 것이다.

고형폐기물을 포함한 건축자재의 분석에 사용되며 유기, 무기성분의 조합으로 된 모든 석면함유 물질에서 석면 유무를 판단할 수 있다. X선 회절기로 판단할 수 있는 석면의 정량범위는 0.1~100.0wt% 이다.

[2] 간섭물질

간섭물질로는 클로라이트(chlorite), 세피오라이트(sepiolite), 석고(gypsum), 섬유소(cellulose), 탄산염(carbonates), 탄산칼슘($CaCO_3$), 활석(talc) 등이 있어 회화, 염산, 용매 처리방법을 선택하여 간섭물질을 제거한다. 또한 안티고라이트(antigorite), 리자다이트(lizardite)는 백석면(chrysotile), 할로이사이트(halloysite), 카올리나이트(kaolinite)는 갈석면(amosite)과 동일한 X선 회절피크를 가지고 있는 물질이므로 확인이 필요하다.

[3] 시료채취 및 관리

① 시료의 채취는 미세한 석면 섬유를 차단할 수 있는 헤파(HEPA)필터류가 설치된 마스크와 보호복 등 모든 보호 장비를 구비한 후 채취한다.
② 시료의 채취는 물을 분무하는 등 가능한 섬유발생이 적도록 조치하거나 섬유방출이 많은 고속드릴을 사용하거나 망치로 분쇄하는 등의 채취방법은 피한다.
③ 여러 개의 시료를 채취할 때는 서로 오염이 없도록 충분한 숫자의 채취도구를 준비하거나 안전하고 깨끗한 세척과정을 거쳐 사용한다.

> **주** 세척과정은 헤파필터가 설치된 후드 안에서 공기 흡입방식과 물에 젖은 종이 또는 헝겊으로 세척 작업을 병행한다. 물로 세척하는 경우에는 물에서 석면을 제거하는 시설 또는 장치를 갖추어야 한다.

④ 석면함유 의심 폐제품의 경우 소형크기는 제품별로 채취하고 채취자가 시료 량이 부족하다고 판단하는 경우에는 가능한 경우 2개 이상을 채취한다.
⑤ 석면함유 의심 폐제품의 경우 대형크기는 제품별로 채취하되 시료의 무게나 형태로 인해 운반의 어려움 등이 있어 제품별로 채취하기가 곤란할 경우에는 석면 함유가 의심되는 재질을 별도로 분리하여 채취한다.

⑥ 시료의 양은 1회에 최소한 면적단위로는 $1cm^2$, 부피단위로는 $1cm^3$, 무게단위로는 2g 이상 채취한다.
⑦ 정성분석용 시료의 입자크기는 $100\mu m$ 이하로 분쇄를 한다.

문제 01 X선 회절기법으로 석면을 측정할 때 정량범위는?

① X선 회절기로 판단할 수 있는 석면의 정량범위는 0~100.0wt%이다.
② X선 회절기로 판단할 수 있는 석면의 정량범위는 0.1~100.0wt%이다.
③ X선 회절기로 판단할 수 있는 석면의 정량범위는 1~100.0wt%이다.
④ X선 회절기로 판단할 수 있는 석면의 정량범위는 10~100.0wt%이다.

문제 02 석면(X선 회절기법) 측정을 위한 분석절차 중 시료의 균일화에 관한 내용(기준)으로 알맞은 것은 어느 것인가?

① 정성분석용 시료의 입자크기는 $0.1\mu m$ 이하로 분쇄를 한다.
② 정성분석용 시료의 입자크기는 $1.0\mu m$ 이하로 분쇄를 한다.
③ 정성분석용 시료의 입자크기는 $10\mu m$ 이하로 분쇄를 한다.
④ 정성분석용 시료의 입자크기는 $100\mu m$ 이하로 분쇄를 한다.

문제 03 석면(X선 회절기법) 측정에 관한 내용으로 틀린 것은?

① X선 회절기로 판단할 수 있는 석면의 정량범위는 0.1~100.0wt% 이다.
② 고형폐기물을 포함한 건축자재의 분석에 사용되며 유기, 무기성분의 조합으로 된 모든 석면함유 물질에서 석면 유무를 판단할 수 있다.
③ 시료의 양은 1회에 최소한 면적단위로는 $1cm^2$, 부피단위로는 $1cm^3$, 무게단위로는 1g 이상 채취한다.
④ 석면함유 의심 폐제품의 경우 소형크기는 제품별로 채취하고 채취자가 시료 량이 부족하다고 판단하는 경우에는 가능한 경우 2개 이상을 채취한다.

해설 시료의 양은 1회에 최소한 면적단위로는 $1cm^2$, 부피단위로는 $1cm^3$, 무게단위로는 2g 이상 채취한다.

정답 01.② 02.④ 03.③

9. 시안

9.1 자외선/가시선 분광법

[1] 개요

① 이 시험기준은 폐기물 중에 시안화합물을 측정하는 방법으로, 시료를 pH 2 이하의 산성으로 조절한 후에 에틸렌다이아민테트라아세트산이나트륨을 넣고 가열 증류하여 시안화합물을 시안화수소로 유출시켜 수산화나트륨용액에 포집한 다음 중화하고 클로라민-T와 피리딘·피라졸론 혼합액을 넣어 나타나는 청색을 620 nm에서 측정하는 방법이다.

② 이 시험기준은 폐기물 중에 시안화물 및 시안착화합물의 분석에 적용한다.

③ 이 시험기준으로는 각 시안화합물의 종류를 구분하여 정량할 수 없다.

④ 이 시험기준에 의한 폐기물 중에 시안의 정량한계는 0.01 mg/L이다.

⑤ 자외선/가시선 분광광도계는 광원부, 파장선택부, 시료부 및 측광부로 구성되어 있고 빛 경로길이가 1cm 이상 되며, 620 nm의 파장에서 흡광도의 측정이 가능하여야 한다.

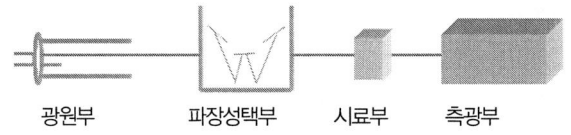

[그림] 자외선/가시선 분광광도계

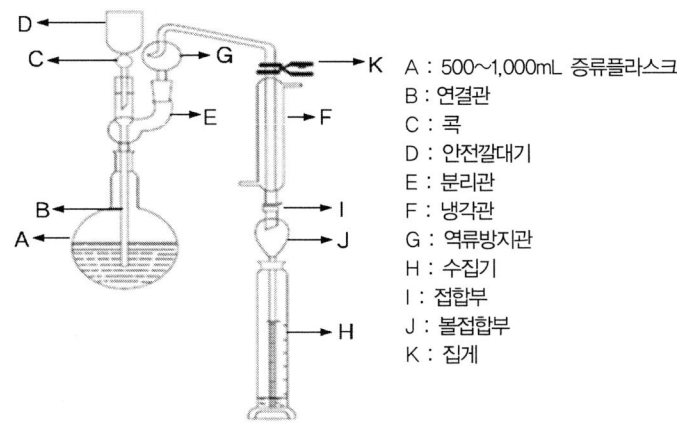

[그림] 시안 증류장치

[2] 간섭물질

① 시안화합물을 측정할 때 방해물질들은 증류하면 대부분 제거된다. 그러나 다량의 지방성분, 잔류염소, 황화합물은 시안화합물을 분석할 때 간섭할 수 있다.

② 다량의 지방성분을 함유한 시료는 아세트산 또는 수산화나트륨 용액으로 pH 6~7로 조절한 후 시료의 약 2%에 해당하는 부피의 노말헥산 또는 클로로폼을 넣어 추출하여 유기층은 버리고 수층을 분리하여 사용한다.

③ 황화합물이 함유된 시료는 아세트산아연용액(10W/V%) 2mL를 넣어 제거 한다. 이 용액 1mL는 황화물이온 약 14mg에 해당된다.

④ 잔류염소가 함유된 시료는 잔류염소 20mg당 L-아스코빈산(10W/V%) 0.6mL 또는 이산화비소산나트륨용액(10W/V%) 0.7mL를 넣어 제거한다.

[3] 시료채취 및 관리

① 시료는 미리 세척한 유리 또는 폴리에틸렌용기에 채취한다.

② 시료는 수산화 나트륨용액을 가하여 pH 12이상으로 조절하여 냉암소에서 보관한다. 최대 보관시간은 24시간이며 가능한 한 즉시 실험한다.

[4] 분석방법(피리딘-피라졸론법)

① 전처리한 시료 20mL를 정확히 취하여 50mL 부피플라스크에 넣고 지시약으로 페놀프탈레인·에틸알코올용액(0.5W/V%) 1방울을 넣어 조심하여 흔들어 주면서 용액의 적색이 없어질 때까지 아세트산(1+8)을 넣는다.(약 1mL 소요)

② 인산염완충용액(pH6.8) 10mL, 클로라민-T용액(1W/V%) 0.25mL를 넣고 마개를 막아 조심하여 섞는다. 약 5분간 방치하고 피리딘·피라졸론혼합액 15mL를 넣고 정제수를 넣어 표선을 채운 다음 조용히 섞고 25℃의 물중탕에서 30분간 방치한다.

③ 이 용액의 일부를 층장 10mm 흡수셀에 옮겨 시료용액으로 한다. 따로 정제수 20mL를 취하여 시료의 실험기준에 따라 실험하여 바탕시험액으로 한다.

④ 바탕시험액을 대조용액으로 하여 620nm에서 시료용액의 흡광도를 측정하고 미리 작성한 검정곡선식으로부터 시안의 양(mg)을 계산한다.

문제 01 시안(CN)을 자외선/가시선 분광법에 의한 방법으로 분석 시 틀린 것은 어느 것인가?

① 클로라민-T와 피리딘·피라졸론 혼합액을 넣어 나타나는 청색을 620nm에서 측정한다.
② 정량한계는 0.01mg/L 이다.
③ pH 2 이하 산성에서 피리딘·피라졸론을 넣고 가열 증류한다.
④ 유출되는 시안화수소를 수산화나트륨용액으로 포집한다.

해설 시료를 pH 2 이하의 산성으로 조절한 후에 에틸렌다이아민테트라아세트산이나트륨을 넣고 가열 증류한다.

문제 02 다음은 시안의 자외선/가시선 분광법(흡광광도법)에 관한 내용이다. ( )안에 옳은 내용은?

> 클로라민 T와 피리딘 피라졸론 혼합액을 넣어 나타나는 ( )에서 측정한다.

① 자색을 460nm
② 황갈색을 560nm
③ 적색을 520nm
④ 청색을 620nm

문제 03 시안(CN)을 자외선/가시선 분광법에 의한 방법으로 분석할 때 사용되는 시안 증류장치의 구성에 해당되지 않는 것은?

① 역류방지관
② 냉각관
③ 흡수관
④ 안전 깔때기

문제 04 자외선/가시선 분광법에 의하여 시안을 분석할 경우, 간섭물질의 제거방법으로 틀린 것은?

① 휘발성 유기물질은 과망간산칼륨으로 분해 후 헥산으로 추출 분리한다.
② 황화합물이 함유된 시료는 아세트산아연용액을 넣어 제거한다.
③ 잔류염소가 함유된 시료는 L-아스코빈산 용액을 넣어 제거한다.
④ 잔류염소가 함유된 시료는 이산화비소산나트륨 용액을 넣어 제거한다.

해설 시안화합물을 측정할 때 방해물질들은 증류하면 대부분 제거된다.

정답 01.③ 02.④ 03.③ 04.①

문제 05 폐기물 중에 함유되어 있는 시안을 자외선/가시선 분광법으로 측정코자 한다. 폐기물공정시험기준상 규정된 시안측정법은 어느 것인가?

① 피리딘피라졸론법　　② 디에틸디티오카르바민산법
③ 디티존법　　　　　　④ 디페닐카르바지드법

문제 06 자외선/가시선 분광법에 의한 시안분석방법에 관한 설명으로 옳지 않은 것은?

① 시료를 pH10~12의 알칼리성으로 조절한 후에 질산나트륨을 넣고 가열 증류하여 시안화합물을 시안화수소로 유출하는 방법이다.
② 클로라민-T와 피리딘·피라졸론 혼합액을 넣어 나타나는 청색을 620nm에서 측정하는 방법이다.
③ 시안화합물을 측정할 때 방해물질들은 증류하면 대부분 제거되나 다량의 지방성분, 잔류염소, 황화합물은 시안화합물을 분석할 때 간섭할 수 있다.
④ 황화합물이 함유된 시료는 아세트산아연용액(10 W/V %) 2mL를 넣어 제거한다.

해설 시료를 pH 2 이하의 산성으로 조절한 후에 에틸렌다이아민테트라아세트산이나트륨을 넣고 가열 증류한다.

문제 07 자외선/가시선 분광법을 이용한 시안분석방법에 관한 설명으로 옳지 않은 것은?

① pH 2 이하의 산성에서 에틸렌다이아민테트라아세트산나트륨을 넣고 가열증류한다.
② 포집된 시안이온을 중화하고 클로라민 T와 피리딘·피라졸론 혼합액을 넣어 적자색 510nm에서 측정한다.
③ 잔류염소가 함유된 시료는 잔류염소 20mg당 L-아스코빈산(10W/V%) 0.6mL를 넣어 제거한다.
④ 황화합물이 함유된 시료는 아세트산아연용액(10W/V%) 2mL를 넣어 제거한다.

해설 시안화합물을 시안화수소로 유출시켜 수산화나트륨용액에 포집한 다음 중화하고 클로라민-T와 피리딘·피라졸론 혼합액을 넣어 나타나는 청색을 620 nm에서 측정하는 방법이다.

정답 05.① 06.① 07.②

문제 08 폐기물 중 시안을 측정할 때 시료채취 및 관리에 관한 내용으로 ( )에 알맞은 것은?

> 시료는 수산화나트륨용액을 가하여 (㉠)으로 조절하여 냉암소에서 보관한다. 최대 보관 시간은 (㉡)이며 가능한 한 즉시 실험한다.

① ㉠ pH 10 이상, ㉡ 8시간
② ㉠ pH 10 이상, ㉡ 24시간
③ ㉠ pH 12 이상, ㉡ 8시간
④ ㉠ pH 12 이상, ㉡ 24시간

 08.④

9.2 이온전극법

[1] 개요
① 이 시험기준은 폐기물 중 시안을 측정하는 방법으로 액상 폐기물과 고상 폐기물을 pH 12~13의 알칼리성으로 조절한 후 시안 이온전극과 비교전극을 사용하여 전위를 측정하고 그 전위차로부터 시안을 정량하는 방법이다.
② 이 시험기준은 액상 폐기물, 반고상 폐기물 및 고상 폐기물의 시안 측정에 적용한다.
③ 이 시험기준에 의한 폐기물 중에 시안의 정량한계는 0.5mg/L이다.

[2] 간섭물질
① 시안화합물을 측정할 때 방해물질들은 증류하면 대부분 제거된다. 그러나 다량의 지방성분, 잔류염소, 황화합물은 시안화합물을 분석할 때 간섭할 수 있다.
② 다량의 지방성분을 함유한 시료는 아세트산 또는 수산화나트륨용액으로 pH6~7로 조절한 후 시료의 약 2%에 해당하는 부피의 노말 헥산 또는 클로로폼을 넣어 추출하여 유기층은 버리고 수층을 분리하여 사용한다.
③ 황화합물이 함유된 시료는 아세트산아연용액(10W/V%) 2mL를 넣어 제거 한다. 이 용액 1mL는 황화물이온 약 14mg에 해당된다.
④ 잔류염소가 함유된 시료는 잔류염소 20mg당 L-아스코빈산(10W/V%) 0.6mL 또는 이산화비소산나트륨용액(10W/V%) 0.7mL를 넣어 제거한다.

[3] 분석기기 및 기구
① **전위차계** : 이온전극과 비교전극 간에 발생하는 전위차를 1mV 단위까지 읽을 수 있고 고압력 저항(1012Ω 이상)의 전위차계로서 pH-mV계, 이온전극용 전위차계 또는 이온 농도계 등을 사용한다.
② **이온전극** : 이온전극은 [이온전극|측정 용액|비교전극]의 측정계에서 측정대상 이온에 감응하여 네른스트식에 따라 이온 활동도에 비례하는 전위차를 나타낸다.
시안 이온전극의 감응막은 $AgI + Ag_2S$, Ag_2S, AgI로 구성되어 있다.
③ **기준전극(비교전극)** : 이온전극과 조합하여 이온농도에 대응하는 전위차를 나타낼 수 있는 것으로서 표준전위가 안정된 전극이 필요하다. 일반적으로 내부전극으로서 염화제일수은 전극(칼로멜전극) 또는 은-염화은 전극이 많이 사용된다. pH측정기에서 측정 전위 값의 기준이 된다.
④ **유리전극(작용전극)** : 이온 측정기의 유리전극으로서 이온의 농도가 감지되는 전극이다.
⑤ **내부정도관리 주기** : 방법검출한계, 정량한계, 정밀도 및 정확도는 연 1회 이상 산정하는 것을 원칙으로 하며, 분석자의 교체, 분석 장비의 수리 및 이동 등의 주요 변동사항이 생길 경우에는 다시 실시한다. 단, 장비의 청소 및 측정 장비의 감도가 의심될 때에는 언제든지 측정하여 확인하여야 한다.

[4] 시료채취 및 관리
① 시료는 미리 세척한 유리 또는 폴리에틸렌용기에 채취한다.
② 시료는 수산화 나트륨용액을 가하여 pH 12이상으로 조절하여 냉암소에서 보관한다. 최대 보관시간은 24시간이며 가능한 한 즉시 실험한다.

[5] 분석방법
① 전처리한 시료 100mL를 200mL 비커에 옮기고 시안 이온전극과 비교전극을 담가 기포가 일어나지 않는 범위 내에서 일정한 속도로 세게 교반하여 전위가 안정될 때의 값을 측정한다.
② 미리 작성한 검정곡선으로부터 시안의 양(mg)을 계산한다.

> 주) 시료와 표준용액의 측정 시 온도차는 ±1℃이어야 하고, 교반속도가 일정하여야 한다. 액온이 1℃ 변화할 때에 약 1mV의 전위차가 변화하게 된다.

문제 01 이온전극법에 의한 시안 측정에 대한 설명이다. (   )안에 알맞은 말은 어느 것인가?

> 액상폐기물과 고상폐기물을 pH (   )의 (   )으로 조절한 후 시안 이온전극과 비교전극을 사용하여 전위를 측정하고 그 전위차로부터 시안을 정량한다.

① 4 이하, 산성
② 6~8, 중성
③ 9~10, 알칼리성
④ 12~13, 알칼리성

문제 02 폐기물공정시험기준에서 시안분석방법으로 알맞은 것은 어느 것인가?

① 원자흡수분광광도법
② 이온전극법
③ 기체크로마토그래피
④ 유도결합플라즈마-원자발광분광법

문제 03 이온전극법을 이용한 시안측정에 대한 내용으로 틀린 것은 어느 것인가?

① pH4 이하의 산성으로 조절한 후 시안 이온전극과 비교전극을 사용하여 전위를 측정한다.
② 시안화합물을 측정할 때 방해물질들은 증류하면 대부분 제거된다.
③ 다량의 지방성분을 함유한 시료는 아세트산 또는 수산화나트륨용액으로 pH6~7로 조절한 후 시료의 약 2%에 해당하는 부피의 노말 헥산 또는 클로로폼을 넣어 추출하여 유기층은 버리고 수층을 분리하여 사용한다.
④ 시료는 미리 세척한 유리 또는 폴리에틸렌용기에 채취한다.

해설 다량의 지방성분을 함유한 시료는 아세트산 또는 수산화나트륨용액으로 pH6~7로 조절한 후 시료의 약 2%에 해당하는 부피의 노말 헥산 또는 클로로폼을 넣어 추출하여 유기층은 버리고 수층을 분리하여 사용한다.

문제 04 이온전극법에 관한 설명으로 옳지 않은 것은?

① 시료 중에 양이온 및 음이온의 분석에 이용된다.
② 기본구성은 전위차계, 이온전극, 비교전극, 시료용기 및 자석교반기이다.
③ 비교전극의 내부전극으로서 유리막 전극과 고체막 전극이 주로 사용된다.
④ 이온농도 측정범위는 일반적으로 $10^{-1} \sim 10^{-4}$ mol/L(또는 10^{-7} mol/L)이다.

해설 일반적으로 내부전극으로서 염화제일수은 전극(칼로멜전극) 또는 은-염화은 전극이 많이 사용된다.

정답 01.④ 02.② 03.① 04.③

문제 05 이온전극법에 대한 설명으로 가장 거리가 먼 것은?

① 이온물질만을 측정할 수 있다.
② 원리는 Nernst 식에 의거한다.
③ 이온활성도를 검량하므로 온도에 영향을 받는다.
④ 기기 분석이므로 정밀한 정량범위를 갖는다.

해설 이온전극은 [이온전극|측정 용액|비교전극]의 측정계에서 측정대상 이온에 감응하여 네른스트식에 따라 이온 활동도에 비례하는 전위차를 나타낸다.

문제 06 이온전극법 분석시 Na^+, K^+ 이온을 측정하고자 할 때 사용하는 이온전극의 종류로 가장 적절한 것은?

① 유리막 전극
② 고체막 전극
③ 격막형 전극
④ 유화막 전극

문제 07 이온전극법에서 적용되는 이온전극 중 격막형 전극으로 측정하지 않는 이온은?

① Na^+
② NH^{4+}
③ CN^-
④ NO^{2-}

문제 08 다음은 이온전극법에 관한 내용 중 이온전극에 의한 측정이온과 감응막의 조성을 짝지은 것이다. 잘못된 것은?

① F^- : $AgF + Ag_2S$
② Pb^{2+} : $Ag_2S + PbS$
③ Cl^- : $AgCl + Ag_2S$, $AgCl$
④ CN^- : $AgI + Ag_2S$, Ag_2S, AgI

해설 시안 이온전극의 감응막은 $AgI + Ag_2S$, Ag_2S, AgI로 구성되어 있다.

정답 05.④ 06.① 07.① 08.①

문제 09 시안 측정을 위한 이온전극법을 적용시 내부정도관리 주기 기준에 대한 내용으로 알맞은 것은 어느 것인가?

① 방법검출한계, 정량한계, 정밀도 및 정확도는 2월 1회 이상 산정하는 것을 원칙으로 한다.
② 방법검출한계, 정량한계, 정밀도 및 정확도는 분기 1회 이상 산정하는 것을 원칙으로 한다.
③ 방법검출한계, 정량한계, 정밀도 및 정확도는 반기 1회 이상 산정하는 것을 원칙으로 한다.
④ 방법검출한계, 정량한계, 정밀도 및 정확도는 연 1회 이상 산정하는 것을 원칙으로 한다.

해설 방법검출한계, 정량한계, 정밀도 및 정확도는 연 1회 이상 산정하는 것을 원칙으로 하며, 분석자의 교체, 분석 장비의 수리 및 이동 등의 주요 변동사항이 생길 경우에는 다시 실시한다. 단, 장비의 청소 및 측정 장비의 감도가 의심될 때에는 언제든지 측정하여 확인하여야 한다.

문제 10 이온전극법을 이용한 시안측정에 대한 내용으로 옳지 않은 것은?

① 액상 폐기물과 고상 폐기물을 pH 12~13의 알칼리성으로 조절한 후 시안 이온전극과 비교전극을 사용하여 전위를 측정한다.
② 시안화합물을 측정할 때 방해물질들은 증류하면 대부분 제거되나 다량의 지방성분, 잔류염소, 황화합물은 시안화합물을 분석할 때 간섭할 수 있다.
③ 시료와 표준용액의 측정 시 온도차는 ±1℃이어야 하고, 교반속도가 일정하여야 한다. 액온이 1℃ 변화할 때에 약 1mV의 전위차가 변화하게 된다.
④ 이온전극은 [이온전극|측정 용액|비교전극]의 측정계에서 측정대상 이온에 감응하여 페러데이식에 따라 이온 활동도에 비례하는 전위차를 나타낸다.

해설 이온전극은 [이온전극|측정 용액|비교전극]의 측정계에서 측정대상 이온에 감응하여 네른스트식에 따라 이온 활동도에 비례하는 전위차를 나타낸다. 시안 이온전극의 감응막은 $AgI + Ag_2S$, Ag_2S, AgI로 구성되어 있다.

문제 11 이온전극법을 이용한 시안 분석방법에 관한 설명으로 가장 거리가 먼 것은?

① pH 12~13 알칼리성에서 시안 이온전극과 비교전극을 사용하여 전위를 측정한다.
② 시료와 표준용액의 측정시 온도차는 ±0.1℃ 이어야 하고 교반속도는 2000rpm 이상으로 한다.
③ 이 시험기준에 의한 폐기물 중에 시안의 정량한계는 0.5 mg/L이다.
④ 자석 교반기 또는 테플론으로 피복된 자석 바를 사용한다.

해설 시료와 표준용액의 측정 시 온도차는 ±1℃이어야 하고, 교반속도가 일정하여야 한다. 액온이 1℃ 변화할 때에 약 1mV의 전위차가 변화하게 된다.

정답 09.④ 10.④ 11.②

문제 12 이온전극법 측정시 주의해야 할 사항들이다. 설명이 맞는 것은?

① 비교전극은 분석대상 이온에 대한 고도의 선택성이 있고 이온농도에 비례하여 전위를 발생할 수 있는 전극이다.
② 측정요액의 온도가 10℃ 상승하면 전위구배는 1가이온은 1mV, 2가이온은 2mV 변화한다. 따라서 검량선 작성시 표준액과 시료용액 사이의 온도는 같아야 한다.
③ 교반은 측정에 방해되지 않는 범위 내에서 세게 일정한 속도로 교반해야 한다.
④ 분석대상 이온과 반응하여 전극전위에 일정한 영향을 일으키는 염류를 이온강도 조절용 완충액으로 첨가하여 전위를 시험하여야 한다.

문제 13 이온전극법에 관한 내용으로 옳지 않은 것은?

① 이온농도의 측정범위는 일반적으로 $10^{-1}\,mol/L \sim 10^{-4}\,mol/L$(또는 $10^{-7}\,mol/L$)이다.
② 이온전극의 내부전극으로는 칼로멜전극 또는 수은전극이 주로 사용된다.
③ 측정용액 온도가 10℃ 상승하면 전위구배가 1가 이온은 약 2mV, 2가 이온은 약 1mV 변화한다.
④ 시료용액의 교반은 측정에 방해되지 않는 범위에서 세게 일정한 속도로 하여야 한다.

> **해설** 시료와 표준용액의 측정 시 온도차는 ±1℃이어야 하고, 교반속도가 일정하여야 한다. 액온이 1℃ 변화할 때에 약 1mV의 전위차가 변화하게 된다.

문제 14 폐기물공정시험기준상 시안(CN)의 측정방법을 적절하게 짝지은 것은?

① 이온크로마토그래프법, 원자흡광광도법
② 이온전극법, 자외선/가시선 분광법
③ 가스크로마토그래프법, 원자흡광광도법
④ 흡광광도법, 가스크로마토그래프법

정답 12.③ 13.③ 14.②

10. 금속류

10.1 기기분석

[1] 개요

① 이 시험기준은 폐기물 중에 구리, 납, 비소, 수은, 카드뮴, 크롬, 6가크롬 등의 금속류의 분석으로, 시료채취, 간섭물질, 전처리과정, 기기분석에 관해 설명하고 내부정도관리에 대해 자세히 기술하고 있다.
② 폐기물 중 금속류 측정의 주된 목적은 폐기물 중에 유해성 금속성분에 대해 감시하고 관리하는데 있다.

[2] 적용 가능한 실험

① 폐기물 중 금속성분을 분석하기 위해 일반적으로 시료를 적절한 방법으로 전처리하여야 하고 그 후에 기기분석을 실시한다.
② 금속 별로 사용되는 기기분석방법은 [표]와 같으며, 원자흡수분광광도법을 주실험법으로 한다.

[표] 금속 별로 사용되는 기기분석방법

측정 금속	원자흡수 분광광도법	유도결합플라스마 원자발광분광법	자외선/가시선 분광법
구리	○	○	○
납	○	○	○
카드뮴	○	○	○
크롬	○	○	○
6가크롬	○		○
비소	수소화물생성 원자흡수분광광도법	○	○
수은	환원기화 원자흡수분광광도법	-	○

[3] 금속류 분석에서의 일반적인 주의사항
① 금속의 미량분석에서는 유리기구, 정제수 및 여과지에서의 금속 오염을 방지하는 것이 중요하다.
② 사용하는 시약에서도 오염이 되므로 순수시약으로 사용하며 특히 산처리와 농축과정 중에 오염이 될 수 있으므로 바탕시험을 통해 오염여부를 잘 평가해야 한다.
③ 분석실험실은 일반적으로 산을 이용한 전처리 및 가열 농축과정에서 발생하는 유독기체를 배출시킬 수 있는 환기시설(후드) 등이 갖추어져 있어야 한다.

문제 01 자외선/가시선 분광법과 원자흡수분광광도법의 두 가지 시험방법으로 모두 분석할 수 있는 항목으로 거리가 먼 것은? (단, 폐기물공정시험기준에 준함)
① 크롬 ② 카드뮴 ③ 비소 ④ 시안

문제 02 다음의 폐기물 중 금속류 중 유도결합플라스마 원자발광분광법으로 측정하지 않는 것은?
① 납 ② 비소 ③ 카드뮴 ④ 수은

정답 01.④ 02.④

10.2 금속류-원자흡수분광광도법

[1] 개요
① 이 시험기준은 폐기물 중에 구리, 납, 카드뮴등의 측정방법으로, 질산을 가한 시료 또는 산 분해 후 농축 시료를 직접 불꽃으로 주입하여 원자화한 후 원자흡수분광광도법으로 분석한다.
② 이 시험기준은 폐기물 중에 구리, 납, 카드뮴등의 분석에 적용한다.
③ 구리, 납, 카드뮴은 공기-아세틸렌 불꽃에 주입하여 분석한다.
④ 낮은 농도의 구리, 납, 카드뮴은 암모늄 피롤리딘 다이티오카바메이트(APDC, ammonium pyrrolidine dithiocarbamate)와 착물을 생성시켜 메틸아이소부틸케톤(MIBK, methyl isobutyl ketone)으로 추출하여 공기-아세틸렌 불꽃에 주입하여 분석한다.

[2] 간섭물질

① 화학물질이 공기-아세틸렌 불꽃에서 분자상태로 존재하여 낮은 흡광도를 보일 때가 있다. 이는 불꽃의 온도가 너무 낮아 원자화가 일어나지 않는 경우와 안정한 산화물질로 바뀌어 불꽃에서 원자화가 일어나지 않는 경우에 발생한다.

② 염이 많은 시료를 분석하면 버너 헤드 부분에 고체가 생성되어 불꽃이 자주 꺼지고 버너 헤드를 청소해야 하는데 이를 방지하기 위해서는 시료를 묽혀 분석하거나, 메틸아이소부틸케톤 등을 사용하여 추출하여 분석한다.

③ 시료 중에 칼륨, 나트륨, 리튬, 세슘과 같이 쉽게 이온화되는 원소가 1000mg/L 이상의 농도로 존재할 때에는 금속측정을 간섭한다. 이때에는 검정곡선용 표준물질에 시료의 매질과 유사하게 첨가하여 보정한다.

④ 시료 중에 알칼리금속의 할로겐 화합물을 다량 함유하는 경우에는 분자 흡수나 광산란에 의하여 오차를 발생하므로 추출법으로 카드뮴을 분리하여 실험한다.

[3] 분석기기 및 기구

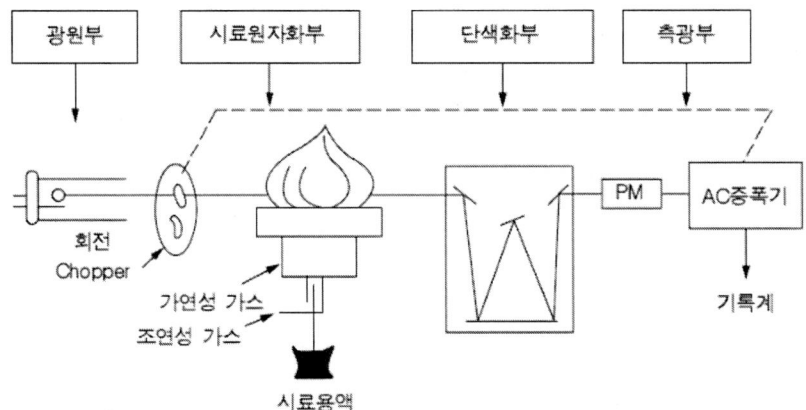

[그림] 원자흡수분광광도계

① **원자흡수분광광도계** : 원자흡수분광광도계(AAS, atomic absorption spectrophotometer)는 일반적으로 광원부, 시료원자화부, 파장선택부 및 측광부로 구성되어 있으며 단광속형과 복광속형으로 구분된다. 다원소 분석이나 내부표준물질법을 사용할 수 있는 다중 채널형(multi-channel)도 있다.

② **광원램프** : 원자흡수분광광도계에 사용하는 광원으로 좁은 선폭과 높은 휘도를 갖는 스펙트럼을 방사하는 납 속빈음극램프를 사용한다.

③ **기체** : 원자흡수분광광도계에 불꽃을 만들기 위해 가연성기체와 조연성기체를 사용하는

데, 일반적으로 가연성기체로 아세틸렌을 조연성기체로 공기를 사용한다.

[4] 정밀도 및 정확도

① 정확도는 첨가한 표준물질의 농도에 대한 측정 평균값의 상대 백분율로서 나타내고 그 값이 75~125% 이내이어야 한다.
② 정밀도는 측정값의 상대표준편차(RSD)로 산출하며 측정한 결과 25% 이내이어야 한다.

[표] 원자흡수분광광도법에 의한 정량한계 및 정량범위

금속종류	측정파장, nm	불꽃기체	정량한계 (mg/L)	정량범위 (mg/L)
구리	324.7	A-Ac	0.008	0.008 ~ 4
납	283.3	A-Ac	0.04	0.04 ~ 20
카드뮴	228.8	A-Ac	0.002	0.002 ~ 2

* A-Ac : 공기-아세틸렌

문제 01 원자흡수분광광도법에 의한 금속류 분석방법에 관한 설명으로 옳지 않은 것은?

① 낮은 농도의 구리, 납, 카드뮴은 암모늄 피롤리딘 다이티오카바메이트와 착물을 생성시켜 메틸아이소부틸케톤으로 추출한다.
② 화학물질이 공기-아세틸렌 불꽃에서 분자상태로 존재하여 낮은 흡광도를 보일 때가 있는데, 이는 불꽃의 온도가 너무 높아 원자화가 일어나기 때문이다.
③ 시료 중에 알칼리금속의 할로겐 화합물을 다량 함유하는 경우에는 분자 흡수나 광산란에 의하여 오차를 발생하므로 추출법으로 카드뮴을 분리하여 실험한다.
④ 염이 많은 시료는 묽혀 분석하거나, 메틸아이소부틸케톤 등을 사용하여 추출하여 분석한다.

해설 화학물질이 공기-아세틸렌 불꽃에서 분자상태로 존재하여 낮은 흡광도를 보일 때가 있다. 이는 불꽃의 온도가 너무 낮아 원자화가 일어나지 않는 경우와 안정한 산화물질로 바뀌어 불꽃에서 원자화가 일어나지 않는 경우에 발생한다.

정답 01.②

문제 02 원자흡수분광광도계에 대한 내용으로 잘못된 것은 어느 것인가?

① 광원부, 시료원자화부, 파장선택부 및 측광부로 구성되어 있다.
② 일반적으로 가연성기체로 아세틸렌을, 조연성기체로 공기를 사용한다.
③ 단광속형과 복광속형으로 구분된다.
④ 광원으로 좁은 선폭과 낮은 휘도를 갖는 스펙트럼을 방사하는 납 음극램프를 사용한다.

정답 02.④

10.3 금속류-유도결합플라스마-원자발광분광법

[1] 개요

① 이 시험기준은 폐기물 중에 금속류를 측정하는 방법으로, 시료를 고주파유도코일에 의하여 형성된 아르곤 플라스마에 주입하여 6000~8000°K에서 들뜬 원자가 바닥상태로 이동할 때 방출하는 발광선 및 발광강도를 측정하여 원소의 정성 및 정량분석을 수행한다.
② 이 시험기준은 폐기물 중에 구리, 납, 비소, 카드뮴, 크롬, 6가크롬 등 원소의 동시 분석에 적용한다.
③ 이 시험기준으로 폐기물 중에 각 원소의 정량한계는 0.002~0.01mg/L의 범위를 갖는다.

[2] 간섭물질

① 대부분의 간섭 물질은 산 분해에 의해 제거된다.
② **광학 간섭** : 분석하는 금속원소 이외에서 발광하는 파장은 측정을 간섭한다. 어떤 원소가 동일 파장에서 발광할 때, 파장의 스펙트럼선이 넓어질 때, 이온과 원자의 재결합으로 연속 발광할 때, 분자 띠 발광 시에 간섭이 발생한다.
③ **물리적 간섭** : 시료의 분무 또는 운반과정에서 물리적 특성 즉 점도와 표면장력의 변화 등에 의해 발생한다. 특히 시료 중에 산의 농도가 10v/v% 이상으로 높거나 용존 고형물질이 1500mg/L 이상으로 높은 반면, 검정용 표준용액의 산의 농도는 5% 이하로 낮을 때에 발생하며 이때 시료를 희석하거나 표준용액을 시료의 매질과 유사하게 하거나 표준물질 첨가법을 사용하면 간섭효과를 줄일 수 있다.
④ **화학적 간섭** : 분자 생성, 이온화 효과, 열화학 효과 등이 시료 분무와 원자화 과정에서 방해요인으로 나타난다. 이 영향은 별로 심하지 않으며 적절한 운전 조건의 선택으로

최소화 할 수 있다. 만일 간섭효과가 의심되면 대부분의 경우가 시료의 매질로 인해 발생한다.

⑤ 만일 간섭효과가 의심되면 대부분의 경우가 시료의 매질로 인해 발생한다.
⑥ **연속 희석법** : 분석 대상의 농도가 수행검출한계의 10배 이상의 농도일 경우에 적용할 수 있으며 시료를 희석하여 측정하였을 때 희색배수를 고려해서 계산한 농도 값이 본래의 농도 값의 10 % 이내를 보여야 한다. 만약 10%를 벗어나면 물리 및 화학적 간섭이 의심된다.
⑦ **표준물질 첨가법** : 측정시료에 표준물질을 수행검출한계의 20~100배의 농도로 첨가하여 분석하였을 때에 회수율이 90~110% 이내이어야 한다. 만약 이 범위를 벗어나면 매질의 영향을 의심해야 한다.
⑧ **대체 분석과 비교** : 원자흡수분광광도법 또는 유도결합플라즈마-질량분석법과 같은 대체방법과 비교한다.
⑨ **전파장 분석** : 장비가 허용된다면 가능한 파장의 간섭을 알기위해 전 파장 분석을 수행한다.
⑩ 시료 중에 칼슘과 마그네슘의 농도 합이 500mg/L 이상이고 측정값이 규제 값의 90 %이상일 때 표준물질첨가법에 의해 측정하는 것이 좋다.

[3] 분석기기 및 기구

① **유도결합플라즈마-원자발광분광기** : 유도결합플라즈마-원자발광분광기는 시료 도입부, 고주파전원부, 광원부, 분광부, 연산처리부 및 기록부로 구성되어 있으며, 분광부는 검출 및 측정에 따라 연속주사형 단원소측정장치와 다원소동시측정장치로 구분된다.
② **아르곤** : 액화 또는 압축 아르곤으로서 99.99V/V% 이상의 순도를 갖는 것이어야 한다.

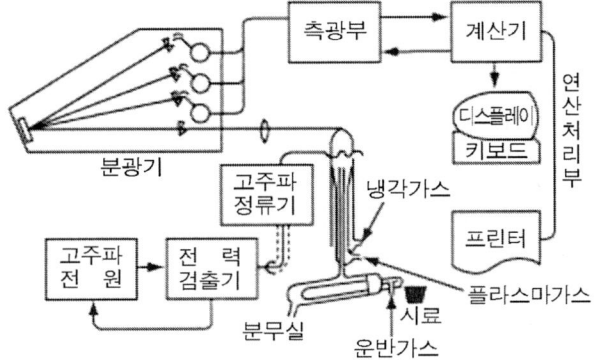

[그림] 유도결합플라즈마-원자발광분광기

[4] 정밀도 및 정확도
① 정확도는 첨가한 표준물질의 농도에 대한 측정 평균값의 상대 백분율로서 나타내고 그 값이 75~125% 이내이어야 한다.
② 정밀도는 측정값의 상대표준편차(RSD)로 산출하며 측정한 결과 25% 이내이어야 한다.

[표] 유도결합플라스마-원자발광광도법에 의한 금속별 측정파장 및 정량한계

금속종류	측정파장 nm	정량한계 (mg/L)	정량범위 (mg/L)
구리	324.75	0.006	0.006~50
납	220.35	0.040	0.040~100
비소	193.70	0.050	0.050~100
카드뮴	226.50	0.004	0.004~50
크롬	267.72	0.007	0.007~50
6가크롬	267.72	0.007	0.0073~50

문제 01 유도결합플라스마-원자발광분광법에 의한 금속류 분석방법에 관한 설명으로 옳지 않은 것은?

① 시료를 고주파유도코일에 의하여 형성된 석영 플라스마에 주입하여 1000~2000K에서 들뜬 원자가 바닥상태로 이동할 때 방출하는 발광선 및 발광강도를 측정한다.
② 대부분의 간섭 물질은 산 분해에 의해 제거된다.
③ 물리적 간섭은 특히 시료 중에 산의 농도가 10v/v% 이상으로 높거나 용존 고형물질이 1500mg/L 이상으로 높은 반면, 검정용 표준용액의 산의 농도는 5% 이하로 낮을 때에 발생한다.
④ 간섭효과가 의심되면 대부분의 경우가 시료의 매질로 인해 발생하므로 원자흡수분광광도법 또는 유도결합플라즈마-질량분석법과 같은 대체방법과 비교하는 것도 간섭효과를 막는 방법이 될 수 있다.

해설 시료를 고주파유도코일에 의하여 형성된 아르곤 플라스마에 주입하여 6000~8000K에서 들뜬 원자가 바닥상태로 이동할 때 방출하는 발광선 및 발광강도를 측정하여 원소의 정성 및 정량분석을 수행한다.

정답 01. ①

문제 02 유도결합플라스마-원자발광분광법에서 일어날 수 있는 간섭 중 화학적 간섭이 발생할 수 있는 경우에 해당하는 것은 어느 것인가?

① 분석에 사용하는 스펙트럼선이 다른 인접선과 완전히 분리되지 않은 경우
② 시료용액의 점도가 높아져 분무 능률이 저하하는 경우
③ 불꽃 중에서 원자가 이온화하는 경우
④ 분석에 사용하는 스펙트럼선이 불꽃 중에서 생성되는 목적원소의 원자증기 이외의 물질에 의하여 흡수되는 경우

해설 화학적 간섭은 분자 생성, 이온화 효과, 열화학 효과 등이 시료 분무와 원자화 과정에서 방해요인으로 나타난다.

문제 03 유도결합플라스마-원자발광분광법에 의해 측정할 경우 다음원소 중 가장 높은 측정파장을 요구하는 것은?

① 크롬   ② 비소   ③ 구리   ④ 카드뮴

문제 04 유도결합플라스마-원자발광분광법의 일반적인 구성으로 옳은 것은?

① 시료 도입부, 고주파전원부, 광원부, 분광부, 연산처리부 및 기록부로 구성된다.
② 시료 도입부, 고주파전원부, 광원부, 측광부, 연산처리부로 구성된다.
③ 시료 도입부, 시료원자화부, 광원부, 측광부, 기록부로 구성된다.
④ 시료 도입부, 고주파전원부, 단색화부, 측광부, 연산처리부 및 기록부로 구성된다.

문제 05 유도결합플라스마-원자발광분광법을 사용한 금속류 측정에 대한 설명으로 잘못된 것은 어느 것인가?

① 대부분의 간섭물질은 산 분해에 의해 제거된다.
② 유도결합플라스마-원자발광분광기는 시료도입부, 고주파전원부, 광원부, 분광부, 연산처리부 및 기록부로 구성된다.
③ 시료 중에 칼슘과 마그네슘의 농도가 높고 측정값이 규제 값의 90% 이상일 때는 희석 측정하여야 한다.
④ 유도결합플라스마-원자발광분광기의 분광부는 검출 및 측정에 따라 연속주사형 단원소측정장치와 다원소동시 측정장치로 구분된다.

해설 시료 중에 칼슘과 마그네슘의 농도 합이 500mg/L 이상이고 측정값이 규제 값의 90 %이상일 때 표준물질첨가법에 의해 측정하는 것이 좋다.

정답 02.③ 03.③ 04.① 05.③

문제 06 유도결합플라스마 원자발광분광법으로 금속류를 분석할 때 잘못된 내용은 어느 것인가?

① 대부분의 간섭 물질은 산 분해에 의해 제거된다.
② 장비가 허용된다면 가능한 파장의 간섭을 알기 위해 전 파장 분석을 수행한다.
③ 플라스마 가스는 액화 또는 압축헬륨으로 순도는 99.99% 이상인 것을 사용한다.
④ 분석장치는 시료도입부, 고주파전원부, 광원부, 분광부, 연산처리부 및 기록부로 구성되어 있다.

해설 액화 또는 압축 아르곤으로서 99.99V/V% 이상의 순도를 갖는 것이어야 한다.

정답 06.③

11. 구 리

11.1 개요

이 시험기준은 폐기물 중에 구리를 측정하는 방법이다.

[표] 구리의 적용 가능한 시험방법

구리	원자흡수 분광광도법	유도결합플라스마원 자발광분광법	자외선/가시선 분광법
측정파장(nm)	324.7	324.75	440
정량한계(mg/L)	0.008	0.006	0.002
정량범위(mg/L)	0.008~4	0.006~50	0.002~0.03
정밀도	± 25% 이내	± 25% 이내	± 25% 이내

11.2 구리-원자흡수분광광도법

① 이 시험기준은 폐기물 중에 구리의 분석방법으로, 시료에 질산을 가해 분해 시키고 시료를 직접 불꽃으로 주입하여 원자화한 후 원자흡수분광광도법으로 측정하는 것으로 금속류-원자흡수분광광도법에 따른다.
② 사용가스는 공기-아세틸렌 이다.

11.3 구리-유도결합플라스마-원자발광분광법

이 시험기준은 폐기물 중에 구리의 분석방법으로, 시료를 분해한 후 농축 시료를 아르곤 플라스마에 주입하여 방출하는 발광선 및 발광강도를 측정하여 정성 및 정량분석을 수행한다. 이 시험기준은 금속류-유도결합플라스마-원자발광분광법에 따른다.

문제 01 구리를 원자흡수분광광도법(원자흡광광도법)으로 측정하여 정량할 때 일반적으로 정량한계와 측정파장의 조합으로 옳은 것은?

① 0.002mg/L, 324.7nm
② 0.008mg/L, 324.7nm
③ 0.002mg/L, 457.9nm
④ 0.008mg/L, 457.9nm

문제 02 원자흡수분광광도법에 의한 구리(Cu) 시험방법으로 옳은 것은?

① 정량범위는 440nm에서 0.2~4mg/L 정도이다.
② 사용가스는 공기-아세틸렌 이다.
③ 디에틸디티오와 반응하여 생성된 황색의 킬레이트 화합물의 흡광도를 측정한다.
④ 표준편차율은 ±0.2~0.5% 범위이다.

문제 03 원자흡수분광광도법으로 구리를 측정할 때 정밀도는? (단, 정량한계는 0.008mg/L)

① RSD : ±10 이내
③ RSD : ±15 이내
③ RSD : ±20 이내
④ RSD : ±25 이내

문제 04 원자흡수분광광도법에 의한 구리(Cu) 시험방법으로 알맞은 것은 어느 것인가?

① 정량범위는 440nm에서 0.2~4mg/L 범위 정도이다.
② 정밀도는 측정값의 상대표준편차(RSD)로 산출하며 측정한 결과 ±25% 이내이어야 한다.
③ 검정곡선의 결정계수(R^2)는 0.999 이상이어야 한다.
④ 표준편차율은 표준물질의 농도에 대한 측정 평균값의 상대 백분율로서 나타내며 5~15% 범위이다.

해설 구리의 정량범위 0.008~4mg/L, 측정파장 324.7nm, 검정곡선의 결정계수(R^2) 0.98 이상, 정확도 75~125 % 이내이다.

문제 05 구리를 ICP로 측정할 때 알맞은 측정조건은?

① 250.75nm
② 350.75nm
③ 324.75nm
④ 424.75nm

정답 01.② 02.② 03.④ 04.② 05.③

11.4 구리-자외선/가시선 분광법

[1] 개요

① 이 시험기준은 폐기물 중에 구리를 자외선/가시선 분광법으로 측정하는 방법으로 시료 중에 구리이온이 알칼리성에서 다이에틸다이티오카르바민산나트륨과 반응하여 생성하는 황갈색의 킬레이트 화합물을 아세트산부틸로 추출하여 흡광도를 440nm에서 측정하는 방법이다.

② 이 방법에 의한 구리의 정량범위는 0.002~0.03mg이고 정량한계는 0.002mg이다.

[2] 간섭물질

① 시료의 전처리를 하지 않고 직접 시료를 사용하는 경우, 시료 중에 시안화합물이 함유되어 있으면 염산으로 산성 조건을 만든 후 끓여 시안화물을 완전히 분해 제거한 다음 실험한다.

② 비스무트(Bi)가 구리의 양보다 2배 이상 존재할 경우에는 황색을 나타내어 방해한다. 이때는 시료의 흡광도를 A_1으로 하고 따로 같은 양의 시료를 취하여 시료의 시험기준 중 암모니아수(1+1)를 넣어 중화하기 전에 시안화칼륨용액(5W/V%) 3mL를 넣어 구리를 시안착화합로 만든 다음 중화하여 실험하고 이액의 흡광도를 A로 한다. 여기에서 구리에 의한 흡광도는 $A_1 - A_2$이다.

③ 흡수셀이 더러우면 측정값에 오차가 발생하므로 다음과 같이 세척하여 사용한다. 또는 시판용 세척액을 사용하여 세척한다.

④ 탄산나트륨용액(2W/V%)에 소량의 음이온 계면활성제를 가한 용액에 흡수셀을 담가 놓고 필요하면 40~50℃로 약 10분간 가열한다.

⑤ 흡수셀을 꺼내 정제수로 씻은 후 질산(1+5)에 소량의 과산화수소를 가한 용액에 약 30분간 담가 놓았다가 꺼내어 정제수로 잘 씻는다. 깨끗한 가제나 흡수지 위에 거꾸로 놓아 물기를 제거하고 실리카겔을 넣은 데시케이터 중에서 건조하여 보존한다.

⑥ 급히 사용하고자 할 때는 물기를 제거한 후 에틸알코올로 씻고 다시 에틸에테르로 씻은 다음 드라이어로 건조해서 사용한다.

[3] 자외선/가시선 분광광도계

① 흡광광도 분석장치는 광원부, 파장선택부, 시료부 및 측광부로 구성되고 광원부에서 측광부까지의 광학계에는 측정목적에 따라 여러 가지 형식이 있다.

② 광원부의 광원으로 가시부와 근적외부의 광원으로는 주로 텅스텐램프를 사용하고 자외부의 광원으로는 주로 중수소 방전관을 사용한다.

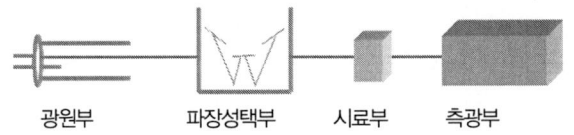

[그림] 자외선/가시선 분광광도계

[4] 흡수셀

① 시료액의 흡수파장이 약 370 nm 이상일 때는 석영 또는 경질유리 흡수셀을 사용하고 약 370 nm 이하일 때는 석영 흡수셀을 사용한다.
② 따로 흡수셀의 길이를 지정하지 않았을 때는 10 mm셀을 사용한다.
③ 시료셀에는 실험용액을, 대조셀에는 따로 규정이 없는 한 정제수를 넣는다. 넣고자 하는 용액으로 흡수셀을 씻은 다음 셀의 약 80 %까지 넣고 외면이 젖어 있을 때는 깨끗이 닦는다. 필요하면(휘발성 용매를 사용할 때와 같은 경우) 흡수셀에 마개를 하고 흡수셀에 방향성이 있을 때는 항상 방향을 일정하게 하여 사용한다.

문제 01 자외선/가시선 분광법으로 구리를 측정할 때 황갈색킬레이트 화합물을 추출하는 용액으로 가장 옳은 것은?
① 사염화탄소
② 아세트산부틸
③ 클로로폼
④ 아세톤

문제 02 다음은 구리(자외선/가시선 분광법 기준) 측정에 대한 설명이다. ( )안에 알맞은 것은?

> 폐기물 중에 구리를 자외선/가시선 분광법으로 측정하는 방법으로 시료 중에 구리이온이 알칼리성에서 다이에틸다이티오카르바민산나트륨과 반응하여 생성하는 황갈색의 킬레이트 화합물을 ( )(으)로 추출하여 흡광도를 440nm에서 측정하는 방법이다.

① 아세트산부틸
② 사염화탄소
③ 벤젠
④ 노말헥산

정답 01.② 02.①

문제 03 구리를 정량하기 위해 사용하는 시약과 그 목적으로 틀린 것은 어느 것인가?

① 구연산이암모늄용액 – 발색 보조제
② 아세트산부틸 – 구리의 추출
③ 암모니아수 – pH 조절
④ 다이에틸다이티오카르바민산 나트륨 – 구리의 발색

해설 구리를 자외선/가시선 분광법으로 측정하는 방법으로 시료 중에 구리이온이 알칼리성에서 다이에틸다이티오카르바민산나트륨과 반응하여 생성하는 황갈색의 킬레이트 화합물을 아세트산부틸로 추출하여 흡광도를 440nm에서 측정하는 방법이다.

문제 04 다음은 자외선/가시선 분광법으로 구리를 분석할 때의 간섭물질에 관한 설명이다. ( )안에 알맞은 것은?

> 비스무트(Bi)가 구리의 양보다 2배 이상 존재할 경우에는 황색을 나타내어 방해한다. 이때는 따로 같은 양의 시료를 취하여 시료의 시험기준 중 ( )을/를 넣어 중화하기 전에 시안화칼륨용액(5W/V%) 3mL를 넣는다.

① 수산화나트륨(4W/V%)
② 과산화수소수(3W/V%)
③ 황산(1+5)
④ 암모니아수(1+1)

문제 05 자외선/가시선 분광법을 적용한 구리 측정에 관한 내용으로 옳은 것은?

① 정량한계는 0.002mg 이다.
② 적갈색의 킬레이트 화합물이 생성된다.
③ 흡광도는 520nm에서 측정한다.
④ 정량 범위는 0.01~0.05mg/L이다.

해설 이 방법에 의한 구리의 정량범위는 0.002~0.03mg이고 정량한계는 0.002mg이다.

정답 03.① 04.④ 05.①

문제 06 자외선/가시선 분광법에 사용되는 분석기기 및 기구 등에 관한 설명으로 옳지 않은 것은?

① 흡광광도 분석장치는 광원부, 파장선택부, 시료부 및 측광부로 구성된다.
② 광원부의 광원으로 텅스텐램프는 주로 자외부의 광원으로 사용된다.
③ 시료액의 흡수파장이 약 370nm이하일 때는 석영 흡수셀을 사용한다.
④ 흡수셀을 급히 사용하고자 할 때는 물기를 제거한 후 에틸알코올로 씻고 다시 에틸에테르로 씻은 다음 드라이어로 건조해서 사용한다.

해설 광원부의 광원으로 가시부와 근적외부의 광원으로는 주로 텅스텐램프를 사용하고 자외부의 광원으로는 주로 중수소 방전관을 사용한다.

문제 07 자외선/가시선 분광광도계 광원부의 광원 중 가시부와 근적외부의 광원으로 알맞은 것은 어느 것인가?

① 중수소방전관
② 광전자증배관
③ 텅스텐램프
④ 석영방전관

정답 06.② 07.③

12. 납

12.1 개요

이 시험기준은 폐기물 중에 납을 측정하는 방법이다.

[표] 납의 적용 가능한 시험방법

납	원자흡수 분광광도법	유도결합플라스마원 자발광분광법	자외선/가시선 분광법
측정파장(nm)	283.3	220.35	520
정량한계(mg/L)	0.004	0.04	0.001
정량범위(mg/L)	0.04~20	0.04~100	0.001~0.04
정밀도	± 25% 이내	± 25% 이내	± 25% 이내

12.2 납-원자흡수분광광도법

이 시험기준은 폐기물 중에 납의 분석방법으로, 시료에 질산을 가해 분해시키고 시료를 직접 불꽃으로 주입하여 원자화한 후 원자흡수분광광도법으로 측정하는 것으로, 금속류-원자흡수분광광도법에 따른다.

12.3 납-유도결합플라스마-원자발광분광법

이 시험기준은 폐기물 중에 납의 측정방법으로, 시료를 분해한 후 농축 시료를 아르곤 플라스마에 주입하여 방출하는 발광선 및 발광강도를 측정하여 정성 및 정량분석을 수행한다. 이 시험기준은 금속류-유도결합플라스마-원자발광분광법에 따른다.

12.4 납-자외선/가시선 분광법

[1] 개요

① 이 시험기준은 폐기물 중에 납을 자외선/가시선 분광법으로 측정하는 방법으로 시료 중에 납 이온이 시안화칼륨 공존 하에 알칼리성에서 디티존과 반응하여 생성하는 납 디티존착염을 사염화탄소로 추출하고 과잉의 디티존을 시안화칼륨용액으로 씻은 다음 납 착염의 흡광도를 520 nm에서 측정하는 방법이다.

② 이 방법에 의한 납의 정량범위는 0.001~0.04mg이고 정량한계는 0.001mg이다.

[2] 간섭물질

① 전처리를 하지 않고 직접 시료를 사용하는 경우, 시료 중에 시안화합물이 함유되어 있으면 염산 산성으로 하여서 끓여 시안화물을 완전히 분해 제거한 다음 실험한다.

② 시료에 다량의 비스무트(Bi)가 공존하면 시안화칼륨용액으로 수회 씻어도 무색이 되지 않는다. 이 때에는 다음과 같이 납과 비스무트를 분리하여 실험한다. 추출하여 10~20mL로 한 사염화탄소층에 프탈산수소칼륨 완충용액(pH 3.4) 20mL씩을 2회 역추출하고 전체수층을 합하여 분별깔때기에 옮긴다. 암모니아수(1+1)를 넣어 약알칼리성으로 하고 시안화칼륨용액(5 W/V%) 5 mL 및 정제수를 넣어 약 100mL로 한 다음 이하 시료의 시험기준에 따라 추출조작부터 다시 실험한다.

③ 흡수셀이 더러우면 측정값에 오차가 발생하므로 다음과 같이 세척하여 사용한다. 또는 시판용 세척액을 사용하여 세척한다.

④ 탄산나트륨용액(2W/V%)에 소량의 음이온 계면활성제를 가한 용액에 흡수셀을 담가 놓고 필요하면 40~50℃로 약 10분간 가열한다.

⑤ 흡수셀을 꺼내 정제수로 씻은 후 질산(1+5)에 소량의 과산화수소를 가한 용액에 약 30분간 담가 놓았다가 꺼내어 정제수로 잘 씻는다. 깨끗한 가제나 흡수지 위에 거꾸로 놓아 물기를 제거하고 실리카겔을 넣은 데시케이터 중에서 건조하여 보존한다.

⑥ 급히 사용하고자 할 때는 물기를 제거한 후 에틸알코올로 씻고 다시 에틸에테르로 씻은 다음 드라이어로 건조해서 사용한다.

[3] 자외선/가시선 분광광도계

① 흡광광도 분석장치는 아래 그림과 같이 광원부, 파장선택부, 시료부 및 측광부로 구성되고 광원부에서 측광부까지의 광학계에는 측정목적에 따라 여러 가지 형식이 있다.

② 광원부의 광원으로 가시부와 근적외부의 광원으로는 주로 텅스텐램프를 사용하고 자외부의 광원으로는 주로 중수소 방전관을 사용한다.

[4] 흡수셀

① 시료액의 흡수파장이 약 370nm 이상 일 때는 석영 또는 경질유리 흡수셀을 사용하고 약 370nm 이하 일 때는 석영 흡수셀을 사용한다.
② 따로 흡수셀의 길이를 지정하지 않았을 때는 10mm셀을 사용한다.
③ 시료셀에는 실험용액을, 대조셀에는 따로 규정이 없는 한 정제수를 넣는다. 넣고자 하는 용액으로 흡수셀을 씻은 다음 셀의 약 80%까지 넣고 외면이 젖어 있을 때는 깨끗이 닦는다. 필요하면(휘발성 용매를 사용할 때와 같은 경우) 흡수셀에 마개를 하고 흡수셀에 방향성이 있을 때는 항상 방향을 일정하게 하여 사용한다.

문제 01 다음 (   )에 내용으로 옳은 것은?

> 납의 자외선/가시선 분광법(흡광광도법)의 측정원리는 납 이온이 (①)공존 하에 알칼리성에서 디티존과 반응하여 생성하는 납 디티존 착염을 사염화탄소로 추출하고 과잉의 디티존을 (②)용액으로 씻은 다음 납착염의 흡광도를 (③)nm에서 측정하는 방법이다.

① ① 슬퍼민산암모늄   ② 슬퍼민산암모늄   ③ 520
② ① 시안화칼륨   ② 시안화칼륨   ③ 520
③ ① 슬퍼민산암모늄   ② 슬퍼민산암모늄   ③ 560
④ ① 시안화칼륨   ② 시안화칼륨   ③ 560

문제 02 자외선/가시선 분광법에 의한 납의 측정시료에 비스무스(Bi)가 공존하면 시안화칼륨용액으로 수회 씻어도 무색이 되지 않는다. 이 때 비스무스를 분리하기 위해 추출된 사염화탄소층에 가해 주는 시약으로 적절한 것은?

① 프탈산수소칼륨 완충액
② 구리아민동 혼합액
③ 수산화나트륨요액
④ 염산히드록실아민용액

해설 시료에 다량의 비스무트(Bi)가 공존하면 시안화칼륨용액으로 수회 씻어도 무색이 되지 않는다. 이 때에는 다음과 같이 납과 비스무트를 분리하여 실험한다. 추출하여 10~20mL로 한 사염화탄소층에 프탈산수소칼륨 완충용액(pH 3.4) 20mL씩을 2회 역추출하고 전체수층을 합하여 분별깔때기에 옮긴다. 암모니아수(1+1)를 넣어 약알칼리성으로 하고 시안화칼륨용액(5 W/V%) 5 mL 및 정제수를 넣어 약 100mL로 한 다음 이하 시료의 시험기준에 따라 추출조작부터 다시 실험한다.

정답 01.② 02.①

문제 03 자외선/가시선 분광법으로 납을 측정할 때 전처리를 하지 않고 직접 시료를 사용하는 경우 시료 중에 시안화합물이 함유되었을 때 조치사항으로 옳은 것은?

① 염산 산성으로 하여 끓여 시안화물을 완전히 분해 제거한다.
② 사염화탄소로 추출하고 수층을 분리하여 시안화물을 완전히 제거한다.
③ 음이온 계면활성제와 소량의 활성탄을 주입하여 시안화물을 완전히 흡착 제거한다.
④ 질산(1+5)와 과산화수소를 가하여 시안화물을 완전히 분해 제거한다.

문제 04 $Pb(NO_3)_2$를 사용하여 0.5mg/mL의 납표준원액(1000mg/L) 1000mL를 제조하려고 한다. $Pb(NO_3)_2$을 얼마나 취해야 하는가? (단, Pb의 원자량 : 207.2)

① 약 200mg ② 약 400mg
③ 약 600mg ④ 약 800mg

해설 $Pb(NO_3)_2 : Pb^{2+}$
331.2g : 207.2g
x : $0.5mg/mL \times 1000mL$ ∴ $x = 799.23mg$

$$x(mg) = \frac{331.2g}{207.2g} \left| \frac{0.5mg}{mL} \right| \frac{1000mL}{} = 800mg$$

문제 05 4°C의 물 500mL에 순도가 75%인 시약용 납을 5mg을 녹였다. 이 용액의 납 농도(ppm)는 얼마인가?

① 2.5ppm ② 5.0ppm
③ 7.5ppm ④ 10.0ppm

해설 ppm → mg/L ∴ $\frac{5mg \times 0.75}{0.5L} = 7.5ppm$

문제 06 원자흡수분광광도계에서 광원으로부터 나오는 빛의 30%를 흡수하였다면 흡광도는 얼마인가?

① 0.273 ② 0.245 ③ 0.155 ④ 0.124

해설 흡광도 $A = \log\frac{입사광\ I_o}{투사광\ I_t} = \epsilon cl\ (상수 \cdot mol \cdot 셀mm)$

흡광도(A) $= \log\frac{1}{투과도} = \log\frac{1}{0.7} = 0.155$

정답 03.① 04.④ 05.③ 06.③

13. 비소

13.1 개요

이 시험기준은 폐기물 중에 비소를 측정하는 방법이다.

[표] 비소의 적용 가능한 시험방법

비소	원자흡수 분광광도법	유도결합플라스마 원자발광분광법	자외선/가시선 분광법
측정파장(nm)	193.7	193.7	530
정량한계(mg/L)	0.005	0.05	0.002
정량범위(mg/L)	0.005~0.5	0.05~100	0.002~0.01
정밀도	± 25% 이내	± 25% 이내	± 25% 이내

13.2 비소-원자흡수분광광도법

[1] 개요

① 이 시험기준은 폐기물 중에 비소의 측정방법으로, 이염화주석으로 시료 중의 비소를 3가비소로 환원한 다음 아연을 넣어 발생되는 비화수소를 통기하여 아르곤-수소 불꽃에서 원자화시켜 193.7nm에서 흡광도를 측정하고 비소를 정량하는 방법이다.

② 이 시험기준은 폐기물 중에 비소의 분석에 적용한다.

③ 비소는 아르곤-수소 불꽃에 주입하여 분석한다.

④ 낮은 농도의 비소는 암모늄 피롤리딘 다이티오카바메이트(APDC, ammonium pyrrolidine dithiocarbamate)와 착물을 생성시켜 메틸아이소부틸케톤(MIBK, methyl isobutyl ketone)으로 추출하여 공기-아세틸렌 불꽃에 주입하여 분석한다.

⑤ 이 실험에 의한 폐기물 중 비소의 정량범위는 사용하는 장치 및 측정조건에 따라 다르나 193.7nm에서 0.005~0.5mg/L이다. 이 방법에 따라 실험할 경우 정량한계는 0.005mg/L 이다.

[2] 간섭물질
① 화학물질이 공기-아세틸렌 불꽃에서 분자상태로 존재하여 낮은 흡광도를 보일 때가 있다. 이는 불꽃의 온도가 너무 낮아 원자화가 일어나지 않는 경우와 안정한 산화물질로 바뀌어 불꽃에서 원자화가 일어나지 않는 경우에 발생한다.
② 염이 많은 시료를 분석하면 버너 헤드 부분에 고체가 생성되어 불꽃이 자주 꺼지고 버너 헤드를 청소해야 하는데 이를 방지하기 위해서는 시료를 묽혀 분석하거나, 메틸아이소부틸케톤 등을 사용하여 추출하여 분석한다.
③ 시료 중에 칼륨, 나트륨, 리튬, 세슘과 같이 쉽게 이온화되는 원소가 1000mg/L 이상의 농도로 존재할 때에는 금속측정을 간섭한다. 이때에는 검정곡선용 표준물질에 시료의 매질과 유사하게 첨가하여 보정한다.
④ 시료 중에 알칼리금속의 할로겐 화합물을 다량 함유하는 경우에는 분자 흡수나 광산란에 의하여 오차를 발생하므로 추출법으로 카드뮴을 분리하여 실험한다.
⑤ 비소측정에 사용되는 아연분말은 고순도(비소함량이 0.005mg/L 이하)의 아연분말을 사용해야 한다.

[3] 분석기기 및 기구
① **원자흡수분광광도계** : 원자흡수분광광도계는 일반적으로 광원부, 시료원자화부, 파장선택부 및 측광부로 구성되어 있으며 단광속형과 복광속형으로 구분된다. 다원소 분석이나 내부표준물질법을 사용할 수 있는 다중 채널형도 있다.
② **광원램프** : 원자흡수분광광도계에 사용하는 광원으로 좁은 선폭과 높은 휘도를 갖는 스펙트럼을 방사하는 비소 속빈음극램프를 사용한다.
③ **기체**
- 원자흡수분광광도계에 불꽃을 만들기 위해 가연성기체와 조연성기체를 사용하는데, 일반적으로 가연성기체로 아세틸렌을 조연성기체로 공기를 사용한다.
- 수소-공기와 아세틸렌-공기는 거의 대부분의 원소 분석에 유효하게 사용할 수 있으며 특히 수소-공기는 원자 외 영역에서 불꽃자체에 의한 흡수가 적기 때문에 이 파장영역에서 흡수선을 갖는 원소의 분석에 적당하다.
- 어떠한 종류의 불꽃이라도 가연성기체와 조연성기체의 혼합비는 감도에 크게 영향을 주므로 금속의 종류에 따라 최적혼합비를 선택하여 사용한다.

13.3 비소-유도결합플라스마-원자발광분광법

이 시험기준은 폐기물 중에 구리의 측정방법으로, 시료를 분해한 후 농축 시료를 아르곤 플라스마에 주입하여 방출하는 발광선 및 발광강도를 측정하여 정성 및 정량분석을 수행한다. 이 시험기준은 금속류-유도결합플라스마-원자발광분광법에 따른다.

13.4 비소-자외선/가시선 분광법

[1] 개요

① 이 시험기준은 폐기물 중에 비소를 자외선/가시선 분광법으로 측정하는 방법으로 시료 중의 비소를 3가비소로 환원시킨 다음 아연을 넣어 발생되는 비화수소를 다이에틸다이티오카르바민산은의 피리딘용액에 흡수시켜 이때 나타나는 적자색의 흡광도를 530nm에서 측정하는 방법이다.
② 이 시험기준은 폐기물 중에 비소의 측정에 적용된다.
③ 이 방법에 의한 비소의 정량범위는 0.002~0.01mg이고 정량한계는 0.002mg이다.

[2] 간섭물질

① 시료 중 다량의 철과 망간을 함유하는 경우 디티존에 의한 카드뮴추출이 불완전하다. 이 경우에는 중화한 시료 일정량에 염산을 넣어 2M의 염산산성으로 하여 강염기성 음이온교환수지컬럼(R~C1형, 지름 10mm, 길이 220mm)에 3mL/min의 속도로 유출시켜 카드뮴을 흡착하고 염산(1+9)으로 씻어 준 다음 새로운 수집기에 질산(1+12)을 사용하여 용출하는 카드뮴을 받는다. 이 용출용액을 가지고 시험기준에 따라 실험한다. 이때는 시험기준 중 타타르산용액(2W/V%)으로 역추출하는 조작을 생략해도 된다.
② 시료에 다량의 비스무트(Bi)가 공존하면 시안화칼륨용액으로 수회 씻어도 무색이 되지 않는다. 이때에는 다음과 같이 납과 비스무트를 분리하여 실험한다. 추출하여 10~20mL로 한 사염화탄소층에 프탈산수소칼륨 완충용액(pH 3.4) 20mL씩을 2회 역추출하고 전체수층을 합하여 분별깔때기에 옮긴다. 암모니아수(1+1)를 넣어 약알칼리성으로 하고 시안화칼륨용액(5 W/V%) 5mL 및 정제수를 넣어 약 100mL로 한 다음 이하 시료의 시험기준에 따라 추출조작부터 다시 실험한다.
③ 흡수셀이 더러우면 측정값에 오차가 발생하므로 다음과 같이 세척하여 사용한다. 또는 시판용 세척액을 사용하여 세척한다.

④ 탄산나트륨용액(2W/V%)에 소량의 음이온 계면활성제를 가한 용액에 흡수셀을 담가 놓고 필요하면 40~50℃로 약 10분간 가열한다.

⑤ 흡수셀을 꺼내 정제수로 씻은 후 질산(1+5)에 소량의 과산화수소를 가한 용액에 약 30분간 담가 놓았다가 꺼내어 정제수로 잘 씻는다. 깨끗한 가제나 흡수지 위에 거꾸로 놓아 물기를 제거하고 실리카겔을 넣은 데시케이터 중에서 건조하여 보존한다.

[3] 자외선/가시선 분광광도계

① 흡광광도 분석장치는 아래 그림과 같이 광원부, 파장선택부, 시료부 및 측광부로 구성되고 광원부에서 측광부까지의 광학계에는 측정목적에 따라 여러 가지 형식이 있다.

② 광원부의 광원으로 가시부와 근적외부의 광원으로는 주로 텅스텐램프를 사용하고 자외부의 광원으로는 주로 중수소 방전관을 사용한다.

[4] 흡수셀

① 시료액의 흡수파장이 약 370nm 이상일 때는 석영 또는 경질유리 흡수셀을 사용하고 약 370nm 이하일 때는 석영 흡수셀을 사용한다.

② 따로 흡수셀의 길이를 지정하지 않았을 때는 10mm셀을 사용한다.

③ 시료셀에는 실험용액을, 대조셀에는 따로 규정이 없는 한 정제수를 넣는다. 넣고자 하는 용액으로 흡수셀을 씻은 다음 셀의 약 80%까지 넣고 외면이 젖어 있을 때는 깨끗이 닦는다. 필요하면(휘발성 용매를 사용할 때와 같은 경우) 흡수셀에 마개를 하고 흡수셀에 방향성이 있을 때는 항상 방향을 일정하게 하여 사용한다.

문제 01 원자흡수분광광도법에 의한 비소분석방법에 관한 설명으로 옳지 않은 것은?

① 이염화주석으로 시료 중의 비소를 3가비소로 환원한 다음 아연을 넣는다.
② 193.7nm 파장에서 흡광도를 측정한다.
③ 정량한계는 0.005mg/L 이다.
④ 낮은 농도의 비소는 암모니아 카르보닐 카르티노이드(ACC)와 착물을 생성시켜 노말 헥산으로 추출하여 공기-아세틸렌 불꽃에 주입하여 분석한다.

해설 낮은 농도의 비소는 암모늄 피롤리딘 다이티오카바메이트(APDC, ammonium pyrrolidine dithiocarbamate)와 착물을 생성시켜 메틸아이소부틸케톤(MIBK, methyl isobutyl ketone)으로 추출하여 공기-아세틸렌 불꽃에 주입하여 분석한다.

정답 01.④

문제 02 원자흡수분광광도법으로 비소를 측정할 때 비화수소를 발생하도록 하기 위해 시료 중의 비소를 3가 비소로 환원한 다음 넣어 주는 시약은?

① 아연
② 이염화주석
③ 염화제일주석
④ 시안화칼륨

해설 이 시험기준은 폐기물 중에 비소의 측정방법으로, 이염화주석으로 시료 중의 비소를 3가비소로 환원한 다음 아연을 넣어 발생되는 비화수소를 통기하여 아르곤-수소 불꽃에서 원자화시켜 193.7nm에서 흡광도를 측정하고 비소를 정량하는 방법이다.

문제 03 원자흡수분광광도법에 의한 비소 측정에 대한 내용으로 틀린 것은 어느 것인가?

① 정량한계는 0.005mg/L 이다.
② 낮은 농도의 비소는 가연성기체로 아세틸렌을 조연성기체로 공기를 사용한다.
③ 아르곤-수소 불꽃에서 원자화시켜 340nm 흡광도를 측정하고 비소를 정량하는 방법이다.
④ 이염화주석으로 시료중의 비소를 3가비소로 환원한다.

해설 아르곤-수소 불꽃에서 원자화시켜 193.7nm에서 흡광도를 측정하고 비소를 정량하는 방법이다.

문제 04 원자흡수분광광도법에 의한 낮은 농도의 비소측정 시 연소가스는?

① 아세틸렌-공기
② 수소-공기
③ 아르곤-수소
④ 아세틸렌-수소

해설 낮은 농도의 비소는 암모늄 피롤리딘 다이티오카바메이트(APDC, ammonium pyrrolidine dithiocarbamate)와 착물을 생성시켜 메틸아이소부틸케톤(MIBK, methyl isobutyl ketone)으로 추출하여 공기-아세틸렌 불꽃에 주입하여 분석한다.

문제 05 비소의 원자흡수분광광도법(원자흡광광도법)에 관한 설명으로 옳지 않는 것은?

① 이염화주석으로 시료 중의 비소를 3가비소로 환원시킨다.
② 비화수소를 원자화하여 193.7nm에서 측정한다.
③ 비화수소를 통기하여 아르곤-수소 불꽃에서 원자화시킨다.
④ 비소측정에 사용되는 아연분말은 고순도(비소함량이 0.05mg/L 이하)의 아연분말을 사용해야 한다.

해설 비소측정에 사용되는 아연분말은 고순도(비소함량이 0.005mg/L 이하)의 아연분말을 사용해야 한다.

정답 02.① 03.③ 04.① 05.④

문제 06 다음은 자외선/가시선 분광법으로 비소를 측정하는 방법이다. ( )안에 옳은 내용은?

> 시료 중의 비소를 3가비소로 환원시킨 다음 ( )을 넣어 발생되는 비화수소를 다이에틸다이티오카르바민산의 피리딘 용액에 흡수시켜 이때 나타나는 적자색의 흡광도를 측정한다.

① 과망간산칼륨 용액　② 과산화수소수 용액
③ 요오드　　　　　　④ 아연

문제 07 비소시험법에서 비화수소 발생장치의 반응 용기에 무엇을 넣어 비화수소를 발생 시키는가?

① 아연(Zn) 분말　　② 알루미늄(Al) 분말
③ 철(Fe) 분말　　　④ 비스미스(Bi) 분말

문제 08 자외선/가시선 분광법에 의한 비소의 측정방법으로 알맞은 것은 어느 것인가?

① 적자색의 흡광도를 430nm에서 측정
② 적자색의 흡광도를 530nm에서 측정
③ 청색의 흡광도를 430nm에서 측정
④ 청색의 흡광도를 530nm에서 측정

> **해설** 이 시험기준은 폐기물 중에 비소를 자외선/가시선 분광법으로 측정하는 방법으로 시료 중의 비소를 3가비소로 환원시킨 다음 아연을 넣어 발생되는 비화수소를 다이에틸다이티오카르바민산은의 피리딘용액에 흡수시켜 이때 나타나는 적자색의 흡광도를 530nm에서 측정하는 방법이다.

문제 09 다음 물질 중 다이에틸다이티오카르바민산은의 피리딘 용액에 흡수시켜 적자색의 흡광도를 측정하여 정량하는 물질은 어느 것인가?

① 6가 크롬　② 구리
③ 수은　　　④ 비소

정답 06.④　07.①　08.②　09.④

14. 수 은

14.1 개요

이 시험기준은 폐기물 중에 수은을 측정하는 방법이다.

[표] 수은의 적용 가능한 시험방법

수은	원자흡수분광광도법 (환원기화법)	자외선/가시선 분광법 (디티존법)
측정파장(nm)	253.7	490
정량한계(mg/L)	0.0005	0.001
정량범위(mg/L)	0.0005~0.01	0.001~0.025
정밀도	± 25% 이내	± 25% 이내

14.2 수은 – 원자흡수분광광도법

[1] 개요

① 이 시험기준은 폐기물 중에 수은의 측정방법으로, 시료 중 수은을 이염화주석을 넣어 금속수은으로 환원시킨 다음 이 용액에 통기하여 발생하는 수은 증기를 253.7nm의 파장에서 원자흡수분광광도법에 따라 정량하는 방법이다.
② 이 시험기준은 고체 또는 액체 폐기물 중에 수은의 분석에 적용한다.
③ 수은은 공기-아세틸렌 불꽃을 사용한다.
④ 이 실험에 의한 폐기물 중 수은의 정량범위는 사용하는 장치 및 측정조건에 따라 다르나 253.7nm에서 0.0005~0.01mg/L이고 정량한계는 0.0005mg/L이다.

[2] 간섭물질

① 시료 중 염화물이온이 다량 함유된 경우에는 산화조작 시 유리염소를 발생하여 253.7nm에서 흡광도를 나타낸다. 이때에는 염산하이드록실 아민용액을 과잉으로 넣어 유리염소를 환원시키고 용기 중에 잔류하는 염소는 질소가스를 통기시켜 추출한다.
② 벤젠, 아세톤 등 휘발성 유기물질도 253.7nm에서 흡광도를 나타낸다. 이때에는 과망간산칼륨 분해 후 헥산으로 이들 물질을 추출 분리한 다음 실험한다.

③ 과황산칼륨(5%) 10mL를 넣고 약 95℃ 물중탕에서 2시간 가열한 다음 실온으로 냉각하고 염화하이드록시암모늄용액(10W/V%)을 한 방울씩 넣어 과잉의 과망간산칼륨을 분해한 다음 정제수를 넣어 250 mL로 한다.

문제 01 수은을 원자흡수분광광도법으로 측정할 때 시료 중 수은을 금속수은으로 환원시키기 위해 넣는 시약은?
① 아연분말
② 이염화주석
③ 시안화칼륨
④ 과망간산칼륨

문제 02 수은을 원자흡수분광광도법(환원기화법)으로 측정할 때 정밀도(RSD)는?
① ± 10%
② ± 15%
③ ± 20%
④ ± 25%

문제 03 원자흡광광도법을 적용하여 수은을 분석할 때 시료 중 벤젠, 아세톤 등 휘발성 유기물질이 함유되어 253.7nm에서 흡광도를 나타낸다면 이때 조치 방법으로 옳은 것은?
① 염화제일주석을 넣어 수은을 환원시킨 후 헥산으로 추출 정제한 다음 시험한다.
② 염산으로 완전 산화시키고 통기하여 휘발, 제거한 다음 시험한다.
③ 과망간산칼륨 분해 후 헥산으로 이들 물질을 추출 분리한 다음 시험한다.
④ 염산히드록실 아민용액을 과잉으로 넣은 후 공기로 통기하여 제거한 다음 시험한다.

해설 벤젠, 아세톤 등 휘발성 유기물질도 253.7nm에서 흡광도를 나타낸다. 이때에는 과망간산칼륨 분해 후 헥산으로 이들 물질을 추출 분리한 다음 실험한다.

문제 04 원자흡수분광광도법에 의한 수은 분석방법에 관한 설명으로 옳지 않은 것은?
① 수운증기를 253.7nm 파장에서 측정한다.
② 시료 중 수은을 이염화주석을 넣어 금속수은으로 환원시킨다.
③ 시료 중 염화물이온이 다량 함유된 경우에는 과망간산칼륨 분해 후 헥산으로 이들 물질을 추출 분리한 다음 실험한다.
④ 이 실험에 의한 폐기물 중 수은의 정량한계는 0.0005mg/L이다.

해설 시료 중 염화물이온이 다량 함유된 경우에는 산화조작 시 유리염소를 발생하여 253.7nm에서 흡광도를 나타낸다. 이때에는 염산하이드록실 아민용액을 과잉으로 넣어 유리염소를 환원시키고 용기 중에 잔류하는 염소는 질소가스를 통기시켜 추출한다.

정답 01.② 02.④ 03.③ 04.③

문제 05 원자흡수분광광도법(환원기화법)으로 수은을 측정코자 한다. 시료의 전처리 과정 중 과잉의 과망간산칼륨을 분해하기 위해 사용하는 용액은?

① 10W/V% 이염화주석용액(tin chloride dihydrate)
② (1+4) 암모니아수
③ 10W/V% 염화하이드록시암모늄용액(hydroxylamine hydrochloride)
④ 10W/V% 과황산칼륨(potassium persulfate)

해설 과황산칼륨(5%) 10mL를 넣고 약 95℃ 물중탕에서 2시간 가열한 다음 실온으로 냉각하고 염화하이드록시암모늄용액(10W/V%)을 한 방울씩 넣어 과잉의 과망간산칼륨을 분해한 다음 정제수를 넣어 250 mL로 한다.

정답 05.③

14.3 수은 – 자외선/가시선 분광법

[1] 개요

① 이 시험기준은 폐기물 중에 수은을 자외선/가시선 분광법으로 측정하는 방법으로 수은을 황산 산성에서 디티존사염화탄소로 일차 추출하고 브로모화칼륨 존재 하에 황산 산성에서 역추출하여 방해성분과 분리한 다음 알칼리성에서 디티존사염화탄소로 수은을 추출하여 490nm에서 흡광도를 측정하는 방법이다.
② 이 시험기준은 폐기물 중에 수은의 측정에 적용된다.
③ 광원부의 광원으로 가시부와 근적외부의 광원으로는 주로 텅스텐램프를 사용하고 자외부의 광원으로는 주로 중수소 방전관을 사용한다.
④ 이 방법에 의한 수은의 정량범위는 0.001~0.025mg이고 정량한계는 0.001mg이다.

[2] 간섭물질

① 흡수셀이 더러우면 측정값에 오차가 발생하므로 다음과 같이 세척하여 사용한다. 또는 시판용 세척액을 사용하여 세척한다.
② 탄산나트륨용액(2W/V%)에 소량의 음이온 계면활성제를 가한 용액에 흡수셀을 담가 놓고 필요하면 40~50℃로 약 10분간 가열한다.
③ 흡수셀을 꺼내 정제수로 씻은 후 질산(1+5)에 소량의 과산화수소를 가한 용액에 약 30분간 담가 놓았다가 꺼내어 정제수로 잘 씻는다. 깨끗한 가제나 흡수지 위에 거꾸로 놓아 물기를 제거하고 실리카겔을 넣은 데시케이터 중에서 건조하여 보존한다.
④ 급히 사용하고자 할 때는 물기를 제거한 후 에틸알코올로 씻고 다시 에틸에테르로

씻은 다음 드라이어로 건조해서 사용한다.
⑤ 흡광도의 측정값이 0.2~0.8의 범위에 들도록 실험용액의 농도를 조절한다.

문제 01 자외선/가시선 분광법으로 수은을 측정하는 방법이다. ( )의 내용으로 옳은 것은?

> 수은을 황산 산성에서 디티존사염화탄소로 일차 추출하고, 브롬화칼륨 존재하에 황산 산성에서 역추출하여 방해성분과 분리한 다음, 알칼리성에서 디티존사염화탄소로 수은을 추출하여 ( )에서 흡광도를 측정한다.

① 340nm ② 490nm
③ 540nm ④ 580nm

문제 02 자외선/가시선 분광법으로 수은을 측정하는 방법으로 틀린 것은?

① 디티존사염화탄소로 일차 추출한다.
② 수은의 정량범위는 0.001~0.025mg이고 정량한계는 0.001mg이다.
③ 광원부의 광원으로 텅스텐램프를 사용한다.
④ 흡광도의 측정값이 0.2~0.8의 범위에 들도록 실험용액의 농도를 조절한다.

> **해설** 광원부의 광원으로 가시부와 근적외부의 광원으로는 주로 텅스텐램프를 사용하고 자외부의 광원으로는 주로 중수소 방전관을 사용한다.

문제 03 다음의 폐기물 중 금속류 중 유도결합플라스마 원자발광분광법으로 측정하지 않는 것은?

① 납 ② 비소
③ 카드뮴 ④ 수은

문제 04 자외선/가시선 분광법과 원자흡수분광광도법의 두 가지 시험방법으로 모두 분석할 수 있는 항목은? (단, 폐기물공정시험기준에 준함)

① 시안 ② 수은
③ 유기인 ④ 폴리클로리네이티드비페닐

정답 01.② 02.③ 03.④ 04.②

15. 카드뮴

chapter 04 폐기물 공정시험기준

15.1 개요

이 시험기준은 폐기물 중에 카드뮴을 측정하는 방법이다.

[표] 카드뮴의 적용 가능한 시험방법

카드뮴	원자흡수 분광광도법	유도결합플라스마원 자발광분광법	자외선/가시선 분광법(디티존법)
측정파장(nm)	228.8	226.5	520
정량한계(mg/L)	0.002	0.004	0.001
정량범위(mg/L)	0.002~2	0.004~50	0.001~0.03
정밀도	± 25% 이내	± 25% 이내	± 25% 이내

15.2 카드뮴 – 원자흡수분광광도법

① 이 시험기준은 폐기물 중에 카드뮴의 분석방법으로, 시료에 질산을 가해 분해 시키고 시료를 직접 불꽃으로 주입하여 원자화한 후 원자흡수분광광도법으로 측정하는 것으로, 금속류-원자흡수분광광도법에 따른다.
② 불꽃기체로 공기-아세틸렌 불꽃을 사용한다.

15.3 카드뮴 – 유도결합플라스마 – 원자발광분광법

이 시험기준은 폐기물 중에 카드뮴의 측정방법으로, 시료를 분해한 후 농축 시료를 아르곤 플라스마에 주입하여 방출하는 발광선 및 발광강도를 측정하여 정성 및 정량분석을 수행한다. 이 시험기준은 금속류-유도결합플라스마-원자발광분광법에 따른다.

문제 01 다음 중 자외선/가시선 분광법과 원자흡수분광광도법의 두 가지 시험방법으로 모두 분석할 수 있는 항목으로 가장 거리가 먼 것은?(단, 폐기물공정시험기준(방법)에 준함)
① 크롬
② 카드뮴
③ 비소
④ 시안

정답 01.④

문제 02 원자흡수분광광도법에 의한 금속류 분석방법에 관한 설명으로 옳지 않은 것은?

① 낮은 농도의 구리, 납, 카드뮴은 암모늄 피롤리딘 다이티오카바메이트와 착물을 생성시켜 메틸아이소부틸케톤으로 추출한다.
② 화학물질이 공기-아세틸렌 불꽃에서 분자상태로 존재하여 낮은 흡광도를 보일 때가 있는데, 이는 불꽃의 온도가 너무 높아 원자화가 일어나기 때문이다.
③ 시료 중에 알칼리금속의 할로겐 화합물을 다량 함유하는 경우에는 분자 흡수나 광산란에 의하여 오차를 발생하므로 추출법으로 카드뮴을 분리하여 실험한다.
④ 염이 많은 시료는 묽혀 분석하거나, 메틸아이소부틸케톤 등을 사용하여 추출하여 분석한다.

해설 화학물질이 공기-아세틸렌 불꽃에서 분자상태로 존재하여 낮은 흡광도를 보일 때가 있는데, 이는 불꽃의 온도가 너무 낮아 원자화가 일어나지 않기 때문이다.

문제 03 카드뮴을 유도결합플라즈마-원자발광광도법에 따라 정량 시 일반적인 발광측정 파장(nm)은?

① 226.5 ② 440 ③ 490 ④ 530

정답 02.② 03.①

15.4 카드뮴 – 자외선/가시선 분광법

[1] 개요

① 이 시험기준은 폐기물 중에 카드뮴을 자외선/가시선 분광법으로 측정하는 방법으로 시료 중에 카드뮴이온을 시안화칼륨이 존재하는 알칼리성에서 디티존과 반응시켜 생성하는 카드뮴착염을 사염화탄소로 추출하고, 추출한 카드뮴착염을 타타르산용액으로 역추출한 다음 수산화나트륨과 시안화칼륨을 넣어 디티존과 반응하여 생성하는 적색의 카드뮴착염을 사염화탄소로 추출하여 그 흡광도를 520nm에서 측정하는 방법이다.
② 이 시험기준은 폐기물 중에 카드뮴의 측정에 적용된다.
③ 이 방법에 의한 카드뮴의 정량범위는 0.001~0.03mg이고 정량한계는 0.001mg 이다.

[2] 간섭물질

① 시료 중 다량의 철과 망간을 함유하는 경우 디티존에 의한 카드뮴추출이 불완전하다. 이 경우에는 중화한 시료 일정량에 염산을 넣어 2N의 염산산성으로 하여 강염기성 음이온교환수지컬럼(R~C1형, 지름 10mm, 길이 220mm)에 3mL/min의 속도로 유출시켜 카드뮴을 흡착하고 염산(1+9)으로 씻어 준 다음 새로운 수집기에 질산(1+12)을 사용하여 용출하는 카드뮴을 받는다. 이 용출용액을 가지고 시험기준에 따라 실험 한다. 이때는 시험기준 중 타타르산용액(2W/V%)으로 역추출하는 조작을 생략해도 된다.

② 시료에 다량의 비스무트(Bi)가 공존하면 시안화칼륨용액으로 수회 씻어도 무색이 되지 않는다. 이때에는 다음과 같이 납과 비스무트를 분리하여 실험한다. 추출하여 10~20mL로 한 사염화탄소 층에 프탈산수소칼륨 완충용액(pH 3.4) 20mL씩을 2회 역추출하고 전체수층을 합하여 분별깔때기에 옮긴다. 암모니아수(1+1)를 넣어 약알칼리성으로 하고 시안화칼륨용액(5 W/V%) 5mL 및 정제수를 넣어 약 100mL로 한 다음 이하 시료의 시험기준에 따라 추출조작부터 다시 실험한다.

③ 흡수셀이 더러우면 측정값에 오차가 발생하므로 세척하여 사용한다. 또는 시판용 세척액을 사용하여 세척한다.

④ 탄산나트륨용액(2W/V%)에 소량의 음이온 계면활성제를 가한 용액에 흡수셀을 담가 놓고 필요하면 40~50℃로 약 10분간 가열한다.

⑤ 흡수셀을 꺼내 정제수로 씻은 후 질산(1+5)에 소량의 과산화수소를 가한 용액에 약 30분간 담가 놓았다가 꺼내어 정제수로 잘 씻는다. 깨끗한 가제나 흡수지 위에 거꾸로 놓아 물기를 제거하고 실리카겔을 넣은 데시케이터 중에서 건조하여 보존한다.

⑥ 급히 사용하고자 할 때는 물기를 제거한 후 에틸알코올로 씻고 다시 에틸에테르로 씻은 다음 드라이어로 건조해서 사용한다.

문제 01 디티존법에 의한 카드뮴의 측정시 최종적으로 적색의 카드뮴착염을 사염화탄소로 추출하여 그 흡광도를 측정하기 위한 가장 적절한 측정파장은?

① 560nm ② 520nm ③ 480nm ④ 440nm

정답 01.②

문제 02 다음은 자외선/가시선 분광법을 이용한 카드뮴 측정에 관한 설명이다. ( )안에 옳은 내용은?

> 시료 중의 카드뮴 이온을 시안화칼륨이 존재하는 알칼리성에서 디티존과 반응시켜 생성하는 카드뮴착염을 사염화탄소로 추출하고 이를 ( )으로 역추출한 다음 수산화나트륨과 시안화칼륨을 넣어 디티존과 반응하여 생성하는 적색의 카드뮴착염을 사염화탄소로 추출하여 그 흡광도는 520nm에서 측정한다.

① 염화제일주석산 용액 ② 부틸알콜
③ 타타르산 용액 ④ 에틸알콜

문제 03 카드뮴의 분석방법으로 옳은 것은?

① 디페닐카르바지드법 ② 디에틸디티오카르바민산법
③ 디티존법 ④ 환원기화법

문제 04 카드뮴을 정량분석하는 방법으로 틀린 것은 어느 것인가?

① 유도결합플라스마 원자발광분광법 ② 원자흡수분광광도법
③ 디티존법 ④ 이온크로마토그래피법

문제 05 디티존법에 의한 카드뮴 분석에 관한 내용으로 옳지 않은 것은?

① 시료 중 다량의 철과 망간을 함유하는 경우 디티존에 의한 카드뮴 추출이 불완전하다.
② 카드뮴이온을 시안화칼륨이 존재하는 알칼리성에서 디티존과 반응시킨다.
③ 적색의 카드뮴착염을 사염화탄소로 추출하여 흡광도를 520nm에서 측정한다.
④ 카드뮴착염은 염산히드록실아민용액으로 역추출하여 분리한다.

> **해설** 이 시험기준은 폐기물 중에 카드뮴을 자외선/가시선 분광법으로 측정하는 방법으로 시료 중에 카드뮴이온을 시안화칼륨이 존재하는 알칼리성에서 디티존과 반응시켜 생성하는 카드뮴착염을 사염화탄소로 추출하고, 추출한 카드뮴착염을 타타르산용액으로 역추출한 다음 수산화나트륨과 시안화칼륨을 넣어 디티존과 반응하여 생성하는 적색의 카드뮴착염을 사염화탄소로 추출하여 그 흡광도를 520nm에서 측정하는 방법이다.

정답 02.③ 03.③ 04.④ 05.④

16. 크롬

16.1 개요

이 시험기준은 폐기물 중에 크롬을 측정하는 방법이다.

[표] 크롬의 적용 가능한 시험방법

크롬	원자흡수 분광광도법	유도결합플라스마원 자발광분광법	자외선/가시선 분광법 (다이페닐카바자이드법)
측정파장(nm)	357.9	267.72	540
정량한계(mg/L)	0.01	0.007	0.002
정량범위(mg/L)	0.01~5	0.007~50	0.002~0.05
정밀도	± 25% 이내	± 25% 이내	± 25% 이내

16.2 크롬 - 원자흡수분광광도법

[1] 개요

① 이 시험기준은 폐기물 중에 크롬의 측정방법으로, 크롬의 농도에 따라 다른 전처리 방법을 사용하여 시료를 분해한 후 농축 시료를 직접 불꽃으로 주입하여 원자화하여 원자흡수분광광도법으로 분석하는 방법이다.
② 이 시험기준은 폐기물 중에 크롬의 분석에 적용한다.
③ 시료 중 크롬은 아세틸렌-공기 또는 아세틸렌-일산화이질소 불꽃에 주입하여 분석한다.
④ 정량범위는 사용하는 장치 및 측정조건 등에 따라 다르나 357.9nm에서 최종용액 중에서 0.01~5mg/L이고, 정량한계는 0.01mg/L이다.

[2] 간섭물질

① 공기-아세틸렌으로는 아세틸렌 유량이 많은 쪽이 감도가 높지만 철, 니켈의 방해가 많으며, 아세틸렌-일산화이질소는 방해는 적으나 감도가 낮다. 화학물질이 공기-아세틸렌 불꽃에서 분자상태로 존재하여 낮은 흡광도를 보일 때가 있다. 이는 불꽃의 온도가 너무 낮아 원자화가 일어나지 않는 경우와 안정한 산화물질로 바뀌어 불꽃에서 원자화가 일어나지 않는 경우에 발생한다.
② 염이 많은 시료를 분석하면 버너 헤드 부분에 고체가 생성되어 불꽃이 자주 꺼지고

버너 헤드를 청소해야 하는데 이를 방지하기 위해서는 시료를 묽혀 분석하거나, 메틸아이소부틸케톤 등을 사용하여 추출하여 분석한다.

③ 시료 중에 칼륨, 나트륨, 리튬, 세슘과 같이 쉽게 이온화되는 원소가 1000mg/L 이상의 농도로 존재할 때에는 금속측정을 간섭한다. 이때에는 시료와 표준물질 모두에 이온 억제제(suppressant)로 염화칼륨을 첨가하거나 간섭이온을 매질과 유사하게 표준물질에 넣어 보정한다.

④ 공기-아세틸렌 불꽃에서는 철, 니켈 등의 공존물질에 의한 방해영향이 크므로 이때는 황산나트륨을 1% 정도 넣어서 측정한다.

문제 01 크롬을 원자흡수분광광도법으로 분석할 때 공기-아세틸렌 불꽃은 철, 니켈 등의 공존물질에 의한 간섭이 크다. 이를 억제하는 방법으로 가장 옳은 것은?

① 황산나트륨을 1% 정도 넣어서 측정한다.
② 질산나트륨을 1% 정도 넣어서 측정한다.
③ 황산나트륨을 3% 정도 넣어서 측정한다.
④ 질산나트륨을 3% 정도 넣어서 측정한다.

해설 공기-아세틸렌 불꽃에서는 철, 니켈 등의 공존물질에 의한 방해영향이 크므로 이때는 황산나트륨을 1% 정도 넣어서 측정한다.

문제 02 크롬을 원자흡수분광광도법으로 정량하는 측정원리에 관한 설명으로 옳지 않은 것은?

① 공기-아세틸렌은 아세틸렌 유량이 많은 쪽이 감도가 높지만 철, 니켈의 방해가 많다.
② 아세틸렌-일산화이질소는 방해는 적으나 감도가 낮다.
③ 유효측정농도는 0.01mg/L 이상으로 한다.
④ 정량범위는 장치, 조건에 따라 다르나 357.9nm에서 0.2~5mg/L 이다.

해설 정량범위는 사용하는 장치 및 측정조건 등에 따라 다르나 357.9nm에서 최종용액 중에서 0.01~5mg/L이고, 정량한계는 0.01mg/L이다.

정답 01.① 02.④

문제 03 원자흡수분광광도법을 이용한 크롬 측정에 관한 설명으로 옳지 않은 것은?

① 정량범위는 사용하는 장치 및 측정조건 등에 따라 다르나 357.9nm에서 최종용액 중에서 0.01~5mg/L이다
② 공기-아세틸렌 불꽃에서는 철, 니켈 등의 공존물질에 의한 방해영향이 크므로 이때는 황산나트륨을 1%정도 넣어서 측정한다
③ 시료 중에 칼륨, 나트륨, 리튬, 세슘과 같이 이온화가 어려운 원소가 100mg/L 이상의 농도로 존재할 때에는 측정을 간섭한다
④ 염이 많은 시료를 분석하면 버너 헤드 부분에 고체가 생성되어 불꽃이 자주 꺼진다.

해설 시료 중에 칼륨, 나트륨, 리튬, 세슘과 같이 쉽게 이온화되는 원소가 1000mg/L 이상의 농도로 존재할 때에는 금속측정을 간섭한다. 이때에는 시료와 표준물질 모두에 이온 억제제(suppressant)로 염화칼륨을 첨가하거나 간섭이온을 매질과 유사하게 표준물질에 넣어 보정한다.

문제 04 원자흡수분광광도법으로 크롬을 정량할 때 전처리조작으로 KMnO₄를 사용하는 목적은?

① 철이나 니켈금속 등 방해물질을 제거하기 위하여
② 시료 중의 6가 크롬을 3가 크롬을 환원하기 위하여
③ 시료 중의 3가 크롬을 6가 크롬으로 산화하기 위하여
④ 디페닐키르바지드와 반응성을 높이기 위하여

정답 03.③ 04.③

16.3 크롬-유도결합플라스마 원자발광분광법

이 시험기준은 폐기물 중에 크롬의 측정방법으로, 크롬의 농도에 따라 다른 전처리 방법을 사용하여 시료를 분해한 후 농축 시료를 아르곤 플라스마에 주입하여 방출하는 발광선 및 발광강도를 측정하여 정성 및 정량분석을 수행한다. 이 시험기준은 금속류-유도결합플라스마 원자발광분광법에 따른다.

16.4 크롬 – 자외선/가시선 분광법

[1] 개요

① 이 시험기준은 폐기물 중에 크롬을 자외선/가시선 분광법으로 측정하는 방법으로 시료 중에 총 크롬을 과망간산칼륨을 사용하여 6가크롬으로 산화시킨 다음 산성에서 다이페닐카바자이드와 반응하여 생성되는 적자색 착화합물의 흡광도를 540nm에서 측정하여 총크롬을 정량하는 방법이다.

② 이 시험기준은 폐기물 중에 총 크롬의 측정에 적용된다.

③ 이 방법에 의한 크롬의 정량범위는 0.002mg~0.05mg이고 정량한계는 0.002mg이다.

④ 정확도는 첨가한 표준물질의 농도에 대한 측정 평균값의 상대 백분율로서 나타내며 그 값이 75%~125% 이내이어야 한다.

[2] 간섭물질

① 시료 중 철이 2.5mg 이하로 공존할 경우에는 다이페닐카바자이드용액을 넣기 전에 피로인산나트륨10수화물용액(5%) 2mL를 넣어 주면 간섭을 줄일 수 있다.

② 철 및 기타 방해원소를 다량 함유한 경우 방해물질을 제거한다.

③ 시료 적당량(크롬으로서 0.05mg 이하 함유)을 분별깔때기에 넣고 시료 20mL에 대하여 황산(1+1)을 5mL의 비율로 넣어 산 농도를 약 3.6N로 조절하고 과망간산칼륨용액(0.3%)을 한 방울씩 넣어 액의 색을 엷은 홍색으로 한 다음 쿠페론용액(5W/V%) 5mL, 클로로폼 10mL를 넣어 흔들어 섞고 정치하여 클로로폼 층을 분리한다.

④ 수층을 100mL 비커에 옮기고 증발 건조한다. 잔사에 소량의 황산 및 질산을 넣고 다시 증발 건조하여 유기물질을 분해한 다음 황산(1+9) 3mL와 정제수 약 30mL를 넣어 실험한다.

⑤ 시료의 전처리에서 다량의 황산을 사용하였을 경우에는 시료에 무수황산나트륨 20mg을 넣고 가열하여 황산의 백연을 발생시켜 황산을 제거한 후 황산(1+9) 3mL를 넣고 실험한다.

⑥ 흡수셀이 더러우면 측정값에 오차가 발생하므로 세척하여 사용한다. 또는 시판용 세척액을 사용하여 세척한다.

⑦ 탄산나트륨용액(2W/V%)에 소량의 음이온 계면활성제를 가한 용액에 흡수셀을 담가 놓고 필요하면 40℃~50℃로 약 10분간 가열한다.

⑧ 흡수셀을 꺼내 정제수로 씻은 후 질산(1+5)에 소량의 과산화수소를 가한 용액에 약

30분간 담가 놓았다가 꺼내어 정제수로 잘 씻는다. 깨끗한 가제나 흡수지 위에 거꾸로 놓아 물기를 제거하고 실리카겔을 넣은 데시케이터 중에서 건조하여 보존한다.

⑨ 급히 사용하고자 할 때는 물기를 제거한 후 에틸알코올로 씻고 다시 에틸에테르로 씻은 다음 드라이어로 건조해서 사용한다.

⑩ 흡광도의 측정값이 0.2~0.8의 범위에 들도록 실험용액의 농도를 조절한다.

문제 01 크롬(자외선/가시선 분광법)을 측정할 때 크롬이온 전체를 6가크롬으로 산화시키는데 이 때 사용되는 시약은 어느 것인가?

① 염화제일주석산 ② 중크롬산칼륨
③ 과망간산칼륨 ④ 아연분말

문제 02 크롬을 자외선/가시선 분광법으로 측정하는 방법에서 적용되는 흡광도 파장(nm)으로 알맞은 것은 어느 것인가?

① 340nm ② 440nm ③ 540nm ④ 640nm

해설 시료 중에 총 크롬을 과망간산칼륨을 사용하여 6가크롬으로 산화시킨 다음 산성에서 다이페닐카바자이드와 반응하여 생성되는 적자색 착화합물의 흡광도를 540nm에서 측정하여 총크롬을 정량하는 방법이다.

문제 03 자외선/가시선 분광법(흡광광도법)에 의하여 폐기물 내 크롬을 분석하기 위한 실험방법에 관한 설명으로 옳은 것은?

① 발색 시 황산의 최적 농도는 0.5N이다. 만일 황산의 양이 부족하면 황산(1+9) 5mL을 넣어 시험한다.
② 시료 중 철이 2.5mg 이하로 공존할 경우에는 다이페닐카바자이드용액을 넣기 전에 피로인산나트륨-10수화물용액(5%) 2mL를 넣어 주면 간섭을 줄일 수 있다.
③ 적자색의 착화합물을 흡광도 460nm에서 측정한다.
④ 총 크롬을 과망간산나트륨을 사용하여 6가 크롬으로 산화시킨 다음 알칼리성에서 다이페닐카바자이드와 반응시킨다.

정답 01.③ 02.③ 03.②

문제 04 크롬(자외선/가시선 분광법)측정 시 첨가한 표준물질의 농도에 대한 측정 평균값의 상대 백분율로 나타내는 정확도 값은?

① 90~110% 이내
② 85~115% 이내
③ 80~120% 이내
④ 75~125% 이내

해설 정확도는 첨가한 표준물질의 농도에 대한 측정 평균값의 상대 백분율로서 나타내며 그 값이 75%~125% 이내이어야 한다.

문제 05 자외선/가시선 분광법에 의한 크롬 분석에 관한 내용으로 옳지 않은 것은?

① 과망간산칼륨으로 크롬이온 전체를 6가 크롬으로 산화시킨다.
② 알칼리성에서 다이페닐카바자이드와 반응하여 생성되는 적자색의 착화합물의 흡광도를 540nm에서 측정한다.
③ 시료 중 철이 2.5mg 이하로 공존할 경우에는 다이페닐카바자이드용액을 넣기 전에 피로인산 나트륨 · 10 수화물용액(5%) 2mL를 넣어 주면 간섭을 줄일 수 있다.
④ 정량범위는 0.002~0.05mg 범위이다.

해설 시료 중에 총 크롬을 과망간산칼륨을 사용하여 6가크롬으로 산화시킨 다음 산성에서 다이페닐카바자이드와 반응하여 생성되는 적자색 착화합물의 흡광도를 540nm에서 측정하여 총크롬을 정량하는 방법이다.

문제 06 크롬함량을 자외선/가시선 분광법에 의해 정량하고자 할 때 다음 설명 중 틀린 것은 어느 것인가?

① 흡광도는 540nm에서 측정한다.
② 발색 시 황산의 최적농도는 0.1M이다.
③ 시료 중 철이 20mg이하로 공존할 경우에는 다이페닐카바자이드용액을 넣기 전에 피로인산나트륨·10수화물 용액(5%) 2mL를 넣어 주면 간섭을 줄일 수 있다.
④ 시료의 전처리에서 다량의 황산을 사용하였을 경우에는 시료에 무수황산나트륨 20mg을 넣고 가열하여 황산의 백연을 발생시켜 황산을 제거한 후 황산(1+9) 3mL를 넣고 실험한다.

해설 시료 중 철이 2.5mg 이하로 공존할 경우에는 다이페닐카바자이드용액을 넣기 전에 피로인산나트륨·10수화물용액(5%) 2mL를 넣어 주면 간섭을 줄일 수 있다.

정답 04.④ 05.② 06.③

문제 07 흡광도의 눈금을 보정하기 위하여 사용되는 시약은?

① 과망간산칼륨을 N/20 수산화나트륨용액에 녹여 사용
② 과망간산칼륨을 N/20 수산화칼륨용액에 녹여 사용
③ 중크롬산칼륨을 N/20 수산화나트륨용액에 녹여 사용
④ 중크롬산칼륨을 N/20 수산화칼륨용액에 녹여 사용

문제 08 $K_2Cr_2O_7$을 사용하여 크롬 표준원액(100mg Cr/L) 100mL를 제조할 때 $K_2Cr_2O_7$은 얼마나 취해야 하는가?(단, 원자량 K=39, Cr=52)

① 14.1mg
② 28.3mg
③ 35.4mg
④ 56.5mg

해설 $K_2Cr_2O_7 : 2Cr^{3+}$
$294g \ : 2 \times 52g$
$\ \ x \ \ \ \ : 100mg/L \times 0.1L \quad \therefore x = 28.27mg$

정답 07.④ 08.②

17. 6가크롬

17.1 개요

이 시험기준은 폐기물 중에 6가크롬을 측정하는 방법이다.

[표] 6가크롬의 적용 가능한 시험방법

6가크롬	원자흡수 분광광도법	유도결합플라스마 원자발광분광법	자외선/가시선 분광법 (다이페닐카바자이드법)
측정파장(nm)	357.9	267.72	540
정량한계(mg/L)	0.01	0.007	0.002
정량범위(mg/L)	0.01~5	0.007~50	0.002~0.05
정밀도	± 25% 이내	± 25% 이내	± 25% 이내

17.2 6가크롬-원자흡수분광광도법

[1] 개요

① 이 시험기준은 폐기물 중에 6가크롬의 측정방법으로, 3가크롬을 선택적으로 침전하여 제거한 후 6가크롬을 환원 및 침전시켜 전처리한 시료를 직접 불꽃으로 주입하여 원자화하여 원자흡수분광광도법으로 분석하는 방법이다.
② 이 시험기준은 폐기물 중에 6가크롬의 분석에 적용한다.
③ 시료 중 크롬은 아세틸렌-공기 또는 아세틸렌-산화이질소 불꽃에 주입하여 분석한다.
④ 정량범위는 사용하는 장치 및 측정조건 등에 따라 다르나 357.9nm에서 0.01~5mg/L이다. 공기, 아세틸렌으로는 아세틸렌 유량이 많은 쪽이 감도가 높지만 철, 니켈의 방해가 많으며, 아세틸렌-산화이질소는 방해는 적으나 감도가 낮다. 이 방법에 따라 실험할 경우 정량한계는 0.01mg/L이다.

[2] 간섭물질

① 공기, 아세틸렌으로는 아세틸렌 유량이 많은 쪽이 감도가 높지만 철, 니켈의 방해가 많으며, 아세틸렌-산화이질소는 방해는 적으나 감도가 낮다.

② 염이 많은 시료를 분석하면 버너 헤드 부분에 고체가 생성되어 불꽃이 자주 꺼지고 버너 헤드를 청소해야 하는데 이를 방지하기 위해서는 시료를 묽혀 분석하거나, 메틸아이소부틸케톤 등을 사용하여 추출하여 분석한다.
③ 시료 중에 칼륨, 나트륨, 리튬, 세슘과 같이 쉽게 이온화되는 원소가 1000mg/L 이상의 농도로 존재할 때에는 금속측정을 간섭한다. 이때에는 시료와 표준물질 모두에 이온억제제(suppressant)로 염화칼륨을 첨가하거나 간섭이온을 매질과 유사하게 표준물질에 넣어 보정한다.
④ 공기-아세틸렌 불꽃에서는 철, 니켈 등의 공존물질에 의한 방해영향이 크므로 이때는 황산나트륨을 1% 정도 넣어서 측정한다.

문제 01 원자 흡광광도법에 의한 6가크롬 측정방법에 관한 내용으로 옳지 않은 것은?

① 정량범위는 540nm에서 0.02~0.5mg/L 정도이다.
② 조연성가스로 공기 또는 일산화이질소, 가연성가스로는 아세틸렌을 사용한다.
③ 유효측정농도는 0.01mg/L 이상으로 한다.
④ 시료 전처리시 메틸이소부틸케톤용액이 사용된다.

해설 정량범위는 사용하는 장치 및 측정조건 등에 따라 다르나 357.9nm에서 0.01~5mg/L이다.

문제 02 6가 크롬을 원자흡수분광광도법으로 분석할 때에 관한 설명으로 옳지 않은 것은?

① 공기, 아세틸렌으로 분석 시 아세틸렌 유량이 많은 쪽이 감도가 높지만 철, 니켈의 방해가 많다.
② 정량범위는 사용하는 장치 및 측정조건 등에 따라 다르나 248.5nm에서 0.005~2.5mg/L이다.
③ 아세틸렌-산화이질소는 방해는 적으나 감도가 낮다.
④ 염이 많은 시료를 분석할 때는 시료를 묽혀 분석하거나, 메틸아이소부틸케톤 등을 사용하여 추출하여 분석한다.

정답 01.① 02.②

17.3 | 6가크롬 – 유도결합플라스마 – 원자발광분광법

이 시험기준은 폐기물 중에 6가크롬의 측정방법으로, 3가크롬을 선택적으로 침전하여 제거한 후 6가크롬을 환원 및 침전시켜 전처리한 시료를 아르곤 플라스마에 주입하여 방출하는 발광선 및 발광강도를 측정하여 정성 및 정량분석을 수행한다. 이 시험기준은 금속류-유도결합플라스마 원자발광분광법에 따른다

17.4 | 6가크롬-자외선/가시선 분광법

[1] 개요

① 이 시험기준은 폐기물 중에 6가크롬을 자외선/가시선 분광법으로 측정하는 방법으로 시료 중에 6가크롬을 다이페닐카바자이드와 반응시켜 생성하는 적자색의 착화합물의 흡광도를 540nm에서 측정하여 6가크롬을 정량하는 방법이다.
② 이 시험기준은 폐기물 중에 6가크롬의 측정에 적용된다.
③ 이 방법에 의한 6가크롬의 정량범위는 0.002~0.05mg이고 정량한계는 0.002mg이다.

[2] 간섭물질

① 시료 중에 잔류염소가 공존하면 발색을 방해한다. 이때는 시료에 수산화나트륨용액(20W/V%)을 넣어 pH 12정도로 조절한 다음 입상활성탄을 10 % 정도 되게 넣고 자석교반기로 약 30분간 교반하여 여과한 액을 시료로 사용한다.
② 시료 중 철이 2.5mg 이하로 공존할 경우에는 다이페닐카바자이드용액을 넣기 전에 피로인산나트륨10수화물용액(5%) 2mL를 넣어 주면 영향이 없다.
③ 흡수셀이 더러우면 측정값에 오차가 발생하므로 세척하여 사용한다. 또는 시판용 세척액을 사용하여 세척한다.
④ 탄산나트륨용액(2W/V%)에 소량의 음이온 계면활성제를 가한 용액에 흡수셀을 담가 놓고 필요하면 40~50℃로 약 10분간 가열한다.
⑤ 흡수셀을 꺼내 정제수로 씻은 후 질산(1+5)에 소량의 과산화수소를 가한 용액에 약 30분간 담가 놓았다가 꺼내어 정제수로 잘 씻는다. 깨끗한 가제나 흡수지 위에 거꾸로 놓아 물기를 제거하고 실리카겔을 넣은 데시케이터 중에서 건조하여 보존한다.
⑥ 급히 사용하고자 할 때는 물기를 제거한 후 에틸알코올로 씻고 다시 에틸에테르로 씻은 다음 드라이어로 건조해서 사용한다.

문제 01 다음은 6가크롬을 자외선/가시선 분광법으로 측정시 흡수셀 세척에 관한 내용이다. ( )안에 내용으로 옳은 것은?

> ( )에 소량의 음이온 계면활성제를 가한 용액에 흡수셀을 담가 놓고 필요하면 40~50℃로 약 10분간 가열한다. 흡수셀을 꺼내 정제수로 씻은 후 질산(1+5)에 소량의 과산화수소를 가한 용액에 약 30분간 담가 놓았다가 꺼내어 정제수로 잘 씻는다.

① 과망간산칼륨용액(2W/V%) ② 질산암모늄용액(2W/V%)
③ 질산나트륨용액(2W/V%) ④ 탄산나트륨용액(2W/V%)

문제 02 6가크롬(자외선/가시선 분광법)의 측정원리에 관한 내용으로 ( )에 알맞은 말은 어느 것인가?

> 시료중에 6가크롬을 다이페닐카바자이드와 반응시켜 생성하는 (①)의 착화합물의 흡광도를 (②)에서 측정하여 6가크롬을 정량한다.

① ① 적자색 ② 540nm   ② ① 적자색 ② 460nm
③ ① 황갈색 ② 520nm   ④ ① 황갈색 ② 420nm

문제 03 6가크롬(자외선/가시선 분광법)의 측정원리에 관한 내용으로 ( )에 알맞은 말은 어느 것인가?

> 시료 중에 잔류염소가 공존하면 발색을 방해한다. 이때는 시료에 ( )을 넣어 pH 12정도로 조절한 다음 입상활성탄을 10 % 정도 되게 넣고 자석교반기로 약 30분간 교반하여 여과한 액을 시료로 사용한다.

① 수산화나트륨용액(20W/V%) ② 수산화나트륨용액(10W/V%)
③ 묽은황산(1+9) ④ 묽은황산(1+5)

정답 01.④ 02.① 03.①

문제 04 자외선/가시선 분광법을 이용한 6가크롬의 측정에 관한 설명으로 틀린 것은?

① 6가크롬에 다이페닐카바자이드와 반응시켜 생성되는 적자색의 착화합물의 흡광도를 측정한다.
② 정량범위는 0.002~0.05mg이고 정량한계는 0.002mg이다.
③ 시료 중에 잔류염소가 공존하면 발색을 방해한다.
④ 시료 중 3가크롬이 다량 포함되어 있을 경우는 수산화나트륨용액으로 pH 12이상으로 조절한다.

해설 시료 중에 잔류염소가 공존하면 발색을 방해한다. 이때는 시료에 수산화나트륨용액(20W/V%)을 넣어 pH 12정도로 조절한 다음 입상활성탄을 10 % 정도 되게 넣고 자석교반기로 약 30분간 교반하여 여과한 액을 시료로 사용한다.

문제 05 크롬(자외선/가시선 분광법)을 측정할 때 크롬이온 전체를 6가크롬으로 산화시키는데 이때 사용되는 시약은 어느 것인가?

① 염화제일주석산　　② 중크롬산칼륨
③ 과망간산칼륨　　　④ 아연분말

문제 06 폐기물공정시험기준상 6가크롬 측정방법으로 옳지 않은 것은?

① 원자흡수분광광도법　　② 유도결합플라스마 원자발광분광법
③ 자외선/가시선 분광법　　④ 이온전극법

정답 04.④　05.③　06.④

18. 유기인

18.1 유기인 – 기체크로마토그래피

[1] 개요

① 이 시험기준은 폐기물 중에 유기인 화합물 중 이피엔, 파라티온, 메틸디메톤, 다이아지논 및 펜토에이트의 측정방법으로서, 유기인화합물을 기체크로마토그래프로 분리한 다음 질소인 검출기 또는 불꽃광도 검출기로 분석하는 방법이다.

② 이 시험기준은 폐기물 중에 유기인 화합물 중 이피엔, 파라티온, 메틸디메톤, 다이아지논 및 펜토에이트의 분석에 적용한다.

③ 이 시험기준은 기체크로마토그래프로 분리한 다음 질소인 검출기 또는 불꽃광도 검출기로 측정하는 방법이다.

④ 이 방법에 의한 정량한계는 사용하는 장치 및 측정조건에 따라 다르나 각 성분 당 0.0005mg/L 이다.

[2] 간섭물질

① 추출 용매 안에 함유하고 있는 불순물이 분석을 방해할 수 있다. 이 경우 바탕시료나 시약바탕시료를 분석하여 확인할 수 있다. 방해물질이 존재하면 용매를 증류하거나 컬럼 크로마토그래피를 이용하여 제거한다. 고순도의 시약이나 용매를 사용하면 방해물질을 최소화할 수 있다.

② 유리기구류는 세정제, 수돗물, 정제수 그리고 아세톤으로 차례로 닦아준 후 400℃에서 15~30분 동안 가열한 후 식혀 알루미늄박으로 덮어 깨끗한 곳에 보관하여 사용한다.

③ 매트릭스로부터 추출되어 나오는 방해물질이 있을 수 있는데 이는 시료마다 다르다. 만약 방해가 심하면 추가적으로 플로리실과 같은 고체상 정제과정이 필요하다.

> 주1) 헥산으로 추출할 경우 메틸디메톤의 추출율이 낮아질 수도 있다. 이때에는 헥산 대신 다이클로로메탄과 헥산의 혼합액(15 : 85)을 사용한다.
>
> 주2) 방해물질을 함유하지 않은 시료일 경우에는 정제조작을 생략하고 추출조작에서 얻어진 잔류물을 유기인 정제용컬럼 용출용액 일정량으로 녹여서 시료용액으로 한다.
>
> 주3) 시료분석결과 이 검정곡선 농도범위를 벗어나면 시료를 묽혀서 재분석하여야 한다.
>
> 주4) 피크의 면적 대신 피크의 높이를 사용할 수 있으나 피크 면적을 사용하는 것이 바람직하다.

[3] 기체크로마토그래프

① 컬럼은 안지름 0.20mm~0.35mm, 필름두께 0.1㎛~0.50㎛, 길이 15m~60m의 cross-linked methylsilicone 또는 cross-linked 5% phenylmethylsilicone 모세관이나 동등한 분리성능을 가진 모세관으로 대상 분석 물질의 분리가 양호한 것을 택하여 실험한다.

② 운반기체는 부피백분율 99.999%이상의 헬륨(또는 질소)을 사용하며 유량은 0.5mL/min~4 mL/min, 시료 도입부 온도는 200℃~250℃, 컬럼온도는 40℃~280℃로 사용한다.

③ **질소인 검출기 또는 불꽃광도 검출기**

질소인 검출기(nitrogen phosphorus detector, NPD) 또는 불꽃광도 검출기(flame photometric detector, FPD)는 질소나 인이 불꽃 또는 열에서 생성된 이온이 루비듐염과 반응하여 전자를 전달하여 이때 흐르는 전자가 포착되어 전류의 흐름으로 바꾸어 측정하는 방법으로 유기인 화합물 및 유기질소화합물을 선택적으로 검출할 수 있다.

> [비고] 검출기는 불꽃광형검출기 대신에 알칼리열 이온화 검출기 또는 전자 포획형 검출기를 사용할 수 있다.

④ 시료 농축을 위해 구데르나다니쉬형 농축기 또는 회전증발농축기를 사용한다.

⑤ 정제용 컬럼으로는 실리카겔 컬럼, 플로리실 컬럼, 활성탄 컬럼이 있다.

[4] 시료채취 및 관리

① 시료채취는 유리병을 사용하며 채취 전에 시료로서 세척하지 말아야 한다.

② 모든 시료는 시료채취 후 추출하기 전까지 4℃ 냉암소에서 보관하고 7일 이내에 추출하고 40일 이내에 분석한다.

문제 01 다음 중 폐기물공정시험기준(방법)에서 규정하고 있는 유기인화합물(기체크로마토그래피법)의 측정대상 성분으로 거리가 먼 것은?

① 이피엔   ② 펜토에이트   ② 디티온   ④ 다이아지논

> **해설** 이 시험기준은 폐기물 중에 유기인 화합물 중 이피엔, 파라티온, 메틸디메톤, 다이아지논 및 펜토에이트의 분석에 적용한다.

정답 01.③

문제 02 기체크로마토그래피법으로 측정하여야 하는 시험항목이 아닌 것은?

① 시안
② PCBs
③ 유기인
④ 휘발성 저급 염소화 탄화수소류

문제 03 유기인을 기체크로마토그래피로 분석할 때 헥산으로 추출하면 메틸디메톤의 추출율이 낮아질 수 있으므로 이에 대체하여 사용하는 물질로 가장 적합한 것은?

① 다이클로로메탄과 헥산의 혼합액(15:85)
② 메틸에틸케톤과 에탄올의 혼합액(15:85)
③ 메틸에틸케톤과 헥산의 혼합액(15:85)
④ 다이클로로메탄과 에탄올의 혼합액(15:85)

해설 헥산으로 추출할 경우 메틸디메톤의 추출율이 낮아질 수도 있다. 이때에는 헥산 대신 다이클로로메탄과 헥산의 혼합액(15:85)을 사용한다.

문제 04 유기인 분석방법에 관한 설명으로 옳지 않은 것은?

① 유리기구류는 세정제, 수돗물, 정제수 그리고 아세톤으로 차례로 닦아준 후 100℃에서 15~30분 동안 가열한 후 식혀 알루미늄박으로 덮어 깨끗한 곳에 보관하여 사용한다.
② 유기인 화합물 중 이피엔, 파라티온, 메틸디메톤, 다이아지논 및 펜토에이트의 분석방법이다.
③ 정량한계는 사용하는 장치 및 측정조건에 따라 다르나 각 성분 당 0.0005mg/L 이다.
④ 이 시험기준은 기체크로마토그래프로 분리한 다음 질소인 검출기 또는 불꽃광도 검출기로 측정하는 방법이다.

해설 유리기구류는 세정제, 수돗물, 정제수 그리고 아세톤으로 차례로 닦아준 후 400℃에서 15~30분 동안 가열한 후 식혀 알루미늄박으로 덮어 깨끗한 곳에 보관하여 사용한다.

문제 05 시료 농축을 위해 구데르나다니쉬형 농축기 또는 회전증발농축기를 사용하는 항목은?

① 수은
② 비소
③ 시안
④ 유기인

해설 유기인 측정 시 시료 농축을 위해 구데르나다니쉬형 농축기 또는 회전증발농축기를 사용한다.

정답 02.① 03.① 04.① 05.④

문제 06 다음은 기체크로마토그래피에 사용되는 검출기에 관한 설명이다. ( )안에 알맞은 것은?

> 질소인 검출기(NPD) 또는 불꽃광도 검출기(FPD)는 질소나 인이 불꽃 또는 열에서 생성된 이온이 ( )염과 반응하여 전자를 전달하여 이때 흐르는 전자가 포착되어 전류의 흐름으로 바꾸어 측정하는 방법으로 유기인 화합물 및 유기질소화합물을 선택적으로 검출할 수 있다.

① 세슘   ② 루비듐   ③ 프란슘   ④ 니켈

문제 07 유기인을 기체크로마토그래피로 분석할 때 사용하는 검출기와 거리가 먼 것은?

① 불꽃광형검출기
② 알칼리열 이온화 검출기
③ 전자 포획형 검출기
④ 열전도도 검출기

문제 08 유기인의 정제용 컬럼으로 알맞지 않은 것은 어느 것인가?

① 실리카겔 컬럼
② 플로리실 컬럼
③ 활성탄 컬럼
④ 실리콘 컬럼

해설 정제용 컬럼으로는 실리카겔 컬럼, 플로리실 컬럼, 활성탄 컬럼이 있다.

문제 09 유기인 분석방법에 관한 설명으로 옳지 않은 것은?

① 검출기는 불꽃광형검출기 대신에 알칼리열 이온화 검출기 또는 전자 포획형 검출기를 사용할 수 있다.
② 활성탄 칼럼 또는 실리카겔 칼럼을 사용하여 시료를 농축한다.
③ 칼럼온도는 130~230℃로 한다.
④ 유기인 화합물 중 이피엔, 파라티온, 메틸디메톤, 다이아지논, 펜토에이트의 측정에 적용된다.

해설 시료 도입부 온도는 200℃~250℃, 컬럼온도는 40℃~280℃로 사용한다.

정답 06.② 07.④ 08.④ 09.③

문제 10 기체크로마토그래피법의한 유기인 분석방법으로 옳지 않은 것은?

① 폐기물 중에 유기인 화합물 중 이피엔, 파라티온, 메틸디메톤, 다이아지논 및 펜토에이트의 분석에 적용한다.
② 정량한계는 측정조건에 따라 다르나 각 성분 당 0.005mg/L 이다.
③ 운반기체는 부피백분율 99.999%이상의 헬륨(또는 질소)을 사용한다.
④ 시료 농축을 위해 구데르나다니쉬형 농축기 또는 회전증발농축기를 사용한다.

해설 정량한계는 사용하는 장치 및 측정조건에 따라 다르나 각 성분 당 0.0005mg/L 이다.

문제 11 기체크로마토그래피로 유기인을 측정할 때 시료관리 기준으로 옳은 것은?

① 시료채취 후 추출하기 전까지 4℃ 냉암소에서 보관하고 7일 이내에 추출하고 21일 이내에 분석한다.
② 시료채취 후 추출하기 전까지 4℃ 냉암소에서 보관하고 7일 이내에 추출하고 40일 이내에 분석한다.
③ 시료채취 후 추출하기 전까지 pH 4 이하로 보관하고 7일 이내에 추출하고 21일 이내에 분석한다.
④ 시료채취 후 추출하기 전까지 pH 4 이하로 보관하고 7일 이내에 추출하고 40일 이내에 분석한다.

정답 10.② 11.②

18.2 유기인 – 기체크로마토그래피(질량분석법)

[1] 개요

① 이 시험기준은 폐기물 중에 유기인 화합물 중 이피엔, 파라티온, 메틸디메톤, 다이아지논 및 펜토에이트의 측정방법으로서, 유기인화합물을 기체크로마토그래프로 분리한 다음 질량검출기로 분석하는 방법이다.
② 이 시험기준은 폐기물 중에 유기인 화합물 중 이피엔, 파라티온, 메틸디메톤, 다이아지논 및 펜토에이트의 분석에 적용한다.
③ 이 시험기준 기체크로마토그래프로 분리한 다음 질량분석기로 측정하는 방법이다.
④ 이 방법에 의한 정량한계는 사용하는 장치 및 측정조건에 따라 다르나 각 성분 당 0.0005mg/L 이다.

[2] 간섭물질
① 추출 용매 안에 함유하고 있는 불순물이 분석을 방해할 수 있다. 이 경우 바탕시료나 시약바탕시료를 분석하여 확인할 수 있다. 방해물질이 존재하면 용매를 증류하거나 컬럼 크로마토그래피를 이용하여 제거한다. 고순도의 시약이나 용매를 사용하면 방해물질을 최소화할 수 있다.
② 유리기구류는 세정제, 수돗물, 정제수 그리고 아세톤으로 차례로 닦아준 후 400℃에서 15분~30분 동안 가열한 후 식혀 알루미늄포일로 덮어 깨끗한 곳에 보관하여 사용한다.
③ 매트릭스로부터 추출되어 나오는 방해물질이 있을 경우 추가적으로 플로리실과 같은 고체상 정제과정을 반복한다.

[3] 기체크로마토그래프
① 컬럼은 안지름 0.20mm~0.35mm, 필름두께 0.1㎛~0.50㎛, 길이 15m~60m의 cross-linked methylsilicone 또는 cross-linked 5% phenylmethylsilicone 등의 모세관이나 동등한 분리성능을 가진 모세관으로 대상물질의 분리가 양호한 것을 택하여 실험한다.
② 운반기체는 부피백분율 99.999 %이상의 헬륨을 사용하며 유량은 0.5mL/min~2mL/min, 시료 도입부 온도는 200℃~250℃, 컬럼온도는 40℃~280℃로 사용한다.

[4] 질량분석기
① 이온화방식은 전자충격법(EI, electron impact)을 사용하며 이온화에너지는 35eV~70eV을 사용한다.
② 질량분석기는 자기장형(magnetic sector), 사중극자형(quadrupole) 및 이온트랩형(ion trap) 등의 성능을 가진 것을 사용한다.
③ 정량분석에는 선택이온검출법(SIM, selected ion monitoring)을 이용하는 것이 바람직하다.
④ 시료 농축을 위해 구데르나다니쉬형 농축기를 사용한다.
⑤ 정제용 컬럼으로는 실리카겔 컬럼, 플로리실 컬럼, 활성탄 컬럼이 있다.

[5] 시료채취 및 관리
① 시료채취는 유리병을 사용하며 채취 전에 시료로서 세척하지 말아야 한다.
② 모든 시료는 시료채취 후 추출하기 전까지 4℃ 냉암소에서 보관하고 7일 이내에 추출하고 40일 이내에 분석한다.

문제 01 기체크로마토그래프-질량분석법에 의한 유기인 분석방법으로 틀린 것은 어느 것인가?

① 운반기체는 부피백분율 99.999% 이상의 헬륨을 사용한다.
② 질량분석기는 자기장형, 사중극자형 및 이온트랩형 등의 성능을 가진 것을 사용한다.
③ 질량분석기의 이온화방식은 전자충격법(EI)을 사용하며 이온화에너지는 35~70eV을 사용한다.
④ 정성분석에는 메트릭스 검출법을 이용하는 것이 바람직하다.

문제 02 전자포획형 검출기(ECD)의 운반가스로 사용 가능한 것은?

① 99.9% N_2 ② 99.9% H_2
③ 99.99% He ④ 99.99% H2

해설 운반기체는 부피백분율 99.999 %이상의 헬륨을 사용한다.

정답 01.④ 02.③

19. 폴리클로리네이티드비페닐(PCBs)

19.1 PCBs -기체크로마토그래피

[1] 개요

① 이 시험기준은 폐기물 중에 폴리클로리네이티드비페닐(PCBs)을 분석하는 방법으로, 시료 중의 폴리클로리네이티드비페닐(PCBs)을 헥산으로 추출하여 실리카겔 컬럼 등을 통과시켜 정제한 다음 기체크로마토그래프에 주입하여 크로마토그램에 나타난 피크 패턴에 따라 폴리클로리네이티드비페닐(PCBs)를 확인하고 정량하는 방법이다.

② 이 시험기준은 액상폐기물, 고상폐기물 및 비함침성 고상 폐기물 중에 폴리클로리네이티드비페닐류(PCBs)의 검사에 적용한다.

③ 이 시험기준은 나타난 피크의 패턴에 따라 폴리클로리네이티드비페닐(PCBs)를 확인하고 정량하는 방법이다.

④ 용출용액의 경우 각 폴리클로리네이티드비페닐(PCBs)의 정량한계는 0.0005mg/L이며, 액상 폐기물의 정량한계는 0.05mg/L이다.

⑤ 비함침성 고상 폐기물의 정량한계는 시료채취방법에 따라 표면 채취법은 $0.05\mu g/100cm^2$으로 하고, 부재 채취법은 0.005 mg/kg이다.

[2] 간섭물질

① 알칼리 분해를 하여도 헥산 층에 유분이 존재할 경우에는 실리카겔 컬럼으로 정제조작을 하기 전에 플로리실 컬럼을 통과시켜 유분을 분리한다.

② 유리기구류는 세정제, 뜨거운 수돗물 그리고 정제수 순으로 닦아준 후 400℃에서 15~30분 동안 가열한 후 식혀 알루미늄박으로 덮어 깨끗한 곳에 보관하여 사용한다.

③ 고순도의 시약이나 용매를 사용하여 방해물질을 최소화하여야 한다.

④ 전자포획검출기로 폴리클로리네이티드비페닐(PCBs)을 측정할 때 프탈레이트가 방해할 수 있는데 이는 플라스틱 용기를 사용하지 않음으로서 최소화 할 수 있다.

⑤ 실리카겔 컬럼 정제는 산, 염화페놀, 폴리클로로페녹시페놀 등의 극성화합물을 제거하기 위하여 수행하며, 사용 전에 정제하고 활성화시켜야 한다.

> **주1** 추출조작에서 얻어진 농축액이 유분을 다량 함유할 경우에는 액상 폐기물의 전처리에 따라 알칼리 분해할 수 있다.

주2 알칼리 분해를 하여도 헥산층에 유분이 존재할 경우에는 실리카겔 컬럼으로 정제하기 전에 플로리실 컬럼 정제에 따라 유분을 제거한다.

주3 전기절연유와 같은 유분이 많은 시료의 경우 수산화칼륨/에틸알코올용액을 첨가하여 알칼리분해를 시킨다.

[3] 기체크로마토그래프

① 컬럼은 안지름 0.20~0.53mm, 필름두께 0.1~5.0 μm, 길이 30~100m의 DB-1, DB-5 및 DB-608 등의 모세관이나 동등한 분리성능을 가진 모세관으로 대상 분석 물질의 분리가 양호한 것을 택하여 실험한다.

② 운반기체는 부피백분율 99.999%이상의 질소로서 유량은 0.5~3 mL/min, 시료 도입부 온도는 250~300℃, 컬럼온도는 50~320℃, 검출기온도는 270~320℃로 사용한다.

③ 검출기는 전자포획검출기(ECD, electron capture detector) 또는 이와 동등 이상의 검출성능을 가진 것을 사용한다.

④ 플로리실 컬럼 정제는 헥산 층에 유분이 존재할 경우에 실리카겔 컬럼으로 정제하기 전 유분을 제거하기 위하여 사용한다.

⑤ 시료 농축을 위해 구데르나다니쉬형 농축기 또는 회전증발농축기를 사용한다.

⑥ 부피실린더는 부피 50mL의 마개 있는 것을 사용한다.

⑦ 미량주사기는 1~10 μL부피의 액체용을 사용한다.

[4] 비함침성 고상폐기물의 시료채취 및 관리

① 채취용기는 청결, 견고, 밀봉이 가능한 것으로 시료를 변질시키거나 흡착하지 않는 것이어야 하며 기밀하고 누수나 흡습성이 없는 갈색 경질의 유리병을 원칙으로 하나, 시료의 특성과 크기 등의 형태에 따라 알루미늄박 등을 사용할 수 있다.

② 유리용기에 폴리테트라플루오로에틸렌(PTFE)으로 피복된 격막이 내장되어 있는 뚜껑이나 동일 격막의 알루미늄 캡으로 밀봉한다.

③ 폴리클로리네이티드비페닐(PCBs)의 오염가능성이 있거나, 처리시설 내부에서 시료를 채취하는 경우, 채취자의 안전을 위하여 보호 마스크, 시료채취용 장갑 등을 착용하고 시료를 채취하도록 한다.

④ 채취 대상 고상 폐기물을 함침성과 비함침성 폐기물로 구분하고, 비함침성 폐기물은 다시 평면형 부재(규소강판, 플라스틱 등)와 비평면 부재(동선 등)로 나눠 잘 섞은 후 균일하게 채취한다.

⑤ 시료채취량은 비평면형 비함침성 폐기물은 폐기물 종류별로 100g 이상 씩 채취한다.

⑥ 평면형 비함침성 폐기물은 종류별로 면적이 500cm² 이상이 되도록 채취한다.
⑦ 채취된 시료는 수분, 온도, 직사광선, 유기물 등의 영향이 없는 장소로서, 0~4℃ 이하의 냉암소에 보관하여야 하며, 가급적 빠른 시일 내(4주 이내 권고)에 분석 하여야 한다.

문제 01 기체크로마토그래피로 비함침성 고상 폐기물 중 폴리클로리네이티드비페닐(PCBs)를 검사할 때 비함침성 고상폐기물의 정량한계(부재 채취법)는?

① 0.05mg/L
② 0.005mg/kg
③ 0.01µg/10cm²
④ 0.01µg/100cm²

해설 용출용액의 경우 각 폴리클로리네이티드비페닐(PCBs)의 정량한계는 0.0005mg/L이며, 액상 폐기물의 정량한계는 0.05mg/L이다.

문제 02 기체크로마토그래피에 의한 폴리클로리네이티드비페닐(PCBs) 분석방법에 관한 설명으로 옳지 않은 것은?

① 용출용액의 경우 각 PCB류의 정량한계는 0.0005 mg/L이며, 액상 폐기물의 정량한계는 0.05 mg/L이다.
② 비함침성 고상 폐기물의 정량한계는 시료채취방법에 따라 표면 채취법은 0.1 $\mu g/100\ cm^2$으로 하고, 부재 채취법은 0.05mg/kg이다.
③ 알칼리 분해를 하여도 헥산 층에 유분이 존재할 경우에는 실리카겔 컬럼으로 정제조작을 하기 전에 플로리실컬럼을 통과시켜 유분을 분리한다.
④ 시료 중 PCBs을 헥산으로 추출하여 실리카겔컬럼 등을 통과시켜 정제한 다음 기체크로마토그래프에 주입한다.

해설 비함침성 고상 폐기물의 정량한계는 시료채취방법에 따라 표면 채취법은 $0.05\mu g/100cm^2$이다.

정답 01.② 02.②

문제 03 기체크로마토그래피에 의한 폴리클로리네이티드비페닐(PCBs) 분석방법에 관한 설명으로 옳지 않은 것은?

① 알칼리 분해를 하여도 헥산층에 유분이 존재할 경우에는 실리카겔 컬럼으로 정제조작을 하기 전 메틸알콜과 클로로포름의 혼합액으로 추출하여 유분을 분리한다.
② 비함침성 고상 폐기물의 정량한계는 시료채취방법에 따라 표면 채취법은 $0.05\mu g$/$100cm^2$이다.
③ 유리기구류는 세정제, 뜨거운 수돗물 그리고 정제수로 차례로 닦아준 후 400℃에서 15~30분 동안 가열한 후 식혀 알루미늄박으로 덮어 깨끗한 곳에 보관하여 사용한다.
④ 전자포획검출기로 하여 PCB를 측정할 때 프탈레이트가 방해할 수 있는데 이는 플라스틱 용기를 사용하지 않음으로서 최소화 할 수 있다.

해설 알칼리 분해를 하여도 헥산층에 유분이 존재할 경우에는 실리카겔 컬럼으로 정제하기 전에 플로리실 컬럼 정제에 따라 유분을 제거한다.

문제 04 기체크로마토그래피법으로 PCBs 측정 시 시료의 전처리과정에서 유분의 제거를 위한 알칼리 분해제는?

① 수산화나트륨 ② 수산화칼륨
③ 염화나트륨   ④ 수산화칼슘

해설 전기절연유와 같은 유분이 많은 시료의 경우 수산화칼륨/에틸알코올용액을 첨가하여 알칼리분해를 시킨다.

문제 05 기체크로마토그래피법으로 측정하여야 하는 시험항목이 아닌 것은?

① 시안   ② PCBs
③ 유기인   ④ 휘발성 저급 염소화 탄화수소류

정답 03.① 04.② 05.①

19.2 PCBs -기체크로마토그래피(질량분석법)

[1] 개요
① 이 시험기준은 폐기물 중에 폴리클로리네이티드비페닐(PCBs)을 분석하는 방법으로, 시료 중의 폴리클로리네이티드비페닐(PCBs)을 헥산으로 추출하여 실리카겔 컬럼 등을 통과시켜 정제한 다음 기체크로마토그래프-질량분석기로 분석하여 크로마토그램에 나타난 피크 패턴에 의하여 폴리클로리네이티드비페닐을 정량하는 방법이다.
② 이 시험기준은 액상 및 고상 폐기물 중의 폴리클로리네이티드비페닐의 검사에 적용한다.
③ 이 시험기준은 나타난 피크 패턴에 따라 폴리클로리네이티드비페닐을 확인하고 정량하는 방법이다.
④ 이 방법에 의한 폴리클로리네이티드비페닐의 정량한계는 1.0mg/L이다.

[2] 간섭물질
① 알칼리 분해를 하여도 헥산층에 유분이 존재할 경우에는 실리카겔 컬럼으로 정제조작을 하기 전에 플로리실 컬럼을 통과시켜 유분을 분리한다.
② 유리기구류는 세정제, 뜨거운 수돗물 그리고 정제수 순으로 닦아준 후 400℃에서 15~30분 동안 가열한 후 식혀 알루미늄포일로 덮어 깨끗한 곳에 보관하여 사용한다.
③ 고순도의 시약이나 용매를 사용하여 방해물질을 최소화하여야 한다.
④ 실리카겔 컬럼 정제는 산, 염화페놀, 폴리클로로페녹시페놀 등의 극성화합물을 제거하기 위하여 수행하며, 사용 전에 정제하고 활성화시켜야 한다.

[3] 기체크로마토그래프
① 컬럼은 내경 0.20~0.53mm, 필름두께 0.1~5.0μm, 길이 30~100m의 DB-1, DB-5 및 DB-608 등의 모세관이나 동등한 분리성능을 가진 모세관으로 대상 분석 물질의 분리가 양호한 것을 택하여 실험한다.
② 운반기체는 부피백분율 99.999%이상의 헬륨 또는 질소로서 유량은 0.5~3 mL/min, 시료 도입부 온도는 250~300℃, 컬럼온도는 50~320 ℃, 검출기온도는 270~320℃로 사용한다.

[4] 질량분석기
① 이온화방식은 전자충격법(EI, electron impact)을 사용하며 이온화에너지는 35~70eV를 사용한다.
② 질량분석기는 자기장형(magnetic sector), 사중극자형(quadrupole) 및 이온트랩형(ion trap) 등의 성능을 가진 것을 사용한다.

③ 정량분석에는 선택이온검출법(SIM, selected ion monitoring)을 이용하는 것이 바람직하다.
④ 플로리실 컬럼 정제는 헥산 층에 유분이 존재할 경우에 실리카겔 컬럼으로 정제하기 전 유분을 제거하기 위하여 사용한다.
⑤ 시료 농축을 위해 구데르나다니쉬형 농축기 또는 회전증발농축기를 사용한다.

문제 01 다음은 폴리클로리네이티드비페닐(PCBs)의 기체크로마토그래프-질량분석법에 관한 설명이다. ( )안에 알맞은 것은?

> 이온화 방식의 질량분석기(mass spectrometer)를 사용할 경우 전자충격법(EI, electron impact)를 사용하며 이온화에너지는 ( )eV를 사용한다.

① 0.01~1.0
② 1.0~10
③ 35~70
④ 500~1000

정답 01.③

19.3 PCBs -기체크로마토그래피(절연유분석법)

[1] 개요

① 이 시험기준은 절연유 중에 폴리클로리네이티드비페닐을 신속하게 분석하는 목적으로 사용하는 분석방법으로, 절연유를 진탕 알칼리 분해하고 대용량 다층실리카겔 컬럼을 통과시켜 정제한 다음, 기체크로마토그래프-전자포획검출기(GC-ECD)에 주입하여 크로마토그램에 나타난 피크 형태에 따라 폴리클로리네이티드비페닐을 확인하고 신속하게 정량하는 방법이다(간이측정법이라고도 한다).
② 이 시험기준은 절연유 중에 폴리클로리네이티드비페닐(PCBs)을 신속하게 분석하는 목적에 적용한다.
③ 이 방법에 따라 실험할 경우 정량한계는 0.5mg/L 이상이다. 단, 실험결과의 최소자리는 소수 첫째자리에서 반올림하여 일의 자리까지 나타내고, 이때 정량한계 미만은 '0.5mg/L 미만' 또는 '< 0.5mg/L'로 표기한다. 또한, 본 시험기준에 의한 결과는 액상 폐기물 중 폴리클로리네이티드비페닐 시험기준의 적용에 따른 불검출(정량한계 이하, 0.05mg/L) 여부를 판단하는데 사용하지 아니한다.

[2] 간섭물질

① 실리카겔 컬럼 정제는 산, 페놀, 염화페놀, 폴리클로로페녹시페놀 등의 극성화합물을 제거하기 위하여 사용하며, 사용 전에 실리카겔은 정제하고 활성화시켜야 한다.
② 유리기구류는 세정제, 뜨거운 수돗물 그리고 정제수 순으로 닦아준 후 400℃에서 15~30분 동안 가열한 후 식혀 알루미늄포일로 덮어 깨끗한 곳에 보관하여 사용한다.
③ 고순도의 시약이나 용매를 사용하여 방해물질을 최소화하여야 한다.
④ 전자포획검출기(ECD, electron capture detector)를 사용하여 폴리클로리네이티드비페닐을 측정할 때 프탈레이트가 방해할 수 있는데 이는 플라스틱 용기를 사용하지 않음으로서 최소화 할 수 있다.

문제 01 기체크로마토그래피(간이측정법)에 의한 폴리클로리네이티드비페닐(PCBs) 분석방법에 관한 설명으로 옳지 않은 것은?

① 이 방법에 따라 실험할 경우 정량한계는 0.5mg/L 이상이다.
② 실리카겔 컬럼 정제는 산, 페놀, 염화페놀, 폴리클로로페녹시페놀 등의 극성화합물을 제거하기 위하여 사용한다.
③ 사용 전에 실리카겔은 정제하고 활성화시켜야 한다.
④ ECD를 사용하여 PCBs을 측정할 때 프탈레이트가 방해할 수 있는데 이는 플라스틱 용기를 사용함으로서 최소화 할 수 있다.

해설 전자포획검출기(ECD, electron capture detector)를 사용하여 폴리클로리네이티드비페닐을 측정할 때 프탈레이트가 방해할 수 있는데 이는 플라스틱 용기를 사용하지 않음으로서 최소화 할 수 있다.

정답 01.④

20. 할로겐화 유기물질
－기체크로마토그래피(질량분석법)－

chapter 04 폐기물 공정시험기준

20.1 개요

① 이 시험기준은 폐기물 중에 할로겐화 유기물질의 측정방법으로, 폐유기용제 등의 시료 적당량을 희석용 용매로 희석한 후, 기체크로마토그래프-질량분석계에 직접 주입하여 시료 중 할로겐화 유기물질류를 분석하는 방법이다.

② 이 시험기준은 폐기물 중에 디클로로메탄, 트리클로로메탄, 테트라클로로메탄, 디클로로디플루오로메탄, 트리클로로플루오로메탄, 1,1-디클로로에탄, 1,2-디클로로에탄, 1,1,1-트리이클로로에탄, 1,1,2-트리클로로에탄, 트리클로로트리플루오로에탄, 트리클로로에틸렌, 테트라클로로에틸렌, 클로로벤젠, 1,2-디클로로벤젠, 1,3-디클로로벤젠, 1,4-디클로로벤젠, 2-클로로페놀, 3-클로로페놀, 4-클로로페놀, 2,3-디클로로페놀, 2,4-디클로로페놀, 2,5-디클로로페놀, 2,6-디클로로페놀, 3,4-디클로로페놀, 3,5-디클로로페놀, 1,1-디클로로에틸렌, 시스-1,3-디클로로프로펜, 트란스-1,3-디클로로프로펜, 1,1,2-트리클로로-1,2,2-트리플루오로에탄의 분석에 적용한다.

③ 이 시험기준에 의해 시료 중에 정량한계는 각 할로겐화유기물질에 대하여 10mg/kg이다.

20.2 간섭물질

① 추출 용매에는 분석성분의 머무름 시간에서 피크가 나타나는 간섭물질이 있을 수 있다. 추출 용매 안에 간섭물질이 발견되면 증류하거나 컬럼 크로마토그래피에 의해 제거한다.

② 이 실험으로 끓는점이 높거나 극성 유기화합물들이 함께 추출되므로 이들 중에는 분석을 간섭하는 물질이 있을 수 있다.

③ 디이클로로메탄과 같이 머무름 시간이 짧은 화합물은 용매의 피크와 겹쳐 분석을 방해할 수 있다.

④ 플루오르화탄소나 디클로로메탄과 같은 휘발성 유기물은 보관이나 운반 중에 격막(septum)을 통해 시료 안으로 확산되어 시료를 오염시킬 수 있으므로 현장 바탕시료로서 이를 점검하여야 한다.

⑤ 시료에 혼합표준액 일정량을 첨가하여 크로마토그램을 작성하고 미지의 다른 성분과 피크의 중복여부를 확인한다. 만일 피크가 중복될 경우 극성이 다르고 분리가 양호한 컬럼을 택하여 실험한다.

20.3 기체크로마토그래프

① 컬럼은 안지름 0.20~0.35mm, 필름두께 0.1~0.50㎛, 길이 15~60m의 DB-1, DB-5 및 DB-624 등의 모세관이나 동등한 분리성능을 가진 모세관으로 대상 분석 물질의 분리가 양호한 것을 택하여 실험한다.

② 운반기체는 부피백분율 99.999 %이상의 헬륨으로서(또는 질소) 유량은 0.5~4mL/min, 시료 도입부 온도는 150~250℃, 컬럼온도는 30~250℃로 사용한다.

20.4 분석기기 및 기구

[1] 질량분석기

① 이온화방식은 전자충격법(EI, electron impact)을 사용하며 이온화 에너지는 35~70eV을 사용한다.
② 질량분석기는 자기장형(magnetic sector), 사중극자형(quadrupole) 및 이온트랩형(ion trap) 등의 성능을 가진 것을 사용한다.
③ 정량분석에는 선택이온검출법(SIM, selected ion monitoring)을 이용하는 것이 바람직하다.

[2] 불꽃이온화검출기

불꽃이온화검출기(FID, flame ionization detector)는 수소연소노즐(nozzle), 이온 수집기(ion collector)로 구성되는 본체와 이 전극 사이에 직류전압을 주어 흐르는 이온전류를 측정하기 위한 직류전압 변환회로, 감도 조절부, 신호감쇄부 등으로 구성된다.

[3] 전자포획검출기

전자포획검출기(ECD, electron capture detector)는 방사선 동위원소(^{63}Ni, ^{3}H 등)로부터 방출되는 β선이 운반기체를 전리하여 미소전류를 흘려보낼 때 시료 중의 할로겐이나 산소와 같이 전자포획력이 강한 화합물에 의하여 전자가 포획되어 전류가 감소하는 것을 이용하는 방법으로 유기할로겐화합물, 나이트로화합물 및 유기금속화합물을 선택적으로 검출할 수 있다.

문제 01 할로겐화 유기물질을 기체크로마토그래피/질량분석법으로 분석하는 경우 시료 중에 정량한계는?

① 각 할로겐화유기물질에 대하여 1mg/kg 이다.
② 각 할로겐화유기물질에 대하여 3mg/kg 이다.
③ 각 할로겐화유기물질에 대하여 5mg/kg 이다.
④ 각 할로겐화유기물질에 대하여 10mg/kg 이다.

해설 이 시험기준에 의해 시료 중에 정량한계는 각 할로겐화유기물질에 대하여 10mg/kg이다.

문제 02 다음은 기체크로마토그래피의 전자포획검출기에 관한 설명이다. ( )안에 내용으로 옳은 것은?

> 전자포획검출기는 방사선 동위 원소(^{63}Ni, ^{3}H등)로부터 방출되는 ( )이 운반기체를 전리하여 미소전류를 흘려보낼 때 시료 중의 할로겐이나 산소와 같이 전자포획력이 강한 화합물에 의하여 전자가 포획되어 전류가 감소하는 것을 이용하는 방법이다.

① 알파(α)선
② 베타(β)선
③ 감마(γ)선
④ X선

문제 03 가스크로마토그래프 분석에 사용하는 검출기 중에서 방사선 동위원소로부터 방출되는 β선을 이용하며 유기할로겐화합물, 니트로화합물, 유기금속화합물을 선택적으로 검출할 수 있는 것은?

① 열전도도 검출기(TCD)
② 수소염이온화 검출기(FID)
③ 전자포획 검출기(ECD)
④ 불꽃 광도 검출기(FPD)

문제 04 인 또는 유황화합물을 선택적으로 검출할 수 있는 기체크로마토그래피 검출기는 어느 것인가?

① TCD
② FID
③ ECD
④ FPD

정답 01.④ 02.② 03.③ 04.④

문제 05 기체크로마토그래피의 검출기 중 인 또는 유황화합물을 선택적으로 검출할 수 있는 것으로 운반가스와 조연가스의 혼합부, 수소공급부, 연소노즐, 광학필터, 광전자 증배관 및 전원 등으로 구성된 것은?

① TCD(Thermal Conductivity Detector)
② FID(Flame Ionization Detector)
③ FPD(Flame Photometric Detector)
④ FTD(Flame Thermionic Detector)

정답 05.③

21. 휘발성 저급염소화 탄화수소류
―기체크로마토그래피―

21.1 개요

① 이 시험기준은 폐기물 중에 휘발성저급염소화탄화수소류를 측정방법으로, 시료 중의 트리클로로에틸렌 및 테트라클로로에틸렌을 헥산으로 추출하여 기체크로마토그래프로 정량하는 방법이다.
② 이 시험기준은 폐기물 중에 트리클로로에틸렌(C_2HCl_3) 및 테트라클로로에틸렌(C_2Cl_4) 등의 휘발성 저급염소화 탄화수소류의 분석에 적용한다.
③ 이 시험기준에 의해 시료 중에 트리클로로에틸렌(C_2HCl_3)의 정량한계는 0.008mg/L 테트라클로로에틸렌(C_2Cl_4)의 정량한계는 0.002mg/L이다.

21.2 간섭물질

① 추출 용매에는 분석성분의 머무름 시간에서 피크가 나타나는 간섭물질이 있을 수 있다. 추출 용매 안에 간섭물질이 발견되면 증류하거나 컬럼 크로마토그래피에 의해 제거한다.
② 이 실험으로 끓는점이 높거나 극성 유기화합물들이 함께 추출되므로 이들 중에는 분석을 간섭하는 물질이 있을 수 있다.
③ 디클로로메탄과 같이 머무름 시간이 짧은 화합물은 용매의 피크와 겹쳐 분석을 방해할 수 있다.
④ 플루오르화탄소나 디클로로메탄과 같은 휘발성 유기물은 보관이나 운반 중에 격막(septum)을 통해 시료 안으로 확산되어 시료를 오염시킬 수 있으므로 현장 바탕시료로서 이를 점검하여야 한다.
⑤ 시료에 혼합표준액 일정량을 첨가하여 크로마토그램을 작성하고 미지의 다른 성분과 피크의 중복여부를 확인한다. 만일 피크가 중복될 경우 극성이 다르고 분리가 양호한 컬럼을 택하여 실험한다.

21.3 분석기기 및 기구

[1] 기체크로마토그래프

① 컬럼은 안지름 0.20~0.35mm, 필름두께 0.1~0.50㎛, 길이 15~60m의 DB-1, DB-5 및 DB-624 등의 모세관이나 동등한 분리성능을 가진 모세관으로 대상 분석 물질의 분리가 양호한 것을 택하여 실험한다.

② 운반기체는 부피백분율 99.999%이상의 헬륨으로서(또는 질소) 유량은 0.5~4mL/min, 시료 도입부 온도는 150~250℃, 컬럼온도는 30~250℃로 사용한다.

[2] 전자포획검출기

전자포획검출기(ECD, electron capture detector)는 방사선 동위원소(^{63}Ni, ^{3}H 등)로부터 방출되는 β선이 운반기체를 전리하여 미소전류를 흘려보낼 때 시료 중의 할로겐이나 산소와 같이 전자포획력이 강한 화합물에 의하여 전자가 포획되어 전류가 감소하는 것을 이용하는 방법으로 유기할로겐화합물, 나이트로화합물 및 유기금속화합물을 선택적으로 검출할 수 있다.

[3] 전해전도 검출기

HECD(hall electrolytic conductivity detector)

문제 01 휘발성 저급염소화 탄화수소류 측정을 위한 기체크로마토그래피 정량방법에 대한 내용으로 틀린 것은 어느 것인가?

① 시료중의 트리클로로에틸렌, 테트라클로로에틸렌을 헥산으로 추출하여 기체크로마토그래피법으로 정량하는 방법이다.
② 이 시험기준에 의해 시료중에 트리클로로에틸렌(C_2HCl_3)의 정량한계는 0.008mg/L이다.
③ 검출기는 전자포획 검출기 또는 전해전도 검출기를 사용한다.
④ 질량분석기로는 자기장형과 사중극자형 등을 사용한다.

해설 기체크로마토그래피 질량분석기는 자기장형과 사중극자형이 있으며, PCB, 유기인을 정량하는 방법이다.

정답 01.④

문제 02 용매추출법에 의한 휘발성 저급염소화 탄화수소류 분석방법은 다음 어느 물질의 분석에 이용 가능한가?

① Dioxin
② Polychlorinated biphenyl
③ Trichloroethylene
④ Polyvinylchloride

해설 이 시험기준은 폐기물 중에 트리클로로에틸렌(C_2HCl_3) 및 테트라클로로에틸렌(C_2Cl_4) 등의 휘발성 저급염소화 탄화수소류의 분석에 적용한다.

문제 03 기체크로마토그래피에 의한 휘발성 저급염소화 탄화수소류 분석방법에 관한 설명으로 옳지 않은 것은?

① 시료 중의 트리클로로에틸렌 및 테트라클로로에틸렌을 헥산으로 추출하여 기체크로마토그래프로 정량하는 방법이다.
② 이 시험기준에 의해 시료 중에 트리클로로에틸렌(C_2HCl_3)의 정량한계는 0.008mg/L, 테트라클로로에틸렌(C_2Cl_4)의 정량한계는 0.002mg/L이다.
③ 플루오르화탄소와 같은 휘발성 유기물은 보관이나 운반 중에 격막을 통해 시료 안으로 확산되어 시료를 오염시킬 수 있으므로 현장 바탕시료로서 이를 점검하여야 한다.
④ 디클로로메탄과 같이 머무름 시간이 긴 화합물은 용매의 피크와 잘 분리되므로 분리효율이 좋다.

해설 디클로로메탄과 같이 머무름 시간이 짧은 화합물은 용매의 피크와 겹쳐 분석을 방해할 수 있다.

문제 04 휘발성 저급염소화 탄화수소류를 기체크로마토그래피법으로 측정시 기구 및 기기에 대한 설명으로 틀린 것은?

① 검출기는 전자포획검출기 또는 전해전도검출기를 사용한다.
② 칼럼은 석영제로서 안지름 0.20~0.35mm, 필름두께 0.1~0.50μm의 것을 사용한다.
③ 운반가스는 99.999V/V% 이상의 질소로서 유량은 0.5~4mL/min 범위이다.
④ 시료주입부 온도는 150~250℃ 범위이다.

해설 컬럼은 안지름 0.20~0.35mm, 필름두께 0.1~0.50μm, 길이 15~60m의 DB-1, DB-5 및 DB-624 등의 모세관이나 동등한 분리성능을 가진 모세관으로 대상 분석 물질의 분리가 양호한 것을 택하여 실험한다.

정답 02.③ 03.④ 04.②

문제 05 기체크로마토그래피에 의한 휘발성 저급염소화 탄화수소류 분석방법에 관한 설명으로 틀린 것은?

① 이 실험으로 끓는점이 낮거나 극성 유기화합물들이 함께 추출되므로 이들 중에는 분석을 간섭하는 물질이 있을 수 있다.
② 트리클로로에틸렌(C_2HCl_3)의 정량한계는 0.008mg/L 테트라클로로에틸렌(C_2Cl_4)의 정량한계는 0.002mg/L이다.
③ 디클로로메탄과 같이 머무름 시간이 짧은 화합물은 용매의 피크와 겹쳐 분석을 방해할 수 있다.
④ 플루오르화탄소나 디클로로메탄과 같은 휘발성 유기물은 보관이나 운반 중에 격막(septum)을 통해 시료 안으로 확산되어 시료를 오염시킬 수 있으므로 현장 바탕시료로서 이를 점검하여야 한다.

해설 이 실험으로 끓는점이 높거나 극성 유기화합물들이 함께 추출되므로 이들 중에는 분석을 간섭하는 물질이 있을 수 있다.

문제 06 휘발성 저급염소화 탄화수소류를 기체크로마토그래피법을 이용하여 측정하고자 할 때 사용하는 운반가스는?

① 수소
② 산소
③ 질소
④ 알곤

해설 운반기체는 부피백분율 99.999%이상의 헬륨으로서(또는 질소) 유량은 0.5~4mL/min, 시료 도입부 온도는 150~250℃, 컬럼온도는 30~250℃로 사용한다.

문제 07 휘발성 저급염소화 탄화수소류를 기체크로마토그래피로 정량하는 방법에 관한 설명으로 틀린 것은?

① 시료 중 트리클로로에틸렌 및 테트라클로로에틸렌을 헥산으로 추출하여 기체크로마토그래피법으로 정량한다.
② 휘발성 저급염소화 탄화수소류는 휘발성이 높기 때문에 시료를 채취할 때 유리제 용기에 상부공간이 없도록 채취하여야 한다.
③ 트리클로로에틸렌의 정량한계는 0.008mg/L, 테트라클로로에틸렌의 정량한계는 0.002mg/L이다.
④ FID(수소염이온화검출기) 또는 HECD(전해전도검출기)를 주로 사용한다.

해설 검출기는 전자포획검출기 또는 전해전도검출기를 사용한다.

정답 05.① 06.③ 07.④

문제 08 휘발성 저급염소화 탄화수소류를 기체크로마토그래피(용매추출법)법으로 분석할 때 가장 적합한 검출기는?

① 열전도도 검출기(TCD) ② 수소염 이온화 검출기(FID)
③ 전자포획형 검출기(ECD) ④ 불꽃 광도형 검출기(FPD)

해설 전자포획검출기(ECD, electron capture detector)는 방사선 동위원소(^{63}Ni, ^{3}H등)로부터 방출되는 β 선이 운반기체를 전리하여 미소전류를 흘려보낼 때 시료 중의 할로겐이나 산소와 같이 전자포획력이 강한 화합물에 의하여 전자가 포획되어 전류가 감소하는 것을 이용하는 방법으로 유기할로겐화합물, 나이트로화합물 및 유기금속화합물을 선택적으로 검출할 수 있다.

정답 08.③

22. 감염성미생물

22.1 감염성미생물 – 아포균 검사법

[1] 개요

① 이 시험기준은 폐기물 중에 감염성미생물을 아포균검사법으로 검사하는 방법으로, 감염성폐기물을 증기멸균분쇄시설 또는 멸균분쇄시설(이하 "열관멸균분쇄시설"이라 한다)에서 멸균처리한 결과 특정한 저항성 미생물 포자(이하 "아포"라 한다)가 사멸된 경우 병원성미생물을 포함한 다른 종류의 미생물도 사멸된 것으로 판단하는 방법이다.

② 이 시험기준은 폐기물 중에 감염성미생물을 아포균검사법으로 검사하는 방법으로 감염성폐기물의 멸균잔류물에 대한 멸균여부의 판정은 병원성미생물보다 열저항성이 강하고 비병원성인 아포형성 미생물을 이용한 아포균 검사법으로 실험한 결과 표준지표생물포자가 10^4개 이상 감소하면 멸균된 것으로 본다.

③ 지표생물포자란 감염성폐기물의 멸균잔류물에 대한 멸균여부의 판정은 병원성미생물보다 열저항성이 강하고 비병원성인 아포형성 미생물을 이용하는데 이를 지표생물포자라 한다.

[2] 간섭물질

일반적으로 미생물 실험은 시료 중에 함유된 미생물의 상태가 시시각각으로 변할 수 있으며, 당초 시료 중에 함유되어 있던 미생물 이 외의 다른 미생물이 조작 중에 오염될 수 있다. 이러한 실험상의 오염을 방지하기 위하여 배지, 시약, 기구, 장비 등과 모든 실험조작은 원칙적으로 무균조작을 하여야 한다.

[3] 분석기기 및 기구

① 배양기는 온도가 (32±1)℃ 또는 (55±1)℃이상 유지되는 항온배양기를 사용한다.

② 시험아포 주입용기는 부피 120mL 이상이고 3~4개의 작은 구멍을 뚫어 증기가 침투할 수 있으며 높은 열저항성과 비접착성 재질의 회전식 뚜껑이 있는 용기를 사용하거나 시험아포를 담을 수 있도록 주름끈 또는 접착포가 달린 천으로 만든 주머니를 사용한다.

③ 멸균된 플라스틱 페트리 디쉬는 안지름 83mm, 깊이 12mm의 디쉬를 사용한다.

④ 멸균된 핀셋과 피펫

[4] 시료채취 및 관리

① 정상운전조건에서 멸균처리가 끝난 다음 멸균잔류물을 잘 혼합하거나 혼합이 불가능할 경우에는 전체의 성상을 대표할 수 있도록 서로 다른 곳에서 시료를 채취한다.
② 시료의 채취는 가능한 한 무균적으로 하고 멸균된 용기에 넣어 1시간 이내에 실험실로 운반·실험하여야 하며, 그 이상의 시간이 소요될 경우에는 10℃ 이하로 냉장하여 6시간 이내에 실험실로 운반하고 실험실에 도착한 후 2시간 이내에 배양조작을 완료하여야 한다. 다만 8시간 이내에 실험이 불가능 할 경우에는 현지 실험용 기구세트를 준비하여 현장에서 배양조작을 하여야 한다.

문제 01 감염성미생물(아포균 검사법)측정에 적용되는 '지표생물포자'에 관한 설명으로 옳은 것은?

① 감염성 폐기물의 멸균 잔류물에 대한 멸균 여부의 판정은 병원성미생물보다 열저항성이 약하고 비병원성인 아포형성 미생물을 이용하는데 이를 지표생물포자라 한다.
② 감염성 폐기물의 멸균 잔류물에 대한 멸균여부의 판정은 병원성미생물보다 열저항성이 강하고 비병원성인 아포형성 미생물을 이용하는데 이를 지표생물포자라 한다.
③ 감염성 폐기물의 멸균 잔류물에 대한 멸균 여부의 판정은 비병원성미생물보다 열 저항성이 약하고 병원성인 아포형성 미생물을 이용하는데 이를 지표생물포자라 한다.
④ 감염성 폐기물의 멸균 잔류물에 대한 멸균 여부의 판정은 비병원성미생물보다 열저항성이 강하고 병원성인 아포형성 미생물을 이용하는데 이를 지표생물포자라 한다.

문제 02 다음은 감염성 미생물(아포균검사법) 측정에 관한 내용이다. ( ) 안에 알맞은 내용은?

> 감염성폐기물의 멸균잔류물에 대한 멸균여부의 판정은 병원성미생물보다 열저항성이 강하고 비병원성인 아포형성 미생물을 이용한 아포균 검사법으로 실험한 결과 표준 지표생물포자가 ( )감소하면 멸균된 것으로 본다.

① 10^4개 이상 ② 10^8개 이상
③ 100개 이상 ④ 1000개 이상

정답 01.② 02.①

문제 03 다음은 세균배양 검사법으로 감염성 미생물을 측정할 때 시료채취 및 관리에 관한 내용이다. ( ) 안에 알맞은 내용은?

> 시료의 채취는 가능한 한 무균적으로 하고 멸균된 용기에 넣어 1시간 이내에 실험실로 운반·실험하여야 하며, 그 이상의 시간이 소요될 경우에는 ( )에 실험실로 운반하고 실험실에 도착한 후 2시간 이내에 배양조작을 완료하여야 한다.

① 4℃ 이하로 냉장하여 4시간 이내
② 4℃ 이하로 냉장하여 6시간 이내
③ 10℃ 이하로 냉장하여 4시간 이내
④ 10℃ 이하로 냉장하여 6시간 이내

정답 03.④

22.2 감염성미생물 – 세균배양 검사법

[1] 개요

① 이 시험기준은 폐기물 중에 감염성미생물을 세균배양검사법으로 검사하는 방법으로, 감염성폐기물을 증기·열관멸균분쇄시설의 정상운전으로 멸균처리한 다음 그 멸균잔류물의 추출물을 혐기성 및 호기성균이 동시에 생장할 수 있는 티오글리콜레이트 배지(fluid thioglycollate medium)에 배양하여 미생물의 생장여부로부터 멸균상태를 확인하는 방법이다.

② 이 시험기준은 폐기물 중에 감염성미생물을 아포균검사법으로 검사하는 방법으로 감염성폐기물의 멸균잔류물에 대한 멸균여부의 판정은 세균배양 검사법으로 실험한 결과 세균이 검출되지 않으면 멸균된 것으로 본다.

③ 감염성폐기물 지표생물이란 감염성폐기물을 증기·열관멸균분쇄시설의 정상운전으로 멸균처리한 다음 그 멸균잔류물의 추출물을 혐기성 및 호기성균이 동시에 생장할 수 있는 티오글리콜레이트 배지(fluid thioglycollate medium)에 배양하여 미생물의 생장여부로부터 멸균상태를 검사하는데 여기에서 혐기성 및 호기성균이 지표생물이 된다.

[2] 간섭물질

일반적으로 미생물 실험은 시료 중에 함유된 미생물의 상태가 시시각각으로 변할 수 있으며, 당초 시료 중에 함유되어 있던 미생물 이 외의 다른 미생물이 조작 중에 오염될 수 있다. 이러한 실험상의 오염을 방지하기 위하여 배지, 시약, 기구, 장비 등과 모든 실험조작은 원칙적으로 무균조작을 하여야 한다.

22.3 감염성미생물 – 멸균테이프 검사법

[1] 개요

① 이 시험기준은 폐기물 중에 감염성미생물을 멸균테이프검사법으로 검사하는 방법으로, 감염성폐기물을 증기멸균분쇄시설에서 멸균 처리하는 과정에 특정 수준의 온도, 증기 및 압력에서 시간이 경과함에 따라 변색하는 화학약품이 도포된 멸균테이프를 부착하여 그 변색여부로 멸균기의 고장이나 오류 등 성능상의 문제와 멸균상태를 간접적으로 확인하는 방법이다.

② 이 시험기준은 폐기물 중에 감염성미생물을 멸균테이프검사법으로 검사하는 방법으로 감염성폐기물을 멸균테이프를 이용하여 실험한 결과 멸균테이프 제품에서 지정한 색으로 변색이 되면 멸균기의 성능과 멸균상태가 정상적인 것으로 본다.

③ 감염성폐기물 표시물질로는 감염성폐기물을 증기멸균분쇄시설에서 멸균 처리하는 과정에 특정 수준의 온도, 증기 및 압력에서 시간이 경과함에 따라 변색하는 화학약품이 도포된 멸균테이프를 이용한다.

[2] 간섭물질

일반적으로 미생물 실험은 시료 중에 함유된 미생물의 상태가 시시각각으로 변할 수 있으며, 당초 시료 중에 함유되어 있던 미생물 이 외의 다른 미생물이 조작 중에 오염될 수 있다. 이러한 실험상의 오염을 방지하기 위하여 배지, 시약, 기구, 장비 등과 모든 실험조작은 원칙적으로 무균조작을 하여야 한다.

문제 01 감염성 미생물의 분석방법과 가장 거리가 먼 것은?

① 아포균 검사법
② 최적확수 검사법
③ 세균배양 검사법
④ 멸균테이프 검사법

정답 01.②

05 폐기물 관계법규

chapter 05 폐기물 관계법규

폐기물 관계법규

법률 | 제2조 (정의)

이 법에서 사용하는 용어의 뜻은 다음과 같다. 〈개정 2017.1.17.〉

1. **"폐기물"**이란 쓰레기, 연소재(燃燒滓), 오니(汚泥), 폐유(廢油), 폐산(廢酸), 폐알칼리 및 동물의 사체(死體) 등으로서 사람의 생활이나 사업활동에 필요하지 아니하게 된 물질을 말한다.
2. **"생활폐기물"**이란 사업장폐기물 외의 폐기물을 말한다.
3. **"사업장폐기물"**이란 「대기환경보전법」, 「물환경보전법」 또는 「소음·진동관리법」에 따라 배출시설을 설치·운영하는 사업장이나 그 밖에 대통령령으로 정하는 사업장에서 발생하는 폐기물을 말한다.
4. **"지정폐기물"**이란 사업장폐기물 중 폐유·폐산 등 주변 환경을 오염시킬 수 있거나 의료폐기물(醫療廢棄物) 등 인체에 위해(危害)를 줄 수 있는 해로운 물질로서 대통령령으로 정하는 폐기물을 말한다.
5. **"의료폐기물"**이란 보건·의료기관, 동물병원, 시험·검사기관 등에서 배출되는 폐기물 중 인체에 감염 등 위해를 줄 우려가 있는 폐기물과 인체 조직 등 적출물(摘出物), 실험 동물의 사체 등 보건·환경보호상 특별한 관리가 필요하다고 인정되는 폐기물로서 대통령령으로 정하는 폐기물을 말한다.

5의2. **"의료폐기물 전용용기"**란 의료폐기물로 인한 감염 등의 위해 방지를 위하여 의료폐기물을 넣어 수집·운반 또는 보관에 사용하는 용기를 말한다.

5의3. **"처리"**란 폐기물의 수집, 운반, 보관, 재활용, 처분을 말한다.

6. **"처분"**이란 폐기물의 소각(燒却)·중화(中和)·파쇄(破碎)·고형화(固形化) 등의 중간처분과 매립하거나 해역(海域)으로 배출하는 등의 최종처분을 말한다.
7. **"재활용"**이란 다음 각 목의 어느 하나에 해당하는 활동을 말한다.
   가. 폐기물을 재사용·재생이용하거나 재사용·재생이용할 수 있는 상태로 만드는 활동
   나. 폐기물로부터 「에너지법」 제2조제1호에 따른 에너지를 회수하거나 회수할 수 있는 상태로 만들거나 폐기물을 연료로 사용하는 활동으로서 환경부령으로 정하는 활동
8. **"폐기물처리시설"**이란 폐기물의 중간처분시설, 최종처분시설 및 재활용시설로서 대통령령으로 정하는 시설을 말한다.

9. **"폐기물감량화시설"**이란 생산 공정에서 발생하는 폐기물의 양을 줄이고, 사업장 내 재활용을 통하여 폐기물 배출을 최소화하는 시설로서 대통령령으로 정하는 시설을 말한다.

문제 01 폐기물관리법상 용어의 정의로 틀린 것은 어느 것인가?

① 지정폐기물: 사업장폐기물 중 폐유·폐산 등 주변 환경을 오염시킬 수 있거나 의료폐기물 등 인체에 위해를 줄 수 있는 해로운 물질로서 대통령령이 정하는 폐기물
② 폐기물처리시설: 폐기물의 중간처분시설, 최종처분시설 및 재활용시설로서 대통령령이 정하는 시설
③ 처리: 폐기물 수거, 운반에 의한 중간처리와 매립, 해역배출 등에 의한 최종처리
④ 생활폐기물: 사업장폐기물 외의 폐기물

문제 02 폐기물 관리법상 용어의 정의로 틀린 것은 어느 것인가?

① "생활폐기물"이란 사업장폐기물 외의 폐기물을 말한다.
② "지정폐기물"이란 사업장폐기물 중 폐유·폐산 등 주변 환경을 오염시킬 수 있거나 의료폐기물 등 인체에 위해를 줄 수 있는 유해한 물질로서 대통령령으로 정하는 폐기물을 말한다.
③ "처리"란 폐기물의 소각, 중화, 파쇄, 고형화 등에 의한 중간처리(재활용제외)와 매립 등에 의한 최종처리(해역배출제외)를 말한다.
④ "폐기물처리시설"이란 폐기물의 중간처분시설, 최종처분시설 및 재활용시설로써 대통령령으로 정하는 시설을 말한다.

문제 03 폐기물관리법상 용어의 뜻으로 틀린 것은 어느 것인가?

① "폐기물감량화시설"이란 생산 공정에서 발생하는 폐기물의 양을 줄이고, 사업장 내 재활용을 통하여 폐기물 배출을 최소화하는 시설로서 대통령령으로 정하는 시설을 말한다.
② "처분"이란 폐기물의 소각·중화·파쇄·고형화 등의 중간처분과 매립하거나 해역으로 배출하는 등의 최종처분을 말한다.
③ "의료폐기물"이란 보건·의료기관, 동물병원, 시험·검사기관 등에서 배출되는 폐기물로 환경보호상 관리가 필요하다고 인정되는 폐기물로서 보건복지부령으로 정하는 폐기물을 말한다.
④ "폐기물"이란 쓰레기, 연소재, 오니, 폐유, 폐산, 폐알칼리 및 동물의 사체 등으로서 사람의 생활이나 사업활동에 필요하지 아니하게 된 물질을 말한다.

정답 01.③ 02.③ 03.③

시행령　제2조 (사업장의 범위)

「폐기물관리법」(이하 "법"이라 한다) 제2조제3호에서 "그 밖에 대통령령으로 정하는 사업장"이란 다음 각 호의 어느 하나에 해당하는 사업장을 말한다.

1. 「물환경보전법」 제48조제1항에 따라 공공폐수처리시설을 설치·운영하는 사업장
2. 「하수도법」 제2조제9호에 따른 공공하수처리시설을 설치·운영하는 사업장
3. 「하수도법」 제2조제11호에 따른 분뇨처리시설을 설치·운영하는 사업장
4. 「가축분뇨의 관리 및 이용에 관한 법률」 제24조에 따른 공공처리시설
5. 법 제29조제2항에 따른 폐기물처리시설(법 제25조제3항에 따라 폐기물처리업의 허가를 받은 자가 설치하는 시설을 포함한다)을 설치·운영하는 사업장
6. 법 제2조제4호에 따른 지정폐기물을 배출하는 사업장
7. 폐기물을 1일 평균 300킬로그램 이상 배출하는 사업장
8. 「건설산업기본법」 제2조제4호에 따른 건설공사로 폐기물을 5톤(공사를 착공할 때부터 마칠 때까지 발생되는 폐기물의 양을 말한다) 이상 배출하는 사업장
9. 일련의 공사(제8호에 따른 건설공사는 제외한다) 또는 작업으로 폐기물을 5톤(공사를 착공하거나 작업을 시작할 때부터 마칠 때까지 발생하는 폐기물의 양을 말한다) 이상 배출하는 사업장

문제 01 폐기물관리법상 사업장폐기물을 발생시키는 사업장의 범위 기준으로 옳지 않은 것은?

① 폐기물을 1일 평균 200kg 이상 배출하는 사업장
② 일련의 공사로 폐기물을 5톤(공사를 착공하거나 작업을 시작할 때부터 마칠 때까지 발생하는 폐기물의 양을 말한다.) 이상 배출하는 사업장
③ 폐수종말처리시설을 설치·운영하는 사업장
④ 지정폐기물을 배출하는 사업장

정답 01.①

시행규칙　제3조 (에너지 회수기준 등)

① 「폐기물관리법」(이하 "법"이라 한다) 제2조제7호나목에서 "환경부령으로 정하는 활동"이란 다음 각 호의 어느 하나에 해당하는 활동을 말한다. 〈개정 2019.12.20〉
　1. 가연성 고형폐기물로부터 다음 각 목에 따른 기준에 맞게 에너지를 회수하는 활동
　　가. 다른 물질과 혼합하지 아니하고 해당 폐기물의 저위발열량이 킬로그램당 3천 킬로칼로리 이상일 것

나. 에너지의 회수효율(회수에너지 총량을 투입에너지 총량으로 나눈 비율을 말한다)이 75퍼센트 이상일 것
다. 회수열을 모두 열원(熱源)으로 스스로 이용하거나 다른 사람에게 공급할 것
라. 환경부장관이 정하여 고시하는 경우에는 폐기물의 30퍼센트 이상을 원료나 재료로 재활용하고 그 나머지 중에서 에너지의 회수에 이용할 것

③ 제1항제1호에 따른 에너지회수기준을 측정하는 기관은 다음 각 호와 같다. 〈신설 2011.9.27〉
  1. 「한국환경공단법」에 따른 한국환경공단(이하 "한국환경공단"이라 한다)
  2. 「과학기술분야 정부출연연구기관 등의 설립·운영 및 육성에 관한 법률」에 따라 설립된 한국기계연구원(이하 "한국기계연구원"이라 한다) 및 한국에너지기술연구원
  3. 「산업기술혁신 촉진법」 제41조에 따른 한국산업기술시험원(이하 "한국산업기술시험원"이라 한다)
  4. 「국가표준기본법」 제23조에 따라 인정받은 시험·검사기관 중 환경부장관이 지정하는 기관 [제목개정 2011.9.27.]

문제 01 폐기물 재활용을 위한 에너지 회수기준으로 옳지 않는 것은?

① 다른 물질과 혼합하지 아니하고 해당 폐기물의 저위발열량이 킬로그램당 3천 킬로칼로리 이상일 것
② 환경부장관이 정하여 고시하는 경우에는 폐기물의 30퍼센트 이상을 에너지의 회수에 이용하고 그 나머지를 원료 또는 재료로 재활용할 것
③ 회수열을 모두 열원으로 스스로 이용하거나 다른 사람에게 공급할 것
④ 에너지의 회수효율(회수에너지 총량을 투입에너지 총량으로 나눈 비율을 말한다)이 75퍼센트 이상일 것

문제 02 폐기물의 에너지 회수기준으로 잘못된 것은 어느 것인가?

① 다른 물질과 혼합하지 아니하고 해당 폐기물의 저위발열량이 킬로그램당 3천 킬로칼로리 이상일 것
② 에너지 회수효율(회수에너지 총량을 투입에너지 총량으로 나눈 비율을 말한다)이 75퍼센트 이상일 것
③ 회수열을 전량 열원으로 스스로 이용하거나 다른 사람에게 공급할 것
④ 환경부장관이 정하여 고시하는 경우에는 폐기물의 50% 이상을 원료 또는 재료로 재활용하고 그 나머지 중에서 에너지의 회수에 이용할 것

정답 01.② 02.④

문제 03 에너지 회수기준을 측정하는 기관으로 옳지 않은 것은?

① 한국환경공단
② 한국기계연구원
③ 한국과학기술연구원
④ 한국산업기술시험원

정답 03.③

법률 │ 제3조(적용 범위)

① 이 법은 다음 각 호의 어느 하나에 해당하는 물질에 대하여는 적용하지 아니한다.
  1. 「원자력안전법」에 따른 방사성 물질과 이로 인하여 오염된 물질
  2. 용기에 들어 있지 아니한 기체상태의 물질
  3. 「물환경보전법」에 따른 수질 오염 방지시설에 유입되거나 공공 수역(水域)으로 배출되는 폐수
  4. 「가축분뇨의 관리 및 이용에 관한 법률」에 따른 가축분뇨
  5. 「하수도법」에 따른 하수·분뇨
  6. 「가축전염병예방법」 제22조제2항, 제23조, 제33조 및 제44조가 적용되는 가축의 사체, 오염 물건, 수입 금지 물건 및 검역 불합격품
  7. 「수산생물질병 관리법」 제17조제2항, 제18조, 제25조제1항 각 호 및 제34조제1항이 적용되는 수산동물의 사체, 오염된 시설 또는 물건, 수입금지물건 및 검역 불합격품
  8. 「군수품관리법」 제13조의2에 따라 폐기되는 탄약
  9. 「동물보호법」 제32조제1항에 따른 동물장묘업의 등록을 한 자가 설치·운영하는 동물장묘시설에서 처리되는 동물의 사체

② 이 법에 따른 폐기물의 해역 배출은 「해양폐기물 및 해양오염퇴적물관리법」으로 정하는 바에 따른다.

③ 「수산부산물 재활용 촉진에 관한 법률」에 따른 수산부산물이 다른 폐기물과 혼합된 경우에는 이 법을 적용하고, 다른 폐기물과 혼합되지 않아 수산부산물만 배출·수집·운반·재활용하는 경우에는 이 법을 적용하지 아니한다. 〈신설 2021. 7. 20.〉

문제 01 폐기물관리법이 적용되지 아니하는 물질에 대한 기준으로 틀린 것은?

① 용기에 들어 있지 아니한 기체상태의 물질
② 하수도법에 따라 공공수역으로 배출되는 폐수
③ 군수품관리법에 따라 폐기되는 탄약
④ 원자력안전법에 따른 방사성 물질과 이로 인하여 오염된 물질

정답 01.②

문제 02 폐기물관리법이 적용되지 않는 물질로 옳지 않은 것은?

① 가축분뇨의 관리 및 이용에 관한 법률에 따른 가축분뇨
② 용기에 들어 있는 기체상태의 물질
③ 원자력법에 따른 방사성 물질과 이로 인하여 오염된 물질
④ 수질 및 수생태계 보전에 관한 법률에 따른 수질 오염 방지시설에 유입되거나 공공수역으로 배출되는 폐수

문제 03 폐기물관리법에 적용되지 않는 물질로 틀린 것은?

① 수질환경보전법에 의한 오수, 분뇨
② 용기에 들어 있지 아니한 기체상의 물질
③ 원자력법에 의한 방사성 물질 및 이에 의하여 오염된 물질
④ 가축전염병예방법 규정이 적용되는 가축의 사체, 오염물건, 수입금지물 및 검역불합격품

정답 02.② 03.①

시행규칙 제12조 (폐기물처리 신고자와 광역 폐기물처리시설 설치·운영자의 폐기물처리기간)

영 제7조제1항제7호에서 "환경부령으로 정하는 기간"이란 30일을 말한다. 다만, 폐기물처리 신고자가 고철을 재활용하는 경우에는 60일을 말한다. 〈개정 2011.9.27〉

문제 01 폐기물처리 신고자가 고철을 재활용하는 경우에 환경부령으로 정하는 처리기간으로 옳은 것은?

① 60일   ② 50일   ③ 30일   ④ 20일

정답 01.①

시행령 제8조 (생활폐기물의 처리대행자)

법 제14조제2항에서 "대통령령으로 정하는 자"란 다음 각 호의 어느 하나에 해당하는 자를 말한다. 〈개정 2018.3.27〉

1. 폐기물처리업자
2. 삭제 〈2011.9.7〉

3. 폐기물처리 신고자
4. 한국환경공단(농업활동으로 발생하는 폐플라스틱 필름·시트류를 재활용하거나 폐농약용기 등 폐농약포장재를 재활용 또는 소각하는 것만 해당한다)
5. 「전기·전자제품 및 자동차의 자원순환에 관한 법률」 제15조 전단에 따른 전기·전자제품 재활용의무생산자 또는 같은 법 제16조의4제1항에 따른 전기·전자제품 판매업자(전기·전자제품 재활용의무생산자 또는 전기·전자제품 판매업자로부터 회수·재활용을 위탁받은 자를 포함한다) 중 전기·전자제품을 재활용하기 위하여 스스로 회수하는 체계를 갖춘 자
6. 삭제 〈2011.9.7〉
7. 「자원의 절약과 재활용촉진에 관한 법률」 제13조의2에 따른 재활용센터를 운영하는 자(같은 법 제2조제13호에 따른 대형폐기물을 수집·운반 및 재활용하는 것만 해당한다)
8. 「자원의 절약과 재활용촉진에 관한 법률」 제16조에 따른 재활용의무생산자 중 제품·포장재를 스스로 회수하여 재활용하는 체계를 갖춘 자(재활용의무생산자로부터 재활용을 위탁받은 자를 포함한다)

문제 01 생활폐기물 처리대행자(대통령령이 정하는 자)에 대한 기준으로 틀린 것은 어느 것인가?

① 폐기물처리업자
② 한국환경공단(농업활동으로 발생하는 폐플라스틱 필름·시트류를 재활용하거나 폐농약용기 등 폐농약포장재를 재활용 또는 소각하는 것은 제외한다.)
③ 자원의 절약과 재활용촉진에 관한 법률에 따른 재활용센터를 운영하는 자(같은 법에 따른 대형폐기물을 수집·운반 및 재활용하는 것만 해당한다.)
④ 폐기물처리 신고자

정답 01.②

법률 | 제14조(생활폐기물의 처리 등)

제⑧항 6. 생활폐기물 수집·운반 대행자(법인의 대표자를 포함한다)가 생활폐기물 수집·운반 대행계약과 관련하여 다음 각 목에 해당하는 형을 선고받은 경우에는 지체 없이 대행계약을 해지하여야 한다.
  가. 「형법」 제133조에 해당하는 죄를 범하여 벌금 이상의 형을 선고받은 경우
  나. 「형법」 제347조, 제347조의2, 제356조 또는 제357조(제347조 및 제356조의 경우 「특정경제범죄 가중처벌 등에 관한 법률」 제3조에 따라 가중처벌되는 경우를 포함한

다)에 해당하는 죄를 범하여 벌금 이상의 형을 선고받은 경우(벌금형의 경우에는 300만원 이상에 한정한다.)
7. 생활폐기물 수집·운반 대행계약 시 생활폐기물 수집·운반 대행계약과 관련하여 제6호 각 목에 해당하는 형을 선고받은 후 3년이 지나지 아니한 자는 계약대상에서 제외하여야 한다.

문제 01 다음은 생활폐기물 처리 등에 관한 내용이다. (   )안에 옳은 내용은?

> 생활폐기물 수집, 운반 대행계약 시 생활폐기물 수집, 운반 대행계약과 관련하여 형을 선고받은 후 (   )이 지나지 아니한 자는 계약대상에서 제외한다.

① 1년 ② 2년 ③ 3년 ④ 4년

정답 01.③

시행규칙 | 제16조(음식물류 폐기물 발생억제계획의 수립주기 및 평가방법 등)

① 법 제14조의3제1항에 따른 음식물류 폐기물 발생억제계획의 수립주기는 5년으로 하되, 그 계획에는 연도별 세부 추진계획을 포함하여야 한다.

문제 01 음식물류 폐기물 발생억제계획의 수립주기는?

① 3년 ② 4년 ③ 5년 ④ 6년

정답 01.③

시행령 | 제8조의4(음식물류 폐기물 배출자의 범위)

법 제15조의2제1항에서 "대통령령으로 정하는 자"란 다음 각 호의 어느 하나에 해당하는 자를 말한다. 〈개정 2022.06.14〉

1. 「식품위생법」 제2조제12호에 따른 집단급식소(「사회복지사업법」 제2조제4호에 따른 사회복지시설의 집단급식소는 제외한다) 중 1일 평균 총급식인원이 100명 이상(「유아교육법」에 따른 유치원에 설치된 집단급식소는 1일 평균 총급식인원이 200명 이상)인 집단급식소를 운영하는 자. 이 경우 1일 평균 총급식인원의 구체적인 산출방법 등은 환경부장관이 정하여 고시한다.
2. 「식품위생법」 제36조제1항제3호에 따른 식품접객업 중 사업장 규모가 200제곱미터

이상인 휴게음식점영업 또는 일반음식점영업을 하는 자. 다만, 음식물류 폐기물의 발생량, 폐기물 재활용시설의 용량 등을 고려하여 특별자치시, 특별자치도 또는 시·군·구의 조례로 다음 각 목의 사업장 규모 또는 제외 대상 업종을 정하는 경우에는 그 조례에 따른다.

  가. 사업장 규모(200제곱미터 이상으로 한정한다)
  나. 휴게음식점영업 중 일부 제외 대상 업종

3. 「유통산업발전법」 제2조제3호에 따른 대규모점포를 개설한 자
4. 「농수산물 유통 및 가격안정에 관한 법률」 제2조제2호·제5호 또는 제12호에 따른 농수산물도매시장·농수산물공판장 또는 농수산물종합유통센터를 개설·운영하는 자
5. 「관광진흥법」 제3조제1항제2호에 따른 관광숙박업을 경영하는 자
6. 그 밖에 음식물류 폐기물을 스스로 감량하거나 재활용하도록 할 필요가 있어 특별자치시, 특별자치도 또는 시·군·구의 조례로 정하는 자 [본조신설 2014.1.14.]

문제 01 환경부령으로 정하는 음식물류 폐기물 배출자(농수축산물류 폐기물을 포함)에 포함되지 않는 자는 누구인가?

① 식품위생법에 따른 집단급식소(사회복지사업법에 따른 사회복지시설의 집단급식소를 포함) 중 1일 평균 총 급식인원이 50명 이상인 집단급식소를 운영하는 자
② 유통산업발전법에 따른 대규모점포를 개설한 자
③ 관광진흥법에 따른 관광숙박업을 경영하는 자
④ 농수산물 유통 및 가격안정에 관한 법률에 따른 농수산물도매시장·농수산물공판장 또는 농수산물종합유통센터를 개설·운영하는 자

문제 02 음식물류 폐기물 배출자에 대한 기준으로 틀린 것은?

① 관광진흥법 규정에 의한 관광숙박업을 영위하는 자
② 유통산업발전법 규정에 의한 대규모점포를 개설한 자
③ 식품위생법 규정에 의한 집단급식소(사회복지사업법 규정에 의한 사회복지시설의 집단 급식소를 제외한다)중 1일 평균 연급식인원이 100인 이상인 집단급식소를 운영하는 자
④ 식품위생법 규정에 의한 면적 200m² 이상의 휴게음식점업을 운영하는 자

정답 01.① 02.④

| 법률 | 제17조(사업장폐기물배출자의 의무 등) |

⑤ 환경부령으로 정하는 지정폐기물을 배출하는 사업자는 그 지정폐기물을 제18조제1항에 따라 처리하기 전에 다음 각 호의 서류를 환경부장관에게 제출하여 확인을 받아야 한다. 다만, 「자동차관리법」 제2조제8호에 따른 자동차정비업을 하는 자 등 환경부령으로 정하는 자가 지정폐기물을 공동으로 수집·운반하는 경우에는 그 대표자가 환경부장관에게 제출하여 확인을 받아야 한다. 〈신설2017. 4. 18.〉
 1. 다음 각 목의 사항을 적은 폐기물처리계획서
     가. 상호, 사업장 소재지 및 업종
     나. 폐기물의 종류, 배출량 및 배출주기
     다. 폐기물의 운반 및 처리 계획
     라. 폐기물의 공동 처리에 관한 계획(공동 처리하는 경우만 해당한다)
     마. 그 밖에 환경부령으로 정하는 사항
 2. 제17조의2제1항에 따른 폐기물분석전문기관이 작성한 폐기물분석결과서
 3. 지정폐기물의 처리를 위탁하는 경우에는 수탁처리자의 수탁확인서

문제 01 환경부령으로 정하는 지정폐기물을 배출하는 사업자는 그 지정폐기물을 처리하기 전에 환경부장관의 확인을 받기 위해 제출하여야 하는 서류가 아닌 것은?
   ① 배출자의 폐기물처리계획서
   ② 폐기물인계서
   ③ 폐기물분석전문기관이 작성한 폐기물분석결과서
   ④ 지정폐기물의 처리를 위탁하는 경우에는 수탁처리자의 수탁확인서

정답 01.②

| 시행규칙 | 제18조의2(지정폐기물 처리계획의 확인) |

① 법 제17조제3항 각 호 외의 부분 본문에서 "환경부령으로 정하는 지정폐기물을 배출하는 사업자"란 다음 각 호의 어느 하나에 해당하는 사업자(생활폐기물로 만든 중간가공 폐기물 외의 중간가공 폐기물을 배출하는 사업자는 제외한다. 이하 이 조에서 같다)를 말한다. 〈개정 2022.11.29〉
 1. 오니를 월 평균 500킬로그램 이상 배출하는 사업자
 2. 폐농약, 광재, 분진, 폐주물사, 폐사, 폐내화물, 도자기조각, 소각재, 안정화 또는 고형화 처리물, 폐촉매, 폐흡착제, 폐흡수제, 폐유기용제 또는 폐유를 각각 월 평균 50킬로그램

또는 합계 월 평균 130킬로그램 이상 배출하는 사업자
3. 폐합성고분자화합물, 폐산, 폐알칼리, 폐페인트 또는 폐래커를 각각 월 평균 100킬로그램 또는 합계 월 평균 200킬로그램 이상 배출하는 사업자
3의2. 폐석면을 월 평균 20킬로그램 이상 배출하는 사업자. 이 경우 축사 등 환경부장관이 정하여 고시하는 시설물을 운영하는 사업자가 5톤 미만의 슬레이트 지붕 철거·제거 작업을 전부 도급한 경우에는 수급인(하수급인은 제외한다)이 사업자를 갈음하여 지정폐기물 처리계획의 확인을 받을 수 있다.
4. 폴리클로리네이티드비페닐 함유폐기물을 배출하는 사업자
5. 폐유독물질을 배출하는 사업자
7. 수은폐기물을 배출하는 사업자
8. 천연방사성제품폐기물을 배출하는 사업자
9. 영 별표 1 제11호에 따라 고시된 지정폐기물을 환경부장관이 정하여 고시하는 양 이상으로 배출하는 사업자

문제 01 지정폐기물 처리계획의 확인을 받아야 하는 환경부령으로 정하는 지정폐기물 중 오니를 배출하는 사업자에 관한 기준으로 옳은 것은?

① 오니를 일 평균 100킬로그램 이상 배출하는 사업자
② 오니를 일 평균 500킬로그램 이상 배출하는 사업자
③ 오니를 월 평균 100킬로그램 이상 배출하는 사업자
④ 오니를 월 평균 500킬로그램 이상 배출하는 사업자

정답 01.④

법률 | 제17조의2(폐기물분석전문기관의 지정)

① 환경부장관은 폐기물에 관한 시험·분석 업무를 전문적으로 수행하기 위하여 다음 각 호의 기관을 폐기물 시험·분석 전문기관(이하 "폐기물분석전문기관"이라 한다)으로 지정할 수 있다.
  1. 「한국환경공단법」에 따른 한국환경공단(이하 "한국환경공단"이라 한다)
  2. 「수도권매립지관리공사의 설립 및 운영 등에 관한 법률」에 따른 수도권매립지관리공사
  3. 「보건환경연구원법」에 따른 보건환경연구원
  4. 그 밖에 환경부장관이 폐기물의 시험·분석 능력이 있다고 인정하는 기관

문제 01 | 환경부장관이 지정하는 폐기물 시험·분석 전문기관이 아닌 것은?

① 한국환경공단
② 수도권매립지관리공사
③ 보건환경연구원
④ 한국환경시험인증원

정답 01.④

법률 | 제25조 (폐기물처리업)

① 폐기물의 수집·운반, 재활용 또는 처분을 업(이하 "폐기물처리업"이라 한다)으로 하려는 자(음식물류 폐기물을 제외한 생활폐기물을 재활용하려는 자와 폐기물처리 신고자는 제외한다)는 환경부령으로 정하는 바에 따라 지정폐기물을 대상으로 하는 경우에는 폐기물 처리 사업계획서를 환경부장관에게 제출하고, 그 밖의 폐기물을 대상으로 하는 경우에는 시·도지사에게 제출하여야 한다. 환경부령으로 정하는 중요 사항을 변경하려는 때에도 또한 같다. 〈개정 2010.7.23〉

시행규칙 | 제28조 (폐기물처리업의 허가)

③ 법 제25조제1항 후단에서 "환경부령으로 정하는 중요 사항"이란 다음 각 호의 구분에 따른 사항을 말한다. 〈신설 2020.5.27〉

1. 폐기물 수집·운반업
    가. 대표자 또는 상호
    나. 연락장소 또는 사무실 소재지(지정폐기물 수집·운반업의 경우에는 주차장 소재지를 포함한다)
    다. 영업구역(생활폐기물의 수집·운반업만 해당한다)
    라. 수집·운반 폐기물의 종류
    마. 운반차량의 수 또는 종류
2. 폐기물 중간처분업, 폐기물 최종처분업 및 폐기물 종합처분업
    가. 대표자 또는 상호
    나. 폐기물 처분시설 설치 예정지
    다. 폐기물 처분시설의 수(증가하는 경우에만 해당한다)
    라. 폐기물 처분시설의 구조 및 규모[대기환경보전법 또는 물환경보전법에 따른 배출시설의 변경허가 또는 변경신고 사유에 해당하는 경우로 한정한다]
    마. 폐기물 처분시설의 처분용량(처분용량의 변경으로 다른 법령에 따른 인·허가를 받아야 하는 경우와 처분용량이 100분의 30 이상 증감하는 경우만 해당한다)
    바. 폐기물처리업자의 허가받은 보관용량(이하 "허용보관량"이라 한다)

사. 매립시설의 제방의 규모(증가하는 경우에만 해당한다)
　3. 폐기물 중간재활용업, 폐기물 최종재활용업 및 폐기물 종합재활용업
　　　가. 대표자 또는 상호
　　　나. 폐기물 재활용시설의 설치 예정지
　　　다. 폐기물 재활용시설의 수(증가하는 경우만 해당한다)
　　　라. 폐기물 재활용시설의 구조 및 규모[대기환경보전법 또는 물환경보전법에 따른 배출시설의 변경허가 또는 변경신고 사유에 해당하는 경우로 한정한다]
　　　마. 폐기물 재활용시설의 재활용용량(재활용용량의 변경으로 다른 법령에 따른 인·허가를 받아야 하는 경우와 재활용용량이 100분의 30이상 증감하는 경우로 한정한다)
　　　바. 허용보관량

문제 01. 다음은 폐기물처리업과 관련된 사항이다. 아래 내용에서 언급한 '환경부령으로 정하는 중요 사항'으로 옳지 않은 것은?

> 폐기물(수집·운반, 처분)을 업으로 하려는 자는 환경부령으로 정하는 바에 따라 지정폐기물을 대상으로 하는 경우에는 폐기물 처리 사업계획서를 환경부장관에게 제출하고, 그 밖의 폐기물을 대상으로 하는 경우에는 시·도지사에게 제출하여야 한다. 환경부령으로 정하는 중요 사항을 변경하려는 때에도 또한 같다.

① 폐기물 처분시설 설치 예정지
② 영업구역(생활폐기물의 수집·운반업만 해당한다)
③ 수집운반량(허가받은 량의 100분의 30 이상 증가되는 경우만 해당한다.)
④ 운반차량의 수 또는 종류

정답 01. ③

법률 | 제25조 (폐기물처리업)

② 환경부장관이나 시·도지사는 제1항에 따라 제출된 폐기물 처리사업계획서를 다음 각 호의 사항에 관하여 검토한 후 그 적합 여부를 폐기물처리사업계획서를 제출한 자에게 통보하여야 한다. 〈개정 2015.1.20〉

③ 제2항에 따라 적합통보를 받은 자는 그 통보를 받은 날부터 2년(제5항제1호에 따른 폐기물 수집·운반업의 경우에는 6개월, 폐기물처리업 중 소각시설과 매립시설의 설치가 필요한 경우에는 3년) 이내에 환경부령으로 정하는 기준에 따른 시설·장비 및 기술능력을 갖추어 업종, 영업대상 폐기물 및 처리분야별로 지정폐기물을 대상으로 하는 경우에는 환경부장관, 그 밖의 폐기물을 대상으로 하는 경우에는 시·도지사의 허가를 받아야 한다. 이 경우 환경부장관 또는 시·도지사는 제2항에 따라 적합통보를 받은 자가 그 적합통보를 받은

사업계획에 따라 시설·장비 및 기술인력 등의 요건을 갖추어 허가신청을 한 때에는 지체없이 허가하여야 한다. 〈개정 2010.7.23〉

⑤ 폐기물처리업의 업종 구분과 영업 내용은 다음과 같다. 〈개정 2015.7.20〉

1. **폐기물 수집·운반업** : 폐기물을 수집하여 재활용 또는 처분 장소로 운반하거나 폐기물을 수출하기 위하여 수집·운반하는 영업
2. **폐기물 중간처분업** : 폐기물 중간처분시설을 갖추고 폐기물을 소각 처분, 기계적 처분, 화학적 처분, 생물학적 처분, 그 밖에 환경부장관이 폐기물을 안전하게 중간처분할 수 있다고 인정하여 고시하는 방법으로 중간처분하는 영업
3. **폐기물 최종처분업** : 폐기물 최종처분시설을 갖추고 폐기물을 매립 등(해역 배출은 제외한다)의 방법으로 최종처분하는 영업
4. **폐기물 종합처분업** : 폐기물 중간처분시설 및 최종처분시설을 갖추고 폐기물의 중간처분과 최종처분을 함께 하는 영업
5. **폐기물 중간재활용업** : 폐기물 재활용시설을 갖추고 중간가공 폐기물을 만드는 영업
6. **폐기물 최종재활용업** : 폐기물 재활용시설을 갖추고 중간가공 폐기물을 제13조의2에 따른 폐기물의 재활용 원칙 및 준수사항에 따라 재활용하는 영업
7. **폐기물 종합재활용업** : 폐기물 재활용시설을 갖추고 중간재활용업과 최종재활용업을 함께 하는 영업

문제 01 다음은 폐기물처리업과 관련된 사항이다. (   )안에 들어갈 내용으로 옳은 것은?

> 폐기물처리사업계획서의 적합통보를 받은 자는 그 통보를 받은 날부터 2년, (   ) 이내에 환경부령으로 정하는 기준에 따른 시설·장비 및 기술능력을 갖추어 업종, 영업대상 폐기물 및 처리분야별로 지정폐기물을 대상으로 하는 경우에는 환경부장관의, 그 밖의 폐기물을 대상으로 하는 경우에는 시·도지사의 허가를 받아야 한다.

① 폐기물 수집·운반업의 경우에는 6개월, 폐기물처리업 중 소각시설과 매립시설의 설치가 필요한 경우에는 3년
② 폐기물 수집·운반업의 경우에는 6개월, 폐기물처리업 중 소각시설과 매립시설의 설치가 필요한 경우에는 1년
③ 폐기물 수집·운반업의 경우에는 3개월, 폐기물처리업 중 소각시설과 매립시설의 설치가 필요한 경우에는 3년
④ 폐기물 수집·운반업의 경우에는 3개월, 폐기물처리업 중 소각시설과 매립시설의 설치가 필요한 경우에는 1년

정답 01. ①

문제 02 폐기물처리업의 업종으로 해당되지 않는 것은?

① 폐기물 종합처분업　② 폐기물 최종처분업
③ 폐기물 재활용 수집, 운반업　④ 폐기물 종합재활용업

문제 03 폐기물처리업의 업종 구분과 영업 내용으로 옳지 않은 것은?

① 폐기물 종합처분업: 폐기물 중간처분시설 및 최종처분시설을 갖추고 폐기물의 중간처분과 최종처분을 함께 하는 영업
② 폐기물 중간재활용업: 폐기물 재활용시설을 갖추고 중간가공 폐기물을 만드는 영업
③ 폐기물 최종재활용업: 폐기물 재활용시설을 갖추고 최종가공 폐기물을 재활용하는 영업
④ 폐기물 종합재활용업: 폐기물 재활용시설을 갖추고 중간재활용업과 최종재활용업을 함께 하는 영업

정답 02.③　03.③

시행규칙　제29조 (폐기물처리업의 변경허가)

① 법 제25조제11항에 따라 폐기물처리업의 변경허가를 받아야 할 중요사항은 다음 각 호와 같다. 〈개정 2018.12.31〉

1. 폐기물 수집·운반업
    가. 수집·운반대상 폐기물의 변경
    나. 영업구역의 변경
    다. 주차장 소재지의 변경(지정폐기물을 대상으로 하는 수집·운반업만 해당한다)
    라. 운반차량(임시차량은 제외한다)의 증차
2. 폐기물 중간처분업, 폐기물 최종처분업 및 폐기물 종합처분업
    가. 처분대상 폐기물의 변경
    나. 폐기물 처분시설 소재지의 변경
    다. 운반차량(임시차량은 제외한다)의 증차
    라. 폐기물 처분시설의 신설
    마. 처분용량의 100분의 30 이상의 변경(허가 또는 변경허가를 받은 후 변경되는 누계를 말한다)
    바. 주요 설비의 변경. 다만, 다음 1)부터 4)까지의 경우만 해당한다.
        1) 폐기물 처분시설의 구조 변경으로 인하여 별표 9 제1호나목2)가)의 (1)·(2), 나)의 (1)·(2), 다)의 (2)·(3), 라)의 (1)·(2)의 기준이 변경되는 경우

2) 차수시설·침출수 처리시설이 변경되는 경우
3) 별표 9 제2호나목2)바)에 따른 가스처리시설 또는 가스활용시설이 설치되거나 변경되는 경우
4) 배출시설의 변경허가 또는 변경신고의 대상이 되는 경우

사. 매립시설 제방의 증·개축
아. 허용보관량의 변경

3. 폐기물 중간재활용업, 폐기물 최종재활용업 및 폐기물 종합재활용업
   가. 재활용대상 폐기물의 변경(제33조제1항제6호에 해당하는 경우는 제외한다)
   나. 폐기물 재활용 유형의 변경(제33조제1항제7호에 해당하는 경우는 제외한다)
   다. 폐기물 재활용시설 소재지의 변경
   라. 운반차량(임시차량은 제외한다)의 증차
   마. 폐기물 재활용시설의 신설
   바. 허가 또는 변경허가를 받은 재활용 용량의 100분의 30 이상(금속을 회수하는 최종재활용업 또는 종합재활용업의 경우에는 100분의 50 이상)의 변경(허가 또는 변경허가를 받은 후 변경되는 누계를 말한다)
   사. 주요 설비의 변경. 다만, 다음 1) 및 2)의 경우만 해당한다.
      1) 폐기물 재활용시설의 구조 변경으로 인하여 별표 9 제3호마목13)·14) 또는 사목 11)·12)에 따른 기준이 변경되는 경우
      2) 배출시설의 변경허가 또는 변경신고의 대상이 되는 경우
   아. 허용보관량의 변경

문제 01 폐기물처리업의 변경허가를 받아야 할 중요사항으로 가장 관계가 먼 내용은?

① 매립시설 제방의 증·개축
② 폐기물 처분시설의 소재지나 영업구역의 변경
③ 운반차량(임시차량은 제외한다)의 증차
④ 주차장 소재지의 변경(지정폐기물을 대상으로 하는 수집·운반업만 제외한다.)

문제 02 폐기물중간재활용업, 폐기물최종재활용업 및 폐기물 종합재활용업의 변경허가를 받아야 하는 중요사항으로 옳지 않은 것은?

① 재활용대상 폐기물의 변경
② 폐기물 재활용시설의 신설
③ 허용보관량의 변경
④ 운반차량 주차장 소재지 변경

정답 01.④ 02.④

문제 03 다음 중 폐기물처리업의 변경허가를 받아야 하는 중요사항으로 가장 거리가 먼 것은?

① 주차장 소재지의 변경(지정폐기물을 대상으로 하는 수집·운반업만 해당한다)
② 운반차량(임시차량은 제외한다)의 증차
③ 처분용량의 100분의 20 이상의 변경(허가 또는 변경허가를 받은 후 변경되는 누계를 말한다)
④ 폐기물처분시설 소재지나 영업구역의 변경

정답 03.③

시행규칙 | 제33조 (폐기물처리업의 변경신고)

① 법 제25조제11항에 따라 폐기물처리업의 변경신고를 하여야 할 사항은 다음 각 호와 같다. 〈개정 2023.5.31〉

1. 상호의 변경
2. 대표자의 변경(법 제33조에 따라 권리·의무를 승계하는 경우는 제외한다)
3. 연락장소나 사무실 소재지의 변경
4. 임시차량의 증차 또는 운반차량의 감차
5. 재활용 대상 부지의 변경(별표 4의2 제4호에 따른 재활용 유형으로 재활용하는 경우만 해당한다)
6. 재활용 대상 폐기물의 변경(별표 4의2에 따른 재활용의 세부 유형은 변경하지 않고 재활용하려는 폐기물을 추가하는 경우만 해당한다)
7. 폐기물 재활용 유형의 변경(재활용 시설 또는 해당 시설의 소재지가 변경되지 않는 경우만 해당한다)
8. 별표 7에 따른 기술능력의 변경

② 변경신고를 하려는 자는 제1항제1호 및 제2호의 경우에는 그 사유가 발생한 날부터 30일 이내에, 제1항제3호부터 제7호까지의 경우에는 변경 전에 각각 별지 제21호서식의 폐기물처리업 변경신고서에 허가증과 변경내용을 확인할 수 있는 서류(운반차량을 감차하는 경우는 제외한다)를 첨부하여 시·도지사나 지방환경관서의 장에게 제출하여야 한다. 〈개정 2018.12.31〉

문제 01 폐기물처리업의 변경신고 사항으로 틀린 것은?

① 운반차량의 증차
② 연락장소 또는 사무실 소재지의 변경
③ 대표자의 변경(권리, 의무를 승계하는 경우를 제외한다)
④ 상호의 변경

문제 02 폐기물처리업 변경신고서에 허가증과 변경내용을 확인할 수 있는 서류를 첨부하여 시·도지사나 지방환경관서의 장에게 제출하여야 하는 변경사항으로 틀린 것은?

① 임시차량의 증차 또는 운반차량의 감차
② 재활용 대상 부지의 변경
③ 재활용 대상 폐기물의 변경
④ 재활용 대상 폐기물 수집예상량

정답 01.① 02.④

시행규칙 │ 제31조 (폐기물처리업자의 폐기물 보관량 및 처리기한)

① 법 제25조제9항제2호에서 "환경부령으로 정하는 양 또는 기간"이란 다음 각 호와 같다. 〈개정 2023.12.28〉

1. 폐기물 수집·운반업자가 임시보관장소에 폐기물을 보관하는 경우
   가. 의료폐기물: 냉장 보관할 수 있는 섭씨 4도 이하의 전용보관시설에서 보관하는 경우 5일 이내, 그 밖의 보관시설에서 보관하는 경우에는 2일 이내. 다만, 영 별표 2 제1호의 격리의료폐기물(이하 "격리의료폐기물"이라 한다)의 경우에는 보관시설과 무관하게 2일 이내로 한다.
   나. 의료폐기물 외의 폐기물: 중량 450톤 이하이고 용적이 300세제곱미터 이하, 5일 이내

2. 폐기물 재활용업자가 제11조제2항 및 제3항에 따른 임시보관시설에 폐기물(폐전주로 한정한다)을 보관하는 경우
   가. 3월부터 11월까지 : 중량 50톤 미만
   나. 12월부터 다음 해 2월까지 : 중량 100톤 미만

3. 폐기물 재활용업자가 다음 각 목의 폐기물을 재활용하기 위하여 보관하는 경우: 1일 재활용량의 60일분 보관량 이하, 60일 이내. 다만, 폐기물 재활용업자가 폐목재 또는 폐촉매 또는 합성수지재질의 폐김발장(「수산업·어촌 발전 기본법」 제3조제7호에 따른 수산물

중 김의 건조를 위하여 사용하는 발장을 말한다. 이하 같다)을 재활용하기 위하여 보관하는 경우에는 1일 재활용량의 180일분 보관량 이하, 180일 이내로 한다.

가. 폐석고(도자기 제조시설에서 발생하는 것으로 한정한다), 폐고무, 광재(鑛滓), 폐내화물, 폐도자기조각, 폐합성수지(「자원의 절약과 재활용촉진에 관한 법률 시행령」 제18조제1호, 제3호 및 제8호부터 제10호까지의 규정에 해당하는 폐합성수지는 제외한다), 폐금속류, 폐지, 폐목재, 폐유리, 폐콘크리트전주, 폐석재, 폐레미콘, 폐촉매, 합성수지재질의 폐김발장, 석탄재, 리튬이차전지 또는 전기자동차 폐배터리

나. 토기·자기·내화물·시멘트·콘크리트·석제품의 제조 및 가공시설, 건설공사장의 세륜시설(바퀴 등의 세척시설), 수도사업용 정수시설, 비금속광물 분쇄시설[굴착(땅파기)시설을 포함한다] 또는 토사세척시설에서 발생되는 무기성 오니(汚泥)

4. 폐기물 재활용업자, 폐기물 중간처분업자 및 폐기물 종합처분업자가 폐기물을 보관(의료폐기물 또는 제2호 및 제3호에 따라 폐기물을 보관하는 경우는 제외한다)하는 경우: 1일 처리용량의 30일분 보관량 이하, 30일 이내(매립시설의 일정 구역을 구획하여 폐석면을 매립하기 위한 경우에는 6개월 이내)

5. 폐기물 재활용업자가 의료폐기물(태반으로 한정한다)을 보관하는 경우

   가. 제11조제1항제2호에 따라 폐기물 임시보관시설에 보관하는 경우: 중량 5톤 미만, 5일 이내

   나. 그 밖의 경우: 1일 재활용량의 7일분 보관량 이하, 7일 이내

6. 폐기물 중간처분업자가 의료폐기물을 보관하는 경우: 1일 처분용량의 5일분 보관량 이하, 5일 이내. 다만, 격리의료폐기물 및 영 별표 2 제2호가목의 조직물류폐기물의 경우에는 2일분 보관량 이하, 2일 이내로 한다.

7. 환경부장관은 제1호 및 제6호에도 불구하고 「감염병의 예방 및 관리에 관한 법률」 제2조제1호에 따른 감염병의 확산으로 인하여 「재난 및 안전관리 기본법」 제38조제1항에 따른 재난 예보·경보가 발령되는 경우 또는 감염병의 확산 방지를 위하여 필요하다고 인정하는 경우에는 의료폐기물의 처리기한을 따로 정할 수 있다.

문제 01 폐기물 재활용업자가 '폐고무'를 재활용하기 위하여 보관하는 경우 환경부령으로 정하는 기간으로 옳은 것은?

① 15일 ② 30일
③ 60일 ④ 90일

정답 01.③

문제 02 폐기물 수집·운반업자가 임시보관장소에 폐기물을 보관하는 경우 환경부령으로 정하는 양 또는 기간은?(의료폐기물 외의 폐기물)

① 중량 450톤 이하이고 용적이 300세제곱미터 이하, 5일 이내
② 중량 450톤 이하이고 용적이 300세제곱미터 이하, 10일 이내
③ 중량 500톤 이하이고 용적이 300세제곱미터 이하, 15일 이내
④ 중량 500톤 이하이고 용적이 300세제곱미터 이하, 20일 이내

정답 02.①

법률 | 제26조 (결격 사유)

다음 각 호의 어느 하나에 해당하는 자는 폐기물처리업의 허가를 받거나 전용용기 제조업의 등록을 할 수 없다. 〈개정 2019.11.26〉

1. 미성년자, 피성년후견인 또는 피한정후견인
2. 파산선고를 받고 복권되지 아니한 자
3. 이 법을 위반하여 금고 이상의 실형을 선고받고 그 형의 집행이 끝나거나 집행을 받지 아니하기로 확정된 후 10년이 지나지 아니한 자

3의2. 이 법을 위반하여 금고 이상의 형의 집행유예를 선고받고 그 집행유예 기간이 끝난 날부터 5년이 지나지 아니한 자

4. 이 법을 위반하여 대통령령으로 정하는 벌금형 이상을 선고받고 그 형이 확정된 날부터 5년이 지나지 아니한 자
5. 제27조(제1항제2호 및 제2항제20호는 제외한다)에 따라 폐기물처리업의 허가가 취소되거나 제27조의2(제1항제2호 및 제2항제2호는 제외한다)에 따라 전용용기 제조업의 등록이 취소된 자(이하 "허가취소자등"이라 한다)로서 그 허가 또는 등록이 취소된 날부터 10년이 지나지 아니한 자

5의2. 제5호에 해당하는 허가취소자등과의 관계에서 자신의 영향력을 이용하여 허가취소자등에게 업무집행을 지시하거나 허가취소자등의 명의로 직접 업무를 집행하는 등의 사유로 허가취소자등에게 영향을 미쳐 이익을 얻는 자 등으로서 환경부령으로 정하는 자

6. 임원 또는 사용인 중에 제1호부터 제5호까지 및 제5호의2의 어느 하나에 해당하는 자가 있는 법인 또는 개인사업자

문제 01 폐기물처리업의 허가를 받거나 전용용기 제조업의 등록을 할 수 없는 자에 대한 기준으로 옳지 않은 것은?

① 미성년자, 피성년후견인 또는 피한정후견인
② 파산선고를 받고 복권되지 아니한 자
③ 폐기물관리법을 위반하여 징역 이상의 형을 선고받고 그 형의 집행이 끝나거나 집행을 받지 아니하기로 확정된 후 10년이 지나지 아니한 자
④ 폐기물관리법을 위반하여 징역 이상의 형의 집행유예를 선고받고 2년이 지나지 아니한 자

정답 01.④

법 률 | **제28조 (폐기물처리업자에 대한 과징금 처분)**

① 환경부장관이나 시·도지사는 제27조에 따라 폐기물처리업자에게 영업의 정지를 명령하려는 때 그 영업의 정지가 다음 각 호의 어느 하나에 해당한다고 인정되면 그 영업의 정지를 갈음하여 대통령령으로 정하는 매출액에 100분의 5를 곱한 금액을 초과하지 아니하는 범위에서 과징금을 부과할 수 있다. 다만, 그 폐기물처리업자가 매출액이 없거나 매출액을 산정하기 곤란한 경우로서 대통령령으로 정하는 경우에는 1억원을 초과하지 아니하는 범위에서 과징금을 부과할 수 있다. 〈개정 2019. 11. 26.〉

1. 해당 영업의 정지로 인하여 그 영업의 이용자가 폐기물을 위탁처리하지 못하여 폐기물이 사업장 안에 적체됨으로써 이용자의 사업활동에 막대한 지장을 줄 우려가 있는 경우
2. 해당 폐기물처리업자가 보관 중인 폐기물이나 그 영업의 이용자가 보관 중인 폐기물의 적체에 따른 환경오염으로 인하여 인근지역 주민의 건강에 위해가 발생되거나 발생될 우려가 있는 경우
3. 천재지변이나 그 밖의 부득이한 사유로 해당 영업을 계속하도록 할 필요가 있다고 인정되는 경우

문제 01 환경부장관이나 시도지사가 폐기물처리업자에게 영업정지에 갈음하여 부과할 수 있는 과징금의 최대액수는 얼마인가?

① 1억원 ② 2억원 ③ 3억원 ④ 5억원

정답 01.①

문제 02 폐기물처리업자가 보관 중인 폐기물이나 그 영업의 이용자가 보관 중인 폐기물의 적체에 따른 환경오염으로 인하여 인근지역 주민의 건강에 위해가 발생되거나 발생될 우려가 있는 경우 그 영업의 정지에 갈음하여 부과할 수 있는 과징금의 최대액수는 얼마인가?

① 5천만원 ② 1억원 ③ 2억원 ④ 3억원

문제 03 천재지변이나 그 밖의 부득이한 사유로 해당 영업을 계속하도록 할 필요가 있다고 인정되는 경우 그 영업의 정지에 갈음하여 부과할 수 있는 과징금의 최대액수는 얼마인가?

① 5천만원   ② 1억원
③ 2억원   ④ 3억원

정답 02.② 03.②

시행령 | 제11조 (과징금을 부과할 위반행위별 과징금의 금액 등)

③ 법 제28조제2항에 따른 위반행위의 종류와 정도에 따른 과징금의 금액은 별표 6과 같다. 〈개정 2020. 5. 19.〉

④ 환경부장관이나 시·도지사는 사업장의 사업규모, 사업지역의 특수성, 위반행위의 정도 및 횟수 등을 고려하여 법 제28조제1항에 따른 과징금 금액의 2분의 1 범위에서 가중하거나 감경할 수 있다. 〈개정 2020. 5. 19.〉

문제 01 (   ) 안에 알맞은 내용은?

> 환경부장관이나 시·도지사는 사업장의 사업규모, 사업지역의 특수성, 위반행위의 정도 및 횟수 등을 고려하여 제1항에 따른 과징금 금액의 (   ) 범위에서 가중하거나 감경할 수 있다. 다만, 가중하는 경우에는 과징금 총액이 1억원을 초과할 수 없다.

① 1/4   ② 1/3
③ 1/2   ④ 1/1

정답 01.③

시행령 | 제11조의2 (과징금의 부과 및 납부)

① 환경부장관이나 시·도지사는 법 제28조에 따라 과징금을 부과하려는 때에는 그 위반행위의 종별과 해당 과징금의 금액을 구체적으로 밝혀 이를 납부할 것을 서면으로 통지하여야 한다.

② 제1항에 따라 통지를 받은 자는 통지를 받은 날부터 20일 이내에 과징금을 부과권자가

정하는 수납기관에 납부하여야 한다.

③ 제2항에 따라 과징금의 납부를 받은 수납기관은 그 납부자에게 영수증을 발급하고, 지체 없이 그 사실을 환경부장관이나 시·도지사에게 알려야 한다.

문제 01 환경부장관이나 시·도지사로부터 통지를 받은 자는 통지를 받은 날부터 며칠 이내에 과징금을 부과권자가 정하는 수납기관에 납부하여야 한다.
① 10
② 20
③ 30
④ 40

정답 01.②

법률 | 제29조 (폐기물처리시설의 설치)

① 폐기물처리시설은 환경부령으로 정하는 기준에 맞게 설치하되, 환경부령으로 정하는 규모 미만의 폐기물 소각 시설을 설치·운영하여서는 아니 된다.

시행규칙 | 제36조(설치가 금지되는 폐기물 소각 시설)

법 제29조제1항에서 "환경부령으로 정하는 규모 미만의 폐기물 소각 시설"이란 시간당 폐기물 소각 능력이 25킬로그램 미만인 폐기물 소각 시설을 말한다.

문제 01 폐기물처리시설은 환경부령으로 정하는 기준에 맞게 설치하되, 환경부령으로 정하는 규모 미만의 폐기물 소각 시설을 설치·운영하여서는 아니 된다. 환경부령으로 정하는 규모 미만 폐기물 소각시설의 시간당 폐기물 소각 능력은?
① 시간당 폐기물 소각 능력이 25킬로그램 미만인 폐기물 소각시설
② 시간당 폐기물 소각 능력이 35킬로그램 미만인 폐기물 소각시설
③ 시간당 폐기물 소각 능력이 45킬로그램 미만인 폐기물 소각시설
④ 시간당 폐기물 소각 능력이 55킬로그램 미만인 폐기물 소각시설

정답 01.①

| 시행규칙 | **제38조 (설치신고대상 폐기물처리시설)**

법 제29조제2항제2호에서 "환경부령으로 정하는 규모의 폐기물처리시설"이란 다음 각 호의 시설을 말한다. 〈개정 2022.11.29〉

1. 일반소각시설로서 1일 처분능력이 100톤(지정폐기물의 경우에는 10톤) 미만인 시설
2. 고온소각시설·열분해시설·고온용융시설 또는 열처리조합시설로서 시간당 처분능력이 100킬로그램 미만인 시설
3. 기계적 처분시설 또는 재활용시설 중 증발·농축·정제 또는 유수분리시설로서 시간당 처분능력 또는 재활용능력이 125킬로그램 미만인 시설
4. 기계적 처분시설 또는 재활용시설 중 압축·압출·성형·주조·파쇄·분쇄·탈피·절단·용융·용해·연료화·소성(시멘트 소성로는 제외한다) 또는 탄화시설로서 1일 처분능력 또는 재활용능력이 100톤 미만인 시설
5. 기계적 처분시설 또는 재활용시설 중 탈수·건조시설, 멸균분쇄시설 및 화학적 처분시설 또는 재활용시설
6. 생물학적 처분시설 또는 재활용시설로서 1일 처분능력 또는 재활용 능력이 100톤 미만인 시설
7. 소각열회수시설로서 1일 재활용능력이 100톤 미만인 시설

문제 01 설치신고대상 폐기물처리시설 기준으로 옳지 않은 것은?

① 일반소각시설로서 1일 처분능력이 100톤(지정폐기물의 경우에는 5톤) 미만인 시설
② 생물학적 처분시설 또는 재활용시설로서 1일 처분능력 또는 재활용 능력이 100톤 미만인 시설
③ 고온소각시설·열분해시설·고온용융시설 또는 열처리조합시설로서 시간당 처분능력이 100킬로그램 미만인 시설
④ 기계적 처분시설 또는 재활용시설 중 탈수·건조시설, 멸균분쇄시설 및 화학적 처분시설 또는 재활용시설

정답 01.①

| 법 률 | 제30조의 2(폐기물처리시설 검사기관의 지정 등)

① 환경부장관은 전문적·기술적인 폐기물처리시설 검사를 위하여 다음 각 호의 어느 하나에 해당하는 기관 또는 단체 중에서 폐기물처리시설 검사기관을 지정하고, 그 기관에 지정서(이하 "폐기물처리시설 검사기관 지정서"라 한다)를 발급하여야 한다.
1. 한국환경공단
2. 국·공립연구기관
3. 그 밖에 환경부령으로 정하는 기관 또는 단체

| 시행규칙 | 제41조 2(폐기물처리시설 검사기관의 지정 대상)

법 제30조의2제1항제3호에서 "환경부령으로 정하는 기관 또는 단체"란 다음 각 호의 기관 또는 단체를 말한다.
1. 「국가표준기본법」 제23조에 따라 인정받은 시험·검사기관
2. 「과학기술분야 정부출연연구기관 등의 설립·운영 및 육성에 관한 법률」에 따라 설립된 기관
3. 「폐기물관리법」 제17조의2제4항에 따른 폐기물분석전문기관
4. 「환경분야 시험·검사 등에 관한 법률」 제16조에 따라 등록된 측정대행업자
5. 그 밖에 국립환경과학원장이 폐기물처리시설 검사에 관한 업무를 수행할 수 있는 인적·물적 기준을 갖추었다고 인정하여 고시하는 기관 또는 단

| 시행규칙 | 제41조 (폐기물처리시설의 사용신고 및 검사)

⑤ 법 제30조제2항에서 "환경부령으로 정하는 기간"이란 다음 각 호의 기준일 전후 각각 30일 이내의 기간을 말한다. 다만, 멸균분쇄시설은 제3호의 기간을 말한다. 〈개정 2022.11.29〉
  1. **소각시설, 소각열회수시설** : 최초 정기검사는 사용개시일부터 3년이 되는 날(「대기환경보전법」 제32조에 따른 측정기기를 설치하고 같은 법 시행령 제19조에 따른 굴뚝원격감시체계관제센터와 연결하여 정상적으로 운영되는 경우에는 사용개시일부터 5년이 되는 날), 2회 이후의 정기검사는 최종 정기검사일(제8항에 따라 검사결과서를 발급받은 날을 말한다. 이하 같다)부터 3년이 되는 날
  2. **매립시설** : 최초 정기검사는 사용개시일부터 1년이 되는 날, 2회 이후의 정기검사는 최종 정기검사일부터 3년이 되는 날
  3. **멸균분쇄시설** : 최초 정기검사는 사용개시일부터 3개월, 2회 이후의 정기검사는 최종

정기검사일부터 3개월

4. **음식물류 폐기물 처리시설**: 최초 정기검사는 사용개시일부터 1년이 되는 날, 2회 이후의 정기검사는 최종 정기검사일부터 1년이 되는 날. 다만, 영 별표 3 제3호다목1)가) 단서에 따른 시설 중 2015년 6월 30일 이전에 설치된 시설로 2017년 7월 1일 이후 처음 정기검사를 받는 경우에는 해당 정기검사가 최초 정기검사이면 사용개시일부터 3년이 되는 날, 2회 이후의 정기검사이면 최종 정기검사일부터 3년이 되는 날로 한다.

5. **시멘트 소성로**: 최초 정기검사는 사용개시일부터 3년이 되는 날(「대기환경보전법」 제32조에 따른 측정기기를 설치하고 같은 법 시행령 제19조제1항에 따른 굴뚝 원격감시체계 관제센터와 연결하여 정상적으로 운영되는 경우에는 사용개시일부터 5년이 되는 날), 2회 이후의 정기검사는 최종 정기검사일부터 3년이 되는 날

⑦ 법 제30조에 따른 검사를 받으려는 자는 검사를 받으려는 날 15일 전까지 별지 제29호서식이나 별지 제30호서식의 검사신청서에 다음 각 호의 서류를 첨부하여 제3항에 따른 검사기관(이하 이 조에서 "검사기관"이라 한다)에 제출하여야 한다. 〈개정 2022.11.29〉

1. **소각시설, 소각열회수시설이나 멸균분쇄시설의 경우**
    가. 설계도면
    나. 폐기물조성비 내용
    다. 운전 및 유지관리계획서

2. **매립시설의 경우**
    가. 설계도서 및 구조계산서 사본
    나. 시방서 및 재료시험성적서 사본
    다. 설치 및 장비확보 명세서
    라. 환경부장관이 고시하는 사항을 포함한 시설설치의 환경성조사서(면적이 1만 제곱미터 이상이거나 매립용적이 3만 세제곱미터 이상인 매립시설의 경우만 제출한다). 다만, 「환경영향평가법」에 따른 전략환경영향평가 대상사업, 환경영향평가 대상사업 또는 소규모 환경영향평가 대상사업의 경우에는 전략환경영향평가서, 환경영향평가서나 소규모 환경영향평가서로 대체할 수 있다.
    마. 종전에 받은 정기검사 결과서 사본(종전에 검사를 받은 경우에 한정한다)

3. **음식물류 폐기물 처리시설의 경우**
    가. 설계도면
    나. 운전 및 유지관리계획서(물질수지도를 포함한다)
    다. 재활용제품의 사용 또는 공급계획서(재활용의 경우만 제출한다)

4. 시멘트 소성로의 경우
  가. 설계도면
  나. 폐기물 성질·상태, 양, 조성비 내용
  다. 운전 및 유지관리계획서

문제 01 폐기물처리시설 검사기관이 아닌 것은?
① 폐기물분석전문기관　　② 한국폐기물협회
③ 한국환경공단　　　　　④ 국·공립연구기관

문제 02 환경부령으로 정하는 폐기물처리시설 검사기관이 아닌 것은?
① 한국환경공단　　　　　② 폐기물분석전문기관
③ 등록된 측정대행업자　　④ 환경보전협회

문제 03 폐기물처리시설을 설치·운영하는 자는 소각시설의 경우 최초 정기검사를 사용 개시일로부터 몇 년 이내에 받아야 하는가?
① 1년　　② 3년　　③ 5년　　④ 10년

문제 04 다음은 폐기물처리시설의 검사에 관련된 내용이다. 잘못된 것은?
① 소각시설 : 최초 정기검사는 사용개시일부터 2년
② 매립시설 : 최초 정기검사는 사용개시일부터 1년
③ 멸균분쇄시설 : 최초 정기검사는 사용개시일부터 3월
④ 음식물류폐기물처리시설 : 최초 정기검사는 사용개시일부터 1년

문제 05 매립시설의 설치를 마친 자가 환경부령으로 정하는 검사기관으로부터 설치검사를 받고자 하는 경우, 검사를 받고자하는 날 15일 전까지 검사신청서에 각 서류를 첨부하여 검사기관에 제출하여야 하는데 그 서류에 해당하지 않는 것은?
① 설계도서 및 구조계산서 사본　　② 유지관리계획서
③ 설치 및 장비확보명세서　　　　　④ 시방서 및 재료시험성적서 사본

정답 01.② 02.④ 03.② 04.① 05.②

문제 06 폐기물처리시설의 설치를 마친 자는 환경부령으로 정하는 검사기관으로부터 설치검사를 받아야한다. 검사를 받고자하는 자가 검사신청서에 각 서류를 첨부하여 검사기관에 제출하여야 하는데 그 서류에 해당하지 않는 것은?(단, 음식물류 폐기물 처리시설의 경우)

① 설계도면
② 운전 및 유지관리계획서(물질수지도를 포함한다)
③ 재활용제품의 사용 또는 공급계획서(재활용의 경우만 제출한다)
④ 설치 및 장비확보명세서

정답 06.④

법률 │ 제31조 (폐기물처리시설의 관리)

② 대통령령으로 정하는 폐기물처리시설을 설치·운영하는 자는 그 처리시설에서 배출되는 오염물질을 측정하거나 환경부령으로 정하는 측정기관으로 하여금 측정하게 하고, 그 결과를 환경부장관에게 제출하여야 한다.

③ 대통령령으로 정하는 폐기물처리시설을 설치·운영하는 자는 그 폐기물처리시설의 설치·운영이 주변 지역에 미치는 영향을 3년마다 조사하고, 그 결과를 환경부장관에게 제출하여야 한다.

시행규칙 │ 제43조 (오염물질의 측정)

① 법 제31조제2항에서 "환경부령으로 정하는 측정기관"이란 다음 각 호의 기관을 말한다.
〈개정 2016.1.21〉

1. 보건환경연구원
2. 한국환경공단
3. 삭제 〈2010.1.15〉
4. 「환경분야 시험·검사 등에 관한 법률」 제16조제1항에 따라 수질오염물질 측정대행업의 등록을 한 자
5. 수도권매립지관리공사
6. 폐기물분석전문기관

문제 01 다음 (   )안에 들어갈 말은?

> 대통령령으로 정하는 폐기물처리시설을 설치·운영하는 자는 그 폐기물처리시설의 설치·운영이 주변 지역에 미치는 영향을 (   )마다 조사하고, 그 결과를 환경부장관에게 제출하여야 한다.

① 1년 ② 2년 ③ 3년 ④ 4년

문제 02 대통령령으로 정하는 폐기물처리시설을 설치·운영하는 자는 그 처리시설에서 배출되는 오염물질을 측정하거나 환경부령으로 정하는 측정기관으로 하여금 측정하게 하고, 그 결과를 환경부장관에게 제출하여야 한다. 환경부령으로 정하는 측정기관과 거리가 먼 것은?

① 보건환경연구원 ② 한국환경공단
③ 수도권매립지관리공사 ④ 국립환경과학원

정답 01.③ 02.④

시행령 | 제14조 (주변지역 영향 조사대상 폐기물처리시설)

법 제31조제3항에서 "대통령령으로 정하는 폐기물처리시설"이란 폐기물처리업자가 설치·운영하는 다음 각 호의 시설을 말한다. 〈개정 2012.9.24〉

1. 1일 처분능력이 50톤 이상인 사업장폐기물 소각시설(같은 사업장에 여러 개의 소각시설이 있는 경우에는 각 소각시설의 1일 처분능력의 합계가 50톤 이상인 경우를 말한다)
2. 매립면적 1만 제곱미터 이상의 사업장 지정폐기물 매립시설
3. 매립면적 15만 제곱미터 이상의 사업장 일반폐기물 매립시설
4. 시멘트 소성로(폐기물을 연료로 사용하는 경우로 한정한다)
5. 1일 재활용능력이 50톤 이상인 사업장폐기물 소각열회수시설(같은 사업장에 여러 개의 소각열회수시설이 있는 경우에는 각 소각열회수시설의 1일 재활용능력의 합계가 50톤 이상인 경우를 말한다)

문제 01 주변지역 영향 조사대상 폐기물처리시설의 기준으로 옳은 것은?

① 매립면적 1만 제곱미터 이상의 사업장 일반폐기물 매립시설
② 매립면적 5만 제곱미터 이상의 사업장 일반폐기물 매립시설
③ 매립면적 10만 제곱미터 이상의 사업장 일반폐기물 매립시설
④ 매립면적 15만 제곱미터 이상의 사업장 일반폐기물 매립시설

문제 02 주변지역 영향 조사대상 폐기물처리시설의 기준으로 틀린 것은?

① 매립면적 1만 제곱미터 이상의 사업장 지정폐기물 매립시설
② 매립면적 15만 제곱미터 이상의 사업장 일반폐기물 매립시설
③ 시멘트 소성로(폐기물을 연료로 사용하는 경우로 한정한다)
④ 1일 재활용능력이 30톤 이상인 사업장폐기물 소각열회수시설

정답 01.④ 02.④

시행령 | 제15조 (기술관리인을 두어야 할 폐기물처리시설)

법 제34조제1항에서 "대통령령으로 정하는 폐기물처리시설"이란 다음 각 호의 시설을 말한다. 다만, 폐기물처리업자가 운영하는 폐기물처리시설은 제외한다. 〈개정 2012.9.24〉

1. 매립시설의 경우
   가. 지정폐기물을 매립하는 시설로서 면적이 3천300 제곱미터 이상인 시설. 다만, 별표 3의 제2호 최종처분시설 중 가목의 1)차단형 매립시설에서는 면적이 330 제곱미터 이상이거나 매립용적이 1천 세제곱미터 이상인 시설로 한다.
   나. 지정폐기물 외의 폐기물을 매립하는 시설로서 면적이 1만 제곱미터 이상이거나 매립용적이 3만 세제곱미터 이상인 시설
2. 소각시설로서 시간당 처분능력이 600킬로그램(의료폐기물을 대상으로 하는 소각시설의 경우에는 200킬로그램)이상인 시설
3. 압축·파쇄·분쇄 또는 절단시설로서 1일 처분능력 또는 재활용능력이 100톤 이상인 시설
4. 사료화·퇴비화 또는 연료화시설로서 1일 재활용능력이 5톤 이상인 시설
5. 멸균분쇄시설로서 시간당 처분능력이 100킬로그램 이상인 시설
6. 시멘트 소성로
7. 용해로(폐기물에서 비철금속을 추출하는 경우로 한정한다)로서 시간당 재활용능력이 600킬로그램 이상인 시설
8. 소각열회수시설로서 시간당 재활용능력이 600킬로그램 이상인 시설

문제 01 기술관리인을 두어야 할 폐기물처리시설 기준으로 틀린 것은?(단, 폐기물 처리업자가 운영하는 폐기물처리시설 제외)

① 시멘트 소성로
② 사료화, 퇴비화 또는 연료화 시설로서 1일 재활용능력이 10톤 이상인 시설
③ 소각시설로서 시간당 처분능력이 600킬로그램(의료폐기물을 대상으로 하는 소각시설의 경우에는 200킬로그램) 이상인 시설
④ 용해로(폐기물에서 비철금속을 추출하는 경우로 한정한다.)로서 시간당 재활용능력이 600킬로그램 이상인 시설

문제 02 기술관리인을 두어야 할 폐기물처리 시설에 해당하지 않는 것은 어느 것인가?

① 멸균·분쇄시설로 1일 처리능력이 1톤 이상인 시설
② 지정폐기물을 매립하는 시설로서 면적이 3천300 제곱미터 이상인 시설.
③ 소각시설로서 시간당 처분능력이 600킬로그램
④ 시멘트 소성로

문제 03 기술관리인을 두어야 할 폐기물처리시설 중 "대통령령으로 정하는 폐기물처리시설"에 해당되지 않는 것은 어느 것인가?

① 소각시설로 시간당 처분능력이 100킬로그램 이상인 시설
② 지정폐기물을 매립하는 시설로서 면적이 3천300 제곱미터 이상인 시설
③ 압축·파쇄·분쇄 또는 절단시설로서 1일 처분능력이 100톤 이상인 시설
④ 사료화·퇴비화 또는 연료화시설로서 1일 재활용능력이 5톤 이상인 시설

정답 01.② 02.① 03.①

| 시행령 | 제16조 (기술관리대행자) |

법 제34조제1항에 따라 폐기물처리시설의 유지·관리에 관한 기술관리를 대행할 수 있는 자는 다음 각 호의 자로 한다. 〈개정 2016.1.19〉

1. 한국환경공단
2. 「엔지니어링산업 진흥법」 제21조에 따라 신고한 엔지니어링사업자
3. 「기술사법」 제6조에 따른 기술사사무소(법 제34조제2항에 따른 자격을 가진 기술사가 개설한 사무소로 한정한다)
4. 그 밖에 환경부장관이 기술관리를 대행할 능력이 있다고 인정하여 고시하는 자

문제 01 폐기물처리시설의 유지·관리에 관한 기술관리를 대행할 수 있는 자와 거리가 먼 것은?

① 한국환경공단
② 「엔지니어링산업 진흥법」에 따라 신고한 엔지니어링사업자
③ 「기술사법」에 따른 기술사사무소
④ 「폐기물관리법」에 따른 한국폐기물협회

문제 02 기술관리인의 자격·기술관리 대행계약 등에 관한 필요한 사항은 무엇으로 정하는가?

① 시·도지사령
② 유역환경청장령
③ 환경부령
④ 대통령령

정답 01.④ 02.③

시행규칙 | 제50조 (폐기물 처리 담당자 등에 대한 교육)

① 법 제35조제1항에 따라 폐기물 처리 담당자 등은 다음 각 호에서 정하는 바에 따라 최초 교육을 받은 후 3년마다 재교육을 받아야 한다. 다만, 제2호에 해당하는 자는 1년마다 재교육을 받아야 한다. 〈개정 2024. 6. 28.〉

　1. 제3항제2호가목, 라목 및 마목 중 어느 하나에 해당하는 자(제18조제1항제4호에 해당하는 자는 제외한다) 및 영 제8조의4에 따른 음식물류 폐기물 배출자 또는 그가 고용한 기술담당자: 다음 각 목의 어느 하나에 해당하는 경우 해당 사유가 발생한 날부터 1년 이내
　　가. 법 제17조제2항에 따른 사업장폐기물배출자의 신고(변경신고는 제외한다)를 한 경우
　　나. 법 제17조제5항에 따른 서류를 제출한 경우
　　다. 법 제25조제3항에 따른 폐기물처리업 허가(변경허가는 제외한다)를 받은 경우
　　라. 법 제46조제1항에 따라 폐기물 수집·운반 신고(법 제46조제2항에 따른 변경신고는 제외한다)를 한 경우
　　마. 음식물류 폐기물 처리시설을 설치한 경우
　2. 별표 7 제5호가목1)나)(2)에 따라 임명된 기술요원: 임명된 날부터 6개월 이내
　3. 제1호 및 제2호 외의 자: 교육대상자가 된 날부터 1년 이내

② 제1항에 해당하는 자가 법을 위반하여 행정처분을 받은 경우에는 그 처분을 받은 날부터 1년 이내에 추가 교육을 받아야 한다. 〈신설 2023. 5. 31.〉

③ 제1항 및 제2항에 따른 교육을 하는 기관(이하 "교육기관"이라 한다) 및 그 교육기관에서 교육을 받아야 할 자는 다음 각 호와 같다. 〈개정 2023. 5. 31.〉

　1. 국립환경인력개발원, 한국환경공단 또는 법 제58조의2제1항에 따른 한국폐기물협회

가. 폐기물 처분시설 또는 재활용시설의 기술관리인이나 폐기물 처분시설 또는 재활용시설의 설치자로서 스스로 기술관리를 하는 자
　　나. 법 제2조제8호에 따른 폐기물처리시설(법 제29조에 따라 설치 승인을 받은 폐기물처리시설만 해당하며, 영 제15조 각 호에 해당하는 폐기물처리시설은 제외한다)의 설치·운영자 또는 그가 고용한 기술담당자
2. 「환경정책기본법」에 따른 한국환경보전원 또는 법 제58조의2제1항에 따른 한국폐기물협회
　　가. 법 제17조제2항에 따른 사업장폐기물배출자 신고를 한 자 및 법 제17조제5항에 따른 서류를 제출한 자 또는 그가 고용한 기술담당자(다목, 제1호가목·나목에 해당하는 자와 제3호에서 정하는 자는 제외한다)
　　나. 폐기물처리업자(폐기물 수집·운반업자는 제외한다)가 고용한 기술요원
　　다. 폐기물처리시설(법 제29조에 따라 설치신고를 한 폐기물처리시설만 해당되며, 영 제15조 각 호에 해당하는 폐기물처리시설은 제외한다)의 설치·운영자 또는 그가 고용한 기술담당자
　　라. 폐기물 수집·운반업자 또는 그가 고용한 기술담당자
　　마. 폐기물처리 신고자 또는 그가 고용한 기술담당자
2의2. 「환경기술 및 환경산업 지원법」 제5조의3에 따른 한국환경산업기술원: 재활용환경성평가기관의 기술인력
2의3. 국립환경인력개발원, 한국환경공단: 폐기물분석전문기관의 기술요원
3. 그 밖에 환경부장관이 지정하는 기관 : 제1호와 제2호에 따른 교육대상자 중 환경부장관이 정하는 자

문제 01 폐기물처리 담당자 등은 교육기관에서 실시하는 교육을 몇 년마다 받아야 하는가?

① 1년마다　　② 2년마다　　③ 3년마다　　④ 4년마다

문제 02 폐기물처리업자(폐기물 수집·운반업자는 제외한다)가 고용한 기술요원은 교육기관에서 실시하는 교육을 몇 년마다 받아야 하는가?

① 1년마다　　② 2년마다　　③ 3년마다　　④ 5년마다

정답 01.③　02.③

문제 03 폐기물 처리 담당자 등은 3년마다 교육을 받아야 하는데, 폐기물 처분시설 또는 재활용시설의 기술관리인이나 폐기물 처분시설 또는 재활용시설의 설치자로서 스스로 기술관리를 하는 자의 교육기관에 해당하지 않는 것은?

① 환경관리공단
② 국립환경인력개발원
③ 한국폐기물협회
④ 환경보전협회

문제 04 사업장폐기물 배출자 신고를 한 자 또는 그가 고용한 기술담당자의 교육기관으로 적합한 것은?

① 환경관리공단
② 국립환경인력개발원
③ 한국환경산업기술원
④ 환경보전협회

정답 03.④ 04.④

법률 | 제36조 (장부 등의 기록과 보존)

① 다음 각 호의 어느 하나에 해당하는 자는 환경부령으로 정하는 바에 따라 장부를 갖추어 두고 폐기물의 발생·배출·처리상황 등(제1호의2와 제3호에 해당하는 자의 경우에는 폐기물의 발생량·재활용상황·처리실적 등을, 제4호의2에 해당하는 자의 경우에는 전용용기의 생산·판매량·품질검사 실적 등을, 제7호에 해당하는 자의 경우에는 제품과 용기 등의 생산·수입·판매량과 회수·처리량 등을 말한다)을 기록하고, 마지막으로 기록한 날부터 3년(제1호의 경우에는 2년)간 보존하여야 한다. 다만, 제45조제2항에 따른 전자정보처리프로그램을 이용하는 경우에는 그러하지 아니하다. 〈개정 2017.4.18.〉

1. 제15조의2제2항에 따라 음식물류 폐기물의 발생 억제 및 처리 계획을 신고하여야 하는 자

문제 01 환경부령으로 정하는 바에 따라 장부를 갖추어 두고 폐기물의 발생·배출·처리상황 등을 기록하고, 마지막으로 기록한 날부터 몇 년간 보존하여야 하는가?

① 1년
② 2년
③ 3년
④ 4년

정답 01.③

시행규칙 | 제59조 (휴업·폐업 등의 신고)

① 법 제37조제1항에 따라 폐기물처리업자나 폐기물처리 신고자가 휴업·폐업 또는 재개업을

한 경우에는 휴업·폐업 또는 재개업을 한 날부터 20일 이내에 별지 제48호서식의 신고서에 다음 각 호의 서류를 첨부하여 시·도지사나 지방환경관서의 장에게 제출하여야 한다.
〈개정 2016.1.21〉

1. 휴업·폐업의 경우
   가. 허가증 또는 신고증명서 원본
   나. 보관 폐기물 처리완료 결과
2. 재개업의 경우
   가. 폐기물 처분시설 또는 재활용시설이나 제66조제1항에 따른 시설의 점검결과서
   나. 기술능력의 보유현황 및 그 자격을 확인할 수 있는 서류(폐기물처리업자만 해당한다)

② 법 제37조제1항에 따라 재활용환경성평가기관 또는 폐기물분석전문기관이 휴업·폐업 또는 재개업을 한 경우에는 휴업·폐업 또는 재개업을 한 날부터 20일 이내에 별지 제48호의2서식의 신고서에 다음 각 호의 서류를 첨부하여 국립환경과학원장에게 제출하여야 한다.
〈신설 2016.7.21〉

1. 휴업·폐업의 경우: 지정서 원본
2. 재개업의 경우
   가. 시험·분석 장비의 점검결과서
   나. 기술능력의 보유현황 및 그 자격을 확인할 수 있는 서류

문제 01 폐기물처리업자나 폐기물처리 신고자가 휴업·폐업 또는 재개업을 한 경우에는 휴업·폐업 또는 재개업을 한 날부터 며칠 이내 신고서에 서류를 첨부하여 시·도지사나 지방환경관서의 장에게 제출하여야 하는가?

① 7일　　　　　　　　　　② 10일
③ 20일　　　　　　　　　　④ 30일

정답 01.③

시행규칙 | 제63조 (시험·분석기관)

시·도지사, 시장·군수·구청장 또는 지방환경관서의 장은 법 제39조제1항에 따라 관계 공무원이 사업장등에 출입하여 검사할 때에 배출되는 폐기물이나 재활용한 제품의 성분, 유해물질 함유 여부 또는 전용용기의 적정 여부의 검사를 위한 시험분석이 필요하면 다음 각 호의 시험분석기관으로 하여금 시험분석하게 할 수 있다. 〈개정 2021.04.30〉

1. 국립환경과학원

2. 보건환경연구원
3. 유역환경청 또는 지방환경청
4. 한국환경공단
5. 「석유 및 석유대체연료 사업법」 제25조제1항 본문에 따른 다음 각 목의 기관
   가. 한국석유관리원
   나. 산업통상자원부장관이 지정하는 기관
6. 「비료관리법 시행규칙」 제3조제2항에 따른 시험연구기관
7. 수도권매립지관리공사
8. 전용용기 검사기관(전용용기에 대한 시험분석으로 한정한다)
9. 「국가표준기본법」 제23조제2항에 따른 인정기구가 시험·검사기관으로 인정한 기관(천연방사성제품폐기물 및 천연방사성제품폐기물 소각재에 대한 방사성핵종시험분석으로 한정한다)
10. 그 밖에 환경부장관이 재활용제품을 시험분석할 수 있다고 인정하여 고시하는 시험분석기관

문제 01 시·도지사, 시장·군수·구청장 또는 지방환경관서의 장은 공무원이 사업장등에 출입하여 검사할 때에 배출되는 폐기물이나 재활용한 제품의 성분, 유해물질 함유 여부의 검사를 위한 시험분석이 필요하면 시험분석기관으로 하여금 시험분석하게 할 수 있다. 시험분석기관과 거리가 먼 것은?

① 국립환경과학원 ② 보건환경연구원
③ 유역환경청 또는 지방환경청 ④ 한국환경시험원

 01.④

시행령 | 제20조 (폐기물의 처리명령 대상이 되는 조업중단 기간)

① 법 제40조제2항에서 "대통령령으로 정하는 기간"이란 다음 각 호의 기간을 말한다. 〈개정 2007.12.28〉

1. 동물성 잔재물(殘滓物)과 의료폐기물 중 조직물류폐기물 등 부패나 변질의 우려가 있는 폐기물인 경우 : 15일
2. 폐기물의 방치로 생활환경 보전상 중대한 위해가 발생하거나 발생할 우려가 있는 경우 : 폐기물의 처리를 명할 수 있는 권한을 가진 자가 3일 이상 1개월 이내에서 정하는 기간
3. 제1호와 제2호 외의 경우 : 1개월

문제 01 동물성 잔재물과 의료폐기물 중 조직물류폐기물 등 부패나 변질의 우려가 있는 폐기물의 경우, 폐기물 처리명령 대상이 되는 조업중단 기간기준은?

① 5일　　② 7일
③ 10일　　④ 15일

정답 01.④

시행령 | 제23조 (방치폐기물의 처리량과 처리기간)

① 법 제40조제11항에 따라 폐기물처리 공제조합에 처리를 명할 수 있는 방치폐기물의 처리량은 다음 각 호와 같다. 〈개정 2021.6.15〉

　1. 폐기물처리업자가 방치한 폐기물의 경우 : 그 폐기물처리업자의 폐기물 허용보관량의 2배 이내

　2. 폐기물처리 신고자가 방치한 폐기물의 경우 : 그 폐기물처리 신고자의 폐기물 보관량의 2배 이내

② 환경부장관이나 시·도지사는 폐기물 처리 공제조합에 방치폐기물의 처리를 명하려면 주변환경의 오염 우려 정도와 방치폐기물의 처리량 등을 고려하여 2개월의 범위에서 그 처리기간을 정해야 한다. 다만, 부득이한 사유로 처리기간 내에 방치폐기물을 처리하기 곤란하다고 환경부장관이나 시·도지사가 인정하면 1개월의 범위에서 한 차례만 그 기간을 연장할 수 있다. 〈개정 2021. 6. 15.〉

문제 01 환경부장관 또는 시도지사가 폐기물처리 공제조합에 처리를 명할 수 있는 방치폐기물의 처리량 기준으로 알맞은 것은 어느 것인가? (단, 폐기물처리업자가 방치한 폐기물의 경우)

① 그 폐기물 처리업자의 폐기물 허용보관량의 1.5배 이내
② 그 폐기물 처리업자의 폐기물 허용보관량의 2.0배 이내
③ 그 폐기물 처리업자의 폐기물 허용보관량의 2.5배 이내
④ 그 폐기물 처리업자의 폐기물 허용보관량의 3.0배 이내

정답 01.②

문제 02 방치폐기물의 처리기간에 관한 내용으로 ( )에 알맞은 말은 어느 것인가?

> 환경부장관이나 시·도지사는 폐기물처리 공제조합에 방치폐기물의 처리를 명하려면 주변 환경의 오염 우려 정도와 방치폐기물의 처리량 등을 고려하여 (㉮)의 범위에서 그 처리기간을 정하여야 한다. 다만, 부득이한 사유로 처리기간 내에 방치폐기물을 처리하기 곤란하다고 환경부장관이나 시·도지사가 인정하면 (㉯)의 범위에서 한 차례만 그 기간을 연장할 수 있다.

① ㉮ 1개월, ㉯ 1개월   ② ㉮ 2개월, ㉯ 1개월
③ ㉮ 3개월, ㉯ 1개월   ④ ㉮ 3개월, ㉯ 2개월

 02.②

법률 | 제41조 (폐기물 처리 공제조합의 설립)

① 폐기물 처리사업에 필요한 각종 보증과 방치폐기물의 처리이행을 보증하기 위하여 사업장폐기물을 처리 대상으로 하는 폐기물처리업자와 폐기물처리 신고자는 폐기물 처리 공제조합(이하 "조합"이라 한다)을 설립할 수 있다. 〈개정 2017.11.28〉
② 조합은 법인으로 한다.
③ 조합은 주된 사무소의 소재지에서 설립등기를 함으로써 성립한다.

법률 | 제42조 (조합의 사업)

조합은 다음 각 호의 업무를 수행할 수 있다.
 1. 조합원의 방치폐기물을 처리하기 위한 공제사업
 2. 조합원의 폐기물 처리사업에 필요한 입찰보증·계약이행보증·선급금보증 업무
[전문개정 2013.7.16]

법률 | 제43조 (분담금)

① 조합의 조합원은 제42조에 따른 공제사업을 하는 데에 필요한 분담금을 조합에 내야 한다.
② 제1항에 따른 분담금의 산정기준·납부절차, 그 밖에 필요한 사항은 조합의 정관으로 정하는 바에 따른다.
③ 조합원은 제40조제2항에 따른 명령을 이행하지 아니하여 방치폐기물이 발생한 경우에는 제40조제1항제1호에 따라 납부한 분담금은 반환받을 수 없다. 다만, 환경부장관 또는

시·도지사가 제40조제4항제1호에 따른 처리명령을 하기 이전에 방치폐기물을 처리한 경우에는 그러하지 아니하다. 〈신설 2012.6.1〉

문제 01 폐기물 처리 공제조합에 대한 내용으로 틀린 것은?

① 조합은 법인으로 한다.
② 조합은 주된 사무소의 소재지에서 설립등기를 함으로써 성립한다.
③ 분담금의 산정기준·납부절차, 그 밖에 필요한 사항은 조합의 정관으로 정하는 바에 따른다.
④ 조합원은 영업구역 내 폐기물을 처리하기 위한 공제사업을 한다.

 01.④

법률 | 제45조 (폐기물 인계·인수내용 등의 전산 처리)

① 환경부장관은 다음 각 호의 내용과 기록(이하 "전산기록"이라 한다)을 관리할 수 있는 전산처리기구(이하 "전산처리기구"라 한다)를 설치·운영하여야 한다. 〈개정 2019. 11. 26.〉
④ 환경부장관은 전산기록이 입력된 날부터 3년간 전산기록을 보존하여야 한다.
〈신설 2010.7.23〉

문제 01 폐기물 인계·인수내용 등의 전산처리에 관한 내용이다. ( )안에 알맞은 것은?

환경부장관은 전산기록이 입력된 날부터 ( )년간 전산기록을 보존하여야 한다.

① 1년간   ② 2년간   ③ 3년간   ④ 4년간

 01.③

시행규칙 | 제67조 (폐기물처리 신고)

① 법 제46조제1항에 따라 폐기물처리 신고를 하려는 자는 폐기물처리 개시 15일 전까지 다음 각 호의 구분에 따른 서류를 첨부하여 그 사업장을 관할하는 시·도지사에게 제출하여야 한다. 〈개정 2016.7.21〉

1. **폐기물 수집·운반 신고의 경우**: 별지 제56호서식의 신고서에 다음 각 목의 서류를 첨부. 다만, 제66조제6항 각 호의 폐기물 수집·운반 신고의 경우에는 나목의 서류만 첨부한다.
   가. 폐기물처리 신고 대상임을 확인 할 수 있는 서류

나. 폐기물 수집·운반 계획서

2. **폐기물 재활용 신고의 경우**: 별지 제56호의2서식의 신고서에 다음 각 목의 서류를 첨부
   가. 폐기물처리 신고 대상임을 확인할 수 있는 서류
   나. 폐기물 수집·운반 계획서(폐기물을 스스로 수집·운반하는 경우만 해당한다)
   다. 폐기물 재활용 유형에 따른 재활용의 용도 또는 방법 설명서
   라. 재활용시설 설치명세서
   마. 보관시설 또는 보관용기 설치명세서(용량 및 그 산출근거를 확인할 수 있는 서류를 포함한다)
   바. 재활용 과정에서 발생하는 폐기물의 처리계획서
   사. 폐기물을 성토재·보조기층재 등으로 직접 이용하는 공사의 발주자 또는 토지소유자 등 해당 토지의 권리자의 동의서(별표 4의2 제4호에 따른 재활용 유형 또는 재활용환경성평가를 통한 매체접촉형 재활용의 방법으로 재활용하는 경우만 해당한다)

문제 01 폐기물을 재활용하려는 자가 사업장을 관할하는 시도지사에게 제출하여야 하는 폐기물 재활용 신고서에 첨부되어야 할 서류와 가장 거리가 먼 것은?
① 재활용 과정에서 발생하는 폐기물 처리계획서
② 재활용시설의 설치명세서
③ 보관시설이나 보관용기의 설치명세서
④ 재활용 품질확인 및 용도승인서

문제 02 폐기물처리 신고를 하려는 자는 폐기물처리 개시 며칠 전까지 서류를 첨부하여 그 사업장을 관할하는 시·도지사에게 제출하여야 하는가?
① 5일 전까지   ② 10일 전까지   ③ 15일 전까지   ④ 30일 전까지

정답 01.④ 02.③

법률 | 제46조의2 (폐기물처리 신고자에 대한 과징금 처분)

① 시·도지사는 폐기물처리 신고자가 제46조제7항 각 호의 어느 하나에 해당하여 처리금지를 명령하여야 하는 경우 그 처리금지가 다음 각 호의 어느 하나에 해당한다고 인정되면 대통령령으로 정하는 바에 따라 그 처리금지를 갈음하여 2천만원 이하의 과징금을 부과할 수 있다. 〈개정 2010.7.23〉
  1. 해당 처리금지로 인하여 그 폐기물처리의 이용자가 폐기물을 위탁처리하지 못하여 폐기물이 사업장 안에 적체됨으로써 이용자의 사업활동에 막대한 지장을 줄 우려가

있는 경우
2. 해당 폐기물처리 신고자가 보관 중인 폐기물 또는 그 폐기물처리의 이용자가 보관 중인 폐기물의 적체에 따른 환경오염으로 인하여 인근지역 주민의 건강에 위해가 발생되거나 발생될 우려가 있는 경우
3. 천재지변이나 그 밖의 부득이한 사유로 해당 폐기물처리를 계속하도록 할 필요가 있다고 인정되는 경우

② 제1항에 따라 과징금을 부과하는 위반행위의 종류와 정도에 따른 과징금의 금액, 그 밖에 필요한 사항은 대통령령으로 정한다.
③ 제1항에 따른 과징금을 내지 아니하면 「지방세외수입금의 징수 등에 관한 법률」에 따라 징수한다. 〈개정 2013.8.6〉
④ 제1항과 제3항에 따라 과징금으로 징수한 금액은 시·도의 수입으로 하되, 광역폐기물처리시설의 확충 등 대통령령으로 정하는 용도로 사용하여야 한다. [제목개정 2010.7.23]

문제 01 시·도지사는 폐기물처리 신고자에게 처리금지를 명령하여야 하는 경우, 해당 처리금지로 인하여 그 폐기물처리의 이용자가 폐기물을 위탁처리하지 못하여 폐기물이 사업장 안에 적체됨으로써 이용자의 사업활동에 막대한 지장을 줄 우려가 있는 경우에 그 처리금지를 갈음하여 최대 얼마의 과징금을 부과할 수 있는가?

① 1천만원　　　　　　　　② 2천만원
③ 3천만원　　　　　　　　④ 4천만원

정답 01.②

시행령 | 제23조의3 (과징금을 부과할 위반행위별 과징금의 금액 등)

② 시·도지사는 사업장의 사업규모, 사업지역의 특수성, 위반행위의 정도 및 횟수 등을 고려하여 제1항에 따른 과징금의 금액의 2분의 1의 범위에서 이를 가중하거나 감경할 수 있다. 다만, 가중하는 경우에도 과징금의 총액은 2천만원을 초과할 수 없다.
〈개정 2011.9.7〉

문제 01 ( ) 안에 알맞은 내용은?

> 시·도지사는 사업장의 사업규모, 사업지역의 특수성, 위반행위의 정도 및 횟수 등을 고려하여 과징금 금액의 ( )의 범위에서 이를 가중하거나 감경할 수 있다. 다만, 가중하는 경우에도 과징금의 총액은 2천만원을 초과할 수 없다.

① 1/4 ② 1/3
③ 1/2 ④ 1/1

정답 01.③

시행령 | 제23조의4 (과징금의 사용용도)

법 제46조의2제4항에서 "대통령령으로 정하는 용도"란 다음 각 호와 같다. 〈개정 2011.9.7〉
1. 광역폐기물 처리시설의 확충
2. 「자원의 절약과 재활용촉진에 관한 법률」 제34조의4에 따른 공공 재활용기반시설의 확충
3. 법 제46조에 따른 폐기물처리 신고자가 적합하게 재활용하지 아니한 폐기물의 처리
4. 폐기물처리 신고자의 지도·점검에 필요한 시설·장비의 구입 및 운영

[본조신설 2008.7.29]

문제 01 과징금으로 징수한 금액의 사용용도와 가장 거리가 먼 것은?

① 광역폐기물 처리시설의 확충
② 폐기물처리 신고자가 적합하게 재활용하지 아니한 폐기물의 처리
③ 폐기물처리 신고자의 지도·점검에 필요한 시설·장비의 구입 및 운영
④ 사용 종료된 매립지의 사후 관리를 위한 시설장비의 구입 및 운영

정답 01.④

시행규칙 | 제69조 (폐기물처리시설의 사용종료 및 사후관리 등)

① 법 제50조제1항에 따라 폐기물처리시설의 사용을 끝내거나 폐쇄하려는 자(법 제31조제6항에 따라 폐쇄절차를 대행하는 자를 포함한다)는 그 시설의 사용종료일(매립면적을 구획하여 단계적으로 매립하는 시설은 구획별 사용종료일) 또는 폐쇄예정일 1개월(매립시설의 경우는 3개월) 이전에 별지 제58호서식의 사용종료·폐쇄 신고서에 다음 각 호의 서류(매립시설인 경우만 해당한다)를 첨부하여 시·도지사나 지방환경관서의 장에게 제출하여야 한다.

〈개정 2016.1.21〉

1. 다음 각 목의 사항을 포함한 폐기물매립시설 사후관리계획서
   가. 폐기물매립시설 설치·사용 내용
   나. 사후관리 추진일정
   다. 빗물배제계획
   라. 침출수 관리계획(차단형 매립시설은 제외한다)
   마. 지하수 수질조사계획
   바. 발생가스 관리계획(유기성폐기물을 매립하는 시설만 해당한다)
   사. 구조물과 지반 등의 안정도유지계획

문제 01 폐기물처리시설을 사용종료하거나 폐쇄하고자 하는 자는 사용종료, 폐쇄신고서에 폐기물처리시설사후관리계획서(매립시설에 한함)를 첨부하여 제출하여야 한다. 다음 중 폐기물처리시설 사후관리계획서에 포함될 사항과 가장 거리가 먼 것은?

① 지하수 수질조사계획　　② 구조물 및 지반 등의 안정도 유지계획
③ 빗물 배제계획　　　　　④ 사후 환경영향평가 계획

정답 01.④

시행령 | 제25조 (사후관리 대행자)

법 제50조제6항에 따라 폐기물매립시설의 사후관리 업무를 대행할 수 있는 자는 다음 각 호의 자로 한다. 〈개정 2017.10.17〉
1. 한국환경공단
2. 그 밖에 환경부장관이 사후관리를 대행할 능력이 있다고 인정하여 고시하는 자

문제 01 폐기물매립시설의 사후관리 업무를 대행할 수 있는 자는?

① 한국환경공단　　　　　② 수도권매립지관리공사
③ 한국기계연구원　　　　④ 보건환경연구원

정답 01.①

시행령 | 제35조 (토지 이용 제한 등)

① 법 제54조에 따른 토지 이용의 제한기간은 폐기물매립시설의 사용이 종료되거나 그 시설이 폐쇄된 날부터 30년 이내로 한다. 〈개정 2013.5.28〉
② 사용 종료되거나 폐쇄된 매립시설이 소재한 토지의 소유권 또는 소유권 외의 권리를

가지고 있는 자는 그 토지를 이용하려면 토지이용계획서에 환경부령으로 정하는 서류를 첨부하여 환경부장관에게 제출하여야 한다.

③ 환경부장관은 제2항에 따라 토지이용계획서를 받으면 그 토지의 용도와 용도제한기간 등을 결정한 후 환경부령으로 정하는 바에 따라 제2항에 따른 토지소유권 또는 소유권 외의 권리를 가지고 있는 자에게 알려야 한다.

시행규칙 제79조(토지이용계획서의 첨부서류) 영 제35조제2항에서 "환경부령으로 정하는 서류"란 다음 각호의 서류를 말한다.
1. 이용하려는 토지의 도면
2. 매립폐기물의 종류·양 및 복토상태를 적은 서류
3. 지적도

문제 01 토지 이용의 제한기간은 폐기물매립시설의 사용이 종료되거나 그 시설이 폐쇄된 날부터 몇 년 이내인가?
① 10년 ② 20년 ③ 30년 ④ 40년

문제 02 사용 종료되거나 폐쇄된 매립시설이 소재한 토지의 소유권 또는 소유권 외의 권리를 가지고 있는 자는 그 토지를 이용하려면 토지이용계획서에 환경부령으로 정하는 서류를 첨부하여 환경부장관에게 제출하여야 한다. '환경부령으로 정하는 서류'와 가장 거리가 먼 것은?
① 이용하려는 토지의 도면
② 매립폐기물의 종류, 양 및 복토상태를 적은 서류
③ 지적도
④ 매립가스 발생량 및 사용계획서

정답 01.③ 02.④

법률 │ 제58조의2 (한국폐기물협회)

① 폐기물처리시설 설치·운영자, 폐기물처리업자, 폐기물과 관련된 단체 등 대통령령으로 정하는 자는 폐기물에 관한 조사·연구·기술개발·정보보급 등 폐기물분야의 발전을 도모하기 위하여 환경부장관의 허가를 받아 한국폐기물협회(이하 "협회"라 한다)를 설립할 수 있다. 〈개정 2013.7.16〉

② 협회는 법인으로 한다.

③ 협회는 다음 각 호의 업무를 수행한다. 〈신설 2013.7.16〉
1. 폐기물산업의 발전을 위한 지도 및 조사·연구
2. 폐기물 관련 홍보 및 교육·연수

3. 그 밖에 대통령령으로 정하는 업무

시행령 제36조의3(한국폐기물협회의 업무 등) ① 법 제58조의2제3항제3호에서 "대통령령으로 정하는 업무"란 다음 각 호의 업무를 말한다. 〈개정 2014.1.14〉
1. 폐기물 관련 국제교류 및 협력
2. 폐기물과 관련된 업무로서 국가나 지방자치단체로부터 위탁받은 업무
3. 그 밖에 정관에서 정하는 업무

문제 01 폐기물처리시설 설치·운영자, 폐기물처리업자, 폐기물과 관련된 단체 등 폐기물에 관한 조사·연구·기술개발·정보보급 관련 폐기물분야의 발전을 도모하기 위하여 환경부장관의 허가를 받아 설립할 수 있는 단체는?
① 환경관리공단
② 국립환경인력개발원
③ 한국폐기물협회
④ 환경보전협회

문제 02 한국폐기물협회의 업무와 가장 관계가 먼 것은?
① 폐기물관련 홍보 및 교육·연수
② 폐기물관련 정책 연구 및 승인 요청
③ 폐기물과 관련된 사업으로서 국가나 지방자치단체로부터 위탁받은 사업
④ 폐기물 관련 국제교류 및 협력

정답 01.③ 02.②

시행규칙 | 제83조 (행정처분기준)

① 법 제60조에 따른 행정처분기준은 별표 21과 같다.
② 시·도지사, 지방환경관서의 장 또는 국립환경과학원장은 다음 각 호의 어느 하나에 해당하는 경우에는 별표 21에 따른 영업정지 기간의 2분의 1의 범위에서 그 행정처분을 가볍게 할 수 있다. 〈개정 2016.1.21〉
1. 위반의 정도가 경미하고 그로 인한 주변 환경오염이 없거나 미미하여 사람의 건강에 영향을 미치지 아니한 경우
2. 고의성이 없이 불가피하게 위반행위를 한 경우로서 신속히 적절한 사후조치를 취한 경우
3. 위반행위에 대하여 행정처분을 하는 것이 지역주민의 건강과 생활환경에 심각한 피해를 줄 우려가 있는 경우
4. 공익을 위하여 특별히 행정처분을 가볍게 할 필요가 있는 경우

문제 01 시·도지사, 지방환경관서의 장 또는 국립환경과학원장은 규정에 따라 영업정지 기간의 2분의 1의 범위에서 그 행정처분을 가볍게 할 수 있는 경우와 거리가 먼 것은?

① 위반의 정도가 경미하고 그로 인한 주변 환경오염이 없거나 미미하여 사람의 건강에 영향을 미치지 아니한 경우
② 고의성이 없이 불가피하게 위반행위를 한 경우로서 신속히 적절한 사후조치를 취한 경우
③ 위반행위에 대하여 행정처분을 하는 것이 지역주민의 건강과 생활환경에 심각한 피해를 줄 우려가 있는 경우
④ 위반내용을 즉시 신고하여 특별히 행정처분을 가볍게 할 필요가 있는 경우

정답 01.④

법률 | 제63조 (벌칙)

다음 각 호의 어느 하나에 해당하는 자는 7년 이하의 징역이나 7천만원 이하의 벌금에 처한다. 이 경우 징역형과 벌금형은 병과(倂科)할 수 있다. 〈개정 2015.7.20〉

1. 제8조제1항을 위반하여 사업장폐기물을 버린 자
2. 제8조제2항을 위반하여 사업장폐기물을 매립하거나 소각한 자
3. 제13조의3제3항을 위반하여 폐기물의 재활용에 대한 승인을 받지 아니하고 폐기물을 재활용한 자

문제 01 폐기물관리법상 벌칙기준 중 7년 이하의 징역이나 7천만원 이하의 벌금에 처하는 행위를 한 자는 누구인가?

① 대행계약을 체결하지 아니하고 종량제 봉투를 제작·유통한 자
② 폐기물처리시설의 사후관리를 제대로 하지않아 받은 시정명령을 이행하지 않은 자
③ 지정된 장소 외에 사업장폐기물을 매립하거나 소각한 자
④ 거짓이나 그 밖의 부정한 방법으로 폐기물처리업 허가를 받은 자

정답 01.③

> 법 률 | 제64조 (벌칙)

다음 각 호의 어느 하나에 해당하는 자는 5년 이하의 징역이나 5천만원 이하의 벌금에 처한다.
〈개정 2019.11.26〉

1. 제13조의3제6항에 따라 승인이 취소되었음에도 불구하고 폐기물을 계속 재활용한 자
2. 거짓이나 그 밖의 부정한 방법으로 제13조의4제1항에 따른 재활용환경성평가기관으로 지정 또는 변경지정을 받은 자
3. 제13조의4제1항에 따른 지정을 받지 아니하고 재활용환경성평가를 한 자
4. 제14조제7항에 따라 대행계약을 체결하지 아니하고 종량제 봉투등을 제작·유통한 자
5. 제25조제3항에 따른 허가를 받지 아니하고 폐기물처리업을 한 자
6. 거짓이나 그 밖의 부정한 방법으로 제25조제3항에 따른 폐기물처리업 허가를 받은 자
7. 제25조의2제1항에 따른 등록을 하지 아니하고 전용용기를 제조한 자
8. 거짓이나 그 밖의 부정한 방법으로 제25조의2제1항에 따른 전용용기 제조업 등록을 한 자
8의2. 제25조의3제1항에 따른 적합성확인을 받지 아니하고 폐기물처리업을 계속한 자
8의3. 거짓이나 그 밖의 부정한 방법으로 제25조의3제1항에 따른 적합성확인을 받은 자
9. 제31조제5항에 따른 폐쇄명령을 이행하지 아니한 자

문제 01 폐기물처리시설의 폐쇄명령을 이행하지 아니한 자에 대한 벌칙기준은?

① 1년 이하의 징역 또는 5백만원 이하의 벌금
② 2년 이하의 징역 또는 2천만원 이하의 벌금
③ 3년 이하의 징역 또는 3천만원 이하의 벌금
④ 5년 이하의 징역 또는 5천만원 이하의 벌금

문제 02 대행계약을 체결하지 아니하고 종량제 봉투등을 제작·유통한 자에 대한 벌칙기준은?

① 1년 이하의 징역 또는 5백만원 이하의 벌금
② 2년 이하의 징역 또는 2천만원 이하의 벌금
③ 3년 이하의 징역 또는 3천만원 이하의 벌금
④ 5년 이하의 징역 또는 5천만원 이하의 벌금

정답 01.④ 02.④

| 법 률 | 제65조 (벌칙) |

다음 각 호의 어느 하나에 해당하는 자는 3년 이하의 징역이나 3천만원 이하의 벌금에 처한다. 다만, 제1호, 제6호 및 제11호의 경우 징역형과 벌금형은 병과할 수 있다. 〈개정 2019. 11. 26.〉

1. 제13조를 위반하여 폐기물을 매립한 자
2. 제13조의3제3항을 위반하여 거짓이나 그 밖의 부정한 방법으로 재활용환경성평가서를 작성하여 환경부장관에게 제출한 자
3. 제13조의4제2항을 위반하여 변경지정을 받지 아니하고 중요사항을 변경한 자
4. 제13조의4제4항을 위반하여 다른 자에게 자기의 명의나 상호를 사용하여 재활용환경성 평가를 하게 하거나 재활용환경성평가기관 지정서를 다른 자에게 빌려준 자
5. 다른 자의 명의나 상호를 사용하여 재활용환경성평가를 하거나 재활용환경성평가기관 지정서를 빌린 자
6. 제15조의2제3항을 위반하여 사업장폐기물 중 음식물류 폐기물을 수집·운반 또는 재활용한 자
7. 거짓이나 그 밖의 부정한 방법으로 폐기물분석전문기관으로 지정을 받거나 변경지정을 받은 자
8. 제17조의2제1항 또는 제3항에 따른 지정 또는 변경지정을 받지 아니하고 폐기물분석전 문기관의 업무를 한 자
9. 제17조의5제2항에 따른 업무정지기간 중 폐기물 시험·분석 업무를 한 폐기물분석전문기관
10. 고의로 사실과 다른 내용의 폐기물분석결과서를 발급한 폐기물분석전문기관
11. 제18조제1항을 위반하여 사업장폐기물을 처리한 자
12. 삭제 〈2017. 4. 18.〉
13. 삭제 〈2017. 4. 18.〉
14. 제25조제11항에 따른 변경허가를 받지 아니하고 폐기물처리업의 허가사항을 변경한 자
15. 제25조의2제6항을 위반하여 검사를 받지 아니한 자
16. 제27조에 따른 영업정지 기간에 영업을 한 자
17. 제27조의2제2항에 따른 영업정지 기간에 영업을 한 자
18. 제29조제2항을 위반하여 승인을 받지 아니하고 폐기물처리시설을 설치한 자
19. 제30조제1항부터 제3항까지의 규정을 위반하여 검사를 받지 아니하거나 적합 판정을 받지 아니하고 폐기물처리시설을 사용한 자
20. 제31조제4항에 따른 개선명령을 이행하지 아니하거나 사용중지 명령을 위반한 자

21. 제39조의2, 제39조의3 또는 제40조제2항·제3항·제4항제1호에 따른 명령을 이행하지 아니한 자
22. 제47조제4항에 따른 조치명령을 이행하지 아니한 자
22의2. 제47조의2제1항에 따른 반입정지명령을 이행하지 아니한 자
23. 제48조에 따른 조치명령을 이행하지 아니한 자
24. 제50조제1항 후단을 위반하여 검사를 받지 아니하거나 적합 판정을 받지 아니하고 폐기물을 매립하는 시설의 사용을 끝내거나 시설을 폐쇄한 자
25. 제50조제4항에 따른 개선명령을 이행하지 아니한 자
26. 제50조제6항을 위반하여 정기검사를 받지 아니한 자
27. 제50조제7항에 따른 시정명령을 이행하지 아니한 자

문제 01 영업정지 기간에 영업을 한 폐기물처리업자에 대한 벌칙기준은?

① 5년 이하의 징역이나 5천만원 이하의 벌금
② 3년 이하의 징역이나 3천만원 이하의 벌금
③ 2년 이하의 징역이나 2천만원 이하의 벌금
④ 1년 이하의 징역이나 500만원 이하의 벌금

문제 02 수입폐기물을 수입 당시의 성질과 상태 그대로 수출한 자에 대한 벌칙기준은?

① 5년 이하의 징역이나 5천만원 이하의 벌금
② 3년 이하의 징역이나 3천만원 이하의 벌금
③ 2년 이하의 징역이나 2천만원 이하의 벌금
④ 1년 이하의 징역이나 500만원 이하의 벌금

정답 01.② 02.②

| 법 률 | 제66조 (벌칙) |

다음 각 호의 어느 하나에 해당하는 자는 2년 이하의 징역이나 2천만원 이하의 벌금에 처한다. 〈개정 2019.4.16〉

1. 제13조, 제13조의2 또는 제24조의3제4항을 위반하여 폐기물을 처리하여 주변 환경을 오염시킨 자(제65조제1호의 경우는 제외한다)
1의2. 제13조의3제5항에 따른 승인 조건을 위반하여 폐기물을 재활용한 자
1의3. 제13조의5제5항에 따른 조치명령을 이행하지 아니한 자
2. 제46조제1항을 위반하여 신고를 하지 아니하거나 허위로 신고를 한 자
3. 삭제 〈2007.8.3〉
3의2. 제14조의5제2항을 위반하여 안전기준을 준수하지 아니한 자
3의3. 제15조의2제3항, 제5항 또는 제17조제1항제3호에 따른 기준 및 절차를 준수하지 아니하고 위탁 또는 확인하는 등 필요한 조치를 취하지 아니한 자
4. 제17조제5항에 따른 확인 또는 같은 조 제6항(제1호에 따른 상호의 변경은 제외한다)에 따른 변경확인을 받지 아니하거나 확인·변경확인을 받은 내용과 다르게 지정폐기물을 배출·운반 또는 처리한 자
4의2. 제17조의3제1항을 위반하여 다른 자에게 자기의 성명이나 상호를 사용하여 폐기물의 시험·분석 업무를 하게 하거나 지정서를 다른 자에게 빌려 준 폐기물분석전문기관
4의3. 중대한 과실로 사실과 다른 내용의 폐기물분석결과서를 발급한 폐기물분석전문기관
4의4. 제18조제3항을 위반하여 폐기물의 인계·인수에 관한 사항과 폐기물처리현장정보를 입력하지 아니하거나 거짓으로 입력한 자
5. 삭제 〈2015. 1. 20.〉
6. 제25조제5항에 따른 업종 구분과 영업 내용의 범위를 벗어나는 영업을 한 자
7. 제25조제7항의 조건을 위반한 자
8. 제25조제8항을 위반하여 다른 사람에게 자기의 성명이나 상호를 사용하여 폐기물을 처리하게 하거나 그 허가증을 다른 사람에게 빌려준 자
9. 제25조제9항에 따른 준수사항을 지키지 아니한 자. 다만, 제25조제9항제5호에 해당하는 경우에는 고의 또는 중과실인 경우에 한정한다.
9의2. 제25조의2제1항에 따른 변경등록을 하지 아니하거나 거짓으로 변경등록하고 등록한 사항을 변경한 자
9의3. 제25조의2제7항을 위반하여 다른 사람에게 자기의 성명이나 상호를 사용하여 전용용기를 제조하게 하거나 등록증을 다른 사람에게 빌려준 자
9의4. 제25조의2제8항을 위반하여 제25조의2제5항에 따른 기준에 적합하지 아니한 전용용기를 유통시킨 자
10. 제29조제1항을 위반하여 설치가 금지되는 폐기물 소각시설을 설치·운영한 자
11. 제29조제2항을 위반하여 신고를 하지 아니하고 폐기물처리시설을 설치한 자

12. 제29조제3항에 따른 변경승인을 받지 아니하고 승인받은 사항을 변경한 자
12의2. 제30조의2제2항을 위반하여 변경지정을 받지 아니하고 중요사항을 변경한 자
12의3. 제30조의2제3항을 위반하여 거짓이나 그 밖의 부정한 방법으로 폐기물처리시설 검사결과서를 발급한 자
12의4. 제30조의2제4항을 위반하여 다른 자에게 자기의 명의나 상호를 사용하여 폐기물처리시설 검사를 하게 하거나 폐기물처리시설 검사기관 지정서를 빌려준 자
12의5. 다른 자의 명의나 상호를 사용하여 폐기물처리시설 검사를 하거나 폐기물처리시설 검사기관 지정서를 빌린 자
13. 제31조제1항에 따른 관리기준에 적합하지 아니하게 폐기물처리시설을 유지·관리하여 주변환경을 오염시킨 자
14. 제31조제7항에 따른 측정이나 조사명령을 이행하지 아니한 자

문제 01. 폐기물처리업의 업종 구분과 영업 내용의 범위를 벗어나는 영업을 한 자에 대한 벌칙기준으로 옳은 것은?

① 5년 이하의 징역이나 5천만원 이하의 벌금
② 3년 이하의 징역이나 3천만원 이하의 벌금
③ 2년 이하의 징역이나 2천만원 이하의 벌금
④ 1년 이하의 징역이나 500만원 이하의 벌금

문제 02. 설치가 금지되는 폐기물 소각시설을 설치·운영한 자에 대한 벌칙기준으로 옳은 것은?

① 5년 이하의 징역이나 5천만원 이하의 벌금
② 3년 이하의 징역이나 3천만원 이하의 벌금
③ 2년 이하의 징역이나 2천만원 이하의 벌금
④ 1년 이하의 징역이나 500만원 이하의 벌금

정답 01.③ 02.③

법률 | 제67조 (양벌규정)

법인의 대표자나 법인 또는 개인의 대리인, 사용인, 그 밖의 종업원이 그 법인 또는 개인의 업무에 관하여 제63조부터 제66조까지의 어느 하나에 해당하는 위반행위를 하면 그 행위자를 벌하는 외에 그 법인 또는 개인에게도 해당 조문의 벌금형을 과(科)한다. 다만, 법인 또는 개인이 그 위반행위를 방지하기 위하여 해당 업무에 관하여 상당한 주의와 감독을 게을리하지 아니한 경우에는 그러하지 아니하다. [전문개정 2010.7.23]

| 법 률 | 제68조 (과태료) |

① 다음 각 호의 어느 하나에 해당하는 자에게는 1천만원 이하의 과태료를 부과한다. 〈개정 2023.08.16〉

　1. 삭제 〈2019. 11. 26.〉
　1의2. 제15조제3항을 위반하여 신고를 하지 아니하거나 거짓으로 신고를 한 자
　1의3. 제15조의2제3항을 위반하여 생활폐기물 중 음식물류 폐기물을 수집·운반 또는 재활용한 자
　1의4. 제17조제2항을 위반하여 신고를 하지 아니하거나 거짓으로 신고를 한 자
　1의5. 제17조의3제2항 및 제3항에 따른 준수사항을 지키지 아니한 자
　1의6. 제18조의2제1항을 위반하여 유해성 정보자료를 작성하지 아니하거나 거짓 또는 부정한 방법으로 작성한 자(유해성 정보자료의 작성을 의뢰받은 전문기관을 포함한다)
　1의7. 제18조의2제3항을 위반하여 같은 조 제1항에 따라 작성한 유해성 정보자료를 수탁자에게 제공하지 아니한 자
　2. 삭제 〈2015. 1. 20.〉
　3. 삭제 〈2019. 11. 26.〉
　3의2. 제25조의2제1항에 따른 변경신고를 하지 아니하거나 거짓으로 변경신고하고 등록한 사항을 변경한 자
　3의3. 제25조의2제8항에 따른 준수사항을 지키지 아니한 자(제66조제9호의4의 경우는 제외한다)
　3의4. 제30조의2제5항에 따른 폐기물처리시설 검사기관의 준수사항을 지키지 아니한 자
　4. 제31조제1항부터 제3항까지의 규정을 위반하여 관리기준에 맞지 아니하게 폐기물처리시설을 유지·관리하거나 오염물질 및 주변지역에 미치는 영향을 측정 또는 조사하지 아니한 자(제66조제14호의 경우는 제외한다)
　5. 제34조제1항을 위반하여 기술관리인을 임명하지 아니하고 기술관리 대행 계약을 체결하지 아니한 자
　6. 제38조제3항에 따른 제출명령을 이행하지 아니한 자(제38조제1항제3호 및 제4호의 자만 해당한다)
　6의2. 제40조제1항 각 호의 조치를 하지 아니한 자
　7. 삭제 〈2010. 7. 23.〉
　8. 제40조제8항에 따른 계약갱신명령을 이행하지 아니한 자
　9. 제13조의5제2항을 위반하여 유해성기준에 적합하지 아니하게 폐기물을 재활용한 제품 또는 물질을 제조하거나 유통한 자
　10. 제46조제7항에 따른 처리금지 기간 중 폐기물의 처리를 계속한 자
　11. 제50조의2제2항을 위반하여 신고를 하지 아니한 자

문제 01 폐기물 인계·인수에 관한 내용을 입력하지 아니하거나 환경부령으로 정하는 방법에 따라 입력하지 아니한 자 또는 거짓으로 입력한 자에 대한 벌칙기준으로 옳은 것은?

① 5년 이하의 징역이나 5천만원 이하의 벌금
② 3년 이하의 징역이나 3천만원 이하의 벌금
③ 1년 이하의 징역이나 1천만원 이하의 벌금
④ 1천만원 이하의 과태료

문제 02 기술관리인을 임명하지 아니하고 기술관리 대행 계약을 체결하지 아니한 자에 대한 벌칙기준으로 옳은 것은?

① 5년 이하의 징역이나 5천만원 이하의 벌금
② 3년 이하의 징역이나 3천만원 이하의 벌금
③ 1년 이하의 징역이나 1천만원 이하의 벌금
④ 1천만원 이하의 과태료

정답 01.④ 02.④

법률 | 제68조 (과태료)

② 다음 각 호의 어느 하나에 해당하는 자에게는 300만원 이하의 과태료를 부과한다.
〈개정 2017.4.18〉

1. 제17조제1항제1호에 따른 확인을 하지 아니한 자
1의2. 삭제 〈2019. 11. 26.〉
1의3. 제17조제6항제1호에 따른 상호의 변경확인을 받지 아니한 자
2. 삭제 〈2023. 8. 16.〉
3. 삭제 〈2015. 7. 20.〉
4. 삭제 〈2010. 7. 23.〉
5. 제17조제2항, 제25조제11항, 제29조제3항 또는 제46조제2항에 따른 변경신고를 하지 아니하고 신고사항을 변경한 자
6. 제19조제1항을 위반하여 관계 행정기관이나 그 소속 공무원이 요구하여도 인계번호를 알려주지 아니한 자
7. 제19조제2항을 위반하여 통보하지 아니한 자
8. 삭제 〈2007. 8. 3.〉
9. 제37조제1항을 위반하여 신고를 하지 아니하거나 같은 조 제4항을 위반하여 폐기물을

전부 처리하지 아니한 자
9의2. 제38조제1항에 따른 보고서를 기한까지 제출하지 아니하거나 거짓으로 작성하여 제출한 자(제38조제1항제3호에 따른 자만 해당한다)
9의3. 제38조제3항에 따른 제출명령을 이행하지 아니한 자(제1항제6호의 경우는 제외한다)
9의4. 제38조제5항에 따른 보고서를 기한까지 제출하지 아니하거나 거짓으로 작성하여 제출한 자
10. 제40조제7항에 따른 처리이행보증보험의 계약을 갱신하지 아니한 자
11. 제46조제6항에 따른 준수사항을 지키지 아니한 자
12. 제14조제7항에 따라 대행계약을 체결하지 아니하고 종량제 봉투등을 판매한 자
12의2. 제18조의2제2항을 위반하여 중요사항이 변경된 후에도 유해성 정보자료를 다시 작성하지 아니하거나 거짓 또는 부정한 방법으로 작성한 자(유해성 정보자료의 작성을 의뢰받은 전문기관을 포함한다)
12의3. 제18조의2제3항을 위반하여 같은 조 제2항에 따라 다시 작성한 유해성 정보자료를 수탁자에게 제공하지 아니한 자
12의4. 제18조의2제4항을 위반하여 유해성 정보자료를 게시하지 아니하거나 비치하지 아니한 자

문제 01 대행계약을 체결하지 아니하고 종량제 봉투 등을 판매한 자에 대한 벌칙기준으로 옳은 것은?

① 1000만원 이하의 과태료
② 800만원 이하의 과태료
③ 500만원 이하의 과태료
④ 300만원 이하의 과태료

문제 02 사업장 폐기물을 폐기물 처리업체에게 위탁하여 처리하려는 사업장 폐기물배출자는 환경부장관이 고시하는 폐기물 처리가격의 최저액보다 낮은 가격으로 폐기물 처리를 위탁하여서는 아니 된다. 이를 위반하여 폐기물 처리가격의 최저액보다 낮은 가격으로 폐기물처리를 위탁한 자에 대한 벌칙기준으로 옳은 것은?(단 3회 위반시)

① 100만원 이하의 과태료
② 300만원 이하의 과태료
③ 500만원 이하의 과태료
④ 1000만원 이하의 과태료

정답 01.④ 02.②

| 법률 | 제68조 (과태료) |

③ 다음 각 호의 어느 하나에 해당하는 자에게는 100만원 이하의 과태료를 부과한다.
〈개정 2019.11.26〉

1. 제8조제1항 또는 제2항을 위반하여 생활폐기물을 버리거나 매립 또는 소각한 자
2. 제8조제3항에 따른 조치명령을 이행하지 아니한 자
3. 제15조제1항 또는 제2항을 위반한 자
4. 제15조의2제1항을 위반하여 조례로 정하는 준수사항을 지키지 아니한 자
4의2. 제15조의2제2항을 위반하여 음식물류 폐기물의 발생 억제 및 처리 계획을 신고하지 아니한 자
4의3. 제18조제3항을 위반하여 폐기물의 인계·인수에 관한 내용을 기간 내에 전자정보처리프로그램에 입력하지 아니하거나 부실하게 입력한 자
5. 제29조제4항에 따른 신고를 하지 아니하고 해당 시설의 사용을 시작한 자
6. 제35조제1항 또는 제2항을 위반하여 교육을 받지 아니한 자 또는 교육을 받게 하지 아니한 자
7. 제36조제1항에 따른 장부를 기록 또는 보존하지 아니하거나 거짓으로 기록한 자
7의2. 제36조제3항을 위반하여 장부기록사항을 기간 내에 전자정보처리프로그램에 입력하지 아니하거나 부실하게 입력한 자
8. 제38조제1항 또는 제2항에 따른 보고서를 기한까지 제출하지 아니하거나 거짓으로 작성하여 제출한 자(제2항제9호의2의 경우는 제외한다)
9. 제38조제4항에 따른 보고서 작성에 필요한 자료를 기한까지 제출하지 아니하거나 거짓으로 작성하여 제출한 자
10. 삭제 〈2019. 11. 26.〉
11. 삭제 〈2019. 11. 26.〉
12. 제40조제9항에 따른 보험증서 원본을 제출하지 아니한 자
13. 제40조제10항에 따른 변경사실을 알리지 아니한 자
14. 제50조제1항에 따른 신고를 하지 아니한 자

문제 01 생활폐기물을 버리거나 매립 또는 소각한 자에 대한 벌칙기준으로 옳은 것은?

① 1000만원 이하의 과태료
② 800만원 이하의 과태료
③ 500만원 이하의 과태료
④ 100만원 이하의 과태료

문제 02 폐기물의 인계·인수에 관한 내용을 기간 내에 전자정보처리프로그램에 입력하지 아니하거나 부실하게 입력한 자에 대한 벌칙기준으로 옳은 것은?

① 1000만원 이하의 과태료
② 800만원 이하의 과태료
③ 500만원 이하의 과태료
④ 100만원 이하의 과태료

문제 03 설치승인을 받아 폐기물처리시설을 설치한 자가 그 폐기물처리시설의 사용을 끝내고자 할 때는 환경부장관에게 신고하여야 하는데, 그 신고를 하지 않은 경우 과태료 부과기준으로 옳은 것은?

① 1000만원 이하의 과태료
② 800만원 이하의 과태료
③ 500만원 이하의 과태료
④ 100만원 이하의 과태료

문제 04 관계 공무원의 정당한 출입, 검사를 거부, 방해 또는 기피한 자에 대한 처벌기준은?

① 1000만원 이하의 과태료
② 800만원 이하의 과태료
③ 500만원 이하의 과태료
④ 100만원 이하의 과태료

정답 01.④ 02.④ 03.④ 04.④

시행령 [별표1] | 지정폐기물의 종류 (제3조 관련) 〈개정 2021.03.09.〉

1. 특정시설에서 발생되는 폐기물
   가. 폐합성 고분자화합물
      1) 폐합성 수지(고체상태의 것은 제외한다)
      2) 폐합성 고무(고체상태의 것은 제외한다)
   나. 오니류(수분함량이 95퍼센트 미만이거나 고형물함량이 5퍼센트 이상인 것으로 한정한다)
      1) 폐수처리 오니(환경부령으로 정하는 물질을 함유한 것으로 환경부장관이 고시한 시설에서 발생되는 것으로 한정한다)
      2) 공정 오니(환경부령으로 정하는 물질을 함유한 것으로 환경부장관이 고시한 시설에서 발생되는 것으로 한정한다)

다. 폐농약(농약의 제조·판매업소에서 발생되는 것으로 한정한다)

2. 부식성 폐기물
가. 폐산(액체상태의 폐기물로서 수소이온 농도지수가 2.0 이하인 것으로 한정한다)

나. 폐알칼리(액체상태의 폐기물로서 수소이온 농도지수가 12.5 이상인 것으로 한정하며, 수산화칼륨 및 수산화나트륨을 포함한다)

3. 유해물질함유 폐기물(환경부령으로 정하는 물질을 함유한 것으로 한정한다)
가. 광재(鑛滓)[철광 원석의 사용으로 인한 고로(高爐)슬래그(slag)는 제외한다]

나. 분진(대기오염 방지시설에서 포집된 것으로 한정하되, 소각시설에서 발생되는 것은 제외한다)

다. 폐주물사 및 샌드블라스트 폐사(廢砂)

라. 폐내화물(廢耐火物) 및 재벌구이 전에 유약을 바른 도자기 조각

마. 소각재

바. 안정화 또는 고형화·고화 처리물

사. 폐촉매

아. 폐흡착제 및 폐흡수제[광물유·동물유 및 식물유{폐식용유(식용을 목적으로 식품 재료와 원료를 제조·조리·가공하는 과정, 식용유를 유통·사용하는 과정 또는 음식물류 폐기물을 재활용하는 과정에서 발생하는 기름을 말한다. 이하 같다)는 제외한다}의 정제에 사용된 폐토사(廢土砂)를 포함한다]

자. 삭제〈2020.07.21〉

4. 폐유기용제
가. 할로겐족(환경부령으로 정하는 물질 또는 이를 함유한 물질로 한정한다)

나. 그 밖의 폐유기용제(가목 외의 유기용제를 말한다)

5. 폐페인트 및 폐래커(다음 각 목의 것을 포함한다)
가. 페인트 및 래커와 유기용제가 혼합된 것으로서 페인트 및 래커 제조업, 용적 5세제곱미터 이상 또는 동력 3마력 이상의 도장(塗裝)시설, 폐기물을 재활용하는 시설에서 발생되는 것

나. 페인트 보관용기에 남아 있는 페인트를 제거하기 위하여 유기용제와 혼합된 것

다. 폐페인트 용기(용기 안에 남아 있는 페인트가 건조되어 있고, 그 잔존량이 용기 바닥에서 6밀리미터를 넘지 아니하는 것은 제외한다)

6. 폐유[기름성분을 5퍼센트 이상 함유한 것을 포함하며, 폴리클로리네이티드비페닐(PCBs)함유 폐기물, 폐식용유와 그 잔재물, 폐흡착제 및 폐흡수제는 제외한다]

7. 폐석면

가. 건조고형물의 함량을 기준으로 하여 석면이 1퍼센트 이상 함유된 제품·설비(뿜칠로 사용된 것은 포함한다) 등의 해체·제거 시 발생되는 것

나. 슬레이트 등 고형화된 석면 제품 등의 연마·절단·가공 공정에서 발생된 부스러기 및 연마·절단·가공 시설의 집진기에서 모아진 분진

다. 석면의 제거작업에 사용된 바닥비닐시트(뿜칠로 사용된 석면의 해체·제거작업에 사용된 경우에는 모든 비닐시트)·방진마스크·작업복 등

8. **폴리클로리네이티드비페닐 함유 폐기물**

    가. 액체상태의 것(1리터당 2밀리그램 이상 함유한 것으로 한정한다)

    나. 액체상태 외의 것(용출액 1리터당 0.003밀리그램 이상 함유한 것으로 한정한다)

9. **폐유독물질**[「화학물질관리법」 제2조제2호의 유독물질을 폐기하는 경우로 한정하되, 제1호다목의 폐농약(농약의 제조·판매업소에서 발생되는 것으로 한정한다), 제2호의 부식성 폐기물, 제4호의 폐유기용제 및 제8호의 폴리클로리네이티드비페닐 함유 폐기물은 제외한다]

10. **의료폐기물**(환경부령으로 정하는 의료기관이나 시험·검사 기관 등에서 발생되는 것으로 한정한다)

11. **수은폐기물**(용출시험 결과 용출액 1리터당 0.005밀리그램 이상의 수은 및 그 화합물)

12. 그 밖에 환경부장관이 정하여 고시하는 물질

문제 01 다음 중 지정폐기물로만 묶여진 것은?

① 폐유기용제, 폐유, 폐석면
② 폐유기용제, 폐유, 폐가구류
③ 폴리클로리네이티드비페닐 함유 폐기물, 폐석면, 동물성잔재물
④ 폐석면, 동물성잔재물, 폐가구류

문제 02 지정폐기물인 유해물질함유 폐기물(환경부령이 정하는 물질을 함유한 것임)에 속하지 않는 것은?

① 광재(철광 원석의 사용으로 인한 고로슬래그는 제외한다.)
② 분진(대기오염 방지시설에서 포집된 것과 소각시설에서 발생되는 것을 모두 포함한다.)
③ 폐내화물 및 재벌구이 전에 유약을 바른 도자기 조각
④ 폐흡착제 및 폐흡수제(광물유·동물유 및 식물유의 정제에 사용된 폐토사를 포함한다.)

정답 01.① 02.②

문제 03 다음은 지정폐기물인 폐페인트 및 폐래커에 관한 기준이다. ( )안에 옳은 내용은?

> 페인트 및 래커와 유기용제가 혼합된 것으로서 페인트 및 래커 제조업, 용적 ( )의 도장시설, 폐기물을 재활용하는 시설에서 발생되는 것

① 10세제곱미터 이상 또는 동력 3마력 이상
② 10세제곱미터 이상 또는 동력 5마력 이상
③ 5세제곱미터 이상 또는 동력 3마력 이상
④ 5세제곱미터 이상 또는 동력 5마력 이상

문제 04 다음은 지정폐기물인 폐석면에 관한 설명이다. ( )안에 옳은 내용은?

> 건조고형물의 함량을 기준으로 하여 석면이 ( )이상 함유된 제품·설비(뿜칠로 사용된 것은 포함한다) 등의 해체·제거 시 발생되는 것

① 1퍼센트 이상
② 1퍼센트 이상
③ 1퍼센트 이상
④ 1퍼센트 이상

문제 05 지정폐기물 중 유해물질함유 폐기물(환경부령으로 정하는 물질을 함유한 것으로 한정한다)에 대한 기준으로 옳은 것은?

① 분진(대기오염 방지시설에서 포집된 것으로 한정하되, 소각시설에서 발생되는 것은 제외한다.)
② 분진(대기오염 방지시설에서 포집된 것으로 한정하되, 소각시설에서 발생되는 것은 포함한다.)
③ 분진(소각시설에서 포집된 것으로 한정하되, 대기오염방지시설에서 발생되는 것은 제외한다.)
④ 분진(소각시설과 대기오염방지시설에서 포집된 것은 제외한다.)

문제 06 지정폐기물 중 폴리클로리네이티드비페닐 함유 폐기물의 기준으로 옳은 것은?

① 액체상태 외의 것(용출액 1리터당 0.003밀리그램 이상 함유한 것으로 한정한다)
② 액체상태 외의 것(용출액 1리터당 0.03밀리그램 이상 함유한 것으로 한정한다)
③ 액체상태 외의 것(용출액 1리터당 0.3밀리그램 이상 함유한 것으로 한정한다)
④ 액체상태 외의 것(용출액 1리터당 3밀리그램 이상 함유한 것으로 한정한다)

정답 03.③ 04.① 02.① 06.①

| 시행령 [별표2] | 의료폐기물의 종류 (제4조 관련) 〈개정 2019.10.19.〉

1. **격리의료폐기물** : 「감염병의 예방 및 관리에 관한 법률」 제2조제1호의 감염병으로부터 타인을 보호하기 위하여 격리된 사람에 대한 의료행위에서 발생한 일체의 폐기물

2. **위해의료폐기물**
   가. 조직물류폐기물 : 인체 또는 동물의 조직·장기·기관·신체의 일부, 동물의 사체, 혈액·고름 및 혈액생성물(혈청, 혈장, 혈액제제)
   나. 병리계폐기물 : 시험·검사 등에 사용된 배양액, 배양용기, 보관균주, 폐시험관, 슬라이드, 커버글라스, 폐배지, 폐장갑
   다. 손상성폐기물 : 주사바늘, 봉합바늘, 수술용 칼날, 한방침, 치과용침, 파손된 유리재질의 시험기구
   라. 생물·화학폐기물 : 폐백신, 폐항암제, 폐화학치료제
   마. 혈액오염폐기물 : 폐혈액백, 혈액투석 시 사용된 폐기물, 그 밖에 혈액이 유출될 정도로 포함되어 있어 특별한 관리가 필요한 폐기물

3. **일반의료폐기물** : 혈액·체액·분비물·배설물이 함유되어 있는 탈지면, 붕대, 거즈, 일회용 기저귀, 생리대, 일회용 주사기, 수액세트

   비고
   1. 의료폐기물이 아닌 폐기물로서 의료폐기물과 혼합되거나 접촉된 폐기물은 혼합되거나 접촉된 의료폐기물과 같은 폐기물로 본다.
   2. 채혈진단에 사용된 혈액이 담긴 검사튜브, 용기 등은 제2호가목의 조직물류폐기물로 본다.
   3. 제3호 중 일회용 기저귀는 다음 각 목의 일회용 기저귀로 한정한다.
      가. 「감염병의 예방 및 관리에 관한 법률」 제2조제13호부터 제15호까지의 규정에 따른 감염병환자, 감염병의사환자 또는 병원체보유자(이하 "감염병환자등"이라 한다)가 사용한 일회용 기저귀. 다만, 일회용 기저귀를 매개로 한 전염 가능성이 낮다고 판단되는 감염병으로서 환경부장관이 고시하는 감염병 관련 감염병환자등이 사용한 일회용 기저귀는 제외한다.
      나. 혈액이 함유되어 있는 일회용 기저귀

문제 01 위해 의료폐기물과 가장 거리가 먼 것은?

① 시험·검사 등에 사용된 배양액
② 혈액, 체액, 분비물, 배설물이 함유되어 있는 탈지면
③ 주사바늘
④ 폐항암제

정답 01.②

문제 02 위해의료폐기물 중 생물, 화학 폐기물이 아닌 것은?

① 폐백신
② 폐혈액
③ 폐항암제
④ 폐화학치료제

문제 03 의료폐기물의 종류 중 위해의료폐기물의 분류에 해당하지 않는 것은?

① 조직물류폐기물
② 격리계폐기물
③ 생물화학폐기물
④ 혈액오염폐기물

문제 04 다음 중 폐기물관리법령상의 의료폐기물의 종류와 거리가 먼 것은?

① 격리의료폐기물
② 일반의료폐기물
③ 위해의료폐기물
④ 유해의료폐기물

정답 01.② 02.② 03.② 04.④

시행령 [별표3] 폐기물 처리시설의 종류 (제5조 관련) 〈개정 2022.11.29.〉

1. **중간처분시설**

    가. 소각시설

    1) 일반 소각시설
    2) 고온 소각시설
    3) 열 분해시설(가스화시설을 포함한다)
    4) 고온 용융시설
    5) 열처리 조합시설 [1)에서 4)까지의 시설 중 둘 이상의 시설이 조합된 시설]

    나. 기계적 처분시설

    1) 압축시설(동력 7.5kw 이상인 시설로 한정한다)
    2) 파쇄·분쇄 시설(동력 15kw 이상인 시설로 한정한다)
    3) 절단시설(동력 7.5kw 이상인 시설로 한정한다)
    4) 용융시설(동력 7.5kw 이상인 시설로 한정한다)
    5) 증발·농축 시설
    6) 정제시설(분리·증류·추출·여과 등의 시설을 이용하여 폐기물을 처분하는 단위시설을 포함한다)
    7) 유수 분리시설
    8) 탈수·건조 시설
    9) 멸균분쇄 시설

    다. 화학적 처분시설

    1) 고형화·고화·안정화 시설
    2) 반응시설(중화·산화·환원·중합·축합·치환시설 등 포함한다)
    3) 응집·침전 시설

    라. 생물학적 처분시설

    1) 소멸화 시설(1일 처분능력 100킬로그램 이상인 시설로 한정한다)
    2) 호기성·혐기성 분해시설

    마. 그 밖에 환경부장관이 폐기물을 안전하게 중간처분할 수 있다고 인정하여 고시하는 시설

2. **최종 처분시설**

    가. 매립시설

    1) 차단형 매립시설

2) 관리형 매립시설(침출수 처리시설, 가스 소각·발전·연료화 시설 등 부대시설을 포함한다)
나. 그 밖에 환경부장관이 폐기물을 안전하게 최종처분할 수 있다고 인정하여 고시하는 시설

3. 재활용시설
가. 기계적 재활용시설
  1) 압축·압출·성형·주조시설(동력 7.5kW 이상인 시설로 한정한다)
  2) 파쇄·분쇄·탈피 시설(동력 15kW 이상인 시설로 한정한다)
  3) 절단시설(동력 7.5kW 이상인 시설로 한정한다)
  4) 용융·용해시설(동력 7.5kW 이상인 시설로 한정한다)
  5) 연료화시설
  6) 증발·농축 시설
  7) 정제시설(분리·증류·추출·여과 등의 시설을 이용하여 폐기물을 재활용하는 단위시설을 포함한다)
  8) 유수 분리 시설
  9) 탈수·건조 시설
  10) 세척시설(철도용 폐목재 받침목을 재활용하는 경우로 한정한다)

나. 화학적 재활용시설
  1) 고형화·고화 시설
  2) 반응시설(중화·산화·환원·중합·축합·치환 등의 화학반응을 이용하여 폐기물을 재활용하는 단위시설을 포함한다)
  3) 응집·침전 시설
  4) 열분해시설(가스화시설을 포함한다)

다. 생물학적 재활용시설
  1) 1일 재활용능력이 100킬로그램 이상인 다음의 시설
    가) 부숙(썩혀서 익히는 것) 시설(미생물을 이용하여 유기물질을 발효하는 등의 과정을 거쳐 제품의 원료 등을 만드는 시설을 말한다. 이하 같다). 다만, 1일 재활용능력이 100킬로그램 이상 200킬로그램 미만인 음식물류 폐기물 부숙시설은 제외한다.
    나) 사료화 시설(건조에 의한 사료화 시설을 포함한다)
    다) 퇴비화 시설(건조에 의한 퇴비화 시설, 지렁이분변토 생산시설 및 생석회 처리시설을 포함한다)
    라) 동애등에분변토 생산시설

　　　　마) 부숙토(腐熟土) 생산시설
　　2) 호기성·혐기성 분해시설
　　3) 버섯재배시설
라. 시멘트 소성로
마. 용해로(폐기물에서 비철금속을 추출하는 경우로 한정한다)
바. 소성(시멘트 소성로는 제외한다)·탄화 시설
사. 골재가공시설
아. 의약품 제조시설
자. 소각열회수시설(시간당 재활용능력이 200킬로그램 이상인 시설로서 법 제13조의2제1항제5호에 따라 에너지를 회수하기 위하여 설치하는 시설만 해당한다)
차. 수은회수시설
카. 그 밖에 환경부장관이 폐기물을 안전하게 재활용할 수 있다고 인정하여 고시하는 시설

문제 01 폐기물관리법령상 다음 폐기물 중간처분시설의 분류(소각시설, 기계적 처분시설, 화학적 처분시설, 생물학적 처분시설) 중 화학적 처분시설에 해당하는 것은?

① 열 분해시설(가스화시설을 포함한다)　② 증발·농축 시설
③ 유수 분리시설　　　　　　　　　　　④ 고형화·고화·안정화 시설

문제 02 폐기물 처리시설 종류의 구분이 틀린 것은?

① 기계적 재활용 시설 : 유수 분리 시설
② 화학적 재활용 시설 : 연료화 시설
③ 생물학적 재활용 시설 : 버섯재배시설
④ 생물학적 재활용 시설 : 호기성, 혐기성 분해시설

문제 03 폐기물처리시설 중 생물학적 처분시설인 소멸화시설에 관한 설명으로 옳은 것은?

① 1일 처분능력 100킬로그램 이상인 시설로 한정한다.
② 1일 처분능력 200킬로그램 이상인 시설로 한정한다.
③ 1일 처분능력 300킬로그램 이상인 시설로 한정한다.
④ 1일 처분능력 400킬로그램 이상인 시설로 한정한다.

정답　01.④　02.②　03.①

문제 04 폐기물처리시설 중 화학적 재활용시설이 아닌 것은?

① 고형화·고화 시설
② 반응시설(중화·산화·환원·중합·축합·치환 등의 화학반응을 이용하여 폐기물을 재활용하는 단위시설을 포함한다)
③ 응집·침전 시설
④ 용해로(폐기물에서 비철금속을 추출하는 경우로 한정한다)

문제 05 폐기물처리시설 중 기계적 재활용시설의 기준으로 옳지 않은 것은?

① 압축·압출·성형·주조시설(동력 7.5kW 이상인 시설로 한정한다)
② 파쇄·분쇄·탈피 시설(동력 7.5kW 이상인 시설로 한정한다)
③ 절단시설(동력 7.5kW 이상인 시설로 한정한다)
④ 용융·용해시설(동력 7.5kW 이상인 시설로 한정한다)

정답 04.④ 05.②

시행령 [별표4] 폐기물 감량화시설의 종류 (제6조 관련) 〈개정 2013.5.28.〉

1. 공정 개선시설

물질정제, 물질대체에 의한 원료 변경과 해당 제조공정 일부 또는 전체 공정의 변경, 설비 변경 등의 방법으로 해당 공정에서 배출되는 폐기물의 총량을 줄이는 효과가 있는 시설

2. 폐기물 재이용시설

제조공정에서 발생되는 폐기물을 해당 공정의 원료 또는 부원료로 재사용하거나 다른 공정의 원료로 사용하기 위하여 사업자가 같은 사업장에 설치하는 시설

3. 폐기물 재활용시설

제조공정에서 발생되는 폐기물을 재활용하기 위하여 같은 사업장에서 제조시설과 연속선상에 설치하는 「자원의 절약과 재활용촉진에 관한 법률」제2조제10호의 재활용시설 중 환경부령으로 정하는 시설

4. 그 밖의 폐기물 감량화시설

사업장폐기물의 발생과 배출을 줄이는 효과가 있다고 환경부장관이 정하여 고시하는 시설

문제 01 다음 중 폐기물 감량화시설의 종류로 틀린 것은 어느 것인가?

① 폐기물 선별시설　　　　② 폐기물 재활용시설
③ 폐기물 재이용시설　　　④ 공정 개선시설

정답 01.①

시행령 [별표4의4] | **생활폐기물 수집·운반 대행자에 대한 과징금의 금액**
(제8조의 2 관련)　〈개정 2016.7.19.〉

위반행위	영업정지 1개월	영업정지 3개월
법 제14조제8항제2호에 따른 평가결과가 대행실적 평가기준에 미달한 경우	2천만원	5천만원

문제 01 생활폐기물 수집, 운반 대행자에 대한 대행실적평가 결과가 대행실적평가 기준에 미달한 경우 생활폐기물 수집, 운반 대행자에 대한 과징금액 기준은? (단, 영업정지 3개월을 갈음하여 부과할 경우)

① 1천만원　　　　② 2천만원
③ 3천만원　　　　④ 5천만원

정답 01.④

시행령 [별표5] | **폐기물 발생억제지침 준수의무 대상 배출자의 업종 및 규모**
(제9조 관련)　〈개정 2019.7.2.〉

폐기물발생억제지침 준수의무 대상 배출자의 업종 및 규모(제9조 관련)

1. **업종**: 「통계법」 제22조에 따른 한국표준산업분류의 중분류 업종 중 다음 각 목의 업종
   가. 식료품 제조업
   나. 음료 제조업
   다. 섬유제품 제조업(의복 제외)
   라. 의복, 의복액세서리 및 모피제품 제조업
   마. 코크스, 연탄 및 석유정제품 제조업

바. 화학물질 및 화학제품 제조업(의약품 제외)
사. 의료용 물질 및 의약품 제조업
아. 고무제품 및 플라스틱제품 제조업
자. 비금속 광물제품 제조업
차. 1차 금속 제조업
카. 금속가공제품 제조업(기계 및 가구 제외)
타. 기타 기계 및 장비 제조업
파. 전기장비 제조업
하. 전자부품, 컴퓨터, 영상, 음향 및 통신장비 제조업
거. 의료, 정밀, 광학기기 및 시계 제조업
너. 자동차 및 트레일러 제조업
더. 기타 운송장비 제조업
러. 전기, 가스, 증기 및 공기조절 공급업

2. 규모
   가. 최근 3년간의 연평균 배출량을 기준으로 지정폐기물을 100톤 이상 배출하는 자
   나. 최근 3년간의 연평균 배출량을 기준으로 지정폐기물 외의 폐기물을 1천톤 이상 배출하는 자

문제 01 폐기물 발생 억제 지침 준수의무 대상 배출자의 규모 기준으로 알맞은 것은 어느 것인가?

① 최근 3년간의 연평균 배출량을 기준으로 지정폐기물을 50톤 이상 배출하는 자
② 최근 3년간의 연평균 배출량을 기준으로 지정폐기물을 100톤 이상 배출하는 자
③ 최근 3년간의 연평균 배출량을 기준으로 지정폐기물 외의 폐기물을 100톤 이상 배출하는 자
④ 최근 3년간의 연평균 배출량을 기준으로 지정폐기물 외의 폐기물을 500톤 이상 배출하는 자

정답 01.②

문제 02 폐기물 발생 억제 지침 준수의무 대상 배출자의 규모 기준으로 알맞은 것은 어느 것인가?

① 최근 3년간의 연평균 배출량을 기준으로 지정폐기물 외의 폐기물을 1천톤 이상 배출하는 자
② 최근 3년간의 연평균 배출량을 기준으로 지정폐기물 외의 폐기물을 2천톤 이상 배출하는 자
③ 최근 3년간의 연평균 배출량을 기준으로 지정폐기물 외의 폐기물을 3천톤 이상 배출하는 자
④ 최근 3년간의 연평균 배출량을 기준으로 지정폐기물 외의 폐기물을 4천톤 이상 배출하는 자

문제 03 폐기물발생억제지침 준수의무대상 배출자의 업종으로 옳지 않은 것은?

① 금속가공제품 제조업(기계 및 가구 제외)
② 연료제품 제조업(핵연료 제조업은 제외)
③ 자동차 및 트레일러 제조업
④ 전기, 가스, 증기 및 공기조절 공급업

정답 02.① 03.②

시행규칙 [별표3] 의료폐기물 발생 의료기관 및 시험 · 검사기관 등
(제2조제3항 관련) 〈개정 2013.5.31.〉

1. 「의료법」 제3조에 따른 의료기관
2. 「지역보건법」 제7조 및 제10조에 따른 보건소 및 보건지소
3. 「농어촌 등 보건의료를 위한 특별조치법」 제15조에 따른 보건진료소
4. 「혈액관리법」 제2조제3호의 혈액원
5. 「검역법」 제30조제1항에 따른 검역소 및 「가축전염병예방법」 제30조에 따른 동물검역기관
6. 「수의사법」 제2조제4호에 따른 동물병원
7. 국가나 지방자치단체의 시험·연구기관(의학·치과의학·한의학·약학 및 수의학에 관한 기관을 말한다)
8. 대학·산업대학·전문대학 및 그 부속 시험·연구기관(의학·치과의학·한의학·약학 및 수의학에 관한 기관을 말한다)
9. 학술연구나 제품의 제조·발명에 관한 시험·연구를 하는 연구소(의학·치과의학·한의

학·약학 및 수의학에 관한 연구소를 말한다)
10. 「장사 등에 관한 법률」 제29조에 따른 장례식장
11. 「형의 집행 및 수용자의 처우에 관한 법률」 제11조의 교도소·소년교도소·구치소 등에 설치된 의무시설
12. 「의료법」 제35조에 따라 설치된 기업체의 부속 의료기관으로서 면적이 100제곱미터 이상인 의무시설
13. 「국군의무사령부령」에 따라 사단급 이상 군부대에 설치된 의무시설
14. 「노인복지법」 제34조제1항제1호에 따른 노인요양시설
15. 의료폐기물 중 태반을 대상으로 법 제25조제5항제5호부터 제7호까지의 규정 중 어느 하나에 해당하는 폐기물 재활용업의 허가를 받은 사업장
16. 「인체조직 안전 및 관리 등에 관한 법률」 제13조제1항에 따른 조직은행
17. 그 밖에 환경부장관이 정하여 고시하는 기관

문제 01 의료폐기물 발생 의료기관 및 시험·검사기관 기준으로 옳지 않은 것은?

① 「형의 집행 및 수용자의 처우에 관한 법률」의 교도소·소년교도소·구치소 등에 설치된 의무시설
② 「수의사법」에 따른 동물병원
③ 「혈액관리법」의 혈액원
④ 군통합병원령에 의하여 대대급 이상 군부대에 설치된 의무시설

정답 01. ④

시행규칙[별표4] **폐기물의 종류별 세부분류**(제4조의2제1항 관련)〈개정 2023.05.31.〉

1. 지정폐기물의 세부분류 및 분류번호
   01 특정시설에서 발생하는 폐기물
      01-02 오니류   01-02-01 폐수처리오니
   02 부식성폐기물
   03 유해물질 함유 폐기물
   04 폐유기용제
   05 폐페인트 및 폐락카
   06 폐유

07 폐석면
08 폴리클로리네이티드비페닐 함유 폐기물
09 폐유독물질
10 의료폐기물

2. 사업장일반폐기물의 세부분류 및 분류번호

51-01 유기성오니류
    51-01-01 정수처리오니
51-02 무기성오니류
51-03 폐합성고분자화합물
51-04 광재류
51-05 분진류
51-06 폐주물사 및 폐사
51-07 폐내화물 및 폐도자기조각
51-08 소각재

문제 01 지정폐기물 외의 사업장폐기물의 분류번호 중 유기성 오니류에 해당하는 것은?

① 50-01-00　　② 51-01-00
③ 52-01-00　　④ 53-01-00

문제 02 사업장폐기물의 종류별 분류번호로 옳은 것은? (단, 지정폐기물 외의 사업장폐기물의 분류번호)

① 유기성오니류 31-01-00　　② 유기성오니류 41-01-00
③ 유기성오니류 51-01-00　　④ 유기성오니류 61-01-00

문제 03 지정폐기물의 분류번호가 '01-01-00'이라면 다음 중 어떤 폐기물에 해당되는가?

① 오니류　　② 분진
③ 폐합성고분자화합물　　④ 유해물질함유 물질

정답 01.② 02.③ 03.③

문제 04 지정폐기물의 분류번호가 '07-00-00'이라면 다음 중 어떤 폐기물에 해당되는가?
① 오니류
② 분진
③ 폐석면
④ 유해물질함유 물질

문제 05 지정폐기물의 분류번호로 지정되어 있는 폐농약이 아닌 것은 어느 것인가?(단, 특정시설에서 발생하는 폐기물, 그 밖의 농약으로 분류되는 것은 제외함)
① 유기인계 농약
② 시안계 농약
③ 유기염소계 농약
④ 카바메이트계 농약

문제 06 폴리클로리네이티드비페닐 함유 폐기물은 4가지로 분류된다. 아닌 것은?
① 폴리클로리네이티드비페닐 함유 폐유
② 폴리클로리네이티드비페닐 함유 폐유기용제
③ 폴리클로리네이티드비페닐 함유 액상이 아닌 것
④ 폴리클로리네이티드비페닐 함유 폐페인트

문제 07 지정폐기물 중 특정시설에서 발생되는 폐기물에 관한 내용으로 틀린 것은?
① 폐합성 수지(고체상태의 것은 제외)
② 폐합성 고무(고체상태의 것은 제외)
③ 폐농약(농약의 제조, 판매업소에서 발생되는 것으로 한정한다.)
④ 폐유기용제(광물유, 동물유 및 식물유는 제외한다.)

정답 04.③ 05.② 06.④ 07.④

| 시행규칙
[별표4의4] | 폐기물처리시설의 설치 · 운영을 위탁받을 수 있는 자의 기준
(제5조제4호 관련) 〈개정 2016.7.21.〉 |

폐기물 처분시설 또는 재활용시설별로 다음 각 호의 구분에 따른 기술인력을 보유하여야 한다.

1. 소각시설
   가. 폐기물처리기술사 1명
   나. 폐기물처리기사 또는 대기환경기사 1명
   다. 일반기계기사 1명

라. 시공분야에서 2년 이상 근무한 자 2명(폐기물 처분시설의 설치를 위탁받으려는 경우에만 해당한다)

마. 1일 50톤 이상의 폐기물소각시설에서 천정크레인을 1년 이상 운전한 자 1명과 천정크레인 외의 처분시설의 운전분야에서 2년 이상 근무한 자 2명(폐기물 처분시설의 운영을 위탁받으려는 경우에만 해당한다)

2. **매립시설**

   가. 폐기물처리기술사 1명

   나. 폐기물처리기사 또는 수질환경기사 중 1명

   다. 토목기사 1명

   라. 매립시설(9,900 제곱미터 이상의 지정폐기물 또는 33,000 제곱미터 이상의 생활폐기물)에서 2년 이상 근무한 자 2명

3. **음식물류 폐기물 처분시설 또는 재활용시설**

   가. 폐기물처리기사 1명

   나. 수질환경기사 또는 대기환경기사 1명

   다. 기계정비산업기사 1명

   라. 1일 50톤 이상의 음식물류 폐기물 처분시설 또는 재활용시설(위탁대상 시설과 같은 종류의 시설만 해당한다)의 시공분야에서 2년 이상 근무한 자 2명(폐기물 처분시설 또는 재활용시설의 설치를 위탁받으려는 경우에만 해당한다)

   마. 1일 50톤 이상의 음식물류 폐기물 처분시설 또는 재활용시설(위탁대상 시설과 같은 종류의 시설만 해당한다)의 운전분야에서 2년 이상 근무한 자 2명(폐기물 처분시설 또는 재활용시설의 운영을 위탁받으려는 경우에만 해당한다)

문제 01 '폐기물처리시설의 설치·운영을 위탁 받을 수 있는 자의 기준' 중 폐기물처리시설이 소각시설인 경우, 보유하여야 하는 기술인력 기준에 포함되지 않는 것은?

① 폐기물처리기술사 1명
② 폐기물처리기사 또는 대기환경기사 1명
③ 토목기사 1명
④ 시공분야에서 2년 이상 근무한 자 2명(폐기물처리시설의 설치를 위탁받으려는 경우에만 해당됨)

정답 01.③

시행규칙[별표14] 기술관리인의 자격기준 (제48조 관련) ⟨개정 2023.05.31.⟩

구분		자격기준
폐기물 처분시설 또는 재활용시설	가. 매립시설	○ 폐기물처리기사, 수질환경기사, 토목기사, 일반기계기사, 건설기계설비기사, 화공기사, 토양환경기사 중 1명 이상
	나. 소각시설(의료폐기물을 대상으로 하는 소각시설은 제외한다), 시멘트 소성로, 용해로 및 소각열회수시설	○ 폐기물처리기사, 대기환경기사, 토목기사, 일반기계기사, 건설기계설비기사, 화공기사, 전기기사, 전기공사기사, 에너지관리기사 중 1명 이상
	다. 의료폐기물을 대상으로 하는 시설	○ 폐기물처리산업기사, 임상병리사, 위생사 중 1명 이상
	라. 음식물류 폐기물을 대상으로 하는 시설	○ 폐기물처리산업기사, 수질환경산업기사, 화공산업기사, 토목산업기사, 대기환경산업기사, 일반기계기사, 전기기사 중 1명 이상
	마. 그 밖의 시설	○ 같은 시설의 운영을 담당하는 자 1명 이상

비고: 폐기물 처분시설 또는 재활용시설이 배출시설에 해당할 때에는 「대기환경보전법」·「물환경보전법」 또는 「소음·진동관리법」에 따른 환경기술인이 기술관리인을 겸임할 수 있다

문제 01 음식물류 폐기물처리시설의 기술관리인의 자격기준으로 가장 거리가 먼 것은?

① 토목산업기사　　② 산업안전기사
③ 전기기사　　　　④ 화공산업기사

문제 02 폐기물처리시설 중 매립시설의 기술관리인의 자격기준으로 옳지 않은 것은?

① 건설기계기사　　② 화공기사
③ 일반기계기사　　④ 건설안전관리기사

문제 03 폐기물 처분시설 또는 재활용시설 중 의료 폐기물을 대상으로 하는 시설의 기술관리인자격기준에 해당 하지 않는 자격은?

① 폐기물처리산업기사　　② 수질환경산업기사
③ 임상병리사　　　　　　④ 위생사

정답 01.② 02.④ 03.②

시행규칙 [별표5]	폐기물의 처리에 관한 구체적 기준 및 방법(제14조 관련)

〈개정 2022.11.29.〉

문제 01 폐기물의 수집·운반·보관·처리에 관한 구체적 기준 및 방법에 관한 설명으로 옳지 않은 것은?

① 사업장일반폐기물배출자는 그의 사업장에서 발생하는 폐기물을 보관이 시작되는 날부터 90일을 초과하여 보관하여서는 아니된다.
② 지정폐기물(의료폐기물 제외) 수집·운반차량의 차체는 노란색으로 색칠하여야 한다.
③ 음식물류 폐기물 처리시 가열에 의한 건조의 방법으로 부산물의 수분함량을 50%미만으로 감량하여야 한다.
④ 폐합성고분자화합물은 소각하여야 하지만, 소각이 곤란한 경우에는 최대지름 15센티미터 이하의 크기로 파쇄·절단 또는 용융한 후 관리형 매립시설에 매립할 수 있다.

해설
- 음식물류 폐기물 처리시 가열에 의한 건조의 방법으로 부산물의 수분함량을 25%미만으로 감량하여야 한다.
- 발효 또는 발효건조나 퇴비화·사료화 또는 부숙의 방법으로 처리하여 부산물의 수분함량을 40퍼센트 미만으로 하여야 한다.
- 음식물류 폐기물 처분시설 또는 재활용시설을 설치·운영하는 경우에는 해당 시설에 유입된 음식물류에 포함된 고형물 중에서 무게 기준으로 70퍼센트 이상을 동물 등의 먹이, 퇴비 등의 재활용제품의 원료로 사용(에너지 생산, 액비 생산 등을 위하여 다른 시설로 옮겨서 재활용하는 경우를 포함한다)하여야 한다.
- 유기성 오니(고형물 중 유기성물질의 함량이 40퍼센트 이상인 것을 말한다. 이하 같다)는 수분함량이 85퍼센트 이하로 탈수·건조한 후 관리형 매립시설에 매립하여야 한다.

문제 02 폐기물의 처리에 관한 구체적 기준 및 방법에 관한 내용 중 지정폐기물인 의료폐기물의 전용 용기 사용의 경우, 봉투형 용기에는 그 용량의 몇 % 미만으로 의료폐기물을 넣어야 하는가?

① 75% ② 80% ③ 85% ④ 90%

해설 봉투형 용기에는 그 용량의 75퍼센트 미만으로 의료폐기물을 넣어야 한다.

문제 03 지정폐기물의 수집, 운반, 보관기준 및 방법으로서 지정폐기물의 수집, 운반차량의 차체는 어떤 색으로 도색하여야 하는가? (단, 의료폐기물은 제외한다.)

① 붉은색 ② 노란색 ③ 흰색 ④ 파란색

정답 01.③ 02.① 03.②

문제 04 의료폐기물의 수집, 운반차량의 차체는 어떤 색으로 도색하여야 하는가?

① 붉은색　　　　　　　　　② 노란색
③ 흰색　　　　　　　　　　④ 파란색

해설 수집 운반의 기준(의료폐기물의 경우)
1) 의료폐기물은 전용용기에 넣어 밀폐포장된 상태로 의료폐기물 전용의 운반차량으로 수집·운반하여야 한다.
2) 의료폐기물의 수집·운반차량은 섭씨 4도 이하의 냉장설비가 설치되고, 수집·운반 중에는 적재함의 내부온도를 섭씨 4도 이하로 유지하여야 한다. 다만, 적재함을 열고 의료폐기물을 싣거나 내릴 때에는 그러하지 아니하다.
3) 의료폐기물은 흩날림·유출 및 악취의 새어 나옴을 방지할 수 있는 밀폐된 적재함이 설치된 차량으로 수집·운반하여야 한다.
4) 적재함의 내부는 물에 견디는 성질의 자재로서 약물소독을 쉽게 할 수 있는 구조로 되어 있어야 하며, 그 안에는 온도계를 붙이고 약물소독에 쓰이는 소독약품 및 분무기 등 소독장비와 이를 보관할 수 있는 설비를 갖추어야 한다.
5) 적재함은 사용할 때마다 약물소독의 방법으로 소독하여야 한다.
6) 의료폐기물의 수집·운반차량의 차체는 흰색으로 색칠하여야 한다.
7) 의료폐기물의 수집·운반차량의 적재함의 양쪽 옆면에는 의료폐기물의 도형, 업소명 및 전화번호를, 뒷면에는 의료폐기물의 도형을 붙이거나 표기하되, 그 크기는 가로 100센티미터 이상, 세로 50센티미터 이상(뒷면의 경우 가로·세로 각각 50센티미터 이상)이어야 하며, 글자의 색깔은 녹색으로 하여야 한다.

문제 05 지정폐기물(의료폐기물은 제외)의 보관창고에 보관 중인 지정폐기물의 종류, 보관가능 용량, 취급 시 주의사항 및 관리책임자 등을 적은 후 설치하는 표지판 표지의 색깔로 옳은 것은?

① 녹색 바탕에 빨간색 선 및 빨간색 글자
② 녹색 바탕에 노란색 선 및 노란색 글자
③ 노란색 바탕에 검은색 선 및 검은색 글자
④ 노란색 바탕에 청색 선 및 청색 글자

문제 06 의료폐기물 보관창고, 보관장소 및 냉장시설에는 보관중인 의료폐기물의 종류, 양 및 보관기간 등을 확인할 수 있는 표지판을 설치하여야 한다. 표지판 표지의 색깔로 옳은 것은?

① 흰색 바탕에 노란색 선과 노란색 글자
② 흰색 바탕에 녹색 선과 녹색 글자
③ 노란색 바탕에 청색 선과 청색 글자
④ 노란색 바탕에 검은색 선과 검은색 글자

정답 04.③　05.③　06.②

문제 07 지정폐기물(의료폐기물은 제외) 보관창고에 설치해야 하는 지정폐기물의 종류, 보관가능 용량, 취급 시 주의사항 및 관리책임자 등을 기재한 표지판 표지의 규격기준으로 옳은 것은? (단, 드럼 등 소형용기에 붙이는 경우)

① 가로 10센티미터 이상×세로 8센티미터 이상
② 가로 12센티미터 이상×세로 10센티미터 이상
③ 가로 13센티미터 이상×세로 10센티미터 이상
④ 가로 15센티미터 이상×세로 10센티미터 이상

문제 08 의료 폐기물을 제외한 지정폐기물의 보관에 관한 기준 및 방법으로 옳지 않은 것은?

① 지정폐기물은 지정폐기물 외의 폐기물과 구분하여 보관하여야 한다.
② 폐유는 휘발 되지 아니하도록 밀봉된 용기에 보관하여야 한다.
③ 흩날릴 우려가 있는 폐석면은 습도 조절 등의 조치 후 고밀도 내수성 재질의 포대로 2중포장 하거나 견고한 용기에 밀봉하여 흩날리지 아니하도록 보관하여야 한다.
④ 지정폐기물은 지정폐기물에 의하여 부식되거나 파손되지 아니하는 재질로 된 보관시설 또는 보관용기를 사용하여 보관하여야 한다.

해설 폐유기용제는 휘발되지 아니하도록 밀폐된 용기에 보관하여야 한다.

문제 09 다음 중 지정폐기물(의료폐기물은 제외한다)의 처리기준 및 방법으로 가장 거리가 먼 것은?

① 폐합성고분자화합물의 소각이 곤란할 경우에는 최대지름 15cm 이하의 크기로 파쇄·절단 또는 용융한 후 지정 폐기물을 매립할 수 있는 관리형 매립시설에 매립할 수 있다.
② 액상의 폐알칼리는 분리·증류·추출·여과의 방법으로 정제 처분한다.
③ 고체상태의 폐유(타르·피치(pitch)류는 제외한다)는 소각하거나 안정화처분하여야 한다.
④ 기타 폐유기용제로서 고체상태의 것은 관리형 매립시설에 매립처리 하여야 한다.

해설 기타 폐유기용제로서 고체상태의 것은 소각 하여야 한다.

정답 07.④ 08.② 09.④

문제 10 의료 폐기물을 제외한 지정폐기물의 처리에 관한 기준 및 방법에서 액상 폐유의 처리 기준 및 방법과 가장 거리가 먼것은?

① 증발농축방법으로 처리한 후 그 잔재물은 소각하거나 안정화 처리하여야 한다.
② 응집침전방법으로 처리한 후 그 잔재물은 소각하여야 한다.
③ 고화 처리한 후 정제, 분리, 여과하여야한다.
④ 소각하거나 안정화 처리하여야 한다.

해설 분리·증류·추출·여과·열분해의 방법으로 정제처분하여야 한다.

문제 11 재활용에 해당되는 활동에는 폐기물로부터 에너지를 회수하거나 회수할 수 있는 상태로 만들거나 폐기물을 연료로 사용하는 환경부령으로 정하는 활동이 있으며 그 중 폐기물(지정폐기물 제외)을 시멘트 소성로 및 환경부장관이 정하여 고시하는 시설에서 연료로 사용 하는 활동이 있다. 다음 중 시멘트 소성로 및 환경부장관이 정하여 고시하는 시설에서 연료로 사용하는 폐기물(지정폐기물 제외)과 가장 거리가 먼 것은 어느 것인가?(단, 그 밖에 환경부장관이 고시하는 폐기물 제외)

① 폐타이어   ② 폐유   ③ 폐섬유   ④ 폐합성고무

해설 폐유는 지정폐기물이며 고체상태의 폐합성고무는 지정폐기물에서 제외한다.

문제 12 의료폐기물을 위탁 처리하는 배출자는 의료폐기물의 종류별로 보관기간을 초과하여 보관하여서는 아니된다. 위해의료폐기물 중 손상성 폐기물의 보관기간으로 옳은 것은?

① 7일   ② 15일   ③ 20일   ④ 30일

해설 의료폐기물을 위탁처리하는 배출자는 의료폐기물의 종류별로 다음의 구분에 따른 보관기간을 초과하여 보관하여서는 아니 된다.

가) 격리의료폐기물: 7일
나) 위해의료폐기물 중 조직물류폐기물(치아는 제외한다), 병리계폐기물, 생물·화학폐기물 및 혈액오염폐기물과 바)를 제외한 일반의료폐기물: 15일
다) 위해의료폐기물 중 손상성폐기물: 30일
라) 위해의료폐기물 중 조직물류폐기물(치아만 해당한다): 60일
마) 나목 6)에 따라 혼합 보관된 의료폐기물: 혼합 보관된 각각의 의료폐기물의 보관기간 중 가장 짧은 바) 일반의료폐기물(「의료법」 제3조에 따른 의료기관 중 입원실이 없는 의원, 치과의원 및 한의원에서 발생하는 것으로서 섭씨 4도 이하로 냉장보관하는 것만 해당한다): 30일기간

정답 10.③ 11.② 12.④

문제 13 폐기물처리업자의 폐기물보관량 및 처리기한에 관한 내용으로 옳은 것은? (단, 폐기물 수집, 운반업자가 임시 보관장소에 폐기물을 보관하는 경우 의료폐기물 외의 폐기물 기준)

① 중량 250톤 이하이고 용적이 200세제곱미터 이하, 5일 이내
② 중량 250톤 이하이고 용적이 300세제곱미터 이하, 5일 이내
③ 중량 450톤 이하이고 용적이 200세제곱미터 이하, 5일 이내
④ 중량 450톤 이하이고 용적이 300세제곱미터 이하, 5일 이내

문제 14 동물성 잔재물과 의료폐기물 중 조직물류폐기물 등 부패나 변질의 우려가 있는 폐기물인 경우 처리명령 대상이 되는 조업중단 기간은?

① 5일
② 10일
③ 15일
④ 30일

문제 15 다음은 폐기물 수집, 운반업자가 임시 보관장소에 의료폐기물을 보관하는 경우의 폐기물 보관량 및 처리기한에 관한 내용이다. (   )안에 옳은 내용은?

> 냉장 보관할 수 있는 섭씨 4도 이하의 전용보관시설에서 보관하는 경우
> (㉮), 그 밖의 보관시설에서 보관하는 경우에는 (㉯).

① ㉮ 5일 이내, ㉯ 2일 이내
② ㉮ 7일 이내, ㉯ 2일 이내
③ ㉮ 5일 이내, ㉯ 3일 이내
④ ㉮ 7일 이내, ㉯ 3일 이내

문제 16 위해의료폐기물의 종류 중 시험, 검사 등에 사용된 배양액, 배양용기, 보관균주, 폐시험관, 슬라이드, 커버글라스, 폐배지, 폐장갑이 해당되는 것은?

① 생물·화학폐기물
② 손상성폐기물
③ 병리계폐기물
④ 조직물류 폐기물

정답 13.④ 14.③ 15.① 16.③

문제 17 사업장일반폐기물배출자는 그의 사업장에서 발생하는 폐기물을 보관이 시작되는 날부터 며칠을 초과하여 보관하여서는 아니 되는가?

① 30일 ② 50일 ③ 60일 ④ 90일

해설 사업장일반폐기물배출자는 그의 사업장에서 발생하는 폐기물을 보관이 시작되는 날부터 90일(중간가공 폐기물의 경우는 120일을 말한다)을 초과하여 보관하여서는 아니 된다. 다만, 다음의 어느 하나에 해당하는 경우에는 제외한다.
- 보관하는 사업장일반폐기물의 양이 5톤 미만인 경우
- 「자원의 절약과 재활용촉진에 관한 법률」 제25조에 따라 숙성방법을 지정하고 있는 철강슬래그를 보관하는 경우
- 「산지관리법」 제25조제1항에 따른 토석채취허가를 받아 자체 석산의 복구용으로 재활용하는 폐석분토사(폐수처리오니는 제외한다)를 보관하는 경우
- 천재지변이나 그 밖의 부득이한 사유로 장기보관 할 필요성이 있다고 시·도지사가 기간을 정하여 인정하는 경우

문제 18 지정폐기물배출자는 그의 사업장에서 발생하는 지정폐기물 중 폐산·폐알칼리·폐유·폐유기용제·폐촉매·폐흡착제·폐흡수제·폐농약, 폴리클로리네이티드비페닐 함유폐기물, 폐수처리 오니(유기성 오니제외)는 보관이 시작된 날부터 몇 일을 초과하여 보관하여서는 아니 되는가?

① 30일 ② 50일 ③ 60일 ④ 90일

해설 지정폐기물배출자는 그의 사업장에서 발생하는 지정폐기물 중 폐산·폐알칼리·폐유·폐유기용제·폐촉매·폐흡착제·폐흡수제·폐농약, 폴리클로리네이티드비페닐 함유폐기물, 폐수처리 오니 중 유기성 오니는 보관이 시작된 날부터 45일을 초과하여 보관하여서는 아니되며, 그 밖의 지정폐기물은 60일을 초과하여 보관하여서는 아니 된다. 다만, 천재지변이나 그 밖의 부득이한 사유로 장기보관할 필요성이 있다고 관할 시·도지사나 지방환경관서의 장이 인정하는 경우와, 1년간 배출하는 지정폐기물의 총량이 3톤 미만인 사업장의 경우에는 1년의 기간 내에서 보관할 수 있다.

정답 17.④ 18.③

시행규칙 [별표6] 폐기물 인계·인수 내용의 입력방법 및 절차
〈개정 2022.11.29.〉

1. 폐기물 인계·인수에 관한 내용은 다음 각 목의 어느 하나에 해당하는 매체를 이용한 방법으로 전자정보처리프로그램에 입력하여야 한다.
   가. 컴퓨터
   나. 이동형 통신수단
   다. 법 제45조제1항에 따른 전산처리기구의 ARS

2. 한국환경공단은 시스템 및 통신망 등의 장애가 발생한 경우에는 그 사유와 복구시간 등을 지체없이 사용자에게 통보하여야 하며, 사용자는 장애기간동안 입력하지 못한 인계·인수내용을 장애복구 후 입력하여야 한다. 다만, 사용자가 전자정보처리프로그램 및 무선주파수인식기구의 오류, 천재지변 또는 화재 등의 사유로 법 제18조제3항 및 제24조의3제2항에 따른 폐기물의 인계·인수 내용을 전자정보처리프로그램에 입력하지 못할 경우에는 환경부장관이 정하여 고시하는 방법 및 절차에 따라 입력하여야 한다.

3. 사업장폐기물을 배출(법 제24조의2제1항에 따른 수입을 포함한다), 수집·운반, 처분 또는 재활용하는 자는 인계·인수하는 폐기물의 종류와 양 등의 내용을 전자정보처리프로그램에 입력하여야 한다.
   가. 배출자(법 제24조의2제1항에 따라 수입신고를 한 자를 포함하며, 이하 "배출자"라 한다)는 운반자에게 폐기물을 인계하기 전이나 컨테이너를 사용하여 수출폐기물 또는 수입폐기물을 스스로 운반하기 전에 폐기물의 종류 및 양 등을 전자정보처리프로그램에 확정 또는 예약입력하여야 하며, 예약입력한 경우에는 처리자가 폐기물을 인수한 후 2일 이내에 확정입력하여야 한다.
   나. 운반자는 배출자로부터 폐기물을 인수받은 날부터 2일 이내에 전달받은 인계번호를 확인하여 전자정보처리프로그램에 입력하여야 한다. 다만, 적재능력이 작은 차량으로 폐기물을 수집하여 적재능력이 큰 차량으로 옮겨 싣기 위하여 임시보관장소를 경유하여 운반하는 경우에는 처리자에게 인계한 후 2일 이내에 입력하여야 한다.
   다. 처리자는 운반자로부터 폐기물을 인수한 때에는 인수한 날(법 제24조의2제1항에 따라 수입신고를 한 자가 스스로 처리하는 경우에는 폐기물이 처리장소에 도착한 날로 한다)부터 2일 이내에 인계번호, 인계일자, 인수량 등을 전자정보처리프로그램에 입력하여야 한다. 다만, 수도권매립지관리공사에 반입되는 폐기물 중 「수도권매립지관리공사의 설립 및 운영 등에 관한 법률」에 따라 성분검사 등을 실시하는 폐기물에 대하여는 한국환경공단이 인정하는 경우에 한하여 입력기한을 30일로 연장할 수 있다.

라. 처분 또는 재활용하는 자는 다목에 따라 입력한 폐기물을 처리한 후 2일 이내에 처리량 및 처리일자 등을 전자정보처리프로그램에 입력하여야 한다. 이 경우 처리기간을 초과하여서는 아니 된다.

4. 사업장폐기물을 수집·운반, 처분 또는 재활용하는 자는 다음 각 목의 구분에 따라 해당 목의 폐기물처리현장정보를 전자정보처리프로그램에 전송해야 한다.

가. 수집·운반하는 자: 수집·운반차량의 위성항법장치(GPS) 등을 통해 확인한 실시간 위치정보

나. 처분 또는 재활용하는 자: 수집·운반자로부터 폐기물을 인수할 때 계량시설에서 측정되는 계량값, 진입로 및 계량시설에 설치한 영상정보처리기기의 영상정보 및 보관시설에 설치한 영상정보처리기기의 영상정보

문제 01 다음은 폐기물 인계·인수 내용을 입력하기 위한 방법과 절차이다. ( )안에 알맞은 것은?

> 운반자는 배출자로부터 폐기물을 인수받은 날부터 (㉮)이내에 전달받은 인계번호를 확인하여 전자정보처리프로그램에 입력하여야 한다. 다만, 적재능력이 작은 차량으로 폐기물을 수집하여 적재능력이 큰 차량으로 옮겨 싣기 위하여 임시보관장소를 경유하여 운반하는 경우에는 처리자에게 인계한 후 (㉯)이내에 입력하여야 한다.

① ㉮ 2일 이내, ㉯ 2일 이내 ② ㉮ 7일 이내, ㉯ 2일 이내
③ ㉮ 5일 이내, ㉯ 3일 이내 ④ ㉮ 7일 이내, ㉯ 3일 이내

문제 02 다음은 폐기물 인계·인수 내용을 입력하기 위한 방법과 절차이다. ( )안에 알맞은 것은?

> 처리자는 운반자로부터 폐기물을 인수한 때에는 인수한 날(수입신고를 한 자가 스스로 처리하는 경우에는 폐기물이 처리장소에 도착한 날로 한다)부터 (㉮)이내에 인계번호, 인계일자, 인수량 등을 전자정보처리프로그램에 입력하여야 한다. 다만, 수도권매립지관리공사에 반입되는 폐기물 중 「수도권매립지관리공사의 설립 및 운영 등에 관한 법률」에 따라 성분검사 등을 실시하는 폐기물에 대하여는 한국환경공단이 인정하는 경우에 한하여 입력기한을 (㉯)로 연장할 수 있다.

① ㉮ 2일 이내, ㉯ 30일 ② ㉮ 7일 이내, ㉯ 30일
③ ㉮ 2일 이내, ㉯ 40일 ④ ㉮ 7일 이내, ㉯ 40일

정답 01.① 02.①

문제 03 다음은 폐기물 인계·인수 내용을 입력하기 위한 방법과 절차이다. ( )안에 알맞은 것은?

> 처리자는 입력한 폐기물을 처리한 후 ( )이내에 처리량 및 처리일자 등을 전자정보처리프로그램에 입력하여야 한다. 이 경우 처리기간을 초과하여서는 아니 된다.

① 2일 이내
② 5일 이내
③ 7일 이내
④ 10일 이내

정답 03.①

시행규칙 [별표7] | **폐기물처리업의 시설·장비·기술능력의 기준** (제28조제6항 관련) 〈개정 2024.08.16.〉

1. 폐기물수집·운반업의 기준

가. 생활폐기물 또는 사업장비(非)배출시설계 폐기물을 수집·운반하는 경우
  1) 장비
    가) 밀폐형 압축·압착차량 1대(특별시·광역시는 2대) 이상
    나) 밀폐형 차량 또는 밀폐형 덮개 설치차량 1대 이상(적재능력 합계 4.5톤 이상). 다만, 생활폐기물을 수집·운반하는 경우에는 2018년 6월 30일까지 적재능력을 적용하지 아니한다.
    다) 섭씨 4도 이하의 냉장 적재함이 설치된 차량 1대 이상(의료기관 일회용기저귀를 수집·운반하는 경우에 한정한다)
  2) 연락장소 또는 사무실

나. 사업장배출시설계폐기물을 수집·운반하는 경우
  1) 장비
    가) 액체상태 폐기물을 수집·운반하는 경우: 탱크로리 1대 이상, 밀폐형 차량 1대 이상
    나) 고체상태 폐기물을 수집·운반하는 경우: 밀폐형 차량 또는 밀폐형 덮개 설치차량 2대 이상
  2) 연락장소 또는 사무실

다. 지정폐기물(의료폐기물은 제외한다)을 수집·운반하는 경우
  1) 장비
    가) 액체상태 폐기물을 수집·운반하는 경우: 탱크로리 1대 이상, 밀폐형 차량 1대 이상(적재능력 합계 9톤 이상)
    나) 고체상태 폐기물을 수집·운반하는 경우: 밀폐형 차량 2대 이상, 밀폐형 덮개

　　　　설치차량 1대 이상(적재능력 합계 13.5톤 이상)
　　2) 시설
　　　가) 주차장: 모든 차량을 주차할 수 있는 규모
　　　나) 세차시설: 20제곱미터 이상
　　3) 기술능력: 폐기물처리산업기사·대기환경산업기사·수질환경산업기사 또는 공업화학산업기사 중 1명 이상
　　4) 연락장소 또는 사무실
　라. 지정폐기물 중 의료폐기물을 수집·운반하는 경우
　　1) 장비
　　　가) 적재능력 0.45톤 이상의 냉장차량(섭씨 4도 이하인 것을 말한다. 이하 같다) 3대 이상
　　　나) 약물소독장비 1식 이상
　　2) 주차장: 모든 차량을 주차할 수 있는 규모
　　3) 연락장소 또는 사무실

2. 폐기물 중간처분업의 기준

　가. 지정폐기물 외의 폐기물(건설폐기물은 제외한다)을 중간처분하는 경우
　　1) 소각전문의 경우
　　　가) 실험실
　　　나) 시설 및 장비
　　　　(1) 소각시설: 시간당 처분능력 2톤 이상
　　　　(2) 보관시설: 1일 처분능력의 10일분 이상 30일분 이하의 폐기물을 보관할 수 있는 규모의 시설
　　　　(3) 계량시설 1식 이상
　　　　(4) 배출가스의 오염물질 중 아황산가스·염화수소·질소산화물·일산화탄소 및 분진을 측정·분석할 수 있는 실험기기
　　　　(5) 수집·운반차량(밀폐형 차량 또는 밀폐형 덮개 설치차량을 말한다. 이하 이 표에서 같다) 1대 이상(처분대상 폐기물을 스스로 수집·운반하는 경우만 해당한다)
　　　다) 기술능력: 폐기물처리산업기사 또는 대기환경산업기사 중 1명 이상
　　2) 기계적 처분전문의 경우
　　　가) 시설 및 장비
　　　　(1) 처분시설: 시간당 처분능력 200킬로그램 이상

(2) 보관시설: 1일 처분능력의 10일분 이상 30일분 이하의 폐기물을 보관할 수 있는 규모의 시설

(3) 계량시설 1식 이상

(4) 수집·운반차량 1대 이상(처분대상 폐기물을 스스로 수집·운반하는 경우만 해당한다)

나) 기술능력: 폐기물처리산업기사·대기환경산업기사·수질환경산업기사·소음진동산업기사 또는 환경기능사 중 1명 이상

3) 화학적 처분 또는 생물학적 처분전문의 경우

가) 시설 및 장비

(1) 처분시설: 1일 처분능력 5톤 이상

(2) 보관시설: 1일 처분능력의 10일분 이상 30일분 이하의 폐기물을 보관할 수 있는 규모의 시설(부패와 악취발생의 방지를 위하여 수집·운반 즉시 처분하는 생물학적 처분시설을 갖춘 경우 보관시설을 설치하지 아니할 수 있다)

(3) 계량시설 1식 이상

(4) 수집·운반차량 1대 이상(처분대상 폐기물을 스스로 수집·운반하는 경우만 해당한다)

나) 기술능력: 폐기물처리산업기사·대기환경산업기사·수질환경산업기사 또는 공업화학산업기사 중 1명 이상

문제 01 생활폐기물 또는 사업장생활계폐기물을 수집·운반하는 경우 갖추어야 할 장비가 아닌 것은?

① 밀폐형 압축·압착차량 1대(특별시·광역시는 2대) 이상
② 밀폐형 차량 1대 이상(적재능력 합계 15세제곱미터 이상)
③ 밀폐형 덮개 설치차량 1대 이상(적재능력 합계 15세제곱미터 이상)
④ 탱크로리 또는 카고트럭 2대 이상

문제 02 사업장배출시설계폐기물을 수집·운반하는 경우 갖추어야 할 장비가 아닌 것은?

① 액체상태 폐기물을 수집·운반하는 경우: 탱크로리 1대 이상
② 액체상태 폐기물을 수집·운반하는 경우: 밀폐형 차량 1대 이상
③ 고체상태 폐기물을 수집·운반하는 경우: 카고트럭 2대 이상
④ 고체상태 폐기물을 수집·운반하는 경우: 밀폐형 덮개 설치차량 2대 이상

정답 01.④ 02.③

문제 03 폐기물 중간처분업의 기준에서 지정폐기물 외의 폐기물(건설폐기물은 제외한다)을 중간처분하는 경우 시설기준으로 옳지 않은 것은?

① 소각전문의 경우 소각시설: 시간당 처분능력 1톤 이상
② 기계적 처분전문의 경우 처분시설: 시간당 처분능력 200킬로그램 이상
③ 생물학적 처분전문의 경우 처분시설: 1일 처분능력 5톤 이상
④ 소각전문의 경우 보관시설: 1일 처분능력의 10일분 이상 30일분 이하의 폐기물을 보관할 수 있는 규모의 시설

정답 03.①

시행규칙[별표 8] 폐기물 처리업자의 준수사항(제32조 관련) 〈개정 2023.12.28.〉

4. 폐기물 재활용업자의 경우

가. 위탁받은 폐기물을 위탁받은 성질과 상태 그대로 재위탁하거나 재위탁을 받아서는 아니 된다. 다만, 천재지변, 영업정지, 휴업, 폐업 등 정당한 사유가 있거나, 재활용시설의 검사를 받기 위한 폐기물의 확보가 곤란한 경우에는 시·도지사나 지방환경관서의 장의 승인을 받아 재위탁하거나 재위탁 받을 수 있다.

나. 허가받은 재활용 공정을 임의로 변경하여 위탁받은 폐기물을 재활용하거나, 재활용 공정의 전부 또는 일부를 거치지 아니하고 그 재활용을 종료하여서는 아니 된다.

다. 제품의 본래의 용도로 다시 사용할 수 있도록 수리·수선하여 제품을 판매할 때에는 수리·수선한 업체명, 소재지, 전화번호 및 수리·수선한 제품임을 소비자가 알 수 있도록 표시하여야 한다.

라. 유기성 오니를 화력발전소에서 연료로 사용하기 위하여 가공하는 자는 유기성 오니 연료의 저위발열량, 수분 함유량, 회분 함유량, 황분 함유량, 길이 및 금속성분을 매 분기당 1회 이상 측정하여 그 결과를 시·도지사에게 제출하여야 한다.

문제 01 폐기물처리업자의 준수사항에서 폐기물 재활용업자에 관한 내용이다. ( )안에 옳은 내용은?

> 유기성 오니를 화력발전소에서 연료로 사용하기 위하여 가공하는 자는 유기성 오니 연료의 저위발열량, 수분 함유량, 회분 함유량, 황분 함유량, 길이 및 금속성분을 ( )이상 측정하여 그 결과를 시·도지사에게 제출하여야 한다.

① 매월 1회 이상
② 매월 2회 이상
③ 매 분기당 1회 이상
④ 매 분기당 2회 이상

정답 01.③

시행규칙 [별표10] | 폐기물 처분시설 또는 재활용시설의 검사기준
(제41조제6항 관련) ⟨개정 2024.02.06.⟩

[소각시설의 정기검사 항목]
- 연소상태의 적절성 유지 여부
- 소방장비 설치 및 관리실태
- 보조연소장치의 작동상태
- 배기가스온도 적절 여부
- 바닥재 강열감량
- 연소실 출구가스 온도
- 연소실 가스체류시간
- 설치검사 당시와 같은 설비·구조를 유지하고 있는지 여부

[관리형매립시설의 설치검사 항목]
- 차수시설의 재질·두께·투수계수
- 토목합성수지 라이너의 항목인장강도의 안전율
- 매끄러운 고밀도폴리에틸렌라이너의 기준 적합 여부
- 침출수 집배수층의 재질·두께·투수계수·투과능계수 및 구배(勾配)
- 지하수배제시설 설치내용
- 침출수유량조정조의 규모·방수처리내역, 유량계의 형식 및 작동상태
- 침출수 처리시설의 처리방법, 처리용량
- 침출수매립시설환원정화설비 설치내용
- 침출수 이송·처리 시 종말처리시설 등의 처리능력
- 매립가스 소각시설이나 활용시설 설치계획
- 내부진입도로 설치내용

[차단형매립시설의 정기검사 항목]
- 소화장비 설치·관리실태
- 축대벽의 안정성
- 빗물·지하수 유입방지 조치
- 사용종료매립지 밀폐상태

[멸균분쇄시설의 설치검사 항목]
- 멸균능력의 적절성 및 멸균조건의 적절 여부(멸균검사 포함)
- 분쇄시설의 작동상태
- 밀폐형으로 된 자동제어에 의한 처리방식인지 여부
- 자동기록장치의 작동상태
- 폭발사고와 화재 등에 대비한 구조인지 여부
- 자동투입장치와 투입량 자동계측장치의 작동상태

○ 악취방지시설・건조장치의 작동상태

[음식물류 폐기물 처리시설 중 사료화시설의 정기검사 항목]
　　○ 가열・건조시설의 작동상태　　○ 사료저장시설의 작동상태
　　○ 사료화제품의 적절성

문제 01 폐기물 처분시설 또는 재활용시설의 검사기준에서 소각시설의 정기검사 항목이 아닌 것은?
　① 소방장비 설치 및 관리실태　　② 보조연소장치의 작동상태
　③ 표지판 부착 여부 및 기재사항　④ 배기가스온도 적절 여부

문제 02 폐기물 처분시설 또는 재활용시설의 검사기준에서 관리형매립시설의 설치검사 항목이 아닌 것은?
　① 차수시설의 재질・두께・투수계수　② 지하수배제시설 설치내용
　③ 빗물유입방지시설 및 덮개설치내역　④ 내부진입도로 설치내용

문제 03 폐기물 처분시설 또는 재활용시설의 검사기준에서 차단형매립시설의 정기검사 항목이 아닌 것은?
　① 소화장비 설치・관리실태　　② 축대벽의 안정성
　③ 빗물・지하수 유입방지 조치　④ 차수시설의 재질・두께・투수계수

문제 04 폐기물 처분시설 또는 재활용시설의 검사기준에서 멸균분쇄시설의 설치검사 항목이 아닌 것은?
　① 분쇄시설의 작동상태
　② 자동투입장치와 투입량 자동계측장치의 작동상태
　③ 악취방지시설・건조장치의 작동상태
　④ 계량투입시설의 설치여부 및 작동상태

문제 05 폐기물 처분시설 또는 재활용시설의 검사기준에서 음식물류 폐기물 처리시설 중 사료화시설의 정기검사 항목이 아닌 것은?
　① 가열・건조시설의 작동상태　　② 사료저장시설의 작동상태
　③ 사료화제품의 적절성　　　　④ 사료발효시설의 작동상태

정답 01.③　02.③　03.④　04.④　05.④

시행규칙 [별표 11] 폐기물 처분시설 또는 재활용시설의 관리기준
(제42조제1항 관련) 〈개정 2024.06.28.〉

1. 소각시설 공통기준

① 해당 시설에서 처분이 가능한 폐기물만을 소각하여야 한다.

② 연소실에 폐기물을 투입하려는 경우에는 보조연소장치나 그 밖의 방법을 사용하여 섭씨 800도(「대기환경보전법」 제32조에 따른 측정기기를 붙이고 같은 법 시행령 제19조에 따른 굴뚝자동측정관제센터와 연결하여 정상적으로 운영되는 의료폐기물 외의 폐기물을 대상으로 하는 소각시설의 경우에도 섭씨 600도, 종이·목재류만을 소각하는 경우에는 섭씨 450도)까지 온도를 높인 후 폐기물을 투입하여야 하고, 시설의 가동을 멈출 때에는 폐기물이 완전히 연소한 후 온도를 낮추어야 한다.

③ 삭제 〈2008.1.28〉

④ 시간당 처분능력이 2톤 이상인 생활폐기물 소각 시설의 경우에는 일산화탄소 농도를 4시간 평균 50피피엠(표준산소농도 12퍼센트로 환산한 농도로서 4시간 평균치를 말한다) 이내로 배출되도록 유지·관리하여야 한다.

⑤ 소각시설의 연소실·열분해실(가스화실을 포함한다) 또는 고온용융실의 최종 출구온도를 연속적으로 측정·기록하여야 하며, 시간당 처분능력이 2톤 이상인 소각시설의 경우에는 대기오염 방지시설 중 최초 집진시설(전기·여과집진시설이 설치되어 있으면 전기·여과집진시설을 최초 집진시설로 본다)의 입구온도 및 배출가스 중의 일산화탄소·산소·분진농도를 연속적으로 측정·기록하여야 한다. 다만, 「대기환경보전법」 제32조에 따라 측정기기를 붙이고 이를 같은 법 시행령 제19조에 따른 굴뚝자동측정관제센터와 연결하여 정상적으로 운영하는 경우에는 연속적으로 측정·기록한 것으로 본다.

⑥ 대기오염 방지시설 중 최초 집진시설에 흘러드는 연소가스는 섭씨 200도(시간당 처분능력이 2톤 미만인 시설의 경우에는 섭씨 250도) 이하로 유지·관리하여야 한다. 다만, 시간당 처분능력이 200킬로그램 미만인 시설로서 대기오염 방지시설의 처리공정상 연소가스의 냉각이 필요하지 아니한 경우는 제외한다.

⑦ 소각시설의 유지·관리를 위하여 운전관리자를 선임하고 운전지침서를 갖추어 두어 운전 중에는 운전관리자가 계속 머물면서 운전지침서에 따라 운영하도록 하여야 한다.

⑧ 폐냉매물질 등 기체상 폐기물을 처분하고자 하는 경우에는 기체상 폐기물을 연소실·열분해실·고온용융실로 직접 투입하여 외부로 새어 나가지 아니하도록 운영하여야 한다.

2. 일반소각시설

① 연소실(연소실이 둘 이상인 경우에는 최종 연소실)의 출구온도는 섭씨 850도(의료폐기물을 대상으로 하는 소각시설 외의 시설로서 시간당 처분능력이 200킬로그램 미만인 경우에는 섭씨 800도, 종이 또는 접착제·폐페인트·기름 및 방부제 등이 묻어있지 아니한 순수한 목재류만을 소각하는 경우에는 섭씨 450도) 이상을 유지하여야 한다. 다만, 기계고장·이물질 유입 등으로 불가피한 경우에는 출구온도를 기준온도보다 20도 낮은 온도의 범위에서 장애제거와 정상가동에 필요한 시간 동안 일시적으로 유지할 수 있다.

② 연소실은 연소가스가 2초(의료폐기물을 대상으로 하는 소각시설 외의 시설로서 시간당 처분능력이 200킬로그램 미만의 경우에는 0.5초, 시간당 처분능력이 200킬로그램 이상 2톤 미만인 경우에는 1초)이상 체류하여야 한다.

③ 바닥재의 강열감량이 10퍼센트(지정폐기물 외의 폐기물을 소각하는 시설로서 시간당 처분능력이 200킬로그램 미만인 소각시설의 경우에는 15퍼센트) 이하가 되도록 소각하여야 한다. 다만, 2008년 1월 1일 이후 가동이 시작되는 생활폐기물 소각 시설은 강열감량이 5퍼센트(시간당 처분능력이 200킬로그램 미만의 경우에는 10퍼센트) 이하가 되도록 소각하여야 한다.

3. 고온소각시설

① 연소실(연소실이 둘 이상인 경우에는 최종 연소실)의 출구온도는 섭씨 1,100도 이상을 유지하여야 한다. 다만, 기계고장·이물질 유입 등으로 불가피한 경우에는 출구온도를 기준온도보다 50도 낮은 온도의 범위에서 장애제거와 정상가동에 필요한 시간 동안 일시적으로 유지할 수 있다.

② 연소실은 연소가스가 2초 이상 체류하여야 한다.

③ 바닥재의 강열감량이 5퍼센트 이하가 되도록 소각하여야 한다.

4. 열분해시설

① 열분해가스를 연소시키는 경우에는 가스연소실의 출구온도는 섭씨 850도 이상을 유지하여야 한다. 다만, 기계고장·이물질 유입 등으로 불가피한 경우에는 출구온도를 기준온도보다 20도 낮은 온도의 범위에서 장애제거와 정상가동에 필요한 시간 동안 일시적으로 유지할 수 있다.

② 열분해가스를 연소시키는 경우에는 가스연소실은 가스가 2초 이상(시간당 처분능력이 200킬로그램 미만인 시설의 경우에는 1초 이상) 체류하여야 한다.

③ 열분해 잔재물의 강열감량이 10퍼센트(지정폐기물 외의 폐기물을 소각하는 시설로서

시간당 처분능력이 200킬로그램 미만인 소각시설의 경우에는 15퍼센트) 이하가 되도록 소각하여야 한다.

5. 고온용융시설
① 고온용융시설의 출구온도는 섭씨 1,200도 이상을 유지하여야 한다. 다만, 기계고장·이물질 유입 등으로 불가피한 경우에는 출구온도를 기준온도보다 50도 낮은 온도의 범위에서 장애제거와 정상가동에 필요한 시간 동안 일시적으로 유지할 수 있다.
② 고온용융시설은 연소가스가 1초 이상 체류하여야 한다.
③ 고온용융시설에서 배출되는 잔재물의 강열감량은 1퍼센트 이하가 되도록 용융하여야 한다.

6. 차단형 매립시설
① 매립시설의 축대벽은 구조적으로 안정성이 유지되도록 하여야 한다.
② 매립시설 내부로 빗물이나 지하수가 흘러들지 아니하도록 하여야 한다.
③ 매립시설의 사용을 끝낼 때에는 밀폐시켜야 한다.
④ 폐기물이 매립시설의 외부로 흘러나가지 아니하도록 유지·관리하여야 한다.

7. 관리형 매립시설
① 매립시설에서 발생하는 침출수는 다음의 배출허용기준 이하로 처리하여야 한다.
② 관리형매립시설 침출수의 생물화학적 산소요구량, 화학적 산소요구량, 부유물질량의 배출허용기준은 다음과 같다.

[표] 관리형매립시설의 배출허용기준

구분	생물화학적산소요구량(mg/L)	화학적산소요구량 (mg/L) 중크롬산칼륨에 따른 경우	부유물질량(mg/L)
청정지역	30	200	30
가지역	50	300	50
나지역	70	400	70

비고 중크롬산칼륨법에 따른 경우 ( ) 안의 수치는 처리효율을 표시한 것이며, 침출수 원수(原水)의 화학적산소요구량이 4000mg/L을 초과하는 경우에는 ( ) 안에 표기된 처리효율 이상이 되도록 처리하여야 한다.

[매립시설침출수의 페놀류 등 오염물질의 배출허용기준]

항목 지역	수소이 온농도	노말헥산추출물질 함유량		페놀류 함유량 (mg/L)	시안함 유량 (mg/L)	크롬함 유량 (mg/L)	용해성철 함유량 (mg/L)	아연 함유량 (mg/L)	구리 함유량 (mg/L)	카드뮴 함유량 (mg/L)	수은 함유량 (mg/L)	유기인 함유량 (mg/L)
		광유류 (mg/L)	동식물유 지류 (mg/L)									
청정 지역	5.8~ 8.0	1 이하	5 이하	1 이하	0.2 이하	0.5 이하	2 이하	1 이하	0.5 이하	0.02 이하	불검출	0.2 이하
가 지역	5.8~ 8.0	5 이하	30 이하	3 이하	1 이하	2 이하	10 이하	5 이하	3 이하	0.1 이하	0.005 이하	1 이하
나 지역	5.8~ 8.0	5 이하	30 이하	3 이하	1 이하	2 이하	10 이하	5 이하	3 이하	0.1 이하	0.005 이하	1 이하

③ 매립시설의 복토는 다음 기준에 맞게 하여야 한다.
　　매립작업이 끝난 후 투수성이 낮은 흙, 고화처리물 또는 건설폐재류를 재활용한 토사 등을 사용하여 15센티미터 이상의 두께로 다져 일일복토를 하여야 하며, 매립작업이 7일 이상 중단되는 때에는 노출된 매립층의 표면부분에 30센티미터 이상의 두께로 다져 기울기가 2퍼센트 이상이 되도록 중간복토를 하여야 한다.
④ 차수시설 상부에 모여 있는 침출수의 수위는 시설의 안정 등을 고려하여 매립 중인 시설의 경우 5미터 이하, 매립이 끝난 시설은 2미터(침출수매립시설환원정화설비가 설치된 매립시설은 5미터) 이하가 유지되도록 관리하여야 한다.
⑤ 매립시설의 축대벽 및 둑은 폐기물과 침출수가 새어나가지 아니하도록 하여야 하고 구조적으로 안정성이 유지되도록 하여야 한다.

문제 01 관리형매립시설 침출수의 화학적 산소요구량 배출허용기준으로 옳은 것은?(단, 나지역)

① 200　　　　　　　　　② 400
③ 300　　　　　　　　　④ 500

정답 01.②

문제 02 폐기물 처분시설 또는 재활용시설 중 관리형매립시설의 복토에 관한 설명이다. ( )안의 내용으로 옳은 것은?

> 매립작업이 7일 이상 중단되는 때에는 노출된 매립층의 표면부분에 ( )센티미터 이상의 두께로 다져 기울기가 2퍼센트 이상이 되도록 중간복토를 하여야 한다.

① 20cm ② 30cm
③ 40cm ④ 50cm

문제 03 관리형매립시설 침출수의 수소이온농도 배출허용기준으로 옳은 것은?(단, 청정지역)

① 5.8~8.0 ② 5.8~7.0
③ 6.8~8.0 ④ 6.8~7.0

문제 04 차수시설 상부에 모여 있는 침출수의 수위는 시설의 안정 등을 고려하여 매립 중인 시설의 경우 ( )미터 이하가 유지되도록 관리하여야 하는가?

① 2m ② 5m
③ 6m ④ 7m

정답 02.② 03.① 04.②

시행규칙 [별표13] 폐기물처리시설 주변지역 영향조사 기준
(제46조 관련) 〈개정 2022.05.30.〉

1. 조사분야 및 항목

가. 매립시설
① 대기: 「환경정책기본법 시행령」 별표 1에 따른 대기환경기준 항목 중 미세먼지(PM-10) 및 「악취방지법」 제2조제1호에 따른 악취
② 지표수: 별표 11 제2호나목2)가)에 따른 침출수 배출허용기준 항목
③ 지하수: 「지하수의 수질보전 등에 관한 규칙」 별표 4에 따른 생활용수수질기준 항목
④ 토양: 「토양환경보전법 시행규칙」 별표 3에 따른 토양오염우려기준 항목

나. 소각시설, 시멘트 소성로 및 소각열회수시설
① 대기: 다이옥신, 푸란 및 「악취방지법」 제2조제1호에 따른 악취

② 지표수: 별표 11 제2호나목2)가)에 따른 침출수배출허용기준 항목(소각시설 또는 소각열회수시설이 「수질 및 수생태계 보전에 관한 법률」 제2조제10호에 따른 폐수배출시설에 해당하는 경우를 말한다)

2. **조사방법**
   가. 조사횟수: 각 항목당 계절을 달리하여 2회 이상 측정하되, 악취는 여름(6월부터 8월까지)에 1회 이상 측정하여야 한다.
   나. 조사지점
   ① 미세먼지와 다이옥신 조사지점은 해당 시설에 인접한 주거지역 중 3개소이상 지역의 일정한 곳으로 한다.
   ② 악취 조사지점은 매립시설에 가장 인접한 주거지역에서 냄새가 가장 심한 곳으로 한다.
   ③ 지표수 조사지점은 해당 시설에 인접하여 폐수, 침출수 등이 흘러들거나 흘러들 것으로 우려되는 지역의 상하류 각 1개소 이상의 일정한 곳으로 한다.
   ④ 지하수 조사지점은 별표 9 제2호가목8)의 설치기준에 따라 매립시설의 주변에 설치된 3개의 지하수 검사정(檢査井)으로 한다.
   ⑤ 토양 조사지점은 4개소 이상으로 한다.
   다. 측정방법: 「환경분야 시험·검사 등에 관한 법률」 제6조제1항에 따른 환경오염 공정시험기준으로 하여야 한다.
3. 결과보고: 조사완료 후 30일 이내에 사·도지사나 지방환경관서의 장에게 제출하여야 한다.

문제 01 폐기물처리시설 주변지역 영향조사 기준에서 미세먼지와 다이옥신 조사지점 기준으로 옳은 것은?

① 미세먼지와 다이옥신 조사지점은 해당 시설에 인접한 주거지역 중 1개소이상 지역의 일정한 곳으로 한다.
② 미세먼지와 다이옥신 조사지점은 해당 시설에 인접한 주거지역 중 2개소이상 지역의 일정한 곳으로 한다.
③ 미세먼지와 다이옥신 조사지점은 해당 시설에 인접한 주거지역 중 3개소이상 지역의 일정한 곳으로 한다.
④ 미세먼지와 다이옥신 조사지점은 해당 시설에 인접한 주거지역 중 4개소이상 지역의 일정한 곳으로 한다.

정답 01. ③

문제 02 폐기물처리시설 주변지역 영향조사 기준에서 조사지점 기준으로 옳지 않은 것은?

① 미세먼지와 다이옥신 조사지점은 해당 시설에 인접한 주거지역 중 3개소이상 지역의 일정한 곳으로 한다.
② 악취 조사지점은 매립시설에 가장 인접한 주거지역에서 냄새가 가장 심한 곳으로 한다.
③ 지표수 조사지점은 해당 시설에 인접하여 폐수, 침출수 등이 흘러들거나 흘러들 것으로 우려되는 지역의 상·하류 각 2개소 이상의 일정한 곳으로 한다.
④ 토양 조사지점은 매립시설에 인접하여 토양오염이 우려되는 4개소 이상의 일정한 곳으로 한다.

문제 03 폐기물처리시설 주변지역 영향조사 기준에서 조사횟수 기준으로 옳은 것은?

① 각 항목당 계절을 달리하여 2회 이상 측정하되, 악취는 여름(6월부터 8월까지)에 1회 이상 측정하여야 한다.
② 각 항목당 계절을 달리하여 3회 이상 측정하되, 악취는 여름(6월부터 8월까지)에 2회 이상 측정하여야 한다.
③ 각 항목당 계절을 달리하여 4회 이상 측정하되, 악취는 여름(6월부터 8월까지)에 3회 이상 측정하여야 한다.
④ 각 항목당 계절을 달리하여 5회 이상 측정하되, 악취는 여름(6월부터 8월까지)에 4회 이상 측정하여야 한다.

정답 02.③ 03.①

시행규칙[별표14] 기술관리인의 자격기준(제48조 관련) 〈개정 2023.05.31.〉

구분		자격기준
폐기물 처분시설 또는 재활용시설	가. 매립시설	○ 폐기물처리기사, 수질환경기사, 토목기사, 일반기계기사, 건설기계설비기사, 화공기사, 토양환경기사 중 1명 이상
	나. 소각시설(의료폐기물을 대상으로 하는 소각시설은 제외한다), 시멘트 소성로, 용해로 및 소각열 회수시설	○ 폐기물처리기사, 대기환경기사, 토목기사, 일반기계기사, 건설기계설비기사, 화공기사, 전기기사, 전기공사기사, 에너지관리기사 중 1명 이상
	다. 의료폐기물을 대상으로 하는 시설	○ 폐기물처리산업기사, 임상병리사, 위생사 중 1명 이상
	라. 음식물류 폐기물을 대상으로 하는 시설	○ 폐기물처리산업기사, 수질환경산업기사, 화공산업기사, 토목산업기사, 대기환경산업기사, 일반기계기사, 전기기사 중 1명 이상
	마. 그 밖의 시설	○ 같은 시설의 운영을 담당하는 자 1명 이상

비고: 폐기물 처분시설 또는 재활용시설이 배출시설에 해당할 때에는 「대기환경보전법」・「물환경보전법」 또는 「소음·진동관리법」에 따른 환경기술인이 기술관리인을 겸임할 수 있다

문제 01 폐기물 처분시설 또는 재활용시설 중 매립시설의 기술관리인 자격기준이 아닌 것은?

① 폐기물처리기사 ② 수질환경기사
③ 토목기사 ④ 전기기사

문제 02 폐기물 처분시설 또는 재활용시설 중 의료폐기물을 대상으로 하는 시설의 기술관리인 자격기준이 아닌 것은?

① 폐기물처리산업기사 ② 임상병리사
③ 위생사 ④ 수질환경기사

문제 03 폐기물 처분시설 또는 재활용시설 중 음식물류 폐기물을 대상으로 하는 시설의 기술관리인 자격기준이 아닌 것은?

① 폐기물처리산업기사 ② 일반기계기
③ 위생사 ④ 수질환경산업기사

정답 01.④ 02.④ 03.③

시행규칙 [별표15] 폐기물처리시설에 대한 기술관리대행계약에 포함될 점검항목
(제49조제2항 관련) 〈개정 2012.9.24.〉

1. 중간처분시설

[소각시설 및 고온열분해시설]
- 내화물의 파손 여부
- 안전설비의 정상가동 여부
- 배출가스 중의 오염물질의 농도
- 냉각펌프의 정상가동 여부
- 정기성능검사 실시 여부
- 연소버너·보조버너의 정상가동 여부
- 방지시설의 정상가동 여부
- 연소실 등의 청소실시 여부
- 연도 등의 기밀유지상태
- 시설가동개시 시 적절온도까지 높인 후 폐기물투입 여부 및 시설가동 중단방법의 적절성 여부
- 온도·압력 등의 적절유지 여부

[안정화시설]
- 유해가스처리설비의 정상가동 여부

2. 최종처분시설

[차단형 매립시설]
- 빗물차단용 덮개의 구비 여부
- 하단벽체의 콘크리트 파손 여부

[관리형 매립시설]
- 차수시설의 파손 여부
- 침출수집수정·이송설비 등의 정기적인 청소실시 여부
- 유량조정조의 파손 여부
- 침출수 처리시설의 정상가동 여부
- 방류수의 수질
- 발생가스처리시설의 정상가동 여부

[고형화·고화시설]
- 혼합장치의 정상가동 여부
- 배합비율(시멘트·물 및 고화제 등)
- 양생시설에서 혼합물의 유실 여부
- 혼합기 등의 청소실시 여부

문제 01 폐기물처리시설에 대한 기술관리대행계약에 포함될 점검항목으로 옳은 것은?(단, 중간처분시설 중 안정화시설 기준)

① 유해가스처리설비의 정상가동 여부
② 혼합장치의 정상가동 여부
③ 배합비율(시멘트·물 및 고화제 등)
④ 양생시설에서 혼합물의 유실 여부

정답 01. ①

시행규칙 [별표16] 폐기물처리 신고를 하고 폐기물을 재활용할 수 있는 자 (제66조제2항 관련) 〈개정 2023.05.31.〉

1. 별표 4의2 제4호가목부터 다목까지 및 바목의 재활용 유형에 따라 건축·토목공사의 성토재·보조기층재·도로기층재와 매립시설의 복토용 등으로 이용하는 자

2. 별표 4의2 별표 4의2 제4호가목부터 다목까지 및 바목의 재활용 유형에 따라 폐기물을 재활용하기 위하여 만든 중간가공 폐기물을 건축·토목공사의 성토재·보조기층재·도로기층재와 매립시설의 복토용 등으로 이용하는 자

3. 폐타이어를 별표 4의2 제1호가목2)·나목2)의 재활용 유형에 따라 매립시설의 차수재로 사용하는 자

4. 동·식물성 잔재물, 음식물류 폐기물, 유기성 오니, 왕겨 또는 쌀겨를 재활용 유형에 따라 자신의 농경지의 퇴비나 자신의 가축의 먹이로 재활용하는 자 중 1일 재활용 용량이 10톤 미만인 자

4의2. 폐자동차 또는 폐가전제품(냉매물질이 포함된 냉장고 및 에어컨디셔너는 제외한다)을 재활용 유형에 따라 수리·수선하여 다시 사용할 수 있는 상태로 만드는 자. 다만, 수리·수선하는 과정에서 지정폐기물이나 특정대기·수질오염유해물질이 발생하지 아니하는 경우만 해당한다.

5. 폐어망을 재활용 유형에 따라 「환경기술개발 및 지원에 관한 법률 시행규칙」 환경시설의 미생물 담체로 사용하는 자

6. 폐철도받침목을 재활용 유형에 따라 원형 그대로 재활용하는 자

7. 다른 사람의 폐기물(일정한 형태를 갖추고 있는 물체로 한정한다)을 별표 4의2 제1호가목1)·나목1)의 재활용 유형에 따라 수리·수선하거나 유리병 등 폐용기류를 세척하여 같은 용도로 다시 사용할 수 있는 상태로 만드는 자

8. 정수장 여과사를 세척하는 과정에서 이물질이나 유해물질 유입 없이 발생하는 폐여과사를 별표 4의2 제1호나목2)의 재활용 유형에 따라 모래 대체제로 사용하는 자
9. 폐타이어를 별표 4의2 제1호가목2)의 재활용 유형에 따라 충돌에 의한 파손방지 등의 용도로 선박·선착장 및 자동차 경주장에서 원형 그대로 재활용하는 자
10. 식물성잔재물을 버섯배지용으로 재활용하는 자
11. 유기성 오니나 음식물류 폐기물을 이용하여 지렁이 분변토를 만드는 자 중 재활용 용량이 1일 5톤 미만인 자
12. 동·식물성 잔재물, 왕겨 또는 쌀겨 등을 별표 4의2 제3호가목1)의 재활용 유형에 따라 비료로 제조하거나 같은 목 2)의 재활용 유형에 따라 사료로 제조하는 자 중 1일 재활용 용량이 10톤 미만인 자
13. 폐의류 또는 폐섬유(폐원단 조각만 해당한다)를 재활용하는 자로서 다음 각 목의 어느 하나에 해당하는 경우
    가. 폐의류를 수리·수선하여 원래의 용도로 재사용할 수 있는 상태로 만드는 경우
    나. 폐의류를 분리·선별하여 포장한 후 폐의류를 수리·수선하여 원래의 용도로 재사용할 수 있는 상태로 만드는 자에게 공급하는 경우
    다. 폐의류 또는 폐섬유(폐원단 조각만 해당한다)를 분리·선별한 후 포장하여 섬유제품이나 플라스틱 제품의 원료로 가공하는 자 또는 섬유제품 또는 플라스틱 제품을 제조하는 자에게 공급하는 경우
14. 폐패각(廢貝殼)을 별표 4의2 제1호가목2)·나목2)의 재활용 유형에 따라 재활용하는 자(나전재료, 귀걸이 및 자개 보석함 등의 장식품, 어항 장식용 등의 장식품의 용도로 재활용하는 경우만 해당한다)
15. 왕겨, 제재부산물 중 톱밥·대패밥, 식물성 잔재물을 별표 4의2 제1호가목2)의 재활용 유형에 따라 자신의 축사에 깔개로 재활용하는 자
20. 그 밖에 환경부장관이 정하여 고시하는 방법에 따라 재활용하는 자

문제 01 폐기물처리 신고를 하고 폐기물을 재활용할 수 있는 자에 관한 기준이다. ( )안에 옳은 내용은?

> 유기성 오니나 음식물류 폐기물을 이용하여 지렁이 분변토를 만드는 자 중 재활용 용량이 1일 ( )미만인 자

① 1톤　　　　② 3톤　　　　③ 5톤　　　　④ 7톤

정답 01. ③

| 시행규칙 [별표17] | 폐기물처리 신고자가 갖추어야 할 보관시설 및 재활용시설 (제66조제5항 관련) 〈개정 2017.10.19.〉 |

1. **폐기물을 수집·운반하는 자의 기준**
    가. 장비: 폐기물을 수집·운반하는 차량 1대 이상
    나. 연락장소 또는 사무실

2. **폐기물을 재활용하는 자의 기준**
    가. 보관시설: 1일 처리능력의 1일분 이상 30일분 이하의 폐기물을 보관할 수 있는 보관용기 또는 보관시설. 다만, 시·도지사의 인정을 받아 위탁받은 폐기물을 보관하지 아니하고 곧바로 재활용시설로 운반하는 경우에는 보관용기나 보관시설을 갖추지 아니할 수 있다.
    나. 재활용시설: 재활용하려는 폐기물의 종류 및 재활용방법 등에 따라 맞게 설치하여야 하는 선별·압축·감용·절단·사료화·퇴비화 시설 중 해당 시설 1식 이상
    다. 차량: 재활용하려는 폐기물을 수집·운반하는 차량 1대 이상(재활용 대상폐기물을 스스로 수집·운반하는 경우만 해당한다)

    주 1. 음식물류 폐기물을 재활용하는 자는 보관시설을 갖추지 아니할 수 있다.
      2. 재활용 원칙 및 준수사항을 고려하여 재활용시설이 필요하지 아니하다고 시·도지사가 인정하는 경우에는 재활용시설을 갖추지 아니할 수 있다.
      3. 폐기물을 수집·운반하는 차량은 별표 5에 따른 기준에 적합한 차량이어야 한다.

문제 01 폐기물처리 신고자가 갖추어야 할 보관시설의 기준은?

① 1일 처리능력의 1일분 이상 30일분 이하의 폐기물을 보관할 수 있는 보관용기 또는 보관시설.
② 1일 처리능력의 1일분 이상 50일분 이하의 폐기물을 보관할 수 있는 보관용기 또는 보관시설.
③ 1일 처리능력의 2일분 이상 30일분 이하의 폐기물을 보관할 수 있는 보관용기 또는 보관시설.
④ 1일 처리능력의 2일분 이상 50일분 이하의 폐기물을 보관할 수 있는 보관용기 또는 보관시설.

정답 01. ①

| 시행규칙[별표17의2] | 폐기물처리 신고자의 준수사항(제67조의2관련) 〈개정 2022.01.07〉

1. 폐기물처리 신고자는 신고한 재활용 용도 또는 방법에 따라 재활용하여야 한다.
2. 폐기물처리 신고자는 폐기물의 재활용을 위탁한 자와 다음 각 목의 내용이 포함된 폐기물 위탁재활용(운반)계약서를 작성하고, 그 계약서를 3년간 보관하여야 한다. 다만, 폐기물처리 신고자가 폐기물수집·운반업자와 함께 폐기물의 재활용을 위탁한 자와 하나의 계약서로 동시에 폐기물 위탁재활용(운반)계약을 체결하는 경우에는 운반단가와 재활용처리단가를 구분하여 기재하여야 한다.
   가. 상호, 소재지 및 대표자
   나. 위탁계약기간
   다. 폐기물의 종류별 수량, 성질과 상태 및 취급시 주의사항
   라. 폐기물의 종류별 재활용장소 및 재활용방법
   마. 운반단가 또는 운반비(폐기물수집·운반업자가 포함된 경우에만 해당한다)
   바. 재활용처리단가 또는 재활용처리비
   사. 삭제 〈2011.9.27〉
3. 위탁받은 폐기물을 재위탁하거나 재위탁받아서는 아니 된다. 다만, 제66조제5항에 해당하는 자 중 같은 조 제3항 각 호의 폐기물을 수집·운반하는 자가 수집·운반한 폐기물을 제66조제5항에 해당하는 자 중 같은 조 제3항 각 호의 폐기물을 수집·운반하는 자에게 재위탁하거나 재위탁받는 경우는 그러하지 아니하며, 천재지변, 처리금지, 휴업, 폐업 등 정당한 사유가 있는 경우에는 시·도지사의 승인을 받아 재위탁하거나 재위탁받을 수 있다.
4. 자신의 재활용시설에서 재활용할 수 없는 폐기물을 위탁받거나 재활용능력을 초과하여 폐기물을 위탁받아서는 아니 된다.
5. 허용보관량을 초과하여 폐기물을 보관하거나 보관시설 외의 장소에 폐기물을 보관하여서는 아니 된다.
6. 수집·운반 및 재활용할 수 있는 능력의 초과, 휴업이나 폐업 등 정당한 사유 없이 배출자가 요청한 폐기물의 수탁을 거부하여서는 아니 된다.
7. 정당한 사유 없이 계속하여 1년 이상 휴업하여서는 아니 된다.
8. 다른 사람에게 자기의 성명 또는 상호를 사용하여 폐기물을 위탁받게 하거나 신고증명서를 다른 사람에게 빌려주어서는 아니 된다.
9. 제66조제5항에 해당하는 자가 같은 조 제3항 각 호의 폐기물을 보관하는 경우에는 차폐가 될 수 있도록 가림막 설치 등 필요한 조치를 하여야 하며, 수집·운반·보관

과정에서 소음·먼지·침출수 등 환경오염의 발생이 최소화 될수 있도록 필요한 조치를 하여야 한다.
10. 처리금지, 휴업신고 또는 폐업신고 등으로 폐기물을 수집·운반하지 아니할 때에는 발급받은 폐기물수집·운반증을 시·도지사에게 반납하여야 한다.
11. 폐기물 배출자에게 수탁처리능력 확인서, 폐기물처리 신고증명서 사본 및 방치폐기물 처리이행보증을 확인할 수 있는 서류 사본을 거짓으로 제출하거나 제출을 거부하여서는 아니 된다.
12. 폐기물처리신고자가 법 제14조제3항에 따라 생활폐기물을 수집·운반하려는 경우 일정한 장소에 보관되지 아니하고 버려진 생활폐기물이나 직접 배출자로부터 수거한 생활폐기물만을 수집·운반하여야 한다.
13. 삭제 〈2011.9.27〉

문제 01 폐기물처리 신고자의 준수사항으로 옳은 것은?

① 정당한 사유 없이 계속하여 1년 이상 휴업하여서는 아니 된다.
② 정당한 사유 없이 계속하여 2년 이상 휴업하여서는 아니 된다.
③ 정당한 사유 없이 계속하여 3년 이상 휴업하여서는 아니 된다.
④ 정당한 사유 없이 계속하여 5년 이상 휴업하여서는 아니 된다.

문제 02 폐기물처리 신고자의 준수사항으로 옳지 않은 것은?

① 자신의 재활용시설에서 재활용할 수 없는 폐기물을 위탁받거나 재활용능력을 초과하여 폐기물을 위탁받아서는 아니 된다.
② 정당한 사유 없이 계속하여 1년 이상 휴업하여서는 아니 된다.
③ 폐기물처리 신고자는 신고한 재활용 용도 또는 방법에 따라 재활용하여야 한다.
④ 처리금지, 휴업신고 또는 폐업신고 등으로 폐기물을 수집·운반하지 아니할 때에는 발급받은 폐기물수집·운반증을 폐기하여야 한다.

정답 01.① 02.④

| 시행규칙[별표19] | **사후관리기준 및 방법** (제70조 관련) 〈개정 2022.05.30.〉

1. 사후관리 기간

법 제50조제1항에 따른 사용종료 또는 폐쇄신고를 한 날부터 30년 이내로 한다. 다만, 제41조제3항제2호에 따른 매립시설 검사기관(이하 "매립시설 검사기관"이라 한다)이 침출수의 성질과 상태, 양, 지하수·해수·하천의 수질, 토양의 오염도, 발생가스의 질과 양, 축대벽·둑 등의 안정도 등을 조사한 결과 사후관리가 필요하지 아니하다고 판단하는 경우에는 신청에 따라 시·도지사나 지방환경관서의 장이 사후관리의 종료를 결정·통보한 날까지로 한다.

2. 사후관리 인원

침출수 처리시설 등 사후관리가 필요한 모든 시설을 유지·관리하기 위하여 전담관리자를 두어야 한다.

3. 사후관리 항목 및 방법

가. 빗물 배제방법

별표 9 제2호가목5)에 따라 설치된 빗물배제시설 등을 유지·관리하여 빗물이 매립시설로 흘러들거나 떨어지지 아니하도록 하여야 한다.

나. 침출수 관리방법

1) 매립시설에서 발생하는 침출수[별표 9 제2호나목2)마) 단서에 따른 시설에 옮겨 처리하는 오염물질의 경우는 제외한다] 및 처리수[2) 단서에 따른 이송수를 포함한다]에 대하여 별표 11 제2호나목2)가)의 침출수 배출허용기준 항목을 분기 1회 이상 조사 분석하고, 그 결과를 측정기관의 측정결과 발급일부터 30일 이내에 시도지사 또는 지방환경관서의 장에게 제출해야한다.

2) 침출수는 별표 11 제2호나목2)가)의 침출수 배출허용기준에 맞도록 침출수 처리시설에서 처리한 후 흘려보내야 한다. 다만, 별표 9 제2호나목2)마) 단서에 따른 시설에 옮겨 처리하는 경우에는 그러하지 아니하다.

3) 매립시설의 차수시설 상부에 모여 있는 침출수의 수위는 시설의 안정 등을 고려하여 2미터 이하로 유지되도록 관리하여야 한다.

4) 매립시설에 침출수매립시설환원정화설비를 설치하여 운영하는 경우에는 별표 11 제2호나목2)하)의 유지·관리 기준에 따라야 한다.

5) 매립시설 검사기관이 법 제50조제4항에 따른 정기검사를 실시한 결과 매립층의 안정화 정도 등을 고려하여 더 이상 침출수 등의 주입이 필요하지 아니하다고 판단하는 경우에는 침출수매립시설환원정화설비의 운영을 중단하여야 한다.

다. 지하수 수질 조사방법
　1) 「지하수의 수질보전 등에 관한 규칙」 별표 4에 따른 생활용수 수질기준항목을 같은 규칙 제6조제1항에 따라 조사하여야 한다. 다만, 매립종료 후 3년까지는 월 1회 이상 조사하여야 한다.
　2) 별표 9 제2호가목8)의 설치기준에 따라 매립시설의 주변에 설치된 3개의 기존 검사정을 이용하여 지하수 수질을 검사하되 반드시 기능이 정상적으로 발휘되도록 관리하여야 한다.

라. 해수 수질 조사방법(매립지의 경계선이 해수면과 가까운 매립시설만 해당한다)
　1) 「환경정책기본법 시행령」 별표 1 제3호라목의 수질(해역)환경기준항목을 분기 1회 이상 조사하여야 한다.
　2) 조사지점은 별표 9 제2호가목8) 단서에 따라 선정된 지점으로 한다.

마. 발생가스 관리방법(유기성폐기물을 매립한 폐기물매립시설만 해당한다)
　1) 외기온도, 가스온도, 메탄, 이산화탄소, 암모니아, 황화수소 등의 조사항목을 매립종료 후 5년까지는 분기 1회 이상, 5년이 지난 후에는 연 1회 이상 조사하여야 한다.
　2) 발생가스는 포집하여 소각처리하거나 발전·연료 등으로 재활용하여야 한다.

바. 구조물과 지반의 안정도 유지방법
　1) 축대벽, 둑 등 구조물 및 지반의 안정도를 관리하는 계획을 수립·시행하여야 한다. 이 경우 시·도지사나 지방환경관서의 장이 안정도를 유지하기 위하여 특히 필요하다고 인정하여 매립시설 검사기관이 실시한 안정성검토성적서의 제출을 요구하는 경우에는 이에 따라야 한다.
　2) 물리적인 압축과 미생물의 유기물 분해작용에 의한 침하현상으로 매립시설의 사면이나 최종 복토층이 손상될 우려가 있으므로 이에 대한 방지계획을 수립·시행하여야 한다.
　3) 매립시설 주변의 안정한 부지에 기준점을 설치하고 침하 여부를 관측하려는 지점에 측정점(매립부지면적 1만제곱미터당 2개소 이상)을 설치하여 연 2회 이상 조사하고 지표면이 항상 일정한 경사도를 유지하도록 관리하여야 한다(차단형 매립시설은 제외한다). 다만, 측정점의 수는 매립시설 검사기관이 실시한 타당성 보고서 등으로 조정할 수 있다.

사. 지표수 수질 조사방법
　1) 매립시설에 인접하여 하천·계곡이 있는 경우 「환경정책기본법 시행령」 별표 1 제3호가목의 환경기준항목을 분기 1회 이상 조사하여야 한다.

2) 조사지점은 매립시설을 중심으로 각 하천·계곡의 상·하류 각 1개 지점 이상의 일정한 지점으로 한다.
아. 토양 조사방법
1) 「토양환경보전법 시행규칙」 별표 1의 토양오염물질을 연 1회 이상 조사하여야 한다.
2) 조사지점은 매립시설에 가까운 토양오염이 우려되는 4개소 이상의 일정한 지점으로 한다.
자. 방역방법(차단형매립시설은 제외한다)
1) 파리, 모기 등 해충을 방지하기 위한 방역계획을 수립·시행하여야 한다.
2) 방역은 매립종료 후 월 1회 이상 실시하되, 12월부터 다음 해 2월까지는 필요시에, 6월부터 9월까지는 주 1회 이상 실시하여야 한다. 다만, 매립시설 검사기관이 더 이상의 방역이 필요하지 아니하다고 판단하는 경우에는 그러하지 아니하다.

4. 주변환경영향 종합보고서 작성
가. 제3호 사후관리 항목 및 방법에 따라 조사한 결과를 토대로 매립시설이 주변환경에 미치는 영향에 대한 종합보고서를 매립시설의 사용종료신고 후 5년마다 작성하고, 작성일부터 30일 이내에 시·도지사 또는 지방환경관서의 장에게 제출해야 한다.

문제 01 설치승인을 받아 폐기물처리시설을 설치한 자가 그가 설치한 폐기물처리시설의 사용을 끝내거나 폐쇄하려면 환경부장관에게 신고하여야 한다. 매립시설의 사용종료 또는 폐쇄신고를 한 날부터 몇 년 이내로 사후관리를 하여야 하는가?(단, 사후관리가 필요하다고 판단되는 경우).

① 사용종료 또는 폐쇄신고를 한 날부터 10년 이내로 한다.
② 사용종료 또는 폐쇄신고를 한 날부터 20년 이내로 한다.
③ 사용종료 또는 폐쇄신고를 한 날부터 30년 이내로 한다.
④ 사용종료 또는 폐쇄신고를 한 날부터 50년 이내로 한다.

문제 02 폐기물처리시설의 사후관리기준 및 방법에서 매립시설의 차수시설 상부에 모여 있는 침출수의 수위는 시설의 안정 등을 고려하여 몇 미터 이하로 유지되도록 관리하여야 하는가?

① 안정 등을 고려하여 1미터 이하
② 안정 등을 고려하여 2미터 이하
③ 안정 등을 고려하여 3미터 이하
④ 안정 등을 고려하여 5미터 이하

정답 01.③ 02.②

문제 03 다음은 폐기물처리시설의 사후관리기준 및 방법에서 발생가스 관리방법(유기성폐기물을 매립한 폐기물매립시설만 해당한다)에 관한 내용이다. ( )안에 공통으로 들어갈 내용은?

> 외기온도, 가스온도, 메탄, 이산화탄소, 암모니아, 황화수소 등의 조사항목을 매립종료 후 (   )까지는 분기 1회 이상, (   )이 지난 후에는 연 1회 이상 조사하여야 한다.

① 1년
② 3년
③ 5년
④ 7년

문제 04 다음은 폐기물처리시설의 사후관리기준 및 방법에서 방역방법(차단형매립시설은 제외한다)에 관한 내용이다. ( )안에 공통으로 들어갈 내용은?

> 방역은 매립종료 후 월 1회 이상 실시하되, 12월부터 다음 해 2월까지는 필요시에, 6월부터 9월까지는 (   )실시하여야 한다. 다만, 매립시설 검사기관이 더 이상의 방역이 필요하지 아니하다고 판단하는 경우에는 그러하지 아니하다.

① 주 1회 이상
② 주 2회 이상
③ 주 3회 이상
④ 주 4회 이상

문제 05 폐기물처리시설의 사후관리기준 및 방법에서 사후관리 항목 및 방법에 따라 조사한 결과를 토대로 매립시설이 주변환경에 미치는 영향에 대한 종합보고서를 매립시설의 사용종료신고 후 몇 년마다 작성하여야 한다.

① 1년
② 3년
③ 5년
④ 7년

정답 03.③ 04.① 05.③

06 폐기물처리기사·산업기사 과년도 기출문제

2019년 제1회 폐기물처리 기사 [3월 3일 시행]

1과목 폐기물 개론

01 쓰레기를 체분석하여 D_{10}=0.01mm, D_{30}=0.05mm, D_{60}=0.25mm으로 결과를 얻었을 때 곡률 계수는?(단, D_{10}, D_{30}, D_{60}은 쓰레기시료의 체 중량통과 백분율이 각각 10%, 30%, 60%에 해당되는 직경임)

① 0.5　　② 0.85
③ 1.0　　④ 1.25

해설 곡률계수 $= \dfrac{(D_{30\%})^2}{(D_{10\%} \times D_{60\%})}$

$= \dfrac{(0.05\text{mm})^2}{(0.01\text{mm} \times 0.25\text{mm})} = 1$

02 쓰레기 발생량 조사 방법이라 볼 수 없는 것은?

① 적재차량 계수분석법
② 물질 수지법
③ 성상 분류법
④ 직접 계근법

해설 쓰레기 발생량 조사방법에는 직접계근법, 물질수지법, 적재차량 계수분석법, 원자재 사용량으로 추정하는 방법, 통계조사법이 있다.

03 분뇨처리를 위한 혐기성 소화조의 운영과 통제를 위하여 사용하는 분석항목과는 직접적 관계가 없는 것은?

① 휘발성 산의 농도
② 소화가스 발생량
③ 세균수
④ 소화조 온도

해설 혐기성 소화조의 운전인자에는 교반 접촉, 소화시간, 온도, pH, 휘발성 산의 농도, 가스구성, 영양 balance 등이 있다.

04 단열열량계를 이용하여 측정한 폐기물의 건량기준 고위발열량이 8000kcal/kg이었을 때 폐기물의 습량기준 고위발열량(kcal/kg)과 저위발열량(kcal/kg)은?(단, 폐기물의 수분함량은 20%이고, 수분함량 외 기타 항목에 따른 수분발생은 고려하지 않음)

① 1600, 1480　　② 3200, 3080
③ 6400, 6280　　④ 7800, 7680

해설 습량기준 H_h = 단열열량계 값 $\times \dfrac{100-W}{100}$

= 단열열량계 값 $\times \dfrac{100-20\%}{100} = 6400$

$H_l(kcal/kg) = H_h - 6(9h+W)$

$H_l(kcal/kg) = 6400 - 6(9 \times 0 + 20)$

$= 6280 kcal/kg$

*여기서, 원소의 단위는 퍼센트농도(%)이다.

정답 01.③　02.③　03.③　04.③

05 유해폐기물 성분물질 중 As에 의한 피해 증세로 가장 거리가 먼 것은?

① 무기력증 유발
② 피부염 유발
③ Fanconi씨 증상
④ 암 및 돌연변이 유발

해설 판코니 증후군은 근위세뇨관에서 발생하는데 이곳은 사구체에서 여과가 가장 먼저 일어나는 곳이다. 이 증후군은 유전, 약물 또는 고분자 물질에 의해 일어나게 된다.

06 분쇄기들 중 그 분쇄물의 크기가 큰 것에서부터 작아지는 순서로 옳게 나열한 것은?

① Jaw Crusher-Cone Crusher-Ball Mill
② Cone Crusher-Jaw Crusher-Ball Mill
③ Ball Mill-Cone Crusher-Jaw Crusher
④ Cone Crusher-Ball Mill-Jaw Crusher

해설 분쇄물의 크기(대→소); jaw crusher → cone crusher → ball mill

07 수송설비를 하수도처럼 개설하여 각 가정의 쓰레기를 최종처분장까지 운반할 수 있으나, 전력비, 내구성 및 미생물의 부착 등이 문제가 되는 쓰레기 수송방법은?

① Monorail 수송 ② Container 수송
③ Conveyor 수송 ④ 철도수송

해설 컨베이어(conveyor)수송은 하수도처럼 수송망을 설치하여 각 가정의 쓰레기를 처분장까지 운반한다.

08 폐기물처리와 관련된 설명 중 틀린 것은?

① 지역사회 효과지수(CEI)는 청소상태 평가에 사용되는 지수이다.
② 컨테이너 철도수송은 광대한 지역에서 효율적으로 적용될 수 있는 방법이다.
③ 폐기물수거 노동력을 비교하는 지표로서는 MHT(man/hr·ton)를 주로 사용한다.
④ 직접저장투하 결합방식에서 일반 부패성 폐기물은 직접 상차 투입구로 보낸다.

해설 MHT(Man Hour/Ton)는 1ton의 쓰레기를 1명의 인부가 처리하는데 걸리는 시간으로 수거효율을 나타낸다.

09 적환장(transfer station)을 설치하는 일반적인 경우와 가장 거리가 먼 것은?

① 불법 투기 쓰레기들이 다량 발생할 때
② 고밀도 거주지역이 존재할 때
③ 상업지역에서 폐기물수집에 소형용기를 많이 사용할 때
④ 슬러지수송이나 공기수송 방식을 사용할 때

해설 적환장은 저밀도 주거지역 있을 때 설치한다.

10 폐기물 보관을 위한 폐기물 전용 컨테이너에 관한 설명으로 옳지 않은 것은?

① 폐기물 수집 작업을 자동화와 기계화할 수 있다.
② 언제라도 폐기물을 투입할 수 있고 주변 미관을 크게 해치지 않는다.
③ 폐기물 수집차와 결합하여 운용이 가능하여 효율적이다.
④ 폐기물의 선별 보관, 분리수거가 어려운 단점이 있다.

정답 05.③ 06.① 07.③ 08.③ 09.② 10.④

해설 컨테이너 수송은 container를 수거차량으로 철도역 기지까지 운반 후 철도차량으로 처분장까지 운반하는 수단이다.

11 쓰레기 관리 체계에서 비용이 가장 많이 드는 단계는?

① 저장　　② 매립
③ 퇴비화　④ 수거

해설 쓰레기 관리체계에서 수거비용이 가장 많이 소요되며, 수거형태는 타종수거가 효율적이다.

12 함수율 95%인 폐기물 10톤을 탈수공정을 통해 함수율을 각각 85% 및 75%로 감소시킨 경우, 각각 탈수 후 남은 무게(ton)는? (단, 비중 = 1.0 기준)

① 3.33, 2.00　② 3.33, 2.50
③ 5.33, 3.00　④ 5.33, 3.50

해설 $10(100-95) = V_2(100-85)$ ∴ $V_2 = 3.33$
$10(100-95) = V_2(100-75)$ ∴ $V = 2.0$

13 밀도가 a인 도시쓰레기를 밀도가 b(a<b)인 상태로 압축시킬 경우 부피감소(%)는?

① $100\left(1-\dfrac{a}{b}\right)$　② $100\left(1-\dfrac{b}{a}\right)$
③ $100\left(a-\dfrac{a}{b}\right)$　④ $100\left(b-\dfrac{b}{a}\right)$

해설 $V_R = \left(1-\dfrac{V_2}{V_1}\right)\times 100 = \left(1-\dfrac{1/b}{1/a}\right)\times 100$
$= \left(1-\dfrac{a}{b}\right)\times 100$

14 폐기물의 화학적 특성 분석에 사용되는 성분 항목이 아닌 것은?

① 탄소성분　② 수소성분
③ 질소성분　④ 수분성분

해설 폐기물의 화학적 특성분석 항목에는 C, H, N, S 등이 있다.

15 쓰레기 수거노선 설정에 대한 설명으로 가장 거리가 먼 것은?

① 출발점은 차고와 가까운 곳으로 한다.
② 언덕지역의 경우 내려가면서 수거한다.
③ 발생량이 많은 곳은 하루 중 가장 나중에 수거한다.
④ 될 수 있는 한 시계방향으로 수거한다.

해설 발생량이 많은 곳은 가장 먼저 수거한다.

16 관로를 이용한 쓰레기의 수송에 관한 설명으로 옳지 않은 것은?

① 잘못 투입된 물건은 회수하기가 어렵다.
② 가설 후에 경로변경이 곤란하고 설치비가 높다.
③ 조대쓰레기의 파쇄 등 전처리가 필요 없다.
④ 쓰레기의 발생밀도가 높은 인구밀집지역에서 현실성이 있다.

해설 Pipe-line 수송은 분쇄, 파쇄 등의 전처리 공정이 필요하다.

17 폐기물의 발열량 분석법으로 타당하지 않은 방법은?

① 폐기물의 원소분석 값을 이용
② 폐기물의 물리적 조성을 이용
③ 열량계에 의한 방법
④ 고정탄소함유량을 이용

해설 발열량의 산정방법에는 물리적 조성에 의한 방법, 추정식에 의한 방법, 단열열량계에 의한 방법, 원소분석에 의한 방법(Dulong의 원소분석법)이 있다.

정답 11.④　12.①　13.①　14.④　15.③　16.③　17.④

18 한 해 동안 폐기물 수거량이 253000톤, 수거 인부는 1일 850명, 수거 대상인구는 250000명이라고 할 때 1인 1일 폐기물 발생량(kg/인·day)은?

① 1.87   ② 2.77
③ 3.15   ④ 4.12

해설 $kg/인.day = \dfrac{253000t \times 1000kg}{250000인 \times 365일} = 2.77$

19 전과정평가(LCA)는 4부분으로 구성된다. 그 중 상품, 포장, 공정, 물질, 원료 및 활동에 의해 발생하는 에너지 및 천연원료 요구량, 대기, 수질 오염물질 배출, 고형폐기물과 기타 기술적 자료구축 과정에 속하는 것은?

① scoping analysis
② inventory analysis
③ impact analysis
④ improvement analysis

해설 전과정평가의 절차
㉮ 목적 및 범위설정(goal & scope definition)
㉯ 단위공정별 목록분석(inventory analysis)
㉰ 환경부하에 대한 영향평가(impact assessment)
　분류화→특성화→정규화→가중치 부여
㉱ 개선평가 및 해석(life cycle interpretation)

20 인력선별에 관한 설명으로 옳지 않은 것은?

① 사람의 손을 통한 수동 선별이다.
② 콘베이어 벨트의 한쪽 또는 양쪽에서 사람이 서서 선별한다.
③ 기계적인 선별보다 작업량이 떨어질 수 있다.
④ 선별의 정확도가 낮고 폭발가능 물질 분류가 어렵다.

해설 손 선별은 정확도가 높고 파쇄공정 유입 전 폭발가능 위험물질을 분류할 수 있는 장점이 있다.

2과목　폐기물처리기술

21 쓰레기의 퇴비화가 가장 빨리 형성되는 탄질비(C/N비)의 범위는?(단, 기타조건은 모두 동일)

① 25~50   ② 50~80
③ 80~100   ④ 100~150

해설 탄질율(C/N)은 30:1이 최적조건이다.

22 분뇨를 1차 처리한 후 BOD 농도가 4000mg/L 이었다. 이를 약 20배로 희석한 후 2차 처리를 하려 한다. 분뇨의 방류수 허용기준 이하로 처리하려면 2차 처리 공정에서 요구되는 BOD 제거 효율은?(단, 분뇨 BOD 방류수 허용기준 = 40mg/L, 기타 조건은 고려하지 않음)

① 50% 이상   ② 60% 이상
③ 70% 이상   ④ 80% 이상

해설 희석후 $BOD = \dfrac{4000\text{mg/L}}{20\text{배}} = 200\text{mg/L}$

$BOD\ 제거효율 = \dfrac{200-40}{200} \times 100 = 80\%$

23 퇴비화에 사용되는 통기개량제의 종류별 특성으로 옳지 않은 것은?

① 볏짚 : 칼륨분이 높다.
② 톱밥 : 주성분이 분해성 유기물이기 때문에 분해가 빠르다.
③ 파쇄목편 : 폐목재 내 퇴비화에 영향을 줄 수 있는 유해물질의 함유 가능성이 있다.
④ 왕겨(파쇄) : 발생기간이 한정되어 있기 때문에 저류공간이 필요하다.

해설 톱밥은 C/N비가 높아 분해가 느리다.

정답 18.② 19.② 20.④ 21.① 22.④ 23.②

24 매립지 주위의 우수를 배수하기 위한 배수관의 결정에 관한 사항으로 틀린 것은?

① 수로의 형상은 장방향 또는 사다리꼴이 좋으며 조도계수 또한 크게 하는 것이 좋다.
② 유수단면적은 토사의 혼입으로 인한 유량증가 및 여유고를 고려하여야 한다.
③ 우수의 배수에 있어서 토수로의 경우는 평균유속이 3m/sec이하가 좋다.
④ 우수의 배수에 있어서 콘크리트수로의 경우는 평균유속이 8m/sec 이하가 좋다.

해설 수로의 형상은 장방형 또는 원형이 좋으며, 조도계수는 작은 것이 좋다.

25 다이옥신을 제어하는 촉매로 가장 비효과적인 것은?

① Al_2O_3 ② V_2O_5
③ TiO_2 ④ Pd

해설 다이옥신 제어의 촉매로는 Fe, Cu, V_2O_5, TiO_2, Pd 등이 있다.

26 토양 층위에 해당하지 않는 것은?

① O층 ② B층
③ R층 ④ D층

해설 토양층위에는 O, A, B, C, R 층으로 구분된다.

27 유해물질별 처리가능 기술로 가장 거리가 먼 것은?

① 납 - 응집 ② 비소 - 침전
③ 수은 - 흡착 ④ 시안 - 용매추출

해설 시안은 일반적으로 알칼리염소법으로 처리한다.

28 1일 처리량이 100kL인 분뇨처리장에서 중온소화방식을 택하고자 한다. 소화 후 슬러지량(m^3/day)은?

- 투입분뇨의 함수율 = 98%
- 고형물 중 유기물 함유율 = 70%, 그 중 60%가 액화 및 가스화
- 소화슬러지 함수율 = 96%
- 슬러지 비중 = 1.0

① 15 ② 29
③ 44 ④ 53

해설 처음 고형물+소화 안된유기물 = 처리량
[100×0.3(1−0.98)]+[100×(1−0.98)×0.7×0.4]
=x(1−0.96)
0.6+0.56=0.04x
∴ x=29m^3/d

29 사료화 기계설비의 구비요건으로 가장 거리가 먼 것은?

① 사료화의 소요시간이 길고 우수한 품질의 사료생산이 가능해야 한다.
② 오수발생, 소음 등의 2차 환경오염이 없어야 한다.
③ 미생물첨가제 등 발효제의 안정적 공급과 일정시간 미생물 활성이 유지되어야 한다.
④ 내부식성이 있고 소요부지가 적어야 한다.

해설 사료화 기계설비는 사료화의 소요시간이 짧아야 한다.

정답 24.① 25.① 26.④ 27.④ 28.② 29.①

30 혐기성 소화법의 특성에 관한 설명으로 틀린 것은?

① 탈수성이 호기성에 비해 양호하다.
② 부패성 유기물을 안정화 시킨다.
③ 암모니아, 인산 등 영양염류의 제거율이 높다.
④ 슬러지 양을 감소시킨다.

해설 혐기성 소화법은 TN, TP의 제거율이 낮다.

31 슬러지를 처리하기 위해 하수처리장 활성슬러지 1% 농도의 폐액 100m³을 농축조에 넣었더니 5% 농도의 슬러지로 농축되었다. 농축조에 농축되어 있는 슬러지 양(m³)은? (단, 상징액의 농도는 고려하지 않으며, 비중 = 1.0)

① 35　　② 30
③ 25　　④ 20

해설 $100m^3 \times 1\% = x \times 5\%$　∴ $x = 20m^3$

32 토양오염 물질 중 BTEX에 포함되지 않는 것은?

① 벤젠　　② 톨루엔
③ 에틸렌　　④ 자일렌

해설 BTEX는 benzene, toluene, ethylbenzene, xylene으로 구성된 휘발성 방향족 탄화수소로 정의한다.

33 고농도 액상 폐기물의 혐기성 소화 공정 중 중온소화와 고온소화의 비교에 관한 내용으로 옳지 않은 것은?

① 부하능력은 고온소화가 우수하다.
② 탈수여액의 수질은 고온소화가 우수하다.
③ 병원균의 사멸은 고온소화가 유리하다.
④ 중온소화에서 미생물의 활성이 쉽다.

해설 중온소화는 고온소화 보다 미생물의 활성이 높고 탈수여액의 수질이 우수하다.

34 폐기물매립지에 설치되어 있는 침출수 유량 조정설비의 기능 설명으로 가장 거리가 먼 것은?

① 침출수의 수질 균등화
② 호우시 또는 계절적 수량변동의 조정
③ 수처리설비의 전처리 기능
④ 매립지의 부등침하의 최소화

해설 유량조정조는 수질 수량의 균등화 및 안정화로 후처리 공정의 효율을 증대한다.

35 매립방식 중 cell방식에 대한 내용으로 가장 거리가 먼 것은?

① 일일복토 및 침출수 처리를 통해 위생적인 매립이 가능하다.
② 쓰레기의 흩날림을 방지하며, 악취 및 해충의 발생을 방지하는 효과가 있다.
③ 일일복토와 bailing을 통한 폐기물 압축으로 매립부피를 줄일 수 있다.
④ cell마다 독립된 매립층이 완성되므로 화재 확산 방지에 유리하다.

해설 폐기물을 압축시켜 큰 덩어리로 만들어 부피를 감소시킨 후 매립하는 방식은 압축방식이다.

36 바이오리엑터형 매립공법의 장점이 아닌 것은?

① 침출수 재순환에 의한 염분 및 암모니아성 질소 농축
② 매립지가스 회수율의 증대
③ 추가 공간확보로 인한 매립지 수명연장
④ 폐기물의 조기안정화

해설 바이오리액터형은 미생물을 활성화시켜 가스의 회수 및 폐기물의 조기안정화에 있다.

정답 30.③　31.④　32.③　33.②　34.④　35.③　36.①

37 펄프공장의 폐수를 생물학적으로 처리한 결과 매일 500kg의 슬러지가 발생하였다. 함수율이 80%이면 건조 슬러지 중량(kg/일)은?(단, 비중 = 1.0 기준)

① 50　　② 100
③ 200　　④ 400

해설 슬러지 중량 = $500 \times (1-0.8) = 100 kg/day$

38 안정화된 도시폐기물 매립장에서 발생되는 주요 가스성분인 메탄가스와 탄산가스에 대하여 올바르게 설명한 것은?

① 혐기성 상태가 된 매립지에서 메탄가스와 탄산가스의 무게 구성비는 50%, 50%이다.
② 탄산가스나 메탄가스 모두 공기보다 가벼워 매립지 지표면으로 상승한다.
③ 탄산가스는 침출수의 산도를 높인다.
④ 메탄가스는 악취성분을 가지고 있고, 일반적으로 유기성 토양으로 복토하면 대부분 제어될 수 있다.

해설 메탄가스와 탄산가스의 구성비는 일정하다.

39 강우량으로부터 매립지내의 지하침투량(C)을 산정하는 식으로 옳은 것은?(단, P = 총강우량, R = 유출률, S = 폐기물의 수분저장량, E = 증발량)

① C = P(1 − R) − S − E
② C = P(1 − R) + S − E
③ C = P − R + S − E
④ C = P − R − S − E

해설 매립지에서 지하침투량(C)=총강우량P(1-유출률R)-폐기물의 수분량S-증발량E

40 토양오염복원기법 중 Bioventing에 관한 설명으로 옳지 않은 것은?

① 토양 투수성은 공기를 토양 내에 강제 순환시킬 때 매우 중요한 영향인자이다.
② 오염부지 주변의 공기 및 물의 이동에 의한 오염물질의 확산의 염려가 있다.
③ 현장 지반구조 및 오염물 분포에 따른 처리기간의 변동이 심하다.
④ 용해도가 큰 오염물질은 많은 양이 토양 수분 내에 용해상태로 존재하게 되어 처리효율이 좋아진다.

해설 용해도가 큰 오염물질은 많은 양이 토양수분 내에 용해상태로 존재하게 되어 처리효율이 떨어진다.

3과목　폐기물소각 및 열회수

41 H_2S의 완전연소 시 이론공기량 A_o(Sm^3/Sm^3)은?

① 6.14　　② 7.14
③ 8.14　　④ 9.14

해설
$H_2S + \frac{3}{2}O_2 \rightarrow SO_2 + H_2O$
　1　:　1.5
$1Sm^3$: x　　∴ $x = 1.5 Sm^3$

∴ $A_o = \frac{1.5}{0.21} = 7.14 Sm^3$

42 1차 반응에서 1000초 동안 반응물의 1/2이 분해되었다면 반응물이 1/10 남을 때까지 소요되는 시간(sec)은?

① 3923　　② 3623
③ 3323　　④ 3023

해설 $\dfrac{dC}{dt}=-K \cdot C^1 \xrightarrow{적분하면} \ln\dfrac{C_t}{C_0}=-K \cdot t$

$\therefore \ln\dfrac{0.5C_0}{C_0}=-K \cdot t$

$\ln 0.5 = -K \times 1000초$

$-0.693 = -1000K \quad \therefore K = 6.9 \times 10^{-4}$

$\ln 0.1 = -6.9 \times 10^{-4} \times t$

$-2.3 = -6.9 \times 10^{-4} \times t \quad \therefore 3333\,\text{sec}$

43 가스연료의 저위발열량이 15000kcal/Sm³, 이론연소 가스량 20Sm³/Sm³, 공기온도 20°C일 때 연료의 이론 연소온도(°C)는?(단, 연료연소가스의 평균정압비열 = 0.75kcal/Sm³·°C, 공기는 예열되지 않으며 연소가스는 해리되지 않음)

① 720 ② 880
③ 920 ④ 1020

해설 $t_2 = \dfrac{H_l}{G_o C_p} + t_1$

$\therefore t_2 = \dfrac{15000\,\text{kcal/Sm}^3}{20\,\text{Sm}^3/\text{Sm}^3 \times 0.75\,\text{kcal/Sm}^3 \cdot °\text{C}} + 20°\text{C}$

$= 1020°\text{C}$

44 매시간 4톤의 폐유를 소각하는 소각로에서 발생하는 황산화물을 접촉산화법으로 탈황하고 부산물로 50%의 황산을 회수한다면 회수되는 부산물의 양(kg/h)은?(단, 폐유 중 황성분 = 3%, 탈황율 = 95%)

① 약 500 ② 약 600
③ 약 700 ④ 약 800

해설 $S \rightarrow H_2SO_4$
$32 : 98$
$4000 \times 0.03 \times 0.95 : 0.5x \quad \therefore x = 700\,kg/hr$

45 소각 연소공정에서 발생하는 질소산화물(NOx)의 발생억제에 관한 설명으로 틀린 것은?

① 이단연소법은 열적 NOx 및 연료 NOx의 억제에 효과가 있다.
② 저산소 운전법으로 연소실 내 연소가스 온도를 최대한 높게 하는 것이 NOx의 억제에 효과가 있다.
③ 화염온도의 저하는 열적 NOx의 억제에 효과가 있다.
④ 저 NOx 버너는 열적 NOx의 억제에 효과가 있다.

해설 연소용 공기온도를 조절하여 저온에서 연소한다.

46 석탄의 재성분에 다량 포함되어 있고, 재의 융점이 높은 것은?

① Fe_2O_3 ② MgO
③ Al_2O_3 ④ CaO

해설 Al_2O_3는 재성분에 다량 포함되어 있으며 재의 융점이 높다.

47 열분해 발생 가스 중 온도가 증가할수록 함량이 증가하는 것은?(단, 열분해 온도에 따른 가스의 구성비(%) 기준)

① 메탄 ② 일산화탄소
③ 이산화탄소 ④ 수소

해설 열분해는 온도가 증가할수록 수소(H_2)함량이 증가하고 이산화탄소(CO_2)는 감소한다.

48 스토카식 도시폐기물 소각로에서 유기물을 완전연소시키기 위한 3T 조건으로 옳지 않은 것은?

① 혼합 ② 체류시간
③ 온도 ④ 압력

정답 43.④ 44.③ 45.② 46.③ 47.④ 48.④

해설 완전연소를 위한 3가지 조건(3T)에는 시간(Time), 온도(Temperature), 혼합(Turbulence)이 있다.

49 폐기물의 건조과정에서 함수율과 표면온도의 변화에 대한 설명으로 잘못된 것은?

① 폐기물의 건조방식으로 쓰레기의 허용온도, 형태, 물리적 및 화학적 성질 등에 의해 결정된다.
② 수분을 함유한 폐기물의 건조과정은 예열건조기간→항율건조기간→감율건조기간 순으로 건조가 이루어진다.
③ 항율건조기간에는 건조시간에 비례하여 수분감량과 함께 건조속도가 빨라진다.
④ 감율건조기간에는 고형물의 표면온도 상승 및 유입되는 열량감소로 건조속도가 느려진다.

해설 항율건조는 건조속도가 일정하며, 감율건조는 건조속도가 감소한다.

50 소각로에서 쓰레기의 소각과 동시에 배출되는 가스성분을 분석한 결과 N_2 85%, O_2 6%, CO 1%와 같은 조성일 때 소각로의 공기비는?

① 1.25 ② 1.32
③ 1.81 ④ 2.28

해설 $m = \dfrac{N_2(\%)}{N_2(\%) - 3.76(O_2 - 0.5CO\%)}$

$\therefore m = \dfrac{85}{85 - 3.76(6 - 0.5 \times 1)} = 1.32$

51 착화온도에 관한 설명으로 옳지 않은 것은?

① 화학반응성이 클수록 착화온도는 낮다.
② 분자구조가 간단할수록 착화온도는 높다.
③ 화학 결합의 활성도가 클수록 착화온도는 낮다.
④ 화학적 발열량이 클수록 착화온도는 높다.

해설 화학적 발열량이 클수록 착화온도는 낮아진다.

52 증기 터어빈을 증기 이용 방식에 따라 분류했을 때의 형식이 아닌 것은?

① 반동 터빈(reaction turbine)
② 복수 터빈(condensing turbine)
③ 혼합 터빈(mixed pressure turbine)
④ 배압 터빈(back pressure turbine)

해설 증기이용방식 관점으로 분류하면 배압터빈, 복수터빈, 혼합터빈으로 나뉘며 증기 작동방식에는 충동 터빈, 반동 터빈, 혼합식 터빈이 있다.

53 보일러 전열면을 통하여 연소가스의 여열로 보일로 급수를 예열하여 보일러 효율을 높이는 열교환 장치는?

① 공기 예열기 ② 절탄기
③ 과열기   ④ 재열기

해설 절탄기는 연도로 배출되는 배기가스 중의 폐열을 이용하여 보일러 급수를 예열하는 시설이다.

54 소각대상물 중 함수율이 높은 폐기물을 소각 시 유의할 내용이 아닌 것은?

① 가능한 연소속도를 느리게 한다.
② 함수율이 높은 폐기물의 종류에는 주방쓰레기 및 하수슬러지 등이 있다.
③ 건조장치 설치 시 건조효율이 높은 기기를 선정한다.
④ 폐기물의 교란, 반전, 유동 등의 조작을 겸할 수 있는 기종을 선정한다.

정답 49.③ 50.② 51.④ 52.① 53.② 54.①

해설 함수율이 높은 폐기물은 예열에 따른 건조속도를 고려한다.

55 화격자 연소 중 상부투입 연소에 대한 설명으로 잘못된 것은?

① 공급공기는 우선 재층을 통과한다.
② 연료와 공기의 흐름이 반대이다.
③ 하부투입 연소보다 높은 연소온도를 얻는다.
④ 착화면 이동방향과 공기 흐름방향이 반대이다.

해설 상부투입 연소의 경우, 폐기물은 상부로 투입되고 공기는 하부에서 공급되며 착하면의 이동은 공기의 흐름 방향과 동일하다.

56 열효율이 65%인 유동층 소각로에서 15℃의 슬러지 2톤을 소각시켰다. 배기온도가 400℃라면 연소온도(℃)는?(단, 열효율은 배기온도만을 고려한다.)

① 955
② 988
③ 1015
④ 1115

해설 $0.65 = \dfrac{x-(400-15)}{x}$

$0.65x = x - 385$ $\therefore x = 1100℃$

57 소각로의 종류 중 유동층 소각로(Fluidized Bed Incinerator)를 구성하고 있는 구성인자가 아닌 것은?

① Wind Box
② 역동식 화격자
③ Tuyeres
④ Free Board층

해설 유동층 소각로는 바람박스, 바람, 유동층 등의 인자가 있다.

58 유동층 소각로의 특징으로 옳지 않은 것은?

① 가스의 온도가 높고 과잉공기량이 많아 NOx 배출이 많다.
② 투입이나 유동화를 위해 파쇄가 필요하다.
③ 연소효율이 높아 미연소분의 배출이 적다.
④ 반응시간이 빨라 소각시간이 짧다.(로 부하율이 높다.)

해설 가스의 온도와 과잉공기량이 낮아서 질소산화물도 적게 배출된다.

59 액체 주입형 연소기에 관한 설명으로 옳지 않은 것은?

① 소각재 배출설비가 있어 회분함량이 높은 액상폐기물에도 널리 사용된다.
② 구동장치가 없어서 고장이 적다.
③ 고형분의 농도가 높으면 버너가 막히기 쉽다.
④ 하방점화 방식의 경우에는 염이나 입상 물질을 포함한 폐기물의 소각이 가능하다.

해설 대기오염 방지시설 이외에는 소각재의 처리설비가 필요 없다.

60 메탄의 고위발열량이 9000kcal/Sm³이라면 저위발열량(kcal/Sm³)은?

① 8640
② 8440
③ 8240
④ 8040

해설 $CH_4 + 2O_2 \rightarrow CO_2 + 2H_2O$

$H_l(kcal/Sm^3) = H_h - 480\sum H_2O$

* 여기서, H_2O는 연료의 연소반응에서 생성된 물의 몰(M)수이다.

$H_l(kcal/Sm^3) = 9000 - 480\sum 2$ $\therefore H_l = 8040$

* 여기서, H_2O는 연료의 연소반응에서 생성된 물의 몰(M)수이다.

정답 55.④ 56.④ 57.② 58.① 59.① 60.④

4과목 폐기물공정시험기준(방법)

61 기체크로마토그래피로 유기인을 분석할 때 시료관리 기준으로 (   )에 옳은 것은?

> 시료채취 후 추출하기 전까지 (㉠) 보관하고 7일 이내에 추출하고 (㉡)이내에 분석한다.

① ㉠ 4℃ 냉암소에서, ㉡ 21일
② ㉠ 4℃ 냉암소에서, ㉡ 40일
③ ㉠ pH 4 이하로, ㉡ 21일
④ ㉠ pH 4 이하로, ㉡ 40일

해설 시료채취 후 추출하기 전까지 4℃ 냉암소에서 보관하고 7일 이내에 추출하고 40일 이내에 분석한다.

62 5톤 이상의 차량에서 적재폐기물의 시료를 채취할 때 평면상에서 몇 등분하여 채취하는가?

① 3등분 ② 5등분
③ 6등분 ④ 9등분

해설 5톤 미만의 차량에 폐기물이 적재되어 있는 경우에는 적재 폐기물을 평면상에서 6등분한 후 각 등분마다 현장 시료를 채취한다. 반면, 5톤 이상의 차량에 폐기물이 적재되어 있는 경우에는 적재 폐기물을 평면상에서 9등분한 후 각 등분마다 현장 시료를 채취한다.

63 pH 표준용액 조제에 대한 설명으로 옳지 않은 것은?

① 염기성 표준용액은 산화칼슘(생석회) 흡수관을 부착하여 2개월 이내에 사용한다.
② 조제한 pH 표준용액은 경질유리병에 보관한다.
③ 산성표준용액은 3개월 이내에 사용한다.
④ 조제한 pH표준용액은 폴리에틸렌병에 보관한다.

해설 조제한 pH 표준용액은 경질유리병 또는 폴리에틸렌병에 보관하며, 보통 산성표준용액은 3개월, 염기성 표준용액은 산화칼슘(생석회) 흡수관을 부착하여 1개월 이내에 사용하며, 현재 국내외에 상품화되어 있는 표준용액을 사용할 수 있다.

64 시료 채취를 위한 용기사용에 관한 설명으로 옳지 않은 것은?

① 시료 용기는 무색경질의 유리병 또는 폴리에틸렌병, 폴리에틸렌백을 사용한다.
② 시료 중에 다른 물질의 혼입이나 성분의 손실을 방지하기 위하여 밀봉할 수 있는 마개를 사용하며 코르크 마개를 사용하여서는 안 된다. 다만 고무나 코르크 마개에 파라핀지, 유지 또는 셀로판지를 씌워 사용할 수도 있다.
③ 휘발성 저급 염소화 탄화수소류 실험을 위한 시료의 채취 시에는 폴리에틸렌병을 사용하여야 한다.
④ 시료 용기는 시료를 변질시키거나 흡착하지 않는 것이어야 하며 기밀하고 누수나 흡습성이 없어야 한다.

해설 휘발성 저급염소화 탄화수소류는 휘발성이 높기 때문에 시료를 채취할 때 유리제 용기에 상부공간이 없도록 채취하여야 한다.

정답 61.② 62.④ 63.① 64.③

65 폐기물 중에 포함된 수분과 고형물을 정량하여 다음과 같은 결과를 얻었을 때 수분함량(%)과 고형물 함량(%)은?(단, 수분함량 - 고형물함량 순서)

> 1) 미리 105~110℃에서 1시간 건조시킨 증발접시의 무게(W_1)=48.953g
> 2) 이 증발접시에 시료를 담은 후 무게(W_2)=68.057g
> 3) 수욕상에서 수분을 거의 날려 보내고 105~110℃에서 4시간 건조시킨 후 무게(W_3)=63.125g

① 25.82, 74.18   ② 74.18, 25.82
③ 34.80, 65.20   ④ 65.20, 34.80

해설 수분(%) = $\dfrac{w_2 - w_3}{w_2 - w_1} \times 100$

= $\dfrac{68.057g - 63.125g}{68.057g - 48.953g} \times 100 = 25.8\%$

고형물(%) = 100% − 25.8% = 74.2%

66 이온전극법으로 분석이 가능한 것은?(단, 폐기물공정시험기준 적용)

① 시안   ② 비소
③ 유기인   ④ 크롬

해설 폐기물 중 시안을 측정하는 방법으로 액상 폐기물과 고상 폐기물을 pH 12~13의 알칼리성으로 조절한 후 시안 이온전극과 비교전극을 사용하여 전위를 측정하고 그 전위차로부터 시안을 정량하는 방법이다.

67 원자흡수분광광도법(AAS)을 이용하여 중금속을 분석할 때 중금속의 종류와 측정파장이 옳지 않은 것은?

① 크롬 - 357.9nm
② 6가 크롬 - 253.7nm
③ 카드뮴 - 228.8nm
④ 납 - 283.3nm

해설 6가크롬의 원자흡수분광광도법 측정파장은 357.9nm 이다.

68 휘발성 저급염소화 탄화수소류의 기체크로마토그래프법에 대한 설명으로 옳지 않은 것은?

① 검출기는 전자포획검출기 또는 전해전도검출기를 사용한다.
② 시료 중의 트리클로로에틸렌 및 테트라클로로에틸렌 성분은 염산으로 추출한다.
③ 운반기체는 부피백분율 99.999% 이상의 헬륨(또는 질소)을 사용한다.
④ 시료 도입부 온도는 150~250℃ 범위이다.

해설 폐기물 중에 휘발성저급염소화탄화수소류를 측정방법으로, 시료 중의 트리클로로에틸렌 및 테트라클로로에틸렌을 헥산으로 추출하여 기체크로마토그래프로 정량하는 방법이다.

69 수산화나트륨(NaOH) 40%(무게 기준) 용액을 조제한 후 100mL를 취하여 다시 물에 녹여 2000mL로 하였을 때 수산화나트륨의 농도(N)는?(단, Na원자량 = 23)

① 0.1   ② 0.5
③ 1   ④ 2

해설 $NV = N'V'$

% → 10000ppm   40% → 10N

$10N \times 0.1L = N' \times 2L$ ∴ $N' = 0.5$

70 취급 또는 저장하는 동안에 기체 또는 미생물이 침입하지 않도록 내용물을 보호하는 용기는?

① 차광용기 ② 밀봉용기
③ 기밀용기 ④ 밀폐용기

해설 "밀봉용기"라 함은 취급 또는 저장하는 동안에 기체 또는 미생물이 침입하지 아니하도록 내용물을 보호하는 용기를 말한다.

71 액상폐기물에서 유기인을 추출하고자 하는 경우 가장 적합한 추출용매는?

① 아세톤 ② 노말헥산
③ 클로로포름 ④ 아세토니트릴

해설 액상폐기물에서 유기인은 노말헥산으로 추출한다.

72 유리전극법에 의한 수소이온농도 측정 시 간섭물질에 관한 설명으로 옳지 않은 것은?

① pH 10 이상에서 나트륨에 의해 오차가 발생할 수 있는데 이는 "낮은 나트륨 오차 전극"을 사용하여 줄일 수 있다.
② 유리전극은 일반적으로 용액의 색도, 탁도, 염도, 콜로이드성 물질들, 산화 및 환원성 물질들 등에 의해 간섭을 많이 받는다.
③ 기름 층이나 작은 입자상이 전극을 피복하여 pH 측정을 방해할 경우에는 세척제로 닦아낸 후 정제수로 세척하고 부드러운 천으로 수분을 제거하여 사용한다.
④ 피복물을 제거할 때는 염산(1+9)용액을 사용할 수 있다.

해설 유리전극은 일반적으로 용액의 색도, 탁도, 콜로이드성 물질들, 산화 및 환원성 물질들 그리고 염도에 의해 간섭을 받지 않는다.

73 자외선/가시선 분광법으로 비소를 측정할 때 비화수소를 발생시키기 위해 시료 중의 비소를 3가비소로 환원한 다음 넣어 주는 시약은?

① 아연 ② 이염화주석
③ 염화제일주석 ④ 시안화칼륨

해설 비소를 자외선/가시선 분광법으로 측정하는 방법으로 시료 중의 비소를 3가비소로 환원시킨 다음 아연을 넣어 발생되는 비화수소를 다이에틸다이티오카르바민산은의 피리딘용액에 흡수시켜 이 때 나타나는 적자색의 흡광도를 530nm에서 측정하는 방법이다.

74 유해특성(재활용환경성평가) 중 폭발성 시험방법에 대한 설명으로 옳지 않은 것은?

① 격렬한 연소반응이 예상되는 경우에는 시료의 양을 0.5g으로 하여 시험을 수행하며, 폭발성 폐기물로 판정될 때 까지 시료의 양을 0.5g씩 점진적으로 늘려준다.
② 시험결과는 게이지 압력이 690kPa에서 2070kPa까지 상승할 때 걸리는 시간과 최대 게이지 압력 2070kPa에 도달 여부로 해석한다.
③ 최대 연소속도는 산화제를 무게비율로써 10~90%를 포함한 혼합물질의 연소 속도 중 가장 빠른 측정값을 의미한다.
④ 최대 게이지 압력이 2070kPa이거나 그 이상을 나타내는 폐기물은 폭발성 폐기물로 간주하며, 점화 실패는 폭발성이 없는 것으로 간주한다.

정답 70.② 71.② 72.② 73.① 74.③

75 수질오염공정시험기준 총칙에서 규정하고 있는 사항 중 옳은 것은?

① '약'이라 함은 기재된 양에 대하여 ±5% 이상의 차이가 있어서는 안 된다.
② '감압 또는 진공'이라 함은 따라 규정이 없는 한 15mmH2O 이하를 말한다.
③ 무게를 '정확히 단다'라 함은 규정된 수치의 무게를 0.1mg까지 다는 것을 말한다.
④ '정확히 취하여'라 함은 규정한 양의 검체 또는 시액을 뷰렛으로 취하는 것을 말한다.

해설 "정확히 단다"라 함은 규정된 수치의 무게를 0.1 mg까지 다는 것을 말한다.
"정확히 취하여"라 하는 것은 규정한 양의 액체를 홀피펫으로 눈금까지 취하는 것을 말한다.
"약"이라 함은 기재된 양에 대하여 ± 10 %이상의 차가 있어서는 안 된다.
"감압 또는 진공"이라 함은 따로 규정이 없는 한 15 mmHg 이하를 뜻한다.

76 시안(CN)을 분석하기 위한 자외선/가시선 분광법에 대한 설명으로 옳지 않은 것은?

① 클로라민-T와 피리딘·피라졸론 혼합액을 넣어 나타나는 청색을 620nm에서 측정한다.
② 정량한계는 0.01mg/L이다.
③ pH 2 이하 산성에서 피리딘·피라졸론을 넣고 가열 증류한다.
④ 유출되는 시안화수소를 수산화나트륨 용액으로 포집한 다음 중화한다.

해설 시료를 pH 2 이하의 산성으로 조절한 후에 에틸렌다이아민테트라아세트산이나트륨을 넣고 가열 증류한다.

77 폐기물공정시험기준에 따라 용출 시험한 결과는 함수율 85% 이상인 시료에 한하여 시료의 수분함량을 보정한다. 수분함량이 90%일 때 보정계수는?

① 0.67 ② 0.9
③ 1.5   ④ 2.0

해설 용출실험의 결과는 시료 중의 수분함량 보정을 위해 함수율 85% 이상인 시료에 한하여 "15/[100-시료의 함수율(%)]"을 곱하여 계산한 값으로 한다.

78 폐기물 내 납을 5회 분석한 결과 각각 1.5, 1.8, 2.0, 1.4, 1.6mg/L를 나타내었다. 분석에 대한 정밀도(%)는?(단, 표준편차=0.241)

① 약 1.66   ② 약 2.41
③ 약 14.5   ④ 약 16.6

해설 정밀도(%) = $\frac{s}{x} \times 100 = \frac{0.241}{1.66} \times 100 = 14.5$

79 중금속 분석의 전처리인 질산-과염소산분해법에서 진한 질산이 공존하지 않는 상태에서 과염소산을 넣을 경우 발생되는 문제점은?

① 킬레이트형성으로 분해 효율이 저하됨
② 급격한 가열반응으로 휘산됨
③ 폭발 가능성이 있음
④ 중금속의 응집침전이 발생함

해설 과염소산을 넣을 경우 진한 질산이 공존하지 않으면 폭발할 위험이 있으므로 반드시 진한 질산을 먼저 넣어주어야 하며, 어떠한 경우에도 유기물을 함유한 뜨거운 용액에 과염소산을 넣어서는 안 된다.

정답 75.③ 76.③ 77.③ 78.③ 79.③

80 용출시험방법의 용출조작을 나타낸 것으로 옳지 않은 것은?

① 혼합액을 상온, 상압에서 진탕 횟수가 매분 당 약 200회 되도록 한다.
② 진폭이 7~9cm의 진탕기를 사용한다.
③ 6시간 연속 진탕한 다음 1.0μm의 유리섬유 여과지로 여과한다.
④ 여과가 어려운 경우 원심분리기를 사용하여 매분당 3000회전 이상으로 20분 이상 원심 분리한다.

해설 시료 용액의 조제가 끝난 혼합액을 상온, 상압에서 진탕 횟수가 매분 당 약 200회, 진폭이 4cm~5cm인 진탕기를 사용하여 6시간 동안 연속 진탕한 다음 1.0μm의 유리섬유여과지로 여과하고 여과액을 적당량 취하여 용출 실험용 시료용액으로 한다.

5과목 폐기물관계법규

81 폐기물 감량화시설의 종류로 틀린 것은?

① 폐기물 자원화시설
② 폐기물 재이용시설
③ 폐기물 재활용시설
④ 공정 개선시설

해설 폐기물 감량화시설에는 폐기물 재활용시설, 폐기물 재이용시설, 공정 개선시설, 그 밖의 사업장 폐기물의 발생과 배출을 줄이는 효과가 있다고 환경부장관이 정하여 고시하는 시설이 있다.

82 폐기물처리업의 업종 구분에 따른 영업 내용으로 틀린 것은?

① 폐기물 종합처분업 : 폐기물 최종처분시설을 갖추고 폐기물을 매립 등의 방법으로 최종처분하는 영업
② 폐기물 중간재활용업 : 폐기물 재활용시설을 갖추고 중간가공 폐기물을 만드는 영업
③ 폐기물 최종재활용업 : 폐기물 재활용시설을 갖추고 중간가공 폐기물을 폐기물의 재활용 원칙 및 준수사항에 따라 재활용하는 영업
④ 폐기물 종합재활용업 : 폐기물 재활용시설을 갖추고 중간재활용업과 최종재활용업을 함께하는 영업

해설 폐기물 종합처분업: 폐기물 중간처분시설 및 최종처분시설을 갖추고 폐기물의 중간처분과 최종처분을 함께 하는 영업

83 폐기물 수집, 운반업의 변경허가를 받아야 할 중요 사항으로 틀린 것은?

① 수집·운반대상 폐기물의 변경
② 영업구역의 변경
③ 처분시설 소재지의 변경
④ 운반차량(임시차량은 제외한다)의 증차

해설 주차장 소재지의 변경(지정폐기물을 대상으로 하는 수집·운반업만 해당한다)

84 폐기물매립시설의 사후관리계획서에 포함되어야 할 내용으로 틀린 것은?

① 토양조사계획
② 지하수 수질조사계획
③ 빗물배제계획
④ 구조물 및 지반 등의 안정도유지계획

해설 다음 각 목의 사항을 포함한 폐기물매립시설 사후관리계획서
가. 폐기물매립시설 설치·사용 내용
나. 사후관리 추진일정
다. 빗물배제계획
라. 침출수 관리계획(차단형 매립시설은 제외한다)
마. 지하수 수질조사계획
바. 발생가스 관리계획(유기성폐기물을 매립하는 시설만 해당한다)
사. 구조물과 지반 등의 안정도유지계획

85 주변지역 영향 조사대상 폐기물처리시설(폐기물 처리업자가 설치, 운영하는 시설)기준으로 (　)안에 알맞은 것은?

> 매립면적 (　)제곱미터 이상의 사업장 일반폐기물 매립시설

① 3만　　② 5만
③ 10만　　④ 15만

86 폐기물처리 신고자의 준수사항에 관한 내용으로 (　)에 알맞은 것은?

> 폐기물처리 신고자는 폐기물의 재활용을 위탁한 자와 폐기물 위탁재활용(운반) 계약서를 작성하고, 그 계약서를 (　) 보관하여야 한다.

① 1년간　　② 2년간
③ 3년간　　④ 5년간

87 폐기물처리시설 설치·운영자, 폐기물처리업자, 폐기물과 관련된 단체, 그 밖에 폐기물과 관련된 업무에 종사하는 자가 폐기물에 관한 조사연구·기술개발·정보보급 등 폐기물분야의 발전을 도모하기 위하여 환경부장관의 허가를 받아 설립할 수 있는 단체는?

① 한국폐기물협회
② 한국폐기물학회
③ 폐기물관리공단
④ 폐기물처리공제조합

해설 폐기물처리시설 설치·운영자, 폐기물처리업자, 폐기물과 관련된 단체 등 대통령령으로 정하는 자는 폐기물에 관한 조사·연구·기술개발·정보보급 등 폐기물분야의 발전을 도모하기 위하여 환경부장관의 허가를 받아 한국폐기물협회(이하 "협회"라 한다)를 설립할 수 있다.

88 토지 이용의 제한기간의 폐기물매립시설의 사용이 종료되거나 그 시설이 폐쇄된 날부터 몇 년 이내로 하는가?

① 15년　　② 20년
③ 25년　　④ 30년

89 폐기물처리업에 대한 과징금에 관한 내용으로 (　)에 옳은 내용은?

> 환경부장관이나 시·도지사는 사업장의 사업규모, 사업지역의 특수성, 위반행위의 정도 및 횟수 등을 고려하여 법의 규정에 따른 과징금 금액의 (　) 범위에서 가중하거나 감경할 수 있다. 다만 가중하는 경우에는 과징금의 총액이 1억원을 초과할 수 없다.

① 2분의 1　　② 3분의 1
③ 4분의 1　　④ 5분의 1

90 기술관리인을 두어야 할 폐기물처리시설 기준으로 옳은 것은?(단, 폐기물처리업자가 운영하는 폐기물처리시설은 제외)

① 시멘트 소성로로서 시간당 처분능력이 600킬로그램 이상인 시설
② 멸균분쇄시설로서 시간당 처분능력이 600킬로그램 이상인 시설
③ 사료화·퇴비화 또는 연료화시설로서 1일 재활용능력이 1톤 이상인 시설
④ 압축·파쇄·분쇄 또는 절단시설로서 1일 처분 능력 또는 재활용능력이 100톤 이상인 시설

해설 · 압축·파쇄·분쇄 또는 절단시설로서 1일 처분능력 또는 재활용능력이 100톤 이상인 시설
• 사료화·퇴비화 또는 연료화시설로서 1일 재활용능력이 5톤 이상인 시설

정답 85.④　86.③　87.①　88.④　89.①　90.④

- 멸균분쇄시설로서 시간당 처분능력이 100킬로그램 이상인 시설
- 시멘트 소성로

91 특별자치시장, 특별자치도지사, 시장·군수·구청장이 관할 구역의 음식물류 폐기물의 발생을 최대한 줄이고 발생한 음식물류 폐기물을 적절하게 처리하기 위하여 수립하는 음식물류 폐기물발생 억제계획에 포함되어야 하는 사항으로 틀린 것은?

① 음식물류 폐기물 처리기술의 개발 계획
② 음식물류 폐기물의 발생 억제 목표 및 목표 달성 방안
③ 음식물류 폐기물의 발생 및 처리 현황
④ 음식물류 폐기물 처리시설의 설치 현황 및 향후 설치 계획

해설 법 제14조의3제1항

92 음식물류 폐기물 배출자는 음식물류 폐기물의 발생억제 및 처리계획을 환경부령으로 정하는 바에 따라 특별자치시장, 특별자치도지사, 시장·군수·구청장에게 신고하여야 한다. 이를 위반하여 음식물류 폐기물의 발생억제 및 처리계획을 신고하지 아니한 자에 대한 과태료 부과 기준은?

① 100만원 이하 ② 300만원 이하
③ 500만원 이하 ④ 1000만원 이하

해설 법 제68조(과태료)

93 재활용 활동 중에는 폐기물(지정폐기물 제외)을 시멘트 소성로 및 환경부장관이 정하여 고시하는 시설에서 연료로 사용하는 활동이 있다. 이 시멘트 소성로 및 환경부장관이 정하여 고시하는 시설에서 연료로 사용하는 폐기물(지정폐기물 제외)이 아닌 것은?(단, 그 밖에 환경부장관이 고시하는 폐기물 제외)

① 폐타이어   ② 폐유
③ 폐섬유   ④ 폐합성고무

해설 폐유는 지정폐기물이며 고체상태의 폐합성고무는 지정폐기물에서 제외한다.

94 폐기물을 매립하는 시설 중 사후관리이행보증금의 사전적립대상인 시설의 면적기준은?

① 3000m^2 이상   ② 3300m^2 이상
③ 3600m^2 이상   ④ 3900m^2 이상

95 영업정지 기간에 영업을 한 자에 대한 벌칙 기준은?

① 1년 이하의 징역이나 1천만원 이하의 벌금
② 2년 이하의 징역이나 2천만원 이하의 벌금
③ 3년 이하의 징역이나 3천만원 이하의 벌금
④ 5년 이하의 징역이나 5천만원 이하의 벌금

해설 법 제65조(벌칙)

정답 91. ① 92. ① 93. ② 94. ② 95. ③

96 폐기물처리시설의 사후관리이행보증금과 사전적립금의 용도로 가장 적합한 것은?

① 매립시설의 사후 주변경관조성 비용
② 폐기물처리시설 설치비용의 지원
③ 사후관리이행보증금과 매립시설의 사후관리를 위한 사전적립금의 환불
④ 매립시설에서 발생하는 침출수처리시설 비용

97 환경부장관 또는 시·도지사가 폐기물처리 공제조합에 방치폐기물의 처리를 명할 때에는 처리량과 처리기간에 대하여 대통령령으로 정하는 범위 안에서 할 수 있도록 명하여야 한다. 이와 같이 폐기물처리 공제조합에 처리를 명할 수 있는 방치폐기물의 처리량에 대한 기준으로 옳은 것은?(단, 폐기물처리업자가 방치한 폐기물의 경우)

① 그 폐기물처리업자의 폐기물 허용보관량의 1.5배 이내
② 그 폐기물처리업자의 폐기물 허용보관량의 2.0배 이내
③ 그 폐기물처리업자의 폐기물 허용보관량의 2.5배 이내
④ 그 폐기물처리업자의 폐기물 허용보관량의 3.0배 이내

해설 · 폐기물처리업자가 방치한 폐기물의 경우 : 그 폐기물처리업자의 폐기물 허용보관량의 1.5배 이내
· 폐기물처리 신고자가 방치한 폐기물의 경우 : 그 폐기물처리 신고자의 폐기물 보관량의 1.5배 이내

98 3년 이하의 징역이나 3천만원 이하의 벌금에 해당하는 벌칙기준에 해당하지 않는 것은?

① 고의로 사실과 다른 내용의 폐기물분석 결과서를 발급한 폐기물분석전문기관
② 승인을 받지 아니하고 폐기물처리시설을 설치한 자
③ 다른 사람에게 자기의 성명이나 상호를 사용하여 폐기물을 처리하게 하거나 그 허가증을 다른 사람에게 빌려준 자
④ 폐기물처리시설의 설치 또는 유지·관리가 기준에 맞지 아니하여 지시된 개선명령을 이행하지 아니하거나 사용중지 명령을 위반한 자

해설 다른 자에게 자기의 명의나 상호를 사용하여 재활용환경성평가를 하게 하거나 재활용환경성평가기관 지정서를 다른 자에게 빌려준 자

99 폐기물처리시설의 사후관리이행보증금은 사후관리기간에 드는 비용을 합산하여 산출한다. 산출시 합산되는 비용과 가장 거리가 먼 것은?(단, 차단형 매립시설은 제외)

① 지하수정 유지 및 지하수 오염처리에 드는 비용
② 매립시설 제방, 매립가스 처리시설, 지하수 검사정 등의 유지·관리에 드는 비용
③ 매립시설 주변의 환경오염조사에 드는 비용
④ 침출수처리시설의 가동과 유지·관리에 드는 비용

정답 96.③ 97.① 98.③ 99.①

100 폐기물관리법에 사용하는 용어 설명으로 잘못된 것은?

① "지정폐기물"이란 사업장폐기물 중 폐유·폐산 등 주변 환경을 오염시킬 수 있거나 유해폐기물 등 인체에 위해를 줄 수 있는 해로운 물질로서 환경부령으로 정하는 폐기물을 말한다.
② "의료폐기물"이란 보건·의료기관, 동물병원, 시험·검사기관 등에서 배출되는 폐기물 중 인체에 감염 등 위해를 줄 우려가 있는 폐기물과 인체 조직 등 적출물(摘出物), 실험 동물의 사체 등 보건·환경보호상 특별한 관리가 필요하다고 인정되는 폐기물로서 대통령령으로 정하는 폐기물을 말한다.
③ "처리"란 폐기물의 수집, 운반, 보관, 재활용, 처분을 말한다.
④ "처분"이란 폐기물의 소각·중화·파쇄·고형화 등의 중간처분과 매립하거나 해역으로 배출하는 등의 최종처분을 말한다.

해설 "지정폐기물"이란 사업장폐기물 중 폐유·폐산 등 주변 환경을 오염시킬 수 있거나 의료폐기물(醫療廢棄物) 등 인체에 위해(危害)를 줄 수 있는 해로운 물질로서 대통령령으로 정하는 폐기물을 말한다.

정답 100.①

2019년 제1회 폐기물처리 산업기사 [3월 3일 시행]

1과목 폐기물개론

01 다음 중 수거 분뇨의 성질에 영향을 주는 요소와 거리가 먼 것은?

① 배출지역의 기후
② 분뇨 저장기간
③ 저장탱크의 구조와 크기
④ 종말처리방식

해설 종말처리방식은 수거 분뇨의 성질에 영향을 미치지 못한다.

02 적환장의 일반적인 설치 필요조건으로 가장 거리가 먼 것은?

① 작은 용량의 수집차량을 사용할 때
② 슬러지 수송이나 공기수송 방식을 사용할 때
③ 불법 투기와 다량의 어질러진 쓰레기들이 발생할 때
④ 고밀도 거주지역이 존재할 때

해설 저밀도 주거지역 있을 때 적환장이 필요하다.

03 유기성 폐기물의 퇴비화과정에 대한 설명으로 가장 거리가 먼 것은?

① 암모니아 냄새가 유발될 경우 건조된 낙엽과 같은 탄소원을 첨가해야 한다.
② 발효초기 원료의 온도가 40~60℃까지 증가하면 효모나 질산화균이 우점한다.
③ C/N비가 너무 낮으면 질소가 암모니아로 변하여 pH를 증가시킨다.
④ 염분함량이 높은 원료를 퇴비화하여 토양에 시비하면 토양경화의 원인이 된다.

해설 고온단계에서 주된 역할을 담당하는 미생물은 전반기에는 Bacillus, 후반기에는 Thermoactinomyces 이다.

04 압축기에 관한 설명으로 가장 거리가 먼 것은?

① 회전식 압축기는 회전력을 이용하여 압축한다.
② 고정식 압축기는 압축 방법에 따라 수평식과 수직식이 있다.
③ 백(bag) 압축기는 연속식과 회분식으로 구분할 수 있다.
④ 압축결속기는 압축이 끝난 폐기물을 끈으로 묶는 장치이다.

해설 회전식 압축기는 회전판 위에 올려진 상태로 놓여 있는 백과 압축피스톤의 조합으로 구성되어 있다.

05 폐기물 파쇄 시 작용하는 힘과 가장 거리가 먼 것은?

① 충격력   ② 압축력
③ 인장력   ④ 전단력

해설 파쇄의 원리는 전단작용, 충격작용, 압축작용에 의한 파쇄이다.

정답 01.④ 02.④ 03.② 04.① 05.③

06 유해물질, 배출원, 그에 따른 인체의 영향으로 옳지 않은 것은?

① 수은-온도계제조시설-미나마타병
② 카드뮴-도금시설-이따이이따이병
③ 납-농약제조시설-헤모글로빈 생성 촉진
④ PCB-트렌스유제조시설-카네미유증

해설 납-축전지, 인쇄공장-신경장애, 빈혈증, 두통, 변비 등

07 우리나라 폐기물 중 가장 큰 구성비율을 차지 하는 것은?

① 생활폐기물
② 사업장 폐기물 중 처리시설 폐기물
③ 사업장 폐기물 중 건설폐기물
④ 사업장 폐기물 중 지정폐기물

해설 폐기물 중 사업장 건설폐기물의 구성비율이 크다.

08 삼성분의 조성비를 이용하여 발열량을 분석할 때 이용되는 추정식에 대한 설명으로 맞는 것은?

$$Q(kcal/kg)=(4500 \times V/100)-(600 \times W/100)$$

① 600은 물의 포화수증기압을 의미한다.
② V는 쓰레기 가연분의 조성비(%)이다.
③ W는 회분의 조성비(%)이다.
④ 이 식은 고위발열량을 나타낸다.

해설 폐기물은 가연성분 1kg당 4500kcal, 물은 kg 당 600kcal의 잠열을 가진다는 가정 하에 발열량을 계산한다.
$H_l(kcal/kg)=[4500kcal/kg \times 가연성분함량비]-[600kcal/kg \times W]$
*여기서, 가연성분과 수분함량은 %100이다.

09 습량기준 회분율(A, %)을 구하는 식으로 맞는 것은?

① $건조쓰레기회분(\%) \times \dfrac{100+수분함량(\%)}{100}$
② $수분함량(\%) \times \dfrac{100-건조쓰레기회분(\%)}{100}$
③ $건조쓰레기회분(\%) \times \dfrac{100-수분함량(\%)}{100}$
④ $수분함량(\%) \times \dfrac{수분함량(\%)}{100}$

10 매립 시 파쇄를 통해 얻는 이점을 설명한 것으로 가장 거리가 먼 것은?

① 압축장비가 없어도 고밀도의 매립이 가능하다.
② 곱게 파쇄하면 매립 시 복토가 필요 없거나 복토요구량이 절감된다.
③ 폐기물과 잘 섞여서 혐기성 조건을 유지하므로 메탄 등의 재회수가 용이하다.
④ 폐기물 입자의 표면적이 증가되어 미생물작용이 촉진된다.

해설 폐기물 입자의 표면적이 증가되어 미생물작용이 촉진되며, 매립시 안정적인 호기성 조건을 유지하여 냄새가 방지된다.

11 폐기물의 80%를 3cm보다 작게 파쇄하려 할 때 Rosin-Rammler 입자크기 분포모델을 이용한 특성입자의 크기(cm)는?(단, n=1)

① 1.36   ② 1.86
③ 2.36   ④ 2.86

해설 $Y = 1 - \exp\left[-\left(\dfrac{X}{X_o}\right)^n\right]$

$0.8 = 1 - \exp\left[-\left(\dfrac{3cm}{X_o}\right)^1\right]$

$\exp(-\dfrac{3cm}{X_o}) = 1 - 0.8$

∴ 특성입자 크기 $X_o = \dfrac{-3cm}{\ln(1-0.8)} = 1.87cm$

정답 06.③ 07.③ 08.② 09.③ 10.③ 11.②

12 쓰레기의 발생량 조사방법인 직접계근법에 관한 내용으로 가장 거리가 먼 것은?

① 입구에서 쓰레기가 적재되어 있는 차량과 출구에서 쓰레기를 적하한 공차량을 각각 계근하여 그 차이로 쓰레기량을 산출한다.
② 적재차량 계수분석에 비하여 작업량이 적고 간단하다.
③ 비교적 정확한 쓰레기 발생량을 파악할 수 있다.
④ 일정기간동안 특정지역의 쓰레기를 수거한 운반차량을 중간적하장이나 중계처리장에서 직접 계근하는 방법이다.

해설 특정 지역에서 일정기간동안 중간적환장이나 중계처리장에서 폐기물 수거·운반차량을 직접 계근하는 방법으로 비교적 정확한 발생량을 파악할 수 있으나 작업량이 많고 번거롭다.

13 채취한 쓰레기 시료 분석 시 가장 먼저 진행하여야 하는 분석절차는?

① 절단 및 분쇄
② 건조
③ 분류(가연성, 불연성)
④ 밀도측정

해설 시료 → 밀도측정 → 물리적 조성 → 건조 → 분류(가연성 및 불연성) → 전처리(절단 및 분쇄) → 화학적 조성분석, 극한분석, 발열량 분석, 용출 실험

14 수분이 60%, 수소가 10%인 폐기물의 고위발열량이 4500kcal/kg이라면 저위발열량(kcal/kg)은?

① 약 4010
② 약 3930
③ 약 3820
④ 약 3600

해설 $H_l(kcal/kg) = H_h - 6(9H + W)$
*여기서, 원소의 단위는 퍼센트농도(%)이다.

$H_l(kcal/kg) = 4500 - 6(9 \times 10 + 60) = 3600$
*여기서, 원소의 단위는 퍼센트농도(%)이다.

15 종량제에 대한 설명으로 가장 거리가 먼 것은?

① 처리비용을 배출자가 부담하는 원인자부담원칙을 확대한 제도이다.
② 시장, 군수, 구청장이 수거체제의 관리책임을 가진다.
③ 가전제품, 가구 등 대형폐기물을 우선으로 수거한다.
④ 수수료 부과기준을 현실화하여 폐기물 감량화를 도모하고, 처리재원을 확보한다.

해설 쓰레기 종량제는 폐기물 배출자가 배출량에 따라 처리비용을 부담하는 제도이다.

16 선별방법 중 주로 물렁거리는 가벼운 물질에서부터 딱딱한 물질을 선별하는 데 사용되는 것은?

① Flotation
② Heavy media separator
③ Stoners
④ Secators

17 대상가구 3000세대, 세대당 평균인구수 2.5인, 쓰레기 발생량 1.05kg/인·일, 1주일에 2회 수거하는 지역에서 한 번에 수거되는 쓰레기 양(톤)은?

① 약 25
② 약 28
③ 약 30
④ 약 32

해설 1회 수거량 $= 3000 \times 2.5 \times 1.05 \times 7/2 = 28t$

정답 12.② 13.④ 14.④ 15.③ 16.④ 17.②

18 함수율이 80%이며 건조고형물의 비중이 1.42인 슬러지의 비중은?(단, 물의 비중=1.0)

① 1.021   ② 1.063
③ 1.127   ④ 1.174

해설
$$\frac{1}{\rho_{sl}} = \frac{W_s}{\rho_s} + \frac{W_w}{\rho_w} \quad \leftarrow \text{무게} \atop \leftarrow \text{비중}$$
슬러지 = 고형물 + 수분

$$\frac{1}{\rho_{sl}} = \frac{0.2}{1.42} + \frac{0.8}{1.0} \quad \therefore \rho_{sl} = 1.063$$
슬러지 = 고형물 + 수분

19 폐기물발생량 측정방법이 아닌 것은?

① 적재차량계수분석법
② 직접계근법
③ 물질수지법
④ 물리적조성법

해설 물리적 조성은 폐기물의 성상을 분석하는데 있다.

20 폐기물 재활용 촉진을 위한 정책 중 국내에서 가장 먼저 시행된 제도는?

① 주류공병 보증금제도
② 합성수지제품 부과금제도
③ 농약빈병 시상금제도
④ 고철 보조금제도

2과목 **폐기물처리기술**

---

21 퇴비화 반응의 분해정도를 판단하기 위해 제안된 방법으로 가장 거리가 먼 것은?

① 온도 감소
② 공기공급량 증가
③ 퇴비의 발열능력 감소
④ 산화·환원전위의 증가

해설 퇴비화의 영향인자에는 수분, 온도, pH, C/N 비, 호기성 미생물 등이 있다.

22 합성차수막 중 PVC에 관한 설명으로 틀린 것은?

① 작업이 용이하다.
② 접합이 용이하고 가격이 저렴하다.
③ 자외선, 오존, 기후에 약하다.
④ 대부분의 유기화학물질에 강하다.

해설 대부분의 유기화학물질에 약하다.

23 토양수분장력이 5기압에 해당되는 경우 pF의 값은?(단, log2=0.301)

① 약 0.3   ② 약 0.7
③ 약 3.7   ④ 약 4.0

해설 1기압은 수주 높이 약 1000cm에 해당한다.
pF=logH (여기서, H는 물기둥 높이[cm]이다.
pF=log5000 ∴ 3.7

24 폐산 또는 폐알칼리를 재활용하는 기술을 설명한 것 중 틀린 것은?

① 폐염산, 염화 제2철 폐액을 이용한 폐수처리제, 전자회로 부식제 생산
② 폐황산, 폐염산을 이용한 수처리 응집제 생산
③ 구리 에칭액을 이용한 황산구리 생산
④ 폐 IPA를 이용한 액체 세제 생산

해설 IPA(Isopropanol)는 세척제로 사용가능하나 프탈레이트 성분함유로 사용금지 물질이다.

정답 18.② 19.④ 20.② 21.② 22.④ 23.③ 24.④

25 폐기물 중간처리기술 중 처리 후 잔류하는 고형물의 양이 적은 것부터 큰 것까지 순서대로 나열된 것은?

> ㉠ 소각, ㉡ 용융, ㉢ 고화

① ㉠-㉡-㉢
② ㉢-㉡-㉠
③ ㉠-㉢-㉡
④ ㉡-㉠-㉢

26 분뇨를 혐기성 소화법으로 처리하고 있다. 정상적인 작동 여부를 확인하려고 할 때 조사 항목으로 가장 거리가 먼 것은?

① 소화 가스량
② 소화가스 중 메탄과 이산화탄소 함량
③ 유기산 농도
④ 투입 분뇨의 비중

해설) 혐기성 소화과정은 유기산 생성단계와 메탄생성 단계로 구분된다.

27 매립가스의 이동현상에 대한 설명으로 옳지 않은 것은?

① 토양 내에 발생된 가스는 분자확산에 의해 대기로 방출된다.
② 대류에 의한 이동은 가스 발생량이 많은 경우에 주로 나타난다.
③ 매립가스는 수평보다 수직 방향으로의 이동 속도가 높다.
④ 미량가스는 확산보다 대류에 의한 이동 속도가 높다.

해설) 미량의 가스는 확산 이동에 지배된다.

28 8kL/day 용량의 분뇨처리장에서 발생하는 메탄의 양(m^3/day)은?(단, 가스 생산량=8m^3/kL 가스 중 CH_4 함량=75%)

① 22
② 32
③ 48
④ 56

해설) CH_4=8KL/day×8m^3/KL×0.75=48m^3/day

29 다음의 특징을 가진 소각로의 형식은?

> · 전처리가 거의 필요없다.
> · 소각로의 구조는 회전 연속 구동 방식이다.
> · 소각에 방해됨이 없이 연속적인 재배출이 가능하다.
> · 1400℃ 이상에서 가동할 수 있어서 독성물질의 파괴에 좋다.

① 다단 소각로
② 유동층 소각로
③ 로타리킬른 소각로
④ 건식 소각로

해설) 로타리킬른(호전로)소각로는 예열, 혼합, 파쇄 등 전처리 등의 전처리가 필요 없다.

30 PCB와 같은 난연성의 유해폐기물의 소각에 가장 적합한 소각로 방식은?

① 스토커 소각로
② 유동층 소각로
③ 회전식 소각로
④ 다단 소각로

해설) 유동층 소각로는 폐유, 폐윤활유, PCB 등의 소각에 탁월한 성능이 있다.

31 생물학적 복원기술의 특징으로 옳지 않은 것은?

① 상온, 상압 생태의 조건에서 이용하기 때문에 많은 에너지가 필요하지 않다.
② 2차 오염 발생률이 높다.
③ 원위치에서도 오염정화가 가능하다.
④ 유해한 중간물질을 만드는 경우가 있어 분해생성물의 유무를 미리 조사하여야 한다.

해설) 2차 오염의 발생률이 낮다.

정답 25.④ 26.④ 27.④ 28.③ 29.③ 30.② 31.②

32 오염된 지하수의 Darcy 속도(유출속도)가 0.15m/day이고, 유효 공극률이 0.4일 때 오염원으로부터 1000m 떨어진 지점에 도달하는데 걸리는 기간(년)은?(단, 유출속도 : 단위시간에 흙의 전체 단면적을 통하여 흐르는 물의 속도)

① 약 6.5 ② 약 7.3
③ 약 7.9 ④ 약 8.5

해설 도달기간(년) $= \dfrac{1000\text{m} \times 0.4}{0.15\text{m/d} \times 365\text{day}} = 7.3$년

33 슬러지 100m³의 함수율이 98%이다. 탈수 후 슬러지의 체적을 1/10로 하면 슬러지 함수율(%)은?(단, 모든 슬러지의 비중=1)

① 20 ② 40
③ 60 ④ 80

해설 $100(100-98) = 100/10(100-x)$
$200 = 10(100-x)$ ∴ $x = 80\%$

34 다음 설명에 해당하는 분뇨 처리 방법은?

- 부지 소요면적이 적다.
- 고온반응이므로 무균상태로 유출되어 위생적이다.
- 슬러지 탈수성이 좋아서 탈수 후 토양 개량제로 이용된다.
- 기액분리시 기체 발생량이 많아 탈기해야 한다.

① 혐기성소화법
② 호기성소화법
③ 질산화-탈질산화법
④ 습식산화법

해설 습식산화는 170~270℃에서 70~150kg/cm² 압력으로 내압용기에 슬러지와 공기를 교대로 보내어 유기물을 산화분해 시킨다.

35 유기물의 산화공법으로 적용되는 Fenton 산화반응에 사용되는 것으로 가장 적절한 것은?

① 아연과 자외선
② 마그네슘과 자외선
③ 철과 과산화수소
④ 아연과 과산화수소

해설 Fenton 산화는 산화제로 과산화수소를 촉매제로 철을 사용한다.

36 회전판에 놓인 종이 백(bag)에 폐기물을 충전·압축하여 포장하는 소형 압축기는?

① 회전식 압축기(Rotary Compactor)
② 소용돌이식 압축기(Console Compactor)
③ 백 압축기(Bag Compactor)
④ 고정식 압축기(Stationary Compactor)

37 1차 반응속도에서 반감기(농도가 50% 줄어드는 시간)가 10분이다. 초기농도의 75%가 줄어드는데 걸리는 시간(분)은?

① 30 ② 25
③ 20 ④ 15

해설 $\dfrac{dC}{dt} = -K \cdot C^1$ 적분하면 $\ln \dfrac{C_t}{C_0} = -K \cdot t$

∴ $\ln \dfrac{0.5 C_0}{C_0} = -K \cdot t$

$\ln 0.5 = -K \times 10$분 ∴ $K = 0.069$
$\ln(1-0.75) = -0.069 \times t$ ∴ $t = 20$분

38 분뇨처리장의 방류수량이 1000m³/day일 때 15분간 염소소독을 할 경우 소독조의 크기(m³)는?

① 약 16.5 ② 약 13.5
③ 약 10.5 ④ 약 8.5

정답 32.② 33.④ 34.④ 35.③ 36.① 37.③ 38.③

해설 $Vm^3 = \dfrac{1000m^3/day}{24hr \times 60\min} \times 15\min = 10.5m^3$

39 소각로에서 NOx 배출농도가 270ppm, 산소 배출농도가 12%일 때 표준산소(6%)로 환산한 NOx 농도(ppm)는?

① 120 ② 135
③ 162 ④ 450

해설
산소보정값 $= \dfrac{21 - 표준O_2}{21 - 실측O_2}$

$C_s = C_a \times \dfrac{21 - O_s}{21 - O_o} = 270ppm \times \dfrac{21-6\%}{21-12\%} = 450ppm$

40 매립지 설계 시 침출수 집배수층의 조건으로 옳은 것은?

① 투수계수 : 최대 1cm/sec
② 두께 : 최대 30cm
③ 집배수층 재료 입경 : 10~13cm 또는 16~32cm
④ 바닥경사 : 2~4%

해설 두께 최소 30cm, 투수계수 최소 1cm/sec, 재료입경 10~13mm 또는 16~32mm, 바닥경사 2~4%

3과목 폐기물공정시험기준(방법)

41 pH가 2인 용액 2L와 pH가 1인 용액 2L를 혼합하였을 때 혼합용액의 pH는?

① 1.0 ② 1.3
③ 1.5 ④ 2.0

해설 $pH = \dfrac{10^{-2} \times 2 + 10^{-1} \times 2}{2+2} = 5.5 \times 10^{-2} M$

∴ $pH = -\log[H^+] = -\log[5.5 \times 10^{-2}] = 1.26$

42 시험분석 대상물질을 기기가 검출할 수 있는 최소한의 농도 또는 양을 나타내는 기기 검출한계에 관한 내용으로 (   )에 옳은 것은?

> 바탕시료를 반복 측정 분석한 결과의 표준편차에 (   )한 값

① 2배 ② 3배
③ 5배 ④ 10배

해설 기기검출한계(IDL, instrument detection limit)는 바탕시료를 반복 측정 분석한 결과의 표준편차에 3배한 값 등을 말한다.

43 폐기물의 노말헥산 추출물질의 양을 측정하기 위해 다음과 같은 결과를 얻었을 때 노말헥산 추출물질의 농도(mg/L)는?

> ・시료의 양 : 500mL
> ・시험 전 증발용기의 무게 : 25g
> ・시험 후 증발용기의 무게 : 13g
> ・바탕시험 전 증발용기의 무게 : 5g
> ・바탕시험 후 증발용기의 무게 : 4.8g

① 11800 ② 23600
③ 32400 ④ 53800

해설 노말헥산 추출물질$(mg/L) = (a-b) \times \dfrac{1000}{V}$

$N.h = (25-13) - (5-4.8) \times \dfrac{1000}{500} = 23.60g/L$

≒ $23600 mg/L$

44 유기물 등을 많이 함유하고 있는 대부분 시료의 전처리에 적용되는 분해방법으로 가장 적절한 것은?

① 질산 분해법
② 질산-염산 분해법
③ 질산-불화수소산 분해법
④ 질산-황산 분해법

정답 39.④ 40.④ 41.② 42.② 43.② 44.④

해설 질산황산 분해법은 유기물 등을 많이 함유하고 있는 대부분의 시료에 적용하며 질산-황산에 의한 유기물 분해 방법이다. 그러나 칼슘, 바륨, 납 등을 다량 함유한 시료는 난용성의 황산염을 생성하여 다른 금속 성분을 흡착하므로 주의하여야 한다.

45 1ppm이란 몇 ppb를 말하는가?

① 10ppb ② 100ppb
③ 1000ppb ④ 10000ppb

해설 1ppm → 1000ppb

46 할로겐화 유기물질(기체크로마토그래피-질량분석법)의 정량한계는?

① 0.1mg/kg ② 1.0mg/kg
③ 10mg/kg ④ 100mg/kg

해설 할로겐화 유기물질을 기체크로마토그래피/질량분석법의 정량한계는 10mg/kg이다.

47 폐기물의 시료 채취에 관한 설명으로 틀린 것은?

① 대상폐기물의 양이 500톤 이상~1000톤 미만인 경우 시료의 최소 수는 30이다.
② 5톤 미만의 차량에 적재되어 있을 경우에는 적재폐기물을 평면상에서 6등분 한 후 각 등분마다 시료를 채취한다.
③ 5톤 이상의 차량에 적재되어 있을 경우에는 적재폐기물을 평면상에서 9등분 한 후 각 등분마다 시료를 채취한다.
④ 채취 시료는 수분, 유기물 등 함유성분의 변화가 일어나지 않도록 0~4℃ 이하의 냉암소에 보관하여야 한다.

해설 대상 폐기물의 양과 현장 시료의 최소 수

대상 폐기물의 양 (단위 : ton)	현장 시료의 최소 수
1 미만	6
1 이상 ~ 5 미만	10
5 이상 ~ 30 미만	14
30 이상 ~ 100 미만	20
100 이상 ~ 500 미만	30
500 이상 ~ 1000 미만	36
1000 이상 ~ 5000 미만	50
5000 이상	60

48 함수율 83%인 폐기물이 해당되는 것은?

① 유기성폐기물 ② 액상폐기물
③ 반고상폐기물 ④ 고상폐기물

해설 "액상폐기물"이라 함은 고형물의 함량이 5% 미만인 것을 말한다.
"반고상폐기물"이라 함은 고형물의 함량이 5% 이상 15% 미만인 것을 말한다.
"고상폐기물"이라 함은 고형물의 함량이 15% 이상인 것을 말한다.

49 자외선/가시선 분광법으로 크롬을 정량하기 위해 크롬이온 전체를 6가크롬으로 변화시킬 때 사용하는 시약은?

① 디페닐카르바지드 ② 질산암모늄
③ 과망간산칼륨 ④ 염화제일주석

해설 크롬을 자외선/가시선 분광법으로 측정하는 방법으로 시료 중에 총 크롬을 과망간산칼륨을 사용하여 6가크롬으로 산화시킨 다음 산성에서 다이페닐카바자이드와 반응하여 생성되는 적자색 착화합물의 흡광도를 540nm에서 측정하여 총크롬을 정량하는 방법이다.

50 기체크로마토그래피에서 운반가스로 사용할 수 있는 기체와 가장 거리가 먼 것은?

① 수소 ② 질소
③ 산소 ④ 헬륨

정답 45.③ 46.③ 47.① 48.④ 49.③ 50.③

해설 운반기체는 부피백분율 99.999%이상의 헬륨 또는 질소 등을 사용한다.

51 시료채취 방법으로 옳은 것은?

① 시료는 일반적으로 폐기물이 생성되는 단위 공정별로 구분하여 채취하여야 한다.
② 시료 채취도구는 녹이 생기는 재질의 것을 사용해도 된다.
③ PCB 시료는 반드시 폴리에틸렌 백을 사용하여 시료를 채취한다.
④ 시료가 채취된 병은 코르크 마개를 사용하여 밀봉한다.

해설
· 채취 도구는 시료의 채취 과정 또는 보관 중에 침식되거나 녹이 나는 재질의 것을 사용해서는 안 된다.
· 시료용기는 시료를 변질시키거나 흡착하지 않는 것이어야 하며 기밀하고 누수나 흡습성이 없어야 한다.
· 시료용기는 무색경질의 유리병, 폴리에틸렌병 또는 폴리에틸렌백을 사용한다. 다만, 노말헥산 추출물질, 유기인, 폴리클로리네이티드비페닐(PCBs) 및 휘발성 저급 염소화 탄화수소류 실험을 위한 시료의 채취 시에는 갈색경질의 유리병을 사용하여야 한다.
· 시료 중에 다른 물질의 혼입이나 성분의 손실을 방지하기 위하여 밀봉할 수 있는 마개를 사용하며 코르크 마개를 사용하여서는 안 된다.

52 천분율 농도를 표시할 때 그 기호로 알맞은 것은?

① mg/L ② mg/kg
③ μg/kg ④ ‰

해설 천분율(Parts Per Thousand)을 표시할 때는 g/L, g/kg, ‰ 의 기호를 쓴다.

53 자외선/가시선 분광광도계의 구성으로 옳은 것은?

① 광원부 - 파장선택부 - 측광부 - 시료부
② 광원부 - 가시부 - 측광부 - 시료부
③ 광원부 - 가시부 - 시료부 - 측광부
④ 광원부 - 파장선택부 - 시료부 - 측광부

해설
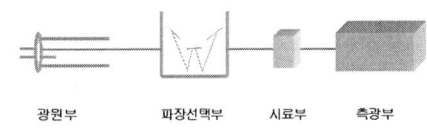
광원부 파장선택부 시료부 측광부

54 기체크로마토그래피로 측정할 수 없는 항목은?

① 유기인
② PCBs
③ 휘발성저급염소화탄화수소류
④ 시안

해설 시안은 자외선/가시선 분광법, 이온전극법으로 측정한다.

55 폐기물공정시험기준의 총칙에 관한 설명으로 틀린 것은?

① "여과한다"란 거름종이 5종 A 또는 이와 동등한 여지를 사용하여 여과하는 것을 말한다.
② 온도의 영향이 있는 것의 판정은 표준온도를 기준으로 한다.
③ 염산(1+2)이라고 하는 것은 염산 1mL에 물 1mL을 배합 조제하여 전체 2mL가 되는 것을 말한다.
④ 시험에 쓰는 물은 따로 규정이 없는 한 정제수를 말한다.

해설 액체 시약의 농도에 있어서 예를 들어 염산(1+2)이라고 되어있을 때에는 염산 1 mL와 물 2 mL를 혼합하여 조제한 것을 말한다.

정답 51.① 52.④ 53.④ 54.④ 55.③

56 폐기물공정시험기준의 적용범위에 관한 내용으로 틀린 것은?

① 폐기물관리법에 의한 오염실태 조사 중 폐기물에 대한 것은 따로 규정이 없는 한 공정시험기준의 규정에 의하여 시험한다.
② 공정시험기준에서 규정하지 않은 사항에 대해서는 일반적인 화학적 상식에 따르도록 한다.
③ 공정시험기준에 기재한 방법 중 세부조작은 시험의 본질에 영향을 주지 않는다면 실험자가 일부를 변경할 수 있다.
④ 하나 이상의 공정시험기준으로 시험한 결과가 서로 달라 제반 기준의 적부 판정에 영향을 줄 경우에는 판정을 유보하고 재실험하여야 한다.

해설 하나 이상의 공정시험기준으로 시험한 결과가 서로 달라 제반 기준의 적부 판정에 영향을 줄 경우에는 공정시험기준의 항목별 주시험법에 의한 분석 성적에 의하여 판정한다. 단, 주시험법은 따로 규정이 없는 한 항목별 공정시험기준의 1법으로 한다.

57 원자흡수분광광도법에 의한 비소 정량에 관한 설명으로 틀린 것은?

① 과망간산칼륨으로 6가 비소로 산화시킨다.
② 아연을 넣으면 수소화 비소가 발생한다.
③ 아르곤-수소 불꽃에 주입하여 분석한다.
④ 정량한계는 0.005mg/L이다.

해설 비소의 측정은 이염화주석으로 시료 중의 비소를 3가비소로 환원한 다음 아연을 넣어 발생되는 비화수소를 통기하여 아르곤-수소 불꽃에서 원자화시켜 193.7nm에서 흡광도를 측정하고 비소를 정량하는 방법이다.

58 PCB분석 시 기체크로마토그래피법의 다음 항목이 틀리게 연결된 것은?

① 검출기 : 전자포획 검출기(ECD)
② 운반기체 : 부피백분율 99.999% 이상의 질소
③ 컬럼 : 활성탄 컬럼
④ 농축장치 : 구데르나다니쉬농축기

해설 시료 중의 폴리클로리네이티드비페닐(PCBs)을 헥산으로 추출하여 실리카겔 컬럼 등을 통과시켜 정제한 다음 기체크로마토그래프에 주입하여 크로마토그램에 나타난 피크 패턴에 따라 폴리클로리네이티드비페닐(PCBs)를 확인하고 정량한다.

59 $K_2Cr_2O_7$을 사용하여 크롬 표준원액(100mg Cr/L) 100mL를 제조할 때 취해야 하는 $K_2Cr_2O_7$의 양(mg)은?(단, 원자량 K=39, Cr=52, O=16)

① 14.1
② 28.3
③ 35.4
④ 56.5

해설 $K_2Cr_2O_7 : Cr_2$
$294mg : 52 \times 2$
$x/0.1L : 100mg/L \quad \therefore x = 28.3mg$

60 기름성분을 중량법으로 측정하고자 할 때 시험기준의 정량한계는?

① 1% 이하
② 0.1% 이하
③ 0.01% 이하
④ 0.001% 이하

4과목 폐기물관계법규

61 폐기물처리업종별 영업 내용에 대한 설명 중 틀린 것은?

① 폐기물 중간재활용업 : 중간가공 폐기물을 만드는 영업
② 폐기물 종합재활용업 : 중간재활용업과 최종재활용업을 함께 하는 영업
③ 폐기물 최종처분업 : 폐기물 매립(해역배출도 포함한다.) 등의 방법으로 최종처분하는 영업
④ 폐기물 수집·운반업 : 폐기물을 수집하여 재활용 또는 처분장소로 운반하거나 수출하기 위하여 수집·운반하는 영업

해설 폐기물 최종처분업: 폐기물 최종처분시설을 갖추고 폐기물을 매립 등(해역 배출은 제외한다)의 방법으로 최종처분하는 영업

62 폐기물 처리시설의 종류 중 재활용시설(기계적 재활용 시설)의 기준으로 틀린 것은?

① 용융시설(동력 7.5kW 이상인 시설로 한정)
② 응집·침전시설(동력 7.5kW 이상인 시설로 한정)
③ 압축시설(동력 7.5kW 이상인 시설로 한정)
④ 파쇄·분쇄시설(동력 15kW 이상인 시설로 한정)

해설 응집·침전 시설은 화학적 재활용시설이다.

63 폐기물매립시설의 사후관리 업무를 대행할 수 있는 자는?(단, 환경부장관이 사후관리를 대행할 능력이 있다고 인정하여 고시하는 자는 고려하지 않음)

① 환경보전협회
② 한국환경공단
③ 폐기물처리협회
④ 한국환경자원공사

해설 사후관리 업무를 대행할 수 있는 자는 한국환경공단, 그 밖에 환경부장관이 사후관리를 대행할 능력이 있다고 인정하여 고시하는 자

64 폐기물 수집·운반업자가 임시보관장소에 보관할 수 있는 폐기물(의료폐기물 제외)의 허용량 기준은?

① 중량 450톤 이하이고, 용적이 300세제곱미터 이하인 폐기물
② 중량 400톤 이하이고, 용적이 250세제곱미터 이하인 폐기물
③ 중량 350톤 이하이고, 용적이 200세제곱미터 이하인 폐기물
④ 중량 300톤 이하이고, 용적이 150세제곱미터 이하인 폐기물

65 폐기물처리업자(폐기물 재활용업자)의 준수사항에 관한 내용으로 (   )에 알맞은 것은?

> 유기성 오니를 화력발전소에서 연료로 사용하기 위하여 가공하는 자는 유기성 오니 연료의 저위발열량, 수분 함유량, 회분 함유량, 황분 함유량, 길이 및 금속 성분을 (   ) 측정하여 그 결과를 시·도지사에게 제출하여야 한다.

① 매 월 1회 이상
② 매 2월 1회 이상

정답 61.③ 62.② 63.② 64.① 65.③ 65.③

③ 매 분기당 1회 이상
④ 매 반기당 1회 이상

66 100만원 이하의 과태료가 부과되는 경우에 해당하는 것은?

① 폐기물처리 가격의 최저액보다 낮은 가격으로 폐기물처리를 위탁한 자
② 폐기물운반자가 규정에 의한 서류를 지니지 아니하거나 내보이지 아니한 자
③ 장부를 기록 또는 보존하지 아니하거나 거짓으로 기록한 자
④ 처리이행보증보험의 계약을 갱신하지 아니하거나 처리이행보증금의 증액 조정을 신청하지 아니한 자

해설 법률 제68조(과태료)

67 다음 용어의 정의로 옳지 않은 것은?

① 재활용이란 폐기물을 재사용·재생이용하거나 재사용·재생이용할 수 있는 상태로 만드는 활동을 말한다.
② 생활폐기물이란 사업장폐기물 외의 폐기물을 말한다.
③ 폐기물감량화시설이란 생산 공정에서 발생하는 폐기물 배출을 최소화(재활용은 제외함)하는 시설로서 환경부령으로 정하는 시설을 말한다.
④ 폐기물처리시설이란 폐기물의 중간처분 시설, 최종처분시설 및 재활용시설로서 대통령령으로 정하는 시설을 말한다.

해설 "폐기물감량화시설"이란 생산 공정에서 발생하는 폐기물의 양을 줄이고, 사업장 내 재활용을 통하여 폐기물 배출을 최소화하는 시설로서 대통령령으로 정하는 시설을 말한다.

68 폐기물중간재활용업, 폐기물최종재활용업 및 폐기물 종합재활용업의 변경허가를 받아야 하는 중요사항으로 옳지 않은 것은?

① 운반차량(임시차량 포함)의 감차
② 폐기물 재활용시설의 신설
③ 허가 또는 변경허가를 받은 재활용 용량의 100분의 30이상(금속을 회수하는 최종 재활용업 또는 종합재활용업의 경우에는 100분의 50이상)의 변경(허가 또는 변경 허가를 받은 후 변경되는 누계를 말한다.)
④ 폐기물 재활용시설 소재지의 변경

해설 운반차량의 감차는 폐기물처리업의 변경신고 사항이다.

69 폐기물처분시설 또는 재활용시설 중 음식물류 폐기물을 대상으로 하는 시설의 기술관리인 자격기준으로 틀린 것은?

① 토양환경산업기사
② 수질환경산업기사
③ 대기환경산업기사
④ 토목산업기사

해설 음식물류 폐기물을 대상으로 하는 시설 : 폐기물처리산업기사, 수질환경산업기사, 화공산업기사, 토목산업기사, 대기환경산업기사, 일반기계기사, 전기기사 중 1명 이상

70 과징금의 사용용도로 적정치 않는 것은?

① 광역 폐기물처리시설의 확충
② 폐기물로 인하여 예상되는 환경상 위해를 제거하기 위한 처리
③ 폐기물처리시설의 지도·점검에 필요한 시설·장비의 구입 및 운영
④ 폐기물처리기술의 개발 및 장비개선에 소요되는 비용

정답 66.③ 67.③ 68.① 69.① 70.④

71 주변지역 영향 조사대상 폐기물 처리시설 기준으로 옳은 것은?

> 매립면적 ( )제곱미터 이상의 사업장 일반폐기물 매립시설

① 1만 ② 3만
③ 5만 ④ 15만

72 매립시설 및 소각시설의 주변지역 영향조사 횟수 기준에 관한 내용으로 ( )에 옳은 것은?

> 각 항목 당 계절을 달리하여 (㉠)측정하되, 악취는 여름(6월부터 8월까지)에 (㉡) 측정하여야 한다.

① ㉠ 2회 이상, ㉡ 1회 이상
② ㉠ 3회 이상, ㉡ 2회 이상
③ ㉠ 1회 이상, ㉡ 2회 이상
④ ㉠ 4회 이상, ㉡ 3회 이상

73 폐기물처리시설의 설치, 운영을 위탁받을 수 있는 자의 기준에 관한 내용 중 소각시설의 경우 보유하여야 하는 기술인력 기준으로 옳지 않은 것은?

① 일반기계기사 1급 1명
② 폐기물처리기술사 1명
③ 시공분야에서 3년 이상 근무한 자 1명
④ 폐기물처리기사 또는 대기환경기사 1명

해설 시공분야에서 2년 이상 근무한 자 2명(폐기물 처분시설의 설치를 위탁받으려는 경우에만 해당한다)

74 폐기물 처리시설 종류의 구분이 틀린 것은?

① 기계적 재활용시설 : 유수 분리 시설
② 화학적 재활용시설 : 연료화 시설
③ 생물학적 재활용시설 : 버섯재배시설
④ 생물학적 재활용시설 : 호기성·혐기성 분해시설

해설 연료화시설은 기계적 재활용시설이다.

75 폐기물처리사업 계획의 적합통보를 받은 자 중 소각시설의 설치가 필요한 경우에는 환경부 장관이 요구하는 시설·장비·기술능력을 갖추어 허가를 받아야 한다. 허가신청서에 추가서류를 첨부하여 적합통보를 받은 날부터 언제까지 시·도지사에게 제출하여야 하는가?

① 6개월 이내 ② 1년 이내
③ 2년 이내   ④ 3년 이내

76 폐기물 관리의 기본원칙으로 틀린 것은?

① 누구든지 폐기물을 배출하는 경우에는 주변 환경이나 주민의 건강에 위해를 끼치지 아니하도록 사전에 적절한 조치를 하여야 한다.
② 환경오염을 일으킨 자는 오염된 환경을 복원하기보다 오염으로 인한 피해의 구제에 드는 비용만 부담하여야 한다.
③ 국내에서 발생한 폐기물은 가능하면 국내에서 처리되어야 하고, 폐기물을 수입은 되도록 억제되어야 한다.
④ 폐기물은 그 처리과정에서 양과 유해성을 줄이도록 하는 등 환경보전과 국민 건강 보호에 적합하게 되어야 한다.

정답 71.④ 72.① 73.③ 74.② 75.④ 76.②

77 휴업·폐업 등의 신고에 관한 설명으로 ( )에 알맞은 것은?

> 폐기물처리업자 또는 폐기물처리 신고자가 휴업·폐업 또는 재개업을 한 경우에는 휴업·폐업 또는 재개업을 한 날부터 ( )이내에 시·도지사나 지방환경관서의 장에게 신고서를 제출하여야 한다.

① 5일　　② 10일
③ 20일　　④ 30일

78 매립시설 검사기관으로 틀린 것은?

① 한국매립지관리공단
② 한국환경공단
③ 한국건설기술연구원
④ 한국농어촌공사

해설 매립시설의 검사기관은 수도권매립지관리공사 이다.

79 폐기물처리업자가 방치한 폐기물의 경우, 폐기물처리 공제조합에 처리를 명할 수 있는 방치폐기물의 처리량은 그 폐기물처리업자의 폐기물 허용보관량의 몇 배 이내인가?

① 1.5배 이내　　② 2.0배 이내
③ 2.5배 이내　　④ 3.0배 이내

해설 ・폐기물처리업자가 방치한 폐기물의 경우 : 그 폐기물처리업자의 폐기물 허용보관량의 2배 이내
・폐기물처리 신고자가 방치한 폐기물의 경우 : 그 폐기물처리 신고자의 폐기물 보관량의 2배 이내
*시행령 제23조 개정(1.5→2)으로 인해 [정답] 변경

80 에너지 회수기준으로 알맞지 않는 것은?

① 다른 물질과 혼합하지 아니하고 해당 폐기물의 저위발열량이 킬로그램당 3천 킬로칼로리 이상일 것
② 환경부장관이 정하여 고시하는 경우에는 폐기물의 30퍼센트 이상을 원료나 재료로 재활용하고 그 나머지 중에서 에너지의 회수에 이용할 것
③ 회수열을 50퍼센트 이상 열원으로 스스로 이용하거나 다른 사람에게 공급할 것
④ 에너지의 회수효율(회수에너지 총량을 투입에너지 총량으로 나눈 비율을 말한다.)이 75퍼센트 이상일 것

해설 회수열을 모두 열원(熱源)으로 스스로 이용하거나 다른 사람에게 공급할 것

정답 77.③　78.①　79.②　80.③

2019년 제2회 폐기물처리 기사 [4월 27일 시행]

1과목 폐기물 개론

01 쓰레기발생량이 6배로 증가하였으나 쓰레기 수거노동력(MHT)은 그대로 유지시키고자 한다. 수거시간을 50% 증가시키는 경우 수거인원을 몇 배로 증가시켜야 하는가?

① 2.0배 ② 3.0배
③ 3.5배 ④ 4.0배

해설 MHT

$= \dfrac{1일\ 평균\ 수거\ 인부수(M) \times 1일\ 작업시간(H)}{1일\ 평균\ 폐기물\ 발생량(T)}$

$1(MHT) = \dfrac{x배(M) \times 1.5배(H)}{6배(T)}$ ∴ $x = 4$

02 MBT에 관한 설명으로 맞는 것은?

① 생물학적 처리가 가능한 유기성폐기물이 적은 우리나라는 MBT 설치 및 운영이 적합하지 않다.
② MBT는 지정폐기물의 전처리 시스템으로서 폐기물 무해화에 효과적이다.
③ MBT는 주로 기계적 선별, 생물학적 처리 등을 통해 재활용 물질을 회수하는 시설이다.
④ MBT는 생활폐기물 소각 후 잔재물을 대상으로 재활용 물질을 회수하는 시설이다.

해설 MBT(Mechanical Biological Treatment)는 폐기물을 최종 처분하기 전에 기계적, 생물학적 처리 시설을 거쳐 재활용가치가 있는 물질을 최대한 회수하고, 환경부하를 감소시키는 시설이다.

03 쓰레기 발생량 조사방법이 아닌 것은?

① 적재차량 계수분석법
② 직접 계근법
③ 물질수지법
④ 경향법

해설 경향법은 쓰레기발생량 예측방법이다.

04 폐기물의 수거노선 설정 시 고려해야 할 사항과 가장 거리가 먼 것은?

① 지형이 언덕인 경우는 내려가면서 수거한다.
② 발생량은 적으나 수거빈도가 동일하기를 원하는 곳은 같은 날 왕복하면서 수거한다.
③ 가능한 한 시계방향으로 수거노선을 정한다.
④ 발생량이 가장 적은 곳으로 시작하여 많은 곳으로 수거노선을 정한다.

해설 발생량이 많은 곳은 가장 먼저 수거한다.

05 폐기물 수거체계 방식 가운데 하나인 HCS(견인식 컨테이너 시스템)의 장점으로 옳지 않은 것은?

① 미관상 유리하다.
② 손작업 운반이 용이하다.
③ 시간 및 경비 절약이 가능하다.
④ 비위생의 문제를 제거할 수 있다.

해설 손작업 운반이 어렵다.

정답 01.④ 02.③ 03.④ 04.④ 05.②

06 국내에서 발생되는 사업장폐기물 및 지정폐기물의 특성에 대한 설명으로 가장 거리가 먼 것은?

① 사업장폐기물 중 가장 높은 증가율을 보이는 것은 폐유이다.
② 지정폐기물은 사업장폐기물의 한 종류이다.
③ 일반사업장폐기물 중 무기물류가 가장 많은 비중을 차지하고 있다.
④ 지정폐기물 중 그 배출량이 가장 많은 것은 폐산·폐알칼리이다.

해설 사업장폐기물의 높은 증가율을 보이는 것은 불연성 폐기물이다.

07 쓰레기 발생량 예측방법으로 적절하지 않은 것은?

① 물질수지법 ② 경향법
③ 다중회귀모델 ④ 동적모사모델

해설 물질수지법은 쓰레기발생량 조사방법이다.

08 고형물의 함량이 30%, 수분함량이 70%, 강열감량이 85%인 폐기물의 유기물 함량(%)은?

① 40 ② 50
③ 60 ④ 65

해설 유기물 함량(%) = $\frac{휘발성 고형물(\%)}{고형물(\%)} \times 100$

휘발성 고형물(%) = 강열 감량(%) − 수분(%)
∴ 휘발성 고형물 = 85% − 70% = 15%
고형물량 = 30%
∴ 유기물 함량 = $\frac{15\%}{30\%} \times 100 = 50\%$

09 적환장의 위치를 결정하는 사항으로 옳지 못한 것은?

① 건설과 운용이 가장 경제적인 곳
② 수거해야 할 쓰레기 발생지역의 무게 중심에 가까운 곳
③ 적환장의 운용에 있어서 공중의 반대가 적고 환경적 영향이 최소인 곳
④ 쉽게 간선도로에 연결될 수 있고 2차 보조 수송수단과는 관련이 없는 곳

해설 주요 간선도로 접근이 용이하고 2차적 보조 수송수단에 연결이 쉬운 위치를 선정한다.

10 적환장을 이용한 수집, 수송에 관한 설명으로 가장 거리가 먼 것은?

① 소형의 차량으로 폐기물을 수거하여 대형차량에 적환 후 수송하는 시스템이다.
② 처리장이 원거리에 위치할 경우에 적환장을 설치한다.
③ 적환장은 수송차량에 싣는 방법에 따라서 직접투하식, 간접투하식으로 구별된다.
④ 적환장 설치장소는 쓰레기 발생 지역의 무게 중심에 되도록 가까운 곳이 알맞다.

해설 적환장의 형식에 따라 직접적환, 저장적환, 병용적환으로 구분할 수 있다.

11 건조된 쓰레기 성상분석 결과가 다음과 같을 때 생물분해성 분율(BF)은?(단, 휘발성 고형물량 = 80%, 휘발성 고형물 중 리그닌 함량=25%)

① 0.785 ② 0.823
③ 0.915 ④ 0.985

해설 $BF = 0.83 - (0.028 \times 리그닌 LC)$
$BF = 0.83 - (0.028 \times 0.25) = 0.823$

정답 06.① 07.① 08.② 09.④ 10.③ 11.②

12 생활 쓰레기 감량화에 대한 설명으로 가장 거리가 먼 것은?

① 가정에서의 물품 저장량을 적정 수준으로 유지한다.
② 깨끗하게 다듬은 채소의 시장 반입량을 증가시킨다.
③ 백화점의 무포장센터 설치를 증가시킨다.
④ 상품의 포장 공간 비율을 증가시킨다.

해설 상품의 포장 공간비율을 감소시킨다.

13 관거(pipeline)를 이용한 폐기물의 수거방식에 대한 설명으로 옳지 않은 것은?

① 장거리 수송이 곤란하다.
② 전처리 공정이 필요 없다.
③ 가설 후에 경로변경이 곤란하고 설치비가 비싸다.
④ 쓰레기 발생밀도가 높은 곳에서만 사용이 가능하다.

해설 관거 수송은 전처리를 하여야 한다.

14 유해폐기물을 소각하였을 때 발생하는 물질로서 광화학스모그의 주된 원인이 되는 물질은?

① 염화수소   ② 일산화탄소
③ 메탄   ④ 일산화질소

해설 NO_x는 광화학스모그의 주된 원인물질이다.
NOx + HC $\xrightarrow{\text{자외선}}$ PAN(Peroxy AcetylNitrate), O_3, Aldehyde(CHO-R)

15 강열감량(열작감량)의 정의에 대한 설명으로 가장 거리가 먼 것은?

① 감열감량이 높을수록 연소효율이 좋다.
② 소각잔사의 매립처분에 있어서 중요한 의미가 있다.
③ 3성분 중에서 가연분이 타지 않고 남는 양으로 표현된다.
④ 소각로의 연소효율을 판정하는 지표 및 설계인자로 사용된다.

해설 강열감량이란 강한 열에 의하여 감소되는 폐기물량을 말한다.

16 철, 구리, 유리가 혼합된 폐기물로부터 3가지를 각각 따로 분리할 수 있는 방법은?

① 정전기 선별   ② 전자석 선별
③ 광학 선별   ④ 와전류 선별

해설 와전류선별은 비자성이고 전기전도성이 좋은 물질(동, 알루미늄, 아연)을 다른 물질로부터 분리하는 선별방식 이다.

17 퇴비화 과정의 초기단계에서 나타나는 미생물은?

① Bacillus sp.
② Streptomyces sp.
③ Aspergillus fumigatus
④ Fungi

해설 퇴비화 초기에는 Fungi, 전반기에는 Bacillus, 후반기에는 Thermoactinomyces가 출현한다.

18 하수처리장에서 발생되는 슬러지와 비교한 분뇨의 특성이 아닌 것은?

① 질소의 농도가 높음
② 다량의 유기물을 포함
③ 염분농도가 높음
④ 고액분리가 쉬움

해설 분뇨는 고액분리가 어렵다.

정답 12.④ 13.② 14.④ 15.① 16.④ 17.④ 18.④

19 물렁거리는 가벼운 물질로부터 딱딱한 물질을 선별하는 데 사용하며 경사진 콘베이어를 통해 폐기물을 주입시켜 천천히 회전하는 드럼 위에 떨어뜨려서 분류하는 것은?

① Stoners   ② Jigs
③ Secators   ④ Table

해설 Secator는 물렁거리는 가벼운 물질로부터 딱딱한 물질을 선별하는데 사용하며 경사진 컨베이어를 통해 폐기물을 주입시켜 천천히 회전하는 드럼 위에 떨어뜨려 분류하는 방법이다.

20 도시쓰레기 중 비가연성 부분이 중량비로 약 60%를 차지하였다. 밀도가 450kg/m³인 쓰레기 8m³가 있을 때 가연성 물질의 양(kg)은?

① 270   ② 1440
③ 2160   ④ 3600

해설 가연성 물질의 양
$= (1-0.6) \times 450 kg/m^3 \times 8m^3 = 1440 kg$

2과목 폐기물처리기술

21 매립지에서 침출된 침출수 농도가 반으로 감소하는 데 약 3년이 걸린다면 이 침출수 농도가 90% 분해되는 데 걸리는 시간(년)은? (단, 일차반응 기준)

① 6   ② 8
③ 10   ④ 12

해설 반감기 $C_t = \frac{1}{2}C_0$

$\ln\frac{0.5 C_0}{C_0} = -K \cdot t$

$\ln 0.5 = -K \times 3년$ ∴ $K = 0.2311$

$\ln\frac{0.1}{1} = -0.231 \times t$ ∴ $t = 9.97년$

22 분뇨 슬러지를 퇴비화할 때 고려하여야 할 사항이 아닌 것은?

① 자연상태에서 생화학적으로 안정되어야 함
② 병원균, 회충란 등의 유무는 무관함
③ 악취 등의 발생이 없어야 함
④ 취급이 용이한 상태이여야 함

해설 퇴비화로 병원균은 사멸한다.

23 차수설비는 표면차수막과 연직차수막으로 구분되어 지는데, 연직차수막에 대한 일반적인 내용으로 가장 거리가 먼 것은?

① 지중에 수평방향의 차수층이 존재하는 경우에 적용한다.
② 지하수 집배수 시설이 필요하다.
③ 지하에 매설하기 때문에 차수성 확인이 어렵다.
④ 차수막 단위면적당 공사비가 비싸지만 총공사비는 싸다.

해설 지하수의 집배수 시설이 필요 없다.

24 유기물($C_6H_{12}O_6$) 0.1ton을 혐기성 소화할 때 생성될 수 있는 최대 메탄의 양(kg)은?

① 12.5   ② 26.7
③ 37.3   ④ 42.9

해설 $C_6H_{12}O_6 \rightarrow 3CH_4 + 3CO_2$
$180 kg : 3 \times 16$
$100 kg : x$ ∴ $x = 26.7 kg$

25 도시쓰레기를 위생 매립 시 고려하여야 할 사항으로 가장 거리가 먼 것은?

① 지반의 침하
② 침출수에 의한 지하수오염
③ CH_4 가스 발생
④ CO_2 가스 발생

정답 19.③ 20.② 21.③ 22.② 23.② 24.② 25.④

해설 CO_2는 위생매립과 무관하다.

26 분뇨를 혐기성소화법으로 처리하는 경우, 정상적인 작동 여부를 파악할 때 꼭 필요한 조사 항목으로 가장 거리가 먼 것은?

① 분뇨의 투입량에 대한 발생 가스량
② 발생 가스 중 CH4와 CO2의 비
③ 슬러지 내의 유기산 농도
④ 투입 분뇨의 비중

해설 혐기성상태에서는 메탄균에 의해 CH_4 및 CO_2를 생성하는 단계로 가스화과정, 메탄발효과정, 알칼리소화과정을 거친다.

27 내륙매립방법인 셀(cell)공법에 관한 설명으로 옳지 않은 것은?

① 화재의 확산을 방지할 수 있다.
② 쓰레기 비탈면의 경사는 15~25%의 기울기로 하는 것이 좋다.
③ 1일 작업하는 셀 크기는 매립장 면적에 따라 결정된다.
④ 발생가스 및 매립층 내 수분의 이동이 억제된다.

해설 1일 작업하는 셀 크기는 매립처분 량에 따라 결정된다.

28 슬러지 수분 결합상태 중 탈수하기 가장 어려운 형태는?

① 모관결합수   ② 간극모관결합수
③ 표면부착수   ④ 내부수

해설 결합강도: 내부수> 부착수> 모관결합수> 간극수> 중력수

29 매립지에서 폐기물의 생물학적 분해과정(5단계) 중 산 형성단계(제3단계)에 대한 설명으로 가장 거리가 먼 것은?

① 호기성 미생물에 의한 분해가 활발함
② 침출수의 pH가 5이하로 감소함
③ 침출수의 BOD와 COD는 증가함
④ 매립가스의 메탄 구성비가 증가함

해설 매립지의 생물학적 분해과정은 호기성 → 친산소성 → 호기 혐기성 → 산생성 → 메탄생성 단계로 진행된다.

30 가연성 물질의 연소 시 연소효율은 완전연소량에 비하여 실제 연소되는 양의 백분율로 표시한다. 관계식을 옳게 나타낸 것은? (단, η_0=연소효율(%), Hl=저위발열량, Lc=미연소 손실, Li=불완전연소 손실)

① $\eta_0(\%) = \dfrac{Hl - (Lc + Li)}{Hl} \times 100$

② $\eta_0(\%) = \dfrac{(Lc + Li) - Hl}{Hl} \times 100$

③ $\eta_0(\%) = \dfrac{(Lc + Li) - Hl}{(Lc + Li)} \times 100$

④ $\eta_0(\%) = \dfrac{Hl - (Lc + Li)}{(Lc + Li)} \times 100$

31 매립가스 이용을 위한 정제기술 중 흡착법(PSA)의 장점으로 가장 거리가 먼 것은?

① 다양한 가스 조성에 적용이 가능함
② 고농도 CO_2 처리에 적합함
③ 대용량의 가스처리에 유리함
④ 공정수 및 폐수 발생이 없음

해설 흡착법은 대용량의 가스처리에 부적합 하다.

정답 26.④ 27.③ 28.④ 29.① 30.① 31.③

32 토양이 휘발성유기물에 의해 오염되었을 경우 가장 적합한 공정은?

① 토양세척법
② 토양증기추출법
③ 열탈착법
④ 이온교환수지법

[해설] 토양증기추출법(SVE, soil vapor extraction)은 불포화 토양층 내의 휘발성 유기화합물을 물리적으로 진공흡입 추출하여 지상에서 배가스를 처리하는 기술이다.

33 유해폐기물의 고형화 방법 중 열가소성 플라스틱법에 관한 설명으로 옳지 않은 것은?

① 고온에서 분해되는 물질에는 사용할 수 없다.
② 용출손실율이 시멘트 기초법보다 낮다.
③ 혼합률(MR)이 비교적 낮다.
④ 고화처리된 폐기물성분을 나중에 회수하여 재활용할 수 있다.

[해설] 혼합율(MR=$\frac{첨가물의\ 질량}{폐기물의\ 질량}$)이 비교적 높다.

34 VS 75%를 함유하는 슬러지고형물을 1ton/day로 받아들일 경우 소화조의 부하율(kg VS/m³·day)은?(단, 슬러지의 소화용적=550m³, 비중=1.0)

① 1.26   ② 1.36
③ 1.46   ④ 1.56

[해설] 소화조의 부하율=$\frac{VS량}{V(부피)}$

$$\therefore \frac{0.75 \times 1000 kg/day}{550 m^3} = 1.36 kg\ VS/m^3 \cdot day$$

35 분진제거를 위한 집진시설에 대한 설명으로 틀린 것은?

① 중력식 집진장치는 내부 가스유속을 5~10m/sec 정도로 유지하는 것이 바람직하다.
② 관성력식 집진장치는 10~100μm 이상의 분진을 50~70%까지 집진할 수 있다.
③ 여과식 집진장치는 운전비가 많이 들고 고온다습한 가스에는 부적합하다.
④ 전기식 집진장치는 집진효율이 좋으며, 고온(350℃)에서도 운전이 가능하다.

[해설] 중력식 집진장치의 가스유속은 0.5~1m/sec정도가 바람직하다.

36 합성차수막의 종류 중 PVC의 장점에 관한 설명으로 틀린 것은?

① 가격이 저렴하다.
② 접합이 용이하다.
③ 강도가 높다.
④ 대부분의 유기화학물질에 강하다.

[해설] PVC는 유기화합물질에 약하다.

37 다음의 조건에서 침출수 통과 연수(년)는? (단, 점토층의 두께(d)=1m, 유효공극률(n)=0.40, 투수계수(k)=10^{-7}cm/sec, 상부 침출수 수두(h)=0.4m)

① 약 7   ② 약 8
③ 약 9   ④ 약 10

[해설] 침출수 통과년수 $t = \frac{nd^2}{k(d+h)}$

$k = 10^{-7} cm/sec \times 10^{-2} m \times 3600 sec/hr$
$\times 24 hr/day \times 365 day/y$
$= 3.15 \times 10^{-2} m/y$

$$\therefore t = \frac{0.4 \times (1m)^2}{3.15 \times 10^{-2} m/y(1m + 0.4m)} = 9.07년$$

38 하수처리장에서 발생한 생슬러지내 고형물은 유기물(VS) 85%, 무기물(FS) 15%로 되어 있으며, 이를 혐기소화조에서 처리하여 소화슬러지내 고형물은 유기물(VS) 70%, 무기물(FS) 30%로 되었을 때 소화율(%)은?

① 45.8 ② 48.8
③ 54.8 ④ 58.8

해설 소화율(%)
$= (1 - \frac{소화후 VS_{(유기물)}/FS_{(무기물)}}{소화전 VS/FS}) \times 100$

$\therefore \eta = (1 - \frac{0.7/0.3}{0.85/0.15}) \times 100 = 58.8\%$

39 고형물 농도 10kg/m³, 함수율 98%, 유량 700m³/day인 슬러지를 고형물 농도 50kg/m³이고 함수율 95%인 슬러지로 농축시키고자 하는 경우 농축조의 소요 단면적(m²)은?(단, 침강속도=10m/day)

① 51 ② 56
③ 60 ④ 72

해설 수면적부하$(A_0) = \frac{농축 SS량}{수면적(A)}$

초기 SS유량=농축 SS유량,
$10kg/m^3 \times (1-0.98) \times 700m^3/d$
$= 50kg/m^3(1-0.95)x$ $\therefore x = 56m^3/day$

침강속도=수면적 부하
$\therefore A = \frac{56m^3/d}{10m/d} = 5.6m^2$

40 주유소에서 오염된 토양을 복원하기 위해 오염 정도 조사를 실시한 결과, 토양오염 부피는 5000m³, BTEX는 평균 300mg/kg으로 나타났다. 이 때 오염토양에 존재하는 BTEX의 총 함량(kg)은?(단, 토양의 bulk density=1.9g/cm³)

① 2650 ② 2850
③ 3050 ④ 3250

해설
$BTEX = \frac{5000m^3}{} | \frac{300 \times 10^6 kg}{kg} | \frac{1.9g}{cm^3} | \frac{kg}{10^3 g} | \frac{10^6 cm^3}{m^3}$
$= 2850kg$

3과목 폐기물소각 및 열회수

41 소각로 본체 내부는 내화벽돌로 구성되어 있다. 내부에서 차례로 두께가 114, 65, 230mm이고 또 k의 값은 0.104, 0.0595, 1.04kcal/m·hr·℃이다. 내부온도 900℃, 외벽온도 40℃일 경우 단위면적당 전체 열저항(m²·hr·℃/kcal)은?

① 1.42 ② 1.52
③ 2.42 ④ 2.52

해설
열저항 $= \frac{두께 m}{열전도율 k} | \frac{m}{} | \frac{m \cdot hr \cdot ℃}{kcal} = \frac{m^2 \cdot hr \cdot ℃}{kcal}$

$\therefore \frac{0.114}{0.104} + \frac{0.065}{0.0595} + \frac{0.230}{1.04} = 2.42 m^2 \cdot hr \cdot ℃/kcal$

42 황화수소 1Sm³의 이론연소 공기량(Sm³)은?

① 7.1 ② 8.1
③ 9.1 ④ 10.1

해설
$H_2S + \frac{3}{2}O_2 \rightarrow SO_2 + H_2O$
   1   : 1.5
 $1Sm^3$: x $\therefore x = 1.5 Sm^3$

$\therefore A_o = \frac{1.5}{0.21} = 7.1 Sm^3$

정답 38.④ 39.② 40.② 41.③ 42.①

43 오리피스 구멍에서 유량과 유압의 관계가 옳은 것은?

① 유량은 유압에 정비례한다.
② 유량은 유압의 세제곱근에 비례한다.
③ 유량은 유압의 제곱근에 비례한다.
④ 유량은 유압의 제곱에 비례한다.

해설 $Q = A \cdot v = A\sqrt{2gH}$

44 탄소 및 수소의 중량조성이 각각 80%, 20%인 액체연료를 매 시간 200kg씩 연소시켜 배기가스의 조성을 분석한 결과 CO_2 12.5%, O_2 3.5%, N_2 84%이였다. 이 경우 시간당 필요한 공기량(Sm^3)은?

① 약 3450 ② 약 2950
③ 약 2450 ④ 약 1950

해설 $Air = mA_o$

$m = \dfrac{N_2}{N_2 - 3.76 O_2}$

$\therefore m = \dfrac{84(\%)}{84(\%) - 3.76 \times 3.5(\%)} = 1.186$

$O_o = 1.867 C + 5.6 H + 0.7 S - 0.7 O$

$\therefore O_o = 1.867 \times 0.8 + 5.6 \times 0.2 = 2.61 Sm^3/kg$

$A_o = 2.61 Sm^3/kg \times \dfrac{1}{0.21} = 12.44 Sm^3/kg$

$\therefore Air = mA_o = 1.186 \times 12.44 \times 200 kg/hr$
$= 2950 Sm^3$

45 소각로 설계에 필요한 쓰레기의 발열량 분석방법이 아닌 것은?

① 단열 열량계에 의한 방법
② 원소분석에 의한 방법
③ 추정식에 의한 방법
④ 상온상태하의 수분증발 잠열에 의한 방법

해설 발열량의 산정방법에는 추정식에 의한 방법, 단열계량계에 의한 방법, Dulong의 원소분석법 등이 있다.

46 소각공정에서 발생하는 다이옥신에 관한 설명으로 가장 거리가 먼 것은?

① 쓰레기 중 PVC 또는 플라스틱류 등을 포함하고 있는 합성물질을 연소시킬 때 발생한다.
② 연소 시 발생하는 미연분의 양과 비산재의 양을 줄여 다이옥신을 저감할 수 있다.
③ 다이옥신 재형성 온도구역을 최대화하여 재합성 양을 줄일 수 있다.
④ 활성탄과 백필터를 적용하여 다이옥신을 제거하는 설비가 많이 이용된다.

해설 다이옥신의 최대생성온도는 200~250℃로써, 이 온도는 피해서 재합성을 방지하여야 한다.

47 배가스 세정 흡수탑의 조건에 관한 설명으로 가장 거리가 먼 것은?

① 흡수장치에 들어가는 가스의 온도는 일정하게 높게 유지시켜 주어야 한다.
② 세정액에 중화제액 혼입에 의한 화학반응 속도를 향상시킬 필요가 있다.
③ 세정액과 가스의 접촉면적을 크게 잡고 교반에 의한 기체/액체 접촉을 높여야 한다.
④ 비교적 물에 대한 용해도가 낮은 CO, NO, H_2S 등의 흡수 평형조건은 헨리의 법칙을 따른다.

해설 흡수장치 유입가스의 온도는 낮게 한다.

48 밀도가 600kg/m³인 도시쓰레기 100ton을 소각시킨 결과 밀도가 1200kg/m³인 재 10ton이 남았다. 이 경우 부피 감소율과 무게 감소율에 관한 설명으로 옳은 것은?

① 부피 감소율이 무게 감소율 보다 크다.
② 무게 감소율이 부피 감소율 보다 크다.
③ 부피 감소율과 무게 감소율은 동일하다.
④ 주어진 조건만으로는 알 수 없다.

해설

부피감소율 $V_R = (1 - \dfrac{\dfrac{10000kg}{1200kg/m^3}}{\dfrac{100000kg}{600kg/m^3}}) \times 100 = 95\%$

무게감소율 $W_R = (1 - \dfrac{1200 \times 10}{600 \times 100}) \times 100 = 80\%$

49 스토커식 소각로에 있어서 여러 개의 부채형 화격자를 노폭 방향으로 병렬로 조합하고, 한 조의 화격자를 형성하여 편심 캠에 의한 역주행 Grate로 되어 있는 연소장치의 종류는?

① 반전식(Traveling back stoker)
② 계단식(Multistepped pushing grate Stoker)
③ 병렬계단식(Rows forced feed grate Stoker)
④ 역동식(Pushing back grate Stoker)

해설 반전식은 부채형 화격자의 방향이 수평 수직방향으로 이동하며 교반 연소하고, 역동식은 가동 화격자의 방향이 밑에서 위로 이동하며 교반 연소한다.

50 소각로의 연소온도에 관한 설명으로 가장 거리가 먼 것은?

① 연소온도가 너무 높아지면 NOx 또는 SOx가 생성된다.
② 연소온도가 낮게 되면 불완전연소로 HC 또는 CO 등이 생성된다.
③ 연소온도는 600~1000℃ 정도이다.
④ 연소실에서 굴뚝으로 유입되는 온도는 700~800℃ 정도이다.

해설 일반소각로의 연소실 출구온도는 850℃이상 유지한다.

51 유동층 소각로의 Bed(층)물질이 갖추어야 하는 조건으로 틀린 것은?

① 비중이 클 것
② 입도분포가 균일할 것
③ 불활성일 것
④ 열충격에 강하고 융점이 높을 것

해설 비중이 작아야 한다.

52 소각로로부터 폐열을 회수하는 경우의 장점에 해당되지 않는 것은?

① 열회수로 연소가스의 온도와 부피를 줄일 수 있다.
② 과잉 공기량이 비교적 적게 요구된다.
③ 소각로의 연소실 크기가 비교적 크지 않다.
④ 조작이 간단하며 수증기 생산설비가 필요없다.

해설 회수한 폐열의 이용방법에는 온수이용방법과 증기발전방법이 있다.

53 소각로의 연소효율을 증대시키는 방법이 아닌 것은?

① 적절한 연소시간
② 적절한 온도 유지
③ 적절한 공기공급과 연료비
④ 연소조건은 층류

해설 완전연소의 조건은 시간, 온도, 혼합(난류)이 요구된다.

정답 48.① 49.① 50.④ 51.① 52.④ 53.④

54 유동층 소각로의 특성에 대한 설명으로 옳지 않은 것은?

① 미연소분 배출이 많아 2차 연소실이 필요하다.
② 반응시간이 빨라 소각시간이 짧다.
③ 기계적 구동부분이 상대적으로 적어 고장률이 낮다.
④ 소량의 과잉공기량으로도 연소가 가능하다.

해설 유동매체의 열용량이 커서 액상, 기상, 고형폐기물의 완전연소가 가능하며 2차 연소실이 불필요하며 연소율이 높아 미연소분 배출이 적다.

55 다음 조건과 같은 함유성분의 폐기물을 연소처리할 때 저위발열량(kcal/kg)은?(단, 함수율 : 30%, 불활성분 : 14%, 탄소 : 20%, 수소 : 10%, 산소 : 24%, 유황 : 2%, Dulong식 기준)

① 약 2400 ② 약 3300
③ 약 4200 ④ 약 4600

해설 Dulong식

$$H_h(\text{kcal/kg}) = 81C + 340(H - \frac{O}{8}) + 25S$$
*여기서, 원소의 단위는 퍼센트농도(%)이다.

$$\therefore H_h(\text{kcal/kg}) = 81 \times 20 + 340(10 - \frac{24}{8}) + 25 \times 2$$
$$= 4050 kcal/kg$$

$$H_l(\text{kcal/kg}) = H_h - 6(9H + W)$$
*여기서, 원소의 단위는 퍼센트농도(%)이다.

$$\therefore H_l(\text{kcal/kg}) = 4050 - 6(9 \times 10 + 30) = 3330 \text{kcal/kg}$$

56 탄소(C) 10kg을 완전 연소시키는 데 필요한 이론적 산소량(Sm³)은?

① 약 7.8 ② 약 12.6
③ 약 15.5 ④ 약 18.7

해설
$C + O_2 \rightarrow CO_2$
$12kg : 22.4 Sm^3$
$10kg : x \quad \therefore x = 18.67 Sm^3$

57 화격자 연소 중 상부투입 연소에 대한 설명으로 잘못된 것은?

① 공급공기는 우선 재층을 통과한다.
② 연료와 공기의 흐름이 반대이다.
③ 하부투입 연소보다 높은 연소온도를 얻는다.
④ 착화면 이동방향과 공기 흐름방향이 반대이다.

해설 화격자 윗부분에서 폐기물을 공급, 화격자 밑에서 송풍하므로 착화면의 이동은 공기 흐름방향과 동일하다.

58 도시폐기물의 연속식소각로 과잉공기비로 가장 적당한 것은?

① 0.1~1.0 ② 1.5~2.5
③ 5~10 ④ 25~35

59 폐기물의 연소실에 관한 설명으로 적절치 않은 것은?

① 연소실은 폐기물을 건조, 휘발, 점화시켜 연소시키는 1차 연소실과 여기서 미연소된 것을 연소시키는 2차 연소실로 구성된다.
② 연소실의 온도는 1500~2000℃ 정도이다.
③ 연소실의 크기는 주입폐기물의 무게(ton)당 0.4~0.6m³/day로 설계되고 있다.
④ 연소로의 모형은 직사각형, 수직원통형, 혼합형, 로타리킬른형 등이 있다.

해설 킬른소각로의 연소온도 800~1600℃, 유동층 소각로 700~800℃, 다단로 900~1100℃에서 운전한다.

정답 54.① 55.② 56.④ 57.④ 58.② 59.②

60 연소기 내에 단회로(short-circuit)가 형성되면 불완전 연소된 가스가 외부로 배출된다. 이를 방지하기 위한 대책으로 가장 적절한 것은?

① 보조버너를 가동시켜 연소온도를 증대시킨다.
② 2차연소실에서 체류시간을 늘린다.
③ Grate의 간격을 줄인다.
④ Baffle을 설치한다.

해설 단회로, 편류를 방지하기 위하여 Baffle을 설치한다.

4과목 폐기물공정시험기준(방법)

61 수소이온농도를 유리전극법으로 측정할 때 적용범위 및 간섭물질에 관한 설명으로 옳지 않은 것은?

① 적용범위 : 시험기준으로 pH를 0.01까지 측정한다.
② pH 10 이상에서 나트륨에 의해 오차가 발생할 수 있는데 이는 '낮은 나트륨 오차 전극'을 사용하여 줄일 수 있다.
③ 유리전극은 일반적으로 용액의 색도, 탁도에 영향을 받지 않는다.
④ 유리전극은 산화 및 환원성 물질이나 염도에는 간섭을 받는다.

해설 유리전극은 일반적으로 용액의 색도, 탁도, 콜로이드성 물질들, 산화 및 환원성 물질들 그리고 염도에 의해 간섭을 받지 않는다.

62 운반가스로 순도 99.99% 이상의 질소 또는 헬륨을 사용하여야 하는 기체크로마토그래피의 검출기는?

① 열전도도형 검출기
② 알칼리열이온화 검출기
③ 염광광도형 검출기
④ 전자포획형 검출기

해설 전자포획형 검출기(ECD)는 전자를 선택적으로 포획하여 검출한다.

63 폐기물 소각시설의 소각재 시료채취에 관한 내용 중 회분식 연소 방식의 소각재 반출 설비에서의 시료채취 내용으로 옳은 것은?

① 하루 동안의 운행시간에 따라 매 시간마다 2회 이상 채취하는 것을 원칙으로 한다.
② 하루 동안의 운행시간에 따라 매 시간마다 3회 이상 채취하는 것을 원칙으로 한다.
③ 하루 동안의 운전횟수에 따라 매 운전 시마다 2회 이상 채취하는 것을 원칙으로 한다.
④ 하루 동안의 운전횟수에 따라 매 운전 시마다 3회 이상 채취하는 것을 원칙으로 한다.

해설 회분식 연소방식의 소각재 반출설비에서 채취하는 경우에는 하루 동안의 운전횟수에 따라 매 운전 시마다 2회 이상 채취하는 것을 원칙으로 하고, 시료의 양은 1회에 500g 이상으로 한다.

64 반고상 폐기물이라 함은 고형물의 함량이 몇 %인 것을 말하는가?

① 5% 이상 10% 미만
② 5% 이상 15% 미만
③ 5% 이상 20% 미만
④ 5% 이상 25% 미만

정답 60.④ 61.④ 62.④ 63.③ 64.②

해설 "액상폐기물"이라 함은 고형물의 함량이 5 % 미만인 것을 말한다.
"반고상폐기물"이라 함은 고형물의 함량이 5 % 이상 15 % 미만인 것을 말한다.
"고상폐기물"이라 함은 고형물의 함량이 15 % 이상인 것을 말한다.

65 다음에 설명한 시료 축소 방법은?

㉠ 모아진 대시료를 네모꼴로 얇게 균일한 두께로 편다.
㉡ 이것을 가로 4등분, 세로 5등분하여 20개의 덩어리로 나눈다.
㉢ 20개의 각 부분에서 균등량씩 취하여 혼합하여 하나의 시료로 한다.

① 구획법 ② 등분법
③ 균등법 ④ 분할법

해설

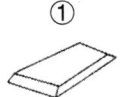

[그림] 구획법

66 자외선/가시선 분광광도계의 광원에 관한 설명으로 ( )에 알맞은 것은?

광원부의 광원으로 가시부와 근적외부의 광원으로는 주로 (㉠)를 사용하고 자외부의 광원으로는 주로 (㉡)을 사용한다.

① ㉠ 텅스텐램프, ㉡ 중수소 방전관
② ㉠ 중수소 방전관, ㉡ 텅스텐램프
③ ㉠ 할로겐램프, ㉡ 헬륨 방전관
④ ㉠ 헬륨 방전관, ㉡ 할로겐램프

67 폐기물공정시험기준의 용어 정의로 틀린 것은?

① 시험조작 중 '즉시'란 30초 이내에 표시된 조작을 하는 것을 뜻한다.
② 감압 또는 진공이라 함은 따로 규정이 없는 한 15mmHg 이하를 말한다.
③ '항량으로 될 때까지 건조한다.'라 함은 같은 조건에서 1시간 더 건조할 때 전후 무게의 차가 g당 0.1mg 이하일 때를 말한다.
④ '비함침성 고상폐기물'이라 함은 금속판, 구리선 등 기름을 흡수하지 않는 평면 또는 비평면형태의 변압기 내부 부재를 말한다.

해설 "항량으로 될 때까지 건조한다"라 함은 같은 조건에서 1시간 더 건조할 때 전후 무게의 차가 g당 0.3 mg 이하일 때를 말한다.

68 자외선/가시선 분광법으로 비소를 측정하는 방법으로 ( )에 옳은 것은?

시료 중의 비소를 3가비소로 환원시킨 다음 ( )을 넣어 발생되는 비화수소를 다이에틸다이티오카르바민산의 피리딘 용액에 흡수시켜 이때 나타나는 적자색의 흡광도를 측정한다.

① 과망간산칼륨 용액
② 과산화수소수 용액
③ 요오드
④ 아연

69 수소이온농도(유리전극법) 측정을 위한 표준용액 중 가장 강한 산성을 나타내는 것은?

① 수산염 표준액   ② 인산염 표준액
③ 붕산염 표준액   ④ 탄산염 표준액

해설 수산염 표준액 1.67 < 프탈산염 표준액 4.01 < 인산염 표준액 6.98 < 붕산염 표준액 9.46 < 탄산염 표준액 10.32 < 수산화칼슘 표준액 13.43

70 용출액 중의 PCBs 시험방법(기체크로마토그래피법)을 설명한 것으로 틀린 것은?

① 용출액 중의 PCBs를 헥산으로 추출한다.
② 전자포획형 검출기(ECD)를 사용한다.
③ 정제는 활성탄칼럼을 사용한다.
④ 용출용액의 정량한계는 0.0005mg/L이다.

해설 정제는 실리카겔 컬럼을 사용하며 사용 전에 정제하고 활성화시켜야 한다.

71 원자흡수분광광도법에 의한 분석 시 일반적으로 일어나는 간섭과 가장 거리가 먼 것은?

① 장치나 불꽃의 성질에 기인하는 분광학적 간섭
② 시료용액의 점성이나 표면장력 등에 의한 물리적 간섭
③ 시료 중에 포함된 유기물 함량, 성분 등에 의한 유기적 간섭
④ 불꽃 중에서 원자가 이온화하거나 공존물질과 작용하여 해리하기 어려운 화합물을 생성, 기저상태 원자수가 감소되는 것과 같은 화학적 간섭

해설 원자흡수분광광도법에 의한 분석 시 일어나는 간섭에는 물리적 간섭, 화학적 간섭, 분광학적 간섭 등이 있다.

72 기름성분을 중량법으로 측정할 때 정량한계 기준은?

① 0.1% 이하   ② 1.0% 이하
③ 3.0% 이하   ④ 5.0% 이하

73 폐기물 시료 20g에 고형물 함량이 1.2g이었다면 다음 중 어떤 폐기물에 속하는가?(단, 폐기물의 비중=1.0)

① 액상폐기물   ② 반액상폐기물
③ 반고상폐기물   ④ 고상폐기물

해설 $100 : x = 20 : 1.2$ $x = 6\%$(고형물)

74 다음 중 HCl의 농도가 가장 높은 것은?(단 HCl 용액의 비중 = 1.18)

① 14W/W%   ② 15W/V%
③ 155g/L   ④ 1.3×10^5ppm

해설 HCl의 농도를 g/L로 환산하면,
① W/W% : 용액 100 g 중 성분무게(g)
$$14\frac{W}{W}\% = \frac{14g}{\text{용액}\,100g} = \frac{14g}{\frac{100g}{1.18}} = \frac{1.18 \times 14g}{0.1kg(\fallingdotseq L)} = 165g/L$$

② W/V% : 용액 100 mL 중 성분무게(g)
$$15\frac{W}{V}\% = \frac{15g}{\text{용액}\,100mL} = \frac{15g}{0.1L} = 150g/L$$

③ 천분율(Parts Per Thousand) : g/L
$$155g/L \rightarrow 155\frac{g}{L}$$

④ 백만분율(ppm, Parts Per Million): mg/L
$$1.3 \times 10^5 ppm = \frac{1.3 \times 10^5 mg}{L} = \frac{1.3 \times 10^2 g}{L}$$
$$= 130g/L$$

75 자외선/가시선 분광법과 원자흡수분광광도법의 두 가지 시험방법으로 모두 분석할 수 있는 항목은?(단, 폐기물공정시험기준에 준함)

① 시안
② 수은
③ 유기인
④ 폴리클로리네이티드비페닐

정답 70.③ 71.③ 72.① 73.③ 74.① 75.②

76 시료의 용출시험방법에 관한 설명으로 ( )에 옳은 것은?(단, 상온, 상압 기준)

> 용출조작은 진폭이 4~5cm인 진탕기로 (㉠)회/min로 (㉡)시간 연속 진탕한다.

① ㉠ 200 ㉡ 6
② ㉠ 200 ㉡ 8
③ ㉠ 300 ㉡ 6
④ ㉠ 300 ㉡ 8

77 정도관리 요소 중 다음이 설명하고 있는 것은?

> 동일한 매질의 인증시료를 확보할 수 있는 경우에는 표준절차서에 따라 인증표준 물질을 분석한 결과값과 인증값과의 상대 백분율로 구한다.

① 정확도
② 정밀도
③ 검출한계
④ 정량한계

해설 정확도 = $\dfrac{\text{분석한 결과값 } C_M}{\text{인증값 } C_C} \times 100$

78 pH가 각각 10과 12인 폐액을 동일 부피로 혼합하면 pH는?

① 10.3
② 10.7
③ 11.3
④ 11.7

해설 $N = \dfrac{N_1 V_1 + N_2 V_2}{V_1 + V_2}$
$= \dfrac{10^{-4} \times 1 + 10^{-2} \times 1}{1+1} = 5.05 \times 10^{-3} N$

$pH10 \to$ 염기의 농도 $10^{-4} N$,
$pH12 \to$ 염기의 농도 $10^{-2} N$
혼합용액의 OH^- 농도는 $5.05 \times 10^{-3} M$
$pOH = -\log[OH^-] = -\log[5.05 \times 10^{-3}] = 2.2967$
$pH = 14 - pOH = 14 - 2.2967 = 11.7$

79 용출시험 대상의 시료용액 조제에 있어서 사용하는 용매의 pH범위는?

① 4.8~5.3
② 5.8~6.3
③ 6.8~7.3
④ 7.8~8.3

해설 시료의 조제 방법에 따라 조제한 시료 100g 이상을 정확히 달아 정제수에 염산을 넣어 pH를 5.8~6.3으로 맞춘 용매(mL)를 시료:용매 = 1:10(W:V)의 비로 2000mL 삼각 플라스크에 넣어 혼합한다.

80 시료 중 수분함량 및 고형물함량을 정량한 결과가 다음과 같다면 고형물함량(%)은? (단, 증발접시의 무게(W_1)=245g, 건조 전의 증발접시와 시료의 무게(W_2)=260g, 건조 후의 증발접시와 시료의 무게(W_3)=250g)

① 약 21
② 약 24
③ 약 28
④ 약 33

해설 고형물의 량
$= \left(\dfrac{\text{건조 후 무게} 250g - 245g}{\text{건조 전 무게} 260g - 245g}\right) \times 100 = 33.33\%$

5과목 폐기물관계법규

81 폐기물처리 담당자가 받아야 할 교육과정이 아닌 것은?

① 폐기물처리 신고자 과정
② 폐기물 재활용 신고자 과정
③ 폐기물처리업 기술요원 과정
④ 폐기물 재활용시설 기술담당자 과정

정답 76.① 77.① 78.④ 79.② 80.④ 81.②

82 폐기물처리업의 시설·장비·기술능력의 기준 중 폐기물 수집·운반업(지정 폐기물 중 의료 폐기물을 수집·운반하는 경우) 장비 기준으로 ( )에 옳은 것은?

> 적재능력 (㉠)이상의 냉장차량(섭씨 4도 이하인 것을 말한다.) (㉡)이상

① ㉠ 0.25톤 ㉡ 5대
② ㉠ 0.25톤 ㉡ 3대
③ ㉠ 0.45톤 ㉡ 5대
④ ㉠ 0.45톤 ㉡ 3대

83 폐기물 처리시설의 설치 및 운영을 하려는 자가 처리시설별로 검사를 받아야 하는 기관 연결이 틀린 것은?

① 소각시설 : 한국산업기술시험원
② 매립시설 : 한국농어촌공사
③ 멸균분쇄시설 : 한국건설기술연구원
④ 음식물류 폐기물 처리시설 : 한국산업기술시험원

해설 멸균분쇄시설의 검사기관으로 한국환경공단, 보건환경연구원, 한국산업기술시험원이 있다.

84 사업장폐기물배출자는 사업장폐기물의 종류와 발생량 등을 환경부령으로 정하는 바에 따라 신고하여야 한다. 이를 위반하여 신고를 하지 아니하거나 거짓으로 신고를 한 자에 대한 과태료 처분 기준은?

① 200만원 이하 ② 300만원 이하
③ 500만원 이하 ④ 1천만원 이하

해설 법률 제68조

85 의료폐기물(위해의료폐기물) 중 시험·검사 등에 사용된 배양액, 배양용기, 보관균주, 폐시험관, 슬라이드, 커버글라스, 폐배지, 폐장갑이 해당되는 것은?

① 병리계폐기물 ② 손상성폐기물
③ 위생계폐기물 ④ 보건성폐기물

해설 병리계폐기물 : 시험·검사 등에 사용된 배양액, 배양용기, 보관균주, 폐시험관, 슬라이드, 커버글라스, 폐배지, 폐장갑

86 폐기물처리 신고자와 광역 폐기물처리시설 설치·운영자의 폐기물처리기간에 대한 설명으로 ( )에 순서대로 알맞게 나열한 것은?(단, 폐기물관리법 시행규칙 기준)

> "환경부령으로 정하는 기간"이란 (㉠)을 말한다. 다만 폐기물처리 신고자가 고철을 재활용하는 경우에는 (㉡)을 말한다.

① ㉠ 10일, ㉡ 30일
② ㉠ 15일, ㉡ 30일
③ ㉠ 30일, ㉡ 60일
④ ㉠ 60일, ㉡ 90일

87 폐기물처리시설 중 기계적 재활용시설이 아닌 것은?

① 연료화시설
② 탈수·건조 시설
③ 응집·침전 시설
④ 증발·농축 시설

해설 응집, 침전은 화학적 재활용시설이다.

정답 82.④ 83.③ 84.④ 85.① 86.③ 87.③

88 음식물류 폐기물 발생억제 계획의 수립주기는?

① 1년　　② 2년
③ 3년　　④ 5년

해설　음식물류 폐기물 발생억제계획의 수립주기는 5년으로 하되, 그 계획에는 연도별 세부 추진계획을 포함하여야 한다.

89 특별자치시장, 특별자치도지사, 시장·군수·구청장이 관할 구역의 음식물류 폐기물의 발생을 최대한 줄이고 발생한 음식물류 폐기물을 적절하게 처리하기 위하여 수립하는 음식물류 폐기물발생 억제계획에 포함되어야 하는 사항과 가장 거리가 먼 것은?

① 음식물류 폐기물 재활용 및 재이용 방안
② 음식물류 폐기물의 발생 억제 목표 및 목표 달성 방안
③ 음식물류 폐기물의 발생 및 처리 현황
④ 음식물류 폐기물 처리시설의 설치 현황 및 향후 설치 계획

해설　법 제14조

90 정기적으로 주변지역에 미치는 영향을 조사하여야 할 폐기물처리시설에 해당하는 것은?

① 1일 처분능력이 30톤 이상인 사업장폐기물 소각시설
② 1일 재활용능력이 30톤 이상인 사업장 폐기물 소각열회수시설
③ 매립면적이 1만 제곱미터 이상의 사업장 지정폐기물 매립시설
④ 매립면적이 10만 제곱미터 이상의 사업장 일반폐기물 매립시설

해설　시행령 제14조

91 폐기물처리업의 변경허가를 받아야 하는 중요사항으로 틀린 것은?(단, 폐기물 중간처분업, 폐기물 최종처분업 및 폐기물 종합처분업인 경우)

① 주차장 소재의 변경
② 운반차량(임시차량은 제외한다.)의 증차
③ 처분대상 폐기물의 변경
④ 폐기물 처분시설의 신설

해설　주차장 소재지의 변경(지정폐기물을 대상으로 하는 수집·운반업만 해당한다)

92 폐기물 관리의 기본원칙으로 틀린 것은?

① 사업자는 제품의 생산방식 등을 개선하여 폐기물의 발생을 최대한 억제해야 한다.
② 폐기물은 우선적으로 소각, 매립 등의 처분을 한다.
③ 폐기물로 인하여 환경오염을 일으킨 자는 오염된 환경을 복원할 책임을 져야 한다.
④ 누구든지 폐기물을 배출하는 경우에는 주변 환경이나 주민의 건강에 위해를 끼치지 아니하도록 사전에 적절한 조치를 하여야 한다.

해설　폐기물 관리는 우선적으로 감량화, 재활용에 있다.

93 폐기물처리시설의 사용개시신고 시에 첨부하여야 하는 서류는?

① 해당 시설의 유지관리계획서
② 폐기물의 처리계획서
③ 예상배출내역서
④ 처리후 발생되는 폐기물의 처리계획서

정답　88.④　89.①　90.③　91.①　92.②　93.①

94 기술관리인을 두어야 하는 폐기물 처리시설이 아닌 것은?

① 폐기물에서 비철금속을 추출하는 용해로로서 시간당 재활용능력이 600킬로그램 이상인 시설
② 소각열회수시설로서 시간당 재활용능력이 500킬로그램 이상인 시설
③ 압축·파쇄·분쇄 또는 절단시설로서 1일 처분능력 또는 재활용능력이 100톤 이상인 시설
④ 사료화·퇴비화 또는 연료화시설로서 1일 재활용능력이 5톤 이상인 시설

해설 소각열회수시설로서 시간당 재활용능력이 600킬로그램 이상인 시설

95 매립시설의 사후관리이행보증금의 산출기준 항목으로 틀린 것은?

① 침출수 처리시설의 가동 및 유지·관리에 드는 비용
② 매립시설 제방 등의 유실 방지에 드는 비용
③ 매립시설 주변의 환경오염조사에 드는 비용
④ 매립시설에 대한 민원 처리에 드는 비용

96 매립지의 사후관리 기준 및 방법에 관한 내용 중 토양 조사 횟수 기준(토양조사방법)으로 옳은 것은?

① 월 1회 이상 조사
② 매 분기 1회 이상 조사
③ 매 반기 1회 이상 조사
④ 연 1회 이상 조사

97 폐기물관리법에서 사용하는 용어 설명으로 틀린 것은?

① 지정폐기물이란 사업장폐기물 중 폐유·폐산 등 주변 환경을 오염시킬 수 있거나 유해폐기물 등 인체에 위해를 줄 수 있는 해로운 물질로서 환경부령으로 정하는 폐기물을 말한다.
② 의료폐기물이란 보건·의료기관, 동물병원, 시험·검사기관 등에서 배출되는 폐기물 중 인체에 감염 등 위해를 줄 우려가 있는 폐기물과 인체 조직 등 적출물, 실험 동물의 사체 등 보건·환경보호상 특별한 관리가 필요하다고 인정되는 폐기물로서 대통령령으로 정하는 폐기물을 말한다.
③ 처리란 폐기물의 수집, 운반, 보관, 재활용, 처분을 말한다.
④ 처분이란 폐기물의 소각·중화·파쇄·고형화 등의 중간처분과 매립하거나 해역으로 배출하는 등의 최종처분을 말한다.

해설 "지정폐기물"이란 사업장폐기물 중 폐유·폐산 등 주변 환경을 오염시킬 수 있거나 의료폐기물(醫療廢棄物) 등 인체에 위해(危害)를 줄 수 있는 해로운 물질로서 대통령령으로 정하는 폐기물을 말한다.

98 관리형 매립시설에서 발생하는 침출수의 배출허용기준으로 옳은 것은?(단, 청정지역, 단위 mg/L, 중크롬산칼륨법에 의한 화학적 산소요구량 기준이며 ( )안의 수치는 처리효율을 표시함)

① 200(90%)   ② 300(90%)
③ 400(90%)   ④ 500(90%)

정답 94.② 95.④ 96.④ 97.① 98.①

해설 [관리형매립시설 침출수의 배출허용기준]

구 분	생물화학적산소 요구량(mg/L)	화학적산소요구량 (mg/L) 중크롬산칼륨에 따른경우	부유물질량 (mg/L)
청정지역	30	400(90%)	30
가 지 역	50	600(85%)	50
나 지 역	70	800(80%)	70

99 사후관리이행보증금의 사전적립에 관한 설명으로 ( )에 알맞은 것은?

> 사후관리이행보증금의 사전적립 대상이 되는 폐기물을 매립하는 시설은 면적이 (㉠)인 시설로 한다. 이에 따른 매립 시설의 설치자는 그 시설의 사용을 시작한 날부터 (㉡)에 환경부령으로 정하는 바에 따라 사전적립금 적립계획서를 환경부장관에게 제출하여야 한다.

① ㉠ 1만제곱미터 이상, ㉡ 1개월 이내
② ㉠ 1만제곱미터 이상, ㉡ 15일 이내
③ ㉠ 3천300제곱미터 이상, ㉡ 1개월 이내
④ ㉠ 3천300제곱미터 이상, ㉡ 15일 이내

100 지정폐기물을 배출하는 사업자가 지정폐기물을 처리하기 전에 환경부장관에게 제출하여야 하는 서류가 아닌 것은?

① 폐기물 감량화 및 재활용 계획서
② 수탁처리자의 수탁확인서
③ 폐기물 전문분석기관의 폐기물 분석결과서
④ 폐기물처리계획서

해설 법률 제17조

정답 99.③ 100.①

2019년 제2회 폐기물처리 산업기사 [4월 27일 시행]

1과목 폐기물개론

01 쓰레기 발생원과 발생 쓰레기 종류의 연결로 가장 거리가 먼 것은?

① 주택지역 - 조대폐기물
② 개방지역 - 건축폐기물
③ 농업지역 - 유해폐기물
④ 상업지역 - 합성수지류

02 쓰레기를 압축시켜 용적 감소율(volume reduction)이 61%인 경우 압축비(compactor ratio)는?

① 2.1 ② 2.6
③ 3.1 ④ 3.6

해설 용적감소율(VR)

$61\% = (1 - \dfrac{1}{압축비\ C_R}) \times 100$

$\dfrac{100}{C_R} = 100 - 61 \quad \therefore C_R = 2.56$

03 함수율이 각각 90%, 70%인 하수슬러지를 무게비 3:1로 혼합하였다면 혼합 하수 슬러지의 함수율(%)은?(단, 하수 슬러지 비중 = 1.0)

① 81 ② 83
③ 85 ④ 87

해설 $\dfrac{90 \times 3 + 70 \times 1}{3 + 1} = 85\%$

04 물렁거리는 가벼운 물질로부터 딱딱한 물질을 선별하는 데 이용되며, 경사진 컨베이어를 통해 폐기물을 주입시켜 회전하는 드럼 위에 떨어뜨려 분류하는 선별 방식은?

① Stoners ② Jigs
③ Secators ④ Float Separator

해설 Secators은 물렁거리는 가벼운 물질로부터 딱딱한 물질을 선별하는데 사용하며 경사진 컨베이어를 통해 폐기물을 주입시켜 천천히 회전하는 드럼위에 떨어뜨려 분류하는 방법이다.

05 제품 및 제품에 의해 발생된 폐기물에 대하여 포괄적인 생산자의 책임을 원칙으로 하는 제도는?

① 종량제 ② 부담금제도
③ EPR제도 ④ 전표제도

해설 EPR(Extended Producer Responsibility)은 생산자 책임 재활용제도로 생산자 또는 수입업자에게 재활용 의무목표량을 부과하여 미이행시 부과금을 부과하는 제도이다.

06 폐기물의 퇴비화 조건이 아닌 것은?

① 퇴비화하기 쉬운 물질을 선정한다.
② 분뇨, 슬러지 등 수분이 많을 경우 Bulking Agent를 혼합한다.
③ 미생물 식종을 위해 부숙 중인 퇴비의 일부를 반송하여 첨가한다.
④ pH가 5.5 이하인 경우 인위적인 pH조절을 위해 탄산칼슘을 첨가한다.

정답 01.② 02.② 03.③ 04.③ 05.③ 06.③

해설 퇴비화 공정에서 반송은 없다.

07 발열량과 발열량 분석에 관한 설명으로 틀린 것은?

① 발열량은 쓰레기 1kg을 완전연소시킬 때 발생하는 열량(kcal)을 말한다.
② 고위발열량(H_h)은 발열량계에서 측정한 값에서 물의 증발잠열을 뺀 값을 말한다.
③ 발열량 분석은 원소분석 결과를 이용하는 방법으로 고위발열량과 저위발열량을 추정할 수 있다.
④ 저위발열량(H_l, kcal/kg)을 산정하는 방법은 $H_h - 600(9H + W)$을 사용한다.

해설 고위발열량(H_h, 총 발열량)은 수분에 의하여 생성된 수분의 응축열(증발잠열)을 포함한 열량으로 단열열량계로 측정한다.

08 쓰레기 수거능을 판별할 수 있는 MHT에 대한 설명으로 가장 적절한 것은?

① 1톤의 쓰레기를 수거하는 데 수거인부 1인이 소요하는 총 시간
② 1톤의 쓰레기를 수거하는 데 소요되는 인부 수
③ 수거인부 1인이 시간당 수거하는 쓰레기 톤 수
④ 수거인부 1인이 수거하는 쓰레기 톤 수

해설 MHT(Man Hour/Ton)는 1ton의 쓰레기를 1명의 인부가 처리하는데 걸리는 시간으로 수거 효율을 나타낸다.

$$MHT = \frac{1일\ 평균\ 수거\ 인부수(man) \times 1일\ 작업시간(hr)}{1일\ 평균\ 폐기물\ 발생량(ton)}$$

09 쓰레기의 발생량 조사 방법이 아닌 것은?

① 경향법
② 적재차량 계수분석법
③ 직접 계근법
④ 물질 수지법

해설 경향법은 쓰레기발생량 예측방법이다.

10 선별에 관한 설명으로 맞는 것은?

① 회전스크린은 회전자를 이용한 탄도식 선별장치이다.
② 와전류 선별기는 철로부터 알루미늄과 구리의 2가지를 모두 분리할 수 있다.
③ 경사 컨베이어 분리기는 부상선별기의 한 종류이다.
④ Zigzag 공기선별기는 column의 난류를 줄여줌으로써 선별 효율을 높일 수 있다.

해설 회전스크린은 체분리, 경사 컨베이어를 이용한 secators은 물렁거리는 물질분리, Zigzag 공기선별기는 column의 난류를 발달시켜 분리한다.

11 105~110°C에서 4시간 건조된 쓰레기의 회분량은 15%인 것으로 조사되었다. 이 경우 건조 전 수분을 함유한 생쓰레기의 회분량(%)은?(단, 생쓰레기의 함수율=25%)

① 16.25
② 13.25
③ 11.25
④ 8.25

해설 습량회분(%)=건량회분(%)

$\frac{x}{1-0.25}\% = 15\%$ ∴ $x = 11.25\%$

12 쓰레기의 발생량 조사 방법인 물질수지법에 관한 설명으로 옳지 않은 것은?

① 주로 산업폐기물 발생량을 추산할 때 이용된다.
② 비용이 저렴하고 정확한 조사가 가능하여 일반적으로 많이 활용된다.
③ 조사하고자 하는 계의 경계를 정확하게 설정하여야 한다.
④ 물질수지를 세울 수 있는 상세한 데이터가 있는 경우에 가능하다.

해설 물질수지법은 비용이 많이 들고 작업량이 많아 잘 이용되지 않으나 상세한 데이터가 있는 경우 신속하고 정확한 방법으로 주로 산업폐기물의 발생량을 추산한다.

13 슬러지의 함유수분 중 가장 많은 수분함유도를 유지하고 있는 것은?

① 표면부착수 ② 모관결합수
③ 간극수 ④ 내부수

해설 결합강도: 내부수 > 부착수 > 모관결합수 > 간극수 > 중력수
*함수율이 높을수록 결합강도는 약하다.

14 폐기물관리법의 적용을 받는 폐기물은?

① 방사능 폐기물
② 용기에 들어 있지 않은 기체상 물질
③ 분뇨
④ 폐유독물

해설 폐기물관리법에 적용되지 않는 폐기물에는 방사성 물질, 용기에 들어 있지 아니한 기체, 공공수역으로 배출되는 폐수, 가축분뇨, 하수, 분뇨, 탄약 등이 있다.

15 연간 폐기물 발생량이 8000000톤인 지역에서 1일 평균 수거인부가 3000명이 소요되었으며, 1일 작업시간이 평균 8시간일 경우 MHT는?(단, 1년 = 365일로 산정)

① 1.0 ② 1.1
③ 1.2 ④ 1.3

해설 $MHT = \dfrac{3000(man) \times 8(hr)}{8000000(ton)/365} = 1.09$

16 적환장에 대한 설명으로 옳지 않은 것은?

① 최종처리장과 수거지역의 거리가 먼 경우 사용하는 것이 바람직하다.
② 저밀도 거주지역이 존재할 때 설치한다.
③ 재사용 가능한 물질의 선별시설 설치가 가능하다.
④ 대용량의 수집차량을 사용할 때 설치한다.

해설 적환장은 비교적 적은 수집차량에서 큰 차량으로 옮겨 싣고 장거리 수송을 할 경우 필요한 시설이다.

17 고형분이 50%인 음식물쓰레기 10ton을 소각하기 위해 수분 함량을 20%가 되도록 건조시켰다. 건조된 쓰레기의 최종중량(ton)은?(단, 비중은 1.0 기준)

① 약 3.0 ② 약 4.1
③ 약 5.2 ④ 약 6.3

해설 건조 전 쓰레기량 = 건조 후 쓰레기량
$50 \times 10t = (100-20)x \quad \therefore x = 6.25t$

18 LCA(전과정 평가, Life Cycle Assessment)의 구성요소에 해당하지 않는 것은?

① 목적 및 범위의 설정
② 분석평가
③ 영향평가
④ 개선평가

정답 12.② 13.③ 14.④ 15.② 16.④ 17.④ 18.②

해설 전과정평가(LCA)의 평가단계 순서
목적 및 범위 설정 → 목록분석 → 영향평가 → 개선평가 및 해석

19 생활폐기물의 발생량을 나타내는 발생 원단위로 가장 적합한 것은?

① kg/capita·day
② ppm/capita·day
③ m³/capita·day
④ L/capita·day

해설 폐기물 발생량 원단위로 kg/인.일 사용된다.

20 폐기물의 열분해(Pyrolysis)에 관한 설명으로 틀린 것은?

① 무산소 또는 저산소 상태에서 반응한다.
② 분해와 응축반응이 일어난다.
③ 발열반응이다.
④ 반응 시 생성되는 Gas는 주로 메탄, 일산화탄소, 수소가스이다.

해설 열분해는 흡열반응, 소각은 발열반응이다.

2과목 폐기물처리기술

21 혐기성 소화의 장·단점이라 할 수 없는 것은?

① 동력시설을 거의 필요로 하지 않으므로 운전비용이 저렴하다.
② 소화 슬러지의 탈수 및 건조가 어렵다.
③ 반응이 더디고 소화기간이 비교적 오래 걸린다.
④ 소화가스는 냄새가 나며 부식성이 높은 편이다.

해설 혐기성 소화슬러지는 탈수가 용이하다.

22 함수율이 99%인 잉여슬러지 40m³를 농축하여 96%로 했을 때 잉여슬러지의 부피(m³)는?

① 5   ② 10
③ 15   ④ 20

해설 농축전 슬러지부피 = 농축후 슬러지부피
$40m^3(100-99) = x(100-96)$ ∴ $x = 10m^3$

23 사업장폐기물의 퇴비화에 대한 내용으로 틀린 것은?

① 퇴비화가 불가능하다.
② 토양오염에 대한 평가가 필요하다.
③ 독성물질의 함유농도에 따라 결정하여야 한다.
④ 중금속 물질의 전처리가 필요하다.

해설 사업장의 유기성 폐기물은 퇴비화가 가능하다.

24 일반폐기물의 소각처리에서 통상적인 폐기물의 원소 분석치를 이용하여 얻을 수 있는 항목으로 가장 거리가 먼 것은?

① 연소용 공기량
② 배기가스양 및 조성
③ 유해가스의 종류 및 양
④ 소각재의 성분

해설 Dulong의 원소분석법
$$H_h(kcal/kg) = 81C + 340(H - \frac{O}{8}) + 25S$$
*여기서, 원소의 단위는 퍼센트농도(%)이다.

25 해안매립공법에 대한 설명으로 옳지 않은 것은?

① 순차투입방법은 호안측에서부터 순차적으로 쓰레기를 투입하여 육지화하는 방법이다.
② 수심이 깊은 처분장에서는 건설비 과다로 내수를 완전히 배제하기가 곤란한

정답 19.① 20.③ 21.② 22.② 23.① 24.④ 25.④

경우가 많아 순차투입방법을 택하는 경우가 많다.
③ 처분장은 면적이 크고 1일 처분량이 많다.
④ 수중부에 쓰레기를 깔고 압축작업과 복토를 실시하므로 근본적으로 내륙매립과 같다.

해설 해안매립공법은 완전한 내수배제가 곤란하기 때문에 샌드위치 방식의 매립에 부적합하다.

26 쓰레기 소각로의 열부하가 50000kcal/m³·hr이며 쓰레기의 저위발열량 1800kcal/kg, 쓰레기중량 20000kg일 때 소각로의 용량(m³)은? (단, 소각로는 8시간 가동)

① 15　　② 30
③ 60　　④ 90

해설 열부하 = $\dfrac{저위발열량}{소각로용량}$

용량 = $\dfrac{20000kg \times 1800kcal/kg}{50000kcal/m^3 \cdot hr \times 8hr} = 90m^3$

27 매립된 쓰레기양이 1000ton이고, 유기물 함량이 40%이며, 유기물에서 가스로 전환율이 70%이다. 유기물 kg당 0.5m³의 가스가 생성되고 가스 중 메탄함량이 40%일 때 발생되는 총 메탄의 부피(m³)는? (단, 표준상태로 가정)

① 46000　　② 56000
③ 66000　　④ 76000

해설 $CH_4 = 1000000kg \times 0.4 \times 0.7 \times 0.5m^3 \times 0.4$
　　　$= 56000m^3$

28 폐타이어의 재활용 기술로 가장 거리가 먼 것은?

① 열분해를 이용한 연료 회수
② 분쇄 후 유동층 소각로의 유동매체로 재활용
③ 열병합 발전의 연료로 이용
④ 고무 분말 제조

해설 유동매체는 불활성이며 열충격에 강하여야 한다.

29 오염된 농경지의 정화를 위해 다른 장소로부터 비오염 토양을 운반하여 넣는 정화기술은?

① 객토　　② 반전
③ 희석　　④ 배토

30 일반적으로 매립지 내 분해속도가 가장 느린 구성물질은?

① 지방　　② 단백질
③ 탄수화물　　④ 섬유질

31 매립장 침출수의 차단방법 중 표면차수막에 관한 설명으로 가장 거리가 먼 것은?

① 보수는 매립 전이라면 용이하지만 매립 후는 어렵다.
② 시공 시에는 눈으로 차수성 확인이 가능하지만 매립이 이루어지면 어렵다.
③ 지하수 집배수시설이 필요하지 않다.
④ 차수막의 단위면적당 공사비는 비교적 싸지만 총공사비는 비싸다.

해설 표면차수막은 지하수 오염방지를 위한 집배수시설이 필요하다.

32 일반적인 슬러지 처리 계통도가 가장 올바르게 나열된 것은?

① 농축→안정화→개량→탈수→소각
② 탈수→개량→건조→안정화→소각

정답 26.④　27.②　28.②　29.①　30.④　31.③　32.①

③ 개량→안정화→농축→탈수→소각
④ 탈수→건조→안정화→개량→소각

해설 슬러지 처리공정
농축→안정화→개량→탈수→건조→연소
→최종처분

33 내륙매립공법 중 도랑형공법에 대한 설명으로 옳지 않은 것은?

① 전처리로 압축 시 발생되는 수분처리가 필요하다.
② 침출수 수집장치나 차수막 설치가 어렵다.
③ 사전 정비작업이 그다지 필요하지 않으나 매립용량이 낭비된다.
④ 파낸 흙을 복토재로 이용 가능한 경우에 경제적이다.

해설 도랑식은 전처리가 불필요하다.

34 쓰레기 퇴비장(야적)의 세균 이용법에 해당하는 것은?

① 대장균 이용
② 혐기성 세균의 이용
③ 호기성 세균의 이용
④ 녹조류의 이용

해설 호기성 미생물의 대사활동으로 복잡한 유기물질이 부식질인 humus로 되는 것을 퇴비화라 한다.

35 폐기물 고화처리 시 고화재의 종류에 따라 무기적 방법과 유기적 방법으로 나눌 수 있다. 유기적 고형화에 관한 설명으로 틀린 것은?

① 수밀성이 크며 다양한 폐기물에 적용할 수 있다.
② 최종 고화체의 체적 증가가 거의 균일하다.

③ 미생물, 자외선에 대한 안정성이 약하다.
④ 상업화된 처리법의 현장치료가 빈약하다.

해설 고화체의 체적 증가가 다양하다

36 고형화 처리의 목적에 해당하지 않는 것은?

① 취급이 용이하다.
② 폐기물 내 독성이 감소한다.
③ 폐기물 내 오염물질의 용해도가 감소한다.
④ 폐기물 내 손실성분이 증가한다.

해설 고형화로 폐기물 내 손실성분은 감소한다.

37 매립지에서 흔히 사용되는 합성차수막이 아닌 것은?

① LFG   ② HDPE
③ CR   ④ PVC

해설 LFG는 매립지의 가스(Land Fill Gas)이다.

38 소화 슬러지의 발생량은 투입량(200kL)의 10%이며 함수율이 95%이다. 탈수기에서 80%로 낮추면 탈수된 cake의 부피(m^3)는?(단, 슬러지의 비중=1.0)

① 2.0   ② 3.0
③ 4.0   ④ 5.0

해설 투입 슬러지량 = 탈수cake 발생량
$200kL \times 0.1 \times (1-0.95) = x(1-0.8)$
$\therefore x = 5m^3$

정답 33.① 34.③ 35.② 36.④ 37.① 38.④

39 혐기성 분해에 영향을 주는 인자로서 가장 거리가 먼 것은?

① 탄질비 ② pH
③ 유기산농도 ④ 온도

해설 혐기성 분해의 영향인자로는 온도, pH, 교반 접촉, 유기산, 독성물질 등이 있다.

40 다양한 종류의 호기성미생물과 효소를 이용하여 단기간에 유기물을 발효시켜 사료를 생산하는 습식방식에 의한 사료화의 특징이 아닌 것은?

① 처리 후 수분함량이 30% 정도로 감소한다.
② 종균제 투입 후 30~60℃에서 24시간 발효와 350℃에서 고온 멸균처리한다.
③ 비용이 적게 소요된다.
④ 수분함량이 높아 통기성이 나쁘고 변질 우려가 있다.

해설 사료화 습식방식은 수분함량이 높아 변질우려가 크다.

3과목 폐기물공정시험기준(방법)

41 다음에 제시된 온도의 최대 범위 중 가장 높은 온도를 나타내는 것은?

① 실온
② 상온
③ 온수
④ 추출된 노말헥산의 증류온도

해설 표준온도는 0 ℃, 상온은 15 ~ 25 ℃, 실온은 1 ~ 35 ℃로 하고, 찬 곳은 따로 규정이 없는 한 0 ~ 15 ℃, 냉수는 15 ℃ 이하, 온수는 60 ~ 70 ℃, 열수는 약 100 ℃를 말한다.

42 다음 설명에서 ( )에 알맞은 것은?

어떤 용액에 산 또는 알칼리를 가해도 그 수소이온농도가 변화하기 어려운 경우에, 그 용액을 ( )이라 한다.

① 규정액 ② 표준액
③ 완충액 ④ 중성액

43 pH측정의 정밀도에 관한 내용으로 ( )에 옳은 내용은?

임의의 한 종류의 pH표준용액에 대하여 검출부를 정제수로 잘 씻은 다음 (㉠) 되풀이하여 pH를 측정했을 때 그 재현성이 (㉡)이내 이어야 한다.

① ㉠ 3회, ㉡ ±0.5회
② ㉠ 3회, ㉡ ±0.05회
③ ㉠ 5회, ㉡ ±0.5회
④ ㉠ 5회, ㉡ ±0.05회

44 폐기물의 고형물 함량을 측정하였더니 18%로 측정되었다. 고형물 함량으로 분류할 때 해당되는 것은?

① 고상폐기물 ② 액상폐기물
③ 반고상폐기물 ④ 알 수 없음

해설 "액상폐기물"이라 함은 고형물의 함량이 5% 미만인 것을 말한다.
"반고상폐기물"이라 함은 고형물의 함량이 5% 이상 15% 미만인 것을 말한다.
"고상폐기물"이라 함은 고형물의 함량이 15% 이상인 것을 말한다.

정답 39.① 40.① 41.④ 42.③ 43.④ 44.①

45 유도결합플라즈마 – 원자발광분광법에 대한 설명으로 틀린 것은?

① 플라즈마가스로는 순도 99.99%(V/V%) 이상의 압축아르곤가스가 사용된다.
② 플라즈마 상태에서 원자가 여기상태로 올라갈 때 방출하는 발광선으로 정량분석을 수행한다.
③ 플라즈마는 그 자체가 광원으로 이용되기 때문에 매우 넓은 농도 범위에서 시료를 측정할 수 있다.
④ 많은 원소를 동시에 분석이 가능하다.

해설 시료를 고주파유도코일에 의하여 형성된 아르곤 플라즈마에 주입하여 6000~8000K에서 들뜬 원자가 바닥상태로 이동할 때 방출하는 발광선 및 발광강도를 측정하여 원소의 정성 및 정량분석을 수행한다.

46 폐기물 용출조작에 관한 설명으로 틀린 것은?

① 상온, 상압에서 진탕회수를 매분 당 약 200회로 한다.
② 진폭 6~8cm의 진탕기를 사용한다.
③ 진탕기로 6시간 연속 진탕한다.
④ 여과가 어려운 경우 원심분리기를 사용하여 매 분당 3000회전 이상으로 20분 이상 원심 분리하다.

해설 시료 용액의 조제가 끝난 혼합액을 상온, 상압에서 진탕 횟수가 매분 당 약 200회, 진폭이 4cm ~5cm인 진탕기를 사용하여 6시간 동안 연속 진탕한 다음 1.0μm의 유리섬유여과지로 여과하고 여과액을 적당량 취하여 용출 실험용 시료용액으로 한다.

47 반고상 또는 고상 폐기물의 pH 측정법으로 ( )에 옳은 것은?

시료 10g을 (㉠) 비커에 취한 다음 정제수 (㉡)를 넣어 잘 교반하여 (㉢) 이상 방치

① ㉠ 100mL, ㉡ 50mL, ㉢ 10분
② ㉠ 100mL, ㉡ 50mL, ㉢ 30분
③ ㉠ 50mL, ㉡ 25mL, ㉢ 10분
④ ㉠ 50mL, ㉡ 25mL, ㉢ 30분

48 함수율이 90%인 슬러지를 용출시험하여 구리의 농도를 측정하니 1.0mg/L로 나타났다. 수분함량을 보정한 용출시험 결과치(mg/L)는?

① 0.6
② 0.9
③ 1.1
④ 1.5

해설 수분함량 보정: $\dfrac{15}{100-90(W\%)}=1.5$

$\therefore 1.5 \times 1mg/L = 1.5mg/L$

49 폐기물 중 시안을 측정(이온전극법)할 때 시료채취 및 관리에 관한 내용으로 ( )에 알맞은 것은?

시료는 수산화나트륨용액을 가하여(㉠)으로 조절하여 냉암소에서 보관한다. 최대 보관시간은 (㉡)이며 가능한 한 즉시 실험한다.

① ㉠ pH 10 이상, ㉡ 8시간
② ㉠ pH 10 이상, ㉡ 24시간
③ ㉠ pH 12 이상, ㉡ 8시간
④ ㉠ pH 12 이상, ㉡ 24시간

50 pH가 2인 용액 2L와 pH가 1인 용액 2L를 혼합하면 pH는?

① 1.0　　② 1.3
③ 2.0　　④ 2.3

해설 $N = \dfrac{N_1V_1 + N_2V_2}{V_1 + V_2} = \dfrac{10^{-2} \times 2 + 10^{-1} \times 2}{2+2}$

$= 5.5 \times 10^{-2} N$

$pH2 \rightarrow$ 산의 농도 $10^{-2}N$,　$pH1 \rightarrow$ 산의 농도 $10^{-1}N$
혼합용액의 H^+ 농도는 $5.5 \times 10^{-2}M$
$pH = -\log[H^+] = -\log[5.5 \times 10^{-2}] = 1.259$

51 기체크로마토그래피에 사용되는 분리용 컬럼의 McReynold 상수가 작다는 것이 의미하는 것은?

① 비극성컬럼이다.
② 이론단수가 작다.
③ 체류시간이 짧다.
④ 분리효율이 떨어진다.

해설 분리용 칼럼의 McReynold 상수가 작다는 것은 비극성 칼럼, 상수가 크다는 것은 극성 칼럼을 의미한다.

52 자외선/가시선분광법을 이용한 시안 분석을 위해 시료를 증류할 때 증기로 유출되는 시안의 형태는?

① 시안산　　② 시안화수소
③ 염화시안　　④ 시아나이드

해설 시료를 가열 증류하여 시안화합물을 시안화수소로 유출시켜 수산화나트륨용액에 포집한 다음 중화하고 클로라민-T와 피리딘·피라졸론 혼합액을 넣어 나타나는 청색을 620 nm에서 측정하는 방법이다.

53 폐기물 시료채취를 위한 채취도구 및 시료 용기에 관한 설명으로 틀린 것은?

① 노말헥산 추출물질 실험을 위한 시료 채취시는 갈색경질의 유리병을 사용하여야 한다.
② 유기인 실험을 위한 시료 채취 시는 갈색경질의 유리병을 사용하여야 한다.
③ 시료 중에 다른 물질의 혼입이나 성분의 손실을 방지하기 위하여 코르크 마개를 사용하며, 다만 고무마개는 셀로판지를 씌워 사용할 수도 있다.
④ 시료용기에는 폐기물의 명칭, 대상 폐기물의 양, 채취장소, 채취시간 및 일기, 시료번호, 채취책임자 이름, 시료의 양, 채취방법, 기타 참고자료를 기재한다.

해설 시료 중에 다른 물질의 혼입이나 성분의 손실을 방지하기 위하여 밀봉할 수 있는 마개를 사용하며 코르크 마개를 사용하여서는 안 된다. 다만, 고무나 코르크 마개에 파라핀지, 유지 또는 셀로판지를 씌워 사용할 수도 있다.

54 원자흡수분광광도법(공기-아세틸렌 불꽃)으로 크롬을 분석할 때 철, 니켈 등의 공존물질에 의한 방해를 방지하기 위해 넣어 주는 시약은?

① 질산나트륨　　② 인산나트륨
③ 황산나트륨　　④ 염산나트륨

해설 공기-아세틸렌 불꽃에서는 철, 니켈 등의 공존물질에 의한 방해영향이 크므로 이때는 황산나트륨을 1% 정도 넣어서 측정한다.

정답　50.②　51.①　52.②　53.③　54.③

55 시료의 전처리 방법 중 다량의 점토질 또는 규산염을 함유한 시료에 적용하는 것은?

① 질산-과염소산 분해법
② 질산-과염소산-불화수소산 분해법
③ 질산-과염소산-염화수소산 분해법
④ 질산-과염소산-황화수소산 분해법

해설 점토질 또는 규산염이 높은 비율로 함유된 시료는 질산-과염소산-불화수소산으로 유기물을 분해한다.

56 시료의 전처리방법에서 유기물을 높은 비율로 함유하고 있으면서 산화 분해가 어려운 시료에 적용되는 방법은?

① 질산-황산 분해법
② 질산-과염소산 분해법
③ 질산-과염소산-불화수소 분해법
④ 질산-염산 분해법

해설 유기물을 높은 비율로 함유하고 있으면서 산화 분해가 어려운 시료는 질산-과염소산으로 유기물 분해한다.

57 기체크로마토그래피법에서 유기인 화합물의 분석에 사용되는 검출기와 가장 거리가 먼 것은?

① 전자포획형 검출기
② 알칼리열이온화 검출기
③ 불꽃광도 검출기
④ 열전도도 검출기

해설 유기인화합물을 기체크로마토그래프로 분리한 다음 질소인 검출기 또는 불꽃광도 검출기로 분석한다. 검출기는 불꽃광형검출기 대신에 알칼리열 이온화 검출기 또는 전자 포획형 검출기를 사용할 수 있다.

58 자외선/가시선 분광법으로 6가크롬을 측정할 때 흡수셀 세척에 사용되는 시약이 아닌 것은?

① 탄산나트륨 ② 질산(1+5)
③ 과망간산칼륨 ④ 에틸알코올

해설 흡수셀을 꺼내 정제수로 씻은 후 질산(1+5)에 소량의 과산화수소를 가한 용액에 약 30분간 담가 놓았다가 꺼내어 정제수로 잘 씻는다. 깨끗한 가제나 흡수지 위에 거꾸로 놓아 물기를 제거하고 실리카겔을 넣은 데시케이터 중에서 건조하여 보존한다. 급히 사용하고자 할 때는 물기를 제거한 후 에틸알코올로 씻고 다시 에틸에테르로 씻은 다음 드라이어로 건조해서 사용한다.

59 원자흡수분광광도법으로 측정할 수 없는 것은?

① 시안, 유기인 ② 구리, 납
③ 비소, 수은 ④ 철, 니켈

해설 시안(CN)은 자외선/가시선 분광법, 이온전극법으로 측정하며 유기인은 기체크로마토그래피법으로 측정한다.

60 편광현미경법으로 석면을 측정할 때 석면의 정량범위는?

① 1~25% ② 1~50%
③ 1~75% ④ 1~100%

해설 편광현미경으로 판단할 수 있는 석면의 정량 범위는 1~100% 이다.

정답 55.② 56.② 57.④ 58.③ 59.① 60.④

4과목 폐기물관계법규

61 환경부령이 정하는 폐기물처리담당자로서 교육기관에서 실시하는 교육을 받아야 하는 자로 알맞은 것은?

① 폐기물재활용신고자
② 폐기물처리시설의 기술관리인
③ 폐기물처리업에 종사하는 기술요원
④ 폐기물분석전문기관의 기술요원

해설 시행규칙 제50조

62 폐기물처리시설 주변지역 영향 조사 기준 중 조사방법(조사지점)에 관한 내용으로 ( )에 옳은 것은?

> 미세먼지와 다이옥신 조사지점은 해당 시설에 인접한 주거지역 중 ( )이상 지역의 일정한 곳으로 한다.

① 2개소   ② 3개소
③ 4개소   ④ 5개소

63 폐기물 처리업자가 폐기물의 발생, 배출, 처리상황 등을 기록한 장부의 보존기간은?(단, 최종 기재일 기준)

① 6개월간   ② 1년간
③ 3년간   ④ 5년간

해설 폐기물의 발생·배출·처리상황 등을 기록하고, 마지막으로 기록한 날부터 3년간 보존하여야 한다.

64 의료폐기물의 종류 중 위해의료폐기물의 종류와 가장 거리가 먼 것은?

① 전염성류 폐기물
② 병리계 폐기물
③ 손상성 폐기물
④ 생물·화학폐기물

해설 위해의료폐기물에는 조직물류폐기물, 병리계폐기물, 손상성폐기물, 생물·화학폐기물, 혈액오염폐기물이 있다.

65 지정폐기물 처리시설 중 기술관리인을 두어야 할 차단형 매립시설의 면적규모기준은?

① 330m² 이상   ② 1000m² 이상
③ 3300m² 이상 ④ 10000m² 이상

해설 차단형 매립시설에서는 면적이 330 제곱미터 이상이거나 매립용적이 1천 세제곱미터 이상인 시설로 한다.

66 사업장폐기물의 종류별 세부분류번호로 옳은 것은?(단, 사업장일반폐기물의 세부분류 및 분류번호)

① 유기성오니류 31-01-00
② 유기성오니류 41-01-00
③ 유기성오니류 51-01-00
④ 유기성오니류 61-01-00

해설 51-01 유기성오니류, 51-02 무기성오니류

67 폐기물처리업의 변경신고를 하여야 할 사항으로 틀린 것은?

① 상호의 변경
② 연락장소나 사무실 소재지의 변경
③ 임시차량의 증차 또는 운반차량의 감차
④ 처리용량 누계의 30% 이상 변경

해설 처분용량의 100분의 30 이상의 변경은 변경허가 대상이다.

정답 61.① 62.② 63.③ 64.① 65.① 66.③ 67.④

68 폐기물처리시설에 대한 환경부령으로 정하는 검사기관이 잘못 연결된 것은?

① 소각시설의 검사기관 : 한국기계연구원
② 음식물류 폐기물 처리시설의 검사기관 : 보건환경연구원
③ 멸균분쇄시설의 검사기관 : 한국산업기술시험원
④ 매립시설의 검사기관 : 한국환경공단

해설 음식물류 폐기물 처리시설의 검사기관으로 한국환경공단, 한국산업기술시험원이 있다.

69 지정폐기물배출자는 사업장에서 발생되는 지정폐기물인 폐산을 보관개시일부터 최소 며칠을 초과하여 보관하여서는 안 되는가?

① 90일 ② 70일
③ 60일 ④ 45일

70 2년 이하의 징역이나 2천만원 이하의 벌금에 처하는 경우가 아닌 것은?

① 폐기물의 재활용 용도 또는 방법을 위반하여 폐기물을 처리하여 주변 환경을 오염시킨 자
② 폐기물의 수출입 신고 의무를 위반하여 신고를 하지 아니하거나 허위로 신고한 자
③ 폐기물 처리업의 업종 구분과 영업내용의 범위를 벗어나는 영업을 한 자
④ 폐기물 회수 조치 명령을 이행하지 아니한 자

해설 법률 제66조

71 폐기물의 수집·운반·보관·처리에 관한 기준 및 방법에 대한 설명으로 틀린 것은?

① 해당 폐기물을 적정하게 처분, 재활용 또는 보관할 수 있는 장소 외의 장소로 운반하지 아니할 것
② 폐기물의 종류와 성질·상태별 재활용 가능성 여부, 가연성이나 불연성 여부 등에 따라 구분하여 수집·운반·보관할 것
③ 폐기물 처분 또는 재활용하는 자가 폐기물을 보관하는 경우에는 그 폐기물 처분시설 또는 재활용시설과 다른 사업장에 있는 보관시설에 보관할 것
④ 수집·운반·보관의 과정에서 침출수가 생기는 경우에는 환경부령으로 정하는 바에 따라 처리할 것

72 폐기물처리업자 또는 폐기물처리신고자의 휴업·폐업 등의 신고에 관한 내용으로 (　　)에 옳은 것은?

폐기물처리업자나 폐기물처리신고자가 휴업·폐업 또는 재개업을 한 경우에는 휴업·폐업 또는 재개업을 한 날부터 (　　)에 신고서에 해당 서류를 첨부하여 시·도지사나 지방환경관서의 장에게 제출하여야 한다.

① 10일 이내 ② 15일 이내
③ 20일 이내 ④ 30일 이내

정답 68.② 69.④ 70.④ 71.③ 72.③

73 폐기물처리시설을 환경부령으로 정하는 기준에 맞게 설치하되, 환경부령으로 정하는 규모 미만의 폐기물 소각 시설을 설치, 운영하여서는 아니 된다. 이를 위반하여 설치가 금지되는 폐기물 소각시설을 설치, 운영한 자에 대한 벌칙 기준은?

① 6개월 이하의 징역이나 5백만원 이하의 벌금
② 1년 이하의 징역이나 1천만원 이하의 벌금
③ 2년 이하의 징역이나 2천만원 이하의 벌금
④ 3년 이하의 징역이나 3천만원 이하의 벌금

74 3년 이하의 징역이나 3천만원 이하의 벌금에 처하는 경우가 아닌 것은?

① 거짓이나 그 밖의 부정한 방법으로 폐기물분석전문기관으로 지정을 받거나 변경지정을 받은 자
② 다른 자의 명의나 상호를 사용하여 재활용 환경성평가를 하거나 재활용환경성평가기관 지정서를 빌린 자
③ 유해성기준에 적합하지 아니하게 폐기물을 재활용한 제품 또는 물질을 제조하거나 유통한 자
④ 고의로 사실과 다른 내용의 폐기물분석결과서를 발급한 폐기물분석전문기관

75 폐기물처리 신고자의 준수사항 기준으로 (   )에 옳은 것은?

> 정당한 사유 없이 계속하여 (   ) 이상 휴업하여서는 아니 된다.

① 6개월   ② 1년
③ 2년   ④ 3년

76 음식물류 폐기물처리시설의 검사기관으로 옳은 것은?

① 한국산업기술시험원
② 한국환경자원공사
③ 시·도 보건환경연구원
④ 수도권매립지관리공사

해설 음식물류 폐기물 처리시설의 검사기관으로 한국환경공단, 한국산업기술시험원이 있다.

77 폐기물처리담당자에 대한 교육을 실시하는 기관이 아닌 것은?

① 국립환경인력개발원
② 환경관리공단
③ 한국환경자원공사
④ 환경보전협회

78 폐기물처리시설의 사후관리기준 및 방법에 규정된 사후관리 항목 및 방법에 따라 조사한 결과를 토대로 매립시설이 주변 환경에 미치는 영향에 대한 종합보고서를 매립시설의 사용종료신고 후 몇 년마다 작성하여야 하는가?

① 1년   ② 2년
③ 3년   ④ 5년

정답 73.③ 74.③ 75.② 76.① 77.③ 78.④

79 폐기물 처분시설 또는 재활용시설 중 음식물류 폐기물을 대상으로 하는 시설의 기술관리인 자격기준으로 틀린 것은?

① 산업위생산업기사
② 화공산업기사
③ 토목산업기사
④ 전기기사

해설 음식물류 폐기물을 대상으로 하는 시설: 폐기물처리산업기사, 수질환경산업기사, 화공산업기사, 토목산업기사, 대기환경산업기사, 일반기계기사, 전기기사 중 1명 이상

80 사후관리 대상인 폐기물 매립시설은 사용이 종료되거나 그 시설이 폐쇄된 날로부터 몇 년 이내로 토지이용을 제한하는가?

① 10년　　② 20년
③ 30년　　④ 40년

정답　79.①　80.③

2019년 제4회 폐기물처리 기사 [9월 21일 시행]

1과목 폐기물 개론

01 종이, 천, 돌, 철, 나무조각, 구리, 알루미늄이 혼합된 폐기물 중에서 재활용 가치가 높은 구리, 알루미늄만을 따로 분리, 회수하는 데 가장 적절한 기계적 선별법은?

① 자력선별법 ② 트롬멜선별법
③ 와전류선별법 ④ 정전기선별법

해설 와전류식은 연속적으로 변화하는 자장 속에 비자성이며 전기전도성이 좋은 금속인 구리, 알루미늄, 아연 등을 넣으면 금속 내에 소용돌이 전류가 발생하여 반발력이 생기는데 이 반발력 차를 이용하여 분리시킨다.

02 폐기물의 관리정책에서 중점을 두어야 할 우선순위로 가장 적당한 것은?

① 감량화(발생원)>처리(소각 등)>재활용>최종처분
② 감량화(발생원)>재활용>처리(소각 등)>최종처분
③ 처리(소각 등)>감량화(발생원)>재활용>최종처분
④ 재활용>처리(소각 등)>감량화(발생원)>최종처분

해설 폐기물 관리정책의 우선순위는 감량화 재활용에 있다.

03 폐기물에 관한 설명으로 맞는 것은?

① 음식폐기물을 분리수거하면 유기물 감소로 인해 생활폐기물의 발열량은 감소한다.
② 일반적으로 생활폐기물의 화학성분 중에 제일 많은 것 2개는 산소(O)와 수소(H)이다.
③ 소각로 설계 시 기준 발열량은 고위발열량이다.
④ 폐기물의 비중은 일반적으로 겉보기 비중을 말한다.

해설 폐기물의 비중은 일반적으로 겉보기 비중을 말하며, 소각로 설계의 기준 발열량은 저위발열량이다.

04 폐기물저장시설과 컨베이어 설계 시 고려할 사항으로 가장 거리가 먼 것은?

① 수분함량 ② 안식각
③ 입자크기 ④ 화학조성

해설 컨베이어 이송에 따른 적재 부피는 수분함량, 입자크기, 안식각 등에 영향을 받는다.

05 $X_{90}=3.0$cm로 도시폐기물을 파쇄하고자 한다. 90% 이상을 3.0cm보다 작게 파쇄하고자 할 때 Rosin-Rammler 모델에 의한 특성입자크기(cm)는?(단, n=1)

① 1.30 ② 1.42
③ 1.74 ④ 1.92

해설 $Y = 1 - \exp\left[-\left(\frac{X}{X_o}\right)^n\right]$

정답 01.③ 02.② 03.④ 04.④ 05.①

$$0.90 = 1 - \exp\left[-\left(\frac{3.0cm}{X_o}\right)^1\right]$$

$$\exp\left(-\frac{3.0cm}{X_o}\right) = 1 - 0.9$$

∴ 특성입자 크기 $X_o = \frac{-3.0cm}{\ln(1-0.90)} = 1.30cm$

06 폐기물의 소각 시 소각로의 설계기준이 되는 발열량은?

① 고위 발열량 ② 전수 발열량
③ 저위 발열량 ④ 부분 발열량

해설 소각로 설계의 기준은 진발열량 즉, 저위발열량이다.

07 도시쓰레기의 특성에 대한 설명으로 옳지 않은 것은?

① 배출량은 생활수준의 향상, 생활양식, 수집형태 등에 따라 좌우된다.
② 도시쓰레기의 처리에 있어서 그 성상은 크게 문제시 되지 않는다.
③ 쓰레기의 질은 지역, 계절, 기후 등에 따라 달라진다.
④ 계절적으로 연말이나 여름철에 많은 양의 쓰레기가 배출된다.

해설 쓰레기는 가연성, 불연성 등의 성상에 따라 처리에 영향을 크게 받는다.

08 폐기물의 기계적처리 중 폐기물을 물과 섞어 잘게 부순 뒤 물과 분리하는 장치는?

① Grinder ② Hammer Mill
③ Balers   ④ Pulverizer

해설 폐기물을 물과 분쇄(Pulverizer)하여 비중 차이로부터 금속 등을 회수한다.

09 납과 구리의 합금 제조 시 첨가제로 사용되며 발암성과 돌연변이성이 있으며 장기적인 노출시 피로와 무기력증을 유발하는 성분은?

① As   ② Pb
③ 벤젠 ④ 린덴

10 폐기물의 수거노선 설정 시 고려해야 할 내용으로 옳지 않은 것은?

① 언덕지역에서는 언덕의 꼭대기에서부터 시작하여 적재하면서 차량이 아래로 진행하도록 한다.
② U자 회전을 피하여 수거한다.
③ 아주 많은 양의 쓰레기가 발생되는 발생원은 하루 중 가장 나중에 수거한다.
④ 가능한 한 시계방향으로 수거노선을 정한다.

해설 쓰레기 발생량이 많은 곳을 먼저 수거한다.

11 1000세대(세대 당 평균 가족 수 5인) 아파트에서 배출하는 쓰레기를 3일마다 수거하는 데 적재용량 11.0m³의 트럭 5대(1회 기준)가 소요된다. 쓰레기 단위 용적당 중량이 210kg/m³이라면 1인 1일당 쓰레기 배출량(kg/인·일)은?

① 2.31 ② 1.38
③ 1.12 ④ 0.77

해설 쓰레기 배출량
$= \frac{210kg/m^3 \times 11m^3 \times 5대}{1000세대 \times 5인 \times 3일} = 0.77kg/인·일$

정답 06.③ 07.② 08.④ 09.① 10.③ 11.④

12 50ton/hr 규모의 시설에서 평균크기가 30.5cm인 혼합된 도시폐기물을 최종크기 5.1cm로 파쇄하기 위해 필요한 동력(kW)은?(단, 평균크기를 15.2cm에서 5.1cm로 파쇄하기 위한 에너지 소모율=15kW·h/t, 킥의 법칙 적용)

① 약 1033 ② 약 1156
③ 약 1228 ④ 약 1345

해설 $E = 상수\ C \ln\left(\dfrac{파쇄\ 전\ 입자크기(L_1)}{파쇄\ 후\ 입자크기(L_2)}\right)$

$15\,kW\cdot hr/ton = C \ln\left(\dfrac{15.2cm}{5.1cm}\right)$

$\therefore C = \dfrac{15\,kW\cdot hr/ton}{\ln\left(\dfrac{15.2cm}{5.1cm}\right)} = 13.73\,kW\cdot hr/ton$

$E = 13.73\,kWhr/ton \times \ln\left(\dfrac{30.5cm}{5.1cm}\right)$
$\qquad = 24.56\,kW\cdot hr/ton$

$kW = 24.45\,kW\cdot hr/ton \times 50\,ton/hr$
$\qquad = 1228\,kW$

13 완전히 건조시킨 폐기물 20g을 취해 회분량을 조사하니 5g이었다. 폐기물의 함수율이 40%이었다면, 습량기준 회분 중량비(%)는?(단, 비중=1.0)

① 5 ② 10
③ 15 ④ 20

해설 습량회분(%)=건량회분(%)
$\dfrac{x}{1-0.4}\% = \dfrac{5g}{20g} \times 100\%$ ∴ $x = 15\%$

14 적환장의 설치가 필요한 경우와 가장 거리가 먼 것은?

① 고밀도 거주지역이 존재할 때
② 작은 용량의 수집차량을 사용할 때
③ 슬러지수송이나 공기수송 방식을 사용할 때
④ 불법투기와 다량의 어질러진 쓰레기들이 발생할 때

해설 적환장은 저밀도 주거지역이 존재할 때 적용한다.

15 함수율 97%인 분뇨와 함수율 30%인 쓰레기를 무게비 1:3으로 혼합하여 퇴비화하고자 할 때 함수율(%)은?(단, 분뇨와 쓰레기의 비중은 같다고 가정함)

① 약 62 ② 약 57
③ 약 52 ④ 약 47

해설 함수율(%) $= \dfrac{(1 \times 97\%)+(3 \times 30\%)}{1+3} = 47\%$

16 쓰레기 발생량 조사방법에 관한 설명으로 틀린 것은?

① 직접계근법 : 적재차량 계수분석에 비하여 작업량이 많고 번거롭다는 단점이 있다.
② 물질수지법 : 주로 산업폐기물 발생량 추산에 이용한다.
③ 물질수지법 : 비용이 많이 들어 특수한 경우에 사용한다.
④ 적재차량 계수분석 : 쓰레기의 밀도 또는 압축정도를 정확하게 파악할 수 있다.

해설 적재차량 계수분석법은 일정기간 동안 특정지역의 폐기물 수거, 운반차량의 대수를 조사해 이 결과에 밀도를 이용하여 질량으로 환산하는 방법으로 정확한 압축정도와 밀도는 알 수 없다.

17 유기물을 혐기성 및 호기성으로 분해시킬 때 공통적으로 생성되는 물질은?

① N_2와 H_2O ② NH_3와 CH_4
③ CH_4와 H_2S ④ CO_2와 H_2O

해설 호기성 분해산물은 CO_2, H_2O 혐기성 분해산물은 CO_2, H_2O, CH_4를 생성한다.

정답 12.③ 13.③ 14.① 15.④ 16.④ 17.④

18 관거 수거에 대한 설명으로 옳지 않은 것은?

① 현탁물 수송은 관의 마모가 크고 동력소모가 많은 것이 단점이다.
② 캡슐수송은 쓰레기를 충전한 캡슐을 수송관내에 삽입하여 공기나 물의 흐름을 이용하여 수송하는 방식이다.
③ 공기수송은 공기의 동압에 의해 쓰레기를 수송하는 것으로서 진공수송과 가압수송이 있다.
④ 공기수송은 고층주택밀집지역에 적합하며 소음방지시설 설치가 필요하다.

해설 관거 수송은 쓰레기 발생밀도가 높은 곳에서 현실성이 있으며 조대쓰레기는 파쇄, 압축 등의 전처리가 필요하다. 슬러리 수송은 관의 마모가 적고 동력소모가 적은 장점이 있다.

19 파쇄에 따른 문제점은 크게 공해발생상의 문제와 안전상의 문제로 나눌 수 있는데 안전상의 문제에 해당하는 것은?

① 폭발   ② 진동
③ 소음   ④ 분진

해설 파쇄에 따른 안전상 문제점으로 폐기물의 폭발에 주의하여야 한다.

20 청소상태를 평가하는 방법 중 서비스를 받는 사람들의 만족도를 설문조사하여 계산하는 '사용자 만족도 지수'는?

① USI   ② UAI
③ CEI   ④ CDI

해설 CEI는 지역사회 효과지수를, USI는 사용자 만족도 지수를 나타낸다.

2과목 폐기물처리기술

21 소각공정에 비해 열분해 과정의 장점이라 볼 수 없는 것은?

① 배기가스가 적다.
② 보조연료의 소비량이 적다.
③ 크롬의 산화가 억제된다.
④ NOx의 발생량이 억제된다.

해설 소각공정에 비해 열분해 공정은 보조연료의 소비량이 많다.

22 아래와 같은 조건일 때 혐기성 소화조의 용량(m^3)은?(단, 유기물량의 50%가 액화 및 가스화된다고 한다. 방식은 2조식이다.)

[조건]
분뇨투입량=1000kL/day
투입 분뇨 함수율=95%
유기물농도=60%
소화일수=30일
인발 슬러지 함수율=90%

① 12350   ② 17850
③ 20250   ④ 25500

해설 ・투입량 $1000m^3/day$

• 투입슬러지 고형물량
$1000m^3 \times (1-0.95) = 50m^3/day$

• 고형물 중 유기물량
$50m^3/day \times 0.6 = 30m^3/day$

• 고형물 중 무기물량
$50m^3/day - 30m^3/day = 20m^3/day$

• 소화 후 잔류 유기물량
$30m^3/day \times 0.5 = 15m^3/day$

• 소화 슬러지량
$(20m^3/day + 15m^3/day) \times \dfrac{100}{100-90} = 350m^3/day$

$\therefore V = \dfrac{Q_1 + Q_2}{2} \times T$

$= \dfrac{1,000m^3/day \times 350m^3/day}{2} \times 30day = 20250m^3$

정답 18.① 19.① 20.① 21.② 22.③

23 소각로의 백연(white plum) 방지시설의 역할로 가장 옳게 설명된 것은?

① 배출가스 중 수증기 응축을 방지하여 지역 주민의 대기오염 피해의식을 줄이기 위해
② 먼지 제거
③ 폐열 회수
④ 질소산화물 제거

24 토양 복원기술 중 압력 및 농도구배를 형성하기 위하여 추출정을 굴착하여 진공상태로 만들어 줌으로써 토양 내의 휘발성 오염물질을 휘발, 추출하는 기술은?

① Biopile
② Bioaugmentation
③ Soil vapor extraction
④ Thermal Decomposition

해설 토양증기추출 시 공기는 지하수면 위에 주입되고, 배출정에서 휘발성화합물질을 수집한다.

25 소각로의 부식에 대한 설명으로 틀린 것은?

① 480~700℃사이에서는 염화철이나 알칼리철 황산염 분해에 의한 부식이 발생된다.
② 저온부식은 100~150℃사이에서 부식 속도가 가장 느리고, 고온부식은 600~700℃에서 가장 부식이 잘된다.
③ 150~320℃에서는 부식이 잘 일어나지 않고, 고온부식은 320℃ 이상에서 소각재가 침착된 금속면에서 발생된다.
④ 320~480℃ 사이에서는 염화철이나 알칼리철 황산염 생성에 의한 부식이 발생된다.

해설 320℃이상에서는 소각재가 침착된 금속면에서 고온부식이 발생한다. 저온부식은 산성가스, 고온부식은 소각재의 침착으로 발생하며, 황산화물과 질소산화물의 함량이 증가하면 부식이 촉진된다.

26 함수율이 96%인 슬러지 10L에 응집제를 가하여 침전 농축시킨 결과 상층액과 침전 슬러지의 용적비가 2:1이었다면 침전 슬러지의 함수율(%)은?(단, 비중=1.0기준, 상층액 SS, 응집제량 등 기타사항은 고려하지 않음)

① 84 ② 88
③ 92 ④ 94

해설 $3(100-96) = 1(100-x)$ ∴ $x = 88\%$

27 피부염, 피부궤양을 일으키며 흡입으로 코, 폐, 위장에 점막을 생성하고 폐암을 유발하는 중금속은?

① 비소 ② 납
③ 6가 크롬 ④ 구리

28 폐기물부담금제도에 해당되지 않는 품목은?

① 500mL 이하의 살충제 용기
② 자동차 타이어
③ 껌
④ 1회용 기저귀

해설 폐기물부담금제도는 재활용이 어려운 물질에 처리비용을 부과하는 제도로 품목에는 살충제 용기, 껌, 기저귀 부동액 등이 있다.

정답 23.① 24.③ 25.② 26.② 27.③ 28.②

29 매립지 가스발생량의 추정방법으로 가장 거리가 먼 것은?

① 화학양론적인 접근에 의한 폐기물 조성으로부터 추정
② BMP(Biological Methane Potential)법에 의한 메탄가스 발생량 조사법
③ 라이지미터(Lysimeter)에 의한 가스발생량 추정법
④ 매립지에 화염을 접근시켜 화력에 의해 추정하는 방법

해설 매립지 가스발생량의 추정방법으로 화학양론적방법, BMP, 라이지미터 등에 의한 방법이 있다.

30 퇴비화의 장·단점과 가장 거리가 먼 것은?

① 병원균 사멸이 가능한 장점이 있다.
② 다양한 재료를 이용하므로 퇴비제품의 품질 표준화가 어려운 단점이 있다.
③ 퇴비화가 완성되어도 부피가 크게 감소(50% 이하)하지 않는 단점이 있다.
④ 생산된 퇴비는 비료가치가 높은 장점이 있다.

해설 퇴비는 비료가치가 낮다.

31 침출수가 점토층을 통과하는데 소요되는 시간을 계산하는 식으로 옳은 것은?(단, t=통과시간(year), d=점토층두께(m), h=침출수수두(m), K=투수계수(m/year), n=유효공극률)

① $t = \dfrac{nd^2}{K(d+h)}$ ② $t = \dfrac{dn}{K(d+h)}$
③ $t = \dfrac{nd^2}{K(2d+h)}$ ④ $t = \dfrac{dn}{K(2h+d)}$

해설 $t = \dfrac{nd^2}{k(d+h)}$

32 수분함량 95%(무게%)의 슬러지에 응집제를 소량 가해 농축시킨 결과 상등액과 침전 슬러지의 용적비가 3:5이었다. 이 침전 슬러지의 함수율(%)은?(단, 응집제의 주입량은 소량이므로 무시, 농축전후 슬러지 비중=1)

① 94 ② 92
③ 90 ④ 88

해설 $V_1 \times (100 - P_1) = V_2 \times (100 - P_2)$
$8 \times (100 - 95) = 5 \times (100 - P_2)$ $\therefore P_2 = 92\%$

33 매립지에서 침출된 침출수의 농도가 반으로 감소하는 데 약 3.3년이 걸린다면 이 침출수의 농도가 90% 분해되는 데 걸리는 시간(년)은?(단, 1차 반응 기준)

① 약 7 ② 약 9
③ 약 11 ④ 약 13

해설 $\dfrac{dC}{dt} = -K \cdot C^1$ 적분하면 $\ln \dfrac{C_t}{C_0} = -K \cdot t$

$\therefore \ln \dfrac{0.5 C_0}{C_0} = -K \cdot t$

$\ln 0.5 = -K \times 3.3$년 $\therefore K = 0.21$
$\ln \dfrac{0.1}{1} = -0.21 \times t$ $\therefore t = 10.96$년

34 폐기물의 퇴비화에 관한 설명으로 옳지 않은 것은?

① C/N비가 클수록 퇴비화에 시간이 많이 요하게 된다.
② 함수율이 높을수록 미생물의 분해속도는 빠르다.
③ 공기가 과잉공급되면 열손실이 생겨 미생물의 대사열을 빼앗겨서 동화작용이 저해된다.
④ 공기공급이 부족하면 혐기성분해에 의해 퇴비화 속도의 저하를 초래하고 악취발생의 원인이 된다.

정답 29.④ 30.④ 31.① 32.② 33.③ 34.②

해설 수분함량이 크면 분해속도가 느려 bulking agent를 섞는다.

35 함수율이 95%이고 고형물 중 유기물이 70%인 하수슬러지 300m³/day를 소화시켜 유기물의 2/3가 분해되고 함수율 90%인 소화슬러지를 얻었다. 소화슬러지의 양(m³/day)은?(단, 슬러지 비중=1.0)

① 80　　② 90
③ 100　④ 110

해설 처음고형물+소화안된 유기물=처리량
[(1-0.95)×300×0.3]+[1-0.95]×300×0.7×1/3]
=x(1-0.9)
∴ x=80m³/day

36 매립지 바닥이 두껍고(지하수면이 지표면으로부터 깊은 곳에 있는 경우), 복토로 적합한 지역에 이용하는 방법으로 거의 단층매립만 가능한 공법은?

① 도랑굴착매립공법
② 압축매립공법
③ 샌드위치공법
④ 순차투입공법

해설 도랑형 공법은 파낸 흙을 복토재로 이용 가능한 경우 경제적이다.

37 폐기물 매립지에서 매립시간 경과에 따라 크게 초기조절단계, 전이단계, 산형성 단계, 메탄발효단계, 숙성단계의 총 5단계로 구분이 되는데, 4단계인 메탄발효단계에서 나타나는 현상과 가장 근접한 것은?

① 수소농도가 증가함
② 산 형성 속도가 상대적으로 증가함
③ 침출수의 전도도가 증가함
④ pH가 중성값보다 약간 증가함

해설 매립지의 생물학적 분해과정은 호기성→친산소성→혐기성→산생성→메탄생성 단계로 진행되며, 메탄생성 단계에서 알칼리도는 증가한다.

38 토양세척법의 처리효과가 가장 높은 토양입경정도는?

① 슬러지　② 점토
③ 미사　　④ 자갈

해설 입자가 클수록 세척효과는 높다.

39 폐기물 매립지에서 나오는 침출수에 관한 설명으로 가장 거리가 먼 것은?

① 폐기물을 통과하면서 폐기물 내의 성분을 용해시키거나 부유 물질을 함유하기도 한다.
② 가스 발생량이 많을수록 침출수 내 유기물질농도는 증가한다.
③ 외부에서 침투하는 물과 내부에 있는 물이 유출되어 형성된다.
④ 매립지의 침출수의 이동은 서서히 이동된다고 한다.

해설 가스 발생량이 많을수록 유기물질의 농도는 감소한다.

40 폐기물 매립 시 매립된 물질의 분해과정은?

① 혐기성→호기성→메탄생성→산성물질형성
② 호기성→혐기성→산성물질형성→메탄생성
③ 호기성→혐기성→메탄생성→산성물질형성
④ 혐기성→호기성→산성물질형성→메탄생성

해설 매립지의 생물학적 분해과정은 호기성→친산소성→혐기성→산생성→메탄생성 단계로 진행된다.

정답 35.① 36.① 37.④ 38.④ 39.② 40.②

3과목　폐기물소각 및 열회수

41 폐기물의 이송과 연소가스의 유동방향에 의해 소각로의 형상을 구분해 볼 때 난연성 또는 착화하기 어려운 폐기물에 적합한 방식은?

① 병류식　② 하향식
③ 향류식　④ 중간류식

해설　향류식은 폐기물의 이송방향과 연소가스의 흐름이 반대로 향하는 형식이다.

42 폐기물의 열분해 시 저온열분해의 온도 범위는?

① 100~300℃　② 500~900℃
③ 1100~1500℃　④ 1300~1900℃

해설
- 저온열분해는 500~900℃에서 타르, Char, 아세트산, 아세톤, 메탄올 등의 액체연료가 생성된다.
- 고온열분해는 1100~1500℃에서 가스 상태의 연료가 생성된다.
- 습식산화는 210~270℃에서 기름과 타르와 같은 액체연료가 생성된다.

43 폐기물조성이 $C_{760}H_{1980}O_{870}N_{12}S$일 때 고위발열량(kcal/kg)은?(단, Dulong 식을 이용하여 계산한다.)

① 약 5860　② 약 4560
③ 약 3260　④ 약 2860

해설　$C_{760}H_{1980}O_{870}N_{12}S$ 화합물의 총질량
=[760×12]+[1980×1]+[870×16]+[12×14]+[1×32]
=25220g

총질량 백분율

$C: \dfrac{760 \times 12g}{25220g} \times 100 = 36.16\%$

$H: \dfrac{1980 \times 1g}{25220g} \times 100 = 7.85\%$

$O: \dfrac{870 \times 16g}{25220g} \times 100 = 55.19\%$

$N: \dfrac{12 \times 14g}{25220g} \times 100 = 0.66\%$

$S: \dfrac{1 \times 32g}{25220g} \times 100 = 0.127\%$

Dulong식

$H_h (\text{kcal/kg}) = 81C + 340\left(H - \dfrac{O}{8}\right) + 25S$

*여기서, 원소의 단위는 퍼센트농도(%)이다.

$H_h (kcal/kg) = 81 \times 36.16 + 340\left(7.85 - \dfrac{55.19}{8}\right)$
$+ 25 \times 0.127$
$= 3255.6 \text{kcal/kg}$

44 고체 및 액체연료의 이론적인 습윤연소가스량을 산출하는 계산식이다. ㉠, ㉡의 값으로 적당한 것은?

Gow=8.89C+32.3H+3.3S+0.8N
+(㉠)W−(㉡)O(Sm³/kg)

① ㉠ 1.12, ㉡ 1.32
② ㉠ 1.24, ㉡ 2.64
③ ㉠ 2.48, ㉡ 5.28
④ ㉠ 4.96, ㉡ 10.56

해설　Gow(Sm³/kg)

$= A_o + \dfrac{22.4}{12}C + \dfrac{11.2}{2}H + \dfrac{22.4}{32}S$
$+ \dfrac{22.4}{28}N + \dfrac{22.4}{18}W - \dfrac{22.4}{32}O$

C, H, S는 연소하므로 이론공기량을 대입하고, 공기 중 질소는 배출되므로 질소의 부피(1−0.21/0.21 =3.762)를 감안하면 연소 가스는 다음과 같다.
Gow=8.89C+32.3H+3.3S+0.8N+1.244W−2.64O

*여기서, 원소는 %/100이다.

정답　41.③　42.②　43.③　44.②

45 폐기물의 연소 및 열분해에 관한 설명으로 잘못된 것은?

① 열분해는 무산소 또는 저산소 상태에서 유기성 폐기물을 열분해시키는 방법이다.
② 습식산화는 젖은 폐기물이나 슬러지를 고온, 고압하에서 산화시키는 방법이다.
③ Steam Reforming은 산화 시에 스팀을 주입하여 일산화탄소와 수소를 생성시키는 방법이다.
④ 가스화는 완전연소에 필요한 양보다 과잉공기 상태에서 산화시키는 방법이다.

해설 가스화시설은 열 분해시설을 포함한다.

46 연소를 위한 공기의 상태로 가장 좋은 것은?

① 연소용 공기를 직접 이용한다.
② 연소용 공기를 예열한다.
③ 연소용 공기를 냉각시켜 온도를 낮춘다.
④ 연소용 공기에 벙커의 폐수를 분사하여 습하게 하여 주입시킨다.

해설 공기의 예열은 가연물과 산소와의 반응속도를 증가시켜 연소속도는 증가한다.

47 소각로에서 배출되는 비산재(fly ash)에 대한 설명으로 옳지 않은 것은?

① 입자크기가 바닥재보다 미세하다.
② 유해물질을 함유하고 있지 않아 일반폐기물로 취급된다.
③ 폐열보일러 및 연소가스 처리설비 등에서 포집된다.
④ 시멘트 제품 생산을 위한 보조연료로 사용가능하다.

해설 유해물질을 함유하고 있어 지정폐기물로 취급된다.

48 도시생활폐기물을 대상으로 하는 소각방법에 많이 이용되는 형식이 아닌 것은?

① Stoker type incinerator
② Multiple hearth incinerator
③ Rotary kiln incinerator
④ Fluidized bed incinerator

해설 생활폐기물 소각로는 일반적으로 화격자, 로타리, 유동층 소각로를 많이 사용한다.

49 연소실 내 가스와 폐기물의 흐름에 관한 설명으로 가장 거리가 먼 것은?

① 병류식 폐기물의 발열량이 낮은 경우에 적합한 형식이다.
② 교류식은 향류식과 병류식의 중간적인 형식이다.
③ 교류식은 중간 정도의 발열량을 가지는 폐기물에 적합하다.
④ 역류식은 폐기물의 이송방향과 연소가스의 흐름이 반대로 향하는 형식이다.

해설 병류식은 수분이 적고 저위발열량이 높은 폐기물에 적합하며 폐기물의 이송방향과 연소가스 흐름 방향이 같은 소각방식이다.

50 폐기물의 소각시설에서 발생하는 분진의 특징에 대한 설명으로 가장 거리가 먼 것은?

① 흡수성이 작고 냉각되면 고착하기 어렵다.
② 부피에 비해 비중이 작고 가볍다.
③ 입자가 큰 분진은 가스 냉각장치 등의 비교적 가스 통과속도가 느린 부분에서 침강하기 때문에 분진의 평균입경이 작다.
④ 염화수소나 황산화물로 인한 설비의 부식을 방지하기 위해 일반적으로 가스 냉각장치 출구에서 250℃ 정도의 온도가 되어야 한다.

정답 45.④ 46.② 47.② 48.② 49.① 50.①

51 연소실의 부피를 결정하려고 한다. 연소실의 부하율은 3.6×10⁵kcal/m³·hr이고 발열량이 1600kcal/kg인 쓰레기를 1일 400ton 소각시킬 때 소각로의 연소실 부피(m³)는? (단, 소각로는 연속가동 한다.)

① 74 ② 84
③ 104 ④ 974

해설 VHRR(kcal/m³·hr)

$$= \frac{\text{소각량}\,W(kg/h) \times \text{저위발열량}\,H_i(kcal/kg)}{\text{소각로 부피}\,V(m^3)}$$

$$m^3 = \frac{400t}{day} \left| \frac{1600kcal}{kg} \right| \frac{m^3 \cdot hr}{3.6 \times 10^5 kcal} \left| \frac{10^3 kg}{t} \right| \frac{day}{24hr}$$

$$= 74 m^3$$

52 원소분석으로부터 미지의 쓰레기 발열량은 듀롱(Dulong)식으로부터 계산될 수 있다. 계산식에서 $[H - \frac{O}{8}]$가 의미하는 것은?

$$Hh = 8100C + 34000(H - \frac{O}{8}) + 2500S\,[kcal/kg]$$

① 유효수소 ② 무효수소
③ 이론수소 ④ 과잉수소

해설 연료 중 처음부터 산소가 포함되어 있을 경우 수소와 산소는 1:8의 중량비로 결합하여 물을 형성한다고 본다. 실제로 $(H - \frac{O}{8})$가 연소한다고 보고 이를 유효수소 또는 자유수소라 한다.

53 원심력식 집진장치의 장점이 아닌 것은?

① 조작이 간단하고 유지관리가 용이하다.
② 건식 포집 및 제진이 가능하다.
③ 고온가스의 처리가 가능하다.
④ 분진량과 유량의 변화에 민감하다.

해설 원심력 집진장치는 입자상 물질을 제거하는데 있다.

54 다음 중 불연성분에 해당하는 것은?

① H(수소) ② O(산소)
③ N(질소) ④ S(황)

해설 질소는 불연성이다.

55 폐플라스틱 소각에 대한 설명으로 틀린 것은?

① 열가소성 폐플라스틱은 열분해 휘발분이 매우 많고 고정탄소는 적다.
② 열가소성 폐플라스틱은 분해 연소를 원칙으로 한다.
③ 열경화성 폐플라스틱은 일반적으로 연소성이 우수하고 점화가 용이하여 수열에 의한 팽윤 균열이 적다.
④ 열경화성 폐플라스틱의 로 형식은 전처리 파쇄 후 유동층 방식에 의한 것이 좋다.

해설 열경화성 플라스틱은 열을 가하면 열가소성 플라스틱처럼 녹지 않고, 연소성이 나쁘므로 고온에서 타서 가루가 되거나 기체를 발생시키는 플라스틱이다. 이 플라스틱의 종류로는 에폭시수지, 아미노 수지, 페놀 수지, 멜라민 수지 등이 있다.

56 연소속도에 영향을 미치는 요인으로 가장 거리가 먼 것은?

① 산소의 농도 ② 촉매
③ 반응계의 온도 ④ 연료의 발열량

해설 연소속도는 가연물과 산소와의 반응속도이다.

57 유동층 소각로에서 슬러지의 온도가 30℃, 연소온도 850℃, 배기온도 450℃일 때, 유동층 소각로의 열효율(%)은?

① 49 ② 51
③ 62 ④ 77

해설 열효율(%) $= \frac{850℃ - 450℃}{850℃ - 30℃} \times 100 = 48.78\%$

정답 51.① 52.① 53.④ 54.③ 55.③ 56.④ 57.①

58 SO_2 100kg의 표준상태에서 부피(m^3)는? (단, SO_2는 이상기체, 표준상태로 가정한다.)

① 63.3 ② 59.5
③ 44.3 ④ 35.0

해설 부피 = $\dfrac{100kg \times 22.4m^3}{64kg} = 35m^3$

59 기체연료에 관한 내용으로 옳지 않은 것은?

① 적은 과잉공기(10~20%)로 완전연소가 가능하다.
② 유황 함유량이 적어 SO_2 발생량이 적다.
③ 저질연료로 고온 얻기와 연료의 예열이 어렵다.
④ 취급 시 위험성이 크다.

60 소각로의 완전연소 조건에 고려되어야 할 사항으로 가장 거리가 먼 것은?

① 소각로 출구온도 850℃ 이상 유지
② 연소 시 CO농도 30ppm 이하 유지
③ O_2농도 6~12% 유지(화격자식)
④ 강열감량(미연분) 5% 이상 유지

해설 강열감량이란 강한 열에 의하여 감소되는 폐기물량으로써 5%이하로 유지한다.

4과목 폐기물공정시험기준(방법)

61 시안을 자외선/가시선 분광법으로 측정할 때 발색된 색은?

① 적자색 ② 황갈색
③ 적색   ④ 청색

해설 클로라민-T와 피리딘.피라졸론 혼합액을 넣어 나타나는 청색을 620 nm에서 측정하는 방법이다.

62 Lambert Beer 법칙에 관한 설명으로 틀린 것은?(단, A : 흡광도, ε : 흡광계수, c : 농도, ℓ : 빛의 투과거리)

① 흡광도는 광이 통과하는 용액층이 두께에 비례한다.
② 흡광도는 광이 통과하는 용액층의 농도에 비례한다.
③ 흡광도는 용액층의 투과도에 비례한다.
④ 램버트비어의 법칙을 식으로 표현하면 A=$\varepsilon \times c \times \ell$ 이다.

해설 흡광도 A=$\log \dfrac{입사광 I_o}{투사광 I_t} = \epsilon c d$

(상수. mol. 셀mm)

63 대상폐기물의 양이 450톤인 경우, 현장 시료의 최소 수는?

① 14   ② 20
③ 30   ④ 36

64 액상폐기물 중 PCBs를 기체크로마토그래피로 분석 시 사용되는 시약이 아닌 것은?

① 수산화칼슘   ② 무수황산나트륨
③ 실리카겔   ④ 노말헥산

해설 기체크로마토그래피법으로 PCBs 측정 시 시료의 전처리과정에서 유분의 제거를 위한 알칼리 분해제로 수산화칼륨을 사용한다.

65 다음 pH 표준액 중 pH 값이 가장 높은 것은?(단, 0℃ 기준)

① 붕산염 표준액   ② 인산염 표준액
③ 프탈산염 표준액 ④ 수산염 표준액

해설 0℃에서 표준액의 pH값
수산염 표준액 1.67 < 프탈산염 표준액 4.01 < 인산염 표준액 6.98 < 붕산염 표준액 9.46 < 탄산염 표준액 10.32 < 수산화칼슘 표준액 13.43

정답 58.④ 59.③ 60.④ 61.④ 62.③ 63.③ 64.① 65.①

66 0.1N HCl 표준용액 50mL를 반응시키기 위해 0.1 M Ca(OH)₂를 사용하였다. 이때 사용된 Ca(OH)₂의 소비량(mL)은?(단, HCl과 Ca(OH)₂의 역가는 각각 0.995와 1.005이다.)

① 24.75 ② 25.00
③ 49.50 ④ 50.00

해설 $0.1N \times 50mL \times 0.995 = 0.1 \times 2N \times x \times 1.005$
∴ $x = 24.751 mL$

67 기체크로마토그래프를 이용하면 물질의 정량 및 정성분석이 가능하다. 이 중 정량 및 정성분석을 가능하게 하는 측정치는?

① 정량 - 유지시간, 정성 - 피이크의 높이
② 정량 - 유지시간, 정성 - 피이크의 폭
③ 정량 - 피이크의 높이, 정성 - 유지시간
④ 정량 - 피이크의 폭, 정성 - 유지시간

68 중금속시료(염화암모늄, 염화마그네슘, 염화칼슘 등이 다량 함유된 경우)의 전처리 시, 회화에 의한 유기물의 분해과정 중에 휘산되어 손실을 가져오는 중금속으로 거리가 가장 먼 것은?

① 크롬 ② 납
③ 철   ④ 아연

해설 회화법은 목적 성분이 400℃ 이상에서 휘산되지 않고 쉽게 회화될 수 있는 시료에 적용하며 회화에 의한 유기물분해 방법이다. 시료 중에 염화암모늄, 염화마그네슘, 염화칼슘 등이 높은 비율로 함유된 경우에는 납, 철, 주석, 아연, 안티몬 등이 휘산되어 손실이 발생하므로 주의하여야 한다.

69 폐기물로부터 유류 추출 시 에멀전을 형성하여 액층이 분리되지 않을 경우, 조작법으로 옳은 것은?

① 염화제이철 용액 4mL를 넣고 pH를 7~9로 하여 자석교반기로 교반한다.
② 메틸오렌지를 넣고 황색이 적색이 될 때까지 (1+1)염산을 넣는다.
③ 노말헥산층에 무수황산나트륨을 넣어 수분간 방치한다.
④ 에멀전층 또는 헥산층에 적당량의 황산암모늄을 넣고 환류냉각관을 부착한 후 80℃ 물중탕에서 가열한다.

해설 추출 시 에멀전을 형성하여 액층이 분리되지 않거나 노말헥산층이 탁할 경우에는 분별깔때기 안의 수층을 원래의 시료용기에 옮긴다. 이후 에멀전층이 분리되거나 노말헥산층이 맑아질 때까지 에멀전층 또는 헥산층에 적당량의 염화나트륨 또는 황산암모늄을 넣어 환류냉각관(약 300mm)을 부착하고 80℃ 물중탕에서 약 10분간 가열 분해한 다음 시험기준에 따라 시험한다.

70 시료의 전처리 방법 중 유기물 등을 많이 함유하고 있는 대부분의 시료에 적용되는 방법은?

① 질산 분해법
② 질산 - 염산 분해법
③ 질산 - 황산 분해법
④ 질산 - 과염소산 분해법

해설 질산-황산 분해법은 유기물 등을 많이 함유하고 있는 대부분의 시료에 적용하며 질산-황산에 의한 유기물 분해 방법이다.

정답 66.① 67.③ 68.① 69.④ 70.③

71 원자흡수분광광도계의 구성 순서로 가장 알맞은 것은?

① 시료원자화부-광원부-단색화부-측광부
② 시료원자화부-광원부-측광부-단색화부
③ 광원부-시료원자화부-단색화부-측광부
④ 광원부-시료원자화부-측광부-단색화부

72 자외선/가시선 분광법을 적용한 시안화합물 측정에 관한 내용으로 틀린 것은?

① 시안화합물을 측정할 때 방해물질들은 증류하면 대부분 제거된다.
② 황화합물이 함유된 시료는 아세트산용액을 넣어 제거한다.
③ 잔류염소가 함유된 시료는 L-아스코빈산 용액을 넣어 제거한다.
④ 잔류염소가 함유된 시료는 이산화비소산나트륨 용액을 넣어 제거한다.

[해설] 황화합물이 함유된 시료는 아세트산아연용액(10W/V%) 2mL를 넣어 제거 한다

73 폐기물공정시험기준상의 규정이다. A+B+C+D의 합을 구한 것은?

- 방울수는 20℃에서 정제수 A방울을 적하 시, 부피가 약 1mL가 되는 것을 뜻한다.
- 항량은 건조 시 같은 조건에서 1시간 더 건조할 때 전후 무게의 차가 g당 Bmg 이하일 때다.
- 상온의 최저 온도는 C℃이다.
- ppm은 pphb의 D배이다.

① 31.3   ② 45.3
③ 58.3   ④ 68.3

[해설] A+B+C+D
=20방울+0.3mg+15℃+10배=45.3
- "방울수"라 함은 20℃에서 정제수 20방울을 적하

할 때 그 부피가 약 1mL가 되는 것을 뜻한다.
- "항량으로 될 때까지 건조한다" 함은 같은 조건에서 1시간 더 건조할 때 전후 무게의 차가 g당 0.3mg 이하일 때를 말한다.
- 상온은 15~25℃
- ppm은 pphb의 10배 이다.

74 시안의 분석에 사용되는 방법으로 적당한 것은?

① 피리딘·피라졸론법
② 디페닐카르바지드법
③ 디에틸디티오카르바민산법
④ 디티존법

75 일정량의 유기물을 질산-과염소산법으로 전처리하여 최종적으로 50mL로 하였다. 용액의 납을 분석한 결과 농도가 2.0mg/L 이었다면, 유기물의 원래의 농도(mg/L)는?

① 0.1   ② 1.0
③ 2.0   ④ 4.0

[해설] 여액 100mL를 정확히 취하여 측정하므로,
유기물(mg/L) = $\frac{2mg}{L} \left| \frac{100mL}{50mL} \right. = 4mg/L$

76 원자흡수분광광도법으로 구리를 측정할 때 정밀도(RDS)는?(단, 정량한계는 0.008mg/L)

① ±10% 이내   ② ±15% 이내
③ ±20% 이내   ④ ±25% 이내

[해설] 구리의 적용 가능한 시험방법

구리	원자흡수분광광도법	유도결합플라스마원자발광분광법	자외선/가시선분광법
측정파장(nm)	324.7	324.75	440
정량한계(mg/L)	0.008	0.006	0.002
정량범위(mg/L)	0.008~4	0.006~50	0.002~0.03
정밀도	±25% 이내	±25% 이내	±25% 이내

정답 71.③ 72.② 73.② 74.① 75.④ 76.④

77 다음 설명 중 틀린 것은?

① 공정시험기준에서 사용하는 모든 기구 및 기기는 측정결과에 대한 오차가 허용되는 범위 이내인 것을 사용하여야 한다.
② 연속측정 또는 현장측정의 목적으로 사용하는 측정기기는 공정시험기준에 의한 측정치와의 정확한 보정을 행한 후 사용할 수 있다.
③ 각각의 시험은 따로 규정이 없는 한 실온에서 실시하고 조작 직후에 그 결과를 관찰한다. 단, 온도의 영향이 있는 것의 판정은 상온을 기준으로 한다.
④ 비함침성 고상폐기물이라 함은 금속판, 구리선 등 기름을 흡수하지 않는 평면 또는 비평면형태의 변압기 내부부재를 말한다.

해설 공정시험기준에서 규정하지 않은 사항에 대해서는 일반적인 화학적 상식에 따른다.

78 기체크로마토그래피법에 대한 설명으로 틀린 것은?

① 일반적으로 유기화합물에 대한 정성 및 정량분석에 이용한다.
② 일정유량으로 유지되는 운반가스는 시료도입부로부터 분리관내를 흘러서 검출기를 통하여 외부로 방출된다.
③ 정성분석은 동일조건하에서 특정한 미지성분의 머무른값과 예측되는 물질의 피이크의 머무른 값을 비교하여야 한다.
④ 분리관은 충전물질을 채운 내경 2~7mm의 시료에 대하여 활성금속, 유리 또는 합성수지관으로 각 분석방법에 사용한다.

79 자외선/가시선 분광광도계의 흡수셀 중에서 자외부의 파장범위를 측정할 때 사용하는 것은?

① 유리   ② 석영
③ 플라스틱   ④ 광전판

해설 자외선/가시선 분광광도계의 흡수셀 중에서 자외부는 석영, 가시부는 텅스텐램프를 사용한다.

80 시료 채취 시 시료용기에 기재하는 사항으로 가장 거리가 먼 것은?

① 폐기물의 명칭
② 폐기물의 성분
③ 채취 책임자 이름
④ 채취 시간 및 일기

5과목 폐기물관계법규

81 폐기물의 수집·운반, 재활용 또는 처분을 업으로 하려는 경우와 '환경부령으로 정하는 중요 사항'을 변경하려는 때에도 폐기물처리 사업계획서를 제출해야 한다. 폐기물 수집·운반업의 경우 '환경부령으로 정하는 중요 사항'의 변경 항목에 해당하지 않는 것은?

① 영업구역(생활폐기물의 수집·운반업만 해당한다.)
② 수집·운반 폐기물의 종류
③ 운반차량의 수 또는 종류
④ 폐기물 처분시설 설치 예정지

정답 77.③ 78.④ 79.② 80.② 81.④

82 폐기물 처리시설의 종류 중 재활용시설에 해당하지 않는 것은?

① 용해로(폐기물에서 비철금속을 추출하는 경우로 한정한다.)
② 소성(시멘트 소성로는 제외한다.)·탄화 시설
③ 골재세척시설(동력 7.5kW 이상인 시설로 한정한다.)
④ 의약품 제조시설

83 환경부령으로 정하는 폐기물처리시설의 설치를 마친 자는 환경부령으로 정하는 검사기관으로부터 검사를 받아야 한다. 이 검사 중 소각시설의 검사기관과 가장 거리가 먼 것은?

① 한국환경공단
② 한국건설기술연구원
③ 한국기계연구원
④ 한국산업기술시험원

84 설치신고대상 폐기물처리시설 기준으로 (   )에 옳은 것은?

생물학적 처분시설 또는 재활용시설로서 1일 처분능력 또는 재활용 능력이 (   ) 미만인 시설

① 5톤   ② 10톤
③ 50톤 ④ 100톤

85 폐기물처리시설 중 화학적 처분시설에 해당되지 않는 것은?

① 연료화시설   ② 고형화시설
③ 응집·침전시설 ④ 안정화시설

86 환경상태의 조사·평가에서 국가 및 지방자치 단체가 상시 조사·평가하여야 하는 내용으로 틀린 것은?

① 환경의 질의 변화
② 환경오염원 및 환경훼손 요인
③ 환경오염지역의 원상회복실태
④ 자연환경 및 생활환경 현황

87 환경부령으로 정하는 재활용시설과 가장 거리가 먼 것은?

① 재활용가능자원의 수집·운반·보관을 위하여 특별히 제조 또는 설치되어 사용되는 수집·운반 장비 또는 보관시설
② 재활용제품의 제조에 필요한 전처리 장치·장비·설비
③ 유기성 폐기물을 이용하여 퇴비·사료를 제조하는 퇴비화·사료화 시설 및 에너지화 시설
④ 생활폐기물 중 혼합폐기물의 소각시설

88 환경부령으로 정하는 가연성고형폐기물로부터 에너지를 회수하는 활동기준으로 틀린 것은?

① 다른 물질과 혼합하고 해당 폐기물의 고위발열량이 킬로그램당 3천 킬로칼로리 이상일 것
② 에너지 회수효율(회수에너지 총량을 투입 에너지 총량으로 나눈 비율을 말한다.)이 75% 이상일 것
③ 회수열을 모두 열원, 전기 등의 형태로 스스로 이용하거나 다른 사람에게 공급할 것
④ 환경부장관이 정하여 고시하는 경우에는 폐기물의 30% 이상을 원료나 재료로 재활용하고 그 나머지 중에서 에너지의 회수에 이용할 것

정답 82.③ 83.② 84.④ 85.① 86.③ 87.④ 88.①

해설 다른 물질과 혼합하지 아니하고 해당 폐기물의 저위발열량이 킬로그램당 3천 킬로칼로리 이상일 것

89 시·도지사나 지방환경관서의 장이 폐기물처리 시설의 개선명령을 명할 때 개선 등에 필요한 조치의 내용, 시설의 종류 등을 고려하여 정하여야 하는 기간은?(단, 연장기간은 고려하지 않음)

① 3개월 ② 6개월
③ 1년 ④ 1년 6개월

90 폐기물 운반자는 배출자로부터 폐기물을 인수받은 날로부터 며칠 이내에 전자정보처리프로그램에 입력하여야 하는가?

① 1일 ② 2일
③ 3일 ④ 5일

91 폐기물처리시설의 유지·관리에 관한 기술관리를 대행할 수 있는 자는?

① 한국환경공단
② 국립환경연구원
③ 시·도 보건환경연구원
④ 지방환경관리청

92 생활폐기물처리에 관한 설명으로 틀린 것은?

① 시장·군수·구청장은 관할구역에서 배출되는 생활폐기물을 처리하여야 한다.
② 시장·군수·구청장은 해당 지방자치단체의 조례로 정하는 바에 따라 대통령령으로 정하는 자에게 생활폐기물 수집, 운반, 처리를 대행하게 할 수 있다.
③ 환경부장관은 지역별 수수료 차등을 방지하기 위하여 지방자치단체에 수수료 기준을 권고할 수 있다.
④ 시장·군수·구청장은 생활폐기물을 처리할 때에는 배출되는 생활폐기물의 종류, 양 등에 따라 수수료를 징수할 수 있다.

93 폐기물처리업의 업종 구분과 영업 내용의 범위를 벗어나는 영업을 한 자에 대한 벌칙 기준은?

① 1년 이하의 징역이나 5백만원 이하의 벌금
② 1년 이하의 징역이나 1천만원 이하의 벌금
③ 2년 이하의 징역이나 2천만원 이하의 벌금
④ 3년 이하의 징역이나 3천만원 이하의 벌금

94 폐기물매립시설의 사후관리 업무를 대행할 수 있는 자는?(단, 그 밖에 환경부장관이 사후관리를 대행할 능력이 있다고 인정하여 고시하는 자의 경우 제외)

① 유역·지방 환경청
② 국립환경과학원
③ 한국환경공단
④ 시·도 보건환경연구원

95 폐기물관리법에서 사용되는 용어의 정의로 틀린 것은?

① 의료폐기물 : 보건·의료기관, 동물병원, 시험·검사기관 등에서 배출되어 인간에게 심각한 위해를 초래하는 폐기물로 환경부령으로 정하는 폐기물을 말한다.
② 생활폐기물 : 사업장폐기물 외의 폐기물을 말한다.

정답 89.③ 90.② 91.① 92.③ 93.③ 94.③ 95.①

③ 지정폐기물 : 사업장폐기물 중 폐유·폐산 등 주변 환경을 오염시킬 수 있거나 의료폐기물 등 인체에 위해를 줄 수 있는 해로운 물질로서 대통령령으로 정하는 폐기물을 말한다.
④ 폐기물처리시설 : 폐기물의 중간처분시설, 최종처분시설 및 재활용시설로서 대통령령으로 정하는 시설을 말한다.

해설 "의료폐기물"이란 보건·의료기관, 동물병원, 시험·검사기관 등에서 배출되는 폐기물 중 인체에 감염 등 위해를 줄 우려가 있는 폐기물과 인체 조직 등 적출물(摘出物), 실험 동물의 사체 등 보건·환경보호상 특별한 관리가 필요하다고 인정되는 폐기물로서 대통령령으로 정하는 폐기물을 말한다.

96 최종처분시설 중 관리형 매립시설의 관리기준에 관한 내용으로 (   )에 옳은 내용은?

> 매립시설 주변의 지하수 검사정 및 빗물·지하수배제시설의 수질검사 또는 해수 수질검사는 해당 매립시설의 사용시작 신고일 2개월 전부터 사용시작 신고일까지의 기간 중에는 (㉠), 사용시작 신고일 후부터는 (㉡) 각각 실시하여야 하며, 검사실적을 매년 (㉢)까지 시·도지사 또는 지방환경관서의 장에게 보고하여야 한다.

① ㉠ 월 1회 이상, ㉡ 분기 1회 이상, ㉢ 1월말
② ㉠ 월 1회 이상, ㉡ 반기 1회 이상, ㉢ 12월말
③ ㉠ 월 2회 이상, ㉡ 분기 1회 이상, ㉢ 1월말
④ ㉠ 월 2회 이상, ㉡ 반기 1회 이상, ㉢ 12월말

97 폐기물관리법에 적용되지 않는 물질의 기준으로 틀린 것은?

① 하수도법에 따른 하수
② 용기에 들어 있지 아니한 기체상태의 물질
③ 원자력법에 따른 방사성물질과 이로 인하여 오염된 물질
④ 물환경보전법에 따른 오수·분뇨

해설 「하수도법」에 따른 하수·분뇨는 적용되지 아니한다.

98 위해의료폐기물의 종류 중 시험·검사 등에 사용된 배양액, 배양용기, 보관균주, 폐시험관, 슬라이드, 커버글라스, 폐배지, 폐장갑이 해당하는 폐기물 분류는?

① 생물·화학폐기물
② 손상성폐기물
③ 병리계폐기물
④ 조직물류 폐기물

해설 병리계폐기물 : 시험·검사 등에 사용된 배양액, 배양용기, 보관균주, 폐시험관, 슬라이드, 커버글라스, 폐배지, 폐장갑

99 생활폐기물배출자는 특별자치시, 특별자치도, 시·군·구의 조례로 정하는 바에 따라 스스로 처리할 수 없는 생활폐기물을 종류별, 성질·상태별로 분리하여 보관 하여야 한다. 이를 위반한 자에 대한 과태료 부과 기준은?

① 100만원 이하의 과태료
② 200만원 이하의 과태료
③ 300만원 이하의 과태료
④ 500만원 이하의 과태료

정답 96.① 97.① 98.③ 99.①

100 폐기물처리시설의 종류에 따른 분류가 틀리게 짝지어진 것은?

① 용융시설(동력 7.5kW 이상인 시설로 한정한다.) - 기계적 처분시설 - 중간처분시설
② 사료화시설(건조에 의한 사료화시설은 제외) - 생물학적 처분시설 - 중간처분시설
③ 관리형매립시설(침출수처리시설, 가스 소각·발전·연료화 시설 등 부대시설을 포함한다.) - 매립시설 - 최종처분시설
④ 열분해시설(가스화시설을 포함한다.) - 소각시설 - 중간처분시설

해설 사료화 시설(건조에 의한 사료화 시설을 포함한다)

정답 100.②

2019년 제4회 폐기물처리 산업기사 [9월 21일 시행]

1과목 폐기물개론

01 지정폐기물과 관련된 설명으로 알맞은 것은?

① 모든 폐유기용제는 지정폐기물이다.
② 폐촉매 중에 코발트가 다량 포함되면 지정폐기물이다.
③ 기름성분(엔진오일, 폐식용유 등)을 5%이상 함유하면 지정폐기물이다.
④ 6가크롬을 다량 함유하고 고형물함량이 5% 미만인 도금공장 발생 공정오니는 지정폐기물이다.

해설 정답없음
· 폐유기용제는 할로겐족(환경부령으로 정하는 물질 또는 이를 함유한 물질로 한정한다), 그 밖의 폐유기용제(가목 외의 유기용제를 말한다)
· 폐촉매(환경부령으로 정하는 물질을 함유한 것으로 한정한다)
· 폐유[기름성분을 5퍼센트 이상 함유한 것을 포함하며, 폴리클로리네이티드비페닐(PCBs)함유 폐기물, 폐식용유와 그 잔재물, 폐흡착제 및 폐흡수제는 제외한다]
· 오니류(수분함량이 95퍼센트 미만이거나 고형물함량이 5퍼센트 이상인 것으로 한정한다)

02 폐기물 발생량 및 성상예측 시 고려되어야 할 인자가 아닌 것은?

① 소득수준 ② 자원회수량
③ 사용연료 ④ 지역습도

03 우리나라 쓰레기의 배출특성에 대한 설명으로 가장 거리가 먼 것은?

① 계절적 변동이 심하다.
② 쓰레기의 발열량이 높다.
③ 음식물 쓰레기 조성이 높다.
④ 수분과 회분함량이 많다.

해설 쓰레기의 발열량이 낮다.

04 자력선별에서 사용하는 자력의 단위는?

① emf ② mV(미리 볼트)
③ T(테슬라) ④ F(파라데이)

05 채취한 쓰레기 시료에 대한 성상분석 절차는?

① 밀도 측정→물리적 조성→건조→분류
② 밀도 측정→물리적 조성→분류→건조
③ 물리적 조성→밀도 측정→건조→분류
④ 물리적 조성→밀도 측정→분류→건조

해설 밀도측정 → 물리적 조성분석 → 건조 → 분류(가연, 불연성) → 절단 및 분쇄 → 화학적 조성분석

06 물질회수를 위한 선별방법 중 손선별에 관한 설명으로 옳지 않은 것은?

① 컨베이어 벨트를 이용하여 손으로 종이류, 플라스틱류, 금속류, 유리류 등을 분류한다.
② 작업효율은 0.5ton/man·hr 정도이다.
③ 컨베이어 벨트의 속도는 일반적으로 약 9m/min 이하이다.

정답 01.정답없음 02.④ 03.② 04.③ 05.① 06.④

④ 정확도가 떨어지고 폭발로 인한 위험에 노출되는 단점이 있다.

해설 손선별은 정확도가 높고 유입전 폭발로 인한 위험 물질을 분류할 수 있는 장점이 있다.

07 인구 3800명인 도시에서 하루동안 발생되는 쓰레기를 수거하기 위하여 용량 8m³인 청소 차량이 5대, 1일 2회 수거, 1일 근무시간이 8시간인 환경미화원이 5명 동원된다. 이 쓰레기의 적재밀도가 0.3ton/m³일 때 MHT값(man·hour/ton)은? (단, 기타 조건은 고려하지 않음)

① 1.38 ② 1.42
③ 1.67 ④ 1.83

해설 MHT

$= \dfrac{1일평균수거인부수(5man) \times 1일\ 작업시간(8hr)}{1일평균폐기물발생량 8m^3 \times 5대 \times 2회 \times 0.3ton/m^3}$

$= 1.66$

08 쓰레기 수거능을 판별할 수 있는 MHT라는 용어에 대한 가장 적절한 표현은?

① 수거인부 1인이 수거하는 쓰레기 톤수
② 수거인부 1인이 시간당 수거하는 쓰레기 톤수
③ 1톤의 쓰레기를 수거하는데 소요되는 인부수
④ 1톤의 쓰레기를 수거하는데 수거인부 1인이 소요하는 총시간

09 파이프라인을 이용한 쓰레기 수송방법에 대한 설명으로 가장 거리가 먼 것은?

① 쓰레기 발생밀도가 낮은 곳에서 현실성이 있다.
② 잘못 투입된 물건을 회수하기가 곤란하다.
③ 조대쓰레기는 파쇄, 압축 등의 전처리가 필요하다.
④ 2.5km 이상의 장거리에서는 이용이 곤란하다.

해설 쓰레기 발생밀도가 높은 곳에서 현실성이 있다.

10 분석을 위하여 축소, 분쇄, 균질 등의 목적으로 하는 시료의 축소방법 중 원추4분법이 가장 많이 사용되는 이유로서 가장 적합한 것은?

① 원추를 쌓기 때문이다.
② 축소비율이 일정하기 때문이다.
③ 한 번의 조작으로 시료가 축소되기 때문이다.
④ 타 방법들이 공인되지 않았기 때문이다.

11 쓰레기의 입도를 분석하였더니 입도누적곡선 상의 10%(D_{10}), 30%(D_{30}), 60%(D_{60}), 90%(D_{90})의 입경이 각각 2, 6, 15, 25mm이라면 곡률계수는?

① 15 ② 7.5
③ 2.0 ④ 1.2

해설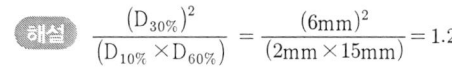

12 폐기물 처리방법 중 에너지 혹은 자원회수 방법으로 가장 비경제적인 것은?

① 퇴비화   ② 열 분해
③ 혐기성 소화 ④ 호기성 소화

13 트롬멜 스크린의 선별효율에 영향을 주는 인자가 아닌 것은?

① 체의 눈 크기 ② 트롬멜 무게
③ 경사도 ④ 회전속도(rpm)

정답 07.③ 08.④ 09.① 10.② 11.④ 12.④ 13.②

14 도시의 인구가 50000명이고 분뇨의 1인 1일당 발생량은 1.1L이다. 수거된 분뇨의 BOD농도를 측정하였더니 60000mg/L이었고, 분뇨의 수거율이 30%라고 할 때 수거된 분뇨의 1일 발생 BOD량(kg)은?(단, 분뇨의 비중=1.0 기준)

① 790 ② 890
③ 990 ④ 1190

해설 BOD(kg)
=50000명×1.1L×60000mg/L×10kg^{-6}×0.3
=990kg

15 함수율이 25%인 폐기물의 고형물 중의 가연성 함량은 30%이다. 건조중량기준의 가연성물질 함량(%)은?

① 20% ② 30%
③ 40% ④ 50%

해설 고형물 75%, 가연성 물질 75×0.3=22.5
∴ 22.5/75=0.3≒30%

16 우리나라에서 가장 많이 발생하는 사업장 폐기물(지정폐기물)은?

① 분진
② 폐알카리
③ 폐유 및 폐유기용제
④ 폐합성 고분자화합물

17 수거효율을 결정하기 위해서 흔히 사용되는 동적시간조사(time-motion study)를 통한 자료와 가장 거리가 먼 것은?

① 수거차량당 수거인부수
② 수거인부의 시간당 수거 가옥수
③ 수거인부의 시간당 수거톤수
④ 수거톤당 인력 소요시간

18 가연분 함량을 구하는 식으로 옳은 것은?

① 가연분(%)=100-불연성물질(%)-가연성물질(%)
② 가연분(%)=100-시료무게(%)-회분(%)
③ 가연분(%)=100-수분(%)-회분(%)
④ 가연분(%)=100-분자량(%)-회분(%)

19 함수율 80%인 슬러지 500g을 완전건조 시켰을 때 건조된 슬러지의 중량(g)은?(단, 슬러지의 비중=1.0)

① 100 ② 200
③ 300 ④ 400

해설 건조된 슬러지
= 쓰레기의 시료량(kg)× $\frac{100-함수율(\%)}{100}$

건조된 슬러지 = $500g × \frac{100-80\%}{100}$ =100g

20 연질플라스틱과 종이류가 혼합된 폐기물을 파쇄하는데 효과적이고, 파쇄속도가 느리고 이물질의 혼입에 대해 취약하지만 파쇄물의 크기를 고르게 절단할 수 있는 파쇄기는?

① 전단파쇄기 ② 충격파쇄기
③ 압축파쇄기 ④ 해머밀

2과목 폐기물처리기술

21 소각로에서 NOx 배출농도가 270ppm, 산소 배출농도가 12%일 때 표준산소(6%)로 환산한 NOx 농도(ppm)는?

① 120 ② 135
③ 162 ④ 450

해설 $C_s = C_a × \frac{21-O_s}{21-O_o}$

$= 270ppm × \frac{21-6\%}{21-12\%} = 450ppm$

정답 14.③ 15.② 16.③ 17.① 18.③ 19.① 20.① 21.④

22 매립지의 침출수 수질을 결정하는 가장 큰 요인은?

① 폐기물의 매립량 ② 폐기물의 조성
③ 매립방법   ④ 강우량

해설 침출수의 수질은 폐기물의 조성, 수량은 강우량에 지배된다.

23 오염된 토양의 처리를 위해 고형화처리 시 토양 1m³ 당 고형화재의 첨가량(kg)은?

① 100   ② 150
③ 200   ④ 250

24 분뇨의 악취발생 물질에 들어가지 않는 것은?

① Skatole 및 Indole
② CH_4와 CO_2
③ NH_3와 H_2S
④ R-SH

해설 악취발생 물질에는 CH_3SH, Skatole 및 Indole, NH_3와 H_2S, R-SH 등이 있다.

25 유기물(포도당, $C_6H_{12}O_6$) 1kg을 혐기성소화 시킬 때 이론적으로 발생되는 메탄량(kg)은?

① 약 0.09   ② 약 0.27
③ 약 0.73   ④ 약 0.93

해설 $C_6H_{12}O_6 \rightarrow 3CH_4 + 3CO_2$
180kg : 3×16kg
1kg : x   ∴ x = 0.27kg

26 효과적으로 퇴비화를 진행시키기 위한 가장 직접적인 중요 인자는?

① 온도   ② 함수율
③ 교반 및 공기공급 ④ C/N비

27 폐산의 처리 방법 중 배소법에 관한 설명은?

① 폐염산을 고온로 내로 공급하여 수분의 증발, 염화철의 분해를 이용하여 생성되는 염화수소를 염산으로 회수하는 방법
② 폐산 중에 쇠부스러기를 가해서 반응시켜 황산철로 한 후 냉각시켜 $FeSO_4 \cdot 7H_2O$를 분리하는 방법
③ 농황산을 농축하여 30~97%의 황산을 회수하여 황산철 1수염을 정출 분리하는 방법
④ 폐산을 냉각하여 염을 석출 분리하는 방법

28 분뇨를 혐기성 소화방식으로 처리하기 위하여 직경 10m, 높이 6m의 소화조를 시설하였다. 분뇨주입량을 1일 24m³으로 할 때 소화조 내 체류시간(day)은?

① 약 10   ② 약 15
③ 약 20   ④ 약 25

해설 $t = \dfrac{V}{Q}$ ∴ $\dfrac{\frac{\pi}{4} \times 10^2 \times 6m}{24m^3} = 19.6 day$

29 연직 차수막 공법의 종류와 가장 거리가 먼 것은?

① 강널말뚝
② 어스 라이닝
③ 굴착에 의한 차수시트 매설법
④ 어스 댐 코아

해설 연직 차수막 공법의 종류로는 어스 댐 코아, 강널말뚝, 차수시설 등이 있다.

정답 22.② 23.② 24.② 25.② 26.④ 27.① 28.③ 29.②

30 유해 폐기물을 고화 처리하는 방법 중 피막 형성법에 관한 설명으로 옳지 않은 것은?

① 낮은 혼합률(MR)을 가진다.
② 에너지 소요가 작다.
③ 화재 위험성이 있다.
④ 침출성이 낮다.

해설 에너지 소요가 크다.

31 매립지 위치선정 시 적당한 곳은?

① 홍수범람지역　② 습지대
③ 단층지역　　　④ 지하수위 낮은 곳

32 함수율 99%의 잉여슬러지 30m³를 농축하여 함수율 95%로 했을 때 슬러지 부피(m³)는?(단, 비중=1.0기준)

① 10　　② 8
③ 6　　 ④ 4

해설 $30m^3(100-99) = x(100-95)$　∴ $x = 6m^3$

33 다음 중 열회수시설이 아닌 것은?

① 절탄기　② 과열기
③ SCR　　④ 공기예열기

해설 열회수시설

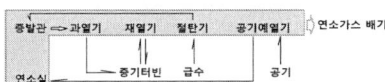

34 비정상적으로 작동하는 소화조에 석회를 주입하는 이유는?

① 유기산균을 증가시키기 위해
② 효소의 농도를 증가시키기 위해
③ 칼슘 농도를 증가시키기 위해
④ pH를 높이기 위해

35 처리용량이 20kL/day인 분뇨처리장에 가스 저장탱크를 설계하고자 한다. 가스 저류기간을 3hr로 하고 생성가스량을 투입량의 8배로 가정한다면 가스탱크의 용량(m³)은?(단, 비중=1.0기준)

① 20　　② 60
③ 80　　④ 120

해설 $\dfrac{20kL/day}{24hr} \times 3hr \times 8배 = 20m^3$

36 슬러지를 최종 처분하기 위한 가장 합리적인 처리공정 순서는?

A : 최종처분, B : 건조, C : 개량,
D : 탈수, E : 농축,
F : 유기물 안정화(소화)

① E - F - D - C - B - A
② E - D - F - C - B - A
③ E - F - C - D - B - A
④ E - D - C - F - B - A

37 매립지의 구분방법으로 옳지 않은 것은?

① 매립구조에 따라 혐기성, 혐기성위생, 개량 혐기성위생, 준호기성, 호기성 매립으로 구분한다.
② 매립방법에 따라 불량, 친환경, 안전매립으로 구분한다.
③ 매립위치에 따라 육상, 해안매립으로 구분한다.
④ 위생매립(Cell 공법)은 도랑식, 경사식, 지역식 매립으로 구분한다.

해설 폐기물 매립 방법에 따라 단순매립, 위생매립, 안전매립 등으로 나눌 수 있다.

38 슬러지에서 고액분리 약품이 아닌 것은?
① 알루미늄염 ② 염소
③ 철염 ④ 석회카바이트

39 메탄올(CH_3OH) 8kg을 완전 연소하는데 필요한 이론공기량(Sm^3)은?(단, 표준상태)
① 35 ② 40
③ 45 ④ 50

해설 $CH_3OH + 1.5O_2 \rightarrow CO_2 + 2H_2O$
32kg : 1.5×22.4Sm^3 = 8kg : X
X=8.4Sm^3
이론공기량 = 8.4/0.21 = 40Sm^3

40 매립지에서 최소한의 환기설비 또는 가스대책설비를 계획하여야 하는 경우와 가장 거리가 먼 것은?
① 발생가스의 축적으로 덮개설비에 손상이 갈 우려가 있는 경우
② 식물 식생의 과다로 지중 가스 축적이 가중되는 경우
③ 유독가스가 방출될 우려가 있는 경우
④ 매립지 위치가 주변개발지역과 인접한 경우

3과목 폐기물공정시험기준(방법)

41 유도결합플라스마-원자발광분광법에 의한 카드뮴 분석방법에 관한 설명으로 틀린 것은?
① 정량범위는 사용하는 장치 및 측정조건에 따라 다르지만 330nm에서 0.004~0.3mg/L정도이다.
② 아르곤가스는 액화 또는 압축 아르곤으로서 99.99V/V% 이상의 순도를 갖는 것이어야 한다.
③ 시료용액의 발광강도를 측정하고 미리 작성한 검정곡선으로부터 카드뮴의 양을 구하여 농도를 산출한다.
④ 검정곡선 작성 시 카드뮴 표준용액과 질산, 염산, 정제수가 사용된다.

해설 유도결합플라스마-원자발광분광법에 의한 카드뮴 분석방법의 정량범위는 226.5nm에서 0.004~ 50mg/L정도이다.

42 기체크로마토그래피법에 사용되고 있는 전자포획형 검출기(ECD)로 선택적으로 검출할 수 있는 물질이 아닌 것은?
① 유기할로겐화합물 ② 니트로화합물
③ 유기금속화합물 ④ 유황화합물

해설 전자포획검출기(ECD, electron capture detector)는 방사선 동위원소(^{63}Ni, ^{3}H 등)로부터 방출되는 β선이 운반기체를 전리하여 미소전류를 흘려보낼 때 시료 중의 할로겐이나 산소와 같이 전자포획력이 강한 화합물에 의하여 전자가 포획되어 전류가 감소하는 것을 이용하는 방법으로 유기할로겐화합물, 나이트로화합물 및 유기금속화합물을 선택적으로 검출할 수 있다.

43 시안(CN)을 자외선/가시선분광법으로 분석할 때 시안(CN)이온을 염화시안으로 하기 위해 사용하는 시약은?
① 염산 ② 클로라민-T
③ 염화나트륨 ④ 염화제2철

44 원자흡수분광분석 시 장치나 불꽃의 성질에 기인하여 일어나는 간섭으로 옳은 것은?
① 분광학적 간섭 ② 물리적 간섭
③ 화학적 간섭 ④ 이온화 간섭

정답 38.② 39.② 40.② 41.① 42.④ 43.② 44.①

45 원자흡수분광광도법에서 사용되는 불꽃의 용도는?

① 원자의 여기화(Excitation)
② 원자의 증기화(Vaporization)
③ 원자의 이온화(Ionization)
④ 원자화(Atomization)

46 다음 설명하는 시료의 분할채취방법은?

> · 분쇄한 대시료를 단단하고 깨끗한 평면 위에 원추형으로 쌓는다.
> · 원추를 장소를 바꾸어 다시 쌓는다.
> · 원추에서 일정량을 취하여 장방형으로 도포하고 계속해서 일정량을 취하여 그 위에 입체로 쌓는다.
> · 육면체의 측면을 교대로 돌면서 균등량 씩을 취하여 두 개의 원추를 쌓는다.
> · 하나의 원추는 버리고 나머지 원추를 앞의 조작을 반복하면서 적당한 크기까지 줄인다.

① 구획법   ② 교호삽법
③ 원추 4분법   ④ 분할법

47 원자흡수분광광도법으로 크롬을 정량할 때 전처리조작으로 $KMnO_4$를 사용하는 목적은?

① 철이나 니켈금속 등 방해물질을 제거하기 위하여
② 시료 중의 6가 크롬을 3가 크롬으로 환원하기 위하여
③ 시료 중의 3가 크롬을 6가 크롬으로 산화하기 위하여
④ 디페닐키르바지드와 반응성을 높이기 위하여

48 이물질이 들어가거나 또는 내용물이 손실되지 아니하도록 보호하는 용기는?

① 밀폐용기   ② 기밀용기
③ 밀봉용기   ④ 차광용기

해설 "밀폐용기"라 함은 취급 또는 저장하는 동안에 이물질이 들어가거나 또는 내용물이 손실되지 아니하도록 보호하는 용기를 말한다.

49 용액 100g 중 성분용량(mL)을 표시하는 것은?

① W/V%   ② V/V%
③ V/W%   ④ W/W%

50 폐기물 공정시험방법의 총칙에서 규정하고 있는 사항 중 옳지 않은 것은?

① 온도의 영향이 있는 것의 판정은 표준온도를 기준으로 한다.
② 방울수라 함은 20℃에서 정제수 20방울을 적하할 때 그 부피가 약 1mL가 되는 것을 말한다.
③ 액상 폐기물이라 함은 고형물의 함량이 10% 미만인 것을 말한다.
④ 약이라 함은 기재된 양에 대하여 ±10% 이상의 차가 있어서는 안 된다.

해설 "액상폐기물"이라 함은 고형물의 함량이 5% 미만인 것을 말한다.

51 수은을 원자흡수분광광도법(환원기화법)으로 측정할 때 정밀도(RSD)는?

① ±10%   ② ±15%
③ ±20%   ④ ±25%

정답 45.② 46.② 47.③ 48.① 49.③ 50.③ 51.④

52 수산화나트륨(NaOH) 10g을 정제수 500mL에 용해시킨 용액의 농도(N)는?(단, 나트륨 원자량=23)

① 0.5　　② 0.4
③ 0.3　　④ 0.2

해설　$N = \dfrac{\text{용질 무게}}{\text{분자량/가}} = \dfrac{10g}{0.5L} \Big| \dfrac{1}{40g} = 0.5N$

53 석면(편광현미경법)의 시료 채취 양에 관한 내용으로 (　)에 옳은 것은?

> 시료의 양은 1회에 최소한 면적단위로는 1cm², 부피단위로는 1cm³, 무게단위로는 (　) 이상 채취한다.

① 1g　　② 2g
③ 3g　　④ 4g

54 총칙에서 규정하고 있는 '함침성 고상폐기물'의 정의로 옳은 것은?

① 종이, 목재 등 수분을 흡수하는 변압기 내부 부재(종이, 나무와 금속이 서로 혼합되어 분리가 어려운 경우를 포함)를 말한다.
② 종이, 목재 등 수분을 흡수하는 변압기 내부 부재(종이, 나무와 금속이 서로 혼합되어 분리가 어려운 경우는 제외)를 말한다.
③ 종이, 목재 등 기름을 흡수하는 변압기 내부 부재(종이, 나무와 금속이 서로 혼합되어 분리가 어려운 경우를 포함)를 말한다.
④ 종이, 목재 등, 기름을 흡수하는 변압기 내부 부재(종이, 나무와 금속이 서로 혼합되어 분리가 어려운 경우는 제외)를 말한다.

55 자외부 파장범위에서 일반적으로 사용하는 흡수셀의 재질은?

① 유리　　② 석영
③ 플라스틱　　④ 백금

56 강열감량 시험에서 얻어진 다음 데이터로부터 구한 강열감량(%)은?

> · 접시무게(W_1)=30.5238g
> · 접시와 시료의 무게(W_2)=58.2695g
> · 강열, 방랭 후 접시와 시료의 무게(W_3)=43.3767g

① 43.68　　② 53.68
③ 63.68　　④ 73.68

해설　강열감량(%) $= \dfrac{W_2 - W_3}{W_2 - W_1} \times 100$

$= \dfrac{58.2695g - 43.3767g}{58.2695g - 30.5238g} \times 100 = 53.68\%$

57 4℃의 물 500mL에 순도가 75%인 시약용 납을 5mg을 녹였을 때 용액의 납 농도(ppm)는?

① 2.5　　② 5.0
③ 7.5　　④ 10.0

해설　$\dfrac{1}{0.5L} \Big| \dfrac{5mg}{} \Big| \dfrac{0.75}{} = 7.5mg/L$

정답　52.①　53.②　54.③　55.②　56.②　57.③

58 시료 채취방법에 관한 내용 중 틀린 것은?

① 시료의 양은 1회에 100g 이상 채취한다.
② 채취된 시료는 0~4℃ 이하의 냉암소에서 보관하여야 한다.
③ 폐기물이 적재되어 있는 운반차량에서 현장 시료를 채취할 경우에는 적재 폐기물의 성상이 균일하다고 판단되는 깊이에서 현장 시료를 채취한다.
④ 대형의 콘크리트 고형화물로써 분쇄가 어려운 경우 같은 성분의 물질로 대체할 수 있다.

해설 대형의 콘크리트 고형화물로써 분쇄가 어려운 경우, 임의의 5개소에서 채취하여 각각 파쇄하여 100g씩 균등양을 혼합하여 채취한다.

59 기체크로마토그래프-질량분석법에 따른 유기인 분석방법을 설명한 것으로 틀린 것은?

① 운반기체는 부피백분율 99.999% 이상의 헬륨을 사용한다.
② 질량분석기는 자기장형, 사중극자형 및 이온 트랩형 등의 성능을 가진 것을 사용한다.
③ 질량분석기의 이온화방식은 전자충격법(EI)을 사용하며 이온화에너지는 35~70eV을 사용한다.
④ 질량분석기의 정량분석에는 메트릭스 검출법을 이용하는 것이 바람직하다.

해설 정량분석에는 선택이온검출법(SIM, selected ion monitoring)을 이용하는 것이 바람직하다.

60 폐기물공정시험기준 중 성상에 따른 시료 채취방법으로 가장 거리가 먼 것은?

① 폐기물 소각시설 소각재란 연소실 바닥을 통해 배출되는 바닥재와 폐열보일러 및 대기오염 방지시설을 통해 배출되는 비산재를 말한다.
② 공정상 소각재에 물을 분사하는 경우를 제외하고는 가급적 물을 분사한 후에 시료를 채취한다.
③ 비산재 저장조의 경우 낙하구 밑에서 채취하고, 운반차량에 적재된 소각재는 적재차량에서 채취하는 것을 원칙으로 한다.
④ 회분식 연소방식 반출설비에서 채취하는 소각재는 하루 동안의 운전 횟수는 따라 매 운전시마다 2회 이상 채취하는 것을 원칙으로 한다.

해설 공정상 비산방지나 냉각을 목적으로 소각재에 물을 분사하는 경우를 제외하고는 가급적 물을 분사하기 전에 시료를 채취한다. 다만 부득이하게 수분이 함유된 상태에서 시료를 채취할 경우에는 가능한 한 수분함량이 적게 되도록 채취한다.

4과목 폐기물관계법규

61 다음 용어에 대한 설명으로 틀린 것은?

① "재활용"이란 에너지를 회수하거나 회수할 수 있는 상태로 만들거나 폐기물을 연료로 사용하는 활동으로서 환경부령으로 정하는 활동
② "지정폐기물"이란 사업장폐기물 중 폐유·폐산 등 주변 환경을 오염시킬 수 있거나 의료폐기물 등 인체에 위해를 줄 수 있는 해로운 물질로서 대통령령으로 정하는 폐기물
③ "폐기물처리시설"이란 폐기물의 중간처분시설 및 최종처분시설로서 대통령령으로 정하는 시설
④ "폐기물감량화시설"이란 생산 공정에서 발생하는 폐기물의 양을 줄이고, 사업

정답 58.④ 59.④ 60.② 61.③

장 내 재활용을 통하여 폐기물 배출을 최소화하는 시설로서 대통령령으로 정하는 시설

> 해설 "폐기물처리시설"이란 폐기물의 중간처분시설, 최종처분시설 및 재활용시설로서 대통령령으로 정하는 시설을 말한다.

62 폐기물처리업자 등이 보전하여야 하는 폐기물 발생, 배출, 처리상황 등에 관한 내용을 기록한 장부의 보존 기간(최종기재일 기준)으로 옳은 것은?

① 1년　　② 2년
③ 3년　　④ 5년

63 환경부장관이나 시·도지사로부터 과징금 통지를 받은 자는 통지를 받은 날부터 며칠 이내에 과징금을 부과권자가 정하는 수납기간에 납부하여야 하는가?

① 15일　　② 20일
③ 30일　　④ 60일

64 시·도지사가 폐기물처리 신고자에게 처리금지 명령을 하여야 하는 경우, 천재지변이나 그 밖의 부득이한 사유로 해당 폐기물처리를 계속하도록 할 필요가 인정되는 경우에 그 처리금지를 갈음하여 부과할 수 있는 과징금의 최대 액수는?

① 2천만원　　② 5천만원
③ 1억원　　　④ 2억원

65 1회용품의 품목이 아닌 것은?

① 1회용 컵　　② 1회용 면도기
③ 1회용 물티슈　④ 1회용 나이프

66 폐기물 통계 조사 중 폐기물 발생원 등에 관한 조사의 실시 주기는?

① 3년　　② 5년
③ 7년　　④ 10년

67 주변지역 영향 조사대상 폐기물처리시설에 관한 기준으로 옳은 것은?

① 1일 처리능력 30톤 이상인 사업장 폐기물 소각시설
② 1일 처리능력 10톤 이상인 사업장 폐기물 고온소각시설
③ 매립면적 1만 제곱미터 이상의 사업장 지정폐기물 매립시설
④ 매립면적 3만 제곱미터 이상의 사업장 일반폐기물 매립시설

68 폐기물의 국가간 이동 및 그 처리에 관한 법률은 폐기물의 수출·수입 등을 규제함으로써 폐기물의 국가간 이동으로 인한 환경오염을 방지하고자 제정되었는데, 관련된 국제적인 협약은?

① 기후변화협약　② 바젤협약
③ 몬트리올의정서　④ 비엔나협약

69 폐기물 처리업의 업종구분과 영업내용의 범위를 벗어나는 영업을 한 자에 대한 벌칙 기준은?

① 1년 이하의 징역이나 1천만원 이하의 벌금
② 2년 이하의 징역이나 2천만원 이하의 벌금
③ 3년 이하의 징역이나 3천만원 이하의 벌금
④ 5년 이하의 징역이나 5천만원 이하의 벌금

정답　62.③　63.②　64.①　65.③　66.②　67.③　68.②　69.②

70 폐기물관리법에 적용되지 아니하는 물질에 대한 기준으로 틀린 것은?

① 물환경보전법에 따른 수질 오염 방지시설에 유입되거나 공공수역으로 배출되는 폐수
② 원자력안전법에 따른 방사성 물질과 이로 인하여 오염된 물질
③ 용기에 들어 있는 기체상태의 물질
④ 하수도법에 따라 하수·분뇨

해설 용기에 들어 있지 아니한 기체상태의 물질

71 환경부령으로 정하는 매립시설의 검사기관으로 틀린 것은?

① 한국건설기술연구원
② 한국환경공단
③ 한국농어촌공사
④ 한국산업기술시험원

72 방치폐기물의 처리기간에 대한 내용으로 ( )에 옳은 내용은?(단, 연장 기간은 고려하지 않음)

> 환경부장관이나 시·도지사는 폐기물처리 공제조합에 방치폐기물의 처리를 명하려면 주변 환경의 오염우려 정도와 방치 폐기물의 처리량 등을 고려하여 ( ) 범위에서 그 처리기간을 정하여야 한다.

① 3개월　　② 2개월
③ 1개월　　④ 15일

73 폐기물처리업의 변경허가를 받아야 할 중요 사항에 관한 내용으로 틀린 것은?

① 매립시설 제방의 증·개축
② 허용보관량의 변경
③ 임시차량의 증차 또는 운반차량의 감차
④ 주차장 소재지의 변경(지정폐기물을 대상으로 하는 수집·운반업만 해당한다.)

74 폐기물 처분시설 또는 재활용시설 중 의료폐기물을 대상으로 하는 시설의 기술관리인 자격으로 틀린 것은?

① 위생사
② 임상병리사
③ 산업위생지도사
④ 폐기물처리산업기사

75 변경허가를 받지 아니하고 폐기물처리업의 허가사항을 변경한 자에게 주어진 벌칙은?

① 2년 이하의 징역 또는 2천만원 이하의 벌금
② 3년 이하의 징역 또는 3천만원 이하의 벌금
③ 5년 이하의 징역 또는 5천만원 이하의 벌금
④ 7년 이하의 징역 또는 7천만원 이하의 벌금

정답 70.③　71.④　72.②　73.③　74.③　75.②

76 지정폐기물(의료폐기물은 제외) 보관창고에 설치해야 하는 지정폐기물의 종류, 보관가능 용량, 취급 시 주의사항 및 관리책임자 등을 기재한 표지판 표지의 규격 기준은? (단, 드럼 등 소형용기에 붙이는 경우 제외)

① 가로 60cm 이상×세로 40cm 이상
② 가로 80cm 이상×세로 60cm 이상
③ 가로 100cm 이상×세로 80cm 이상
④ 가로 120cm 이상×세로 100cm 이상

77 대통령령으로 정하는 폐기물처리시설을 설치 운영하는 자 중에 기술관리인을 임명하지 아니하고 기술관리 대행 계약을 체결하지 아니한 자에 대한 과태료 처분기준은?

① 1천만원 이하 ② 5백만원 이하
③ 3백만원 이하 ④ 2백만원 이하

78 환경부령으로 정하는 폐기물처리시설의 설치를 마친 자는 환경부령으로 정하는 검사기관으로부터 검사를 받아야 한다. 음식물류 폐기물 처리시설의 검사기관으로 옳은 것은?(단, 그 밖에 환경부장관이 정하여 고시하는 기관 제외)

① 한국산업연구원 ② 보건환경연구원
③ 한국농어촌공사 ④ 한국환경공단

79 의료폐기물 보관의 경우 보관창고, 보관장소 및 냉장시설에는 보관 중인 의료폐기물의 종류, 양 및 보관기간 등을 확인할 수 있는 의료폐기물 보관 표지판을 설치하여야 한다. 이 표지판 표지의 색깔로 옳은 것은?

① 노란색 바탕에 검은색 선과 검은색 글자
② 노란색 바탕에 녹색 선과 녹색 글자
③ 흰색 바탕에 검은색 선과 검은색 글자
④ 흰색 바탕에 녹색 선과 녹색 글자

80 사업장폐기물의 발생억제를 위한 감량지침을 지켜야 할 업종과 규모로 (   )에 맞는 것은?

> 최근 (㉠)간의 연평균 배출량을 기준으로 지정폐기물을 (㉡) 이상 배출하는 자

① ㉠ 1년, ㉡ 100톤
② ㉠ 3년, ㉡ 100톤
③ ㉠ 1년, ㉡ 500톤
④ ㉠ 3년, ㉡ 500톤

정답 76.① 77.① 78.④ 79.④ 80.②

2020년 제1·2회 폐기물처리 기사 [6월 7일 시행]

1과목 폐기물개론

01 원소분석에 의한 듀롱의 발열량 계산식은?

① H_ℓ(kcal/kg)=81C+242.5(H−O/8)+ 32.5S −9(9H+W)
② H_ℓ(kcal/kg)=81C+242.5(H−O/8)+ 22.5S −9(9H+W)
③ H_ℓ(kcal/kg)=81C+342.5(H−O/8)+ 32.5S −6(6H+W)
④ H_ℓ(kcal/kg)=81C+342.5(H−O/8)+ 22.5S −6(9H+W)

해설

$$H_h(\text{kcal/kg}) = 81C + 340(H - \frac{O}{8}) + 25S$$

*여기서, 원소의 단위는 퍼센트농도(%)이다.

02 다음 중 지정폐기물이 아닌 것은?

① pH 1인 폐산
② pH 11인 폐알카리
③ 기름성분 만으로 이루어진 폐유
④ 폐석면

해설 폐알칼리 pH12.5 이상

03 10일 동안의 폐기물 발생량(m³/day)이 다음 표와 같을 때 평균치(m³/day), 표준편차 및 분산계수(%)가 순서대로 옳은 것은?

일	1	2	3	4	5	6	7	8	9	10	계
발생량	34	48	290	61	205	170	120	75	110	90	1203

① 120.3, 91.2, 75.8
② 120.3, 85.6, 71.2
③ 120.3, 80.1, 66.6
④ 120.3, 77.8, 64.7

해설

일	발생량	편차	(편차)²
1	34	−86.3	7447.69
2	48	−72.3	5227.29
3	290	169.7	28798.09
4	61	−59.3	3516.49
5	205	84.7	7174.09
6	170	49.7	2470.09
7	120	−0.3	0.09
8	75	−45.3	2052.09
9	110	−10.3	106.09
10	90	−30.3	918.09
합계	1203	0	57710.1
평균=발생량 합계/개수			120.3
편차=발생량−평균치			상위 참고
분산 = $\frac{1}{개수}\sum(편차)^2$			5771.01
표준편차 = $\sqrt{\frac{(편차)^2합}{n-1}}$			80.1
변동(분산)계수=(표준편차/평균)×100			66.6%
중앙값=여러개 시료의 중앙값 2개/2			−

정답 01.④ 02.② 03.③

04 도시의 연간 쓰레기발생량이 14,000,000 ton이고 수거대상 인구가 8,500,000명, 가구당 인원은 5명, 수거인부는 1일당 12,460명이 작업하며 1명의 인부가 매일 8시간씩 작업할 경우 MHT는?(단, 1년은 365일)

① 1.9 ② 2.1
③ 2.3 ④ 2.6

해설
$$MHT = \frac{1일\ 평균\ 수거\ 인부수 \times 1일\ 작업시간}{1일\ 평균\ 폐기물\ 발생량}$$
$$= \frac{12460\ man \times 8hr}{14000000t/365일} = 2.6$$

05 액주입식 소각로의 장점이 아닌 것은?

① 대기오염 방지시설 이외 재처리 설비가 필요 없다.
② 구동장치가 없어 고장이 적다.
③ 운영비가 적게 소요되며 기술개발 수준이 높다.
④ 고형분이 있을 경우에도 정상 운영이 가능하다.

해설 고농도 고형분으로 인하여 버너가 막히기 쉽다.

06 집배수관을 덮는 필터재료가 주변에서 유입된 미립자에 의해 막히지 않도록 하기 위한 조건으로 옳은 것은?(단, D_{15}, D_{85}는 입경누적 곡선에서 통과한 중량의 백분율로 15%, 85%에 상당하는 입경)

① $\dfrac{D_{15}(필터재료)}{D_{85}(주변토양)} < 5$

② $\dfrac{D_{15}(필터재료)}{D_{85}(주변토양)} > 5$

③ $\dfrac{D_{15}(필터재료)}{D_{85}(주변토양)} < 2$

④ $\dfrac{D_{15}(필터재료)}{D_{85}(주변토양)} > 2$

해설 흙의 입도분포로서, 토양 D_{85}가 클수록 미세한 입자가 많아서 필터는 막히게 된다.

07 폐기물의 수거 및 운반 시 적환장의 설치가 필요한 경우로 가장 거리가 먼 것은?

① 처리장이 멀리 떨어져 있을 경우
② 저밀도 거주지역이 존재할 때
③ 수거차량이 대형인 경우
④ 쓰레기 수송 비용절감이 필요한 경우

해설 수거차량이 소형인 경우 적환장을 설치한다.

08 1일 1인당 1kg의 폐기물을 배출하고, 1가구당 3인이 살며, 총 가구수가 2821 가구일 때 1주일간 배출된 폐기물의 양(ton)은? (단, 1주일간 7일 배출함)

① 43 ② 59
③ 64 ④ 76

해설 7일간 배출량
=1kg/인·일×3인/가구×2821가구×7일=59톤

09 새로운 쓰레기 수송방법이라 할 수 없는 것은?

① Pipe Line 수송
② Monorail 수송
③ Container 철도수송
④ Dust-Box 수송

해설 쓰레기 수송 방법에는 Pipe-line, monorail, conveyor, container 수송 등이 있다.

정답 04.④ 05.④ 06.① 07.③ 08.② 09.④

10 유기성 폐기물의 퇴비화에 대한 설명으로 가장 거리가 먼 것은?

① 유기성 폐기물을 재활용함으로써 폐기물을 감량화할 수 있다.
② 퇴비로 이용 시 토양의 완충능력이 증가된다.
③ 생산된 퇴비는 C/N비가 높다.
④ 초기 시설 투자비가 일반적으로 낮다.

해설 생산된 퇴비의 C/N비는 낮다.

11 발열량 계산식 중 폐기물 내 산소의 반은 H_2O 형태로 나머지 반은 CO_2의 형태로 전환된다고 가정하여 나타낸 식은?

① Dulong식
② Steuer식
③ Scheure-kestner식
④ 3성분 조성비 이용식

해설 Steuer의 원소분석법
O의 절반은 탄소와 반응하여 CO_2로, 나머지 절반은 수소와 반응하여 H_2O로 전환된다는 가정 하에 발열량을 구하는 식이다.

12 스크린 선별에 관한 설명으로 알맞지 않은 것은?

① 일반적으로 도시폐기물 선별에 진동스크린이 많이 사용된다.
② Post-screening의 경우는 선별효율의 증진을 목적으로 한다.
③ Pre-screening의 경우는 파쇄설비의 보호를 목적으로 많이 이용된다.
④ 트롬멜스크린은 스크린 중에서 선별효율이 좋고 유지관리가 용이하다.

해설 도시폐기물을 입자 크기별로 분류하기 위하여 회전식 원통 스크린(Trommel)을 많이 이용한다.

13 전과정 평가(LCA)의 평가단계 순서로 옳은 것은?

① 목적 및 범위 설정→목록 분석→개선평가 및 해석→영향평가
② 목적 및 범위 설정→목록 분석→영향평가→개선평가 및 해석
③ 목록분석→목적 및 범위 설정→개선평가 및 해석→영향평가
④ 목록분석→목적 및 범위 설정→영향평가→개선평가 및 해석

해설 전과정평가(LCA)의 평가단계 순서
목적 및 범위 설정 → 목록분석 → 영향평가 → 개선평가 및 해석

14 플라스틱 폐기물을 유용하게 재이용할 때 가장 적당하지 않은 이용 방법은?

① 열분해 이용법
② 접촉 산화법
③ 파쇄 이용법
④ 용융고화 재생 이용법

해설 접촉산화법은 침출수를 생물학적으로 처리하는 방법이다.

15 함수율(습윤중량 기준)이 a%인 도시쓰레기를 함수율이 b%(a>b)로 감소시켜 소각시키고자 한다면 함수율 감소 후의 중량은 처음 중량의 몇 %인가?

① $\frac{b}{a} \times 100$
② $\frac{a-b}{a} \times 100$
③ $\frac{100-a}{100-b} \times 100$
④ $(1+\frac{b}{a}) \times 100$

해설 $V_1(100-a) = V_2(100-b)$
∴ 중량% = $\frac{100-a}{100-b} \times 100$

정답 10.③ 11.② 12.① 13.② 14.② 15.③

16 일반폐기물의 관리체계상 가장 먼저 분리해야 하는 폐기물은?

① 재활용물질 ② 유해물질
③ 자원성물질 ④ 난분해성물질

해설 일반폐기물은 유해물질을 가장 먼저 분리한다.

17 우리나라 쓰레기 수거형태 중 효율이 가장 나쁜 것은?

① 타종수거
② 손수레 문전수거
③ 대형쓰레기통수거
④ 컨테이너 수거

해설 수거효율이 가장 좋은 것은 집 밖 이동식 타종수거이다. 문전수거 2.3MHT, 타종수거 0.84MHT, 대형 쓰레기통 수거 1.1MHT

18 물렁거리는 가벼운 물질로부터 딱딱한 물질을 선별하는데 사용하며 경사진 컨베이어를 통해 폐기물을 주입시켜 천천히 회전하는 드럼위에 떨어뜨려 분류하는 것은?

① Stoners
② Secators
③ Conveyor sorting
④ Jigs

해설 Secators은 물렁거리는 가벼운 물질로부터 딱딱한 물질을 선별하는데 사용하는 선별분류법이다.

19 폐기물의 발생원 선별 시 일반적인 고려사항으로 가장 거리가 먼 것은?

① 주민들의 협력과 참여
② 변화하고 있는 주민의 폐기물 저장 습관
③ 새로운 컨테이너, 장비, 시설을 위한 투자
④ 방류수 규제기준

해설 방류수 수질기준은 침출수를 처리 후 방류할 때 허용기준이다.

20 함수율 40%인 폐기물 1톤을 건조시켜 함수율 15%로 만들었을 때 증발된 수분량 (kg)은?

① 약 104 ② 약 254
③ 약 294 ④ 약 324

해설
$V_1(100-P_1) = V_2(100-P_2)$
$1000(100-40) = V_2(100-15)$ ∴ $V_2 = 705.88 kg$
수분 증발량 $= 1000 kg - 705.88 kg = 294 kg$

2과목 폐기물처리기술

21 폐기물 매립지에 소요되는 연직차수막과 표면차수막의 비교설명으로 옳지 않은 것은?

① 연직차수막은 지중에 수직방향의 차수층이 존재하는 경우에 적용한다.
② 표면차수막은 매립지 지반의 투수계수가 큰 경우에 사용되는 방법이다.
③ 표면차수막에 비하여 연직차수막의 단위면적당 공사비는 비싸지만 총공사비는 더 싸다.
④ 연직차수막은 지하수 집배수시설이 불필요하나 표면차수막은 필요하다.

해설 연직차수막의 차수벽은 수평방향 불투수층에 수직 또는 경사방향에 설치한다.

22 혐기성소화에 의한 유기물의 분해단계를 옳게 나타낸 것은?

① 산생성→가수분해→수소생성→메탄생성
② 산생성→수소생성→가수분해→메탄생성

정답 16.② 17.② 18.② 19.④ 20.③ 21.① 22.④

③ 가수분해→수소생성→산생성→메탄생성
④ 가수분해→산생성→수소생성→메탄생성

해설 소화조에서 1단계는 유기물의 가수분해로 유기산이 생성되고, 제2단계는 메탄균에 의해 CH_4 및 CO_2를 생성한다.

23 함수율 97%의 슬러지를 농축하였더니 부피가 처음부피의 1/3로 줄어들었을 때 농축슬러지의 함수율(%)은?(단, 비중은 함수율과 관계없이 1.0으로 동일하다.)

① 95 ② 93
③ 91 ④ 89

해설
$1 \times (100-97) = 1 \times \frac{1}{3}(100-P_2)$ $\therefore P_2 = 91\%$

24 폐기물 매립지의 4단계 분해과정에 대한 설명으로 옳지 않은 것은?

① 1단계 : 호기성 단계로서 며칠 또는 몇 개월 가량 지속되며, 용존산소가 쉽게 고갈된다.
② 2단계 : 혐기성 단계이며 메탄가스가 형성되지 않고 SO_4^{2-}와 NO_3^-가 환원되는 단계이다.
③ 3단계 : 혐기성 단계로 메탄가스와 수소가스 발생량이 증가되고 온도가 약 55℃ 내외로 증가된다.
④ 4단계 : 혐기성 단계로 메탄가스와 이산화탄소 함량이 정상상태로 거의 일정하다.

해설 3단계는 매립지 내부의 온도가 상승하여 약 55℃ 정도까지 올라가고 수소가스는 감소하며 이산화탄소 가스가 발생하여 pH는 저하된다(비정상 혐기성단계). 4단계는 매립가스 내 메탄과 이산화탄소의 함량이 거의 일정하게 유지된다(정상 혐기성 메탄단계).

25 매립지에서 사용하는 열가소성(thermoplastic)합성차수막이 아닌 것은?

① Ethylene propylene diene monomer (EPDM)
② High-density polyethylene(HDPE)
③ Chlorinated polyethylene(CPE)
④ Polyvinyl chloride(PVC)

해설 열경화성 플라스틱에는 EPDM, CR 등이 있다.

26 매립지 바닥 차수막으로서 양이온 교환능 10meq/100g인 점토를 비중 2로 조성하였다면, 점토 차수막물질 $1m^3$에 교환 흡수될 수 있는 Ca^{2+} 이온의 질량(g)은?(단, 원자량 : Ca=40g/mol)

① 1000 ② 2000
③ 3000 ④ 4000

해설
Ca^{2+} $1eq = 40g/2 = 20g$ $meq = 10^{-3}eq$

$\frac{10meq}{100g} | \frac{10^{-3}eq}{meq} | \frac{2}{} | \frac{20g}{eq.Ca^{2+}} | \frac{1m^3}{} | \frac{10^6 g}{m^3} = 4000g$

27 중금속의 토양오염원이 아닌 것은?

① 공장폐수 ② 도시하수
③ 소각장 배연 ④ 지하수

해설 중금속은 산업활동, 광업활동, 폐기물 매립 및 소각, 중금속 함유 하수슬러지 등에서 발생한다.

28 도시가정 쓰레기의 매립 시 유출되는 침출수의 정화시설 운전에 주의할 사항이 아닌 것은?

① BOD:N:P의 비율을 조사하여 생물학적 처리의 문제점을 조사할 것
② 강우상태에 따른 매립장에서의 유출 오수량 조절방안을 강구할 것

정답 23.③ 24.③ 25.① 26.④ 27.④ 28.④

③ 폐수처리 시 거품의 발생과 제거에 대한 방안을 강구할 것
④ 생물학적 처리에 유해한 고농도의 유해 중금속물질 처리를 위한 처리 방안을 조사할 것

해설 도시가정 쓰레기는 고농도 유해중금속물질이 배출되지 않는다.

29 소각처리에 가장 부적합한 폐기물은?
① 폐종이 ② 폐유
③ 폐목재 ④ PVC

해설 PVC는 소각 시 염소, 다이옥신, 퓨란 등의 환경 호르몬 물질을 배출한다.

30 다음은 음식물쓰레기의 혐기성소화에 있어서 메탄발효조의 효과적인 운전조건과 거리가 먼 것은?
① 온도 : 35~37℃
② pH : 7.0~7.8
③ ORP : 100mV
④ 발생가스 : CH_4 60% 이상 유지

해설 혐기성소화의 적정 ORP는 -500~-530mV 이다.

31 희석분뇨의 유량 1,000m³/day, 유입 BOD 250mg/L, BOD제거율 65%일 때, Lagoon의 표면적(m²)은?(단, Lagoon의 수심 5m, 산화속도 K_1=0.53이다.)
① 1000 ② 700
③ 500   ④ 200

해설 $\frac{L_e}{L_o} = \frac{1}{1+k_1 \cdot t}$

L_e (t일 후 BOD) = $250 \times (1-0.65) = 87.5 mg/L$

$\frac{87.5}{250} = \frac{1}{1+0.53 \cdot t}$ ∴ $t = 3.5\,day$

$t = \frac{V}{Q}$ ∴ $V = 3.5\,day \times 1000\,m^3/day = 3500\,m^3$

∴ $A = \frac{3500\,m^3}{5\,m^H} = 700\,m^2$

32 다음 중 유동층 소각로의 특징이 아닌 것은?
① 밑에서 공기를 주입하여 유동매체를 띄운 후 이를 가열시키고 상부에서 폐기물을 주입하여 소각하는 방식이다.
② 내화물을 입힌 가열판, 중앙의 회전축, 일련의 평판상으로 구성되며, 건조영역, 연소영역, 냉각영역으로 구분된다.
③ 생활폐기물은 파쇄 등의 전처리가 필히 요구된다.
④ 기계적 구동부분이 작아 고장율이 낮다.

해설 다단로는 내화물을 입힌 가열판, 중앙의 회전축, 일련의 평판상으로 구성되어 있다.

33 어느 쓰레기 수거차의 적재능력은 15m³ 또는 10톤을 적재할 수 있다. 밀도가 0.6ton/m³인 폐기물 3000m³을 동시에 수거하려 할 때, 필요한 수거차의 대수는? (단, 기타 사항은 고려하지 않음)
① 180대 ② 200대
③ 220대 ④ 240대

해설 수거차 = $3000\,m^3/15\,m^3 = 200$대

34 해안매립공법인 순차투입방법에 대한 설명으로 옳은 것은?
① 밑면이 뚫린 바지선을 이용하여 폐기물을 떨어뜨려 뿌려줌으로써 바닥지반 하중을 균등하게 해준다.
② 외주호안 등에 부가되는 수압이 증대되어 과대한 구조가 되기 쉽다.
③ 수심이 깊은 처분장은 내수를 완전히 배제한 후 순차투입방법을 택하는 경우가 많다.

정답 29.④ 30.③ 31.② 32.② 33.② 34.④

④ 바닥지반이 연약한 경우 쓰레기 하중으로 연약층이 유동하거나 국부적으로 두껍게 퇴적되기도 한다.

해설 순차투입공법은 호안측에서부터 쓰레기를 투입하여 순차적으로 육지화하는 방법이다.

35 호기성 퇴비화공정의 설계 시 운영고려 인자에 관한 설명으로 적합하지 않은 것은?

① 교반/뒤집기 : 공기의 단회로(channeling) 현상 발생이 용이하도록 규칙적으로 교반하거나 뒤집어 준다.
② pH 조절 : 암모니아 가스에 의한 질소 손실을 줄이기 위해서 pH8.5 이상 올라가지 않도록 주의한다.
③ 병원균의 제어 : 정상적인 퇴비화 공정에서는 병원균의 사멸이 가능하다.
④ C/N비 : C/N비가 낮은 경우는 암모니아 가스가 발생한다.

해설 교반은 공기의 단회로 현상을 방지하는데 있다.

36 호기성 퇴비화에 대한 설명으로 옳지 않은 것은?

① 생산된 퇴비의 비료가치가 높다.
② 퇴비 완성 후에 부피감소가 50% 이하로 크지 않다.
③ 퇴비화 과정을 거치면서 병원균, 기생충 등이 사멸된다.
④ 다른 폐기물처리 기술에 비해 고도의 기술수준을 요구하지 않는다.

해설 퇴비의 비료가치는 낮다.

37 매립년한이 10년 이상 경과된 침출수의 특성에 대한 설명으로 옳은 것은?

① BOD/COD : 0.1 미만, COD : 500mg/L 미만
② BOD/COD : 0.1 초과, COD : 500mg/L 초과
③ BOD/COD : 0.5 미만, COD : 10000mg/L 초과
④ BOD/CO : 0.5 초과, COD : 10000mg/L 미만

해설 침출수의 처리공법

매립기간	COD/TOC	BOD/COD	생물학적 처리	역삼투	활성탄	화학적 산화	화학적 침전[석회투입]	이온교환
5년 미만	2.8이상	0.5이상	양호	보통	불량	불량	불량	불량
5-10년	2-2.8	0.1-0.5	보통	양호	보통	보통	보통	보통
10년 이상	2미만	0.1미만	불량	양호	양호	보통	불량	보통

38 유해성 폐기물을 대상으로 침전, 이온교환기술을 적용하기 가장 어려운 것은?

① As ② CN
③ Pb ④ Hg

해설 시안 처리는 일반적으로 알카리염소법을 적용한다.

39 유기성 폐기물의 생물학적 처리 시 화학종속영양계 미생물의 에너지원과 탄소원을 옳게 나열한 것은?

① 유기 산화 환원반응, CO_2
② 무기 산화 환원반응, CO_2
③ 유기 산화 환원반응, 유기탄소
④ 무기 산화 환원반응, 유기탄소

해설 화학종속영양미생물은 탄소원으로 유기물을 에너지원으로 화학에너지를 이용한다.

정답 35.① 36.① 37.① 38.② 39.③

40 퇴비화에 적합한 초기 탄질(C/N)비는 30 내외이다. 탄질비가 15인 음식물 쓰레기를 초기 퇴비화조건으로 조정하고자 할 때 가장 효과적인 물질은?(단, 혼합비율은 무게비율로 1:1이다.)

① 우분 ② 슬러지
③ 낙엽 ④ 도축폐기물

해설 C/N비는 톱밥 510, 나뭇잎 40~80, 음식물 15, 분뇨 10, 활성오니 60이다. C/N비를 높이기 위해서는 높은 것으로 조정한다.

3과목 폐기물소각 및 열회수

41 슬러지를 유동층 소각로에서 소각시키는 경우와 다단로에서 소각시키는 경우의 차이에 대한 설명으로 옳지 않은 것은?

① 유동층 소각로에서는 주입 슬러지가 고온에 의하여 급속히 건조되어 큰 덩어리를 이루면 문제가 일어나게 된다.
② 유동층 소각로에서는 유출모래에 의하여 시스템의 보조기기들이 마모되어 문제점을 일으키기도 한다.
③ 유동층 소각로는 고온영역에서 작동되는 기기가 없기 때문에 다단로보다 유지관리가 용이하다.
④ 유동층 소각로의 연소온도가 다단로의 연소온도보다 높다.

해설 유동층 소각로는 유동매체의 축열량이 높은 관계로 가스의 온도와 과잉공기량이 낮다.

42 열분해 장치의 방식 중 주입폐기물의 입자가 작아야 하고 주입량이 크지 못한 단점과 어떤 종류의 폐기물도 처리가 가능한 장점을 가지는 것으로 가장 적절한 것은?

① 부유상 방식 ② 유동상 방식
③ 다단상 방식 ④ 고정상 방식

해설 열분해 장치는 폐기물에 산소의 공급 없이 가열하여 가스, 액체 및 고체의 3성분으로 분리하는 방법이다.

43 연소실의 운전척도를 나타내는 것이 아닌 것은?

① 공기와 폐기물의 공급비
② 폐기물의 혼합정도
③ 연소가스의 온도
④ Ash의 발생량

44 어떤 폐기물의 원소조성이 다음과 같을 때 연소 시 필요한 이론공기량(kg/kg)은? (단, 중량기준, 표준상태기준으로 계산)

| 가연성분 : 70%(C 60%, H 10%, O 25%, S 5%) |
| 회분 : 30% |

① 6.65 ② 7.15
③ 8.35 ④ 9.45

해설 $O_o = 2.667C + 8H + S - O$
*여기서, 원소는 %/100 이다.
O_o = (2.667×0.7×0.6)+(8×0.7×0.1)+(0.7×0.05)
      -(0.7×0.25)
    = 1.54kg/kg

$\therefore A_o = 1.54kg/kg \times \dfrac{1}{0.23} = 6.69kg/kg$

정답 40.③ 41.④ 42.① 43.④ 44.①

45 이론공기량(A_0)과 이론연소가스량(G_0)은 연료 종류에 따라 특유한 값을 취하며, 연료 중의 탄소분은 저위발열량에 대략 비례한다고 나타낸 식은?

① Bragg의 식　② Rosin의 식
③ Pauli의 식　④ Lewis의 식

46 질량분률이 H : 12.0%, S : 1.4%, O : 1.6%, C : 85%, 수분 2%인 중유 1kg을 연소시킬 때 연소효율이 80%라면 저위발열량(kcal/kg)은?(단, 각 원소의 단위질량당 열량은 C 8100, H : 34000, S : 2500kcal/kg이다.)

① 10540　② 9965
③ 8218　④ 6970

해설

$$H_h = 8100C + 34000\left(H - \frac{O}{8}\right) + 2500S\,(kcal/kg)$$

$\therefore H_h = 8100 \times 0.85 + 34000 \times (0.12 - \frac{0.016}{8}) + 2500$
　　　$\times 0.014 = 10932 kcal/kg$

$H_l = H_h - 600(9H + W)\,(kcal/kg)$

$\therefore H_l = 10932\,kcal/kg - 600 \times (9 \times 0.12 + 0.02)$
　　　$= 10272\,kcal/kg$

$\therefore 10272\,kcal/kg \times 0.8 = 8218\,kcal/kg$

47 어떤 소각로에서 배출되는 가스량은 8000kg/hr이고 온도는 1000℃(1기압 기준)이다. 배기가스는 소각로 내에서 2초간 체류한다면 소각로 용적(m^3)은?(단, 표준상태에서 배기가스 밀도=0.2kg/m^3)

① 약 84　② 약 94
③ 약 104　④ 약 114

해설 밀도에 온도보정

$0.2kg/Sm^3 \times \dfrac{273}{273+1000} = 0.043 kg/m^3$

$t = V/Q$

$V = \dfrac{8000kg}{hr} \Big| \dfrac{2\sec}{} \Big| \dfrac{m^3}{0.043kg} \Big| \dfrac{hr}{3600\sec} = 103.4 m^3$

48 폐열회수를 위한 열교환기 중 공기예열기에 관한 설명으로 옳지 않은 것은?

① 굴뚝 가스 여열을 이용하여 연소용 공기를 예열하여 보일러의 효율을 높이는 장치이다.
② 연료의 착화와 연소를 양호하게 하고 연소온도를 높이는 부대효과가 있다.
③ 대표적으로 판상 공기예열기, 관형 공기 예열기 및 재생식 공기예열기 등이 있다.
④ 이코노마이저와 병용 설치하는 경우에는 공기예열기를 고온축에 설치한다.

해설 연소실→과열기→재열기→절탄기(이코노마이저)→공기예열기→배가스로 구성된다.

49 백 필터(bag filter) 재질과 최고 운전 온도가 옳게 연결 된 것은?

① Wool － 120~180℃
② Teflon － 300~330℃
③ Glass fiber － 280~300℃
④ Polyesters － 240~260℃

해설 목면 80℃, 양모 80℃, 카네카론 100℃, 글라스화이버 280℃ 정도이다.

50 열분해방법 중 산소 흡입 고온 열분해법의 특징에 대한 설명으로 가장 거리가 먼 것은?

① 폐플라스틱, 폐타이어 등의 열분해시설로 많이 사용된다.
② 분해온도는 높지만 공기를 공급하지 않기 때문에 질소산화물의 발생량이 적다.

정답 45.② 46.③ 47.③ 48.④ 49.③ 50.①

③ 이동바닥로의 밑으로부터 소량의 순산소를 주입, 노내의 폐기물 일부를 연소, 강열시켜 이 때 발생되는 열을 이용해 상부의 쓰레기를 열분해한다.
④ 폐기물을 선별, 파쇄 등 전처리과정을 하지 않거나 간단히 하여도 된다.

해설 플라스틱과 같은 열용융성의 처리에는 유동층 열분해가 적합하다.

51 다음 중 일반적으로 사용되는 열분해장치의 종류와 거리가 먼 것은?

① 고정상 열분해 장치
② 다단상 열분해 장치
③ 유동상 열분해 장치
④ 부유상 열분해 장치

52 다음 성분의 중유의 연소에 필요한 이론공기량(Sm³/kg)은?

탄소	수소	산소	황	단위
87	4	8	1	wt%

① 1.80
② 5.63
③ 8.57
④ 17.16

해설

$O_o = 1.867C + 5.6H + 0.7S - 0.7O$
*여기서, 원소는 %/100 이다.

$O_o = (1.867 \times 0.87) + (5.6 \times 0.04) + (0.7 \times 0.01) - (0.7 \times 0.08) = 1.8 Sm^3/kg$

$\therefore A_o = \dfrac{1.8}{0.21} = 8.57 Sm^3$

53 연소의 특성을 설명한 내용으로 알맞지 않는 것은?

① 수분이 많을 경우는 착화가 나쁘고 열손실을 초래한다.
② 휘발분(고분자물질)이 많을 경우는 매연 발생이 억제된다.
③ 고정탄소가 많을 경우 발열량이 높고 매연 발생이 적다.
④ 회분이 많을 경우 발열량이 낮다.

해설 고분자물질이 많을수록 매연 발생이 심하다.

54 소각 시 강열감량에 관한 내용으로 가장 거리가 먼 것은?

① 연소효율에 대응하는 미연분과 회잔사의 강열감량은 항상 일치하지는 않는다.
② 강열감량이 작으면 완전연소에 가깝다.
③ 연소효율이 높은 로는 강열감량이 작다.
④ 가연분 비율이 큰 대상물은 강열감량의 저감이 쉽다.

해설 강열감량은 고온에서 감소된 량을 나타낸다.

55 기체연료인 메탄(CH_4)의 고위발열량이 9500kcal/Sm³이라면 저위발열량(kcal/Sm³)은?

① 8260
② 8380
③ 8420
④ 8540

해설

$H_l(kcal/Sm^3) = H_h - 480\sum H_2O$

*여기서, H_2O는 연료의 연소반응에서 생성된 물의 몰(M)수이다.

$CH_4 + 2O_2 \rightarrow CO_2 + 2H_2O$

$\therefore H_l(kcal/Sm^3) = 9500 kcal/Sm^3 - 480\sum 2$
$= 8540 kcal/Sm^3$

*여기서, H_2O는 연료의 연소반응에서 생성된 물의 몰(M)수이다.

정답 51.② 52.③ 53.② 54.④ 55.④

56 플라스틱을 열분해에 의하여 처리하고자 한다. 열분해 온도가 적절치 못한 것은?

① PE, PP, PS : 550℃에서 완전분해
② PVC, 페놀수지, 요소수지 : 650℃에서 완전분해
③ HDPE : 400~600℃에서 완전분해
④ ABS : 350~550℃에서 완전분해

해설 열경화성 플라스틱은 열을 가하면 열가소성 플라스틱처럼 녹지 않고, 연소성이 나쁘므로 고온에서 타서 가루가 되거나 기체를 발생시키는 플라스틱이다. 이 플라스틱의 종류로는 에폭시수지, 아미노수지, 페놀 수지, 멜라민 수지 등이 있다.

57 소각로에서 소요되는 과잉 공기량이 지나치게 클 경우 나타나는 현상이 아닌 것은?

① 연소실의 온도 저하
② 배기가스에 의한 열손실
③ 배기가스 온도의 상승
④ 연소 효율 감소

58 소각로의 열효율을 향상시키기 위한 대책이라 할 수 없는 것은?

① 연소잔사의 현열손실을 감소
② 전열 효율의 향상을 위한 간헐운전 지향
③ 복사전열에 의한 방열손실을 최대한 감소
④ 배기가스 재순환에 의한 전열효율 향상과 최종배출가스 온도 저감

59 유동층을 이용한 슬러지(sludge)의 소각 특성에 대한 다음 설명 중 틀린 것은?

① 소각로 가동 시 모래층의 온도는 약 600℃ 정도가 적당하다.
② 슬러지의 유입은 로의 하부 또는 상부에서도 유입이 가능하다.
③ 유동층에서 슬러지의 연소상태에 따라 유동매체인 모래 입자들의 뭉침현상이 발생할 수도 있다.
④ 소각 시 유동매체의 손실이 생겨 보통 매 300시간 가동에 총 모래부피의 약 5% 정도의 유실량을 보충해주어야 한다.

해설 유동층 소각로는 700~800℃에서 운전한다.

60 쓰레기를 소각 후 남은 재의 중량은 소각 전 쓰레기중량의 1/4이다. 쓰레기 30ton을 소각하였을 때 재의 용량이 4m³라면 재의 밀도(ton/m³)는?

① 1.3   ② 1.6
③ 1.9   ④ 2.1

해설 밀도 $\rho = \dfrac{무게\ W}{부피\ V}$

$\therefore \rho = \dfrac{30톤 \times 1/4}{4m^3} = 1.87톤/m^3$

4과목 폐기물공정시험기준(방법)

61 원자흡수분광광도법의 분석장치를 나열한 것으로 적당하지 않은 것은?

① 광원부 - 중공음극램프, 램프점등장치
② 시료원자화부 - 버너, 가스유량조절기
③ 파장선택부 - 분광기, 멀티패스 광학계
④ 측광부 - 검출기, 증폭기

해설 파장선택부에는 단색화 장치로 프리즘, 회절격자, 슬릿이 있다.

정답 56.② 57.③ 58.② 59.① 60.③ 61.③

62 자외선/가시선 분광법을 이용한 카드뮴 측정에 관한 설명으로 ( )에 옳은 내용은?

> 시료 중의 카드뮴이온을 시안화칼륨이 존재하는 알칼리성에서 디티존과 반응시켜 생성하는 카드뮴착염을 사염화탄소로 추출하고 이를 ( )으로 역추출한 다음 수산화나트륨과 시안화칼륨을 넣어 디티존과 반응하여 생성하는 적색의 카드뮴착염을 사염화탄소로 추출하여 그 흡광도는 520nm에서 측정한다.

① 염화제일주석산 용액
② 부틸알콜
③ 타타르산 용액
④ 에틸알콜

63 고상 폐기물의 pH(유리전극법)를 측정하기 위한 실험절차로 ( )에 내용으로 옳은 것은?

> 고상폐기물 10g을 50mL 비이커에 취한 다음 정제수 25mL를 넣어 잘 교반하여 ( ) 이상 방치한 후 이 현탁액을 시료용액으로 하거나 원심분리한 후 상층액을 시료용액으로 사용한다.

① 10분   ② 30분
③ 2시간   ④ 4시간

64 할로겐화 유기물질(기체크로마토그래피 - 질량분석법) 측정 시 간섭물질에 관한 설명으로 틀린 것은?

① 추출 용매 안에 간섭물질이 발견되면 증류하거나 컬럼 크로마토그래피에 의해 제거한다.
② 다이클로로메탄과 같이 머무름 시간이 긴 화합물은 용매의 피크와 겹쳐 분석을 방해할 수 있다.
③ 끓는점이 높거나 극성 유기화합물들이 함께 추출되므로 이들 중에는 분석을 간섭하는 물질이 있을 수 있다.
④ 풀루오르화탄소나 디클로로메탄과 같은 휘발성 유기물은 보관이나 운반 중에 격막을 통해 시료 안으로 확산되어 시료를 오염시킬 수 있으므로 현장 바탕시료로서 이를 점검하여야 한다.

해설 디클로로메탄과 같이 머무름 시간이 짧은 화합물은 용매의 피크와 겹쳐 분석을 방해할 수 있다.

65 자외선/가시선 분광법에 의한 시안분석 방법에 관한 설명으로 틀린 것은?

① 시료를 pH 10~12의 알칼리성으로 조절한 후에 질산나트륨을 넣고 가열 증류하여 시안화합물을 시안화수소로 유출하는 방법이다.
② 클로라민-T와 피리딘·피라졸론 혼합액을 넣어 나타나는 청색을 620nm에서 측정하는 방법이다.
③ 시안화합물을 측정할 때 방해물질들은 증류하면 대부분 제거되나 다량의 지방성분, 잔류염소, 황화합물은 시안화합물을 분석할 때 간섭할 수 있다.
④ 황화합물이 함유된 시료는 아세트산아연용액(10W/V%)2mL를 넣어 제거한다.

해설 시료를 pH 2이하의 산성으로 조절한 후 에틸렌다이아민테트라아세트산이나트륨을 넣고 가열 증류한다.

정답 62.③ 63.② 64.② 65.①

66 시안-이온전극법에 관한 내용으로 ( )에 옳은 내용은?

> 폐기물 중 시안을 측정하는 방법으로 액상 폐기물과 고상 폐기물을 ( )으로 조절한 후 시안 이온전극과 비교전극을 사용하여 전위를 측정하고 그 전위차로부터 시안을 정량하는 방법이다.

① pH 2 이하의 산성
② pH 4.5~5.3의 산성
③ pH 10의 알칼리성
④ pH 12~13의 알칼리성

67 정량한계(LOQ)에 관한 설명으로 ( )에 내용으로 옳은 것은?

> 정량한계란 시험분석 대상을 정량화할 수 있는 측정값으로서 제시된 정량한계 부근의 농도를 포함하도록 시료를 준비하고 이를 반복 측정하여 얻은 결과의 표준편차에 ( )한 값을 사용한다.

① 3배　② 3.3배
③ 5배　④ 10배

해설) 정량한계=10×s(표준편차)

68 폐기물 용출조작에 관한 내용으로 ( )에 옳은 것은?

> 시료용액 조제가 끝난 혼합액을 상온, 상압에서 진탕 회수가 매분당 약 200회, 진폭 ( )의 진탕기를 사용하여 ( ) 연속 진탕한 다음 여과하고 여과액을 적당량 취하여 용출시험용 시료용액으로 한다.

① 4~5cm, 4시간　② 4~5cm, 6시간
③ 5~6cm, 4시간　④ 5~6cm, 6시간

69 $K_2Cr_2O_7$을 사용하여 1000mg/L의 Cr표준원액 100mL를 제조하려면 필요한 $K_2Cr_2O_7$의 양(mg)은?(단, 원자량 K=39, Cr=52, O=16)

① 141　② 283
③ 354　④ 565

해설) $K_2Cr_2O_7$: Cr_2
294mg : 52×2
x/0.1L : 1000mg/L ∴ x = 283mg

70 자외선/가시선 분광광도계 광원부의 광원 중 자외부의 광원으로 주로 사용되는 것은?

① 중수소 방전관　② 텅스텐 램프
③ 나트륨 램프　④ 중공음극 램프

해설) 가시부와 근적외부의 광원은 텅스텐램프, 자외부의 광원은 중수소방전관을 사용한다.

71 분석용 저울은 최소 몇 mg까지 달 수 있는 것이어야 하는가?(단, 총칙 기준)

① 1.0　② 0.1
③ 0.01　④ 0.001

72 원자흡수분광광도법에 의하여 크롬을 분석하는 경우 적합한 가연성 가스는?

① 공기　② 헬륨
③ 아세틸렌　④ 일산화이질소

해설) 원자흡수분광광도법으로 크롬을 분석할 때 가연성 가스로 아세틸렌을 사용한다.

정답　66.④　67.④　68.②　69.②　70.①　71.②　72.③

73 폐기물에 함유된 오염물질을 분석하기 위한 용출시험 방법 중 시료 용액의 조제에 관한 설명으로 ( )에 알맞은 것은?

> 조제한 시료 100g 이상을 정밀히 달아 정제수에 염산을 넣어 ( )으로 한 용매(mL)를 1:10(W:V)의 비율로 넣어 혼합한다.

① pH 8.8~9.3 ② pH 7.8~8.3
③ pH 6.8~7.3 ④ pH 5.8~6.3

74 0.1N NaOH용액 10mL를 중화하는데 어떤 농도의 HCl 용액이 100mL 소요되었다. 이 HCl 용액의 pH는?

① 1 ② 2
③ 2.5 ④ 3

해설 $NV = N'V'$
$0.1N \times 10mL = N' \times 100mL$ ∴ $N' = 0.01 ≒ M$
$pH = -\log 0.01 = 2$

75 시료의 채취방법에 관한 내용으로 ( )에 옳은 것은?

> 콘크리트고형화물의 경우 대형의 고형화물로써 분쇄가 어려운 경우에서 임의의 (㉠)에서 채취하여 각각 파쇄하여 (㉡)씩 균등량 혼합하여 채취한다.

① ㉠ 2개소, ㉡ 100g
② ㉠ 2개소, ㉡ 500g
③ ㉠ 5개소, ㉡ 100g
④ ㉠ 5개소, ㉡ 500g

76 폐기물 중 크롬을 자외선/가시선 분광법으로 측정하는 방법에 대한 내용으로 틀린 것은?

① 흡광도는 540nm에서 측정한다.
② 총 크롬을 다이페닐카바자이드를 사용하여 6가크롬으로 전환시킨다.
③ 흡광도의 측정값이 0.2~0.8의 범위에 들도록 실험용액의 농도를 조절한다.
④ 크롬의 정량한계는 0.002mg이다.

해설 크롬을 자외선/가시선 분광법으로 측정하는 방법으로서, 시료 중에 총 크롬은 과망간산칼륨을 사용하여 6가크롬으로 산화시킨 다음 산성에서 다이페닐카바자이드와 반응하여 생성되는 적자색 착화합물의 흡광도를 540nm에서 측정하여 총크롬을 정량하는 방법이다.

77 유기질소 화합물 및 유기인을 기체크로마토그래피로 분석할 경우 사용되는 검출기는?

① 불꽃광도검출기(FPD)
② 열전도도검출기(TCD)
③ 전자포획형검출기(ECD)
④ 불꽃이온화검출기(FID)

해설 질소 인 검출기(NPD) 또는 불꽃광도 검출기(FPD)는 질소나 인이 불꽃 또는 열에서 생성된 이온이 루비듐 염과 반응하여 전자를 전달하고 이때 흐르는 전자가 포착되어 전류의 흐름으로 바꾸어 측정하는 방법으로 유기인 화합물 및 유기질소화합물을 선택적으로 검출할 수 있다.

78 폐기물이 1톤 미만으로 야적되어 있는 적환장에서 채취하여야 할 최소 시료의 총량(g)은?(단, 소각재는 아님)

① 100 ② 400
③ 600 ④ 900

해설 시료의 양은 1회에 100g 이상으로 채취한다. 다만 소각재는 1회에 500g 이상 채취한다.

정답 73.④ 74.② 75.③ 76.② 77.① 78.③

대상 폐기물의 양 (단위 : ton)	현장 시료의 최소 수
1 미만	6
1 이상 ~ 5 미만	10
5 이상 ~ 30 미만	14
30 이상 ~ 100 미만	20
100 이상 ~ 500 미만	30
500 이상 ~ 1000 미만	36
1000 이상 ~ 5000 미만	50
5000 이상	60

79 폐기물공정시험기준에서 규정하고 있는 대상폐기물의 양과 시료의 최소 수가 잘못 연결된 것은?

① 1톤 이상 ~ 5톤 미만 : 10
② 5톤 이상 ~ 30톤 미만 : 14
③ 100톤 이상 ~ 500톤 미만 : 20
④ 500톤 이상 ~ 1000톤 미만 : 36

80 폐기물의 강열감량 및 유기물 함량을 중량법으로 시험 시 시료를 탄화시키기 위해 사용하는 용액은?

① 15% 황산암모늄용액
② 15% 질산암모늄용액
③ 25% 황산암모늄용액
④ 25% 질산암모늄용액

해설 폐기물의 강열감량 및 유기물 함량을 측정하는 방법으로, 시료를 질산암모늄 용액(25%)을 넣고 가열하여 탄화시킨 다음, (600±25) ℃의 전기로 안에서 3시간 강열하고 데시케이터에서 식힌 후 무게를 달아 증발접시의 무게 차이로부터 강열감량 및 유기물 함량(%)을 구한다. 이 시험기준은 폐기물의 강열감량 및 유기물 함량의 측정에 적용한다.

5과목 폐기물관계법규

81 국가 차원의 환경보전을 위한 종합계획인 국가환경종합계획의 수립 주기는?

① 20년 ② 15년
③ 10년 ④ 5년

82 폐기물처리시설을 설치하고자 하는 자가 제출하여야 하는 폐기물처분시설 설치승인 신청서에 첨부되는 서류로 틀린 것은?

① 처분 대상 폐기물의 처분계획서
② 폐기물처분 시 소요되는 예산계획서
③ 폐기물 처분시설의 설계도서
④ 처분 후에 발생하는 폐기물의 처분계획서

해설 환경정책기본법 법 제3조, "생활환경"이란 대기, 물, 토양, 폐기물, 소음진동, 악취, 일조 등 사람의 일상생활과 관계되는 환경을 말한다.

83 다음 용어의 정의로 틀린 것은?

① 환경용량이란 일정한 지역에서 환경오염 또는 환경훼손에 대하여 환경이 스스로 수용·정화 및 복원하여 환경의 질을 유지할 수 있는 한계를 말한다.
② 생활환경이란 인공적이지 않은 대기, 물, 토양에 관한 자연과 관련된 주변 환경을 말한다.
③ 자연환경이란 지하·지표(해양을 포함한다.) 및 지상의 모든 생물과 이들을 둘러싸고 있는 비생물적인 것을 포함한 자연의 상태(생태계 및 자연경관을 포함한다.)를 말한다.
④ 환경보전이란 환경오염 및 환경훼손으로부터 환경을 보호하고 오염되거나 훼손된 환경을 개선함과 동시에 쾌적한 환경의 상태를 유지·조성하기 위한 행위를 말한다.

정답 79.③ 80.④ 81.① 82.② 83.②

84 폐기물처리시설(소각시설, 소각열회수시설이나 멸균분쇄시설)의 검사를 받으려는 자가 해당 검사기관에 검사신청서와 함께 첨부하여 제출하여야 하는 서류와 가장 거리가 먼 것은?

① 설계도면
② 폐기물조성비 내용
③ 설치 및 장비확보 명세서
④ 운전 및 유지관리계획서

해설 시행규칙 제41조

85 폐기물 처리시설의 유지·관리에 관한 기술관리를 대행할 수 있는 자는?

① 환경보전협회 ② 환경관리인협회
③ 폐기물처리협회 ④ 한국환경공단

86 '대통령령으로 정하는 폐기물처리시설'을 설치·운영하는 자는 그 폐기물 처리시설의 설치·운영이 주변지역에 미치는 영향을 3년마다 조사하여 그 결과를 환경부 장관에게 제출하여야 한다. 다음 중 대통령령으로 정하는 폐기물처리시설 기준으로 틀린 것은?

① 매립면적 1만 제곱미터 이상의 사업장 지정폐기물 매립시설
② 매립면적 15만 제곱미터 이상의 사업장 일반폐기물 매립시설
③ 시멘트 소성로(폐기물을 연료로 하는 경우로 한정한다.)
④ 1일 처분능력이 10톤 이상인 사업장폐기물 소각시설

해설 시행령 제14조

87 폐기물관리법을 적용하지 아니하는 물질에 대한 내용으로 옳지 않은 것은?

① 용기에 들어있지 아니한 기체상의 물질
② 물환경보전법에 의한 오수·분뇨 및 가축분뇨
③ 하수도법에 따른 하수
④ 원자력안전법에 따른 방사성물질과 이로 인하여 오염된 물질

해설 법률 제3조

88 방치폐기물의 처리를 폐기물처리 공제조합에 명할 수 있는 방치폐기물 처리량 기준으로 ( )에 옳은 것은?

> 폐기물처리 신고자가 방치한 폐기물의 경우 : 그 폐기물처리 신고자의 폐기물 보관량의 ( ) 이내

① 1.5배 ② 2배
③ 2.5배 ④ 3배

해설 ·폐기물처리 신고자가 방치한 폐기물의 경우 : 그 폐기물처리 신고자의 폐기물 보관량의 2배 이내
*시행령 제23조 개정(1.5→2)으로 인해 [정답] 변경

89 다음 중 사업장폐기물에 해당되지 않는 것은?

① 대기환경보전법에 따라 배출시설을 설치 운영하는 사업장에서 발생하는 폐기물
② 물환경보전법에 따라 배출시설을 설치 운영하는 사업장에서 발생하는 폐기물
③ 소음진동관리법에 따라 배출시설을 설치 운영하는 사업장에서 발생하는 폐기물
④ 환경부장관이 정하는 사업장에서 발생하는 폐기물

정답 84.③ 85.④ 86.④ 87.② 88.② 89.④

해설 사업장폐기물이란 대기환경보전법, 물환경보전법 또는 소음, 진동규제법의 규정에 의하여 배출시설을 설치 운영하는 사업장 기타 대통령령이 정하는 사업장에서 발생하는 폐기물을 말한다.

90 폐기물관리법에서 사용하는 용어의 정의로 틀린 것은?

① 생활폐기물이란 사업장폐기물 외의 폐기물을 말한다.
② 폐기물이란 쓰레기, 연소재, 오니, 폐유, 폐산, 폐알칼리 및 동물의 사체 등으로서 사람의 생활이나 사업활동에 필요하지 아니하게 된 물질을 말한다.
③ 지정폐기물이란 사업장폐기물 중 폐유·폐산 등 주변 환경을 오염시킬 수 있거나 의료폐기물 등 인체에 위해를 줄 수 있는 해로운 물질로서 대통령령으로 정하는 폐기물을 말한다.
④ 폐기물처리시설이란 폐기물의 최초 및 중간처리시설과 최종처리시설로서 환경부령으로 정하는 시설을 말한다.

해설 폐기물처리시설이란 폐기물의 중간처리시설과 최종처리시설로서 대통령령이 정하는 시설을 말한다.

91 폐기물 재활용을 금지하거나 제한하는 항목 기준으로 옳지 않은 것은?

① 폴리클로리네이티드비페닐(PCBs)을 환경부령으로 정하는 농도 이상 함유하는 폐기물
② 폐유독물 등 인체나 환경에 미치는 위해가 매우 높을 것으로 우려되는 폐기물 중 대통령령으로 정하는 폐기물
③ 태반을 포함한 의료폐기물
④ 폐석면

해설 법 제13조의2② 다음 각 호의 어느 하나에 해당하는 폐기물은 재활용을 금지하거나 제한한다. <개정 2020. 5. 26.>
1. 폐석면
2. 폴리클로리네이티드비페닐(PCBs)이 환경부령으로 정하는 농도 이상 들어있는 폐기물
3. 의료폐기물(태반은 제외한다)
4. 폐유독물 등 인체나 환경에 미치는 위해가 매우 높을 것으로 우려되는 폐기물 중 대통령령으로 정하는 폐기물

92 지정폐기물 중 부식성폐기물(폐알칼리) 기준으로 옳은 것은?

① 액체상태의 폐기물로서 수소이온 농도지수가 12.0 이상인 것으로 한정하며 수산화칼륨 및 수산화나트륨을 포함한다.
② 액체상태의 폐기물로서 수소이온 농도지수가 12.0 이상인 것으로 한정하며 수산화칼륨 및 수산화나트륨은 제외한다.
③ 액체상태의 폐기물로서 수소이온 농도지수가 12.5 이상인 것으로 한정하며 수산화칼륨 및 수산화나트륨을 포함한다.
④ 액체상태의 폐기물로서 수소이온 농도지수가 12.5 이상인 것으로 한정하며 수산화칼륨 및 수산화나트륨은 제외한다.

해설 폐알칼리(액체상태의 폐기물로서 수소이온 농도지수가 12.5 이상인 것으로 한정하며, 수산화칼륨 및 수산화나트륨을 포함한다)

93 다음 중 5년 이하의 징역이나 5천만원 이하의 벌금에 처하는 경우가 아닌 것은?

① 허가를 받지 아니하고 폐기물처리업을 한 자
② 폐쇄명령을 이행하지 아니한 자
③ 대행계약을 체결하지 아니하고 종량제 봉투 등을 제작·유통한 자
④ 영업정지 기간 중에 영업행위를 한 자

해설 법률 제66조

94 폐기물 중간처분업자가 폐기물처리업의 변경허가를 받아야 할 중요사항으로 틀린 것은?

① 처분대상 폐기물의 변경
② 운반차량(임시차량은 제외한다)의 증차
③ 처분용량의 100분의 30 이상의 변경
④ 폐기물 재활용시설의 신설

해설 시행규칙 제29조

95 의료폐기물의 수집·운반 차량의 차체는 어떤 색으로 색칠하여야 하는가?

① 청색   ② 흰색
③ 황색   ④ 녹색

96 대통령령으로 정하는 폐기물처리시설을 설치, 운영하는 자는 그 처리시설에서 배출되는 오염물질을 측정하거나 환경부령으로 정하는 측정기관으로 하여금 측정하게 하고, 그 결과를 환경부 장관에게 보고하여야 한다. 다음 중 환경부령으로 정하는 측정기관과 가장 거리가 먼 것은?

① 수도권매립지관리공사
② 보건환경연구원
③ 국립환경과학원
④ 한국환경공단

해설 시행규칙 제43조

97 기술관리인을 두어야 할 폐기물처리시설이 아닌 것은?

① 시간당 처리능력이 120킬로그램인 감염성 폐기물 대상 소각시설
② 면적이 3천5백 제곱미터인 지정폐기물 매립시설
③ 절단시설로서 1일 처리능력이 150톤인 시설
④ 연료화시설로서 1일 처리능력이 8톤인 시설

해설 시행령 제15조, 소각시설로서 시간당 처분능력이 600킬로그램 이상, 의료폐기물을 시간당 200킬로그램 이상 처리하는 시설

정답 93.④ 94.④ 95.② 96.③ 97.①

98 과징금으로 징수한 금액의 사용 용도로 알맞지 않은 것은?

① 불법 투기된 폐기물의 처리 비용
② 폐기물처리시설의 지도·점검에 필요한 시설·장비의 구입 및 운영
③ 폐기물처리기준에 적합하지 아니하게 처리한 폐기물 중 그 폐기물을 처리한 자 또는 그 폐기물의 처리를 위탁한 자를 확인할 수 없는 폐기물로 인하여 예상되는 환경상 위해의 제거를 위한 처리
④ 광역폐기물처리시설의 확충

해설 시행령 제23조의4

99 생활폐기물 처리대행자(대통령령이 정하는자)에 대한 기준으로 틀린 것은?

① 폐기물처리업자
② 폐기물관리법에 따른 건설폐기물 재활용업의 허가를 받은 자
③ 자원의 절약과 재활용촉진에 관한 법률에 따른 재활용센터를 운영하는 자(같은 법에 따른 대형폐기물을 수집·운반 및 재활용하는 것만 해당한다.)
④ 폐기물처리 신고자

해설 시행령 제8조

100 폐기물처리업자나 폐기물처리 신고자가 휴업, 폐업 또는 재개업을 한 경우에 휴업, 폐업 또는 재개업을 한 날부터 며칠 이내에 신고서(서류 첨부)를 시·도지사나 지방환경관서의 장에게 제출하여야 하는가?

① 3일 ② 10일
③ 20일 ④ 30일

해설 시행규칙 제59조

정답 98.① 99.② 100.③

2020년 제1·2회 폐기물처리 산업기사 [6월 14일 시행]

1과목 폐기물개론

01 폐기물에 혼합되어 있는 철금속성분의 폐기물을 분류하기 위하여 사용할 수 있는 가장 적합한 방법은?

① 자력선별 ② 광학분류기
③ 스크린법 ④ Air Separation

02 함수율 40%인 3kg의 쓰레기를 건조시켜 함수율 15%로 하였을 때 건조 쓰레기의 무게(kg)는? (단, 비중 = 1.0 기준)

① 1.12 ② 1.41
③ 2.12 ④ 2.41

해설
$V_1 \times (100 - P_1) = V_2 \times (100 - P_2)$
$3kg \times (100 - 40) = V_2 \times (100 - 15)$
$\therefore V_2 = 2.12kg$

03 직경이 3.5m인 트롬멜 스크린의 최적속도(rpm)는?

① 25 ② 20
③ 15 ④ 10

해설 최적속도(rpm) = 임계속도 × 0.45
임계속도(rpm)
$Nc = \sqrt{\dfrac{g}{4\pi^2 r}} \times 60 = \dfrac{1}{2\pi}\sqrt{\dfrac{g}{r}} \times 60$
$Nc = \dfrac{1}{2\pi}\sqrt{\dfrac{9.8}{1.75}} \times 60$
$= 22.6\ rpm \times 0.45 ≒ 10rpm$

04 퇴비화에 관한 설명 중 맞는 것은?

① 퇴비화과정 중 병원균은 거의 사멸되지 않는다.
② 함수율이 높을 경우 침출수가 발생한다.
③ 호기성보다 혐기성 방법이 퇴비화에 소요되는 시간이 짧다.
④ C/N비가 클수록 퇴비화가 잘 이루어진다.

05 트롬멜 스크린에 대한 설명으로 옳지 않은 것은?

① 원통의 최적 회전속도 = 원통의 임계 회전속도× 1.48
② 원통의 경사도가 크면 부하율이 커진다.
③ 스크린 중에서 선별효율이 좋고 유지관리상의 문제가 적다.
④ 원통의 경사도가 크면 효율이 저하된다.

해설 최적속도(rpm) = 임계속도 × 0.45

06 적환장 설치에 따른 효과로 가장 거리가 먼 것은?

① 수거효율 향상
② 비용 절감
③ 매립장 작업효율 저하
④ 효과적인 인원배치계획이 가능

정답 01.① 02.③ 03.④ 04.② 05.① 06.③

07 폐기물 성상분석의 절차 중 가장 먼저 시행하는 것은?

① 분류
② 물리적 조성분석
③ 화학적 조성분석
④ 발열량 측정

해설 시료의 성상분석 절차
시료 → 밀도 측정 → 물리적 조성 → 분류 → 전처리 → 조성 분석

08 폐기물 중 철금속(Fe)/비철금속(Al, Cu)/유리병의 3종류를 각각 분리할 수 있는 방법으로 가장 적절한 것은?

① 자력선별법　② 정전기선별법
③ 와전류선별법　④ 풍력선별법

해설 와전류식(과전류 선별, eddy current separation) 선별은 연속적으로 변화하는 자장 속에 비자성이며 전기전도성이 좋은 금속인 구리, 알루미늄, 아연 등을 넣으면 금속 내에 소용돌이 전류가 발생하여 반발력이 생기는데 이 반발력 차를 이용하여 분리시킨다.

09 도시폐기물의 해석에서 Rosin-Rammler Model에 대한 설명으로 가장 거리가 먼 것은? (단, $Y=1-\exp[-(x/x_0)^n]$ 기준)

① 도시폐기물의 입자크기분포에 대한 수식적 모델이다.
② Y는 크기가 x보다 큰 입자의 총 누적 무게분율이다.
③ x_0는 특성입자 크기를 의미한다.
④ 특성입자크기는 입자의 무게기준으로 63.2%가 통과할 수 있는 체의 눈의 크기이다.

해설 Y는 크기가 X보다 작은 폐기물의 총 누적분율(%)

10 폐기물에 관한 설명으로 틀린 것은?

① 액상폐기물의 수분 함량은 90%를 초과한다.
② 반고상폐기물의 고형물 함량은 5% 이상 15% 미만이다.
③ 고상폐기물의 수분 함량은 85% 미만이다.
④ 액상폐기물을 직매립할 수는 없다.

해설 고상은 고형물 함량이 15%이상, 반고상은 5~15%, 액상은 5%이하 이다.

11 소각로 설계에 사용되는 발열량은?

① 저위발열량
② 고위발열량
③ 총발열량
④ 단열열량계로 측정한 열량

12 폐기물의 효과적인 수거를 위한 수거노선을 결정할 때, 유의할 사항과 가장 거리가 먼 것은?

① 기존 정책이나 규정을 참조한다.
② 가능한 한 시계방향으로 수거노선을 정한다.
③ U자형 회전은 가능한 피하도록 한다.
④ 적은 양의 쓰레기가 발생하는 곳부터 먼저 수거한다.

해설 많은 양의 쓰레기가 발생하는 곳부터 먼저 수거한다.

13 쓰레기 관리체계에서 가장 비용이 많이 드는 과정은?

① 수거 및 운반　② 처리
③ 저장　　　　　④ 재활용

정답 07.② 08.③ 09.② 10.① 11.① 12.④ 13.①

14 원통의 체면을 수평보다 조금 경사진 축의 둘레에서 회전시키면서 체로 나누는 방법은?

① Cascade 선별
② Trommel 선별
③ Electrostatic 선별
④ Eddy-Current 선별

15 모든 인자를 시간에 따른 함수로 나타낸 후 각 인자간의 상호관계를 수식화하여 쓰레기 발생량을 예측하는 방법은?

① 동적모사모델 ② 다중회귀모델
③ 시간인자모델 ④ 다중인자모델

16 pH 8과 pH 10인 폐수를 동량의 부피로 혼합하였을 경우 이 용액의 pH는?

① 8.3 ② 9.0
③ 9.7 ④ 10.0

해설
$$pH = \frac{10^{-6} \times 1 + 10^{-4} \times 1}{1 + 1} = 0.000505$$

∴ $14 - \log(0.000055) = 9.7$

17 비가연성 성분이 90wt%이고 밀도가 900kg/m³인 쓰레기 20m³에 함유된 가연성 물질의 중량(kg)은?

① 1600 ② 1700
③ 1800 ④ 1900

해설
$(1-0.9) \times 900 kg/m^3 \times 20 m^3 = 1800 kg$

18 폐기물의 소각처리에 중요한 연료특성인 발열량에 대한 설명으로 옳은 것은?

① 저위발열량은 연소에 의해 생성된 수분이 응축하였을 경우의 발열량이다.
② 고위발열량은 소각로의 설계기준이 되는 발열량으로 진발열량이라고도 한다.
③ 단열열량계로 측정한 발열량은 고위발열량이다.
④ 발열량은 플라스틱의 혼입이 많으면 증가하지만 계절적 변동과 상관없이 일정하다.

해설 고위발열량(H_h, 총 발열량)은 수분에 의하여 생성된 수분의 응축열(증발잠열)을 포함한 열량으로 단열열량계로 측정한다.

19 쓰레기 발생량을 조사하는 방법이 아닌 것은?

① 적재차량 계수분석법
② 직접계근법
③ 경향법
④ 물질수지법

20 폐기물의 파쇄 시 에너지 소모량이 크기 때문에 에너지 소모량을 예측하기 위한 여러 가지 방법들이 제안된다. 이들 가운데 고운 파쇄(2차 파쇄)에 가장 적합한 예측모형은?

① Rosin - Rammler Model
② Kick의 법칙
③ Rittinger의 법칙
④ Bond의 법칙

정답 14.② 15.① 16.③ 17.③ 18.③ 19.③ 20.②

2과목 폐기물처리기술

21 펠레트 형(Pellet type) RDF의 주된 특성이 아닌 것은?

① 형태 및 크기는 각각 직경이 10~20mm이고 길이가 30~50mm이다.
② 발열량이 3300~4000kcal/kg으로 fluff형보다 다소 높다.
③ 수분함량이 4% 이하로 반영구적으로 보관이 가능하다.
④ 회분함량이 12~25%로 powder형보다 다소 높다.

해설 Powder RDF는 일반적으로 열용량(kcal/kg)이 가장 높고 회분량(%)이 10~20%, 수분함량이 4% 이하 이다.

22 부피가 500m³인 소화조에 고형물농도 10%, 고형물내 VS 함유도 70%인 슬러지가 50m³/d로 유입될 때, 소화조에 주입되는 TS, VS 부하는 각각 몇 kg/m³·d인가? (단, 슬러지의 비중은 1.0으로 가정한다.)

① TS : 5.0, VS : 0.35
② TS : 5.0, VS : 0.70
③ TS : 10.0, VS : 3.50
④ TS : 10.0, VS : 7.0

해설
$$TS부하 = \frac{0.1 \times 50m^3/day \times 1 \times 10^3 kg}{500m^3} = 10$$
$$VS부하 = \frac{0.1 \times 0.7 \times 50m^3/day \times 1 \times 10^3 kg}{500m^3} = 7.0$$

23 바이오리액터형 매립공법의 장점과 거리가 먼 것은?

① 매립지의 수명연장이 가능하다.
② 침출수 처리비용의 절감이 가능하다.
③ 악취 발생이 감소한다.
④ 매립가스 회수율이 증가한다.

해설 바이오리액터형은 미생물을 활성화시켜 가스의 회수 및 폐기물의 조기안정화에 있다.

24 매립방법에 따른 매립이 아닌 것은?

① 단순매립   ② 내륙매립
③ 위생매립   ④ 안전매립

25 배연 탈황 시 발생된 슬러지 처리에 많이 쓰이는 고형화처리법은?

① 시멘트 기초법
② 석회 기초법
③ 자가 시멘트법
④ 열가소성 플라스틱법

해설 자가 시멘트법은 황을 포함한 폐기물에 칼슘을 첨가하여 생석회한 다음 소량의 물과 첨가제를 가하여 고형화하는 방법이다.

26 아래와 같이 운전되는 batch type 소각로의 쓰레기 kg 당 전체발열량(저위발열량 + 공기예열에 소모된 열량, kcal/kg)은? (단, 과잉공기비 = 2.4, 이론공기량 = 1.8Sm³/kg쓰레기, 공기예열온도= 180℃, 공기정압비열 = 0.32kcal/Sm³·℃, 쓰레기 저위발열량 = 2000kcal/kg, 공기온도 = 0℃)

① 약 2050   ② 약 2250
③ 약 2450   ④ 약 2650

해설 2000kcal/Sm³+(2.4×1.8×180×0.32)
=2248.8kcal/kg

정답 21.③ 22.④ 23.③ 24.② 25.③ 26.②

27 석회를 주입하여 슬러지 중의 병원성 미생물을 사멸시키기 위한 pH 유지 농도로 적절한 것은?(단, 온도는 15℃, 4시간 지속시간 기준)

① pH 5 이상　② pH 7 이상
③ pH 9 이상　④ pH 11 이상

28 매립지 일일 복토재 기능으로 잘못된 설명은?

① 복토층 구조
② 최종 투수성
③ 매립사면 안정화
④ 식물 성장층 제공

29 슬러지의 탈수특성을 파악하기 위한 여과비저항 실험결과 다음과 같은 결과를 얻었을 때, 여과비저항계수(s^2/g)는?

(단, 여과비저항(r)은 $r = \dfrac{2a \cdot PA^2}{\eta \cdot c}$ 이다.)

[실험조건 및 결과]
고형물량 : 0.065g/mL
여과압 : 0.98kg/cm²
점성 : 0.0112g/cm·s
여과면적 : 43.5cm²
기울기 : 4.90s/cm⁶

① 2.18×10^8　② 2.76×10^9
③ 2.50×10^{10}　④ 2.67×10^{11}

 해설

$\gamma = \dfrac{2 \times 4.9\text{sec}}{cm^6} | \dfrac{0.98kg}{cm^2} | \dfrac{(43.5cm^2)^2}{} | \dfrac{cm \cdot \text{sec}}{0.0112g} | \dfrac{mL}{0.065g} | \dfrac{1000g}{kg}$
$= 2.5 \times 10^{10} s^2/g$

30 퇴비화 과정에서 공급되는 공기의 기능과 가장 거리가 먼 것은?

① 미생물이 호기적 대사를 할 수 있게 한다.
② 온도를 조절한다.
③ 악취를 희석시킨다.
④ 수분과 가스 등을 제거한다.

31 폐기물 처리방법 중 열적 처리방법이 아닌 것은?

① 탈수방법　② 소각방법
③ 열분해방법　④ 건류가스화방법

32 응집제로 가장 부적합한 것은?

① 황산나트륨($Na_2SO_4 \cdot 10H_2O$)
② 황산알루미늄($Al_2(SO_4)_3 \cdot 18H_2O$)
③ 염화제이철($FeCl_3 \cdot 6H_2O$)
④ 폴리염화알루미늄(PAC)

33 360kL/d 처리장에 투입구의 소요개수는? (단, 수거차량 1.8kL/대, 자동차 1대 투입시간 20min, 자동차 1대 작업시간 8hr이고, 안전율은 1.20이다.)

① 10개　② 7개
③ 5개　④ 3개

해설 투입구수
$= \dfrac{360kL}{day} | \dfrac{대}{1.8kL} | \dfrac{day}{8hr} | \dfrac{20\min}{대} | \dfrac{1hr}{60\min} | 1.2 = 10$

34 도시폐기물을 위생적인 매립방법으로 매립하였을 경우 매립초기에 가장 많이 발생하는 가스의 종류는?

① NH_3 ② CO_2
③ H_2S ④ CH_4

35 시멘트고형화 처리와 관계없는 반응은?

① 수화반응 ② 포졸란반응
③ 탄산화반응 ④ 질산화반응

36 분뇨처리에 관한 사항 중 틀린 것은?

① 분뇨의 악취발생은 주로 NH_3와 H_2S이다.
② 분뇨의 혐기성 소화처리 방식은 호기성 소화처리 방식에 비하여 소화속도가 빠르다.
③ 분뇨의 혐기성 소화에서 적정 중온 소화온도는 35±2℃이다.
④ 분뇨의 호기성 처리시 희석배율은 20~30배가 적당하다.

37 전기집진장치의 장점이 아닌 것은?

① 집진효율이 높다.
② 설치 소요 부지면적이 적다.
③ 운전비, 유지비가 적게 소요된다.
④ 압력손실이 적고 대량의 분진함유가스를 처리할 수 있다.

38 가연성 쓰레기의 연료화 장점에 해당하지 않은 것은?

① 저장이 용이하다.
② 수송이 용이하다.
③ 일반로에서 연소가 가능하다.
④ 쓰레기로부터 폐열을 회수할 수 있다.

39 쓰레기의 혐기성 소화에 관여하는 미생물은?

① 산(酸)생성 박테리아
② 질산화 박테리아
③ 대장균군
④ 질소고정 박테리아

해설 유기물 → 유기산생성 → 메탄생성

40 도시의 오염된 지하수의 Darcy 속도(유출속도)가 0.1m/day이고, 유효 공극률이 0.4일 때, 오염원으로부터 600m 떨어진 지점에 도달하는데 걸리는 시간(년)은? (단, 유출속도 : 단위시간에 흙의 전체 단면적을 통하여 흐르는 물의 속도)

① 약 3.3 ② 약 4.4
③ 약 5.5 ④ 약 6.6

해설 $\dfrac{600m}{} | \dfrac{0.4}{} | \dfrac{day}{0.1m} | \dfrac{y}{365day} = 6.6y$

3과목 폐기물공정시험기준(방법)

41 원자흡수분광광도법(공기-아세틸렌 불꽃)으로 크롬을 분석할 때 철, 니켈 등의 공존물질에 의한 방해영향이 크다. 이 때 어떤 시약을 넣어 측정하는가?

① 인산나트륨 ② 황산나트륨
③ 염화나트륨 ④ 질산나트륨

해설 공기-아세틸렌 불꽃에서는 철, 니켈 등의 공존물질에 의한 방해영향이 크므로 이때는 황산나트륨을 1% 정도 넣어서 측정한다.

42 폐기물공정시험기준의 온도표시로 옳지 않은 것은?

① 표준온도 : 0℃
② 상온 : 0~15℃

정답 34.② 35.④ 36.② 37.② 38.③ 39.① 40.④ 41.② 42.②

③ 실온 : 1~35℃
④ 온수 : 60~70℃

해설 상온은 15~25℃를 말한다.

43 시료용기를 갈색경질의 유리병을 사용하여야 하는 경우가 아닌 것은?

① 노말헥산 추출물질 분석 실험을 위한 시료 채취 시
② 시안화물 분석실험을 위한 시료 채취 시
③ 유기인 분석 실험을 위한 시료 채취 시
④ PCBs 및 휘발성 저급 염소화 탄화수소류 분석 실험을 위한 시료 채취 시

해설 시안화물은 폴리에틸렌 용기를 사용한다.

44 마이크로파 및 마이크로파를 이용한 시료의 전처리(유기물 분해)에 관한 내용으로 틀린 것은?

① 가열속도가 빠르고 재현성이 좋다.
② 마이크로파는 금속과 같은 반사물질과 매질이 없는 진공에서는 투과하지 않는다.
③ 마이크로파는 전자파 에너지의 일종으로 빛의 속도로 이동하는 교류와 자기장으로 구성되어 있다.
④ 마이크로파영역에서 극성분자나 이온이 쌍극자 모멘트와 이온전도를 일으켜 온도가 상승하는 원리를 이용한다.

해설 시료를 산과 함께 용기에 넣어 마이크로파를 가하면, 강산에 의해 시료가 산화되면서 빠른 진동과 충돌에 의하여 극성 성분들은 시료 내 다른 물질들과의 결합이 끊어져 이온상태로 수용액에 용해된다. 이 장치는 가열 속도가 빠르고 재현성이 좋으며, 폐유 등 유기물이 다량 함유된 시료의 전처리에 이용된다.

45 용출시험방법의 범위에 해당되지 않는 것은?

① 고상 또는 액상 폐기물에 대하여 적용
② 지정폐기물의 판정
③ 지정폐기물의 중간처리 방법 결정
④ 지정폐기물의 매립방법 결정

46 다음 설명에 해당하는 시료의 분할 채취 방법은?

- 모아진 대시료를 네모꼴로 얇게 균일한 두께로 편다.
- 이것을 가로 4등분, 세로 5등분하여 20개의 덩어리로 나눈다.
- 20개의 각 부분에서 균등한 양을 취한 후 혼합하여 하나의 시료로 한다.

① 교호삽법   ② 구획법
③ 균등분할법   ④ 원추 4분법

47 수소이온의 농도가 2.8×10^{-5}mol/L인 수용액의 pH는?

① 2.8   ② 3.4
③ 4.6   ④ 5.8

해설 $pH = -\log[2.8 \times 10^{-5}] = 4.55$

48 유도결합플라스마-원자발광분광법에 의한 금속류 분석방법에 관한 설명으로 옳지 않은 것은?

① 시료를 고주파유도코일에 의하여 형성된 석영 플라스마에 주입하여 1000~2000K에서 들뜬 원자가 바닥상태로 이동할 때 방출하는 발광선 및 발광강도를 측정한다.
② 대부분의 간섭 물질은 산 분해에 의해 제거된다.

정답 43.② 44.② 45.① 46.② 47.③ 48.①

③ 물리적 간섭은 특히 시료 중에 산의 농도가 10V/V%이상으로 높거나 용존 고형물질이 1500mg/L이상으로 높은 반면, 검정용 표준용액의 산의 농도는 5% 이하로 낮을 때에 발생한다.
④ 간섭효과가 의심되면 대부분의 경우가 시료의 매질로 인해 발생하므로 원자흡수 분광광도법 또는 유도결합 플라즈마-질량 분석법과 같은 대체 방법과 비교하는 것도 간섭효과를 막는 방법이 될 수 있다.

> 해설 고온(6000~8000K)에서 들뜬 원자가 바닥상태로 이동할 때 방출하는 발광강도를 측정한다.

49 자외선/가시선 분광법에 의한 카드뮴 분석 방법에 관한 설명으로 옳지 않은 것은?

① 황갈색의 카드뮴착염을 사염화탄소로 추출하여 그 흡광도를 480nm에서 측정하는 방법이다.
② 카드뮴의 정량범위는 0.001~0.03mg이고, 정량한계는 0.001mg이다.
③ 시료 중 다량의 철과 망간을 함유하는 경우 디티존에 의한 카드뮴추출이 불완전하다.
④ 시료에 다량의 비스무트(Bi)가 공존하면 시안화칼륨용액으로 수회 씻어도 무색이 되지 않는다.

> 해설 적색의 카드뮴착염을 사염화탄소로 추출하여 그 흡광도를 520nm에서 측정하는 방법이다.

50 폐기물의 pH(유리전극법)측정 시 사용되는 표준용액이 아닌 것은?

① 수산염 표준용액
② 수산화칼슘 표준용액
③ 황산염 표준용액
④ 프탈산염 표준용액

51 폐기물공정시험기준에서 규정하고 있는 고상폐기물의 고형물 함량으로 옳은 것은?

① 5% 이상
② 10% 이상
③ 15% 이상
④ 20% 이상

52 중량법에 의한 기름성분 분석 방법(절차)에 관한 내용으로 틀린 것은?

① 시료 적당량을 분별깔때기에 넣고 메틸오렌지용액(0.1W/V%)을 2~3방울 넣고 황색이 적색으로 변할 때까지 염산(1+1)을 넣어 pH 4 이하로 조절한다.
② 시료가 반고상 또는 고상 폐기물인 경우에는 폐기물의 양에 약 2.5배에 해당하는 물을 넣어 잘 혼합한 다음 pH 4 이하로 조절한다.
③ 노말헥산 추출물질의 함량이 5mg/L 이하로 낮은 경우에는 5L 부피 시료병에 시료 4L를 채취하여 염화철(Ⅲ) 용액 4mL를 넣고 자석교반기로 교반하면서 탄산나트륨용액(20 W/V %)을 넣어 pH 7~9로 조절한다.
④ 증발용기 외부의 습기를 깨끗이 닦고 실리카겔 데시케이터에 1시간 이상 수분 제거 후 무게를 단다.

> 해설 증발용기 외부의 습기를 깨끗이 닦고 (80±5)°C의 건조기 중에 30분간 건조하고 실리카겔 데시케이터에 넣어 정확히 30분간 식힌 후 무게를 단다.

53 다음 중 농도가 가장 낮은 것은?

① 1mg/L
② 1000μg/L
③ 100ppb
④ 0.01ppm

> 해설 1mg/l=1ppm, 100μg/L=0.1mg/L=0.1ppm, 100ppb=0.1ppm

정답 49.① 50.③ 51.③ 52.④ 53.④

54 유도결합플라스마-원자발광분광법으로 측정할 수 있는 항목과 가장 거리가 먼 것은? (단, 폐기물공정시험기준 기준)

① 6가 크롬   ② 수은
③ 비소   ④ 크롬

55 공정시험기준에서 기체의 농도는 표준상태로 환산한다. 다음 중 표준상태로 알맞은 것은?

① 25℃, 0기압   ② 25℃, 1기압
③ 0℃, 0기압   ④ 0℃, 1기압

56 금속류의 원자흡수분광광도법에 대한 설명으로 틀린 것은?

① 구리의 측정파장은 324.7mm이고, 정량한계는 0.008mg/L이다.
② 납의 측정파장은 283.3nm이고, 정량한계는 0.04mg/L이다.
③ 카드뮴의 측정파장은 228.8nm이고, 정량한계는 0.002mg/L이다.
④ 수은의 측정파장은 253.7nm이고, 정량한계는 0.05mg/L이다.

[해설] 수은의 측정파장은 253.7nm이고, 정량한계는 0.0005mg/L이다.

57 수은 표준원액(0.1mgHg/mL) 1L를 조제하기 위해 염화제이수은(순도 : 99.9%) 몇 g을 물에 녹이고 질산(1+1) 10mL와 물에 넣어 정확히 1L로 하여야 하는가? (단, Hg=200.61, Cl = 35.46)

① 0.135   ② 0.252
③ 0.377   ④ 0.403

[해설]
$HgCl_2$: Hg
$271.53mg$: $200.61mg$
$x/1000mL$: $0.1mg/mL$ ∴ $x = 135mg ≒ 0.135g$

58 편광현미경과 입체현미경으로 고체 시료 중 석면의 특성을 관찰하여 정성과 정량 분석할 때 입체현미경의 배율범위로 가장 옳은 것은?

① 배율 2~4배 이상
② 배율 4~8배 이상
③ 배율 10~45배 이상
④ 배율 50~200배 이상

59 구리를 자외선/가시선 분광법으로 정량하고자 할 때 설명으로 가장 거리가 먼 것은?

① 시료 중에 시안화합물이 존재 시 황산 산성하에서 끓여 시안화물을 완전히 분해 제거한다.
② 비스무스(Bi)가 구리의 양보다 2배 이상 존재 시 황색을 나타내어 방해한다.
③ 추출용매는 초산부틸 대신 사염화탄소, 클로로포름, 벤젠 등을 사용할 수도 있다.
④ 무수황산나트륨 대신 건조여지를 사용하여 여과하여도 된다.

[해설] 시료의 전처리를 하지 않고 직접 시료를 사용하는 경우 시료 중에 시안화합물이 함유되어 있으면 염산으로 산성 조건을 만든 후 끓여 시안화물을 완전히 분해 제거한 다음 시험한다.

60 원자흡수분광광도법은 원자가 어떤 상태에서 특유 파장의 빛을 흡수하는 원리를 이용한 것인가?

① 전자상태   ② 이온상태
③ 기저상태   ④ 분자상태

정답 54.② 55.④ 56.④ 57.① 58.③ 59.① 60.③

4과목 폐기물관계법규

61 폐기물처분시설인 소각시설의 정기검사 항목에 해당하지 않은 것은?

① 보조연소장치의 작동상태
② 배기가스온도 적절 여부
③ 표지판 부착 여부 및 기재사항
④ 소방장비 설치 및 관리실태

62 폐기물처리시설의 설치기준 중 중간처분시설인 고온용융시설의 개별기준에 해당되지 않는 것은?

① 폐기물투입장치, 고온용융실(가스화실 포함), 열회수장치가 설치되어야 한다.
② 고온용융시설에서 배출되는 잔재물의 강열감량은 1% 이하가 될 수 있는 성능을 갖추어야 한다.
③ 고온용융시설에서 연소가스의 체류시간은 1초 이상이어야 한다.
④ 고온용융시설의 출구온도는 섭씨 1200도 이상이 되어야 한다.

해설 시행규칙[별표11]

63 폐기물처리시설을 설치·운영하는 자는 그 처리시설에서 배출되는 오염물질을 측정하거나 환경부령 정하는 측정기관으로 하여금 측정하게 할 수 있다. 환경부령에서 정하는 측정기관이 아닌 곳은?

① 보건환경연구원
② 한국환경공단
③ 환경기술개발원
④ 수도권매립지관리공사

64 폐기물처리시설의 중간처분시설인 기계적 처분시설이 아닌 것은?

① 파쇄·분쇄시설(동력 15kW 이상인 시설로 한정한다.)
② 소멸화 시설(1일 처분능력 100킬로그램이상인 시설로 한정한다)
③ 용융시설(동력 7.5kW 이상인 시설로 한정한다.
④ 멸균분쇄 시설

해설 시행령[별표3]

65 지정폐기물의 종류에 대한 설명으로 옳은 것은?

① 액체상태인 폴리클로리네이티드비페닐 함유 폐기물은 용출액 1리터당 0.003mg 이상 함유한 것으로 한정한다.
② 오니류는 상수오니, 하수오니, 공정오니, 폐수처리오니를 포함한다.
③ 폐합성 고분자화합물 중 폐합성 수지는 액체상태의 것은 제외한다.
④ 의료폐기물은 환경부령으로 정하는 의료기관이나 시험·검사기관 등에서 발생되는 것으로 한정한다.

66 폐기물 관리의 기본원칙에 해당되는 사항과 가장 거리가 먼 것은?

① 사업자는 폐기물의 발생을 최대한 억제하고 스스로 재활용함으로써 폐기물의 배출을 최소화하여야 한다.
② 폐기물을 배출하는 경우에는 주변환경이나 주민의 건강에 위해를 끼치지 아니하도록 사전에 적절한 조치를 하여야 한다.
③ 폐기물은 그 처리과정에서 양과 유해

정답 61.③ 62.① 63.③ 64.② 65.④ 66.④

성을 줄이도록 하는 등 환경보전과 국민건강보호에 적합하게 처리하여야 한다.
④ 폐기물은 재활용보다는 우선적으로 소각, 매립 등으로 처분하여 보건위생의 향상에 이바지하도록 하여야 한다.

67 환경부장관에 의해 폐기물처리시설의 폐쇄명령을 받았으나 이행하지 아니한 자에 대한 벌칙기준은?

① 5년 이하의 징역이나 5천만원 이하의 벌금
② 3년 이하의 징역이나 3천만원 이하의 벌금
③ 2년 이하의 징역이나 2천만원 이하의 벌금
④ 1천만원 이하의 과태료

해설 법률 제64조

68 허가 취소나 6개월 이내의 기간을 정하여 영업의 전부 또는 일부의 정지를 명할 수 있는 경우에 해당되지 않는 것은?

① 영업정지기간 중 영업 행위를 한 경우
② 폐기물 처리업의 업종구분과 영업 내용의 범위를 벗어나는 영업을 한 경우
③ 폐기물의 처리 기준을 위반하여 폐기물을 처리한 경우
④ 재활용제품 또는 물질에 관한 유해성 기준 위반에 따른 조치명령을 이행하지 아니한 경우

69 환경부령으로 정하는 폐기물처리시설의 설치를 마친 자는 환경부령으로 정하는 검사기관으로부터 검사를 받아야 한다. 폐기물처리시설이 매립시설인 경우, 검사기관으로 틀린 것은?

① 한국건설기술연구원
② 한국산업기술시험원
③ 한국농어촌공사
④ 한국환경공단

70 다음 중 기술관리인을 두어야 하는 폐기물 처리시설은?

① 지정폐기물 외의 폐기물을 매립하는 시설로 면적이 5천 제곱미터인 시설
② 멸균분쇄시설로 시간당 처분능력이 200킬로그램인 시설
③ 지정폐기물 외의 폐기물을 매립하는 시설로 매립용적이 1만 세제곱미터인 시설
④ 소각시설로서 의료폐기물을 시간당 100킬로그램 처리하는 시설

해설 시행령 제15조

71 폐기물처리시설의 유지·관리에 관한 기술관리를 대행할 수 있는 자는?

① 한국환경공단
② 국립환경과학원
③ 한국농어촌공사
④ 한국건설기술연구원

해설 시행령 제16조

정답 67.① 68.① 69.② 70.② 71.①

72 폐기물 감량화시설의 종류에 해당되지 않는 것은? (단, 환경부 장관이 정하여 고시하는 시설 제외)

① 공정 개선시설
② 폐기물 파쇄·선별시설
③ 폐기물 재이용시설
④ 폐기물 재활용시설

해설 폐기물 감량화시설에는 폐기물 재활용시설, 폐기물 재이용시설, 공정 개선시설, 그 밖의 사업장폐기물의 발생과 배출을 줄이는 효과가 있다고 환경부장관이 정하여 고시하는 시설이 있다.

73 지정폐기물을 배출하는 사업자가 지정폐기물을 위탁하여 처리하기 전에 환경부장관에게 제출하여 확인을 받아야 하는 서류가 아닌 것은?

① 폐기물처리계획서
② 폐기물분석결과서
③ 폐기물인수인계확인서
④ 수탁처리자의 수탁확인서

74 폐기물관리법령상 가연성 고형폐기물의 에너지 회수기준에 대한 설명으로 ( )에 알맞은 것은?

| 에너지의 회수효율(회수에너지 총량을 투입에너지 총량으로 나눈 비율을 말한다.)이 ( )이상일 것 |

① 65% ② 75%
③ 85% ④ 95%

75 주변지역 영향 조사대상 폐기물처리시설을 설치·운영하는 자는 주변지역에 미치는 영향을 몇 년마다 조사하여 그 결과를 환경부장관에게 제출하여야 하는가?

① 2년 ② 3년
③ 5년 ④ 10년

76 설치승인을 얻은 폐기물처리시설이 변경승인을 받아야 할 중요사항이 아닌 것은?

① 대표자의 변경
② 처분시설 또는 재활용시설 소재지의 변경
③ 처분 또는 재활용 대상 폐기물의 변경
④ 매립시설 제방의 증·개축

77 의료폐기물 전용용기 검사기관(그 밖에 환경부 장관이 전용용기에 대한 검사능력이 있다고 인정하여 고시하는 기관은 제외)에 해당되지 않는 것은?

① 한국화학융합시험연구원
② 한국환경공단
③ 한국의료기기시험연구원
④ 한국건설생활환경시험연구원

78 사후관리 이행보증금의 사전 적립대상이 되는 폐기물을 매립하는 시설의 면적 기준은?

① 3300m^2 이상 ② 5500m^2 이상
③ 10000m^2 이상 ④ 30000m^2 이상

정답 72.② 73.③ 74.② 75.② 76.① 77.③ 78.①

79 폐기물관리법에 사용하는 용어의 정의로 옳지 않은 것은?

① 처리 : 폐기물의 수집, 운반, 보관, 재활용 처분을 말한다.
② 폐기물처리시설 : 폐기물의 중간처분시설, 최종처분시설 및 재활용시설로서 대통령령으로 정하는 시설을 말한다.
③ 폐기물감량화시설 : 생산 공정에서 발생하는 폐기물의 양을 줄이고, 사업장 내 재활용을 통하여 폐기물 배출을 최소화하는 시설로서 대통령령으로 정하는 시설을 말한다.
④ 지정폐기물 : 인체, 재산, 주변환경에 악영향을 줄 수 있는 해로운 물질을 함유한 폐기물로 환경부령으로 정하는 폐기물을 말한다.

해설 "지정폐기물"이란 사업장폐기물 중 폐유·폐산 등 주변 환경을 오염시킬 수 있거나 유해폐기물 등 인체에 위해를 줄 수 있는 해로운 물질로서 대통령령으로 정하는 폐기물을 말한다.

80 생활폐기물의 처리대행자에 해당하지 않은 것은?

① 폐기물처리업자
② 한국환경공단
③ 재활용센터를 운영하는 자
④ 폐기물재활용사업자

해설 시행령 제8조, 생활폐기물의 처리대행자로는 폐기물처리업자, 폐기물처리 신고자, 한국환경공단, 재활용센터를 운영하는 자 등이다.

정답 79.④ 80.④

2020년 제3회 폐기물처리 기사 [8월 22일 시행]

1과목 폐기물개론

01 슬러지를 처리하기 위하여 생슬러지를 분석한 결과 수분은 90%, 총고형물 중 휘발성 고형물은 70%, 휘발성 고형물의 비중은 1.1, 무기성 고형물의 비중은 2.2일 때 생슬러지의 비중은? (단, 무기성고형물+휘발성고형물=총고형물)

① 1.023 ② 1.032
③ 1.041 ④ 1.053

해설 생슬러지 비중
수분 90%=0.9
휘발성 고형물 : 총고형물 10% 중 70%=0.07
무기성 고형물 : 총고형물 10% 중 30%=0.03
$\dfrac{1}{\rho_s} = \dfrac{0.07}{1.1} + \dfrac{0.03}{2.2} + \dfrac{0.9}{1.0}$ ∴ $\rho_s = 1.023$

02 폐기물처리장치 중 쓰레기를 물과 섞어 잘게 부순 뒤 다시 물과 분리시키는 습식 처리장치는?

① Baler ② Compactor
③ Pulverizer ④ Shredder

03 폐기물 파쇄기에 대한 설명으로 틀린 것은?

① 회전드럼식 파쇄기는 폐기물의 강도차를 이용하는 파쇄장치이며 파쇄와 분별을 동시에 수행할 수 있다.
② 일반적으로 전단파쇄기는 충격파쇄기보다 파쇄속도가 느리다.
③ 압축파쇄기는 기계의 압착력을 이용하여 파쇄하는 장치로 파쇄기의 마모가 적고 비용도 적다.
④ 해머밀 파쇄기는 고정칼, 왕복 또는 회전칼과의 교합에 의하여 폐기물을 전단하는 파쇄기이다.

해설 전단파쇄기는 고정칼, 왕복 또는 회전칼의 교합에 의하여 폐기물을 전단한다.

04 폐기물의 관거(pipeline)를 이용한 수송 방법 중 공기를 이용한 방법이 아닌 것은?

① 진공수송 ② 가압수송
③ 슬러리수송 ④ 캡슐수송

해설 pipe line 수송에는 공기수송, 슬러리수송, 캡슐수송, 진공수송, 가압수송이 있다.

정답 01.① 02.③ 03.④ 04.③

05 고정압축기의 작동에 대한 용어로 가장 거리가 먼 것은?

① 적하(Loading)
② 카셋용기(Cassettes Containing bag)
③ 충전(Fill Charging)
④ 램압축(Ram Compacts)

06 쓰레기를 압축시킨 후 용적이 45% 감소 되었다면 압축비는?

① 1.4
② 1.6
③ 1.8
④ 2.0

해설 $45\% = (1 - \dfrac{1}{압축비\ C_R}) \times 100$

$\dfrac{100}{C_R} = 100 - 45 \quad \therefore C_R = 1.81$

07 4%의 고형물의 함유하는 슬러지 300m³를 탈수 시켜 70%의 함수율을 갖는 케이크를 얻었다면 탈수된 케이크의 양(m³)은? (단, 슬러지의 밀도=1ton/m³)

① 50
② 40
③ 30
④ 20

해설 슬러지 발생량 = 슬러지 탈수량
$300m^3 \times 0.04 = x(1 - 0.7) \quad \therefore x = 40m^3$

08 폐기물의 발생량 예측방법이 아닌 것은?

① Load-count analysis method
② Trend method
③ Multiple regression model
④ Dynamic simulation model

해설 Trend method 경향예측모델
Multiple regression model 다중회귀모델
Dynamic simulation model 동적모사모델
발생량조사방법 : Load-count analysis method 적재차량계수분석법

09 쓰레기 발생량 예측방법 중 모든 인자를 시간에 대한 함수로 나타낸 후, 시간에 대한 함수로 표현된 각 영향 인자들 간의 상관관계를 수식화 하는 방법은?

① 경향법
② 다중회귀모델
③ 회귀직선모델
④ 동적모사모델

10 쓰레기의 관리체계가 순서대로 올바르게 나열된 것은?

① 발생 – 적환 – 수집 – 처리 및 회수 – 처분
② 발생 – 적환 – 수집 – 처리 및 회수 – 수송 – 처분
③ 발생 – 수집 – 적환 – 수송 – 처리 및 회수 – 처분
④ 발생 – 수집 – 적환 – 처리 및 회수 – 수송 – 처분

11 폐기물의 성상분석의 절차로 알맞은 것은?

① 시료 → 물리적조성파악 → 밀도측정 → 분류 → 원소분석
② 시료 → 밀도측정 → 물리적조성파악 → 전처리 → 원소분석
③ 시료 → 전처리 → 밀도측정 → 물리적조성파악 → 원소분석
④ 시료 → 분류 → 전처리 → 물리적조성파악 → 원소분석

정답 05.② 06.③ 07.② 08.① 09.④ 10.③ 11.②

12 함수량이 30%인 쓰레기를 건조기준으로 원소성분 및 열량계로 열량을 측정한 결과가 다음과 같을 때 저위발열량(kcal/kg)은? (단, 발열량 = 3300kcal/kg, C 65%, H 20%, S 5%)

① 1030　② 1040
③ 1050　④ 1060

해설

습량기준 H_h = 단열열량계 값 $\times \dfrac{100-W}{100}$

$\quad = 3300 \times \dfrac{100-30}{100} = 2310$

$H_l(kcal/kg) = H_h - 6(9H + W)$
*여기서, 원소의 단위는 퍼센트농도(%)이다.

∴ $H_l = 2310 - 6(9 \times 20 + 30) = 1050 kcal/kg$

13 환경경영체계(ISO-14000)에 대한 설명으로 가장 거리가 먼 내용은?

① 기업이 환경문제의 개선을 위해 자발적으로 도입하는 제도이다.
② 환경사업을 기업 영업의 최우선 과제 중의 하나로 삼는 경영체제이다.
③ 기업의 친환경성 이미지에 대한 광고 효과를 위해 도입할 수 있다.
④ 전과정평가(LCA)를 이용하여 기업의 환경성과를 측정하기도 한다.

해설 ISO 14000 시리즈에는 환경 경영 시스템, 환경 감사, 환경 표지(eco-label), 환경 영향 평가, 제품 전 과정 평가(LCA: Life Cycle Assessment), 관련 용어의 정의 등에 관한 많은 표준 규격이 포함된다.

14 투입량이 1ton/hr이고 회수량이 600kg/hr(그 중 회수대상물질은 500kg/hr)이며, 제거량은 400kg/hr(그 중 회수대상물질은 100kg/hr)일 때 선별효율(%)은? (단, Worrell식 적용)

① 약 63　② 약 69
③ 약 74　④ 약 78

해설 ① 회수량 600톤
　　회수량 중 회수대상물질(X_1) 500kg
　　회수량 중 제거대상물질(Y_1) 100kg
② 제거량 400kg
　　제거량 중 회수대상물질(X_2) 100kg
　　제거량 중 제거대상물질(Y_2) 300kg
③ 총 회수대상물질(X_t) 600kg
④ 총 제거대상물질(Y_t) 400kg

Worrell식 선별효율(E_W)

$E_W = \left(\dfrac{X_1}{X_t} \times \dfrac{Y_2}{Y_t} \right) \times 100$

∴ $E_W = \left(\dfrac{500}{600} \times \dfrac{300}{400} \right) \times 100 = 62.5\%$

15 LCA의 구성요소로 가장 거리가 먼 것은?

① 자료평가
② 개선평가
③ 목록분석
④ 목록 및 범위의 설정

해설 전과정평가(LCA)의 평가단계 순서
목적 및 범위 설정 → 목록분석 → 영향평가 → 개선평가 및 해석

16 폐기물의 파쇄 목적이 잘못 기술된 것은?

① 입자 크기의 균일화
② 밀도의 증가
③ 유가물의 분리
④ 비표면적의 감소

해설 비표면적(cm^2/g)이 증가한다.

정답　12.③　13.②　14.①　15.①　16.④

17 쓰레기 수거효율이 가장 좋은 방식은?

① 타종식 수거 방식
② 문전수거(플라스틱 자루)방식
③ 문전수거(재사용 가능한 쓰레기통)방식
④ 대형 쓰레기통 이용 수거 방식

해설 수거효율이 가장 좋은 것은 집 밖 이동식 타종수거이다. 문전수거 2.3MHT, 타종수거 0.84MHT, 대형 쓰레기통 수거 1.1MHT

18 스크린상에서 비중이 다른 입자의 층을 통과하는 액류를 상하로 맥동시켜서 층의 팽창수축을 반복하여 무거운 입자는 하층으로 가벼운 입자는 상층으로 이동시켜 분리하는 중력분리 방법은?

① Secators   ② Jigs
③ Melt separation ④ Air stoners

19 도시에서 폐기물 발생량이 185000톤/년, 수거 인부는 1일 550명, 인구는 250000명이라고 할 때 1인 1일 폐기물 발생량(kg/인·day)은? (단, 1년 365일 기준)

① 2.03   ② 2.35
③ 2.45   ④ 2.77

해설 $kg/인.day = \dfrac{185000t \times 1000kg/t}{250000인 \times 365일}$
=2.027kg/인.일

20 폐기물수집 운반을 위한 노선 설정 시 유의할 사항으로 가장 거리가 먼 것은?

① 될 수 있는 한 반복운행을 피한다.
② 가능한 한 언덕길은 올라가면서 수거한다.
③ U자형 회전을 피해 수거한다.
④ 가능한 한 시계방향으로 수거노선을 정한다.

2과목 폐기물처리기술

21 매립지 입지선정절차 중 후보지 평가단계에서 수행해야 할 일로 가장 거리가 먼 것은?

① 경제성 분석
② 후보지 등급결정
③ 현장조사(보링조사 포함)
④ 입지선정기준에 의한 후보지 평가

22 저항성 탐사에서의 토양의 저항성(R)을 나타내는 식은? (단, I는 전류, s는 전극 간격, V는 측정전압을 의미한다.)

① $R = \dfrac{2\pi s V}{I}$ ② $R = \dfrac{2\pi s I}{V}$
③ $R = \dfrac{s V}{2\pi I}$ ④ $R = \dfrac{s I}{2\pi V}$

23 친산소성 퇴비화 과정의 온도와 유기물의 분해 속도에 대한 일반적인 상관관계로 옳은 것은?

① 40℃ 이하에서 가장 분해속도가 빠르다.
② 40~55℃ 정도에서 가장 분해속도가 빠르다.
③ 55~60℃ 정도에서 가장 분해속도가 빠르다.
④ 60℃ 이상에서 가장 분해속도가 빠르다.

정답 17.① 18.② 19.① 20.② 21.① 22.① 23.③

24 침출수의 혐기성 처리에 대한 설명으로 옳지 않은 것은?

① 고농도의 침출수를 희석 없이 처리할 수 있다.
② 미생물의 낮은 증식으로 슬러지 발생량이 적다.
③ 온도, 중금속 등의 영향이 호기성 공정에 비해 크다.
④ 호기성 공정에 비해 높은 영양물질 요구량을 가진다.

25 스크린 선별에 대한 설명으로 옳은 것은?

① 트롬멜 스크린의 경사도는 2~3°가 적정하다.
② 파쇄 후에 설치되는 스크린은 파쇄설비 보호가 목적이다.
③ 트롬멜스크린의 회전속도가 증가할수록 선별효율이 증가한다.
④ 회전 스크린은 주로 골재분리에 흔히 이용되며 구멍이 막히는 문제가 자주 발생한다.

해설 트롬멜 스크린의 최적속도(rpm)
= 임계속도 × 0.45

26 용적이 1000m³인 슬러지 혐기성 소화조에서 함수율 95%의 슬러지를 하루에 20m³를 소화시킨다면 이 소화조의 유기물 부하율(kg$_{VS}$/m³·day)은? (단, 슬러지 고형물 중 무기물 비율은 40%이고, 슬러지의 비중은 1.0으로 가정한다.)

① 0.2 ② 0.4
③ 0.6 ④ 0.8

해설 슬러지량 : 20m³/day
고형물량 : 20m³/day×(1-0.95)=1m³/d
유기물량 : 1m³×(1-0.4)=0.6m³/d

∴0.6m³×1.0×1000kg/m³=600kg/d

유기물 부하율 = $\frac{600 kg/day}{1000 m^3}$ = $0.6 kg/m^3 \cdot d$

27 유기성 폐기물의 C/N비는 미생물의 분해 대상인 기질의 특성으로 효과적인 퇴비화를 위해 가장 직접적인 중요 인자이다. 일반적으로 초기 C/N비로 가장 적합한 것은?

① 5~15   ② 25~35
③ 55~65 ④ 85~100

28 3785m³/일 규모의 하수처리장에 유입되는 BOD와 SS농도가 각각 200mg/L이다. 1차 침전에 의하여 SS는 60%가 제거되고, 이에 따라 BOD도 30% 제거된다. 후속처리인 활성슬러지공법(폭기조)에 의해 남은 BOD의 90%가 제거되며 제거된 kgBOD 당 0.2kg의 슬러지가 생산된다면 1차 침전에서 발생한 슬러지와 활성슬러지공법에 의해 발생된 슬러지량의 총합(kg/일)은? (단, 비중은 1.0기준, 기타 조건은 고려 안함)

① 약 530 ② 약 550
③ 약 570 ④ 약 590

해설 BOD=3785m³/d×0.2kg/m³×(1-0.3)
×0.9×0.2=95.382kg/d
SS=3785m³/d×0.2kg/m³×0.6=454.2kg/day
슬러지 총합=95.382+454.2=549.6kg/day

29 매립지 차수막으로서의 점토 조건으로 적합하지 않은 것은?

① 액성한계 : 60% 이상
② 투수계수 : 10^{-7}cm/s 미만
③ 소성지수 : 10% 이상 30% 미만
④ 자갈 함유량 : 10% 미만

해설 액성한계 30% 이상

정답 24.④ 25.① 26.③ 27.② 28.② 29.①

30 고형화 처리 중 시멘트 기초법에서 가장 흔히 사용되는 포틀랜드 시멘트 화합물 조성 중 가장 많은 부분을 차지하고 있는 것은?

① $2SiO_2 \cdot Fe_2O_3$ ② $3CaO \cdot SiO_2$
③ $2CaO \cdot MgO$ ④ $3CaO \cdot Fe_2O_3$

31 분뇨를 호기성 소화방식으로 일 500m³ 부피를 처리하고자 한다. 1차 처리에 필요한 산기관수는? (단, 분뇨 BOD 20000mg/L, 1차 처리효율 60%, 소요공기량 50m³/BOD$_{kg}$ 산기관 통풍량 0.5m³/min · 개)

① 347 ② 417
③ 694 ④ 1157

해설
$500m^3/d \times 20kg/m^3 \times 0.6 \times 50m^3/BOD.kg$
$= 0.5m^3/min \times 60 \times 24hr \times x$
∴ x = 416.7개

32 컬럼의 유입구와 유출구 사이에 수리학적 수두의 차이가 없을 때 오염물질은 무엇에 따라 다공성 매체를 이동하는가?

① 농도 경사 ② 이류 이동
③ 기계적 분산 ④ Darcy 플러스

33 6가크롬을 함유한 유해폐기물의 처리방법으로 가장 적절한 것은?

① 양이온교환수지법
② 황산제1철 환원법
③ 화학추출분해법
④ 전기분해법

34 유기염소계 화학물질을 화학적 탈염소화 분해할 경우 적합한 기술이 아닌 것은?

① 화학 추출 분해법
② 알칼리 촉매 분해법
③ 초임계 수산화 분해법
④ 분별 증류촉매 수소화 탈염소법

35 매립지 기체 발생단계를 4단계로 나눌 때 매립초기의 호기성 단계(혐기성 전단계)에 대한 설명으로 옳지 않은 것은?

① 폐기물내 수분이 많은 경우에는 반응이 가속화된다.
② 주요 생성기체는 CO_2이다.
③ O_2가 급격히 소모된다.
④ N_2가 급격히 발생한다.

해설 N_2는 감소하며 NO_3는 증가한다.

36 매립지의 표면차수막에 관한 설명으로 옳지 않은 것은?

① 매립지 지반의 투수계수가 큰 경우에 사용한다.
② 지하수 집배수시설이 필요하다.
③ 단위면적당 공사비는 비싸나 총공사비는 싸다.
④ 보수는 매립 전에는 용이하나 매립 후는 어렵다.

37 매립지에서 유기물의 완전 분해 식을 $C_{68}H_{111}O_{50}N + \alpha H_2O \rightarrow \beta CH_4 + 33CO_2 + NH_3$로 가정할 때 유기물 200kg을 완전 분해 시 소모되는 물의 양(kg)은?

① 16 ② 21
③ 25 ④ 33

정답 30.② 31.② 32.① 33.② 34.③ 35.④ 36.③ 37.④

해설

$C_{68}H_{111}O_{50}N + 16H_2O \rightarrow 35CH_4 + 33CO_2 + NH_3$
$1741 : 16 \times 18 = 200 : x \quad \therefore x = 33kg$

38 재활용을 위한 매립가스의 회수 조건으로 거리가 먼 것은?

① 발생 기체의 50% 이상을 포집할 수 있어야 한다.
② 폐기물 1kg당 0.37m³ 이상의 기체가 생성되어야 한다.
③ 폐기물 속에는 약 15~40%의 분해 가능한 물질이 포함되어 있어야 한다.
④ 생성된 기체의 발열량은 2200kcal/Sm³ 이상이어야 한다.

39 매립지의 침출수의 농도가 반으로 감소하는데 약 3년이 걸렸다면 이 침출수의 농도가 99% 감소하는데 걸리는 시간(년)은? (단, 1차 반응 기준)

① 10   ② 15
③ 20   ④ 25

해설 $\ln\dfrac{C_t}{C_0} = -K \cdot t \quad \therefore \ln\dfrac{1/2 C_0}{C_0} = -K \cdot t$

$\ln 0.5 = -K \times 3년 \quad \therefore K = 0.23$
$\ln(1-0.99) = -0.23 \times t \quad \therefore t = 20년$

40 생활폐기물 소각시설의 폐기물 저장소에 대한 설명 중 틀린 것은?

① 500톤 이상의 폐기물저장조의 용량은 원칙적으로 계획 1일 최대처리량의 3배 이상의 용량(중량기준)으로 설치한다.
② 저장조의 용량산정은 실측자료가 없는 경우 우리나라 평균 밀도인 0.22ton/m³을 적용한다.
③ 저장조내에서 자연발화 등에 의한 화재에 대비하여 소화기 등 화재대비시설을 검토한다.
④ 폐기물 저장조의 설치 시 가능한 한 깊이보다 넓이를 최소화하여 오염되는 면적을 줄이도록 한다.

3과목 폐기물소각 및 열회수

41 다단소각로에 대한 설명 중 옳지 않은 것은?

① 휘발성이 적은 폐기물 연소에 유리하다.
② 용융재를 포함한 폐기물이나 대형폐기물의 소각에는 부적당하다.
③ 타 소각로에 비해 체류시간이 길어 수분함량이 높은 폐기물의 소각이 가능하다.
④ 온도반응이 늦기 때문에 보조연료사용량의 조절이 용이하다.

해설 온도반응이 늦기 때문에 보조연료사용량의 조절이 어렵다.

42 사이클론(cyclone) 집진장치에 대한 설명 중 틀린 것은?

① 원심력을 활용하는 집진장치이다.
② 설치면적이 작고 운전비용이 비교적 적은 편이다.
③ 온도가 높을수록 포집효율이 높다.
④ 사이클론 내부에서 먼지는 벽면과 마찰을 일으켜 운동에너지를 상실한다.

해설 온도가 높을수록 포집효율이 낮다.

정답 38.③ 39.③ 40.④ 41.④ 42.③

43 탄소 1kg을 완전연소하는데 소요되는 이론공기량(Sm³)은? (단, 공기는 이상기체로 가정하고, 공기의 분자량은 28.84g/mol이다.)

① 1.866 ② 5.848
③ 8.889 ④ 17.544

해설

$C + O_2 \rightarrow CO_2$
$12kg : 22.4 Sm^3$
$1kg : x$

$\therefore x = 1.867 Sm^3 / 0.21 = 8.89 Sm^3$

44 절대온도의 눈금은 어느 법칙에서 유도된 것인가?

① Raoult의 법칙
② Henry의 법칙
③ 에너지보존의 법칙
④ 열역학 제2법칙

45 도시쓰레기를 소각방법으로 처리할 때의 장점이 아닌 것은?

① 쓰레기의 최종 처분단계이다.
② 쓰레기의 부피를 감소시킬 수 있다.
③ 발생되는 폐열을 회수할 수 있다.
④ 병원성 생물을 분해, 제거, 사멸시킬 수 있다.

46 소각 시 유해가스 처리방법 중 건식, 습식, 반건식의 장·단점에 대한 설명으로 옳지 않은 것은?

① 유해가스 제거효율 : 건식법은 비교적 낮으나 습식법은 매우 높다.
② 백연대책 : 건식법과 반건식법은 대책이 불필요하나 습식법은 배기가스 냉각 등 백연대책이 필요하다.
③ 운전비 및 건설비 : 건식법은 낮으나 습식법은 높은 편이다.
④ 운전 및 유지관리 : 건식법은 재처리, 부식방지 등 관리가 어려우나 습식법은 폐수로 처리되어 건식법에 비해 유지관리가 용이하다.

해설 건식법은 재처리, 부식방지 등 관리가 용이하나 습식법은 폐수로 처리되어 건식법에 비해 유지관리가 어렵다.

47 물질의 연소특성에 대한 설명으로 가장 거리가 먼 것은?

① 탄소의 착화온도는 700℃이다.
② 황의 착화온도는 목재의 경우보다 높다.
③ 수소의 착화온도는 장작의 경우보다 높다.
④ 용광로가스의 착화온도는 700~800℃ 부근이다.

48 전기 집진기의 집진 성능에 영향을 주는 인자에 관한 설명 중 틀린 것은?

① 수분함량이 증가할수록 집진효율이 감소한다.
② 처리가스량이 증가하면 집진효율이 감소한다.
③ 먼지의 전기비저항이 $10^4 \sim 5 \times 10^{10} \Omega cm$ 이상에서 정상적인 집진성능을 보인다.
④ 먼지입자의 직경이 작으면 집진효율이 감소한다.

해설 먼지의 전기저항을 낮추기 위하여 물, 염화물, 유분 등을 사용한다.

정답 43.③ 44.④ 45.① 46.④ 47.② 48.①

49 용적밀도가 800kg/m³인 폐기물을 처리하는 소각로에서 질량감소율과 부피감소율이 각각 90%, 95%인 경우 이 소각로에서 발생하는 소각재의 밀도(kg/m³)는?

① 1500 ② 1600
③ 1700 ④ 1800

해설 밀도 $\rho = \dfrac{무게\ W}{부피\ V}$

$$\rho = \dfrac{800 kg/m^3 (1-0.9)}{1-0.95} = 1600/m^3$$

50 연소가스 흐름에 따라 소각로의 형식을 분류한다. 폐기물의 이송방향과 연소가스의 흐름방향이 반대로 향하고, 폐기물의 질이 나쁜 경우에 적당한 방식은?

① 향류식 ② 병류식
③ 교류식 ④ 2회류식

51 다음과 같은 조건으로 연소실을 설계할 때 필요한 연소실의 크기(m³)는?

| 연소실 열부하 : 8.2×10⁴kcal/m³·h |
| 저위발열량 : 300kcal/kg |
| 폐기물 : 200ton/day |
| 작업시간 : 8h |

① 76   ② 86
③ 92   ④ 102

해설
$8.2 \times 10^4 kcal/m^3 \cdot hr$

$= \dfrac{300\,kcal/kg \times 200000 kg/day}{8hr \times V m^3}$

∴ $V = 91.46 m^3$

52 폐기물의 물리화학적 분석 결과가 아래와 같을 때, 이 폐기물의 저위발열량 (kcal/kg)은? (단, Dulong식 적용)

단위 : wt%

| 수분 | 회분 | 가연분 | | | | | | 소계 |
		C	H	O	N	Cl	S	
65	12	11.7	1.81	8.76	0.39	0.31	0.03	23
가연분의 원소조정		50.87	7.85	38.08	1.70	1.35	0.15	100

① 약 700   ② 약 950
③ 약 1200 ④ 약 1450

해설
$H_h (kcal/kg) = 81C + 340(H - \dfrac{O}{8}) + 25S$
*여기서, 원소의 단위는 퍼센트농도(%)이다.

$H_h = 81 \times 11.7 + 340(1.81 - \dfrac{8.76}{8})$
$\quad + 25 \times 0.03 = 1191$

$H_l (kcal/kg) = H_h - 6(9H + W)$
*여기서, 원소의 단위는 퍼센트농도(%)이다.

$H_l = 1191 - 6(9 \times 1.81 + 65) = 703$

53 폐기물 소각공정에서 발생하는 소각재 중 비산재(Fly Ash)의 안정화 처리기술과 가장 거리가 먼 것은?

① 산용매추출 ② 이온고정화
③ 약제처리   ④ 용융고화

정답 49.② 50.① 51.③ 52.① 53.②

54 소각공정과 비교하였을 때, 열분해공정이 갖는 단점이라 볼 수 없는 것은?

① 반응이 활발치 못하다.
② 환원성분위기로 Cr^{+3}가 Cr^{+6}로 전환되지 않는다.
③ 흡열반응이므로 외부에서 열을 공급시켜야 한다.
④ 반응생성물을 연료로서 이용하기 위해서는 별도의 정제장치가 필요하다.

해설 장점 : 환원성분위기로 Cr^{+3}가 Cr^{+6}로 전환되지 않는다.

55 Thermal NOx에 대한 설명 중 틀린 것은?

① 연소를 위하여 주입되는 공기에 포함된 질소와 산소의 반응에 의해 형성된다.
② Fuel NOx와 함께 연소 시 발생하는 대표적인 질소산화물의 발생원이다.
③ 연소 전 폐기물로부터 유기질소원을 제거하는 발생원분리가 효과적인 통제방법이다.
④ 연소통제와 배출가스 처리에 의해 통제할 수 있다.

해설 Thermal NOx는 연소를 위하여 주입되는 공기 중 질소가 고온에서 산화되어 생성된다.

56 황 성분이 0.8%인 폐기물은 20ton/h 성능의 소각로로 연소한다. 배출되는 배기가스 중 SO_2를 $CaCO_3$로 완전히 탈황하려 할 때 하루에 필요한 $CaCO_3$의 양은 (ton/day)? (단, 폐기물 중의 S는 모두 SO_2로 전환되며, 소각로의 1일 가동시간은 16시간, Ca 원자량은 40이다.)

① 1.0 ② 2.0
③ 4.0 ④ 8.0

해설
$S + O_2 \rightarrow SO_2 \rightarrow CaCO_3$
32 : 100
$0.008 \times 20t$: x $\therefore x = 0.5 t/hr$
$\therefore 0.5 \times 16 hr = 8.0 t/day$

57 소각로 공사 및 운전과정에서 발생하는 악취, 소음, 배출가스 등의 발생 원인별 개선방안으로 거리가 먼 것은?

① 쓰레기 반입장의 악취 : Air Curtain설비를 설치 후 가동상태 및 효과점검 등으로 외부확산을 근본적으로 방지
② 쓰레기 저정조 및 반입장의 악취 : 흡착탈취 및 미생물분해, 탈취제살포 등으로 악취 원인물질 제거
③ 쓰레기 수거차량의 침출수 : 수거차량의 정기세차 및 소내 차량운행 속도를 증가하여 쓰레기 침출수를 외부누출 방지
④ 소음 차단용 수림대 조성 : 소음원의 공학적분석에 의한 소음발생 저지

58 초기 다단로 소각로(multiple hearth)의 설계시 목적 소각물은?

① 하수슬러지 ② 타르
③ 입자상물질 ④ 폐유

59 화격자에 대한 설명 중 틀린 것은?

① 로 내의 폐기물 이동을 원활하게 해준다.
② 화격자의 폐기물 이동방향은 주로 하단부에서 상단부 방향으로 이동시킨다.
③ 화격자는 폐기물을 잘 연소하도록 교반시키는 역할을 한다.
④ 화격자는 아래에서 연소에 필요한 공기가 공급되도록 설계하기도 한다.

정답 54.② 55.③ 56.④ 57.③ 58.① 59.②

해설 폐기물은 상부로 투입되고 공기는 하부에서 공급되며 착하면의 이동은 공기의 흐름 방향과 동일하다.

60 소각로에서 하루 10시간 조업에 10000kg의 폐기물을 소각 처리한다. 소각로내의 열부하는 30000kcal/m³·hr이고 로의 체적은 15m³일 때 폐기물의 발열량(kcal/kg)은?

① 150 ② 300
③ 450 ④ 600

해설 로 열부하 = $\dfrac{발열량 \times 폐기물량}{로의 체적}$

$30000 = \dfrac{x \times 10000}{10 \times 15}$

∴ 발열량 = 450kcal/kg

4과목 폐기물공정시험기준(방법)

61 다음 중 1μg/L와 동일한 농도는? (단, 액상의 비중 = 1)

① 1pph ② 1ppt
③ 1ppm ④ 1ppb

62 유기물 함량이 비교적 높지 않고 금속의 수산화물, 산화물, 인산염 및 황화물을 함유하고 있는 시료에 적용되는 전처리 방법은?

① 질산-염산 분해법
② 질산-황산 분해법
③ 질산-과염소산 분해법
④ 질산-불화수소산 분해법

63 정도보증/정도관리에 적용하는 기기검출한계에 관한 내용으로 ( )에 옳은 것은?

바탕시료를 반복 측정 분석한 결과의 표준편차에 ( )한 값

① 2배 ② 3배
③ 5배 ④ 10배

64 자외선/가시선 분광법으로 구리를 측정할 때 알칼리성에서 다이에틸다이티오카르바민산나트륨과 반응하여 생성되는 킬레이트 화합물의 색으로 옳은 것은?

① 적자색 ② 청색
③ 황갈색 ④ 적색

65 환경측정의 정도보증/정도관리(QA/AC)에서 검정곡선방법으로 옳지 않은 것은?

① 절대검정곡선법 ② 표준물질첨가법
③ 상대검정곡선법 ④ 외부표준법

66 온도에 관한 기준으로 옳지 않은 것은?

① 찬 곳은 따로 규정이 없는 한 0~15℃의 곳을 뜻한다.
② 각각의 시험은 따로 규정이 없는 한 실온에서 조작한다.
③ 온수는 60~70℃로 한다.
④ 냉수는 15℃이하로 한다.

해설 각각의 시험은 따로 규정이 없는 한 상온에서 조작한다.

정답 60.③ 61.④ 62.① 63.② 64.③ 65.④ 66.②

67 환원기화법(원자흡수분광광도법)으로 수은을 측정할 때, 시료 중에 염화물이 존재할 경우에 대한 설명으로 옳지 않은 것은?

① 시료 중의 염소는 산화조작 시 유리염소를 발생시켜 253.7nm에서 흡광도를 나타낸다.
② 시료 중의 염소는 과망간산칼륨으로 분해 후 헥산으로 추출 제거한다.
③ 유리염소는 과량의 염산하이드록실 아민용액으로 환원시킨다.
④ 용액 중에 잔류하는 염소는 질소가스를 통기시켜 축출한다.

해설 시료 중 염화물이온이 다량 함유된 경우에는 염산하이드록실 아민용액을 과잉으로 넣어 유리염소를 환원시키고 용기 중에 잔류하는 염소는 질소가스를 통기시켜 축출한다.

68 수은을 원자흡수분광광도법으로 정량하고자 할 때, 정량한계(mg/L)는?

① 0.0005   ② 0.002
③ 0.05   ④ 0.5

69 자외선/가시선 분광법에 의한 납의 측정 시료에 비스무스(Bi)가 공존하면 시안화칼륨 용액으로 수회 씻어도 무색이 되지 않는다. 이 때 납과 비스무스를 분리하기 위해 추출된 사염화탄소 층에 가해주는 시약으로 적절한 것은?

① 프탈산수소칼륨 완충액
② 구리아민동 혼합액
③ 수산화나트륨용액
④ 염산히드록실아민용액

70 시료채취에 관한 내용으로 (　)에 옳은 것은?

> 회분식 연소방식의 소각재 반출설비에서 채취하는 경우에는 하루 동안의 운전횟수에 따라 매 운전 시마다 (㉠)이상 채취하는 것을 원칙으로 하고, 시료의 양은 1회에 (㉡)이상으로 한다.

① ㉠ 2회, ㉡ 100g
② ㉠ 4회, ㉡ 100g
③ ㉠ 2회, ㉡ 500g
④ ㉠ 4회, ㉡ 500g

71 함수율 85%인 시료인 경우, 용출시험결과에 시료 중의 수분함량 보정을 위하여 곱하여야 하는 값은?

① 0.5   ② 1.0
③ 1.5   ④ 2.0

해설 용출실험의 결과는 시료 중의 수분함량 보정을 위해 함수율 85% 이상인 시료에 한하여 "15/[100-시료의 함수율(%)]"을 곱하여 계산한 값으로 한다.

72 청석면의 형태와 색상으로 옳지 않은 것은? (단, 편광현미경법 기준)

① 꼬인 물결 모양의 섬유
② 다발 끝은 분산된 모양
③ 긴 섬유는 만곡
④ 특징적인 청색과 다색성

해설 백석면은 꼬인 물결 모양의 섬유이다.

정답 67.② 68.① 69.① 70.③ 71.② 72.①

73 세균배양 검사법에 의한 감염성 미생물 분석 시 시료의 채취 및 보존방법에 관한 내용으로 ( )에 적절한 것은?

> 시료의 채취는 가능한 한 무균적으로 하고 멸균된 용기에 넣어 1시간 이내에 실험실로 운반·실험하여야 하며, 그 이상의 시간이 소요될 경우에는 (㉠) 이하로 냉장하여 (㉡)이내에 실험실로 운반하여 실험실에 도착한 후 (㉢)이내에 배양조작을 완료하여야 한다.

① ㉠ 4℃, ㉡ 6시간, ㉢ 2시간
② ㉠ 4℃, ㉡ 2시간, ㉢ 6시간
③ ㉠ 10℃, ㉡ 6시간, ㉢ 2시간
④ ㉠ 10℃, ㉡ 2시간, ㉢ 6시간

74 자외선/가시선 분광법으로 크롬을 측정할 때 시료 중 총 크롬을 6가크롬으로 산화시키는데 사용되는 시약은?

① 과망간산칼륨 ② 이염화주석
③ 시안화칼륨   ④ 디티오황산나트륨

75 다음 시약 제조 방법 중 틀린 것은?

① 1M-NaOH용액은 NaOH 42g을 정제수 950mL를 넣어 녹이고 새로 만든 수산화바륨용액(포화)을 침전이 생기지 않을 때까지 한 방울씩 떨어뜨려 잘 섞고 마개를 하여 24시간 방치한 다음 여과하여 사용한다.
② 1M-HCl 용액은 염산 120mL에 정제수를 넣어 1000mL로 한다.
③ 20W/V%-KI(비소시험용) 용액은 KI 20g을 정제수에 녹여 100mL로 하며 사용할 때 조제한다.
④ 1M-H$_2$SO$_4$ 용액은 황산 60mL를 정제수 1L 중에 섞으면서 천천히 넣어 식힌다.

해설 1M-HCl 용액은 염산 90mL에 정제수를 넣어 1000mL로 한다.

76 원자흡수분광광도계에 대한 설명으로 틀린 것은?

① 광원부, 시료원자화부, 파장선택부 및 측광부로 구성되어 있다.
② 일반적으로 가연성기체로 아세틸렌을 조연성기체로 공기를 사용한다.
③ 단광속형과 복광속형으로 구분된다.
④ 광원으로 넓은 선폭과 낮은 휘도를 갖는 스펙트럼을 방사하는 납 음극램프를 사용한다.

해설 광원으로 좁은 선폭과 높은 휘도를 갖는 스펙트럼을 방사하는 납 음극램프를 사용한다.

77 폐기물 시료에 대해 강열감량과 유기물함량을 조사하기 위해 다음과 같은 실험을 하였다. 아래와 같은 결과를 이용한 강열감량(%)은?

> 1) 600±25℃에서 30분간 강열하고 데시케이터안에서 방냉 후 접시의 무게(W_1) : 48.256g
> 2) 여기에 시료를 취한 후 접시와 시료의 무게(W_2) : 73.352g
> 3) 여기에 25% 질산암모늄용액을 넣어 시료를 적시고 천천히 가열하여 탄화시킨 다음 600±25℃에서 3시간 강열하고 데시케이터안에서 방냉 후 무게(W_3) : 52.824g

① 약 74%   ② 약 76%
③ 약 82%   ④ 약 89%

정답 73.③ 74.① 75.② 76.④ 77.③

78 기체크로마토그래피를 적용한 유기인 분석에 관한 내용으로 틀린 것은?

① 유기인 화합물 중 이피엔, 파라티온, 메틸디메톤, 다이아지논 및 펜토에이트의 측정에 이용된다.
② 유기인의 정량분석에 사용되는 검출기는 질소인검출기 또는 불꽃광도 검출기이다.
③ 정량한계는 사용하는 장치 및 측정조건에 따라 다르나 각 성분 당 0.0005 mg/L이다.
④ 유기인을 정량할 때 주로 사용하는 정제용 칼럼은 활성 알루미나 칼럼이다.

해설 유기인의 정제용 칼럼으로는 실리카겔 칼럼, 플로리실 칼럼, 활성탄 칼럼이 있다.

79 밀도가 0.3ton/m³인 쓰레기 1200m³가 발생되어 있다면 폐기물의 성상분석을 위한 최소 시료수(개)는?

① 20 ② 30
③ 36 ④ 50

해설 0.3t/m³×1200m³=360t
100톤 이상 500톤 미만의 경우 현장시료의 최소수는 30개 이다.

80 자외선/가시선 분광광도계에서 사용하는 흡수셀의 준비사항으로 가장 거리가 먼 것은?

① 흡수셀은 미리 깨끗하게 씻은 것을 사용한다.
② 흡수셀의 길이(L)를 따로 지정하지 않았을 때는 10mm셀을 사용한다.
③ 시료셀에는 실험용액을, 대조셀에는 따로 규정이 없는 한 정제수를 넣는다.
④ 시료용액의 흡수파장이 약 370nm 이하일 때는 경질유리 흡수셀을 사용한다.

해설 시료액의 흡수파장인 370nm이상일 때는 석영 또는 경질유리 흡수셀을 사용한다.

5과목 폐기물관계법규

81 폐기물 처리시설의 중간처분시설 중 화학적 처분시설에 해당되는 것은?

① 정제시설
② 연료화 시설
③ 응집·침전 시설
④ 소멸화 시설

82 환경부령으로 정하는 폐기물처리시설의 설치를 마친 자는 환경부령으로 정하는 검사기관으로부터 검사를 받아야 한다. 검사를 받으려는 자가 검사를 받기 위해 검사기관에 제출하는 검사신청서에 첨부하여야 하는 서류가 아닌 것은? (단, 음식물류 폐기물 처리시설의 경우)

① 설계도면
② 폐기물 성질, 상태, 양, 조성비 내용
③ 재활용 제품의 사용 또는 공급계획서 (재활용의 경우만 제출한다.)
④ 운전 및 유지관리계획서(물질수지도를 포함한다.)

해설 시행규칙 제41조

정답 78.④ 79.② 80.④ 81.③ 82.②

83 폐기물처리업의 변경허가를 받아야 하는 중요사항에 관한 내용으로 틀린 것은? (단, 폐기물 수집·운반업 기준)

① 운반차량(임시차량 제외)의 증차
② 수집·운반대상 폐기물의 변경
③ 영업구역의 변경
④ 수집·운반시설 소재지 변경

해설 시행규칙 제29조, 폐기물 처분시설 소재지의 변경

84 폐기물의 수집·운반·보관·처리에 관한 구체적 기준 및 방법에 관한 설명으로 옳지 않은 것은?

① 사업장일반폐기물배출자는 그의 사업장에서 발생하는 폐기물을 보관이 시작되는 날부터 15일을 초과하여 보관하여서는 아니 된다.
② 지정폐기물(의료폐기물 제외) 수집·운반 차량의 차체는 노란색으로 색칠하여야 한다.
③ 음식물류 폐기물 처리 시 가열에 의한 건조에 의하여 부산물의 수분함량을 25% 미만으로 감량하여야 한다.
④ 폐합성고분자화합물은 소각하여야 하지만, 소각이 곤란한 경우에는 최대지름 15센티미터 이하의 크기로 파쇄·절단 또는 용융한 후 관리형 매립시설에 매립할 수 있다.

해설 시행규칙[별표5] 사업장일반폐기물배출자는 그의 사업장에서 발생하는 폐기물을 보관이 시작되는 날부터 90일을 초과하여 보관하여서는 아니 된다.

85 폐기물의 광역관리를 위해 광역 폐기물처리 시설의 설치·운영을 위탁할 수 있는 자에 해당되지 않는 것은?

① 해당 광역 폐기물처리시설을 발주한 지자체
② 한국환경공단
③ 수도매립지관리공사
④ 폐기물의 광역처리를 위해 설립된 지방자치단체조합

86 폐기물처리시설의 사용종료 또는 폐쇄신고를 한 경우에 사후관리 기간의 기준은 사용종료 또는 폐쇄신고를 한 날부터 몇 년 이내인가?

① 10년   ② 20년
③ 30년   ④ 50년

87 폐기물 처리업에 종사하는 기술요원, 폐기물 처리시설의 기술관리인, 그 밖에 대통령령으로 정하는 폐기물 처리담당자는 환경부령으로 정하는 교육기관이 실시하는 교육을 받아야함에도 불구하고 이를 위반하여 교육을 받지 아니한 자에 대한 과태료 처분 기준은?

① 100만원 이하의 과태료 부과
② 200만원 이하의 과태료 부과
③ 300만원 이하의 과태료 부과
④ 500만원 이하의 과태료 부과

정답 83.④ 84.① 85.① 86.③ 87.①

88 주변 지역 영향조사대상 폐기물처리시설 기준으로 옳은 것은? (단, 동일 사업장에 1개의 소각시설이 있는 경우)

① 1일 처리능력이 5톤 이상인 사업장폐기물 소각시설
② 1일 처리능력이 10톤 이상인 사업장폐기물 소각시설
③ 1일 처리능력이 30톤 이상인 사업장폐기물 소각시설
④ 1일 처리능력이 50톤 이상인 사업장폐기물 소각시설

89 환경정책기본법에 따른 용어의 정의로 옳지 않은 것은?

① "환경용량"이란 일정한 지역에서 환경오염 또는 환경 훼손에 대하여 환경이 스스로 수용, 정화 및 복원하여 환경의 질을 유지할 수 있는 한계를 말한다.
② "생활환경"이란 지상의 모든 생물과 이들을 둘러싸고 있는 비생물적인 것을 포함한 자연의 상태를 말한다.
③ "환경훼손"이란 야생동식물의 남획 및 그 서식지의 파괴, 생태계질서의 교란, 자연 경관의 훼손, 표토의 유실 등으로 자연 환경의 본래적 기능에 중대한 손상을 주는 상태를 말한다.
④ "환경보전"이란 환경오염 및 환경훼손으로부터 환경을 보호하고 오염되거나 훼손된 환경을 개선함과 동시에 쾌적한 환경 상태를 유지·조성하기 위한 행위를 말한다.

해설 환경정책기본법 법률 제3조, "생활환경"이란 대기, 물, 토양, 폐기물, 소음진동, 악취, 일조 등 사람의 일상생활과 관계되는 환경을 말한다.

90 환경부장관이나 시·도지사가 폐기물 처리업자에게 영업의 정지를 명령하고자 할 때 천재지변이나 그 밖의 부득이한 사유로 해당영업을 계속하도록 할 필요가 있다고 인정되는 경우 영업정지에 갈음하여 부과할 수 있는 과징금의 범위 기준으로 옳은 것은?

| 매출액에 ( )를 곱한 금액을 초과하지 아니하는 범위 |

① 100분의 3   ② 100분의 5
③ 100분의 7   ④ 100분의 9

91 폐기물처리시설의 사후관리업무를 대행할 수 있는 자로 옳은 것은? (단, 그 밖에 환경부장관이 사후관리 대행할 능력이 있다고 인정하고 고시하는 자는 고려하지 않음)

① 폐기물관리학회   ② 환경보전협회
③ 한국환경공단   ④ 폐기물처리협의회

92 폐기물처리시설의 유지, 관리를 위해 기술관리인을 두어야 하는 폐기물처리시설의 기준으로 옳지 않은 것은? (단, 폐기물처리업자가 운영하는 폐기물처리시설은 제외한다.)

① 멸균, 분쇄시설로서 시간당 처리능력이 100킬로그램 이상인 시설
② 압축, 파쇄, 분쇄 또는 절단시설로서 1일 처리능력이 10톤 이상인 시설
③ 사료화, 퇴비화 또는 연료화시설로서 1일 처리능력이 5톤 이상인 시설
④ 의료폐기물을 대상으로 하는 소각시설로서 시간당 처리능력이 200킬로그램 이상인 시설

정답 88.④ 89.② 90.② 91.③ 92.②

해설 시행령 제15조, 압축·파쇄·분쇄 또는 절단시설로서 1일 처분능력 또는 재활용능력이 100톤 이상인 시설

93 폐기물관리법에서 용어의 정의로 옳지 않은 것은?

① 생활폐기물 : 사업장폐기물 외의 폐기물을 말한다.
② 사업장폐기물 : 대기환경보전법, 물환경보전법 또는 소음·진동관리법에 따라 배출시설을 설치·운영하는 사업장이나 그 밖에 대통령령으로 정하는 사업장에서 발생하는 폐기물을 말한다.
③ 폐기물처리시설 : 폐기물의 중간처분시설, 최종처분시설 및 재활용시설로서 대통령령으로 정하는 시설을 말한다.
④ 처리 : 폐기물의 수거, 운반, 중화, 파쇄, 고형화 등의 중간처분과 매립하거나 해역으로 배출하는 등의 활동을 말한다.

해설 처리 : 폐기물의 수거, 운반, 중화, 파쇄, 고형화 등의 중간처분과 매립하거나 해역으로 배출하는 등의 최종처분을 말한다.

94 폐기물처리 신고자에게 처리금지를 갈음하여 부과할 수 있는 최대 과징금은?

① 1천만원   ② 2천만원
③ 5천만원   ④ 1억원

95 폐기물처리업의 업종이 아닌 것은?

① 폐기물 재생처리업
② 폐기물 종합처분업
③ 폐기물 중간처분업
④ 폐기물 수집·운반업

해설 보기 외에 폐기물 최종처분업이 있다.

96 사후관리이행보증금의 사전적립 대상이 되는 폐기물을 매립하는 시설의 규모기준으로 옳은 것은?

① 면적 3천300m^2 이상인 시설
② 면적 1만m^2 이상인 시설
③ 용적 3천300m^3 이상인 시설
④ 용적 1만m^3 이상인 시설

97 폐유기용제 중 할로겐족에 해당 되는 물질이 아닌 것은?

① 디클로로에탄
② 트리클로로트리플루오로에탄
③ 트리클로로프로펜
④ 디클로로디플루오로메탄

98 폐기물처리시설을 사용종료하거나 폐쇄하고자 하는 자는 사용종료, 폐쇄신고서에 폐기물처리시설 사후관리계획서(매립시설에 한함)를 첨부하여 제출하여야 하는 폐기물매립시설 사후관리계획서에 포함되어야 할 사항으로 거리가 먼 것은?

① 지하수 수질조사계획
② 구조물 및 지반 등의 안정도유지계획
③ 빗물배제계획
④ 사후 환경영향평가 계획

해설 보기 외에 침출수 관리계획(차단형 매립시설은 제외한다)이 포함된다.

99 폐기물관리법상의 의료폐기물의 종류가 아닌 것은?

① 격리의료폐기물   ② 일반의료폐기물
③ 유사의료폐기물   ④ 위해의료폐기물

해설 시행령[별표2]

정답 93.④ 94.② 95.① 96.① 97.③ 98.④ 99.③

100 폐기물관리법의 적용 범위에 해당하는 물질은?

① 대기환경보전법에 의한 대기오염방지 시설에 유입되어 포집된 물질
② 용기에 들어 있지 아니한 기체상태의 물질
③ 하수도법에 의한 하수
④ 물환경보전법에 따른 수질 오염 방지시설에 유입되거나 공공 수역으로 배출되는 폐수

해설 시행령 제2조

정답 100.①

2020년 제3회 폐기물처리 산업기사 [8월 23일 시행]

1과목 폐기물개론

01 폐기물 자원화하는 방법 중 에너지 회수 방법에 속하는 것은?

① 물질 회수 ② 직접열 회수
③ 추출형 회수 ④ 변환형 회수

해설 다른 물질과 혼합하지 아니하고 해당 폐기물의 저위발열량이 킬로그램당 3천 킬로칼로리 이상일 것

02 부피 100m³인 폐기물의 부피를 10m³로 압축하는 경우 압축비는?

① 0.1 ② 1
③ 10 ④ 90

해설 압축비
$$C_R = \frac{\text{압축 전 부피 } V_1}{\text{압축 후 부피 } V_2} = \frac{100m^3}{10m^3} = 10$$

03 폐기물의 성상 분석 절차로 가장 적합한 것은?

① 밀도측정 - 물리적 조성분석 - 건조 - 분류(타는 물질, 안타는 물질)
② 밀도측정 - 건조 - 화학적 조성분석 - 전처리(절단 및 분쇄)
③ 전처리(절단 및 분쇄) - 밀도측정 - 화학적 조성분석 - 분류(타는 물질, 안타는 물질)
④ 전처리(절단 및 분쇄) - 건조 - 물리적 조성분석 - 발열량측정

04 건조된 고형물의 비중이 1.65이고 건조 전 슬러지의 고형분 함량이 35%, 건조중량이 400kg이라 할 때 건조 전 슬러지의 비중은?

① 1.02 ② 1.16
③ 1.27 ④ 1.35

해설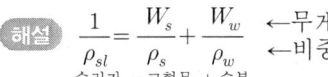
$$\frac{1}{\rho_{sl}} = \frac{W_s}{\rho_s} + \frac{W_w}{\rho_w}$$
슬러지 = 고형물 + 수분

$$\frac{1}{\rho_{sl}} = \frac{0.35}{1.65} + \frac{0.65}{1.0} \quad \therefore \rho_{sl} = 1.159$$
슬러지 = 고형물 + 수분

05 관거(pipe)를 이용한 폐기물 수송의 특징과 가장 거리가 먼 것은?

① 10km이상의 장거리 수송에 적당하다.
② 잘못 투입된 폐기물의 회수는 곤란하다.
③ 조대폐기물은 파쇄, 압축 등의 전처리를 해야 한다.
④ 화재, 폭발 등의 사고 발생 시 시스템 전체가 마비되며 대체 시스템의 전환이 필요하다.

해설 단거리 수송이 경제적으로 현실성이 있다.

06 함수율 80%인 폐기물 10ton을 건조시켜 함수율 30%로 만들 경우 감소하는 폐기물의 중량(ton)은? (단, 비중 = 1.0)

① 2.6 ② 2.9
③ 3.2 ④ 3.5

정답 01.② 02.③ 03.① 04.② 05.① 06.②

해설 $V_1(100-P_1) = V_2(100-P_2)$
$10(100-80) = V_2(100-30)$ ∴ $V_2 = 2.9t$

07 적환장에 대한 설명으로 가장 거리가 먼 것은?

① 최종 처리장과 수거지역의 거리가 먼 경우 사용하는 것이 바람직하다.
② 폐기물의 수거와 운반을 분리하는 기능을 한다.
③ 주거지역의 밀도가 낮을 때 적환장을 설치한다.
④ 적환장의 위치는 수거하고자 하는 개별적 고형물 발생지역의 하중중심과 적절한 거리를 유지하여야 한다.

해설 수거해야 할 쓰레기 발생지역내의 무게 중심과 가까운 곳

08 쓰레기 재활용 측면에서 가장 효과적인 수거방법은?

① 문전수거 ② 타종수거
③ 분리수거 ④ 혼합수거

09 도시폐기물 최종 분석 결과를 Dulong공식으로 발열량을 계산하고자 할 때 필요하지 않은 성분은?

① H ② C
③ S ④ Cl

해설
$H_h(\text{kcal/kg}) = 81C + 340(H - \dfrac{O}{8}) + 25S$
*여기서, 원소의 단위는 퍼센트농도(%)이다.

10 물질회수를 위한 선별방법 중 플라스틱에서 종이를 선별할 수 있는 방법으로 가장 적절한 것은?

① 와전류 선별 ② Jig 선별
③ 광학 선별   ④ 정전기적 선별

11 쓰레기를 파쇄할 경우 발생하는 이점으로 가장 거리가 먼 것은?

① 일반적으로 압축 시 밀도 증가율이 크다.
② 매립 시 폐기물이 잘 섞여서 혐기성을 유지하므로 메탄 발생량이 많아진다.
③ 조대쓰레기에 의한 소각로의 손상을 방지한다.
④ 고밀도 매립이 가능하다.

12 난분해성 유기화합물의 생물학적 반응이 아닌 것은?

① 탈수소반응(가수분해반응)
② 고리분할
③ 탈알킬화
④ 탈할로겐화

해설 가수분해는 물을 가할 때 용해되는 것을 말한다.

13 파쇄에 필요한 에너지를 구하는 법칙으로 고운파쇄 또는 2차 분쇄에 잘 적용되는 법칙은?

① 도플러의 법칙
② 킥의 법칙
③ 패러데이의 법칙
④ 케스터너의 법칙

정답 07.④ 08.③ 09.④ 10.④ 11.② 12.① 13.②

14 폐기물의 관리에 있어서 가장 중점적으로 우선순위를 갖는 요소는?

① 재활용 ② 소각
③ 최종처분 ④ 감량화

15 인구가 800000명인 도시에서 연간 1000000ton의 폐기물이 발생한다면 1인 1일 폐기물의 발생량(kg/cap · day)은?

① 3.12 ② 3.22
③ 3.32 ④ 3.42

해설 폐기물 발생량
$$= \frac{1000000 t/년 \times 10^3 kg}{800000명 \times 365일} = 3.42 kg/인 \cdot day$$

16 쓰레기를 원추4분법으로 축분 도중 2번째에서 모포가 걸렸다. 이후 4회 더 축분하였다면 추후 모포의 함유율(%)은?

① 25 ② 12.5
③ 6.25 ④ 3.13

해설 원추4분법을 추후 4회 조작하면,
$(\frac{1}{2})^4 \times 100 = 6.25\%$

17 지정폐기물의 종류와 분류물질의 연결이 틀린 것은?

① 폐유독물질 - 폐촉매
② 부식성 - 폐산(pH 2.0이하)
③ 부식성 - 폐알칼리(pH 12.5이상)
④ 유해물질함유 - 소각재

해설 폐촉매(환경부령으로 정하는 물질을 함유한 것으로 한정한다)

18 폐기물발생량의 표시에 가장 많이 이용되는 단위는?

① m^3/인·일 ② kg/인·일
③ 개/인·일 ④ 봉투/인·일

19 물렁거리는 가벼운 물질로부터 딱딱한 물질을 선별하는데 사용되는 것으로 경사진 Conveyor를 통해 폐기물을 주입시켜 천천히 회전하는 드럼위에 떨어뜨려서 분류하는 장치는?

① Stoners
② Ballistic Separator
③ Fluidized Bed Separators
④ Secators

20 적환장의 기능으로 적합하지 않은 것은?

① 분리선별 ② 비용분석
③ 압축파쇄 ④ 수송효율

2과목 폐기물처리기술

21 소각로에서 PVC 같은 염소를 함유한 물질을 태울 때 발생하며 맹독성을 갖는 것으로 분자구조는 염소가 달린 두 개의 벤젠고리 사이에 한 개의 산소원자가 있고, 135개의 이성체를 갖는 것은?

① THM ② Furan
③ PCB ④ BPHC

해설 PVC는 소각 시 염소, 다이옥신, 퓨란 등의 환경호르몬 물질을 배출한다.

정답 14.④ 15.④ 16.③ 17.① 18.② 19.④ 20.② 21.②

22 일반적으로 사용되는 분뇨처리의 혐기성 소화를 기술한 것으로 가장 거리가 먼 것은?

① 혐기성 미생물을 이용하여 유기물질을 제거하는 것이다.
② 다른 방법들보다 장기적인 면에서 볼 때 경제적이며 운영비가 적다는 이점이 있다.
③ 유용한 CH_4가 생성된다.
④ 분뇨량이 많으면 소화조를 70℃ 이상 가열시켜 줄 필요가 있다.

23 분뇨 처리과정 중 고형물 농도 10%, 유기물 함유율 70%인 농축슬러지는 소화과정을 통해 유기물의 100%가 분해되었다. 소화된 슬러지의 고형물 함량이 6%일 때, 전체 슬러지량은 얼마가 감소되는가? (단, 비중=1.0 가정)

① 1/4　　② 1/3
③ 1/2　　④ 1/1.5

> 해설　처음 고형물+처음고형물 중 소화 안된유기물 = 나중고형물
> $[0.1 \times 0.3] + [0.1 \times 0.3 \times 0] = 0.06x$
> $\therefore x = 0.5$

24 산업폐기물의 처리 시 함유 처리항목과 그 조건이 잘못 짝지어진 것은?

① 특정유해 함유물질 : 수분 함량 85% 이하일 경우 고온열분해 시킨다.
② 폐합성수지 : 편의 크기를 45cm 이상으로 절단시켜 소각, 용융시킨다.
③ 유기물계통 일반산업폐기물 : 수분함량 85% 이하로 유지시켜 소각시킨다.
④ 폐유 : 수분함량 5ppm 이하일 경우 소각시킨다.

> 해설　폐합성고분자화합물은 소각하여야 하지만, 소각이 곤란한 경우에는 최대지름 15센티미터 이하의 크기로 파쇄·절단 또는 용용한 후 관리형 매립시설에 매립할 수 있다.

25 제1, 2차 활성슬러지공법과 희석 방법을 적용하여 분뇨를 처리할 때, 처리 전 수거 분뇨의 BOD가 20000mg/L이며 제1차 활성슬러지처리에서의 BOD제거율은 70%이고 20배 희석후의 방류수에서의 BOD가 30mg/L라면 제2차 활성슬러지 처리에서의 BOD 제거율(%)은?

① 60　　② 70
③ 80　　④ 90

> 해설　배출농도 $C_e = C_i(1-\eta_1)(1-\eta_2)$
>
> $30ppm = 20000ppm(1-0.7)(1-\eta_2)/20$배
> $\therefore \eta_2 = 90\%$

26 우리나라 음식물쓰레기를 퇴비로 재활용하는데 있어서 가장 큰 문제점으로 지적되는 것은?

① 염분함량　　② 발열량
③ 유기물함량　　④ 밀도

27 폭 1.0m, 길이 100m인 침출수 집배수시설의 투수계수 1.0×10^{-2}cm/s, 바닥 구배가 2%일 때 년간 집배수량(ton)은? (단, 침출수의 밀도=1ton/m³)

① 1051　　② 5000
③ 6307　　④ 20000

> 해설　$k = 10^{-2} cm/s \times 10^{-2} m \times 3600 s/hr \times 24 hr/day \times 365 day/y$
> $= 3153 m/y$

기울기 $2\% = \dfrac{H}{100m^L} \times 100$

$\therefore H = 2m \quad W = 1m$

유속 $V = 3153 m/y \times \dfrac{2m}{100m^L} = 63.06 m/y$

유량 $Q = 1m^W \times 100m^L \times 63.06 m/y = 6306 t$

28 슬러지를 고형화하는 목적으로 가장 거리가 먼 것은?

① 취급이 용이하며, 운반무게가 감소한다.
② 유해물질의 독성이 감소한다.
③ 오염물질의 용해도를 낮춘다.
④ 슬러지 표면적이 감소한다.

해설 운반무게가 증가한다.

29 폐기물을 매립한 후 복토를 실시하는 목적으로 가장 거리가 먼 것은?

① 폐기물을 보이지 않게 하여 미관상 좋게 한다.
② 우수를 효과적으로 배제한다.
③ 쥐나 파리 등 해충 및 야생동물의 서식처를 없앤다.
④ CH_4 가스가 내부로 유입되는 것을 방지한다.

30 유동층 소각로의 장단점이라 볼 수 없는 것은?

① 미연소분 배출로 2차 연소실이 필요하다.
② 가스의 온도가 낮고 과잉공기량이 적다.
③ 상(床)으로부터 찌꺼기 분리가 어렵다.
④ 기계적 구동부분이 적어 고장율이 낮다.

해설 2차 연소실이 불필요하다.

31 Rotary Kiln에 관한 설명으로 가장 거리가 먼 것은?

① 모든 폐기물을 소각시킬 수 있다.
② 부유성 물질의 발생이 적다.
③ 연속적으로 재가 방출된다.
④ 1400℃ 이상의 운전 가능하다.

해설 로타리 킬른식(rotary kiln)소각로는 열효율이 낮고 먼지발생이 많아서 대기오염 제어시스템에 분진부하율이 높다.

32 오염된 농경지의 정화를 위해 다른 장소로부터 비오염 토양을 운반하여 혼합하는 정화기술은?

① 객토 ② 반전
③ 희석 ④ 배토

33 유기성 폐기물 퇴비화의 단점이라 할 수 없는 것은?

① 퇴비화 과정 중 외부 가온 필요
② 부지선정의 어려움
③ 악취발생 가능성
④ 낮은 비료가치

해설 포기혼합, 온도조절 등이 필요하다.

34 퇴비화의 메탄발효 조건이 아닌 것은?

① 영양조건 ② 혐기조건
③ 호기조건 ④ 유기물량

35 소각 시 다이옥신이 생성될 수 있는 가능성이 가장 큰 물질은?

① 노르말헥산 ② 에탄올
③ PVC ④ 오존

정답 28.① 29.④ 30.① 31.② 32.① 33.① 34.③ 35.③

36 폐기물 고형화 방법 중 유기중합체법의 특징이 아닌 것은?

① 가장 많이 사용되는 방법은 우레아폼(UF)방법이다.
② 고형성분만 처리 가능하다.
③ 고형화 시키는데 많은 양의 첨가제가 필요하다.
④ 최종처리 시 2차용기에 넣어 매립해야 한다.

37 고형분 30%인 주방찌꺼기 10톤의 소각을 위하여 함수율이 50% 되게 건조시켰다면 이 때의 무게(톤)는? (단, 비중=1.0 가정)

① 2   ② 3
③ 6   ④ 8

해설 $10t \times 30\% = V_2 \times (100-50\%)$ ∴ $V_2 = 6t$

38 알카리성 폐수의 중화제가 아닌 것은?

① 황산   ② 염산
③ 탄산가스   ④ 가성소다

39 유효공극율 0.2, 점토층 위의 침출수가 수두 1.5m인 점토 차수층 1.0m를 통과하는데 10년이 걸렸다면 점토 차수층의 투수계수(cm/s)는?

① 2.54×10^{-7} ② 2.54×10^{-8}
③ 5.54×10^{-7} ④ 5.54×10^{-8}

해설 $t = \dfrac{nd^2}{k(d+h)}$

$10년 = \dfrac{0.2 \times (1m)^2}{k(1m+1.5m)}$ ∴ $k = 0.008$

$k = \dfrac{0.008m}{y} \Big| \dfrac{y}{365 day} \Big| \dfrac{day}{24hr} \Big| \dfrac{hr}{60 \min} \Big| \dfrac{\min}{60 \sec} \Big| \dfrac{100cm}{m}$
$= 2.54 \times 10^{-8} cm/\sec$

40 매립지 내에서 분해단계(4단계) 중 호기성 단계에 관한 설명으로 적절치 못한 것은?

① N_2의 발생이 급격히 증가된다.
② O_2가 소모된다.
③ 주요 생성기체는 CO_2이다.
④ 매립물의 분해속도에 따라 수 일에서 수 개월 동안 지속된다.

해설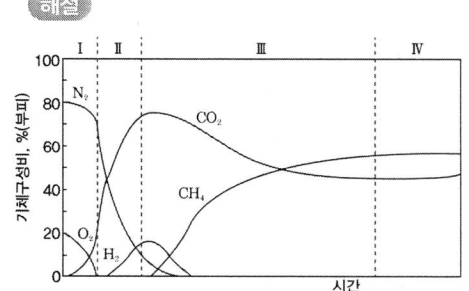

3과목 폐기물공정시험기준(방법)

41 시료의 분할채취방법 중 구획법에 의해 축소할 때 몇 등분 몇 개의 덩어리로 나누는가?

① 가로 4등분, 세로 4등분, 16개 덩어리
② 가로 4등분, 세로 5등분, 20개 덩어리
③ 가로 5등분, 세로 5등분, 25개 덩어리
④ 가로 5등분, 세로 6등분, 30개 덩어리

해설 가로 4등분, 세로 5등분하여 20개의 덩어리로 나눈다. 20개의 각 부분에서 균등량씩 취하여 혼합하여 하나의 시료로 한다.

정답 36.③ 37.③ 38.④ 39.② 40.① 41.②

42 크롬을 원자흡수분광광도법으로 분석할 때 간섭물질에 관한 내용으로 ( )에 옳은 것은?

> 공기-아세틸렌 불꽃에서는 철, 니켈 등의 공존물질에 의한 방해영향이 크므로 이때는 ( )1% 정도 넣어서 측정한다.

① 황산나트륨 ② 시안화칼륨
③ 수산화칼슘 ④ 수산화칼륨

43 시료의 전처리방법에서 회화에 의한 유기물 분해 시 증발접시의 재질로 적당하지 않은 것은?

① 백금 ② 실리카
③ 사기제 ④ 알루미늄

44 감염성미생물(아포균 검사법)측정에 적용되는 '지표생물포자'에 관한 설명으로 ( )에 알맞은 것은?

> 감염성 폐기물의 멸균 잔류물에 대한 멸균여부의 판정은 병원성미생물보다 열 저항성이 (㉠)하고 (㉡)인 아포형성 미생물을 이용하는데 이를 지표생물포자라 한다.

① ㉠ 약, ㉡ 비병원성
② ㉠ 강, ㉡ 비병원성
③ ㉠ 약, ㉡ 병원성
④ ㉠ 강, ㉡ 병원성

45 검정곡선에 대한 설명으로 틀린 것은?

① 검정곡선은 분석물질의 농도변화에 따른 지시값을 나타낸 것이다.
② 절대검정곡선법이란 시료의 농도와 지시값과의 상관성을 검정곡선 시에 대입하여 작성하는 방법이다.
③ 표준물질첨가법이란 시료와 동일한 매질에 일정량의 표준물질을 첨가하여 검정곡선을 작성하는 방법이다.
④ 상대검정곡선법이란 검정곡선 작성용 표준용액과 시료에 서로 다른 양의 내부표준물질을 첨가하여 시험분석 절차, 기기 또는 시스템의 변동으로 발생하는 오차를 보정하기 위해 사용하는 방법이다.

해설 검정곡선 작성용 표준용액과 시료에 동일한 양의 내부표준물질을 첨가하여 시험분석 절차, 기기 또는 시스템의 변동으로 발생하는 오차를 보정하기 위해 사용하는 방법

46 폐기물공정시험기준에서 규정하고 있는 사항 중 올바른 것은?

① 용액의 농도를 단순히 "%"로만 표시할 때는 V/V%를 말한다.
② "정확히 취한다"라 함은 규정된 양의 검체, 시액을 홀피펫으로 눈금의 1/10까지 취하는 것을 말한다.
③ "수욕상에서 가열한다"라 함은 규정이 없는 한 수온 60~70℃에서 가열함을 뜻한다.
④ "약"이라 함은 기재된 양에 대하여 ±10%이상의 차가 있어서는 안 된다.

해설
· 용액의 농도를 단순히 "%"로만 표시할 때는 W/V%를 말한다.
· "정확히 취하여" 라 하는 것은 규정한 양의 액체를 홀피펫으로 눈금까지 취하는 것을 말한다.
· "수욕상에서 가열한다" 라 함은 규정이 없는 한 수온 100℃에서 가열함을 뜻한다.

정답 42.① 43.④ 44.② 45.④ 46.④

47 흡광광도법에서 Lambert-Beer의 법칙에 관계되는 식은? (단, a=투사광의 강도, b=입사광의 강도, c=농도, d=빛의 투과거리, E=흡광계수)

① a/b=10^{-cdE} ② b/a=10^{-cdE}
③ a/cd=E×10^{-b} ④ b/cd=E×10^{-a}

해설 흡광도 A=$\log\dfrac{입사광\ I_o}{투사광\ I_t}$
　　　=ϵcl (상수.mol.셀mm)

48 기체크로마토그래피법으로 유기물질을 분석하는 기본 원리에 대한 설명으로 틀린 것은?

① 컬럼을 통과하는 동안 유기물질이 성분별로 분리된다.
② 검출기는 유기물질을 성분별로 분리 검출한다.
③ 기록계에 나타난 피크의 넓이는 물질의 온도에 비례한다.
④ 기록계에 나타난 머무름시간으로 유기물질을 정성 분석할 수 있다.

해설 기록계에 나타난 피크의 넓이는 성분물질마다 고유의 머무름 시간을 나타낸다.

49 원자흡수분광광도법으로 수은을 분석할 경우 시료채취 및 관리에 관한 설명으로 (　)에 알맞은 것은?

> 시료가 액상 폐기물의 경우는 질산으로 pH (㉠)이하로 조절하고 채취 시료는 수분, 유기물 등 함유성분의 변화가 일어나지 않도록 0~4℃이하의 냉암소에 보관하여야 하며 가급적 빠른 시간 내에 분석하여야 하나 최대 (㉡)일 안에 분석한다.

① ㉠ 2, ㉡ 14　② ㉠ 3, ㉡ 24
③ ㉠ 2, ㉡ 28　④ ㉠ 3, ㉡ 32

50 기체크로마토그래피의 전자포획검출기에 관한 설명으로 (　)에 내용으로 옳은 것은?

> 전자포획검출기는 방사선 동위 원소(^{63}Ni, ^{3}H등)로부터 방출되는 (　)이 운반기체를 전리하여 미소전류를 흘려보낼 때 시료 중의 할로겐이나 산소와 같이 전자포획력이 강한 화합물에 의하여 전자가 포획되어 전류가 감소하는 것을 이용하는 방법이다.

① 알파(α)선　② 베타(β)선
③ 감마(γ)선　④ X선

51 10g의 도가니에 20g의 시료를 취한 후 25% 질산암모늄용액을 넣어 탄화시킨 다음 600±25℃의 전기로에서 3시간 강열하였다. 데시케이터에서 식힌 후 도가니와 시료의 무게가 25g이었다면 강열감량(%)은?

① 15　② 20
③ 25　④ 30

정답 47.①　48.③　49.③　50.②　51.③

> **해설**
> 강열감량 $= \dfrac{20g - (25g - 10g)}{20g} \times 100 = 25\%$

52 시료 내 수은을 원자흡수분광광도법으로 측정할 때의 내용으로 ( )에 옳은 것은?

> 시료 중 수은을 ( )을 넣어 금속수은으로 환원시킨 다음 이 용액에 통기하여 발생하는 수은 증기를 원자흡수분광광도법에 따라 정량하는 방법이다.

① 시안화칼륨　② 과망간산칼륨
③ 아연분말　　④ 이염화주석

53 온도 표시에 관한 내용으로 옳지 않은 것은?

① 찬 곳은 따로 규정이 없는 한 0~15℃의 곳을 뜻한다.
② 냉수는 4℃ 이하를 말한다.
③ 온수는 60~70℃를 말한다.
④ 상온은 15~25℃를 말한다.

> **해설** 냉수는 15℃ 이하를 말한다.

54 원자흡수분광광도법에서 중공음극램프선을 흡수하는 것은?

① 기저상태의 원자
② 여기상태의 원자
③ 이온화된 원자
④ 불꽃중의 원자쌍

55 수분과 고형물의 함량에 따라 폐기물을 구분할 때 다음 중 포함되지 않은 것은?

① 액상 폐기물
② 반액상 폐기물
③ 반고상 폐기물
④ 고상 폐기물

56 0.1N 수산화나트륨용액 20mL를 중화시키려고 할 때 가장 적합한 용액은?

① 0.1M 황산 20mL
② 0.1M 염산 10mL
③ 0.1M 황산 10mL
④ 0.1M 염산 40mL

> **해설** $NV = N'V'$
> $N = \dfrac{g}{당량(분자량/원자가)}$
> $\therefore N = g \cdot M \times 원자가$
> $\therefore 0.1M\ H_2SO_4 \rightarrow 0.2N,\ 0.1M\ HCl \rightarrow 0.1N$
> $0.1N \times 20mL = 0.2N' \times V'\quad \therefore V' = 10mL$

57 유리전극법으로 수소이온농도를 측정할 때 간섭물질에 대한 내용으로 옳지 않은 것은?

① 유리전극은 일반적으로 용액의 색도, 탁도에 의해 간섭을 받지 않는다.
② 유리전극은 산화 및 환원성 물질 그리고 염도에 간섭을 받는다.
③ pH 10이상에서 나트륨에 의해 오차가 발생할 수 있는데 이는 낮은 나트륨 오차 전극을 사용하여 줄일 수 있다.
④ pH는 온도변화에 따라 영향을 받는다.

> **해설** 유리전극은 일반적으로 용액의 색도, 탁도, 콜로이드성 물질들, 산화 및 환원성 물질들 그리고 염도에 의해 간섭을 받지 않는다.

정답 52.④　53.②　54.①　55.②　56.③　57.②

58 절연유 중에 포함된 폴리클로리네이티드비페닐(PCBs)을 신속하게 분석하는 방법에 대한 설명으로 틀린 것은?

① 절연유를 진탕 알카리 분해하고 대용량 다층 실리카겔 컬럼을 통과시켜 정제한다.
② 기체크로마토그래피-열전도검출기에 주입하여 크로마토그램에 나타난 피크형태로부터 정량분석 한다.
③ 정량한계는 0.5mg/L 이상이다.
④ 기체크로마토그래피의 운반기체는 부피백분율 99.999% 이상의 헬륨 또는 질소를 이용한다.

해설 시료 중의 폴리클로리네이티드비페닐(PCBs)을 헥산으로 추출하여 실리카겔 컬럼 등을 통과시켜 정제한 다음 기체크로마토그래프에 주입하여 크로마토그램에 나타난 피크 패턴에 따라 폴리클로리네이티드비페닐(PCBs)를 확인하고 정량한다.

59 pH=1인 폐산과 pH=5인 폐산의 수소이온농도 차이(배)는?

① 4배 ② 4백배
③ 만배 ④ 10만배

해설
$$\frac{pH\,1.0}{pH\,5.0} \left| \frac{10^{-1}M}{10^{-5}M} \right| \frac{0.1M}{0.00001M} = 10000배$$

60 폐기물공정시험기준상 ppm(parts per million)단위로 틀린 것은?

① mg/m³ ② g/m³
③ mg/kg ④ mg/L

해설 $ppm = mg/L = g/m^3 = mg/kg$

4과목 폐기물관계법규

61 환경상태의 조사·평가에서 국가 및 지방자치단체가 상시 조사·평가하여야 하는 내용이 아닌 것은?

① 환경오염지역의 접근성 실태
② 환경오염 및 환경훼손 실태
③ 자연환경 및 생활환경 현황
④ 환경의 질의 변화

62 환경부장관이나 시·도지사가 폐기물처리업자에게 영업의 정지를 명령하려는 때 그 영업의 정지가 천재지변이나 그 밖에 부득이한 사유로 해당 영업을 계속하도록 할 필요가 있다고 인정되는 경우에 그 영업의 정지를 갈음하여 부과할 수 있는 최대 과징금은?(단, 그 폐기물처리업자가 매출액이 없거나 매출액을 산정하기 곤란한 경우로서 대통령령으로 정하는 경우)

① 5천만원 ② 1억원
③ 2억원 ④ 3억원

63 사업장폐기물을 공동으로 수집, 운반, 재활용 또는 처분하는 공동 운영기구의 대표자가 폐기물의 발생·배출·처리상황 등을 기록한 장부를 보존하여야 하는 기간은?

① 1년 ② 3년
③ 5년 ④ 7년

정답 58.② 59.③ 60.① 61.① 62.② 63.②

64 폐기물 처분시설 또는 재활용시설의 검사 기준에 관한 내용 중 멸균분쇄시설의 설치검사 항목이 아닌 것은?

① 계량시설의 작동상태
② 분쇄시설의 작동상태
③ 자동기록장치의 작동상태
④ 밀폐형으로 된 자동제어에 의한 처리 방식인지 여부

65 폐기물처리시설의 유지·관리에 관한 기술관리를 대행할 수 있는 자와 거리가 먼 것은?

① 엔지니어링산업 진흥법에 따라 신고한 엔지니어링사업자
② 기술사법에 따른 기술사사무소(법에 따른 자격을 가진 기술사가 개설한 사무소로 한정한다.)
③ 폐기물관리 및 설치신고에 관한 법률에 따른 한국화학시험연구원
④ 한국환경공단

66 폐기물 처분시설 중 관리형 매립시설에서 발생하는 침출수의 배출허용기준 중 '나 지역'의 생물화학적 산소요구량의 기준은? (단, '나 지역'은 「물환경보전법 시행규칙」에 따른다.)

① 60mg/L 이하
② 70mg/L 이하
③ 80mg/L 이하
④ 90mg/L 이하

해설 시행규칙[별표11]
청정지역 30, 가 지역 50mg/L 이하

67 폐기물 수집·운반증을 부착한 차량으로 운반해야 될 경우가 아닌 것은?

① 사업장폐기물배출자가 그 사업장에서 발생한 폐기물을 사업장 밖으로 운반하는 경우
② 폐기물처리 신고자가 재활용 대상폐기물을 수집·운반하는 경우
③ 폐기물처리업자가 폐기물을 수집·운반하는 경우
④ 광역 폐기물 처분시설의 설치·운영자가 생활폐기물을 수집·운반하는 경우

68 폐기물 수집·운반업자가 임시보관장소에 의료폐기물을 5일 이내로 냉장 보관할 수 있는 전용보관시설의 온도 기준은?

① 섭씨 2도 이하
② 섭씨 3도 이하
③ 섭씨 4도 이하
④ 섭씨 5도 이하

69 폐기물처리 담당자 등에 대한 교육을 실시하는 기관으로 거리가 먼 것은?

① 국립환경연구원
② 환경보전협회
③ 한국환경공단
④ 한국환경산업기술원

70 폐기물처리시설을 설치·운영하는 자는 일정한 기간마다 정기검사를 받아야 한다. 소각시설의 경우 최초 정기검사일 기준은?

① 사용개시일부터 5년이 되는 날
② 사용개시일부터 3년이 되는 날
③ 사용개시일부터 2년이 되는 날
④ 사용개시일부터 1년이 되는 날

정답 64.① 65.③ 66.② 67.④ 68.③ 69.① 70.②

71 폐기물관리법에서 사용하는 용어의 뜻으로 틀린 것은?

① 생활폐기물 : 사업장폐기물 외의 폐기물을 말한다.
② 폐기물감량화시설 : 생산 공정에서 발생하는 폐기물의 양을 줄이고, 사업장 내 재활용을 통하여 폐기물 배출을 최소화하는 시설로서 대통령령으로 정하는 시설을 말한다.
③ 처분 : 폐기물의 소각·중화·파쇄·고형화 등의 중간처분과 매립하는 등의 최종처분을 위한 대통령령으로 정하는 활동을 말한다.
④ 폐기물 : 쓰레기, 연소재, 오니, 폐유, 폐산, 폐알칼리 및 동물의 사체 등으로서 사람의 생활이나 사업활동에 필요하지 아니하게 된 물질을 말한다.

해설 처분 : 폐기물의 소각·중화·파쇄·고형화 등의 중간처분과 매립하거나 해역으로 배출하는 등의 최종처분을 말한다.

72 폐기물처리업 중 폐기물 수집·운반업의 변경허가를 받아야 할 중요사항에 관한 내용으로 틀린 것은?

① 수집·운반대상 폐기물의 변경
② 영업구역의 변경
③ 주차장 소재지의 변경(지정폐기물을 대상으로 하는 수집·운반업만 해당한다.)
④ 운반차량(임시차량 포함)증차

해설 운반차량(임시차량 제외)증차

73 기술관리인을 두어야 할 대통령령으로 정하는 폐기물처리시설에 해당되지 않는 것은? (단, 폐기물처리업자가 운영하는 폐기물처리시설은 제외)

① 지정폐기물 외의 폐기물을 매립하는 시설로서 면적이 12000m²인 시설
② 멸균분쇄시설로서 시간당 처분능력이 150kg인 시설
③ 용해로로서 시간당 재활용능력이 300kg인 시설
④ 사료화·퇴비화 또는 연료화시설로서 1일 재활용능력이 10톤인 시설

해설 용해로로서 시간당 재활용능력이 600kg인 시설

74 환경부장관 또는 시·도지사가 영업구역을 제한하는 조건을 붙일 수 있는 폐기물처리업 대상은?

① 생활폐기물 수집·운반업
② 폐기물 재생 처리업
③ 지정폐기물 처리업
④ 사업장폐기물 처리업

75 시설의 폐쇄명령을 이행하지 아니한 자에 대한 벌칙기준으로 맞는 것은?

① 1년이하의 징역이나 1천만원이하의 벌금
② 2년이하의 징역이나 2천만원이하의 벌금
③ 3년이하의 징역이나 3천만원이하의 벌금
④ 5년이하의 징역이나 5천만원이하의 벌금

정답 71.③ 72.④ 73.③ 74.① 75.④

76 폐기물 처리 담당자 등에 대한 교육의 대상자(그 밖에 대통령령으로 정하는 사람)에 해당되지 않은 자는?

① 폐기물처리시설의 설치·운영자
② 사업장폐기물을 처리하는 사업자
③ 폐기물처리 신고자
④ 확인을 받아야 하는 지정폐기물을 배출하는 사업자

해설 교육과정은 사업장폐기물배출자과정, 폐기물처리업 기술요원과정, 폐기물재활용신고자과정, 폐기물처리시설기술담당자과정이 있다.

77 폐기물관리법을 적용하지 아니하는 물질에 대한 설명으로 옳지 않은 것은?

① 용기에 들어 있지 아니한 고체상태의 물질
② 원자력안전법에 따른 방사성 물질과 이로 인하여 오염된 물질
③ 하수도법에 따른 하수·분뇨
④ 물환경보전법에 따른 수질 오염 방지시설에 유입되거나 공공 수역으로 배출되는 폐수

해설 용기에 들어 있지 아니한 기체상태의 물질

78 폐기물처리시설의 종류 중 기계적 재활용시설에 해당되지 않는 것은?

① 압축·압출·성형·주조시설(동력 7.5kW 이상인 시설로 한정한다.)
② 절단시설(동력 7.5kW 이상인 시설로 한정한다.)
③ 용융·융해시설(동력 7.5kW 이상인 시설로 한정한다.)
④ 고형화·고화시설(동력 15kW이상인 시설로 한정한다.)

해설 시행령[별표 3]

79 다음 중 지정폐기물이 아닌 것은?

① pH가 12.6인 폐알칼리
② 고체상태의 폐합성 고무
③ 수분함량이 90%인 오니류
④ PCB를 2mg/L이상 함유한 액상 폐기물

해설 폐합성 고무는 화학 생물학적 분해 불가능 물질이 해당된다.

80 주변지역 영향 조사대상 폐기물처리시설 기준으로 틀린 것은? (단, 폐기물처리업자가 설치·운영하는 시설)

① 시멘트 소성로(폐기물을 연료로 사용하는 경우로 한정한다.)
② 매립면적 15만 제곱미터 이상의 사업장 일반폐기물 매립시설
③ 매립면적 3만 제곱미터 이상의 사업장 지정폐기물 매립시설
④ 1일 재활용능력이 50톤 이상인 사업장폐기물 소각열회수시설(같은 사업장에 여러 개의 소각열회수시설이 있는 경우에는 각 소각열회수시설의 1일 재활용능력의 합계가 50톤 이상인 경우를 말한다.)

해설 매립면적 1만 제곱미터 이상의 사업장 지정폐기물 매립시설

정답 76.② 77.① 78.④ 79.② 80.③

2020년 제4회 폐기물처리 기사 [9월 27일 시행]

1과목 폐기물개론

01 플라스틱 폐기물의 유효이용 방법으로 가장 거리가 먼 것은?

① 분해 이용법
② 미생물 이용법
③ 용융고화 재생 이용법
④ 소각폐열 회수 이용법

해설 플라스틱 폐기물은 미생물을 이용할 수 없다.

02 폐기물관리법에서 폐기물을 고형물 함량에 따라 액상, 반고상, 고상 폐기물로 구분할 때 액상 폐기물의 기준으로 옳은 것은?

① 고형물 함량이 3% 미만인 것
② 고형물 함량이 5% 미만인 것
③ 고형물 함량이 10% 미만인 것
④ 고형물 함량이 15% 미만인 것

해설 "액상폐기물"이라 함은 고형물의 함량이 5% 미만인 것을 말한다.
"반고상폐기물"이라 함은 고형물의 함량이 5 % 이상 15 % 미만인 것을 말한다.
"고상폐기물"이라 함은 고형물의 함량이 15 % 이상인 것을 말한다.

03 일반적인 폐기물관리 우선순위로 가장 적합한 것은?

① 재사용 → 감량 → 물질재활용 → 에너지회수 → 최종처분
② 재사용 → 감량 → 에너지회수 → 물질재활용 → 최종처분
③ 감량 → 재사용 → 물질재활용 → 에너지회수 → 최종처분
④ 감량 → 물질재활용 → 재사용 → 에너지회수 → 최종처분

해설 폐기물 관리정책의 기본방향은 감량화, 재활용, 안정화, 위생처분에 있다.

04 1년 연속 가동하는 폐기물 소각시설의 저장용량을 결정하고자 한다. 폐기물 수거 인부가 주 5일, 일 8시간 근무할 때 필요한 저장시설의 최소 용량은? (단, 토요일 및 일요일을 제외한 공휴일에도 폐기물 수거는 시행된다고 가정한다.)

① 1일 소각용량 이하
② 1~2일 소각용량
③ 2~3일 수거용량
④ 3~4일 수거용량

해설 소각시설의 저장용량은 최소 2~3일 수거용량으로 한다.

정답 01.② 02.② 03.③ 04.③

05 폐기물의 화학적 특성 중 3성분에 속하지 않는 것은?

① 가연분 ② 무기물질
③ 수분   ④ 회분

해설 폐기물의 3성분에는 가연성분, 수분, 회분이 있으며, 4성분에는 고정탄소, 휘발분, 수분, 회분이 있다.

06 쓰레기 종량제 봉투의 재질 중 LDPE의 설명으로 맞는 것은?

① 여름철에만 적합하다.
② 약간 두껍게 제작된다.
③ 잘 찢어지기 때문에 분해가 잘 된다.
④ MDPE와 함께 매립지의 liner용으로 적합하다.

해설 고밀도(HDPE), 중밀도(MDPE), 저밀도(LDPE), 초저밀도(ULDPE) 등의 제품이 있으며 고밀도는 딱딱하고 저밀도는 부드러우며 질기다.

07 소비자중심의 쓰레기발생 mechanism 그림에서 폐기물이 발생되는 시점과 재활용이 가능한 구간을 각각 가장 적절하게 나타낸 것은?

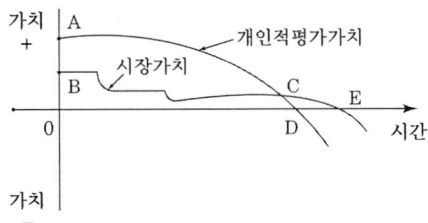

① C, DE   ② D, DE
③ E, CE   ④ E, DE

해설 폐기물의 발생과 재활용 구간은 D, DE 이다.

08 폐기물 관리차원의 3R에 해당하지 않는 것은?

① Resource   ② Recycle
③ Reduction ④ Reuse

해설
- 3R : 감량화(Reduction), 재사용(Reuse), 재활용(Recycling)
- 5R : 감량화(Reduction), 재사용(Reuse), 재활용(Recycling), 질적변화(Refine), 회수(Recovery)

09 X_{90} = 5.75cm로 생활폐기물을 파쇄할 때, Rosin-Rammler 모델에 의한 특성입자크기 X_0(cm)는? (단, n=1)

① 1.0   ② 1.5
③ 2.0   ④ 2.5

해설
$$Y = 1 - \exp\left[-\left(\frac{X}{X_o}\right)^n\right]$$

$$0.90 = 1 - \exp\left[-\left(\frac{5.75cm}{X_o}\right)^1\right]$$

$$\exp\left(-\frac{5.75cm}{X_o}\right) = 1 - 0.9$$

∴ 특성입자 크기 $X_o = \dfrac{-5.75cm}{\ln(1-0.90)} = 2.5cm$

10 폐기물 발생량 조사 및 예측에 대한 설명으로 틀린 것은?

① 생활폐기물 발생량은 지역규모나 지역특성에 따라 차이가 크기 때문에 주로 kg/인·일 으로 표기한다.
② 사업장폐기물 발생량은 제품제조공정에 따라 다르며 원단위로 ton/종업원수, ton/면적 등이 사용된다.
③ 물질수지법은 주로 사업장폐기물의 발생량을 추산할 때 사용한다.
④ 폐기물 발생량 예측방법으로 적재차량 계수법, 직접계근법, 물질수지법이 있다.

해설 쓰레기발생량 예측방법에는 경향예측모델법, 다중회귀모델, 동적모사모델이 있다.

정답 05.② 06.② 07.② 08.① 09.④ 10.④

11 단열열량계로 측정할 때 얻어지는 발열량에 대한 설명으로 옳은 것은?

① 습량기준 저위발열량
② 습량기준 고위발열량
③ 건량기준 저위발열량
④ 건량기준 고위발열량

해설 단열열량계로 측정한 발열량은 연료의 경우 건량기준 H_h 이다. 폐기물의 발열량을 측정시 폐기물의 성상은 습량기준이다.

습량기준 H_h = 단열열량계 값(건량기준) $\times \dfrac{100-W}{100}$

12 투입량 1.0ton/hr, 회수량 600kg/hr(그 중 회수대상물질 = 550kg/hr), 제거량 400kg/hr (그 중 회수대상물질 = 70kg/hr)일 때 선별효율(%)은? (단, Worrell식 적용)

① 77
② 79
③ 81
④ 84

해설

총 투입 폐기물량: 1000kg	
회수량 중	제거량 중
회수량 600kg	제거량 400kg
회수대상물질(X_1) 550kg	회수대상물질(X_2) 70kg
제거대상물질(Y_1) 50kg	제거대상물질(Y_2) 330kg
총 회수대상물질(X_t) 620kg	
총 제거대상물질(Y_t) 380kg	

Worrell식 선별효율(E_W)

$E_W = (\dfrac{X_1}{X_t} \times \dfrac{Y_2}{Y_t}) \times 100$

$\therefore E_W = (\dfrac{550}{620} \times \dfrac{330}{380}) \times 100 = 77\%$

13 도시폐기물의 수거노선 설정방법으로 가장 거리가 먼 것은?

① 언덕인 경우 위에서 내려가며 수거한다.
② 반복운행을 피한다.
③ 출발점은 차고와 가까운 곳으로 한다.
④ 가능한 한 반시계방향으로 설정한다.

해설 가능한 한 시계방향으로 수거노선을 정한다.

14 3.5%의 고형물을 함유하는 슬러지 300m³를 탈수시켜 70%의 함수율을 갖는 케이크를 얻었다면 탈수된 케이크의 양(m³)은?(단, 슬러지의 밀도 = 1ton/m³)

① 35
② 40
③ 45
④ 50

해설 슬러지 발생량 = 슬러지 탈수량
$300m^3 \times 0.035 = x(1-0.7)$ $\therefore x = 35m^3$

15 플라스틱 폐기물 중 할로겐화합물이 포함된 것은?

① 멜라민수지
② 폴리염화비닐
③ 규소수지
④ 폴리아크릴로니트릴

해설 폴리염화비닐에는 염소화합물이 포함되어 있다.

16 폐기물 관로수송시스템에 대한 설명으로 틀린 것은?

① 폐기물의 발생밀도가 높은 지역이 보다 효과적이다.
② 대용량 수송과 장거리 수송에 적합하다.
③ 조대폐기물은 파쇄 등의 전처리가 필요하다.
④ 자동집하시설로 투입하는 폐기물의 종류에 제한이 있다.

해설 단거리 수송에 적합하다.

17 쓰레기통의 위치나 형태에 따른 MHT가 가장 낮은 것은?

① 집안고정식　② 벽면부착식
③ 문전수거식　④ 집밖이동식

해설 수거효율이 가장 좋은 것은 집 밖 이동식 타종수거이다. 문전수거 2.3MHT, 타종수거 0.84MHT, 대형 쓰레기통 수거 1.1MHT

18 폐기물의 함수율은 25%이고, 건조기준으로 원소 성분 및 고위 발열량은 다음과 같다. 이 폐기물의 저위 발열량(kcal/kg)은? (단, C=55%, H=18%, 고위발열량=2800kcal/kg)

① 1921　② 2100
③ 2218　④ 2602

해설 문제상이함.
건조기준을 습량기준 고위발열량으로 환산하여 대입하면,

습량기준 H_h = 단열열량계 값(건조기준) × $\dfrac{100-W}{100}$

$H_h = 2800 \times \dfrac{100-25}{100} = 2100\ kcal/kg$

$H_l(kcal/kg) = H_h - 6(9H + W)$
*여기서, 원소의 단위는 퍼센트농도(%)이다.

$\therefore H_l = 2100 - 6(9 \times 18 + 25) = 978 kcal/kg$

19 선별기의 종류 중 습식선별의 형태가 아닌 것은?

① stoners　② jigs
③ flotation　④ wet classifiers

해설 Stoners는 약간 경사진 판에 진동을 줄 때 무거운 것이 빨리 판의 경사면 위로 올라가는 원리를 이용한 것으로 Pneumatic Table이라고도 한다.

20 폐기물의 성분을 조사한 결과 플라스틱의 함량이 20%(중량비)로 나타났다. 이 폐기물의 밀도가 300kg/m³이라면 5m³중에 함유된 플라스틱의 양(kg)은?

① 200　② 300
③ 400　④ 500

해설 0.2×300kg/m³×5m³=300kg

2과목　폐기물처리기술

21 처리용량이 50kL/day인 분뇨처리장에 가스저장탱크를 설치하고자 한다. 가스 저류시간을 8시간, 생성가스량을 투입 분뇨량의 6배로 가정한다면 가스탱크의 저장 용량(m³)은?

① 90　② 100
③ 110　④ 120

해설 $V = \dfrac{50m^3}{day} \Big| \dfrac{8hr}{} \Big| \dfrac{6}{} \Big| \dfrac{day}{24hr} = 100m^3$

22 유기물($C_6H_{12}O_6$)을 혐기성(피산소성) 소화시킬 때 반응에 대한 설명으로 옳지 않은 것은?

① 유기물 1kg 분해 시 메탄이 0.37Sm³ 생성된다.
② 유기물 1kg 분해 시 이산화탄소가 0.37Sm³ 생성된다.
③ 유기물 90kg 분해 시 메탄이 24kg 생성된다.
④ 유기물 90kg 분해 시 이산화탄소가 24kg 생성된다.

해설
$C_6H_{12}O_6 \rightarrow 3CH_4 + 3CO_2$
　180kg　: 3×16 : 3×44
　90kg　:　　 x　　$\therefore x = 66kg.CO_2$

정답 17.④　18.①　19.①　20.②　21.②　22.④

23 1일 수거 분뇨투입량은 300kL, 수거차 용량이 3.0kL/대, 수거차 1대의 투입시간은 20분이 소요되며 분뇨처리장 작업시간은 1일 8시간으로 계획하면 분뇨투입구 수(개)는? (단, 최대수거율을 고려하여 안전율=1.2배)

① 2 ② 5
③ 8 ④ 13

해설
$\dfrac{300kL}{day}\Big|\dfrac{대}{3kL}\Big|\dfrac{day}{8hr}\Big|\dfrac{20min}{대}\Big|\dfrac{hr}{60min}\Big|1.2 = 5개$

24 호기성 퇴비화공정의 가장 오래된 방법 중 하나로 설치비용과 운영비용은 낮으나 부지소요가 크고 유기물이 완전히 분해되는데 3~5년이 소요되는 퇴비화 공법은?

① 뒤집기식 퇴비단 공법
② 통기식 정체퇴비단 공법
③ 플러그형 기계식 퇴비화 공법
④ 교반형 기계식 퇴비화 공법

25 매립지에서 침출된 침출수 농도가 반으로 감소하는데 약 3.5년이 걸렸다면 이 침출수 농도가 95% 분해되는데 소요되는 시간(년)은? (단, 침출수 분해 반응은 1차 반응)

① 약 5 ② 약 10
③ 약 15 ④ 약 20

해설
$\ln\dfrac{C_t}{C_0} = -K \cdot t \quad \therefore \ln\dfrac{0.5C_0}{C_0} = -K \cdot t$
$\ln 0.5 = -K \times 3.5 \quad \therefore K = 0.198$
$\ln\dfrac{0.05}{1} = -0.198 \times t \quad \therefore t = 15년$

26 차단형매립지에서 차수 설비에 쓰이는 재료 중 투수율이 상대적으로 높고 불투수층을 균일하게 시공하기가 어려운 단점이 있지만, 침출수 중의 오염물질 흡착능력이 우수한 장점이 있는 차수재는?

① CSPE ② Soil Mixture
③ HDPE ④ Clay Soil

27 점토의 수분함량과 관계되는 지표로서 점토의 수분함량이 일정수준 미만이 되면 플라스틱 상태를 유지하지 못하고 부스러지는 상태에서의 수분함량을 의미하는 것은?

① 소성한계 ② 액성한계
③ 소성지수 ④ 극성한계

해설 차수막으로서 점토의 조건은 다음과 같다.
· 투수계수: 10^{-7}cm/sec 미만
· 소성지수: 수분함량 10% 이상 30% 미만
· 액성한계: 수분함량 30% 이상
· 자갈(직경 2.5cm 이상)함유량: 10% 미만

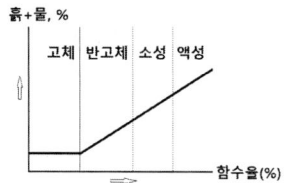

28 폐기물 매립지로 사용할 수 있는 곳은?

① 산림조성지로 부적격지
② 습지대 또는 단층지역
③ 100년 빈도의 홍수범람지역
④ 지하수위가 1.5미터 미만인 곳

29 정상적으로 운전되고 있는 혐기성 소화조에서 발생되는 가스의 구성비에 대하여 알맞은 것은?

① $CH_4 > CO_2 > H_2 > O_2$
② $CH_4 > CO_2 > O_2 > H_2$
③ $CH_4 > H_2 > CO_2 > O_2$
④ $CH_4 > O_2 > CO_2 > H_2$

30 매립지의 4단계 분해과정 중 이산화탄소 농도가 최대이고 침출수의 pH가 가장 낮은 분해단계는?

① 1단계 : 호기성 단계
② 2단계 : 혐기성 단계
③ 3단계 : 산생성 단계
④ 4단계 : 메탄생성 단계

31 토양오염물질 중 BTEX에 포함되지 않는 것은?

① 벤젠
② 톨루엔
③ 에틸렌
④ 자일렌

해설 BTEX는 benzene, toluene, ethylbenzene, xylene으로 구성된 휘발성 방향족 탄화수소로 정의한다.

32 매립지 내의 물의 이동을 나타내는 Darcy의 법칙을 기준으로 침출수의 유출을 방지하기 위한 방법으로 옳은 것은?

① 투수계수는 감소, 수두차는 증가시킨다.
② 투수계수는 증가, 수두차는 감소시킨다.
③ 투수계수 및 수두차를 증가시킨다.
④ 투수계수 및 수두차를 감소시킨다.

해설 $t = \dfrac{d^2 \cdot n}{k(d+h)}$

여기서, t : 통과시간(year), d : 점토층두께(m),
h : 침출수 수두(m), K : 투수계수(m/year),
n : 유효공극율

33 시료의 성분분석결과 수분 10%, 회분 44%, 고정 탄소 36%, 휘발분 10%이고, 원소분석 결과 휘발분 중 수소 20%, 황 10%, 산소 30%, 탄소 40%일 때 저위발열량(kcal/kg)은? (단, 각 원소의 단위질량당 열량은 C : 8100, H : 34000, S : 2500kcal/kg이다.)

① 2650
② 3650
③ 4650
④ 5560

해설

$H_h = 8100C + 34000\left(H - \dfrac{O}{8}\right) + 2500S \text{(kcal/kg)}$

∴ $H_h = 8100(0.36 + 0.1 \times 0.4)$
$+ 34000\left(0.1 \times 0.2 - \dfrac{0.1 \times 0.3}{8}\right)$
$+ (2500 \times 0.1 \times 0.1) = 3817.5 \text{kcal/kg}$

$H_l = H_h - 600(9H + W) \text{(kcal/kg)}$

∴ $H_l = 3817.5 \text{kcal/kg} - 600(9 \times 0.1 \times 0.2 + 0.1)$
$= 3649.5 ≒ 3650 \text{kcal/kg}$

34 결정도(Crystallinity)가 증가할수록 합성차수막에 나타내는 성질이라 볼 수 없는 것은?

① 인장강도 증가
② 열에 대한 저항성 증가
③ 화학물질에 대한 저항성 증가
④ 투수계수 증가

해설 결정도(Crystallinity)가 증가할수록 투수계수가 감소한다.

정답 29.① 30.③ 31.③ 32.④ 33.② 34.④

35 유기성의 폐기물의 생물분해성을 추정하는 식을 BF=0.83-0.028LC로 나타낼 수 있다. 여기에서 LC가 의미하는 것은?

① 휘발성 고형물 함량
② 고정탄소분 중 리그닌 함량
③ 휘발성 고형분 중 리그닌 함량
④ 생물분해성 분율

36 퇴비화 과정의 영향인자에 대한 설명으로 가장 거리가 먼 것은?

① 슬러지 입도가 너무 작으면 공기유통이 나빠져 혐기성 상태가 될 수 있다.
② 슬러지를 퇴비화할 때 Bulking agent를 혼합하는 주목적은 산소와 접촉면적을 넓히기 위한 것이다.
③ 숙성퇴비를 반송하는 것은 Seeding과 pH조정이 목적이다.
④ C/N비가 너무 높으면 유기물의 암모니아화로 악취가 발생한다.

 C/N비가 낮은 경우(20 이하) 암모니아 가스가 발생할 가능성이 높아진다.

37 진공여과기 1대를 사용하여 슬러지를 탈수하고 있다. 다음 조건에서 건조고형물 기준의 여과속도 27kg/m²·h인 진공여과기의 1일 운전시간(h)은?

- 폐수유입량=20000m³/day
- 유입SS농도=300mg/L
- SS제거율=85%
- 약품첨가량=제거 SS량의 20%
- 여과면적=20m²
- 건조고형물 여과회수율=100%
- 제거 SS량+약품첨가량=총 건조고형물량
- 비중은 1.0기준

① 15.4　② 13.2
③ 11.3　④ 9.5

여과율$(kg/m^2 \cdot hr) = \dfrac{고형물량(kg/hr)}{여과면적(m^2)}$

제거 SS량=$20000 \times 300 \times 10^{-3} \times 0.85$
　　　　=5100kg/day

약품 첨가량=$5100 \times 0.2 = 1020$kg/day

$27kg/m^2 \cdot hr = \dfrac{(5100+1020)kg/day}{20m^2 \times x}$

∴ $x = 11.3hr$

38 유해 폐기물 고화처리 방법 중 대표적인 방법인 시멘트기초법에 가장 많이 쓰이는 고화제는?

① 알루미나 포틀랜드 시멘트
② 보통 포틀랜드 시멘트
③ 황산염 저항 포틀랜드 시멘트
④ 일반 조강 포틀랜드 시멘트

39 토양의 양이온치환용량(CEC)이 10meq/100g이고, 염기포화도가 70%라면, 이 토양에서 H^+이 차지하는 양(meq/100g)은?

① 3　② 5
③ 7　④ 10

수소포화도(%)=$\dfrac{수소이온\,meq}{교환성\,양이온\,meq} \times 100$

∴ 100-70%=$\dfrac{x(meq)}{10meq} \times 100$

∴ $x = 3meq/100g$

정답　35.③　36.④　37.③　38.②　39.①

40 지하수의 특성으로 가장 거리가 먼 것은?

① 무기이온 함유량이 높고, 경도가 높다.
② 광범위한 지역의 환경조건에 영향을 받는다.
③ 미생물이 거의 없고 자정속도가 느리다.
④ 유속이 느리고 수온변화가 적다.

3과목 폐기물소각 및 열회수

41 백필터를 통과한 가스의 분진농도가 8mg/Sm³이고 분진의 통과율이 10%라면 백필터를 통과하기 전 가스중의 분진농도(g/m³)는?

① 0.08   ② 0.88
③ 0.80   ④ 8.8

해설 $\frac{0.008 g/m^3}{0.1} = 0.08 g/m^3$

42 열분해시설의 전처리단계를 옳게 나타낸 것은?

① 파쇄 → 건조 → 선별 → 2차 파쇄
② 파쇄 → 2차 파쇄 → 건조 → 선별
③ 파쇄 → 선별 → 건조 → 2차 선별
④ 선별 → 파쇄 → 건조 → 2차 선별

43 화격자(stoker)식 소각로에서 쓰레기저장소(pit)로부터 크레인에 의하여 소각로 안으로 쓰레기를 주입하는 방식은?

① 상부투입식   ② 하부투입식
③ 강제유입식   ④ 자연유하식

44 소각 시 탈취방법인 촉매연소법에 대한 설명으로 가장 거리가 먼 것은?

① 제거효율이 높다.
② 처리경비가 저렴하다.
③ 처리대상가스의 제한이 없다.
④ 저농도 유해물질에도 적합하다.

45 플라스틱 재질 중 발열량(kcal/kg)이 가장 낮은 것은?

① 폴리에틸렌(PE)
② 폴리프로필렌(PP)
③ 폴리스티렌(PS)
④ 폴리염화비닐(PVC)

해설 플라스틱의 발열량은 일반적으로 5000~11000kcal/kg로써, 폴리염화비닐(PVC)의 발열량이 가장 낮으며 열전도율은 금속의 1/100 정도로 작고 단열재로 쓰이는 발포(發泡) 플라스틱은 열전도율이 더욱 작다.

46 액체연료의 연소속도에 영향을 미치는 인자로 거리가 먼 것은?

① 분무입경
② 충분한 체류시간
③ 연료의 예열온도
④ 기름방울과 공기의 혼합율

47 폐기물 소각시설로부터 생성되는 고형잔류물에 대한 설명이 틀린 것은?

① 고형잔류물의 관리는 폐기물 소각로 설계와 운전 시에 매우 중요하다.
② 소각로 연소능력 평가는 재연소지수(ABI)를 이용하여 평가한다.
③ 가스세정기 슬러지(잔류물)는 질소산화물 세정에서 발생되는 고형잔류물이다.
④ 비산재는 전기집진기나 백필터에 의해 99%이상 제거가 가능하다.

정답 40.② 41.① 42.③ 43.④ 44.③ 45.④ 46.② 47.③

해설 가스세정기의 슬러지는 먼지, 미스트이다.

48 연소조건 중 온도에 대한 설명으로 옳은 것은?

① 도시폐기물의 발화온도는 260~370℃ 정도 되나 필요한 연소기의 최소온도는 850℃이다.
② 연소온도가 너무 높아지면 질소산화물(NOx)이나 산화물(Ox)이 억제된다.
③ 연소기로부터의 에너지 회수방법 중 스팀생산을 효과적으로 하기 위해 연소온도를 450℃로 높인다.
④ 연소온도가 높으면 연소에 필요한 소요시간이 짧아지고 어느 일정 온도이상에서는 연소시간이 중요하지 않게 된다.

49 저위발열량이 8000kcal/kg의 중유를 연소시키는데 필요한 이론공기량(Sm³/kg)은? (단, Rosin식 적용)

① 8.8   ② 9.6
③ 10.5   ④ 11.5

해설
$$A_o\,(Sm^3/kg) = 0.85 \times \frac{H_l}{1000} + 2$$
$$A_o = 0.85 \times \frac{8000kcal/kg}{1000} + 2 = 8.8\ Sm^3/kg$$

50 화격자(grate system)에 대한 설명 중 틀린 것은?

① 로내의 폐기물 이동을 원활하게 해준다.
② 화격자는 폐기물을 잘 연소하도록 교반시키는 역할을 한다.
③ 화격자는 아래에서 연소에 필요한 공기가 공급되도록 설계하기도 한다.
④ 화격자의 폐기물 이동방향은 주로 하단부에서 상단부 방향으로 이동시킨다.

51 연소실의 주요재질 중 내화재로써 거리가 먼 것은?

① 캐스타블
② 아우스테니트
③ 점토질 내화벽돌
④ 고알루미나, SiC 벽돌

52 페놀 188g을 무해화하기 위하여 완전연소시켰을 때 발생되는 CO_2의 발생량(g)은?

① 132   ② 264
③ 528   ④ 1056

해설
$$C_6H_5OH + 7O_2 \to 6CO_2 + 3H_2O$$
$$94g \qquad\qquad 6 \times 44g$$
$$188g \qquad\qquad x \qquad \therefore x = 528g$$

53 연소가스에 대한 설명으로 틀린 것은?

① 연소가스 – 연료가 연소하여 생성되는 고온가스
② 배출가스 – 연소가스가 피열물에 열을 전달한 후 연도로 방출되는 가스
③ 습윤연소가스 – 연소 배가스내에 포화상태의 수증기를 포함한 가스
④ 연소배가스의 분석 결과치 – 건조가스를 기준으로 조성비율을 나타냄

54 폐기물관리법령상 고온용융시설의 개별기준으로 옳은 것은?

① 잔재물의 감열감량은 5% 이하이어야 한다.
② 잔재물의 강열감량은 10% 이하이어야 한다.
③ 연소실은 연소가스가 1초 이상 체류할 수 있어야 한다.
④ 연소실은 연소가스가 2초 이상 체류할 수 있어야 한다.

정답 48.④ 49.① 50.④ 51.② 52.③ 53.③ 54.③

55 전기집진기의 특징으로 거리가 먼 것은?

① 회수가치성이 있는 입자 포집이 가능하다.
② 압력손실이 적고 미세입자까지도 제거할 수 있다.
③ 유지관리가 용이하고 유지비가 저렴하다.
④ 전압변동과 같은 조건변동에 적응하기가 용이하다.

56 습식(액체)연소법의 설명으로 옳은 것은?

① 분무연소법과 증발연소법이 있다.
② 압력과 온도를 낮출수록 산화가 촉진된다.
③ Winkler가스 발생로로서 공업화가 이루어졌다.
④ 가연성물질의 함량에 관계없이 보조연료가 필요하다.

57 소각로 종류별 장점과 단점에 대한 설명이 틀린 것은?

① 회전로방식 : 설치비가 저렴하나 수분함량이 많은 폐기물은 처리할 수 없다.
② 다단로방식 : 수분함량이 높은 폐기물도 연소가 가능하나 온도반응이 더디다.
③ 고정상방식 : 화격자에 적재가 불가능한 폐기물을 소각할 수 있으나 연소효율이 나쁘다.
④ 화격자방식 : 연속적인 소각과 배출이 가능하나 체류시간이 길고 국부가열이 발생할 염려가 있다.

58 CH_3OH 2kg을 연소시키는데 필요한 이론공기량의 부피(Sm^3)는?

① 7
② 8
③ 9
④ 10

해설

$CH_3OH + 1.5O_2 \rightarrow CO_2 + 2H_2O$
$32kg \quad : \quad 1.5 \times 22.4 Sm^3$
$2kg \quad : \quad x \qquad \therefore x = 2.1 Sm^3$
$\therefore A_o = \dfrac{O_o}{0.21} = \dfrac{2.1}{0.21} = 10 Sm^3$

59 폐기물의 소각과정에서 연소효율을 높이기 위한 방법으로 보조연료를 사용하는 경우 보조연료의 특징으로 옳은 것은?

① 매연생성도는 방향족, 나프텐계, 올레핀계, 파라핀계 순으로 높다.
② C/H비가 클수록 비교적 비점이 높은 연료이며 매연발생이 쉽다.
③ C/H비가 클수록 휘발성이 낮고 방사율이 작다.
④ 중질유의 연료일수록 C/H비가 적다.

60 RDF(Refuse Derived Fuel)가 갖추어야 하는 조건에 관한 설명으로 옳지 않은 것은?

① 제품의 함수율이 낮아야 한다.
② RDF용 소각로 제작이 용이하도록 발열량이 높지 않아야 한다.
③ 원료 중에 비가연성 성분이나 연소 후 잔류하는 재의 양이 적어야 한다.
④ 조성 배합율이 균일하여야 하고 대기오염이 적어야 한다.

정답 55.④ 56.① 57.① 58.④ 59.② 60.②

4과목 폐기물공정시험기준(방법)

61 원자흡수분광광도법에 의한 검량선 작성 방법 중 분석시료의 조성은 알고 있으나 공존성분이 복잡하거나 불분명한 경우, 공존성분의 영향을 방지하기 위해 사용하는 방법은?

① 검량선법 ② 표준첨가법
③ 내부표준법 ④ 외부표준법

62 시료채취 시 대상폐기물의 양과 최소시료 수가 옳게 짝지어진 것은?

① 1ton 미만 : 6
② 1ton 이상 5ton 미만 : 12
③ 5ton 이상 30ton 미만 : 15
④ 30ton 이상 100ton 미만 : 30

해설 대상폐기물의 양과 시료의 최소 수

대상폐기물의 양 (단위 : ton)	시료의 최소 수	대상폐기물의 양 (단위 : ton)	시료의 최소 수
～ 1미만	6	100 이상 ～ 500미만	30
1이상 ～ 5미만	10	500이상 ～ 1000미만	36
5이상 ～ 30미만	14	1000이상 ～ 5000미만	50
30이상 ～ 100미만	20	5000이상	60

63 노말헥산 추출물질 시험결과가 다음과 같을 때 노말헥산 추출물질량(mg/L)은?

- 건조 증발용 플라스크 무게 : 42.0424g
- 추출건조 후 증발용 플라스크 무게와 잔류물질 무게 : 42.0748g
- 시료량 : 200mL

① 152 ② 162
③ 252 ④ 272

해설
$$n \cdot h = \frac{(42.0748 - 42.0424)g \times 10^3 mg/g}{0.2L}$$
$$= 162 mg/L$$

64 감염성 미생물 검사법과 가장 거리가 먼 것은?

① 아포균 검사법
② 최적확수 검사법
③ 세균배양 검사법
④ 멸균테이프 검사법

65 정도보증/정도관리를 위한 현장 이중시료에 관한 내용으로 ( )에 알맞은 것은?

현장 이중시료는 동일 위치에서 동일한 조건으로 중복 채취한 시료로서 독립적으로 분석하여 비교한다. 현장 이중시료는 필요 시 하루에 ( )이하의 시료를 채취할 경우에는 1개를, 그 이상의 시료를 채취할 때에는 시료 ( )당 1개를 추가로 채취한다.

① 5개 ② 10개
③ 15개 ④ 20개

66 자외선/가시선 분광법으로 카드뮴을 정량 시 사용하는 시약과 그 용도가 잘못 짝지어진 것은?

① 발색시약 : 디티존
② 시료의 전처리 : 질산-황산
③ 추출용매 : 사염화탄소
④ 억제제 : 황화나트륨

정답 61.② 62.① 63.② 64.② 65.④ 66.④

67 HCl(비중 1.18) 200mL를 1L의 메스플라스크에 넣은 후 증류수로 표선까지 채웠을 때 이 용액의 염산농도(W/V%)는?

① 19.6 ② 20.0
③ 23.1 ④ 23.6

해설

$$HCl(W/V\%) = \frac{200 \times 1.18}{1000} \times 100 = 23.6$$

68 유기인의 정제용 컬럼으로 적절하지 않은 것은?

① 실리카겔 컬럼 ② 플로리실 컬럼
③ 활성탄 컬럼   ④ 실리콘 컬럼

69 지정폐기물에 함유된 유해물질의 기준으로 옳은 것은?

① 납 = 3mg/L
② 카드뮴 = 3mg/L
③ 구리 = 0.3mg/L
④ 수은 = 0.0005mg/L

70 자외선/가시선 분광법을 적용한 구리 측정에 관한 내용으로 옳은 것은?

① 정량한계는 0.002mg이다.
② 적갈색의 킬레이트 화합물이 생성된다.
③ 흡광도는 520nm에서 측정한다.
④ 정량 범위는 0.01~0.05mg/L이다.

71 기체크로마토그래피법에서 사용하는 열전도도 검출기(TCD)에서 사용되는 가스의 종류는?

① 질소   ② 헬륨
③ 프로판 ④ 아세틸렌

72 폐기물공정시험기준에 적용되는 관련 용어에 관한 내용으로 틀린 것은?

① 반고상폐기물 : 고형물의 함량이 5% 이상 15% 미만인 것을 말한다.
② 비함침성 고상폐기물 : 금속판, 구리선 등 기름을 흡수하지 않는 평면 또는 비평면형태의 변압기 내부부재를 말한다.
③ 바탕시험을 하여 보정한다 : 규정된 시료로 같은 방법으로 실험하여 측정치를 보정하는 것을 말한다.
④ 정밀히 단다 : 규정된 양의 시료를 취하여 화학저울 또는 미량저울로 칭량함을 말한다.

해설 바탕시험을 하여 보정한다 : 시료에 대한 처리 및 측정을 할 때, 시료를 사용하지 않고 같은 방법으로 조작한 측정치를 빼는 것을 말한다.

73 기기검출한계(IDL)에 관한 설명으로 ( )에 옳은 것은?

> 시험분석 대상물질을 기기가 검출할 수 있는 최소한의 농도 또는 양으로서 바탕시료를 반복 측정 분석한 결과의 표준편차에 ( )배한 값을 말한다.

① 2   ② 3
③ 5   ④ 10

74 강열 전의 접시와 시료의 무게 200g, 강열후의 접시와 시료의 무게 150g, 접시 무게 100g일 때 시료의 강열감량(%)은?

① 40 ② 50
③ 60 ④ 70

해설

$$강열감량(\%) = \left(\frac{w_2 - w_3}{w_2 - w_1}\right) \times 100$$

$$\therefore 강열감량 = \left(\frac{200g - 150g}{200g - 100g}\right) \times 100 = 50\%$$

정답 67.④ 68.④ 69.① 70.① 71.② 72.③ 73.② 74.②

75 유도결합플라스마-원자발광분광법의 장치에 포함되지 않는 것은?

① 시료주입부, 고주파전원부
② 광원부, 분광부
③ 운반가스유로, 가열오븐
④ 연산처리부

76 온도에 대한 규정에서 14℃가 포함되지 않은 것은?

① 상온   ② 실온
③ 냉수   ④ 찬곳

> **해설** 표준온도는 0℃, 상온은 15~25℃, 실온은 1~35℃로 하고, 찬 곳은 따로 규정이 없는 한 0~15℃의 곳을 뜻한다. 냉수는 15℃ 이하, 온수는 60~70℃, 열수는 약 100℃를 말한다.

77 시료 준비를 위한 회화법에 관한 기준으로 (   )에 옳은 것은?

> 목적성분이 (㉠)이상에서 (㉡)되지 않고 쉽게 (㉢)될 수 있는 시료에 적용

① ㉠ 400℃, ㉡ 회화, ㉢ 휘산
② ㉠ 400℃, ㉡ 휘산, ㉢ 회화
③ ㉠ 800℃, ㉡ 회화, ㉢ 휘산
④ ㉠ 800℃, ㉡ 휘산, ㉢ 회화

78 자외선/가시선 분광법에서 시료액의 흡수파장이 약 370nm이하일 때 일반적으로 사용하는 흡수셀은?

① 젤라틴셀   ② 석영셀
③ 유리셀   ④ 플라스틱셀

79 중량법으로 기름성분을 측정할 때 시료채취 및 관리에 관한 내용으로 (   )에 옳은 것은?

> 시료는 (㉠)이내 증발처리를 하여야 하나 최대한 (㉡)을 넘기지 말아야 한다.

① ㉠ 6시간, ㉡ 24시간
② ㉠ 8시간, ㉡ 24시간
③ ㉠ 12시간, ㉡ 7시간
④ ㉠ 24시간, ㉡ 7시간

80 시료의 전처리(산분해법)방법 중 유기물 등을 많이 함유하고 있는 대부분의 시료에 적용하는 것은?

① 질산-염산 분해법
② 질산-황산 분해법
③ 염산-황산 분해법
④ 염산-과염소산 분해법

5과목 폐기물관계법규

81 폐기물 처분시설 중 차단형 매립시설의 정기검사 항목이 아닌 것은?

① 소화장비 설치·관리실태
② 축대벽의 안정성
③ 사용종료매립지 밀폐상태
④ 침출수 집배수시설의 기능

정답 75.③ 76.① 77.② 78.② 79.④ 80.② 81.④

82 폐기물관리법의 적용을 받지 않는 물질에 관한 내용으로 틀린 것은?

① 대기환경보전법에 의한 대기오염방지시설에 유입되어 포집된 물질
② 하수도법에 의한 하수·분뇨
③ 용기에 들어 있지 아니한 기체상태의 물질
④ 원자력안전법에 따른 방사성 물질과 이로 인하여 오염된 물질

83 폐기물처리시설의 설치·운영을 위탁받을 수 있는 자의 기준 중 음식물류 폐기물 처분시설 또는 재활용시설 설치·운영을 위탁받을 수 있는 자의 기준에 해당되지 않는 기술인력은?

① 폐기물처리기사
② 수질환경기사
③ 기계정비산업기사
④ 위생사

84 사업장폐기물을 배출하는 사업장 중 대통령령으로 정하는 사업장의 범위에 해당되지 않는 것은?

① 지정폐기물을 배출하는 사업장
② 폐기물을 1일 평균 300킬로그램 이상 배출하는 사업장
③ 폐기물을 1회 200킬로그램 이상 배출하는 사업장
④ 일련의 공사 또는 작업으로 폐기물을 5톤(공사를 착공하거나 작업을 시작할 때부터 마칠 때까지 발생하는 폐기물의 양을 말한다)이상 배출하는 사업장

해설 폐기물을 1일 평균 300킬로그램 이상 배출하는 사업장

85 관리형 매립시설에서 발생하는 침출수의 배출허용 기준 중 청정지역의 부유물질량에 대한 기준으로 옳은 것은? (단, 침출수 매립시설환원정화설비를 통하여 매립시설로 주입되는 침출수의 경우에는 제외한다)

① 20mg/L 이하
② 30mg/L 이하
③ 40mg/L 이하
④ 50mg/L 이하

해설 관리형매립시설 침출수의 배출허용기준

구분	생물화학적 산소 요구량(mg/L)	화학적산소요구량 (mg/L) 중크롬산칼륨에 따른 경우	부유물질량 (mg/L)
청정지역	30	400(90%)	30
가지역	50	600(85%)	50
나지역	70	800(80%)	70

86 지정폐기물의 분류번호가 07-00-00과 같은 07로 시작되는 폐기물은?

① 폐유기용제
② 유해물질 함유 폐기물
③ 폐석면
④ 부식성 폐기물

87 의료폐기물을 제외한 지정폐기물의 보관에 관한 기준 및 방법으로 틀린 것은?

① 지정폐기물은 지정폐기물 외의 폐기물과 구분하여 보관하여야 한다.
② 폐유기용제는 폭발의 위험이 있으므로 밀폐된 용기에 보관하지 않는다.
③ 흩날릴 우려가 있는 폐석면은 습도 조절 등의 조치 후 고밀도 내수성재질의 포대로 2중포장 하거나 견고한 용기에 밀봉하여 흩날리지 아니하도록 보관하여야 한다.
④ 지정폐기물은 지정폐기물에 의하여 부식되거나 파손되지 아니하는 재질로

정답 82.① 83.④ 84.③ 85.② 86.③ 87.②

된 보관시설 또는 보관용기를 사용하여 보관하여야 한다.

해설 폐유기용제는 휘발되지 아니하도록 밀폐된 용기에 보관하여야 한다.

88 생활폐기물 수집·운반 대행자에 대한 대행실적 평가 실시 기준으로 옳은 것은?

① 분기에 1회 이상
② 반기에 1회 이상
③ 매년 1회 이상
④ 2년간 1회 이상

89 폐기물의 처리에 관한 구체적 기준 및 방법에서 지정폐기물 중 의료폐기물의 기준 및 방법으로 옳지 않은 것은? (단, 의료폐기물 전용용기 사용의 경우)

① 한 번 사용한 전용용기는 다시 사용하여서는 아니 된다.
② 전용용기는 봉투형 용기 및 상자형 용기로 구분하되, 봉투형 용기의 재질은 합성수지류로 한다.
③ 봉투형 용기에 담은 의료폐기물의 처리를 위탁하는 경우에는 상자형 용기에 다시 담아 위탁하여야 한다.
④ 봉투형 용기에는 그 용량의 90퍼센트 미만으로 의료폐기물을 넣어야 한다.

해설 봉투형 용기에는 그 용량의 75퍼센트 미만으로 의료폐기물을 넣어야 한다.

90 관련법을 위반한 폐기물처리업자로부터 과징금으로 징수한 금액의 사용용도로서 적합하지 않은 것은?

① 광역 폐기물처리시설의 확충
② 폐기물처리 관리인의 교육
③ 폐기물처리시설의 지도·점검에 필요한 시설·장비의 구입 및 운영
④ 폐기물의 처리를 위탁한 자를 확인할 수 없는 폐기물로 인하여 예상되는 환경상 위해를 제거하기 위한 처리

해설 시행령 제23조의 4

91 방치폐기물의 처리를 폐기물처리 공제조합에 명할 수 있는 방치폐기물의 처리량 기준으로 옳은 것은? (단, 폐기물처리업자가 방치한 폐기물의 경우)

① 그 폐기물처리업자의 폐기물 허용보관량의 1.2배 이내
② 그 폐기물처리업자의 폐기물 허용보관량의 1.5배 이내
③ 그 폐기물처리업자의 폐기물 허용보관량의 2배 이내
④ 그 폐기물처리업자의 폐기물 허용보관량의 3배 이내

해설
· 폐기물처리업자가 방치한 폐기물의 경우 : 그 폐기물처리업자의 폐기물 허용보관량의 2배 이내
· 폐기물처리 신고자가 방치한 폐기물의 경우 : 그 폐기물처리 신고자의 폐기물 보관량의 2배 이내
*시행령 제23조 개정(1.5→2)으로 인해 [정답] 변경

92 의료폐기물의 종류 중 위해의료폐기물에 해당하지 않는 것은?

① 조직물류폐기물
② 격리계폐기물
③ 생물·화학폐기물
④ 혈액오염폐기물

해설 시행령[별표2] 위해의료폐기물에는 조직물류폐기물, 병리계폐기물, 손상성폐기물, 생물·화학폐기물, 혈액오염폐기물이 있다.

정답 88.③ 89.④ 90.② 91.③ 92.②

93 폐기물처리업에 관한 설명으로 틀린 것은?

① 폐기물 수집·운반업 : 폐기물을 수집하여 재활용 또는 처분 장소로 운반하거나 폐기물을 수출하기 위하여 수집·운반하는 영업
② 폐기물 중간재활용업 : 폐기물 재활용시설을 갖추고 중간가공 폐기물을 만드는 영업
③ 폐기물 최종처분업 : 폐기물 최종처분시설을 갖추고 폐기물을 매립 등(해역 배출은 제외한다)의 방법으로 최종처분하는 영업
④ 폐기물 종합처분업 : 폐기물 재활용시설을 갖추고 중간재활용업과 최종재활용업을 함께하는 영업

해설 폐기물 종합처분업 – 폐기물 중간처분시설 및 최종처분시설을 갖추고 폐기물의 중간처분과 최종처분을 함께 하는 영업

94 폐기물관리법에서 사용하는 용어의 정의로 옳지 않은 것은?

① 생활폐기물이란 사업장폐기물 외의 폐기물을 말한다.
② 폐기물처리시설이란 폐기물의 중간처분시설과 최종처분시설 및 재활용시설로서 대통령령으로 정하는 시설을 말한다.
③ 재활용이란 생산 공정에서 발생하는 폐기물의 양을 줄이고 재사용, 재생을 통하여 폐기물 배출을 최소화 하는 활동을 말한다.
④ 처분이란 폐기물의 소각·중화·파쇄·고형화 등의 중간처분과 매립하거나 해역으로 배출하는 등의 최종처분을 말한다.

해설 재활용이란 폐기물을 재사용·재생이용하거나 재사용·재생이용할 수 있는 상태로 만드는 활동으로서 환경부령으로 정하는 활동을 말한다.

95 환경부장관이나 시·도지사가 폐기물처리업자에게 영업정지에 갈음하여 과징금을 부과할 때, 폐기물처리업자가 매출액이 없거나 매출액을 산정하기 곤란한 경우로서 대통령령으로 정하는 경우에 부과할 수 있는 과징금의 최대 액수는?

① 5천만원   ② 1억원
③ 2억원   ④ 3억원

해설 법률 제28조

96 다음 조항을 위반하여 설치가 금지되는 폐기물소각시설을 설치, 운영한 자에 대한 벌칙기준은?

> 폐기물처리시설은 환경부령으로 정하는 기준에 맞게 설치하되, 환경부령으로 정하는 규모 미만의 폐기물 소각시설을 설치 운영하여서는 아니 된다.

① 2년 이하의 징역이나 2천만원 이하의 벌금
② 3년 이하의 징역이나 3천만원 이하의 벌금
③ 5년 이하의 징역이나 5천만원 이하의 벌금
④ 7년 이하의 징역이나 7천만원 이하의 벌금

해설 법률 제66조

97 환경부령으로 정하는 지정폐기물을 배출하는 사업자가 그 지정폐기물을 처리하기 전에 환경부장관에게 제출하여 확인 받아야 할 서류가 아닌 것은?

① 폐기물 수집·운반 계획서
② 폐기물처리계획서
③ 법에 따른 폐기물분석전문기관의 폐기물분석결과서
④ 지정폐기물의 처리를 위탁하는 경우에는 수탁처리자의 수탁확인서

정답 93.④ 94.③ 95.② 96.① 97.①

해설 법률 제17조

98 폐기물처리시설 주변지역 영향조사 기준 중 조사횟수에 관한 내용으로 괄호에 알맞은 내용이 순서대로 짝지어진 것은?

> 각 항목당 계절을 달리하여 (　)이상 측정하되, 악취는 여름(6월부터 8월까지)에 (　)이상 측정해야 한다.

① 4회, 2회　② 4회, 1회
③ 2회, 2회　④ 2회, 1회

해설 시행규칙[별표13]

99 폐기물 중간처분시설 중 기계적 처분시설에 속하는 것은?

① 증발·농축 시설
② 고형화 시설
③ 소멸화 시설
④ 응집·침전 시설

해설 시행령[별표3]

100 주변지역 영향 조사대상 폐기물처리시설 기준으로 옳은 것은?

① 매립면적 3천300 제곱미터 이상의 사업장 지정폐기물 매립시설
② 매립용적 1천 세제곱미터 이상의 사업장 지정폐기물 매립시설
③ 매립면적 1만 제곱미터 이상의 사업장 지정폐기물 매립시설
④ 매립용적 3만 세제곱미터 이상의 사업장 지정폐기물 매립시설

해설 시행령 제14조

정답　98.④　99.①　100.③

2021년 제1회 폐기물처리 기사 [3월 7일 시행]

1과목 폐기물개론

01 트롬멜 스크린에 대한 설명으로 틀린 것은?

① 수평으로 회전하는 직경 3미터 정도의 원통형태이며 가장 널리 사용되는 스크린의 하나이다.
② 최적회전속도는 임계회전속도의 45% 정도이다.
③ 도시폐기물 처리 시 적정회전속도는 100~180rpm이다.
④ 경사도는 대개 2~3°를 채택하고 있다.

[해설] 최적속도(rpm) = 임계속도 × 0.45

02 폐기물의 성분을 조사한 결과 플라스틱의 함량이 20%(중량비)로 나타났다. 이 폐기물의 밀도가 300kg/m³이라면 6.5m³ 중에 함유된 플라스틱의 양(kg)은?

① 300
② 345
③ 390
④ 415

[해설] $300 kg/m^3 \times 6.5 m^3 \times 0.2 = 390 kg$

03 파이프라인을 이용하여 폐기물을 수송하는 방법에 대한 설명으로 가장 거리가 먼 것은?

① 보다 친환경적이며 장거리 수송이 용이하다.
② 잘못 투입된 물건을 회수하기가 곤란하다.
③ 쓰레기 발생 밀도가 높은 곳일수록 현실성이 높아진다.
④ 조대쓰레기는 파쇄, 압축 등의 전처리를 할 필요가 있다.

[해설] 보다 친환경적이며 단거리 수송이 용이하다.

04 폐기물 성상분석에 대한 분석절차로 옳은 것은?

① 물리적 조성 → 밀도측정 → 건조 → 절단 및 분쇄 → 발열량 분석
② 밀도측정 → 물리적 조성 → 건조 → 절단 및 분쇄 → 발열량 분석
③ 물리적 조성 → 밀도 측정 → 절단 및 분쇄 → 건조 → 발열량 분석
④ 밀도측정 → 물리적 조성 → 절단 및 분쇄 → 건조 → 발열량분석

05 Eddy Current Separator는 물질 특성상 세 종류로 분리한다. 이 때 구리전선과 같은 종류로 선별되는 것은?

① 은수저
② 철나사못
③ PVC
④ 희토류 자석

정답 01.③ 02.③ 03.① 04.② 05.①

해설 와전류식(과전류 선별, eddy current separation) 선별은 연속적으로 변화하는 자장 속에 비자성이며 전기전도성이 좋은 금속인 구리, 알루미늄, 아연 등을 넣으면 금속 내에 소용돌이 전류가 발생하여 반발력이 생기는데 이 반발력 차를 이용하여 분리시킨다.

06 직경이 1.0m인 트롬멜 스크린의 최적 속도(rpm)는?

① 약 63   ② 약 42
③ 약 19   ④ 약 8

해설 최적속도(rpm) = 임계속도 × 0.45
임계속도(rpm)
$$Nc = \sqrt{\frac{g}{4\pi^2 r}} \times 60 = \frac{1}{2\pi}\sqrt{\frac{g}{r}} \times 60$$
$$Nc = \frac{1}{2\pi}\sqrt{\frac{9.8}{0.5}} \times 60$$
$$= 42.3\,rpm \times 0.45 = 19\,rpm$$

07 전과정평가(LCA)를 구성하는 4단계 중, 조사분석과정에서 확정된 자원요구 및 환경부하에 대한 영향을 평가하는 기술적, 정량적, 정성적 과정인 것은?

① impact analysis
② initiation analysis
③ inventory analysis
④ improvement analysis

해설 전 과정평가의 절차
① 목적 및 범위설정(goal & scope definition)
② 단위공정별 목록분석(inventory analysis)
③ 환경부하에 대한 영향평가(impact assessment)
   분류화→특성화→정규화→가중치 부여
④ 개선평가 및 해석(life cycle interpretation)

08 pH가 2인 폐산용액은 pH가 4인 폐산용액에 비해 수소이온이 몇 배 더 함유되어 있는가?

① 2배   ② 5배
③ 10배 ④ 100배

해설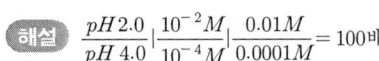
$$\frac{pH\,2.0}{pH\,4.0}\bigg|\frac{10^{-2}M}{10^{-4}M}\bigg|\frac{0.01M}{0.0001M} = 100배$$

09 습량기준 회분량이 16%인 폐기물의 건량기준 회분량(%)은?(단, 폐기물의 함수율 = 20%)

① 20   ② 18
③ 16   ④ 14

해설 습량회분(%)=건량회분(%)
$$\frac{16}{1-0.2}\% = x \quad \therefore x = 20\%$$

10 압축기에 쓰레기를 넣고 압축시킨 결과 압축비가 5였을 때 부피감소율(%)은?

① 50   ② 60
③ 80   ④ 90

해설 부피감소율 $= (1 - \frac{1}{압축비\,5}) \times 100 = 80\%$

11 폐기물 수거노선의 설정요령으로 적합하지 않은 것은?

① 수거지점과 수거빈도를 결정하는데 기존 정책이나 규정을 참고한다.
② 간선도로부근에서 시작하고 끝나도록 배치한다.
③ 반복운행을 피하도록 한다.
④ 반 시계방향으로 수거노선을 설정한다.

해설 시계방향으로 수거노선을 설정한다.

정답 06.③ 07.① 08.④ 09.① 10.③ 11.④

12 적환장의 설치 적용 이유로 가장 거리가 먼 것은?

① 저밀도 거주지역이 존재할 경우
② 불법투기와 다량의 어지러진 쓰레기들이 발생할 때
③ 부패성 폐기물 다량 발생지역이 있는 경우
④ 처분지가 수집 장소로부터 16km 이상 멀리 떨어져 있는 경우

해설 적환장의 설치장소는 수거하고자 하는 개별적 고형폐기물 발생지역의 하중중심에 되도록 가까운 곳이어야 한다.

13 일반 폐기물의 수집운반 처리 시 고려사항으로 가장 거리가 먼 것은?

① 지역별, 계절별 발생량 및 특성 고려
② 다른 지역의 경유 시 밀폐 차량 이용
③ 해충방지를 위해서 약제살포 금지
④ 지역여건에 맞게 기계식 상차방법 이용

해설 해충방지를 위해서 약제살포

14 쓰레기 수거계획 수립 시 가장 우선되어야 할 항목은?

① 수거빈도　② 수거노선
③ 차량의 적재량　④ 인부수

15 도시의 쓰레기 특성을 조사하기 위하여 시료 100kg에 대한 습윤상태의 무게와 함수율을 측정한 결과가 다음 표와 같을 때 이 시료의 건조중량(kg)은?

성분	습윤상태의 무게(kg)	함수율(%)
연탄재	60	20
채소, 음식물류	10	65
종이, 목재류	10	10
고무, 가죽류	15	3
금속, 초자기류	5	2

① 70　② 80
③ 90　④ 100

해설 평균 함수율

$= \dfrac{(60 \times 20)+(160 \times 65)+(10 \times 10)+(15 \times 3)+(5 \times 2)}{60+160+10+15+5}$

$= 280.05\%$

∴ 건조중량(kg)

$=$ 쓰레기의 시료량$(kg) \times \dfrac{100-함수율(\%)}{100}$

$= 100\,kg \times \dfrac{(100-20.05\%)}{100} = 79.5\,kg$

16 폐기물 시료를 축분함에 있어 처음 무게의 $\dfrac{1}{30} \sim \dfrac{1}{35}$의 무게를 얻고자 한다면 원추 4분법을 몇 회 시행하여야 하는가?

① 10회　② 8회
③ 6회　④ 5회

해설 $\left(\dfrac{1}{2}\right)^x = \dfrac{1}{30}$　$x\ln\dfrac{1}{2} = \ln\dfrac{1}{30}$　∴ $x = 4.9$

17 사업장에서 배출되는 폐기물을 감량화 시키기 위한 대책으로 가장 거리가 먼 것은?

① 원료의 대체
② 공정 개선
③ 제품내구성 증대
④ 포장횟수의 확대 및 장려

정답 12.③　13.③　14.②　15.②　16.④　17.④

해설 포장횟수의 감소 및 장려

18 쓰레기에서 타는 성분의 화학적 성상 분석 시 사용되는 자동원소분석기에 의해 동시 분석이 가능한 항목을 모두 나열한 것은?

① 탄소, 질소, 수소
② 탄소, 황, 수소
③ 탄소, 수소, 산소
④ 질소, 황, 산소

해설 원소분석에 의해 동시 분석이 가능한 항목은 C, H, O, N, 수분이다.

19 퇴비화 과정에서 공기의 역할 중 잘못된 것은?

① 온도를 조절한다.
② 공급량은 많을수록 퇴비화가 잘된다.
③ 수분과 CO_2 등 다른 가스들을 제거한다.
④ 미생물이 호기적 대사를 할 수 있도록 한다.

해설 호기성 미생물의 대사에 필요한 산소는 5~15%가 요구되며, 공기의 채널링현상(덩어리지는 현상)을 방지하기 위하여 규칙적으로 교반하거나 뒤집어 주어야 한다.

20 쓰레기의 발열량을 구하는 식 중 Dulong 식에 대한 설명으로 옳은 것은?

① 고위발열량은 저위발열량, 수소함량, 수분함량만으로 구할 수 있다.
② 원소분석에서 나온 C, H, O, N 및 수분함량으로 계산 할 수 있다.
③ 목재나 쓰레기와 같은 셀룰로오스의 연소에서는 발열량이 약 10% 높게 추정된다.
④ Bomb 열량계로 구한 발열량에 근사시키기 위해 Dulong의 보정식이 사용된다.

2과목 폐기물처리기술

21 분뇨를 희석폭기방식으로 처리하려 할 때, 적절한 방법으로 볼 수 없는 것은?

① BOD부하는 $1kg/m^3 \cdot d$ 이하로 한다.
② 반송슬러지량은 희석된 분뇨량의 50~60%를 표준으로 한다.
③ 폭기시간은 12시간 이상으로 한다.
④ 조의 유효수심은 3.5~5m를 표준으로 한다.

해설 희석포기처리 방식의 특징은 희석포기하여 포기조의 유출수를 침전시킨 후에 슬러지를 포기조로 반송시키지 않는다는 것이다.

22 다음 그래프는 쓰레기 매립지에서 발생되는 가스의 성상이 시간에 따라 변하는 과정을 보이고 있다. 곡선(가)과 (나)에 해당하는 가스는?

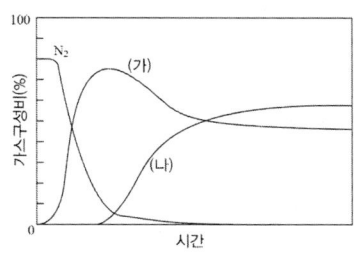

① (가) H_2, (나) CH_4
② (가) CH_4, (나) CO_2
③ (가) CO_2, (나) CH_4
④ (가) CH_4, (나) H_2

정답 18.① 19.② 20.④ 21.② 22.③

23 매립지에서의 물 수지(water balance)를 고려하여 침출수량을 추정하고자 한다. 강수량을 P, 폐기물 함유수량을 W, 증발산량을 ET, 유출(run-off)량을 R로 표시하고, 기타항을 무시할 때, 침출수량을 나타내는 식은?

① P - W - ET - R
② W + P - ET + R
③ ET + R + P - W
④ P + W - ET - R

24 연소효율 식으로 옳은 것은?
(단, $\eta(\%)$: 연소효율, H_i : 저위발열량, L_c : 미연소 손실, L_i : 불완전연소 손실)

① $\eta(\%) = \dfrac{H_i + (L_c - L_i)}{H_i} \times 100$

② $\eta(\%) = \dfrac{H_i - (L_c + L_i)}{H_i} \times 100$

③ $\eta(\%) = \dfrac{(L_c + L_i) - H_i}{H_i} \times 100$

④ $\eta(\%) = \dfrac{(L_c - L_i) - H_i}{H_i} \times 100$

25 호기성 퇴비화 공정 설계인자에 대한 설명으로 틀린 것은?

① 퇴비화에 적당한 수분함량은 50~60%로 40% 이하가 되면 분해율이 감소한다.
② 온도는 55~60℃로 유지시켜야 하며 70℃ 넘어서면 공기공급량을 증가시켜 온도를 적정하게 조절한다.
③ C/N비가 20 이하이면 질소가 암모니아로 변하여 pH를 증가시켜 악취를 유발시킨다.
④ 산소 요구량은 체적당 20~30%의 산소를 공급하는 것이 좋다.

해설 호기성 미생물의 대사에 필요한 산소는 5~15%가 요구되며, 공기의 채널링현상(덩어리지는 현상)을 방지하기 위하여 규칙적으로 교반하거나 뒤집어 주어야 한다.

26 매립지의 침출수를 혐기성 처리하고자 할 때 장점이 아닌 것은?

① 슬러지 처리 배용이 적어진다.
② 온도에 대한 영향이 거의 없다.
③ 고농도의 침출수를 희석 없이 처리할 수 있다.
④ 난분해성 물질이 함유된 침출수 처리에 효과적이다.

해설 온도는 35~37℃에서 효율적이다.

27 대표 화학적 조성이 $C_7H_{10}O_5N_2$인 폐기물의 C/N 비는?

① 2   ② 3
③ 4   ④ 5

해설 $\dfrac{C}{N} = \dfrac{12 \times 7}{14 \times 2} = 3$

28 토양증기추출법(SVE)에 대한 설명으로 옳지 않은 것은?

① 생물학적 처리효율을 높여준다.
② 오염물질의 독성은 변화가 없다.
③ 총 처리시간을 예측하기가 용이하다.
④ 추출된 기체는 대기오염방지를 위해 후처리가 필요하다.

해설 총 처리시간을 예측하기가 어렵다.

정답 23.④ 24.② 25.④ 26.② 27.② 28.③

29 매립지에서 발생하는 메탄가스는 온실가스로 이산화탄소에 비하여 약 21배의 지구온난화 효과가 있는 것으로 알려져 있어 매립지에서 발생하는 메탄가스를 메탄산화세균을 이용하여 처리하고자 한다. 메탄산화세균에 의한 메탄처리와 관련한 설명 중 틀린 것은?

① 메탄산화세균은 혐기성 미생물이다.
② 메탄산화세균은 자가영양미생물이다.
③ 메탄산화세균은 주로 복토층 부근에서 많이 발견된다.
④ 메탄은 메탄산화세균에 의해 산화되며 이산화탄소로 바뀐다.

해설 메탄산화세균은 호기성 미생물이다.

30 폐기물을 중간처리(소각처리)하는 과정에서 얻어지는 결과로 가장 거리가 먼 것은?

① 대체에너지화
② 폐기물 감량화
③ 유독물질 안정화
④ 대기오염 방지화

해설 배가스 중 오염물질이 발생한다.

31 아주 적은 양의 유기성 오염물질도 지하수의 산소를 고갈시킬 수 있기 때문에 생물학적 In-situ정화에서는 인위적으로 지하수에 산소를 공급하여야 한다. 이와 같은 산소부족을 해결할 수 있는 대안 공급물질로 가장 적절한 것은?

① 과산화수소 ② 이산화탄소
③ 에탄올   ④ 인산염

해설 산소를 대신하여 H_2O_2를 공급한다.

32 다음 물질을 같은 조건하에서 혐기성 처리를 할 때 슬러지 생산량이 가장 많은 것은?

① Lipid   ② Protein
③ Amino acid   ④ Carbohydrate

해설 슬러지 생산량이 가장 많은 것은 탄수화물이다.

33 점토의 수분함량 지표인 소성지수, 액성한계, 소성한계의 관계로 옳은 것은?

① 소성지수 = 액성한계 - 소성한계
② 소성지수 = 액성한계 + 소성한계
③ 소성지수 = 액성한계 / 소성한계
④ 소성지수 = 소성한계 / 액성한계

해설
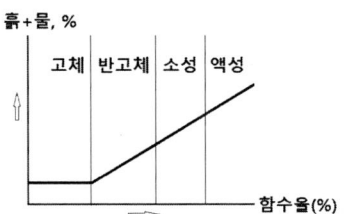

34 매립쓰레기의 혐기성 분해과정을 나타낸 반응식이 아래와 같을 때, 발생가스 중 메탄함유율(발생량 부피%)을 구하는 식(ⓒ)으로 옳은 것은?

$$C_aH_bO_cN_d + (\text{㉠})H_2O \rightarrow (\text{㉡})CO_2 + (\text{㉢})CH_4 + (\text{㉣})NH_3$$

① $\dfrac{(4a+b+2c+3d)}{8}$

② $\dfrac{(4a-2b-2c+3d)}{8}$

③ $\dfrac{(4a+b-2c-3d)}{8}$

④ $\dfrac{(4a+2b-2c-3d)}{8}$

정답 29.① 30.④ 31.① 32.④ 33.① 34.③

35 일반적으로 매립장 침출수 생성에 가장 큰 영향을 미치는 인자는?

① 쓰레기의 함수율
② 지하수의 유입
③ 표토를 침투하는 강수
④ 쓰레기 분해과정에서 발생하는 발생수

36 시멘트를 이용한 유해폐기물 고화처리 시 압축강도, 투수계수, 물·시멘트비(water/cement ratio)사이의 관계를 바르게 설명한 것은?

① 물/시멘트비는 투수계수에 영향을 주지 않는다.
② 압축강도와 투수계수 사이는 정비례한다.
③ 물/시멘트비가 낮으면 투수계수는 증가한다.
④ 물/시멘트비가 높으면 압축강도는 낮아진다.

37 매립지 가스에 의한 환경영향이라 볼 수 없는 것은?

① 화재와 폭발
② VOC 용해로 인한 지하수 오염
③ 충분한 산소제공으로 인한 식물 성장
④ 매립가스 내 VOC 함유로 인한 건강위해

38 완전히 건조된 고형분의 비중이 1.30이며, 건조 이전의 슬러지 내 고형분 함량이 42%일 때 건조 이전 슬러지 케익의 비중은?

① 1.042　　② 1.107
③ 1.132　　④ 1.163

해설
$$\frac{1}{\rho_{SL}} = \frac{W_{TS}}{\rho_{TS}} + \frac{W_P}{\rho_P}$$
$$\frac{1}{\rho_{SL}} = \frac{0.42}{1.3} + \frac{0.58}{1.0} \quad \therefore \rho_{SL} = 1.11$$

39 수분이 90%인 젖은슬러지를 건조시켜 수분이 20%인 건조슬러지로 만들고자 한다. 젖은슬러지 kg당 생산되는 건조슬러지의 양(kg)은?

① 0.1　　② 0.125
③ 0.25　　④ 0.5

해설
처음고형물=나중고형물
$1kg \times 0.1 = x \times 0.8 \quad \therefore x = 0.125 kg$

40 분뇨처리 최종생성물의 요구조건으로 가장 거리가 먼 것은?

① 위생적으로 안전할 것
② 생화학적으로 분해가 가능할 것
③ 최종생성물의 감량화를 기할 것
④ 공중에 혐오감을 주지 않을 것

3과목　폐기물소각 및 열회수

41 폐수처리 슬러지를 연소하기 위한 전처리에 대한 설명 중 틀린 것은?

① 수분을 제거하고 고형물의 농도를 낮춘다.
② 통상적인 탈수 케이크보다 더 높은 탈수 케이크를 만드는 것이 필요하다.
③ 탈수 효율이 낮을수록 연소로에서는 더 많은 연료가 필요하게 된다.
④ 탈수가 효율적으로 수행되면 연료비가

정답　35.③　36.④　37.③　38.②　39.②　40.②　41.①

향상되어 최대 슬러지의 처리용량을 얻을 수 있다.

해설 수분을 제거하고 고형물의 농도를 높인다.

42 연소실과 열부하에 대한 설명 중 옳은 것은?

① 열부하는 설계된 연소실 체적의 적절함을 판단하는 기준이 된다.
② 폐기물의 고위발열량을 기준으로 산정한다.
③ 열부하가 너무 작으면 미연분, 다이옥신 등이 발생한다.
④ 연소실 설계 시 회분(batch) 연소식은 연속 연소식에 비해 열부하를 크게 하여 설계한다.

43 액화분무소각로(Liquid Injection Incinerator)의 특징으로 가장 거리가 먼 것은?

① 광범위한 종류의 액상폐기물 소각에 이용가능하다.
② 구동장치가 없어 고장이 적다.
③ 소각재의 처리설비가 필요 없다.
④ 충분한 연소로 로 내 내화물의 파손이 적다.

44 유동층 소각로의 장점으로 거리가 먼 것은?

① 가스의 온도가 낮고 과잉공기량이 적어 NOx도 적게 배출된다.
② 로 내 온도의 자동제어와 열 회수가 용이하다.
③ 로 내 내축열량이 높아 투입이나 유동화를 위한 파쇄가 필요 없다.
④ 연소효율이 높아 미연소분의 배출이 적고 2차 연소실이 불필요하다.

해설 투입이나 유동화를 위해 파쇄가 필요한 단점이 있다.

45 에틸렌(C_2H_4)의 고위발열량이 15280kcal/Sm^3이라면 저위발열량(kcal/Sm^3)은?

① 14320　　② 14680
③ 14800　　④ 14920

해설

$C_2H_4 + 3O_2 \rightarrow 2CO_2 + 2H_2O$

$H_l(kcal/Sm^3) = H_h - 480\sum H_2O$

$= 15280 - 480\sum 2 = 14320 kcal/Sm^3$

46 소각로에서 폐기물의 이송방향과 연소가스의 흐름방향이 같은 형식의 구조는?

① 향류식　　② 중간류식
③ 교류식　　④ 병류식

47 열분해 공정에 대한 설명으로 가장 거리가 먼 것은?

① 산소가 없는 상태에서 열에 의해 유기성 물질을 분해와 응축반응을 거쳐 기체, 액체, 고체상 물질로 분리한다.
② 가스상 주요 생성물로는 수소, 메탄, 일산화탄소 그리고 대상물질 특성에 따른 가스성분들이 있다.
③ 수분함량이 높은 폐기물의 경우에 열분해 효율 저하와 에너지 소비량 증가 문제를 일으킨다.
④ 연소 가스화 공정이 높은 흡열반응인데 비하여 열분해 공정은 외부 열원이 필요한 발열반응이다.

해설 연소가 고도의 발열반응임에 비해 열분해는 고도의 흡열반응이다.

정답 42.① 43.④ 44.③ 45.① 46.④ 47.④

48 부탄 1000kg을 기화시켜 15Nm³/h의 속도로 연소시킬 때, 부탄이 전부 연소되는 데 필요한 시간(h)은? (단, 부탄은 전량 기화된다고 가정한다.)

① 13　　② 17
③ 26　　④ 34

해설
$C_4H_{10} + 6.5O_2 \rightarrow 4CO_2 + 5H_2O$
$58kg \quad : \quad 22.4Sm^3$
$1000kg \quad : \quad x \qquad \therefore x = 386.2Sm^3$

$\dfrac{386.2Sm^3}{15Nm^3/hr} = 25.7hr$

49 주성분이 $C_{10}H_{17}O_6N$인 슬러지 폐기물을 소각처리 하고자 한다. 폐기물 5kg 소각에 이론적으로 필요한 산소의 질량(kg)은?

① 21　　② 26
③ 32　　④ 38

해설
$C_{10}H_{17}O_6N + 11.25O_2 \rightarrow 10CO_2 + 8.5H_2O + 0.5N_2$
$247kg \quad : \quad 11.25 \times 32kg$
$5kg \quad : \quad x \qquad \therefore x = 7.28kg$

$\therefore A_o = \dfrac{O_o(kg)}{0.23} = \dfrac{7.28\,kg}{0.23} = 31.68kg$

50 폐기물 열분해 시 생성되는 물질로 가장 거리가 먼 것은?

① char/tar　　② 방향성 물질
③ 식초산　　　④ NOx

해설 열분해 장치는 폐기물에 산소의 공급 없이 가열하여 가스, 액체 및 고체의 3성분으로 분리하는 방법으로 NO_x 발생량이 적다.

51 아래의 설명에 부합하는 복토방법은?

> 굴착하기 어려운 곳에서 폐기물을 위생매립 하기 위한 방법으로 구릉지 등에 폐기물을 살포시키고 다진 후에 복토하는 방법을 말하며, 복토할 흙을 타지(인근)에서 가져와 복토를 진행한다.

① 도랑매립법　② 평지매립법
③ 경사매립법　④ 개량매립법

52 연소실의 온도는 850℃ 이상을 유지하면서 연소가스의 체류시간은 2초 이상을 유지하는 것이 좋다고 한다. 그 이유가 아닌 것은?

① 완전연소를 시키기 위해서
② 화격자의 온도를 높이기 위해서
③ 연소가스온도를 균일하게 하기 위해서
④ 다이옥신 등 유해가스를 분해하기 위해서

53 연소과정에서 발생하는 질소산화물 중 Fuel NOx 저감 효과가 가장 높은 방법은?

① 연소실에 수증기를 주입한다.
② 이단연소에 의해 연소시킨다.
③ 연소실 내 산소 농도를 낮게 유지한다.
④ 연소용 공기의 예열온도를 낮게 유지한다.

해설 Thermal NO_x는 Fuel NO_x와 함께 연소 시 발생하는 대표적인 질소산화물로 연소를 위하여 주입되는 공기 중 질소가 고온에서 산화되어 생성된다.

54 배연탈황법에 대한 설명으로 가장 거리가 먼 것은?

① 활성탄 흡착법에서 SO_2는 활성탄 표면에서 산화된 후 수증기와 반응하여 황산으로 고정된다.
② 수산화나트륨용액 흡수법에서는 탄산나트륨의 생성을 억제하기 위해 흡수액의 pH를 7로 조정한다.
③ 활성산화망간은 상온에서 SO_2 및 O_2와 반응하여 황산망간을 생성한다.
④ 석회석 슬러리를 이용한 흡수법은 탈황률의 유지 및 스케일 형성을 방지하기 위해 흡수액의 pH를 6으로 조정한다.

해설 황산화물을 제거하기 위한 방법에는 활성망간 등의 금속산화물에 의한 흡착탈황, 방사선 등의 전자선 조사에 의한 탈황, 석회흡수법 등이 있다.

55 소각로나 보일러에서 열정산 시 출열(出熱)항목에 포함되지 않는 것은?

① 축열 손실 ② 방열 손실
③ 배기 손실 ④ 증기 손실

56 폐열보일러에 1200℃인 연소배가스가 $10Sm^3/kg \cdot h$의 속도로 공급되어 200℃로 냉각될 때, 보일러 냉각수가 흡수한 열량($kcal/kg \cdot h$)은?

(단, 보일러 내의 열손실은 없으며, 배가스의 평균정압비열은 $1.2kcal/Sm^3 \cdot ℃$으로 가정한다.)

① 1.2×10^4 ② 1.6×10^4
③ 2.2×10^4 ④ 2.6×10^4

해설
$(1200-200℃) \times 10Sm^3/kg.h \times 1.2kcal/Sm^3.℃$
$= 1.2 \times 10^4$

57 소각로의 연소효율을 향상시키는 대책으로 틀린 것은?

① 간헐운전 시 전열효율 향상에 의한 승온시간 연장
② 열작감량을 적게 하여 완전연소화
③ 복사전열에 의한 방열손실 감소
④ 최종 배출가스 온도 저감 도모

해설 배기가스 재순환에 의한 전열효율 향상과 최종 배출가스 온도 저감

58 저위발열량이 $9000kcal/Sm^3$인 가스연료의 이론연소온도(℃)는?
(단, 이론연소가스량은 $10Sm^3/Sm^3$, 기준온도는 15℃, 연료연소가스의 정압비열은 $0.35kcal/Sm^3 \cdot ℃$로 한다.)

① 1008 ② 1293
③ 2015 ④ 2586

해설 $t_2 = \dfrac{H_l}{G_o C_p} + t_1$

$t_2 = \dfrac{9000kcal/Sm^3}{10.Sm^3/Sm^3 \times 0.35kcal/Sm^3.℃} + 15℃$

$= 2586$

59 폐기물별 발열량을 짝지어 놓은 것 중 틀린 것은?(단, 단위는 kcal/kg이다.)

① 플라스틱 : 5000~11000
② 도시폐기물 : 1000~4000
③ 하수슬러지 : 2000~3500
④ 열분해생성가스 : 12000~15000

해설 문제 상이, 도시폐기물은 1000~2000 kcal/kg, 혐기성소화 공정을 거치지 않은 양호한 생 슬러지는 7000 kcal/kg이상, 플라스틱의 열분해 생성가스는 12000 kcal/kg 정도로 알려져 있다.

정답 54.③ 55.④ 56.① 57.① 58.④ 59.④

60 다음 기체를 각각 1Sm³씩 연소하는데 필요한 산소량이 가장 많은 것은?(단, 동일 조건임)

① C_2H_6 ② C_3H_8
③ CO ④ H_2

해설
$C_2H_6 + 3.5O_2 \rightarrow 2CO_2 + 3H_2O$
$C_3H_8 + 5O_2 \rightarrow 3CO_2 + 4H_2O$
$CO + \frac{1}{2}O_2 \rightarrow CO_2$
$H_2 + \frac{1}{2}O_2 \rightarrow H_2O$

4과목 폐기물공정시험기준(방법)

61 기체크로마토그래피의 장치구성의 순서로 옳은 것은?

① 운반가스 - 유량계 - 시료도입부 - 분리관 - 검출기 - 기록부
② 운반가스 - 시료도입부 - 유량계 - 분리관 - 검출기 - 기록부
③ 운반가스 - 유량계 - 시료도입부 - 광원부 - 검출기 - 기록부
④ 운반가스 - 시료도입부 - 유량계 - 광원부 - 검출기 - 기록부

62 용출시험방법의 용출조작에 관한 내용으로 (   )에 옳은 내용은?

> 시료 용액의 조제가 끝난 혼합액을 상온, 상압에서 진탕 횟수가 매분 당 약 200회, 진폭이 4~5cm의 진탕기를 사용하여 6시간 연속 진탕한 다음 1.0µm의 유리섬유 여과지로 여과하고 여과액을 적당량 취하여 용출 실험용 시료 용액으로 한다. 다만, 여과가 어려운 경우 원심분리기를 사용하여 매분당 (   ) 원심분리한 다음 상징액을 적당량 취하여 용출 실험용 시료 용액으로 한다.

① 2000회전 이상으로 20분 이상
② 2000회전 이상으로 30분 이상
③ 3000회전 이상으로 20분 이상
④ 3000회전 이상으로 30분 이상

63 다음 중 농도가 가장 낮은 것은?

① 수산화나트륨(1→10)
② 수산화나트륨(1→20)
③ 수산화나트륨(5→100)
④ 수산화나트륨(3→100)

해설 용액의 농도를(1→10으로 표시하는 것은 고체성분에 있어서 1g을, 액체성분에 있어서는 1mL를 용매에 녹여 전체 양을 10mL로 한다.
① 수산화나트륨(1→10) : 0.1g/mL
② 수산화나트륨(1→20) : 0.05g/mL
③ 수산화나트륨(5→100) : 0.05g/mL
④ 수산화나트륨(3→100) : 0.03g/mL

64 폐기물시료의 강열감량을 측정한 결과가 다음과 같을 때 해당시료의 강열감량(%)은? (단 도가니의 무게(w_1) = 51.045g, 강열 전 도가니와 시료의 무게(w_2) = 92.345g, 강열 후 도가니와 시료의 무게(w_3) = 53.125g)

① 약 93   ② 약 95
③ 약 97   ④ 약 99

해설 강열감량(%)
$= \left(\dfrac{92.345g - 53.125g}{92.345g - 51.045g} \right) \times 100 = 95\%$

65 구리(자외선/가시선 분광법 기준) 측정에 관한 내용으로 ( )에 옳은 내용은?

> 폐기물 중에 구리를 자외선/가시선 분광법으로 측정하는 방법으로 시료 중에 구리이온이 알칼리성에서 다이에틸다이티오카르바민산나트륨과 반응하여 생성하는 황갈색의 킬레이트 화합물을 ( )(으)로 추출하여 흡광도를 440nm에서 측정하는 방법이다.

① 아세트산부틸   ② 사염화탄소
③ 벤젠   ④ 노말헥산

66 용매추출 후 기체크로마토그래피를 이용하여 휘발성 저급염소화 탄산수소류 분석 시 가장 적합한 물질은?

① Dioxin
② Polychlorinated biphenyls
③ Trichloroethylene
④ Polyvinylchloride

67 음식물 폐기물의 수분을 측정하기 위해 실험하였더니 다음과 같은 결과를 얻었을 때 수분(%)은? (단, 건조 전 시료의 무게 = 50g, 증발접시의 무게 = 7.25g, 증발접시 및 시료의 건조 후 무게 = 15.75g)

① 87   ② 83
③ 78   ④ 74

해설 $\dfrac{50g - (15.75 - 7.25g)}{50g} \times 100 = 83\%$

68 pH 표준용액 조제에 관한 설명으로 옳지 않은 것은?

① 조제한 pH 표준용액은 경질유리병 또는 폴리에틸렌병에 보관한다.
② 염기성 표준용액은 산화칼슘 흡수관을 부착하여 1개월 이내에 사용한다.
③ 현재 국내외에 상품화되어 있는 표준용액을 사용할 수 있다.
④ pH 표준용액용 정제수는 묽은 염산을 주입한 후 증류하여 사용한다.

해설 조제한 pH 표준용액은 경질유리병 또는 폴리에틸렌병에 보관하며, 보통 산성표준용액은 3개월, 염기성 표준용액은 산화칼슘(생석회) 흡수관을 부착하여 1개월 이내에 사용하며, 현재 국내외에 상품화되어 있는 표준용액을 사용할 수 있다. pH 표준용액의 조제에 사용되는 물은 정제수를 증류하여 그 유출용액을 15분 이상 끓여 이산화탄소를 날려보내고 생석회 흡수관을 달아 식힌 다음 사용한다.

69 시료의 조제방법으로 옳지 않은 것은?

① 돌멩이 등의 이물질을 제거하고, 입경이 5mm 이상인 것은 분쇄하여 체로 거른 후 입경이 0.5~5mm로 한다.
② 시료의 축소방법으로는 구획법, 교호삽법, 원추4분법이 있다.
③ 원추4분법을 3회 시행하면 원래 양의

1/3이 된다.
④ 시료의 분할 채취 방법에 따라 시료의 조성을 균일화 한다.

해설 1000g의 시료에 대하여 원추4분법을 3회 조작하면, $1000g \times (\frac{1}{2})^3 = 125g$

70 유기인화합물 및 유기질소화합물을 선택적으로 검출할 수 있는 기체크로마토그래피 검출기는?

① TCD
② FID
③ ECD
④ FPD

해설 불꽃광도형 검출기(FPD)

71 자외선/가시선 분광법으로 시안을 분석할 때 간섭물질을 제거하는 방법으로 옳지 않은 것은?

① 시안화합물을 측정할 때 방해물질들은 증류하면 대부분 제거된다. 그러나 다량의 지방성분, 잔류염소, 황화합물은 시안화합물을 분석할 때 간섭할 수 있다.
② 황화합물이 함유된 시료는 아세트산아연용액(10W/V %) 2mL를 넣어 제거한다.
③ 다량의 지방성분을 함유한 시료는 아세트산 또는 수산화나트륨 용액으로 pH 6~7로 조절한 후 노말헥산 또는 클로로폼을 넣어 추출하여 수층은 버리고 유기물층을 분리하여 사용한다.
④ 잔류염소가 함유된 시료는 잔류염소 20mg 당 L-아스코빈산(10W/V%) 0.6mL 또는 이산화비소산나트륨용액(10W/V%) 0.7mL를 넣어 제거한다.

해설 이온전극법을 이용한 시안측정에서, 다량의 지방성분을 함유한 시료는 아세트산 또는 수산화나트륨 용액으로 pH 6~7로 조절한 후 노말헥산 또는 클로로폼을 넣어 추출하여 수층은 버리고 유기물층을 분리하여 사용한다.

72 유리전극법을 이용하여 수소이온농도를 측정할 때 적용범위 기준으로 옳은 것은?

① pH를 0.01까지 측정한다.
② pH를 0.05까지 측정한다.
③ pH를 0.1까지 측정한다.
④ pH를 0.5까지 측정한다.

73 다음의 실험 총칙에 관한 내용 중 틀린 것은?

① 연속측정 또는 현장측정의 목적으로 사용하는 측정기기는 공정시험기준에 의한 측정치와의 정확한 보정을 행한 후 사용할 수 있다.
② 분석용 저울은 0.1mg까지 달 수 있는 것이어야 하면 분석용 저울 및 분동은 국가 검정을 필한 것을 사용하여야 한다.
③ 공정시험기준에 각 항목의 분석에 사용되는 표준물질은 특급시약으로 제조하여야 한다.
④ 시험에 사용하는 시약은 따로 규정이 없는 한 1급 이상의 시약 또는 동등한 규격의 시약을 사용하여 각 시험항목별 '시약 및 표준용액'에 따라 조제하여야 한다.

해설 공정시험기준에서 각 항목의 분석에 사용되는 표준물질은 국가표준에 소급성이 인증된 인증표준물질을 사용한다.

정답 70.④ 71.③ 72.① 73.③

74 단색광이 임의의 시료용액을 통과할 때 그 빛의 80%가 흡수되었다면 흡광도는?

① 약 0.5   ② 약 0.6
③ 약 0.7   ④ 약 0.8

해설 흡광도(A)
$= \log \dfrac{1}{투과도} = \log \dfrac{1}{0.20} = 0.70$

75 노말헥산 추출물질을 측정하기 위해 시료 30g을 사용하여 공정시험기준에 따라 실험하였다. 실험전후의 증발용기의 무게 차는 0.0176g 이고 바탕 실험전후의 증발용기의 무게 차가 0.0011g이었다면 이를 적용하여 계산된 노말헥산 추출물질(%)은?

① 0.035   ② 0.055
③ 0.075   ④ 0.095

해설 노말헥산 추출물질(%) $= (a-b) \times \dfrac{100}{V}$

$(0.0176g - 0.0011g) \times \dfrac{100}{30g} = 0.055\%$

76 용출시험방법에 관한 설명으로 ( )에 옳은 내용은?

> 시료의 조제방법에 따라 조제한 시료 100g 이상을 정확히 달아 정제수에 염산을 넣어 (   )(으)로 한 용매(mL)를 시료 : 용매 = 1:10(W:V)의 비로 2000mL 삼각플라스크에 넣어 혼합한다.

① pH 4 이하   ② pH 4.3~5.8
③ pH 5.8~6.3   ④ pH 6.3~7.2

77 PCBs(기체크로마토그래피-질량분석법) 분석 시 PCBs 정량한계(mg/L)는?

① 0.001   ② 0.05
③ 0.1   ④ 1.0

78 석면(X선 회절기법) 측정을 위한 분석절차 중 시료의 균일화에 관한 내용(기준)으로 ( )에 옳은 것은?

> 정성분석용 시료의 입자크기는 ( )μm 이하로 분쇄를 한다.

① 0.1   ② 1.0
③ 10   ④ 100

79 용출시험방법의 적용에 관한 사항으로 (   )에 옳은 내용은?

> ( )에 대하여 폐기물관리법에서 규정하고 있는 지정폐기물의 판정 및 지정폐기물의 중간처리 방법 또는 매립 방법을 결정하기 위한 실험에 적용한다.

① 수거 폐기물
② 고상 폐기물
③ 일반 폐기물
④ 고상 및 반고상 폐기물

80 자외선/가시선 분광법에서 램버어트 비어의 법칙을 올바르게 나타내는 식은?

(단, I_o= 입사강도, I_t = 투과강도, ℓ = 셀의 두께, ε = 상수, C = 농도)

① $I_t = I_o 10^{-\varepsilon C \ell}$ ② $I_o = I_t 10^{-\varepsilon C \ell}$
③ $I_t = C I_o 10^{-\varepsilon \ell}$ ④ $I_o = \ell I_t 10^{-\varepsilon C}$

정답 74.③ 75.② 76.③ 77.④ 78.④ 79.④ 80.①

5과목　폐기물관계법규

81 폐기물처리시설 주변지역 영향조사 기준에 관한 내용으로 ( )에 알맞은 것은?

> 미세먼지 및 다이옥신 조사지점은 해당 시설에 인접한 주거지역 중 ( )이상 지역의 일정한 곳으로 한다.

① 2개소　② 3개소
③ 4개소　④ 6개소

82 폐기물처리업의 허가를 받을 수 없는 자에 대한 기준으로 틀린 것은?

① 폐기물처리업의 허가가 취소된 자로서 그 허가가 취소된 날부터 10년이 지나지 아니한 자
② 파산선고를 받고 복권되지 아니한 자
③ 폐기물관리법을 위반하여 금고 이상의 형의 집행유예를 선고받고 그 집행유예 기간이 끝난 날부터 5년이 지나지 아니한 자
④ 폐기물관리법 외의 법을 위반하여 금고 이상의 형을 선고받고 그 형의 집행이 끝난 날부터 2년이 지나지 아니한 자

　해설　폐기물관리법을 위반하여 징역 이상의 형을 선고받고 그 형의 집행이 끝나거나 집행을 받지 아니하기로 확정된 후 2년이 지나지 아니한 자

83 의료폐기물을 제외한 지정폐기물의 수집·운반에 관한 기준 및 방법으로 적합하지 않은 것은?

① 분진·폐농약·폐석면 중 알갱이 상태의 것은 흩날리지 아니하도록 폴리에틸렌이나 이와 비슷한 재질의 포대에 담아 수집·운반 하여야 한다.
② 액체상태의 지정폐기물을 수집·운반하는 경우에는 흘러나올 우려가 없는 전용의 탱크·용기·파이프 또는 이와 비슷한 설비를 사용하고, 혼합이나 유동으로 생기는 위험이 없도록 하여야 한다.
③ 지정폐기물 수집·운반차량(임시로 사용하는 운반차량을 포함)은 차체를 흰색으로 도색하여야 한다.
④ 지정폐기물의 수집·운반차량 적재함의 양쪽 옆면에는 지정폐기물 수집·운반차량, 회사명 및 전화번호를 잘 알아 볼 수 있도록 붙이거나 표기하여야 한다.

　해설　지정폐기물(의료폐기물 제외) 수집·운반차량의 차체는 노란색으로 색칠하여야 한다.

84 주변지역 영향 조사대상 폐기물처리시설에서 폐기물처리업자 설치·운영하는 사업장 지정폐기물 매립시설의 매립면적에 대한 기준으로 옳은 것은?

① 매립면적 1만 제곱미터 이상
② 매립면적 2만 제곱미터 이상
③ 매립면적 3만 제곱미터 이상
④ 매립면적 5만 제곱미터 이상

정답　81.②　82.④　83.③　84.①

85 국가환경종합계획의 수립 주기로 옳은 것은?

① 5년　　② 10년
③ 15년　　④ 20년

86 폐기물처리 신고를 하고 폐기물을 재활용할 수 있는 자에 관한 기준으로 (　)에 알맞은 것은?

> 유기성 오니나 음식물류 폐기물을 이용하여 지렁이 분변토를 만드는 자 중 재활용용량이 1일 (　) 미만인 자

① 1톤　　② 3톤
③ 5톤　　④ 10톤

87 폐기물 중간처분시설에 관한 설명으로 옳지 않은 것은?

① 용융시설(동력 7.5kW 이상인 시설로 한정한다.)
② 압축시설(동력 7.5kW 이상인 시설로 한정한다.)
③ 파쇄·분쇄 시설(동력 7.5kW 이상인 시설로 한정한다.)
④ 절단시설(동력 7.5kW 이상인 시설로 한정한다.)

> **해설** 시행령[별표3], 파쇄·분쇄 시설(동력 20마력 이상인 시설로 한정한다)

88 위해의료폐기물 중 손상성폐기물과 거리가 먼 것은?

① 일회용 주사기　　② 수술용 칼날
③ 봉합바늘　　　　④ 한방침

> **해설** 손상성폐기물 : 주사바늘, 봉합바늘, 수술용 칼날, 한방침, 치과용침, 파손된 유리재질의 시험기구

89 기술관리인을 두어야 할 폐기물처리시설이 아닌 것은?

① 시간당 처분능력이 120킬로그램인 의료폐기물 대상 소각시설
② 면적이 4천 제곱미터인 지정폐기물 매립시설
③ 절단시설로서 1일 처분능력이 200톤인 시설
④ 연료화시설로서 1일 처분능력이 7톤인 시설

> **해설** 소각시설로서 시간당 처분능력이 600킬로그램(의료폐기물을 대상으로 하는 소각시설의 경우에는 200킬로그램)이상인 시설

90 과징금 부과에 대한 설명으로 (　)에 알맞은 것은?

> 폐기물을 부정적 처리함으로써 얻은 부적정처리이익의 (　)이하에 해당하는 금액과 폐기물의 제거 및 원상회복에 드는 비용을 과징금으로 부과할 수 있다.

① 1.5배　　② 2배
③ 2.5배　　④ 3배

91 폐기물 발생 억제지침 준수의무 대상 배출자의 업종에 해당하지 않는 것은?

① 금속가공제품 제조업(기계 및 가구 제외)
② 연료제품 제조업(핵연료 제조 제외)
③ 자동차 및 트레일러 제조업
④ 전기장비 제조업

> **해설** 시행령[별표5] 자동차 및 트레일러 제조업, 1차 금속 제조업, 의료, 정밀, 광학기기 및 시계 제조업, 전기장비 제조업 등이 있다.

정답 85.④　86.③　87.③　88.①　89.①　90.④　91.②

92 폐기물관리법에서 사용되는 용어의 정의로 옳지 않은 것은?

① 처분이란 폐기물의 소각·중화·파쇄·고형화 등의 중간처분과 매립하거나 해역으로 배출하는 등의 최종처분을 말한다.
② 폐기물처리시설이란 생산 공정에서 발생하는 폐기물의 양을 줄이고, 사업장 내 재활용을 통하여 폐기물을 최종처분 하는 시설을 말한다.
③ 폐기물이란 쓰레기, 연소재, 오니, 폐유, 폐산, 폐알칼리 및 동물의 사체 등으로서 사람의 생활이나 사업활동에 필요하지 아니하게 된 물질을 말한다.
④ 생활폐기물이란 사업장폐기물 외의 폐기물을 말한다.

해설 폐기물처리시설이란 폐기물의 중간처리시설과 최종처리시설로서 대통령령이 정하는 시설을 말한다.

93 관리형 매립시설에서 발생하는 침출수에 대한 부유물질량의 배출허용기준은? (단, 물환경보전법 시행규칙의 나지역 기준)

① 50mg/L ② 70mg/L
③ 100mg/L ④ 150mg/L

해설 관리형매립시설 침출수의 배출허용기준

구분	생물화학적산소요구량(mg/L)	화학적산소요구량 (mg/L) 중크롬산칼륨에 따른 경우	부유물질량 (mg/L)
청정지역	30	400(90%)	30
가지역	50	600(85%)	50
나지역	70	800(80%)	70

94 액체상태의 것은 고온소각하거나 고온용융 처리하고, 고체상태의 것은 고온소각 또는 고온용융 처리하거나 차단형 매립시설에 매립하여야 하는 것은?

① 폐농약 ② 폐촉매
③ 폐주물사 ④ 광재

95 폐기물처리업 업종구분과 영업내용의 범위를 벗어나는 영업을 한 자에 대한 벌칙 기준은?

① 5년 이하의 징역 또는 5천만원 이하의 벌금
② 3년 이하의 징역 또는 3천만원 이하의 벌금
③ 2년 이하의 징역 또는 2천만원 이하의 벌금
④ 1천만원 이하의 과태료

96 폐기물 처분시설 또는 재활용시설의 설치기준에서 고온소각시설의 설치기준으로 옳지 않은 것은?

① 2차 연소실의 출구온도는 섭씨 1100도 이상이어야 한다.
② 2차 연소실은 연소가스가 2초 이상 체류할 수 있고 충분하게 혼합될 수 있는 구조이어야 한다.
③ 배출되는 바닥재의 강열감량이 3퍼센트 이하가 될 수 있는 소각 성능을 갖추어야 한다.
④ 1차 연소실에 접속된 2차 연소실을 갖춘 구조이어야 한다.

해설 강열감량이란 강한 열에 의하여 감소되는 폐기물량으로써 5%이하로 유지한다.

정답 92.② 93.② 94.① 95.③ 96.③

97 지정폐기물의 종류 중 유해물질함유 폐기물로 옳은 것은? (단, 환경부령으로 정하는 물질을 함유한 것으로 한정한다.)

① 광재(철광 원석의 사용으로 인한 고로 슬래그를 포함한다.)
② 폐흡착제 및 폐흡수제(광물유·동물유의 정제에 사용된 폐토사는 제외한다.)
③ 분진(소각시설에서 발생되는 것으로 한정하되, 대기오염 방지시설에서 포집된 것은 제외한다.)
④ 폐내화물 및 재벌구이 전에 유약을 바른 도자기 조각

> **해설** ① 광재(철광 원석의 사용으로 인한 고로슬래그는 제외한다.)
> ② 폐흡착제 및 폐흡수제(광물유·동물유 및 식물유의 정제에 사용된 폐토사를 포함한다.)
> ③ 분진(대기오염 방지시설에서 포집된 것으로 한정하되, 소각시설에서 발생되는 것은 제외한다.)

98 사업장폐기물을 배출하는 사업자가 지켜야 할 사항에 대한 설명으로 옳지 않은 것은?

① 사업장에서 발생하는 폐기물 중 유해물질의 함유량에 따라 지정폐기물로 분류될 수 있는 폐기물에 대해서는 폐기물분석전문기관에 의뢰하여 지정폐기물에 해당되는지를 미리 확인하여야 한다.
② 사업장에서 발생하는 모든 폐기물을 폐기물의 처리 기준과 방법 및 폐기물의 재활용 원칙 및 준수사항에 적합하게 처리하여야 한다.
③ 생산 공정에서는 폐기물감량화시설의 설치, 기술개발 및 재활용 등의 방법으로 사업장 폐기물의 발생을 최대한으로 억제하여야 한다.
④ 사업장폐기물배출자는 발생된 폐기물을 최대한 신속하게 직접 처리하여야 한다.

> **해설** 사업장일반폐기물배출자는 그의 사업장에서 발생하는 폐기물을 보관이 시작되는 날부터 90일, 지정폐기물은 60일을 초과하여 보관하여서는 아니 된다.

99 폐기물 관리의 기본원칙과 거리가 먼 것은?

① 폐기물은 중간처리보다는 소각 및 매립의 최종처리를 우선하여 비용과 유해성을 최소화 하여야 한다.
② 폐기물로 인하여 환경오염을 일으킨 자는 오염된 환경을 복원할 책임을 지며, 오염으로 인한 피해의 구제에 드는 비용을 부담하여야 한다.
③ 국내에서 발생한 폐기물은 가능하면 국내에서 처리되어야 하고, 폐기물의 수입은 되도록 억제되어야 한다.
④ 누구든지 폐기물을 배출하는 경우에는 주변 환경이나 주민의 건강에 위해를 끼치지 아니하도록 사전에 적절한 조치를 하여야 한다.

> **해설** 폐기물은 소각, 매립 등의 처분을 하기보다는 우선적으로 재활용함으로써 자원생산성의 향상에 이바지하도록 하여야 한다.

100 폐기물 처분시설 또는 재활용시설 중 의료폐기물을 대상으로 하는 시설의 기술관리인 자격기준에 해당하지 않는 자격은?

① 수질환경산업기사
② 폐기물처리산업기사
③ 임상병리사
④ 위생사

> **해설** 시행규칙[별표14]

2021년 CBT 1회 폐기물처리 산업기사 [3월 2일 시행]

** 본문제는 수험생들의 기억을 바탕으로 작성 된 것으로 실제 문제와 차이가 있을 수 있습니다.

1과목 폐기물개론

01 쓰레기 수송방법 중 가장 위생적인 수송방법은 어느 것인가?
① mono-rail ② conveyer
③ container ④ pipe line

해설 가장 위생적인 수송방법은 관거(pipe line) 수송방식이다.

02 지정폐기물 종류에 관한 설명으로 옳지 않은 것은?
① 폐수처리오니: 환경부령으로 정하는 물질을 함유한 것으로 환경부장관이 고시한 시설에서 발생되는 것으로 한정한다.
② 폐산: 액체상태의 폐기물로서 수소이온 농도지수가 2.0 이하인 것에 한정한다.
③ 폐알칼리: 액체상태의 폐기물로서 수소이온 농도지수가 12.5 이상인 것으로 한정하며 수산화칼륨 및 수산화나트륨을 포함한다.
④ 폐유독물: 환경부령이 정하는 물질 또는 이를 함유한 물질에 한한다.

해설 유해물질함유폐기물은 환경부령이 정하는 물질을 함유한 것에 한한다.

03 사용한 자원 및 에너지, 환경으로 배출되는 환경오염물질을 규명하고 정량화함으로써 한 제품이나 공정에 관련된 환경 부담을 평가하고 그 에너지와 자원, 환경부하 영향을 평가하여, 환경을 개선시킬 수 있는 기회를 규명하는 과정으로 정의되는 것은?
① ESSA ② LCA
③ EPA   ④ TRA

04 다음 고-액 분리 장치가 아닌 것은?
① 관성분리기   ② 원심분리기
③ filter press ④ belt press

해설 관성분리기는 분쇄된 폐기물을 중력이나 탄도학을 이용하여 선별한다.

05 연질플라스틱과 종이류가 혼합된 폐기물을 파쇄하는데 효과적이고, 파쇄속도가 느리고 이물질의 혼입에 대해 취약하지만 파쇄물의 크기를 고르게 절단할 수 있는 파쇄기는?
① 전단파쇄기 ② 충격파쇄기
③ 압축파쇄기 ④ 해머밀

해설 전단파쇄기는 고정칼, 왕복 또는 회전칼의 교합에 의하여 폐기물을 전단한다.

정답 01.④ 02.④ 03.② 04.① 05.①

06 물렁거리는 가벼운 물질로부터 딱딱한 물질을 선별하는 데 이용되며, 경사진 컨베이어를 통해 폐기물을 주입시켜 회전하는 드럼 위에 떨어뜨려 분류하는 선별 방식은?

① Stoners ② Jigs
③ Secators ④ Float Separator

07 쓰레기의 발생량 조사 방법이 아닌 것은?

① 경향법
② 적재차량 계수분석법
③ 직접 계근법
④ 물질 수지법

> 해설 경향법은 쓰레기발생량 예측방법이다.

08 쓰레기의 발생량 조사방법인 직접계근법에 관한 내용으로 가장 거리가 먼 것은?

① 입구에서 쓰레기가 적재되어 있는 차량과 출구에서 쓰레기를 적하한 공차량을 각각 계근하여 그 차이로 쓰레기량을 산출한다.
② 적재차량 계수분석에 비하여 작업량이 적고 간단하다.
③ 비교적 정확한 쓰레기 발생량을 파악할 수 있다.
④ 일정기간동안 특정지역의 쓰레기를 수거한 운반차량을 중간적하장이나 중계처리장에서 직접 계근하는 방법이다.

> 해설 적재차량계수분석법(Load Count)은 특정지역에서 일정기간동안 중간적환장이나 중계처리장에서 수거, 운반되는 차량의 대수를 조사하여 중량으로 산정한다. 수거차량마다 정확한 쓰레기의 밀도 또는 압축정도를 알 수 없어 오차가 발생한다.

09 폐기물발생량이 2000m³/day, 밀도 840 kg/m³일 때, 5톤 트럭으로 운반하려면 1일 필요한 차량 수(대)는?(단, 예비차량 2대 포함, 기타 조건은 고려하지 않음)

① 334 ② 336
③ 338 ④ 340

> 해설 차량대수 $= \dfrac{2000 m^3/day \times 840 kg/m^3}{5000 kg}$
> $= 336대 + 2대 = 338대$

10 쓰레기를 소각한 후 남은 재의 중량은 소각 전 쓰레기 중량의 약 1/30이다. 재의 밀도가 2.5t/m³이고, 재의 용적이 3.3m³이 될 때의 소각 전 원래 쓰레기의 중량은?

① 22.3t ② 23.6t
③ 24.8t ④ 28.6t

> 해설 원래 쓰레기의 중량
> $= 3/1 \times 2.5 t/m^3 \times 3.3 m^3 = 24.75 t$

11 쓰레기발생량 예측방법으로 틀린 것은 어느 것인가?

① 물질수지법 ② 경향예측모델법
③ 다중회귀모델 ④ 동적모사모델

> 해설 물질수지법(Material balance method)은 쓰레기 발생량 조사방법이다.

정답 06.③ 07.① 08.② 09.③ 10.③ 11.①

12 트롬멜 스크린에 관한 설명으로 옳지 않은 것은?

① 스크린의 경사도가 크면 효율이 떨어지고 부하율도 커진다.
② 최적속도는 경험적으로 임계속도×0.45 정도이다.
③ 스크린 중 유지관리상의 문제가 적고, 선별효율이 좋다.
④ 스크린의 경사도는 대개 20~30° 정도이다.

해설 원통형 체의 길이방향 구멍을 다르게 하여 수평보다 5°전후의 경사를 주고 회전시켜 선별한다.

13 쓰레기 선별에 사용되는 직경이 3.2m 인 트롬멜 스크린의 최적속도는?

① 11rpm ② 15rpm
③ 19rpm ④ 24rpm

해설 최적속도(rpm) = 임계속도 × 0.45
임계속도(rpm)

$Nc = \sqrt{\dfrac{g}{4\pi^2 r}} \times 60 = \dfrac{1}{2\pi}\sqrt{\dfrac{g}{r}} \times 60$

$Nc = \dfrac{1}{2\pi}\sqrt{\dfrac{9.8}{1.6}} \times 60$

$= 23.63\, rpm \times 0.45 = 11 rpm$

14 pH 10인 용액 200mL와 pH 8인 용액 50mL 혼합용액의 pH는?

① 4.09 ② 5.0
③ 6.0   ④ 9.91

해설 pH 10의 염기농도는 $10^{-4}M = 10^{-4}N$
pH 8의 염기농도는 $10^{-6}M = 10^{-6}N$

$N = \dfrac{N_1 V_1 + N_2 V_2}{V_1 + V_2}$

$= \dfrac{10^{-4} \times 200 + 10^{-6} \times 50}{200 + 50}$

$= 8.02 \times 10^{-5} N$

$[OH^-] = 8.02 \times 10^{-5} M$

$pOH = -\log[8.02 \times 10^{-5}] = 4.09$

$pH = 14 - 4.09 = 9.91$

15 폐기물의 저위발열량을 폐기물 3성분 조성비를 바탕으로 추정할 때 다음 중 3가지 성분에 포함되지 않는 것은?

① 수분   ② 회분
③ 가연성분 ④ 휘발분

해설 폐기물의 3성분에는 가연성분, 수분, 회분이 있으며, 4성분에는 고정탄소, 휘발분, 수분, 회분이 있다.

16 다음의 쓰레기 수거형태 중 효율이 가장 좋은 것으로 나타난 것은? (단, MHT 기준)

① 문전수거
② 타종수거
③ 대형 쓰레기통 수거
④ 노변수거

해설 문전수거 2.3MHT, 타종수거 0.84MHT, 대형 쓰레기통 수거 1.1MHT

17 1000g의 시료에 대하여 원추4분법을 4회 조작하면 시료는 몇 g이 되는가?

① 31.5 ② 62.5
③ 75.5 ④ 95.5

해설 1000g×1/2×1/2×1/2×1/2=62.5g

18 지정폐기물 종류에 관한 설명으로 옳지 않은 것은?

① 폐수처리오니 : 환경부령으로 정하는 물질을 함유한 것으로 환경부장관이 고시한 시설에서 발생되는 것으로 한정한다.
② 폐산 : 액체상태의 폐기물로서 수소이온 농도지수가 2.0 이하인 것에 한정한다.
③ 폐알칼리 : 액체상태의 폐기물로서 수소이온 농도지수가 12.5 이상인 것으로 한정하며 수산화칼륨 및 수산화나트륨을 포함한다.
④ 폐유독물 : 환경부령이 정하는 물질 또는 이를 함유한 물질에 한한다.

해설 유해물질함유폐기물은 환경부령이 정하는 물질을 함유한 것에 한한다.

19 폐기물의 물리적 조성을 측정하는 방법 중 수분함량을 측정하는 방법은?

① 습량기준으로 시료를 비례 채취하여 수분함량을 측정한다.
② 건량기준으로 시료를 비례 채취하여 수분함량을 측정한다.
③ 재질의 수분흡수능력에 따라 몇 개의 군으로 나누어 수분함량을 각각 측정한 후 습량기준으로 가중평균한다.
④ 재질의 수분흡수능력에 따라 몇 개의 군으로 나누어 수분함량을 각각 측정한 후 건량기준으로 가중평균한다.

20 폐기물의 평균 저위발열량은?(단, 도표내의 백분율은 중량백분율이며, 수분의 응축잠열은 공히 500kcal/kg으로 가정한다.)

구 분	성분비	고위발열량
종이	30%	9000kcal/kg
목재	30%	10000kcal/kg
음식류	20%	8500kcal/kg
플라스틱	20%	15000kcal/kg

① 9300kcal/kg ② 9500kcal/kg
③ 9700kcal/kg ④ 9900kcal/kg

해설 H_l=(0.3×9000)+(0.3×10000)+(0.2×8500)
  +(0.2×15000)-500
  =9900kcal/kg

2과목 폐기물처리기술

21 Humus의 특징으로 옳지 않은 것은?

① 뛰어난 토양 개량제이다.
② C/N비(30~50)가 높다.
③ 물 보유력과 양이온교환능력이 좋다.
④ 짙은 갈색이다.

해설 짙은 갈색의 Humus는 뛰어난 토양 개량제로써 물 보유력과 양이온교환능력은 좋으나 C/N비(10~20)가 낮다.

22 분뇨의 특성 중 옳지 않은 것은?

① 분뇨에 포함된 협잡물의 양은 발생지역에 따라 차이가 크다.
② 고액 분리가 용이하다.
③ 분과 뇨(분:뇨)의 고형질의 비는 7:1 정도이다.
④ 분뇨의 비중은 1.02 정도이며 질소화합물 함유도가 높다.

해설 분뇨는 고액분리가 어렵고 질소화합물(5000ppm)의 함유도가 높다.

정답 18.④ 19.③ 20.④ 21.② 22.②

23 함수율이 97%인 수거분뇨를 55% 함수율의 건조분뇨로 만들면 그 부피는 얼마로 감소하게 되는가? (단, 비중은 1.0 기준이다.)

① 1/5로 감소 ② 1/10로 감소
③ 1/15로 감소 ④ 1/20로 감소

해설 $V_1 \times (100-97\%) = V_2 \times (100-55\%)$

$$\frac{V_1(100-97\%)}{V_2(100-55\%)} = \frac{3}{45} = \frac{1}{15}$$

24 슬러지처리를 하기 위해 위생처리장 활성슬러지(1% 농도) 40m³를 농축조에 넣어 농축한 결과 슬러지의 농도가 35000 mg/L가 되었다. 농축된 슬러지의 량(m³)은? (단, 슬러지비중은 1.0으로 가정함)

① 약 11.5 ② 약 17.5
③ 약 24.5 ④ 약 29.5

해설 40m³×10000ppm=V₂×35000mg/L
∴V₂=11.43m³

25 슬러지를 처리하기 위해 하수처리장 활성슬러지 1% 농도의 폐액 100m³을 농축조에 넣었더니 5% 농도의 슬러지로 농축되었다. 농축조에 농축되어 있는 슬러지 양(m³)은?(단, 상징액의 농도는 고려하지 않으며, 비중 = 1.0)

① 35 ② 30
③ 25 ④ 20

해설 $100m^3 \times 1\% = x \times 5\%$ ∴$x = 20m^3$

26 슬러지를 고형화하는 목적으로 틀린 것은 어느 것인가?

① 슬러지를 다루기 용이하게 함 (Handling)
② 슬러지 내 오염물질의 용해도 감소 (Solubility)
③ 유해한 슬러지인 경우 독성감소 (Toxicity)
④ 슬러지 표면적 감소에 따른 운반 매립 비용감소 (Surface)

해설 슬러지 표면적 감소에 따른 폐기물 성분의 손실을 줄인다.

27 폐기물 고화처리에 주로 사용되는 보통포틀랜드 시멘트의 주성분을 옳게 나열한 것은?

① Al_2O_3 65%, MgO 22%
② MgO 65%, Al_2O_3 22%
③ SiO_2 65%, CaO 22%
④ CaO 65%, SiO_2 22%

해설 보통 포틀랜드 시멘트의 주성분은 CaO 65%, SiO_2 22% 이다.

28 침출수의 물리화학적 처리방법에 포함되지 않는 것은?

① 중화 침전법 ② 황화물 침전법
③ 이온 교환법 ④ 습식 산화법

해설 습식산화는 고온, 고압상태 하에서 열분해 하는 물리적 방법이다.

29 매립지 기체 발생단계를 4단계로 나눌 때 매립 초기의 호기성 단계(혐기성 전단계)에 대한 설명으로 틀린 것은?

① 폐기물 내 수분이 많은 경우에는 반응이 가속화된다.
② O_2가 대부분 소모된다.
③ N_2가 급격히 발생한다.
④ 주요 생성기체는 CO_2이다.

해설 매립 초기단계에서는 N_2가 급격히 감소한다.

30 매립지에서 발생하는 메탄가스를 메탄산화세균을 이용하여 처리하고자 한다. 메탄산화세균에 의한 메탄 처리에 대한 내용으로 틀린 것은 어느 것인가?

① 메탄산화세균은 혐기성 미생물이다.
② 메탄산화세균은 자가영양미생물이다.
③ 메탄산화세균은 주로 복토층 부근에서 많이 발견된다.
④ 메탄은 메탄산화세균에 의해 산화되며, 이산화탄소로 바뀐다.

해설 메탄산화세균은 호기성 미생물이다.

31 토양증기추출법(SVE) 시스템의 단점으로 틀린 것은?

① 증기압이 낮은 오염물질에는 제거효율이 낮다.
② 오염물질의 독성 변화가 없다.
③ 지반구조의 복잡성으로 총 처리시간을 예측하기가 어렵다.
④ 지하수 깊이에 제한을 받는다.

해설 지하수의 깊이에 제한을 받지 않는다.

32 다음 중 악취성 물질인 CH_3SH를 나타낸 것은?

① 메틸오닌
② 다이메틸설파이드
③ 메틸메르캅탄
④ 메틸케톤

해설 메틸(CH_3), 메르캅탄(-SH)

33 고형폐기물을 매립 처리할 때 $C_6H_{12}O_6$성분 1톤(ton)의 폐기물이 혐기성 분해를 한다면 이론적 메탄가스 발생량(m^3)은 얼마인가? (단, 표준상태 기준이다.)

① 약 280m^3 ② 약 370m^3
③ 약 450m^3 ④ 약 560m^3

해설 $C_6H_{12}O_6 \rightarrow 3CH_4 + 3CO_2$
180kg : 3×22.4
1000kg : x
∴ x=373.33Sm^3

34 고형분 20%인 폐기물 10톤을 소각하기 위해 함수율이 15%가 되도록 건조시켰다. 이 건조폐기물의 중량(톤)은 얼마인가?(단, 비중은 1.0 기준이다.)

① 약 1.8톤   ② 약 2.5톤
③ 약 3.3톤   ④ 약 4.3톤

해설 $V_1(100-P_1) = V_2(100-P_2)$
10t×20% = V_2(100-15)
∴ V_2= 2.35t

35 침출수를 혐기성 공정을 이용하여 처리할 때 장점으로 틀린 것은?

① 고농도의 침출수를 희석 없이 처리할 수 있다.
② 미생물의 낮은 증식으로 인하여 슬러지 처리비용이 감소된다.
③ 호기성 공정에 비하여 낮은 영양물 요구량을 가진다.
④ 중금속에 대한 저해효과가 호기성 공정에 비해 적다.

해설 중금속에 의한 저해효과가 호기성 공정에 비해 크다.

36 음식물쓰레기 처리방법으로 가장 부적당한 것은?

① 호기성 퇴비화 ② 사료화
③ 감량 및 소멸화 ④ 고형화

해설 고형화는 중금속 등의 무기물에 적합하다.

37 습식 고온 고압 산화처리에 관한 설명으로 옳지 않는 것은?

① 산소가 부족한 상태에서 유기물을 연료화 시키는 방법이다.
② 시설의 수명이 짧으며 질소의 제거율이 낮다.
③ 투자, 유지비가 높다.
④ 본 장치의 주요기기는 공기압축기, 고압펌프, 열교환기 등이다.

해설 유기물을 산화 분해시켜서 결국 물과 재, 연소가스로 분리처리 되는 방법이다.

38 일반적으로 하수 슬러지를 혐기성 소화 처리하는 경우, 소화조 내 유기산(Volatile acid) 농도로 가장 적절한 것은?

① 200~450mg/L   ② 3000~3500mg/L
③ 5500~6000mg/L ④ 13000~15500mg/L

해설 소화과정 : 유기산(200~450mg/L) 생성단계 → 메탄생성단계

39 퇴비화 과정의 초기단계에서 나타나는 미생물은?

① Bacillus sp.
② Streptomyces sp.
③ Aspergillus fumigatus
④ Fungi

40 유기적 고형화법과 비교한 무기적 고형화법에 관한 설명으로 틀린 것은?

① 다양한 산업폐기물에 적용이 가능하다.
② 비용이 저렴하다.
③ 상압 및 상온하에서 처리가 용이하다.
④ 수용성이 크며 재료의 독성이 없다.

해설 수용성이 작고 재료의 독성이 없다.

3과목 폐기물공정시험기준(방법)

41 총칙의 규정에서 설명하는 내용 중 옳지 않은 것은?

① 기체 중의 농도는 표준상태(0 ℃, 1기압)로 환산 표시한다.
② 천분율을 표시할 때는 g/L, g/kg의 기호를 쓴다.
③ 십억분율을 표시할 때는 μg/L, μg/kg의 기호를 쓴다.
④ 백분율은 용액 100 mL 중 성분무게(mg)로 표시한다.

정답 35.④ 36.④ 37.① 38.① 39.④ 40.④ 41.④

42 온도에 관한 규정으로 옳지 않은 것은?

① 찬 곳은 따로 규정이 없는 한 0~15℃의 곳을 뜻한다.
② 각각의 시험은 따로 규정이 없는 한 실온에서 조작하고 조작 직후에 그 결과를 관찰한다.
③ 온도의 표시는 셀시우스(Celcius) 법에 따라 아라비아 숫자의 오른쪽에 ℃를 붙인다.
④ 냉수는 15℃ 이하, 온수는 60~70℃, 열수는 약 100℃를 말한다.

43 어떤 물질을 분석한 결과 1500ppm의 결과를 얻었다. 이것을 %로 환산하면?

① 0.15% ② 1.5%
③ 15%   ④ 150%

해설 1%=10000ppm
1×10000ppm = x% : 1500ppm
∴ x=0.15%

44 5톤 이상의 차량에서 적재폐기물의 시료를 채취할 때 평면상에서 몇 등분하여 채취하는가?

① 3등분 ② 5등분
③ 6등분 ④ 9등분

45 1000g의 시료에 대하여 원추4분법을 4회 조작하면 시료는 몇 g이 되는가?

① 31.5 ② 62.5
③ 75.5 ④ 95.5

해설 1000g×1/2×1/2×1/2×1/2=62.5g

46 폐기물공정시험기준에 규정된 시료의 축소방법과 거리가 먼 것은?

① 구획법   ② 교호삽법
③ 원추 4분법 ④ 면적 2분법

47 용출시험방법의 용출조작에 관한 설명으로 옳지 않은 것은?

① 시료액의 조제가 끝난 혼합액은 유리섬유 여과지로 여과하여 진탕용 시료로 한다.
② 진탕용 시료는 분당 약 200회, 진폭 4~5cm인 진탕기를 사용하여 6시간 연속 진탕한다.
③ 원심분리기를 사용할 필요가 있는 경우는 3000rpm 이상으로 20분 이상 원심분리한다.
④ 시료를 원심분리한 경우는 상징액을 적당량 취하여 용출시험용 시료용액으로 한다.

해설 $1.0\mu m$의 유리섬유여과지로 여과하고 여과액을 적당량 취하여 용출 실험용 시료용액으로 한다.

48 함수율 85%인 시료인 경우, 용출시험결과에 시료중의 수분함량 보정을 위하여 곱하여야 하는 값은?

① 0.5 ② 1.0
③ 1.5 ④ 2.0

해설 용출실험의 결과는 시료 중의 수분함량 보정을 위해 함수율 85% 이상인 시료에 한하여 "15/[100-시료의 함수율(%)]"을 곱하여 계산한 값으로 한다.

$$보정\ 값 = \frac{15}{100-85} = 1.0$$

49 유기물 함량이 비교적 높지 않고 금속의 수산화물, 산화물, 인산염 및 황화물을 함유하고 있는 시료에 적용되는 전처리 방법으로 가장 적합한 것은?

① 질산-염산 분해법
② 질산-황산 분해법
③ 질산-과염소산 분해법
④ 질산-불화수소산 분해법

50 중량법을 이용하여 강열감량 및 유기물함량을 측정할 때 시료를 전기로에서 강열하기 전에 시료에 넣어 가열하여 탄화시키는 시약은?

① 질산암모늄용액(5%)
② 질산암모늄용액(25%)
③ 과염소산용액(5%)
④ 과염소산용액(25%)

51 수분 50%, 고형물 60%, 휘발성고형물 30%인 쓰레기의 유기물 함량(%)은?

① 18   ② 25
③ 36   ④ 50

해설

유기물 함량(%) = $\dfrac{\text{휘발성 고형물}(g)}{\text{고형물}(g)} \times 100$

∴ 유기물 함량 = $\dfrac{30\%}{60\%} \times 100 = 50\%$

52 기름성분을 분석하기 위한 노말헥산 추출시험법을 노말헥산을 증발시키기 위한 조작온도는 얼마인가?

① 50℃   ② 60℃
③ 70℃   ④ 80℃

해설 증발용기가 알루미늄박으로 만든 접시 또는 비커일 경우에는 용기의 표면을 깨끗이 닦고 80℃로 유지한 전기열판 또는 전기맨틀에 넣어 노말헥산을 날려 보낸다.

53 유리전극법을 이용하여 수소이온농도를 측정할 때 적용범위 기준으로 옳은 것은?

① pH를 0.01 까지 측정한다.
② pH를 0.05 까지 측정한다.
③ pH를 0.1 까지 측정한다.
④ pH를 0.5 까지 측정한다.

54 시안(CN)을 자외선/가시선 분광법에 의한 방법으로 분석 시 틀린 것은 어느 것인가?

① 클로라민-T와 피리딘·피라졸론 혼합액을 넣어 나타나는 청색을 620nm에서 측정한다.
② 정량한계는 0.01mg/L 이다.
③ pH 2 이하 산성에서 피리딘·피라졸론을 넣고 가열 증류한다.
④ 유출되는 시안화수소를 수산화나트륨용액으로 포집한다.

해설 시료를 pH 2 이하의 산성으로 조절한 후에 에틸렌다이아민테트라아세트산이나트륨을 넣고 가열 증류한다.

정답 49.① 50.② 51.④ 52.④ 53.① 54.③

55 자외선/가시선 분광법으로 구리를 측정할 때 황갈색킬레이트 화합물을 추출하는 용액으로 가장 옳은 것은?

① 사염화탄소 ② 아세트산부틸
③ 클로로폼   ④ 아세톤

56 pH측정 유리전극법의 내부정도관리 주기 및 목표기준에 대한 설명으로 옳은 것은?

① 시료를 측정하기 전에 표준용액 2개 이상으로 보정한다.
② 시료를 측정하기 전에 표준용액 3개 이상으로 보정한다.
③ 정도관리 목표(정밀도)는 재현성이 ±0.3이내이어야 한다.
④ 정도관리 목표(정밀도)는 재현성이 ±0.03이내이어야 한다.

57 원자흡수분광광도법에 의한 비소 측정에 대한 내용으로 틀린 것은 어느 것인가?

① 정량한계는 0.005mg/L 이다.
② 낮은 농도의 비소는 가연성기체로 아세틸렌을 조연성기체로 공기를 사용한다.
③ 아르곤-수소 불꽃에서 원자화시켜 340nm 흡광도를 측정하고 비소를 정량하는 방법이다.
④ 이염화주석으로 시료중의 비소를 3가 비소로 환원한다.

[해설] 아르곤-수소 불꽃에서 원자화시켜 193.7nm 에서 흡광도를 측정하고 비소를 정량하는 방법이다.

58 $K_2Cr_2O_7$을 사용하여 크롬 표준원액(100 mg Cr/L) 100mL를 제조할 때 $K_2Cr_2O_7$은 얼마나 취해야 하는가?(단, 원자량 K=39, Cr=52)

① 14.1mg   ② 28.3mg
③ 35.4mg   ④ 56.5mg

[해설] $K_2Cr_2O_7$: $2Cr^{3+}$
294g : 2×52g
x : 100mg/L×0.1L
∴ x=28.27mg

59 크롬(자외선/가시선 분광법)을 측정할 때 크롬이온 전체를 6가크롬으로 산화시키는데 이때 사용되는 시약은 어느 것인가?

① 염화제일주석산 ② 중크롬산칼륨
③ 과망간산칼륨 ④ 아연분말

60 유기인을 기체크로마토그래피로 분석할 때 헥산으로 추출하면 메틸디메톤의 추출율이 낮아질 수 있으므로 이에 대체하여 사용하는 물질로 가장 적합한 것은?

① 다이클로로메탄과 헥산의 혼합액 (15:85)
② 메틸에틸케톤과 에탄올의 혼합액 (15:85)
③ 메틸에틸케톤과 헥산의 혼합액 (15:85)
④ 다이클로로메탄과 에탄올의 혼합액 (15:85)

[해설] 헥산으로 추출할 경우 메틸디메톤의 추출율이 낮아질 수도 있다. 이때에는 헥산 대신 다이클로로메탄과 헥산의 혼합액(15:85)을 사용한다.

정답 55.② 56.① 57.③ 58.② 59.③ 60.①

4과목 폐기물관계법규

61 폐기물 처분시설 또는 재활용시설 중 매립시설의 기술관리인 자격기준이 아닌 것은?

① 폐기물처리기사 ② 수질환경기사
③ 토목기사 ④ 전기기사

62 폐기물처리시설 주변지역 영향조사 기준에서 조사지점 기준으로 옳지 않은 것은?

① 미세먼지와 다이옥신 조사지점은 해당 시설에 인접한 주거지역 중 3개소 이상 지역의 일정한 곳으로 한다.
② 악취 조사지점은 매립시설에 가장 인접한 주거지역에서 냄새가 가장 심한 곳으로 한다.
③ 지표수 조사지점은 해당 시설에 인접하여 폐수, 침출수 등이 흘러들거나 흘러들 것으로 우려되는 지역의 상·하류 각 2개소 이상의 일정한 곳으로 한다.
④ 토양 조사지점은 매립시설에 인접하여 토양오염이 우려되는 4개소 이상의 일정한 곳으로 한다.

63 폐기물처리업자의 폐기물보관량 및 처리기한에 관한 내용으로 옳은 것은? (단, 폐기물 수집, 운반업자가 임시 보관장소에 폐기물을 보관하는 경우 의료폐기물 외의 폐기물 기준)

① 중량 250톤 이하이고 용적이 200세제곱미터 이하, 5일 이내
② 중량 250톤 이하이고 용적이 300세제곱미터 이하, 5일 이내
③ 중량 450톤 이하이고 용적이 200세제곱미터 이하, 5일 이내
④ 중량 450톤 이하이고 용적이 300세제곱미터 이하, 5일 이내

64 동물성 잔재물과 의료폐기물 중 조직물류 폐기물 등 부패나 변질의 우려가 있는 폐기물인 경우 처리명령 대상이 되는 조업중단 기간은?

① 5일 ② 10일
③ 15일 ④ 30일

65 폐기물관리법상 용어의 정의로 틀린 것은 어느 것인가?

① 지정폐기물 : 사업장폐기물 중 폐유·폐산 등 주변 환경을 오염시킬 수 있거나 의료폐기물 등 인체에 위해를 줄 수 있는 해로운 물질로서 대통령령이 정하는 폐기물
② 폐기물처리시설 : 폐기물의 중간처분시설, 최종처분시설 및 재활용시설로서 대통령령이 정하는 시설
③ 처리 : 폐기물 수거, 운반에 의한 중간처리와 매립, 해역배출 등에 의한 최종처리
④ 생활폐기물 : 사업장폐기물 외의 폐기물

66 에너지 회수기준을 측정하는 기관으로 옳지 않은 것은?

① 한국환경공단
② 한국기계연구원
③ 한국과학기술연구원
④ 한국산업기술시험원

67 음식물류 폐기물 발생억제계획의 수립주기는?

① 3년 ② 4년
③ 5년 ④ 6년

정답 61.④ 62.③ 63.④ 64.③ 65.③ 66.③ 67.③

68 환경부장관이 지정하는 폐기물 시험·분석 전문기관이 아닌 것은?

① 한국환경공단
② 수도권매립지관리공사
③ 보건환경연구원
④ 한국환경시험인증원

69 다음은 폐기물처리업과 관련된 사항이다. ( )안에 들어갈 내용으로 옳은 것은?

> 폐기물 처리사업계획서의 적합통보를 받은 자는 그 통보를 받은 날부터 2년, ( ) 이내에 환경부령으로 정하는 기준에 따른 시설·장비 및 기술능력을 갖추어 업종, 영업대상 폐기물 및 처리분야별로 지정폐기물을 대상으로 하는 경우에는 환경부장관의, 그 밖의 폐기물을 대상으로 하는 경우에는 시·도지사의 허가를 받아야 한다.

① 폐기물 수집·운반업의 경우에는 6개월, 폐기물처리업 중 소각시설과 매립시설의 설치가 필요한 경우에는 3년
② 폐기물 수집·운반업의 경우에는 6개월, 폐기물처리업 중 소각시설과 매립시설의 설치가 필요한 경우에는 1년
③ 폐기물 수집·운반업의 경우에는 3개월, 폐기물처리업 중 소각시설과 매립시설의 설치가 필요한 경우에는 3년
④ 폐기물 수집·운반업의 경우에는 3개월, 폐기물처리업 중 소각시설과 매립시설의 설치가 필요한 경우에는 1년

70 폐기물중간재활용업, 폐기물최종재활용업 및 폐기물 종합재활용업의 변경허가를 받아야 하는 중요사항으로 옳지 않은 것은?

① 재활용대상 폐기물의 변경
② 폐기물 재활용시설의 신설
③ 허용보관량의 변경
④ 운반차량 주차장 소재지 변경

71 폐기물처리업 변경신고서에 허가증과 변경내용을 확인할 수 있는 서류를 첨부하여 시·도지사나 지방환경관서의 장에게 제출하여야 하는 변경사항으로 틀린 것은?

① 임시차량의 증차 또는 운반차량의 감차
② 재활용 대상 부지의 변경
③ 재활용 대상 폐기물의 변경
④ 재활용 대상 폐기물 수집예상량

72 폐기물 재활용업자가 '폐고무'를 재활용하기 위하여 보관하는 경우 환경부령으로 정하는 기간으로 옳은 것은?

① 15일　　② 30일
③ 60일　　④ 90일

정답 68.④　69.①　70.④　71.①　72.③

73 폐기물처리업의 허가를 받거나 전용용기 제조업의 등록을 할 수 없는 자에 대한 기준으로 옳지 않은 것은?

① 미성년자, 피성년후견인 또는 피한정후견인
② 파산선고를 받고 복권되지 아니한 자
③ 폐기물관리법을 위반하여 징역 이상의 형을 선고받고 그 형의 집행이 끝나거나 집행을 받지 아니하기로 확정된 후 2년이 지나지 아니한 자
④ 폐기물관리법을 위반하여 징역 이상의 형의 집행유예를 선고받고 2년이 지나지 아니한 자

74 천재지변이나 그 밖의 부득이한 사유로 해당 영업을 계속하도록 할 필요가 있다고 인정되는 경우 그 영업의 정지에 갈음하여 부과할 수 있는 과징금의 최대액수는 얼마인가?

① 5천만원 ② 1억원
③ 2억원   ④ 3억원

75 환경부장관이나 시·도지사로부터 통지를 받은 자는 통지를 받은 날부터 며칠 이내에 과징금을 부과권자가 정하는 수납기관에 납부하여야 한다.

① 10 ② 20
③ 30 ④ 40

76 멸균분쇄시설의 검사기관과 거리가 먼 것은?

① 한국환경공단
② 보건환경연구원
③ 한국산업기술시험원
④ 한국환경자원공사

77 다음 (   )안에 들어갈 말은?

대통령령으로 정하는 폐기물처리시설을 설치·운영하는 자는 그 폐기물처리시설의 설치·운영이 주변 지역에 미치는 영향을 ( )마다 조사하고, 그 결과를 환경부장관에게 제출하여야 한다.

① 1년 ② 2년
③ 3년 ④ 4년

78 기술관리인의 자격·기술관리 대행계약 등에 관한 필요한 사항은 무엇으로 정하는가?

① 시·도지사령 ② 유역환경청장령
③ 환경부령   ③ 대통령령

79 폐기물처리 담당자 등은 교육기관에서 실시하는 교육을 몇 년마다 받아야 하는가?

① 1년마다 ② 2년마다
③ 3년마다 ④ 4년마다

80 사업장폐기물 배출자 신고를 한 자 또는 그가 고용한 기술담당자의 교육기관으로 적합한 것은?

① 환경관리공단
② 국립환경인력개발원
③ 한국환경산업기술원
④ 환경보전협회

정답 73.④ 74.② 75.② 76.④ 77.③ 78.③ 79.③ 80.④

2021년 제2회 폐기물처리 기사 [5월 15일 시행]

1과목 폐기물개론

01 폐기물관리의 우선순위를 순서대로 나열한 것은?

① 에너지회수 - 감량화 - 재이용 - 재활용 - 소각 - 매립
② 재이용 - 재활용 - 감량화 - 에너지회수 - 소각 - 매립
③ 감량화 - 재이용 - 재활용 - 에너지회수 - 소각 - 매립
④ 소각 - 감량화 - 재이용 - 재활용 - 에너지회수 - 매립

해설 폐기물관리의 우선순위 : 감량화 > 재활용 > 안정화 > 위생처분

02 혐기성소화에 대한 설명으로 틀린 것은?

① 가수분해, 산생성, 메탄생성 단계로 구분된다.
② 처리속도가 느리고 고농도 처리에 적합하다.
③ 호기성처리에 비해 동력비 및 유지관리비가 적게든다.
④ 유기산의 농도가 높을수록 처리효율이 좋아진다.

해설 혐기성 소화는 1단계 유기산 생성, 2단계 메탄 생성과정을 거치게 된다.

03 인구 1천만명인 도시를 위한 쓰레기 위생매립지(매립용량 100,000,000m³)를 계획하였다. 매립 후 폐기물의 밀도는 500kg/m³이고 복토량은 폐기물:복토 부피비율로 5:1이며 해당도시 일인일일쓰레기발생량이 2kg일 경우 매립장의 수명(년)은?

① 5.7 ② 6.8
③ 8.3 ④ 14.6

해설 복토비율은 1/5=20%이므로 발생량은 1.2배가 된다.

발생량=매립용량

$$\frac{2kg}{인 \cdot 일} \left| 1.2 \right| \frac{m^3}{500kg} \left| 10000000인 \right| \frac{365일}{년} \right|$$

$x = 100000000 m^3$

∴ $x = 5.7$년

04 폐기물 선별과정에서 회전방식에 의해 폐기물을 크기에 따라 분리하는데 사용되는 장치는?

① Reciprocating Screen
② Air Classifier
③ Ballistic Separator
④ Trommel Screen

정답 01.③ 02.④ 03.① 04.④

05 슬러지의 수분을 결합상태에 따라 구분한 것 중에서 탈수가 가장 어려운 것은?

① 내부수 ② 간극모관결합수
③ 표면부착수 ④ 간극수

해설 탈수성이 용이한 순서(결합강도가 약한 순서)
간극수 > 모관결합수 > 표면부착수 > 내부수

06 유해폐기물 성분물질 중 As에 의한 피해 증세로 가장 거리가 먼 것은?

① 무기력증 유발
② 피부염 유발
③ Fanconi씨 증상
④ 암 및 돌연변이 유발

해설 판코니 증후군은 근위세뇨관에서 발생하는데 이곳은 사구체에서 여과가 가장 먼저 일어나는 곳이다. 이 증후군은 유전, 약물 또는 고분자 물질에 의해 일어나게 된다.

07 폐기물 수거노선 설정 시 고려해야 할 사항으로 가장 거리가 먼 것은?

① 언덕길은 내려가면서 수거한다.
② 발생량이 적으나 수거빈도가 동일하기를 원하는 곳은 같은 날 가장 먼저 수거한다.
③ 가능한 한 지형지물 및 도로 경계와 같은 장벽을 사용하여 간선도로부근에서 시작하고 끝나도록 배치하여야 한다.
④ 가능한 한 시계방향으로 수거노선을 정하며 U자형 회전은 피하며 수거한다.

08 폐기물 발생량의 결정 방법으로 적합하지 않은 것은?

① 발생량을 직접 추정하는 방법
② 도시의 규모가 커짐을 이용하여 추정하는 방법
③ 주민의 수입 또는 매상고와 같은 이차적인 자료를 이용하여 추정하는 방법
④ 원자재 사용으로부터 추정하는 방법

09 폐기물의 관리목적 또는 폐기물의 발생량을 줄이기 위한 노력을 3R(또는 4R)이라고 줄여 말하고 있다. 이것에 해당하지 않는 것은?

① Remediation ② Recovery
③ Reduction ④ Reuse

해설 5R : 감량화(Reduction), 재사용(Reuse), 재활용(Recycling), 질적변화(Refine), 회수(Recovery)

10 폐기물처리와 관련된 설명 중 틀린 것은?

① 지역사회 효과지수(CEI)는 청소상태 평가에 사용되는 지수이다.
② 컨테이너 철도수송은 관대한 지역에서 효율적으로 적용될 수 있는 방법이다.
③ 폐기물수거 노동력을 비교하는 지표로서는 MHT(man/hr·ton)를 주로 사용한다.
④ 직접저장투하 결합방식에서 일반 부패성 폐기물은 직접 상차 투입구로 보낸다.

해설 MHT(man.hr/ton)

정답 05.① 06.③ 07.② 08.② 09.① 10.③

11 폐기물 발생량 예측방법 중 하나의 수식으로 쓰레기 발생량에 영향을 주는 각 인자들의 효과를 총괄적으로 나타내어 복잡한 시스템의 분석에 유용하게 사용할 수 있는 것은?

① 상관계수 분석모델
② 다중회귀 모델
③ 동적모사 모델
④ 경향법 모델

12 폐기물 차량 총중량이 24725kg, 공차량 중량이 13725kg이며, 적재함의 크기 L : 400cm, W : 250cm, H : 170cm일 때 차량 적재 계수(ton/m³)는?

① 0.757   ② 0.708
③ 0.687   ④ 0.647

해설 $t/m^3 = \dfrac{(24.725-13.725)t}{(4\times 2.5\times 1.7)m^3} = 0.647$

13 적환장에 대한 설명으로 틀린 것은?

① 직접투하 방식은 건설비 및 운영비가 다른 방법에 비해 모두 적다.
② 저장투하 방식은 수거차의 대기시간이 직접투하방식 보다 길다.
③ 직접저장투하 결합방식은 재활용품의 회수율을 증대시킬 수 있는 방법이다.
④ 적환장의 위치는 해당지역의 발생 폐기물의 무게중심에 가까운 곳이 유리하다.

14 쓰레기의 성상분석 절차로 가장 옳은 것은?

① 시료 → 전처리 → 물리적조성 분류 → 밀도측정 → 건조 → 분류
② 시료 → 전처리 → 건조 → 분류 → 물리적조성 분류 → 밀도측정
③ 시료 → 밀도측정 → 건조 → 분류 → 전처리 → 물리적조성 분류
④ 시료 → 밀도측정 → 물리적조성 분류 → 건조 → 분류 → 전처리

15 다음은 폐기물 파쇄에너지 산정 공식을 흔히 무슨 법칙이라 하는가?

$E = C \ln(L_1 / L_2)$
E : 폐기물 파쇄 에너지
C : 상수
L_1 : 초기 폐기물 크기
L_2 : 최종 폐기물 크기

① 리팅거(Rittinger) 법칙
② 본드(Bond) 법칙
③ 킥(Kick) 법칙
④ 로신(Rosin) 법칙

16 고형분 20%인 폐기물 10톤을 소각하기 위해 함수율이 15%가 되도록 건조시켰다. 이 건조폐기물의 중량(톤)은?(단, 비중은 1.0 기준)

① 약 1.8   ② 약 2.4
③ 약 3.3   ④ 약 4.3

해설 $V_1 \times (100-P_1) = V_2 \times (100-P_2)$
$10톤 \times 20\% = V_2 \times (100-15\%)$
∴ $V_2 = 2.35$ 톤

17 퇴비화 과정의 초기단계에서 나타나는 미생물은?

① Bacillus sp.
② Streptomyces sp.
③ Aspergillus fumigatus
④ Fungi

18 다음 중 지정폐기물에 해당하는 폐산 용액은?

① pH가 2.0 이상인 것
② pH가 12.5 이상인 것
③ 염산농도가 0.001M 이상인 것
④ 황산농도가 0.005M 이상인 것

19 분뇨처리 결과를 나타낸 그래프의 ( )에 들어갈 말로 가장 알맞은 것은?(단, Se : 유출수의 휘발성 고형물질 농도(mg/L), So : 유입수의 휘발성 고형물질 농도(mg/L), SRT : 고형물질의 체류시간)

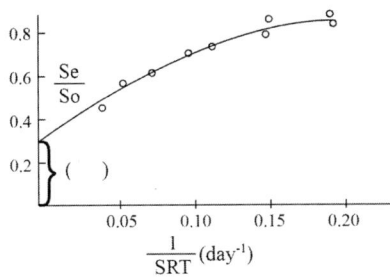

① 생물학적 분해 가능한 유기물질 분율
② 생물학적 분해 불가능한 휘발성 고형물질 분율
③ 생물학적 분해 가능한 무기물질 분율
④ 생물학적 분해 불가능한 유기물질 분율

20 열분해에 영향을 미치는 운전인자가 아닌 것은?

① 운전 온도
② 가열 속도
③ 폐기물의 성질
④ 입자의 입경

2과목 폐기물처리기술

21 매립 시 폐기물 분해과정을 시간 순으로 옳게 나열한 것은?

① 호기성 분해 → 혐기성 분해 → 산성 물질 생성 → 메탄 생성
② 혐기성 분해 → 호기성 분해 → 메탄 생성 → 유기산 형성
③ 호기성 분해 → 유기산 생성 → 혐기성 분해 → 메탄 생성
④ 혐기성 분해 → 호기성 분해 → 산성 물질 생성 → 메탄 생성

22 활성탄 흡착법으로 처리하기 가장 어려울 것으로 예상되는 것은?

① 농약
② 알콜
③ 유기할로겐화합물(HOCs)
④ 다핵방향족탄화수소(PAHs)

23 매립을 위해 쓰레기를 압축시킨 결과 용적감소율이 60%였다면 압축비는?

① 2.5
② 5
③ 7.5
④ 10

해설

부피감소율 $60\% = (1 - \dfrac{1}{\text{압축비 } C_R}) \times 100$

$\dfrac{100}{C_R} = 100 - 60 \quad \therefore C_R = 2.5$

정답 17.④ 18.④ 19.② 20.④ 21.① 22.② 23.①

24 혐기소화과정의 가수분해단계에서 생성되는 물질과 가장 거리 먼 것은?

① 아미노산 ② 단당류
③ 글리세린 ④ 알데하이드

25 수위 40cm인 침출수가 투수계수 10^{-7}cm/s, 두께 90cm인 점토층을 통과하는데 소용되는 시간(년)은?

① 11.7 ② 19.8
③ 28.5 ④ 64.4

해설 $t = \dfrac{nd^2}{k(d+h)}$

$k = \dfrac{10^{-7}cm}{sec} \Big| \dfrac{m}{100cm} \Big| \dfrac{3600\,sec}{hr} \Big| \dfrac{24hr}{day} \Big| \dfrac{365day}{y}$

$= 0.0315 m/y$

$\therefore t = \dfrac{(0.9m)^2}{0.0315\,m/y(0.9+0.4)m} = 19.8y$

26 폐기물 매립지에서 사용하는 인공복토재의 특징이 아닌 것은?

① 독성이 없어야 한다.
② 가격이 저렴해야 한다.
③ 투수계수가 높아야 한다.
④ 악취발생량을 저감 시킬 수 있어야 한다.

27 생활폐기물인 음식물쓰레기의 처리방법으로 가장 거리가 먼 것은?

① 감량 및 소멸화
② 사료화
③ 호기성 퇴비화
④ 고형화

28 퇴비화 대상 유기물질의 화학식이 $C_{99}H_{148}O_{59}N$ 이라고 하면, 이 유기물질의 C/N비는?

① 64.9 ② 84.9
③ 104.9 ④ 124.9

해설 $\dfrac{C}{N} = \dfrac{12 \times 99}{14} = 84.85$

29 유해폐기물 처리기술 중 용매추출에 대한 설명 중 가장 거리가 먼 것은?

① 액상 폐기물에서 제거하고자 하는 성분을 용매쪽으로 흡수시키는 방법이다.
② 용매추출에 사용되는 용매는 점도가 높아야 하며 극성이 있어야 한다.
③ 용매추출의 경제성을 좌우하는 가장 큰 인자는 추출을 위해 요구되는 용매의 양이다.
④ 미생물에 의해 분해가 힘든 물질 및 활성탄을 이용하기에 농도가 너무 높은 물질 등에 적용가능성이 크다.

해설 사용되는 용매는 비극성이어야 한다.

30 중유연소 시 발생한 황산화물을 탈황시키는 방법이 아닌 것은?

① 미생물에 의한 탈황
② 방사선에 의한 탈황
③ 질산염 흡수에 의한 탈황
④ 금속산화물 흡착에 의한 탈황

해설 황산화물의 탈황법에는 석회석 흡수법, 활성망간 등의 금속산화물, 미생물, 방사선, 활성탄, 산화마그네슘 등에 의한 방법이 있다.

정답 24.④ 25.② 26.③ 27.④ 28.② 29.② 30.③

31 부식질(Humus)의 특징으로 틀린 것은?

① 짙은 갈색이다.
② 뛰어난 토양 개량제이다.
③ C/N비가 30 ~ 50 정도로 높다.
④ 물 보유력과 양이온교환능력이 좋다.

32 분뇨의 슬러지 건량은 3m³이며 함수율이 95%이다. 함수율을 80%까지 농축하면 농축조에서 분리액의 부피(m³)는?(단, 비중은 1.0이다.)

① 40
② 45
③ 50
④ 55

해설 농축조 분리액(m³)
$$= \frac{3m^3}{(1-0.95)} - \frac{3m^3}{(1-0.8)} = 45m^3$$

33 0차 반응에 대한 설명 중 옳은 것은?

① 초기농도가 높으면 반감기가 짧다.
② 반응시간이 경과함에 따라 분해반응속도가 빨라진다.
③ 초기농도의 높고 낮음에 관계없이 반감기가 일정하다.
④ 반응시간이 경과해도 분해반응속도는 변하지 않고 일정하다.

34 우리나라의 매립지에서 침출수 생성에 가장 큰 영향을 주는 인자는?

① 쓰레기 분해과정에서 발생하는 발생수
② 매립쓰레기 자체 수분
③ 표토를 침투하는 강수
④ 지하수 유입

35 토양오염처리공법 중 토양증기추출법의 특징이 아닌 것은?

① 통기성이 좋은 토양을 정화하기 좋은 기술이다.
② 오염지역의 대수층이 깊을 경우 사용이 어렵다.
③ 총 처리시간 예측이 용이하다.
④ 휘발성, 준휘발성 물질을 제거하는데 탁월하다.

36 함수율 95% 분뇨의 유기탄소량이 TS의 35%, 총질소량은 TS의 10%이고 이와 혼합할 함수율 20%인 볏짚의 유기탄소량이 TS의 80%이고 총질소량이 TS의 4%라면, 분뇨와 볏짚을 무게비 2:1로 혼합했을 때 C/N비는? (단, 비중은 1.0, 기타 사항은 고려하지 않는다.)

① 16
② 18
③ 20
④ 22

해설  $\frac{C}{N} = \frac{(0.05 \times 0.35)2 + (0.8 \times 0.8)1}{(0.05 \times 0.1)2 + (0.8 \times 0.04)1} = 16$

37 토양 속 오염물을 직접 분해하지 않고 보다 처리하기 쉬운 형태로 전환하는 기법으로 토양의 형태나 입경의 영향을 적게 받고 탄화수소계 물질로 인한 오염토양 복원에 효과적인 기술은?

① 용매추출법
② 열탈착법
③ 토양증기추출법
④ 탈할로겐화법

38 침출수 집배수관의 종류 중 유공흄관에 관한 설명으로 옳은 것은?

① 관의 변형이 우려되는 곳에 적당하다.
② 지반의 침하는 어느 정도 적응할 수 있다.
③ 경량으로 가공이 비교적 용이하고 시공성이 좋다.
④ 소규모 처분장의 집수관으로 사용하는 경우가 많다.

39 사용 종료된 폐기물 매립지에 대한 안정화 평가 기준항목으로 가장 거리가 먼 것은?

① 침출수의 수질이 2년 연속 배출허용 기준에 적합하고 BOD/COD$_{cr}$이 0.1 이하 일 것
② 매립폐기물 토사성분 중의 가연물 함량이 5% 미만이거나 C/N비가 10 이하 일 것
③ 매립가스 중 CH$_4$ 농도가 5~15% 이내에 들 것
④ 매립지 내부온도가 주변 지중온도와 유사할 것

40 시멘트 고형화 방법 중 연소가스 탈황 시 발생된 슬러지 처리에 주로 적용되는 것은?

① 시멘트기초법   ② 석회기초법
③ 포졸란첨가법   ④ 자가시멘트법

3과목 폐기물소각 및 열회수

41 연소 배출 가스량이 5400 Sm³/hr인 소각시설의 굴뚝에서 정압을 측정하였더니 20mmH$_2$O였다. 여유율 20%인 송풍기를 사용할 경우 필요한 소요 동력(kW)은? (단, 송풍기 정압 효율 80%, 전동기 효율 70%)

① 약 0.18   ② 약 0.32
③ 약 0.63   ④ 약 0.87

해설

$$kW = \frac{20mmH_2O \times 5400Sm^3/hr \times 1hr/3600sec}{102 \times 0.80 \times 0.70} \times 1.2$$
$$= 0.63 kW$$

42 유동층 소각로의 장단점으로 틀린 것은?

① 가스의 온도가 높고 과잉공기량이 많다.
② 투입이나 유동화를 위해 파쇄가 필요하다.
③ 유동매체의 손실로 인한 보충이 필요하다.
④ 기계적 구동부분이 적어 고장율이 낮다.

43 다음 중 연소실의 운전척도가 아닌 것은?

① 공기연료비   ② 체류시간
③ 혼합정도   ④ 연소온도

정답 38.① 39.③ 40.④ 41.③ 42.① 43.②

44 1차 반응에서 1000초 동안 반응물의 1/2이 분해되었다면 반응물이 1/10 남을 때까지 소요되는 시간(sec)은?

① 3923　　② 3623
③ 3323　　④ 3023

해설
$$\frac{dC}{dt} = -K \cdot C^1 \xrightarrow{적분하면} \ln\frac{C_t}{C_0} = -K \cdot t$$

$$\therefore \ln\frac{0.5C_0}{C_0} = -K \cdot t$$

$\ln 0.5 = -K \times 1000$초
$-0.693 = -1000K$　$\therefore K = 6.9 \times 10^{-4}$
$\ln 0.1 = -6.9 \times 10^{-4} \times t$
$-2.3 = -6.9 \times 10^{-4} \times t$　$\therefore 3333\,\text{sec}$

45 폐기물 소각에 따른 문제점은 지구온난화 가스의 형성이다. 다음 배가스 성분 중 온실가스는?

① CO_2　　② NOx
③ SO_2　　④ HCl

46 30ton/day의 폐기물을 소각한 후 남은 재는 전체 질량의 20%이다. 남은 재의 용적이 10.3m³일 때 재의 밀도(ton/m³)는?

① 0.32　　② 0.58
③ 1.45　　④ 2.30

해설 밀도 $t/m^3 = \dfrac{30t \times 0.2}{10.3m^3} = 0.58 t/m^3$

47 폐기물의 소각을 위해 원소분석을 한 결과, 가연성 폐기물 1kg당 C 50%, H 10%, O 16%, S 3%, 수분 10%, 나머지는 재로 구성된 것으로 나타났다. 이 폐기물을 공기비 1.1로 연소시킬 경우 발생하는 습윤연소가스량(Sm³/kg)은?

① 약 6.3　　② 약 6.8
③ 약 7.7　　④ 약 8.2

해설
Gow = 8.89×0.5+32.3×0.1+3.3×0.03
　　　+1.244×0.1-2.64×0.16
　　= 7.476 Sm³/kg
∴ 7.476×1.1 = 8.22 Sm³/kg

48 쓰레기의 저위발열량이 4500 kcal/kg인 쓰레기를 연소할 때 불완전연소에 의한 손실이 10%, 연소 중의 미연손실이 5%일 때 연소효율(%)은?

① 80　　② 85
③ 90　　④ 95

해설
$$\eta = \frac{H_l - (L_c + L_l)}{H_l} \times 100(\%)$$

$$\eta = \frac{4500 - (4500 \times 0.1 + 4500 \times 0.05)}{4500} \times 100 = 85\%$$

49 로타리 킬른식(rotary kiln)소각로의 특징에 대한 설명으로 틀린 것은?

① 습식가스 세정시스템과 함께 사용할 수 있다.
② 넓은 범위의 액상 및 고상 폐기물을 소각할 수 있다.
③ 용융상태의 물질에 의하여 방해받지 않는다.
④ 예열, 혼합, 파쇄 등 전처리 후 주입한다.

정답 44.③　45.①　46.②　47.④　48.②　49.④

50 폐기물 소각 시 발생되는 질소산화물 저감 및 처리방법이 아닌 것은?

① 알칼리 흡수법 ② 산화 흡수법
③ 접촉 환원법   ④ 디메틸아닐린법

51 폐기물의 연소 시 연소기의 부식원인이 되는 물질이 아닌 것은?

① 염소화합물   ② PVC
③ 황화합물   ④ 분진

52 연소에 있어 검댕이의 생성에 대한 설명으로 가장 거리가 먼 것은?

① A중유 < B중유 < C중유 순으로 검댕이가 발생한다.
② 공기비가 매우 적을 때 다량 발생한다.
③ 중합, 탈수소축합 등의 반응을 일으키는 탄화수소가 적을수록 검댕이는 많이 발생한다.
④ 전열면 등으로 발열속도보다 방열속도가 빨라서 화염의 온도가 저하될 때 많이 발생한다.

> 해설 탄화수소가 많을수록 검댕은 많이 발생한다.

53 폐기물을 열분해 시킬 경우의 장점에 해당하지 않는 것은?

① 분해가스, 분해유 등 연료를 얻을 수 있다.
② 소각에 비해 저장이 가능한 에너지를 회수할 수 있다.
③ 소각에 비해 빠른 속도로 폐기물을 처리할 수 있다.
④ 신규 석탄이나 석유의 사용량을 줄일 수 있다.

54 액체주입형 연소기에 관한 설명으로 가장 거리가 먼 것은?

① 구동장치가 없어서 고장이 적다.
② 하방점화방식의 경우에는 염이나 입상물질을 포함한 폐기물의 소각도 가능하다.
③ 연소기의 가장 일반적인 형식은 수평점화식이다.
④ 버너노즐 없이 액체미립화가 용이하며, 대량처리에 주로 사용된다.

55 다단로 방식 소각로에 대한 설명으로 옳지 않은 것은?

① 신속한 온도반응으로 보조연료사용 조절이 용이하다.
② 다량의 수분이 증발되므로 수분함량이 높은 폐기물의 연소가 가능하다.
③ 물리, 화학적으로 성분이 다른 각종 폐기물을 처리할 수 있다.
④ 체류시간이 길어 휘발성이 적은 폐기물 연소에 유리하다.

> 해설 늦은 온도반응 때문에 보조연료사용을 조절하기가 어렵다.

56 폐기물의 건조과정에서 함수율과 표면온도의 변화에 대한 설명으로 잘못된 것은?

① 폐기물의 건조방식은 쓰레기의 허용온도, 형태, 물리적 및 화학적 성질 등에 의해 결정된다.
② 수분을 함유한 폐기물의 건조과정은 예열건조기간 → 항율건조기간 → 감율건조기간 순으로 건조가 이루어진다.
③ 항율건조기간에는 건조시간에 비례하여 수분감량과 함께 건조속도가 빨라진다.

정답 50.④ 51.④ 52.③ 53.③ 54.④ 55.① 56.③

④ 감율건조기간에는 고형물의 표면온도 상승 및 유입되는 열량감소로 건조속도가 느려진다.

해설 항율건조는 건조속도가 일정하며, 감율건조는 건조속도가 감소한다.

57 하수처리장에서 발생하는 하수 Sludge류를 효과적으로 처리하기 위한 건조방법 중에서 직접열 또는 열풍건조 라고 불리는 전열방식은?

① 전도 전열방식
② 대류 전열방식
③ 방사 전열방식
④ 마이크로파 전열방식

58 폐기물의 원소조성이 C80%, H10%, O10% 일 때 이론공기량(kg/kg)은?

① 8.3   ② 10.3
③ 12.3 ④ 14.3

해설 $O_o = 2.667C + 8H + S - O$
*여기서, 원소는 %/100 이다.
$O_o = (2.667 \times 0.8) + (8 \times 0.1) - 0.1 = 2.834$
$\therefore A_o = 2.834 kg/kg \times \frac{1}{0.23} = 12.32 kg/kg$

59 스토카식 도시폐기물 소각로에서 유기물을 완전연소시키기 위한 3T 조건으로 옳지 않은 것은?

① 혼합   ② 체류시간
③ 온도   ④ 압력

60 CH_4 75%, CO_2 5%, N_2 8%, O_2 12%로 조성된 기체연료 $1Sm^3$을 $10Sm^3$의 공기로 연소할 때 공기비는?

① 1.22   ② 1.32
③ 1.42   ④ 1.52

해설 80% $CH_4 + 2O_2 \rightarrow CO_2 + 2H_2O$
5% $CO_2 \rightarrow CO_2$
12% $O_2 \rightarrow \nearrow$
3% $N_2 \rightarrow N_2$

$A_o = \frac{O_o}{0.21} = \frac{0.75 \times 2 - 0.12}{0.21} = 6.57 Sm^3/Sm^3$

$\therefore m = \frac{A(실제공기량)}{A_o(이론공기량)} = \frac{10Sm^3}{6.57Sm^3} = 1.52$

4과목 폐기물공정시험기준(방법)

61 30% 수산화나트륨(NaOH)은 몇 몰(M)인가? (단, NaOH의 분자량 40)

① 4.5   ② 5.5
③ 6.5   ④ 7.5

해설 % → g/100mL
1M : 40g/L
x : 30g/0.1L   ∴ x = 7.5M

62 0.08 N-HCl 70mL와 0.04 N-NaOH 수용액 130mL를 혼합했을 때 pH는? (단, 완전해리 된다고 가정)

① 2.7   ② 3.6
③ 5.6   ④ 11.3

해설 $N = \frac{0.08 \times 70 - 0.04 \times 130}{70 + 130} = 0.002N$

$pH = -\log[H^+]$ ∴ $-\log[0.002] = 2.7$

정답 57.② 58.③ 59.④ 60.④ 61.④ 62.①

63 이온전극법에 관한 설명으로 ( )에 옳은 내용은?

> 이온전극은 [이온전극 | 측정용액 | 비교전극]의 측정계에서 측정대상 이온에 감응하여 ( )에 따라 이온활동도에 비례하는 전위차를 나타낸다.

① 네른스트식 ② 램버트식
③ 페러데이식 ④ 플래밍식

64 투사광의 강도가 10%일 때 흡광도(A_{10})와 20%일 때 흡광도(A_{20})를 비교한 설명으로 옳은 것은?

① A_{10}는 A_{20}보다 흡광도가 약 1.4배가 높다.
② A_{20}는 A_{10}보다 흡광도가 약 1.4배가 높다.
③ A_{10}는 A_{20}보다 흡광도가 약 2.0배가 높다.
④ A_{20}는 A_{10}보다 흡광도가 약 2.0배가 높다.

해설 $A_{10} = \log\dfrac{1}{투과도} = \log\dfrac{1}{0.1} = 1$

$A_{20} = \log\dfrac{1}{투과도} = \log\dfrac{1}{0.2} = 0.7$

$\therefore \dfrac{A_{10}}{A_{20}} = \dfrac{1}{0.7} = 1.4$

65 수은을 원자흡수분광광도법으로 측정할 때 시료 중 수은을 금속수은으로 환원시키기 위해 넣는 시약은?

① 아연분말 ② 황산나트륨
③ 시안화칼륨 ④ 이염화주석

66 비소(자외선/가시선 분광법) 분석 시 발생되는 비화수소를 다이에틸다이티오카르바민산은의 피리딘용액에 흡수시키면 나타나는 색은?

① 적자색 ② 청색
③ 황갈색 ④ 황색

67 비소를 자외선/가시선 분광법으로 측정할 때에 대한 내용으로 틀린 것은?

① 정량한계는 0.002mg 이다.
② 적자색의 흡광도를 530 nm에서 측정한다.
③ 정량범위는 0.002~0.01 mg 이다.
④ 시료 중의 비소에 아연을 넣어 3가 비소로 환원시킨다.

해설 원자흡수분광광도법은 시료 중의 비소에 아연을 넣어 3가 비소로 환원시킨다.

68 다량의 점토질 또는 규산염을 함유한 시료에 적용되는 시료의 전처리 방법으로 가장 옳은 것은?

① 질산-과염소산-불화수소산 분해법
② 질산-염산 분해법
③ 질산-과염소산 분해법
④ 질산-황산 분해법

정답 63.① 64.① 65.④ 66.① 67.④ 68.①

69 총칙의 용어 설명으로 옳지 않은 것은?

① 액상폐기물이라 함은 고형물의 함량이 5% 미만인 것을 말한다.
② 방울수라 함은 20℃에서 정제수 20방울을 적하할 때, 그 부피가 약 0.1mL 되는 것을 뜻한다.
③ 시험조작 중 즉시란 30초 이내에 표시된 조작을 하는 것을 뜻한다.
④ 고상폐기물이라 함은 고형물의 함량이 15% 이상인 것을 말한다.

해설 방울수라 함은 20℃에서 정제수 20방울을 적하할 때, 그 부피가 약 1mL 되는 것을 뜻한다.

70 유기인의 분석에 관한 내용으로 틀린 것은?

① 기체크로마토그래피를 사용할 경우 질소인 검출기 또는 불꽃광도 검출기를 사용한다.
② 기체크로마토그래피는 유기인 화합물 중 이피엔, 파라티온, 메틸디메톤, 다이아지논 및 펜토에이트 분석에 적용된다.
③ 시료채취는 유리병을 사용하며 채취 전 시료로 3회 이상 세척하여야 한다.
④ 시료는 시료 채취 후 추출하기 전까지 4℃ 냉암소에 보관하고 7일 이내에 추출하고 40일 이내에 분석한다.

해설 시료채취는 유리병을 사용하며 채취 전에 시료로서 세척하지 말아야 한다.

71 ICP 원자발광분광기의 구성에 속하지 않은 것은?

① 고주파전원부 ② 시료원자화부
③ 광원부   ④ 분광부

해설 ICP 원자발광분광기는 시료 도입부, 고주파전원부, 광원부, 분광부, 연산처리부 및 기록부로 구성되어 있다.

72 용출시험 대상의 시료용액 조제에 있어서 사용하는 용매의 pH범위는?

① 4.8~5.3   ② 5.8~6.3
③ 6.8~7.3   ④ 7.8~8.3

73 정량한계에 대한 설명으로 ( )에 옳은 것은?

정량한계(LOQ)란 시험분석 대상을 정량화할 수 있는 측정값으로서, 제시된 정량한계 부근의 농도를 포함하도록 시료를 준비하고 이를 반복 측정하여 얻은 결과의 표준편차에 ( )배한 값을 사용한다.

① 2   ② 5
③ 10   ④ 20

74 다음 ( )에 들어갈 적절한 내용은?

기체크로마토그래피 분석에서 머무름 시간을 측정할 때는 (㉠)회 측정하여 그 평균치를 구한다. 일반적으로 (㉡)분 정도에서 측정하는 피크의 머무름시간은 반복 시험을 할 때 (㉢)% 오차범위 이내 이어야 한다.

① ㉠ 3, ㉡ 5~30, ㉢ ±3
② ㉠ 5, ㉡ 5~30, ㉢ ±5
③ ㉠ 3, ㉡ 5~15, ㉢ ±3
④ ㉠ 5, ㉡ 5~15, ㉢ ±5

75 흡광광도 분석장치에서 근적외부의 광원으로 사용되는 것은?

① 텅스텐램프   ② 중수소방전관
③ 석영저압수은관 ④ 수소방전관

정답 69.② 70.③ 71.② 72.② 73.③ 74.① 75.①

76 PCBs를 기체크로마토그래피로 분석할 때 실리카겔 칼럼에 무수황산나트륨을 첨가하는 이유는?

① 유분제거 ② 수분제거
③ 미량 중금속제거 ④ 먼지제거

77 대상폐기물의 양이 5400톤인 경우 채취해야할 시료의 최소 수는?

① 20 ② 40
③ 60 ④ 80

78 폐기물의 용출시험방법에 관한 사항으로 ( )에 옳은 내용은?

> 시료용액의 조제가 끝난 혼합액을 상온, 상압에서 진탕 횟수가 매분 당 약 200회, 진폭이 4~5cm의 진탕기를 사용하여 ( ) 동안 연속 진탕한다.

① 2시간 ② 4시간
③ 6시간 ④ 8시간

79 폐기물 중에 납을 자외선/가시선 분광법으로 측정하는 방법에 관한 내용으로 틀린 것은?

① 납 착염의 흡광도를 520mm에서 측정하는 방법이다.
② 전처리를 하지 않고 직접 시료를 사용하는 경우, 시료 중에 시안화합물이 함유되어 있으면 염산 산성으로 끓여 시안화물을 완전히 분해 제거한 다음 실험한다.
③ 시료에 다량의 비스무트(Bi)가 공존하면 시안화칼륨용약으로 수회 씻어 무색으로 하여 실험한다.
④ 정량한계는 0.001mg 이다.

[해설] 시료에 다량의 비스무트(Bi)가 공존하면 시안화칼륨용액으로 수회 씻어도 무색이 되지 않는다.

80 기체크로마토그래피의 검출기 중 인 또는 유황화합물을 선택적으로 검출할 수 있는 것으로 운반가스와 조연가스의 혼합부, 수소공급구, 연소노즐, 광학필터, 광전자증배관 및 전원 등으로 구성된 것은?

① TCD(Thermal Conductivity Detector)
② FID(Flame Ionization Detector)
③ FPD(Flame Photometric Detector)
④ FTD(Flame Thermionic Detector)

5과목 폐기물관계법규

81 음식물류 폐기물 발생 억제 계획의 수립 주기는?

① 1년 ② 2년
③ 3년 ④ 5년

82 지정폐기물의 수집·운반·보관기준에 관한 설명으로 옳은 것은?

① 폐농약·폐촉매는 보관개시일부터 30일을 초과하여 보관하여서는 아니 된다.
② 수집·운반차량은 녹색도색을 하여야한다.
③ 지정폐기물과 지정폐기물 외의 폐기물을 구분 없이 보관하여야 한다.
④ 폐유기용제는 휘발되지 아니하도록 밀폐된 용기에 보관하여야 한다.

[해설] 시행규칙[별표5]

정답 76.② 77.③ 78.③ 79.③ 80.③ 81.④ 82.④

83 제출된 폐기물 처리사업계획서의 적합통보를 받은 자가 천재지변이나 그 밖의 부득이한 사유로 정해진 기간 내에 허가신청을 하지 못한 경우에 실시하는 연장기간에 대한 설명으로 ( )의 기간이 옳게 나열된 것은?

> 폐기물 수집·운반업의 경우에는 총 연장기간 (㉠), 폐기물 최종처분업과 폐기물 종합처분업의 경우에는 총 연장기간 (㉡)의 범위에서 허가신청기간을 연장할 수 있다.

① ㉠ 6개월, ㉡ 1년
② ㉠ 6개월, ㉡ 2년
③ ㉠ 1년, ㉡ 2년
④ ㉠ 1년, ㉡ 3년

84 환경부장관, 시·도지가 또는 시장·군수·구청장은 관계 공무원에게 사무소나 사업장 등에 출입하여 관계 서류나 시설 또는 장비 등을 검사하게 할 수 있다. 이에 따른 보고를 하지 아니하거나 거짓 보고를 한자에 대한 과태료 기준은?

① 100만원 이하 ② 200만원 이하
③ 300만원 이하 ④ 500만원 이하

85 관할 구역의 폐기물의 배출 및 처리상황을 파악하여 폐기물이 적정하게 처리될 수 있도록 폐기물처리시설을 설치·운영하여야 하는 자는?

① 유역환경청장
② 폐기물 배출자
③ 환경부장관
④ 특별자치시장, 특별자치도지사, 시장·군수·구청장

86 위해의료폐기물 중 조직물류폐기물에 해당하는 것은?

① 폐혈액백
② 혈액투석 시 사용된 폐기물
③ 혈액, 고름 및 혈액생성물(혈청, 혈장, 혈액제제)
④ 폐항암제

> 해설) 조직물류폐기물 : 인체 또는 동물의 조직·장기·기관·신체의 일부, 동물의 사체, 혈액·고름 및 혈액생성물(혈청, 혈장, 혈액제제)

87 지정폐기물 중 유해물질함유 폐기물의 종류로 틀린 것은?(단, 환경부령으로 정하는 물질을 함유한 것으로 한정한다.)

① 광재(철광 원석의 사용으로 인한 고로슬래그는 제외한다.)
② 분진(대기오염 방지시설에서 포집된 것으로 한정하되, 소각시설에서 발생되는 것은 제외한다.)
③ 폐흡착제 및 폐흡수제(광물유, 동물유 및 식물유의 정제에 사용된 폐토사는 제외한다.)
④ 폐내화물 및 재벌구이 전에 유약을 바른 도자기 조각

> 해설) ·광재(철광 원석의 사용으로 인한 고로슬래그는 제외한다.)
> ·폐흡착제 및 폐흡수제(광물유·동물유 및 식물유의 정제에 사용된 폐토사를 포함한다.)
> ·분진(대기오염 방지시설에서 포집된 것으로 한정하되, 소각시설에서 발생되는 것은 제외한다.)

정답 83.② 84.① 85.④ 86.③ 87.③

88 사업장에서 발생하는 폐기물 중 유해물질의 함유량에 따라 지정폐기물로 분류될 수 있는 폐기물에 대해서는 폐기물분석전문기관에 의뢰하여 지정폐기물에 해당되는지를 미리 확인하여야 한다. 이를 위반하여 확인하지 아니한 자에 대한 과태료 부과기준은?

① 200만원 이하　② 300만원 이하
③ 500만원 이하　④ 1000만원 이하

89 폐기물 처분시설의 설치기준에서 재활용시설의 경우 파쇄·분쇄·절단시설이 갖추어야 할 기준으로 (　)에 맞는 것은?

> 파쇄·분쇄·절단조각의 크기는 최대 직경(　) 이하로 각각 파쇄·분쇄·절단할 수 있는 시설이어야 한다.

① 3센티미터　② 5센티미터
③ 10센티미터　④ 15센티미터

90 주변지역 영향 조사대상 폐기물처리시설 중 '대통령령으로 정하는 폐기물처리시설' 기준으로 옳지 않은 것은?(단, 폐기물 처리업자가 설치, 운영)

① 시멘트 소성로(폐기물을 연료로 사용하는 경우로 한정한다.)
② 매립면적 3만 제곱미터 이상의 사업장 일반폐기물 매립시설
③ 매립면적 1만 제곱미터 이상의 사업장 지정폐기물 매립시설
④ 1일 처분능력이 50톤 이상인 사업장 폐기물 소각시설(같은 사업장에 여러 개의 소각시설이 있는 경우에는 각 소각시설의 1일 처분 능력의 합계가 50톤 이상인 경우를 말한다.)

[해설]
· 매립면적 15만 제곱미터 이상의 사업장 일반폐기물 매립시설
· 매립면적 1만 제곱미터 이상의 사업장 지정폐기물 매립시설

91 폐기물관리법령상 용어의 정의로 틀린 것은?

① 폐기물 : 쓰레기, 연소재, 오니, 폐유, 폐산, 폐알칼리 및 동물의 사체 등으로서 사람의 생활이나 사업활동에 필요하지 아니하게 된 물질을 말한다.
② 폐기물처리시설 : 폐기물의 중간처분시설 및 최종처분시설 중 재활용처리시설을 제외한 환경부령으로 정하는 시설을 말한다.
③ 지정폐기물 : 사업장폐기물 중 폐유·폐산 등 주변 환경을 오염시킬 수 있거나 의료폐기물 등 인체에 위해를 줄 수 있는 해로운 물질로서 대통령령으로 정하는 폐기물을 말한다.
④ 폐기물감량화시설 : 생산 공정에서 발생하는 폐기물의 양을 줄이고, 사업장 내 재활용을 통하여 폐기물 배출을 최소화 하는 시설로서 대통령령으로 정하는 시설을 말한다.

[해설] 폐기물처리시설 : 폐기물의 중간처분시설, 최종처분시설 및 재활용시설로서 대통령령으로 정하는 시설을 말한다.

정답 88.② 89.④ 90.② 91.②

92 폐기물 처리시설인 중간처분시설 중 기계적처분시설의 종류로 틀린 것은?

① 절단시설(동력 7.5kW 이상인 시설로 한정한다.)
② 응집·침전 시설(동력 15kW 이상인 시설로 한정한다.)
③ 압축시설(동력 7.5kW 이상인 시설로 한정한다.)
④ 탈수·건조 시설

해설 응집·침전 시설은 화학적 재활용시설 이다.

93 폐기물발생억제지침 준수의무 대상 배출자의 규모기준으로 옳은 것은?

① 최근 2년간 연평균 배출량을 기준으로 지정폐기물을 100톤 이상 배출 하는 자
② 최근 2년간 연평균 배출량을 기준으로 지정폐기물을 200톤 이상 배출 하는 자
③ 최근 3년간 연평균 배출량을 기준으로 지정폐기물을 100톤 이상 배출 하는 자
④ 최근 3년간 연평균 배출량을 기준으로 지정폐기물을 200톤 이상 배출 하는 자

94 대통령령으로 정하는 폐기물처리시설을 설치, 운영하는 자는 그 시설의 유지관리에 관한 기술업무를 담당하게 하기 위해 기술관리인을 임명하거나 기술관리 능력이 있다고 대통령령으로 정하는 자와 기술관리 대행계약을 체결하여야 한다. 이를 위반하여 기술관리인을 임명하지 아니하고 기술관리 대행 계약을 체결하지 아니한 자에 대한 과태료 처분 기준은?

① 2백만원 이하의 과태료
② 3백만원 이하의 과태료
③ 5백만원 이하의 과태료
④ 1천만원 이하의 과태료

95 대통령령으로 정하는 폐기물처리시설을 설치, 운영하는 자는 그 처리시설에서 배출되는 오염물질을 측정하거나 환경부령으로 정하는 측정기관으로 하여금 측정하게 하고 그 결과를 환경부 장관에게 제출하여야 하는 데 이때 '환경부령으로 정하는 측정기관'에 해당되지 않는 것은?

① 보건환경연구원
② 국립환경과학원
③ 한국환경공단
④ 수도권매립지관리공사

정답 92.② 93.③ 94.④ 95.②

96 폐기물 감량화 시설의 종류와 가장 거리가 먼 것은?

① 폐기물 재사용 시설
② 폐기물 재활용 시설
③ 폐기물 재이용 시설
④ 공정 개선 시설

> 해설 폐기물 감량화시설에는 폐기물 재활용시설, 폐기물 재이용시설, 공정 개선시설, 그 밖의 사업장폐기물의 발생과 배출을 줄이는 효과가 있다고 환경부장관이 정하여 고시하는 시설이 있다.

97 기술관리인을 두어야 할 폐기물처리시설이 아닌 것은?

① 압축·파쇄·분쇄시설로서 1일 처분능력이 50톤 이상인 시설
② 사료화·퇴비화시설로서 1일 재활용능력이 5톤 이상인 시설
③ 시멘트 소성로
④ 소각열회수시설로서 시간당 재활용능력이 600킬로그램 이상인 시설

> 해설 압축·파쇄·분쇄 또는 절단시설로서 1일 처분능력 또는 재활용능력이 100톤 이상인 시설

98 관리형 매립시설에서 발생하는 침출수의 배출허용기준(BOD-SS 순서)은?(단, 가 지역, 단위 mg/L)

① 30 - 30   ② 30 - 50
③ 50 - 50   ④ 50 - 70

> 해설 시행규칙[별표11]

99 폐기물 처리시설 설치승인신청서에 첨부하여야 하는 서류로 가장 거리가 먼 것은?

① 처분 또는 재활용 후에 발생하는 폐기물의 처분 또는 재활용계획서
② 처분대상 폐기물 발생 저감 계획서
③ 폐기물 처분시설 또는 재활용시설의 설계 도서(음식물류 폐기물을 처분 또는 재활용하는 시설인 경우에는 물질수지도를 포함한다.)
④ 폐기물 처분시설 또는 재활용시설의 설치 및 장비확보 계획서

100 주변지역 영향 조사대상 폐기물처리시설의 기준으로 옳은 것은?

매립면적 (　　) 제곱미터 이상의 사업장 일반폐기물 매립시설

① 1만   ② 3만
③ 5만   ④ 15만

정답 96.① 97.① 98.③ 99.② 100.④

2021년 CBT 2회 폐기물처리 산업기사 [5월 9일 시행]

** 본문제는 수험생들의 기억을 바탕으로 작성 된 것으로 실제 문제와 차이가 있을 수 있습니다.

1과목 폐기물개론

01 채취한 쓰레기 시료에 대한 성상분석 절차는?

① 밀도 측정 → 물리적 조성 → 건조 → 분류
② 밀도 측정 → 물리적 조성 → 분류 → 건조
③ 물리적 조성 → 밀도 측정 → 건조 → 분류
④ 물리적 조성 → 밀도 측정 → 분류 → 건조

02 함수율 80%인 음식물쓰레기와 함수율 50%인 퇴비를 3:1의 무기비로 혼합하면 함수율은? (단, 비중은 1.0 기준)

① 66.5%   ② 68.5%
③ 72.5%   ④ 74.5%

해설 혼합 후 함수율
$= \dfrac{(80 \times 3) + (50 \times 1)}{3+1} = 72.5\%$

03 쓰레기를 압축시켜 용적감소율(VR)이 33%인 경우 압축비(CR)는?

① 1.29   ② 1.31
③ 1.49   ④ 1.57

해설 부피감소율
$33\% = (1 - \dfrac{1}{압축비\ C_R}) \times 100$

$\dfrac{100}{C_R} = 100 - 33$ $\therefore C_R = 1.49$

04 제품의 원료채취, 제조, 유통, 소비, 폐기의 전단계에서 발생하는 환경부하를 전과정평가(LCA)를 통해 정량적인 수치로 표시하는 우리나라의 환경라벨링 제도는?

① 환경마크제도(EM)
② 환경성적표시제도(EDP)
③ 우수재활용마크제도(GR)
④ 에너지절약마크제도(ES)

해설 EDP는 LCA를 통해 정량적인 수치로 표시하는 우리나라의 환경라벨링 제도이다.

05 폐기물의 입도 분석결과 입도 누적곡선상의 10%, 40%, 60%, 90%의 입경이 각각 1, 5, 10, 20 mm 였다. 이 때 유효입경과 균등계수는?

① 유효입경 10mm, 균등계수 2.0
② 유효입경 10mm, 균등계수 1.0
③ 유효입경 1.0mm, 균등계수 10
④ 유효입경 1.0mm, 균등계수 20

정답 01.① 02.③ 03.③ 04.② 05.③

해설 $U = \dfrac{d_{60}}{d_{10}} = \dfrac{10}{1} = 10$

06 다음 중 수거 분뇨의 성질에 영향을 주는 요소와 거리가 먼 것은?

① 배출지역의 기후
② 분뇨 저장기간
③ 저장탱크의 구조와 크기
④ 종말처리방식

해설 종말처리방식은 수거 분뇨의 성질에 영향을 미치지 못한다.

07 pH가 3인 폐산 용액은 pH 5인 폐산 용액에 비하여 수소이온이 몇 배 더 함유되어 있는가?

① 2배   ② 15배
③ 20배   ④ 100배

해설 $\dfrac{10^{-5}M}{10^{-3}M} = 10^{-2}$ ∴ 100배

08 적환장을 설치하였을 경우 나타나는 현상과 가장 거리가 먼 것은?

① 폐기물 처리시설과의 거리가 멀어질수록 경제적이다.
② 쓰레기 차량의 출입이 빈번해진다.
③ 소음 및 비산먼지, 악취 등이 발생한다.
④ 재활용품이 회수되지 않는다.

해설 적환장에서 재활용품을 분리한다.

09 쓰레기를 체분석하여 D_{10}=0.01mm, D_{30}=0.05mm, D_{60}=0.25mm으로 결과를 얻었을 때 곡률 계수는?(단, D_{10}, D_{30}, D_{60}은 쓰레기시료의 체 중량통과 백분율이 각각 10%, 30%, 60%에 해당되는 직경임)

① 0.5   ② 0.85
③ 1.0   ④ 1.25

해설 곡률계수 $= \dfrac{(D_{30\%})^2}{(D_{10\%} \times D_{60\%})}$
$= \dfrac{(0.05mm)^2}{(0.01mm \times 0.25mm)} = 1$

10 수송설비를 하수도처럼 개설하여 각 가정의 쓰레기를 최종처분장까지 운반할 수 있으나, 전력비, 내구성 및 미생물의 부착 등이 문제가 되는 쓰레기 수송방법은?

① Monorail 수송   ② Container 수송
③ Conveyor 수송   ④ 철도수송

해설 컨베이어(conveyor)수송은 하수도처럼 수송망을 설치하여 각 가정의 쓰레기를 처분장까지 운반한다.

11 폐기물 보관을 위한 폐기물 전용 컨테이너에 관한 설명으로 옳지 않은 것은?

① 폐기물 수집 작업을 자동화와 기계화할 수 있다.
② 언제라도 폐기물을 투입할 수 있고 주변 미관을 크게 해치지 않는다.
③ 폐기물 수집차와 결합하여 운용이 가능하여 효율적이다.
④ 폐기물의 선별 보관, 분리수거가 어려운 단점이 있다.

해설 컨테이너 수송은 container를 수거차량으로 철도역 기지까지 운반 후 철도차량으로 처분장까지 운반하는 수단이다.

정답 06.④ 07.④ 08.④ 09.③ 10.③ 11.④

12 함수율 95%인 폐기물 10톤을 탈수공정을 통해 함수율을 각각 85% 및 75%로 감소시킨 경우, 각각 탈수 후 남은 무게(ton)는? (단, 비중 = 1.0 기준)

① 3.33, 2.00 ② 3.33, 2.50
③ 5.33, 3.00 ④ 5.33, 3.50

해설 $10(100-95) = V_2(100-85)$ ∴ $V_2 = 3.33$
$10(100-85) = V_2(100-75)$ ∴ $V = 2.0$

13 압축기에 관한 설명으로 가장 거리가 먼 것은?

① 회전식 압축기는 회전력을 이용하여 압축한다.
② 고정식 압축기는 압축 방법에 따라 수평식과 수직식이 있다.
③ 백(bag) 압축기는 연속식과 회분식으로 구분할 수 있다.
④ 압축결속기는 압축이 끝난 폐기물을 끈으로 묶는 장치이다.

해설 회전식 압축기는 회전판 위에 올려진 상태로 놓여 있는 백과 압축피스톤의 조합으로 구성되어 있다.

14 유해물질, 배출원, 그에 따른 인체의 영향으로 옳지 않은 것은?

① 수은-온도계제조시설-미나마따병
② 카드뮴-도금시설-이따이이따이병
③ 납-농약제조시설-헤모글로빈 생성 촉진
④ PCB-트렌스유제조시설-카네미유증

해설 납-축전지, 인쇄공장-신경장애, 빈혈증, 두통, 변비 등

15 함수율이 80%이며 건조고형물의 비중이 1.42인 슬러지의 비중은?(단, 물의 비중 = 1.0)

① 1.021 ② 1.063
③ 1.127 ④ 1.174

해설 $\dfrac{1}{\rho_{sl}} = \dfrac{W_s}{\rho_s} + \dfrac{W_w}{\rho_w}$ ←무게 ←비중
슬러지 = 고형물 + 수분

$\dfrac{1}{\rho_{sl}} = \dfrac{0.2}{1.42} + \dfrac{0.8}{1.0}$ ∴ $\rho_{sl} = 1.063$
슬러지 = 고형물 + 수분

16 폐기물의 80%를 3cm보다 작게 파쇄하려 할 때 Rosin-Rammler 입자크기 분포모델을 이용한 특성입자의 크기(cm)는?(단, n=1)

① 1.36 ② 1.86
③ 2.36 ④ 2.86

해설 $Y = 1 - \exp\left[-\left(\dfrac{X}{X_o}\right)^n\right]$

$0.8 = 1 - \exp\left[-\left(\dfrac{3cm}{X_o}\right)^1\right]$

$\exp(-\dfrac{3cm}{X_o}) = 1 - 0.8$

∴ 특성입자 크기 $X_o = \dfrac{-3cm}{\ln(1-0.8)} = 1.87cm$

정답 12.① 13.① 14.③ 15.② 16.②

17 폐기물처리와 관련된 설명 중 틀린 것은?

① 지역사회 효과지수(CEI)는 청소상태 평가에 사용되는 지수이다.
② 컨테이너 철도수송은 관대한 지역에서 효율적으로 적용될 수 있는 방법이다.
③ 폐기물수거 노동력을 비교하는 지표로서는 MHT(man/hr·ton)를 주로 사용한다.
④ 직접저장투하 결합방식에서 일반 부패성 폐기물은 직접 상차 투입구로 보낸다.

해설 MHT(man.hr/ton)

18 다음 중 지정폐기물에 해당하는 폐산 용액은?

① pH가 2.0 이상인 것
② pH가 12.5 이상인 것
③ 염산농도가 0.001M 이상인 것
④ 황산농도가 0.005M 이상인 것

19 열분해에 영향을 미치는 운전인자가 아닌 것은?

① 운전 온도
② 가열 속도
③ 폐기물의 성질
④ 입자의 입경

20 쓰레기발생량예측방법과 가장 거리가 먼 것은?

① 경향법
② 계수분석모델
③ 다중회귀모델
④ 동적모사모델

해설 적재차량계수분석모델은 쓰레기 발생량의 조사방법이다.

2과목 폐기물처리기술

21 유동층 소각로의 장점으로 틀린 것은 어느 것인가?

① 기계적 구동부분이 적어 고장률이 낮다.
② 가스의 온도가 낮고 과잉공기량이 적다.
③ 로 내 온도의 자동제어와 열회수가 용이하다.
④ 열용량이 커서 파쇄 등 전처리가 필요 없다.

해설 단점으로 투입이나 유동화를 위해 파쇄가 필요하다.

22 혐기성 소화공법에 비해 호기성 소화공법이 갖는 장·단점이라 볼 수 없는 것은?

① 상등액의 BOD농도가 낮다.
② 소화슬러지량이 많다.
③ 소화슬러지의 탈수성이 좋다.
④ 운전이 쉽다.

해설 호기성소화 슬러지는 탈수성이 나쁘다.

23 다음 슬러지의 물의 형태 중 탈수성이 가장 용이한 것은?

① 모관결합수
② 표면부착수
③ 내부수
④ 입자경계수

해설 탈수성이 용이한 순서(결합강도가 약한 순서)
간극수 > 모관결합수 > 표면부착수 > 내부수

정답 17.③ 18.④ 19.④ 20.② 21.④ 22.③ 23.①

25 다이옥신 저감방안에 관한 설명으로 옳지 않은 것은?

① 소각로를 가동개시 할 때 온도를 빨리 승온시킨다.
② 연소실의 형상을 클링커의 축적이 생기지 않는 구조로 한다.
③ 배출가스 중 산소와 일산화탄소를 측정하여 연소상태를 제어한다.
④ 소각 후 연소실 온도는 300℃를 유지하여 2차 발생을 억제한다.

해설 다이옥신의 생성은 250~300℃에서 최대이므로 850~950℃의 고온에서 분해한다.

26 퇴비화 공정의 설계 및 조작인자에 대한 설명으로 가장 거리가 먼 것은?

① 공급원료의 C/N 비는 대략 30 : 1 정도이다.
② 포기, 혼합, 온도조절 등이 필요조건이다.
③ 퇴비화의 유기물 분해반응은 혐기성이 가장 빠르다.
④ 함수율은 50~60% 정도이다.

해설 퇴비화의 유기물 분해반응은 호기성이 가장 빠르다.

27 쓰레기와 하수처리장에서 얻어진 슬러지를 함께 매립하려고 한다. 쓰레기와 슬러지의 고형물 함량이 각각 80%, 30%라고 하면 쓰레기와 슬러지를 8 : 2로 섞었을 때, 이 혼합폐기물의 함수율(%)은?(단, 무게 기준이며 비중은 1.0으로 가정함)

① 30
② 50
③ 70
④ 80

해설 혼합 폐기물의 함수율(%)
$= \dfrac{20\% \times 8 + 70\% \times 2}{8+2} = 30\%$

28 합성차수막 중 PVC에 관한 설명으로 틀린 것은?

① 작업이 용이하다.
② 접합이 용이하고 가격이 저렴하다.
③ 자외선, 오존, 기후에 약하다.
④ 대부분의 유기화학물질에 강하다.

해설 대부분의 유기화학물질에 약하다.

29 소각로에서 PVC 같은 염소를 함유한 물질을 태울 때 발생하며 맹독성을 갖는 것으로 분자구조는 염소가 달린 두 개의 벤젠고리 사이에 한 개의 산소원자가 있고, 135개의 이성체를 갖는 것은?

① THM
② Furan
③ PCB
④ BPHC

해설 PVC는 소각 시 염소, 다이옥신, 퓨란 등의 환경호르몬 물질을 배출한다.

30 침출수가 점토층을 통과하는데 소요되는 시간을 계산하는 식으로 옳은 것은?(단, t = 통과시간(year), d = 점토층두께(m), h = 침출수 수두(m), K = 투수계수(m/year), n = 유효공극율)

① $t = \dfrac{nd^2}{K(d+h)}$
② $t = \dfrac{dn}{K(d+h)}$
③ $t = \dfrac{nd^2}{K(2d+h)}$
④ $t = \dfrac{dn}{K(2h+d)}$

정답 25.④ 26.③ 27.① 28.④ 29.② 30.①

31 수분함량 95%(무게%)의 슬러지에 응집제를 소량 가해 농축시킨 결과 상등액과 침전 슬러지의 용적비가 3 : 5이었다. 이 침전 슬러지의 함수율(%)은?(단, 응집제의 주입량은 소량이므로 무시, 농축전후 슬러지 비중 1.0)

① 94 ② 92
③ 90 ④ 88

해설 $V_1 \times (100-P_1) = V_2 \times (100-P_2)$
$8 \times (100-85) = 5 \times (100-P_2)$ ∴ $P_2 = 92\%$

32 우리나라 음식물쓰레기를 퇴비로 재활용하는데 있어서 가장 큰 문제점으로 지적되는 것은?

① 염분함량 ② 발열량
③ 유기물함량 ④ 밀도

33 소각 시 다이옥신이 생성될 수 있는 가성이 가장 큰 물질은?

① 노르말헥산 ② 에탄올
③ PVC ④ 오존

34 토양수분장력이 5기압에 해당되는 경우 pF의 값은?(단, log2=0.301)

① 약 0.3 ② 약 0.7
③ 약 3.7 ④ 약 4.0

해설 1기압은 수주 높이 약 1000cm에 해당한다.
pF = logH (여기서, H는 물기둥 높이 cm이다.)
pF = log5000 ∴ 3.7

35 슬러지를 건조 상으로 탈수할 때 나타나는 장점에 해당하지 않는 사항은?

① 특별한 기술이 필요치 않다.
② 운전비용이 적게 소요된다.
③ 소요부지가 좁다.
④ 생산된 cake에 수분이 적다.

36 슬러지를 고형화하는 목적으로 가장 거리가 먼 것은?

① 취급이 용이하며, 운반무게가 감소한다.
② 유해물질의 독성이 감소한다.
③ 오염물질의 용해도를 낮춘다.
④ 슬러지 표면적이 감소한다.

해설 운반무게가 증가한다.

37 매립가스의 이동현상에 대한 설명으로 옳지 않은 것은?

① 토양 내에 발생된 가스는 분자확산에 의해 대기로 방출된다.
② 대류에 의한 이동은 가스 발생량이 많은 경우에 주로 나타난다.
③ 매립가스는 수평보다 수직 방향으로의 이동 속도가 높다.
④ 미량가스는 확산보다 대류에 의한 이동 속도가 높다.

해설 미량의 가스는 확산 이동에 지배된다.

정답 31.② 32.① 33.③ 34.③ 35.③ 36.① 37.④

38 유해폐기물의 고화처리방법 중 열가소성 플라스틱법의 장·단점으로 틀린 것은?

① 용출손실률이 시멘트 기초법보다 낮다.
② 폐기물을 건조시켜야 한다.
③ 고온분해되는 물질에는 사용할 수 없다.
④ 혼합율이 비교적 낮다.

해설 열가소성 플라스틱법은 혼합율(MR)이 비교적 높다.

39 유기성폐기물의 자원화방법으로 가장 적당하지 않은 것은?

① 퇴비화   ② 유가금속 회수
③ 연료화   ④ 건설자재화

40 소각장에서 발생하는 비산재를 매립하기 위해 소각재 매립지를 설계하고자 한다. 내부 마찰각(ϕ) 30°, 부착도(c) 1kPa, 소각재의 유해성과 특성변화 때문에 안정에 필요한 안전인자(FS)는 2.0일 때, 소각재 매립지의 최대 경사각 $\beta(°)$은?

① 14.7   ② 16.1
③ 17.5   ④ 18.5

해설 최대경사각 $\beta = \tan^{-1}\left[\dfrac{\tan\phi}{FS}\right]$

$\therefore \beta = \tan^{-1}\left[\dfrac{\tan 30}{2}\right] = 16.1$

3과목 폐기물공정시험기준(방법)

41 시안-이온전극법에 관한 내용으로 ( )에 옳은 내용은?

> 폐기물 중 시안을 측정하는 방법으로 액상 폐기물과 고상 폐기물을 ( )으로 조절한 후 시안 이온전극과 비교전극을 사용하여 전위를 측정하고 그 전위차로부터 시안을 정량하는 방법이다.

① pH 2 이하의 산성
② pH 4.5~5.3의 산성
③ pH 10의 알칼리성
④ pH 12~13의 알칼리성

42 용액의 농도를 %로만 표현하였을 경우를 옳게 나타낸 것은? (단, W : 무게, V : 부피)

① V/V%   ② W/W%
③ V/W%   ④ W/V%

해설 다만, 용액의 농도를 %로만 표현하였을 경우 W/V%를 말한다.

43 시안을 이온전극으로 측정하고자 할 때 조절하여야 할 시료의 pH 범위는?

① pH3~4   ② pH6~7
③ pH10~12   ④ pH12~13

44 유기물 함량이 비교적 높지 않고 금속의 수산화물, 산화물, 인산염 및 황화물을 함유하고 있는 시료에 적용되는 산분해법은?

① 질산-황산 분해법
② 질산-염산 분해법
③ 질산-과염소산 분해법
④ 질산-불화수소산 분해법

정답 38.④ 39.② 40.② 41.④ 42.④ 43.④ 44.②

45 $K_2Cr_2O_7$을 사용하여 1000mg/L의 Cr표준원액 100mL를 제조하려면 필요한 $K_2Cr_2O_7$의 양(mg)은?(단, 원자량 K=39, Cr=52, O=16)

① 141　　② 283
③ 354　　④ 565

해설　$K_2Cr_2O_7$: Cr_2
　　　294mg : 52×2
　　　x/0.1L : 1000mg/L
　　　∴ x=283mg

46 석면의 종류 중 백선면의 형태와 색상에 관한 내용으로 가장 거리가 먼 것은?

① 곧은 물결 모양의 섬유
② 다발의 끝은 분산
③ 다색성
④ 가열되면 무색 ~ 밝은 갈색

해설　백석면은 꼬인 물결 모양의 섬유 형태이다.

47 폐기물 용출시험방법 중 시료용액 조제 시 용매의 pH 범위로 가장 옳은 것은?

① pH 4.3~5.2　　② pH 5.2~5.8
③ pH 5.8~6.3　　④ pH 6.3~7.2

48 수소이온농도(pH) 시험방법에 관한 설명으로 틀린 것은? (단, 유리전극법 기준)

① pH를 0.1까지 측정한다.
② 기준전극은 은-염화은의 칼로멜 전극 등으로 구성된 전극으로 pH측정기에서 측정전위값의 기준이 된다.
③ 유리전극은 일반적으로 용액의 색도, 탁도, 콜로이드성 물질들, 산화 및 환원성 물질들 그리고 염도에 의해 간섭을 받지 않는다.
④ pH는 온도변화에 영향을 받는다.

해설　pH를 0.01까지 측정한다.

49 다음에 설명한 시료 축소 방법은?

> ① 모아진 대시료를 네모꼴로 얇게 균일한 두께로 편다.
> ② 이것을 가로 4등분, 세로 5등분하여 20개의 덩어리로 나눈다.
> ③ 20개의 각 부분에서 균등량씩 취하여 혼합하여 하나의 시료로 한다.

① 구획법　　② 등분법
③ 균등법　　④ 분할법

50 자외선/가시선 분광법을 적용한 시안화합물 측정에 관한 내용으로 틀린 것은?

① 시안화합물을 측정할 때 방해물질들은 증류하면 대부분 제거된다.
② 황화합물이 함유된 시료는 아세트산 용액을 넣어 제거한다.
③ 잔류염소가 함유된 시료는 L-아스코빈산 용액을 넣어 제거한다.
④ 잔류염소가 함유된 시료는 이산화비소산나트륨 용액을 넣어 제거한다.

해설　황화합물이 함유된 시료는 아세트산아연용액(10W/V%) 2mL를 넣어 제거한다.

51 기체크로마토그래피법으로 측정하여야 하는 시험항목이 아닌 것은?

① 시안
② PCBs
③ 유기인
④ 휘발성 저급 염소화 탄화수소류

정답　45.②　46.①　47.③　48.①　49.①　50.②　51.①

52 구리를 정량하기 위해 사용하는 시약과 그 목적으로 틀린 것은 어느 것인가?

① 구연산이암모늄용액 - 발색 보조제
② 아세트산부틸 - 구리의 추출
③ 암모니아수 - pH 조절
④ 다이에틸다이티오카르바민산 나트륨 - 구리의 발색

해설 구리를 자외선/가시선 분광법으로 측정하는 방법으로 시료 중에 구리이온이 알칼리성에서 다이에틸다이티오카르바민산나트륨과 반응하여 생성하는 황갈색의 킬레이트 화합물을 아세트산부틸로 추출하여 흡광도를 440nm에서 측정하는 방법이다.

53 폐기물이 1톤 미만 야적되어 있는 적환장에서 최소 시료채취 총량으로 가장 적합한 것은?

① 50g   ② 100g
③ 600g ④ 1800g

해설 시료의 양은 1회에 100g 이상으로 채취한다. 대상폐기물 1톤 미만일 때 시료 채취 수는 6개 이다.

54 연속식 연소방식의 소각재 반출 설비에서 시료를 채취하는 경우에 관한 설명으로 틀린 것은?

① 바닥재 저장조에서는 부설된 크레인을 이용하여 채취한다.
② 비산재 저장조에서는 유입구 밑에서 채취한다.
③ 소각재가 운반차량에 적재되어 있는 경우에는 적재차량에서 채취한다.
④ 부지 내에 야적되어 있는 경우에는 야적더미에서 각 층별로 채취한다.

55 인 또는 유황화합물을 선택적으로 검출할 수 있는 기체크로마토그래피 검출기는 어느 것인가?

① TCD   ② FID
③ ECD   ④ FPD

56 전자포획형 검출기(ECD)의 운반가스로 사용 가능한 것은?

① 99.9% N_2 ② 99.9% H_2
③ 99.99% He   ④ 99.99% H_2

해설 운반기체는 부피백분율 99.999 %이상의 헬륨을 사용한다.

57 기체크로마토그래피(간이측정법)에 의한 폴리클로리네이티드비페닐(PCBs) 분석방법에 관한 설명으로 옳지 않은 것은?

① 이 방법에 따라 실험할 경우 정량한계는 0.5mg/L 이상이다.
② 실리카겔 컬럼 정제는 산, 페놀, 염화페놀, 폴리클로로페녹시페놀 등의 극성화합물을 제거하기 위하여 사용한다.
③ 사용 전에 실리카겔은 정제하고 활성화시켜야 한다.
④ ECD를 사용하여 PCBs을 측정할 때 프탈레이트가 방해할 수 있는데 이는 플라스틱 용기를 사용함으로서 최소화 할 수 있다.

해설 전자포획검출기(ECD, electron capture detector)를 사용하여 폴리클로리네이티드비페닐을 측정할 때 프탈레이트가 방해할 수 있는데 이는 플라스틱 용기를 사용하지 않음으로서 최소화 할 수 있다.

정답 52.① 53.③ 54.② 55.④ 56.③ 57.④

58 자외선/가시선 분광법에 의한 비소의 측정방법으로 알맞은 것은 어느 것인가?

① 적자색의 흡광도를 430nm에서 측정
② 적자색의 흡광도를 530nm에서 측정
③ 청색의 흡광도를 430nm에서 측정
④ 청색의 흡광도를 530nm에서 측정

해설 이 시험기준은 폐기물 중에 비소를 자외선/가시선 분광법으로 측정하는 방법으로 시료 중의 비소를 3가비소로 환원시킨 다음 아연을 넣어 발생되는 비화수소를 다이에틸다이티오카르바민산은의 피리딘용액에 흡수시켜 이때 나타나는 적자색의 흡광도를 530nm에서 측정하는 방법이다.

59 4°C의 물 500mL에 순도가 75%인 시약용 납을 5mg을 녹였다. 이 용액의 납 농도(ppm)는 얼마인가?

① 2.5ppm ② 5.0ppm
③ 7.5ppm ④ 10.0ppm

해설 ppm → mg/L

$$\therefore \frac{5mg \times 0.75}{0.5L} = 7.5 ppm$$

60 다음은 수분 및 고형물-중량법의 분석절차이다 ( )안에 내용으로 옳은 것은?

> 물중탕에서 수분의 대부분을 날려 보내고 (①)의 건조기 안에서 (②) 완전 건조시킨 다음 실리카겔이 담겨있는 데시케이터 안에 넣어식힌 후 무게를 정확히 단다.

① ①105±5°C ② 2시간
② ①105±5°C ② 4시간
③ ①105~110°C ② 2시간
④ ①105~110°C ② 4시간

4과목 폐기물관계법규

61 폐기물처리 담당자 등은 교육기관에서 실시하는 교육을 몇 년마다 받아야 하는가?

① 1년마다 ② 2년마다
③ 3년마다 ④ 4년마다

62 기술관리인의 자격·기술관리 대행계약 등에 관한 필요한 사항은 무엇으로 정하는가?

① 시·도지사령 ② 유역환경청장령
③ 환경부령 ③ 대통령령

63 폐기물 관리법상 용어의 정의로 틀린 것은 어느 것인가?

① "생활폐기물"이란 사업장폐기물 외의 폐기물을 말한다.
② "지정폐기물"이란 사업장폐기물 중 폐유·폐산 등 주변 환경을 오염시킬 수 있거나 의료폐기물 등 인체에 위해를 줄 수 있는 유해한 물질로서 대통령령으로 정하는 폐기물을 말한다.
③ "처리"란 폐기물의 소각, 중화, 파쇄, 고형화 등에 의한 중간처리(재활용제외)와 매립 등에 의한 최종처리(해역배출제외)를 말한다.
④ "폐기물처리시설"이란 폐기물의 중간처분시설, 최종처분시설 및 재활용시설로써 대통령령으로 정하는 시설을 말한다.

정답 58.② 59.③ 60.④ 61.③ 62.③ 63.③

64 에너지 회수기준을 측정하는 기관으로 옳지 않은 것은?

① 한국환경공단
② 한국기계연구원
③ 한국과학기술연구원
④ 한국산업기술시험원

65 천재지변이나 그 밖의 부득이한 사유로 해당 영업을 계속하도록 할 필요가 있다고 인정되는 경우 그 영업의 정지에 갈음하여 부과할 수 있는 과징금의 최대액수는 얼마인가?

① 5천만원   ② 1억원
③ 2억원   ④ 3억원

66 환경부장관이나 시·도지사로부터 통지를 받은 자는 통지를 받은 날부터 며칠 이내에 과징금을 부과권자가 정하는 수납기관에 납부하여야 한다.

① 10   ② 20
③ 30   ④ 40

67 폐기물처리시설에 대한 환경부령으로 정하는 검사기관이 잘못 연결된 것은 어느 것인가?

① 소각시설의 검사기관 : 한국기계연구원
② 음식물류 폐기물 처리시설의 검사기관 : 보건환경연구원
③ 멸균분쇄시설의 검사기관 : 한국산업기술시험원
④ 매립시설의 검사기관 : 한국환경공단

68 다음은 폐기물처리시설의 검사에 관련된 내용이다. 잘못된 것은?

① 소각시설 : 최초 정기검사는 사용개시일부터 2년
② 매립시설 : 최초 정기검사는 사용개시일부터 1년
③ 멸균분쇄시설 : 최초 정기검사는 사용개시일부터 3월
④ 음식물류폐기물처리시설 : 최초 정기검사는 사용개시일부터 1년

69 주변지역 영향 조사대상 폐기물처리시설의 기준으로 옳은 것은?

① 매립면적 1만 제곱미터 이상의 사업장 일반폐기물 매립시설
② 매립면적 5만 제곱미터 이상의 사업장 일반폐기물 매립시설
③ 매립면적 10만 제곱미터 이상의 사업장 일반폐기물 매립시설
④ 매립면적 15만 제곱미터 이상의 사업장 일반폐기물 매립시설

70 기술관리인을 두어야 할 폐기물처리 시설에 해당하지 않는 것은 어느 것인가?

① 멸균분쇄시설로 1일 처리능력이 1톤 이상인 시설
② 지정폐기물을 매립하는 시설로서 면적이 3천300 제곱미터 이상인 시설.
③ 소각시설로서 시간당 처분능력이 600킬로그램
④ 시멘트 소성로

정답 64.③ 65.② 66.② 67.② 68.① 69.④ 70.①

71 폐기물 처리 담당자 등은 3년마다 교육을 받아야 하는데, 폐기물 처분시설 또는 재활용시설의 기술관리인이나 폐기물 처분시설 또는 재활용시설의 설치자로서 스스로 기술관리를 하는 자의 교육기관에 해당하지 않는 것은?

① 환경관리공단
② 국립환경인력개발원
③ 한국폐기물협회
④ 환경보전협회

72 폐기물처리업자나 폐기물처리 신고자가 휴업·폐업 또는 재개업을 한 경우에는 휴업·폐업 또는 재개업을 한 날부터 며칠 이내 신고서에 서류를 첨부하여 시·도지사나 지방환경관서의 장에게 제출하여야 하는가?

① 7일　② 10일
③ 20일　④ 30일

73 환경부장관 또는 시도지사가 폐기물처리 공제조합에 처리를 명할 수 있는 방치폐기물의 처리량 기준으로 알맞은 것은 어느 것인가? (단, 폐기물처리업자가 방치한 폐기물의 경우)

① 그 폐기물 처리업자의 폐기물 허용보관량의 1.5배 이내
② 그 폐기물 처리업자의 폐기물 허용보관량의 2.0배 이내
③ 그 폐기물 처리업자의 폐기물 허용보관량의 2.5배 이내
④ 그 폐기물 처리업자의 폐기물 허용보관량의 3.0배 이내

> 해설
> *시행령 제23조 개정(1.5→2)으로 인해 [정답] 변경

74 폐기물 처리 공제조합에 대한 내용으로 틀린 것은?

① 조합은 법인으로 한다.
② 조합은 주된 사무소의 소재지에서 설립등기를 함으로써 성립한다.
③ 분담금의 산정기준·납부절차, 그 밖에 필요한 사항은 조합의 정관으로 정하는 바에 따른다.
④ 조합원은 영업구역 내 폐기물을 처리하기 위한 공제사업을 한다.

75 (　　) 안에 알맞은 내용은?

> 시·도지사는 사업장의 사업규모, 사업지역의 특수성, 위반행위의 정도 및 횟수 등을 고려하여 과징금 금액의 (　)의 범위에서 이를 가중하거나 감경할 수 있다. 다만, 가중하는 경우에도 과징금의 총액은 2천만원을 초과할 수 없다.

① 1/4　② 1/3
③ 1/2　④ 1/1

76 과징금으로 징수한 금액의 사용용도와 가장 거리가 먼 것은?

① 광역폐기물 처리시설의 확충
② 폐기물처리 신고자가 적합하게 재활용하지 아니한 폐기물의 처리
③ 폐기물처리 신고자의 지도·점검에 필요한 시설·장비의 구입 및 운영
④ 사용 종료된 매립지의 사후 관리를 위한 시설장비의 구입 및 운영

정답　71.④　72.③　73.②　74.④　75.③　76.④

77 폐기물처리시설을 사용종료하거나 폐쇄하고자 하는 자는 사용종료, 폐쇄신고서에 폐기물처리시설사후관리계획서(매립시설에 한함)를 첨부하여 제출하여야 한다. 다음 중 폐기물처리시설 사후관리계획서에 포함될 사항과 가장 거리가 먼 것은?

① 지하수 수질조사계획
② 구조물 및 지반 등의 안정도 유지계획
③ 빗물 배제계획
④ 사후 환경영향평가 계획

78 폐기물관리법상 벌칙기준 중 7년 이하의 징역이나 7천만원 이하의 벌금에 처하는 행위를 한 자는 누구인가?

① 대행계약을 체결하지 아니하고 종량제 봉투를 제작·유통한 자
② 폐기물처리시설의 사후관리를 제대로 하지않아 받은 시정명령을 이행하지 않은 자
③ 지정된 장소 외에 사업장폐기물을 매립하거나 소각한 자
④ 거짓이나 그 밖의 부정한 방법으로 폐기물처리업 허가를 받은 자

79 폐기물 처분시설 또는 재활용시설의 검사기준에서 멸균분쇄시설의 설치검사 항목이 아닌 것은?

① 분쇄시설의 작동상태
② 자동투입장치와 투입량 자동계측장치의 작동상태
③ 악취방지시설·건조장치의 작동상태
④ 계량투입시설의 설치여부 및 작동상태

80 폐기물처리시설의 사후관리기준 및 방법에서 사후관리 항목 및 방법에 따라 조사한 결과를 토대로 매립시설이 주변환경에 미치는 영향에 대한 종합보고서를 매립시설의 사용종료신고 후 몇 년마다 작성하여야 한다.

① 1년   ② 3년
③ 5년   ④ 7년

정답 77.④ 78.③ 79.④ 80.③

2021년 제4회 폐기물처리 기사 [9월 12일 시행]

1과목 폐기물개론

01 폐기물 1톤을 건조시켜 함수율을 50%에서 25%를 감소시켰을 때 폐기물 중량(톤)은?

① 0.42 ② 0.53
③ 0.67 ④ 0.75

해설
$V_1 \times (100 - P_1) = V_2 \times (100 - P_2)$
$1ton \times (100 - 50) = W_2 \times (100 - 25)$
$\therefore V_2 = \dfrac{1ton \times (100 - 50)}{(100 - 25)} = 0.67 ton$

02 하수처리장에서 발생되는 슬러지와 비교한 분뇨의 특성이 아닌 것은?

① 질소의 농도가 높음
② 다량의 유기물을 포함
③ 염분의 농도가 높음
④ 고액분리가 쉬움

해설 분뇨는 고액분리가 어렵다.

03 우리나라 폐기물관리법에 따른 의료폐기물 중 위해의료폐기물이 아닌 것은?

① 조직물류폐기물 ② 병리계폐기물
③ 격리폐기물 ④ 혈액오염폐기물

해설 위해의료폐기물에는 조직물류폐기물, 병리계폐기물, 혈액오염폐기물, 생물화학폐기물이 있다.

04 쓰레기 발생량 조사 방법이라 볼 수 없는 것은?

① 적재차량 계수분석법
② 물질 수지법
③ 성상 분류법
④ 직접 계근법

해설 성상 분류법은 쓰레기발생량 예측방법이다.

05 인구가 300000명인 도시에서 폐기물 발생량이 1.2kg/인·일 이라고 한다. 수거된 폐기물의 밀도가 0.8kg/L, 수거 차량의 적재용량이 12m³라면, 1일 2회 수거하기 위한 수거차량의 대수는? (단, 기타 조건은 고려하지 않음)

① 15대 ② 17대
③ 19대 ④ 21대

해설 차량대수
$= \dfrac{1.2 kg/인·일 \times 300000인 \times \dfrac{1}{800 kg/m^3}}{12 m^3/대·회 \times 2회/일}$
$= 18.75 대 ≒ 19대$

정답 01.③ 02.④ 03.③ 04.③ 05.③

06 밀도가 400kg/m³인 쓰레기 10ton을 압축시켰더니 처음 부피 보다 50%가 줄었다. 이 경우 Compaction ration는?

① 1.5　② 2.0
③ 2.5　④ 3.0

해설 압축비$(CR) = \dfrac{100}{100 - 부피감소율\ V_R}$

$\therefore \dfrac{100}{100-50} = 2.0$

07 30만명 인구규모를 갖는 도시에서 발생되는 도시쓰레기량이 년간 40만톤이고, 수거 인부가 하루 500명이 동원되었을 때 MHT는? (단, 1일 작업시간=8시간, 연간 300일 근무)

① 3　② 4
③ 6　④ 7

해설 $MHT = \dfrac{500man \times 8hr}{400000t/300일} = 3$

08 효과적인 수거노선 설정에 관한 설명으로 가장 거리가 먼 것은?

① 적은 양의 쓰레기가 발생하나 동일한 수거빈도를 받기를 원하는 수거지점은 가능한 한 같은 날 왕복 내에서 수거되지 않도록 한다.
② 가능한 한 지형지물 및 도로 경계와 같은 장벽을 이용하여 간선도로 부근에서 시작하고 끝나도록 배치하여야 한다.
③ U자형 회전은 피하고 많은 양의 쓰레기가 발생되는 발생원은 하루 중 가장 먼저 수거하도록 한다.
④ 가능한 한 시계방향으로 수거노선을 정한다.

09 X_{90}=4.6cm로 도시폐기물을 파쇄하고자 할 때 Rosin-Rammler 모델에 의한 특성입자크기(X_o, cm)는? (단, n=1로 가정)

① 1.2　② 1.6
③ 2.0　④ 2.3

해설 $Y = 1 - \exp\left[-\left(\dfrac{X}{X_o}\right)^n\right]$

$0.90 = 1 - \exp\left[-\left(\dfrac{4.6cm}{X_o}\right)^1\right]$

$\exp(-\dfrac{4.6cm}{X_o}) = 1 - 0.9$

$\therefore$ 특성입자 크기 $X_o = \dfrac{-4.6cm}{\ln(1-0.90)} = 2.0\text{cm}$

10 강열감량에 대한 설명으로 가장 거리가 먼 것은?

① 강열감량이 높을수록 연소효율이 좋다.
② 소각잔사의 매립처분에 있어서 중요한 의미가 있다.
③ 3성분 중에서 가연분이 타지 않고 남는 양으로 표현된다.
④ 소각로의 연소효율을 판정하는 지표 및 설계인자로 사용된다.

11 폐기물의 성분을 조사한 결과 플라스틱의 함량이 10%(중량비)로 나타났다. 폐기물의 밀도가 300kg/m³이라면 폐기물 10m³중에 함유된 플라스틱의 양(kg)은?

① 300　② 400
③ 500　④ 600

해설 $300kg/m^3 \times 10m^3 \times 0.1 = 300kg$

정답 06.② 07.① 08.① 09.③ 10.① 11.①

12 적환장을 설치하는 일반적인 경우와 가장 거리가 먼 것은?

① 불법 투기 쓰레기들이 다량 발생할 때
② 고밀도 거주지역이 존재할 때
③ 상업지역에서 폐기물수집에 소형용기를 많이 사용할 때
④ 슬러지수송이나 공기수송 방식을 사용할 때

13 폐기물을 파쇄하여 입도를 분석하였더니 폐기물 입도 분포 곡선상 통과백분율이 10%, 30%, 60%, 90%에 해당되는 입경이 각각 2mm, 4mm, 6mm, 8mm이었다. 곡률계수는?

① 0.93 ② 1.13
③ 1.33 ④ 1.53

해설 곡률계수 $C_g = \dfrac{D_{30}^2}{D_{60} \times D_{10}}$

∴ $C_g = \dfrac{(4)^2}{6 \times 2} = 1.33$

14 고위발열량이 8000kcal/kg인 폐기물 10톤과 6000kcal/kg인 폐기물 2톤을 혼합하여 SRF를 만들었다면 SRF의 고위발열량(kcal/kg)은?

① 약 7567 ② 약 7667
③ 약 7767 ④ 약 7867

해설
$SRF = \dfrac{(8000 \times 10) + (6000 \times 2)}{10+2} = 7666$

15 도시 쓰레기 수거노선을 설정할 때 유의해야 할 사항으로 틀린 것은?

① 수거지점과 수거빈도를 정하는데 있어서 기존 정책을 참고한다.
② 수거인원 및 차량 형식이 같은 기존 시스템의 조건들을 서로 관련시킨다.
③ 교통이 혼잡한 지역에서 발생되는 쓰레기는 새벽에 수거한다.
④ 쓰레기 발생량이 많은 지역은 연료 저감을 위해 하루 중 가장 늦게 수거한다.

16 전과정평가(LCA)는 4부분으로 구성된다. 그 중 상품, 포장, 공정, 물질, 원료 및 활동에 의해 발생하는 에너지 및 천연원료 요구량, 대기, 수질 오염물질 배출, 고형폐기물과 기타 기술적 자료구축 과정에 속하는 것은?

① scoping analysis
② inventory analysis
③ impact analysis
④ improvement analysis

해설 전 과정평가의 절차
① 목적 및 범위설정(goal & scope definition)
② 단위공정별 목록분석(inventory analysis)
③ 환경부하에 대한 영향평가(impact assessment)
④ 개선평가 및 해석(life cycle interpretation)

17 MBT에 관한 설명으로 맞는 것은?

① 생물학적 처리가 가능한 유기성폐기물이 적은 우리나라는 MBT 설치 및 운영이 적합하지 않다.
② MBT는 지정폐기물의 전처리 시스템으로서 폐기물 무해화에 효과적이다.
③ MBT는 주로 기계적 선별, 생물학적 처리 등을 통해 재활용 물질을 회수하는 시설이다.
④ MBT는 생활폐기물 소각 후 잔재물을 대상으로 재활용 물질을 회수하는 시설이다.

> 해설 MBT(Mechanical Biological Treatment)는 폐기물을 최종 처분하기 전에 기계적, 생물학적 처리시설을 거쳐 재활용가치가 있는 물질을 최대한 회수하고, 환경부하를 감소시키는 시설이다.

18 쓰레기 선별에 사용되는 직경이 5.0m인 트롬멜 스크린의 최적속도(rpm)는?

① 약 9   ② 약 11
③ 약 14   ④ 약 16

> 해설 최적속도(rpm) = 임계속도 × 0.45
> 임계속도(rpm)
> $Nc = \sqrt{\frac{g}{4\pi^2 r}} \times 60 = \frac{1}{2\pi}\sqrt{\frac{g}{r}} \times 60$
> $Nc = \frac{1}{2\pi}\sqrt{\frac{9.8}{2.5}} \times 60$
> $= 18.9\ rpm \times 0.45 = 8.5 rpm$

19 분뇨처리를 위한 혐기성 소화조의 운영과 통제를 위하여 사용하는 분석항목으로 가장 거리가 먼 것은?

① 휘발성 산의 농도
② 소화가스 발생량
③ 세균수
④ 소화조 온도

20 쓰레기 발생량 예측방법으로 적절하지 않은 것은?

① 경향법   ② 물질수지법
③ 다중회귀모델   ④ 동적모사모델

21 매립지의 연직 차수막에 관한 설명으로 옳은 것은?

① 지중에 암반이나 점성토의 불투수층이 수직으로 깊이 분포하는 경우에 설치한다.
② 지하수 집배수시설이 불필요하다.
③ 지하에 매설되므로 차수막 보강시공이 불가능하다.
④ 차수막의 단위면적당 공사비는 적게 소요되나 총공사비는 비싸다.

> 해설 연직차수막은 지하수 집배수시설이 불필요하나 표면차수막은 필요하다.

22 토양증기추출공정에서 발생되는 2차 오염 배가스 처리를 위한 흡착방법에 대한 설명으로 옳지 않은 것은?

① 배가스의 온도가 높을수록 처리성능은 향상된다.
② 배가스 중의 수분을 전단계에서 최대한 제거해 주어야 한다.
③ 흡착제의 교체주기는 파과지점을 설계하여 정한다.
④ 흡착반응기 내 채널링 현상을 최소화하기 위하여 배가스의 선속도를 적정하게 조절한다.

정답 17.③ 18.① 19.③ 20.② 21.② 22.①

23 매립지 중간복토에 관한 설명으로 틀린 것은?

① 복토는 메탄가스가 외부로 나가는 것을 방지한다.
② 폐기물이 바람에 날리는 것을 방지한다.
③ 복토재료로는 모래나 점토질을 사용하는 것이 좋다.
④ 지반의 안정과 강도를 증가시킨다.

24 휘발성 유기화합물질(VOCs)이 아닌 것은?

① 벤젠   ② 디클로로에탄
③ 아세톤   ④ 디디티

25 폐기물의 고화처리방법 중 피막형성법의 장점으로 옳은 것은?

① 화재 위험성이 없다.
② 혼합율이 높다.
③ 에너지 소비가 적다.
④ 침출성이 낮다.

해설 표면캡슐화법 등의 피막형성법의 대표적 장점은 침출성이 가장 낮다.

26 고형물농도가 80000ppm인 농축슬러지량 20m³/hr를 탈수하기 위해 개량제(Ca(OH)₂)를 고형물당 10wt% 주입하여 함수율 85wt%인 슬러지 cake을 얻었다면 예상 슬러지 cake의 양(m³/hr)은? (단, 비중=1.0기준)

① 약 7.3   ② 약 9.6
③ 약 11.7   ④ 약 13.2

해설 $V_1 \times (100 - P_1) = V_2 \times (100 - P_2)$

$\therefore V_2 = \dfrac{80\text{kg/m}^3 \times 1.1 \times 20\text{m}^3/\text{hr}}{1000\text{kg/m}^3}$

$\times \dfrac{100}{100 - 85\%}$

$= 11.73 \, \text{m}^3/\text{hr}$

27 친산소성 퇴비화 공정의 설계 운영고려인자에 관한 내용으로 틀린 것은?

① 수분함량 : 퇴비화기간 동안 수분함량은 50~60% 범위에서 유지된다.
② C/N비 : 초기 C/N비는 25~50이 적당하며 C/N비가 높은 경우는 암모니아 가스가 발생한다.
③ pH 조절 : 적당한 분해작용을 위해서는 pH 7~7.5 범위를 유지하여야 한다.
④ 공기공급 : 이론적인 산소요구량은 식을 이용하여 추정이 가능하다.

해설 C/N비는 25~35정도가 좋다.

28 분뇨 슬러지를 퇴비화 할 경우, 영향을 주는 요소로 가장 거리가 먼 것은?

① 수분함량   ② 온도
③ pH   ④ SS농도

해설 퇴비화의 최적 수분함량은 50~60%, pH는 5.5~8.0, C/N비는 25~35, 온도는 55~60°C가 적당하다.

29 유기물($C_6H_{12}O_6$) 0.1ton을 혐기성 소화할 때 생성될 수 있는 최대 메탄의 양(kg)은?

① 12.5   ② 26.7
③ 37.3   ④ 42.9

해설 $C_6H_{12}O_6 \rightarrow 3CH_4 + 3CO_2$
$180 kg \quad : \quad 3 \times 16$
$100 kg \quad : \quad x \quad \therefore x = 26.7 kg$

30 매립지에서 침출된 침출수 농도가 반으로 감소하는 데 약 3년이 걸린다면 이 침출수 농도가 90% 분해되는 데 걸리는 시간(년)은? (단, 일차반응 기준)

① 6 ② 8
③ 10 ④ 12

해설
$\dfrac{dC}{dt} = -K \cdot C^1 \xrightarrow{\text{적분하면}} \ln\dfrac{C_t}{C_0} = -K \cdot t$

$\therefore \ln\dfrac{0.5C_0}{C_0} = -K \cdot t$

$\ln 0.5 = -K \times 3년 \quad \therefore K = 0.2311$

$\ln\dfrac{0.1}{1} = -0.231 \times t \quad \therefore t = 9.96년$

31 소각장에서 발생하는 비산재를 매립하기 위해 소각재 매립지를 설계하고자 한다. 내부 마찰각(ϕ) 30°, 부착도(c) 1kPa, 소각재의 유해성과 특성변화 때문에 안정에 필요한 안전인자(FS)는 2.0일 때, 소각재 매립지의 최대 경사각 β(°)은?

① 14.7 ② 16.1
③ 17.5 ④ 18.5

해설 사면경사각 $\beta = \tan^{-1}\left[\dfrac{\tan 30}{2}\right] = 16.1$

32 슬러지 수분 결합상태 중 탈수하기 가장 어려운 형태는?

① 모관결합수 ② 간극모관결합수
③ 표면부착수 ④ 내부수

33 쓰레기의 밀도가 750kg/m³이며 매립된 쓰레기의 총량은 30000ton이다. 여기에서 유출되는 연간 침출수량(m³)은? (단, 침출수발생량은 강우량의 60%, 쓰레기의 매립 높이=6m, 연간 강우량=1300mm, 기타 조건은 고려하지 않음)

① 2600 ② 3200
③ 4300 ④ 5200

해설 침출수량

$= \dfrac{30000\,\text{ton}}{0.75\,\text{ton/m}^3 \times 6\text{m}} \times 1300 \times 10^{-3}\,\text{m/년}$

$\times 0.60$

$= 5200\,\text{m}^3/년$

34 총질소 2%인 고형 폐기물 1ton을 퇴비화했더니 총질소는 2.5%가 되고 고형 폐기물의 무게는 0.75ton이 되었다. 결과적으로 퇴비화 과정에서 소비된 질소의 양(kg)은? (단, 기타 조건은 고려하지 않음)

① 1.25 ② 3.25
③ 5.25 ④ 7.25

해설 소비된 질소량(kg)
$= 1000\text{kg} \times 0.02 - 750\text{kg} \times 0.025 = 1.25\,\text{kg}$

정답 30.③ 31.② 32.④ 33.④ 34.①

35 쓰레기 발생량은 1000ton/day, 밀도는 0.5ton/m³이며, trench법으로 매립할 계획이다. 압축에 따른 부피감소율 40%, trench 깊이 4.0m, 매립에 사용되는 도랑 면적 점유율이 전체부지의 60%라면 연간 필요한 전체부지면적(m²)은?

① 182500 ② 243500
③ 292500 ④ 325500

해설 부지면적
$= \dfrac{1000 t/day \times (1-0.4)}{0.5 t/m^3 \times 4m} \times 365 day$
$= 109500 m^2/y$

도랑면적 : 부지면적
  0.6   :   1
109500 : x ∴ $x = 182500 m^2/year$

36 Soil washing 기법을 적용하기 위하여 토양의 입도분포를 조사한 결과가 다음과 같을 경우, 유효입경(mm)과 곡률계수는? (단, D_{10}, D_{30}, D_{60}는 각각 통과백분율 10%, 30%, 60%에 해당하는 입자 직경이다.)

	D_{10}	D_{30}	D_{60}
입자의 크기(mm)	0.25	0.60	0.90

① 유효입경=0.25, 곡률계수=1.6
② 유효입경=3.60, 곡률계수=1.6
③ 유효입경=0.25, 곡률계수=2.6
④ 유효입경=3.60, 곡률계수=2.6

해설 균등계수 $C_u = \dfrac{D_{60}}{D_{10}}$

곡률계수 $C_g = \dfrac{D_{30}^2}{D_{60} \times D_{10}}$

∴ $D_{10} = 0.25$

∴ $C_g = \dfrac{D_{30}^2}{D_{60} \times D_{10}} = \dfrac{(0.6)^2}{0.9 \times 0.25} = 1.6$

37 함수율 60%인 쓰레기를 건조시켜 함수율 20%로 만들려면, 건조시켜야 할 수분양(kg/톤)은?

① 150 ② 300
③ 500 ④ 700

해설 $V_1(100-P_1) = V_2(100-P_2)$
$1t(100-60) = V_2(100-20)$
$V_2 = 0.5$ ∴ $1-0.5 = 0.5t ≒ 500 kg$

38 열분해와 운전인자에 대한 설명으로 틀린 것은?

① 열분해는 무산소상태에서 일어나는 반응이며 필요한 에너지를 외부에서 공급해주어야 한다.
② 열분해가스 중 CO, H_2, CH_4 등의 생성율은 열공급속도가 커짐에 따라 증가한다.
③ 열분해 반응에서는 열공급속도가 커짐에 따라 유기성 액체와 수분, 그리고 Char의 생성량은 감소한다.
④ 산소가 일부 존재하는 조건에서 열분해가 진행되면 CO_2의 생성량이 최대가 된다.

해설 열분해 온도에 따라 가스구성비가 좌우되는데, 온도가 증가할수록 수소 구성비(함량)는 증가하고 이산화탄소는 감소한다.

39 다음과 같은 특성을 가진 침출수의 처리에 가장 효율적인 공정은?

> 침출수 특성 : COD/TOC 〈 2.0
> BOD/COD 〈 0.1, 매립연한 10년 이상
> COD 500이하, 단위 mg/L

① 이온교환수지
② 활성탄
③ 화학적 침전(석회투여)
④ 화학적 산화

40 설계확률 강우강도를 계산할 때 적용되지 않는 공식은?

① Talbot형   ② Sherman형
③ Japanese형   ④ Manning형

해설 Manning식은 평균 유속을 구하는데 있다.

41 고형폐기물의 중량조성이 C : 72%, H : 6%, O : 8%, S : 2%, 수분 : 12%일 때 저위발열량(kcal/kg)은? (단, 단위 질량당 열량 C : 8100kcal/kg, H : 34250kcal/kg, S : 2250kcal/kg)

① 7016   ② 7194
③ 7590   ④ 7914

해설

$$H_h = 8100C + 34250\left(H - \frac{O}{8}\right) + 2250S \,(kcal/kg)$$

$$\therefore H_h = 8100 \times 0.72 + 34250$$
$$\times \left(0.06 - \frac{0.08}{8}\right) + 2250 \times 0.02$$
$$= 7589 \,kcal/kg$$

$$H_l = H_h - 600(9H + W) \,(kcal/kg)$$

$$\therefore H_l = 7589 \,kcal/kg - 600 \times (9 \times 0.06 + 0.12)$$
$$= 7194 \,kcal/kg$$

42 유동층 소각로방식에 대한 설명으로 틀린 것은?

① 반응시간이 빨라 소각시간이 짧다.(로 부하율이 높다.)
② 기계적 구동부분이 많아 고장율이 높다.
③ 폐기물의 투입이나 유동화를 위해 파쇄가 필요하다.
④ 가스온도가 낮고 과잉공기량이 적어 NOx도 적게 배출된다.

43 플라스틱 폐기물의 소각 및 열분해에 대한 설명으로 옳지 않은 것은?

① 감압증류법은 황의 함량이 낮은 저유황유를 회수할 수 있다.
② 멜라민 수지를 불완전 연소하면 HCN과 NH_3가 생성된다.
③ 열분해에 의해 생성된 모노머는 발화성이 크고, 생성가스의 연소성도 크다.
④ 고온열분해법에서는 타르, Char 및 액체상태의 연료가 많이 생성된다.

해설 고온열분해는 1100~1500°C에서 가스 상태의 연료가 생성된다.

44 일반적으로 연소과정에서 매연(검댕)의 발생이 최대로 되는 온도는?

① 300~450°C   ② 400~550°C
③ 500~650°C   ④ 600~750°C

정답 39.② 40.④ 41.② 42.② 43.④ 44.②

45 탄화도가 클수록 석탄이 가지게 되는 성질에 관한 내용으로 틀린 것은?

① 고정탄소의 양이 증가한다.
② 휘발분이 감소한다.
③ 연소 속도가 커진다.
④ 착화온도가 높아진다.

해설
- 고체연료의 탄화도가 커질수록 증가하는 것 : 고정탄소(C), 착화온도, 발열량
- 고체연료의 탄화도가 커질수록 감소하는 것 : 매연발생량, 휘발분, 비열

46 분자식이 C_mH_n인 탄화수소가스 $1Sm^3$의 완전연소에 필요한 이론 공기량(Sm^3/Sm^3)은?

① $3.76m+1.19n$ ② $4.76m+1.19n$
③ $3.76m+1.83n$ ④ $4.76m+1.83n$

해설 완전연소 반응식

$$C_mH_n + \left(m+\frac{n}{4}\right)O_2 \rightarrow mCO_2 + \frac{n}{2}H_2O$$

$$O_o = \left(m+\frac{n}{4}\right)$$

$$\therefore A_o(Sm^3/Sm^3) = \frac{1}{0.21}\left(m+\frac{n}{4}\right)$$

$$\therefore 4.76m+1.19n$$

47 화씨온도 100°F는 몇 °C인가?

① 35.2   ② 37.8
③ 39.7   ④ 41.3

해설 $°F = \frac{9}{5}°C + 32$

$100 = \frac{9}{5}°C \times x + 32$ $\therefore x = 37.78°C$

48 다음 연소장치 중 가장 적은 공기비의 값을 요구하는 것은?

① 가스 버너   ② 유류 버너
③ 미분탄 버너 ④ 수동수평화격자

49 저위발열량이 $8000kcal/Sm^3$인 가스연료의 이론연소온도(°C)는? (단, 이론연소가스량은 $10Sm^3/Sm^3$, 연료연소가스의 평균정압비열은 $0.35kcal/Sm^3°C$, 기준온도는 실온(15°C), 지금 공기는 예열되지 않으며, 연소가스는 해리되지 않는 것으로 한다.)

① 약 2100   ② 약 2200
③ 약 2300   ④ 약 2400

해설 $t_2 = \dfrac{H_l}{G_o C_p} + t_1$

$\therefore t_2 = \dfrac{8000\,kcal/Sm^3}{10Sm^3/Sm^3 \times 0.35\,kcal/Sm^3\cdot°C} + 15°C$
$= 2300°C$

50 열분해 공정에 대한 설명으로 옳지 않은 것은?

① 배기가스량이 적다.
② 환원성 분위기를 유지할 수 있어 3가크롬이 6가크롬으로 변화하지 않는다.
③ 황분, 중금속분이 회분 속에 고정되는 비율이 적다.
④ 질소산화물의 발생량이 적다.

51 열교환기 중 절탄기에 관한 설명으로 틀린 것은?

① 급수 예열에 의해 보일러수와의 온도차가 감소함에 따라 보일러 드럼에 열응력이 증가한다.
② 급수온도가 낮을 경우, 굴뚝가스 온도가 저하하면 절탄기 저온부에 접하는 가스온도가 노점에 달하여 절탄기를 부식시킨다.
③ 굴뚝의 가스온도 저하로 인한 굴뚝 통풍력의 감소에 주의 하여야 한다.
④ 보일러 전열면을 통하여 연소가스의 여열로 보일러 급수를 예열하여 보일러의 효율을 높이는 장치이다.

해설 급수예열에 의해 보일러수와의 온도차가 감소하므로 보일러 드럼에 발생하는 열응력이 경감된다.

증발관 → 과열기 → 재열기 → 절탄기 → 공기예열기 → 연소가스 배기
연소실 → 증기터빈 → 급수 → 공기

52 액체 주입형 소각로의 단점이 아닌 것은?

① 대기오염 방지시설 이외에 소각재 처리설비가 필요하다.
② 완전히 연소시켜 주어야 하며 내화물의 파손을 막아주어야 한다.
③ 고농도 고형분으로 인하여 버너가 막히기 쉽다.
④ 대량 처리가 어렵다.

53 수분함량이 20%인 폐기물의 발열량을 단열열량계로 분석한 결과가 1500kcal/kg이라면 저위발열량(kcal/kg)은?

① 1320   ② 1380
③ 1410   ④ 1500

해설 $H_l(kcal/kg) = H_h - 6(9H + W)$
*여기서, 원소의 단위는 퍼센트농도(%)이다.
∴ $H_l = 1500 - 6 \times 20\% = 1380 kcal/kg$

54 폐기물의 저위발열량을 폐기물 3성분 조성비를 바탕으로 추정할 때 3가지 성분에 포함되지 않는 것은?

① 수분   ② 회분
③ 가연분   ④ 휘발분

55 도시폐기물 소각로 설계 시 열수지(heat balance)수립에 필요한 물, 수증기 그리고 건조공기의 열용량(specific heat capacity)은? (단, 단위는 Btu/lb°F이다.)

① 1, 0.5, 0.26   ② 1, 0.5, 0.5
③ 0.5, 0.5, 0.26   ④ 0.5, 0.26, 0.26

56 표준상태에서 배기가스 내에 존재하는 CO_2 농도가 0.01%일 때 이것은 몇 mg/m³인가?

① 146   ② 196
③ 266   ④ 296

해설 $1\% = 10000 ppm$
∴ $0.01\% = 100 ppm (g/m^3, = mL/m^3)$
$22.4 mL : 44 mg = 100 mL/m^3 : x$
∴ $\dfrac{44mg}{22.4mL} | \dfrac{100mL}{m^3} = 196.43 mg/m^3$

정답 51.① 52.① 53.② 54.④ 55.① 56.②

57 옥탄(C_8H_{18})이 완전 연소할 때 AFR은? (단, kg mol$_{air}$/kg mol$_{fuel}$)

① 15.1 ② 29.1
③ 32.5 ④ 59.5

해설 $C_8H_{18} + 12.5O_2 \rightarrow 8CO_2 + 9H_2O$

$$\frac{공기\,(mol)}{연료\,(mol)} = \frac{\frac{12.5}{0.21}}{1} = 59.5$$

58 유황 함량이 2%인 벙커C유 1.0ton을 연소시킬 경우 발생되는 SO_2의 양(kg)은? (단, 황성분 전량이 SO_2로 전환됨)

① 30 ② 40
③ 50 ④ 60

해설 $S \;+\; O_2 \;\rightarrow\; SO_2$
$32kg \;\;:\;\; 64kg$
$1000kg \times 0.02 \;:\; x$

$\therefore x = \dfrac{1000kg \times 0.02 \times 64kg}{32kg} = 40kg$

59 유동상 소각로의 특징으로 옳지 않은 것은?

① 과잉공기율이 작아도 된다.
② 층내 압력손실이 작다.
③ 층내 온도의 제어가 용이하다.
④ 노부하율이 높다.

해설 노의 하부로부터 고속으로 공기를 주입하여 유동매체 전체를 부상시켜 연소하므로 노의 부하율과 압력손실이 크다.

60 할로겐족 함유 폐기물의 소각처리가 적합하지 않은 이유에 관한 설명으로 틀린 것은?

① 소각 시 HCl 등이 발생한다.
② 대기오염방지시설의 부식문제를 야기한다.
③ 발열량이 다른 성분에 비해 상대적으로 낮다.
④ 연소 시 수증기의 생산량이 많다.

61 자외선/가시선 분광법으로 크롬을 정량할 때 $KMnO_4$를 사용하는 목적은?

① 시료 중의 총 크롬을 6가크롬으로 하기 위해서다.
② 시료 중의 총 크롬을 3가크롬으로 하기 위해서다.
③ 시료 중의 총 크롬을 이온화하기 위해서다.
④ 다이페닐카바자이드와 반응을 최적화하기 위해서다.

62 용액의 농도를 %로만 표현하였을 경우를 옳게 나타낸 것은? (단, W : 무게, V : 부피)

① V/V% ② W/W%
③ V/W% ④ W/V%

해설 다만, 용액의 농도를 %로만 표현하였을 경우 W/V%를 말한다.

63 시료의 전처리 방법으로 많은 시료를 동시에 처리하기 위하여 회화에 의한 유기물 분해방법을 이용하고자 하며, 시료 중에는 염화칼슘이 다량 함유되어 있는 것으로 조사되었다. 아래 보기 중 회화에 의한 유기물분해 방법이 적용 가능한 중금속은?

① 납(Pb) ② 철(Fe)
③ 안티몬(Sb) ④ 크롬(Cr)

정답 57.④ 58.② 59.② 60.④ 61.① 62.④ 63.④

64 원자흡수분광광도법에 의하여 비소를 측정하는 방법에 대한 설명으로 거리가 먼 것은?

① 정량한계는 0.005mg/L이다.
② 운반 가스로 아르곤 가스(순도 99.99% 이상)를 사용한다.
③ 아르곤-수소불꽃에서 원자화시켜 253.7 nm에서 흡광도를 측정한다.
④ 전처리한 시료 용액 중에 아연 또는 나트륨붕소수화물을 넣어 생성된 수소화비소를 원자화시킨다.

해설 아르곤-수소 불꽃에서 원자화시켜 193.7nm에서 흡광도를 측정하고 비소를 정량하는 방법이다.

65 감염성 미생물의 분석방법으로 가장 거리가 먼 것은?

① 아포균 검사법
② 열멸균 검사법
③ 세균배양 검사법
④ 멸균테이프 검사법

해설 감염성미생물 검사법에는 세균배양검사법, 아포균검사법, 멸균테이프검사법이 있다.

66 기체크로마토그래피에 관한 일반적인 사항으로 옳지 않은 것은?

① 충전물로서 적당한 담체에 고정상 액체를 함침시킨 것을 사용할 경우 기체-액체 크로마토그래피법이라 한다.
② 무기화합물에 대한 정성 및 정량분석에 이용된다.
③ 운반기체는 시료도입부로부터 분리관 내를 흘러서 검출기를 통하여 외부로 방출된다.
④ 시료도입부, 분리관 검출기 등은 필요한 온도를 유지해 주어야 한다.

해설 일반적으로 유기화합물에 대한 정성 및 정량분석에 이용한다.

67 중량법에 의한 기름성분 분석방법에 관한 설명으로 옳지 않은 것은?

① 시료를 직접 사용하거나, 시료에 적당한 응집제 또는 흡착제 등을 넣어 노말헥산 추출물질을 포집한 다음 노말헥산으로 추출한다.
② 시험기준의 정량한계는 0.1% 이하로 한다.
③ 폐기물 중의 휘발성이 높은 탄화수소, 탄화수소유도체, 그리스유상물질 중 노말헥산에 용해되는 성분에 적용한다.
④ 눈에 보이는 이물질이 들어 있을 때에는 제거해야 한다.

해설 폐기물 중의 비교적 휘발되지 않는 탄화수소, 탄화수소유도체, 그리이스유상물질이 노말헥산층에 용해되는 성질을 이용한 방법이다.

68 석면의 종류 중 백선면의 형태와 색상에 관한 내용으로 가장 거리가 먼 것은?

① 곧은 물결 모양의 섬유
② 다발의 끝은 분산
③ 다색성
④ 가열되면 무색 ~ 밝은 갈색

해설 백석면은 꼬인 물결 모양의 섬유 형태이다.

정답 64.③ 65.② 66.② 67.③ 68.①

69 기체크로마토그래피에 의한 휘발성 저급 염소화 탄화수소류 분석방법에 관한 설명과 가장 거리가 먼 것은?

① 끓는점이 낮거나 비극성 유기화합물들이 함께 추출되어 간섭현상이 일어난다.
② 시료 중에 트리클로로에틸렌(C_2HCl_3)의 정량한계는 0.008mg/L, 테트라클로로에틸렌(C_2Cl_4)의 정량한계는 0.002mg/L이다.
③ 디클로로메탄과 같은 휘발성 유기물은 보관이나 운반 중에 격막(septum)을 통해 시료 안으로 확산되어 시료를 오염시킬 수 있으므로 현장 바탕시료로서 이를 점검하여야 한다.
④ 디클로로메탄과 같이 머무름 시간이 짧은 화합물은 용매의 피크와 겹쳐 분석을 방해할 수 있다.

[해설] 기체크로마토그래피 – 질량분석법에서 끓는점이 높거나 극성 유기화합물들이 함께 추출되므로 이들 중에는 분석을 간섭하는 물질이 있을 수 있다.

70 시안의 자외선/가시선 분광법에 관한 내용으로 ( )에 옳은 내용은?

> 클로라민 T와 피리딘·피라졸론 혼합액을 넣어 나타나는 ( )에서 측정한다.

① 적색을 460nm
② 황갈색을 560nm
③ 적자색을 520nm
④ 청색을 620nm

71 원자흡수분광도법에서 일어나는 분광학적 간섭에 해당하는 것은?

① 불꽃 중에서 원자가 이온화하는 경우
② 시료용액의 점성이나 표면장력 등에 의하여 일어나는 경우
③ 분석에 사용하는 스펙트럼선이 다른 인접선과 완전히 분리되지 않는 경우
④ 공존물질과 작용하여 해리하기 어려운 화합물이 생성되어 흡광에 관계하는 기저상태의 원자수가 감소하는 경우

72 폐기물 시료의 용출시험방법에 대한 설명으로 틀린 것은?

① 지정폐기물의 판정이나 매립방법을 결정하기 위한 시험에 적용한다.
② 시료 100g 이상을 정확히 달아 정제수에 염산을 넣어 pH를 4.5~5.3으로 맞춘 용매와 1:5의 비율로 혼합한다.
③ 진탕여과한 액을 검액으로 사용하나 여과가 어려운 경우 원심분리기를 이용한다.
④ 용출시험 결과는 수분함량 보정을 위해 함수율 85% 이상인 시료에 한하여 [15/(100-시료의 함수율(%))]을 곱하여 계산된 값으로 한다.

[해설] 시료의 조제방법에 따라 조제한 시료 100g 이상을 정확히 달아 정제수에 염산을 넣어 pH5.8~6.3으로 한 용매(mL)를 시료 : 용매 = 1:10(W:V)의 비로 2000mL 삼각플라스크에 넣어 혼합한다.

정답 69.① 70.④ 71.③ 72.②

73 수소이온농도(pH) 시험방법에 관한 설명으로 틀린 것은? (단, 유리전극법 기준)

① pH를 0.1까지 측정한다.
② 기준전극은 은-염화은의 칼로멜 전극 등으로 구성된 전극으로 pH측정기에서 측정전위값의 기준이 된다.
③ 유리전극은 일반적으로 용액의 색도, 탁도, 콜로이드성 물질들, 산화 및 환원성 물질들 그리고 염도에 의해 간섭을 받지 않는다.
④ pH는 온도변화에 영향을 받는다.

해설 pH를 0.01까지 측정한다.

74 대상 폐기물의 양이 1100톤인 경우 현장시료의 최소 수(개)는?

① 40
② 50
③ 60
④ 80

해설 대상 폐기물의 양과 현장 시료의 최소 수

대상 폐기물의 양 (단위 : ton)	현장 시료의 최소 수
1 미만	6
1 이상 ~ 5 미만	10
5 이상 ~ 30 미만	14
30 이상 ~ 100 미만	20
100 이상 ~ 500 미만	30
500 이상 ~ 1000 미만	36
1000 이상 ~ 5000 미만	50
5000 이상	60

75 폐기물 소각시설의 소각재 시료채취에 관한 내용 중 회분식 연소 방식의 소각재 반출설비에서의 시료채취 내용으로 옳은 것은?

① 하루 동안의 운행시간에 따라 매 시간마다 2회 이상 채취하는 것을 원칙으로 한다.
② 하루 동안의 운행시간에 따라 매 시간마다 3회 이상 채취하는 것을 원칙으로 한다.
③ 하루 동안의 운전횟수에 따라 매 운전 시마다 2회 이상 채취하는 것을 원칙으로 한다.
④ 하루 동안의 운전횟수에 따라 매 운전 시마다 3회 이상 채취하는 것을 원칙으로 한다.

76 시안(CN)을 분석하기 위한 자외선/가시선 분광법에 대한 설명으로 옳지 않은 것은?

① 시안화합물을 측정할 때 방해물질들은 증류하면 대부분 제거된다.
② 정량한계는 0.01mg/L이다.
③ pH 2이하 산성에서 피리딘·피라졸론을 넣고 가열 증류한다.
④ 유출되는 시안화수소를 수산화나트륨 용액으로 포집한 다음 중화한다.

해설 시료를 pH 2 이하의 산성으로 조절한 후에 에틸렌다이아민테트라아세트산이나트륨을 넣고 가열 증류한다.

정답 73.① 74.② 75.③ 76.③

77 총칙에서 규정하고 있는 내용으로 틀린 것은?

① "항량으로 될 때까지 건조한다"함은 같은 조건에서 10시간 더 건조할 때 전후 무게의 차가 g당 0.1mg 이하일 때를 말한다.
② "방울수"라 함은 20℃에서 정제수 20방울을 적하할 때, 그 부피가 약 1mL 되는 것을 뜻한다.
③ "감압 또는 진공"이라 함은 따로 규정이 없는 한 15mmHg이하를 뜻한다.
④ 무게를 "정확히 단다"라 함은 규정된 수치의 무게를 0.1mg까지 다는 것을 말한다.

해설 "항량으로 될 때까지 건조한다"라 함은 같은 조건에서 1시간 더 건조할 때 전후 무게의 차가 g당 0.3 mg 이하일 때를 말한다.

78 시료의 조제방법에 관한 설명으로 틀린 것은?

① 시료의 축소방법에는 구획법, 교호삽법, 원추 4분법이 있다.
② 소각잔재, 슬러지 또는 입자상 물질 중 입경이 5mm 이상인 것은 분쇄하여 체로 걸러서 입경이 0.5~5mm로 한다.
③ 시료의 축소방법 중 구획법은 대시료를 네모꼴로 얇게 균일한 두께로 편 후, 가로 4등분, 세로 5등분하여 20개의 덩어리로 나누어 20개의 각 부분에서 균등량씩을 취해 혼합하여 하나의 시료로 한다.
④ 축소라 함은 폐기물에서 시료를 채취할 경우 혹은 조제된 시료의 양이 많은 경우에 모은 시료의 평균적 성질을 유지하면서 양을 감소시켜 측정용 시료를 만드는 것을 말한다.

해설 소각 잔재, 슬러지 또는 입자상 물질은 그대로 작은 돌멩이 등의 이물질을 제거하고, 이외의 폐기물 중 입경이 5mm 미만인 것은 그대로, 입경이 5mm 이상인 것은 분쇄하여 체로 거른 후 입경이 0.5mm~5mm로 한다.

79 폐기물 시료 20g에 고형물 함량이 1.2g이었다면 다음 중 어떤 폐기물에 속하는가? (단, 폐기물의 비중=1.0)

① 액상폐기물 ② 반액상폐기물
③ 반고상폐기물 ④ 고상폐기물

해설
① "액상폐기물"이라 함은 고형물의 함량이 5% 미만인 것을 말한다.
② "반고상폐기물"이라 함은 고형물의 함량이 5 % 이상 15 % 미만인 것을 말한다.
③ "고상폐기물"이라 함은 고형물의 함량이 15 % 이상인 것을 말한다.

80 PCB측정 시 시료의 전처리 조작으로 유분의 제거를 위하여 알칼리 분해를 실시하는 과정에서 알칼리제로 사용하는 것은?

① 산화칼슘 ② 수산화칼륨
③ 수산화나트륨 ④ 수산화칼슘

정답 77.① 78.② 79.③ 80.②

81 폐기물처리시설을 설치·운영하는 자는 환경부령이 정하는 기간마다 정기검사를 받아야 한다. 음식물류 폐기물 처리시설인 경우의 검사기간 기준으로 (   )에 옳은 것은?

> 최초 정기검사는 사용개시일부터 (㉠)이 되는 날, 2회 이후의 정기검사는 최종 정기검사일부터 (㉡)이 되는 날

① ㉠ 3년, ㉡ 3년
② ㉠ 1년, ㉡ 3년
③ ㉠ 3개월, ㉡ 3개월
④ ㉠ 1년, ㉡ 1년

82 에너지 회수기준으로 알맞지 않는 것은?

① 다른 물질과 혼합하지 아니하고 해당 폐기물의 저위발열량이 킬로그램당 3천 킬로칼로리 이상일 것
② 환경부장관이 정하여 고시하는 경우에는 폐기물의 30퍼센트 이상을 원료나 재료로 재활용하고 그 나머지 중에서 에너지의 회수에 이용할 것
③ 회수열을 50퍼센트 이상 열원으로 스스로 이용하거나 다른 사람에게 공급할 것
④ 에너지의 회수효율(회수에너지 총량을 투입에너지 총량으로 나눈 비율을 말한다.)이 75퍼센트 이상일 것

해설 회수열을 모두 열원(熱源)으로 스스로 이용하거나 다른 사람에게 공급할 것

83 음식물류 폐기물을 대상으로 하는 폐기물 처분시설의 기술관리인의 자격으로 틀린 것은?

① 일반기계산업기사
② 전기기사
③ 토목산업기사
④ 대기환경산업기사

84 폐기물처리시설을 설치 운영하는 자가 폐기물처리시설의 유지·관리에 관한 기술관리대행을 체결할 경우 대행하게 할 수 있는 자로서 옳지 않은 것은?

① 한국환경공단
② 엔지니어링산업 진흥법에 따라 신고한 엔지니어링사업자
③ 기술사법에 따른 기술사사무소
④ 국립환경과학원

85 기술관리인을 두어야 할 폐기물처리시설은? (단, 폐기물처리업자가 운영하는 폐기물처리시설제외)

① 사료화·퇴비화 시설로서 1일 처리능력이 1톤인 시설
② 최종처분시설 중 차단형 매립시설에 있어서는 면적이 200제곱미터인 매립시설
③ 지정폐기물 외의 폐기물을 매립하는 시설로서 매립용적이 2만세제곱미터인 시설
④ 연료화시설로서 1일 재활용능력이 10톤인 시설

정답 81.④ 82.③ 83.① 84.④ 85.④

86 주변지역 영향 조사대상 폐기물 처리시설의 기준으로 옳은 것은?

① 1일처리 능력이 100톤 이상인 사업장 폐기물 소각시설
② 매립면적 3300 제곱미터 이상의 사업장 지정폐기물 매립시설
③ 매립용적 3만 세제곱미터 이상의 사업장 지정폐기물 매립시설
④ 매립면적 15만 제곱미터 이상의 사업장 일반폐기물 매립시설

87 의료폐기물 중 일반의료폐기물이 아닌 것은?

① 일회용 주사기
② 수액세트
③ 혈액·체액·분비물·배설물이 함유되어 있는 탈지면
④ 파손된 유리재질의 시험기구

88 폐기물처리시설의 폐쇄명령을 이행하지 아니한 자에 대한 벌칙기준은?

① 1년 이하의 징역 또는 1천만원이하의 벌금
② 2년 이하의 징역 또는 2천만원이하의 벌금
③ 3년 이하의 징역 또는 3천만원이하의 벌금
④ 5년 이하의 징역 또는 5천만원이하의 벌금

89 관리형 매립시설 침출수 중 COD의 청정지역 배출허용기준으로 적합한 것은? (단, 청정지역은 「물환경보전법 시행규칙」의 지역구분에 따른다.)

① 200mg/L   ② 400mg/L
③ 600mg/L   ④ 800mg/L

해설 관리형매립시설 침출수의 배출허용기준

구분	생물화학적 산소 요구량 (mg/L)	화학적산소 요구량(mg/L) 중크롬산칼륨에 따른 경우	부유물 질량 (mg/L)
청정지역	30	400(90%)	30
가지역	50	600(85%)	50
나지역	70	800(80%)	70

90 폐기물처리사업 계획의 적합통보를 받은 자 중 소각시설의 설치가 필요한 경우에는 환경부 장관이 요구하는 시설·장비·기술능력을 갖추어 허가를 받아야 한다. 허가신청서에 추가서류를 첨부하여 적합통보를 받은 날부터 언제까지 시·도지사에게 제출하여야 하는가?

① 6개월 이내   ② 1년 이내
③ 2년 이내   ④ 3년 이내

91 폐기물처리업자, 폐기물처리시설을 설치·운영하는 자 등은 환경부령이 정하는 바에 따라 장부를 갖추어 두고, 폐기물의 발생·배출·처리상황 등을 기록하여 최종 기재한 날부터 얼마 동안 보존하여야 하는가?

① 6개월   ② 1년
③ 3년   ④ 5년

정답 86.④ 87.④ 88.④ 89.① 90.④ 91.③

92 사업장일반폐기물배출자가 그의 사업장에서 발생하는 폐기물을 보관할 수 있는 기간기준은? (단, 중간가공 폐기물의 경우는 제외)

① 보관이 시작된 날로부터 45일
② 보관이 시작된 날로부터 90일
③ 보관이 시작된 날로부터 120일
④ 보관이 시작된 날로부터 180일

93 폐기물관리의 기본원칙으로 틀린 것은?

① 폐기물은 소각, 매립 등의 처분을 하기보다는 우선적으로 재활용함으로써 자원생산성의 향상에 이바지하도록 하여야 한다.
② 국내에서 발생한 폐기물은 가능하면 국내에서 처리되어야 하고, 폐기물은 수입할 수 없다.
③ 누구든지 폐기물을 배출하는 경우에는 주변환경이나 주민의 건강에 위해를 끼치지 아니하도록 사전에 적절한 조치를 하여야 한다.
④ 사업자는 제품의 생산방식 등을 개선하여 폐기물의 발생을 최대한 억제하고, 발생한 폐기물을 스스로 재활용함으로써 폐기물의 배출을 최소화하여야 한다.

94 사업장폐기물배출자는 배출기간이 2개 연도이상에 걸치는 경우에는 매 연도의 폐기물 처리실적을 언제까지 보고하여야 하는가?

① 당해 12월 말까지
② 다음연도 1월 말까지
③ 다음연도 2월 말까지
④ 다음연도 3월 말까지

95 폐기물처리시설을 설치·운영하는 자는 오염물질의 측정결과를 매분기가 끝나는 달의 다음 달 며칠까지 시·도지사나 지방환경관서의 장에게 보고하여야 하는가?

① 5일   ② 10일
③ 15일   ④ 20일

96 100만원 이하의 과태료가 부과되는 경우에 해당되는 것은?

① 폐기물처리 가격의 최저액보다 낮은 가격으로 폐기물처리를 위탁한 자
② 폐기물운반자가 규정에 의한 서류를 지니지 아니하거나 내보이지 아니한 자
③ 장부를 기록 또는 보존하지 아니하거나 거짓으로 기록한 자
④ 처리이행보증보험의 계약을 갱신하지 아니하거나 처리이행보증금의 증액조정을 신청하지 아니한 자

97 폐기물처리시설인 재활용시설 중 기계적 재활용시설과 가장 거리가 먼 것은?

① 연료화 시설
② 골재가공시설
③ 증발·농축 시설
④ 유수 분리 시설

정답 92.② 93.② 94.③ 95.② 96.③ 97.②

98 폐기물발생량 억제지침 준수의무대상 배출자의 규모에 대한 기준으로 옳은 것은?

① 최근 3년간의 연평균 배출량을 기준으로 지정폐기물을 100톤 이상 배출하는 자
② 최근 3년간의 연평균 배출량을 기준으로 지정폐기물을 200톤 이상 배출하는 자
③ 최근 3년간의 연평균 배출량을 기준으로 지정폐기물 외의 폐기물을 250톤 이상 배출하는 자
④ 최근 3년간의 연평균 배출량을 기준으로 지정폐기물 외의 폐기물을 500톤 이상 배출하는 자

99 폐기물처리업자(폐기물 재활용업자)의 준수사항에 관한 내용으로 ( )에 알맞은 것은?

> 유기성 오니를 화력발전소에서 연료로 사용하기 위하여 가공하는 자는 유기성 오니 연료의 저위발열량, 수분 함유량, 회분 함유량, 황분 함유량, 길이 및 금속 성분을 ( ) 측정하여 그 결과를 시·도지사에게 제출하여야 한다.

① 매 월 1회 이상
② 매 2월 1회 이상
③ 매 분기당 1회 이상
④ 매 반기당 1회 이상

100 사업장폐기물을 공동으로 처리할 수 있는 사업자(둘 이상의 사업장폐기물배출자)에 해당하지 않는 자는?

① 여객자동차 운수사업법에 따라 여객자동차 운송사업을 하는 자
② 공중위생관리법에 따라 세탁업을 하는 자
③ 출판문화산업 진흥법 관련규정의 출판사를 경영하는 자
④ 의료폐기물을 배출하는 자

정답 98.① 99.③ 100.③

2021년 CBT 4회 폐기물처리 산업기사 [9월 5일 시행]

** 본문제는 수험생들의 기억을 바탕으로 작성 된 것으로 실제 문제와 차이가 있을 수 있습니다.

1과목 폐기물개론

01 지정폐기물인 폐석면의 입도를 분석한 결과에 의하면 $d_{10} = 3mm$, $d_{30} = 6mm$, $d_{60} = 12mm$ 그리고 $d_{90} = 15mm$ 이었다. 이 때 균등계수와 곡률계수는 각각 얼마인가?

① 1, 0.5 ② 1, 1.0
③ 4, 0.5 ④ 4, 1.0

해설 균등계수 $= \dfrac{D_{60\%}}{D_{10\%}} = \dfrac{12mm}{3mm} = 4.0$

곡률계수 $= \dfrac{(D_{30\%})^2}{(D_{10\%} \times D_{60\%})}$
$= \dfrac{(6mm)^2}{(3mm \times 12mm)} = 1.0$

02 와전류식 선별에 관한 내용으로 틀린 것은?

① 비철금속의 분리, 회수에 이용한다.
② 전기허용도 차이에 의해 비전도체들을 각각 선별 할 수 있다.
③ 와전류식 선별기의 순도와 회수율은 95%까지도 보고되고 있다.
④ 전자석 유도에 관한 패러데이법칙을 기초로 한다.

해설 와전류선별기는 비자성이고 전기전도도가 좋은 물질을 와전류현상에 의해 다른 물질에서 분리할 수 있다. 자력 선별기는 자기드럼식, 자기벨트식, 자기전도식으로 대별된다.

03 쓰레기 수거능을 판별할 수 있는 MHT라는 용어에 대한 설명으로 알맞은 것은 어느 것인가?

① 1톤의 쓰레기를 수거하는데 수거인부 1인이 소요하는 총 시간
② 1톤의 쓰레기를 수거하는데 소요되는 인부수
③ 수거인부 1인이 시간당 수거하는 쓰레기 톤 수
④ 수거인부 1인이 수거하는 쓰레기 톤 수

04 폐기물의 퇴비화 조건이 아닌 것은?

① 퇴비화하기 쉬운 물질을 선정한다.
② 분뇨, 슬러지 등 수분이 많을 경우 Bulking Agent를 혼합한다.
③ 미생물 식종을 위해 부숙 중인 퇴비의 일부를 반송하여 첨가한다.
④ pH가 5.5 이하인 경우 인위적인 pH 조절을 위해 탄산칼슘을 첨가한다.

05 유해성 폐기물이라 판단할 수 있는 성질과 가장 거리가 먼 것은?

① 반응성 ② 인화성
③ 부식성 ④ 부패성

해설 유해성 판단요소: 반응성, 인화성, 부식성, 폭발성, 독성, 발암성 등

정답 01.④ 02.② 03.① 04.③ 05.④

06 폐기물관리법에서 적용되는 용어의 뜻으로 틀린 것은 어느 것인가?

① "지정폐기물"이란 사업장폐기물 중 폐유·폐산 등 주변환경을 오염시킬 수 있거나 의료폐기물 등 인체에 위해를 줄 수 있는 해로운 물질로서 대통령령으로 정하는 폐기물을 말한다.
② "생활폐기물"이란 사업장폐기물 외의 폐기물을 말한다.
③ "폐기물감량화시설"이란 생산 공정에서 발생하는 폐기물의 양을 줄이고 사업장 내 재활용을 통하여 폐기물 배출을 최소화하는 시설로서 대통령령으로 정하는 시설을 말한다.
④ "폐기물처리시설"이라 함은 폐기물의 수집, 운반시설, 폐기물의 중간처리시설, 최종처리시설로서 대통령령이 정하는 시설을 말한다.

[해설] 폐기물처리시설이라 함은 폐기물의 중간처분시설, 최종처분시설 및 재활용시설로서 대통령령으로 정하는 시설이다.

07 폐기물의 관리에 있어서 가장 우선적으로 고려하여야 할 사항은?

① 재회수   ② 재활용
③ 감량화   ④ 소각

[해설] 폐기물관리의 우선순위
감량화 > 재활용 > 안정화 > 위생처분

08 폐기물은 단순히 버려져 못 쓰는 것이라는 인식을 바꾸어 '폐기물=자원' 이라는 공감대를 확산시킴으로써 재활용정책에 활력을 불어 넣은 생산자 책임 재활용제도는?

① RHSS   ② ESSD
③ EPR   ④ WEE

[해설] EPR(Extended Producer Responsibility)은 생산자 책임 재활용제도로 생산자 또는 수입업자에게 재활용 의무목표량을 부과한다.

09 사용한 자원 및 에너지, 환경으로 배출되는 환경오염물질을 규명하고 정량화함으로써 한 제품이나 공정에 관련된 환경 부담을 평가하고 그 에너지와 자원, 환경부하 영향을 평가하여, 환경을 개선시킬 수 있는 기회를 규명하는 과정으로 정의되는 것은?

① ESSA   ② LCA
③ EPA   ④ TRA

10 유해폐기물 성분물질 중 As에 의한 피해 증세로 가장 거리가 먼 것은?

① 무기력증 유발
② 피부염 유발
③ Fanconi씨 증상
④ 암 및 돌연변이 유발

[해설] 판코니 증후군은 근위세뇨관에서 발생하는데 이곳은 사구체에서 여과가 가장 먼저 일어나는 곳이다. 이 증후군은 유전, 약물 또는 고분자 물질에 의해 일어나게 된다.

11 쓰레기발생량 예측방법으로 틀린 것은 어느 것인가?

① 물질수지법   ② 경향예측모델법
③ 다중회귀모델   ④ 동적모사모델

[해설] 물질수지법(Material balance method)은 쓰레기 발생량 조사방법이다.

정답 06.④ 07.③ 08.③ 09.② 10.③ 11.①

12 쓰레기 발생량 및 성상변동에 대한 내용으로 틀린 것은 어느 것인가?

① 일반적으로 도시의 규모가 커질수록 쓰레기의 발생량이 증가한다.
② 일반적으로 수집빈도가 높을수록 발생량이 증가한다.
③ 일반적으로 쓰레기통이 작을수록 발생량이 증가한다.
④ 생활수준이 높아지면 발생량이 증가하며 다양화된다.

해설 일반적으로 쓰레기통이 작을수록 발생량이 감소한다.

13 채취한 쓰레기시료에 대한 분석절차를 가장 바르게 나타낸 것은?

① 밀도측정→분류→건조→물리적조성→전처리
② 밀도측정→물리적조성→건조→분류→전처리
③ 전처리→밀도측정→건조→물리적조성→분류
④ 전처리→건조→분류→물리적조성→밀도측정

해설 분석절차 : 시료 → 밀도측정 → 물리적조성 → 건조 → 분류(가연성 및 불연성) → 전처리(절단 및 분쇄) → 화학적 조성분석, 극한 분석, 발열량 분석, 용출 실험

14 쓰레기를 소각한 후 남은 재의 중량은 소각 전 쓰레기 중량의 약 1/30이다. 재의 밀도가 2.5t/m³이고, 재의 용적이 3.3m³이 될 때의 소각 전 원래 쓰레기의 중량은?

① 22.3t　② 23.6t
③ 24.8t　④ 28.6t

해설 원래 쓰레기의 중량
$= 3/1 \times 2.5 t/m^3 \times 3.3 m^3 = 24.75 t$

15 수분 50%, 고형물 60%, 휘발성고형물 30%인 쓰레기의 유기물 함량(%)은?

① 18　② 25
③ 36　④ 50

해설 유기물 함량(%)
$= \dfrac{휘발성\ 고형물(g)}{고형물(g)} \times 100$

∴ 유기물 함량 $= \dfrac{30\%}{60\%} \times 100 = 50\%$

16 수분함량이 90%인 폐기물의 용출시험결과 카드뮴의 농도가 0.25 mg/L 이었다. 함수율을 보정한 카드뮴의 농도(mg/L)는 얼마인가?

① 0.125mg/L　② 0.295mg/L
③ 0.375mg/L　④ 0.435mg/L

해설 보정값 $= \dfrac{15}{100-90} = 1.5$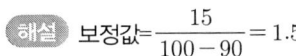

∴ Cd 0.25mg/L×1.5=0.375mL

17 폐기물의 연소열을 나타내는 발열량에 관한 내용으로 틀린 것은 어느 것인가?

① 폐기물의 저위발열량은 가연분, 수분, 회분의 조성비에 의해 추정할 수 있다.
② 고위발열량은 수분의 응축잠열을 뺀 것으로 소각로의 설계기준이 된다.
③ 단열열량계로 폐기물의 발열량을 측정시 폐기물의 성상은 습량기준이다.
④ 폐기물을 자체 소각처리하기 위해서는 약 1500 kcal/kg의 자체열량이 있어야 한다.

해설 고위발열량은 수분에 의하여 생성된 수분의 응축열(증발잠열)을 포함한다.

정답 12.③ 13.② 14.③ 15.④ 16.③ 17.②

18 폐기물의 저위발열량은 폐기물 3성분 조성비를 바탕으로 추정할 때 다음 중 3가지 성분에 포함되지 않는 것은?

① 수분　　② 회분
③ 가연성분　④ 휘발분

해설 폐기물의 3성분에는 가연성분, 수분, 회분이 있으며, 4성분에는 고정탄소, 휘발분, 수분, 회분이 있다.

19 쓰레기 관리체계에서 비용이 가장 많이 드는 단계는?

① 저장　　② 매립
③ 퇴비화　④ 수거

해설 쓰레기 관리체계 중 수거단계에서 비용이 많이 든다.

20 물렁거리는 가벼운 물질로부터 딱딱한 물질을 선별하는데 사용하는 선별분류법은?

① Jigs　　② Table
③ Secators　④ Stoners

해설 Secator는 회전하는 드럼위에 떨어뜨려 분류하는 방법이다.

2과목　폐기물처리기술

21 와전류선별기에 관한 내용과 가장 거리가 먼 것은?

① 비철금속의 분리, 회수에 이용된다.
② 자력선을 도체가 스칠 때에 진행방향과 직각방향으로 힘이 작용하는 것을 이용한다.
③ 드럼식, 벨트식, 폴리식으로 대별되며 사용 장소에 적합하게 사용한다.
④ 연속적으로 변화하는 자장 속에 비자성이며 전기전도성이 좋은 금속인 구리, 알루미늄, 아연 등을 넣으면 금속 내에 소용돌이 전류가 발생하여 반발력이 생기는데 이 반발력 차를 이용하여 분리시킨다.

해설 자력선별기의 종류는 드럼식, 벨트식, 폴리식으로 대별된다.

22 오염토양을 정화하는 기법인 토양증기추출법의 장단점으로 틀린 것은?

① 오염물질의 특성은 변화가 없다.
② 추출된 기체는 대기오염방지를 위해 후처리가 필요하다.
③ 기계 및 장치가 복잡하여 설치기간이 길다.
④ 지반구조의 복잡성으로 총 처리시간을 예측하기가 어렵다.

해설 기계 및 장치가 간단하여 설치기간이 짧다.

23 고형폐기물을 매립 처리할 때 $C_6H_{12}O_6$ 성분 1톤(ton)의 폐기물이 혐기성 분해를 한다면 이론적 메탄가스 발생량(m^3)은 얼마인가? (단, 표준상태 기준이다.)

① 약 $280m^3$ ② 약 $370m^3$
③ 약 $450m^3$ ④ 약 $560m^3$

해설 $C_6H_{12}O_6 \rightarrow 3CH_4 + 3CO_2$
180kg : 3×22.4
1000kg : x
∴ x=373.33Sm^3

24 일반적으로 하수 슬러지를 혐기성 소화 처리하는 경우, 소화조 내 유기산(Volatile acid) 농도로 가장 적절한 것은?

① 200~450mg/L
② 3000~3500mg/L
③ 5500~6000mg/L
④ 13000~15500mg/L

해설 소화과정 : 유기산(200~450mg/L) 생성단계 → 메탄생성단계

25 매립지 기체 발생단계를 4단계로 나눌 때 매립 초기의 호기성 단계(혐기성 전단계)에 대한 설명으로 틀린 것은?

① 폐기물 내 수분이 많은 경우에는 반응이 가속화된다.
② O_2가 대부분 소모된다.
③ N_2가 급격히 발생한다.
④ 주요 생성기체는 CO_2이다.

해설 매립 초기단계에서는 N_2가 급격히 감소한다.

26 토양오염 물질 중 BTEX에 포함되지 않는 것은?

① 벤젠 ② 톨루엔
③ 자일렌 ④ 에틸렌

해설 BTEX는 benzene, toluene, ethylbenzene, xylene으로 구성된 휘발성 방향족 탄화수소로 정의한다.

27 관리형 폐기물매립지에서 발생하는 침출수의 주된 발생원은 어느 것인가?

① 주위의 지하수로부터 유입되는 물
② 주변으로부터의 유입지표수(Run-on)
③ 강우에 의하여 상부로부터 유입되는 물
④ 폐기물 자체의 수분 및 분해에 의하여 생성되는 물

해설 침출수의 주된 발생원은 강우에 의하여 상부로부터 유입되는 물이다.

28 다음 중 합성차수막의 분류가 틀린 것은 어느 것인가?

① PVC - Thermoplastics
② CR - Elastomer
③ EDPM - Crystalline Thermoplastics
④ CPE - Thermoplastic Elastomers

해설 EDPM는 합성차수막이 아니다.

29 토양수분의 물리학적 분류 중 수분 1,000cm의 물기둥의 압력으로 결합되어 있는 경우 다음 중 어디에 속하는가?

① 결합수 ② 흡습수
③ 유효수분 ④ 모세관수

해설 pF = log 1000
∴ pF=3(모세관수 pF 2.54~4.5)

정답 23.② 24.① 25.③ 26.④ 27.③ 28.③ 29.④

30 해안매립공법 중 '순차투입방법'에 관한 설명으로 틀린 것은?

① 호안 측으로부터 순차적으로 쓰레기를 투입하여 육지화 하는 방법이다.
② 부유성 쓰레기의 수면확산에 의해 수면부와 육지부의 경계 구분이 어려워 매립장비가 매몰되기도 한다.
③ 바닥지반이 연약한 경우 쓰레기 하중으로 연약층이 유동하거나 국부적으로 두껍게 퇴적되기도 한다.
④ 수심이 깊은 처분장은 내수를 완전히 배제한 후 순차투입방법을 택하는 경우가 많다.

해설 수심이 깊은 처분장에서 내수를 배제하기 곤란한 경우에 택한다.

31 다량의 분뇨를 일시에 소화조에 투입할 때 일반적으로 나타나는 장해라 볼 수 없는 것은?

① 스컴(Scum)의 발생 증가
② pH 저하
③ 유기산의 저하
④ 탈리액의 인출 불균등

해설 분뇨를 일시에 소화조에 투입 시 유기산은 증가한다.

32 함수율이 94%인 수거분뇨 200kL/d를 70% 함수율의 건조 슬러지로 만들면 하루의 건조슬러지생성량은?(단, 수거분뇨의 비중은 1.0기준)

① 27kL/d   ② 30kL/d
③ 40kL/d   ④ 45kL/d

해설 200kL×(100-94%) = V₂×(100-70%)
∴ V₂ = 40kL/d

33 유기성 폐기물의 퇴비화 과정(초기단계-고온단계-숙성단계) 중 고온단계에서 주된 역할을 담당하는 미생물은?

① 전반기: pseudomonas,
　후반기: Bacillus
② 전반기: Thermoactinomyces,
　후반기: Enterobacter
③ 전반기: Enterobacter,
　후반기: Pseudomonas
④ 전반기: Bacillus,
　후반기: Thernoactinomyces

해설 고온단계에서 주된 역할을 담당하는 미생물은 전반기에는 Bacillus, 후반기에는 Thermoactinomyces 이다.

34 혐기성 위생매립지에서 발생되는 가스의 조성을 검사한 결과, 일정 기간동안 CH_4, CO_2의 가스구성비(부피%)가 각각 50%, 40%로 나타나고 있다면 이때 매립지 내의 생물반응단계로 가장 적절한 것은?

① 준호기성 상태
② 임의성 상태
③ 완전 혐기성 상태
④ 혐기성 시작상태

해설 CH_4/CO_2비 : 탄수화물 50/50, 단백질 75/25, 지방질 83/17

35 호기성 소화공법이 혐기성 소화공법에 비하여 갖고 있는 장점이라 할 수 없는 것은?

① 반응시간이 짧아 시설비가 저렴할 수 있다.
② 운전이 용이하고 악취발생이 적다.
③ 생산된 슬러지의 탈수성이 우수하다.
④ 반응조의 가온이 불필요하다.

해설 호기성소화는 탈수성이 나쁘다.

36 유기적 고형화법과 비교한 무기적 고형화법에 관한 설명으로 틀린 것은?

① 다양한 산업폐기물에 적용이 가능하다.
② 비용이 저렴하다.
③ 상압 및 상온하에서 처리가 용이하다.
④ 수용성이 크며 재료의 독성이 없다.

해설 수용성이 작고 재료의 독성이 없다.

37 밀도가 1.5t/m³인 폐기물 100m³을 고화 처리하여 매립 하고자 한다. 고화제의 혼합률은?(단. 고화제 투입량은 폐기물 1m³ 당 150kg)

① 0.13 ② 0.14
③ 0.15 ④ 0.16

해설 혼합율 $MR = \dfrac{\text{첨가물의 질량}}{\text{폐기물의 질량}}$

$MR = \dfrac{100m^3 \times 150kg/m^3}{100m^3 \times 1000kg/m^3} = 0.15$

38 고화처리법 중 열가소성 플라스틱법(Thermoplastic Process)에 관한 설명으로 틀린 것은?

① 용출손실률이 시멘트 기초법보다 낮다.
② 고온분해되는 물질에 주로 사용된다.
③ 혼합률이 비교적 높다.
④ 고화처리된 폐기물성분을 회수하여 재활용할 수 있다.

해설 높은 온도에서 분해되는 물질에는 사용이 불가능 하다.

39 RDF에 관한 설명으로 틀린 것은?

① RDF내 염소함량이 크면 연료로 사용 시 다이옥신의 발생 등이 문제가 된다.
② RDF의 조성은 셀룰로오스가 주성분이므로 수분에 따른 부패의 우려가 없다.
③ RDF를 대량으로 사용하기 위해서는 배합률(조성)이 일정하여야 하며 재의 양이 적어야 한다.
④ RDF의 종류는 Powder RDF, Pellet RDF, Fluff RDF가 있다.

해설 수분에 따른 부패의 우려가 있다.

40 보통 포틀랜드 시멘트의 화학성분 중 가장 많은 부분을 차지하고 있는 것은?

① 산화철(Fe_2O_3) ② 알루미나(Al_2O_3)
③ 규산(SiO_2) ④ 석회(CaO)

해설 보통 포틀랜드 시멘트의 주성분은 CaO 65%, SiO_2 22% 이다.

3과목 폐기물공정시험기준(방법)

41 수소이온농도(pH) 시험방법에 관한 설명으로 틀린 것은? (단, 유리전극법 기준)

① pH를 0.1까지 측정한다.
② 기준전극은 은-염화은의 칼로멜 전극 등으로 구성된 전극으로 pH측정기에서 측정전위값의 기준이 된다.
③ 유리전극은 일반적으로 용액의 색도, 탁도, 콜로이드성 물질들, 산화 및 환원성 물질들 그리고 염도에 의해 간섭을 받지 않는다.
④ pH는 온도변화에 영향을 받는다.

해설 pH를 0.01까지 측정한다.

정답 36.④ 37.③ 38.② 39.② 40.④ 41.①

42 석면의 종류 중 백석면의 형태와 색상에 관한 내용으로 가장 거리가 먼 것은?

① 곧은 물결 모양의 섬유
② 다발의 끝은 분산
③ 다색성
④ 가열되면 무색 ~ 밝은 갈색

해설 백석면은 꼬인 물결 모양의 섬유 형태이다.

43 시료 농축을 위해 구데르나다니쉬형 농축기 또는 회전증발농축기를 사용하는 항목은?

① 수은　　② 비소
③ 시안　　④ 유기인

해설 유기인 측정 시 시료 농축을 위해 구데르나다니쉬형 농축기 또는 회전증발농축기를 사용한다.

44 흡광도의 눈금을 보정하기 위하여 사용되는 시약은?

① 과망간산칼륨을 N/20 수산화나트륨용액에 녹여 사용
② 과망간산칼륨을 N/20 수산화칼륨용액에 녹여 사용
③ 중크롬산칼륨을 N/20 수산화나트륨용액에 녹여 사용
④ 중크롬산칼륨을 N/20 수산화칼륨용액에 녹여 사용

45 감염성 미생물 검사법과 가장 거리가 먼 것은?

① 아포균 검사법
② 최적확수 검사법
③ 세균배양 검사법
④ 멸균테이프 검사법

46 크롬(자외선/가시선 분광법)측정 시 첨가한 표준물질의 농도에 대한 측정 평균값의 상대 백분율로 나타내는 정확도 값은?

① 90~110% 이내　② 85~115% 이내
③ 80~120% 이내　④ 75~125% 이내

해설 정확도는 첨가한 표준물질의 농도에 대한 측정 평균값의 상대 백분율로서 나타내며 그 값이 75% ~ 125% 이내이어야 한다.

47 수은을 원자흡수분광광도법으로 측정할 때 시료 중 수은을 금속수은으로 환원시키기 위해 넣는 시약은?

① 아연분말　　② 이염화주석
③ 시안화칼륨　④ 과망간산칼륨

해설 이 시험기준은 폐기물 중에 수은의 측정방법으로, 시료 중 수은을 이염화주석을 넣어 금속수은으로 환원시킨 다음 이 용액에 통기하여 발생하는 수은 증기를 253.7nm의 파장에서 원자흡수분광광도법에 따라 정량하는 방법이다.

48 온도에 대한 규정에서 14°C가 포함되지 않은 것은?

① 상온　　② 실온
③ 냉수　　④ 찬곳

해설 표준온도는 0°C, 상온은 15~25°C, 실온은 1~35°C로 하고, 찬 곳은 따로 규정이 없는 한 0~15°C의 곳을 뜻한다. 냉수는 15°C 이하, 온수는 60~70°C, 열수는 약 100°C를 말한다.

정답　42.①　43.④　44.④　45.②　46.④　47.②　48.①

49 노말헥산 추출물질 시험결과가 다음과 같을 때 노말헥산 추출물질량(mg/L)은?

> · 건조 증발용 플라스크 무게 : 42.0424g
> · 추출건조 후 증발용 플라스크 무게와 잔류물질 무게 : 42.0748g
> · 시료량 : 200mL
> Pb(NO₃)₂ : Pb
> 331.2mg : 207.2mg
> x/1000mL : 0.5mg/mL ∴x=799.23mg

① 152　② 162
③ 252　④ 272

해설

$$n \cdot h = \frac{(42.0748 - 42.0424)g \times 10^3 mg/g}{0.2L}$$

$$= 162 mg/L$$

50 납 표준원액 0.5mg·Pb/mL 1000mL를 만들고자 한다. Pb(NO₃)₂의 양은?(단, 원자량 Pb : 207.2)

① 500 mg　② 600 mg
③ 700 mg　④ 800 mg

51 기름성분 중량법(노말헥산 추출방법)에 대한 설명 중 옳지 않은 것은?

① 폐기물 중 비교적 휘발되지 않은 탄화수소 및 탄화수소유도체, 그리이스 유상물질 등을 측정하기 위한 시험이다.
② 시료 중에 있는 기름성분의 분해방지를 위하여 수산화나트륨(0.1N)을 사용하여 pH11 이상으로 조정한다.
③ 시료를 노말헥산으로 추출한 후 무수 황산나트륨으로 수분을 제거하여야 한다.
④ 노말헥산을 휘산하기 위해 알맞은 온도는 80℃ 정도이다.

해설 염산(1+1)을 넣어 pH 4이하로 조절한다.

52 폐기물 시료용기에 기재해야 할 사항으로 틀린 것은?

① 시료번호
② 채취시간 및 일기
③ 채취책임자 이름
④ 채취장비

해설 시료용기에는 폐기물의 명칭, 대상 폐기물의 양, 채취장소, 채취시간 및 일기, 시료번호, 채취책임자 이름, 시료의 양, 채취방법, 기타 참고자료(보관상태 등)를 기재한다.

53 석면의 종류 중 백석면의 형태와 색상에 대한 설명으로 틀린 것은 어느 것인가?

① 곧은 물결 모양의 섬유
② 다발의 끝은 분산
③ 다색성
④ 가열되면 무색~밝은 갈색

해설 백석면은 꼬인 물결 모양의 섬유 형태이다.

54 원자흡수분광광도계에서 해리하기 어려운 내화성 산화물을 만들기 쉬운 원소의 분석에 적당한 불꽃은 어느 것인가?

① 아세틸렌-공기
② 프로판-공기
③ 아세틸렌-일산화이질소
④ 수소-공기

정답 49.② 50.④ 51.② 52.④ 53.① 54.③

55 크롬을 자외선/가시선 분광법으로 측정하는 방법에서 적용되는 흡광도 파장(nm)으로 알맞은 것은 어느 것인가?

① 340nm ② 440nm
③ 540nm ④ 640nm

56 pH 측정에 관한 설명으로 옳지 않은 것은?

① pH는 가능한 현장에서 측정하며 pH 측정기의 값을 0.1 단위까지 읽어 결과 보고한다.
② 기준전극은 은-연화은의 칼로멜 전극 등으로 구성되어 있다.
③ pH 미터의 지시부에는 비대칭 전위 조절 기능 및 온도보정 기능이 있다.
④ pH 미터는 임의의 한 종류의 pH 표준용액에 대하여 검출부를 정제수로 잘 씻은 다음 5회 되풀이하여 pH를 측정하였을 때 그 재현성이 ±0.05 이내이어야 한다.

> 해설 적용범위는 pH를 0.01까지 측정한다.

57 다음 총칙에 관한 내용으로 옳은 것은?

① "방울수"라 함은 0℃에서 정제수 20방울을 적하할 때 그 부피가 약 1mL 되는 것을 말한다.
② "정확히 취하여"라 함은 규정한 양의 액체를 홀피펫으로 눈금까지 취하는 것을 말한다.
③ "항량으로 될 때까지 강열한다"라 함은 같은 조건에서 1시간 더 강열하여 전·후 무게의 차가 g당 0.1mg 이하일 때를 말한다.
④ "약"이라 함은 기재된 양에 대하여 ±5% 이상의 차가 있어서는 안 된다.

> 해설 "방울수"라 함은 20 ℃에서 정제수 20방울을 적하할 때, 그 부피가 약 1mL 되는 것을 뜻한다.
> "항량으로 될 때까지 건조한다"라 함은 같은 조건에서 1시간 더 건조할 때 전후 무게의 차가 g당 0.3mg 이하일 때를 말한다.
> "약"이라 함은 기재된 양에 대하여 ± 10 %이상의 차가 있어서는 안 된다.

58 시료의 전처리 방법에 관한 설명으로 틀린 것은?

① 질산-염산 분해법은 유기물 등을 많이 함유하고 있는 대부분의 시료에 적용되며 칼슘, 바륨, 납 등을 다량 함유한 시료는 난용성염을 생성한다.
② 회화법은 목적 성분이 400℃ 이상에서 휘산되지 않고 쉽게 회화할 수 있는 시료에 적용된다.
③ 질산-과염소산-불화수소산 분해법은 다량의 점토질 또는 규산염을 함유한 시료에 적용된다.
④ 마이크로파 산분해가 끝난 후 충분히 용기를 냉각시키고 용기 내에 남아있는 질산가스를 제거한다.

> 해설 질산-염산 분해법은 유기물 함량이 비교적 높지 않고 금속의 수산화물, 산화물, 인산염 및 황화물을 함유하고 있는 시료에 적용하며 질산-염산에 의한 유기물 분해 방법이다.

59 pH 9인 용액의 [OH⁻] 농도(M/L)는?

① 10^{-1} ② 10^{-5}
③ 10^{-9} ④ 10^{-11}

> 해설 pOH = 14-pH = 14-9 = 5 → 10^{-5}M/L

60 원자흡수분광광도법에 의한 금속류 분석방법에 관한 설명으로 옳지 않은 것은?

① 낮은 농도의 구리, 납, 카드뮴은 암모늄 피롤리딘 다이티오카바메이트와 착물을 생성시켜 메틸아이소부틸케톤으로 추출한다.
② 화학물질이 공기-아세틸렌 불꽃에서 분자상태로 존재하여 낮은 흡광도를 보일 때가 있는데, 이는 불꽃의 온도가 너무 높아 원자화가 일어나기 때문이다.
③ 시료 중에 알칼리금속의 할로겐 화합물을 다량 함유하는 경우에는 분자흡수나 광산란에 의하여 오차를 발생하므로 추출법으로 카드뮴을 분리하여 실험한다.
④ 염이 많은 시료는 묽혀 분석하거나, 메틸아이소부틸케톤 등을 사용하여 추출하여 분석한다.

해설 화학물질이 공기-아세틸렌 불꽃에서 분자상태로 존재하여 낮은 흡광도를 보일 때가 있는데, 이는 불꽃의 온도가 너무 낮아 원자화가 일어나지 않기 때문이다.

4과목 폐기물관계법규

61 폐기물관리법상 용어의 뜻으로 틀린 것은 어느 것인가?

① "폐기물감량화시설"이란 생산 공정에서 발생하는 폐기물의 양을 줄이고, 사업장 내 재활용을 통하여 폐기물 배출을 최소화하는 시설로서 대통령령으로 정하는 시설을 말한다.
② "처분"이란 폐기물의 소각·중화·파쇄·고형화 등의 중간처분과 매립하거나 해역으로 배출하는 등의 최종처분을 말한다.
③ "의료폐기물"이란 보건·의료기관, 동물병원, 시험·검사기관 등에서 배출되는 폐기물로 환경보호상 관리가 필요하다고 인정되는 폐기물로서 보건복지부령으로 정하는 폐기물을 말한다.
④ "폐기물"이란 쓰레기, 연소재, 오니, 폐유, 폐산, 폐알칼리 및 동물의 사체 등으로서 사람의 생활이나 사업활동에 필요하지 아니하게 된 물질을 말한다.

해설 "의료폐기물"이란 보건·의료기관, 동물병원, 시험·검사기관 등에서 배출되는 폐기물 중 인체에 감염 등 위해를 줄 우려가 있는 폐기물과 인체 조직 등 적출물(摘出物), 실험 동물의 사체 등 보건·환경보호상 특별한 관리가 필요하다고 인정되는 폐기물로서 대통령령으로 정하는 폐기물을 말한다.

62 사업장폐기물배출자는 배출기간이 2개 연도이상에 걸치는 경우에는 매 연도의 폐기물 처리실적을 언제까지 보고하여야 하는가?

① 당해 12월 말까지
② 다음연도 1월 말까지
③ 다음연도 2월 말까지
④ 다음연도 3월 말까지

63 에너지 회수기준을 측정하는 기관으로 옳지 않은 것은?

① 한국환경공단
② 한국기계연구원
③ 한국과학기술연구원
④ 한국산업기술시험원

정답 60.② 61.③ 62.③ 63.③

64 폐기물처리시설의 폐쇄명령을 이행하지 아니한 자에 대한 벌칙기준은?

① 1년 이하의 징역 또는 1천만원이하의 벌금
② 2년 이하의 징역 또는 2천만원이하의 벌금
③ 3년 이하의 징역 또는 3천만원이하의 벌금
④ 5년 이하의 징역 또는 5천만원이하의 벌금

65 폐기물처리업의 업종으로 해당되지 않는 것은?

① 폐기물 종합처분업
② 폐기물 최종처분업
③ 폐기물 재활용 수집, 운반업
④ 폐기물 종합재활용업

66 환경부장관이나 시도지사가 폐기물처리업자에게 영업정지에 갈음하여 부과할 수 있는 과징금의 최대액수는 얼마인가?

① 1억원 ② 2억원
③ 3억원 ④ 5억원

67 사후관리이행보증금의 사전적립 대상이 되는 폐기물을 매립하는 시설의 규모기준으로 옳은 것은?

① 면적 3천300m² 이상인 시설
② 면적 1만m² 이상인 시설
③ 용적 3천300m³ 이상인 시설
④ 용적 1만m³ 이상인 시설

68 폐기물처리시설의 사후관리업무를 대행할 수 있는 자로 옳은 것은? (단, 그 밖에 환경부장관이 사후관리 대행할 능력이 있다고 인정하고 고시하는 자는 고려하지 않음)

① 폐기물관리학회
② 환경보전협회
③ 한국환경공단
④ 폐기물처리협의회

69 폐기물처리시설의 사용종료 또는 폐쇄신고를 한 경우에 사후관리 기간의 기준은 사용종료 또는 폐쇄신고를 한 날부터 몇 년 이내인가?

① 10년 ② 20년
③ 30년 ④ 50년

70 폐기물처리시설을 설치·운영하는 자는 소각시설의 경우 최초 정기검사를 사용개시일로부터 몇 년 이내에 받아야 하는가?

① 1년 ② 3년
③ 5년 ④ 10년

71 폐기물 처리시설의 중간처분시설 중 화학적 처분시설에 해당되는 것은?

① 정제시설
② 연료화 시설
③ 응집·침전 시설
④ 소멸화 시설

정답 64.④ 65.③ 66.① 67.① 68.③ 69.③ 70.② 71.③

72 지정폐기물 중 부식성폐기물(폐알칼리) 기준으로 옳은 것은?

① 액체상태의 폐기물로서 수소이온 농도지수가 12.0 이상인 것으로 한정하며 수산화칼륨 및 수산화나트륨을 포함한다.
② 액체상태의 폐기물로서 수소이온 농도지수가 12.0 이상인 것으로 한정하며 수산화칼륨 및 수산화나트륨은 제외한다.
③ 액체상태의 폐기물로서 수소이온 농도지수가 12.5 이상인 것으로 한정하며 수산화칼륨 및 수산화나트륨을 포함한다.
④ 액체상태의 폐기물로서 수소이온 농도지수가 12.5 이상인 것으로 한정하며 수산화칼륨 및 수산화나트륨은 제외한다.

해설 폐알칼리(액체상태의 폐기물로서 수소이온 농도지수가 12.5 이상인 것으로 한정하며, 수산화칼륨 및 수산화나트륨을 포함한다)

73 의료폐기물 보관의 경우 보관창고, 보관장소 및 냉장시설에는 보관 중인 의료폐기물의 종류, 양 및 보관기간 등을 확인할 수 있는 의료폐기물 보관 표지판을 설치하여야 한다. 이 표지판 표지의 색깔로 옳은 것은?

① 노란색 바탕에 검은색 선과 검은색 글자
② 노란색 바탕에 녹색 선과 녹색 글자
③ 흰색 바탕에 검은색 선과 검은색 글자
④ 흰색 바탕에 녹색 선과 녹색 글자

74 변경허가를 받지 아니하고 폐기물처리업의 허가사항을 변경한 자에게 주어진 벌칙은?

① 2년 이하의 징역 또는 2천만원 이하의 벌금
② 3년 이하의 징역 또는 3천만원 이하의 벌금
③ 5년 이하의 징역 또는 5천만원 이하의 벌금
④ 7년 이하의 징역 또는 7천만원 이하의 벌금

75 폐기물 인계·인수내용 등의 전산처리에 관한 내용이다. (   )안에 알맞은 것은?

환경부장관은 전산기록이 입력된 날부터 (   )년간 전산기록을 보존하여야 한다.

① 1년간   ② 2년간
③ 3년간   ④ 4년간

76 폐기물매립시설의 사후관리 업무를 대행할 수 있는 자는?

① 한국환경공단
② 수도권매립지관리공사
③ 한국기계연구원
④ 보건환경연구원

77 폐기물 처분시설 또는 재활용시설 중 의료폐기물을 대상으로 하는 시설의 기술관리인자격기준에 해당 하지 않는 자격은?

① 폐기물처리산업기사
② 수질환경산업기사
③ 임상병리사.
④ 위생사

정답 72.③ 73.④ 74.② 75.③ 76.① 77.②

78 폐기물의 처리에 관한 구체적 기준 및 방법에 관한 내용 중 지정폐기물인 의료폐기물의 전용용기 사용의 경우, 봉투형 용기에는 그 용량의 몇 % 미만으로 의료폐기물을 넣어야 하는가?

① 75% ② 80%
③ 85% ④ 90%

해설 봉투형 용기에는 그 용량의 75퍼센트 미만으로 의료폐기물을 넣어야 한다.

79 지정폐기물(의료폐기물은 제외)의 보관창고에 보관 중인 지정폐기물의 종류, 보관가능 용량, 취급 시 주의사항 및 관리책임자 등을 적은 후 설치하는 표지판 표지의 색깔로 옳은 것은?

① 녹색 바탕에 빨간색 선 및 빨간색 글자
② 녹색 바탕에 노란색 선 및 노란색 글자
③ 노란색 바탕에 검은색 선 및 검은색 글자
④ 노란색 바탕에 청색 선 및 청색 글자

80 다음은 폐기물 인계·인수 내용을 입력하기 위한 방법과 절차이다. (　　)안에 알맞은 것은?

> 처리자는 입력한 폐기물을 처리한 후 (　　)이내에 처리량 및 처리일자 등을 전자정보처리프로그램에 입력하여야 한다. 이 경우 처리기간을 초과하여서는 아니 된다.

① 2일 이내 ② 5일 이내
③ 7일 이내 ④ 10일 이내

정답 78.① 79.③ 80.①

2022년 CBT 폐기물처리 기사·산업기사 [시행]

** 본문제는 수험생들의 기억을 바탕으로 작성 된 것으로 실제 문제와 차이가 있을 수 있습니다.

1과목 폐기물개론

01 쓰레기 발생량에 영향을 주는 인자에 관한 설명으로 옳은 것은?

① 쓰레기통이 작을수록 쓰레기 발생량이 증가한다.
② 수집빈도가 높을수록 쓰레기 발생량이 증가한다.
③ 생활수준이 높을수록 쓰레기 발생량이 감소한다.
④ 도시규모가 작을수록 쓰레기 발생량이 증가한다.

02 폐기물의 자원화를 위해 EPR의 정착과 활성화가 필요하다. EPR의 의미로 가장 적절한 것은?

① 폐기물 자원화 기술개발 제도
② 생산자 책임 재활용 제도
③ 재활용 제품 소비 촉진 제도
④ 고부가 자원화 사업 지원 제도

해설 EPR(Extended Producer Responsibility)은 생산자 책임 재활용제도로 생산자 또는 수입업자에게 재활용 의무목표량을 부과하여 미이행시 부과금을 부과하는 제도이다.

03 돌, 코르크 등의 불투명한 것과 유리 같은 투명한 것의 분리에 이용되는 선별방법은?

① floatation
② optical sorting
③ inertial separation
④ electrostatic separation

해설 광학적 분리는 물질이 갖는 광학적 특성 즉, 색의 차를 이용하여 선별하는 원리이다.

04 도시쓰레기의 특성으로 가장 거리가 먼 것은?

① 배출량은 생활수준의 향상, 생활약식, 수집형태 등에 따라 좌우된다.
② 쓰레기의 질은 지역, 기후 등에 따라 달라진다.
③ 도시쓰레기의 처리는 성상에 크게 지배된다.
④ 쓰레기 발생량은 계절에 따라 일정하다.

해설 발생량은 계절과 생활양식에 따른 영향이 크다.

05 석면 폐기물 발생원이 아닌 것은?

① 보일러 공장 ② 발전소
③ 자동차 공장 ④ 피혁 공장

정답 01.② 02.② 03.② 04.④ 05.④

06 폐기물의 화학적 성분에는 3성분이 있다. 3성분에 속하지 않는 것은?

① 가연분   ② 무기물질
③ 수분   ④ 회분

해설 폐기물의 3성분에는 가연성분, 수분, 회분이 있으며, 4성분에는 고정탄소, 휘발분, 수분, 회분이 있다.

07 다음 슬러지의 물의 형태 중 탈수성이 가장 용이한 것은?

① 모관결합수   ② 표면부착수
③ 내부수   ④ 입자경계수

해설 탈수성이 용이한 순서(결합강도가 약한 순서)
간극수 > 모관결합수 > 표면부착수 > 내부수

08 $X_{90} = 4.6 cm$로 도시폐기물을 파쇄 하고자 할 때 Rosin-Rammler 모델에 의한 특성입자 크기 X_o(cm)는 얼마인가? (단, n = 1로 가정)

① 1.2cm   ② 1.6cm
③ 2.0cm   ④ 2.3cm

해설 $Y = 1 - \exp\left[-\left(\dfrac{X}{X_o}\right)^n\right]$

$0.90 = 1 - \exp\left[-\left(\dfrac{4.6cm}{X_o}\right)^1\right]$

$\exp(-\dfrac{4.6cm}{X_o}) = 1 - 0.9$

∴특성입자 크기 $X_o = \dfrac{-4.6cm}{\ln(1-0.90)} = 2.0cm$

09 물질의 전기전도성을 이용하여 도체물질과 부도체물질로 분리하는 선별법은?

① 자력선별법   ② 트롬멜선별법
③ 와전류선별법 ④ 정전기선별법

해설 물질의 정전작용을 이용하여 물질을 회수하는 방법으로, 플라스틱에서 종이를 선별할 수 있는 데 수분을 흡수한 종이는 전도체, 플라스틱은 비전도체가 된다.

10 폐기물 발생량 조사방법 중 주로 산업폐기물의 발생량을 추산할 때 사용하는 것은?

① 적재차량계수분석
② 직접계근법
③ 물질수지법
④ 경향법

해설 물질수지법은 주로 산업폐기물 발생량의 조사 방법이다.

11 폐기물 생산량의 결정 방법으로 적합하지 않은 것은?

① 생산량을 직접 추정하는 방법
② 도시의 규모가 커짐을 이용하여 추정하는 방법
③ 주민의 수입 또는 매상고와 같은 이차적인 자료를 이용하여 추정하는 방법
④ 원자재 사용으로부터 추정하는 방법

정답 06.② 07.① 08.③ 09.④ 10.③ 11.②

12 다음 중 폐기물의 관거(Pipeline)를 이용한 수거 방식에 관한 설명으로 옳지 않은 것은?

① 자동화, 무공해화가 가능하다.
② 잘못 투입된 폐기물의 즉시 회수가 용이하다.
③ 가설 후에 경로변경이 곤란하고 설치비가 높다.
④ 장거리 수송이 곤란하다.

해설 잘못 투입된 폐기물의 회수가 어렵다.

13 폐기물 발생량 저감 차원에서 중요시 되고 있는 폐기물관리의 3R중에 포함되지 않는 것은?

① Refuse   ② Reduce
③ Reuse   ④ Recycle

해설 폐기물관리의 정책방향
㉮ 3R : 감량화(Reduction), 재사용(Reuse), 재활용(Recycling)
㉯ 5R : 감량화(Reduction), 재사용(Reuse), 재활용(Recycling), 질적변화(Refine), 회수(Recovery)

14 유해폐기물 국가 간 이동 및 그 처분의 규제에 관한 내용을 담고 있는 협약은?

① 리우협약   ② 바젤협약
③ 베를린협약   ④ 함부르크협약

15 폐기물 적재차량 중량이 15,000kg, 빈 차의 중량이 11,000kg, 적재함의 크기는 가로 300cm, 세로 150cm, 높이 200cm일 때 단위용적당 적재량(t/m³)은?

① 0.22   ② 0.31
③ 0.36   ④ 0.44

해설 적재량 $= \dfrac{(15-11)\,\text{ton}}{3\text{m} \times 1.5\text{m} \times 2\text{m}}$
$= 0.44\,\text{ton/m}^3$

16 적환장 필요성에 대한 다음 설명 중 가장 옳은 것은?

① 초기에 대용량 수집차량을 사용할 때
② 불법투기와 다량의 어질러진 쓰레기가 발생할 때
③ 고밀도 거주지역이 존재할 때
④ 공업지역으로 폐기물 수집에 대형용기를 많이 사용할 때

17 인구가 50,000명, 1인 1일 쓰레기 배출량은 1kg이다. 쓰레기 밀도가 320kg/m³라고 할 때, 적재량이 20.4m³ 차량이 하루에 몇 번 운반해야 하는가? (단, 차량 1대 기준이며 기타 조건은 고려하지 않음)

① 4회   ② 6회
③ 8회   ④ 10회

해설 운반 횟수
$= \dfrac{50000\text{인} \times 1kg/\text{인}}{320kg/m^3 \times 20.4m^3} = 7.6\text{회}$

정답 12.② 13.① 14.② 15.④ 16.② 17.③

18 파쇄기의 마모가 적고 비용이 적게 소요되는 장점이 있으나, 금속, 고무의 파쇄는 어렵고, 나무나 플라스틱류, 콘크리트덩이, 건축폐기물의 파쇄에 이용되며, Rotary Mill식, Impact crusher 등이 해당되는 파쇄기는?

① 충격파쇄기　　② 습식파쇄기
③ 왕복전단파쇄기　④ 압축파쇄기

19 폐기물의 성상분석 단계로 가장 알맞은 것은?

① 건조 → 물리적 조성분석 → 분류(가연, 불연성) → 절단 및 분쇄 → 화학적 조성분석
② 건조 → 분류(가연, 불연성) → 물리적 조성분석) → 발열량 측정 → 화학적 조성분석
③ 밀도측정 → 물리적 조성분석 → 건조 → 분류(가연, 불연성) → 절단 및 분쇄 → 화학적 조성분석
④ 밀도측정 → 전처리 → 물리적 조성분석 → 분류

20 전단파쇄기에 관한 설명으로 가장 거리가 먼 것은?

① 대체로 충격파쇄기에 비해 파쇄속도가 빠르다.
② 이물질의 혼입에 대하여 약하다.
③ 파쇄물의 크기를 고르게 할 수 있다.
④ 주로 목재류, 플라스틱류 및 종이류를 파쇄 하는 데 이용된다.

> **해설** 전단파쇄기(Shear Shredder)는 주로 목재류, 플라스틱류, 고무 및 종이를 파쇄하며, 충격파쇄기에 비해 파쇄속도가 느리다.

21 다음 중 폐기물의 파쇄목적이 잘못 기술된 것은?

① 입자 크기의 균일화
② 밀도의 증가
③ 유가물의 분리
④ 비표면적의 감소

> **해설** 파쇄로 비표면적은 증대한다.

22 LCA의 구성요소로 가장 거리가 먼 것은?

① 자료평가
② 개선평가
③ 목록분석
④ 목적 및 범위의 설정

> **해설** 전 과정평가의 절차
> ㉮ 목적 및 범위설정(goal & scope definition)
> ㉯ 단위공정별 목록분석(inventory analysis)
> ㉰ 환경부하에 대한 영향평가(impact assessment)
>   분류화→특성화→정규화→가중치 부여
> ㉱ 개선평가 및 해석(life cycle interpretation)

23 폐수처리장에서 발생되는 액상폐기물을 관리할 때 최우선으로 고려할 사항은?

① 소독　　② 탈수
③ 운반　　④ 소각

> **해설** 액상폐기물을 관리할 때 최우선으로 고려할 사항은 감량화에 있다.

24 선별방식 중 각 물질의 비중차를 이용하는 방법으로 약간 경사진 평판에 폐기물을 흐르게 한 후 좌우로 빠른 진동과 느린 진동을 주어 분류하는 것은?

① Secators　② Stoners
③ Table　　④ Jig

정답 18.④　19.③　20.①　21.④　22.①　23.②　24.③

25 수거노선 설정방법으로 틀린 것은?

① 언덕인 경우 위에서 내려가며 수거한다.
② 반복운행을 피한다.
③ 출발점은 차고와 가까운 곳으로 한다.
④ 반시계방향으로 설정한다.

> 해설 가능한 한 시계 방향으로 수거노선을 설정한다.

26 반경이 2.5m인 트롬멜 스크린의 임계속도는?

① 약 19 rpm ② 약 27 rpm
③ 약 32 rpm ④ 약 38 rpm

> 해설 임계속도(rpm)
> $$Nc = \sqrt{\frac{g}{4\pi^2 r}} \times 60 = \frac{1}{2\pi}\sqrt{\frac{g}{r}} \times 60$$
> $$Nc = \frac{1}{2\pi}\sqrt{\frac{9.8}{2.5}} \times 60 = 19 rpm$$

27 새로운 수집 수송 수단중 pipe line을 통한 수송방법이 아닌 것은?

① 콘테이너수송 ② 공기수송
③ 슬러리수송   ④ 캡슐수송

> 해설 pipe line 수송에는 공기수송, 슬러리수송, 캡슐수송, 진공수송, 가압수송이 있다.

28 인구 3만인 중소도시에서 쓰레기 발생량 100m³/day(밀도는 650kg/m³)를 적재중량 4ton 트럭으로 운반하려면 1일 소요된 트럭 운반대수는? (단, 트럭의 1일 운반회수는 1회 기준)

① 11대 ② 13대
③ 15대 ④ 17대

> 해설 발생량 = 처리량
> 100m³/day×650kg/m³=400kg×x대/일
> ∴ x=16.25대

29 청소상태의 평가법 중 가로의 청소상태를 기준으로 하는 지역사회 효과지수를 나타내는 것은?

① USI ② TUM
③ CEI ④ GFE

> 해설 CEI는 지역사회 효과지수를, USI는 사용자 만족도 지수를 나타낸다.

30 어떤 쓰레기의 입도를 분석한 바 입도누적곡선상의 10%, 30%, 60%, 90%의 입경이 각각 2, 5, 10, 20mm이었다고 한다. 이 때 균등계수는?

① 2   ② 5
③ 10 ④ 20

> 해설 $\dfrac{d_{60}}{d_{10}} = \dfrac{10mm}{2mm} = 5$

정답 25.① 26.① 27.① 28.③ 29.③ 30.②

31 어느 도시에서 발생하는 쓰레기의 성분 중 비가연성이 약 70wt%를 차지하는 것으로 조사되었다. 밀도 400kg/m³인 쓰레기가 10m³ 있을 때 가연성 물질의 양은 약 몇 ton인가?

① 1.0 ② 1.2
③ 2.2 ④ 3.4

> 해설 가연성 물질의 양
> $= 10m^3 \times 0.4t/m^3 \times 0.3 = 1.2t$

32 Pipeline 수송에 관한 내용으로 틀린 것은?

① 가설 후에 경로변경이 곤란하고 설치비가 높다.
② 쓰레기의 발생밀도가 높은 인구밀집지역 및 아파트지역 등에서 현실성이 있다.
③ 조대쓰레기의 압축, 파쇄 등의 전처리가 필요없다.
④ 잘못 투입된 물건은 회수가 곤란하다.

> 해설 조대쓰레기에 대한 압축, 파쇄 등의 전처리가 필요하다.

33 무게 20톤, 밀도 250kg/m³인 폐기물을 밀도 600kg/m³로 압축하였다면 압축비는?

① 2.2 ② 2.4
③ 2.6 ④ 2.8

> 해설 압축비(C_R)
> $= \dfrac{\text{압축 전 부피} V_1}{\text{압축 후 부피} V_2} = \dfrac{\text{압축 후 밀도}}{\text{압축 전 밀도}}$
> $= \dfrac{600}{250} = 2.4$

34 와전류식 선별에 관한 내용으로 틀린 것은?

① 비철금속의 분리, 회수에 이용한다.
② 전기허용도 차이에 의해 비전도체들을 각각 선별 할 수 있다.
③ 와전류식 선별기의 순도와 회수율은 95%까지도 보고되고 있다.
④ 전자석 유도에 관한 패러데이법칙을 기초로 한다.

> 해설 와전류선별기는 비자성이고 전기전도도가 좋은 물질을 와전류현상에 의해 다른 물질에서 분리할 수 있다. 자력 선별기는 자기드럼식, 자기밸트식, 자기전도식으로 대별된다.

35 다음의 채취한 폐기물 시료 분석절차 중 가장 먼저 진행하여야 하는 것은?

① 발열량 측정
② 전처리(절단 및 분쇄)
③ 분류(가연성, 불연성)
④ 화학적 조성분석

> 해설 분석절차: 시료 → 밀도측정 → 물리적 조성 → 건조 → 분류(가연성 및 불연성) → 전처리(절단 및 분쇄) → 화학적 조성분석, 극한분석, 발열량 분석, 용출 실험

36 생활 쓰레기 감량화에 대한 설명으로 가장 거리가 먼 것은?

① 가정에서의 물품 저장량을 적정 수준으로 유지한다.
② 깨끗하게 다듬은 채소의 시장 반입량을 증가시킨다.
③ 백화점의 무포장센터 설치를 증가시킨다.
④ 상품의 포장 공간 비율을 증가시킨다.

37 생활폐기물의 발생량을 나타내는 발생원 단위로 가장 적합한 것은?

① kg/capita · day
② ppm/capita · day
③ m³/capita · day
④ L/capita · day

38 우리나라 쓰레기의 배출특성에 대한 설명으로 가장 거리가 먼 것은?

① 계절적 변동이 심하다.
② 쓰레기의 발열량이 높다.
③ 음식물 쓰레기 조성이 높다.
④ 수분과 회분함량이 많다.

> **해설** 쓰레기의 발열량이 낮다.

39 트롬멜 스크린의 선별효율에 영향을 주는 인자가 아닌 것은?

① 체의 눈 크기   ② 트롬멜 무게
③ 경사도   ④ 회전속도(rpm)

40 함수율이 25%인 폐기물의 고형물 중의 가연성 함량은 30%이다. 건조중량기준의 가연성물질 함량(%)은?

① 20%   ② 30%
③ 40%   ④ 50%

> **해설** 고형물 75%, 가연성 물질
> 75×0.3=22.5
> ∴22.5/75 = 30 ≒ 30%

41 연질플라스틱과 종이류가 혼합된 폐기물을 파쇄하는데 효과적이고, 파쇄속도가 느리고 이물질의 혼입에 대해 취약하지만 파쇄물의 크기를 고르게 절단할 수 있는 파쇄기는?

① 전단파쇄기   ② 충격파쇄기
③ 압축파쇄기   ④ 해머밀

42 발열량과 발열량 분석에 관한 설명으로 틀린 것은?

① 발열량은 쓰레기 1kg을 완전연소시킬 때 발생하는 열량(kcal)을 말한다.
② 고위발열량(Hh)은 발열량계에서 측정한 값에서 물의 증발잠열을 뺀 값을 말한다.
③ 발열량 분석은 원소분석 결과를 이용하는 방법으로 고위발열량과 저위발열량을 추정할 수 있다.
④ 저위발열량(Hl, kcal/kg)을 산정하는 방법은 Hh-600(9H+W)을 사용한다.

> **해설** 고위발열량(H_h, 총 발열량)은 수분에 의하여 생성된 수분의 응축열(증발잠열)을 포함한 열량으로 단열열량계로 측정한다.

43 자력선별에서 사용하는 자력의 단위는?

① emf   ② mV(미리 볼트)
③ T(테슬라) ④ F(파라데이)

정답 37.① 38.② 39.② 40.② 41.① 42.② 43.③

44 무게 10톤, 밀도 300kg/m³인 폐기물을 밀도 800kg/m³로 압축하였다면 압축비는?

① 2.16 ② 2.43
③ 2.67 ④ 2.92

해설 압축비$(C_R) = \dfrac{압축\ 전\ 부피\ V_1}{압축\ 후\ 부피\ V_2}$

$= \dfrac{압축\ 후\ 밀도}{압축\ 전\ 밀도} = \dfrac{800}{300} = 2.67$

45 폐기물처리 대책의 기본방향으로 가장 거리가 먼 것은?

① 무해화 ② 발생억제
③ 재생이용 ④ 다량소비

해설 정책의 기본방향은 발생원의 억제(감량화), 자원화(재활용), 안정화, 위생처분에 있다.

46 쓰레기 수거능을 판별할 수 있는 MHT라는 용어에 대한 가장 적절한 표현은?

① 수거인부 1인이 수거하는 쓰레기 톤수
② 수거인부 1인이 시간당 수거하는 쓰레기 톤수
③ 1톤의 쓰레기를 수거하는데 소요되는 인부수
④ 1톤의 쓰레기를 수거하는데 수거인부 1인이 소요하는 총시간

47 폐기물 수거의 효율성을 향상시키기 위해 적환장 설치위치를 선정할 때, 틀린 것은?

① 쉽게 간선도로에 연결되며, 2차 보조 수송수단으로 연결이 쉬운 곳
② 건설비와 운영비가 적게 들고 경제적인 곳
③ 수거 쓰레기 발생지역의 무게중심에서 가능한 한 먼 곳
④ 주민의 반대가 적고, 환경적 영향이 최소인 곳

해설 수거 쓰레기 발생지역의 무게중심에서 가능한 한 가까운 곳

48 폐기물 처리방법 중 에너지 혹은 자원회수 방법으로 가장 비경제적인 것은?

① 퇴비화 ② 열 분해
③ 혐기성 소화 ④ 호기성 소화

49 우리나라에서 가장 많이 발생하는 사업장 폐기물(지정폐기물)은?

① 분진
② 폐알카리
③ 폐유 및 폐유기용제
④ 폐합성 고분자화합물

2과목 폐기물처리기술

01 복잡퇴비화시 함수율 85%인 슬러지와 함수율 40%인 톱밥을 1 : 2로 혼합한 후의 함수율과 퇴비화의 적정성 여부에 관한 설명으로 옳은 것은?

① 혼합 후 함수율은 65%로 퇴비화에 부적절한 함수율이라 판단된다.
② 혼합 후 함수율은 65%로 퇴비화에 적절한 함수율이라 판단된다.
③ 혼합 후 함수율은 55%로 퇴비화에 부적절한 함수율이라 판단된다.
④ 혼합 후 함수율은 55%로 퇴비화에 적절한 함수율이라 판단된다.

해설 혼합 후 함수율
$= \dfrac{(85 \times 1) + (40 \times 2)}{1+2} = 55\%$

02 일반적으로 매립장 침출수 생성에 가장 큰 영향을 미치는 인자는?

① 쓰레기의 함수율
② 지하수의 유입
③ 표토를 침투하는 강수(降水)
④ 쓰레기 분해과정에서 발생하는 발생수

03 점토의 수분함량 지표인 소성지수, 액성한계, 소성한계의 관계로 옳은 것은?

① 소성지수 = 액성한계 - 소성한계
② 소성지수 = 액성한계 + 소성한계
③ 소성지수 = 액성한계 / 소성한계
④ 소성지수 = 소성한계 / 액성한계

04 소각로에서 NOx 배출농도가 270ppm, 산소 배출농도가 12%일 때 표준산소(6%)로 환산한 NOx 농도(ppm)는?

① 120 ② 135
③ 162 ④ 450

해설 $C_s = C_a \times \dfrac{21 - O_s}{21 - O_o}$
$= 270 ppm \times \dfrac{21 - 6\%}{21 - 12\%} = 450 ppm$

05 매립 후 정상상태의 단계에서 발생하는 가스 중 두 번째로 큰 부분을 차지하는 가스는? (단, 가스구성비 %, 부피 기준)

① 이산화탄소(CO_2)
② 메탄(CH_4)
③ 황화수소(H_2S)
④ 수소(H_2)

해설 매립 후 정상상태에서는 CO_2와 CH_4가스가 발생한다.

06 다이옥신을 제어하는 촉매로 효과적이지 못한 것은?

① Al_2O_3 ② V_2O_5
③ TiO_2 ④ Pd

해설 다이옥신 분해 촉매로는 Fe, Cu, V_2O_5, TiO_2, Pd 등이 있다.

07 분뇨의 악취발생 물질에 들어가지 않는 것은?

① Skatole 및 Indole
② CH_4와 CO_2
③ NH_3와 H_2S
④ R-SH

해설 악취발생 물질에는 CH_3SH, Skatole 및 Indole, NH_3와 H_2S, R-SH 등이 있다.

정답 01.④ 02.③ 03.① 04.④ 05.① 06.① 07.②

08 일시적으로 다량의 분뇨가 소화조에 투입되었을 경우에 발생하는 장애의 설명으로 틀린 것은?

① 소화조 내의 부하가 불균등하게 되어 안정된 처리 조건을 유지하기 어렵다.
② 소화조 내의 가스압이 저하한다.
③ 소화조 내의 온도가 저하한다.
④ 탈리액의 인출이 불균등하게 된다.

해설 일시적으로 다량의 분뇨가 소화조에 투입되면 소화조 내의 가스가 증가한다.

09 매립지 위치선정 시 적당한 것은?

① 홍수범람지역 ② 습지대
③ 단층지역 ④ 지하수위 낮은 곳

10 효과적으로 퇴비화를 진행시키기 위한 가장 직접적인 중요 인자는?

① 온도
② 함수율
③ 교반 및 공기공급
④ C/N비

11 퇴비화 과정의 초기단계에서 나타나는 미생물은?

① Bacillus sp.
② Streptomyces sp.
③ Aspergillus fumigatus
④ fungi

해설 퇴비화 과정의 초기단계에서는 fungi 고온단계에서 주된 역할을 담당하는 미생물은 전반기에는 Bacillus, 후반기에는 Thernoactinomyces 이다.

12 연직 차수막 공법의 종류와 가장 거리가 먼 것은?

① 강널말뚝
② 어스 라이닝
③ 굴착에 의한 차수시트 매설법
④ 어스 댐 코아

해설 연직 차수막 공법의 종류로는 어스 댐 코아, 강널말뚝, 차수시설 등이 있다.

13 도시 생활쓰레기를 처리하는데 가장 부적합한 소각로는?

① 화격자식 ② 습식산화식
③ 유동상식 ④ 회전로식

14 혐기성 소화공법에 관한 설명으로 틀린 것은?

① 호기성 소화에 비하여 소화슬러지의 발생량이 적다.
② 오랜 소화기간으로 소화슬러지 탈수 및 건조가 어렵다.
③ 소화가스는 냄새가 나고 부식성이 높은 편이다.
④ 고농도 폐수나 분뇨를 비교적 낮은 에너지 비용으로 처리할 수 있다.

해설 오랜 소화기간으로 소화 슬러지 탈수 및 건조가 용이하다.

정답 08.② 09.④ 10.④ 11.④ 12.② 13.② 14.②

15 유기적 고형화 기술에 대한 설명으로 틀린 것은? (단, 무기적 고형화 기술과 비교)

① 수밀성이 크며 처리비용이 고가이다.
② 미생물, 자외선에 대한 안정성이 강하다.
③ 방사성 폐기물처리에 적용한다.
④ 최종 고화체의 체적 증가가 다양하다.

해설 미생물, 자외선에 대한 안정성이 약하다.

16 연직차수막에 대한 설명으로 가장 거리가 먼 것은?

① 지중에 수평방향의 차수층이 존재할 경우 사용 가능하다.
② 단위면적당 공사비는 고가이나 총공사비는 싸다.
③ 지중이므로 보수가 어렵지만 차수막 보강시공이 가능하다.
④ 지하수 집배수 시설이 필요하다.

해설 연직차수막은 지하수 집배수 시설이 필요없다.

17 용매추출(solvent extraction)공정을 적용하기 어려운 폐기물은?

① 분배계수가 높은 폐기물
② 물에 대한 용해도가 높은 폐기물
② 끓는 점이 낮은 폐기물
③ 물에 대한 밀도가 낮은 폐기물

해설 물에 대한 용해도가 낮아야 한다.

18 유해 폐기물을 고화 처리하는 방법 중 피막형성법에 관한 설명으로 옳지 않은 것은?

① 낮은 혼합률(MR)을 가진다.
② 에너지 소요가 작다.
③ 화재 위험성이 있다.
④ 침출성이 낮다.

해설 에너지 소요가 크다.

19 함수율 99%의 잉여슬러지 $30m^3$를 농축하여 함수율 95%로 했을 때 슬러지 부피 (m^3)는?(단, 비중=1.0기준)

① 10 ② 8
③ 6   ④ 4

해설 $30m^3(100-99) = x(100-95)$
∴ $x = 6m^3$

20 분뇨 저장탱크 내에 악취발생 공간 체적이 $100m^3$이고, 이를 시간당 2차례씩 교환하고자 한다. 발생된 악취공기를 퇴비여과방식을 채용하여, 투과속도 15m/hr으로 처리하고자 한다면 필요한 퇴비 여과상의 면적 (m^2)은?

① 약 8   ② 약 10
③ 약 13   ④ 약 18

해설 $15m/hr = \dfrac{100m^3 \times 2회/hr}{A\,m^2}$
∴ $A = 13.33m^2$

정답 15.② 16.④ 17.② 18.② 19.③ 20.③

21 글리신($C_2H_5O_2N$) 5mole이 혐기성소화에 의해 완전 분해될 때 생성 가능한 이론적인 메탄가스량은? (단, 표준상태 기준, 분해 최종산물은 CH_4, CO_2, NH_3)

① 84L ② 96L
③ 108L ④ 120L

해설

$C_2H_5O_2N + 0.5H_2O \rightarrow 0.75CH_4 + 1.25CO_2 + NH_3$

1M : 0.75×22.4L
5M : x

∴ x = 84L

22 빈용기보증금제도 하에서 주류용기의 미회수율이 16%라고 할 때 주류용기의 재사용 횟수는?

① 4회 ② 7회
③ 10회 ④ 13회

해설 재사용 횟수 = 100/16 = 6.25회

23 내륙매립공법 중 도랑형공법에 관한 설명으로 가장 거리가 먼 것은?

① 침출수 수집장치나 차수막 설치가 용이
② 사전 정비작업이 그다지 필요하지 않으나 매립 용량 낭비
③ 파낸 흙을 복토재로 이용 가능한 경우 경제적
④ 대개 폭 5~8m 및 깊이 1~2m 정도의 소규모 도랑을 판 후 매립

해설 도랑형공법은 침출수 수집장치 및 차수막 설치가 용이하지 못하다.

24 슬러지처리를 하기 위해 위생처리장 활성슬러지 (함수율 99%) 40m^3를 농축조에 넣어 농축한 결과 슬러지의 농도가 35,000mg/L가 되었다. 농축된 슬러지의 양(m^3)은? (단, 슬러지 비중은 1.0으로 가정함)

① 약 8.4 ② 약 11.4
③ 약 21.4 ④ 약 23.4

해설 $40m^3(1-0.99) = x(0.35t)$

∴ $x = 11.4m^3$

25 다음 중 열회수시설이 아닌 것은?

① 절탄기 ② 과열기
③ SCR ④ 공기예열기

해설 열회수시설

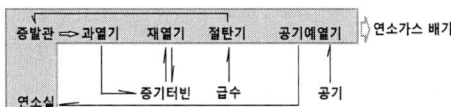

26 수분을 증발시키는데 소요되는 기화잠열(kcal./L)은?

① 539 ② 459
③ 359 ④ 80

27 소화된 슬러지를 토양에 이용하여 얻어지는 토양의 물리적 개량에 대한 설명으로 가장 거리가 먼 것은?

① 수분보유력이 증가하며 경작이 수월해진다.
② 살충제가 스며드는 양이 커져 살충효과가 지속된다.
③ 유기물 함량이 증가되어 토양미생물 성장이 활성화된다.
④ 토양속의 통기성 및 공극률이 증가된다.

28 다이옥신과 퓨란에 대한 설명으로 틀린 것은?

① PVC 또는 플라스틱 등을 포함하는 합성물질을 연소시킬 때 발생한다.
② 여러 개의 염소원자와 1~2개의 수소원자가 결합된 두 개의 벤젠고리를 포함하고 있다.
③ 다이옥신의 이성체는 75개이고, 퓨란은 135개이다.
④ 2,3,7,8 PCDD의 독성계수가 1이며 여타 이성체는 1보다 작은 등가계수를 갖는다.

해설 ㉮ 다이옥신계 화합물의 원래명칭은 '폴리염화디벤조-p-다이옥신'으로 PCDD라고도 하며 독성이 가장 강하다.
㉯ 또한 퓨란계 화합물은 다이옥신과 매우 유사하다.
㉰ 다이옥신은 2개의 벤젠고리, 2개의 산소원자, 2개 이상의 염소원자 구조로 되어있다.
㉱ 퓨란은 2개의 벤젠고리, 1개의 산소원자, 2개 이상의 염소원자 구조로 되어있다.
㉲ 이성질체는 다이옥신이 75개, 퓨란이 135개를 가진다.

29 퇴비화 과정 중에 출현하는 미생물과 분해작용에 대한 설명으로 가장 거리가 먼 것은?

① 퇴비화는 중온균과 고온균이 주된 역할을 한다.
② 고온영역에서는 세균과 방선균이 분해에 주된 역할을 한다.
③ 숙성단계에서는 사상균(곰팡이)이 분해에 주된 역할을 한다.
④ 초기에는 중온성 진균과 세균이 주로 분해에 주된 역할을 한다.

해설 숙성단계에서는 Thermoactinomyces가 분해에 주된 역할을 한다.

30 비정상적으로 작동하는 소화조에 석회를 주입하는 이유는?

① 유기산균을 증가시키기 위해
② 효소의 농도를 증가시키기 위해
③ 칼슘 농도를 증가시키기 위해
④ pH를 높이기 위해

31 굴뚝에 설치되며 보일러 전열면을 통하여 연소가스의 여열로 보일러 급수를 예열함으로서 보일러의 효율을 높이는 장치는?

① 재열기   ② 절탄기
③ 과열기   ④ 공기예열기

해설 절탄기는 연도로 배출되는 배기가스 중의 폐열을 이용하여 보일러 급수를 예열하는 시설이다.

정답 27.② 28.② 29.③ 30.④ 31.②

32 6.3%의 고형물을 함유한 150,000kg의 슬러지를 농축한 후, 농축슬러지를 소화조로 이송할 경우의 농축 슬러지의 무게는 70,000kg이다. 이때 농축된 슬러지의 고형물 함유율은? (단, 슬러지의 비중은 1.0으로 가정하고, 상등액의 고형물함량은 무시한다.)

① 11.5% ② 13.5%
③ 15.5% ④ 17.5%

해설 $150000kg \times 6.3\% = 70000kg(x)$
∴ $x = 13.5\%$

33 처리용량이 20kL/day인 분뇨처리장에 가스 저장탱크를 설계하고자 한다. 가스 저류기간을 3hr로 하고 생성가스량을 투입량의 8배로 가정한다면 가스탱크의 용량(m^3)은?(단, 비중=1.0기준)

① 20   ② 60
③ 80   ④ 120

해설 $\frac{20kL/day}{24hr} \times 3hr \times 8배 = 20m^3$

34 혐기성 소화단계를 가스분해단계, 산생성단계, 메탄생성 단계로 나눌 때 산생성단계에서 생성되는 물질과 가장 거리가 먼 것은?

① 글리세린   ② 케톤
③ 알콜   ④ 알데하이드

해설 glucose($C_6H_{12}O_6$)의 반응예로 전체반응은 다음과 같다.

$$C_6H_{12}O_6 \xrightarrow[1단계]{유기산균} \begin{vmatrix} 3CH_3COOH \\ 2CH_3CH_2OH + 2CO_2 \\ 2CH_3CH(OH)COOH \end{vmatrix}$$

$$\xrightarrow[2단계]{메탄균} 3CH_4 + 3CO_2$$

35 결정도(Crystallinity)에 따른 합성 차수막의 성질에 대한 설명으로 틀린 것은?

① 결정도가 증가할수록 단단해진다.
② 결정도가 증가할수록 충격에 약해진다.
③ 결정도가 증가할수록 화학물질에 대한 저항성이 증가한다.
④ 결정도가 증가할수록 열에 대한 저항성이 감소한다.

해설 결정도가 증가할수록 열에 대한 저항성이 증가한다.

36 고형화 처리의 장점이라고 할 수 없는 것은?

① 폐기물 표면적이 증가하여 폐기물 성분을 줄인다.
② 폐기물의 독성이 감소한다.
③ 폐기물 내 오염물질의 용해도가 감소한다.
④ 폐기물을 다루기 용이하게 한다.

해설 폐기물 표면적이 감소하여 폐기물 성분을 줄인다.

37 폐기물 매립지에 소요되는 연직차수막과 표면차 수막의 비교설명으로 잘못된 것은?

① 연직차수막은 지중에 수직방향의 차수층이 존재하는 경우에 적용한다.
② 표면차수막은 매립지 지반의 투수계수가 큰 경우에 사용되는 방법이다.
③ 표면차수막에 비하여 연직차수막의 단위면적당 공사비는 비싸지만 총 공사비로는 싸다.
④ 연직차수막은 지하수 집배수시설이 불필요하나 표면차수막은 필요하다.

해설 연직차수막은 지중에 수평방향의 불투수층이 존재하는 경우에 적용한다.

정답 32.② 33.① 34.① 35.④ 36.① 37.①

38 Rotary Kiln 소각로에 대한 설명으로 틀린 것은?

① 액상이나 고상의 여러 가지 폐기물을 동시에 처리할 수 있다.
② 로 내에서의 공기의 유출이 크고 대기오염 제어 시스템에 분진 부하율이 높다.
③ 비교적 열효율이 높은 편이다.
④ 대체로 예열, 혼합, 파쇄 등 전처리 없이 주입이 가능하다.

해설 로타리 킬른식(rotary kiln)소각로는 열효율이 낮다.

39 축분과 톱밥 쓰레기를 혼합한 후 퇴비화하여 함수량 20%의 퇴비를 만들었다면 퇴비량(ton)은? (단, 퇴비화시 수분 감량만 고려, 비중 = 1.0)

성분	쓰레기양(ton)	함수량(%)
축분	12.0	85.0
톱밥	2.0	5.0

① 4.63ton ② 5.23ton
③ 6.33ton ④ 7.83ton

해설 $(12 \times 0.15) + (2 \times 0.95) = x \times 0.8$
$\therefore x = 4.625 t$

40 Belt Press를 이용한 탈수에 영향을 주는 운전요소와 가장 거리가 먼 것은?

① 벨트의 종류
② 세척수의 유량과 압력
③ 폴리머 주입량과 주입 지점
④ Bowl 최대속도 유지 시간

41 매립지에서 최소한의 환기설비 또는 가스대책설비를 계획하여야 하는 경우와 가장 거리가 먼 것은?

① 발생가스의 축적으로 덮개설비에 손상이갈 우려가 있는 경우
② 식물 식생의 과다로 지중 가스 축적이 가중되는 경우
③ 유독가스가 방출될 우려가 있는 경우
④ 매립지 위치가 주변개발지역과 인접한 경우

42 폐기물의 고화처리방법 중 피막형성법의 장점으로 옳은 것은?

① 화재위험성이 없다.
② 혼합률이 높다.
③ 에너지 소요가 적다.
④ 침출성이 낮다.

해설 표면캡슐화법 등의 피막형성법의 대표적 장점은 침출성이 가장 낮다.

43 해안매립공법 중 순차투입방법에 관한 설명으로 가장 거리가 먼 것은?

① 호안측으로부터 순차적으로 쓰레기를 투입하여 육지화하는 방법이다.
② 부유성 쓰레기의 수면확산에 의해 수면부와 육지부의 경계 구분이 어려워 매립장비가 매몰되기도 한다.
③ 바닥지반이 연약한 경우 쓰레기 하중으로 연약층이 유동하거나 국부적으로 두껍게 퇴적되기도 한다.
④ 수심이 깊은 처분장은 내수를 완전히 배제한 후 순차투입방법을 택하는 경우가 많다.

해설 수심이 깊은 처분장에서 내수를 배제하기 곤란한 경우에 택한다.

정답 38.③ 39.① 40.④ 41.② 42.④ 43.④

44 인공 복토재의 조건으로 가장 거리가 먼 것은?

① 투수계수가 높아야 한다.
② 연소가 잘 되지 않아야 한다.
③ 생분해가 가능하여야 한다.
④ 살포가 용이해야 한다.

해설 투수계수가 낮아야 한다.

45 폐기물을 완전 연소시키기 위한 소각로의 연소조건으로 가장 거리가 먼 것은?

① 충분한 체류시간
② 충분한 난류
③ 충분한 압력
④ 적당한 온도

46 안정화방법 중 습식산화에 관한 설명으로 적절치 못한 것은?

① 액상슬러지에 열과 압력을 작용시켜 용존산소에 의하여 화학적으로 슬러지 내의 유기물을 산화시킨다.
② 반응탑, 고압펌프, 공기압축기, 열교환기 등으로 구성되어 있다.
③ 산화범위에 융통성이 있고 슬러지의 질에 영향을 받지 않으나 냄새가 나고 건설비가 많이 요구된다.
④ 고도의 운전기술이 필요하며 처리된 슬러지의 탈수가 잘 되지 않는 단점이 있다.

해설 슬러지 세포의 파괴로 탈수가 용이하다.

47 매립지 표면차수막에 관한 설명으로 틀린 것은?

① 매립지 바닥의 투수계수가 큰 경우에 사용하는 방법이다.
② 매립 전이라면 보수가 용이하지만 매립 후는 어렵다.
③ 지하수 집배수시설이 불필요하다.
④ 차수막 단위면적당 공사비는 싸지만 매립지 전체를 시공하는 경우가 많아 총 공사비는 비싸다.

해설 표면차수막은 지하수 오염방지를 위한 집배수시설이 필요하다.

48 침출수의 물리·화학적 처리 방법에 포함되지 않는 것은?

① 중화 침전법   ② 황화물 침전법
③ 이온 교환법   ④ 습식 산화법

49 매립방법에서 침출수 유량조정조의 기능에 대한 설명으로 잘못된 것은?

① 침출수처리 전처리 기능
② 침출수 수질 균일화
③ 우수 배제 기능
④ 유입수 수량 변동 조정

정답 44.① 45.③ 46.④ 47.③ 48.④ 49.③

50 혐기성 소화공법에 관한 설명으로 틀린 것은?

① 호기성 소화에 비하여 소화 슬러지의 발생량이 적다.
② 오랜 소화기간으로 소화 슬러지 탈수 및 건조가 어렵다.
③ 소화 가스는 냄새가 나고 부식성이 높은 편이다.
④ 고농도 폐수나 분뇨를 비교적 낮은 에너지 비용으로 처리할 수 있다.

해설 오랜 소화기간으로 소화 슬러지 탈수 및 건조가 용이하다.

51 용적 200m³인 혐기성소화조가 휘발성고형물(VS)을 70% 함유하는 슬러지고형물을 하루 100kg 받아들인다면 이 소화조의 휘발성고형물 부하율(kg VS/m³·d)은?

① 0.35   ② 0.55
③ 0.75   ④ 0.95

해설 휘발성고형물 부하율
$= \dfrac{100kg \times 0.7}{200m^3} = 0.35\,kg\cdot VS/m^3.day$

52 폐기물부담금제도에 해당되지 않는 품목은?

① 500mL 이하의 살충제 용기
② 자동차 타이어
③ 껌
④ 1회용 기저귀

53 토양증기추출공정에서 발생되는 2차 오염 배가스 처리를 위한 흡착방법에 대한 설명으로 옳지 않은 것은?

① 배가스의 온도가 높을수록 처리성능은 향상된다.
② 배가스 중의 수분을 전단계에서 최대한 제거해 주어야 한다.
③ 흡착제의 교체주기는 파과지점을 설계하여 정한다.
④ 흡착반응기내 채널링(channeling) 현상을 최소화하기 위하여 배가스의 선속도를 적정하게 조절한다.

54 쓰레기 열분해시 열분해 온도가 증가할수록 발생 가스 중 함량(구성비, %)이 증가하는 것은?

① 수소   ② CH_4
③ CO   ④ 이산화탄소

해설 온도가 증가할수록 수소(H_2)함량이 증가하고 이산화탄소(CO_2)는 감소한다.

55 일반적인 슬러지처리 순서로 가장 거리가 먼 것은?

① 농축 - 개량 - 탈수 – 최종처분
② 농축 - 안정화 - 개량 – 건조
③ 농축 - 탈수 - 건조 – 최종처분
④ 농축 - 개량 - 안정화 – 탈수

해설 농축 – 안정화(소화) - 개량 – 탈수 – 건조 – 소각 – 최종처분

정답 50.② 51.① 52.② 53.① 54.① 55.④

56 건조된 슬러지 고형분의 비중이 1.28 이며, 건조 이전의 슬러지 내 고형분 함량이 35% 일 때 건조 전 슬러지의 비중은?

① 1.038 ② 1.083
③ 1.118 ④ 1.127

해설
$$\frac{1}{\rho_{sl}} = \frac{W_s}{\rho_s} + \frac{W_w}{\rho_w} \quad \begin{array}{l}\leftarrow 무게\\ \leftarrow 비중\end{array}$$
슬러지 = 고형물 + 수분

$$\frac{1}{\rho_{sl}} = \frac{0.35}{1.28} + \frac{0.65}{1.0} \quad \therefore \rho_{sl} = 1.083$$
슬러지 = 고형물 + 수분

57 배연 탈황시 발생된 슬러지 처리에 많이 쓰이는 고형화 처리법은?

① 시멘트 기초법
② 석회 기초법
③ 자가 시멘트법
④ 열가소성 플라스틱법

해설 자가 시멘트법은 황을 포함한 폐기물에 칼슘을 첨가하여 생석회화한 다음 소량의 물과 첨가제를 가하여 고형화하는 방법이다.

58 침출수가 점토층을 통과하는데 소요되는 시간을 계산하는 식으로 옳은 것은?(단, t = 통과시간(year), d = 점토층두께(m), h = 침출수 수두(m), K = 투수계수 (m/year), n = 유효공극율)

① $t = \dfrac{nd^2}{K(d+h)}$

② $t = \dfrac{dn}{K(d+h)}$

③ $t = \dfrac{nd^2}{K(2d+h)}$

④ $t = \dfrac{dn}{K(2h+d)}$

59 호기성 퇴비화 공정 설계인자에 대한 설명으로 틀린 것은?

① 퇴비화에 적당한 수분함량은 50 ~ 60%로 40% 이하가 되면 분해율이 감소한다.
② 온도는 55 ~ 60°C로 유지시켜야 하며 70°C를 넘어서면 공기공급량을 증가시켜 온도를 적정하게 조절한다.
③ C/N비가 20 이하이면 질소가 암모니아로 변하여 pH를 증가시켜 악취를 유발시킨다.
④ 산소 요구량은 체적당 20~30%의 산소를 공급하는 것이 좋다.

해설 호기성 미생물의 대사에 필요한 산소는 5~15%가 요구된다.

60 유기물의 산화공법으로 적용되는 Fenton 산화반응에 사용되는 것으로 가장 적절한 것은?

① 아연과 자외선
② 마그네슘과 자외선
③ 철과 과산화수소
④ 아연과 과산화수소

해설 Fenton 산화반응은 산화제로 과산화수소를 촉매제로 철을 사용한다.

61 음식물쓰레기 처리방법으로 가장 부적당한 것은?

① 호기성 퇴비화 ② 사료화
③ 감량 및 소멸화 ④ 고형화

정답 56.② 57.③ 58.① 59.④ 60.③ 61.④

62 유기적 고형화 기술에 대한 설명으로 틀린 것은?(단, 무기적 고형화 기술과 비교)

① 수밀성이 크며, 처리비용이 고가이다.
② 미생물, 자외선에 대한 안정성이 강하다.
③ 방사성 폐기물처리에 적용한다.
④ 최종 고화체의 체적 증가가 다양하다.

해설 미생물, 자외선에 대한 안정성이 약하다.

63 분뇨의 총고형물(TS)이 40000mg/L이고, 그 중 휘발성고형물(VS)은 60%이며, CH_4의 발생량은 VS 1kg당 $0.6m^3$이라면 분뇨 $1m^3$당의 CH_4가스발생량(m^3)은?

① 16.4   ② 14.4
③ 12.4   ④ 10.4

해설 CH_4발생량=$40kg/m^3 \times 0.6 \times 0.6m^3/kg = 14.4m^3$

64 BOD농도가 30000ppm인 생분뇨를 1차 처리(소화)하여 BOD를 75% 제거하였다. 이 1차 처리수를 20배 희석하여 2차 처리하였을 때 방류수의 BOD농도가 20ppm이었다면 2차 처리에서의 BOD제거율은? (단, 희석수의 BOD는 0ppm으로 가정한다)

① 90.8%   ② 92.2%
③ 94.7%   ④ 98.3%

해설 배출농도 $C_e = C_i(1-\eta_1)(1-\eta_2)$
$20ppm = 30000ppm(1-0.75)(1-\eta_2)/20$배
∴ $\eta_2 = 94.7\%$

65 유기물(포도당, $C_6H_{12}O_6$) 1kg을 혐기성 소화 시킬 때 이론적으로 발생되는 메탄량(kg)은?

① 약 0.09   ② 약 0.27
③ 약 0.73   ④ 약 0.93

해설 $C_6H_{12}O_6 \rightarrow 3CH_4 + 3CO_2$
$180kg : 3 \times 16$
$1kg : x$ ∴ $x = 0.27kg$

정답 62.② 63.② 64.③ 65.②

3과목 폐기물소각 및 열회수

01 착화온도에 대한 설명 중 틀린 것은?
① 화학결합의 활성도가 클수록 착화온도는 낮다.
② 분자구조가 간단할수록 착화온도는 낮다.
③ 화학반응성이 클수록 착화온도는 낮다.
④ 화학적으로 발열량이 클수록 착화온도는 낮다.

해설 분자구조가 복잡할수록 착화온도는 낮아진다.

02 C_8H_{18}이 완전연소할 때 AFR은? (단, kgmol air/kg mol fuel)
① 15.1   ② 29.1
③ 32.5   ④ 59.5

해설 $C_8H_{18} + 12.5O_2 \rightarrow 8CO_2 + 9H_2O$
$\dfrac{공기(mol)}{연료(mol)} = \dfrac{\dfrac{12.5}{0.21}}{1} = 59.5$

03 수분이 적고 저위발열량이 높은 폐기물에 적합하며 폐기물의 이송방향과 연소가스 흐름방향이 같은 소각방식은?
① 향류식   ② 병류식
③ 교류식   ④ 복류식

04 처리가스유량이 2000m³/hr이고 여과포의 유효면적이 5m²일 때 여과집진장치의 겉보기 여과속도(cm/s)는?
① 11.1cm/s   ② 14.8cm/s
③ 17.8cm/s   ④ 19.8cm/s

해설 유속 $v = \dfrac{Q}{A} = \dfrac{2000m^3/hr \times 100cm}{5m^2 \times 60\min \times 60\sec}$
$= 11.1 cm/\sec$

05 노말헥산 추출시험방법에 의한 기름성분 함량 측정 시 증발용기를 실리카겔 데시케이터에 넣고 정확히 얼마 동안 방냉 후 무게를 측정하는가?
① 30분   ② 1시간
③ 2시간   ④ 4시간

06 메탄 1Sm³를 공기과잉계수 1.2로 완전연소시킬 경우 습윤연소가스량(Sm³)은?
① 약 9.1   ② 약 10.2
③ 약 11.2   ④ 약 12.4

해설 $CH_4 + 2O_2 \rightarrow CO_2 + 2H_2O$
$A_o = \dfrac{O_o}{0.21} = \dfrac{2Sm^3}{0.21} = 9.52 Sm^3$
$Gw = (1.2 - 0.21) \times 9.52 + \sum 1 + 2$
$= 12.4 Sm^3$

07 백필터를 통과한 가스의 분진농도가 8mg/Sm³이고 분진의 통과율이 10%라면 백필터를 통과하기 전 가스중의 분진농도는?
① 0.08g/m³   ② 0.80g/m³
③ 8.8g/m³   ④ 0.88g/m³

해설 $\dfrac{0.008g/m^3}{0.1} = 0.08g/m^3$

정답 01.② 02.④ 03.② 04.① 05.① 06.④ 07.①

08 기체연료에 관한 내용으로 옳지 않은 것은?

① 적은 과잉공기(10~20%)로 완전연소가 가능하다.
② 유황 함유량이 적어 SO_2 발생량이 적다.
③ 저질연료로 고온 얻기와 연료의 예열이 어렵다.
④ 취급 시 위험성이 크다.

09 메탄의 고위발열량이 9250 kcal/Nm³ 이라면 저위발열량은?

① 8290 kcal/Nm³ ② 8360 kcal/Nm³
③ 8470 kcal/Nm³ ④ 8530 kcal/Nm³

해설 $CH_4 + 2O_2 \rightarrow CO_2 + 2H_2O$

$H_l(kcal/Sm^3) = H_h - 480\sum H_2O$

* 여기서, H_2O는 연료의 연소반응에서 생성된 물의 몰(M)수이다.

$H_l(kcal/Sm^3) = 9250 - 480\sum 2 = 8290 kcal/m^3$

* 여기서, H_2O는 연료의 연소반응에서 생성된 물의 몰(M)수이다.

10 열교환기 중 과열기에 관한 설명으로 틀린 것은?

① 보일러에서 발생하는 포화증기에 다수의 수분이 함유되어 있으므로 이것을 과열하여 수분을 제거하고 과열도가 높은 증기를 얻기 위해 과열기를 설치한다.
② 과열기의 재료는 탄소강을 비롯 니켈, 크롬 등을 함유한 특수 내열 강관을 사용하고 있다.
③ 과열기는 그 부착위치에 따라 전열 형태가 다르다.
④ 일반적으로 보일러의 부하가 높아질수록 방사과열기에 의한 과열온도가 상승한다.

해설 과열기는 보일러에서 발생되는 포화증기의 수분을 제거하고 엔탈피가 높은 과열증기를 생산하기 위해 설치하며, 일반적으로 보일러 부하가 높아질수록 대류 과열기에 의한 과열 온도는 상승한다.

11 평균 발열량이 6500kcal/kg인 P시의 폐기물을 소각하여 그 도시의 지역난방에 필요한 열에너지를 얻고자 한다. 이 때 지역난방에 필요한 난방수를 하루에 200ton 얻기 위하여 필요한 폐기물의 양(kg/d)은? (단, 난방보일러의 효율은 70%, 보일러 급수온도는 20℃, 보일러 배출수 온도 62℃, 물의 비열은 1.0 kcal/kg·℃)

① 약 1850 ② 약 2650
③ 약 3320 ④ 약 4150

해설 200,000kg×1kcal/kg·℃×(62-20℃)
=8,400,000kcal

$\dfrac{8400000 kcal}{6500 kcal/kg \times 0.7} = 1846.1 kg/day$

정답 08.③ 09.① 10.④ 11.①

12 전기 집진장치에 관한 내용으로 틀린 것은?

① 배출가스의 온도강하가 크다.
② 전압변동과 같은 조건변경에 적응하기 어렵다.
③ 회수할 가치가 있는 입자의 포집이 가능하다.
④ 압력손실이 적고 고온가스의 처리가 가능하다.

해설 배출가스의 온도강하가 작다.

13 화상부하율이 300kg/m²·hr인 연소실에 가연성 폐기물을 하루 7ton을 소각시킬 때 필요한 연소실의 화상면적(m²)은? (단, 하루 8시간 소각을 행한다)

① 약 2   ② 약 3
③ 약 4   ④ 약 5

해설 $G(\text{kg/m}^2 \cdot \text{day})$
$= \dfrac{\text{소각할 쓰레기 양} W(\text{kg/day})}{\text{화격자의 면적} A(\text{m}^2)}$

$\therefore A = \dfrac{7000 kg/\text{day}}{300 kg/\text{m}^2 \cdot \text{hr} \times 8\text{hr}} = 2.92 m^2$

14 SO_2 100kg의 표준상태에서 부피는? (단, SO_2는 이상기체이고, 표준상태로 가정한다)

① 63.3m³   ② 59.5m³
③ 44.3m³   ④ 35.0m³

해설 부피 $= \dfrac{100 kg \times 22.4 m^3}{64 kg} = 35 m^3$

15 연소기 내에 단회로(short-circuit)가 형성되면 불완전 연소된 가스가 외부로 배출된다. 이를 방지하기 위한 대책으로 가장 적절한 것은?

① 보조버너를 가동시켜 연소온도를 증대시킨다.
② 2차연소실에서 체류시간을 늘린다.
③ Grate의 간격을 줄인다.
④ Baffle을 설치한다.

16 쓰레기를 소각 후 남은 재의 중량은 소각 전 쓰레기 중량의 1/4이다. 쓰레기 30톤을 소각하였을 때 재의 용량은 4m³이라 하면 재의 밀도는?

① 1.3톤/m³   ② 1.6톤/m³
③ 1.9톤/m³   ④ 2.1톤/m³

해설 $\dfrac{30t \times 1/4}{4m^3} = 1.875\, t/m^3$

17 탄소 및 수소의 중량조성이 각각 86%, 14%인 액체연료를 매시간 100kg 연소시켜 배기가스의 조성을 분석한 결과 CO_2 12.5%, O_2 3.5%, N_2 84%이였다. 이 경우 시간당 필요한 공기량(Sm^3)은?

① 1277   ② 1350
③ 1469   ④ 1538

해설 $m = \dfrac{A}{A_o} = \dfrac{21}{21 - O_2}$

$= \dfrac{N_2(\%)}{N_2(\%) - 3.76(O_2 - 0.5CO\%)}$

$m = \dfrac{84(\%)}{84(\%) - 3.76 \times 3.5(\%)} = 1.186$

정답 12.① 13.② 14.④ 15.④ 16.③ 17.②

$$O_o = 1.867C + 5.6H + 0.7S - 0.7O$$
*여기서, 원소는 %/100 이다.

$$O_o = 1.867 \times 0.86 + 5.6 \times 0.14 = 2.39 Sm^3/kg$$

$$A_o = 2.39 Sm^3/kg \times \frac{1}{0.21} = 11.37 Sm^3/kg$$

$$\therefore Air량 = 11.37 Sm^3/kg \times 100kg \times 1.186(m)$$
$$= 1350 Sm^3$$

18 코크스 또는 분해연소가 끝난 석탄은 열분해가 일어나기 어려운 탄소가 주성분으로 그것 자체가 연소하는 과정으로 적열(赤熱)할 따름이지 화염은 없는 연소 형태는?

① 확산연소 ② 표면연소
③ 내부연소 ④ 증발연소

해설 표면연소는 고체표면이 공기 중 산소와 반응하여 빨간 빛을 내며 연소한다(목탄, 석탄, 코크스 등).

19 배출가스의 분진 농도가 2000mg/Sm³인 소각로에서 분진을 처리하기 위하여 집진효율 40%인 중력집진기, 90%인 여과집진기, 그리고 세정집진기가 직렬로 연결되어 있다. 먼지 농도를 5mg/Sm³ 이하로 줄이기 위해서는 세정집진기의 집진효율은 최소한 몇 % 이상 되어야 하는가?

① 90% ② 92%
③ 94% ④ 96%

해설
$$\eta_t = 1 - (1-\eta_1)(1-\eta_2)(1-\eta_3) = 1 - \frac{C_o}{C_i}$$
$$(1-0.4)(1-0.9)(1-\eta_3) = \frac{5}{2000}$$
$$\therefore \eta_3 = 0.958 ≒ 95.8\%$$

20 RDF에 관한 설명으로 틀린 것은?

① RDF내 염소함량이 크면 연료로 사용 시 다이옥신의 발생 등이 문제가 된다.
② RDF의 조성은 셀룰로오스가 주성분이므로 수분에 따른 부패의 우려가 없다.
③ RDF를 대량으로 사용하기 위해서는 배합률(조성)이 일정하여야 하며 재의 양이 적어야 한다.
④ RDF의 종류는 Power RDF, Pellet RDF, Fluff RDF가 있다.

해설 RDF의 조성은 셀룰로오스가 주성분이므로 수분에 따른 부패의 우려가 있다.

21 배기가스 성분 중 O_2량이 5.25%(부피기준)였을 때 완전연소로 가정한다면 공기비는?(단, N_2는 79%)

① 1.33 ② 1.54
③ 1.84 ④ 1.94

해설 완전 연소 시 공기비
$$공기비(m) = \frac{A(실제공기량)}{A_o(이론공기량)} = \frac{21}{21-O_2}$$
$$\therefore 공기비(m) = \frac{21}{21-5.25\%} = 1.33$$

22 아세틸렌(C_2H_2) 100kg을 완전연소시킬 때 필요한 이론적 산소요구량(kg)은?

① 약 123 ② 약 214
③ 약 308 ④ 약 415

해설
$$C_2H_2 + \frac{5}{2}O_2 \rightarrow 2CO_2 + H_2O$$
$$26kg : 3.5 \times 32kg$$
$$100kg : x \quad \therefore x(O_o) = 307.7kg$$

정답 18.② 19.④ 20.② 21.① 22.③

23 먼지를 제어하기 위한 전기집진장치의 장단점으로 틀린 것은?

① 대량의 가스를 처리할 수 있다.
② 회수가치성이 있는 입자포집이 가능하다.
③ 전압변동과 같은 조건변동에 쉽게 적응하기 어렵다.
④ 유지관리가 어렵고 유지비가 고가이다.

> 해설   유지관리가 용이하고 유지비가 적게 소요된다.

24 처리용량이 100kL/day인 분뇨처리장에서 가스저장 탱크를 설계하고자 한다. 가스 저류시간을 6시간으로 하고 생성 가스량을 투입량의 10배로 가정하면 가스탱크의 용량은?

① 100 m³ ② 150 m³
③ 200 m³ ④ 250 m³

> 해설   가스탱크의 용량
> $= \dfrac{100kL/d}{24hr} \times 6hr \times 10배 = 250m^3$

25 소각로를 이용하여 폐기물을 소각할 때의 장점으로 옳지 않은 것은?

① 폐기물의 부피를 최대한 감소시켜 매립지 면적을 감소
② 폐기물 중의 부패성 유기물, 병원균 등을 완전 산화를 통한 무해화
③ 소각공정을 통해 발생된 열에너지를 회수
④ 2차 오염물질을 발생시키지 않음

> 해설   배기가스 중 다이옥신, SO_x, NO_x 등이 배출된다.

26 탄소(C) 10kg을 완전 연소시키는 데 필요한 이론적 산소량(Sm^3)은?

① 약 7.8   ② 약 12.6
③ 약 15.5   ④ 약 18.7

> 해설 $C + O_2 \rightarrow CO_2$
> $12kg : 22.4Sm^3$
> $10kg : x$ $\therefore x = 18.67 Sm^3$

27 소각공정에서 발생하는 다이옥신에 관한 설명으로 가장 거리가 먼 것은?

① 쓰레기 중 PVC 또는 플라스틱류 등을 포함하고 있는 합성물질을 연소시킬 때 발생한다.
② 연소 시 발생하는 미연분의 양과 비산재의 양을 줄여 다이옥신을 저감할 수 있다.
③ 다이옥신 재형성 온도구역을 설정하여 재합성을 유도함으로써 제거할 수 있다.
④ 활성탄과 백필터를 적용하여 다이옥신을 제거하는 설비가 많이 이용된다.

> 해설   다이옥신의 생성은 250~300°C에서 최대 이므로 850~950°C의 고온에서 분해한다.

28 소각 연소가스 중 질소산화물(NOx)을 제거하는 방법이 아닌 것은?

① 촉매(TiO_2, V_2O_5)를 이용하여 제거하는 방법
② 촉매를 이용하지 않고 암모니아수 또는 요소수를 주입하여 제거하는 방법
③ 연소용 공기의 예열온도를 높여 제거하는 방법
④ 연소가스를 소각로로 재순환시키는 방법

> 해설   공기를 고온 예열 연소하면 질소산화물의 발생이 증가한다.

29 메탄의 고위발열량이 11000kcal/Sm³이면, 저위발열량(kcal/Sm³)은 얼마인가? (단, 물의 기화열은 600kcal/kg이다.)

① 7586　　② 8543
③ 9800　　④ 10036

해설 $H_l(kcal/Sm^3) = H_h - 480\sum H_2O$

메탄 $CH_4 + 2O_2 \rightarrow CO_2 + 2H_2O$

∴ $H_2O = 2M$

∴ $H_l = 11000 - 480\sum 2 = 10040 kcal/Sm^3$

30 액체연료의 연소속도에 영향을 미치는 인자로 거리가 먼 것은?

① 분무입경
② 기름방울과 공기의 혼합율
③ 충분한 체류시간
④ 연료의 예열온도

31 증기 터어빈의 형식이 잘못 연결된 것은?

① 증기작동방식 - 측동, 반동, 혼합식 터어빈
② 증기이용방식 - 배압, 복수, 혼합 터어빈
③ 증기유동방향 - 단류, 복류 터어빈
④ 케이싱 수 - 1케이싱, 2케이싱 터어빈

해설 증기유동방식에 따라 반경류터빈과 축류터빈이 있으며, 흐름수에 따라 단류터빈과 복류터빈이 있다.

32 폐플라스틱 소각에 대한 설명으로 틀린 것은?

① 열가소성 폐플라스틱은 열분해 휘발분이 매우 많고 고정탄소는 적다.
② 열가소성 폐플라스틱은 분해 연소를 원칙으로 한다.
③ 열경화성 폐플라스틱은 일반적으로 연소성이 우수하고 점화가 용이하여 수열에 의한 팽윤균열이 적다.
④ 열경화성 폐플라스틱의 적당한 로 형식은 전처리 파쇄 후 유동층 방식에 의한 것이 좋다.

해설 열경화성 플라스틱은 열을 가하면 열가소성 플라스틱처럼 녹지 않고, 연소성이 나쁘므로 고온에서 타서 가루가 되거나 기체를 발생시키는 플라스틱이다. 이 플라스틱의 종류로는 에폭시수지, 아미노 수지, 페놀 수지, 멜라민 수지 등이 있다.

33 폐기물의 소각시설에서 발생하는 분진의 특징에 대한 설명으로 틀린 것은?

① 흡수성이 작고 냉각되면 고착하기 어렵다.
② 부피에 비해 비중이 작고 가볍다.
③ 입자가 큰 분진은 가스 냉각장치 등의 비교적 가스 통과속도가 느린 부분에서 침강하기 때문에 분진의 평균 입경이 작다.
④ 염화수소나 황산화물을 포함하기 때문에 설비의 부식을 방지하기 위해 일반적으로 가스냉각장치 출구에서 250°C 정도의 온도가 되어야 한다.

해설 흡수성이 크고 냉각되면 고착하기 쉽다.

정답 29.④　30.③　31.③　32.③　33.①

34 폐기물의 소각을 위해 원소분석을 한 결과, 가연성 폐기물 1kg당 C 50%, H 10%, O 16%, S 3%, 수분 10%, 나머지는 재로 구성된 것으로 나타났다. 이 폐기물을 공기비 1.1로 연소시킬 경우 발생하는 습윤 연소가스량(Sm^3/kg)은?

① 약 6.3 ② 약 6.8
③ 약 7.7 ④ 약 8.2

해설
Gow=8.89×0.5+32.3×0.1+3.3×0.03+1.244×0.1
　　-2.64×0.16=7.476Sm^3/kg
∴7.476×1.1=8.22Sm^3/kg

35 열분해 장치의 방식 중 주입폐기물의 입자가 작아야 하고 주입량이 크지 못한 단점과 어떤 종류의 폐기물도 처리가 가능한 장점을 가지는 것으로 가장 적절한 것은?

① 부유상 방식　② 유동상 방식
③ 다단상 방식　④ 고정상 방식

해설 열분해 장치는 폐기물에 산소의 공급 없이 가열하여 가스, 액체 및 고체의 3성분으로 분리하는 방법이다.

36 CH_4 75%, CO_2 5%, N_2 8%, O_2 12%로 조성된 기체연료 1Sm^3을 10Sm^3의 공기로 연소할 때 공기비는?

① 1.22 ② 1.32
③ 1.42 ④ 1.52

해설
80%　$CH_4 + 2O_2 \rightarrow CO_2 + 2H_2O$
5%　$CO_2 \rightarrow CO_2$
12%　$O_2 \rightarrow \nearrow$
3%　$N_2 \rightarrow N_2$

$A_o = \dfrac{O_o}{0.21} = \dfrac{0.75 \times 2 - 0.12}{0.21} = 6.57 Sm^3/Sm^3$

∴ $m = \dfrac{A(실제공기량)}{A_o(이론공기량)} = \dfrac{10Sm^3}{6.57Sm^3} = 1.52$

37 연소에 있어 검댕이의 생성에 대한 설명으로 가장 거리가 먼 것은?

① A중유 < B중유 < C중유 순으로 검댕이가 발생한다.
② 공기비가 매우 적을 때 다량 발생한다.
③ 중합, 탈수소축합 등의 반응을 일으키는 탄화수소가 적을수록 검댕이는 많이 발생한다.
④ 전열면 등으로 발열속도보다 방열속도가 빨라서 화염의 온도가 저하될 때 많이 발생한다.

해설 탄화수소가 많을수록 검댕은 많이 발생한다.

38 다음 중 연소실의 운전척도가 아닌 것은?

① 공기연료비　② 체류시간
③ 혼합정도　　④ 연소온도

39 백 필터(bag filter) 재질과 최고 운전 온도가 옳게 연결 된 것은?

① Wool – 120~180°C
② Teflon – 300~330°C
③ Glass fiber – 280~300°C
④ Polyesters – 240~260°C

해설 목면 80°C, 양모 80°C, 카네카론 100°C, 글라스화이버 280°C 정도이다.

정답 34.④　35.①　36.④　37.③　38.②　39.③

40 하수처리장에서 발생하는 하수 Sludge류를 효과적으로 처리하기 위한 건조방법 중에서 직접열 또는 열풍건조 라고 불리는 전열방식은?

① 전도 전열방식
② 대류 전열방식
③ 방사 전열방식
④ 마이크로파 전열방식

41 다음 성분의 중유의 연소에 필요한 이론 공기량(Sm^3/kg)은?

탄소	수소	산소	황	단위
87	4	8	1	wt%

① 1.80
② 5.63
③ 8.57
④ 17.16

해설 $O_o = 1.867C + 5.6H + 0.7S - 0.7O$
*여기서, 원소는 %/100 이다.

Oo=(1.867×0.87)+(5.6×0.04)+(0.7×0.01)-(0.7×0.08)
   =1.8Sm³/kg

$\therefore A_o = \dfrac{1.8}{0.21} = 8.57\, Sm^3$

42 플라스틱을 열분해에 의하여 처리하고자 한다. 열분해 온도가 적절치 못한 것은?

① PE, PP, PS : 550℃에서 완전분해
② PVC, 페놀수지, 요소수지 : 650℃에서 완전분해
③ HDPE : 400~600℃에서 완전분해
④ ABS : 350~550℃에서 완전분해

해설 열경화성 플라스틱은 열을 가하면 열가소성 플라스틱처럼 녹지 않고, 연소성이 나쁘므로 고온에서 타서 가루가 되거나 기체를 발생시키는 플라스틱이다.

43 폐기물 소각에 따른 문제점은 지구온난화 가스의 형성이다. 다음 배가스 성분 중 온실가스는?

① CO_2
② NOx
③ SO_2
④ HCl

44 다단로 방식 소각로에 대한 설명으로 옳지 않은 것은?

① 신속한 온도반응으로 보조연료사용 조절이 용이하다.
② 다량의 수분이 증발되므로 수분함량이 높은 폐기물의 연소가 가능하다.
③ 물리, 화학적으로 성분이 다른 각종 폐기물을 처리할 수 있다.
④ 체류시간이 길어 휘발성이 적은 폐기물 연소에 유리하다.

해설 늦은 온도반응 때문에 보조연료사용을 조절하기가 어렵다.

45 폐기물의 원소조성이 C80%, H10%, O10% 일 때 이론공기량(kg/kg)은?

① 8.3
② 10.3
③ 12.3
④ 14.3

해설 $O_o = 2.667C + 8H + S - O$
*여기서, 원소는 %/100 이다.

$O_o = (2.667 \times 0.8) + (8 \times 0.1) - 0.1 = 2.834$

$\therefore A_o = 2.834 kg/kg \times \dfrac{1}{0.23} = 12.32 kg/kg$

정답 40.② 41.③ 42.② 43.① 44.① 45.③

4과목 폐기물공정시험기준

01 pH 측정에 관한 설명으로 옳지 않은 것은?

① pH는 가능한 현장에서 측정하며 pH 측정기의 값을 0.1 단위까지 읽어 결과 보고한다.
② 기준전극은 은-염화은의 칼로멜 전극 등으로 구성되어 있다.
③ pH 미터의 지시부에는 비대칭 전위 조절 기능 및 온도보정 기능이 있다.
④ pH 미터는 임의의 한 종류의 pH 표준용액에 대하여 검출부를 정제수로 잘 씻은 다음 5회 되풀이하여 pH를 측정하였을 때 그 재현성이 ±0.05 이내이어야 한다.

해설 적용범위는 pH를 0.01까지 측정한다.

02 용출시험 대상의 시료용액 조제에 있어서 사용하는 용매의 pH범위는?

① 4.8~5.3 ② 5.8~6.3
③ 6.8~7.3 ④ 7.8~8.3

03 다음 농도 표시 중에 가장 낮은 농도는?

① 0.44mg/L ② 0.44μg/mL
③ 0.44ppm   ④ 44ppb

해설 $1ppm = \dfrac{1}{10^6} = \dfrac{1mg}{10^6 mg} = \dfrac{1mg}{kg}$
$= \dfrac{1mg}{L} = \dfrac{1g}{m^3} = \dfrac{10^{-3}kg}{m^3}$

$*\dfrac{mg}{mL} \to \dfrac{g}{L} \to \dfrac{kg}{kL} \to ton$

㉮ 0.44mg/L
㉯ 0.44μg/mL=0.44mg/L
㉰ 0.44ppm=0.44mg/L
㉱ 44ppb=0.044mg/L

04 다음의 온도에 관한 설명 중 틀린 것은?

① 냉수는 15℃ 이하를 말한다.
② 찬 곳은 따로 규정이 없는 한 0~15℃의 곳을 말한다.
③ 상온은 15~25℃를 말한다.
④ 온수는 70~80℃를 말한다.

해설 온수는 60~70℃를 말한다.

05 30% 수산화나트륨(NaOH)은 몇 몰(M)인가? (단, NaOH의 분자량 40)

① 4.5 ② 5.5
③ 6.5 ④ 7.5

해설 % → g/100mL
$1M : 40g/L$
$x : 30g/0.1L$ ∴ $x = 7.5M$

06 자외선/가시선 분광법으로 크롬 측정 시 크롬 이온 전체를 6가 크롬으로 산화시키기 위해 가하는 산화제는?

① 과산화수소   ② 과망간산칼륨
③ 중크롬산칼륨 ④ 염화제일주석

07 ICP 원자발광분광기의 구성에 속하지 않은 것은?

① 고주파전원부 ② 시료원자화부
③ 광원부   ④ 분광부

해설 ICP 원자발광분광기는 시료 도입부, 고주파전원부, 광원부, 분광부, 연산처리부 및 기록부로 구성되어 있다.

정답 01.① 02.② 03.④ 04.④ 05.④ 06.② 07.②

08 5g 증발접시에 적당량의 시료를 취하여 증발접시와 무게를 달았더니 20g이었다. 105~110℃ 건조기 안에서 4시간 건조시킨 후 항량으로 무게를 달았더니 10g이었다. 수분과 고형물의 함유율(%)은?

① 수분 : 50%, 고형물 : 50%
② 수분 : 67%, 고형물 : 33%
③ 수분 : 33%, 고형물 : 67%
④ 수분 : 30%, 고형물 : 70%

해설

고형물의 량 $= \left(\dfrac{10g - 5g}{20g - 5g}\right) \times 100 = 33.33\%$

수분 $= 100 - 33.33\% = 66.67\%$

09 취급 또는 저장하는 동안에 밖으로부터의 공기 또는 다른 가스가 침입하지 아니하도록 내용물을 보호하는 용기는?

① 기밀용기   ② 밀봉용기
③ 차단용기   ④ 밀폐용기

10 비소(자외선/가시선 분광법) 분석 시 발생되는 비화수소를 다이에틸다이티오카르바민산은의 피리딘용액에 흡수시키면 나타나는 색은?

① 적자색   ② 청색
③ 황갈색   ④ 황색

11 pH가 3인 폐산 용액은 pH 5인 폐산 용액에 비하여 수소이온이 몇 배 더 함유되어 있는가?

① 2배   ② 15배
③ 20배   ④ 100배

해설 $\dfrac{10^{-5}M}{10^{-3}M} = 10^{-2}$ ∴ 100배

12 흡광광도 분석장치에서 근적외부의 광원으로 사용되는 것은?

① 텅스텐램프   ② 중수소방전관
③ 석영저압수은관 ④ 수소방전관

13 기체크로마토그래피법으로 PCBs 측정 시 시료의 전처리과정에서 유분의 제거를 위한 알칼리 분해제는?

① 수산화나트륨   ② 수산화칼륨
③ 염화나트륨   ④ 수산화칼슘

해설 전기절연유와 같은 유분이 많은 시료의 경우 수산화칼륨/에틸알코올용액을 첨가하여 알칼리분해를 시킨다.

14 시안(자외선/가시선 분광법)측정 시 정량한계로 옳은 것은?

① 0.01mg/L   ② 0.001mg/L
③ 0.003mg/L   ④ 0.0001mg/L

정답 08.② 09.① 10.① 11.④ 12.① 13.② 14.①

15 0.08 N-HCl 70mL와 0.04 N-NaOH 수용액 130mL를 혼합했을 때 pH는?(단, 완전 해리 된다고 가정)

① 2.7 ② 3.6
③ 5.6 ④ 11.3

해설
$N = \dfrac{0.08 \times 70 - 0.04 \times 130}{70 + 130} = 0.002N$

$pH = -\log[H^+]$ ∴ $-\log[0.002] = 2.7$

16 시료 채취시 시료용기에 기재하는 사항과 가장 거리가 먼 것은?

① 폐기물의 명칭
② 폐기물의 성분
③ 채취 책임자 이름
④ 채취시간 및 일기

해설 시료용기에는 폐기물의 명칭, 대상 폐기물의 양, 채취장소, 채취시간 및 일기, 시료번호, 채취책임자 이름, 시료의 양, 채취방법, 기타 참고자료(보관상태 등)를 기재한다.

17 PCBs를 기체크로마토그래피로 분석할 때 실리카겔 칼럼에 무수황산나트륨을 첨가하는 이유는?

① 유분제거
② 수분제거
③ 미량 중금속제거
④ 먼지제거

18 다음 분석항목 중 원자흡수분광광도법 측정이 적용되지 않는 것은? (단, 폐기물공정시험기준(방법)기준)

① 구리 ② 비소
③ 시안 ④ 수은

해설 시안은 자외선/가시선 분광법, 이온전극법을 적용한다.

19 다음은 6가크롬(자외선/가시선 분광법)의 측정원리에 관한 내용이다. 괄호 안에 옳은 내용은?

> 시료 중에 6가크롬을 다이페닐카바자이드와 반응시켜 생성하는 (㉠)의 착화합물의 흡광도를 (㉡)에서 측정하여 6가크롬을 정량한다.

① ㉠ 적자색 ㉡ 540nm
② ㉠ 적자색 ㉡ 460nm
③ ㉠ 황갈색 ㉡ 520nm
④ ㉠ 황갈색 ㉡ 420nm

20 시료 중 수분함량 및 고형물 함량을 정량하고자 실험한 결과가 다음과 같다면 고형물 함량은? (단, 증발접시의 무게(W_1)=245g, 건조 전의 증발접시와 시료의 무게(W_2)=260g, 건조 후의 증발접시와 시료의 무게(W_3)=250g이었다)

① 약 21% ② 약 24%
③ 약 28% ④ 약 33%

해설 고형물의 량
$= \left(\dfrac{250g - 245g}{260 - 245g}\right) \times 100 = 33\%$

정답 15.① 16.② 17.② 18.③ 19.① 20.④

21 편광현미경과 입체현미경으로 고체 시료 중 석면의 특성을 관찰하여 정성과 정량 분석할 때 입체현미경의 배율범위로 가장 옳은 것은?

① 배율 2~4배 이상
② 배율 4~8배 이상
③ 배율 10~45배 이상
④ 배율 50~200배 이상

22 용출액 중의 PCB_s 시험방법(기체크로마토그래프법)을 설명한 것으로 틀린 것은?

① 용출액 중의 PCB_s를 헥산으로 추출한다.
② 전자포획형 검출기(ECD)를 사용한다.
③ 정제는 활성탄칼럼을 사용한다.
④ 용출용액의 정량한계는 0.0005mg/L이다.

[해설] 시료 중의 폴리클로리네이티드비페닐(PCBs)을 헥산으로 추출하여 실리카겔 컬럼 등을 통과시켜 정제한 다음 기체크로마토그래프에 주입하여 크로마토그램에 나타난 피크 패턴에 따라 폴리클로리네이티드비페닐(PCBs)를 확인하고 정량하는 방법이다.

23 카드뮴의 분석방법으로 옳은 것은?

① 디페닐카르바지드법
② 디에틸디티오카르바민산법
③ 디티존법
④ 환원기화법

[해설] 카드뮴의 적용 가능한 시험방법

24 시료의 전처리 방법에 관한 설명으로 틀린 것은?

① 질산-염산 분해법은 유기물 등을 많이 함유하고 있는 대부분의 시료에 적용되며 칼슘, 바륨, 납 등을 다량 함유한 시료는 난용성염을 생성한다.
② 회화법은 목적 성분이 400℃ 이상에서 휘산되지 않고 쉽게 회화할 수 있는 시료에 적용된다.
③ 질산-과염소산-불화수소산 분해법은 다량의 점토질 또는 규산염을 함유한 시료에 적용된다.
④ 마이크로파 산분해가 끝난 후 충분히 용기를 냉각시키고 용기 내에 남아있는 질산가스를 제거한다.

[해설] 질산-염산 분해법은 유기물 함량이 비교적 높지 않고 금속의 수산화물, 산화물, 인산염 및 황화물을 함유하고 있는 시료에 적용하며 질산-염산에 의한 유기물 분해 방법이다.

25 정도관리 요소 중 다음이 설명하고 있는 것은?

> 동일한 매질의 인증시료를 확보할 수 있는 경우에는 표준절차서에 따라 인증표준물질을 분석한 결과값과 인증값과의 상대백분율로 구한다.

① 정확도
② 정밀도
③ 검출한계
④ 정량한계

26 정도보증/정도관리(QA/QC) 에서 검정곡선을 그리는 방법으로 틀린 것은?

① 절대검정곡선법
② 검출한계작성법
③ 표준물질첨가법
④ 상대검정곡선법

27 기체크로마토그래피의 검출기 중 인 또는 유황화합물을 선택적으로 검출할 수 있는 것으로 운반가스와 조연가스의 혼합부, 수소공급구, 연소노즐, 광학필터, 광전자 증배관 및 전원 등으로 구성된 것은?

① TCD(Thermal Conductivity Detector)
② FID(Flame Ionization Detector)
③ FPD(Flame Photometric Detector)
④ FTD(Flame Thermionic Detector)

28 분석하고자 하는 대상폐기물의 양이 100톤 이상 500톤 미만인 경우에 채취하는 시료의 최소수는?

① 30개   ② 36개
③ 45개   ④ 50개

[해설] 대상폐기물의 양이 100톤 이상 500톤 미만인 경우 시료의 최소수는 30이다.

29 Lambert-Beer의 법칙과 관계없는 것은?

① 투광도는 용액의 농도에 반비례한다.
② 투광도는 층장의 두께에 비례한다.
③ 흡광도는 층장의 두께에 비례한다.
④ 흡광도는 용액의 농도에 비례한다.

[해설] 흡광도(A) $= \log \dfrac{1}{투과도}$

30 폐기물공정시험기준에서 규정하고 있는 진공에 해당되지 않는 것은?

① 10mmHg   ② 13torr
③ 0.03atm   ④ 0.18mH$_2$O

[해설] "감압 또는 진공"이라 함은 따로 규정이 없는 한 15 mmHg 이하를 뜻한다. 760mmHg : 1atm = 15mmHg : x ∴ x=0.019atm이하
1atm(표준대기압)=760mmHg=760torr=1.033kg/cm^2
=10.33mH$_2$O=1.013bar
=1013mbar=101325N/m^2

31 크롬(자외선/가시선 분광법)측정 시 첨가한 표준물질의 농도에 대한 측정 평균값의 상대 백분율로 나타내는 정확도 값은?

① 90~110% 이내   ② 85~115% 이내
③ 80~120% 이내   ④ 75~125% 이내

32 시료의 전처리 방법 중 다량의 점토질 또는 규산염을 함유한 시료에 적용하는 것은?

① 질산 - 과염소산 분해법
② 질산 - 과염소산 - 불화수소산 분해법
③ 질산 - 과염소산 - 염화수소산 분해법
④ 질산 - 과염소산 - 황화수소산 분해법

[해설] 산 분해법
㉮ 질산-염산 분해법은 유기물 함량이 비교적 높지 않고 금속의 수산화물, 산화물, 인산염 및 황화물을 함유하고 있는 시료에 적용한다.
㉯ 질산-황산 분해법은 유기물 등을 많이 함유하고 있는 대부분의 시료에 적용한다.
㉰ 질산-과염소산 분해법은 유기물을 높은 비율로 함유하고 있으면서 산화 분해가 어려운 시료들에 적용한다.
㉱ 질산-과염소산-불화수소산 분해법은 점토질 또는 규산염이 높은 비율로 함유된 시료에 적용한다.

정답 26.② 27.③ 28.① 29.② 30.③ 31.④ 32.②

33 기름성분을 중량법으로 측정할 때 정량한계 기준은?

① 0.1% 이하 ② 1.0% 이하
③ 3.0% 이하 ④ 5.0% 이하

> **해설** 기름성분(중량법)의 정량한계는 0.1% 이하로 한다.

34 비소(원자흡수분광광도법) 측정에 관한 내용으로 틀린 것은?

① 이염화주석으로 시료 중의 비소를 3가 비소로 환원시킨다.
② 아르곤-수소 불꽃에 주입하여 분석한다.
③ 낮은 농도의 비소는 메틸아이소부틸케톤과 착물을 형성시켜 분석한다.
④ 정량범위는 사용하는 장치 및 측정조건에 따라 다르나 193.7nm에서 0.005~0.5mg/L이다.

> **해설** 낮은 농도의 비소는 암모늄 피롤리딘 다이티오카바메이트(APDC, ammonium pyrrolidine dithiocarbamate)와 착물을 생성시켜 메틸아이소부틸케톤(MIBK, methyl isobutyl ketone)으로 추출하여 공기-아세틸렌 불꽃에 주입하여 분석한다.

35 다음에 설명한 시료 축소 방법은?

> ㉠ 모아진 대시료를 네모꼴로 얇게 균일한 두께로 편다.
> ㉡ 이것을 가로 4등분, 세로 5등분하여 20개의 덩어리로 나눈다.
> ㉢ 20개의 각 부분에서 균등량씩을 취하여 혼합하여 하나의 시료로 한다.

① 구획법   ② 등분법
③ 균등법   ④ 분할법

36 수소이온농도(pH)가 9.0이라면 [OH⁻]의 농도(M)는?

① 10^{-9} ② 10^{-8}
③ 10^{-6} ④ 10^{-5}

> **해설** pOH=14 - pH=14 - 9=5 → 10^{-5}M

37 함수율이 95%인 시료의 용출시험 결과를 보정하기 위해 곱하여야 하는 값은 얼마인가?

① 1.5   ② 2.0
③ 2.5   ④ 3.0

> **해설** 항목별 시험기준 중 각 항의 규정에 따라 실험한 용출실험의 결과는 시료 중의 수분 함량 보정을 위해 함수율 85% 이상인 시료에 한하여 "15/[100-시료의 함수율(%)]"을 곱하여 계산한 값으로 한다.

38 다음은 구리(자외선/가시선 분광법 기준) 측정에 관한 내용이다. 괄호 안에 옳은 내용은?

> 폐기물 중에 구리를 자외선/가시선 분광법으로 측정하는 방법으로 시료 중에 구리이온이 알칼리성에서 다이에틸다이티오카르바민산나트륨과 반응하여 생성하는 황갈색의 킬레이트 화합물을 (   )(으)로 추출하여 흡광도를 440nm에서 측정하는 방법이다.

① 아세트산부틸   ② 사염화탄소
③ 벤젠   ④ 노말헥산

정답 33.① 34.③ 35.① 36.④ 37.④ 38.①

39 시료의 강열감량(%)를 측정하기 위해 10g의 도가니에 20g의 시료를 취한 후 25% 질산암모늄용액을 넣어 탄화시킨 다음 600±25°C의 전기로 안에서 3시간 강열한 후 데시케이터에서 식힌 후 무게는 25g 이었다면 강열감량(%)은?

① 15% ② 20%
③ 25% ④ 30%

해설

강열감량 = $\dfrac{20g - (25g - 10g)}{20g} \times 100 = 25\%$

40 $K_2Cr_2O_7$을 사용하여 크롬 표준원액 (100mg Cr/L) 100mL를 제조할 때 $K_2Cr_2O_7$은 얼마나 취해야 하는가?(단, 원자량 K=39, Cr=52)

① 14.1mg ② 28.3mg
③ 35.4mg ④ 56.5mg

해설

$K_2Cr_2O_7 : 2Cr^{3+}$
$294g : 2 \times 52g$
$x : 100mg/L \times 0.1L$ ∴ $x = 28.27mg$

41 할로겐화 유기물질을 기체크로마토그래피-질량분석법으로 분석하는 경우 정량한계는?

① 각 할로겐화 유기물질에 대하여 2 mg/kg이다.
② 각 할로겐화 유기물질에 대하여 5 mg/kg이다.
③ 각 할로겐화 유기물질에 대하여 10 mg/kg이다.
④ 각 할로겐화 유기물질에 대하여 15 mg/kg이다.

42 흡광광도법에서 기본원리인 Lambert Beer 법칙에 관한 설명으로 틀린 것은?

① 흡광도는 광이 통과하는 용액층의 두께에 비례한다.
② 흡광도는 광이 통과하는 용액층의 농도에 비례한다.
③ 흡광도는 용액층의 투광도에 비례한다.
④ 램버트비어의 법칙을 식으로 표현하면 A = εcl이다. (단, A : 흡광도, ε : 흡광계수, c : 농도, l : 빛의 투과거리)

해설

흡광도 $A = \log \dfrac{입사광 I_o}{투사광 I_t}$
$= \epsilon cl$ (상수.mol.셀mm)

43 카드뮴을 유도결합플라즈마-원자발광광도법에 따라 정량 시 일반적인 발광측정 파장(nm)은?

① 226.5 ② 440
③ 490   ④ 530

44 폐기물이 5톤 미만의 차량에 적재되어 있는 경우 적재폐기물을 평면상에서 몇 등분하여 시료를 채취하는가?

① 5등분 ② 6등분
③ 8등분 ④ 9등분

해설 폐기물이 적재되어 있는 운반차량에서 현장 시료를 채취할 경우에는 [표]에 관계없이 적재 폐기물의 성상이 균일하다고 판단되는 깊이에서 현장 시료를 채취한다. 5톤 미만의 차량에 폐기물이 적재되어 있는 경우에는 적재 폐기물을 평면상에서 6등분한 후 각 등분마다 현장 시료를 채취한다. 반면, 5톤 이상의 차량에 폐기물이 적재되어 있는 경우에는 적재 폐기물을 평면상에서 9등분한 후 각 등분마다 현장 시료를 채취한다.

45 다음은 강열감량 및 유기물함량(중량법) 측정에 관한 내용이다. 괄호 안에 내용으로 옳은 것은?

> 시료를 질산암모늄용액(25%)를 넣고 가열하며 탄화시킨 다음 (600±25)°C의 전기로 안에서 ( ) 감열한 다음 데시케이터에서 식힌 후 무게를 달아 증발접시의 무게차로부터 강열감량 및 유기물 함량의 양(%)을 구한다.

① 2시간　② 3시간
③ 4시간　④ 5시간

46 원자흡수분광광도법으로 비소를 분석하려고 한다. 시료 중의 비소를 3가비소로 환원하기 위하여 사용하는 시약은?

① 아연　② 이염화주석
③ 요오드화칼륨　④ 과망간산칼륨

47 입사강도(I_o)의 단색광이 정색용액을 통과할 때 그 빛의 80%가 흡수된다면 흡광도는?

① 0.6　② 0.7
③ 0.8　④ 0.9

해설　흡광도 $A = \log \dfrac{1}{1-0.8} = 0.698$

48 유기인을 기체크로마토그래프로 분석할 때 헥산으로 추출하면 메틸디메톤의 추출율이 낮아질 수 있으므로 이에 대체하여 사용하는 물질로 가장 적합한 것은?

① 다이클로로메탄과 헥산의 혼합액 (15:85)
② 메틸에틸케톤과 에탄올의 혼합액 (15:85)
③ 메틸에틸케톤과 헥산의 혼합액 (15:85)
④ 다이클로로메탄과 에탄올의 혼합액 (15:85)

49 용출시험을 위한 용출조작에 관한 내용으로 옳은 것은?

① pH를 5.8~6.3으로 용매를 1:5의 비율로 시료 혼합액을 만든다.
② 진탕기를 사용하여 4시간 연속 진탕한 다음 0.45㎛의 유리섬유 여지로 여과한다.
③ 여과가 어려울 경우 농축기를 사용하여 30분 이상 농축·분리한 다음 상등액을 적당량 취하여 용출 시험용 검액으로 한다.
④ 상온, 상압에서 진탕횟수가 매 분당 약 200회, 진폭이 4~5cm인 진탕기를 사용한다.

정답　45.② 46.② 47.② 48.① 49.④

50 다음의 pH 표준액 중 pH값이 가장 높은 것은?(단, 0℃ 기준)

① 붕산염 표준액
② 인산염 표준액
③ 프탈산염 표준액
④ 수산염 표준액

해설 0℃에서 표준액의 pH값
수산염 표준액 1.67 < 프탈산염 표준액 4.01 < 인산염 표준액 6.98 < 붕산염 표준액 9.46 < 탄산염 표준액 10.32 < 수산화칼슘 표준액 13.43

51 용출시험의 시료액 조제에 관한 설명으로 ( )에 알맞은 것은?

> 조제한 시료 100g이상을 정밀히 달아 정제수에 염산을 넣어 (   )으로 한 용매(mL)를 1:10(W:V)의 비율로 넣어 혼합한다.

① pH 8.8~9.3   ② pH 7.8~8.3
③ pH 6.8~7.3   ④ pH 5.8~6.3

52 정량한계(LOQ)에 관한 설명으로 ( )에 내용으로 옳은 것은?

> 정량한계란 시험분석 대상을 정량화할 수 있는 측정값으로서 제시된 정량한계 부근의 농도를 포함하도록 시료를 준비하고 이를 반복 측정하여 얻은 결과의 표준편차에 (   )한 값을 사용한다.

① 3배   ② 3.3배
③ 5배   ④ 10배

53 폐기물 시료 20g에 고형물 함량이 1.2g 이었다면 다음 중 어떤 폐기물에 속하는가? (단, 폐기물의 비중 = 1.0)

① 액상폐기물   ② 반액상폐기물
③ 반고상폐기물 ④ 고상폐기물

해설 $100 : 20g = x : 1.2g$ ∴ $x = 6\%$

54 자외선/가시선 분광법을 적용한 구리 측정에 관한 내용으로 옳은 것은?

① 정량한계는 0.002mg 이다.
② 적갈색의 킬레이트 화합물이 생성된다.
③ 흡광도는 520nm에서 측정한다.
④ 정량 범위는 0.01~0.05mg/L이다.

해설 구리의 측정은 황갈색의 킬레이트 화합물을 아세트산부틸로 추출하여 흡광도를 440nm에서 측정하는 방법으로 정량범위는 0.002~0.03mg이고 정량한계는 0.002mg이다.

55 검정곡선 작성용 표준용액과 시료에 동일한 양의 내부표준물질을 첨가하여 시험분석 절차, 기기 또는 시스템의 변동으로 발생하는 오차를 보정하기 위해 사용하는 방법은?

① 절대검정곡선법(external standard method)
② 표준물질첨가법(standard addition method)
③ 상대검정곡선법(internal standard calibration)
④ 백분율법

정답 50.① 51.④ 52.④ 53.③ 54.① 55.③

56 아포균 검사법에 의한 감염성 미생물의 분석방법으로 틀린 것은?

① 표준 지표생물포자가 10⁴개 이상 감소하면 멸균된 것으로 본다.
② 온도가 (32±1)°C또는 (55±1)°C 이상 유지되는 항온 배양기를 사용한다.
③ 표준 지표생물의 아포밀도는 세균현탁액 1mL에 1×10⁴개 이상의 아포를 함유하여야 한다.
④ 시료의 채취는 가능한 한 무균적으로 하고 멸균된 용기에 넣어 2시간 이내에 실험실로 운반 실험하여야 하며, 그 이상의 시간이 소요될 경우에는 10°C이하로 냉장하여 4시간 이내에 실험실로 운반 하고 실험실에 도착한 후 2시간 이내에 배양조작을 완료하여야 한다.

해설 시료의 채취는 가능한 한 무균적으로 하고 멸균된 용기에 넣어 1시간 이내에 실험실로 운반. 실험하여야 하며, 그 이상의 시간이 소요될 경우에는 10°C 이하로 냉장하여 6시간 이내에 실험실로 운반하고 실험실에 도착한 후 2시간 이내에 배양조작을 완료하여야 한다. 다만 8시간 이내에 실험이 불가능 할 경우에는 현지 실험용 기구세트를 준비하여 현장에서 배양조작을 하여야 한다.

57 기체크로마토그래피-질량분석법에 따른 유기 인 분석방법을 설명한 것으로 틀린 것은?

① 운반기체는 부피백분율 99.999%이상의 헬륨을 사용한다.
② 질량분석기는 자기장형, 사중극자형 및 이온트랩형 등의 성능을 가진 것을 사용한다.
③ 질량분석기의 이온화방식은 전자충격법 (EI)을 사용하며 이온화에너지는 35~70eV을 사용한다.
④ 질량분석기의 정량분석에는 메트릭스 검출법을 이용하는 것이 바람직하다.

해설 질량분석기의 정량분석에는 선택이온검출법을 이용하는 것이 바람직하다.

58 원자흡수분광광도계 장치의 구성으로 옳은 것은?

① 광원부 - 파장선택부 - 측광부 – 시료부
② 광원부 - 시료원자화부 - 파장선택부 – 측광부
③ 광원부 - 가시부 - 측광부 – 시료부
④ 광원부 - 가시부 - 시료부 – 측광부

정답 56.④ 57.④ 58.②

5과목 폐기물관계법규

01 폐기물 관리법상 용어의 정의로 틀린 것은 어느 것인가?

① "생활폐기물"이란 사업장폐기물 외의 폐기물을 말한다.
② "지정폐기물"이란 사업장폐기물 중 폐유.폐산 등 주변 환경을 오염시킬 수 있거나 의료폐기물 등 인체에 위해를 줄 수 있는 유해한 물질로서 대통령령으로 정하는 폐기물을 말한다.
③ "처리"란 폐기물의 소각, 중화, 파쇄, 고형화 등에 의한 중간처리(재활용제외)와 매립 등에 의한 최종처리(해역배출제외)를 말한다.
④ "폐기물처리시설"이란 폐기물의 중간처분시설, 최종처분시설 및 재활용시설로써 대통령령으로 정하는 시설을 말한

> **해설** "처리"란 폐기물의 수집, 운반, 보관, 재활용, 처분을 말한다.

02 폐기물매립시설의 사후관리 업무를 대행할 수 있는 자는?

① 한국환경공단
② 수도권매립지관리공사
③ 한국기계연구원
④ 보건환경연구원

03 토지 이용의 제한기간은 폐기물매립시설의 사용이 종료되거나 그 시설이 폐쇄된 날부터 몇 년 이내인가?

① 10년　② 20년
③ 30년　④ 40년

04 폐기물관리법상 사업장폐기물을 발생시키는 사업장의 범위 기준으로 옳지 않은 것은?

① 폐기물을 1일 평균 200kg 이상 배출하는 사업장
② 일련의 공사로 폐기물을 5톤(공사를 착공하거나 작업을 시작할 때부터 마칠 때까지 발생하는 폐기물의 양을 말한다.) 이상 배출하는 사업장
③ 폐수종말처리시설을 설치·운영하는 사업장
④ 지정폐기물을 배출하는 사업장

> **해설** 폐기물을 1일 평균 300kg 이상 배출하는 사업장

05 폐기물처리시설 설치 · 운영자, 폐기물처리업자, 폐기물과 관련된 단체 등 폐기물에 관한 조사 · 연구 · 기술개발 · 정보보급 관련 폐기물분야의 발전을 도모하기 위하여 환경부장관의 허가를 받아 설립할 수 있는 단체는?

① 환경관리공단
② 국립환경인력개발원
③ 한국폐기물협회
④ 환경보전협회

정답 01.③　02.①　03.③　04.①　05.③

06 폐기물의 에너지 회수기준으로 잘못된 것은 어느 것인가?

① 다른 물질과 혼합하지 아니하고 해당 폐기물의 저위발열량이 킬로그램당 3천 킬로칼로리 이상일 것
② 에너지 회수효율(회수에너지 총량을 투입에너지 총량으로 나눈 비율을 말한다)이 75퍼센트 이상일 것
③ 회수열을 전량 열원으로 스스로 이용하거나 다른 사람에게 공급할 것
④ 환경부장관이 정하여 고시하는 경우에는 폐기물의 50% 이상을 원료 또는 재료로 재활용하고 그 나머지 중에서 에너지의 회수에 이용할 것

해설 환경부장관이 정하여 고시하는 경우에는 폐기물의 30퍼센트 이상을 원료나 재료로 재활용하고 그 나머지 중에서 에너지의 회수에 이용할 것

07 폐기물관리법상 벌칙기준 중 7년 이하의 징역이나 7천만원 이하의 벌금에 처하는 행위를 한 자는 누구인가?

① 대행계약을 체결하지 아니하고 종량제 봉투를 제작·유통한 자
② 폐기물처리시설의 사후관리를 제대로 하지않아 받은 시정명령을 이행하지 않은 자
③ 지정된 장소 외에 사업장폐기물을 매립하거나 소각한 자
④ 거짓이나 그 밖의 부정한 방법으로 폐기물처리업 허가를 받은 자

08 에너지 회수기준을 측정하는 기관으로 옳지 않은 것은?

① 한국환경공단
② 한국기계연구원
③ 한국과학기술연구원
④ 한국산업기술시험원

09 폐기물처리시설의 폐쇄명령을 이행하지 아니한 자에 대한 벌칙기준은?

① 1년 이하의 징역 또는 5백만원 이하의 벌금
② 2년 이하의 징역 또는 2천만원 이하의 벌금
③ 3년 이하의 징역 또는 3천만원 이하의 벌금
④ 5년 이하의 징역 또는 5천만원 이하의 벌금

10 폐기물관리법이 적용되지 않는 물질로 옳지 않은 것은?

① 가축분뇨의 관리 및 이용에 관한 법률에 따른 가축분뇨
② 용기에 들어 있는 기체상태의 물질
③ 원자력법에 따른 방사성 물질과 이로 인하여 오염된 물질
④ 수질 및 수생태계 보전에 관한 법률에 따른 수질 오염 방지시설에 유입되거나 공공수역으로 배출되는 폐수

해설 용기에 들어 있는 기체상태의 물질은 적용하지 아니한다.

정답 06.④ 07.③ 08.③ 09.④ 10.②

11 폐기물처리 신고자가 고철을 재활용하는 경우에 환경부령으로 정하는 처리기간으로 옳은 것은?

① 60일　　② 50일
③ 30일　　④ 20일

12 다음은 생활폐기물 처리 등에 관한 내용이다. ( )안에 옳은 내용은?

> 생활폐기물 수집, 운반 대행계약 시 생활폐기물 수집, 운반 대행계약과 관련하여 형을 선고받은 후 (　　　)이 지나지 아니한 자는 계약대상에서 제외한다.

① 1년　　② 2년
③ 3년　　④ 4년

13 음식물류 폐기물 발생억제계획의 수립주기는?

① 3년　　② 4년
③ 5년　　④ 6년

14 수입폐기물을 수입 당시의 성질과 상태 그대로 수출한 자에 대한 벌칙기준은?

① 5년 이하의 징역이나 5천만원 이하의 벌금
② 3년 이하의 징역이나 3천만원 이하의 벌금
③ 2년 이하의 징역이나 2천만원 이하의 벌금
④ 1년 이하의 징역이나 500만원 이하의 벌금

15 지정폐기물 중 유해물질함유 폐기물(환경부령으로 정하는 물질을 함유한 것으로 한정한다)에 대한 기준으로 옳은 것은?

① 분진(대기오염 방지시설에서 포집된 것으로 한정하되, 소각시설에서 발생되는 것은 제외한다.)
② 분진(대기오염 방지시설에서 포집된 것으로 한정하되, 소각시설에서 발생되는 것은 포함한다.)
③ 분진(소각시설에서 포집된 것으로 한정하되, 대기오염방지시설에서 발생되는 것은 제외한다.)
④ 분진(소각시설과 대기오염방지시설에서 포집된 것은 제외한다.)

16 다음 중 지정폐기물로만 묶여진 것은?

① 폐유기용제, 폐유, 폐석면
② 폐유기용제, 폐유, 폐가구류
③ 폴리클로리네이티드비페닐 함유 폐기물, 폐석면, 동물성잔재물
④ 폐석면, 동물성잔재물, 폐가구류

17 위해 의료폐기물과 가장 거리가 먼 것은?

① 시험·검사 등에 사용된 배양액
② 혈액, 체액, 분비물, 배설물이 함유되어 있는 탈지면
③ 주사바늘
④ 폐항암제

> **해설** 일반의료폐기물 : 혈액·체액·분비물·배설물이 함유되어 있는 탈지면, 붕대, 거즈, 일회용 기저귀, 생리대, 일회용 주사기, 수액세트

정답 11.① 12.③ 13.③ 14.② 15.① 16.① 17.②

18 기술관리인을 임명하지 아니하고 기술관리 대행 계약을 체결하지 아니한 자에 대한 벌칙기준으로 옳은 것은?

① 5년 이하의 징역이나 5천만원 이하의 벌금
② 3년 이하의 징역이나 3천만원 이하의 벌금
③ 1년 이하의 징역이나 1천만원 이하의 벌금
④ 1천만원 이하의 과태료

19 음식물류 폐기물 배출자에 대한 기준으로 틀린 것은?

① 관광진흥법 규정에 의한 관광숙박업을 영위하는 자
② 유통산업발전법 규정에 의한 대규모점포를 개설한 자
③ 식품위생법 규정에 의한 집단급식소(사회복지사업법 규정에 의한 사회복지시설의 집단 급식소를 제외한다)중 1일 평균 연급식인원이 100인 이상인 집단급식소를 운영하는 자
④ 식품위생법 규정에 의한 면적 $200m^2$ 이상의 휴게음식점업을 운영하는 자

해설 식품위생법 규정에 의한 면적 $200m^2$ 이상의 휴게음식점영업 또는 일반음식점영업을 운영하는 자

20 다음 중 폐기물관리법령상의 의료폐기물의 종류와 거리가 먼 것은?

① 격리의료폐기물
② 일반의료폐기물
③ 위해의료폐기물
④ 유해의료폐기물

해설 의료폐기물은 격리의료폐기물, 위해의료폐기물, 일반의료폐기물로 구분한다.

21 지정폐기물 처리계획의 확인을 받아야 하는 환경부령으로 정하는 지정폐기물 중 오니를 배출하는 사업자에 관한 기준으로 옳은 것은?

① 오니를 일 평균 100킬로그램 이상 배출하는 사업자
② 오니를 일 평균 500킬로그램 이상 배출하는 사업자
③ 오니를 월 평균 100킬로그램 이상 배출하는 사업자
④ 오니를 월 평균 500킬로그램 이상 배출하는 사업자

22 환경부장관이 지정하는 폐기물 시험·분석 전문기관이 아닌 것은?

① 한국환경공단
② 수도권매립지관리공사
③ 보건환경연구원
④ 한국환경시험인증원

정답 18.④ 19.④ 20.④ 21.④ 22.④

23 다음은 폐기물처리업과 관련된 사항이다. 아래 내용에서 언급한 '환경부령으로 정하는 중요사항'으로 옳지 않은 것은?

> 폐기물(수집·운반, 처분)을 업으로 하려는 자는 환경부령으로 정하는 바에 따라 지정폐기물을 대상으로 하는 경우에는 폐기물 처리 사업계획서를 환경부장관에게 제출하고, 그 밖의 폐기물을 대상으로 하는 경우에는 시·도지사에게 제출하여야 한다. 환경부령으로 정하는 중요 사항을 변경하려는 때에도 또한 같다.

① 폐기물 처분시설 설치 예정지
② 영업구역(생활폐기물의 수집·운반업만 해당한다)
③ 수집운반량(허가받은 량의 100분의 30 이상 증가되는 경우만 해당한다.)
④ 운반차량의 수 또는 종류

해설 폐기물 처분시설의 처분용량(처분용량의 변경으로 다른 법령에 따른 인·허가를 받아야 하는 경우와 처분용량이 100분의 30 이상 증감하는 경우만 해당한다)

24 폐기물처리업의 업종으로 해당되지 않는 것은?

① 폐기물 종합처분업
② 폐기물 최종처분업
③ 폐기물 재활용 수집, 운반업
④ 폐기물 종합재활용업

해설 폐기물처리업의 업종에는 폐기물 수집·운반업, 폐기물 중간처분업, 폐기물 최종처분업, 폐기물 종합처분업, 폐기물 중간재활용업, 폐기물 최종재활용업, 폐기물 종합재활용업이 있다.

25 다음 중 폐기물처리업의 변경허가를 받아야 하는 중요사항으로 가장 거리가 먼 것은?

① 주차장 소재지의 변경(지정폐기물을 대상으로 하는 수집·운반업만 해당한다)
② 운반차량(임시차량은 제외한다)의 증차
③ 처분용량의 100분의 20 이상의 변경(허가 또는 변경허가를 받은 후 변경되는 누계를 말한다)
④ 폐기물처분시설 소재지나 영업구역의 변경

해설 처분용량의 100분의 30 이상의 변경(허가 또는 변경허가를 받은 후 변경되는 누계를 말한다)

26 폐기물관리법령상 다음 폐기물 중간처분시설의 분류(소각시설, 기계적 처분시설, 화학적 처분시설, 생물학적 처분시설) 중 화학적 처분시설에 해당하는 것은?

① 열 분해시설(가스화시설을 포함한다)
② 증발·농축 시설
③ 유수 분리시설
④ 고형화·고화·안정화 시설

27 폐기물처리업의 변경허가를 받아야 할 중요사항으로 가장 관계가 먼 내용은?

① 매립시설 제방의 증·개축
② 폐기물 처분시설의 소재지나 영업구역의 변경
③ 운반차량(임시차량은 제외한다)의 증차
④ 주차장 소재지의 변경(지정폐기물을 대상으로 하는 수집·운반업만 제외한다.)

해설 주차장 소재지의 변경(지정폐기물을 대상으로 하는 수집·운반업만 해당한다)

정답 23.③ 24.③ 25.③ 26.④ 27.④

28 생활폐기물을 버리거나 매립 또는 소각한 자에 대한 벌칙기준으로 옳은 것은?

① 1000만원 이하의 과태료
② 800만원 이하의 과태료
③ 500만원 이하의 과태료
④ 100만원 이하의 과태료

29 폐기물처리시설 중 기계적 재활용시설의 기준으로 옳지 않은 것은?

① 압축·압출·성형·주조시설(동력 7.5kW 이상인 시설로 한정한다)
② 파쇄·분쇄·탈피 시설(동력 7.5kW 이상인 시설로 한정한다)
③ 절단시설(동력 7.5kW 이상인 시설로 한정한다)
④ 용융·용해시설(동력 7.5kW 이상인 시설로 한정한다)

해설 파쇄·분쇄·탈피 시설(동력 15kW 이상인 시설로 한정한다)

30 폐기물처리업의 변경신고 사항으로 틀린 것은?

① 운반차량의 증차
② 연락장소 또는 사무실 소재지의 변경
③ 대표자의 변경(권리,의무를 승계하는 경우를 제외한다)
④ 상호의 변경

해설 임시차량의 증차 또는 운반차량의 감차

31 폐기물 재활용업자가 '폐고무'를 재활용하기 위하여 보관하는 경우 환경부령으로 정하는 기간으로 옳은 것은?

① 15일   ② 30일
③ 60일   ④ 90일

32 지정폐기물의 수집, 운반, 보관기준 및 방법으로서 지정폐기물의 수집, 운반차량의 차체는 어떤 색으로 도색하여야 하는가? (단, 의료폐기물은 제외한다.)

① 붉은색   ② 노란색
③ 흰색   ④ 파란색

33 폐기물 수집·운반업자가 임시보관장소에 폐기물을 보관하는 경우 환경부령으로 정하는 양 또는 기간은?(의료폐기물 외의 폐기물)

① 중량 450톤 이하이고 용적이 300세제곱미터 이하, 5일 이내
② 중량 450톤 이하이고 용적이 300세제곱미터 이하, 10일 이내
③ 중량 500톤 이하이고 용적이 300세제곱미터 이하, 15일 이내
④ 중량 500톤 이하이고 용적이 300세제곱미터 이하, 20일 이내

정답 28.④ 29.② 30.① 31.③ 32.② 33.①

34 폐기물처리업의 허가를 받거나 전용용기 제조업의 등록을 할 수 없는 자에 대한 기준으로 옳지 않은 것은?

① 미성년자, 피성년후견인 또는 피한정후견인
② 파산선고를 받고 복권되지 아니한 자
③ 폐기물관리법을 위반하여 징역 이상의 형을 선고받고 그 형의 집행이 끝나거나 집행을 받지 아니하기로 확정된 후 2년이 지나지 아니한 자
④ 폐기물관리법을 위반하여 징역 이상의 형의 집행유예를 선고받고 2년이 지나지 아니한 자

> **해설** 이 법을 위반하여 금고 이상의 실형을 선고받고 그 형의 집행이 끝나거나 집행을 받지 아니하기로 확정된 후 10년이 지나지 아니한 자

35 환경부장관이나 시도지사가 폐기물처리업자에게 영업정지에 갈음하여 부과할 수 있는 과징금의 최대액수는 얼마인가?

① 1억원 ② 2억원
③ 3억원 ④ 5억원

36 다음 중 폐기물 감량화시설의 종류로 틀린 것은 어느 것인가?

① 폐기물 선별시설
② 폐기물 재활용시설
③ 폐기물 재이용시설
④ 공정 개선시설

> **해설** 감량화시설의 종류에는 공정 개선시설, 폐기물 재이용시설, 폐기물 재활용시설, 그 밖의 폐기물 감량화시설이 있다.

37 환경부장관이나 시·도지사로부터 통지를 받은 자는 통지를 받은 날부터 며칠 이내에 과징금을 부과권자가 정하는 수납기관에 납부하여야 한다.

① 10   ② 20
③ 30   ④ 40

38 폐기물처리시설은 환경부령으로 정하는 기준에 맞게 설치하되, 환경부령으로 정하는 규모 미만의 폐기물 소각 시설을 설치·운영하여서는 아니 된다. 환경부령으로 정하는 규모 미만 폐기물 소각시설의 시간당 폐기물 소각 능력은?

① 시간당 폐기물 소각 능력이 25킬로그램 미만인 폐기물 소각시설
② 시간당 폐기물 소각 능력이 35킬로그램 미만인 폐기물 소각시설
③ 시간당 폐기물 소각 능력이 45킬로그램 미만인 폐기물 소각시설
④ 시간당 폐기물 소각 능력이 55킬로그램 미만인 폐기물 소각시설

정답 34.④ 35.① 36.① 37.② 38.①

39 설치신고대상 폐기물처리시설 기준으로 옳지 않은 것은?

① 일반소각시설로서 1일 처분능력이 100톤(지정폐기물의 경우에는 5톤) 미만인 시설
② 생물학적 처분시설 또는 재활용시설로서 1일 처분능력 또는 재활용 능력이 100톤 미만인 시설
③ 고온소각시설·열분해시설·고온용융시설 또는 열처리조합시설로서 시간당 처분능력이 100킬로그램 미만인 시설
④ 기계적 처분시설 또는 재활용시설 중 탈수·건조시설, 멸균분쇄시설 및 화학적 처분시설 또는 재활용시설

해설 일반소각시설로서 1일 처분능력이 100톤(지정폐기물의 경우에는 10톤) 미만인 시설

40 폐기물처리시설 검사기관이 아닌 것은?

① 폐기물분석전문기관
② 한국폐기물협회
③ 한국환경공단
④ 국·공립연구기관

41 다음은 폐기물처리시설의 검사에 관련된 내용이다. 잘못된 것은?

① 소각시설 : 최초 정기검사는 사용개시일부터 2년
② 매립시설 : 최초 정기검사는 사용개시일부터 1년
③ 멸균분쇄시설 : 최초 정기검사는 사용개시일부터 3월
④ 음식물류폐기물처리시설 : 최초 정기검사는 사용개시일부터 1년

해설 소각시설 : 최초 정기검사는 사용개시일부터 3년

42 다음 (   )안에 들어갈 말은?

> 대통령령으로 정하는 폐기물처리시설을 설치·운영하는 자는 그 폐기물처리시설의 설치·운영이 주변 지역에 미치는 영향을 (   )마다 조사하고, 그 결과를 환경부장관에게 제출하여야 한다.

① 1년   ② 2년
③ 3년   ④ 4년

43 폐기물 발생 억제 지침 준수의무 대상 배출자의 규모 기준으로 알맞은 것은 어느 것인가?

① 최근 3년간의 연평균 배출량을 기준으로 지정폐기물 외의 폐기물을 1천 톤 이상 배출하는 자
② 최근 3년간의 연평균 배출량을 기준으로 지정폐기물 외의 폐기물을 2천 톤 이상 배출하는 자
③ 최근 3년간의 연평균 배출량을 기준으로 지정폐기물 외의 폐기물을 3천 톤 이상 배출하는 자
④ 최근 3년간의 연평균 배출량을 기준으로 지정폐기물 외의 폐기물을 4천 톤 이상 배출하는 자

44 주변지역 영향 조사대상 폐기물처리시설의 기준으로 옳은 것은?

① 매립면적 1만 제곱미터 이상의 사업장 일반폐기물 매립시설
② 매립면적 5만 제곱미터 이상의 사업장 일반폐기물 매립시설
③ 매립면적 10만 제곱미터 이상의 사업장 일반폐기물 매립시설
④ 매립면적 15만 제곱미터 이상의 사업장 일반폐기물 매립시설

정답 39.① 40.② 41.① 42.③ 43.① 44.④

45 기술관리인을 두어야 할 폐기물처리 시설에 해당하지 않는 것은 어느 것인가?

① 멸균.분쇄시설로 1일 처리능력이 1톤 이상인 시설
② 지정폐기물을 매립하는 시설로서 면적이 3천300 제곱미터 이상인 시설.
③ 소각시설로서 시간당 처분능력이 600킬로그램
④ 시멘트 소성로

[해설] 멸균분쇄시설로서 시간당 처분능력이 100킬로그램 이상인 시설

46 '폐기물처리시설의 설치·운영을 위탁 받을 수 있는 자의 기준' 중 폐기물처리시설이 소각시설인 경우, 보유하여야 하는 기술인력 기준에 포함되지 않는 것은?

① 폐기물처리기술사 1명
② 폐기물처리기사 또는 대기환경기사 1명
③ 토목기사 1명
④ 시공분야에서 2년 이상 근무한 자 2명(폐기물처리시설의 설치를 위탁받으려는 경우에만 해당됨)

47 폐기물 처분시설 또는 재활용시설 중 의료 폐기물을 대상으로 하는 시설의 기술관리인자격기준에 해당 하지 않는 자격은?

① 폐기물처리산업기사
② 수질환경산업기사
③ 임상병리사
④ 위생사

48 기술관리인의 자격·기술관리 대행계약 등에 관한 필요한 사항은 무엇으로 정하는가?

① 시·도지사령 ② 유역환경청장령
③ 환경부령   ③ 대통령령

49 폐기물처리 담당자 등은 교육기관에서 실시하는 교육을 몇 년마다 받아야 하는가?

① 1년마다 ② 2년마다
③ 3년마다 ④ 4년마다

50 폐기물처리업자나 폐기물처리 신고자가 휴업·폐업 또는 재개업을 한 경우에는 휴업·폐업 또는 재개업을 한 날부터 며칠 이내 신고서에 서류를 첨부하여 시·도지사나 지방환경관서의 장에게 제출하여야 하는가?

① 7일   ② 10일
③ 20일 ④ 30일

51 의료폐기물의 수집, 운반차량의 차체는 어떤 색으로 도색하여야 하는가?

① 붉은색 ② 노란색
③ 흰색   ④ 파란색

52 동물성 잔재물과 의료폐기물 중 조직물류 폐기물 등 부패나 변질의 우려가 있는 폐기물의 경우, 폐기물 처리명령 대상이 되는 조업중단 기간기준은?

① 5일   ② 7일
③ 10일 ④ 15일

정답 45.① 46.③ 47.② 48.③ 49.③ 50.③ 51.③ 52.④

53 환경부장관 또는 시도지사가 폐기물처리 공제조합에 처리를 명할 수 있는 방치폐기물의 처리량 기준으로 알맞은 것은 어느 것인가? (단, 폐기물처리업자가 방치한 폐기물의 경우)

① 그 폐기물 처리업자의 폐기물 허용보관량의 1.5배 이내
② 그 폐기물 처리업자의 폐기물 허용보관량의 2.0배 이내
③ 그 폐기물 처리업자의 폐기물 허용보관량의 2.5배 이내
④ 그 폐기물 처리업자의 폐기물 허용보관량의 3.0배 이내

해설
- 폐기물처리업자가 방치한 폐기물의 경우 : 그 폐기물처리업자의 폐기물 허용보관량의 2배 이내
- 폐기물처리 신고자가 방치한 폐기물의 경우 : 그 폐기물처리 신고자의 폐기물 보관량의 2배 이내
*시행령 제23조 개정(1.5→2)

54 다음은 폐기물처리시설의 사후관리기준 및 방법에서 방역방법(차단형매립시설은 제외한다)에 관한 내용이다. ( )안에 공통으로 들어갈 내용은?

> 방역은 매립종료 후 월 1회 이상 실시하되, 12월부터 다음 해 2월까지는 필요시에, 6월부터 9월까지는 ( ) 실시하여야 한다. 다만, 매립시설 검사기관이 더 이상의 방역이 필요하지 아니하다고 판단하는 경우에는 그러하지 아니하다.

① 주 1회 이상 ② 주 2회 이상
③ 주 3회 이상 ④ 주 4회 이상

55 폐기물 처리 공제조합에 대한 내용으로 틀린 것은?

① 조합은 법인으로 한다.
② 조합은 주된 사무소의 소재지에서 설립등기를 함으로써 성립한다.
③ 분담금의 산정기준·납부절차, 그 밖에 필요한 사항은 조합의 정관으로 정하는 바에 따른다.
④ 조합원은 영업구역 내 폐기물을 처리하기 위한 공제사업을 한다.

해설 조합의 조합원은 공제사업을 하는 데에 필요한 분담금을 조합에 내야 한다.

56 환경부장관은 전산기록이 입력된 날부터 ( )년간 전산기록을 보존하여야 한다.

① 1년간 ② 2년간
③ 3년간 ④ 4년간

57 폐기물처리 신고를 하려는 자는 폐기물처리 개시 며칠 전까지 서류를 첨부하여 그 사업장을 관할하는 시·도지사에게 제출하여야 하는가?

① 5일 전까지 ② 10일 전까지
③ 15일 전까지 ④ 30일 전까지

정답 53.② 54.① 55.④ 56.③ 57.③

58 시·도지사는 폐기물처리 신고자에게 처리금지를 명령하여야 하는 경우, 해당 처리금지로 인하여 그 폐기물처리의 이용자가 폐기물을 위탁처리하지 못하여 폐기물이 사업장 안에 적체됨으로써 이용자의 사업활동에 막대한 지장을 줄 우려가 있는 경우에 그 처리금지를 갈음하여 최대 얼마의 과징금을 부과할 수 있는가?

① 1천만원 ② 2천만원
③ 3천만원 ④ 4천만원

59 과징금으로 징수한 금액의 사용용도와 가장 거리가 먼 것은?

① 광역폐기물 처리시설의 확충
② 폐기물처리 신고자가 적합하게 재활용하지 아니한 폐기물의 처리
③ 폐기물처리 신고자의 지도·점검에 필요한 시설·장비의 구입 및 운영
④ 사용 종료된 매립지의 사후 관리를 위한 시설장비의 구입 및 운영

해설 폐기물처리 신고자의 지도·점검에 필요한 시설·장비의 구입 및 운영

60 지정폐기물(의료폐기물은 제외) 보관창고에 설치해야 하는 지정폐기물의 종류, 보관가능 용량, 취급 시 주의사항 및 관리책임자 등을 기재한 표지판 표지의 규격기준으로 옳은 것은?(단, 드럼 등 소형용기에 붙이는 경우)

① 가로 10센티미터 이상×세로 8센티미터 이상
② 가로 12센티미터 이상×세로 10센티미터 이상
③ 가로 13센티미터 이상×세로 10센티미터 이상
④ 가로 15센티미터 이상×세로 10센티미터 이상

61 의료폐기물을 위탁 처리하는 배출자는 의료폐기물의 종류별로 보관기간을 초과하여 보관하여서는 아니된다. 위해의료폐기물 중 손상성 폐기물의 보관기간으로 옳은 것은?

① 7일   ② 15일
③ 20일 ④ 30일

해설 의료폐기물을 위탁처리하는 배출자는 의료폐기물의 종류별로 다음의 구분에 따른 보관기간을 초과하여 보관하여서는 아니 된다.
가) 격리의료폐기물: 7일
나) 위해의료폐기물 중 조직물류폐기물(치아는 제외한다), 병리계폐기물, 생물·화학폐기물 및 혈액오염폐기물과 바)를 제외한 일반의료폐기물: 15일
다) 위해의료폐기물 중 손상성폐기물: 30일
라) 위해의료폐기물 중 조직물류폐기물(치아만 해당한다): 60일
마) 나목 6)에 따라 혼합 보관된 의료폐기물: 혼합 보관된 각각의 의료폐기물의 보관기간 중 가장 짧은 기간.
바) 일반의료폐기물(「의료법」 제3조에 따른 의료기관 중 입원실이 없는 의원, 치과의원 및 한의원에서 발생하는 것으로서 섭씨 4도 이하로 냉장보관하는 것만 해당한다): 30일기간

정답 58.③ 59.④ 60.④ 61.④

62 다음은 폐기물 인계·인수 내용을 입력하기 위한 방법과 절차이다. ( )안에 알맞은 것은?

> 처리자는 입력한 폐기물을 처리한 후 ( )이내에 처리량 및 처리일자 등을 전자정보처리프로그램에 입력하여야 한다. 이 경우 처리기간을 초과하여서는 아니 된다.

① 2일 이내 ② 5일 이내
③ 7일 이내 ④ 10일 이내

63 사업장배출시설계폐기물을 수집·운반하는 경우 갖추어야 할 장비가 아닌 것은?

① 액체상태 폐기물을 수집·운반하는 경우: 탱크로리 1대 이상
② 액체상태 폐기물을 수집·운반하는 경우: 밀폐형 차량 1대 이상
③ 고체상태 폐기물을 수집·운반하는 경우: 카고트럭 2대 이상
④ 고체상태 폐기물을 수집·운반하는 경우: 밀폐형 덮개 설치차량 2대 이상

64 폐기물 처분시설 또는 재활용시설의 검사기준에서 소각시설의 정기검사 항목이 아닌 것은?

① 소방장비 설치 및 관리실태
② 보조연소장치의 작동상태
③ 표지판 부착 여부 및 기재사항
④ 배기가스온도 적절 여부

해설 소각시설의 정기검사 항목
· 적절연소상태 유지 여부
· 소방장비 설치 및 관리실태
· 보조연소장치의 작동상태
· 배기가스온도 적절 여부
· 바닥재 강열감량
· 연소실 출구가스 온도
· 연소실 가스체류시간
· 설치검사 당시와 같은 설비·구조를 유지하고 있는지 여부

65 관리형매립시설 침출수의 화학적 산소요구량 배출허용기준으로 옳은 것은? (단, 나지역)

① 200 ② 400
③ 300 ④ 500

해설 침출수의 화학적 : 산소요구량청정지역 200, 가지역 300, 나지역 400

66 차수시설 상부에 모여 있는 침출수의 수위는 시설의 안정 등을 고려하여 매립 중인 시설의 경우 ( )미터 이하가 유지되도록 관리하여야 하는가?

① 2m ② 5m
③ 6m ④ 7m

해설 차수시설 상부에 모여 있는 침출수의 수위는 시설의 안정 등을 고려하여 매립 중인 시설의 경우 5미터 이하, 매립이 끝난 시설은 2미터(침출수매립시설환원정화설비가 설치된 매립시설은 5미터) 이하가 유지되도록 관리하여야 한다.

정답 62.① 63.③ 64.③ 65.② 66.②

67 폐기물처리시설 주변지역 영향조사 기준에서 미세먼지와 다이옥신 조사지점 기준으로 옳은 것은?

① 미세먼지와 다이옥신 조사지점은 해당 시설에 인접한 주거지역 중 1개소 이상 지역의 일정한 곳으로 한다.
② 미세먼지와 다이옥신 조사지점은 해당 시설에 인접한 주거지역 중 2개소 이상 지역의 일정한 곳으로 한다.
③ 미세먼지와 다이옥신 조사지점은 해당 시설에 인접한 주거지역 중 3개소 이상 지역의 일정한 곳으로 한다.
④ 미세먼지와 다이옥신 조사지점은 해당 시설에 인접한 주거지역 중 4개소 이상 지역의 일정한 곳으로 한다.

68 폐기물처리 신고자가 갖추어야 할 보관시설의 기준은?

① 1일 처리능력의 1일분 이상 30일분 이하의 폐기물을 보관할 수 있는 보관용기 또는 보관시설.
② 1일 처리능력의 1일분 이상 50일분 이하의 폐기물을 보관할 수 있는 보관용기 또는 보관시설.
③ 1일 처리능력의 2일분 이상 30일분 이하의 폐기물을 보관할 수 있는 보관용기 또는 보관시설.
④ 1일 처리능력의 2일분 이상 50일분 이하의 폐기물을 보관할 수 있는 보관용기 또는 보관시설.

69 폐기물처리 신고자의 준수사항으로 옳지 않은 것은?

① 자신의 재활용시설에서 재활용할 수 없는 폐기물을 위탁받거나 재활용능력을 초과하여 폐기물을 위탁받아서는 아니 된다.
② 정당한 사유 없이 계속하여 1년 이상 휴업하여서는 아니 된다.
③ 폐기물처리 신고자는 신고한 재활용 용도 또는 방법에 따라 재활용하여야 한다.
④ 처리금지, 휴업신고 또는 폐업신고 등으로 폐기물을 수집·운반하지 아니할 때에는 발급받은 폐기물수집·운반증을 폐기하여야 한다.

해설 처리금지, 휴업신고 또는 폐업신고 등으로 폐기물을 수집·운반하지 아니할 때에는 발급받은 폐기물수집·운반증을 시·도지사에게 반납하여야 한다.

70 설치승인을 받아 폐기물처리시설을 설치한 자가 그가 설치한 폐기물처리시설의 사용을 끝내거나 폐쇄하려면 환경부장관에게 신고하여야 한다. 매립시설의 사용종료 또는 폐쇄신고를 한 날부터 몇 년 이내로 사후관리를 하여야 하는가?(단, 사후관리가 필요하다고 판단되는 경우).

① 사용종료 또는 폐쇄신고를 한 날부터 10년 이내로 한다.
② 사용종료 또는 폐쇄신고를 한 날부터 20년 이내로 한다.
③ 사용종료 또는 폐쇄신고를 한 날부터 30년 이내로 한다.
④ 사용종료 또는 폐쇄신고를 한 날부터 50년 이내로 한다.

정답 67.③ 68.① 69.④ 70.③

71 폐기물처리시설의 사후관리기준 및 방법에서 사후관리 항목 및 방법에 따라 조사한 결과를 토대로 매립시설이 주변환경에 미치는 영향에 대한 종합보고서를 매립시설의 사용종료신고 후 몇 년마다 작성하여야 한다.

① 1년 ② 3년
③ 5년 ④ 7년

정답 71.③

2023년 CBT 폐기물처리 기사·산업기사 [시행]

** 본문제는 수험생들의 기억을 바탕으로 작성 된 것으로 실제 문제와 차이가 있을 수 있습니다.

1과목 폐기물개론

01 강열감량(열작감량)의 정의에 대한 설명으로 가장 거리가 먼 것은?

① 강열감량이 높을수록 연소효율이 좋다.
② 소각잔사의 매립처분에 있어서 중요한 의미가 있다.
③ 3성분 중에서 가연분이 타지 않고 남는 양으로 표현된다.
④ 소각로의 연소효율을 판정하는 지표 및 설계인자로 사용된다.

해설 강열감량이란 강한 열에 의하여 감소되는 폐기물량을 말한다.

02 폐기물관리법에서 적용되는 용어의 뜻으로 틀린 것은 어느 것인가?

① "지정폐기물"이란 사업장폐기물 중 폐유·폐산 등 주변환경을 오염시킬 수 있거나 의료폐기물 등 인체에 위해를 줄 수 있는 해로운 물질로서 대통령령으로 정하는 폐기물을 말한다.
② "생활폐기물"이란 사업장폐기물 외의 폐기물을 말한다.
③ "폐기물감량화시설"이란 생산 공정에서 발생하는 폐기물의 양을 줄이고 사업장 내 재활용을 통하여 폐기물 배출을 최소화하는 시설로서 대통령령으로 정하는 시설을 말한다.
④ "폐기물처리시설"이라 함은 폐기물의 수집, 운반시설, 폐기물의 중간처리시설, 최종처리시설로서 대통령령이 정하는 시설을 말한다.

해설 폐기물처리시설이라 함은 폐기물의 중간처분시설, 최종처분시설 및 재활용시설로서 대통령령으로 정하는 시설이다.

정답 01.① 02.④

03 쓰레기와 하수처리장에서 얻어진 슬러지를 함께 매립하려고 한다. 쓰레기와 슬러지의 고형물 함량이 각각 50%, 20%라고 하면 쓰레기와 슬러지를 8:2로 섞을 때의 이 혼합폐기물의 함수율은?(단, 무게 기준이며 비중은 1.0으로 가정함)

① 44%   ② 56%
③ 65%   ④ 35%

해설 혼합폐기물의 함수율(%)
$$= \frac{50 \times 8 + 80 \times 2}{8+2} = 56\%$$

04 쓰레기를 소각했을 때 남은 재의 중량은 쓰레기의 30%이다. 쓰레기 10ton을 태웠을 때 남은 재의 부피가 2m³라고 하면 재의 밀도(ton/m³)는?

① 1.0   ② 1.5
③ 2.0   ④ 2.5

해설 재의 밀도(ton/m³) = $\frac{10t \times 0.3}{2m^3} = 1.5 t/m^3$

05 다음 중 관거를 이용한 쓰레기의 수송에 관한 설명으로 옳지 않은 것은?

① 잘못 투입된 물건은 회수하기가 어렵다.
② 가설 후에 경로변경이 곤란하고 설치비가 높다.
③ 조대쓰레기의 파쇄 등 전처리가 필요 없다.
④ 쓰레기의 발생밀도가 높은 인구밀집 지역에서 현실성이 있다.

해설 조대쓰레기는 분쇄, 파쇄 등의 전처리 공정이 필요하다.

06 무게 10톤, 밀도 300kg/m³인 폐기물을 밀도 800kg/m³로 압축하였다면 압축비는?

① 2.16   ② 2.43
③ 2.67   ④ 2.92

해설 압축비
$$C_R = \frac{압축 전 부피 V_1}{압축 후 부피 V_2} = \frac{압축 후 밀도 \rho_2}{압축 전 밀도 \rho_1} = \frac{800}{300} = 2.67$$

$$\therefore C_R = \frac{압축 후 밀도 \rho_2}{압축 전 밀도 \rho_1} = \frac{800 kg/m^3}{300 kg/m^3} = 2.67$$

07 의료폐기물의 종류와 가장 거리가 먼 것은?

① 병상의료폐기물
② 격리의료폐기물
③ 위해의료폐기물
④ 일반의료폐기물

해설 의료폐기물에는 감염성의 격리의료폐기물, 조직물류 등의 위해의료폐기물, 혈액 등의 일반의료폐기물이 있다.

08 어느 도시에서 1주일 간의 쓰레기 수거상황을 조사한 결과가 다음과 같았다면 1일 1인 쓰레기 발생량(kg/cap·d)은?

・수거 대상인구 : 600000명,
・수거 용적 : 13124 m³,
・적재시 밀도 : 0.5 ton/m³

① 1.1   ② 1.3
③ 1.6   ④ 1.9

해설 발생량 = 처리량
$600000인 \times 7일 \times x 발생량 = 13124m^3 \times 500kg/m^3$
$\therefore x = 1.6 kg/cap.day$

정답 03.② 04.② 05.③ 06.③ 07.① 08.③

09 청소상태를 평가하는 방법 중 서비스를 받는 사람들의 만족도를 설문조사하여 계산하는 '사용자 만족도 지수'의 약자로 알맞은 것은 어느 것인가?

① USI   ② UAI
③ CEI   ④ CDI

> **해설** CEI는 지역사회 효과지수를, USI는 사용자 만족도 지수를 나타낸다.

10 전처리로서 파쇄에 의하여 얻어질 수 있는 효과에 대하여 설명한 것 중 가장 거리가 먼 것은?

① 대형폐기물 등에 대해서는 운반경비를 절감 가능
② 소각로 등의 폐쇄현상을 방지하는 것이 가능
③ 밀도를 적게하여 처리장치를 최소화 하는 것이 가능
④ 혼합물을 균일화하여 반응 촉진

> **해설** 겉보기 비중의 증가로 수송이 용이하고 매립지 수명이 연장된다.

11 $X_{90} = 4.6 cm$로 도시폐기물을 파쇄 하고자 할 때 Rosin-Rammler 모델에 의한 특성입자 크기 X_o(cm)는 얼마인가?(단, n = 1로 가정)

① 1.2cm   ② 1.6cm
③ 2.0cm   ④ 2.3cm

> **해설** $Y = 1 - \exp\left[-\left(\frac{X}{X_o}\right)^n\right]$
>
> $0.90 = 1 - \exp\left[-\left(\frac{4.6cm}{X_o}\right)^1\right]$
>
> $\exp(-\frac{4.6cm}{X_o}) = 1 - 0.9$
>
> ∴특성입자 크기 $X_o = \frac{-4.6cm}{\ln(1-0.90)} = 2.0 cm$

12 물렁거리는 가벼운 물질로부터 딱딱한 물질을 선별하는데 사용하는 선별분류법은?

① Jigs   ② Table
③ Secators   ④ Stoners

> **해설** Secator는 회전하는 드럼위에 떨어뜨려 분류하는 방법이다.

13 도시 폐기물의 입자 크기를 분류하기 위하여 회전식 원통 스크린(Trommel)을 많이 이용한다. Trommel 스크린에 대한 설명으로 적절치 못한 것은?

① 원통의 직경 및 길이가 길면 동력 소모가 많고 효율도 떨어진다.
② 원통의 경사도가 크면 효율이 떨어지고 부하율도 커진다.
③ 회전속도의 경우 어느 정도 까지는 증가할수록 선별효율이 증가하나 그 이상이 되면 원심력에 의해 막힘현상이 일어난다.
④ 임계회전속도와 최적회전속도와의 관계는 경험적으로 [임계회전속도×0.45=최적회전속도]로 나타낼 수 있다.

> **해설** 길이가 길수록 직경이 클수록 선별효율이 증가한다.

14 적환장에 관한 설명으로 옳지 않은 것은?

① 수거지점으로부터 처리장까지의 거리가 먼 경우에 중간에 설치한다.
② 슬러지수송이나 공기수송방식을 사용할 때에는 설치가 어렵다.
③ 작은 용기로 수거한 쓰레기를 대형트럭에 옮겨 싣는 곳이다.
④ 저밀도 주거지역이 존재할 때 설치한다.

해설 슬러리 수송이나 공기수송 방식을 사용할 때 적환장을 설치한다.

15 밀도가 350kg/m³인 쓰레기 12m³ 중 비가연성 부분이 중량비로 약 65%를 차지하고 있을 때, 가연성 물질의 양(톤)은 얼마인가?

① 1.32톤 ② 1.38톤
③ 1.43톤 ④ 1.47톤

해설 가연성 물질의 양(ton)
= 12m³ × 0.35t/m³ × (1-0.65) = 1.47t

16 폴리클로리네이티드비페닐 함유 폐기물의 지정폐기물 기준은?

① 액체상태 외의 것(용출액 1리터당 0.01밀리그램 이상 함유한 것으로 한정한다.)
② 액체상태 외의 것(용출액 1리터당 0.03밀리그램 이상 함유한 것으로 한정한다.)
③ 액체상태 외의 것(용출액 1리터당 0.001밀리그램 이상 함유한 것으로 한정한다.)
④ 액체상태 외의 것(용출액 1리터당 0.003밀리그램 이상 함유한 것으로 한정한다.)

17 폐기물은 단순히 버려져 못 쓰는 것이라는 인식을 바꾸어 '폐기물=자원' 이라는 공감대를 확산시킴으로써 재활용정책에 활력을 불어 넣은 생산자 책임 재활용제도는?

① RHSS ② ESSD
③ EPR   ④ WEE

해설 EPR(Extended Producer Responsibility)은 생산자 책임 재활용제도로 생산자 또는 수입업자에게 재활용 의무목표량을 부과한다.

18 사용한 자원 및 에너지, 환경으로 배출되는 환경오염물질을 규명하고 정량화함으로써 한 제품이나 공정에 관련된 환경 부담을 평가하고 그 에너지와 자원, 환경부하 영향을 평가하여, 환경을 개선시킬 수 있는 기회를 규명하는 과정으로 정의되는 것은?

① ESSA ② LCA
③ EPA   ④ TRA

19 폐기물의 저위발열량은 폐기물 3성분 조성비를 바탕으로 추정할 때 다음 중 3가지 성분에 포함되지 않는 것은?

① 수분   ② 회분
③ 가연성분 ④ 휘발분

해설 폐기물의 3성분에는 가연성분, 수분, 회분이 있으며, 4성분에는 고정탄소, 휘발분, 수분, 회분이 있다.

20 미나마타병의 원인물질은?

① Hg   ② Cd
③ PCB ④ Cr^{6+}

정답 14.② 15.④ 16.④ 17.③ 18.② 19.④ 20.①

21 폐기물파쇄기에 관한 설명으로 틀린 것은?

① 충격파쇄기는 유리나 목질류 등을 파쇄하는데 이용된다.
② 충격파쇄기는 대개 왕복타격식이다.
③ 전단파쇄기는 충격파쇄기에 비해 파쇄물의 크기를 고르게 할 수 있다.
④ 전단파쇄기는 충격파쇄기에 비해 이물질 혼입에 약하다.

해설 충격파쇄기는 대개 회전타격식이다.

22 쓰레기발생량 예측방법으로 틀린 것은 어느 것인가?

① 물질수지법   ② 경향예측모델법
③ 다중회귀모델 ④ 동적모사모델

해설 물질수지법(Material balance method)은 쓰레기 발생량 조사방법이다.

23 쓰레기 압축기를 형태에 따라 구별한 것으로 틀린 것은?

① 소용돌이식 압축기
② 충격식 압축기
③ 고정식 압축기
④ 백(bag) 압축기

해설 충격파쇄기는 대개 회전타격식이나 충격식 압축기는 없다.

24 폐기물의 저위발열량을 폐기물 3성분 조성비를 바탕으로 추정할 때 다음 중 3가지 성분에 포함되지 않는 것은?

① 수분   ② 회분
③ 가연성분   ④ 휘발분

해설 폐기물의 3성분에는 가연성분, 수분, 회분이 있으며, 4성분에는 고정탄소, 휘발분, 수분, 회분이 있다.

25 다음 중 폐기물의 발생량 조사방법이 아닌 것은?

① 직접 계근법
② 경향법
③ 적재 차량 계수 분석법
④ 물질 수지법

해설 경향법은 쓰레기발생량 예측방법이다.

26 폐기물발생량이 2000m³/day, 밀도 840kg/m³일 때, 5톤 트럭으로 운반하려면 1일 필요한 차량 수(대)는?(단, 예비차량 2대 포함, 기타 조건은 고려하지 않음)

① 334   ② 336
③ 338   ④ 340

해설 차량대수 = $\frac{2000 m^3/day \times 840 kg/m^3}{5000 kg}$
= 336대+2대 = 338대

정답 21.② 22.① 23.② 24.④ 25.② 26.③

27 하수도처럼 수송망을 설치하여 각 가정의 쓰레기를 처분장까지 운반하는 수송수단은?

① 컨베이어 수송
② 관거를 이용한 수송
③ 모노레일 수송
④ 컨테이너 수송

해설 지하에 컨베이어(conveyor)를 설치해 하수도처럼 수송망을 설치하여 각 가정의 쓰레기를 처분장까지 운반한다.

28 수분함량이 90%인 폐기물의 용출시험결과 카드뮴의 농도가 0.25 mg/L 이었다. 함수율을 보정한 카드뮴의 농도(mg/L)는 얼마인가?

① 0.125mg/L   ② 0.295mg/L
③ 0.375mg/L   ④ 0.435mg/L

해설 보정값 $= \dfrac{15}{100-90} = 1.5$

∴ Cd 0.25mg/L×1.5=0.375mg/L

29 선별기 중에서 스토너(Stoner)에 관한 설명으로 틀린 것은?

① 원래 밀 등의 곡물에서 돌이나 기타 무거운 물질을 제거하기 위하여 고안되었다.
② 공기가 유입되는 다공진동판으로 구성되어 있다.
③ 상당히 넓은 입자크기 분포 범위에서 밀도 선별기로 작용한다.
④ 중요한 운전변수는 다공판의 기울기와 공기의 유량이다.

해설 상당히 좁은 입자크기분포 범위내에서 밀도 선별기로 작용한다.

30 발열량의 관계식으로 알맞은 것은 어느 것인가?

① 고위발열량=저위발열량+수분의 응축열
② 고위발열량=저위발열량-수분의 응축열
③ 고위발열량=저위발열량+회분(재)의 잠열
④ 고위발열량=저위발열량-회분(재)의 잠열

해설 고위발열량(H_h, 총 발열량)은 수분에 의하여 생성된 수분의 응축열(증발잠열)을 포함한 열량으로 열량계로 측정한다.

31 완전히 건조시킨 폐기물 20g을 취해 회분량을 조사하니 5g이었다. 폐기물의 함수율이 40%이었다면, 습량기준 회분 중량비(%)는?(단, 비중=1.0)

① 5   ② 10
③ 15   ④ 20

해설 습량회분(%)=건량회분(%)

$\dfrac{x}{1-0.4}\% = \dfrac{5g}{20g} \times 100\%$ ∴ $x = 15\%$

32 최소 크기가 10cm인 폐기물을 2cm로 파쇄하고자 할 때 kick's 법칙에 의한 소요동력은 동일폐기물을 4cm로 파쇄할 때 소요되는 동력의 몇 배인가?(단, n=1로 가정한다.)

① 약 1.8배   ② 약 2.3배
③ 약 2.6배   ④ 약 3.2배

해설

$E = 상수\ C \ln\left(\dfrac{파쇄\ 전\ 입자크기\ (L_1) 10cm}{파쇄\ 후\ 입자크기\ (L_2) 2cm}\right) = 1.61kw$

$E = 상수\ C \ln\left(\dfrac{파쇄\ 전\ 입자크기\ (L_1) 10cm}{파쇄\ 후\ 입자크기\ (L_2) 4cm}\right) = 0.91kw$

∴ $\dfrac{1.61kw}{0.91kw} = 1.77배$

정답 27.① 28.③ 29.③ 30.① 31.③ 32.①

33 쓰레기의 발열량을 구하는 식 중 Dulong 식에 관한 내용으로 알맞은 것은 어느 것인가?

① 고위발열량은 저위발열량, 수소함량, 수분함량만으로 구할 수 있다.
② 원소분석에서 나온 C, H, O, N 및 수분 함량으로 계산할 수 있다.
③ 목재나 쓰레기와 같은 셀룰로오즈의 연소에서는 발열량이 약 10% 높게 추정된다.
④ Bomb 열량계로 구한 발열량에 근사시키기 위해 Dulong의 보정식이 사용된다.

해설 Dulong식

$$H_h (\text{kcal/kg}) = 81C + 340(H - \frac{O}{8}) + 25S$$
*여기서, 원소의 단위는 퍼센트농도(%)이다.

34 쓰레기를 압축시켜 부피감소율이 60%인 경우 압축비는?

① 4.5　　② 3.8
③ 3.2　　④ 2.5

해설 부피감소율

$$V_R \; 60\% = (1 - \frac{1}{\text{압축비} \; C_R}) \times 100$$

$$\frac{100}{C_R} = 100 - 60 \quad \therefore C_R = 2.5$$

35 도시 쓰레기의 수거 및 운반에 대해 기술한 아래 사항 중 틀린 것은?

① 언덕지역에서는 언덕의 꼭대기에서부터 시작하여 적재하면서 차량이 아래로 진행하도록 한다.
② 될 수 있으면 U자 회전을 피하여 수거한다.
③ 적은 양의 쓰레기가 발생하나 동일한 수거빈도를 받기를 원하는 적재지점은 가능한 한 같은 날 왕복으로 수거한다.
④ 가능 한 한 반시계 방향으로 수거노선을 정한다.

해설 가능한 한 시계방향으로 수거노선을 정한다.

36 어느 도시의 쓰레기 발생량이 3배로 증가하였으나 쓰레기 수거노동력(MHT)은 그대로 유지시키고자 한다. 수거시간을 50% 증가시키는 경우 수거인원은 몇 배로 증가 되어야 하는가?

① 1.5배　　② 2배
③ 2.5배　　④ 3배

해설 $1 = \dfrac{\text{인부수(배)} \times 1\text{일 작업시간}(1.5\text{배})}{1\text{일 평균폐기물 발생량}(3\text{배})}$

∴ 인부수 = 2배

37 폐기물 선별에 대한 설명 중 옳지 않은 것은?

① 와전류식 선별은 전자석 유도에 관한 페러데이법칙을 기초로 한다.
② 풍력선별기에 있어 전형적인 폐기물/공기비 2~7이다.
③ 펄스풍력선별기는 유속의 변화를 이용 하는 장치이다.
④ 정전기적 선별을 이용하면 플라스틱에서 종이를 선별할 수 있다.

해설 풍력선별기에 있어 전형적인 공기/폐기물 비 2~7이다.

2과목 폐기물처리기술

01 퇴비화 대상 유기물질의 화학식이 $C_{99}H_{148}O_{59}N$이라고 하면, 이 유기물질의 C/N비는?

① 64.9   ② 84.9
③ 104.9 ④ 124.9

해설 $\dfrac{C}{N} = \dfrac{12 \times 99}{14 \times 1} = 84.85$

02 음식물쓰레기 처리방법으로 가장 부적당한 것은?

① 호기성 퇴비화
② 사료화
③ 감량 및 소멸화
④ 고형화

해설 고형화는 중금속 등의 무기물에 적합하다.

03 함수율이 97%인 수거분뇨를 55% 함수율의 건조분뇨로 만들면 그 부피는 얼마로 감소하게 되는가? (단, 비중은 1.0 기준이다.)

① 1/5로 감소   ② 1/10로 감소
③ 1/15로 감소 ④ 1/20로 감소

해설 $V_1 \times (100-97) = V_2 \times (100-55)$

$\dfrac{V_1(100-97)}{V_2(100-55)} = \dfrac{3}{45} = \dfrac{1}{15}$

04 토양 중 유기성 오염물질을 제거하기 위한 바이오벤팅(Bioventing)에 대한 설명으로 틀린 것은?

① 불포화 토양층 내에 산소를 공급함으로써 미생물의 분해를 통해 유기물질을 분해 처리한다.
② 휘발성이 강하거나 분자량이 작은 유기물질의 처리가 어렵다.
③ 일반적으로 토양증기추출에 비하여 토양공기의 추출량이 약 1/10수준이다.
④ 기술 적용 시에는 대상부지에 대한 정확한 산소소모율의 산정이 중요하다.

해설 불포화 토양층 내의 토양에 부착되어 있는 비휘발성 분자량이 작은 유기물질의 처리가 용이하다.

05 슬러지의 화학적 안정화 및 살균방법으로 거리가 먼 것은?

① 석회 주입법   ② 염소 주입법
③ 회분 첨가법   ④ 방사선 조사법

해설 슬러지의 화학적 안정화에는 석회 주입법, 염소 주입법, 방사선 조사법이 있다.

06 폐기물 고화처리에 주로 사용되는 보통포틀랜드 시멘트의 주성분을 옳게 나열한 것은?

① Al_2O_3 65%, MgO 22%
② MgO 65%, Al_2O_3 22%
③ SiO_2 65%, CaO 22%
④ CaO 65%, SiO_2 22%

해설 보통 포틀랜드 시멘트의 주성분은 CaO 65%, SiO_2 22% 이다.

정답 01.② 02.④ 03.③ 04.② 05.③ 06.④

07 분뇨의 특성 중 옳지 않은 것은?

① 분뇨에 포함된 협잡물의 양은 발생지역에 따라 차이가 크다.
② 고액 분리가 용이하다.
③ 분과 뇨(분:뇨)의 고형질의 비는 7:1 정도이다.
④ 분뇨의 비중은 1.02 정도이며 질소화합물 함유도가 높다.

해설 분뇨는 고액분리가 어렵고 질소화합물(5000ppm)의 함유도가 높다.

08 분뇨 저장탱크 내의 악취발생 공간 체적이 40m³이고 이를 시간당 4차례 교환하고자 한다. 발생된 악취공기를 퇴비 여과 방식을 채택하여 투과속도 20m/h로 처리코자 한다. 이 때 필요한 퇴비여과상의 면적은 몇 m²인가?

① 6m²　② 8m²
③ 10m²　④ 12m²

해설 $v = \dfrac{Q}{A}$ ∴ $A = \dfrac{40m^3 \times 4회/hr}{20m/hr} = 8m^2$

09 일반적으로 매립지 침출수 중 중금속의 농도가 가장 높게 나타나는 시기는 어느 단계인가?

① 호기성 단계
② 산 형성 단계
③ 메탄 발효 단계
④ 숙성 단계

해설 매립 초기단계에서는 산의 생성으로 중금속이 용출된다.

10 고농도 액상 폐기물의 혐기성 소화 공정 중 중온소화와 고온소화의 비교에 관한 내용으로 옳지 않은 것은?

① 부하능력은 고온소화가 우수하다.
② 탈수여액의 수질은 고온소화가 우수하다.
③ 병원균의 사멸은 고온소화가 유리하다.
④ 중온소화에서 미생물의 활성이 쉽다.

해설 중온소화는 고온소화 보다 미생물의 활성이 높고 탈수여액의 수질이 우수하다.

11 폐기물의 열분해 공정에 관한 설명으로 옳지 않은 것은?

① 폐기물의 입자크기가 작을수록 쉽게 열분해가 조성된다.
② 열분해 온도가 1700°C까지 증가시켜 고온의 열분해 조건으로 운전하면 모든 재는 Slag로 생성 배출된다.
③ 저온열분해의 온도범위는 500~900°C 정도이다.
④ 열분해온도가 증가할수록 발생되는 가스중 CO_2 함량이 증대된다.

해설 온도가 증가할수록 H_2함량이 증가하고 CO_2는 감소한다.

12 초산과 포도당을 각각 1몰씩 혐기성 소화하였을 때 양론적 메탄발생량을 비교한 것으로 옳은 것은?

① 포도당 1몰 혐기성소화시, 초산 1몰 혐기성소화시보다 메탄발생량은 1.5배 많다.
② 포도당 1몰 혐기성소화시, 초산 1몰 혐기성소화시보다 메탄발생량은 2배 많다.
③ 포도당 1몰 혐기성소화시, 초산 1몰 혐기성소화시보다 메탄발생량은 2.5배 많다.
④ 포도당 1몰 혐기성소화시, 초산 1몰 혐기성소화시보다 메탄발생량은 3배 많다.

해설
$CH_3COOH \rightarrow CH_4 + CO_2$
$\quad 1M \quad : \quad 1M$
$C_6H_{12}O_6 \rightarrow 3CH_4 + 3CO_2$
$\quad 1M \quad : \quad 3M$

13 RDF를 대량 사용하고자 할 경우의 구비조건에 대한 설명으로 틀린 것은?

① 칼로리가 낮을 것
② 함수율이 낮을 것
③ 재의 양이 적을 것
④ RDF의 조성이 균일할 것

해설 칼로리가 높아야 한다.

14 매립지의 표면차수막에 관한 설명으로 옳지 않은 것은?

① 매립지 지반의 투수계수가 큰 경우에 사용한다.
② 지하수 집배수시설이 필요하다.
③ 단위면적당 공사비는 비싸나 총공사비는 싸다.
④ 보수는 매립 전에는 용이하나 매립 후는 어렵다.

해설 단위면적당 공사비는 싸지나 총공사비는 비싸다.

15 함수율 97%의 슬러지를 농축하였더니 부피가 처음부피의 1/3로 줄어들었다. 이때 농축슬러지의 함수율은?

① 91%   ② 92%
③ 93%   ④ 94%

해설 $1 \times (100-97) = 1 \times \frac{1}{3}(100-P_2)$
$\therefore P_2 = 91\%$

16 유해성 폐기물이라 판단할 수 있는 성질과 가장 거리가 먼 것은?

① 반응성   ② 발화성
③ 부식성   ④ 부패성

해설 유해성의 판단은 인화성, 부식성, 반응성, 폭발성, 독성, 발암성 등으로 한다.

17 용매추출(solvent extraction)공정을 적용하기 어려운 폐기물은?

① 분배계수가 높은 폐기물
② 물에 대한 용해도가 높은 폐기물
③ 끓는점이 낮은 폐기물
④ 물에 대한 밀도가 낮은 폐기물

해설 물에 대한 용해도가 낮아야 한다.

정답 12.④ 13.① 14.③ 15.① 16.④ 17.②

18 침출수의 특성에 대한 설명 중 옳지 않은 것은?

① 복토의 다짐밀도가 높을수록 침출수 농도는 높다.
② 혐기성 매립방식이 호기성 매립방식에 비해 침출수 농도가 낮다.
③ 유기폐기물 함량이 높을수록 유기오염농도가 높고 초기 BOD/COD 비가 크다.
④ BOD/COD 비는 초기에는 높고 시간 경과에 따라 낮아진다.

> 해설 혐기성 매립방식이 호기성 매립방식에 비해 침출수 농도가 높다.

19 공극율이 0.4인 토양이 깊이 5m까지 오염되어 있다면 오염된 토양의 m²당 공극의 체적은 몇 m³인가?

① 1.0m³ ② 1.5m³
③ 2.0m³ ④ 2.5m³

> 해설 공극의 체적=1m²×5m×0.4=2.0m³

20 위생매립방법 중 매립지 바닥층이 두껍고 복토로 적합한 지역에 이용하며, 거의 단층매립만 가능한 방법은 어느 것인가?

① Trench 방식 ② Sandwich 방식
③ Area 방식   ④ Ramp 방식

21 매립지 기체 발생단계를 4단계로 나눌 때 매립 초기의 호기성 단계(혐기성 전단계)에 대한 설명으로 틀린 것은?

① 폐기물 내 수분이 많은 경우에는 반응이 가속화된다.
② O_2가 대부분 소모된다.
③ N_2가 급격히 발생한다.
④ 주요 생성기체는 CO_2이다.

> 해설 매립 초기단계에서는 N_2가 급격히 감소한다.

22 유기적 고형화법과 비교한 무기적 고형화법에 관한 설명으로 틀린 것은?

① 다양한 산업폐기물에 적용이 가능하다.
② 비용이 저렴하다.
③ 상압 및 상온하에서 처리가 용이하다.
④ 수용성이 크며 재료의 독성이 없다.

> 해설 수용성이 작고 재료의 독성이 없다.

23 10g의 RDF를 열용량이 8600cal/℃인 열량계에서 연소하였다. 감지된 온도상승은 4.72℃ 이다. 이 시료의 발열량은 얼마인가?

① 3544cal/℃·g ② 3672cal/℃·g
③ 4059cal/℃·g ④ 4201cal/℃·g

> 해설 시료의 발열량
> $= 8600 \text{cal/℃} \times \dfrac{4.72℃}{10\text{g}} = 4059.2 \text{cal/℃·g}$

정답 18.② 19.③ 20.① 21.③ 22.④ 23.③

24 다음 중 악취성 물질인 CH₃SH를 나타낸 것은?

① 메틸오닌
② 다이메틸설파이드
③ 메틸메르캅탄
④ 메틸케톤

해설 메틸(CH_3), 메르캅탄(-SH)

25 퇴비화의 단위공정을 올바르게 연결한 것은?

① 전처리 → 양생 → 발효 → 마무리
② 전처리 → 저장 → 양생 → 마무리
③ 전처리 → 발효 → 마무리 → 양생
④ 전처리 → 발효 → 양생 → 마무리

해설 폐기물 → 전처리 → 발효 → 양생 → 마무리 → 저장 → 제품

26 수분이 96%인 슬러지를 수분 60%로 탈수했을 때, 탈수 후 슬러지의 체적은?(단, 탈수 전 슬러지의 체적은 100m³이다.)

① 10m³   ② 12m³
③ 14m³   ④ 16m³

해설 슬러지 발생량 = 슬러지 탈수량
$100m^3 \times (1-0.96) = x(1-0.6)$ ∴ $x = 10m^3$

27 토양수분의 물리학적 분류 중 수분 1000cm의 물기둥의 압력으로 결합되어 있는 경우 다음 중 어디에 속하는가?

① 결합수   ② 흡습수
③ 유효수분 ④ 모세관수

해설 모관결합수는 모세관 현상을 일으켜서 모세관압으로 결합되어 있는 수분이다.

28 토양오염의 특성이 아닌 것은?

① 오염영향의 국지성
② 피해발현의 급진성
③ 원상복구의 어려움
④ 타 환경인자와의 영향관계의 모호성

해설 토양오염은 오염의 발생과 오염에 따른 문제의 발생 간에는 시간차를 두고 있다.

29 함수율이 90%인 슬러지의 겉보기 비중이 1.02이었다. 이 슬러지를 진공여과기로 탈수하여 함수율이 60%인 슬러지를 얻었다면 이 슬러지가 갖는 겉보기 비중은? (단, 물의 비중은 1.0)

① 약 1.09   ② 약 1.14
③ 약 1.25   ④ 약 1.31

해설
• 함수율이 90%인 고형물의 비중

$$\frac{1}{1.02} = \frac{0.1}{\rho_s} + \frac{0.9}{1.0} \quad \therefore \rho_s = 1.24$$

슬러지 = 고형물 + 수분

• 함수율이 60%인 슬러지의 비중

$$\frac{1}{\rho_{sl}} = \frac{0.4}{1.24} + \frac{0.6}{1.0} \quad \therefore \rho_{sl} = 1.084$$

슬러지 = 고형물 + 수분

정답 24.③ 25.④ 26.① 27.④ 28.② 29.①

30 상부로부터 분쇄되었거나 또는 분쇄되지 않은 폐기물이 주입되어 건조된 후 열분해되어 슬래그나 재가 하부로 배출되는 열분해장치는?

① 유동상 열분해장치
② 고정상 열분해장치
③ 습상 열분해장치
④ 부유상 열분해장치

해설 고정상 열분해 장치에 대한 설명이다.

31 토양증기추출법(SVE) 시스템의 단점으로 틀린 것은?

① 증기압이 낮은 오염물질에는 제거효율이 낮다.
② 오염물질의 독성 변화가 없다.
③ 지반구조의 복잡성으로 총 처리시간을 예측하기가 어렵다.
④ 지하수 깊이에 제한을 받는다.

해설 지하수의 깊이에 제한을 받지 않는다.

32 친산소성 퇴비화 공정의 설계운영 시 고려인자에 관한 내용으로 틀린 것은?

① 공기의 채널링이 원활하게 발생하도록 반응기간 동안 규칙적으로 교반하거나 뒤집어 주어야 한다.
② 퇴비단의 온도는 초기 며칠간은 50~55℃를 유지하여야 하며 활발한 분해를 위해서는 55~60℃가 적당하다.
③ 퇴비화 기간 동안 수분함량은 50~60% 범위에서 유지되어야 한다.
④ 초기 C/N비는 25~50이 적정하다.

해설 공기의 채널링현상(덩어리지는 현상)을 방지하기 위하여 규칙적으로 교반하거나 뒤집어 주어야 한다.

33 함수율 40%인 쓰레기를 건조시켜 함수율이 15%인 쓰레기를 만들었다면, 쓰레기 ton당 증발되는 수분량(kg)은 얼마인가? (단, 비중은 1.0 기준이다.)

① 약 185kg ② 약 294kg
③ 약 326kg ④ 약 425kg

해설
$1000 kg(100-40\%) = V_2(100-15\%)$
$\therefore V_2 = 705.88 kg$
$\therefore 1000 kg - 705.88 kg = 294 kg$

34 매립지 차수막으로서의 점토 조건으로 적합하지 않은 것은?

① 액성한계 : 30% 이상
② 투수계수 : 10^{-7}cm/s 미만
③ 소성지수 : 60% 이상
④ 자갈 함유량 : 10% 미만

해설 점토의 소성지수는 10% 이상 30% 미만이다.

정답 30.② 31.④ 32.① 33.② 34.③

35 플라스틱 재질 중 발열량(kcal/kg)이 가장 낮은 것은?

① 폴리에틸렌(PE)
② 폴리프로필렌(PP)
③ 폴리스티렌(PS)
④ 폴리염화비닐(PVC)

해설 일반적으로 플라스틱의 발열량은 5000~11000kcal/kg 정도이나 염화비닐은 4500Kcal/kg이다.

36 어느 지역에서 매립에 의해 처리하고자 하는 폐기물 양은 1일 150ton이다. 이를 도랑식 매립법(Trench Methods)에 의해 매립하고자 할 때 발생 폐기물 밀도 650kg/m³, 부피감소율 45%, Trench 유효 깊이 1.5m, 1년간 소요 부지면적은?

① 약 31000m² ② 약 49000m²
③ 약 59000m² ④ 약 69000m²

해설 도랑면적
$= \dfrac{150t}{day} \Big| \dfrac{m^3}{0.65t} \Big| \dfrac{1}{1.5m} \Big| \dfrac{365day}{y} \Big| \dfrac{55}{100}$
$= 30885 m^2/y$

37 해안매립공법 중 '순차투입방법'에 관한 설명으로 틀린 것은?

① 호안 측으로부터 순차적으로 쓰레기를 투입하여 육지화 하는 방법이다.
② 부유성 쓰레기의 수면확산에 의해 수면부와 육지부의 경계 구분이 어려워 매립장비가 매몰되기도 한다.
③ 바닥지반이 연약한 경우 쓰레기 하중으로 연약층이 유동하거나 국부적으로 두껍게 퇴적되기도 한다.
④ 수심이 깊은 처분장은 내수를 완전히 배제한 후 순차투입방법을 택하는 경우가 많다.

해설 수심이 깊은 처분장에서 내수를 배제하기 곤란한 경우에 택한다.

38 매립지의 침출수의 특성이 COD/TOC=1.0, BOD/COD=0.03이라면 효율성이 가장 양호한 처리공정은? (단, 매립연한은 15년정도이며 COD는 400mg/L이다.)

① 화학적침전(석회투여)
② 활성탄
③ 화학적산화
④ 이온교환수지

해설 COD/TOC=2.0미만, BOD/COD=0.1미만은 활성탄공정이 양호하다.

39 토양수분장력이 20000cm의 물기둥 높이의 압력과 같다면 pF의 값은?

① 6.3   ② 5.3
③ 4.3   ④ 3.3

해설 pF = log H
(여기서, H는 물기둥 높이 cm이다.)
$\therefore pF = \log 20000 = 4.3$

정답 35.④ 36.① 37.④ 38.② 39.③

40 매립지 설계 시 침출수 집배수층의 조건으로 옳은 것은?

① 투수계수 : 최대 1cm/sec
② 두께 : 최대 30cm
③ 집배수층 재료 입경 : 10~13cm 또는 16~32cm
④ 바닥경사 : 2~4%

> **해설** 두께 최소 30cm, 투수계수 최소 1cm/sec, 재료입경 10~13mm 또는 16~32mm, 바닥경사 2~4%

41 토양오염물질 중 LNAPL(light nonaqueous phase liquid)은 물보다 가벼워 지하수를 만나면 지하수 표면 위에 기름 층을 형성하게 된다. 다음 중 LNAPL에 해당되지 않는 물질은?

① 클로로페놀 ② 에틸벤젠
③ 벤젠 ④ 톨루엔

> **해설** LNAPL에는 가솔린, 아세톤, 핵산, 벤젠, 에틸벤젠, 메탄올, 톨루엔 등이 있으며 DNAPL에는 염소계 유기용매류가 있다.

42 호기성 소화공법이 혐기성 소화공법에 비하여 갖고 있는 장점이라 할 수 없는 것은?

① 반응시간이 짧아 시설비가 저렴할 수 있다.
② 운전이 용이하고 악취발생이 적다.
③ 생산된 슬러지의 탈수성이 우수하다.
④ 반응조의 가온이 불필요하다.

> **해설** 호기성소화는 탈수성이 나쁘다.

43 폐기물 고형화 방법 중 배기가스를 탈황시킬 때 발생되는 슬러지(FGD 슬러지)의 처리에 많이 이용되는 것은?

① 피막 형성법 ② 시멘트 기초법
③ 석회 기초법 ④ 자가 시멘트법

> **해설** 자가 시멘트법은 높은 황화물을 함유한 폐기물에 적합하다.

44 폐기물 내 가스생성과정을 기간별로 4개로 나눌 때 1단계인 호기성 단계에 관한 내용으로 틀린 것은?

① 폐기물 내 수분이 많은 경우 반응이 늦어 호기성 단계가 길어진다.
② 가스의 발생량이 적다.
③ 질소의 양이 감소하기 시작한다.
④ 산소가 급감하여 거의 사라지고 탄산가스가 발생하기 시작한다.

> **해설** 폐기물 내 수분이 많은 경우 혐기성 단계가 빨라진다.

45 RDF를 소각로에서 사용 시 문제점에 관한 설명으로 가장 거리가 먼 것은?

① 시설비가 고가이고, 숙련된 기술이 필요하다.
② 연료공급의 신뢰성 문제가 있을 수 있다.
③ Cl 함량 및 연소먼지 문제는 거의 없지만, 유황함량이 많아 SOx 발생이 상대적으로 많은 편이다.
④ 소각시설의 부식발생으로 수명단축의 우려가 있다.

정답 40.④ 41.① 42.③ 43.④ 44.① 45.③

46 다음 중 슬러지처리에 있어 가장 먼저 고려되어야 하는 사항은?

① 수분제거에 의한 부피 감소
② 병원균의 제거
③ 미관 등 각종 피해를 미치는 악취 제거
④ 알칼리도 감소 촉진

해설 슬러지처리는 최우선적으로 물과 고형물의 분리에 의한 부피 감소이다.

47 밀도가 1.5t/m³인 폐기물 100m³을 고화처리하여 매립 하고자 한다. 고화제의 혼합률은?(단. 고화제 투입량은 폐기물 1m³당 150kg)

① 0.13
② 0.14
③ 0.15
④ 0.16

해설 혼합율 $MR = \dfrac{첨가물의\ 질량}{폐기물의\ 질량}$

$MR = \dfrac{100m^3 \times 150kg/m^3}{100m^3 \times 1000kg/m^3} = 0.15$

48 유기성 폐기물의 퇴비화 과정(초기단계-고온단계-숙성단계) 중 고온단계에서 주된 역할을 담당하는 미생물은?

① 전반기: pseudomonas
  후반기: Bacillus
② 전반기: Thermoactinomyces
  후반기: Enterobacter
③ 전반기: Enterobacter
  후반기: Pseudomonas
④ 전반기: Bacillus
  후반기: Thernoactinomyces

해설 고온단계에서 주된 역할을 담당하는 미생물은 전반기에는 Bacillus, 후반기에는 Thermoactinomyces 이다.

49 평균농도가 20℃인 수거분뇨 20kL/일을 처리하는 혐기성 소화조의 소화온도를 외부가온에 의해 35℃로 유지하고자 한다. 이때 소요되는 열량(kcal/day)은? (단, 소화조의 열손실은 없는 것으로 간주, 분뇨의 비열=1.1kcal/kg·℃, 비중 =1.02)

① 2.4×10⁵
② 3.4×10⁵
③ 4.4×10⁵
④ 5.4×10⁵

해설 소요되는 열량

$20000 L/day \times 1.02 kg/L \times 1.1 kcal/kg.℃ \times (35-20℃)$
$= 336600 kcal/day$

정답 46.① 47.③ 48.④ 49.②

3과목   연소 및 소각

01 다음 액체연료 중 탄수소비(C/H비)가 가장 큰 것은?

① 휘발유   ② 경유
③ 중유   ④ 등유

해설 탄화수소의 비 높은 순서: 중유> 경유> 등유> 가솔린

02 탄소 5kg을 이론적으로 완전연소 시키는 데 필요한 산소의 양(kg)은?

① 9.6kg   ② 10.8kg
③ 11.5kg   ④ 13.3kg

해설 $C + O_2 \to CO_2$
$12kg : 32kg$
$5kg : x$
$\dfrac{5kg \mid 32kg}{\mid 12kg} = 13.3kg$

03 이론공기량을 산정하는 방법과 가장 거리가 먼 것은?

① 원소조성에 의한 방법
② 발열량에 의한 방법
③ 실측치에 의한 방법
④ 셀룰로오스 치환법에 의한 방법

04 공기비가 클 때 일어나는 현상으로 가장 거리가 먼 것은?

① 연소가스가 폭발할 위험이 커진다.
② 연소실의 온도가 낮아진다.
③ 부식이 증가한다.
④ 열손실이 커진다.

해설 연소실의 냉각효과로 폭발할 위험이 없다.

05 쓰레기의 소각에는 3T라는 3가지 조건이 필요하다. 다음 중 3T에 해당하지 않는 것은?

① 충분한 온도   ② 충분한 연소시간
③ 충분한 연료   ④ 충분한 혼합

해설 시간(Time), 온도(Temperature), 혼합(Turbulence)

06 메탄 1Sm³을 완전연소 시킬 경우 이론 습 연소가스량(Sm³)은?

① 약 9.1   ② 약 10.5
③ 약 11.3   ④ 약 12.4

해설 $CH_4 + 2O_2 \to CO_2 + 2H_2O$
$A_o = \dfrac{O_o}{0.21} = \dfrac{2Sm^3}{0.21} = 9.52Sm^3$
$Gow = (1-0.21) \times 9.52 + \sum 1 + 2 = 10.52 Sm^3$

07 쓰레기를 1일 30ton 소각하며 소각 후 남은 재는 전체 질량의 20%라고 한다. 남은 재의 용적이 10.3m³일 때 재의 밀도는?

① 0.32ton/m³   ② 1.45ton/m³
③ 0.58ton/m³   ④ 2.30ton/m³

해설 밀도 $\rho = \dfrac{무게 \; W}{부피 \; V}$
$\rho = \dfrac{30t \times 0.2}{10.3m^3} = 0.58 t/m^3$

정답 01.③   02.④   03.③   04.①   05.③   06.②   07.③

08 소각할 쓰레기의 양이 12760kg/day이다. 1일 10시간 소각로를 가동시키고 화격자의 면적이 7.25m²일 경우 이 쓰레기 소각로의 소각능력(kg/m²·hr은 얼마인가?

① 116 ② 138
③ 176 ④ 189

해설

$$G(kg/m^2 \cdot day) = \frac{소각할 쓰레기양\, W(kg/day)}{화격자의\ 면적\, A(m^2)}$$

$$\therefore G = \frac{12760kg}{day} \Big| \frac{day}{10hr} \Big| \frac{1}{7.25m^2} = 176 kg/hr \cdot m^2$$

09 코크스 또는 분해연소가 끝난 석탄은 열분해가 일어나기 어려운 탄소가 주성분으로, 그것 자체가 연소하는 과정으로 적열(赤熱)할 따름이지 화염은 없는 연소형태는?

① 확산연소 ② 표면연소
③ 내부연소 ④ 증발연소

해설 표면연소는 고체표면이 공기 중 산소와 반응하여 빨간 빛을 내며 연소한다.

10 연소 후 배기가스 중 5%의 O_2가 함유되어 있다면 m(과잉공기비)는?(단, 기체연료의 연소, 완전연소로 가정함)

① 약 1.21 ② 약 1.31
③ 약 1.41 ④ 약 1.51

해설 공기비(m) = $\frac{A(실제공기량)}{A_o(이론공기량)} = \frac{21}{21-O_2}$

$$\therefore m = \frac{21}{21-5\%} = 1.31$$

11 공기비를 1.3으로 하는 어떤 연료를 연소시킬 때 배출가스 조성을 분석한 결과 CO_2가 11%이었다면 $(CO_2)_{max}$는?

① 8.6% ② 9.7%
③ 14.3% ④ 17.5%

해설 $CO_{2\max} = m \times CO_2\% = 1.3 \times 11\% = 14.3\%$

12 액체 주입형 연소기에 관한 설명으로 틀린 것은?

① 소각재의 배출설비가 없으므로 회분 함량이 낮은 액상폐기물에 사용한다.
② 노즐 등 구동장치가 많아 고장이 잦고 운영비가 비교적 많이 소요된다.
③ 고형분의 농도가 높으면 버너가 막히기 쉽고 대량 처리가 어렵다.
④ 하방점화 방식의 경우에는 염이나 입상물질을 포함한 폐기물의 소각이 가능하다.

해설 구동장치가 없어서 고장이 적다.

13 다이옥신을 제어하는 촉매로 효과적이지 못한 것은?

① Al_2O_3 ② V_2O_5
③ TiO_2 ④ Pd

해설 촉매로는 Fe, Cu, V_2O_5, TiO_2, Pd 등이 있다.

14 다음 집진장치 중 일반적으로 압력손실이 가장 큰 것은?

① 중력집진장치 ② 원심력집진장치
③ 전기집진장치 ④ 벤튜리 스크러버

해설 벤튜리 스크러버의 압력손실은 300~800 mmH_2O로 집진장치 중 압력손실이 가장 크다.

정답 08.③ 09.② 10.② 11.③ 12.② 13.① 14.④

15 다음 중 착화온도에 대한 내용으로 잘못된 것은 어느 것인가? (단, 고체연료 기준이다.)

① 분자구조가 간단할수록 착화온도는 낮다.
② 화학적으로 발열량이 클수록 착화온도는 낮다.
③ 화학반응성이 클수록 착화온도는 낮다.
④ 화학결합의 활성도가 클수록 착화온도는 낮다.

해설 분자구조가 복잡할수록 착화온도는 낮다.

16 석탄의 탄화도가 클수록 나타나는 성질로 틀린 것은?

① 착화온도가 높아진다.
② 수분 및 휘발분이 감소한다.
③ 연소 속도가 작아진다.
④ 발열량이 감소한다.

해설 탄화도가 커질수록 고정탄소(C), 착화온도, 발열량은 증가한다.

17 저발열량이 10000kcal/Sm³이고, 이론 습연소가스량이 15Sm³/Sm³인 가스 연료의 이론연소온도(°C)는 얼마인가? (단, 연소가스의 비열은 0.5kcal/Sm³·°C이며 공급공기 및 연료온도는 25°C로 가정한다.)

① 1058°C ② 1158°C
③ 1258°C ④ 1358°C

해설 $t_2 = \dfrac{H_l}{G_o C_p} + t_1$

$\therefore t_2 = \dfrac{10000\text{kcal}}{\text{Sm}^3} \Big| \dfrac{\text{Sm}^3}{15\text{Sm}^3} \Big| \dfrac{\text{Sm}^3 \cdot ℃}{0.5\text{kcal}} + 25$

$= 1358.33℃$

18 다음 중 여과집진장치의 효율 향상조건으로 거리가 먼 것은?

① 간헐식 털어내기 방식은 높은 집진율을 얻은 경우에 적합하고, 연속식 털어내기 방식은 고농도의 함진가스 처리에 적합하다.
② 필요에 따라 유리섬유에 실리콘 처리 등을 하여 적합한 여포재를 선택하도록 한다.
③ 겉보기 여과속도가 클수록 미세한 입자를 포집한다.
④ 여포의 파손 및 온도, 압력 등을 상시 파악하여 기능의 손상을 방지한다.

해설 겉보기 여과속도가 작을수록 미세입자를 포집한다.

19 열교환기 중 절탄기에 관한 설명으로 틀린 것은?

① 급수 예열에 의해 보일러 급수의 온도차가 증가함에 따라 보일러 드럼에 열응력이 발생한다.
② 급수온도가 낮을 경우, 굴뚝가스 온도가 저하하면 절탄기 저온부에 접하는 가스온도가 노점에 달하여 절탄기를 부식시킨다.
③ 굴뚝의 가스온도 저하로 인한 굴뚝 통풍력의 감소에 주의하여야 한다.
④ 보일러 전열면을 통하여 연소가스의 여열로 보일러 급수를 예열하여 보일러의 효율을 높이는 장치이다.

해설 절탄기는 연도로 배출되는 배기가스 중의 폐열을 이용하여 보일러 급수를 예열하는 시설이다.

정답 15.① 16.④ 17.④ 18.③ 19.①

20 스토커식 소각로에 있어서 여러개의 부채형 화격자를 로폭(爐幅) 방향으로 병렬로 조합하고, 한 조의 화격자를 형성하여 편심 캠에 의한 역주행 Grate로 되어 있는 연소장치의 종류는 어느 것인가?

① 반전식(Traveling back Stoker)
② 계단식(Multistepped pushing grate Stoker)
③ 병열계단식(Rows forced feed grate Stoker)
④ 역동식(Pushing back grate Stoker)

21 소각시 탈취방법 중 직접연소법을 적용할 때의 주의할 사항으로 틀린 것은 어느 것인가?

① 연소반응은 연료가 폭발한계보다 약간 적을 때 일어나며 폭발한계를 넘으면 일어나지 않는다.
② 오염물의 발열량이 연소에 필요한 전체열량의 50% 이상일 때 경제적으로 타당하다.
③ 연소장치 설계시 오염물의 폭발한계점 또는 인화점을 잘 알아야 한다.
④ 화염온도가 1400℃ 이상이 되면 질소산화물이 생성될 염려가 있다.

해설 연소반응은 연료가 폭발한계보다 약간 높을 때 일어난다.

22 CO 100kg을 완전연소 시킬 때 필요한 이론적 산소량(Sm^3)은?

① $40Sm^3$ ② $80Sm^3$
③ $120Sm^3$ ④ $160Sm^3$

해설 $CO + 1/2 O_2 \rightarrow CO_2$
$28kg : 1/2 \times 22.4 Sm^3$
$100kg : x$

$\dfrac{100kg | 1/2 \times 22.4 Sm^3}{28kg} = 40 Sm^3$

23 소각로에 적용하는 공기비(m)에 관한 설명으로 가장 적합한 것은?

① 실제공기량과 이론공기량의 비
② 연소가스량과 이론공기량의 비
③ 연소가스량과 실제공기량의 비
④ 실제공기량과 실제공기량의 비

해설 공기비 $m = \dfrac{A}{A_o}$

24 2대의 집진장치가 직렬로 배치되어 있다. 1차 집진장치의 집진율은 80%이고 2차 집진장치의 집진율은 90%일 때 총 집진효율은?

① 85% ② 90%
③ 95% ④ 98%

해설 $\eta_t = 1 - (1-\eta_1)(1-\eta_2)$
∴ $\eta_t = 1 - (1-0.8)(1-0.9) = 0.98 = 98\%$

25 다단로 소각로방식에 관한 내용으로 잘못된 것은 어느 것인가?

① 온도제어가 용이하고 동력이 적게 들며 운전비가 저렴하다.
② 수분이 적고 혼합된 슬러지 소각에 적합하다.
③ 가동부분이 많아 고장율이 높다.
④ 24시간 연속운전을 필요로 한다.

해설 수분이 많고 혼합된 슬러지 소각에 적합하다.

26 다이옥신의 로내 제어 방법이 맞는 것은?

① 온도는 300~400°C 유지
② 연소가스는 400°C이하에서 연소실 체류시간 2초 이상 유지
③ 2차 공기공급에 의한 미연분의 완전연소
④ O_2의 농도를 25~30%로 지속 유지

해설 로내 제어방법으로 온도 860~920°C 유지, 체류시간 단축, 충분한 산소공급, 미연분의 완전연소 등이 있다.

27 중력집진장치의 효율향상 조건이라 볼 수 없는 것은?

① 침강실 내의 처리가스 속도를 작게 한다.
② 침강실 내의 배기가스 기류를 균일하게 한다.
③ 침강실 높이는 작고, 길이는 길게 한다.
④ 침강실의 Blow down 효과를 유발하여 난류현상을 유발한다.

해설 Blow down 효과를 이용하는 집진장치는 원심력집진장치이다.

28 기체연료의 장점과 가장 거리가 먼 것은?

① 점화, 소화가 용이하고 연소조절이 쉽다.
② 발열량이 크다.
③ 회분이나 유해물질의 배출이 적다.
④ 수송이나 저장이 용이하다.

해설 저장, 수송, 취급이 위험하다.

29 소각로의 종류 중 유동층 소각로(Fluidized Bed Incinerator)를 구성하고 있는 구성인자가 아닌 것은?

① Wind Box   ② 역동식 화격자
③ Tuyeres   ④ Free Board층

해설 유동층 소각로는 바람박스, 바람, 유동층 등의 인자가 있다.

30 소각시설의 연소온도가 너무 높을 때 주로 발생되는 대기오염물질은?

① 질소산화물   ② 탄화수소류
③ 일산화탄소   ④ 수증기와 재

해설 소각에서 질소산화물(NO_x)의 발생은 고온, 과잉공기, 긴 체류시간이 원인이다.

정답 25.② 26.③ 27.④ 28.④ 29.② 30.①

31 원심력집진장치에 관한 설명으로 옳지 않은 것은?

① Blow Down 현상이 발생하면 입자 재비산으로 인하여 효율이 저하된다.
② 배기관경(내관)이 작을수록 입경이 작은 입자를 제거할 수 있다.
③ 입구 유속에는 한계가 있지만 그 한계 내에서는 입구유속이 빠를수록 효율이 높은 반면에 압력손실도 커진다.
④ 적당한 Dust Box의 모양과 크기도 효율에 영향을 미친다.

해설 Blow Down 효과는 원심력집진장치의 집진율을 높이기 위한 방법으로 유효원심력 증가, 난류발생 방지, 재비산 방지, 집진효율 증대 등에 있다.

32 탄소 12kg이 완전연소 하는데 필요한 이론공기량(Sm^3)은?

① 22.4
② 32.4
③ 86.7
④ 106.7

해설 $C + O_2 \rightarrow CO_2$
12 : 1×22.4
12 : x ∴ $x = 22.4 Sm^3$

∴ $A_o = \dfrac{O_o}{0.21} = \dfrac{22.4}{0.21} = 106.7 Sm^3$

33 화격자 연소기의 장·단점에 관한 내용으로 틀린 것은 어느 것인가?

① 연속적인 소각과 배출이 가능하다.
② 수분이 많거나 열에 쉽게 용해되는 물질의 소각에 주로 적용된다.
③ 체류시간이 길고 교반력이 약하여 국부가열의 염려가 있다.
④ 고온 중에서 기계적으로 구동하기 때문에 금속부의 마모손실이 심하다.

해설 수분이 많거나 발열량이 낮은 폐기물의 소각에 주로 적용되며, 용융물질에 의한 화격자 막힘 현상이 발생한다.

34 폐기물의 이송방향과 연소가스의 흐름방향에 따라 소각로를 분류한다면 폐기물의 발열량이 상당히 높은 경우에 사용하기 가장 적절한 소각로 방식은?

① 교차류식 소각로
② 역류식 소각로
③ 2회류식 소각로
④ 병류식 소각로

해설 병류식은 양자의 흐름이 평행하게 되는 형식으로 착화성이 좋고 발열량이 높은 양질의 폐기물에 적합하다.

35 황(S)함유량이 2.5%이고 비중이 0.87인 중유를 350L/h로 태우는 경우 SO_2 발생량(Sm^3/h)은?(단, 황성분은 전량이 SO_2로 전환되며, 표준상태 기준)

① 약 2.7
② 약 3.6
③ 약 4.6
④ 약 5.3

해설
$S + O_2 \rightarrow SO_2$
32 : 22.4
$350 \times 0.87 \times 0.025 : x$ ∴ $x = 5.32 Sm^3/hr$

정답 31.① 32.④ 33.② 34.④ 35.④

4과목 폐기물공정시험기준

01 폐기물 시료용기에 기재해야 할 사항으로 가장 거리가 먼 것은?

① 시료번호
② 채취시간 및 일기
③ 채취책임자 이름
④ 채취장비

02 시료의 전처리 방법으로 많은 시료를 동시에 처리하기 위하여 회화에 의한 유기물 분해방법을 이용하고자 하며, 시료 중에는 염화칼슘이 다량 함유되어 있는 것으로 조사되었다. 아래 보기 중 회화에 의한 유기물분해 방법이 적용 가능한 중금속은?

① 납(Pb)   ② 철(Fe)
③ 안티몬(Sb)   ④ 크롬(Cr)

> **해설** 적 성분이 400℃ 이상에서 휘산되지 않고 쉽게 회화될 수 있는 시료에 적용하며 회화에 의한 유기물분해 방법이다. 시료 중에 염화암모늄, 염화마그네슘, 염화칼슘 등이 높은 비율로 함유된 경우에는 납, 철, 주석, 아연, 안티몬 등이 휘산되어 손실이 발생하므로 주의하여야 한다.

03 분석용 저울은 몇 mg 까지 달 수 있는 것이어야 하는가?

① 0.001 mg   ② 0.01 mg
③ 0.1 mg   ④ 1.0 mg

04 '비함침성 고형폐기물'의 용어정의로 옳은 것은?

① 금속판, 구리선 등 기름을 흡수하지 않는 평면 또는 비평면형태의 변압기 외부부재를 말한다.
② 금속판, 구리선 등 기름을 흡수하지 않는 평면 또는 비평면형태의 변압기 내부부재를 말한다.
③ 금속판, 구리선 등 수분을 흡수하지 않는 평면 또는 비평면형태의 변압기 외부부재를 말한다.
④ 금속판, 구리선 등 수분을 흡수하지 않는 평면 또는 비평면형태의 변압기 내부부재를 말한다.

05 수분 50%, 고형물 60%, 휘발성고형물 30%인 쓰레기의 유기물 함량(%)은?

① 18   ② 25
③ 36   ④ 50

> **해설** 유기물 함량(%) = $\dfrac{\text{휘발성 고형물}(g)}{\text{고형물}(g)} \times 100$
>
> ∴ 유기물 함량 = $\dfrac{30\%}{60\%} \times 100 = 50\%$

정답 01.④ 02.④ 03.③ 04.② 05.④

06 총칙에서 규정하고 있는 온도에 관한 설명 중 틀린 것은?

① 온수는 60~70℃, 열수는 약 100℃, 냉수는 15℃ 이하로 한다.
② 제반시험 조작은 따로 규정이 없는 한 상온에서 실시하고 조작 직후 그 결과를 관찰하는 것으로 한다.
③ 표준온도 0℃, 상온은 15~25℃, 실온은 1~35℃로 하며 찬 곳은 따로 규정이 없는 한 0~15℃의 곳을 뜻한다.
④ '수욕상 또는 물중탕에서 가열한다' 라 함은 따로 규정이 없는 한 온수 범위에서 가열함을 말한다.

07 정도관리 요소 중 다음이 설명하고 있는 것은?

> 동일한 매질의 인증시료를 확보할 수 있는 경우에는 표준절차서(SOP, standard operational procedure)에 따라 인증표준물질을 분석한 결과값(C_M)과 인증값(C_C)과의 상대백분율로 구한다.

① 정확도   ② 정밀도
③ 검출한계 ④ 정량한계

08 5톤 이상의 차량에서 적재폐기물의 시료를 채취할 때 평면상에서 몇 등분하여 채취하는가?

① 3등분   ② 5등분
③ 6등분   ④ 9등분

09 청석면의 형태와 색상으로 옳지 않는 것은? (단, 편광현미경법 기준)

① 꼬인 물결 모양의 섬유
② 다발 끝은 분산된 모양
③ 긴 섬유는 만곡
④ 특징적인 청색과 다색성

[해설] 백석면은 꼬인 물결 모양의 섬유이다.

10 다음 농도 표시 중에 가장 낮은 농도는?

① 0.44mg/L   ② 0.44μg/mL
③ 0.44ppm   ④ 44ppb

[해설] ① $0.44 mg/L$

② $\frac{0.44\,\mu g}{mL} | \frac{10^{-3} mg}{\mu g} | \frac{mL}{10^{-3} L} = 0.44\,mg/L$

③ $ppm = \frac{1}{10^6} = \frac{1mg}{L}$

∴ $0.44 \times \frac{1mg}{L} = 0.44\,mg/L$

④ $ppb = \frac{1}{10^9} = \frac{1mg}{10^3 L}$

∴ $44 \times \frac{1mg}{10^3 L} = 0.044\,mg/L$

11 함수율 85%인 시료인 경우, 용출시험결과에 시료중의 수분함량 보정을 위하여 곱하여야 하는 값은?

① 0.5   ② 1.0
③ 1.5   ④ 2.0

[해설] 용출실험의 결과는 시료 중의 수분함량 보정을 위해 함수율 85% 이상인 시료에 한하여 "15/[100-시료의 함수율(%)]"을 곱하여 계산한 값으로 한다. 보정 값 $= \frac{15}{100-85} = 1.0$

정답 06.④ 07.① 08.④ 09.① 10.④ 11.②

12 원자흡수분광광도계에 대한 내용으로 잘못된 것은 어느 것인가?

① 광원부, 시료원자화부, 파장선택부 및 측광부로 구성되어 있다.
② 일반적으로 가연성기체로 아세틸렌을, 조연성기체로 공기를 사용한다.
③ 단광속형과 복광속형으로 구분된다.
④ 광원으로 좁은 선폭과 낮은 휘도를 갖는 스펙트럼을 방사하는 납 음극램프를 사용한다.

> **해설** 원자흡수분광광도계에 사용하는 광원으로 좁은 선폭과 높은 휘도를 갖는 스펙트럼을 방사하는 납 속빈음극램프를 사용한다.

13 $10^{-5} mol/L$ HCl 용액의 pH는?(단, HCl은 100% 이온화 한다.)

① 2 ② 3
③ 4 ④ 5

> **해설** $HCl \rightleftharpoons H^+ + Cl^-$
> $10^{-5}M \quad 1\times 10^{-5}M \quad 10^{-5}M$
> $pH = -\log[H^+] = -\log[1\times 10^{-5}] = 5$

14 석면(X선 회절기법) 측정을 위한 분석절차 중 시료의 균일화에 관한 내용(기준)으로 알맞은 것은 어느 것인가?

① 정성분석용 시료의 입자크기는 0.1 μm 이하로 분쇄를 한다.
② 정성분석용 시료의 입자크기는 1.0 μm 이하로 분쇄를 한다.
③ 정성분석용 시료의 입자크기는 10 μm 이하로 분쇄를 한다.
④ 정성분석용 시료의 입자크기는 100 μm 이하로 분쇄를 한다.

15 시안(CN)을 자외선/가시선 분광법에 의한 방법으로 분석할 때 사용되는 시안 증류장치의 구성에 해당되지 않는 것은?

① 역류방지관 ② 냉각관
③ 흡수관   ④ 안전 깔때기

16 총칙의 규정에서 설명하는 내용 중 옳지 않은 것은?

① 기체 중의 농도는 표준상태(0 °C, 1기압)로 환산 표시한다.
② 천분율을 표시할 때는 g/L, g/kg의 기호를 쓴다.
③ 십억분율을 표시할 때는 μg/L, μg/kg의 기호를 쓴다.
④ 백분율은 용액 100 mL 중 성분무게 (mg)로 표시한다.

17 다음은 감염성 미생물(아포균검사법) 측정에 관한 내용이다. ( ) 안에 알맞은 내용은?

> 감염성폐기물의 멸균잔류물에 대한 멸균여부의 판정은 병원성미생물보다 열저항성이 강하고 비병원성인 아포형성 미생물을 이용한 아포균 검사법으로 실험한 결과 표준 지표생물포자가 ( )감소하면 멸균된 것으로 본다.

① 10^4개 이상 ② 10^8개 이상
③ 100개 이상   ④ 1000개 이상

정답 12.④ 13.④ 14.④ 15.③ 16.④ 17.①

18 크롬 표준원액 $100mg \cdot Cr/L$ 100mL를 만들기 위하여 $K_2Cr_2O_7$의 양은?(단, 원자량 K : 39, Cr : 52)

① 0.11 mg ② 0.12 mg
③ 0.13 mg ④ 0.14 mg

해설 $K_2Cr_2O_7$: Cr_2
$294mg$: $52 \times 2mg$
$x/0.1L$: $100mg/L$ ∴ $x = 28.3mg$

19 폐기물공정시험기준에 규정된 시료의 축소방법과 거리가 먼 것은?

① 구획법 ② 교호삽법
③ 원추 4분법 ④ 면적 2분법

20 폐기물공정시험기준에서 시안분석방법으로 알맞은 것은 어느 것인가?

① 원자흡수분광광도법
② 이온전극법
③ 기체크로마토그래피
④ 유도결합플라즈마-원자발광분광법

21 비소시험법에서 비화수소 발생장치의 반응 용기에 무엇을 넣어 비화수소를 발생시키는가?

① 아연(Zn) 분말
② 알루미늄(Al) 분말
③ 철(Fe) 분말
④ 비스미스(Bi) 분말

22 원자 흡광광도법에 의한 6가크롬 측정방법에 관한 내용으로 옳지 않은 것은?

① 정량범위는 540nm에서 0.02~0.5mg/L 정도이다.
② 조연성가스로 공기 또는 일산화이질소, 가연성가스로는 아세틸렌을 사용한다.
③ 유효측정농도는 0.01mg/L 이상으로 한다.
④ 시료 전처리시 메틸이소부틸케톤용액이 사용된다.

해설 정량범위는 사용하는 장치 및 측정조건 등에 따라 다르나 357.9nm에서 0.01~5mg/L이다.

23 이온전극법을 이용한 시안 분석방법에 관한 설명으로 가장 거리가 먼 것은?

① pH 12~13 알칼리성에서 시안 이온전극과 비교전극을 사용하여 전위를 측정한다.
② 시료와 표준용액의 측정시 온도차는 ±0.1℃ 이어야 하고 교반속도는 2000rpm 이상으로 한다.
③ 이 시험기준에 의한 폐기물 중에 시안의 정량한계는 0.5 mg/L이다.
④ 자석 교반기 또는 테플론으로 피복된 자석 바를 사용한다.

해설 시료와 표준용액의 측정 시 온도차는 ±1℃ 이어야 하고, 교반속도가 일정하여야 한다. 액온이 1℃ 변화할 때에 약 1mV의 전위차가 변화하게 된다.

정답 18.④ 19.④ 20.② 21.① 22.① 23.②

24 원자흡수분광광도법에 의한 수은 분석방법에 관한 설명으로 옳지 않은 것은?

① 수은증기를 253.7nm 파장에서 측정한다.
② 시료 중 수은을 이염화주석을 넣어 금속수은으로 환원시킨다.
③ 시료 중 염화물이온이 다량 함유된 경우에는 과망간산 칼륨 분해 후 헥산으로 이들 물질을 추출 분리한 다음 실험한다.
④ 이 실험에 의한 폐기물 중 수은의 정량한계는 0.0005mg/L이다.

해설 시료 중 염화물이온이 다량 함유된 경우에는 산화조작 시 유리염소를 발생하여 253.7nm에서 흡광도를 나타낸다. 이때에는 염산하이드록실 아민용액을 과잉으로 넣어 유리염소를 환원시키고 용기 중에 잔류하는 염소는 질소가스를 통기시켜 추출한다.

25 유기인을 기체크로마토그래피로 분석할 때 헥산으로 추출하면 메틸디메톤의 추출율이 낮아질 수 있으므로 이에 대체하여 사용하는 물질로 가장 적합한 것은?

① 다이클로로메탄과 헥산의 혼합액 (15:85)
② 메틸에틸케톤과 에탄올의 혼합액 (15:85)
③ 메틸에틸케톤과 헥산의 혼합액 (15:85)
④ 다이클로로메탄과 에탄올의 혼합액 (15:85)

해설 헥산으로 추출할 경우 메틸디메톤의 추출율이 낮아질 수도 있다. 이때에는 헥산 대신 다이클로로메탄과 헥산의 혼합액(15:85)을 사용한다.

26 기체크로마토그래피에 의한 폴리클로리네이티드비페닐(PCBs) 분석방법에 관한 설명으로 옳지 않은 것은?

① 용출용액의 경우 각 PCB류의 정량한계는 0.0005 mg/L이며, 액상 폐기물의 정량한계는 0.05 mg/L이다.
② 비함침성 고상 폐기물의 정량한계는 시료채취방법에 따라 표면 채취법은 $0.1\mu g/100cm^2$으로 하고, 부재 채취법은 0.05mg/kg이다.
③ 알칼리 분해를 하여도 헥산 층에 유분이 존재할 경우에는 실리카겔 컬럼으로 정제조작을 하기 전에 플로리실 컬럼을 통과시켜 유분을 분리한다.
④ 시료 중 PCBs을 헥산으로 추출하여 실리카겔컬럼 등을 통과시켜 정제한 다음 기체크로마토그래프에 주입한다.

해설 비함침성 고상 폐기물의 정량한계는 시료채취방법에 따라 표면 채취법은 $0.05\mu g/100cm^2$이다.

27 유도결합플라스마-원자발광분광법에 의해 측정할 경우 다음원소 중 가장 높은 측정파장을 요구하는 것은?

① 크롬   ② 비소
③ 구리   ④ 카드뮴

정답 24.③ 25.① 26.② 27.③

28 구리를 정량하기 위해 사용하는 시약과 그 목적으로 틀린 것은 어느 것인가?

① 구연산이암모늄용액 - 발색 보조제
② 아세트산부틸 - 구리의 추출
③ 암모니아수 - pH 조절
④ 다이에틸다이티오카르바민산 나트륨 - 구리의 발색

해설 구리를 자외선/가시선 분광법으로 측정하는 방법으로 시료 중에 구리이온이 알칼리성에서 다이에틸다이티오카르바민산나트륨과 반응하여 생성하는 황갈색의 킬레이트 화합물을 아세트산부틸로 추출하여 흡광도를 440nm에서 측정하는 방법이다.

29 자외선/가시선 분광법으로 납을 측정할 때 전처리를 하지 않고 직접 시료를 사용하는 경우 시료 중에 시안화합물이 함유되었을 때 조치사항으로 옳은 것은?

① 염산 산성으로 하여 끓여 시안화물을 완전히 분해 제거한다.
② 사염화탄소로 추출하고 수층을 분리하여 시안화물을 완전히 제거한다.
③ 음이온 계면활성제와 소량의 활성탄을 주입하여 시안화물을 완전히 흡착 제거한다.
④ 질산(1+5)와 과산화수소를 가하여 시안화물을 완전히 분해 제거한다.

해설 전처리를 하지 않고 직접 시료를 사용하는 경우, 시료 중에 시안화합물이 함유되어 있으면 염산 산성으로 하여서 끓여 시안화물을 완전히 분해 제거한 다음 실험한다.

30 원자흡수분광광도법으로 비소를 측정할 때 비화수소를 발생하도록 하기 위해 시료 중의 비소를 3가 비소로 환원한 다음 넣어 주는 시약은?

① 아연   ② 이염화주석
③ 염화제일주석 ④ 시안화칼륨

해설 이 시험기준은 폐기물 중에 비소의 측정방법으로, 이염화주석으로 시료 중의 비소를 3가 비소로 환원한 다음 아연을 넣어 발생되는 비화수소를 통기하여 아르곤-수소 불꽃에서 원자화시켜 193.7nm에서 흡광도를 측정하고 비소를 정량하는 방법이다.

31 자외선/가시선 분광법과 원자흡수분광광도법의 두 가지 시험방법으로 모두 분석할 수 있는 항목은? (단, 폐기물공정시험기준에 준함)

① 시안
② 수은
③ 유기인
④ 폴리클로리네이티드비페닐

정답 28.① 29.① 30.① 31.②

32 크롬을 원자흡수분광광도법으로 정량하는 측정원리에 관한 설명으로 옳지 않은 것은?

① 공기-아세틸렌은 아세틸렌 유량이 많은 쪽이 감도가 높지만 철, 니켈의 방해가 많다.
② 아세틸렌-프로판은 프로판의 유량이 많은 쪽이 감도는 낮으나 철, 니켈의 방해가 적다.
③ 유효측정농도는 0.01mg/L 이상으로 한다.
④ 정량범위는 장치, 조건에 따라 다르나 357.9nm에서 0.2~5mg/L 이다.

해설 정량범위는 사용하는 장치 및 측정조건 등에 따라 다르나 357.9nm에서 최종용액 중에서 0.01~5mg/L이고, 정량한계는 0.01mg/L이다.

33 가스크로마토그래프 분석에 사용하는 검출기 중에서 방사선 동위원소로부터 방출되는 β선을 이용하며 유기할로겐화합물, 니트로화합물, 유기금속화합물을 선택적으로 검출할 수 있는 것은?

① 열전도도 검출기(TCD)
② 수소염이온화 검출기(FID)
③ 전자포획 검출기(ECD)
④ 불꽃 광도 검출기(FPD)

34 SO_2 $100\mu g/m^3$을 ppm으로 환산하면?

① 0.035ppm ② 0.44ppm
③ 35ppm   ④ 44ppm

해설 $100\mu g/m^3 \to 0.1mg/m^3$
SO_2 : 부피
$64mg$: $22.4mL$
$0.1mg/m^3$: x
$\therefore x = 0.035mL/m^3 \fallingdotseq 0.035ppm$

35 검정곡선 작성용 표준용액과 시료에 동일한 양의 내부표준물질을 첨가하여 시험분석 절차, 기기 또는 시스템의 변동으로 발생하는 오차를 보정하기 위해 사용하는 방법은?

① 상대검정곡선법
② 표준물질첨가법
③ 절대검정곡선법
④ 내부면적법

36 다음은 강열감량 및 유기물 함량분석에 관한 내용이다. ( ) 안에 알맞은 것은?

> 도가니 또는 접시를 미리 (①) °C에서 30분 동안 강열하고 데시케이터 안에서 식힌 후 사용하기 직전에 무게를 달고, 수분을 제거한 시료 적당량(②)을 취하여 도가니 또는 접시와 시료의 무게를 정확히 단다. 여기에 (③)을 넣어 시료에 적시고 천천히 가열하여 탄화시킨 다음, (④) °C의 전기로 안에서 3시간 동안 강열하고 실리카겔이 담겨있는 데시케이터 안에 넣어 식힌 후 무게를 정확히 단다.

① ① 550±25°C, ② 10g 이상 ③ 25% 황산암모늄용액, ④ 550±25°C
② ① 600±25°C, ② 10g 이상 ③ 25% 황산암모늄용액, ④ 600±25°C
③ ① 550±25°C, ② 20g 이상 ③ 25% 질산암모늄용액, ④ 550±25°C
④ ① 600±25°C, ② 20g 이상 ③ 25% 질산암모늄용액, ④ 600±25°C

정답 32.④ 33.③ 34.① 35.① 36.④

37 폐기물 중에 함유된 기름성분 측정에 사용되는 추출 용매는 어느 것인가?

① 메틸오렌지
② 노말헥산
③ 알코올
④ 디에틸디티오카르바민산

38 폐기물시료 200g을 취하여 기름성분(중량법)을 시험한 결과, 시험 전·후의 증발용기의 무게차가 13.591g으로 나타났고, 바탕시험 전·후의 증발용기의 무게차는 13.557g으로 나타났다. 이 때의 노말헥산 추출물질 농도(%)는?

① 0.013
② 0.017
③ 0.023
④ 0.034

해설 노말헥산 추출물질(%) $=(a-b)\times\dfrac{100}{V}$

$(13.591g-13.557g)\times\dfrac{100}{200g}=0.017\%$

39 수소이온농도를 유리전극법으로 측정할 때 적용범위 및 간섭물질에 관한 설명으로 옳지 않은 것은?

① 적용범위는 이 시험기준으로 pH를 0.01까지 측정한다.
② pH 10 이상에서 나트륨에 의해 오차가 발생할 수 있는데 이는 '낮은 나트륨 오차 전극'을 사용하여 줄일 수 있다.
③ 유리전극은 일반적으로 용액의 색도, 탁도에 영향을 받지 않는다.
④ 유리전극은 산화 및 환원성 물질이나 염도에는 간섭을 받는다.

해설 유리전극은 일반적으로 용액의 색도, 탁도, 콜로이드성 물질들, 산화 및 환원성 물질들 그리고 염도에 의해 간섭을 받지 않는다.

40 1000g의 시료에 대하여 원추4분법을 몇 회 조작하면 시료 31.25g을 채취할 수 있는가?

① 3회
② 4회
③ 5회
④ 6회

해설
$1000g\times(\dfrac{1}{2})^n=31.25g \rightarrow (\dfrac{1}{2})^n=(\dfrac{31.25}{1000})$

$n\log(\dfrac{1}{2})=\log(\dfrac{31.25}{1000}) \quad \therefore n=5회$

41 시료의 산분해 전처리 방법 중 유기물 등이 많이 함유하고 있는 대부분의 시료에 적용하는 것으로 가장 적합한 것은?

① 질산분해법
② 염산분해법
③ 질산 - 염산분해법
④ 질산 - 황산분해법

해설 유기물 등을 많이 함유하고 있는 대부분의 시료에 적용하며 질산-황산에 의한 유기물 분해 방법이다.

42 pH 9인 용액의 [OH] 농도(M/L)는?

① 10^{-1}
② 10^{-5}
③ 10^{-9}
④ 10^{-11}

해설
pOH $= 14-$pH $= 14-9=5 \Rightarrow 10^{-5}$M/L

정답 37.② 38.② 39.④ 40.③ 41.④ 42.②

5과목 폐기물관계법규

01 폐기물 처리 담당자 등은 3년마다 교육을 받아야 하는데, 폐기물 처분시설 또는 재활용시설의 기술관리인이나 폐기물 처분시설 또는 재활용시설의 설치자로서 스스로 기술관리를 하는 자의 교육기관에 해당하지 않는 것은?

① 환경관리공단
② 국립환경인력개발원
③ 한국폐기물협회
④ 환경보전협회

02 에너지 회수기준을 측정하는 기관으로 옳지 않은 것은?

① 한국환경공단
② 한국기계연구원
③ 한국과학기술연구원
④ 한국산업기술시험원

03 환경부장관이나 시도지사가 폐기물처리업자에게 영업정지에 갈음하여 부과할 수 있는 과징금의 최대액수는 얼마인가?

① 1억원   ② 2억원
③ 3억원   ④ 5억원

04 폐기물처리시설은 환경부령으로 정하는 기준에 맞게 설치하되, 환경부령으로 정하는 규모 미만의 폐기물 소각 시설을 설치·운영하여서는 아니 된다. 환경부령으로 정하는 규모 미만 폐기물 소각시설의 시간당 폐기물 소각 능력은?

① 시간당 폐기물 소각 능력이 25킬로그램 미만인 폐기물 소각시설
② 시간당 폐기물 소각 능력이 35킬로그램 미만인 폐기물 소각시설
③ 시간당 폐기물 소각 능력이 45킬로그램 미만인 폐기물 소각시설
④ 시간당 폐기물 소각 능력이 55킬로그램 미만인 폐기물 소각시설

05 폐기물처리시설을 설치·운영하는 자는 소각시설의 경우 최초 정기검사를 사용개시일로부터 몇 년 이내에 받아야 하는가?

① 1년   ② 3년
③ 5년   ④ 10년

정답 01.④ 02.③ 03.① 04.① 05.②

06 폐기물 관리법상 용어의 정의로 틀린 것은 어느 것인가?

① "생활폐기물"이란 사업장폐기물 외의 폐기물을 말한다.
② "지정폐기물"이란 사업장폐기물 중 폐유.폐산 등 주변 환경을 오염시킬 수 있거나 의료폐기물 등 인체에 위해를 줄 수 있는 유해한 물질로서 대통령령으로 정하는 폐기물을 말한다.
③ "처리"란 폐기물의 소각, 중화, 파쇄, 고형화 등에 의한 중간처리(재활용제외)와 매립 등에 의한 최종처리(해역배출제외)를 말한다.
④ "폐기물처리시설"이란 폐기물의 중간처분시설, 최종처분시설 및 재활용시설로써 대통령령으로 정하는 시설을 말한다.

07 폐기물처리업의 업종으로 해당되지 않는 것은?

① 폐기물 종합처분업
② 폐기물 최종처분업
③ 폐기물 재활용 수집, 운반업
④ 폐기물 종합재활용업

08 폐기물관리법상 사업장폐기물을 발생시키는 사업장의 범위 기준으로 옳지 않은 것은?

① 폐기물을 1일 평균 200kg 이상 배출하는 사업장
② 일련의 공사로 폐기물을 5톤(공사를 착공하거나 작업을 시작할 때부터 마칠 때까지 발생하는 폐기물의 양을 말한다.) 이상 배출하는 사업장
③ 폐수종말처리시설을 설치·운영하는 사업장
④ 지정폐기물을 배출하는 사업장

09 동물성 잔재물과 의료폐기물 중 조직물류폐기물 등 부패나 변질의 우려가 있는 폐기물의 경우, 폐기물 처리명령 대상이 되는 조업중단 기간기준은?

① 5일 ② 7일
③ 10일 ④ 15일

10 시·도지사는 폐기물처리 신고자에게 처리금지를 명령하여야 하는 경우, 해당 처리금지로 인하여 그 폐기물처리의 이용자가 폐기물을 위탁처리하지 못하여 폐기물이 사업장 안에 적체됨으로써 이용자의 사업활동에 막대한 지장을 줄 우려가 있는 경우에 그 처리금지를 갈음하여 최대 얼마의 과징금을 부과할 수 있는가?

① 1천만원 ② 2천만원
③ 3천만원 ④ 4천만원

정답 06.③ 07.③ 08.① 09.④ 10.②

11 폐기물매립시설의 사후관리 업무를 대행할 수 있는 자는?

① 한국환경공단
② 수도권매립지관리공사
③ 한국기계연구원
④ 보건환경연구원

12 음식물류 폐기물처리시설의 기술관리인의 자격기준으로 가장 거리가 먼 것은?

① 토목산업기사
② 산업안전기사
③ 전기기사
④ 화공산업기사

13 지정폐기물의 수집, 운반, 보관기준 및 방법으로서 지정폐기물의 수집, 운반차량의 차체는 어떤 색으로 도색하여야 하는가? (단, 의료폐기물은 제외한다.)

① 붉은색　② 노란색
③ 흰색　　④ 파란색

14 환경부장관이 지정하는 폐기물 시험·분석 전문기관이 아닌 것은?

① 한국환경공단
② 수도권매립지관리공사
③ 보건환경연구원
④ 한국환경시험인증원

15 폐기물처리업의 변경신고 사항으로 틀린 것은?

① 운반차량의 증차
② 연락장소 또는 사무실 소재지의 변경
③ 대표자의 변경(권리,의무를 승계하는 경우를 제외한다)
④ 상호의 변경

16 주변지역 영향 조사대상 폐기물처리시설의 기준으로 옳은 것은?

① 매립면적 1만 제곱미터 이상의 사업장 일반폐기물 매립시설
② 매립면적 5만 제곱미터 이상의 사업장 일반폐기물 매립시설
③ 매립면적 10만 제곱미터 이상의 사업장 일반폐기물 매립시설
④ 매립면적 15만 제곱미터 이상의 사업장 일반폐기물 매립시설

17 폐기물처리시설의 유지·관리에 관한 기술관리를 대행할 수 있는 자와 거리가 먼 것은?

① 한국환경공단
② 「엔지니어링산업 진흥법」에 따라 신고한 엔지니어링사업자
③ 「기술사법」에 따른 기술사사무소
④ 「폐기물관리법」에 따른 한국폐기물협회

18 폐기물처리 신고자가 고철을 재활용하는 경우에 환경부령으로 정하는 처리기간으로 옳은 것은?

① 60일　② 50일
③ 30일　④ 20일

정답　11.①　12.②　13.②　14.④　15.①　16.④　17.④　18.①

19 환경부령으로 정하는 지정폐기물을 배출하는 사업자는 그 지정폐기물을 처리하기 전에 환경부장관의 확인을 받기 위해 제출하여야 하는 서류가 아닌 것은?

① 배출자의 폐기물처리계획서
② 폐기물인계서
③ 폐기물분석전문기관이 작성한 폐기물분석결과서
④ 지정폐기물의 처리를 위탁하는 경우에는 수탁처리자의 수탁확인서

20 한국폐기물협회의 업무와 가장 관계가 먼 것은?

① 폐기물관련 홍보 및 교육·연수
② 폐기물관련 정책 연구 및 승인 요청
③ 폐기물과 관련된 사업으로서 국가나 지방자치단체로부터 위탁받은 사업
④ 폐기물 관련 국제교류 및 협력

21 폐기물처리시설의 폐쇄명령을 이행하지 아니한 자에 대한 벌칙기준은?

① 1년 이하의 징역 또는 5백만원 이하의 벌금
② 2년 이하의 징역 또는 2천만원 이하의 벌금
③ 3년 이하의 징역 또는 3천만원 이하의 벌금
④ 5년 이하의 징역 또는 5천만원 이하의 벌금

22 동물성 잔재물과 의료폐기물 중 조직물류 폐기물 등 부패나 변질의 우려가 있는 폐기물인 경우 처리명령 대상이 되는 조업 중단 기간은?

① 5일
② 10일
③ 15일
④ 30일

23 다음 중 지정폐기물로만 묶여진 것은?

① 폐유기용제, 폐유, 폐석면
② 폐유기용제, 폐유, 폐가구류
③ 폴리클로리네이티드비페닐 함유 폐기물, 폐석면, 동물성잔재물
④ 폐석면, 동물성잔재물, 폐가구류

24 지정폐기물 중 유해물질함유 폐기물(환경부령으로 정하는 물질을 함유한 것으로 한정한다)에 대한 기준으로 옳은 것은?

① 분진(대기오염 방지시설에서 포집된 것으로 한정하되, 소각시설에서 발생되는 것은 제외한다.)
② 분진(대기오염 방지시설에서 포집된 것으로 한정하되, 소각시설에서 발생되는 것은 포함한다.)
③ 분진(소각시설에서 포집된 것으로 한정하되, 대기오염방지시설에서 발생되는 것은 제외한다.)
④ 분진(소각시설과 대기오염방지시설에서 포집된 것은 제외한다.)

25 다음 중 폐기물관리법령상의 의료폐기물의 종류와 거리가 먼 것은?

① 격리의료폐기물
② 일반의료폐기물
③ 위해의료폐기물
④ 유해의료폐기물

정답 19.② 20.② 21.④ 22.③ 23.① 24.① 25.④

26 폐기물관리법령상 다음 폐기물 중간처분 시설의 분류(소각시설, 기계적 처분시설, 화학적 처분시설, 생물학적 처분시설) 중 화학적 처분시설에 해당하는 것은?

① 열 분해시설(가스화시설을 포함한다)
② 증발·농축 시설
③ 유수 분리시설
④ 고형화·고화·안정화 시설

27 폐기물 처분시설 또는 재활용시설의 검사기준에서 관리형매립시설의 설치검사 항목이 아닌 것은?

① 차수시설의 재질·두께·투수계수
② 지하수배제시설 설치내용
③ 빗물유입방지시설 및 덮개설치내역
④ 내부진입도로 설치내용

28 관리형매립시설 침출수의 화학적 산소요구량 배출허용기준으로 옳은 것은?(단, 나지역)

① 200   ② 400
③ 300   ④ 500

29 폐기물 처분시설 또는 재활용시설 중 매립시설의 기술관리인 자격기준이 아닌 것은?

① 폐기물처리기사 ② 수질환경기사
③ 토목기사   ④ 전기기사

30 폐기물처리 신고자의 준수사항으로 옳지 않은 것은?

① 자신의 재활용시설에서 재활용할 수 없는 폐기물을 위탁받거나 재활용능력을 초과하여 폐기물을 위탁받아서는 아니 된다.
② 정당한 사유 없이 계속하여 1년 이상 휴업하여서는 아니 된다.
③ 폐기물처리 신고자는 신고한 재활용용도 또는 방법에 따라 재활용하여야 한다.
④ 처리금지, 휴업신고 또는 폐업신고 등으로 폐기물을 수집·운반하지 아니할 때에는 발급받은 폐기물수집·운반증을 폐기하여야 한다.

31 폐기물처리시설의 사후관리기준 및 방법에서 사후관리 항목 및 방법에 따라 조사한 결과를 토대로 매립시설이 주변환경에 미치는 영향에 대한 종합보고서를 매립시설의 사용종료신고 후 몇 년마다 작성하여야 한다.

① 1년   ② 3년
③ 5년   ④ 7년

정답 26.④ 27.③ 28.② 29.④ 30.④ 31.③

32 폐기물처리 신고자가 갖추어야 할 보관시설의 기준은?

① 1일 처리능력의 1일분 이상 30일분 이하의 폐기물을 보관할 수 있는 보관용기 또는 보관시설
② 1일 처리능력의 1일분 이상 50일분 이하의 폐기물을 보관할 수 있는 보관용기 또는 보관시설
③ 1일 처리능력의 2일분 이상 30일분 이하의 폐기물을 보관할 수 있는 보관용기 또는 보관시설
④ 1일 처리능력의 2일분 이상 50일분 이하의 폐기물을 보관할 수 있는 보관용기 또는 보관시설

정답 32.①

2024년 CBT 폐기물처리 기사·산업기사 [시행]

** 본문제는 수험생들의 기억을 바탕으로 작성 된 것으로 실제 문제와 차이가 있을 수 있습니다.
** 폐기물관계법규는 개정 내용이 매회 마다 상이함으로 생략함

1과목 폐기물개론

01 함수율 97%의 잉여슬러지 50m³을 농축시켜 함수율 89%로 하였을 때, 농축된 잉여슬러지의 부피는? (단, 잉여슬러지 비중은 1.0)

① 약 8m³ ② 약 14m³
③ 약 16m³ ④ 약 19m³

해설
$50(1-0.97) = V_2(1-0.89)$ ∴ $V_2 = 13.64 m^3$

02 새로운 수집 수송 수단중 pipe line을 통한 수송방법이 아닌 것은?

① 콘테이너수송 ② 공기수송
③ 슬러리수송   ④ 캡슐수송

해설 pipe line 수송에는 공기수송, 슬러리수송, 캡슐수송, 진공수송, 가압수송이 있다.

03 함수율 80%인 음식물쓰레기와 함수율 50%인 퇴비를 3:1의 무게비로 혼합하면 함수율은? (단, 비중은 1.0 기준)

① 66.5% ② 68.5%
③ 72.5% ④ 74.5%

해설 혼합 후 함수율
$= \dfrac{(80 \times 3) + (50 \times 1)}{3+1} = 72.5\%$

04 인구 110,000명이고, 쓰레기배출량이 1.1kg/인·일이라 한다. 쓰레기의 밀도는 250kg/m³라고 하면 적재량이 5m³인 트럭의 하루 운반 횟수는? (단, 트럭 1대 기준)

① 69회 ② 81회
③ 97회 ④ 101회

해설
운반 횟수 $= \dfrac{110000명 \times 1.1 kg/인·일}{250 kg/m^3 \times 5 m^3} = 96.8회$

05 인구 10000명의 도시에서 1일 1인당 1.5kg의 쓰레기를 배출하고 있다. 이 때 쓰레기의 평균 겉보기 밀도는 500kg/m³이다. 일주일 간 발생되는 쓰레기의 양은? (단, 토요일과 일요일은 2.0kg/인·일의 율료 배출)

① 150m³ ② 200m³
③ 230m³ ④ 250m³

해설
$\dfrac{10000명 \times 1.5 \times 5일}{500 kg/m^3} = 150 m^3$

$\dfrac{10000명 \times 1.5 \times 2일}{500 kg/m^3} = 80 m^3$

∴ $150 + 80 = 230 m^3$

정답 01.② 02.① 03.③ 04.③ 05.③

06 파쇄장치 중 전단파쇄기에 관한 설명으로 틀린 것은?

① 주로 목재류, 플라스틱류 및 종이류를 파쇄하는 데 이용된다.
② 이물질의 혼입에 대해 약하나 파쇄물의 크기를 고르게 할 수 있다.
③ 충격파쇄기에 비하여 대체적으로 파쇄 속도가 빠르다.
④ 고정칼, 왕복 또는 회전칼과의 교합에 의하여 폐기물을 전단한다.

07 쓰레기 발생량 조사방법과 가장 거리가 먼 것은?

① 물질 수지법
② 경향법
③ 적재차량 계수분석
④ 직접 계근법

08 쓰레기 발생량을 예측하는 방법 중 쓰레기 배출에 영향을 주는 모든 인자를 시간에 대한 함수로 나타낸 시간에 대한 함수로 표현된 각 영향인자들 간의 상관관계를 수식화한 것은?

① 경향법   ② 추정법
③ 동적모사모델 ④ 다중회귀모델

09 적환장 필요성에 대한 다음 설명 중 가장 옳은 것은?

① 초기에 대용량 수집차량을 사용할 때
② 불법투기와 다량의 어질러진 쓰레기가 발생할 때
③ 고밀도 거주지역이 존재할 때
④ 공업지역으로 폐기물 수집에 대형용기를 많이 사용할 때

10 와전류식 선별에 관한 내용으로 틀린 것은?

① 비철금속의 분리, 회수에 이용한다.
② 전기허용도 차이에 의해 비전도체들을 각각 선별 할 수 있다.
③ 와전류식 선별기의 순도와 회수율은 95%까지도 보고되고 있다.
④ 전자석 유도에 관한 패러데이법칙을 기초로 한다.

[해설] 와전류선별기는 비자성이고 전기전도도가 좋은 물질을 와전류현상에 의해 다른 물질에서 분리할 수 있다. 자력 선별기는 자기드럼식, 자기벨트식, 자기전도식으로 대별된다.

11 인구 3만인 중소도시에서 쓰레기 발생량 100m³/day(밀도는 650kg/m³)를 적재중량 4ton 트럭으로 운반하려면 1일 소요된 트럭 운반대수는? (단, 트럭의 1일 운반회수는 1회 기준)

① 11대   ② 13대
③ 15대   ④ 17대

[해설] 발생량 = 처리량
100m³/day×650kg/m³=4,000kg×x대/일
∴x=16.25대

정답 06.③ 07.② 08.③ 09.② 10.② 11.④

12 폐기물 발생량 조사방법 중 주로 산업폐기물의 발생량을 추산할 때 사용하는 것은?

① 적재차량계수분석
② 직접계근법
③ 물질수지법
④ 경향법

해설 물질수지법은 주로 산업폐기물 발생량의 조사 방법이다.

13 전단파쇄기에 대한 설명으로 틀린 것은?

① 고정칼, 왕복 또는 회전칼과의 교합에 의하여 폐기물을 전단한다.
② 대체로 충격파쇄기에 비하여 파쇄속도가 느리다.
③ 충격파쇄기에 비하여 이물질 혼입에 강하다.
④ 충격파쇄기에 비하여 파쇄물의 크기를 고르게 할 수 있다.

해설 충격파쇄기에 비하여 이물질 혼입에 약하다.

14 부피 감소율이 90%로 하기 위한 압축비는?

① 4   ② 6
③ 8   ④ 10

해설 $90\% = (1 - \dfrac{1}{\text{압축비 } C_R}) \times 100$

$\dfrac{100}{C_R} = 100 - 90 \quad \therefore C_R = 10$

15 수거노선 설정방법으로 틀린 것은?

① 언덕인 경우 위에서 내려가며 수거한다.
② 반복운행을 피한다.
③ 출발점은 차고와 가까운 곳으로 한다.
④ 반시계방향으로 설정한다.

해설 가능한 한 시계 방향으로 수거노선을 설정한다.

16 직경이 3.5m인 Trommel screen의 최적속도는?

① 25 rpm   ② 20 rpm
③ 15 rpm   ④ 10 rpm

해설 최적속도(rpm) = 임계속도 × 0.45
임계속도(rpm)

$Nc = \sqrt{\dfrac{g}{4\pi^2 r}} \times 60 = \dfrac{1}{2\pi} \sqrt{\dfrac{g}{r}} \times 60$

$Nc = \dfrac{1}{2\pi} \sqrt{\dfrac{9.8}{1.75}} \times 60 = 22.6\, rpm \times 0.45 = 10.17 rpm$

17 어떤 쓰레기의 입도를 분석하였더니 입도 누적 곡선상의 10%, 30%, 60%, 90%의 입경이 각각 2, 5, 10, 20mm였다. 이때 곡률계수는?

① 2.75   ② 2.25
③ 1.75   ④ 1.25

해설 $C_g = \dfrac{D_{30}^2}{D_{60} \times D_{10}} = \dfrac{(5)^2}{10 \times 2} = 1.25$

18 퇴비화하기 위해 함수율 97%인 분뇨와 함수율 30%인 쓰레기를 무게비 1 : 3으로 혼합했을 때의 함수율은? (단, 분뇨와 쓰레기의 비중은 같다고 가정함)

① 62%   ② 57%
③ 52%   ④ 47%

해설 $\dfrac{97 \times 1 + 30 \times 3}{1 + 3} = 46.75\%$

19 다음의 물질회수를 위한 선별방법 중 플라스틱에서 종이를 선별할 수 있는 방법으로 가장 적절한 것은?

① 와전류선별   ② Jig 선별
③ 광학 선별   ④ 정전기적 선별

20 모든 인자를 시간에 따른 함수로 나타낸 후, 시간에 대한 함수로 표시된 각 인자 간의 상호관계를 수식화하여 쓰레기 발생량을 예측하는 방법은?

① 동적모사모델   ② 다중회귀모델
③ 시간인자모델   ④ 다중인자모델

21 폐기물 차량 총중량이 24,725kg, 공차량 중량이 13,725kg이며, 적재함의 크기 L : 400cm, W : 250cm, H : 170cm 일 때 차량 적재 계수(ton/m³)는?

① 0.757   ② 0.708
③ 0.687   ④ 0.647

해설 $\dfrac{24.725t - 13.725t}{4 \times 2.5 \times 1.7 m^3} = 0.647$

22 물렁거리는 가벼운 물질로부터 딱딱한 물질을 선별하는데 사용하며 경사진 콘베이어를 통해 폐기물을 주입시켜 천천히 회전하는 드럼 위에 떨어뜨려서 분류하는 것은?

① Stoners   ② Jigs
③ Secators   ④ Table

23 내륙매립방법인 셀(cell)공법에 관한 설명으로 옳지 않은 것은?

① 화재의 확산을 방지할 수 있다.
② 쓰레기 비탈면의 경사는 15~25%의 기울기로 하는 것이 좋다.
③ 1일 작업하는 셀 크기는 매립장 면적에 따라 결정된다.
④ 발생가스 및 매립층내 수분의 이동이 억제된다.

해설 1일 작업하는 셀 크기는 매립처분 량에 따라 결정된다.

24 다음의 폐기물의 성상분석의 절차 중 가장 먼저 시행하는 것은?

① 분류
② 물리적 조성
③ 화학적 조성분석
④ 발열량측정

25 어느 도시폐기물 중 비가연성분이 40%(W/W%) 이다. 밀도가 300kg/m³인 폐기물 10m³ 중 가연성물질의 양은? (단, 비가연성분과 가연성분으로 구분 기준)

① 1.2 ton   ② 1.4 ton
③ 1.6 ton   ④ 1.8 ton

해설 가연성분=0.6×0.3t/m³×10m³=1.8t

26 슬러지 수분 중 가장 용이하게 분리할 수 있는 수분의 형태로 옳은 것은?

① 모관결합수   ② 세포수
③ 표면부착수   ④ 내부수

해설 탈수성이 용이한 순서(결합강도가 약한 순서)
간극수 > 모관결합수 > 표면부착수 > 내부수

정답 19.④ 20.① 21.④ 22.③ 23.③ 24.② 25.④ 26.①

27 적환장의 일반적인 설치 필요조건과 가장 거리가 먼 것은?
① 작은 용량의 수집차량을 사용할 때
② 슬러지 수송이나 공기수송 방식을 사용할 때
③ 불법 투기와 다량의 어질러진 쓰레기들이 발생할 때
④ 고밀도 거주지역이 존재할 때

28 어느 도시의 1년간 쓰레기 수거량은 2,000,000 ton이었고, 수거대상 인구는 2,000,000인 이었으며, 수거인부는 3,500명이었다. 단위 톤당의 쓰레기 수거에 소요되는 맨 아워(man-hour)는 얼마인가? (단, 수거인부의 작업시간은 하루 8시간이고, 1년 작업일수는 300일이다.)
① 2.6 man-hour/ton
② 3.4 man-hour/ton
③ 4.2 man-hour/ton
④ 5.1 man-hour/ton

$MHT = \dfrac{1\text{일 평균 수거 인부수}(3500man) \times 1\text{일 작업시간}(8hr)}{1\text{일 평균 폐기물 발생량}(2000000t)/(300\text{일})} = 4.2$

29 매립시 쓰레기 파쇄로 인한 이점으로 옳은 것은?
① 압축장비가 없어도 고밀도의 매립이 가능하다.
② 매립시 복토 요구량이 증가된다.
③ 폐기물 입자의 표면적이 감소되어 미생물작용이 촉진된다.
④ 매립시 폐기물이 잘 섞여 혐기성 조건을 유지한다.

30 청소상태를 평가하는 평가법 중 서비스를 받는 시민들의 만족도를 설문조사하여 나타내어지는 사용자 만족도 지수는?
① CEI ② USI
③ PPI ④ CPI

31 산업폐기물의 종류와 처리방법을 서로 연결한 것 중 가장 부적절한 것은?
① 유해성 슬러지 – 고형화법
② 폐알칼리 – 중화법
③ 폐유류 – 이온교환법
④ 폐용제류 – 증류회수법

해설 폐유는 소각처리가 적절하다.

32 채취한 쓰레기 시료 분석시 가장 먼저 진행하여야 하는 분석절차는?
① 절단 및 분쇄
② 건조
③ 분류(가연성, 불연성)
④ 밀도측정

33 폐기물 중 80%를 3cm 보다 작게 파쇄하려 할 때 Rosin-Rammler 입자크기분포모델을 이용한 특성입자의 크기는?(단, n = 1)
① 1.36 cm ② 1.83 cm
③ 2.36 cm ④ 2.86 cm

해설 $Y = 1 - \exp\left[-\left(\dfrac{X}{X_o}\right)^n\right]$

$0.80 = 1 - \exp\left[-\left(\dfrac{3cm}{X_o}\right)^1\right]$

$\exp\left(-\dfrac{4.6cm}{X_o}\right) = 1 - 0.8$

∴ 특성입자 크기 $X_o = \dfrac{-3cm}{\ln(1-0.8)} = 1.86cm$

정답 27.④ 28.③ 29.① 30.② 31.③ 32.④ 33.②

34 도시쓰레기의 조성이 탄소 48%, 수소 6.4%, 산소 37.6%, 질소 2.6%, 황 0.4% 그리고 회분 5%일 때 고위 발열량 (kcal/kg)은? (단, Dulong 식을 적용할 것)

① 약 7500 ② 약 6500
③ 약 5500 ④ 약 4500

해설 Dulong식

$$H_h(\text{kcal/kg}) = 81C + 340(H - \frac{O}{8}) + 25S$$

*여기서, 원소의 단위는 퍼센트농도(%)이다.

$$H_h(\text{kcal/kg}) = 81 \times 48 + 340(6.4 - \frac{37.6}{8}) + 25 \times 0.4$$
$$= 4476 kcal/kg$$

*여기서, 원소의 단위는 퍼센트농도(%)이다.

35 발열량을 측정하는 방법 중에서 원소분석과 관련이 없는 것은?

① Dulong의 식   ② Bomb의 식
③ Kunle의 식   ④ Gumz의 식

해설 Bomb 열량계로 구한 발열량에 근사시키기 위해 Dulong의 보정식이 사용된다.

정답 34.④ 35.②

2과목 폐기물처리기술

01 퇴비화 과정에서 팽화제로 이용되는 물질과 가장 거리가 먼 것은?
① 톱밥 ② 왕겨
③ 볏짚 ④ 하수슬러지

02 5%의 고형물을 함유하는 500m³/day의 슬러지를 진공여과 시켜 75%의 수분을 함유하는 슬러지 케이크로 만든다면 하루 생산되는 케이크의 양은? (단, 비중은 1.0 기준)
① 100m³ ② 90m³
③ 83m³ ④ 75m³

> **해설** 슬러지 발생량 = 슬러지 탈수량
> 500m³×0.05 = x(1-0.75) ∴ x = 100m³

03 슬러지를 처리하기 위해 하수처리장 활성슬러지 1% 농도의 폐액 100m³을 농축조에 넣었더니 5% 농도의 슬러지로 농축되었다. 농축조에 농축되어 있는 슬러지 양은? (단, 상징액의 농도는 고려하지 않으며, 비중은 1.0)
① 35m³ ② 30m³
③ 25m³ ④ 20m³

> **해설** 100m³×1% = x×5% ∴ x=20m³

04 Trench Method를 적용하여 쓰레기를 매립하려 한다. Trench 용량은 10,000m³이며 인구 2,000명, 1인 1일 쓰레기 배출량 1.0kg인 도시에서 발생되는 쓰레기를 매립한다면 Trench의 사용일수는? (단, 압축 전 쓰레기 밀도 500kg/m³이며 매립 시 압축에 의해 부피가 40% 감소한다)
① 3,867일 ② 3,967일
③ 4,067일 ④ 4,167일

> **해설** 사용일수
> $= \dfrac{10000m^3}{\dfrac{2000명 \times 1.0kg/인 \times (1-0.4)}{500kg/m^3}} = 4166.6\,day$

05 60g의 에탄(C_2H_6)이 완전연소 할 때 필요한 이론 공기 부피는? (단, 0°C, 1기압 기준)
① 약 450L ② 약 550L
③ 약 650L ④ 약 750L

> **해설** $C_2H_6 + \dfrac{7}{2}O_2 \rightarrow 2CO_2 + 3H_2O$
> 1 : 3.5×22.4
> 60g : x ∴ $x(O_o) = 156.8L$
> ∴ $A_o = \dfrac{O_o}{0.21} = \dfrac{156.8L}{0.21} = 746.67 Sm^3$

06 질소와 인을 제거하기 위한 생물학적 고도처리공법(A_2O)의 공정 중 호기조의 역할과 가장 거리가 먼 것은?
① 질산화 ② 탈질화
③ 유기물의 산화 ④ 인의 과잉섭취

정답 01.④ 02.① 03.④ 04.④ 05.④ 06.②

07 매립지의 합성차수막 중 PVC의 장·단점에 관한 설명으로 틀린 것은?

① 가격이 저렴하며 작업이 용이하다.
② 강도가 높다.
③ 대부분의 유기화학물질에 강하다.
④ 접합이 용이하다.

해설 유기화학물질에 약하다.

08 유기물($C_6H_{12}O_6$)을 혐기성(피산소성) 소화시킬 때 반응에 대한 설명으로 옳지 않은 것은?

① 유기물 1kg 분해 시 메탄이 0.37Sm³ 생성된다.
② 유기물 1kg 분해 시 이산화탄소가 0.37Sm³ 생성된다.
③ 유기물 90kg 분해 시 메탄이 24kg 생성된다.
④ 유기물 90kg 분해 시 이산화탄소가 24kg 생성된다.

해설 $C_6H_{12}O_6 \rightarrow 3CO_2 + 3CH_4$
180kg   3×44kg
90kg   x   ∴ x = 66kg

09 중량비로 80% 수분을 함유한 폐수에 응집제를 가하여 침전시켰더니 상등액과 침전 슬러지의 용적비가 1:2로 되었다. 이때의 침전 슬러지의 수분은 약 몇 % 인가? (단, 응집제의 무게는 무시할 정도로 작으며 상등액의 SS농도는 무시함)

① 70%   ② 75%
③ 80%   ④ 85%

해설 3(100−80) = 2(100−x) ∴ x=70%

10 RDF 소각로의 단점이나 문제점에 대한 설명과 가장 거리가 먼 내용은?

① 염소함량보다 유황함량에 따른 다량의 SOx 발생이 문제가 된다.
② 소각시설의 부식발생으로 인하여 시설수명이 단축될 수 있다.
③ 연료공급의 신뢰성 문제가 있을 수 있다.
④ 시설비가 고가이고 숙련된 기술이 필요하다.

해설 RDF내 염소함량이 크면 연료로 사용 시 다이옥신의 발생 등이 문제가 된다.

11 쓰레기 열분해시 열분해 온도가 증가할수록 발생 가스 중 함량(구성비, %)이 증가하는 것은?

① 수소   ② CH_4
③ CO   ④ 이산화탄소

해설 온도가 증가할수록 수소(H_2)함량이 증가하고 이산화탄소(CO_2)는 감소한다.

12 매립물의 조성이 $C_{40}H_{83}O_{30}N$ 인 경우 이 매립물 1mol 당 발생하는 메탄은 몇 mol인가? (단, 혐기성 반응이다.)

① 22.5   ② 28.5
③ 32.5   ④ 38.5

해설
$C_{40}H_{83}O_{30}N + 5H_2O \rightarrow 22.5CH_4 + 17.5CO_2 + NH_3$

정답 07.③ 08.④ 09.① 10.① 11.① 12.①

13 용량 100000m³의 매립지가 있다. 밀도 0.5 ton/m³인 도시 쓰레기가 400,000kg/일 율로 발생된다면 매립지 사용일수는? (단, 매립지 내의 다짐에 의한 쓰레기의 부피감소율은 50%이다.)

① 125일 ② 250일
③ 312일 ④ 421일

해설
400,000kg/day × $\frac{1}{500kg/m^3}$ × x = 100,000m³

∴ x = 125일

14 와전류선별기에 관한 설명으로 옳지 않은 것은?

① 비철금속의 분리, 회수에 이용된다.
② 자력선을 도체가 스칠 때에 진행방향과 직각방향으로 힘이 작용하는 것을 이용해서 분리한다.
③ 연속적으로 변화하는 자장 속에 비자성이며 전기 전도성이 좋은 금속을 넣어 분리시킨다.
④ 와전류 선별기는 자기드럼식, 자기벨트식, 자기전도식으로 대별된다.

해설 와전류선별기는 비자성이고 전기전도도가 좋은 물질을 와전류현상에 의해 다른 물질에서 분리할 수 있다. 자력 선별기는 자기드럼식, 자기벨트식, 자기전도식으로 대별된다.

15 친산소성 퇴비화 공정의 설계 운영고려 인자에 관한 내용으로 틀린 것은?

① 공기의 채널링이 원활하게 발생하도록 반응기간 동안 규칙적으로 교반하거나 뒤집어 주어야 한다.
② 퇴비단의 온도는 초기 며칠간은 50~55°C를 유지하여야 하며 활발한 분해를 위해서는 55~60°C가 적당하다.
③ 퇴비화 기간 동안 수분함량은 50~60% 범위에서 유지되어야 한다.
④ 초기 C/N비는 25~50이 적정하다.

해설 공기의 채널링을 방지하기 위하여 규칙적으로 교반하거나 뒤집어 주어야 한다.

16 매시간 4ton의 폐유를 소각하는 소각로에서 발생하는 황산화물을 접촉산화법으로 탈황하고 부산물로 50%의 황산을 회수한다면 회수되는 부산물량(kg/hr)은? (단, 폐유 중 황성분 3%, 탈황율 95%라 가정함)

① 약 500 ② 약 600
③ 약 700 ④ 약 800

해설
S : H_2SO_4
32kg : 98kg
4000kg/hr × 0.03 × 0.95 : 0.5x

∴ x = 698.25 kg/hr

17 토양세척법 처리에 가장 부적합한 토양 입경의 정도는?

① 자갈 ② 중간모래
③ 점토 ④ 미사

해설 자갈은 토양세척이 잘 되나 점토는 세척이 어렵다.

18 인구 600000명에 1인당 하루 1.3kg의 쓰레기를 배출하는 지역에 면적이 500000m^2인 매립장을 건설하려고 한다. 강우량이 1350mm/year인 경우 침출수 발생량은? (단, 강우량 중 60%는 증발되고 40%만 침출수로 발생된다고 가정하고, 침출수 비중은 1, 기타 조건은 고려하지 않음)

① 약 140000톤/년
② 약 180000톤/년
③ 약 240000톤/년
④ 약 270000톤/년

해설 침출수 발생량
=500,000m^2×1350×10^{-3}m/년×0.4×1.0t/m^3
=270,000m^3/년

19 평균온도가 20°C인 수거분뇨 20kL/일을 처리하는 혐기성 소화조의 소화온도를 외부 가온에 의해 35°C로 유지하고자 한다. 이때 소요되는 열량(kcal/일)은? (단, 소화조의 열손실은 없는 것으로 간주하고, 분뇨의 비열은 1.1 kcal/kg·°C, 비중은 1.02이다.)

① 293.8×10^3 kcal/일
② 336.6×10^3 kcal/일
③ 489.6×10^3 kcal/일
④ 587.5×10^3 kcal/일

해설
20KL/일×(35−20°C)×1.1kcal/kg·°C×1.02×10^3kg
=336.6×10^3kcal/day

20 다음의 집진장치 중 압력손실이 가장 큰 것은?

① 벤튜리 스크러버(Venturi Scrubber)
② 사이클론 스크러버(Cyclone Scrubber)
③ 팩킹 타워(Packing Tower)
④ 제트 스크러버(Jet Scrubber)

해설 벤튜리 스크러버의 압력손실은 300~800mmH_2O로 집진장치 중 압력손실이 가장 크다.

21 폐열회수를 위한 열교환기 중 연도에 설치하며, 보일러 전열면을 통하여 연소가스의 여열로 보일러 급수를 예열하여 보일러 효율을 높이는 장치는?

① 재열기
② 절탄기
③ 공기예열기
④ 과열기

해설
① 과열기 : 보일러에서 발생되는 포화증기의 수분을 제거하고 엔탈피가 높은 과열증기를 생산하기 위해 설치한다.
② 재열기 : 증기터빈을 경유한 후 포화증기로 변한 과열증기를 재가열하여 다시 터빈으로 돌려 보낸다.
③ 절탄기 : 연도로 배출되는 배기가스 중의 폐열을 이용하여 보일러 급수를 예열하는 시설이다.
④ 공기예열기 : 연도로 배출되는 배기가스 중의 폐열을 이용하여 보일러의 연소용 공기를 예열하여 공급한다.

22 열분해공정이 소각에 비해 갖는 장점이 아닌 것은?

① 황분, 중금속이 재(ash) 중에 고정되는 비율이 작다.
② 환원성 분위기가 유지되므로 Cr^{+3}가 Cr^{+6}로 변화되기 어렵다.
③ 배기 가스량이 적다.
④ NO_x 발생량이 적다.

정답 18.④ 19.② 20.① 21.② 22.①

23 소각로 중 다단로 방식의 장점으로 틀린 것은?

① 체류시간이 길어 분진 발생율이 낮다.
② 수분함량이 높은 폐기물의 연소가 가능하다.
③ 휘발성이 적은 폐기물 연소에 유리하다.
④ 많은 연소영역이 있으므로 연소효율을 높일 수 있다.

24 분뇨처리장의 방류수량이 $1000m^3$/day 일 때 15분간 염소 소독을 할 경우 소독조의 크기는?

① 약 $16.5m^3$ ② 약 $13.5m^3$
③ 약 $10.5m^3$ ④ 약 $8.5m^3$

해설 $V = \dfrac{1000m^3/day}{24hr \times 60min} \times 15min = 10.41m^3$

25 밀도가 $300kg/m^3$인 폐기물 중 비가연분이 무게비로 50%일 때 폐기물 $10m^3$ 중 가연분의 양(kg)은?

① 1500 ② 2100
③ 3000 ④ 3500

해설 가연분양 = $300kg/m^3 \times 10m^3 \times 0.5 = 1,500kg$

26 와전류선별기로 주로 분리하는 비철금속에 관한 내용으로 가장 옳은 것은?

① 자성이며 전기전도성이 좋은 금속
② 자성이며 전기전도성이 나쁜 금속
③ 비자성이며 전기전도성이 좋은 금속
④ 비자성이며 전기전도성이 나쁜 금속

27 고형화 방법 중 자가시멘트법에 관한 설명으로 옳지 않은 것은?

① 혼합율(MR)이 낮다
② 고농도 황화물 함유 폐기물에 적용된다.
③ 탈수 등 전처리가 필요 없다.
④ 보조에너지가 필요 없다.

28 호기성 퇴비화 설계 운영고려 인자인 C/N비에 관한 내용으로 옳은 것은?

① 초기 C/N비 5~10이 적당하다.
② 초기 C/N비 25~50이 적당하다.
③ 초기 C/N비 80~150이 적당하다.
④ 초기 C/N비 200~350이 적당하다.

29 혐기성 소화와 호기성 소화를 비교한 내용으로 가장 거리가 먼 것은?

① 호기성 소화 시 상층액의 BOD 농도가 낮다.
② 호기성 소화 시 슬러지 발생량이 많다.
③ 혐기성 소화 슬러지 탈수성이 불량하다.
④ 혐기성 소화 운전이 어렵고 반응시간도 길다.

해설 호기성 소화 슬러지는 탈수성이 나쁘다.

30 슬러지를 개량(conditioning)하는 주된 목적은?

① 농축 성질을 향상시킨다.
② 탈수 성질을 향상시킨다.
③ 소화 성질을 향상시킨다.
④ 구성성분 성질을 개선, 향상시킨다.

해설 개량방법에는 물리 화학적 방법이 있다.

정답 23.① 24.③ 25.① 26.③ 27.④ 28.② 29.③ 30.②

31 분뇨를 소화 처리함에 있어 소화 대상 분뇨량이 100m³/day이고, 분뇨 내 유기물 농도가 10000mg/L라면 가스 발생량(m³/day)은? (단, 유기물 소화에 따른 가스발생량은 500L/kg-유기물, 유기물전량 소화, 분뇨비중=1.0)

① 500 ② 1000
③ 1500 ④ 2000

해설

10m³/day×10kg/m³×500L/kg×10⁻³=500m³/day

32 차수설비는 표면차수막과 연직차수막으로 구분되어 지는데, 연직차수막에 대한 일반적인 내용으로 가장 거리가 먼 것은?

① 지중에 수평방향의 차수층이 존재하는 경우에 적용한다.
② 지하수 집배수 시설이 필요하다.
③ 지하에 매설하기 때문에 차수성 확인이 어렵다.
④ 차수막 단위면적당 공사비가 비싸지만 총공사비는 싸다.

해설 지하수의 집배수 시설이 필요 없다.

33 호기성 퇴비화공정의 설계 시 운영고려 인자에 관한 설명으로 적합하지 않은 것은?

① 교반/뒤집기 : 공기의 단회로(channeling) 현상 발생이 용이하도록 규칙적으로 교반하거나 뒤집어 준다.
② pH 조절 : 암모니아 가스에 의한 질소 손실을 줄이기 위해서 pH8.5 이상 올라가지 않도록 주의한다.
③ 병원균의 제어 : 정상적인 퇴비화 공정에서는 병원균의 사멸이 가능하다.
④ C/N비 : C/N비가 낮은 경우는 암모니아가스가 발생한다.

해설 교반은 공기의 단회로 현상을 방지하는데 있다.

3과목 폐기물소각 및 열회수

01 연소실의 운전척도를 나타내는 것이 아닌 것은?

① 공기와 폐기물의 공급비
② 폐기물의 혼합정도
③ 연소가스의 온도
④ Ash의 발생량

02 소각로의 연소효율을 증대시키는 방법이 아닌 것은?

① 적절한 연소시간
② 적절한 온도 유지
③ 적절한 공기공급과 연료비
④ 연소조건은 층류

해설 완전연소의 조건은 시간, 온도, 혼합(난류)가 요구된다.

03 열분해 장치의 방식 중 주입폐기물의 입자가 작아야 하고 주입량이 크지 못한 단점과 어떤 종류의 폐기물도 처리가 가능한 장점을 가지는 것으로 가장 적절한 것은?

① 부유상 방식
② 유동상 방식
③ 다단상 방식
④ 고정상 방식

해설 열분해 장치는 폐기물에 산소의 공급 없이 가열하여 가스, 액체 및 고체의 3성분으로 분리하는 방법이다.

04 가스연료의 저위 발열량이 15000 kcal/Sm³, 이론연소가스량 20Sm³/Sm³, 공기온도 20°C 일 때 연료의 이론연소온도는? (단, 연료연소가스의 평균정압비열은 0.75 kcal/Sm³·°C, 공기는 예열되지 않으며 연소가스는 해리되지 않음)

① 720°C
② 880°C
③ 920°C
④ 1020°C

해설 $t_2 = \dfrac{H_l}{G_o C_p} + t_1$

05 탄화도가 클수록 석탄이 가지게 되는 성질에 관한 내용으로 틀린 것은?

① 고정탄소의 양이 증가한다.
② 휘발분이 감소한다.
③ 연속 속도가 커진다.
④ 착화온도가 높아진다.

해설
· 고체연료의 탄화도가 커질수록 증가하는 것 : 고정탄소(C), 착화온도, 발열량
· 고체연료의 탄화도가 커질수록 감소하는 것 : 매연 발생량, 휘발분, 비열

06 백 필터(bag filter) 재질과 최고 운전 온도가 옳게 연결 된 것은?

① Wool – 120~180°C
② Teflon – 300~330°C
③ Glass fiber – 280~300°C
④ Polyesters – 240~260°C

해설 목면 80°C, 양모 80°C, 카네카론 100°C, 글라스화이버 280°C 정도이다.

정답 01.④ 02.④ 03.① 04.④ 05.③ 06.③

07 연소장치에서 공기비가 큰 경우에 나타나는 현상과 가장 거리가 먼 것은?

① 연소실에서 연소온도가 낮아진다.
② 배기가스 중 질소산화물량이 증가한다.
③ 불완전연소로 일산화탄소량이 증가한다.
④ 통풍력이 강하여 배기가스에 의한 열손실이 크다.

해설 CH_4, CO 및 C 등 물질의 농도가 감소한다.

08 열분해에 대한 설명으로 옳지 않은 것은?

① 열분해를 통한 연료의 성질을 결정짓는 요소로는 운전온도, 가열속도, 폐기물의 성질 등이다.
② 열분해공정으로부터 아세트산, 아세톤, 메탄올 등과 같은 액체상물질을 얻을 수 있다.
③ 열분해 온도가 증가할수록 발생가스 내 수소의 구성비는 감소한다.
④ 열분해 온도가 증가할수록 발생가스 내 CO_2의 구성비는 감소한다.

해설 열분해 온도가 증가할수록 발생가스 내 수소의 구성비는 증가한다.

09 프로판 $1Sm^3$를 과잉공기계수 1.1로 완전연소시킬 경우에 발생하는 건조연소가스량(Sm^3)은? (단, 프로판 분자량 44, 표준상태 기준)

① 약 21.6 ② 약 24.2
③ 약 26.8 ④ 약 28.9

해설 $C_3H_8 + 5O_2 \rightarrow 3CO_2 + 4H_2O$

$A_o = \dfrac{O_o}{0.21} = \dfrac{5Sm^3}{0.21} = 23.8Sm^3$

$God = (1.1 - 0.21) \times 23.8 + \sum 3$
$= 24.18 Sm^3/Sm^3$

10 폐기물의 연소실에 관한 설명으로 적절치 않은 것은?

① 연소실은 폐기물을 건조, 휘발, 점화시켜 연소시키는 1차 연소실과 여기서 미연소된 것을 연소시키는 2차 연소실로 구성된다.
② 연소실의 온도는 1500~2000°C 정도이다.
③ 연소실의 크기는 주입폐기물의 무게(ton)당 0.4~0.6m^3/day로 설계되고 있다.
④ 연소로의 모형은 직사각형, 수직원통형, 혼합형, 로타리킬른형 등이 있다.

해설 킬른소각로의 연소온도 800~1600°C, 유동층소각로 700~800°C, 다단로 900~1100°C에서 운전한다.

11 연소기 중 다단로의 장단점으로 틀린 것은?

① 열용량이 높아 분진 발생률이 낮다.
② 체류시간이 길어 휘발성이 적은 폐기물 연소에 유리하다.
③ 늦은 온도반응 때문에 보조연료사용을 조절하기가 어렵다.
④ 많은 연소영역이 있어 연소효율을 높일 수 있다.

해설 다단로는 열용량이 낮아 분진 발생율이 높다.

12 탄소 1kg을 완전연소하는데 소요되는 이론공기량(Sm^3/kg)은?

① 5.63 ② 8.89
③ 13.67 ④ 18.67

해설 $C + O_2 \rightarrow CO_2$
12 : 22.4
1 : x $\therefore x = 1.866 Sm^3$

$\therefore A_o = \dfrac{O_o}{0.21} = \dfrac{1.866}{0.21} = 8.88 Sm^3$

정답 07.③ 08.③ 09.② 10.② 11.① 12.②

13 다음 중 일반적으로 사용되는 열분해장치의 종류와 거리가 먼 것은?

① 고정상 열분해 장치
② 다단상 열분해 장치
③ 유동상 열분해 장치
④ 부유상 열분해 장치

14 수분함량이 97%인 슬러지의 비중은? (단, 고형물의 비중은 1.35)

① 약 1.062 ② 약 1.042
③ 약 1.028 ④ 약 1.008

해설 $\dfrac{1}{\rho_{sl}} = \dfrac{W_s}{\rho_s} + \dfrac{W_w}{\rho_w}$ ←무게 ←비중
슬러지 = 고형물 + 수분

$\dfrac{1}{\rho_{sl}} = \dfrac{0.03}{1.35} + \dfrac{0.97}{1.0}$ ∴ $\rho_{sl} = 1.008$
슬러지 = 고형물 + 수분

15 VS 75%를 함유하는 슬러지고형물을 1ton/day로 받아들일 경우 소화조의 부하율(kg VS/m³ · day)은?(단, 슬러지의 소화용적=550m³, 비중=1.0)

① 1.26 ② 1.36
③ 1.46 ④ 1.56

해설 소화조의 부하율 = $\dfrac{VS량}{V(부피)}$

16 소각시설의 연소온도가 너무 높을 때 주로 발생되는 대기오염물질은?

① 질소산화물   ② 탄화수소류
③ 일산화탄소   ④ 수증기와 재

해설 소각에서 질소산화물(NO_x)의 발생은 고온, 과잉공기, 긴 체류시간이 원인이다.

17 유동상 소각로의 장단점이 아닌 것은?

① 기계적 구동부분이 적어 고장율이 낮다.
② 상(床)으로부터 찌꺼기의 분리가 어렵다.
③ 로내 온도의 자동제어로 열회수가 용이하다.
④ 가스온도가 높고 과잉공기량이 많다.

18 에탄(C_2H_6)의 이론적 연소 시 부피기준 AFR(air-fuel ratio, mols air/mol fuel)은?

① 약 10.5 ② 약 12.5
③ 약 14.2 ④ 약 16.7

해설 $C_2H_6 + 3.5O_2 \rightarrow 2CO_2 + 3H_2O$

$\dfrac{공기(mole)}{연료(mole)} = \dfrac{\frac{3.5}{0.21}}{1} = 16.7$

19 분진 및 유해가스의 동시 처리가 가능한 스크러버의 장점이라 볼 수 없는 것은?

① 한번 제거된 입자는 다시 처리가스 속으로 재비산되지 않는다.
② 전기, 여과집진장치보다 좁은 공간에 설치가 가능하다.
③ 고온다습한 가스나 연소성 및 폭발성 가스의 처리가 가능하다.
④ 유지관리비가 저렴하고 부식성 가스 용해로 인한 부식을 방지할 수 있다.

해설 폐수의 발생 등으로 유지관리비가 많이 든다.

정답 13.② 14.④ 15.② 16.① 17.④ 18.④ 19.④

20 기체연료인 메탄(CH_4)의 고위 발열량이 9500kcal/Sm^3 이라면 저위 발열량(kcal/Sm^3)은?

① 8260 ② 8380
③ 8420 ④ 8540

해설 $H_l(kcal/Sm^3) = H_h - 480\sum H_2O$

$CH_4 + 2O_2 \rightarrow CO_2 + 2H_2O \quad \therefore H_2O = 2M$

$\therefore H_l = 9500 - 480\sum 2 = 8540 kcal/Sm^3$

21 황화수소 $1m^3$의 이론연소 공기량(m^3)은?

① 7.1 ② 8.1
③ 9.1 ④ 10.1

해설 $H_2S + \frac{3}{2}O_2 \rightarrow SO_2 + H_2O$
$\quad\quad 1 \quad : \quad 1.5$
$\quad 1Sm^3 : \quad x \quad\quad \therefore x = 1.5 Sm^3$

$\therefore A_o = \frac{1.5}{0.21} = 7.1 Sm^3$

22 가연성 물질의 연소 시 연소효율은 완전연소량에 비하여 실제 연소되는 양의 백분율로 표시한다. 관계식을 옳게 나타낸 것은?(단, η_0=연소효율(%), Hl=저위발열량, Lc=미연소 손실, Li=불완전연소 손실)

① $\eta_0(\%) = \frac{Hl-(Lc+Li)}{Hl} \times 100$

② $\eta_0(\%) = \frac{(Lc+Li)-Hl}{Hl} \times 100$

③ $\eta_0(\%) = \frac{(Lc+Li)-Hl}{(Lc+Li)} \times 100$

④ $\eta_0(\%) = \frac{Hl-(Lc+Li)}{(Lc+Li)} \times 100$

23 소각로에서 소요되는 과잉 공기량이 지나치게 클 경우 나타나는 현상이 아닌 것은?

① 연소실의 온도 저하
② 배기가스에 의한 열손실
③ 배기가스 온도의 상승
④ 연소 효율 감소

24 석탄의 탄화도가 클수록 나타나는 성질로 틀린 것은?

① 착화온도가 높아진다.
② 수분 및 휘발분이 감소한다.
③ 연소 속도가 작아진다.
④ 발열량이 감소한다.

해설 탄화도가 커질수록 고정탄소(C), 착화온도, 발열량은 증가한다.

25 다음의 조건에서 침출수 통과 연수(년)는?(단, 점토층의 두께(d)=1m, 유효공극률(n)=0.40, 투수계수(k)=10^{-7}cm/sec, 상부침출수 수두(h)=0.4m)

① 약 7 ② 약 8
③ 약 9 ④ 약 10

해설 침출수 통과년수 $t = \frac{nd^2}{k(d+h)}$

k=10^{-7}cm/sec×10^{-2}m×3,600sec/hr×24hr/day×365day/y
 =3.15×10^{-2}m/y

$\therefore t = \frac{0.4 \times (1m)^2}{3.15 \times 10^{-2} m/y (1m+0.4m)} = 9.07$년

정답 20.④ 21.① 22.① 23.③ 24.④ 25.③

26 사이클론(cyclone) 집진장치에 대한 설명 중 틀린 것은?

① 원심력을 활용하는 집진장치이다.
② 설치면적이 작고 운전비용이 비교적 적은 편이다.
③ 온도가 높을수록 포집효율이 높다.
④ 사이클론 내부에서 먼지는 벽면과 마찰을 일으켜 운동에너지를 상실한다.

해설 온도가 높을수록 포집효율이 낮다.

27 열교환기 중 절탄기에 관한 설명으로 틀린 것은?

① 급수 예열에 의해 보일러 급수의 온도차가 증가함에 따라 보일러 드럼에 열응력이 발생한다.
② 급수온도가 낮을 경우, 굴뚝가스 온도가 저하하면 절탄기 저온부에 접하는 가스온도가 노점에 달하여 절탄기를 부식시킨다.
③ 굴뚝의 가스온도 저하로 인한 굴뚝 통풍력의 감소에 주의하여야 한다.
④ 보일러 전열면을 통하여 연소가스의 여열로 보일러 급수를 예열하여 보일러의 효율을 높이는 장치이다.

해설 절탄기는 연도로 배출되는 배기가스 중의 폐열을 이용하여 보일러 급수를 예열하는 시설이다.

28 연소가스 흐름에 따라 소각로의 형식을 분류한다. 폐기물의 이송방향과 연소가스의 흐름방향이 반대로 향하고, 폐기물의 질이 나쁜 경우에 적당한 방식은?

① 향류식   ② 병류식
③ 교류식   ④ 2회류식

29 화격자에 대한 설명 중 틀린 것은?

① 로 내의 폐기물 이동을 원활하게 해 준다.
② 화격자의 폐기물 이동방향은 주로 하단부에서 상단부 방향으로 이동시킨다.
③ 화격자는 폐기물을 잘 연소하도록 교반시키는 역할을 한다.
④ 화격자는 아래에서 연소에 필요한 공기가 공급되도록 설계하기도 한다.

해설 폐기물은 상부로 투입되고 공기는 하부에서 공급되며 착화면의 이동은 공기의 흐름 방향과 동일하다.

30 액체주입형 연소기에 관한 설명으로 가장 거리가 먼 것은?

① 구동장치가 없어서 고장이 적다.
② 하방점화방식의 경우에는 염이나 입상물질을 포함한 폐기물의 소각도 가능하다.
③ 연소기의 가장 일반적인 형식은 수평 점화식이다.
④ 버너노즐 없이 액체미립화가 용이하며, 대량처리에 주로 사용된다.

31 폐기물의 원소조성이 C 80%, H 10%, O 10% 일 때 이론공기량(kg/kg)은?

① 8.3   ② 10.3
③ 12.3   ④ 14.3

해설 $O_o = 2.667C + 8H + S - O$
 *여기서, 원소는 %/100 이다.
$O_o = (2.667 \times 0.8) + (8 \times 0.1) - 0.1 = 2.834$
$\therefore A_o = 2.834 kg/kg \times \dfrac{1}{0.23} = 12.32 kg/kg$

정답 26.③ 27.① 28.① 29.② 30.④ 31.③

32 공기비를 1.3으로 하는 어떤 연료를 연소시킬 때 배출가스 조성을 분석한 결과 CO_2가 11%이었다면 $(CO_2)_{max}$는?

① 8.6% ② 9.7%
③ 14.3% ④ 17.5%

해설 $CO_{2\max} = m \times CO_2\% = 1.3 \times 11\% = 14.3\%$

33 CO 100kg을 완전연소 시킬 때 필요한 이론적 산소량(Sm^3)은?

① 40Sm^3 ② 80Sm^3
③ 120Sm^3 ④ 160Sm^3

해설 $CO + 1/2 O_2 \rightarrow CO_2$
$28kg : 1/2 \times 22.4 Sm^3$
$100kg : x$

$$\frac{100kg}{} \Big| \frac{1/2 \times 22.4 Sm^3}{} \Big| \frac{}{28kg} = 40 Sm^3$$

정답 32.③ 33.①

4과목　폐기물공정시험기준

01 다음 내용 중 틀린 것은?

① 분석용 저울은 0.1mg 까지 달 수 있는 것이어야 한다.
② '약'이라 함은 기재된 양에 대하여 ±10% 이상의 차이가 있어서는 안 된다.
③ 방울수라 함은 20℃에서 정제수 20방울을 적하할 때 그 부피가 약 1mL가 되는 것을 말한다.
④ '항량'이라 함은 한 시간 더 같은 조건에 노출 시켰을 때 그 무게차가 0.1mg 이하인 것을 말한다.

해설 "항량으로 될 때까지 건조한다"라 함은 같은 조건에서 1시간 더 건조할 때 전후 무게의 차가 g당 0.3 mg 이하일 때를 말한다.

02 폐기물공정시험기준(방법)에 따라 용출시험한 결과는 함수율 85% 이상인 시료에 한하여 시료의 수분함량을 보정한다. 수분함량이 90%일 때 보정계수는?

① 0.67
② 0.9
③ 1.5
④ 2.0

해설 용출실험의 결과는 시료 중의 수분함량 보정을 위해 함수율 85% 이상인 시료에 한하여 "15/[100-시료의 함수율(%)]"을 곱하여 계산한 값으로 한다.

03 30% 수산화나트륨(NaOH)은 몇 몰(M)인가? (단, NaOH의 분자량 40)

① 4.5 M
② 5.5 M
③ 6.5 M
④ 7.5 M

해설 % → g/100mL

$1M : 40g/L$
$x : 30g/0.1L$　∴ $x = 7.5M$

04 자외선/가시선 분광광도계의 광원부의 광원 중자외부의 광원으로 주로 사용되는 것은?

① 속빈음극램프
② 텅스텐램프
③ 광전도도관
④ 중수소 방전관

해설 가시부와 근적외부의 광원은 텅스텐램프, 자외부의 광원은 중수소방전관을 사용한다.

05 기름성분을 중량법으로 측정할 때 정량한계 기준은?

① 0.1% 이하
② 0.5% 이하
③ 1.0% 이하
④ 5.0% 이하

06 대상폐기물의 양이 2,000톤인 경우 채취 시료의 최소수는?

① 24
② 36
③ 50
④ 60

해설 대상 폐기물의 양과 현장 시료의 최소 수

대상 폐기물의 양 (단위 : ton)	현장 시료의 최소 수
1 미만	6
1 이상 ~ 5 미만	10
5 이상 ~ 30 미만	14
30 이상 ~ 100 미만	20
100 이상 ~ 500 미만	30
500 이상 ~ 1000 미만	36
1000 이상 ~ 5000 미만	50
5000 이상	60

07 '곧은 섬유와 섬유 다발' 형태가 아닌 석면의 종류는? (단, 편광현미경법 기준)

① 직섬석
② 청석면
③ 갈석면
④ 백석면

정답 01.④　02.③　03.④　04.④　05.①　06.③　07.④

08 수분함량이 20%인 쓰레기의 수분함량을 10%로 감소시키면 감소 후 쓰레기 중량은 처음 중량의 몇 %가 되겠는가? (단, 쓰레기의 비중은 1.0 기준)

① 87.6% ② 88.9%
③ 90.3% ④ 92.9%

해설 $\frac{1-0.2}{1-0.1} \times 100 = 88.88\%$

09 용출 조작시 진탕 회수 기준으로 옳은 것은? (단, 상온, 상압 조건, 진폭은 4~5cm)

① 매분 당 약 200회
② 매분 당 약 300회
③ 매분 당 약 400회
④ 매분 당 약 500회

해설 시료 용액의 조제가 끝난 혼합액을 상온, 상압에서 진탕 횟수가 매분 당 약 200회, 진폭이 4cm~5cm인 진탕기를 사용하여 6시간 동안 연속 진탕한 다음 1.0μm의 유리섬유여과지로 여과하고 여과액을 적당량 취하여 용출 실험용 시료용액으로 한다.

10 유기인을 기체크로마토그래피로 분석할 때 사용하는 검출기와 가장 거리가 먼 것은?

① 질소인 검출기
② 열전도도 검출기
③ 전자포획형 검출기
④ 불꽃광도 검출기

11 10ppm은 몇 %가 되는가?

① 1.0% ② 0.1%
③ 0.01% ④ 0.001%

해설 $\frac{10}{10^6} ppm = \frac{x}{100}\%$ ∴ $x = 0.001\%$

12 3.5%의 고형물을 함유하는 슬러지 300m³를 탈수시켜 70%의 함수율을 갖는 케이크를 얻었다면 탈수된 케이크의 양은 몇 m³인가? (단, 슬러지의 밀도는 1ton/m³이다.)

① 35m³ ② 40m³
③ 45m³ ④ 50m³

해설 3.5%×300m³ = x(100–70) ∴ x=35m³

13 비소를 원자흡수분광광도법으로 측정할 때 시료 중 비소를 3가 비소로 환원시키기 위하여 사용되는 시약은?

① 염화제이수은
② 이염화주석
③ 염화제일철
④ 염화제이철

14 폐기물 시료 채취시 무색경질 유리병을 사용하여야 하는 측정 대상 항목이 아닌 것은?

① 유기인
② 휘발성 저급 염소화 탄화수소류
③ PCBs
④ 수은

15 폐기물이 1톤 미만 야적되어 있는 적환장에서 채취하여야 할 최소 시료 총량은? (단, 소각재는 아님)

① 100g ② 400g
③ 600g ④ 900g

정답 08.② 09.① 10.② 11.④ 12.① 13.② 14.④ 15.③

16 시료의 강열감량(%)를 측정하기 위해 10g의 도가니에 20g의 시료를 취한 후 25% 질산암모늄용액을 넣어 탄화시킨 다음 600±25℃의 전기로 안에서 3시간 강열한 후 데시케이터에서 식힌 후 무게는 25g 이었다면 강열감량(%)은?

① 15% ② 20%
③ 25% ④ 30%

해설 강열감량 = $\dfrac{20g - (25g - 10g)}{20g} \times 100 = 25\%$

17 대상폐기물의 양이 600톤일 때 시료의 최소수는?

① 30 ② 36
③ 40 ④ 46

18 지정폐기물의 종류 중 폴리클로리네이티드비페닐 함유폐기물에 관한 기준으로 옳은 것은?

① 액체상태 외의 것(용출액 1L당 3.0mg 이상 함유한 것으로 한정한다)
② 액체상태 외의 것(용출액 1L당 0.3mg 이상 함유한 것으로 한정한다)
③ 액체상태 외의 것(용출액 1L당 0.03mg 이상 함유한 것으로 한정한다)
④ 액체상태 외의 것(용출액 1L당 0.003mg 이상 함유한 것으로 한정한다)

해설 시행령[별표1] 폴리클로리네이티드비페닐 함유 폐기물의 지정폐기물 기준
  ㉠ 액체상태의 것 : 1리터당 2밀리그램 이상 함유한 것으로 한정
  ㉡ 액체상태 외의 것 : 용출액 1리터당 0.003밀리그램 이상 함유한 것으로 한정

19 자외선/가시선 분광법에 의해 크롬을 정량하기 위해서는 크롬이온 전체를 6가크롬으로 변화시켜야 하는데 이때 사용하는 시약은?

① 디페닐카르바지드
② 질산암모늄
③ 과망간산칼륨
④ 염화제일주석

20 자외선/가시선 분광법을 적용한 구리 측정에 관한 내용으로 옳은 것은?

① 정량한계는 0.002mg/L이다.
② 적갈색의 킬레이트 화합물이 생성된다.
③ 흡광도는 520nm에서 측정한다.
④ 정량범위는 0.01~0.05mg/L이다.

21 수소이온온도(유리전극법) 측정을 위한 표준 용액 중 가장 강한 산성을 나타내는 것은?

① 수산염 표준액 ② 인산염 표준액
③ 붕산염 표준액 ④ 탄산염 표준액

해설 0℃에서 표준액의 pH값
수산염 표준액 1.67 < 프탈산염 표준액 4.01 < 인산염 표준액 6.98 < 붕산염 표준액 9.46 < 탄산염 표준액 10.32 < 수산화칼슘 표준액 13.43

정답 16.③ 17.② 18.④ 19.③ 20.① 21.①

22 정도보증/정도관리를 위한 검정곡선 작성법 중 검정곡선 작성용 표준용액과 시료에 동일한 양의 내부표준물질을 첨가하여 시험분석 절차, 기기 또는 시스템의 변동으로 발생하는 오차를 보정하기 위해 사용하는 방법은?

① 상대검정곡선법
② 표준검정곡선법
③ 절대검정곡선법
④ 보정검정곡선법

23 취급 또는 저장하는 동안에 기체 또는 미생물이 침입하지 않도록 내용물을 보호하는 용기는?

① 차광용기 ② 밀봉용기
③ 기밀용기 ④ 밀폐용기

24 시안(CN^-)의 측정방법을 적절하게 짝지은 것은?(단, 폐기물공정시험기준(방법) 기준)

① 이온크로마토그래피, 원자흡수분광광도법
② 이온전극법, 자외선/가시선 분광법
③ 기체크로마토그래피, 원자흡수분광광도법
④ 자외선/가시선 분광법, 유도결합플라즈마-원자발광분광법

25 폐기물시료 200g을 취하여 기름성분(중량법)을 시험한 결과, 시험 전·후의 증발용기의 무게차가 13.591g으로 나타났고, 바탕시험 전·후의 증발용기의 무게차는 13.557g으로 나타났다. 이때의 노말헥산 추출물질 농도(%)는?

① 0.013%   ② 0.017%
③ 0.023%   ④ 0.034%

해설 노말헥산 추출물질(%) $=(a-b)\times\dfrac{100}{V}$

$(13.591g-13.557g)\times\dfrac{100}{200g}=0.017\%$

26 기체크로마토그래피로 휘발성 저급염소화 탄화수소류 측정 시 간섭물질에 대한 설명으로 옳지 않은 것은?

① 추출용매 간섭물질이 발견되면 증류하거나 칼럼 크로마토그래피에 의해 제거한다.
② 디클로로메탄과 같이 머무름 시간이 긴 화합물은 용매의 피크와 겹치지 않아 분석의 방해가 적다.
③ 플루오르화탄소나 디클로로메탄과 같은 휘발성 유기물은 보관이나 운반 중에 격막을 통해 시료 안으로 확산되어 시료를 오염시킬 수 있으므로 현장 바탕시료로서 이를 점검하여야 한다.
④ 이 실험으로 끓는점이 높거나 극성 유기 화합물들이 함께 추출되므로 이들 중에는 분석을 간섭하는 물질이 있을 수 있다.

해설 디클로로메탄과 같이 머무름 시간이 짧은 화합물은 용매의 피크와 겹쳐 분석을 방해할 수 있다.

정답 22.① 23.② 24.② 25.② 26.②

27 이온전극법을 적용하여 분석하는 대상 물질은? (단, 폐기물공정시험기준(방법) 기준)
① 시안 ② 비소
③ 수은 ④ 유기인

28 유기물 함량이 비교적 높지 않고 금속의 수산화물, 산화물, 인산염 및 황화물을 함유한 시료에 적용하는 산분해법은?
① 질산 분해법
② 질산 - 황산 분해법
③ 질산 - 염산 분해법
④ 질산 - 과염소산 분해법

  해설 시료의 전처리방법(산분해법)
  ㉠ 질산 분해법 : 유기물 함량이 낮은 시료에 적용한다.
  ㉡ 질산-염산 분해법 : 유기물 함량이 비교적 높지 않고 금속의 수산화물, 산화물, 인산염 및 황화물을 함유하고 있는 시료에 적용한다.
  ㉢ 질산-황산 분해법 : 유기물 등을 많이 함유하고 있는 대부분의 시료에 적용한다.
  ㉣ 질산-과염소산 분해법 : 유기물을 다량 함유하고 있으면서 산화분해가 어려운 시료에 적용한다.
  ㉤ 질산-과염소산-불화수소산 분해법 : 다량의 점토질 또는 규산염을 함유한 시료에 적용한다.

29 다음 중 HCl의 농도가 가장 높은 것은? (단 HCl 용액의 비중 = 1.18)
① 14W/W% ② 15W/V%
③ 155g/L ④ 1.3×10^5 ppm

  해설 HCl의 농도를 g/L로 환산하면,
  ① W/W% : 용액 100 g 중 성분무게(g)
  $$14\frac{W}{W}\% = \frac{14g}{\text{용액}100g} = \frac{14g}{\frac{100g}{1.18}} = \frac{1.18 \times 14g}{0.1kg(≒L)} = 165g/L$$
  ② W/V% : 용액 100 mL 중 성분무게(g)
  $$15\frac{W}{V}\% = \frac{15g}{\text{용액}100mL} = \frac{15g}{0.1L} = 150g/L$$
  ③ 천분율(Parts Per Thousand) : g/L
  $$155g/L \rightarrow 155\frac{g}{L}$$
  ④ 백만분율(ppm, Parts Per Million) : mg/L
  $$1.3 \times 10^5 ppm = \frac{1.3 \times 10^5 mg}{L} = \frac{1.3 \times 10^2 g}{L} = 130g/L$$

30 시료용액의 조제를 위한 용출조작 중 진탕회수와 진폭으로 옳은 것은? (단, 상온, 상압 기준)
① 분당 약 200회, 진폭 4~5cm
② 분당 약 200회, 진폭 5~6cm
③ 분당 약 300회, 진폭 4~5cm
④ 분당 약 300회, 진폭 5~6cm

정답 27.① 28.③ 29.① 30.①

31 기체크로마토그래피의 검출기 중 불꽃이온화 검출기(FID)에 알칼리 또는 알칼리토류 금속염의 튜브를 부착한 것으로 유기질소 화합물 및 유기인화합물을 선택적으로 검출할 수 있는 것은?

① 열전도도 검출기(Thermal Conductivity Detector, TCD)
② 전자포획 검출기(Electron Capture Detector, ECD)
③ 불꽃광도 검출기(Flame Photometric Detector, FPD)
④ 불꽃열이온 검출기(Flame Thermionic Detector, FTD)

32 용액 100g 중의 성분 부피(mL)를 표시하는 것은?

① W/W% ② W/V%
③ V/W% ④ V/V%

해설 용액 100 g 중 성분용량(mL)을 표시할 때는 V/W% 기호로 쓴다.

33 자외선/가시선 분광광도계의 광원에 관한 설명으로 ( )에 알맞은 것은?

> 광원부의 광원으로 가시부와 근적외부의 광원으로는 주로 (㉠)를 사용하고 자외부의 광원으로는 주로 (㉡)을 사용한다.

① ㉠ 텅스텐램프, ㉡ 중수소 방전관
② ㉠ 중수소 방전관, ㉡ 텅스텐램프
③ ㉠ 할로겐램프, ㉡ 헬륨 방전관
④ ㉠ 헬륨 방전관, ㉡ 할로겐램프

34 pH가 각각 10과 12인 폐액을 동일 부피로 혼합하면 pH는?

① 10.3 ② 10.7
③ 11.3 ④ 11.7

해설
$$N = \frac{N_1 V_1 + N_2 V_2}{V_1 + V_2} = \frac{10^{-4} \times 1 + 10^{-2} \times 1}{1+1}$$
$$= 5.05 \times 10^{-3} N$$

$pH10 \rightarrow$ 염기의 농도 $10^{-4}N$,

$pH12 \rightarrow$ 염기의 농도 $10^{-2}N$

혼합용액의 OH^- 농도는 $5.05 \times 10^{-3} M$

$pOH = -\log[OH^-] = -\log[5.05 \times 10^{-3}] = 2.2967$

$pH = 14 - pOH = 14 - 2.2967 = 11.7$

35 다음에 설명한 시료 축소 방법은?

> ㉠ 모아진 대시료를 네모꼴로 엷게 균일한 두께로 편다.
> ㉡ 이것을 가로 4등분, 세로 5등분하여 20개의 덩어리로 나눈다.
> ㉢ 20개의 각 부분에서 균등량씩을 취하여 혼합하여 하나의 시료로 한다.

① 구획법 ② 등분법
③ 균등법 ④ 분할법

정답 31.④ 32.③ 33.① 34.④ 35.①

참고문헌

- 폐기물관리법, 환경부, 2025
- 폐기물공정시험기준, 환경부고시 제2016-196호
- 유해폐기물처리, 윤오섭 외 6인, 동화기술, 2001
- 바이블 상하수도기술사, 조용덕, 세진사, 2024
- 바이블 수질관리기술사, 조용덕, 세진사, 2024
- 수질공학의 응용과 해설[1], 조용덕, 이상화, 한국학술정보(주), 2010
- 수질공학의 응용과 해설[2], 조용덕, 이상화, 한국학술정보(주), 2010
- 신재생에너지, 조용덕, 이상화, 한국학술정보(주), 2011
- 수질환경기사·산업기사(필기), 조용덕, 건기원, 2016
- 수질환경기사·산업기사(실기), 조용덕, 건기원, 2016

소개

저자
　　조용덕

약력
　　공학박사(환경공학 전공)
　　수질관리기술사
　　상하수도기술사
　　올배움 kisa 수질관리기술사, 상하수도기술사, 환경위해관리기사, 폐기물처리기사, 환경기능사 강사
　　건설산업교육원 건설기술인직무교육 강사
　　가천대학교 겸임교수
　　한국상하수도협회 물산업인재교육원 전임교수

저서
　　바이블 수질관리/상하수도기술사 용어해설집, 조용덕, 세진사, 2024
　　바이블 상하수도기술사(개정판), 조용덕, 세진사, 2024
　　바이블 수질관리기술사(개정판), 조용덕, 세진사, 2024
　　환경위해관리기사, 조용덕, 올배움kisa, 2025
　　폐기물처리기사/산업기사(필기), 조용덕, 올배움kisa, 2025
　　폐기물처리기사/산업기사(실기), 조용덕, 올배움kisa, 2025
　　환경기능사(필기, 실기), 조용덕, 올배움kisa, 2025
　　토목기사, 산업기사(필기, 상하수도공학), 조용덕, 올배움kisa, 2019
　　수질환경기사·산업기사(필기), 조용덕, 건기원, 2016
　　수질환경기사.산업기사(실기), 조용덕, 건기원, 2016
　　수질공학의 응용과 해설[1.2], 조용덕, 이상화, 한국학술정보(주), 2010
　　신재생에너지, 조용덕, 이상화, 한국학술정보(주), 2011

 **이러닝 강의 및 교재내용 문의**

올배움 홈페이지 **www.kisa.co.kr** 에
방문하시면 본 교재의 저자직강 강의를 통하여
자격증 단기합격을 할 수 있습니다.
또한 본 교재의 정오표는
올배움 홈페이지를 통해 확인이 가능하며
그 밖의 다른 의견 및 오탈자를 제보해주시면
더 좋은 강의와 교재로 보답하겠습니다.

www.kisa.co.kr
📞 1544-8509   💬 카톡 ID : kisa

올배움BOOK
홈페이지
바로가기 >

폐기물처리기사 · 산업기사 필기

1판1쇄 발행	2018년 01월 20일		2판1쇄 발행	2019년 01월 14일
3판1쇄 발행	2020년 02월 10일		4판1쇄 발행	2021년 01월 10일
5판1쇄 발행	2022년 01월 10일		6판1쇄 발행	2023년 01월 10일
7판1쇄 발행	2024년 01월 10일		8판1쇄 발행	2025년 01월 10일

지은이 • 조 용 덕
펴낸이 • 이 정 훈
펴낸곳 •
주　　소 • 서울시 금천구 가산디지털1로 168 B동 B105(가산동, 우림라이온스밸리)
전　　화 • 1544-8509 / FAX 0505-909-0777
홈페이지 • www.kisa.co.kr

법인등록번호 • 110111-5784750
ISBN • 979-11-6517-170-4 (13530)

정가 35,000원

이 책에서 내용의 일부 또는 도해를 다음과 같은 행위자들이 사전 승인없이 인용할 경우에는
저작권법 제93조 「손해배상청구권」에 적용 받습니다.
① 단순히 공부할 목적으로 부분 또는 전체를 복제하여 사용하는 학생 또는 복사업자
② 공공기관 및 사설교육기관(학원, 인정직업학교), 단체 등에서 영리를 목적으로 복제·배포
　하는 대표, 또는 당해 교육자
③ 디스크 복사 및 기타 정보 재생 시스템을 이용하여 사용하는 자

※ 파본은 구입하신 서점에서 교환해 드립니다.